U0940080

铁路工程建设标准汇编

隧道工程

中国铁道出版社

2009年·北京

内 容 简 介

本汇编收录了铁路隧道辅助坑道技术规范、铁路隧道运营通风设计规范、青藏铁路高原多年冻土区隧道工程质量检验评定及验收标准(试行)、铁路瓦斯隧道技术规范、铁路隧道工程施工质量验收标准、铁路隧道衬砌质量无损检测规程、铁路隧道设计规范、客运专线铁路隧道工程施工质量验收暂行标准、铁路运营隧道空气中机车废气容许浓度和测试方法、铁路隧道全面断面岩石掘进机法技术指南、铁路隧道监控量测技术规程、铁路大断面隧道三台阶七步开挖法施工作业指南、铁路隧道风险评估与管理暂行规定、铁路隧道防水材料暂行技术条件(第1部分 防水板)、铁路隧道防水材料暂行技术条件(第2部分 止水带)、铁路隧道施工机械配置的指导意见、铁路隧道超前地质预报技术指南、铁路隧道工程施工技术指南,铁路隧道防排水施工技术指南等铁路隧道工程相关标准,可供相关人员参考。

图书在版编目(CIP)数据

铁路工程建设标准汇编. 隧道工程/铁路工程技术标准所编. —北京:中国铁道出版社,2009.8
ISBN 978-7-113-09337-2

Ⅰ.铁… Ⅱ.①铁…②铁… Ⅲ.①铁路工程-工程施工-标准-汇编-中国②铁路工程:隧道工程-工程施工-标准-汇编-中国 Ⅳ.U215-65

中国版本图书馆CIP数据核字(2008)第169754号

书 名:铁路工程建设标准汇编
隧 道 工 程
作 者:铁路工程技术标准所 编

策划编辑:江新锡 许士杰
责任编辑:曹艳芳 电话:(010)51873065 电子信箱:chengcheng0322@163.com
封面设计:冯龙彬
责任校对:张玉华
责任印制:李 佳

出版发行:中国铁道出版社(100054,北京市宣武区右安门西街8号)
网 址:http://www.tdpress.com
印 刷:北京铭成印刷有限公司印刷
版 次:2009年9月第1版 2009年9月第1次印刷
开 本:787 mm×1 092 mm 1/16 印张:75.75 插页:1 字数:1 925千
书 号:ISBN 978-7-113-09337-2/TU·978
定 价:240.00元

前　言

铁路工程建设标准是落实铁路建设总体技术路线和目标控制要求的综合体现,是确定工程实施方案和系统技术措施的基本依据,是实现铁路建设科学化、规范化管理的重要保障。制定和实施标准,对及时总结先进、成熟、可靠、有效的科技创新成果和工程实践经验,确保工程质量和安全,促进技术进步,提高社会效益和经济效益,全面提升铁路建设水平等具有重要意义。

铁路工程建设标准包括铁路线路、轨道、路基、桥涵、隧道、站场、机务设备、通信、信号、电力、电力牵引供电、给水排水、房建与暖通、环境保护等专业,分为综合、勘察、设计、施工、验收等类别。截至2009年8月,现行铁路工程建设标准共计204项,其中国家标准7项、行业标准109项、技术指南18项、具有标准性质而未编标准号的规章和技术规定70项。

近年来,为全面落实"以人为本、服务运输、强本简末、系统优化、着眼发展"的建设理念,适应又好又快推进大规模、高标准铁路建设的需要,铁路工程建设标准工作建立了灵活机动、迅速有效的动态管理机制,铁路工程建设标准不断吸收成功的先进技术,其技术先进性、经济合理性、安全可靠性、时效性和可操作性得到了全面提升,为现代化铁路建设提供了强大的技术支撑。

为了方便铁路工程建设者学习、掌握铁路工程建设标准,并在铁路工程建设过程中准确地执行、运用标准,保证标准的权威性、严肃性落到实处,我们对现行铁路工程建设标准进行了系统整理,现汇编出版,供各级领导干部、工程技术人员、管理人员和施工操作人员使用。

铁路工程建设标准汇编收集了截至2009年8月发布的现行铁路工程建设标准,按专业共分为:综合(上)、综合(下)、工程测量、地质水文、线路轨道工程、路基工程、桥涵工程、隧道工程、站场枢纽工程、房屋建筑及给水排水工程、混凝土工程。

在铁路工程建设标准汇编整理过程中,对原版本中的内容进行了勘误,并按历次发布的局部修订文件进行了条文修订。同时,对标准中容易产生歧义的编排做了调整,以便读者准确理解标准的涵义。

科学技术在不断进步,铁路工程建设标准也会不断地更新、提高和完善。因此,读者在使用本标准汇编过程中,应注意相关工程建设标准的变化情况,并及时更新相应内容。

铁路工程技术标准所

2009年8月

总 目 录

中华人民共和国行业标准

铁建函〔1995〕95号

铁路隧道辅助坑道技术规范

Technical code for service gallery of railway tunnel

TB 10109—1995

1995—01—11　发布　　　　1995—04—01　实施

中华人民共和国铁道部　发布

目　次

CHINA RAILWAY PUBLISHING HOUSE

1 总 则

1.0.1 为适应铁路隧道辅助坑道设计和施工的需要,使修建的辅助坑道符合技术先进、经济合理、安全适用的要求,制订本规范。

1.0.2 本规范适用于标准轨距铁路山岭隧道各类辅助坑道的设计和施工。

1.0.3 铁路隧道辅助坑道可分为横洞、平行导坑、斜井和竖井四种类型。

1.0.4 铁路隧道辅助坑道的设置,应根据隧道长度、施工期限、地形、地质、水文等条件,结合施工、通风、排水、防灾和运营服务等方面的需要综合考虑,通过技术、经济比较确定。各类辅助坑道可单个、多个或组合设置。

1.0.5 各类辅助坑道的设置,必须有利于施工及运营、缩短工期、发挥投资效益,并能至少达到下列之一的要求:

1.0.5.1 起到增加隧道工作面,加快施工进度,满足工期要求的作用。

1.0.5.2 解决隧道主体工程施工中的运输、通风、排水、弃渣、处理塌方或通过不良地质地段等特殊要求。

1.0.5.3 适应隧道运营期间通风、排水、防灾或增建第二线的需要。

1.0.6 各类辅助坑道的净空必须满足运输提升、设备进洞、通风、排水及安全间隙等要求,兼顾运营服务的辅助坑道,尚应满足有关使用的要求。

1.0.7 各类辅助坑道,根据其施工、运营期间的服务性质,应按下列要求设置和处理:

1.0.7.1 按设计要求兼作运营期间服务坑道者,应按永久性建筑物设置,并做好排水系统。

1.0.7.2 隧道主体工程竣工后不予利用者,应本着固本简末的原则,在保证隧道安全的条件下,加强洞(井)口、软弱围岩段及辅助坑道与正洞连接段的衬砌,并做好排水系统;封闭洞(井)口时,应设置安全、检查设施。

1.0.8 铁路隧道辅助坑道的洞(井)口位置选择、施工场地布置及弃渣处理等,均应注意环境保护,不占良田,少占农田,防止弃渣堵塞河道、沟渠、道路交通,并应减少由于辅助坑道的修建对农田,水利和人民生活用水的影响,同时采取弃渣造田、恢复水源等补救措施。

1.0.9 瓦斯地层隧道辅助坑道的设计和施工,应符合铁道部《铁路瓦斯隧道技术暂行规定》的要求。

1.0.10 修建铁路隧道辅助坑道除应符合本规范外,尚应符合国家和铁道部现行有关标准的规定。

2 术　语

2.0.1　平车场

斜井井身内的轨道线路直接过渡到井口(或井底)处的车场。

2.0.2　甩车场

斜井井身内的轨道线路从旁侧引出后过渡到井口(或井底)处的车场。

2.0.3　单绳提升

提升机运转时,只通过一根钢丝绳带动容器沿井身作上下直线运动的提升方式。

2.0.4　单钩提升

一台提升机通过一根钢丝绳提升一个容器。

2.0.5　双钩提升

一台提升机通过两根钢丝绳同时提升与下放一个容器。

2.0.6　围抱角

提升钢丝绳与天轮接触段的平面角。

2.0.7　钢丝绳弦长

钢丝绳离开天轮的接触点到钢丝绳与卷筒接触点间的距离。

2.0.8　钢丝绳偏角

钢丝绳弦偏离天轮平面的水平角。

2.0.9　钢丝绳仰角

钢丝绳弦与水平线所成的角度。

2.0.10　主井

专门提升石渣的斜井或竖井。

2.0.11　副井

升降人员、运送设备和材料的斜井或竖井。

2.0.12　混合井

既提升石渣,又升降人员、运送设备和材料的斜井或竖井。

2.0.13　罐道

井筒中提升容器的导向装置。

2.0.14　设计涌水量

斜、竖井所担负的施工工区(包括隧道正洞、井身、井底车场、泵站、管子道、水仓等洞室)经采取预注浆、锚喷、模筑混凝土等措施后,按堵水效果达20% ~50%的前提下,所计算的施工工区涌水量。

2.0.15　最大涌水量

斜、竖井所担负的施工工区按不考虑预注浆、锚喷、模筑混凝土等措施的堵水效果,所计算的施工工区涌水量。

3 辅助坑道的设置

3.1 勘测要求

3.1.1 辅助坑道勘测资料收集的内容和范围,应根据各设计阶段的内容和要求,结合辅助坑道的特点确定。勘测时应认真地进行调查、测绘、勘探和试验工作,做到收集资料齐全、准确,满足设计要求。

3.1.2 斜井、竖井调查测绘时,井口应有布置提升系统的场地条件,井口高程应满足防洪要求。.

3.2 位置选择

3.2.1 辅助坑道应选择在稳定地层中,避免穿过工程地质、水文地质复杂和严重不良地质地段,当必须通过时,应有充分的理由和切实可靠的工程技术措施。

3.2.2 傍山、沿河线的隧道,一侧山体不厚,可设置横洞。横洞位置应根据工期、地形、地质及出渣和通风的要求,选在有工作场地和便利出渣的处所。

3.2.3 埋深较大的越岭长隧道,在没有条件设置斜井、竖井或有其他要求时,可在洞口段设置平行导坑并符合下列规定:

3.2.3.1 对于预留第二线的隧道,平行导坑应设在二线位置上,否则应设在地下水发育或出渣运输方便的一侧。

3.2.3.2 平行导坑长度应根据施工组织设计确定。

3.2.3.3 平行导坑与隧道的净距应按地质条件、施工方法等因素确定,宜采用15~25 m。

3.2.4 斜井位置应根据工期要求和地形、地质等条件选定,井口应设在工程地质条件好、涌水量较少的地段,并应便于提升设备及车场、转砟场地的布置。斜井长度应根据技术经济比较确定。

3.2.5 竖井位置的选择应满足长隧道竖井深度小于200 m特长隧道竖井深度小于400 m的要求,否则应有充分的技术经济比较依据。条件许可时可设简易竖井,深度宜小于40 m。竖井宜避免穿过含水的砂层及卵砾石地层。竖井宜设在隧道一侧,与隧道的净距宜为15~20 m。

3.3 平面、纵断面和横断面

3.3.1 横洞、斜井轴线与隧道中线斜交时,交角不宜小于40°;正交时应设连接通道,连接通道中线与隧道中线交角宜选用40°~45°。竖井井下与隧道之间宜设双侧连接通道。平行导坑与隧道之间应设横通道,其间距不宜小于120 m,横通道中线与隧道中线交角宜为40°。在曲线地段平行导坑的线间距应加宽,加宽办法应符合本规范6.1.1条的规定。

3.3.2 横洞底部应有向洞外不小于3‰的下坡。平行导坑纵向坡度应与正洞一致,其底部高程应较隧道底面低0.2~0.6 m。斜井倾角必须与提升方式相适应:胶带输送机提升不得大于15°,箕斗提升不得大于35°,矿车提升不得大于25°。矿车提升的斜井井底应设平坡段,斜井井身纵断面不宜变坡,井身每隔30~50 m可设一个躲避洞;井口和井底变坡点应设竖曲线,有轨运输的竖曲线半径宜采用12~20 m。竖井井底车场连接通道重车方向宜为下坡,其坡度不宜小于2‰。

3.3.3 辅助坑道的横断面,应根据地质情况,按运输车辆及设备、各种管线、人行道、安全间隙等条件确定。

4　洞口与井口

4.1　横洞、平行导坑和斜井洞门

4.1.1　横洞、平行导坑洞口及斜井井口应修建洞门。对于完整不易风化的硬岩或采用喷锚加固的洞口,可只做洞门框。

4.1.2　洞门结构形式应根据地形、地质、水文等条件选用端墙式、翼墙式或台阶式等。Ⅳ类及以上围岩采用斜交洞门时,其端墙与辅助坑道中线的交角不应小于45°。

4.1.3　洞门端墙宜高出仰坡坡脚0.5 m,洞门端墙与仰坡之间水沟的沟底至衬砌拱顶外缘的高度不宜小于0.5 m;水构底下如有填土应紧密夯实,洞顶仰坡土石有剥落可能时,坡面应清理加固。

4.1.4　洞门端墙、翼墙和洞口挡墙的基础,必须置于稳固地基上,并埋入地面下一定深度,土质地基埋入的深度不应小于1 m。

在冻土上设置基础时,基础应埋入冻结线以下或采用其他措施。

4.1.5　洞门应及早施工。洞门端墙应与拱墙衬砌同时施工,连成整体。

洞门的排水,截水设施应配合洞门施工,并与洞外排水系统连通。

4.2　竖井锁口圈

4.2.1　竖井井口应修建锁口圈。锁口圈应采用混凝土或钢筋混凝土灌筑。

4.2.2　锁口圈应高出地面至少0.25 m或灌筑环形挡墙,并做好井口场地排水沟。

4.2.3　锁口圈应与下部井颈连成整体。当锁口圈作为井架基础时,应与井架结构连成整体。

5 支 护

5.1 一 般 规 定

5.1.1 选用辅助坑道支护类型时,应优先采用喷锚支护。对运营期间用作泄水洞、运营通风道等的辅助坑道,应按使用要求设衬砌。

5.1.2 辅助坑道洞口、岔洞处及与正洞连接段的支护结构应符合下列规定:

5.1.2.1 横洞与平行导坑洞口、斜井井口应设置长度不小于5 m的模筑混凝土衬砌。

5.1.2.2 竖井锁口圈应与由地表深入基岩或稳定表土层2~3 m的井壁连成整体,并应采用模筑混凝土或钢筋混凝土衬砌。

5.1.2.3 岔洞处及与正洞连接段的模筑混凝土或钢筋混凝土衬砌,应向各洞身方向延伸,其长度不得小于5 m。

5.1.3 辅助坑道位于两种围岩交接地段,围岩较差地段的支护结构应向围岩较好地段延伸,其长度不得小于5 m。

5.1.4 辅助坑道位于软硬地层分界处,衬砌宜设沉降缝。

5.1.5 辅助坑道衬砌不设仰拱时宜做铺底,铺底厚度不得小于10 cm,采用无轨运输时不得小于15 cm。

5.2 横洞、平行导坑和斜井支护

5.2.1 横洞、平行导坑及斜井的支护,应根据围岩类别、工程地质、水文地质、坑道宽度、埋置深度、施工方法等确定。采用喷锚支护时,其参数可按表5.2.1选用。

表5.2.1 横洞、平行导坑及斜井喷锚支护参数

围岩类别	喷 锚 支 护 参 数
Ⅵ	不支护,局部喷射混凝土或水泥砂浆护面
Ⅴ	局部喷射混凝土,厚度5 cm
Ⅳ	喷射混凝土厚度5~8 cm,局部设置锚杆,长度2 m
Ⅲ	喷射混凝土厚度8~10 cm,拱部设置锚杆,长度2.0~2.5 m,间距1.0~1.2m,必要时拱部设置钢筋网
Ⅱ	喷射混凝土厚度10~15 cm,设置系统锚杆,长度2.5~3.0 m,间距1.0 m,设置钢筋网

注:① Ⅰ类围岩地段应采用特殊支护措施;
② 拱部设置锚杆而墙部不设或局部设置锚杆时,拱脚处锚杆应适当加长、加密;
③ 钢筋网的钢筋直径宜选用6~8 mm,网格间距宜选用15~30 cm;
④ 表中参数适用于坑道宽度小于或等于5 m的情况,当坑道宽度大于5 m时,应另行设计。

5.2.2 横洞、平行导坑及斜井按使用要求设衬砌时,其参数可按表5.2.2选用。

表 5.2.2 横洞、平行导坑及斜井衬砌参数

围岩类别	喷锚衬砌	模筑混凝土衬砌	复合衬砌	
			初期支护	二次衬砌
Ⅵ	5 cm	20 cm	按表 5.2.1 选用	20 cm
Ⅴ	5 cm	20 cm	同上	20 cm
Ⅳ	10 cm,局部设置锚杆,长度 2.0 ~ 2.5 m	25 ~ 30 cm	同上	20 cm
Ⅲ	—	35 ~ 40 cm	同上	25 ~ 30 cm
Ⅱ	—	45 ~ 50 cm,必要时设仰拱	同上	35 ~ 40 cm,必要时设抑拱

注:① Ⅰ类围岩地段应特殊设计;

② 喷锚衬砌仅适用于地下水不发育,无侵蚀性,并能保证光面爆破效果的Ⅳ类及以上围岩地段;

③ 表中参数适用于坑道宽度小于或等于 5 m 的情况,当坑道宽度大于 5 m 时,应另行设计。

5.3 竖井支护

5.3.1 竖井支护应根据围岩类别、工程地质、水文地质、井径、井深、施工方法及使用材料等确定。喷锚支护参数可按表 5.3.1 选用,模筑混凝土或钢筋混凝土支护厚度宜采用 30 ~ 60 cm,砌体支护厚度宜采用 40 ~ 80 cm。

表 5.3.1 竖井喷锚支护参数

围 岩 类 别	竖 井 直 径 *D*	
	D < 5m	5 m ≤ *D* < 7 m
Ⅵ	喷射混凝土厚度 10 cm	喷射混凝土厚度 10 ~ 15 cm;必要时局部设置锚杆
Ⅴ	喷射混凝土厚度 10 ~ 15 cm;锚杆长度 1.5 ~ 2.0 m,间距 1.0 ~ 1.5 m	喷射混凝土厚度 15 ~ 20 cm;锚杆长度 2.0 ~ 2.5 m,间距 1.0 m;配置钢筋网;必要时加设混凝土圈梁
Ⅳ	喷射混凝土厚度 15 ~ 20 cm;锚杆长度 2.0 ~ 2.5 m,间距 1.0 m;配置钢筋网;必要时设钢圈梁	喷射混凝土厚度 20 cm;锚杆长度 2.5 ~ 3.0 m,间距 1.0 m;配置钢筋网;必要时设钢圈梁

注:Ⅲ类及以下围岩地段不宜采用喷锚支护。

5.3.2 竖井按使用要求设衬砌时,喷锚衬砌、模筑混凝土或钢筋混凝土衬砌、砌体衬砌可参照相应的竖井支护予以加强。

竖井采用复合衬砌时,初期支护参数可按表 5.3.2 选用,二次衬砌的模筑混凝土厚度宜采用 30 ~ 50 cm。

表 5.3.2 竖井初期支护参数

围 岩 类 别	竖 井 直 径 *D*	
	D < 5m	5 m ≤ *D* < 7 m
Ⅳ	喷射混凝土厚度 5 ~ 10cm;锚杆长度 1.5 ~ 2.0 m,间距 1.0 m;必要时局部配置钢筋网	喷射混凝土厚度 10 ~ 15 cm;锚杆长度 2.0 ~ 2.5 m,间距 1.0 m;必要时配置钢筋网
Ⅲ	喷射混凝土厚度 10 ~ 15 cm;锚杆长度 2.0 ~ 2.5 m,间距 1.0 m;必要时配置钢筋网	喷射混凝土厚度 15 ~ 20 cm;锚杆长度 2.5 ~ 3.0 m,间距 0.75 ~ 1.0 m;配置钢筋网
Ⅱ	喷射混凝土厚度 15 cm;锚杆长度 2.5 ~ 3.0 m,间距 0.75 ~ 1.0 m;配置钢筋网;必要时设钢圈梁	喷射混凝土厚度 20 ~ 25 cm;锚杆长度 3.0 ~ 3.5 m,间距 0.50 ~ 0.75 m;配置钢筋网;必要时设钢圈梁

注:① Ⅰ类围岩地段应采用特殊支护措施;

② 钢筋网的钢筋直径宜选用 6 ~ 8 mm,网格间距宜选用 10 ~ 20 cm。

5.3.3 竖井支护在一般地质条件下可不设壁座。但在锁口圈下部、地质较差的井身段及井身与井底车场连接处上端应设壁座。

无壁座灌筑井壁时，当采用砌体支护时，应在每段井壁下部先灌筑一段混凝土圈梁，厚度与砌体相同，高度为0.8~1.2 m。

5.4 坑道特殊地段支护

5.4.1 辅助坑道的交岔点、竖井井身与井底车场连接处等薄弱地段，支护应加强。

5.4.2 辅助坑道矩形断面的平顶交岔点，应设由顶梁、立柱组成的敞口或闭合框架。框架宜采用钢构件或预制钢筋混凝土构件。框架间距应根据围岩类别、坑道宽度等确定，宜为0.5~1.0 m。必要时，平顶应插入钢管，平顶交岔点及岔口段的坑道衬砌应连成整体。

5.4.3 辅助坑道拱形断面的拱顶交岔点，应根据断面矢跨变化，采用渐变或分段加强支护。

拱顶交岔点断面渐变段的支护，应根据每段的坑道断面比照同类坑道支护予以加强。

拱顶交岔点最大断面分离为两个独立的坑道处，两坑道间的隔墙应采用模筑混凝土或钢筋混凝土衬砌加强，并和两坑道的拱部衬砌连成整体，最大断面净空高出两坑道拱部的部分，应设置厚度不小于1 m的堵头墙。

5.4.4 竖井井身与井底车场连接处上端1.5~2.0 m及下端2.0~2.5 m的井壁支护应与连接坑道的岔口段支护连成整体，并应采用模筑混凝土或钢筋混凝土衬砌加强。

5.5 洞室支护

5.5.1 辅助坑道的洞室支护应根据洞室宽度、高度及围岩类别，参照本规范表5.2.1的要求选用。

5.5.2 装载洞室及渣仓、水仓等特种洞室的支护结构，应根据使用要求和构造特点，通过工程类比或结构检算确定。

5.5.3 装载洞室的上室支护应采用钢筋混凝土。当上室为平顶结构时，应布足劲性钢筋，尖角处应填筑混凝土顶盖，必要时应增设工字钢或钢轨加强。

5.5.4 渣仓、水仓支护应采用模筑混凝土，进、出口联结处应加强，必要时应增设工字钢或钢轨，渣仓装卸渣处应敷设钢板。

6 车　场

6.1 一般规定

6.1.1 辅助坑道车场的线间距应符合下列要求：

6.1.1.1 直线地段应保持两列车车体最突出部分间的距离不小于 0.2 m，错车线范围不小于 0.4 m。并考虑设置定型渡线道岔的可能性。

6.1.1.2 曲线地段应按规定计算加宽值，线间距宜增加 0.3 m。

6.1.1.3 弃渣装载点，两列车车体最突出部分间的距离不得小于 0.7 m；矿车摘挂钩地点，两列车车体最突出部分间的距离不得小于 1 m。

6.1.2 车场线路最小曲线半径应符合下列规定：

6.1.2.1 使用固定车轴的两轴车辆时，线路最小曲线半径应符合表 6.1.2 规定。

表 6.1.2　两轴车辆线路最小曲线半径

平面转角	运行速度(m/s)	最小曲线半径(m)
<90°	<1.5	≥7 倍轴距
	1.5～3.5	≥10 倍轴距
	>3.5	≥15 倍轴距
≥90°	—	≥15 倍轴距

6.1.2.2 使用大容积有转向架的四轴车辆时，线路最小曲线半径应根据矿车类型和技术参数选取。

6.1.3 斜井井底车场最小竖曲线半径应大于车辆轴距的 13 倍，并满足下放长大材料的要求。

6.1.4 两相邻曲线间夹直线长度应符合下列规定：

6.1.4.1 两同向曲线连接时，夹直线长度宜大于通过车辆的最大轴距；困难情况下不得小于 1 m。

6.1.4.2 两反向曲线连接时，夹直线长度应大于通过车辆的最大轴距加上 2 倍接头夹板长度。

6.1.5 单开道岔与曲线连接时，应在道岔与曲线段之间设置长度大于外轨超高过渡距离的直线段。在井下线路中应设置长度不小于 1 m 的直线段。

6.1.6 两条分岔线路之间应设置警冲标，警冲标至岔心的距离应满足警冲标中心至两侧线路中心线最小垂距（双线线间距的二分之一）的要求。

6.1.7 车场的通过能力应满足隧道弃渣及时运出洞外的要求，其备用通过能力应大于辅助坑道设计年出渣能力的 30%。

采用电瓶车牵引时，车场通过能力应根据编制的运行图表计算确定。

6.2 斜井和竖井车场

6.2.1 矿车提升的斜井井口宜采用平车场，有斜坡地形可利用时，亦可采用甩车场。

6.2.2 井口车场场地应根据运量、提升方式、运输设备等条件，结合井口地形、弃渣方向、调车作业等要求合理布置。

6.2.3 井口车场应根据其承担的任务及提升、转载方式等，有选择地设置空重车储车线（甩车场）、空重车摘挂线、停车线（平车场）、牵出线、材料车线、人车停放线及机修线等，并符合下列要求：

6.2.3.1 井口平车场空重车摘挂线的直线长度不应小于1～1.5倍列车长度加8～10 m的缓冲长度，曲线后的停车线长度不宜小于2倍列车长度，同时应满足机车调车的要求。

6.2.3.2 井口甩车场空重车储车线的有效长度宜为1.5～2倍列车长度。井口距离卸渣点较远时，储车线的有效长度不宜小于2倍列车长度。

6.2.3.3 牵出线的有效长度不应小于列车长度。

6.2.3.4 材料车线的直线长度不应小于列车长度。

6.2.3.5 人车停放线的有效长度应满足列车长度加5 m安全距离的要求。

6.2.3.6 机修线及其他线路有效长度可根据需要设置。

6.2.4 井口车场纵断面设计时，对有摘钩作业的斜井井口车场，在井口附近的线路应设置一段反坡道或设置安全闸和阻车器；其余线路宜按机车调车作业方式设计为平坡或小于6‰的坡度。卸渣轨道应做成1‰的上坡道。

6.2.5 井口车场路基面宽度可根据线路用途、轨道类型及要求设计。井口附近路基宽度应结合所连接的井口分界横断面设计，且应按调车作业的需要加宽。

6.2.6 井底车场宜选择在稳定、坚硬的岩层中，避开断层和破碎岩体。矿车提升的斜井井身与井底车场连接处宜采用平车场布置方式。平车场的平面布置可根据提升要求、井身与隧道的相对位置等条件确定，采用双侧连接或单侧连接。

6.2.7 井底车场主要调车线路宜布置在隧道内，根据地质条件、运量、出渣矿车的运输或提升方式、井身与隧道的相对位置及地面生产系统的布置等条件，可设计为环行或折返式车场。

6.2.8 井底车场的空重车摘挂线的直线长度应满足下列要求：

6.2.8.1 主提升时不应小于1～1.5倍列车长度；副提升时不应小于列车长度。

6.2.8.2 车场调车线有效长度不应小于1.5倍列车长度。

6.2.8.3 竖井井底进出车线的直线长度不应小于1～1.5倍列车长度。

6.2.8.4 材料车停放线的直线长度应能容纳5～10辆材料车。

6.2.9 井底车场空重车摘挂线、竖井井底进出车线可采用矿车自溜坡度，也可根据需要设置坡度，采用电瓶车调车。

隧道内车场调车线坡度应与隧道线路坡度相同。

当线路坡度较大时，应设置阻车器或其他安全设施。

6.2.10 车场轨道宜采用轻型标准钢轨，钢轨类型的选择应符合本规范7.2.3条的规定。

6.2.11 车场轨道宜采用762 mm轨距，曲线地段轨距应加宽并设外轨超高，其过渡距离分别为轨距加宽值和外轨超高值的100～300倍。

6.2.12 车场内道岔的轨型应与线路轨型一致。其道岔号数，对用于电瓶车牵引场段和甩车道的道岔不得小于4号；对用于人力推车地段的道岔不得小于3号。

6.2.13 相邻道岔间插入短轨的最小长度应满足两顺向单开道岔间为3.5 m，两对向单开道岔间为7 m的要求。

6.2.14 井口车场木枕线路，在坡度较大且经常制动的地段应安设防爬设备。木枕线路曲线地段应设置轨距拉杆或轨撑。侧卸式矿车卸载站应设置护轨。轨道尽头处应设挡车装置。

7 运输与提升

7.1 一般规定

7.1.1 辅助坑道的运输与提升，应根据其具体情况和特点，分别采用有轨运输、无轨运输或单绳提升。

7.1.2 辅助坑道运输与提升设备类型的选择，应根据辅助坑道的坡度、长度、出渣量及工期等条件，通过技术经济比较确定。

7.1.3 辅助坑道运输与提升设备，应与隧道施工主要工序所采用的机械设备、生产能力基本均衡，相互配套。

7.1.4 斜井与竖井提升应采用单绳缠绕式提升系统。当井较深或出渣量较大时，宜采用双钩提升。

提升机卷筒的直径和宽度应满足提升长度的要求。

7.1.5 斜井与竖井采用单绳提升时，无论升降人员或物料，提升机滚筒上缠绕钢丝绳的层数均不得大于2层；当斜井斜长或竖井井深大于400 m时不得大于3层。

7.1.6 提升装置的滚筒和围抱角大于90°的天轮，最小直径同钢丝绳直径之比，不得小于60；围抱角小于90°的天轮，最小直径同钢丝强直径之比，不得小于40；斜井提升的游动轮最小直径同钢丝绳直径之比，不得小于20。

7.1.7 确定提升机的位置应符合下列要求：

7.1.7.1 钢丝绳的最大内外偏角符合《铁路隧道设计规范》(TBJ 3—85)第10.3.9条的规定。

7.1.7.2 满足提升机对钢丝绳出绳仰角值的要求。

7.1.8 采用无轨自行设备运输时，必须满足安全生产和保护环境的要求，坑道内运输机械应选用高效率、低污染的柴油机，并应配置机外净化器。有易燃、易爆气体的坑道，必须选用防火、防爆设备。

7.2 横洞和平行导坑运输

7.2.1 水平坑道运输方式应通过技术经济比较确定，可采用有轨运输或无轨运输。

7.2.2 水平坑道采用有轨运输时，宜选用762 mm轨距与电瓶车牵引。在含有可燃、易爆气体的地层中施工时，必须配置防爆型电瓶车。

7.2.3 采用有轨运输时，钢轨类型应满足电瓶车质量和矿车容积等要求，可按表

表7.2.3 钢轨类型的选取

电瓶车质量(t)	矿车容积(m^3)	钢轨类型(kg/m)
7~10	1.2~2.0	18
10~14	2.0~4.0	18、24
14~20	4.0~6.0	24、32

7.2.3 选取。

7.2.4 长度大于 1 km 的平行导坑,上下班时宜采用车辆运送人员。

7.2.5 出渣矿车的容积应满足运输量的要求,宜选用大容积矿车。

7.3 斜井提升

7.3.1 斜井提升方式应根据其倾角、斜长、出渣量及工期等条件,通过技术经济比较确定。可选用矿车提升、箕斗提升、胶带输送机运输或无轨自行设备运输。

7.3.2 斜井垂直深度大于 50 m 时,井内人员上下班宜配备运送人员的车辆。运送人员的车辆必须装有可靠的防坠器。当断绳时,防坠器能自动发挥作用,也能用手操作。

7.3.3 斜井提升允许最大速度应符合《铁路隧道设计规范》(TBJ 3—85)第 10.3.6 条的规定。升降人员时,其加速度值不得大于 $0.5\ m/s^2$。

7.3.4 斜井采用有轨运输时,轨道中应设置托辊,托辊间距宜用 10 ~ 15 m;当井口有变坡时,必须在变坡段安装一组大托辊;采用甩车场时,应设置立辊。

7.3.5 斜井采用矿车出渣时,宜选用大容积矿车,并采用井口斜坡栈桥不摘钩卸载方式,栈桥斜坡倾角应满足空车自溜的要求。

7.3.6 斜井用箕斗出渣时,应采用主副井。主井宜选用双钩提升、无卸载轮前卸式箕斗。

7.3.7 斜井出渣采用胶带输送机运输时,宜选用钢绳芯胶带输送机系列。

7.3.8 斜井胶带输送机出渣的带速应根据石渣的块度、滚圆度、湿度及环境卫生等条件确定。选用带速应符合胶带输送机的倾角越大、运输距离越短、带速应越低的原则。斜井出渣的带速可选用 1.6 m/s、2.0 m/s 及 2.5 m/s。

7.3.9 斜井胶带输送机出渣,起动加速度宜为 $0.2 \sim 0.4\ m/s^2$,选用时,应符合斜井的倾角越大运输距离越长、加速度应越低的原则。

7.3.10 斜井出渣,选择钢绳芯胶带输送机的胶带宽度,应按(7.3.10)式计算并选用标准宽度 0.8 m 或 1.0 m。

$$B \geqslant 2A_{max} + 0.2(m) \qquad (7.3.10)$$

式中 B——胶带宽度(m);

A_{max}——石渣最大块度(m)。

7.3.11 胶带输送机在井口变坡处的凸弧段半径,应符合(7.3.11)式要求。

$$R \geqslant (75 \sim 80)B(m) \qquad (7.3.11)$$

式中 R——凸弧段半径(m);

B——胶带宽度(m)。

7.3.12 胶带输送机出渣,斜井倾角大于 12°时,宜采用重载小车拉紧装置,布置在胶带输送机的尾部,必须使施加的拉紧力通过拉紧滚筒中心。

7.3.13 胶带输送机必须安设防止逆转、打滑、跑偏以及纵向撕裂等的保护装置。

7.3.14 钢绳芯胶带连接宜采用硫化胶接法。

7.3.15 斜井采用无轨自行设备运输时,应结合设备及备件供应情况,经技术经济比较后确定合理的设备型号。

7.3.16 斜井采用无轨自行设备运输时,限制坡度及坡长应符合下列规定:

7.3.16.1 两轮驱动时,坡度不得大于 12% ;四轮驱动时,坡度不得大于 15% 。

7.3.16.2 纵坡大于或等于 6% 时,坡段长度不得大于 800 m;纵坡大于或等于 8% 时,坡段长度不得大于 350 m;纵坡大于或等于 10% 时,坡段长度不得大于 250 m;纵坡大于或等于 12% 时,坡段长度不得大于 150 m。

7.4 竖井提升

7.4.1 竖井施工宜采用罐笼提升。凡兼作升降人员的单绳提升罐笼,必须设置安全保险装置。

7.4.2 罐笼提升时,深井宜采用钢丝绳罐道;浅井宜采用单侧布置的刚性罐道。

7.4.3 罐笼提升的加速度值,升降人员时,不得大于 0.75 m/s^2;升降物料时,不得大于 1 m/s^2。

7.4.4 竖井提升天轮和滚筒的直径同钢丝绳中最粗钢丝直径之比不得小于 900。

7.4.5 钢丝绳的钢丝,专为升降人员及升降人员和物料时,应达到特号钢丝的韧性标准;专为升降物料时,应达到 1 号钢丝的韧性标准。

7.4.6 采用钢丝绳罐道时,每根罐道绳的最小刚性系数不得小于 0.5 kN/m。各罐道绳张紧力之差不得小于平均张紧力的 5% ,并应符合内侧张紧力大,外侧张紧力小的布置要求。

7.4.7 采用钢丝绳罐道时,在井口和井底进出车处,应安设承接装置和一段刚性罐道。

7.4.8 选择凿井提升设备,应满足掘进工作循环作业及提升最大高度的要求,并应考虑隧道施工阶段利用原有设备的可能性。

7.4.9 凿井期间悬挂水泵、吊盘、管子用的稳车滚筒和天轮,以及运输物料的提升机滚筒和天轮,其最小直径同钢丝绳直径之比不得小于 20;最小直径同钢丝绳中最粗钢丝直径之比不得小于 300。

7.4.10 凿井提升机位置应满足钢丝绳的绳弦长度不得大于 55 m,绳偏角不得大于 2°的要求,并应符合提升机对钢丝绳出绳仰角值的规定。

7.4.11 吊桶沿稳绳升降时,其最大加速度值不应大于 0.5 m/s^2,吊桶在无稳绳段升降的最大加速度值不应大于 0.3 m/s^2。

7.5 信号和通信

7.5.1 斜井、竖井提升必须有提升信号。箕斗提升应采用直发式信号,其他提升应采用井口中继转发式信号。

7.5.2 每台提升机应有独立的提升信号,提升信号不得多机共用。

7.5.3 提升信号应采用不同的声、光表示,并保留光信号。声、光信号的信号电压不宜大于 127 V。

7.5.4 提升信号与竖井和斜井的井盖门、安全门之间必须设置闭锁,同时应有解除闭锁的功能。

7.5.5 斜井、竖井提升应设提升专用通信联络有线电话,并具有双工功能。

7.5.6 有人员乘降的斜井、竖井提升系统,宜设闭路电视。

7.5.7 坑道内的主变电所应设置能与地面变电所或调度直接联络的电话。

8　栈桥和井架

8.1　一般规定

8.1.1　设置栈桥、井架应贯彻适用、经济、节约用地、少折迁的原则。

8.1.2　栈桥、井架结构应根据使用要求并结合当地料源及施工条件等进行经济比较确定。

8.2　斜井栈桥

8.2.1　斜井井口必要时可设置栈桥。斜井栈桥应满足石渣提升，材料、机具、设备的运输及人员操作、检修等要求。

8.2.2　根据运输机械类型，可设置胶带输送机栈桥、箕斗栈桥或矿车栈桥。

8.2.3　栈桥结构计算应计及的荷载有结构静载、设备荷载（含石渣重）、人群活荷载、屋面雪荷载和风荷载。

8.2.4　栈桥上应设人行道，其宽度不宜小于 0.7 m，人行道外侧应设栏杆。人行道坡度大于 5°时，应设防滑条；大于 8°时，应设踏步。

8.2.5　斜井天轮架应结合地形、地质条件设置。天轮架高度大于 12 m 时，宜采用钢结构。

8.3　竖井井架

8.3.1　竖井井架应满足石渣提升，材料、机具、设备的运输，人员检修，施工工艺及过卷高度等要求。井架用料宜采用钢材备品构件。

8.3.2　竖井深度小于或等于 40 m 时，可采用三角架或龙门架作井架；井深大于 40 m 时，宜设置凿井、生产阶段共用井架。

8.3.3　凿井与生产阶段共用井架应设置天轮房、天轮平台、主体桁架、翻矸系统、栏杆、扶梯及基础。罐笼提升采用钢丝绳罐道时，应设拉紧装置平台、窜绳平台及罐道支架等。

8.3.4　采用侧卸式矿车出渣的井架应设置天轮平台、主体桁架、罐道支架、栈桥、卸载架、梯子、栏杆及基础等，必要时可设渣仓。

8.3.5　井架结构构件应按以下两种荷载组合进行验算：

8.3.5.1　正常荷载：包括井架自重、附属设备重及提升悬吊钢丝绳的工作荷载。

8.3.5.2　特殊荷载：包括提升钢丝绳的断绳荷载及其共轭钢丝绳的 2 倍工作荷载、50% 风荷载。

8.3.6　天轮平台布置应符合下列规定：

8.3.6.1 天轮平台应满足井身平面布置的需要，可按两面或四面出绳布置，宜减少导向轮。

8.3.6.2 在满足使用要求的情况下，宜缩小天轮平台面积，形状宜为正方形。

8.3.6.3 悬吊钢丝绳与天轮平台各构件的间隙不得小于 5 cm；天轮与天轮平台各构件的间隙不得小于 6 cm，严禁钢丝绳与井架构件相碰。

8.3.6.4 天轮梁应与井架中心线平行。如设置中梁，提升天轮梁应与天轮平台中梁垂直。

8.3.6.5 天轮轴承座的中心线应与天轮梁的中心线重合；天轮轴承座宜直接支承在天轮梁的上翼缘上。

8.3.6.6 天轮轴承座之间不应互相重叠。

8.3.7 井架底部平面尺寸应满足提升石渣、运输材料、下放设备、工作人员操作与检修的要求，并应符合稳定性要求。

8.3.8 井架上的罐道平面位置应与井身中的罐道平面位置一致。

8.3.9 井架基础顶面与柱腿中心应垂直，基础底面应水平。

8.3.10 井架基础应进行以下各项验算：

8.3.10.1 基础底面的承压强度。

8.3.10.2 基础底面边缘的最小压应力。

8.3.10.3 基础顶面的承压强度。

8.3.10.4 地脚螺栓的抗剪强度和承压强度。

9 通 风

9.1 横洞和平行导坑通风

9.1.1 横洞、平行导坑可采用管道式通风,平行导坑亦可利用巷道通风系统进行通风。

9.1.2 巷道通风应建立完善的通风系统,并避免风门处漏风。

9.1.3 管道式通风可分别采用压入式、吸出式或混合式通风,并应根据施工坑道的长度及施工方法确定独头通风段长度。

9.1.4 在管道式通风的主管路系统中,应按监测部门要求设置监测站。

9.2 斜井和竖井通风

9.2.1 混合斜井采用混合式通风时,应满足通风排烟时间不大于 20 min 的要求。

9.2.2 主副斜井采用巷道式通风时应符合下列要求:

9.2.2.1 凿井施工通风应用主副井巷道式通风。

9.2.2.2 斜井拐入隧道正洞时的通风,可采用下列方法:

(1)副井供风,主井排风的巷道式通风;

(2)在副井内安设管道进行混合式管道通风。

9.2.2.3 开挖工作面安装辅助风机时,其吸入风量必须小于主风管道供给该处的风量。

9.2.2.4 主风机采用并联安装需要单机起动和运转时,应设有防回风装置。

9.2.2.5 洞内风机应避免设在漏水地段。

9.2.2.6 无自动断电安全装置的风机应安装信号指示灯。

9.2.3 竖井通风应符合下列要求:

9.2.3.1 竖井凿井通风,当竖井深度在 300 m 及以下时,宜采用压入式管道通风;当竖井深度大于 300 m 时,宜采用混合式管道通风。

9.2.3.2 竖井拐入隧道正洞时的通风应采用混合式管道通风。

10 防水和排水

10.1 一般规定

10.1.1 辅助坑道的排水系统(泵站、水仓、管子道、排水沟等),应根据隧道正洞和辅助坑道洞身的涌水量、施工组织安排、使用期限及便利施工等因素确定。

10.1.2 辅助坑道设计前,应进行现场调查。当施工排水可能影响周围环境(农田、水源、森林、风景游览区等),造成污染和危害时,应采取防污染和防其他公害的措施。有害物质的排放标准,应符合国家有关规定。

10.1.3 辅助坑道施工前,应查明坑道附近地表水源及汇水情况,掌握历年降雨量和最高洪水位资料,并结合具体情况做好洞顶、坑道口、车场的截水与排水系统,必要时应设置防洪及地表防渗设施。

10.2 防水

10.2.1 辅助坑道穿越有突水可能或地下水发育地段前应进行探水。探水方法应根据水文地质条件和设备能力确定,可采用水平钻机或采用一般风钻钻长孔等方法。

10.2.2 洞(井)口位置的高程,应高出洪水频率为1/100的水位0.5 m,否则,应采取有效的防洪措施。

10.2.3 辅助坑道防水应符合下列规定:

10.2.3.1 变电洞室应采取防水、防潮措施,洞顶、洞壁不得滴水。

10.2.3.2 其他洞室应采取防水措施,洞壁不得滴水成线。

10.2.3.3 辅助坑道洞身应根据使用要求采取适当的防水措施。

10.3 横洞和平行导坑排水

10.3.1 横洞和平行导坑应设排水沟,其过水断面、坡度应满足隧道正洞排水的要求。

10.3.2 横洞坡度和平行导坑底面高程应符合本规范3.3.2条的规定。

10.3.3 当隧道正洞为反坡时,平行导坑应分段设集水坑排水。排水设备的能力应大于服务工区(正洞和平行导坑)围岩涌水量之和。

10.4 斜井和竖井排水

10.4.1 斜井掘进排水,宜采用边掘边排的方法。当遇到涌水量较大的含水层、断层或裂隙涌水时,应采取分段截排水的措施。排水设备应根据排水需要,选用体积小、移动维修方便的水泵。

10.4.2 竖井凿井期间的排水方案应根据竖井的水文地质资料、井身深度及各施工阶段井身涌水量大小等因素确定。当井身涌水量大于 50 m^3/h 时,应采取注浆堵水等措施。

10.4.3 井下排水泵站应设在铺设排水管的井身附近,并应与主变电所毗邻。

10.4.4 井下排水泵站的布置形式,宜采用水泵沿洞室纵向单排布置。

10.4.5 井下排水泵站洞室,应能满足水泵、排水管、起重设备安装及运输的要求。

10.4.6 井下排水泵站地面高程,应高出通道入口处井底车场底板高程 0.5 m,地面应向吸水池一侧设 1% 的下坡。

10.4.7 水文地质条件复杂、有突然涌水可能的坑道,泵站应留有增加水泵的余地。必要时,应辅以局部堵水、综合治理或选择潜水泵排水等其他防治水措施。

10.4.8 水文地质条件复杂、有突然涌水淹井危险的坑道,在泵站通往井底车场的通道中应设置防水密闭门。

10.4.9 井下排水泵站的水仓应由两条独立、互不渗漏的坑道组成。水仓容积应能容纳 1.5 ~2 h 设计涌水量。

10.4.10 斜井、竖井分段排水时,腰泵站水仓容积宜按泵站 10 ~15 min 排水能力设计。

10.4.11 水仓入口应设在井底车场排水沟的最低处,入口前必须设置沉淀池,沉淀池的容积应根据水质情况确定。

10.4.12 井下排水泵站吸水池宜采用直接与水仓相连接的形式,连接处应设控制闸阀。吸水池宜为矩形,几台水泵可共用一个吸水池。

10.4.13 斜井井下排水泵站设管子道应根据地层有无突然涌水及排水管安装工程量大小,通过技术经济比较确定。

10.4.14 竖井井下排水泵站应设两个出口,一个通往井底车场,另一个用倾斜的管子道与井身连接。连接处应高出泵站地面 7 m 以上。管子道的倾角宜采用 25° ~30°,并应设人行台阶。

10.4.15 管子道的净空应保证安设排水管后仍能通过水泵或电动机,其高度不得小于 2 m。管子道与井身连接处应设 2 m 左右缓坡段,并以 3% ~5% 的坡度倾向斜井或竖井。

10.5 排水设备

10.5.1 斜井、竖井井下排水泵站水泵的选择,应根据隧道设计涌水量、水质和扬程等因素确定,并应符合下列要求:

10.5.1.1 斜井、竖井井下各排水泵站的水泵宜选用一种型号。

10.5.1.2 确定水泵扬程时,应考虑排水管淤积所增加的阻力,将计算的管道损失增加 70% 。

10.5.2 井下排水泵站水泵及排水管的设计应符合下列要求:

10.5.2.1 泵站应设有工作和备用的水泵及排水管。其工作泵和排水管的能力,应能在 20 h 内排出隧道 24 h 的设计涌水量。

10.5.2.2 工作的水泵和排水管以及备用的水泵和排水管的总能力应能在 20 h 内排出隧道 24 h 的最大涌水量。

10.5.2.3 备用水泵的配备能力不应小于工作水泵的总能力。

10.5.3 斜井、竖井井底水窝应设置两台排水泵,其中一台备用。

10.5.4 井下排水泵站宜设计成非自灌式，且应设置引水装置，引水时间不宜大于 5 min。

10.5.5 斜井、竖井井下泵站排水宜按一级排水设计。当井深大于 200 m 时，可采用分段排水。采用一级或分段排水方式应根据技术经济比较确定。

10.5.6 当水泵设有止回阀或底阀时，应进行停泵水锤压力计算。当水锤压力值大于管道试验压力时，应采取消除水锤的措施。

10.5.7 泵站中每台水泵均应能向两条排水管输水。每条排水管上应设置放空管及放水闸阀。

10.5.8 排水管的管材应根据水压、水质和敷设条件确定，并应符合下列要求：

10.5.8.1 排水管沿斜井敷设时，压力小于 1 MPa 时，可采用铸铁管；压力大于 1 MPa 时，宜采用焊接钢管或无缝钢管。

10.5.8.2 排水管沿竖井敷设时，应选用无缝钢管或焊接钢管。

10.5.9 隧道涌水的 pH 值小于 5 时，排水设备应采取防腐蚀措施。

10.5.10 井下排水泵站设计及设备安装，除按本规范执行外，尚应符合国家现行《室外排水设计规范》和《机械设备安装工程施工及验收规范》的有关规定。

11 供电、配电和照明

11.1 一般规定

11.1.1 隧道的斜井、竖井应有两路电源供电,特长和长隧道的平行导坑与横洞宜有两路电源供电。

11.1.2 辅助坑道的供电电源应优先采用地方可靠电源。当地方电源不能满足要求时,应设地面柴油发电站,其容量应满足辅助坑道的全部用电负荷。柴油发电站机组的台数不应少于2台。

11.1.3 辅助坑道内电器设备的选择,除应满足各种技术条件外,还应符合使用环境的要求。

11.1.4 辅助坑道供电工程应贯彻节约的原则,在有条件时可与长期运营供电工程相结合。

11.2 供电和配电

11.2.1 辅助坑道内供电的高压网络电压应优先采用10 kV,若辅助坑道内有高压用电设备,经技术经济比较后,也可采用6 kV或3 kV。

辅助坑道内低压网络配电电压宜采用380 V/220 V;手持式电器设备的额定电压不应大于127 V。

11.2.2 辅助坑道内配电变压器应采用中性点不接地方式,中性点接地的地面变压器不得向辅助坑道内供电。

11.2.3 辅助坑道内的电力供应,其电压损失及功率因素应符合下列规定:

11.2.3.1 高压网络末端电压损失不得大于线路额定电压的7%~8%。

11.2.3.2 低压网络用电端电压损失不得大于额定电压的5%~6%;个别远端的用电设备不得大于10%,但应符合用电设备对端电压的要求。

11.2.3.3 辅助坑道供电的高压网络端对电业部门的功率因素不应小于0.9。为提高功率因素而采用的静电电容器补偿宜设于地面变电所内的高压侧。

11.2.4 辅助坑道内电缆的规格及线路敷设应符合下列要求:

11.2.4.1 辅助坑道内固定敷设的电缆可采用铝芯电缆;敷设于竖井内的电缆必须采用铜芯电缆。

11.2.4.2 辅助坑道内宜采用塑料电缆。横洞、平行导坑和斜井内敷设的电缆应采用钢带铠装电缆;竖井内敷设的电缆应采用钢丝铠装电缆。

11.2.4.3 辅助坑道内高压电缆的悬挂高度应保证在矿车掉道时电缆不受撞击。

11.2.4.4 电力电缆与弱电电缆宜分设于辅助坑道的两侧;高压电力电缆应设于人行道或检修道的对侧。

11.2.4.5　电缆不得悬挂在水管、风管上，电缆上也不得悬挂任何物件。电缆与水管、风管平行敷设时，电缆应在水管、风管的上方，且间距不宜小于0.3 m。

11.2.4.6　电力电缆平行敷设的间距不宜小于0.1 m；在斜井中敷设的电缆，其固定点间距不宜大于3 m；在竖井中敷设的电缆，其固定点间距不宜大于6 m。

11.2.4.7　敷设于竖井中的高压电力电缆宜避免中间接头，当井较深，应将中间接头设于腰泵站或电缆接头的专设壁龛内。

11.2.5　辅助坑道内电器设备宜选择矿用型，在环境条件较好处可采用普通型。

11.2.6　辅助坑道内变电所或向坑道内供电的地面变电所的低压母线或馈线上应设漏电保护装置，并宜装设必要的信号。

11.2.7　辅助坑道内主变电所应选择在井底车场附近，宜与排水泵站合建。主变电所洞室地面应比相邻坑道的地面高出0.5 m以上，比排水泵站洞室地面高出0.3 m以上。主变电所宜有两个通道，一端与排水泵站相连，另一端与车场或坑道相通。若主变电所容量较小，可单独设置成尽端式。

11.2.8　辅助坑道内的主变电所应配备与地面变电所或调度直接联系的电话。

11.2.9　辅助坑道内的所有电器设备外壳、金属构架及可能带电而人员又易触及的金属管线均必须接地或与接地网相连。

11.2.10　辅助坑道内应设总接地网，其主接地极不应少于2组。

在辅助坑道内的单独用电设备点应设局部接地极，局部接地极可设在积水坑、水沟或较潮湿处，并应与总接地网相连。

总接地网的接地电阻值不得大于2 Ω。

11.3　照　　明

11.3.1　辅助坑道内必须设置照明，照明光源应采用高效、耐久、可靠、光色较好的电光源。

11.3.2　辅助坑道内照明灯具设备应选择防潮、防尘型，安设于易碰损处的灯具应选择防护安全型。

11.3.3　辅助坑道内照明电源应采用中性点不接地系统。照明与动力电源宜共用变压器，但照明回路应与动力回路分开，且每条照明回路上应装设触电保护开关。

11.3.4　辅助坑道内照明电压宜采用220 V；行灯及作业段的照明电压不应大于36 V。

11.3.5　辅助坑道内照明灯具安装应采用固定式或悬挂式，灯具安装高度不宜小于2 m。

11.3.6　辅助坑道内照明配线，在有可能引起机械损伤处，应采用铠装电缆。

12 施 工

12.1 一般规定

12.1.1 辅助坑道开工前，应结合隧道主体工程做好施工调查、核对设计文件、进行测量复核、编制实施性施工组织设计，做好施工准备工作。

12.1.2 辅助坑道应先于隧道正洞开工，并组织好快速施工。

12.1.3 辅助坑道洞口及井口的防排水系统和防冲刷设施，应在施工前妥善规划，按本规范有关规定作好防排水工作。洞门或锁口圈宜先施工。

12.1.4 辅助坑道施工方法的选择，应以地质条件为主，结合隧道施工条件、机械设备情况和开挖断面尺寸等综合确定。

12.1.5 辅助坑道施工，除完整稳定的围岩外应及时支护，洞口、井口、岔洞及与隧道正洞连接处应紧跟开挖面支护或先支护后挖。

12.1.6 辅助坑道开挖宜采用光面爆破或预裂爆破。辅助坑道支护宜采用喷锚支护。

12.1.7 辅助坑道的中线、高程、倾角、垂直度、断面尺寸及支护材料均应符合设计要求。

12.2 横洞和平行导坑施工

12.2.1 选择施工方法时，宜优先采用全断面法与正台阶法。

12.2.2 横洞与平行导坑不设仰拱时，其底部应按设计高程一次挖够，水沟与边墙基础也应一次挖成并应及时做好水沟。

12.2.3 平行导坑的横通道施工，应在平行导坑和隧道正洞掘进至其位置时，将交岔口处一次挖成。如原确定的横通道位置地质不良，可根据实际情况调整横通道间距。

12.3 斜井施工

12.3.1 斜井井身施工宜采用耙斗装渣机装渣，箕斗或侧卸式矿车出渣。

12.3.2 斜井开挖应采用顺邦钻眼，其方向应与井身倾角一致，底板眼方向应较开挖面设计高程略低。开挖每一循环宜用炮孔测角仪控制井身坡度；当采用激光导向时，应经常校核激光发射点的位置。

12.4 竖井施工

12.4.1 竖井井身施工应采用普通凿井法，特殊情况亦可采用反井法、钻井法、冻结法、沉井法等施工方法。

12.4.2 井口施工应符合下列要求：

12.4.2.1　表土掘完一段后要及时砌筑锁口圈及井颈。

12.4.2.2　井颈施工应按设计要求预留管线口、地脚螺栓、梁窝和其他通道口。

12.4.2.3　安装井盖和吊挂掘进井架。

12.4.2.4　安装井口栅栏和安全门。

12.4.3　竖井井身施工,可采用单行作业,当井身围岩稳定且有安全措施时,亦可采用平行作业。

12.4.4　与井身直接相连的水仓、水泵房及其他用途的洞室与通道应与井身同时施工。

12.4.5　井身施工中宜采用激光导向,并应及时用激光检查井身中心线或边线与开挖、衬砌尺寸。

12.4.6　井口施工时,应在锁口、井架基础和附近的地面上设立高程观测点,定期量测施工期间地面沉陷和主要结构的变形。

12.4.7　使用各型钻架凿岩时,应符合下列要求:

12.4.7.1　伞形钻架升降时,必须收缩成最小尺寸,并将所附的风、水管捆绑妥当;伞形钻架工作时,应利用支撑臂将其固定在井身中心位置,并应另设一根保险绳悬吊钻架。

12.4.7.2　使用环形钻架时,应用三点悬吊于地面或吊盘的稳车上,钻架升降时必须保证平稳同步,钻架放至工作面距离,宜为 3 ~ 4 m,钻架定位后应采用撑紧装置固定在井壁上。

12.4.7.3　钻架升降和使用时,应排除与吊桶、抓岩机、排水设备等的干扰。

12.4.8　使用各型抓岩机时,应符合下列要求:.

12.4.8.1　使用 0.1 m^3 抓岩机时,每台工作面积为 12 ~ 15 m^2,其悬吊高度不得小于 15 m。

12.4.8.2　使用靠壁式抓岩机时,抓斗提升高度不应大于 5 m,机架应用锚杆固定在岩壁上。

12.4.8.3　采用中心回转、环行轨道式抓岩机时,井身内不得布置 2 台吊泵。

12.4.8.4　抓岩机的位置不应妨碍测量工作。

12.4.9　井身支护时,宜在井口地面设置供料系统,井身内设管路进行垂直供料。

12.4.10　采用管路输送混凝土时应符合下列规定:

12.4.10.1　管路应垂直,使用前应检查管路,使用后应立即冲洗干净。

12.4.10.2　管路下端应安设缓冲弯管。

12.4.11　井壁设置梁窝宜在井身施工同时预留,采用现凿梁窝其深度不宜大于井壁厚度。

12.4.12　供水管应设降压阀。

附录 A　本规范用词说明

执行本规范条文时，对于要求严格程度的用词说明如下，以便在执行中区别对待。

A.0.1　表示很严格，非这样做不可的用词：

正面词采用“必须”；

反面词采用“严禁”。

A.0.2　表示严格，在正常情况均应这样做的用词：

正面词采用“应”；

反面词采用“不应”或“不得”。

A.0.3　表示允许稍有选择，在条件许可时首先应这样做的用词：

正面词采用“宜”或“可”；

反面词采用“不宜”。

附加说明

本规范主编单位和主要起草人名单

主编单位：铁道部隧道工程局

主要起草人：谢世华　杨元胜　胡庭树　袁永贵　徐大琦　余志贵　徐颂恩　徐再生　谢明才　徐望新　陈振林

在执行本规范过程中，如发现需要修改和补充之处，请将意见和有关资料寄交铁道部隧道工程局（洛阳市陵园路，邮政编码：471009）；并抄送铁道部建设司标准科情所（北京市朝阳门外大街 227 号，邮政编码 100020），供今后修订时参考。

《铁路隧道辅助坑道技术规范》
条文说明

本条文说明系对重点条文的编制依据,存在的问题,以及在执行中应注意的事项等予以说明。为了减少篇幅,只列条文号,未抄录原条文。

1.0.1 在40余年我国铁路隧道建设过程中,由于施工和运营需要,各种类型的辅助坑道均作过尝试,并取得一定的经验。为了更有效地发挥各类辅助坑道在施工和运营中的作用,在总结经验的基础上,统一技术标准,故制订本规范。

1.0.4 铁路隧道辅助坑道主要根据隧道长度、工期和运营需要,结合地形、地质、水文条件,按施工通风、运营通风、超前探水及排水和防灾等方面的要求,进行技术经济比较,综合考虑设置。并针对具体隧道工程特点,经充分论证确定设置辅助坑道的类型与数量。

1.0.5 长隧道或多线隧道应根据施工和运营需要选用不同类型的辅助坑道。

长隧道施工,往往工期为主要制约因素,由于增设了辅助坑道,可增加工作面,达到长隧短做,加快施工进度,满足工期要求。

解决隧道在施工中因塌方影响工期,可采用增设迂回导坑等措施,或利用平行导坑探测前方不良地质及水文情况,以便采取措施,安全、顺利通过,利于争取工期。

满足运营期间,由于通风、排水或防灾等要求,可设置不同类型的辅助坑道,保证运输畅通。

1.0.6 各类辅助坑道的净空要按运输提升和使用要求拟定。凡兼顾运营期间服务者,除应满足使用要求外,尚应符合施工阶段运输提升需要;运营期间无使用要求,仅为施工阶段服务者,应满足运输提升设备、通风管道及安全间隙的要求。

1.0.7 根据各类辅助坑道在施工、运营期间的服务性质,确定其设置和处理原则,共分两种情况:

(1)按设计要求兼作运营期间服务坑道者,如作为运营期间通风、排水和防灾害的通道使用时,应按永久性建筑物设置,符合使用要求,并做好排水系统。

(2)运营期间无使用要求,仅为施工服务者,应本着固本简末的原则,在保证隧道安全的条件下,节省工程投资,并按下列原则处理:

① 各型支护结构在施工期间要有一定的安全度,确保施工安全;

②在洞(井)口端及辅助坑道与正洞连接段关键部位,在适当长度内应作永久性支护;同时,在洞(井)身位于软弱围岩段或漏水严重地段,支护结构要因地制宜采取加强措施;

③ 作好洞(井)身排水系统。以往的教训告诫我们,由于辅助坑道在运营期间不予利用,造成洞(井)身排水不畅或积水严重,引起塌方,甚至威胁隧道安全者甚多,因此,应作好洞(井)身排水系统;

④ 为了便于在运营期间进出辅助坑道检查、维修和安全的需要，应在洞（井）口端加设钢架门，竖井应设井帽、钢架门及安全防护网格架等；

⑤ 为安全计，可考虑在洞（井）口端或辅助坑道与正洞连接段采取封闭措施，如用浆砌片石砌筑等，但封闭段要注意排水通畅。

1.0.8 在拟定各类辅助坑道洞（井）口位置、施工场地布置及弃渣处理等，往往与农田、水利有着密切关系，如有处置不当将会给农田、水利带来一定影响。因此，在考虑上述问题时一定要注意不占良田、少占农田、防止弃渣堵塞河道、沟渠、道路交通，要避免影响农田、水利和人民生活用水，同时，还应采取弃渣造田，恢复水源等补救措施。

1.0.10 条文中所指尚应符合的国家和铁道部现行的有关标准主要有：

（1）《铁路隧道设计规范》（TBJ 3—85）；

（2）《铁路隧道施工规范》（TBJ 204—86）；

（3）《铁路隧道施工技术安全规则》（TBJ 404—87）；

（4）《铁路线路设计规范》（GBJ 90—85）；

（5）《矿山井巷工程施工及验收规范》（GBJ 213—90）；

（6）《混凝土结构设计规范》（GBJ 10—89）；

（7）《钢结构设计规范｝（GBJ 17—88）；

（8）《室外排水设计规范》（GBJ 14—87）；

（9）《锚杆喷射混凝土支护技术规范》（GBJ 86—88）。

3.1.1 辅助坑道勘测资料是设计和施工的依据，也是隧道勘测资料的组成部分。过去，由于对辅助坑道的勘测工作重视不够，勘测资料收集不完善，特别是地质描述不甚清楚，因而造成一些辅助坑道没有起到应有的作用，造成一定的损失，延误了工期，增加了工程费用，故作本条规定。

3.1.2 特长隧道及长隧道的斜井、竖井一般较长、较深，随之提升设备也较复杂，提升设备的安装及转载要求一定的井口场地，以满足提升能力的要求，故要求井口应有布置提升系统的场地条件。

斜井、竖井井口高程高，一旦洪水灌入井口，其后果不难设想。故要求井口高程应满足防洪要求。

3.2.1 辅助坑道位置选择时，应选在稳定地层中，避免穿过工程地质、水文地质复杂和严重不良地质地段。但自然界毕竟是多样的和复杂的，因此，在某些情况，如长或特长隧道因工期及通风、排水需要在较差的地质地段设置辅助坑道，还应全面考虑，当技术上可行，经济上合理，也可穿过较复杂的地质地段，但应做到情况明，措施得力，通过较详细的技术经济比较确定。

3.2.2 横洞是各类辅助坑道中最方便实用、造价低、设备简单，且正洞工作面的施工进度指标系数最高的一种。但在选用时要特别注意弃渣防护，避免弃渣阻塞河道，危害下游农田及水利设施。

3.2.3 设置平行导坑的主要目的是减少工序干扰，解决通风、排水、出渣运输加快施工进度并为正洞施工探明地质情况，故条文规定对于不预留第二线的隧道，平行导坑应设在地下水发育或出渣运输方便的一侧。

平行导坑的长度应根据施工组织设计确定，在特殊条件下应根据需要设置，如地下水集中地段或有瓦斯涌出地段等在靠隧道中部，此时可适当增长，以解决主要矛盾。

平行导坑与隧道的净距采用 15 ~ 20 m,在一般的围岩中是可行的,当地质条件不好时,应选用较大的净距,以策安全。

3.2.4 设置斜井的主要目的是开辟工作面、缩短工期,因此,选择斜井位置时首先要考虑整个隧道的均衡施工,保证采用斜井施工,达到缩短工期的目的。

斜井长度由技术经济比较确定,一般情况下,长隧道的斜井长度不宜大于 500 m,否则所需要的提升设备要增大,工程造价要提高,运输安装困难,不经济。斜井长度不大于 500 m、倾角不大于 25°时,采用 2 m 直径的提升机、4 m^3 侧卸式矿车、双钩提升,提升能力可满足较高施工进度的需要。

特长隧道的斜井长度不宜大于 900 m,原因如上述。当斜井长度不大于 900 m、倾角不大于 25°时,采用 2.5 m 直径的提升机、4 m^3 或 6 m^3 侧卸式矿车、双钩提升,提升能力可满足较高施工进度的需要。

3.2.5 竖井深度主要受地形条件控制。条件许可时设置简易竖井最好,简易竖井深度宜小于 40 m,采用吊桶提升,可不设置稳绳,井架可采用三用架或龙门架,施工方便易行。竖井深度在 200 m 以内时,可选用冶金系统的 2 号单层罐笼,0.7 m^3 矿车出渣,2 m 直径提升机、钢丝绳罐道等较轻型配套设备,另外从施工排水考虑可采用一级泵站排水,其排水管路及法兰盘接头也较轻便,施工方便、安全性能可靠。特长隧道竖井深度要求小于 400 m,其理由是:(1)选用 2.5 m 直径的提升机,1.7 m^3 矿车及配套罐笼出渣,提升能力可满足双线铁路隧道施工进度要求。若竖井深度大于 450 m,则需改用 3 m 直径的提升机,直径 3 m 提升机比直径 2.5 m 提升机耗电量大,总重增加 52%,最大件重 1.5 倍,复杂程度将增加很多。(2)400 m 以内的深竖井选用 2 级排水比较方便,安全度较大。

竖井穿过含水的砂层或卵砾石地层,易产生流砂事故,若不可避免时,应采用预注浆加固地层,使砂层固结,防止流砂事故产生,这样就将增加工期和造价。故条文规定竖井宜避免穿过含水的砂层及卵砾石地层。

竖井设在隧道中线顶部有不少缺点,如施工时调车不便、不安全、支护结构不易处理等,故要求竖井设在隧道一侧。竖井与隧道的净距应依地质情况确定,条文规定 15 ~ 20 m,主要是从结构受力和安全上考虑的。

3.3.1 横洞和斜井的轴线与隧道中线的交角大小是根据地形、地质条件及其本身的参数确定的,正交时应设连接通道,斜交时可为任意角度,若交角过大或过小时,也应采用连接通道与隧道连接。连接通道与隧道中线交角宜选用 40° ~ 45°,这是从支护结构受力和出渣运输两方面考虑的,因连接通道与隧道相接处必然形成喇叭口状,其交角过小,连接处跨度增大,对围岩稳定不利,当地质条件较差时,容易发生坍塌,支护结构不易构筑;其交角过大,因转弯过急,运输车辆在运行中易发生掉道,同时受连接曲线半径影响,需要将轨道内移,造成内侧岩体大量切削,连接处跨度同样有所增加,仍然不利于围岩的稳定,故根据多年来施工实践经验,条文提出上述角度范围。平行导坑与隧道间横通道的交角亦是根据上述原因规定的。

竖井不设在隧道中线上时,其井下与隧道之间宜设双侧连接通道,以方便调车。若设单侧连接通道,进、出罐笼的车辆同在一侧,操作不便,且不安全,并增加了辅助时间,大大降低了提升能力。

平行导坑横通道设置的间距主要应从地质条件、施工组织设计及施工机械化程度等因素,并结合避车洞的布置确定。若地质条件好,施工机械化程度高,其间距可根据施工组织设计情况选用240 m甚至360 m。若地质条件较差，施工机械化程度较低，其间距可用120 m、150 m等。间距大，工程量省，从而可降低造价；间距小则反之。条文规定不宜小于120 m是根据各施工工序及通风、排水方便提出的。

3.3.2 横洞纵断面是根据一般的排水坡度要求和有利于重车下坡运行而规定的。

平行导坑底部高程低于隧道底面高程0.2～0.6 m可使横通道的纵坡由隧道向平行导坑为下坡，有利于正洞水流向平行导坑排除，并有利于重车下坡运行出渣。但由于横通道两端需设反向曲线，且两端均需铺设道岔，坡度不宜太大，太大时下坡易使车辆溜车掉道，上坡可能超过机车牵引限坡。为有利于排水，其坡度不应小于3‰。

斜井倾角大小主要取决于提升方式。从大瑶山隧道滑石排2号斜井采用胶带输送机提升的实际情况看，斜井采用国产DX型钢绳芯带式输送机，实际倾角为15°40′，输送石渣效果很好，且该机型技术参数为：矿石粒径0～350 mm，向上提升可采用14°～16°；同时铁路隧道施工斜井纯属临时工程，服务年限短，在安全可靠的前提下，采用较大的允许倾角，可缩短斜井长度，节约工程投资。条文规定胶带输送机提升不得大于15°是从安全角度考虑，并与铁道部现行《铁路隧道设计规范》取得一致。

条文中箕斗提升不得大于35°，矿车提升不得大于25°，斜井井身纵断面不宜变坡，井身每隔30～50 m可设一个躲避洞，均根据铁道部现行《铁路隧道设计规范》制订。为适应井下摘挂钩及调车作业的需要，条文规定矿车提升的斜井井底应设平坡段。为使提升平顺，避免车辆掉道事故发生，条文规定井口和井底变坡点应设竖曲线，有轨运输的竖曲线半径宜采用12～20 m。

3.3.3 辅助坑道横断面的净空高度一般由装砟机动作高度加上安全间隙控制或者由通过的大型机械设备加安全间隙控制，有时是通行车辆加通风管及安全间隙控制。净空宽度一般由最宽运行车辆、人行道、管线宽度及安全间隙控制，有时也是通过大型设备宽度加安全间隙控制。

4.1.1 洞门的作用在于支撑辅助坑道边仰坡、拦截仰坡上的少量剥落、掉块、并将仰坡的水引离辅助坑道，以保障洞（井）口的安全畅通。

一般情况下，洞（井）口应修建洞门；对于完整不易风化的硬岩或采用喷锚加固的洞口，可只做洞门框。

4.1.2 洞门结构形式应力求简单、因地制宜，适应洞口地形、地质等要求。岩层较好时可采用端墙式，岩层较差时可采用翼墙式，地面横坡稍大或一侧地形突出时可采用台阶式。

斜交洞口衬砌受力情况比较复杂，施工比较麻烦，斜交洞门的端墙与辅助坑道中线的交角越小，对洞口段衬砌受力和施工安全越不利，故条文规定Ⅳ类及以上围岩采用斜交洞门时，其端墙与辅助坑道中线的交角不应小于45°。

4.1.3 洞门端墙宜高出仰坡坡脚0.5 m系采用修建隧道洞门的经验数据。洞门端墙与仰坡之间水沟的沟底至衬砌拱顶外缘的高度不宜小于0.5m，主要考虑到辅助坑道断面一般较小，洞门是临时工程，使用年限短，故较隧道洞门的要求低。为了减少洞门顶水沟的不利影响，水沟底如有填土应紧密夯实，洞顶仰坡土石有剥落可能时，坡面应清理加固。

4.1.4 为了洞口的安全稳定，洞门端墙、翼墙和洞口挡墙的基础必须置于稳固地基上，并埋入地面下一定深度。要求地基稳固不一定单纯加深基础，应认真清除基底废砟或采用其他加固措施。

在冻土上设置基础时，基础应埋入冻结线以下或采用其他措施，以防地基冻胀造成洞门的开裂或损坏。

4.1.5 洞(井)口是辅助坑道的咽喉,不及早施工洞门,边仰坡暴露时间过长,会发生坍方落石,危及安全,干扰运输,严重时将降低辅助坑道的使用价值,故要求洞门及早施工。为增强洞口建筑的稳定性,洞门端墙应与拱墙衬砌同时施工,连成整体。

4.2.1 竖井井口多处在松散表土层或风化岩层内,一般还要承受井架、提升设备、运输设备等传递的荷载,修建锁口圈是必要的。锁口圈系井颈的头部,是地上与地下坑道联系的咽喉,为了井口的稳定和安全,应采用混凝土或钢筋混凝土灌筑。

4.2.2 为防止地面松土、碎石、杂物等及地表水从井口进入井内,竖井锁口圈应高出地面不小于0.25 m,或灌筑环形挡墙,并做好井口场地排水沟。

4.2.3 锁口圈与井颈是一个整体,施工时应整体灌筑。当锁口圈作为井架基础时,应与井架结构连成整体,进行整体设计,同时施工,以确保井架使用和提升运输的安全。

5.1.1 辅助坑道支护类型常用木、钢、钢木混合、混凝土或钢筋混凝土等构件支护和喷锚支护。构件支护系点支护,只起临时支撑作用,需要增设模筑混凝土才能形成永久性支护,喷锚支护可用作永久性支护,也可用作永久性支护的初期支护,具有灵活、简便、工序少、施工空间大、安全可靠等优点,故应优先采用。

辅助坑道被用作泄水洞、运营通风道等,虽然在施工阶段是辅助坑道,但就其实际的使用要求是永久性工程,故应按永久性工程及通风、泄水的使用要求设衬砌。

5.1.2 辅助坑道洞口、岔河处及与正洞连接段,围岩临空面多,经施工多次扰动,物理力学性能下降,应力集中,地下水容易侵入,使支护结构受力复杂化,是辅助坑道的薄弱环节,应采用加强支护措施。本条各款所作规定是为了提高洞(井)口支护的强度和整体性。

5.1.3 辅助坑道内两种围岩交接地段,是围岩较差向围岩较好过渡的地段,过渡地段长度一般为3~5 m。因此,规定围岩较差地段的支护结构应向围岩较好地段延伸,其长度不得小于5 m。

5.1.4 位于软硬地层分界处的衬砌,因承受不同的围岩压力,易产生不均匀沉降,使衬砌断面产生应力集中而开裂破坏。因此,规定软硬地层分界处衬砌宜设沉降缝。

5.1.5 不设仰拱的辅助坑道,为了防止道床发生病害,确保运输和车辆通行安全可靠,宜做铺底。

5.2.1 横洞、平行导坑及斜井喷锚支护参数主要根据围岩类别、坑道宽度确定。表5.2.1是按国标《锚杆喷射混凝土支护技术规范》和部标《铁路隧道设计规范》的有关规定及一般辅助坑道宽度 $B\leqslant5$ m 支护要求拟定的。此表同时参考了国内一些工程实例,如大瑶山隧道、军都山隧道及云台山隧道辅助坑道的支护参数,并参照国外同类资料类比拟定,具有一定的实用性。由于工程情况千变万化,在施工过程中,应根据量测资料进行适当修正和补充。

5.2.2 横洞、平行导坑及斜井衬砌常用喷锚衬砌、模筑混凝土衬砌、复合衬砌等类型。

喷锚衬砌作为衬砌的一种类型,喷锚的质量和技术标准应比一般喷锚支护要求高,应用范围亦受到一定的限制,故规定仅适用于地下水不发育,无侵蚀性,并能保证光面爆破效果的Ⅳ类及以上围岩地段。

喷锚衬砌最小厚度定为5 cm系按构造要求,当喷射混凝土厚度小于5 cm时,石子含量少,容易引起收缩开裂和剥落。

模筑混凝土衬砌厚度的确定，Ⅳ类及以上围岩按构造要求并留有一定安全储备，Ⅲ类及以下围岩应进行承载检算或按工程类比。

复合衬砌的初期支护可按表5.2.1所列喷锚支护参数选用，取下限。二次衬砌的模筑混凝土厚度按构造要求并留有一定安全储备确定。

5.3.1 表5.3.1是按国标《锚杆喷射混凝土支护技术规范》结合铁路隧道竖井使用特点拟定的。由于竖井支护不仅承受围岩压力，还要承受井架、装载设备等地面传递的荷载，故规定喷射混凝土最小厚度为10 cm，并限制Ⅲ类及以下围岩地段不宜采用喷锚支护。

5.3.2 竖井用作运营通风井或救灾通道等，应按使用要求设衬砌。

竖井衬砌应参照相应材料的竖井支护予以加强。喷锚衬砌的喷射混凝土厚度宜较喷锚支护增加5 cm，模筑混凝土或钢筋混凝土衬砌厚度宜较模筑混凝土或钢筋混凝土支护增加5～10 cm，砌体衬砌厚度宜较砌体支护增加10～20 cm。有条件采用喷锚作临时支护的竖井衬砌，其厚度可采用竖井模筑混凝土或钢筋混凝土衬砌、砌体衬砌的厚度。表5.3.2竖井复合衬砌初期支护参数是按国际《锚杆喷射混凝土支护技术规范》有关规定，并参考大瑶山隧道班古坳竖井、深圳梧桐山隧道莲塘、五亩地、伯公坳、沙头角竖井等初期支护资料拟定的，有一定的实用价值。

5.3.3 设置壁座是为了承托井壁的部分重量，加强井壁与围岩的互相影响，从而产生很大的阻力，提高井壁的承载能力，使竖井支护结构和承载能力同井壁的工作条件和承受的荷载相适应，达到提高竖井支护结构的可靠性和安全度。

无壁座灌筑井壁，采用砌体支护时，应先灌筑混凝土圈梁作承重构件，以利用井壁工作面围岩的推力，加强井壁与围岩的结合，可增加一定的安全系数。

5.4.1 辅助坑道交岔点是两个及两个以上坑道的连接部，一般情况下，各坑道不可能同时施工，此处围岩经多次扰动，由于先施工坑道的稳定性受到后施工坑道开挖的影响，应有较强的支护才能保证安全。竖井井身与井底车场连接处不仅坑道断面大，而且地压也大，围岩经多次扰动后稳定性更差，需要较强的支护才能确保结构的稳定与安全。

5.4.2 平顶交岔是矩形断面辅助坑道的平面连接部，故除进行一般支护外，应设框架。

5.4.3 拱顶交岔是拱形断面辅助坑道的平面连接部，应采用渐变，或分段加强支护，断面渐变段的支护，可根据断面尺寸和围岩类别比照同类一般坑道支护予以加强，按围岩类别降低1～2级处理，或增设模筑混凝土衬砌。

分离为两个独立的坑道处，其支护可比照同类一般坑道支护适当加强，原则上宜将围岩类别降低1级处理。

5.5.1 辅助坑道的洞室一般由坑道扩宽、加高或分支开拓形成的，同一般坑道没有实质性区别。因此，其支护可参照一般坑道支护，即本规范表5.2.1的要求选用。

5.5.2 装载洞室及渣仓、水仓等属于空间结构的特种洞室，结构形式多样，受力复杂，而且同其他坑道、洞室关系密切，相互影响和干扰很大，在进行结构检算时，应根据主要影响因素确定荷载和计算模式，并留有适当的安全储备。一般情况可通过工程类比确定特种洞室的支护结构。

5.5.3 装载洞室支护规定采用钢筋混凝土结构，是根据其使用要求和构造特点确定的。

5.5.4 渣仓、水仓因使用要求，应采用模筑混凝土支护。渣仓进、出口联结处受石渣冲击，容易磨损，且难于修复，必要时应增设工字钢或钢轨进行加固。为了渣流畅通，渣仓装卸渣处应敷设钢板，以减小磨阻。

6.1.1 为了保证列车正常运行，两列车车体间的安全间隙不应小于0.2 m和0.4 m。双轨铁路需设置渡线时，宜选用定型渡线道岔。

曲线地段线间距应比直线地段加宽。一般情况下，计算的内外加宽值分别不大于0.1 m和0.2 m，因此，规定曲线地段线间距宜增加0.3 m。

弃渣装载点及矿车摘挂钩地点两列车车体间的安全间隙，系参照原能源部1992年版《煤矿安全规程》第20条制订。

6.1.2 车场设计选取适宜的曲线半径既有利于列车的运行，又可避免增大工程。近年来，我国铁路隧道辅助坑道开始使用大容积有转向架的四轴车辆，采用这种车辆时，线路的曲线半径应根据矿车类型和技术参数参照矿山及铁路隧道有关资料选取。

6.1.3 斜井井底车场最小竖曲线半径的确定，要保证矿车在通过竖曲线时两相邻车箱上缘互不相撞，并能保持不小于0.2 m的间隙，便于矿车安全运行和摘挂钩作业。根据计算和实践证明，最小竖曲线半径应大于车辆轴距的13倍。

6.1.4 两曲线连接时，考虑外轨超高和轨距加宽的过渡，需在两曲线段之间设置一定长度的直线段。

6.1.5 单开道岔与曲线连接时，考虑曲线段外轨超高和轨距加宽的过渡，需在道岔与曲线段之间设置一定长度的直线段。

6.1.6 警冲标是道岔附近允许停车的最近标志点。当机车或矿车停放在警冲标内方时，另一条轨道上运行的列车方可安全通过道岔。

6.1.7 车场的通过能力应满足隧道出渣的要求。车场线路平面布置完成后，需计算车场年通过能力，如年备用通过能力小于辅助坑道设计年出渣能力的30%时，应摸清通过能力不足的原因，有针对性地变更设计，使其同辅助坑道的运输提升能力和隧道的施工工期相适应。

影响车场通过能力的因素较多。采用电瓶车牵引时，应根据编制的电瓶车在车场内的运行图表，确定列车间隔时间，计算车场年通过能力。

6.2.1 矿车提升的斜井井口，在不增大提升能力的前提下，平车场比甩车场具有较大的提升能力和通过能力。故设计斜井井口车场时，宜采用平车场。

结合井口斜坡地形选择甩车场形式，可大大减少地面土方工程量，且有利于提升系统的合理布置。

6.2.2 井口车场场地应结合各工程的具体情况综合考虑合理布置。不仅要方便调车作业、在保证生产及人员安全的前提下，还要做到方便施工和减少工程量。

6.2.3 井口车场应根据作业需要设置各种用途的线路，其有效长度系参考煤炭和冶金矿山资料，并结合铁路隧道辅助坑道车场设计的经验数据制订。

6.2.4 线路坡度过大时，电瓶车难以牵引车组上坡运行，且下坡制动困难、不安全、轨道与车辆轮缘磨耗严重。故井口车场纵断面根据矿山及隧道施工经验，结合地形条件及作业要求，宜按平坡或小于6‰的坡度设计。

6.2.7 斜井和竖井随着井身长度、提升方式、运输设备及施工组织安排的不同，井底车场的布置和规模大小有较大的差别。设计时需要根据运量要求综合考虑，结合井口地形、方便施工、确保安全和经济合理等，尽可能地将辅助性工作和设备安排于地面或利用隧道设置，以减少辅助坑道工程。

6.2.8 条文中斜井、竖井井底车场各种线路有效长度，系参考煤炭、冶金及铁路隧道辅助坑道井底车场设计的经验数据制订。

6.2.9 采用矿车自溜坡度，可参照煤炭、冶金部门资料计算或通过试验确定。

采用电瓶车调车时，坡度不宜大于6‰的机车限坡，也不宜小于3‰的排水坡。

6.2.10 钢轨类型的选择与电瓶车质量和矿车容积有关，可见表7.2.3。轻型标准钢轨的规格列于说明表6.2.10。

说明表6.2.10 轻型标准钢轨规格

钢轨类型(kg/m)	断面尺寸(mm)				断面面积(mm^2)	理论质量(kg/m)	钢轨长度(m)
	高	底宽	顶宽	腰厚			
18	90	80	40	10	2 307	18.06	7~12
24	107	92	51	10.9	3 124	24.46	7~12
33	120	110	60	12.5	4 250	33.29	12.5

6.2.11 为了使电瓶车、矿车能顺利通过曲线地段，并尽量减少轮轨之间的横向水平力、轮轨磨耗和轨道变形，故曲线段轨距应按规定加宽。为了消除电瓶车、矿车在曲线上运行时离心力对线路和行车安全的影响，曲线外轨要按规定设置超高。轨距加宽与外轨超高值应在曲线段两端的直线线路上逐渐递减。

6.2.12 相邻道岔间插入短轨的目的是使道岔间轨距变化平缓，以减少列车过岔时的剧烈冲撞和摇晃。

顺向、对向布置的道岔间插入短轨长度分别按7 m长钢轨的二分之一和7 m考虑。

6.2.13 车场线路由于机车起动、制动、过钢轨接头时的冲击力及列车运行等均能引起钢轨爬行。为保持钢轨的纵向稳定，应在坡度较大且经常制动的木枕地段安设防爬设备。

列车通过曲线时将产生横向水平力，为保证轨道在横向水平力作用下的稳定和行车安全，应在木枕线路曲线地段设置轨距拉杆或轨撑，予以加强。

在侧卸式矿车卸载站设置护轨可防止掉道车辆过度偏斜而造成的严重事故。

7.1.1 有轨运输包括电瓶车牵引矿车和绞车提升矿车或箕斗；无轨运输包括胶带输送机运输和自行设备运输；单绳提升包括单钩提升和双钩提升。

7.1.2 辅助坑道的坡度是选择其运输与提升设备类型的主要条件。横洞与平行导坑属平巷工程，可选用有轨或无轨运输；斜井按坡度的大小，可选用矿车提升、箕斗提升、胶带输送机运输或无轨自行设备运输；竖井则宜选用吊桶与罐笼提升。辅助坑道运输与提升设备的类型，还应结合辅助坑道长度、出渣量及工期等条件，进行技术经济比较，合理选用，以节省工程投资。

7.1.3 辅助坑道的运输、提升设备能力应满足隧道施工时出渣、进料、运送设备与人员等要求。当设备能力不足，则要影响隧道施工进度；设备能力过大，就不能充分发挥设备能力而造成浪费，故要求辅助坑道运输与提升设备，应与隧道施工主要工序所采用的机械设备生产能力基本均衡、相互配套，以获得最优的经济效果。

7.1.4 目前矿用提升机有单绳缠绕式（简称单绳提升机）和多绳摩擦式（简称多绳提升机）两种。多绳提升机一般为塔式布置，其塔为钢筋混凝土结构，建设费用较高，铁路隧道竖井为临时性工程不宜采用。单绳提升机采用落地式，天轮架、井架结构较简单，适用于临时性工程。故铁路斜、竖井工程应采用单绳提升机。

当井较深或出渣量较大时，若采用单钩提升，一次提升全时间较长，故宜采用双钩提升，以缩短一次提升全时间，并减小最大拉力差与电机功率。

7.1.5　参照《煤矿安全规程》第395条第三款制订。铁路隧道正洞的施工相当于煤矿修建主要运输大巷的建井期间，辅助坑道服务时间一般3～5年和煤矿建井期的时间亦相当，故采用其相应规定。

7.1.6　参照《煤矿安全规程》第392条第三、六款制订。

7.1.7　滚筒出绳角的大小，影响着提升机主轴的受力情况，故出绳仰角值应满足提升机技术参数的要求，其值不宜小于30°，以适应井架（或斜撑）建筑的要求。

7.1.8　柴油机驱动的无轨自行设备具有功率大、机动性强、效率高、综合生产成本低等优点；但柴油机工作时会排出大量有害物质，污染洞内空气，如不采取有效措施，就会严重影响洞内工人的健康，故应选用高效率、低污染的柴油机，并装设机外净化器，使废气净化，减少污染。对于有易燃、易爆气体的辅助坑道，为了人身、设备与工程的安全，必须选用防火、防爆设备。

7.2.2　铁路隧道施工用有轨运输设备，绝大多数的轨距为762 mm。电瓶车灵活性较大，无需架线，在金属矿山多用于开拓阶段运输。故隧道施工采用有轨运输时，宜选用762 mm轨距与电瓶车牵引。

在含有可燃、易爆气体的地层中施工，必须配置防爆型电瓶车，是参照《铁路隧道施工技术安全规则》（TBJ 404—87）第11.0.7条制订的。

7.2.3　表7.2.3是参照冶金矿山资料制订的。

7.2.4　铁路隧道的平行导坑属临时性工程，工人上下班行走的道路条件差，故参考《煤矿安全规程》第333条制订本条规定。

7.2.5　铁路隧道施工，出渣是控制工序之一，而加大矿车的容积，有利于使用大型装砟机械，提高装、运石渣的速度，缩短出渣时间，为快速施工创造条件。

7.3.2　参照《煤矿安全规程》第340、341条制订。

7.3.3　参照《煤矿安全规程》第402条和《矿山井巷工程施工及验收规范》（GBJ 213—90）第9.3.3条制订。

7.3.4　设置托辊、大托辊的目的是为了避免钢丝绳直接与道砟、轨枕摩擦，减少钢丝绳的磨损和提升时的阻力，同时起到导向的作用，大托辊设置在井口竖曲线段。

甩车场设置立辊主要起减少钢丝绳摩损和导向的作用。

7.3.5　斜井采用大容积矿车、斜坡栈桥不摘钩卸渣方式，是大秦线军都山隧道斜井施工的经验。大容积矿车出渣效率高、不摘钩既安全又省时，大大加快了出渣速度，故推广使用。使用时栈桥的倾斜坡度不能太小，以免松绳时空车不能靠自重克服天轮另一侧的钢丝绳重量而向下坡行走。

7.3.6　斜井采用箕斗提升，一般都是井深且出渣量大，故箕斗宜选用双钩提升，以提高效率并减少功率消耗。箕斗与人车不宜在同一井身内提升；否则，为安全计应修建隔墙，则斜井断面太大，增加施工难度，故应采用主副井。副井专为下料、人员与设备的升降，不与箕斗提升发生干扰，可大大提高安全度和效率。

目前使用的斜井箕斗有后卸式、前卸式和无卸载轮前卸式三种形式。无卸载轮前卸式箕斗是一种新的结构形式，其特点是将前卸式箕斗突出两侧的卸载轮去掉，在卸载处利用翻转架卸渣。其主要优点是扩大了箕斗有效装载宽度，同时也提高了井身断面利用率，卸载快、结构简单、易于制造、便于维修，适合铁路隧道斜井出渣。

7.3.7 胶带输送机是一种连续性运输设备,生产率较高。生产实践证明,无论在运输量方面,还是在经济指标方面,它都是一种先进的运输设备。和普通胶带输送机相比,钢绳芯胶带输送机的优点是:胶带抗拉强度高,可满足长距离输送的要求;成槽性好,运输能力大;结构简单,电能消耗小,使用寿命长;胶带伸长量小,拉紧装置行程小;胶带破损后容易修补,接头寿命长;输送机的滚筒小,设备数量少,维修方便;运营费用低,经济效果好,故适合铁路斜井施工用。

7.3.8 带速与物料性质、块度、滚圆度、湿度及环境卫生和倾角有关。对物料易滚动的、磨琢性大的、块大的、干的而且环境卫生条件要求高的场合,应采用较低带速;目前冶金矿山推荐带速为 2 ~3.15 m/s。胶带输送机向上运输的倾角越大、运输距离越短,则带速应选用越低。

7.3.9 钢绳芯胶带输送机起动时要求平稳,加速度不宜过大。根据冶金矿山的经验与资料,向上运输时,一般起动、停车加、减速度取 0.2 ~0.5 m/s^2。斜井倾角越大、运距越长,加速度应越低,以降低电机功率。

7.3.10 计算带宽公式是冶金矿山对含有块状物料的钢绳芯胶带输送机带宽的校核公式,隧道开挖后的石渣与矿石相近,故采用冶金矿山带宽的计算公式。

7.3.11 井口变坡处凸弧段半径计算公式的依据是:考虑胶带通过凸弧段,槽角顶边胶带伸长不超过许用伸长率 0.002,以免胶带侧边存在很大的局部应力,致使托辊与胶带早破坏。公式为 $h/R \leq 0.002$,h 为胶带成槽深度(m)。当 DX 型系列,托辊槽角 $a = 30°$时,$h = (0.15 \sim 0.17)B$,即 $R \geq (75 \sim 85)B$。

7.3.12 重载小车拉紧装置的拉紧力可控制,其拉紧力为恒定值,其拉紧性质是滚筒车架有位移,张力不变,只适用于倾角大于 12°的提升用胶带输送机。其布置要点是:小车上拉紧滚筒的受力方向应与小车的位移方向平行,使施加的拉紧力通过滚筒中心。

7.3.13 为了使胶带输送机安全地向上输送石渣,保持正常运行,必须设置保护装置。

7.3.14 钢绳芯胶带连接方法有机械连接法和硫化(热)胶接法。硫化胶接法是把两胶带的纵向排列钢绳采用搭接错位法连接,给橡胶加热加压,经过硫化使它们搭接成一个整体,接头强度一般可获得最佳的黏着强度,达到胶带强度的 85% ~90% 。

7.3.15 无轨自行设备的选型与石渣的性质、出渣量、作业条件、运行道路状况、设备维护检修等有关。正确的设备选型应在保证坑道内安全和卫生的条件下,经过技术经济比较后确定,以确保经济效果最佳。目前,国内外使用的无轨自行设备主要是柴油机驱动、轮胎式的。为了提高运输效率,减少运营费用,根据冶金矿山的经验:两轮驱动的柴油无轨自行设备的运行坡度不宜超过 11% ~12% ;四轮驱动的无轨自行设备的运行坡度不宜超过 17% ,主井用于运输石渣,其坡度不宜大于 15% ,仅就无轨设备最大爬坡能力而言,坡度可达 40% 左右,但运行速度慢、机件损耗大,轮胎磨损大,得不偿失,所以把坡度减小到 15% 以下,作为减少轮胎磨损的措施之一,从而规定了限制坡度及其坡长。

7.4.1 竖井单绳提升常用的容器有罐笼和箕斗,吊桶仅用于竖井开凿阶段。罐笼与箕斗相比其优点是:不需设置井下及井口渣仓;基建开拓量较小、基建时间较短、井架高度较小;既能出渣,又能运送人员、材料和设备。铁路隧道竖井属临时性工程,故宜采用罐笼提升。安全保险装置应符合《铁路隧道施工技术安全规则》(TBJ404—87)第六章第三、四、五节有关规定。

7.4.2 钢丝绳罐道的优点是:结构简单,能节省井身装配用的钢材或木材;便于安装,可缩短建井工期；磨损较轻，使用寿命长，维修费用低；井身通风阻力小，故适用于临时性工程的深竖井。由于钢丝绳罐道需要固定和拉紧装置，工作繁重，故浅井宜采用单侧布置的刚性罐道。

7.4.3 竖井罐笼升降人员的最大加、减速度根据《煤矿安全规程》第400条制订。升降物料的最大加、减速度参照冶金矿山的经验与资料制订。

7.4.4 参照《煤矿安全规程》第393条第二款制订。

7.4.5 参照《煤矿安全规程》第378条第三款制订。

7.4.6 参照《煤矿安全规程》第364条，结合铁路隧道竖井情况，按每个提升容器一般设4根罐道绳的要求制订。

7.4.7 为了使罐笼正确地停止在规定位置，便于矿车进出，应在井口和井底进出车处安设承接罐笼的装置和一段刚性罐道。承接装置有托台、摇台和承接梁。承接梁只用于井底。刚性罐道的数量可根据罐笼的大小，安设两根或四根。

7.4.8 选择凿井提升设备，考虑隧道施工阶段利用原有设备的可能性，可减少换装时间，节省人力、物力与设备，加快施工进度，提高经济效益。

7.4.9 参照《煤矿安全规程》第392条第六款和第393条第三款制订。

7.4.10 凿井钢丝绳的绳弦长度是根据煤矿的经验与资料制订的，其理由同本规范7.1.7条说明。凿井提升最大绳偏角值是参照《矿山井巷工程施工及验收规范》(GBJ 213—90)第9.1.7条制订的。对出绳仰角值的要求见本规范7.1.7条说明。

7.4.11 参照《矿山井巷工程施工及验收规范》(GBJ 213—90)第9.2.1条制订。

7.5.1 为了保证提升安全，斜井、竖井的提升信号除箕斗采用直发式(即装载点与提升机房直接联络)外，其他提升方式应采用中继转发式，一般在井口设中继提升信号房，专设信号人员，负责车场、摘挂钩点、装载点与提升机房的中继转发信号联络，确保人身及设备的安全。

7.5.3 提升声、光信号可根据习惯确定具体内容。

信号电压规定不超过127 V，能既保证声、光信号可靠动作，又保证操纵信号人员的安全用电。

7.5.5 当提升信号不明或提升内容超过规定时，为确保提升安全，采用有线通信联络，可起提升信号的补充完善作用。通信为有线电话直通式。

7.5.7 坑道内主变电所应设能与地面变电所或单位生产(安全)调度直接联络的电话，是为保证供电的可靠和安全。通话方式可采用调度直通式或单位普通通信电话。

8.1.1 栈桥、井架均属为隧道施工服务的临时辅助设施，使用期为3～5年，应以适用、经济为主。结构平面尺寸宜取小值，使其不占或少占耕地，在选择栈桥、井架位置时，应配合斜、竖井井口位置选择，选在少拆迁的地方。

8.1.2 栈桥、井架作为临时辅助施工设施，在满足施工的前提下，要求节省材料和工程投资，故应根据使用要求、材料来源及施工条件等进行经济比较确定。

8.2.1 斜井栈桥是为了将运出的石渣倒装给其他运输车辆，并为运送材料、机具、设备而设置。为供人员操作、检修用需设置人行道。

8.2.2 采用胶带输送机运输石渣时设置胶带输送机栈桥，其下部支承结构可就地取材采用浆砌片石或采用混凝土；上部承重结构宜采用钢材，以利运输、安装、拆卸，并可复用。

采用矿车运输石渣时设置矿车栈桥，其桥面除满足轨道的数量、矿车卸载外，还应满足人员操作、检修的要求。该栈桥的承重纵梁宜采用钢梁，下部支承结构可就地取材采用砖砌、浆砌片石或混凝土立柱。砖柱由于承压强度低，只适用于8 m以下高度的栈桥。

8.2.3 栈桥结构计算应计及以下荷载：

结构静载：包括栈桥上部建筑、跨间承重结构及下部支架的结构自重，如设渣仓时还要计及渣仓自重。

设备荷载：当采用胶带输送机时，包括胶带输送机设备的荷载（含石渣重）；当输送机的传动装置及头部设在栈桥上时，应将传动装置及头部的设备自重乘以1.2的动力系数。当采用矿车运输时，包括轨道、矿车及石渣重。

人群活荷载：根据煤矿的经验数据，可按2.0 kN/m^{2}均布荷载计算。

屋面雪荷载可根据实际情况选取。

一般栈桥为半敞开式或全敞开式，可不计风荷载；当为全封闭时，才计及侧向风荷载。

栈桥属临时辅助施工设施，设计时可不计地震力的影响。

8.2.4 栈桥上设人行道系供人员操作及检修用，宽度不小于0.7 m，人行道上设栏杆、防滑条及踏步均为安全生产要求。

8.2.5 当地形有利、地质条件允许时，天轮架可直接设置在岩层上，即在岩层中预埋地脚螺栓，用水泥砂浆找平后安设天轮架，以充分利用地形、地质条件，减少工程量，节约投资。

8.3.2 竖井深度小于或等于40 m时，由于不需要安装稳绳，故可采用三角架或龙门架作井架；井深大于40 m时，宜设置凿井、生产两阶段共用井架，以缩短换装时间，加快施工速度。

8.3.5 验算井架结构构件时，为了安全，应根据使用过程中可能同时作用的最大荷载进行组合。

8.3.5.1 正常荷载中井架自重包括天轮房、天轮平台和扶梯等重力；附属设备重包括天轮及其轴承的重力，卸渣台（凿井阶段）及围壁的重力；提升悬吊钢丝绳的工作荷载包括各种悬吊设备重（含石渣重）和钢丝绳自重。

按正常荷载组合验算是要保证井架在正常工作情况下有充分的安全度。

8.3.5.2 特殊荷载中提升钢丝绳的断绳荷载（破断拉力）= 换算系数 × 钢丝绳破断拉力总和，其中换算系数可根据钢丝绳的结构取0.8 ~ 0.9。

按特殊荷载组合，除计算井架自重、附属设备重外，采用单钩提升时，还应计算提升钢丝绳的断绳荷载、其余钢丝绳的工作荷载及50%风荷载；采用双钩提升时，还应计算一根主提升钢丝绳的断绳荷载、另一根主提升钢丝绳的2倍工作荷载、其余钢丝绳的工作荷载及50%风荷载。

按特殊荷载组合验算是为了保证井架在遇到断绳等特殊事故时仍有一定的安全度。

8.3.6 天轮平台布置应符合的规定说明如下：

8.3.6.1 天轮平台一般按两面出绳布置，根据施工场地具体情况也可按四面出绳布置，目的是使井架受力均衡、减少井架的负荷，简化井架结构。

8.3.6.2 天轮平台采用正方形，为井架结构简化起到主导作用，从而可使结构设计受力明确，计算简单，施工安装方便。

8.3.6.3 规定间隙值，是为了避免磨损钢丝绳，使升降钢丝绳时不受阻碍。当钢丝绳与天轮平台边梁或井架构件相碰时，一般可采取以下几种措施：

(1)用垫板或垫座将天轮轴承垫高;

(2)增设导向轮(或称绷绳轮);

(3)让钢丝绳从边梁下面穿过;

(4)调整设备布置的位置。

8.3.6.4 此款要求是为了使天轮平台布置简单,施工方便。

8.3.6.5 天轮轴承座的中心线与天轮梁的中心线重合,可使天轮梁受力均衡。如天轮轴承座需设在高于梁的上翼缘上时,可垫钢板、垫座或垫梁。

8.3.6.6 为了使井架受力均衡,天轮轴承座之间不应互相重叠。

8.3.7 井架底部平面尺寸指主体架角柱在下部张开的距离,应有足够的空间,以满足出渣、下大件设备及长材料等要求。

8.3.8 井架上的罐道平面位置与井身中的罐道平面位置一致,方能保证罐道的垂直度,使罐笼升降顺畅、安全。

8.3.9 井架基础顶面与柱腿中心垂直,可使基础顶面受力明确,柱腿与基础安装方便;基础底面呈水平,有利于地基受力与抗滑稳定。

8.3.10 对井架基础进行各项验算是为了安全。

8.3.10.1 要求基础底面的压应力不大于地基的容许承载力。

8.3.10.2 基础底面边缘的最小压应力验算是为保证基础底面不产生拉应力。因为,当基础底面产生拉应力,它将与地基脱离接触,这是不允许的。

8.3.10.3 基础顶面承压面积应取角柱底部支承板的面积,基础顶面荷载应取基础顶面的法向荷载。

8.3.10.4 地脚螺栓的抗剪强度和承压强度应根据切向荷载验算,以保证螺栓在允许受力范围内,不致遭受破坏。

9.1.1 利用平行导坑作回风道能保持通风不间断而稳定地进行,可满足长隧道施工通风的需要。平行导坑断面大,风压损失小,能节约电能,是其优点。

9.1.2 本条规定系根据国内长隧道施工中利用平行导坑作为通风巷道的经验总结。

9.1.3 长隧道的施工通风,以组成混合式通风为宜。设有辅助坑道的隧道常利用辅助坑道作为通风巷道,既经济效果又很好。各种通风方式的优缺点为:

压入式通风:爆破后开挖工作面首先得到新鲜空气,能较快地将有害气体排离,且金属风管、软质风管都能使用。缺点是爆破后有害气体沿整个坑道排出,使全坑道空气污染;当管路连接不良时,会造成大量漏风降低通风效果。

吸出式通风:爆破后有害气体沿风管排出,不致使整个坑道空气受污染。但在工作面有害气体排除较慢,易造成停滞区,且不能使用软质风管。

混合式通风:是以吸出式为主的压入和吸出联合作用的通风方式,具有压入式和吸出式的优点。

9.2.1 条文根据大瑶山隧道滑石排2号斜井施工经验制订。

9.2.2 条文根据大瑶山隧道上崩塘、滑石排1号斜井施工经验制订。

9.2.3 条文中数据根据大瑶山隧道班古坳竖井通风得出。竖井直径小于5 m时,一般井深较短,可采用压入式管道通风。

10.1.3 为了防止和减少地表水冲刷和下渗,防止坑道口边、仰坡范围内地表水流入隧道内,影响施工,规定对洞顶、坑道口、车场应设截、排水系统和防渗设施。

10.2.1 辅助坑道应选在工程地质及水文地质较好的地段。若必需设在有突水可能的地段,则应查明含水层的厚度、岩性、水量、水压、水质与补给条件以及隔水层的厚度、岩性与分布等情况,为探水提供依据。当在施工中,发现开挖工作面有突水预兆时(如洞壁挂汗,空气变冷,发生雾气、水声或工作面出水突然加大等)应进行探水。

探水方法应根据水文地质条件和设备能力确定,由于坑道工作面场地狭窄,宜选择体积小、重量轻的水平钻机,如TXU—75型油压岩芯钻机、KD—100型坑道钻机、MYZ—150型钻机等,亦可选用YG—60型、YG—80型或YT—65型等风动凿岩钻机。

10.2.2 本条系防洪要求。在确定洞(井)口高程时,还应考虑开挖弃渣堵塞沟床的影响,确保工程不受洪水危害。

10.2.3 本条将辅助坑道防水规定分三种情况提出不同要求,是考虑到其多为临时工程,变电洞室防水要求较高,防水等级应达到二级,洞顶、洞壁不得滴水;其他洞室主要指水泵、搬道、信号及避人等洞室,防水等级要求达到三级,允许有少量滴水,但不得成线流;辅助坑道洞身防水要求稍低,防水等级要求达到四级,应采取适当的防水措施。

10.3.1 实践证明,横洞和平行导坑不仅对解决施工通风、运输、减少施工干扰起一定作用,而且对解决施工排水,加快施工进度有相当的作用。所以条文规定排水沟过水断面、坡度应满足正洞排水的要求,以保证施工期排水通畅。

10.3.3 当隧道正洞为反坡时,平行导坑也必是反坡,不可能自流排水,而必然要采用机械抽升。随着工作面的不断向前延伸,排水长度逐渐增加,所以应采用分段排水。规定排水设备能力应大于服务工区围岩涌水量之和是为了保证排水的安全性。排水能力增大多少为宜,可根据围岩水文地质的情况确定。

10.4.1 当斜井掘进遇到涌水量较大的含水层、断层或裂隙涌水时,除应增加掘进工作面排水设备能力外,还应对涌水较大的局部地段,采取分段截排水的措施,弄清涌水来源和水量大小,设法截住涌水,防止下流。如在涌水地点下部凿小容量水窝,设置潜水泵或喷射泵,将水直接排出井身或排至上方临时水仓。这样可以大大改善工作面的施工条件,保证不间断地快速施工。但分段不宜过多,以免造成井内布置杂乱,干扰施工。

10.4.2 竖井凿井期间排水方案影响因素较多,条文不宜将其一一列举。施工时可依据其排水特点灵活处理。凿井期间排水的特点有以下几个方面可供参考。

由于井身穿过的岩层含水量不同,工作面涌水量变化较大。同时因工作面积水流经爆破后的石渣,故含泥砂较多。

随井身工作面掘进,排水设备的扬程需逐渐增加,且由于放炮工作停止一段排水时间,设备的排水能力要大于正常工作面涌水量。

竖井排水时往往湿度及淋水均较大,故排水设备不能用普通型的电气设备,而应选用防潮电机。

鉴于以上诸多原因,竖井凿井期间排水的方法也较多,常用的有吊泵一段排水,卧泵排水,气压泵、吊泵或卧泵两段排水,吊泵串联排水等,采用何种方法应因地制宜确定。

当井身涌水量大于50 m^3/h时,应采用注浆堵水的规定,是参照煤矿系统的经验数据制订。

10.4.3 排水泵站设在井身附近可减小管子道长度,便于排水管以最短的距离敷设至井口外。泵站与变电所联合布置可便于施工和管理。

10.4.4 根据煤矿、冶金系统的经验,水泵沿洞室纵向单排布置可减小洞室跨度,管道布置简单，方便操作和管理。

10.4.6　参照《煤矿安全规程》第437条制订。

10.4.7、10.4.8　一般情况，隧道位置应避免穿越工程地质、水文地质条件复杂的地层，但由于客观地形、地质的复杂性和目前勘探技术水平及勘探手段的限制，所取得的资料不能完全符合实际的情况还是经常发生的。不可预见的变化，特别是突然涌水造成的水患在铁路隧道施工中屡见不鲜。水文地质是一个比较复杂的问题，情况不同涌水量差异很大。所以在条文中对留有增加水泵的余地和设置防水密闭门难以作出具体规定，而只能作原则规定，以使在工程设计中对水患问题不至于忽视。

10.4.9　为了沉淀隧道施工时地层涌水中的泥砂、杂质，贮蓄隧道开挖涌水以及当泵站发生意外事故短时间停机不致造成水害，井下应设置一定容积的水仓。水仓主要用来贮水，但对调节水量也有很大的作用。规定水仓设置两条坑道的目的是互为备用，当一条清淤时，另一条能正常工作。

关于水仓容积在《煤矿安全规程》中规定为4～8 h的矿井正常涌水量。本条规定为1.5～2 h设计涌水量是根据铁路隧道特点和施工经验确定。例如现已建成的军都山隧道和正在修建的云台山隧道均按这个标准，现场反映基本可行。鉴于工程实例还不够多，该标准还有待在执行过程中，通过更多的实践加以补充或修订。

10.4.10　斜、竖井分段排水时，腰泵站主要起转水作用，水仓容积不需过大，规定按泵站10～15 min排水能力设计是根据现场施工经验。确定腰泵站水仓容积应考虑下列几方面的因素：

保证水泵工作时的良好水力条件，防止吸入空气，吸水管入口处应在最低水位以下0.5～1 m，泵的吸入口与池底的距离一般为吸水管径的1.3～1.5倍。

保证水泵启动所需的瞬时流量，避免水泵启动过于频繁。

10.4.11　规定水仓入口应设在井底车场排水沟的最低处，目的是使隧道涌水能全部顺利地汇集流入水仓。施工经验证明水仓入口前设置一定容积的沉淀池，能起到预沉淀的作用，对水泵叶轮和管道配件有保护作用，可减少磨损和堵塞。

10.4.12　井下排水泵站属临时工程，一般使用期为3～5年。因此，水泵吸水池洞室宜简不宜繁，基本上能满足水泵正常工作的水力条件即可，这样不仅能减少工程量，而且洞室结构简单，适合铁路隧道施工的实际情况。

10.4.13　斜井与竖井相比，施工中排水的安全性要高些，所以条文对斜井管子道的设置只做原则性规定。

10.4.14　参照《煤矿安全规程》第256条制订。

10.4.15　对管子道净空高度的规定，主要是考虑当井下发生突然涌水或事故时，便于增援和外运排水设备。管子道与井身连接处规定设缓坡段和坡度是为了方便工作人员进出泵站和渗积水经斜、竖井流入井底水窝，而不至于顺管子道流入泵站。

10.5.1　据调查，在水泵选用上，大小悬殊的配泵或泵选型不当，往往使水泵不能在最佳工况点运转，以致增加能耗；另外，型号过多会给管理和维修带来很多不便，故规定宜选用一种型号。

确定水泵扬程的要求系参照《煤炭工业设计规范》第2—130条制订。

10.5.2　参照《煤矿安全规程》第255条制订。《煤矿安全规程》中规定泵站备用水泵的能力不应小于工作水泵能力的70%，检修水泵的能力不应小于工作水泵能力的25%。经调查,对于铁路隧道辅助坑道可不设检修泵。通过近期已建成的几座长隧道的施工经验证明,不设检修泵,以加大备用泵系数来增加排水的可靠性更适合铁路隧道施工排水特点,因为在工程施工中地层涌水量计算不可能很准确,为了排水安全,增加备用泵是既简单又有效的措施,所以条文规定备用水泵的能力不应小于工作水泵的总能力,这比煤炭系统规定增加了30%。

10.5.4 井下排水泵站有自灌和非自灌两种方式。自灌式有起动迅速,管理方便等优点,但工程量大,施工复杂,而且为了安全必须设置可靠的防水闸门及其洞室。非自灌式因吸水高度大易产生气蚀,但工作量相对小得多,这种方式对临时工程来说是经济合理的,不仅管理方便且可节省工程投资。

非自灌式泵站引水方法有多种,当吸水管装有底阀时,可采用从排出管上设旁通管引水的方法,利用排水管中的存水自动灌水。这种办法适合临时工程,设备简单,操作方便。当吸水管不设底阀时,可采用真空泵引水、水射器引水、密闭水箱引水等方法。

引水时间不大于5 min是常规设计的经验数据。

10.5.5 据目前对国内煤炭系统矿井的调查,井深在400 m左右的斜、竖井采用一级排水已比较普遍,而且600 m的深井也有一级排水的实例,可以说较高扬程的井下排水技术国内已有较成熟的经验,故条文规定斜井、竖井井下泵站排水宜按一级排水设计。

深井一级排水工作压力大,对水泵及设备安装工艺水平要求较高,此外为了承受较高压力,使排水管自重和配件重量加大。如4.0 MPa比2.5 MPa压力的一对联接法兰重量就增加一倍多。从施工技术要求和安装方便,以及当井下发生水患时,腰泵站可做救灾的临时排水泵站,从这两个因素出发,又做了井深大于200 m时可采用分段排水的规定。

10.5.6 所谓停泵水锤是指水泵机组因突然停电或事故时,造成开阀停车,会产生水锤,水锤会引起管道振动和噪声,产生瞬间的巨大冲击力,严重时将引起管道和阀门破坏,所以规定应进行停泵水锤压力计算。

10.5.7 规定每台水泵应能向两条排水管输水,目的是为了能保证排水的安全性和可靠性,即当其中一条管道检修或发生故障时,不致影响正常排水。

每条排水管上设置放空管的目的是为了在检修管道时能将水放空排入水仓。

10.5.8 无缝钢管、焊接钢管与铸铁管比较,具有壁薄、质轻、便于施工等优点。排水管道在竖井中安装比在斜井中条件困难,所以规定竖井中排水管应选用无缝钢管或焊接钢管。

10.5.9 当隧道涌水的pH值小于5时,属酸性水,排水泵应选用性能良好的耐酸泵;管道防酸有下列措施,应根据具体情况选用:

采用硬聚氯乙烯管和玻璃钢管,压力可达1.7 MPa,这种管材目前生产较少,且价格较贵,不宜采用;

采用无缝钢管内衬塑料管;

采用钢管内衬水泥砂浆。

11.1.1 为了确保人员、设备的安全和辅助坑道防灾救灾的需要,对隧道的斜井和竖井,应有两路电源供电。这样当一路电源发生故障停电后。另一路电源能继续供电,从而保证井下的排水泵、风机和升降人员的提升机及通信信号的用电。

特长和长隧道的平行导坑和横洞的施工用电源,一般属临时工程,可靠性较差,为了不影响特长和长隧道正常施工,供电电源宜设两路。一路正常供电,一路备用;或者两路同时供电,互为备用。若供电电源较可靠,允许采用一路电源供电。平行导坑和横洞的施工可短时停电,但对于反坡排水的平行导坑和横洞,供电电源应和斜井、竖井相同。

11.1.2 由于地方供电部门电源可靠性高、电压质量高,同时也为了节省投资和施工运营费用,方便管理,因此要求辅助坑道优先采用地方电源。

自设柴油发电站是基于两种情况:第一种是当地方电源仅有一路,自设柴油发电站起备用作用;第二种是无地方电源,辅助坑道用电完全由自设柴油发电站供电。该两种情况下所设的柴油发电站容量都应满足辅助坑道的全部用电负荷。无论何种情况,自设柴油发电站机组的台数不应少于2台,具体应视地方电源、机组性能、单机容量、工程情况、机组的检修和备用确定。

11.1.3 辅助坑道内电器的使用环境主要是指滴水、潮湿、粉尘和空间狭小等条件。

11.1.4 长期运营供电是指隧道照明、隧道及轨道的维修养护、运营通风、防灾救灾等。辅助坑道供电与长期运营供电有条件结合的工程一般为高压部分,如电源接取点、容量的大小、电源线路工程等,此时各种技术条件必须满足长期运营供电的要求。

11.2.1 选择10 kV高压网络和380 V/220 V低压网络作为辅助坑道供电是为符合我国规定的标准电压级。对于即使有6 kV或3 kV电压的高压用电设备(如辅助坑道的大型排水泵、中大型提升机等),供电网络电压仍应优先采用10 kV级,设备用电可由10 kV降为6 kV或3 kV来解决。只有经过技术经济比较有明显优点时,辅助坑道供电才采用6 kV或3 kV系统。

11.2.2 由于辅助坑道内工作环境和设备安设条件较差,人员触电机会较多,所以规定辅助坑道供电应采用中性点不接地系统,中性点接地的地面系统也不得向辅助坑道内供电。这样,当人员触电时,可减轻对人员的伤害程度。

11.2.3 高压网络末端电压损失控制在不大于额定电压的7%~8%,比《铁路电力设计规范》)(TBJ 8—85)规定的一般值5%大2%~3%,是由于隧道施工机具和工艺对供电电压质量的要求较一般工业低的原因,同时,也是为了减少辅助坑道内供电工程的投资,增加接取电源的灵活性。

对于低压系统,规定电压损失一般情况下不大于额定电压的5%~6%。而电压损失不大于10%的规定,只适用于个别远端的动力用电设备,但还应满足设备工艺及起动的要求。

功率因素不小于0.9是对地方电业部门高压侧而言。为了减少辅助坑道内的土建费用及方便管理,辅助坑道内变电所高压侧一般不设电容补偿,由地面变电所内高压侧集中补偿。

11.2.5 辅助坑道内环境条件较好处,一般指井底车场,经过防排水处理过的土建洞室,且通风为新风进风式的场所。

11.2.6 为了保证辅助坑道内人员的人身安全,变电所的低压母线或馈线上应装设漏电保护装置,并能直接作用于自动切断电源。

11.2.10 辅助坑道一般处于石质围岩中,电阻率极高,要达到总接地电阻值不大于2 Ω是很不易的。解决的办法,一般是在排水泵站的水仓(或水坑)深处放置面积不小于0.75 m^2、厚度不小于5 mm的钢板作主接地极或采用化学降阻剂,以满足接地电阻值的要求。设2组主接地极是为了防止1组断落。

局部接地极一般采用面积不小于0.6 m^2、厚度不小于3 mm的钢板,放置于水沟(或水坑)较潮湿的底部,并应与总接地网相连。

11.3.3 由于动力回路在设备起动时电压降较大，影响辅助坑道的照明，尤其是荧光灯和钠灯，所以规定辅助坑道内变电所的照明回路应与动力回路分开。对于动力设备较小，起动时对回路电压影响较小的照明，也可与动力回路合并。

12.1.1 施工前，深入工地做好施工调查、核对设计文件、进行测量复核、编制实施性施工组织设计等工作，是施工准备工作的前提。做好一切施工准备工作，是防止盲目施工，为科学组织施工奠定切实可行的基础，故作本条规定。

12.1.2 本条是针对以往辅助坑道多数是与隧道正洞同时开工，而且施工准备工作不充分、施工机械设备落后、施工进度较慢，致使辅助坑道的作用不能充分发挥，经济效益不好，为了避免上述弊端，故作本条规定。

12.1.3 辅助坑道口是施工的重要通道。坑道口的截、排水系统和防护冲刷的设施以及坑道口、井口的洞门或竖井的锁口圈，均要求尽快和尽早完工，目的在于保证辅助坑道与隧道正洞的施工顺利进行。

12.1.5 根据地质情况施工中如需要支护，则开挖与支护应配合进行。但辅助坑道的岔洞及与隧道正洞连接处，断面大、形状多变、结构受力条件复杂，故支护应加强，必要时应采用超前支护，先支后挖，以保证施工安全。

12.1.6 采用光面爆破、预裂爆破开挖辅助坑道，能减小对围岩的破坏，有利于利用围岩的自承能力，减少支护的难度和支护的数量。辅助坑道支护一般情况应采用喷锚支护，目的是节省钢材、木材。辅助坑道是否设永久性支护，由设计确定。

12.2.1 横洞、平行导坑施工方法，过去多采用全断面法，近年来随着隧道施工机械化程度提高，大型机械设备需经由横洞、平行导坑进入正洞施工，横洞、平行导坑的设计断面增大，为此，施工方法应有较大的适应性，以确保施工安全，达到快速施工。

12.2.2 本条规定目的是使横洞、平行导坑的地下涌水及施工用水引入水沟排出，保持隧底及边墙基础的稳定，保证洞内排水及运输畅通。

12.2.3 平行导坑的横通道位置，主要根据隧道施工进度确定，设计规定其间距一般不小于120 m，施工中如原设计的横通道位置地质不良，可作适当调整，以简化施工，但交岔口处应一次挖成，并及时将横通道与隧道正洞的运输道接通，以有利于通风、出渣、进料。若待平行导坑前进一段距离后再回头开挖横通道，将影响平行导坑及隧道正洞的施工进度。

12.3.2 斜井井筒施工的顶板眼和帮眼的方向应与斜井井身的倾角一致，即与斜井轴线平行；底板眼的方向应大于斜井倾角3°~5°，以免开挖后出现台阶不利铺轨。斜井的方向与坡度应保证正确。近几年的工程实践表明，斜井井身施工采用激光导向，只要经常校核激光发射点的位置，便能准确确定斜井的方向与井身坡度。

12.4.1 竖井井身施工，一般情况应采用普通凿井法，即竖直钻眼、爆破、井架提升出渣（当井深不大于40 m时，亦可在井口架立三角架提升出渣）；只有对在隧道施工过程中的一些特殊情况，且井深较浅的竖井，如通风井、下料井或电缆井等，才可采用反井法施工，即由下向上开挖成井。

12.4.2 竖井井口地段受力条件复杂，地质条件较差，预留孔洞或预埋件较多，施工工艺较复杂，为了确保井身施工安全和井口施工质量，避免重复工作，影响施工进度，因此对井口施工作出具体规定。

12.4.3 竖井井身施工可采用开挖、衬砌单行作业，主要是从施工安全上考虑；在深竖井施工中，为了满足工期的要求，当围岩稳定且有安全措施时，亦可采用开挖、衬砌平行作业。

12.4.4　为了施工安全，尽早发挥各类洞室的作用，避免重复工作造成不安全因素，影响工程质量和施工进度，故作本条规定。

12.4.5　竖井井身开挖采用激光导向时，每隔 40 ~ 50 m 应用井身中心线较核激光点一次，其偏差不得大于 15 mm；井身衬砌采用激光导向时，每隔 20 ~ 30 m 用井身中心线较核激光点及边线一次，其允许偏差应为 ±5 mm。

12.4.6　由于井口地质条件一般都较差，井架是竖井提升的主要受力结构，井架基础如果出现不均匀下沉将造成井架歪斜、提升中心线偏移，影响竖井正常提升，定期量测地面沉陷和主要结构的变形，是为了尽早发现问题及时处理，确保井身施工顺利进行。

中华人民共和国行业标准

铁建设函〔2000〕445号

铁路隧道运营通风设计规范

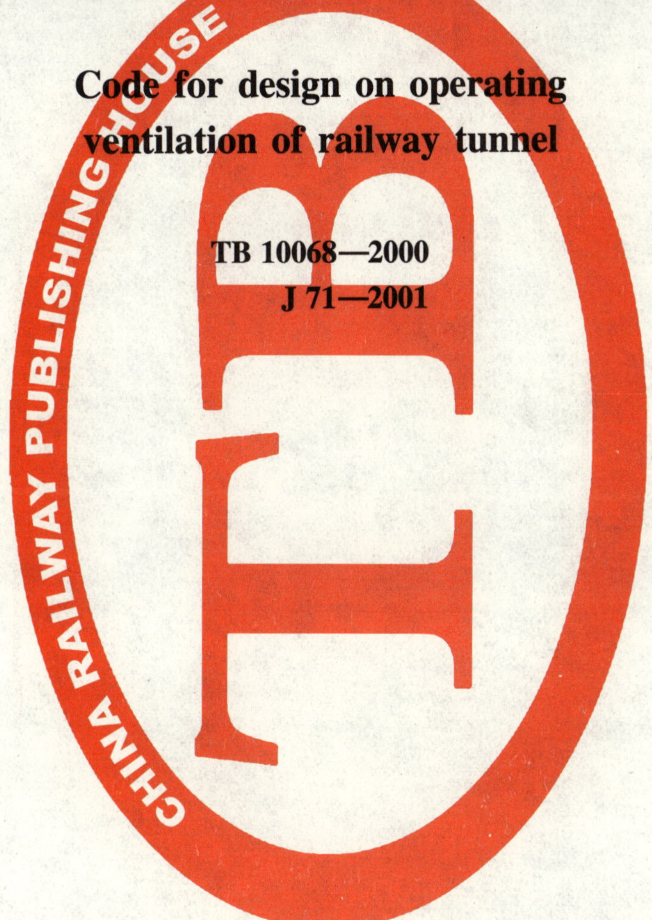

Code for design on operating ventilation of railway tunnel

TB 10068—2000
J 71—2001

2000—12—21 发布　　　　2001—04—01 实施

中华人民共和国铁道部　发布

前　言

本规范是根据铁道部铁建函〔1998〕43 号文的要求编制的。

本规范共分 7 章,其主要内容包括总则、术语和符号、基本规定、通风计算、瓦斯隧道通风、通风道与风机房、通风机及机电设备,另有 2 个附录。

本规范系首次编制,在执行过程中,希望各单位结合工程实践,认真总结经验,积累资料。如发现需要修改和补充之处,请及时将意见和有关资料寄交铁道部第二勘测设计院(成都市通锦路 3 号,邮政编码:610031),并抄送铁路工程技术标准所(北京市朝阳门外大街 227 号,邮政编码:100020),供今后修订时参考。

本规范由铁道部建设管理司负责解释。

本规范主编单位:铁道部第二勘测设计院

本规范参编单位:铁道部第四勘测设计院

本规范主要起草人:王克家、喻渝、肖明清。

目 次

1 总 则

1.0.1 为贯彻国家有关法规和铁路技术政策，统一铁路隧道运营通风设计技术要求，使铁路隧道运营通风设计做到安全适用、技术先进、经济合理，制定本规范。

1.0.2 本规范适用于国家铁路网中客货列车共线运行、旅客列车最高行车速度140 km/h的标准轨距铁路隧道运营通风的设计。

1.0.3 铁路隧道运营通风应使隧道内具有符合卫生标准的空气环境，保证隧道中养护人员、乘务人员与旅客免受有害气体的危害。同时，应减少有害气体、湿气、高温等对隧道内各种设备及隧道衬砌的腐蚀和影响。

1.0.4 铁路隧道运营通风设计除应符合本规范外，尚应符合国家现行的有关强制性标准的规定。

2 术语和符号

2.1 术 语

2.1.1 隧道运营通风 operation ventilation of tunnel

为排除运营期间隧道内有害气体等，以达到符合卫生标准的空气环境，保证人身安全、设备正常使用和列车运行安全所进行的各种通风换气的统称。

2.1.2 自然通风 natural ventilation

利用列车通过隧道时产生的活塞风和自然风或温度差、气压差等引起的空气流动，将隧道内有害气体和热量排出隧道外的通风方式。

2.1.3 机械通风 machnical ventilation

用通风机械送入新鲜空气，或排出有害气体的通风方式。

2.1.4 纵向式通风 longitudinal ventilation

利用机械通风，使风流在隧道纵向流通的通风方式。

2.1.5 洞口风道式通风 ventilation duct of portal method

将通风机置于隧道洞外，通过通风道将风流吹入或吸出隧道的一种通风方式。

2.1.6 射流通风 jet blower method

采用洞口堆放式或洞内壁龛式设置射流风机进行集中通风，或采用纵向布置风机的接力式通风的方式。

2.1.7 通风道 ventilation duct

将新鲜空气从隧道外送入隧道内或将隧道内的污染空气排出到隧道外的风道。前者称送风道，后者称排风道。

2.1.8 通风机 ventilator

机械通风中使用的送风机和排风机。

2.2 符 号

Q——风量

Q_g——风机供风量

Q_e——隧道内排烟有效风量

Q_s——隧道短路端风量

Q_n——隧道内自然风风量

Q_m——列车活塞风风量

Q_{ms}——提前通风隧道短路端风量

Q_{me}——提前通风隧道内排烟有效风量

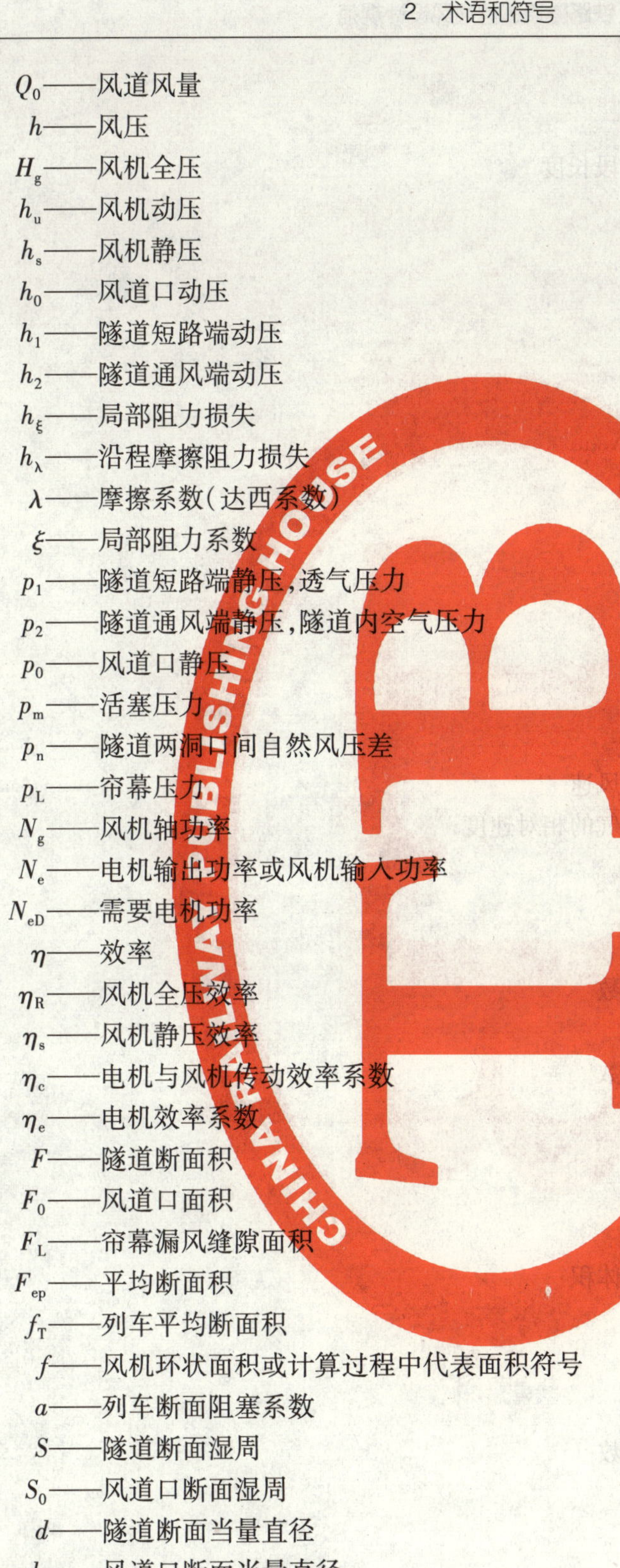

Q_0——风道风量
h——风压
H_g——风机全压
h_u——风机动压
h_s——风机静压
h_0——风道口动压
h_1——隧道短路端动压
h_2——隧道通风端动压
h_ξ——局部阻力损失
h_λ——沿程摩擦阻力损失
λ——摩擦系数(达西系数)
ξ——局部阻力系数
p_1——隧道短路端静压,透气压力
p_2——隧道通风端静压,隧道内空气压力
p_0——风道口静压
p_m——活塞压力
p_n——隧道两洞口间自然风压差
p_L——帘幕压力
N_g——风机轴功率
N_e——电机输出功率或风机输入功率
N_{eD}——需要电机功率
η——效率
η_R——风机全压效率
η_s——风机静压效率
η_c——电机与风机传动效率系数
η_e——电机效率系数
F——隧道断面积
F_0——风道口面积
F_L——帘幕漏风缝隙面积
F_{ep}——平均断面积
f_T——列车平均断面积
f——风机环状面积或计算过程中代表面积符号
a——列车断面阻塞系数
S——隧道断面湿周
S_0——风道口断面湿周
d——隧道断面当量直径
d_0——风道口断面当量直径
d_{ep}——平均断面当量直径
B_0——风道口断面净宽
L_T——隧道长度

L_s——隧道短路端长度
L_e——隧道通风端长度
L_m——活塞风引进新鲜空气段长度
L_q——烟气段或排烟段长度
l——通风道长度
l_T——列车长度
K_i——活塞风修正系数
K_R——风量分配修正系数
K_e——电机容量储备系数
K_m——活塞风作用系数
N——列车阻力系数
v_m——活塞风速度
v_n——隧道内自然风速
v_0——风道口风速
v_s——隧道短路端风速
v_e——隧道通风段风速
v_T——列车速度
v_{me}——提前通风隧道通风端风速
v_r——列车与隧道间隙中空气的相对速度
γ——空气重度
γ_n——隧道外空气重度
γ_a——隧道内空气重度
ξ_n——隧道内自然风阻力系数
ξ_m——活塞风阻力系数
M_i——局部或摩擦风阻力系数
M_ξ——局部风阻系数总和
M_λ——摩擦风阻系数总和
M——短路端风阻系数
M_c——风阻系数总和
q_T——额定功率下机车排烟体积
C_T——烟气浓度
$\overline{C}_x$——平均烟气浓度
R——风量分配系数
R_m——提前通风风量分配系数
t_q——通风排烟时间
〔t_q〕——允许通风排烟时间
a_0——动量校正系数
a——动能校正系数
θ——风道中线与隧道中线的夹角
ω——风机转速

3 基本规定

3.0.1 长隧道和特长隧道内的线路宜顺直，坡度宜缓，隧道引线也宜具有提高行车速度的条件，以利隧道运营通风。

3.0.2 隧道洞口宜位于开敞的地方，隧道方向宜与常年自然风频率较高的方向一致。

3.0.3 为减少通风阻力，隧道衬砌壁面宜平整光滑；长隧道和特长隧道宜采用整体道床或混凝土宽枕道床。

3.0.4 内燃机车牵引的运营隧道内空气的卫生标准应满足下列要求：列车通过隧道后 15 min 内，空气中一氧化碳浓度小于30 mg/m^3，氮氧化物（换算成 NO_2）浓度小于 10 mg/m^3。电化运营隧道内的卫生标准除应符合上述规定外，其湿度应小于 80%，温度应低于 28 ℃，臭氧浓度应小于 0.3 mg/m^3，含有 10% 以下游离二氧化硅的粉尘浓度应小于 10 mg/m^3。

3.0.5 隧道设置机械通风，应根据牵引种类、隧道长度、隧道平面与纵断面、道床类型、行车速度和密度、气象条件及两端洞口地形条件等因素综合考虑确定，并应符合下列规定：

1 内燃机车牵引，长度在 2 km 以上的单线隧道，宜设置机械通风。

2 电力机车牵引，长度在 8 km 以上的单线隧道，宜设置机械通风进行换气（行车密度较低、自然风条件较好时，可适当加长长度）。

3 内燃机车牵引的双线隧道当隧道长度 L(km) × 行车密度 N(对/d) ≤100 时不应设置机械通风。

虽不符合上述条件，但自然通风条件不良，难以在规定时间内达到容许卫生标准时，亦宜考虑设置机械通风。

3.0.6 隧道机械通风方案，应根据技术、经济条件，考虑安全、效果等因素，综合比较确定。一般情况应采用纵向式通风。隧道较长时，可采用分段通风。

机械通风方式，当采用轴流风机时，可选用洞内风道式、斜井式、竖井式等；当采用射流风机时，可选用纵向布置风机接力式通风，或在洞口同一断面布置风机集中式通风；也可采用射流风机和轴流风机相结合的通风方式。

隧道运营通风应充分利用斜井、竖井、横洞等辅助坑道，其设置的位置与断面尺寸，应结合运营通风的要求，统一考虑确定。

3.0.7 配置通风设备时，通风机所需供给的有效风量，应按挤压为主的原理计算，并考虑列车通过隧道的活塞作用和自然风的影响。

通风机供给的隧道内风速不应大于 8 m/s。

3.0.8 洞口风道式通风的设置，应符合下列规定：

1 宜采用吹入式通风。通风机设于低洞口端，通风设备宜设在洞外；当必须设在洞内时，机房和设备应有防潮、防锈蚀的措施。

2 隧道运营通风宜选用大风量、低压头的轴流式通风机；风机传动应配套，宜选用电力传动。

3　无帘幕洞口风道式通风的设置，风道与隧道的夹角宜小，风道口与风道的过风面积及风机类型应使通风系统处于良好的工作状态。

4　通风设备的基础应置于稳固的地基上。

3.0.9　射流风机的设置，应遵守下列规定：

1　纵向等距离布置射流风机时，其间距不宜小于70 m。

2　射流风机宜采用洞口堆放式或洞内壁龛式，不宜采用拱顶吊装式。

3　射流风机采用支架固定时，其支架应做成可拆式，以便维修拆装；风机支架两端应设置防护钢网。

4　风机支架等钢结构应接地。

5　为保证风机能按设定的时间启动关停，有效地利用活塞风，风机控制系统应设置自动控制装置。

3.0.10　特长隧道及瓦斯隧道运营通风的设置应与消防通风综合考虑。

4 通风计算

4.1 一般规定

4.1.1 采用纵向式通风，应通过风机作用将新鲜空气引入隧道，在空气沿隧道流动的同时将烟气以“挤压”方式推出隧道。

4.1.2 通风计算应考虑隧道内烟气的扩散作用，设计中可按现场试验的测定情况，采用一定系数计入其影响。通风时间应为上坡列车车尾出洞后至通风排烟完成的时间。

4.1.3 通风设计中空气标准重度 γ_0 可采用 12 N/m³ 计算，计算风机功率时，则应按当地最冷月的平均气温、气压和相对湿度予以修正。

4.1.4 行车条件有关参数应按下列规定选用：

1 列车长度 l_T，应按近期列车长度考虑或采用 350 m 计算。

2 列车速度 v_T，应按牵引计算中速度距离曲线图求得，单坡隧道按全隧道平均计算，人字坡隧道按上下坡段各自平均计算。

3 列车平均断面积 f_T，应按列车活塞作用系数的现场试验所得的统计值计算，也可采用 12.6 m²。

4 列车活塞作用系数可按下式计算：

$$K_m = \frac{N l_T}{\left(1 - \frac{f_T}{F}\right)^2} \tag{4.1.4}$$

式中 l_T——列车长度(m)；

f_T——列车平均断面积(m²)；

N——隧道列车阻力系数，单线隧道 $N = 86 \times 10^{-4}$(l/m)；

F——隧道断面积，隧道断面有变化时，F 值按分段长度加权平均计。

4.1.5 隧道通风各项参数，应按下列规定采用：

1 隧道断面积 F 与当量直径 d，应按过风净截面计算，可不包括有盖板的水沟断面。

2 隧道与风道各项局部阻力系数 ξ 可按附录 A 选用。

3 隧道与风道壁面摩擦系数 λ 可按附录 B 选用。

4 曲线隧道的曲线段阻力，其摩擦系数比直线段增大 20%。

5 通风计算中当隧道有阻力较小的漏风通道(未经完全封闭的泄水洞、溶洞、斜井、竖井、平导等)时，应作特殊计算。

4.2 自然风的计算

4.2.1 自然风的作用，应按对隧道通风排烟较不利的情况考虑，当缺乏当地实测资料时，对单坡隧道顺上坡方向行车通风排烟，可按隧道内自然风速 1.5 m/s 计算，双线隧道内自然风速可按 2.0 m/s 计算。

4.2.2　采用机械通风时，隧道内自然风的计算应符合下列规定：

1　人字坡隧道采取迎列车提前通风时，计算的自然反风与机械风向相反而与此时行车方向相同。

2　竖井(斜井)吹入式机械通风，烟气由列车出洞的隧道端排出时，按竖井(斜井)口与隧道高洞口的自然风压相等，对隧道低洞口的自然风压差均以 $+P_n$ 计算(P_n 为该隧道无竖井时，隧道内自然反风 1.5 m/s 的压差值)。

3　竖井吸出式机械通风，烟气分两段同时流向竖井排出时，竖井口与隧道高洞口的自然风压相等，对隧道低洞口的自然风压差以 $+P_n$ 或 $-P_n$(P_n 为该隧道无竖井时，隧道内自然反风 1.5 m/s 的压差值，$-P_n$ 为自然顺风 1.5 m/s 者)；两种情况，取其对通风排烟不利的情况计算。

4.3　单线隧道机械通风

4.3.1　列车在隧道中运行，其前后端的压力差，即活塞压力，可按下式计算：

$$p_m = K_m \frac{\gamma}{2g_n}(v_T - v_m)^2 \tag{4.3.1}$$

式中　p_m——活塞压力(Pa)；

K_m——活塞风作用系数；

v_T——列车速度(m/s)；

v_m——活塞风速度(m/s)；

g_n——重力加速度，采用 9.81 m/s^2；

γ——空气重度(N/m^3)。

4.3.2　当隧道为单一的通道，无自然风等其他压源，也无竖井等旁通道时，列车在隧道内运行，其活塞风速度 v_m 与活塞风阻力系数 ξ_m 可按下式计算：

$$v_m = v_T \frac{1}{1+\sqrt{\dfrac{\xi_m}{K_m}}} \tag{4.3.2—1}$$

$$\xi_m = 1.5 + \frac{\lambda(L_T - l_T)}{d} \tag{4.3.2—2}$$

式中　ξ_m——活塞风阻力系数；

L_T——隧道长度(m)；

l_T——列车长度(m)；

λ——摩擦系数(达西系数)；

d——隧道断面当量直径(m)。

4.3.3　当无竖井等旁通道的隧道内有自然风时，列车在隧道内运行，其活塞风速 v_m 与自然风阻力系数 ξ_n 可按下式计算：

$$v_m = v_T \frac{1-\sqrt{\dfrac{\xi_m}{K_m} \pm \dfrac{\xi_n}{K_m}\left(\dfrac{v_n}{v_T}\right)^2\left(1-\dfrac{\xi_m}{K_m}\right)}}{1-\dfrac{\xi_m}{K_m}} \tag{4.3.3—1}$$

$$\xi_n = 1.5 + \frac{\lambda L_T}{d} \qquad (4.3.3—2)$$

式中 v_n——自然风速,可按对通风不利的自然反风 1.5 m/s 计;

ξ_n——隧道内自然风阻力系数。

注:式(4.3.3—1)中,当隧道内自然风向与列车运行方向相同时取负号,反之取正号。

4.3.4 列车尾出洞时烟气末端(即烟气界面)距隧道出口的距离,即排烟长度 L_q,可按式(4.3.4)计算。

$$L_q = K_i\left(1 - \frac{v_m}{v_T}\right)L_T \qquad (4.3.4)$$

式中 K_i——活塞风修正系数,$K_i = 1.1$。

4.3.5 列车尾出洞后,隧道内排烟需要风量可按式(4.3.5)计算。

$$Q_e = K_j\left(1 - \frac{v_m}{v_T}\right)\frac{FL_T}{t_q} \qquad (4.3.5)$$

式中 t_q——通风排烟时间(s)。

4.3.6 当已确定允许的通风排烟时间 t_q,并求得隧道内排烟需要风量 Q_e 之后,即可按式(4.3.6)计算无帘幕洞口风道吹入式通风需要的风量。

$$Q_g = K_R\frac{Q_e}{R} \qquad (4.3.6)$$

式中 K_R——风量分配修正系数,采用 1.05;

R——风量分配系数。

4.3.7 风量分配可按式(4.3.7)计算,风道口三通区压力分布见图 4.3.7。

$$R = \frac{-b + \sqrt{c(a-b) + ab}}{a - b} \qquad (4.3.7)$$

式中 R——风量分配系数;

$$a = 2 + k\frac{p_2}{n_2}$$

$$b = 2 + k\frac{p_1}{h_1}$$

$$c = 2n\cos\theta$$

$$n = \frac{F}{F_0}$$

$$k = 1 + \frac{\cos\theta}{2n}$$

$$R = \frac{Q_e}{Q_g}$$

$$R - 1 = \frac{Q_s}{Q_g}$$

当隧道中无自然风时

$$a = a_0 = 2 + k\frac{\lambda L_e}{d}$$

$$b = b_0 = 2 + k\frac{\lambda L_s}{d}(R < 1\text{ 时})$$

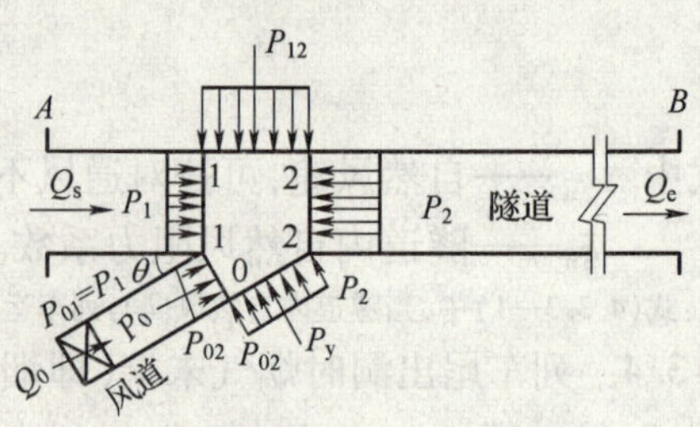

图 4.3.7　风道口三通区压力分布计算简图

或 $b=b_0=2-k\left(1.5+\dfrac{\lambda L_s}{d}\right)(R>1\text{ 时})$

当隧道中有自然风时

$$a=a_0\pm k\xi_n\left(\frac{v_n}{v_e}\right)^2=2+k\left[\frac{\lambda L_e}{d}\pm\xi_n\left(\frac{v_n}{v_e}\right)^2\right]$$

$$b=b_0=2+k\frac{\lambda L_s}{d}(R<1\text{ 时})$$

或 $b=b_0=2-k\left(1.5+\dfrac{\lambda L_s}{d}\right)(R>1\text{ 时})$

式中自然反风取正号，反之取负号。

在求解风量分配比 R 之前，b_0 值要按 $R<1$ 或 $R>1$ 分别取用，一般洞口风道式通风可先按 $c/a<1$ 或 $c/a>1$ 预先判别（$c/a<1$，则 $R<1$；$c/a>1$ 则 $R>1$）。

4.3.8　风流流动过程中，风压损失可按下列公式计算：

局部阻力损失
$$h_\xi=\xi\frac{\gamma}{2g_n}v^2 \tag{4.3.8—1}$$

沿程摩擦阻力损失
$$h_\lambda=\lambda\frac{l}{d}\frac{\gamma}{2g_n}v^2 \tag{4.3.8—2}$$

风道口静压 p_0，当 $R<1$ 时

$$p_0=p_1=\frac{\lambda L_s}{d}\frac{\gamma}{2g_n}v_s^2 \tag{4.3.8—3}$$

当 $R>1$ 时

$$p_0=p_1=-\left(1.5+\frac{\lambda L_s}{d}\right)\frac{\gamma}{2g_n}v_s^2 \tag{4.3.8—4}$$

4.3.9　洞口式通风所需风机全压 H_g 可按下列公式计算：

1　当 $R<1$ 时

$$H_g=\left(\frac{\gamma}{2g_n}\times100^2\right)\left[\sum\left(\xi_i\frac{1}{F_i^2}+\frac{\lambda_j l_j}{d_j}\frac{1}{F_j^2}\right)+\frac{1}{F^2}+\frac{\lambda L_s}{d}\left(\frac{1-R}{F}\right)^2\right]\left(\frac{Q_g}{100}\right)^2 \tag{4.3.9—1}$$

2　当 $R>1$ 时

$$H_g=\left(\frac{\gamma}{2g_n}\times100^2\right)\left[\sum\left(\xi_i\frac{1}{F_i^2}+\frac{\lambda_j l_j}{d_j}\frac{1}{F_j^2}\right)+\frac{1}{F^2}-\left(1.5+\frac{\lambda_j l_j}{d}\right)\left(\frac{R-1}{F}\right)^2\right]\left(\frac{Q_g}{100}\right)^2 \tag{4.3.9—2}$$

注：$\dfrac{\gamma}{2g_n}(Q_g)^2\left[\sum\left(\xi_i\dfrac{1}{F_i^2}+\dfrac{\lambda_j l_j}{d_j}\dfrac{1}{F_j^2}\right)\right]$为风机房进口到风道口各处局部阻力损失及各段沿程摩擦阻力损失之和。

4.3.10　列车在隧道内行驶未出洞之前，开动风机提前通风，可采用下列方式：

1　顺列车提前通风，用以加大列车的活塞风速，从而缩短需要的排烟长度，此方式主要用以解决长隧道高洞口端接近车站，允许通风时间很短的隧道。

2　迎列车提前通风，用以加大列车与隧道内空气的相对速度，解除或减轻司机室的烟熏程度，亦有助于内燃机车的冷却。

4.3.11　顺列车提前通风时，风量分配可按式(4.3.11)计算：

$$CQ_g^2=\left(2+k\frac{p_2}{h_2}\right)Q_{me}^2-\left(2+k\frac{p_1}{h_1}\right)(Q_{me}^2-Q_g^2) \quad (4.3.11)$$

式中 p_2——隧道通风端静压,其计算式为

$$p_2=\frac{\lambda(L_e-l_T)}{d}\frac{\gamma}{2g_n}v_{me}^2-K_m\frac{\gamma}{2g_n}(v_T-v_{me})^2\pm\xi_n\frac{\gamma}{2g_n}v_n^2$$

注:自然顺风取负号,反风取正号。

p_2——隧道短路静压,其计算式为

$$p_1=-\left(1.5+\frac{\lambda L_s}{d}\right)\frac{\gamma}{2g_n}v_{ms}^2$$

4.3.12 顺列车提前通风时列车尾出洞时排烟长度 L_q 可按式(4.3.12)计算:

$$L_q=K_i\left(1-\frac{v_{me}}{v_T}\right)L_T \quad (4.3.12)$$

式中 v_{me}——隧道内合成风速(机械风与活塞风共同作用)。

4.3.13 顺列车提前通风时,在列车出洞后到排烟完毕,排除烟气需要的时间,可按式(4.3.13)计算:

$$t_q=\frac{1}{uv_e}\left\{\mathrm{arsh}\left[e^{uLq}\mathrm{sh}\left(\mathrm{arth}\frac{v_e}{v_{me}}\right)\right]-\mathrm{arth}\frac{v_e}{v_{me}}\right\} \quad (4.3.13)$$

式中 $u=\frac{\xi_n}{2L_T}$。

4.3.14 顺列车提前通风时,列车后面烟气段内的平均烟气浓度可按式(4.3.14—1)计算,列车与隧道周壁间隙中空气的相对风速可按式(4.3.14—2)计算:

$$\bar{C}_x=\frac{g_TC_T}{(v_T-v_{me})F} \quad (4.3.14—1)$$

$$v_r=\frac{v_T-v_{me}}{1-a} \quad (4.3.14—2)$$

4.3.15 迎列车提前通风时,风量可按下列规定计算:

1 当风机供风能力不强,隧道内风向与列车方向相同时,其风量可按式(4.3.15—1)计算:

$$CQ_q^2=\left(2+k\frac{p_2}{h_2}\right)Q_{me}^2-\left(2+k\frac{p_1}{h_1}\right)(Q_g+Q_{me})^2 \quad (4.3.15—1)$$

式中
$$p_2=-\left[1.5+\frac{\lambda(L_e-l_T)}{d}\right]\frac{\gamma}{2g_n}v_{me}^2+K_m\frac{\gamma}{2g_n}(v_T-v_{me})^2\pm\xi_n\frac{\gamma}{2g_n}v_n^2$$

注:当自然风与列车同向时取正号;当自然风与列车反向时取负号。

$$p_1=\frac{\lambda L_s}{d}\frac{\gamma}{2g_n}v_{ms}^2$$

2 当风机供风能力很强,隧道内风速与列车反风,短路端漏风,其风量可按式(4.3.15—2)计算:

$$CQ_q^2=\left(2+k\frac{p_2}{h_2}\right)Q_{me}^2-\left(2+k\frac{p_1}{h_1}\right)(Q_g-Q_{me})^2 \quad (4.3.15—2)$$

式中

$$p_2=\frac{\lambda(L_e-l_T)}{d}\frac{\gamma}{2g_n}v_{me}^2+K_m\frac{\gamma}{2g_n}(v_T+v_{me})^2\pm\xi_n\frac{\gamma}{2g_n}v_n^2$$

$$p_1 = \frac{\lambda L_s}{d} \cdot \frac{\gamma}{2g_n} v_{ms}^2$$

4.3.16　迎列车提前通风时，列车后面烟气段内的平均烟气浓度可按式(4.3.16—1)计算，列车与周围空气的相对速度可按式(4.3.16—2)计算：

$$\bar{C}_x = \frac{q_T C_T}{(v_T + v_{me}) F} \tag{4.3.16—1}$$

$$v_r = \frac{v_T + v_{me}}{1 - a} \tag{4.3.16—2}$$

4.3.17　射流风机压力可按式(4.3.17)计算：

$$p_j = \frac{\gamma}{g_n} v_j^2 \left(\frac{\varphi}{1-\varphi}\right)(1-\phi)^2 \frac{1}{K_j} \tag{4.3.17}$$

式中　p_j——射流风机压力(一组，x 台)；

γ——空气重度(N/m^3)；

v_j——射流风机出口风速(m/s)；

$$\varphi = \frac{xF_j}{F}$$

F_j——一台风机出口断面积(m^2)；

F——隧道横断面积(m^2)；

$$\phi = \frac{v_e}{v_j}$$

v_e——隧道断面平均风速(m/s)；

K_j——考虑隧道壁面摩擦影响的射流损失系数，与风机距壁面的距离有关，可按图 4.3.17 取值。

4.3.18　采用射流风机通风时，可根据隧道需要风量(风速 v_e)与隧道通风阻力等，按下式计算所需射流风机台数(隧道内无列车时)：

$$np_j = p_\lambda + p_n \tag{4.3.18}$$

式中　n——需要射流风机组数(每组 x 台)，

$$n = \frac{\xi_n (v_e^2 + v_n^2)}{\frac{2v_j^2}{K_j}\left(\frac{\varphi}{1-\varphi}\right)\left(1 - \frac{v_e}{v_j}\right)^2}$$

p_j——每组射流风机压力；

p_λ——隧道通风阻力，

$$p_\lambda = \left(1.5 + \frac{\lambda L_T}{d}\right)\frac{\gamma}{2g_n} v_e^2 = \xi_n \frac{\gamma}{2g_n} v_e^2$$

p_n——自然风压力(反风)，

$$p_n = \left(1.5 + \frac{\lambda L_T}{d}\right)\frac{\gamma}{2g_n} v_n^2 = \xi_n \frac{\gamma}{2g_n} v_n^2$$

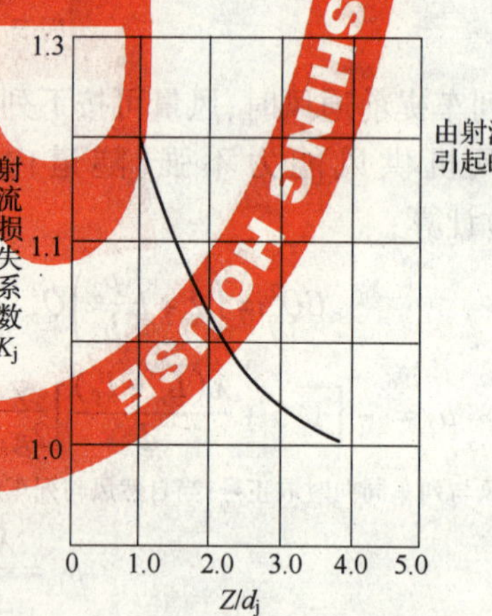

图 4.3.17　射流损失系数 K_j

Z——风机中心距隧道壁面的距离(mm)；

d_j——风机出口直径(mm)。

4.3.19　列车在隧道内顺列车提前通风，当已定射流风机台数 n 时，可按式(4.3.19)计算提前通风隧道风速 v_{me}：

$$\left[\frac{2n}{K_j}\left(\frac{\varphi}{1-\varphi}\right)+K_m-\xi_m\right]v_{me}^2-\left[\frac{4n}{K_j}\left(\frac{\varphi}{1-\varphi}\right)v_j+2K_mv_T\right]v_{me}+\frac{2n}{k_j}\left(\frac{\varphi}{1-\varphi}\right)v_j^2+K_mv_T^2\mp\xi_nv_n^2=0$$

(4.3.19—1)

$$np_j+p_m=p_{\lambda m}\pm p_n \tag{4.3.19—2}$$

式中 p_j——射流风机压力，$p_j=\frac{\gamma}{g_n}v_j^2\left(\frac{\varphi}{1-\varphi}\right)\left(1-\frac{v_{me}}{v_j}\right)^2\frac{1}{K_j}$；

p_m——列车活塞压力，$p_m=K_m\frac{\gamma}{2g_n}(v_T-v_{me})^2$；

$p_{\lambda m}$——有列车时隧道通风阻力，

$$p_{\lambda m}=\left[1.5+\frac{\lambda(L_T-l_T)}{d}\right]\frac{\gamma}{2g_n}v_{me}^2=\xi_m\frac{\gamma}{2g_n}v_{me}^2。$$

注：当自然顺风时，式(4.3.19—2)中 p_n 采用负号，式(4.3.19—1)中 v_n^2 项改用正号。

4.4 双线隧道内燃牵引机械通风

4.4.1 双线隧道沿程阻力系数 λ 可取0.015~0.019。

4.4.2 双线隧道宜采用射流通风方式。

4.4.3 单列车在双线隧道内运行时，列车阻力系数 N 可取 8×10^{-4}(1/m)。交会列车时活塞风长度应取零。

4.4.4 为保证双线隧道内列车通过能力，通风允许时间应按列车运行图进行选择确定，当无资料时，可按下式计算：

$$t=\frac{86\,400}{m+n-Z}-t' \tag{4.4.4}$$

式中 t——平均允许通风时间(s)；

m,n——每日上行、下行列车次数；

Z——每日在隧道内的交会次数；

t'——列车在隧道内的平均运行时间(s)。

4.4.5 列车出洞时隧道中残留的污浊空气段长度可采用换气系数计算，换气系数可取1.1。

$$L_q=1.1\left(1-\frac{v_m}{v_T}\right)L_T \tag{4.4.5}$$

4.4.6 双线隧道采用射流通风时，风机宜集中布置，当风机台数较多，难以布置于一个断面时，可分几个断面布置，同时断面的间距应合理。

4.4.7 隧道内通风风速应根据不同的射流风机布置方式选取合适的喷流系数计算，对于风机集中布置情况，应考虑洞内风速达到稳定需要一段时间的影响。

5　瓦斯隧道通风

5.1　一 般 规 定

5.1.1　运营隧道内,瓦斯浓度在任何时间、任何地点都不得超过0.5%。

5.1.2　瓦斯隧道运营通风宜在列车进入隧道前或在列车出隧道后进行。列车在隧道内运行时不应进行通风。

5.1.3　瓦斯隧道运营期间宜采用定时通风:当隧道内瓦斯浓度达到0.4%时,必须启动风机进行通风,保证隧道内瓦斯浓度不大于0.5%,当瓦斯浓度降到0.3%以下时,可停止通风。

5.1.4　瓦斯隧道应设置控制室,对隧道内各分站的瓦斯、风速等有关参数及分站设备的工作状态、馈电状态等进行连续自动监测;当出现瓦斯浓度超限或其他异常情况时,控制室中心站应能自动报警,并发出风机启动信号,启动风机对隧道内进行通风,排除隧道内的瓦斯。

5.2　通 风 计 算

5.2.1　瓦斯隧道运营通风计算应以瓦斯逸出量及隧道内最小风速作为主要依据。

5.2.2　瓦斯逸出量可按式(5.2.2)计算:

$$q=\frac{K\cdot A\cdot(p_1^2-p_2^2)}{2h\gamma p_2} \tag{5.2.2}$$

式中　q——瓦斯逸出量(m^3/s);

K——衬砌及缝隙的渗透系数(cm/s),可通过试验测定;

p_1——透气压力(MPa),可取封闭后煤层内的瓦斯压力值;

p_2——隧道内空气压力,可取0.1 MPa;

A——透气面积(m^2),$A=L_1\cdot S$;

L_1——隧道穿越煤系地层的长度(m);

S——隧道断面周长(m);

h——渗透厚度(cm),可取衬砌厚度;

γ——气体的重度(N/cm^3)。

5.2.3　瓦斯隧道运营通风的最小风速不得小于1.0 m/s。

5.2.4　瓦斯隧道通风计算应按本规范第4章有关公式进行,但不计列车活塞作用时,其需风量应分别按瓦斯逸出量和隧道内最小风速计算,并取其最大值,再计算风机风压等。

6 通风道与风机房

6.1 通 风 道

6.1.1 通风道不应设置在有塌方、滑坡等不良地质地段,亦不应设在地表水或地下水汇集的山沟与低洼处。必要时,经技术、经济比较后,机械设备可置于地下洞室。

6.1.2 风道进口宜与地形等高线正交或接近正交。

6.1.3 选择风道位置、风道与隧道的夹角等,除按有关公式计算进行通风效果比较外,尚应考虑地形、地质与施工等条件。风道与隧道的夹角不宜小于15°,通常采用15°~20°。

6.1.4 风道长度宜短,风道断面不宜太小和变化过多,断面形状可取半圆拱并使断面高宽接近。风道口(隧道边墙处)断面形状与高宽比可按地质情况、施工条件与结构条件等因素确定。紧靠风机的一段风道应顺直,风道的中心线应与风机轴线一致。

6.1.5 双侧风道(并联)与单侧风道布置方式的选择可按施工与运营管理等条件比选确定。

6.1.6 风道内应设置不小于3‰的向隧道方向的下坡,除竖井、斜井外,风道纵坡亦不宜过大。

6.1.7 风道口(隧道边墙处)底部高程宜高出该处轨面15~20 cm;当风道坡度较大时;风道与隧道连接段,应有不小于10 m的缓坡,使风流通畅。

6.1.8 风道内风速宜采用15~20 m/s。

6.1.9 利用辅助坑道进行隧道运营通风时,应核算其断面积,并使其符合通风的要求。

6.2 风 机 房

6.2.1 风道外洞口地形、地质应适合风机房施工场地与运营养护的需要。

6.2.2 风机房应保持干燥,采用吸出式通风时应避免风道漏水随风吸出而淋湿风机、电动机等设备。

6.2.3 风机房不应设在深挖槽内,宜设在地势开阔处,并需注意通风时的风流作用,不使雨水飘淋电动机、风机等设备。

6.2.4 风机房应安装避雷设备并设置遮断开关,保障安全。

7 通风机及机电设备

7.1 通 风 机

7.1.1 隧道运营通风,应根据所需的供风量和风压选择风机。并按风机特性曲线选定风机的型号、工况点(风量、风压)和叶片角度。同时应根据经济技术条件比选,确定采用一台大的风机或用两台较小的风机并联。

7.1.2 吹入式通风可不装扩散器;吸出式通风必须装扩散器。

7.1.3 风机可不考虑备用的台数。

7.1.4 采用竖井(斜井)式通风时,风机、电动机等设备不宜设在井下。

7.1.5 双线隧道通风宜采用射流风机。

7.1.6 射流风机的选型应结合采用洞内壁龛式或洞口堆放式所引起隧道断面增加的工程量比选确定。

7.2 机 电 设 备

7.2.1 通风动力宜采用电力驱动。两台风机并联时,通风动力应满足两台风机同时起动的需要。

7.2.2 供电时,应考虑电力变压器至风机房的线路压降,电力变压器至机房距离不宜过远。

7.2.3 在雷击区变电系统均应安装避雷设备。电力变压器的高压端尚应设置遮断开关。

7.2.4 风机动力为二级供电系统,不考虑备用电网,应与其他供电线路分开,避免相互干扰。瓦斯隧道的风机动力应为一级供电系统,必要时应设置部分备用电源。

7.2.5 用内燃机驱动风机时,应采取措施防止内燃机废气随风带入隧道。设计时应考虑油料的供应和储放设施。

附录 A　局部阻力系数

表 A　局部阻力系数

顺序	名　称	图　式	阻力系数	备　注
1	直管进口	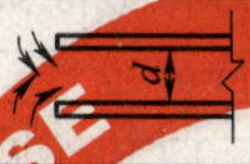	$\xi=0.6$	见注 1 第 220 页
	有直角边进口	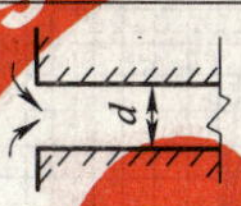	$\xi=0.3$	见注 1 第 220 页
	带曲边的进口	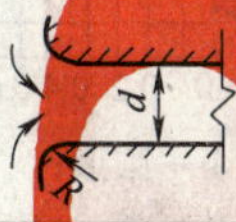	$\xi=0.1\left(\frac{R}{d}=0.1\right)$	见注 1 第 220 页
	喇叭形进口	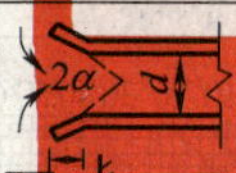	$\xi=0.05\left(\begin{matrix}2\alpha=45^\circ \\ l/d=0.5\end{matrix}\right)$	见注 1 第 220 页
	带网格的进口	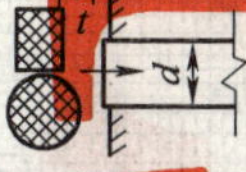	$\xi=0.4$ （网格净面积为 80% 时）	见注 2 第 180 页
	竖风道进口	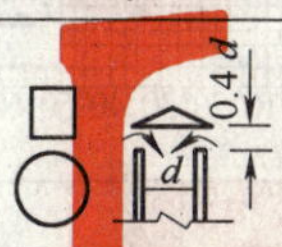	$\xi=1.0$	见注 2 第 181 页
	铁路隧道及风道进口	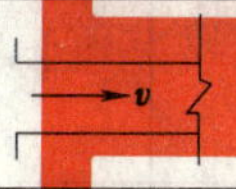	$\xi=0.5$	
	风机房铁栅栏进口	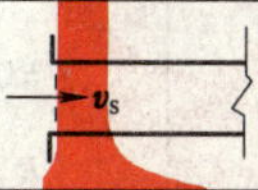	$\xi=0.1$ （网格净面积为 80% 时）	连同进口损失 $\xi=0.5+0.1$
	风机集风器进口	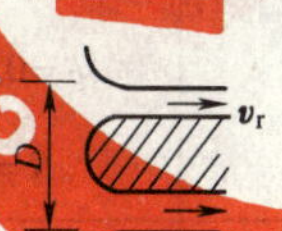	$\xi=0.4$	$v=\frac{Q}{\frac{\pi}{4}D^2}$ （取自风机模型资料）
2	直管出口	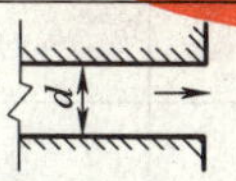	$\xi=1.0$	见注 1 第 136 页
	带网格的出口	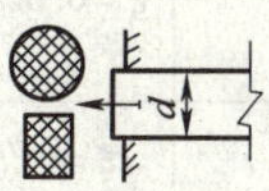	$\xi=1.6$ （网格净面积为 80% 时）	见注 2 第 178 页
	竖风道出口	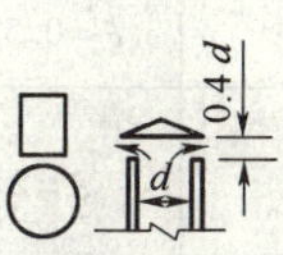	$\xi=1.0$	见注 2 第 178 页

续上表

<table>
<tr><th>顺序</th><th>名　　称</th><th colspan="2">图　　式</th><th>阻力系数</th><th>备　　注</th></tr>
<tr><td>3</td><td>突然扩大</td><td colspan="3">f, d, F, l
$\xi=\left(1+\frac{f}{F}\right)^2$（$l>8d$时）</td><td>见注2第175页</td></tr>
<tr><td>4</td><td>突然收缩</td><td colspan="3">F, f
f/F：0｜0.2｜0.4｜0.6｜0.8｜1
ξ：0.5｜0.42｜0.34｜0.25｜0.15｜0</td><td>见注3第100页</td></tr>
<tr><td>5</td><td>断面渐扩</td><td colspan="3">α 90° 70° 50° 30° 20° 10° 0°
S 0.5 0.4 0.3 0.2 0.1 0 0.2 0.4 0.6 0.8 1.0 $\frac{f}{F}$
曲线：Ⅰ—圆形；
Ⅱ—正方形</td><td>见注3第100页
当 $R>20°\sim25°$ 时，宜按突然扩大计</td></tr>
<tr><td></td><td>断面渐缩</td><td colspan="3">$\frac{f}{F}$ 0.8 0.6 0.4 0.3 0.2 0.15° 10° 20° 30° 40° 50° 60° 70° 80° 90° α
0 0.2 0.4 0.6 0.8 1.0 5° 10° 20° 30° 40° 50° 60° 70° 80° 90° α</td><td>见注3第100页</td></tr>
<tr><td></td><td>转　弯</td><td colspan="2">α</td><td>$\xi=1.735\left(\frac{a^0}{100}\right)^2$</td><td>见注4第154页</td></tr>
<tr><td>6</td><td>圆弧弯管</td><td colspan="2">r R d</td><td>$\xi=0.6$（$\gamma=\frac{1}{3}d$，$R=1.5d$时）；
$\xi=0.3$（$\gamma=\frac{2}{3}d$，$R=1.67d$时）</td><td>见注1第235页</td></tr>
<tr><td></td><td>带锐角的90°弯管</td><td colspan="2"> </td><td>$\xi=1.4$</td><td>见注1第235页</td></tr>
<tr><td></td><td>内缘切成15°弯管</td><td colspan="2">45 b</td><td>$\xi=0.66$（切割长$=0.56$）</td><td>见注1第235页</td></tr>
<tr><td></td><td>内缘呈圆弧形</td><td colspan="2">r b</td><td>$\xi=0.75$（$\gamma=\frac{1}{3}b$时）
$\xi=0.52$（$\gamma=\frac{2}{3}b$时）</td><td>见注1第235页</td></tr>
<tr><td></td><td>两个90°同向弯管</td><td colspan="2">i b</td><td>$\xi=2.1$（$l>8b$时）</td><td>见注1第235页</td></tr>
</table>

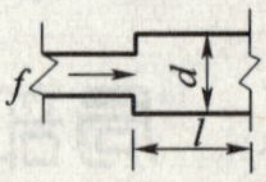

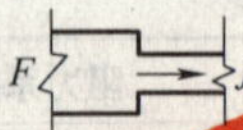

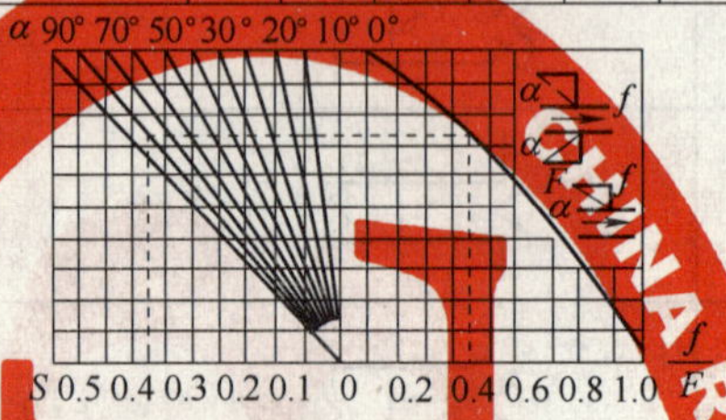

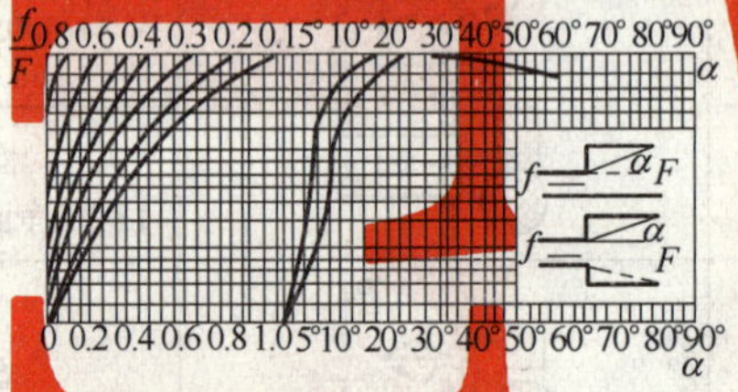

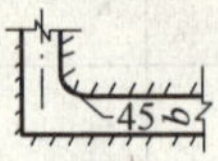

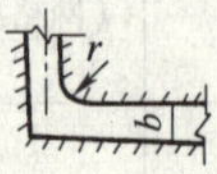

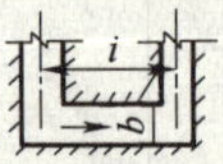

续上表

顺序	名　　称	图　　式	阻力系数	备　　注
7	两个 90°反向弯管		$\xi=2.4$	见注 1 第 235 页
8	对称三通管 汇流与分流		汇流 $\xi_{13}=\frac{4}{n^2}+1-\frac{4\cos\theta}{n}$ 分流 $\xi_{31}=\frac{4}{n^2}+1-\frac{4\cos\theta}{n}$	摘自 N·E·依杰里克《水力摩阻》第 240 页 $n=\frac{F_3}{F_1}$均用 v_1 计算
9	固定的百叶栅格		$\xi=0.3$	见注 2 第 181 页

注：1　《矿井苍道的通风阻力》；
　　2　《风道计算法》；
　　3　《通风风道计算法》；
　　4　《矿井通风学》。

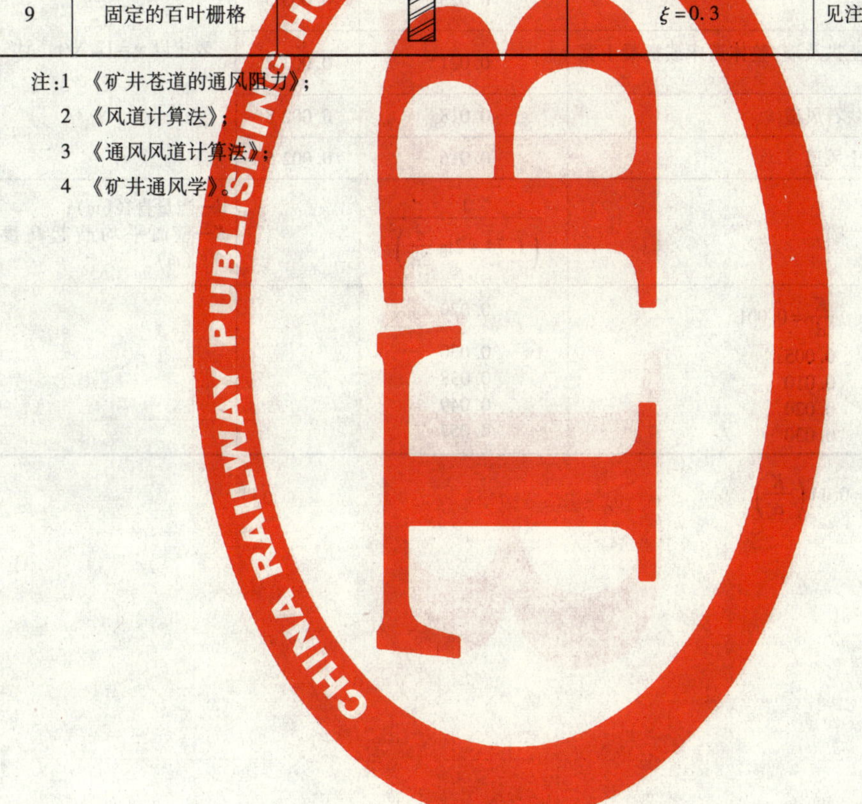

附录 B 常用摩擦阻力系数 λ 值

表 B 常用摩擦阻力系数 λ 值

顺序	隧道风道特征	λ	α	备 注
1	混凝土拱，浆砌块石墙，碎石道床，普通枕	0.026	0.004 0	
2	混凝土拱及墙，碎石道床，普通枕	0.025	0.003 8	
3	混凝土拱，浆砌块石墙，整体道床或混凝土宽枕	0.023	0.003 5	$\alpha=\frac{\gamma\lambda}{8g_n}$ 表中以 $\gamma=12\ N/m^3$ 计
4	混凝土拱及墙，整体道床或混凝土宽枕	0.021	0.003 2	
5	浆砌块石风道	0.018	0.002 8	
6	混凝土风道	0.016	0.002 5	
7	锚 喷	$\frac{1}{\left(1.74+2\lg\frac{d}{2K}\right)^2}$		d—当量直径(m)； K—壁面平均凸起高度(m)
	$\frac{K}{d}=0.001$ 0.005 0.010 0.020 0.030	0.020 0.030 0.038 0.049 0.057		

注：计算式 $\lambda=0.11\left(\frac{K}{\alpha}\right)^{0.25}$。

本规范用词说明

执行本规范条文时,对于要求严格程度的用词说明如下,以便在执行中区别对待。

(1)表示很严格,非这样做不可的用词:

正面词采用"必须";

反面词采用"严禁"。

(2)表示严格,在正常情况下均应这样做的用词:

正面词采用"应";

反面词采用"不应"或"不得"。

(3)表示允许稍有选择,在条件许可时首先应这样做的用词:

正面词采用"宜";

反面词采用"不宜"。

表示有选择,在一定条件下可以这样做的,采用"可"。

《铁路隧道运营通风设计规范》条文说明

本条文说明系对重点条文的编制依据、存在的问题以及在执行中应注意的事项等予以说明。为了减少篇幅,只列条文号,未抄录原条文。

1.0.1 在40多年我国铁路隧道建设过程中,隧道运营通风设计取得了一定的经验和成果,为了更有效地发挥铁路隧道运营通风设计有效的经验和成果,在总结经验的基础上,为统一技术标准,故制订本规范。

1.0.3 隧道是铁路的重要结构物,隧道通风系统是长隧道不可缺少的部分,若在长隧道内不解决运营通风,将危害养护人员、乘务人员、旅客的身体健康,腐蚀隧道内各种设备和衬砌,为此,条文明确了运营通风的目的和要求。

1.0.4 条文中所指尚应符合的国家现行的有关强制性标准主要有:

(1)《铁路隧道设计规范》(TB 10003—99);

(2)《铁路隧道施工技术安全规则》(TBJ 404—87);

(3)《铁路技术管理规程》;

(4)《铁路隧道施工规范》(TBJ 204—86);

(5) 《铁路运营隧道空气中内燃机车废气容许浓度》(TB 1912—87);

3.0.4 卫生标准的制订是根据国务院1982年2月13日的国发〔1982〕30号文发布的矿山安全条例的第六节第五十一条的有关规定为依据的。

关于氮氧化物(换算成NO_2)浓度的卫生标准是根据1988年1月4日发布的铁道部标准《铁路运营隧道空气中内燃机车废气容许浓度》(TB 1912—87)制订的。

关于电化隧道卫生标准,目前工作情况如下:

(1)关于电力牵引的隧道内有害气体浓度和电磁场强度及人体感应电流量测数据如说明表3.0.4—1及说明表3.0.4—2所示:

(2)由于电力牵引的铁路隧道运营通风,过去研究极少。本规范中有关电气化隧道的运营通风有关要求和规定是参照西(安)—(安)康线的秦岭隧道《电化特长单线隧道运营通风必要性及综合配套技术的研究》(1995G48—R)的阶段成果审查意见及铁鉴函〔1997〕306号《关于西安安康线青岔至营盘(含秦岭特长隧道)技术设计的批复》拟定的。

说明表3.0.4—1 电力牵引隧道内有害气体浓度

隧道名称及单、双线	长度(m)	机车类型及台数	有害气体浓度(mg/m^3)			粉尘浓度(mg/m^3)		粉尘中游离SiO_2(%)		噪声强度(dB)	
			NO_x	CO	SO_2	平均	最高	平均	最高	隧道内	隧道外
大瑶山(双)	14 295	韶山型一台	0.4	<1.3	0.5	0.65	5.70	27.8	45.4	114	100
会龙场(单)	4 009	韶山型一台	0.467	3.73	0.366	1.54	2.93			102	

说明表 3.0.4—2 电力牵引隧道电磁场强度及人体感应电流

隧道名称及单、双线	电场强度(kV/m)				磁感应强度(mT)				人体感应电流(μA)			
	隧道外		隧道内		隧道外		隧道内		隧道外		隧道内	
	平均值	最大值	平均值	最大值	平均值	最大值	平均值	最大值	平均值	最大值	平均值	最大值
大瑶山(双)	4.24		2.01	4.20	0.28		0.21	0.87	39.1		17.2	34.0
会龙场(单)	2.3	<6	2.0		0.26	<2	0.2		20	70	17	

秦岭特长隧道的运营通风的设计原则是:

(1)根据课题组对秦岭隧道环境状况的分析,可能出现洞内湿度、粉尘、臭氧超过卫生标准;不利条件的困难地段,洞内温度超过 28 ℃,氧气含量低于 20% 的情况,有必要设置机械通风。

(2)采用纵向诱导式(射流风机)通风方案。

(3)通风按纵向诱导式通风理论检算,并考虑列车活塞风及自然风的作用,通过风流方向应与列车行驶方向相同,充分利用列车活塞效应。

(4)通风时间按 90 min 计算,并分别核算 45 min 及 60 min 的通风能力,在天窗时间内通风,风机台数应考虑 10% 的备用量。

(5)洞内射流风机采用集中并联布置方式,并置于洞内侧壁。

(6)洞内风机设置应遵循能耗较少原则,并便于集中管理及养护维修。

由于电气化隧道运营通风的科研仍在继续进行,实践尚少,因而在本规范中仅原则列述,有关通风计算的具体规定尚待今后补充完善。

本规定未包括地层中放出的有害气体的特殊处理。

3.0.5 隧道设置机械通风的条件,条文提出“应根据牵引种类、隧道长度、隧道平面和纵断面、道床类型、行车速度和密度、气候条件及两端洞口地形等因素综合考虑确定”,是通过各地区 30 多座隧道的调查结果确定的。一座隧道是否设置机械通风不能单纯以长度来确定,例如某隧道长 2 533 m,为整体道床,两端洞口分别有 130 m 和 360 m 的曲线,坡度约为 12‰(双机),内燃牵引,隧道自然通风良好,一般排除有害气体需 15 ~ 20 min,在不利情况下排烟时间约 30 min;而某隧道长 2 434 m,为碎石道床,纵坡为 +6‰,−7‰人字坡,蒸汽机车牵引,行车速度约为 25 km/h,列车通过隧道排除有害气体约需40 min,自然风影响不利时时间更长。双线隧道电力牵引,因缺乏相关的资料与工程应用实例,本标准未提出相应标准,有待进一步积累资料,待条件成熟时增补。

1 鉴于影响隧道运营通风的因素比较复杂,如何确定隧道需设置机械通风的具体条件,尚待继续研究试验,本条就“隧道长度”这一因素而言,在内燃机车牵引时规定 2.0 km 上,是通过对已建成的隧道调查,作为考虑设置机械通风的隧道长度指标的大致界限,在实际应用中尚需结合具体工点特点,按照条件所规定的原则,研究确定。

2 关于提出当电力牵引的单线长隧道在 8 km 及以上时,宜考虑设置机械通风进行隧道内换气是根据既有隧道大瑶山隧道(双线,全长 14 295 m)及会龙场隧道(单线,全长 4 009 m)的调查拟定的,目前(西)安—安(康)线秦岭隧道正在进行科研,尚有待今后试验成果予以修正。因此,对此更应结合具体工点特点,综合多方面的因素,来确定是否设置机械通风。

3 关于双线隧道目前已有焦枝复线新龙门隧道(全长 2 540 m)(科研合同编号

1993G19)及京九线五指山隧道(全长 4 455 m)〔科研合同编号 1993G19(补充合同)〕两个科研成果,因此,本规范纳入了双线隧道机械通风一节。1999 年 10 月 21 日在洛阳由铁道部建设管理司组织评审的《双线铁路隧道运营通风标准制订的研究》的科研成果,明确提出"双线隧道设置运营通风标准值 $L \cdot N=100$,其中 L 为隧道长度(km),N 为行车密度(对/d),即在一般情况下,当 $L \cdot N \leqslant 100$ 时,不应设置机械通风。"并经对内燃牵引的铁路隧道,用该标准检查,符合实际,故本次规范编制时予以纳规。

3.0.6 迄今,全国完成运营通风设计的隧道已近 300 座,大多为无帘幕洞口风道式。竖井式和斜井式一般系结合施工使用的竖井和斜井作风道,采用得较少。

当利用辅助坑道作运营通风时,需要根据通风对断面的要求进行核算,这是根据过去某些隧道在设计辅助坑道时未考虑适应运营通风的要求,往往发现坑道断面不能满足运营通风的需要,若进行改造,则造成浪费,对于运营通风道断面的选定来说,一般认为良好的风道,风速应在 12 m/s 以下,可使克服坑道摩擦阻力需要的压力减少,因而可以节约通风所需的动力,克服风道内阻力所需的压头,其关系式如下:

$$h = RQ^2 = \alpha \cdot \frac{SL}{F^3}Q^2$$

式中 α——沿程摩擦阻力系数;

S——断面周边长(m);

L——风道长度(m);

F——风道断面积(m^2);

Q——所需风量(m^3/s)。

根据上述关系式,假设坑道长 200 m,在同一条件下,当风量在 240 m^3/s 时,$F=5$ m^2 比 $F=20$ m^2 面积的坑道,克服风道摩擦阻力所需的压头增加 24 倍,耗电量也增加 24 倍,这说明断面大小对消耗的动力影响很大。

射流风机(均为轴流式风机)通风与洞口风道式通风原理相同,理论上两者的通风效率也应接近,但由于风机效率、风道损失等的差别,风机功率有所差别,土建工程方面射流风机要占用隧道断面空间而省去了洞口风道式的风道与风机房,如果隧道断面净空无富余,需加大隧道断面来安装风机,则经济上是否划算应作具体比较。机电设备方面,风机价格可能有差别,射流风机要多一些进洞电力电缆,射流风机分散在洞内(或集中于洞口,或是悬挂于洞顶),养护将增加一些困难。

因此,在通风方面选择中,要结合隧道的实际,做经济技术比较。

当隧道断面无富余空间时,可考虑在局部地段扩大隧道断面来布置射流风机,此时射流阻力将增大,通风效率将降低,所需风机台数将有所增加,如果风机布置在隧道洞口,将洞口的断面扩大,则将与洞口风道吹入式相仿(多如射流风机并联工作)。

3.0.7 目前我国铁路隧道采用的通风方式多属纵向式通风,通过现场试验研究证明,排除隧道内的有害气体的过程,系以挤压为主。故条文规定:"配置通风设备时,通风机所需供给的有效风量,应按挤压为主的原理进行计算"。自然风对运营通风的影响,当自然风方向与气流排烟方向一致时,起着加压的作用。反之,则起阻力的使用,两者作用不同,在设计计算时应予以考虑。

考虑列车通过隧道的活塞风是利用列车在隧道中运行时的活塞作用,引起洞外新鲜空气从洞口向隧道内流动;当通风方式是采用沿列车运行方向吹入式通风时,其方向与列车运行方向相同,可利用列车的活塞作用,引起洞外新鲜空气从洞口向隧道内流动;如列车出洞后开始通风可以节省通风量,当通风方向与列车运行方向相反,且采用迎面吹入式通风时,则不能利用活塞风对通风的有利作用,同时还要考虑风流方向改变的影响。

当隧道为单方向通风时,选择通风位置,应在低洞口至活塞风长度范围内布置(通风设备设于低洞口)这样能使隧道内有害气体顺利地排出洞外。

条文规定:“通风机供给的隧道内风速,不应大于8 m/s”,主要是根据人体感觉和适应能力而定的。

3.0.8 洞口风道吹入式通风系统中,通风机供给的风量,通过风道进入隧道排除污染了的空气,由于设置通风机这一端洞口有可能一部分风量从短路端漏出洞外,也有可能引进一部分风量,即进入隧道起排除污染空气作用的有效风量小于或大于通风机的供风量,影响隧道内有效风量与许多因素有关:如风道口面积、风道中线与隧道中线的夹角、隧道长度、风道位置以及隧道内自然风速、风向等条件均可影响有效风量,在同一条件下,改变风道与隧道的夹角,如从0°变到30°时,流量分配比要减少0.09,可见其影响。

3.0.9 射流风机可在隧道一个断面上布置一台或多台作为一组,根据隧道断面与风机尺寸决定在隧道纵向按一定间距要求,按通风需要布置若干组。

同一断面上,两台或两台以上的风机组的风机横向间距按安装、检修所需尺寸拟定即可。

风机组布置在靠近洞口地段或隧道中部地段,对于隧道纵向通风的效果是相同的,为使动力电缆引入隧道距离较短,当然应布置在靠近变电站的洞口段,如果隧道低洞口外设置变电站无特殊困难,则风机组布置在低洞口段比较适宜,此时当列车进洞通风时,风机组全部或部分是在活塞风引进的新鲜空气中运转。

各风机组的纵向间距应大于风机射流段的距离(即一组风机出口高速风流与隧道风流混合后达到隧道断面风速基本均匀(相当于隧道风流为均匀流动时的风速)时的距离)。关于射流段的距离有各种文献介绍其试验结果,不尽一致,考虑单线铁路隧道中采用射流风机时,风机直径较小,所需台(组)数不会很多,且为将烟气段一次通风挤压出隧道的通风方式,故建议射流风机距离按10 d 考虑,d 为隧道当量直径(水力直径),加上安全度则风机纵向最小间距可按 $10d+20$ m 设计,并不宜小于70 m。

如风机组布置在低洞口段,第一组风机进风口距洞口(进风端)的距离,理论上对通风效果无多大影响,如果不需反转通风,则按10 m布置即可。如风机组布置在高洞口段,则最后一组风机距出风端洞口最小距离应不小于射流段长度,也即 $10d+20$ m。

风机距隧道壁(顶)面距离太近时,对安装检修不便且影响通风效果。当隧道断面净空有限,不得已而将风机布置距壁面较近时,要计入降低通风效果的影响。

4.1.2 隧道机械通风的设计原则,一般都以排出隧道烟气为主要目标,即以上坡列车为通风对象,顺列车上坡方向通风排除隧道内烟气。因此,条文明确“单坡隧道只计上坡列车烟气的排除”。而人字坡隧道则不同方向的列车有不同方向的上坡地段,因此要“按两个方向行车的各自上坡的列车考虑通风排烟”。

4.1.5~4.1.5 行车条件有关参数及隧道通风各项参数是根据大量的试验量测资料总结出来的,对于单线隧道运营通风的设计,经过实践验证,是符合实际的,可应用于设计中。但对于双线隧道运营通风,通过近年来的试验量测,已作了部分调整,请参见第4.4.1条~第4.4.3条的说明。

4.2.1 隧道内的自然通风，就是不用风机设备，完全靠列车的活塞作用及其剩余能量与自然风的共同作用，把烟气排出隧道。当隧道内的自然风向与列车运行方向相同时，自然风是助力作用，排烟则较快；若自然风向与列车运行方面相反时，列车出洞后活塞风逐渐衰减到零，然后反向流动，趋向恢复原始自然风的状态，将烟气从列车进洞的一端排出，这样的排烟时间相当长。故条文明确规定："当缺乏当地实测资料时，对单坡隧道顺上坡列车方向通风排烟时，可按隧道内自然风速 1.5 m/s 计，双线隧道内自然风速 2.0 m/s 计。"

4.2.2 机械通风时，由于自然风与机械通风方向相同，并与列车运行方向一致时，自然风是助力作用，则计算比较简单，但当自然风与机械通风方向相反者，情况比较复杂，因此条文作了具体规定，然而这些规定也不能概括完全，因而在实际工作中，尚应作具体分析，分别对待。

4.3.1 列车在隧道中运行时，与机械活塞的作用相似，在列车的前端产生正压，并使列车后端空气稀薄而形成负压，此种列车前后端的压力差即称为列车活塞压力，由于列车活塞压力的作用，迫使隧道内的空气产生流动，即为列车活塞风，从列车首尾的压差来看，根据一般紊流阻力理论，列车活塞压力 P_m 与列车和隧道间隙中之空气对于列车的平均相对速度 v_T 的平方成正比，并与列车长度 l_T 成正比，据此推导出列车活塞压力的计算式。

4.3.2 从列车前后方的隧道段来看，列车活塞压力 P_m 应与隧道内阻力相平衡。当隧道是一个单一的隧道时，列车前端的正压力 P_{MB}，用以克服列车前方的隧道摩擦阻力损失，其值为 $P_{MB}=\frac{\lambda L_R}{d}\cdot\frac{\gamma}{2g_n}v_m^2$；列车尾部的负压 P_{MA}，用以克服隧道入口和列车后方隧道的摩擦阻力损失：$-P_{MA}=\left(1.5+\frac{\lambda L_A}{d}\right)\frac{\gamma}{2g_n}v_m^2$。

$$P_m=P_{MB}-P_{MA}=\left[1.5+\frac{\gamma(L_T-l_T)}{d}\right]\frac{\gamma}{2g_n}v_m^2=\xi_m\frac{\gamma}{2g_n}v_m^2$$

式中
$$\xi_m=1.5+\frac{\gamma(L_T-l_T)}{d}$$

$$v_m=v_T\frac{1}{1+\sqrt{\frac{\xi_m}{K_m}}}$$

此即单一隧道无自然风时列车活塞风速的计算公式。

4.3.3 当无竖井等旁通道的隧道内有自然风时，列车在隧道内运行时所产生的活塞压力 P_m 和自然风压 P_n 共同作用，与隧道内空气流动的阻力 P_λ 相平衡，即 $P_m+P_n=P_\lambda$。

将 $P_m=K_m\frac{\gamma}{2g_n}(v_T-v_m)^2$、$P_n=\xi_n\frac{\gamma}{2g_n}v_n^2$ 和 $P_\gamma=\pm\xi_m\frac{\gamma}{2g_n}v_m^2$ 代入，即推导得本条的计算公式。

4.3.4 隧道内烟气段长度 L_q，系指列车尾出洞时气段末段即烟气界面（列车活塞风引进之新鲜空气与烟气接触面附近烟气中有害气体为容许浓度的断面）距隧道出口的距离，简称"排烟长度"，按挤压理论计算的气段长度为 $L_q=L_T-L_M$。

但在烟气流动过程中，烟气界面在烟气段中的相对位置，将随流动时间而变化，故烟清（即当高于容许浓度的烟气段全部排出隧道时）所需的排烟长度将比计算的 L_q 有些增加，习惯上用换气系数 i 来考虑此因素。

换气系数 i，应与烟气段初始浓度，有害气体容许浓度、烟气界面状况、通风方式和时间、隧道断面风速分布等条件有关，但通过试验，未得到较好的验证，也看不出其规律性。经过研究，认为在目前的情况下，不如以一安全系数（即活塞风修正系数 K_i）的形式考虑过渡段内冲淡的影响，更觉直观，故决定采用条文所列计算公式。

4.3.5 设列车出洞后开风机，此时，隧道内稳定风速为 v_e，由列车活塞风 v_m 变至 v_e 有一个变速过程，由于风机起动时间并不很精确，且 v_e 与 v_m 同方向，当二者数值相差不很大时，此变速过程可略去不计，以资简化，则需要的隧道通风量的计算公式如条文所列。

4.3.6 当隧道与风道之夹角 θ 和风道口面积 F_0 等值已设定，由于隧道短路端的漏风式引进风以及隧道内自然风的影响，都已反映到风量分配比 R 值内，故在求得 R 值之后，即可按条文所列公式计算需要的风机风量。

4.3.7 在模型试验中，风量分配计算公式得到了验证，现场试验中，又进行了验证，此风量分配计算公式，已应用多年。

4.3.8 局部阻力与摩擦阻力均通过试验取得数值，这是由于管道几何形状和流体流向变化（如缩小、扩大、转弯、三通等），导致气流速度的变化，造成气流非弹性冲击，并产生涡流，而损失其运动力（此即局部阻力损失）；和当流体沿着具有任意形状横断面的管道流动时，由于气流与管道周壁的摩擦作用而产生一部分能量损失（称为摩擦阻力损失），其大小取决于流体的流动速度、动力黏滞系数、密度、管壁的粗糙度和管道的水力半径等。

4.3.9 风机全压由伯努力方程求得该计算公式。

4.3.10 条文说明如下：

1 顺列车提前通风的特点是：

（1）列车的活塞风速与机械风的合成风速大于单一的活塞风速，即 $v_{me} > C_m$；与此同时，列车与隧道内空气的相对速度则减小。

（2）由于隧道内风速增大，需要排烟的长度缩短，故在列车出洞后，当风机风量相同时排烟时间将缩短，但包括提前通风所用时间在内，总的开机时间将增长。

（3）由于烟气段缩短，使烟气浓度增大，对内燃机车冷却也不利。

2 迎列车提前通风的特点是：

（1）列车活塞风与机械风的合成风速将小于单一的活塞风速，即 $v_{me} < v_m$；列车与隧道内空气的相对速度增大。

（2）烟气分布范围加大，烟气段增长，而浓度则降低；列车出洞后若仍继续吹风反向排烟，则排烟长度即隧道全长，且存在有风流反向的过程，排烟所需风量增大，通风时间增长。

（3）由于加大列车与隧道内空气的相对速度，可解除或减轻司机室的烟熏程度，也有助于内燃机车的冷却，与提高列车速度的效果相同。

4.3.11 根据各项压源的函数关系及能量方程和公式，得到列车提前通风的一般计算式。

4.3.14 由于提前通风，则 $v_{me} > v_m$，故 $(v_T - v_{me}) < (v_T - v_m)$，因而提前通风与不提前通风相比较，所需排烟长度 L_q 缩短列车与周围空气的相对速度 v_r 减小，平均烟气浓度 $\bar{C}_x$ 则增加。

4.3.15 均根据隧道内压力分布的情况，按动量平衡方程推求出计算式。

4.3.17～4.3.19 根据射流风机通风原理推求的计算式。

4.4.1 隧道沿程阻力系数是通风计算最关键、最基本的参数之一，但目前该参数的实测值较少，根据现有测试和研究成果列于说明表 4.4.1 中，由该表可见，隧道沿程阻力系数随道床类型、衬砌类型而变化,在今后设计和研究中,应注意选取合适的 λ 值,并选取合适的工点补充完善 λ 的实测值。

4.4.2 双线铁路隧道内行车密度大,列车运行情况比较复杂,采用洞口风道式通风方式时,当需要进行上、下行两个方向通风时,可能需在隧道进、出口都设置风道,不利于管理,土建工程相应也增加较大。射流通风最大的优点是节省土建工程和很方便地进行上、下行两个方向的通风。目前,我国在双线铁路隧道仅试验研究过射流通风,设计有通风系统的二座双线隧道(焦枝复线新龙门隧道和京九线五指山隧道)均采用射流通风。

说明表 4.4.1　双线铁路隧道沿程阻力系数表

隧道名	隧道长度(m)	衬砌类型	道床类型	曲线情况	沿程阻力系数 λ
新龙门隧道	2 540	拱墙均为模筑混凝土	宽枕道床	反向曲线 $R=800$ m 及 $R=600$ m	0.014
牛家庄一号隧道	1 653	拱部为模筑混凝土,边墙为毛方石衬砌	碎石道床	进口 $R=600$ m,曲线长 160 m,出口 $R=600$ m,曲线长 401 m	0.017
长沙隧道	713.3	拱墙均为模筑混凝土	碎石道床	出洞口为少量缓和曲线	0.019
樟河二号隧道	1 417.7	拱墙均为模筑混凝土	整体道床	隧道南段位于曲线上	0.019
根据粗糙管沿程阻力系数关系推求结果					0.018～0.02

4.4.3 由于双线隧道内列车阻塞比远小于单线隧道,列车在隧道中偏离中线较大等原因,双线隧道内活塞风速最大值及平均值较单线隧道内小,活塞风从初始变化到最大值的时间较长,相对稳定的时间较短,不稳定程度较大。根据新龙门隧道现场测试结果,单列车活塞风长度约为隧道长度的 0.25～0.3 倍,对于交会列车隧道内活塞风风流方向总是变化的,与上、下行列车进、出洞时间,列车速度和长度、自然风等因素有关。但不管列车交会地点如何变化,隧道内一般均有活塞风,且在初始阶段,风速增量方向与先进洞的列车运动方向一致,随着反向列车进洞,风速增量方向发生改变,之后,若先出洞列车方向与风速增量方向相反,则风速继续保持原变化方向;若先出洞列车与风速增量方向相同,则风速变化方向又发生改变,即与后出洞列车方向一致;考虑到双线隧道内列车活塞风的特点,计算列车活塞风时最好按一维不可压缩非恒定流计算。但为设计计算方便,条文中仍仿照单线隧道列车活塞风计算方法,建议列车阻力系数 $N=8\times10^{-4}$(1/m),该值是根据新龙门隧道现场测试和模型试验结果得出的,其离散性比较大,且 N 并非常数,随隧道长度和沿程阻力系数,列车长度和速度、自然风速度和方向等因素而变化。因此,在设计中应根据具体工点选择合适的 N 值。

4.4.4 双线铁路隧道因行车密度大,若仍采用单线铁路隧道允许通风时间为 15 min 的标准,则将大为降低行车密度,影响整条线路的运输能力,这是很不经济的。因此,建议双线隧道允许通风时间按实际列车运行图选择,在无资料的情况下,可按条文中式(4.4.4)计算。

4.4.5 列车在双线隧道内运行时,排出的有害气体与列车引入的活塞风在隧道的一部分长度上发生混合,相对增长了污浊空气段长度,因此引入换气系数来计算实际污浊空气段长度。一般说来,由于双线隧道内列车活塞风不稳定程度大,混合段长度可能较单线隧道更长,但双线隧道因净空面积大,污浊空气浓度相对较低,这又削弱了混合段的影响,两者综合考虑,取换气系数为1.1,这也与新龙门隧道现场测试结果相一致。

4.4.6 根据新龙门隧道模型试验结果,风机台数相同时,风机布置方式对通风效率有较大影响,洞口集中布置、风机正转(吸)时效率最高,其次是风机分散布置(3~4台为一组)、风机正转(吹),再其次是风机分散布置,风机反转(吸),最后是洞口集中布置,风机反转(吸)。因此,风机布置方式宜采用集中布置,这也有利于养护维修,对于多个断面相对集中布置的情况,断面间距应大于射流展开长度外加一定的安全距离,根据新龙门隧道试验结果,可采用120 m左右,当风机集中布置于洞口段,又需利用反转通风时,最外排风机距洞口应有一定的距离。

4.4.7 根据新龙门隧道试验结果,集中布置射流风机时喷流系数大小与风机台数、风机正反转工况、隧道长度、自然风等因素有关。新龙门隧道风机正转、自然顺风时喷流系数小于自然逆风时喷流系数,且随不同台数有所变化。风机正转、自然顺风时喷流系数平均值为$K=1.5$,自然逆风时喷流系数平均值为$K=1.75$。因此设计中应根据不同工点的具体情况选取合适的喷流系数。此外,在试验中也发现,列车车尾出洞后洞内风速达到稳定需要一段时间,如正常通风时,洞内风速由小到大,而提前通风时,洞内风速由大到小。因此设计中应考虑这种影响,对于正常通风,稳定风速影响系数(即按洞内稳定风速计算的通风长度与实际引入的新鲜空气段长度之比)S可取1.10~1.15,对于提前通风S可取0.9。

5.1.1 瓦斯隧道的运营通风在60年代曾在贵昆线岩脚寨隧道,由西南铁路建设工程指挥部组织的"隧道运营通风战斗组"作过试验研究。主要还是按常规运营通风的要求进行的,曾进行了自然通风,列车活塞风,机械通风、隧道内地层瓦斯以及机车废气浓度,机车温升等方面的测定与劳动卫生防护的研究。本次成果则主要来自南昆线家竹箐隧道的瓦斯隧道运营通风的研究试验(科研合同编号铁建工科字N6)。

对于瓦斯浓度允许值,系根据《铁路瓦斯隧道运营通风标准值研究》成果确定,还有待今后通过实践总结修正。

5.1.2 这条条文是由瓦斯的特性所规定的,为了防止意外,因而规定,不应采用列车在洞内运行时进行通风,并要求尽可能采用吸出式通风方式。

5.1.3~5.1.4 均参照家竹箐隧道的科研成果拟定。

5.2.1~5.2.2 在家竹箐隧道的运营通风试验研究中,结合提高混凝土密实性,得到建成隧道的瓦斯渗入量是瓦斯隧道的运营通风主要对象,而渗入量与瓦斯压力、初砌及缝隙的渗透系数有直接关系。对此要作认真的、确切的量测。对瓦斯隧道而言,内燃牵引产生的有害气体不是通风的主要对象,因而在条文中明确瓦斯隧道运营通风计算的主要依据是瓦斯逸出量。计算公式是依据家竹箐隧道的科研成果确定的。

5.2.3 最小风速的规定是根据安全规程的规定拟定的。

5.2.4 现以南昆线家竹箐隧道采用的斜井吸出式通风算例列示于后:

(1)已知参数

① 隧道长度$L_T=4\ 990$ m,除隧道进、出口段有局部线路位于曲线段外,其余均位于直线。

② 线路主坡度为11‰,威舍至红果方向为上坡方向。

③ 隧道设计为一次电化。

④ 隧道断面积$F=31.25\ m^2$,当量直径$d=5.8$ m,隧道拱圈与边墙均采用复合式衬

砌,煤系地段采用全封闭衬砌,一次支护与二次支护之间加设 HDPE 板,整体道床,隧道壁面摩擦系数取 $\lambda=0.02$。

⑤ 2 号斜井采用混凝土就地灌筑并铺底取 $\lambda=0.016$。

⑥ 风量备用系数 $K=1.05$。

⑦ 按隧道内自然风 $v_n=-1.5$ m/s(对煤系地段),空气重度 $\gamma=1.2$ kg/m^3 = 11.77 N/m^3。

⑧ 隧道内瓦斯浓度标准:$\delta_{CH_4}\leqslant 0.5\%$。

(2)斜井吸出式通风计算

① 通风方案(如图)

② 风量分配比计算

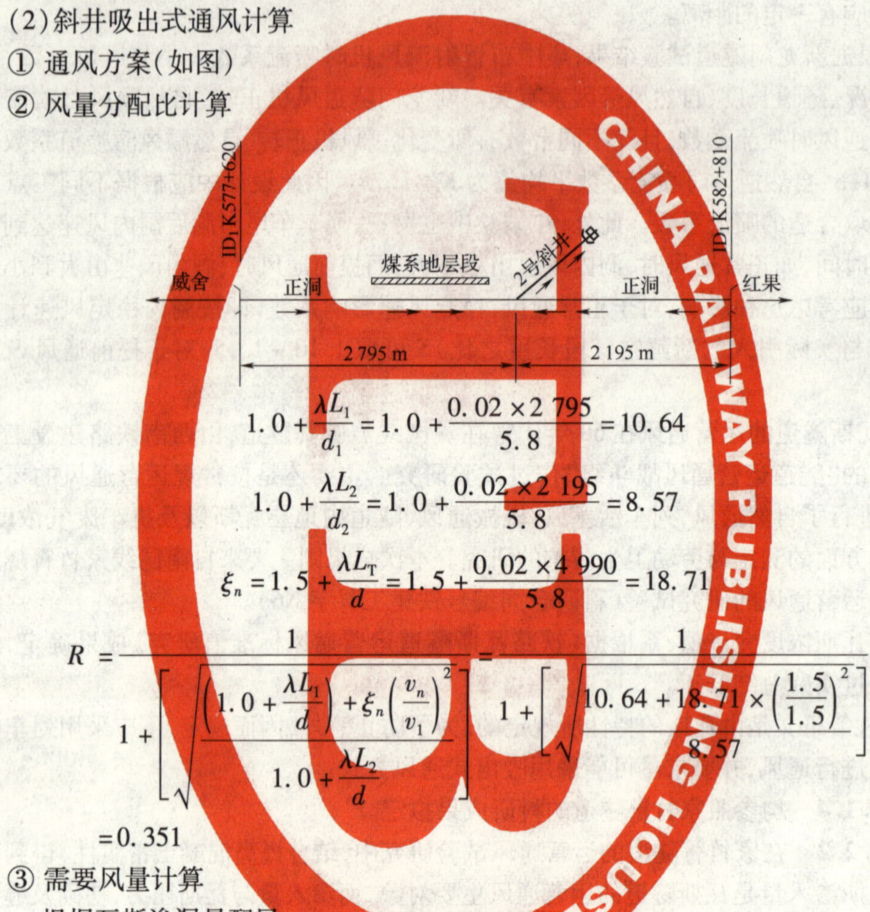

$$1.0+\frac{\lambda L_1}{d_1}=1.0+\frac{0.02\times 2\,795}{5.8}=10.64$$

$$1.0+\frac{\lambda L_2}{d_2}=1.0+\frac{0.02\times 2\,195}{5.8}=8.57$$

$$\xi_n=1.5+\frac{\lambda L_T}{d}=1.5+\frac{0.02\times 4\,990}{5.8}=18.71$$

$$R=\frac{1}{1+\left[\sqrt{\dfrac{\left(1.0+\dfrac{\lambda L_1}{d}\right)+\xi_n\left(\dfrac{v_n}{v_1}\right)^2}{1.0+\dfrac{\lambda L_2}{d}}}\right]}=\frac{1}{1+\left[\sqrt{\dfrac{10.64+18.71\times\left(\dfrac{1.5}{1.5}\right)^2}{8.57}}\right]}$$

$$=0.351$$

③ 需要风量计算

a. 根据瓦斯渗漏量配风

据前述瓦斯渗漏量计算所需风量,在瓦斯渗漏压力为 1.6 MPa 时,煤系地层段需要风量仅为 4.2 m^3/s,很小,故按煤系地层段最小风速配风。

b. 按最小风速配给风量

根据前述,为防止煤系地层段拱部瓦斯聚集,并稀释和排除拱部瓦斯在此按煤系地层段(L_1 段)风速 $v_1=1.5$ m/s 计。

则 $Q_1=v_1\times F=1.5\times 31.15=46.73$ m^3/s

L_2 段(非煤系地层段)风量及风速为:

$$Q_2=Q_1\times\left(\frac{1-R}{R}\right)=46.73\times\left(\frac{1-0.351}{0.351}\right)=85.61\ \text{m}^3/\text{s}$$

$$v_2=\frac{85.61}{31.15}=2.75\ \text{m/s}$$

需要风机风量：

$$Q = K(Q_1 + Q_2) = 1.05 \times (46.73 + 85.61) = 138.96\ \mathrm{m^3/s}$$

由于在计算风机风量时考虑了5%的余量，因而隧道各段风速和风量略有增加。

则隧道内 L_1、L_2 段的实际风量和风速如下：

$$v_1 = 1.05 \times 1.50 = 1.58\ \mathrm{m/s}$$

$$Q_1 = 1.58 \times 31.15 = 49.22\ \mathrm{m^3/s}$$

$$v_2 = 1.05 \times 2.75 = 2.89\ \mathrm{m^3/s}$$

$$Q_2 = 2.98 \times 31.15 = 90.02\ \mathrm{m^3/s}$$

$$Q_g = Q_1 + Q_2 = 49.22 + 90.02 = 139.24\ \mathrm{m^3/s}$$

取

$$Q_g = 140.00\ \mathrm{m^3/s}$$

④ 需要风机静压计算

根据风道（2号斜井）几何参数可按常规风阻计算方法计算得通风系统总风阻 $M_c = 51.60(\mu/10)$，则主风机静压为

$$H_g = M_c \times \left(\frac{Q_g}{100}\right)^2 + P_2 = 51.6 \times \left(\frac{140}{100}\right)^2 + 5.25 = 106.39\ \mathrm{mm}\ 水柱$$

⑤ 风机轴功率及需要电动机功率

风机功率：

$$N_g = \frac{106.39 \times 140}{102 \times 0.82} = 178.08\ \mathrm{kW}$$

电机功率：

$$N_{eD} = 1.15\,\frac{178.08}{0.98 \times 0.94} = 222.31\ \mathrm{kW}$$

现场实际安装一台 ASN－2643/1120 型风机，其参数为：

风机风量——8 400 m³/min；

风机全压——1.173 kPa；

电机容量——225 kW（防爆电机）。

按本课题要求，铁五局瓦斯监测中心于1997年12月5日至12月14日对主风机进行了测试，其结果如下：

风机风量——8 195 m³/min；

风机全压——112 mm 水柱。

6.1.1 条文的规定是从安全稳妥考虑的，这里要补充说明：凡初、近期以内燃牵引过渡，远期为电力牵引时，则在初设文件中应对如何设置运营通风提出具体意见提请鉴定，而一次电化且考虑战备需要者，应按内燃牵引隧道对通风的要求，作“预留运营通风”的勘测设计，即风道、风机房场地等土建工程与隧道一起施工，风机房及机电设备等缓建。

6.1.2 这与隧道洞口的选择是一样的，因而要求风道进口尽可能与等高线正交。

6.1.3 吸入式通风中隧道短路长度、风道与隧道夹角以及风道长度等对通风效果的影响均可用公式定量计算。

短路段应不长于上坡列车出洞时活塞风引进新鲜空气段长度，短路段最小长度以保证隧道、风道的结构要求与施工安全为度，一般可用至40 m左右（短路段长度也可缩短至0，即当隧道洞口有条件时可扩大洞口断面，风机设在扩大的洞口，风机口即风道口）。

风道、隧道夹角宜不小于15°以便施工，不宜过大以免影响通风效果。

6.1.5 两台风机的并联，可采用一个风道、两台风机并列的方式，也可采用在隧道两侧各设一个风道的双风道方式，双风道要设两座风机房，机房人员使用管理有所不便。

6.2.1～6.2.4 对风机房提出若干要求是为了保证运营操作的安全和工程的稳定，在设计中对于安全、稳定的其他方面也应予以注意。

7.1.1～7.1.5 为节省动力，风机应选低风压、大风量的，一般用轴流式风机（风机叶轮直径宜大，转速宜低，毂比宜小），需要风量大时，可两台或多台风机并联使用。

除风道阻力很大者外，目前可以$50A_4$11№22型风机为主，需要风量较小时可考虑$50A_{11}$12№16与№20型风机，需要风量较大时可考虑05－12№28型风机。

吸出式通风风机宜装扩散筒。

一般情况下，风机不考虑备用台数。

7.2.1～7.2.5

1 通风动力以电力为主，如电力供应困难或有其他原因，必要时可考虑用内燃机为动力的方案。若以内燃机为动力时，应作好供油设施的设计，并应采取措施防止内燃机烟气随风进入隧道。

2 两台风机并联时，通风动力应满足两台风机同时起动的需要。

3 要注意变压器至机房的线路压降，变压器至机房距离不宜太远。

4 除变压器高压端设置遮断开关外，风机房也应设置遮断开关以保证安全。

5 风机动力供电系统应与其他线路分开，以免互相干扰。

6 在雷击区，除变电系统应安装避雷设备外，风机房也应安装避雷设备。

7 瓦斯隧道为确保安全，要求其风机动力应为一级供电系统，必要时应设置部分备用电源。

中华人民共和国行业标准

建技〔2002〕8号

青藏铁路高原多年冻土区隧道工程质量检验评定及验收标准

（试 行）

2002—01—22 发布　　　　2002—01—22 实施

中华人民共和国铁道部　发布

前 言

为了加强青藏铁路高原多年冻土区隧道施工质量管理，确保隧道工程质量，根据铁道部建设管理司“关于下达《青藏铁路高原多年冻土区工程施工及验收暂行规定》(含质量检验评定标准)编制任务的通知”(建技〔2001〕20 号)的要求，按照《青藏铁路高原多年冻土区工程设计暂行规定》(上册)和《青藏铁路高原多年冻土区工程施工暂行规定》(上册)等有关标准与规定，结合青藏高原多年冻土区隧道工程的特点及既有工程建设的经验，制定本标准。

本标准共分十一章：第一章，总则；第二章，工程质量检验评定方法；第三章，洞口工程；第四章，明洞；第五章，开挖；第六章，支护；第七章，防排水；第八章，保温层；第九章，衬砌；第十章，横洞和附属设施；第十一章，工程验收。

在执行本标准过程中，希望各单位结合工程实践和科研成果，认真总结经验，积累资料。如发现需要修改和补充之处，请及时将意见和有关资料寄交中铁十六局集团有限公司(北京市朝阳区红松园北里甲 2 号，邮政编码 100018)，并抄送铁道部建设管理司技术标准处(北京市复兴路 10 号，邮政编码 100844)，供今后修订相关规范时参考。

本标准由铁道部建设管理司负责解释。

本标准主编单位：中铁十六局集团有限公司。

本标准参编单位：铁道第一勘察设计院。

本标准主要起草人：刘国玉、杜彬、汪昭富、程红彬、丁善烨、苏新民、王武现、焦冬梅、杨朝辉、朱尊宁。

目　次

CHINA RAILWAY PUBLISHING HOUSE
TB

1 总　则

1.0.1 为统一青藏铁路高原多年冻土区隧道工程质量检验评定方法及验收标准,加强工程质量管理,保证工程质量,制定本标准。

1.0.2 本标准适用于青藏铁路高原多年冻土区隧道工程质量的检验评定及验收。

1.0.3 本标准所依据的标准和规定,主要有:

1 铁道部已颁布的有关隧道及相关专业的规范;

2 《青藏铁路高原多年冻土区工程勘察暂行规定》;

3 《青藏铁路高原多年冻土区工程设计暂行规定》(上册);

4 《青藏铁路高原多年冻土区工程施工暂行规定》(上册);

1.0.4 本标准是对现行《铁路隧道工程质量检验评定标准》(TB 10417—1998)的补充,应在工程实践中总结经验,进一步完善有关内容。

1.0.5 青藏铁路高原多年冻土区隧道工程质量的检验评定及验收除应符合本标准外,尚应符合国家有关强制性标准的规定。

2　工程质量检验评定方法

2.1　质量检验项目的划分

2.1.1　青藏铁路高原多年冻土区隧道工程(以下简称隧道工程)质量的检验和评定应划分为分项、分部和单位工程进行,并应符合下列规定:

1　分项工程——按照不同的工种、材料、施工工序等划分。检验项目分为保证项目、基本项目和允许偏差项目。

1)保证项目——保证工程安全和使用功能,对工程质量有决定性影响的检验项目。

2)基本项目——保证工程安全和使用功能,对工程质量有重要影响的检验项目。

3)允许偏差项目——在检测中允许少量检测点超出本标准规定的偏差范围,但仍可满足工程安全和使用功能的检验项目。

2　分部工程——按一个完整部位、主要结构、施工特点或施工阶段划分。

3　单位工程——按一个完整工程或相当规模的施工范围划分。

2.1.2　根据对整个隧道工程质量的影响程度,分部工程应划分为重要分部工程和一般分部工程。

2.1.3　隧道工程质量检验项目的划分及检验范围应符合本标准表2.1.3的规定。

2.1.4　厂制成品、设备应进行检验,但不参与评定。

表2.1.3　隧道工程质量检验项目划分及检验范围

单位工程	分部工程	分项工程	检验项目及条文号			附　注
			保证项目	基本项目	允许偏差项目	
隧道	洞口※	洞　门	3.1.1~3.1.3	3.1.4~3.1.8	3.1.9	
		洞口边仰坡	3.2.1,3.2.2	3.2.3		
	明洞	主　体	4.1.1~4.1.4	4.1.5	4.1.6	
		明洞保温	4.2.1,4.2.2	4.2.3		
		防排水	4.3.1,4.3.2	4.3.3		
		回　填	4.4.1	4.4.2,4.4.3		
	开挖	洞身开挖	5.1.1	5.1.2~5.1.4	5.1.5	
		隧底开挖	5.2.1~5.2.3		5.2.4	
	支护	模筑混凝土支护	6.1.1,6.1.2	6.1.3~6.1.7	6.1.8	
		喷混凝土支护	6.2.1	6.2.2~6.2.5	6.2.6	
		超前支护	6.3.1,6.3.2	6.3.3,6.3.4		
	防排水※	地表防排水	7.1.1,7.1.2	7.1.3,7.1.4		
		洞内水沟	7.2.1~7.2.3	7.2.4,7.2.5		
		衬砌防排水	7.3.1~7.3.5	7.3.6~7.3.12		

续上表

单位工程	分部工程	分项工程	检验项目及条文号			附注
			保证项目	基本项目	允许偏差项目	
隧道	保温层※	保温层	8.0.1	8.0.2,8.0.3		
	衬砌※	洞身衬砌	9.1.1～9.1.4	9.1.5～9.1.8	9.1.9	
		仰拱及填充	9.2.1,9.2.2	9.2.3～9.2.6		
	横洞和附属设施	横　洞	10.1.1～10.1.3	10.1.4		
		附属洞室	10.2.1	10.2.2,10.2.3		
		供电照明	10.3.1,10.3.2	10.3.3～10.3.5		
		通信信号	10.4.1	10.4.2		

注：标有※者为重要分部工程。

2.2　质量等级的划分

2.2.1　分项、分部、单位工程质量的检验评定应划分为合格和优良两个等级。

2.2.2　分项工程的质量等级应符合下列规定：

1　合格

1)保证项目必须符合本标准对该项目规定的质量要求；

2)基本项目抽检的点(处、件，不同)应符合本标准对该项目规定的合格要求；

3)允许偏差项目抽检点数中，应有80%及以上的实测值在该项目规定的允许偏差范围内。

2　优良

1)保证项目必须符合本标准对该项目规定的质量要求。

2)基本项目抽检的点，在合格的基础上有60%及以上符合本标准对该项目规定的优良标准，该项目即为优良。优良的项数应占检验项数的60%及以上。

3)允许偏差项目抽检点数中，应有90%及以上的实测值在该项目规定的允许偏差范围内。

2.2.3　当分项工程质量经检验不符合本标准的合格规定时，应按以下规定确定其质量等级：

1　返工重做的可重新评定其质量等级；

2　经加固补强且经有资质的检测单位鉴定，能够达到设计要求的，其质量仅可评为合格；

3　无法加固补强，但经建设单位组织有关部门确认，能满足结构安全和使用功能要求的，其质量仅可定为合格，但其所在的分部工程和单位工程不得评为优良。

2.2.4　分部工程的质量等级应符合下列规定：

1　合格：所含分项工程的质量全部合格；

2　优良：所含分项工程的质量全部合格，其中有60%及以上为优良。

2.2.5　单位工程的质量等级应符合下列规定：

1　合格：所含分部工程的质量全部合格；

2　优良：所含分部工程的质量全部合格，其中有60%及以上为优良，且重要分部工程的质量为优良。

2.3 质量检验评定的程序和组织

2.3.1 分项、分部及单位工程的检验评定应由施工单位和监理单位共同进行,并按所划分的项目分级签认。

2.3.2 分项工程质量应在自检合格的基础上,由工程队或项目经理部技术和质量负责人组织有关人员进行检验评定,经监理工程师核定后,由工程队或项目经理部按表2.3.2填写分项工程质量检验评定表,并按要求提供给有关部门。

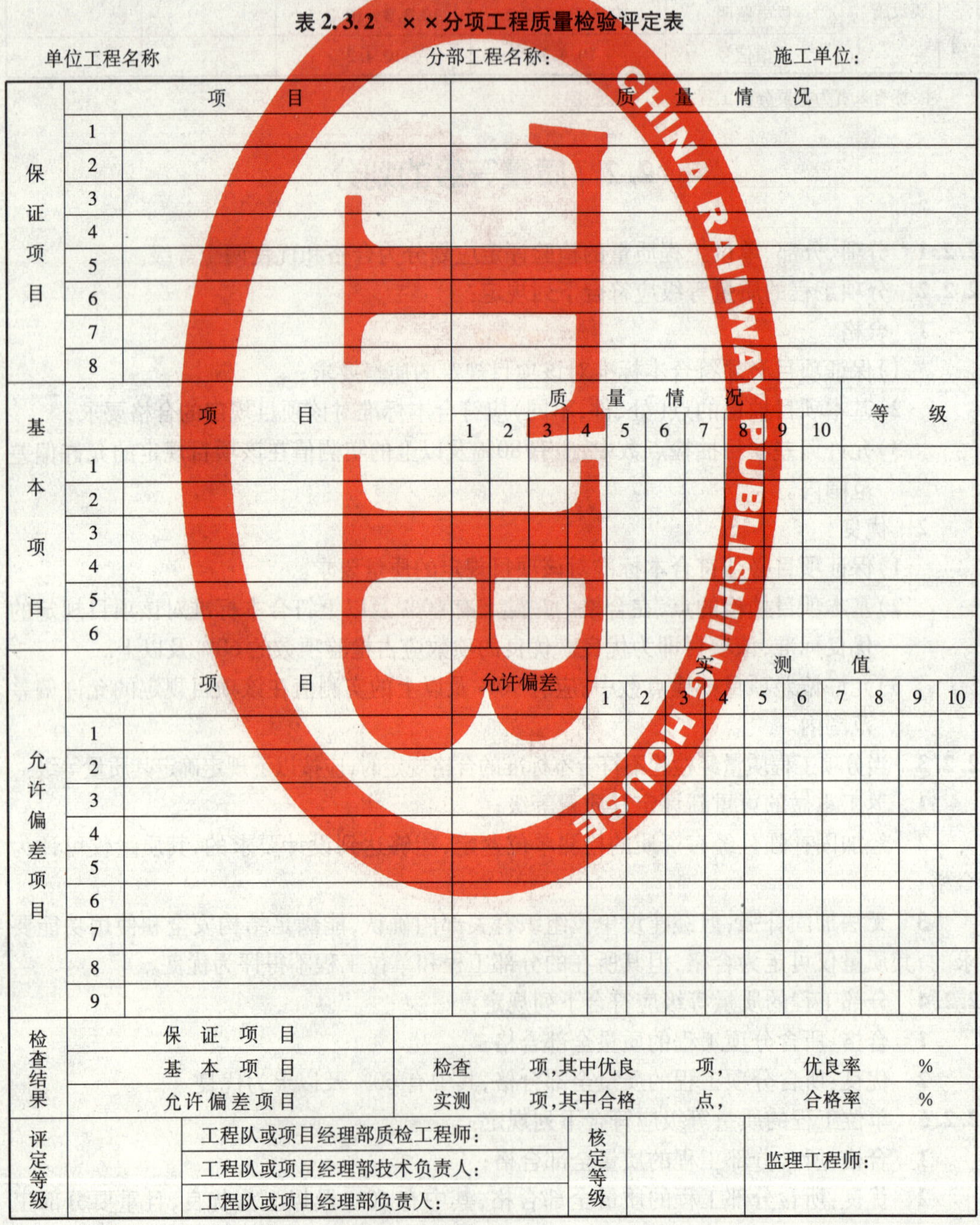

表2.3.2 ××分项工程质量检验评定表

单位工程名称　　　　分部工程名称:　　　　施工单位:

		项目		质量情况										
保证项目	1													
	2													
	3													
	4													
	5													
	6													
	7													
	8													
基本项目		项目		质量情况 1	2	3	4	5	6	7	8	9	10	等级
	1													
	2													
	3													
	4													
	5													
	6													
允许偏差项目		项目	允许偏差	实测值 1	2	3	4	5	6	7	8	9	10	
	1													
	2													
	3													
	4													
	5													
	6													
	7													
	8													
	9													
检查结果	保证项目													
	基本项目			检查　项,其中优良　项,						优良率　%				
	允许偏差项目			实测　项,其中合格　点,						合格率　%				
评定等级	工程队或项目经理部质检工程师:			核定等级						监理工程师:				
	工程队或项目经理部技术负责人:													
	工程队或项目经理部负责人:													

年　月　日

2.3.3　分部工程质量应由工程队或项目经理部负责人组织有关人员进行评定，经监理分站核定后，由工程队或项目经理部按表2.3.3填写分部工程质量评定表，并按要求提供给有关部门。

2.3.4　单位工程质量应由工程指挥部负责人组织有关部门进行评定，经总监理工程师核定后，由工程指挥部按表2.3.4填写单位工程质量评定表，并按要求提供给有关部门。

2.3.5　当单位工程尚未全部竣工，而部分工程已具务一定的生产能力需组织验交时，该部分工程也可视为一个单位工程进行质量检验和评定。

表2.3.3　××分部工程质量评定表

单位工程名称：　　　　施工单位：

序　号	分项工程名称	项　　数	其中优良项数	备　注
1				
2				
3				
4				
5				
6				
7				
8				
9				
10				
11				
12				
13				
14				
15				
16				
17				
18				
19				
20				
21				
22				
23				
24				
合　　计				优良率　　%

评定等级		工程队或项目经理部质检工程师：	核定等级		监理工程师：
		工程队或项目经理部技术负责人：			监理分站负责人：
		工程队或项目经理部负责人：			

年　月　日

表 2.3.4 单位工程质量评定表

<table>
<tr><td colspan="2">单位工程名称:</td><td colspan="2">开工日期: 年 月 日</td></tr>
<tr><td colspan="4">施 工 单 位:</td></tr>
<tr><td colspan="4">工 程 地 点:</td></tr>
<tr><td colspan="2">工 程 数 量:</td><td colspan="2">竣工日期: 年 月 日</td></tr>
<tr><td>项 次</td><td>分部工程名称</td><td>核定质量等级</td><td>备 注</td></tr>
<tr><td>1</td><td></td><td></td><td></td></tr>
<tr><td>2</td><td></td><td></td><td></td></tr>
<tr><td>3</td><td></td><td></td><td></td></tr>
<tr><td>4</td><td></td><td></td><td></td></tr>
<tr><td>5</td><td></td><td></td><td></td></tr>
<tr><td>6</td><td></td><td></td><td></td></tr>
<tr><td>7</td><td></td><td></td><td></td></tr>
<tr><td>8</td><td></td><td></td><td></td></tr>
<tr><td>9</td><td></td><td></td><td></td></tr>
<tr><td>10</td><td></td><td></td><td></td></tr>
<tr><td>11</td><td></td><td></td><td></td></tr>
<tr><td>12</td><td></td><td></td><td></td></tr>
<tr><td>13</td><td></td><td></td><td></td></tr>
<tr><td>14</td><td></td><td></td><td></td></tr>
<tr><td>15</td><td></td><td></td><td></td></tr>
<tr><td>16</td><td></td><td></td><td></td></tr>
<tr><td>17</td><td></td><td></td><td></td></tr>
<tr><td>18</td><td></td><td></td><td></td></tr>
<tr><td colspan="2">合计项数:</td><td>其中优良:</td><td>优良率: %</td></tr>
</table>

<table>
<tr><td rowspan="3">评
定
等
级</td><td rowspan="3"></td><td>工程队或项目经理部负责人:</td><td rowspan="3">核
定
等
级</td><td rowspan="3"></td><td rowspan="3">总监理工程师

公 章
年 月 日</td></tr>
<tr><td>工程指挥部技术负责人:</td></tr>
<tr><td>工程指挥部负责人:

公 章
年 月 日</td></tr>
</table>

3 洞口工程

3.1 洞门

(Ⅰ)保证项目

3.1.1 洞门的结构形式,混凝土的抗渗、抗冻性能必须符合设计要求。

检验数量:进、出口分别检验。

检验方法:查工程检查证、工程试验报告单或仪器量测。

3.1.2 洞门墙及洞口挡墙基础埋深、断面尺寸、回填材料及方法必须符合设计要求。

检验数量:全验。

检验方法:查工程检查证、施工记录,尺量、观察。

3.1.3 洞门及挡墙的混凝土强度必须符合设计要求。

检验数量:进、出口分别检验。

检验方法:查工程试验报告单、施工记录。

(Ⅱ)基本项目

3.1.4 洞门墙的结构形式、泄水孔、防水层及背后盲沟设置应符合设计规定。

合格:符合本项目规定;

优良:符合本项目规定,外形美观。

检验数量:进、出口逐个检验。

检验方法:查施工记录,观察。

3.1.5 洞门的混凝土应密实,外观无蜂窝麻面及水迹或渗水冰凌。

合格:符合本项目规定;

优良:符合本项目规定且混凝土表面平整、光洁。

检验数量:查施工记录,并每5 m^2 至少检验一点。

检验方法:观察、锤击或仪器量测。

3.1.6 变形缝的设置和处理应符合设计要求,表面无渗水或结冰。

合格:符合本项目规定;

优良:符合本项目规定且处理一致,填塞严密、线条垂直、缝宽均匀,表面干燥。

检验数量:逐个检验。

检验方法:查工程检查证,观察。

3.1.7 洞门墙背后回填应符合设计。

合格:符合本项目规定;

优良:符合本项目规定,回填分层密实。

检验数量:进、出口分别检验。

检验方法:查工程检查证、施工记录,观察。

3.1.8 洞门检查梯、隧道名牌及号标的位置、尺寸正确。

合格:符合本项目规定;

优良:符合本项目规定,制作、安装美观。

检验数量:全验。

检验方法:观察、尺量。

(Ⅲ)允许偏差项目

3.1.9 洞门构造尺寸及墙身的允许偏差应符合表3.1.9的规定。

表3.1.9 洞门允许偏差(mm)

序号	项目		允许偏差	检验数量	检验方法
1	构造尺寸	水平距离	<100	3~7点	尺量
		高差	+50,-10		
2	墙身厚度		0,+20	不少于7点	尺量或仪器量测
3	墙身垂直度(全高)		50		尺量
4	表面平整度		5		2 m直尺量测
5	墙面坡度		±5%		尺量

3.2 洞口边仰坡

(Ⅰ)保证项目

3.2.1 边仰坡坡面及坡脚必须符合设计要求。

检验数量:全验。

检验方法:观察。

3.2.2 挡墙基础、植被保护等在高含冰量冻土地段的处理措施必须符合设计规定。

检验数量:全验。

检验方法:查施工记录、工程检查证,观察。

(Ⅱ)基本项目

3.2.3 坡顶位置、坡度及保温措施均应符合设计规定。

合格:符合本项目规定,无危石、滑塌,坡面无显著凹凸不平;

优良:符合本项目规定,且坡面平顺美观。

检验数量:全验。

检验方法:观察,尺量。

4 明 洞

4.1 主体工程

(Ⅰ)保证项目

4.1.1 明洞结构形式、断面尺寸及钢筋混凝土质量,必须符合设计要求和本标准衬砌章节质量的规定。

检验数量:断面尺寸每20 m查一个断面,强度每20 m至少一组试件,抗渗、抗冻进出口至少分别取一组试件。

检验方法:查工程试验报告单,尺量、仪器量测、观察。

4.1.2 明洞土石方开挖范围、顺序、冻土保护措施必须符合设计规定。

检验数量:全验。

检验方法:查施工记录、工程检查证。

4.1.3 明洞基础处理、埋置深度、断面尺寸以及回填的材料、高度必须符合设计要求。

检验数量:全验。

检验方法:查工程检查证、施工记录,尺量。

4.1.4 内墙背后设置的纵、横向暗沟、盲沟必须符合设计要求。

检验数量:全验。

检验方法:查工程检查证、施工记录,尺量、观察。

(Ⅱ)基本项目

4.1.5 变形缝设置的位置和处理应符合设计要求。

合格:符合本项目规定;

优良:符合本项目规定,且填充密实、线条美观、干燥无水(冰)。

检验数量:全验。

检验方法:查施工记录,尺量、观察。

(Ⅲ)允许偏差项目

4.1.6 明洞主体工程允许偏差应符合表4.1.6的规定。

表4.1.6 明洞主体工程允许偏差(mm)

序号	项 目	允许偏差	检 验 数 量	检 验 方 法
1	隧道轴线	20	每20 m测一次	仪器量测
2	明洞净宽	0,+100	进出口分别检查至少2个断面	尺量或仪器量测
3	明洞净高	0,+100	进出口分别检查至少2个断面	尺量、仪器量测
4	明洞厚度	0,+20	进出口不少于2个断面	施工检查证或仪器量测
5	平整度	20	每20~40 m两侧各查一次	2 m直尺

4.2 明洞保温

(Ⅰ)保证项目

4.2.1 明洞开挖、回填的保温处理及保温层必须符合设计要求。

检验数量:进出口分别检验。

检验方法:查工程检查证、施工记录,观察。

4.2.2 保温材料的种类、导热系数、抗压强度、低温耐久性等指标和保温层厚度均必须符合设计规定。

检验数量:每5 000 m^2或一批检验一次,每批量不得超过5 000 m^2,不足5 000 m^2应按一批检验。

检验方法:查工程检查证、施工记录、材料合格证、试验报告单,观察。

(Ⅱ)基本项目

4.2.3 隔热保温层材料尺寸、铺设的表面平整度、接缝处理应满足有关规定。

合格:符合本项目规定;

优良:符合本项目规定且铺设外观良好、线条轮廓平顺。

检验数量:进出口分别检验。

检验方法:查工程检查证、施工记录,观察。

4.3 防排水

(Ⅰ)保证项目

4.3.1 明洞顶部的截、排水沟或挡水埝设置位置必须符合设计要求。

检验数量:全验。

检验方法:观察。

4.3.2 明洞顶部、边墙及洞门墙背后铺设的防水层,必须符合设计要求。

检验数量:进出口分别检验。

检验方法:查工程检查证、材料合格证和施工记录,观察。

(Ⅱ)基本项目

4.3.3 截水沟、排水沟或挡水埝的尺寸、材料及构造均应符合设计规定。

合格:符合本项目规定;

优良:符合本项目规定,且其整体平顺。

检验数量:全验。

检验方法:查工程检查证、观察。

4.4 回 填

(Ⅰ)保 证 项 目

4.4.1 洞顶回填高度、坡度、材料、隔热保温层设置必须符合有关要求。

检验数量:全验。

检验方法:查工程检查证、施工记录,观察。

(Ⅱ)基 本 项 目

4.4.2 明洞边墙背后回填应采用设计规定材料分层对称填筑,并不得破坏防水层。

合格:符合本项目规定;

优良:符合本项目规定,且回填密实。

检验数量:全验。

检验方法:查工程检查证、施工记录,观察。

4.4.3 洞顶及明洞背后回填材料的分层厚度、填筑方法应符合设计规定。

合格:符合本项目规定;

优良:符合本项目规定,且回填密实。

检验数量:全验。

检验方法:查工程检查证、施工记录,观察。

5 开　　挖

5.1 洞身开挖

(Ⅰ)保 证 项 目

5.1.1 洞身开挖断面的中线、高程必须符合设计要求。

检验数量:直线地段每 20 m,曲线地段每 10 m 检验一个断面。

检验方法:仪器量测。

(Ⅱ)基 本 项 目

5.1.2 洞身开挖在拱、墙脚以上 1 m 范围内应无欠挖,其他部位在岩层完整、稳定,抗压强度大于 30 MPa 时,允许岩石个别突出部分(每平方米不大于 0.1 m^2)侵入断面不得大于 5 cm。

合格:符合本项目规定;

优良:符合本项目规定,且开挖轮廓线平顺。

检验数量:每次衬砌前检验两侧各不少于 2~4 点。

检验方法:查工程检查证、尺量、仪器量侧,观察。

5.1.3 冻土层隧道开挖方法及措施应符合设计要求。

合格:符合本项目规定;

优良:符合本项目规定,且轮廓平顺、洞内温度控制良好。

检验数量:全验。

检验方法:查工程检查证、施工记录或量测,观察。

5.1.4 断面开挖轮廓预留变形量应符合设计要求。

合格:符合本项目规定;

优良:符合本项目规定,预留量均匀。

检验数量:每 5~10 m 检验一次、每个断面不少于 4 点,支护紧跟时,施作前检验一次。

检验方法:仪器量测。

(Ⅲ)允许偏差项目

5.1.5 洞身开挖允许超挖值应符合表 5.1.5 的规定。

表 5.1.5　允许超挖值(mm)

序号	项目 围岩级别	平均线性超挖	最大超挖	检验数量	检验方法
1	Ⅰ~Ⅲ	160~180	200	每 5~10 m 检验一个断面,每个断面不少于 5 个点	仪器量测
2	Ⅳ	180~200	250		
3	Ⅴ~Ⅵ	200~250	250		

5.2 隧底开挖

（Ⅰ）保证项目

5.2.1 隧底开挖高程必须符合设计要求。

检验数量：每 20 m 检验一次。

检验方法：仪器量测

5.2.2 水沟应与边墙基础同时开挖，坡度、尺寸、位置、高程必须符合设计。

检验数量：每 20 m 抽查 5 m。

检验方法：观察、量测。

5.2.3 在高含冰量冻土段换填处理必须符合设计要求。

检验数量：全验。

检验方法：查工程检查证、施工记录。

（Ⅱ）允许偏差项目

5.2.4 隧底范围局部突出每平方米内不应大于 0.3 m^2，侵入不得大于 5 cm。

检验数量：全验。

检验方法：查工程检查证，观察、心量。

6 支　护

6.1 模筑混凝土支护

(Ⅰ)保 证 项 目

6.1.1 低温环境下施工的支护混凝土,其材料、施工工艺必须满足设计要求。

检验数量:每50 m检验一次。

检验方法:查工程检查证、施工记录、工程试验报告单。

6.1.2 混凝土强度必须符合设计要求。

检验数量:每20 m至少在拱部和边墙各抽一组,每组9块试件。

检验方法:查工程试验报告单、施工记录。

(Ⅱ)基 本 项 目

6.1.3 中线、高程、内轮廓线应符合设计规定。

合格:符合本项目规定;

优良:尺寸准确,线条平顺。

检验数量:直线50 m、曲线20 m各抽检一个断面。

检验方法:查工程检查证、施工记录、工程试验报告单,仪器量测。

6.1.4 混凝土厚度、回填及压浆应符合设计要求。

合格:符合本项目规定;

优良:厚度检查在95%以上达到设计厚度,且混凝土表面平顺,背后密实。

检验数量:每20 m一个断面。

检验方法:查工程检查证、施工记录或仪器量测,必要时钻孔检查。

6.1.5 混凝土施工温度、环境温度、入模温度、养护温度及拆模时间控制应符合设计及规范的规定。

合格:符合本项目规定;

优良:符合本项目规定,且施工温度控制效果良好。

检验数量:逐施工段检验。

检验方法:查工程检查证、施工记录、工程试验报告单。

6.1.6 钢架支撑的架立,应符合下列规定:

1 钢架材质、规格、强度、刚度、间距和位置均应符合设计要求;

2 钢架各部接头及纵向拉杆等装配齐全连接牢固,底板安置稳定;

3 钢架支撑表面结冰应清除。

合格:符合本项目要求;

优良:符合本项目要求,且焊缝或栓接整体性好,表面干净。

检验数量:逐榀检查。

检验方法:查材料合格证、工程检查证、施工记录,观察。

6.1.7 锚杆类型、规格、材质应符合设计规定。注浆锚杆的固结材料强度、注浆饱满程度、锚杆插入深度及抗拔力符合设计及规范要求。

合格:符合本项目规定;

优良:符合本项目规定且杆体顺直,锚杆孔内浆体饱满黏结良好。

检验数量:每 300 根一组,至少 3 组。

检验方法:查材料合格证、施工记录、试验报告单,观察、作拉拔试验。

(Ⅲ)允许偏差项目

6.1.8 模筑混凝土支护及锚杆允许偏差应符合表 6.1.8 的规定。

表 6.1.8 模筑混凝土支护及锚杆允许偏差(mm)

序号	项 目	允许偏差	检 验 数 量	检 验 方 法
1	锚杆孔位	±100	每 5 ~6 m 检查一次,抽查 10%	观察、尺量
2	锚杆孔深	±50		
3	锚杆孔距	+150		
4	净 宽	0, +200	每施工段落检查至少一个断面	仪器量测、尺量
5	净 高	0, +100		

6.2 喷混凝土支护

(Ⅰ)保 证 项 目

6.2.1 同本标准 6.1.1 ~6.1.2 条。

(Ⅱ)基 本 项 目

6.2.2 混凝土喷层厚度应符合设计要求。

合格:全部检验标志处的喷层厚度应有 60% 及以上不小于设计厚度,其余最小厚度不小于设计厚度的 50% ,并不得小于 10 cm,同时检查点处厚度的平均值不小于设计厚度;

优良:喷层厚度应有 90% 及以上符合设计厚度,且喷面平顺,无漏喷。

检验数量:每 20 m 一个断面,每个断面应从拱顶起每隔 2 m 检验一点(拱部不应少于 3 点)。

检验方法:查工程检查证、施工记录或仪器量测。

6.2.3 钢架及锚杆要求同本标准 6.1.6、6.1.7 条。

6.2.4 混凝土受喷面应无松动石块、墙脚无虚渣。

合格:符合本项目规定;

优良:符合本项目规定,且受喷面干净。

检验数量:逐施工段检验。

检验方法:查工程检查证、施工记录。

6.2.5 喷混凝土支护的表面平整度应能满足防水层及隔热保温层的铺设要求。

合格:表面平顺;

优良:轮廓平顺、表面干净。

检验数量:逐段检验。

检验方法:查工程检查证、施工记录,观察。

(Ⅲ)允许偏差项目

6.2.6 喷混凝土支护和锚杆允许偏差应符合表6.2.6的规定。

表6.2.6 喷混凝土支护和锚杆允许偏差(mm)

序号	项 目	允许偏差	检验数量	检验方法
1	锚杆孔位	±100	每5~6 m检查一次,抽查10%	观察、尺量
2	锚杆孔深	±50		
3	锚杆孔距	+150		
4	净 宽	0,+200	每施工段落检查至少一个断面	仪器量测、尺量
5	净 高	0,+100		

6.3 超前支护

(Ⅰ)保证项目

6.3.1 超前支护措施及设置范围必须符合设计规定。

检验数量:全验。

检验方法:查施工记录、工程检查证。

6.3.2 超前支护所用材料必须符合设计要求。

检验数量:全验。

检验方法:查材料合格证、施工记录、工程检查证。

(Ⅱ)基本项目

6.3.3 超前支护的材料焊接、施工搭接段长度、外插角均应符合设计要求。

合格:符合本项目规定;

优良:符合本项目规定,且效果良好。

检验数量:全验。

检验方法:查施工记录、工程检查证,观察。

6.3.4 超前支护注浆种类、压力应符合设计规定。

合格:符合本项目规定;

优良:符合本项目规定,支护效果良好。

检验数量:全验。

检验方法:查施工记录、工程检查证、工程试验报告单,观察。

7 防 排 水

7.1 地表防排水

(Ⅰ)保 证 项 目

7.1.1 隧道覆盖层较薄和地层渗透性强的地表,必须符合下列规定:

1 洞口附近或浅埋段洞顶地表平顺,不积水、淤冰;

2 坑洼、钻孔、探坑等应按设计要求处理;

3 保持洞顶原有排水系统的水流畅通;

4 洞顶截水(积水)池应有防渗、防冻措施,水池溢水或淤冰应按设计要求处理。

检验数量:全验。

检验方法:查施工记录、观察。

7.1.2 挡水埝或截水沟种类及位置必须符合设计要求。

检验数量:全验。

检验方法:查施工记录、工程检查证,观察。

(Ⅱ)基 本 项 目

7.1.3 洞口挡水埝或截水沟应能有效防冻胀,并符合设计要求。

合格:符合本项目规定;

优良:符合本项目规定,且水沟无冻害,排水顺畅。

检验数量:全验。

检验方法:查工程检查证、观察。

7.1.4 隧道洞外排水和洞门背后排水应符合设计规定,减少扰动原地面,不破坏地表植被。

合格:符合本项目规定;

优良:符合本项目规定,且对环境无破坏性影响,洞门明洞背后排水顺畅。

检验数量:全验。

检验方法:查施工记录、工程检查证,观察。

7.2 洞内水沟(含明洞)

(Ⅰ)保 证 项 目

7.2.1 洞内水沟结构形式、设置范围、位置、纵向坡度必须符合设计要求。

检验数量:全验。

检验方法:观察、仪器量测。

7.2.2 盲沟、暗沟、泄水槽及其中配置的集水钻孔排水孔(槽)和水管等必须符合设计要求。

检验数量:全验。

检验方法:查施工记录、工程检查证,观察。

7.2.3 洞内水沟的防冻胀措施、排水效果、保温水沟的材料性能必须符合设计要求。

检验数量:分段抽验。

检验方法:查材料合格证、工程检查证,观察。

(Ⅱ)基 本 项 目

7.2.4 水沟盖板应齐全并铺设平稳,保温、防冻符合要求。

合格:符合本项目规定;

优良:符合本项目规定,且铺设整齐美观。

检验数量:逐块检验。

检验方法:观察。

7.2.5 盲沟过滤层级配应符合设计要求,保温防冻符合要求。

合格:符合本项目规定;

优良:符合本项目规定,且沟内流水通畅。

检验数量:全验。

检验方法:随施工检查,查对施工记录、工程检查证。

7.3 衬砌防排水

(Ⅰ)保 证 项 目

7.3.1 洞内保温水沟或深埋渗水沟的结构形式与设置范围、位置、坡度以及抗冻性建筑和回填材料必须符合设计及保温技术要求。

检验数量:全验。

检验方法:查材料合格证和施工记录,观察。

7.3.2 隧道汇水盲管、泄水或排水管范围、位置、尺寸必须符合设计要求。

检验数量:分段抽检。

检验方法:查施工记录、工程检查证,观察。

7.3.3 变形缝、工作缝的防水处理必须符合设计要求。

检验数量:抽检。

检验方法:查施工记录、工程检查证,观察。

7.3.4 隧道复合防水层类型及工艺必须适于寒冷的施工条件,符合设计要求。

检验数量:每 10 m 检验一次。

检验方法:查工程检查证、施工记录,观察。

7.3.5 隧道防水必须做到全隧不渗水。

检验数量:全验。

检验方法:观察。

(Ⅱ)基 本 项 目

7.3.6 洞内外连接水沟与汇水坑以及洞内不同水沟之间的衔接方式,连接盲沟、暗沟或暗管与洞内水沟相通的泄水孔(槽)、横沟的位置、断面尺寸与坡度,均应符合设计要求。

合格:符合本项目规定;

优良:符合本项目规定,且顺接良好排水顺畅。

检验数量:每座隧道进、出口。

检验方法:观察。

7.3.7 隧道洞口排水设施应与洞口过渡段排水系统顺接,符合设计规定。

合格:符合本项目规定;

优良:符合本项目规定,且顺接良好,排水顺畅。

检验数量:全验。

检验方法:查施工记录、观察。

7.3.8 各种排水设施均应有效连接,保温、防渗措施齐全,符合设计规定。

合格:符合本项目规定;

优良:符合本项目规定,且排水通畅,无冻结。

检验数量:全验。

检验方法:查施工记录、工程检查证,观察。

7.3.9 防水层层数、材质、规格、铺设质量应符合设计要求。

合格:符合本项目规定;

优良:符合本项目规定,且铺设质量良好。

检验数量:防水材料每批或每 5 000 m^2 检验一次,每批量不得超过 5 000 m^2,不足 5 000 m^2应按一批检查。

检验方法:查施工记录、工程检查证、材料合格证、工程试验报告单,观察。

7.3.10 防水板施工搭接宽度不应小于 10 cm,焊缝宽不应小于 2 cm,无漏焊、假焊、烤焦、焊穿。防水板与支护混凝土密贴并黏接牢固,为保温层施工提供条件。

合格:符合本项目规定;

优良:符合本项目规定,且黏接牢固。

检验数量:逐段检查。

检验方法:查施工记录、工程检查证,观察。

7.3.11 止水条、止水带的材质、连接及施工工艺应符合设计及有关规定。

合格:符合本项目规定;

优良:符合本项目规定,且各缝安设平顺密贴。

检验数量:全验。

检验方法:查工程检查证、材料合格证,观察。

7.3.12 隧道混凝土防水性能应能满足设计要求。

合格:符合本项目规定;

优良:符合本项目规定,且外观良好。

检验数量:全验。

检验方法:查工程检查证、工程试验报告单,观察。

8 保 温 层

(Ⅰ)保 证 项 目

8.0.1 保温层材料种类、导热系数、抗压强度、厚度、低温耐久性等指标同本标准4.2.2条的要求。

(Ⅱ)基 本 项 目

8.0.2 保温层施工工艺应符合设计要求。

合格:符合本项目规定;

优良:符合本项目规定,与防水层密贴。

检验数量:每20 m检验一次。

检验方法:查工程检查证、施工记录,观察。

8.0.3 保温层预制板的尺寸、厚度、板材安装、接缝处理均应符合设计规定。

合格:符合本项目规定;

优良:符合本项目规定且保温层表面平顺。

检验数量:每20 m检验一次。

检验方法:查施工记录、工程检查证、工程试验报告单,观察。

9 衬　砌

9.1 洞身衬砌

（Ⅰ）保证项目

9.1.1 衬砌结构的中线、高程及隧道净空必须符合设计要求。

检验数量：每 20 m 检验一次。

检验方法：仪器量测，或用检查车等方法检验。

9.1.2 衬砌混凝土强度必须符合设计要求。

检验数量：每 20 m 检查一组，并至少有一组，每组 9 块试件。

检验方法：查工程试验报告单和施工记录。

9.1.3 衬砌混凝土厚度、抗冻、抗渗性必须符合设计要求。

检验数量：厚度每 20 m 检验一个断面，抗冻、抗渗性每施工口检查不少于一组，每组 9 块试件。

检验方法：查工程检查证、工程试验报告单，仪器量测。

9.1.4 衬砌钢筋混凝土的钢筋材料规格、性能必须符合设计要求。

检验数量：每批抽检一次。

检验方法：查材料合格证、工程试验报告单。

（Ⅱ）基本项目

9.1.5 边墙基底应稳固，无虚砟杂物及淤泥、积冰，高含冰量地段基底处理应符合设计要求。

合格：符合本项目规定；

优良：符合本项目规定，且基底干净。

检验数量：逐段检验。

检验方法：查阅工程检查证、施工记录，观察。

9.1.6 衬砌混凝土表面应平顺，无蜂窝麻面。

合格：符合本项目规定；

优良：符合本项目规定，且各段外观平顺美观。

检验数量：逐段检验。

检验方法：观察。

9.1.7 衬砌混凝土施工环境温度、入模、养护温度、拆模强度和拆模时内外温差控制以及低温或负温混凝土材料、配比应符合设计及有关规定的要求。

合格：符合本项目规定；

优良：符合本项目规定且温度控制平稳，混凝土外观良好。

检验数量:逐段检验。

检验方法:查施工记录、工程试验报告单,观察。

9.1.8 衬砌钢筋混凝土的钢筋加工尺寸、位置、焊接、绑扎及保护层设置均应符合设计及有关规定的要求。

合格:符合本项目规定;

优良:符合本项目规定且钢筋顺直,尺寸、位置准确。

检验数量:逐段检验。

检验方法:查工程检查证、出厂合格证,观察。

(Ⅲ)允许偏差项目

9.1.9 衬砌混凝土允许偏差应符合表9.1.9的规定。

表9.1.9 衬砌混凝土允许偏差(mm)

序号	项　目	允许偏差	检验数量	检验方法
1	隧道中线	20	每20 m一个断面	仪器量测
2	隧道净宽	0,+100	每20 m一个断面	尺量
3	隧道净高	0,+100	每20 m一个断面	仪器量测、尺量
4	衬砌厚度	0,+20	每20 m检查一次	查工程检查中仪器量测
5	平整度	20	每40 m一次两侧	2 m直尺量测

9.2 仰拱及填充

(Ⅰ)保 证 项 目

9.2.1 仰拱厚度必须符合设计要求。

检验数量:每20 m检验一次。

检验方法:查工程检查证、尺量、观察。

9.2.2 仰拱及填充混凝土的材料、配比必须适于寒冷地区施工要求。

检验数量:每20 m检验一次。

检验方法:查工程试验报告单、施工记录,必要时现场取样。

(Ⅱ)基 本 项 目

9.2.3 仰拱基底无虚砟杂物及积水、积冰、冒水。

合格:符合本项目要求;

优良:符合本项目要求,且基底表面平顺。

检验数量:每20 m检验一次。

检验方法:查对工程检查证、观察。

9.2.4 仰拱与边墙应结合紧密。

合格:符合本项目规定;

优良:符合本项目规定,且结合密贴。

检验数量:逐段检验。

检验方法:查对施工记录、观察。

9.2.5 仰拱与填充的施工应符合设计规定。

合格:符合本项目规定;

优良:符合本项目规定且质量良好。

检验数量:每 20 m 检验一次。

检验方法:查对工程检查证、施工记录,观察。

9.2.6 仰拱混凝土施工环境温度、浇筑和养护温度应符合设计有关规定。

合格:符合本项目规定;

优良:符合本项目规定,且温度控制平稳。

检验数量:逐段检验。

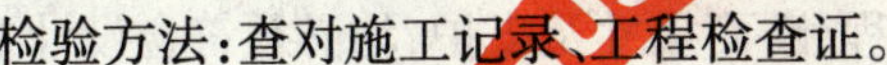

检验方法:查对施工记录、工程检查证。

10 横洞和附属设施

10.1 横 洞

(Ⅰ)保 证 项 目

10.1.1 横洞的结构形式、平面位置、坡度、高程、断面尺寸及支护,均必须符合设计要求。

检验数量:全验。

检验方法:观察、仪器量测。

10.1.2 作为永久使用的横洞,其衬砌质量必须符合本标准 9.1 节的规定要求。

检验数量:全验。

检验方法:查对工程检查证、工程试验报告单和施工记录。

10.1.3 施工期间使用的横洞,其封闭方式、回填范围、回填所用的材料均必须符合设计要求。

检验数量:全验。

检验方法:查对材料合格证、现场检查。

(Ⅱ)基 本 项 目

10.1.4 横洞内外的排水系统和隔热措施应符合设计要求。

合格:符合本项目规定;

优良:符合本项目规定,且排水系统顺畅,隔热良好。

检验数量:逐段系统检查。

检验方法:查工程检查证、观察。

10.2 附 属 洞 室

(Ⅰ)保 证 项 目

10.2.1 隧道附属洞室衬砌质量必须符合本标准 9.1 节的有关要求。

检验数量:全验。

检验方法:查对施工记录、工程试验报告单。

(Ⅱ)基 本 项 目

10.2.2 隧道附属洞室的结构、尺寸、位置均应符合设计要求。

合格:符合本项目规定;

优良:符合本项目规定,附属洞室外观良好。

检验数量:全验。

检验方法:查对施工记录、工程试验报告单,尺量。

10.2.3 隧道各种附属洞室不得出现淤冰。

合格:符合本项目规定;

优良:符合本项目规定且干净整齐。

检验数量:全验。

检验方法:观察。

10.3 供电照明

(Ⅰ)保证项目

10.3.1 隧道照明设施和布置必须符合设计要求。

检验数量:全验。

检验方法:观察、尺量。

10.3.2 隧道内照明设施的安设必须符合隧道建筑限界的规定。

检验数量:全验。

检验方法:观察或实测。

(Ⅱ)基本项目

10.3.3 电力照明固定式灯具距轨顶面高度、养护作业照明插座位置应符合设计要求。

合格:符合本项目规定;

优良:符合本项目规定,且安装整齐美观。

检验数量:全验。

检验方法:尺量、观察。

10.3.4 洞内供电线路最低点距地面的高度应符合设计要求。

合格:符合本项目规定;

优良:符合本项目规定,且架设垂度全部符合规定。

检验数量:全验。

检验方法:观察、尺量。

10.3.5 隧道供电照明设备以及避雷措施均应符合设计规定。

合格:符合本项目规定;

优良:符合本项目规定且各种措施完备。

检验数量:全验。

检验方法:查施工记录、工程检查证,观察。

10.4 通讯信号

(Ⅰ)保证项目

10.4.1 隧道内通讯信号设施的安设必须符合隧道建筑限界的规定。

检验数量:全验。

检验方法:观察、实测。

(Ⅱ)基 本 项 目

10.4.2　隧道内通讯信号预留设施的位置、尺寸应符合设计要求。

合格:符合本项目规定;

优良:符合本项目规定且位置准确。

检验数量:全验。

检验方法:观察、尺量。

11 工程验收

11.0.1 竣工工程应按单位工程验收。单位、分部、分项工程的划分和质量评定应符合本标准规定。

11.0.2 隧道工程验收时应以监理单位签认的工程质量检验评定表和工程检查证为依据。

11.0.3 隧道工程验收应包括对隧道弃砟、砟场布置以及保护冻土、保护生态措施的验收。

11.0.4 工程验交时，应对质量保证资料和各项施工原始记录进行验收。包括施工单位所应有的完整的施工原始记录、试验数据，分项工程自查数据等资料；监理单位所应提交的齐全的监理资料。质量保证资料及原始记录主要应包括以下内容：

1 原材料、半成品、成品出厂合格证书及进场检验、试验报告；

2 材料配比、拌和加工控制检验和试验数据；

3 地温、气温原始记录，地基处理和隐蔽工程施工记录；

4 工程日志、竣工图及其他竣工文件、各项施工记录；

5 工程技术总结资料；

6 工程地质和水文地质资料的汇总；

7 变更设计项目的原因、内容、施工结果的汇总；

8 施工监测数据；

9 新材料、新工艺施工记录；

10 分项、分部工程质量检验评定资料；

11 工程质量事故及事故调查处理记录；

12 中线、高程竣工测量资料及永久标志位置图；

13 工程竣工验收报告。

11.0.5 经检验符合上述要求的隧道工程，应办理工程验收手续。

本标准用词说明

执行本标准条文时,对于要求严格程度的用词说明如下,以便在执行中区别对待。

(1)表示很严格,非这样做不可的用词:

正面词采用"必须";

反面词采用"严禁"。

(2)表示很严格,在正常情况均应这样做的用词:

正面词采用"应";

反面词采用"不应"或"不得"。

(3)表示允许稍有选择,在条件许可时首先应这样做的用词:

正面词采用"宜";

反面词采用"不宜"。

表示有选择,在一定条件下可以这样做的,采用"可"。

《青藏铁路高原多年冻土区隧道工程质量检验评定及验收标准(试行)》条文说明

条文说明系对重点条文的编制依据、存在问题以及在执行中应注意的事项等予以说明。为减少篇幅,只列条文号,未抄录原条文。

2.1.2 一个单位工程中对其质量起着决定性或重要作用的一个或多个分部工程为重要分部工程,其余为一般分部工程。

2.1.3 高原多年冻土区隧道对防排水、保温以及保护冻土环境均有特殊的要求,本标准在分项和分部工程中增加了此部分内容。洞口、隧道防排水、保温层及衬砌对隧道工程的质量有着决定性影响,此四个分部工程作为重要分部工程。

2.2.4、2.2.5 单位工程所含的重要分部工程的质量为优良时,其质量方可评为优良。

2.3.2~2.3.4 各项工程的验收评定均应由施工单位和监理单位共同进行,根据目前工程管理的具体特点,施工单位一般由工程局或集团公司成立工程指挥部,由工程处或分公司组建各工程项目经理部或工程队,由经理部或工程队从事工序或段落施工;监理单位由监理总站、监理站、监理分站三级组成。

3.1.1、3.1.2 与一般地区隧道相比较,洞门混凝土应增加抗渗、抗冻和耐久的要求,以利于防止结构冻胀,洞门墙或挡墙的基础位于高含冰量冻土时,一般都要求换填。

3.1.7 洞门墙施工应采取措施保持冻土的稳定。

3.2.2 高含冰量冻土段的边仰坡施工需进行处理,以保护环境。

3.2.3 隧道边仰坡需按设计规定做保温处理,一般用于含土冰层的开挖,为防其融化而采取工业保温材料或结构保温等措施。

4.1.2 明洞土石方施工应按照保护冻土的原则,根据施工季节采取相应的措施,减少对冻土的扰动,应在指定位置弃砟。

4.2.1~4.2.3 明洞应进行保温的部分主要是指冻土边仰坡和明洞结构两种。保温材料需分批次检验其性能,不同的加工场地至少应抽检一次。保温层的铺设质量需检查。

5.1.2 隧道开挖应控制用水量,沿开挖轮廓特别是拱部位置的大量结冰会造成隧道冻害。

5.2.3 隧道开挖均应及时封闭,高含冰量冻土地段的隧底开挖尤其如此。

6.1.1、6.1.4 隧道支护混凝土施工应保证寒冷环境的施工质量,选择适宜的材料及工艺。支护混凝土应与围岩密贴,一般应在模筑后及时压浆回填。

6.3.1~6.3.4 超前支护主要用于覆盖层较薄的地表和岩体破碎的地段,在多年冻土区主要采用小导管。

7.1.3　洞口挡、截水结构需防止出现冻胀破坏。

7.3.6　洞内外排水应组成完善、统一的系统,加强衔接。

7.3.4、7.3.9、7.3.10　防水层应采用无钉铺设工艺,其材质需分批次进行抽检,材料间应采用双焊缝焊接。

8.0.1～8.0.3　隧道复合保温层应对材料按批次抽检,所选择的施工工艺应确保其质量。

10.1.4　横洞施工期间及设置以后均应采取措施或设置帘或门阻止洞内外的热量交换。

中华人民共和国行业标准

铁建设〔2002〕24号

铁路瓦斯隧道技术规范

Technical code for railway tunnel with gas

TB 10120—2002

J 160—2002

2002—03—16 发布　　　　2002—07—01 实施

中华人民共和国铁道部　发布

前　言

本规范是根据铁道部铁建函〔1999〕50 号文的要求,并参照铁道部《铁路瓦斯隧道技术暂行规定》(以下简称《暂规》)修编而成的。

本规范共分 10 章,另有 12 个附录。其主要内容包括:总则、术语、勘测、设计、钻爆作业、揭煤防突、施工通风、电气设备与作业机械、施工安全及事故处理、质量检验及工程验收等。

本规范修订的主要内容有:

(1)对瓦斯隧道进行了科学、合理的分类,并对不同类型的瓦斯隧道采用不同的设计标准和施工措施。

(2)增列了关于"揭煤防突"的有关规定。

(3)瓦斯隧道运营期间,隧道内瓦斯允许浓度由 0.3% 改为不得大于 0.5%。

(4)修订了钻爆作业、施工通风、电气设备与作业机械的有关规定。

在执行本规范过程中,希望各单位结合工程实践,认真总结经验,积累资料。如发现需要修改和补充之处,请及时将意见及有关资料寄交中铁五局(集团)有限公司(贵阳市枣山路 23 号,邮政编码:550003),并抄送铁路工程技术标准所(北京市海淀区羊坊店路甲 8 号,邮政编码:100038),供今后修订时参考。

本规范由铁道部建设管理司负责解释。

本规范主编单位:中铁五局(集团)有限公司。

本规范参编单位:铁道第二勘察设计院、中铁隧道集团有限公司。

本规范主要起草人:白继承、罗自品、张祉道、陆茂成、张风林、张开鑫、管健、熊祥雪、向贤鹤、康帆。

目　次

1 总 则

1.0.1 为统一铁路瓦斯隧道勘测、设计、施工及验收的技术标准,使铁路瓦斯隧道建设符合安全实用、技术先进、经济合理的要求,制定本规范。

1.0.2 本规范适用于新建铁路瓦斯隧道的勘测、设计、施工及验收。

1.0.3 铁路隧道勘测与施工过程中,通过地质勘探或施工检测表明隧道通过地层含有瓦斯时,该隧道应定为瓦斯隧道。

1.0.4 瓦斯隧道施工期间,当发现有关煤与瓦斯的地质情况与原设计不符时,应根据实际揭示的地质资料,及时修正设计。

1.0.5 铁路瓦斯隧道的勘测、设计、施工及验收,除应符合本规范外,尚应符合国家现行的有关强制性标准的规定。

2 术　语

2.0.1　瓦斯　gas

从煤(岩)层内逸出的各种有害气体的总称,其主要成分为甲烷(CH_4)。

2.0.2　煤系地层　coal formation

在成因上有共生关系并含有煤层(或煤线)的沉积岩地层。

2.0.3　瓦斯工区　work area with gas

地层含有瓦斯的隧道施工区段。

2.0.4　吨煤瓦斯含量　gas content for each ton of coal

每吨煤含有的瓦斯数量,系游离瓦斯与吸附瓦斯量之总和,以 m^3/t 计。

2.0.5　瓦斯压力　gas pressure

隧道开挖前煤(岩)中瓦斯的原始压力。

2.0.6　石门　rock cross - cut

在与煤层走向正交或斜交的岩石水平坑道中揭煤时,开挖工作面与煤层间的岩柱,其厚度一般取为 1.5 ~ 2.0 m,当岩层松软、破碎时应适当增大。

2.0.7　岩柱　rock column

岩石坑道开挖工作面与煤层之间的岩体,其厚度即开挖工作面与煤层之间的垂直距离。

2.0.8　石门揭煤　coal mining at the rock cross-cut

掘进石门和煤层的全过程,它包括揭开石门、半煤半岩掘进、全煤层掘进,过完煤层等。

2.0.9　密闭门　sealing door

巷道中为隔离瓦斯而安装的专用门。

2.0.10　瓦斯检测断面　cross - section for gas detection

坑道中设置瓦斯检测点的断面。

2.0.11　瓦斯浓度　gas concentration

空气中瓦斯占有量与空气体积之比,以百分数表示。

2.0.12　瓦斯逸出　gas escaped

从隧道围岩中或衬砌背后释放出的瓦斯。

2.0.13　突出　ejection

在地应力和瓦斯压力共同作用下,破碎的煤(岩)与大量瓦斯从煤体内突然喷向开挖空间的现象。

2.0.14　倾斜煤层　declined coal bed

煤层层面与水平面斜交的煤层,当倾角为 8° ~ 25°时,称缓倾斜煤层;倾角为 25° ~ 45°时,称倾斜煤层;当倾角为大于 45°时,称急倾斜煤层。

2.0.15　煤层厚度　thickness of coal seam

煤层顶底板之间的垂直距离。厚度小于1.3 m的为薄煤层;厚度在1.3~3.5 m的为中厚煤层;厚度大于3.5 m的为厚煤层。

2.0.16　超前探孔　probing drift

为探明开挖工作面前方煤层位置及赋存条件和瓦斯情况的钻孔,简称探孔。

2.0.17　预测孔　forecasting hole

用以预测煤层各项突出危险性指标的钻孔。

2.0.18　检验孔　detection hole

检验防突措施是否有效的钻孔。

2.0.19　排放孔　gas releasing hole

专门排放开挖工作面前方煤层中的瓦斯和缓解应力的钻孔。

2.0.20　打钻动力现象　dynamic phenomenon

钻孔过程中大量的瓦斯、煤浆、煤粉、水从钻孔中喷出(喷孔、喷水)或高压瓦斯将钻杆向外推(顶钻)、夹钻、抱钻、顶水等现象。

2.0.21　震动爆破　shock blasting

在石门揭煤时,用增加炮眼数量,加大装药量等措施诱导煤与瓦斯突出的特殊爆破作业。

2.0.22　微震动爆破　low vibration blasting

用于揭煤的一种低爆破力的震动爆破。

2.0.23　煤矿许用炸药　explosive permitted for coal mining

允许用于有瓦斯和煤尘爆炸危险的地下工程爆破的专用炸药。

2.0.24　气密性　air tightness

在一定的压力和时间条件下气透过混凝土的程度,以透气系数衡量。

2.0.25　透气系数　air permeability

在规定压力下,单位时间、单位面积内混凝土的透气量。

2.0.26　气密性混凝土　air - tight concrete

透气系数不大于10^{-11} cm/s的混凝土。

3 勘 测

3.1 一般规定

3.1.1 确定隧道位置时,应经过技术经济比较,绕避煤系地层及其他含瓦斯地层,难以绕避时,宜以较短距离通过。

3.1.2 隧道穿越或邻近煤系地层和其他含瓦斯地层时,应开展瓦斯隧道的地质工作,其范围应较一般隧道适当扩大,内容适当加深,其成果应满足隧道设计和施工的需要。

3.2 地质勘探与瓦斯测定

3.2.1 瓦斯隧道勘测时,应调查、收集邻近煤矿和油气田的既有资料,其内容包括:

1 区域性地质、矿产地质、水文地质、有害气体的实测资料,油气田、气井资料及有关瓦斯赋存、突出的其他地质资料(含地质平面图、剖面图、煤系柱状图、煤层对比图、钻孔资料、井田勘察报告、各阶段地质报告等);

2 井田的分布、开采水平、通风方式、瓦斯等级、采空区范围、采煤及顶板管理办法、接替采区和规划采区的位置及范围等资料;

3 有关瓦斯矿井通风和煤与瓦斯突出的历史记载和实测资料。

3.2.2 瓦斯隧道的地质工作除查明一般地形、地貌、工程地质、水文地质条件外,应着重调查和确定以下内容:

1 隧道的瓦斯来源;

2 隧道通过的地层层序、年代、岩层种类及含煤地层的分布,煤层数及顶底板特征和位置,煤层厚度、倾角,隧道穿煤里程及长度;

3 煤层的主要物理性质和指标以及工业成分分析,包括颜色、光泽、重度、硬度、水分、挥发分、固定碳、灰分、瓦斯含量、瓦斯压力、瓦斯放散初速度等;

4 煤的自燃及煤尘爆炸性判断,煤与瓦斯突出危险性判断;

5 采空区形态,接替及规划采区位置及压煤量;

6 煤层的瓦斯带和瓦斯风化带位置;

7 查明形成瓦斯的地质构造,包括煤层、油页岩层所处的构造部位,天然气的生成、运移、储集、封闭条件及影响因素,地下水对天然气运移、储存的影响。

3.2.3 瓦斯隧道除应按一般隧道布置勘探工作外,尚应适当增加钻孔,采取煤样和气样进行成分分析,并在现场进行瓦斯及天然气含量、涌出量、压力等测试工作。

3.2.4 工程地质报告应有专门篇章评述煤层、瓦斯和天然气的情况,以及瓦斯地质分析、采空区及压煤量、邻近的煤矿和油气田、气井情况、隧道瓦斯严重程度预测及对工程的影响、建议技术措施等。

3.2.5 瓦斯隧道施工期间，应进行地质复查工作。对于揭露的煤层，应取样复测煤层的瓦斯含量和其他有关参数，必要时应钻孔埋管实测瓦斯压力，以及通过通风和瓦斯检测计算全坑道的瓦斯涌出量，根据检测结果核对施工工区和煤系地层的瓦斯等级，必要时应进行修正，同时应相应修改设计。

3.3 瓦斯预测与评估

3.3.1 勘测阶段应根据煤与瓦斯参数，结合施工方案、进度安排，分段分煤层预测隧道及辅助坑道的绝对瓦斯涌出量。

3.3.2 勘测阶段应根据煤体结构及有关参数，进行煤层突出危险性预测和瓦斯隧道的瓦斯工区、含瓦斯地段的等级划分。

3.3.3 高瓦斯隧道和瓦斯突出隧道的设计阶段应编制指导性施工组织设计，内容包括探煤、揭煤和防突的方法及措施、施工通风布置和必要的技术装备，以及施工阶段的瓦斯检测、煤与瓦斯突出参考指标及要求等。

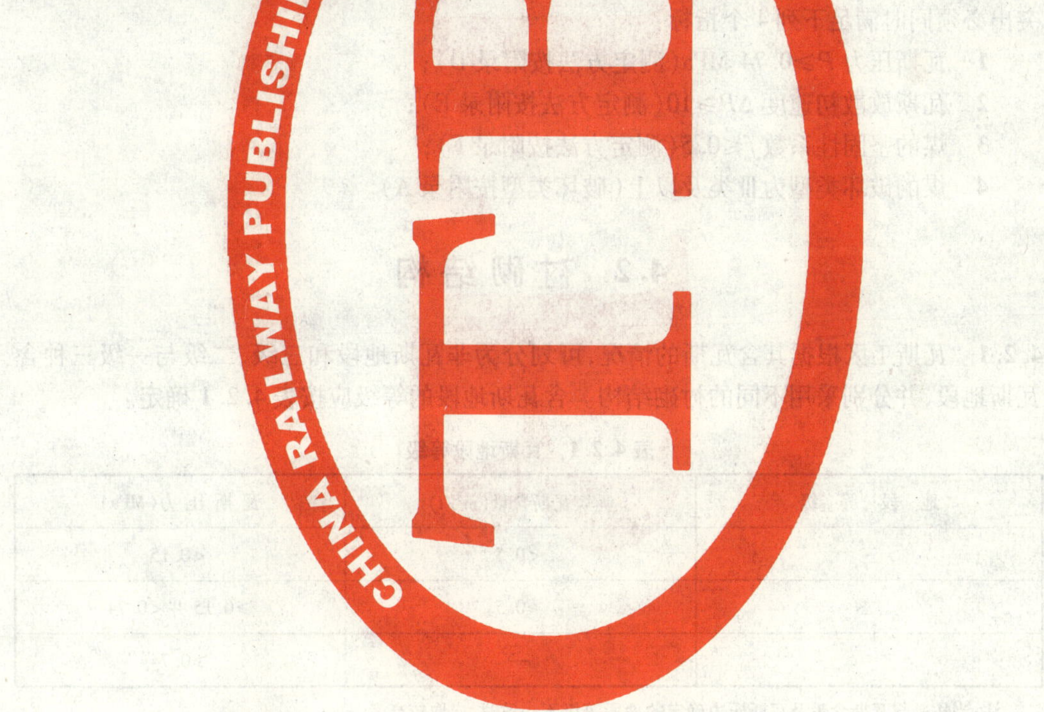

4 设 计

4.1 瓦斯隧道分类

4.1.1 瓦斯隧道分为低瓦斯隧道、高瓦斯隧道及瓦斯突出隧道三种，瓦斯隧道的类型按隧道内瓦斯工区的最高级确定。

4.1.2 瓦斯隧道工区分为非瓦斯工区、低瓦斯工区、高瓦斯工区、瓦斯突出工区共四类。

4.1.3 低瓦斯工区和高瓦斯工区可按绝对瓦斯涌出量进行判定。当全工区的瓦斯涌出量小于0.5 m^3/min时，为低瓦斯工区；大于或等于0.5 m^3/min时，为高瓦斯工区。

4.1.4 瓦斯隧道只要有一处有突出危险，该处所在的工区即为瓦斯突出工区。判定瓦斯突出必须同时满足下列4个指标：

1 瓦斯压力$P \geqslant 0.74$ MPa（测定方法按附录D）；

2 瓦斯放散初速度$\Delta P \geqslant 10$（测定方法按附录E）；

3 煤的坚固性系数$f \leqslant 0.5$（测定方法按附录F）；

4 煤的破坏类型为Ⅲ类及以上（破坏类型按附录A）。

4.2 衬砌结构

4.2.1 瓦斯工区根据其含瓦斯的情况，可划分为非瓦斯地段和三级、二级与一级三种含瓦斯地段，并分别采用不同的衬砌结构。含瓦斯地段的等级应按表4.2.1确定。

表4.2.1 瓦斯地段等级

地段等级	吨煤瓦斯含量（m^3/t）	瓦斯压力（MPa）
三	<0.5	<0.15
二	≥0.5	≥0.15并<0.74
一	—	≥0.74

注：当按吨煤瓦斯含量及瓦斯压力确定的地段等级不一致时，应取较高者。

4.2.2 一、二级瓦斯地段应采用复合式衬砌，其初期支护和二次衬砌应根据埋置的深度、围岩级别、工程地质和水文地质条件、瓦斯严重程度按全封闭原则进行设计。

4.2.3 瓦斯隧道的衬砌结构应有防瓦斯措施，宜按表4.2.3选用。确定防瓦斯处理范围时，瓦斯较重、等级较高地段应向瓦斯较轻、等级较低地段适当延长。

4.2.4 含瓦斯地段的喷射混凝土厚度不应小于15 cm，模筑混凝土衬砌厚度不应小于40 cm。

4.2.5 喷射混凝土中掺用气密剂后，透气系数不应大于10^{-10} cm/s，模筑混凝土中掺用气密剂后，透气系数不应大于10^{-11} cm/s。模筑混凝土衬砌施工缝应进行气密处理，其封闭瓦斯性能不应小于衬砌本体。

表 4.2.3 衬砌防瓦斯措施

封闭措施	瓦斯地段等级		
	三	二	一
围岩注浆	—	—	选用
喷射混凝土中掺气密剂	—	选用	采用
设置瓦斯隔离层	—	采用	采用
模筑混凝土中掺气密剂	采用	采用	采用
模筑混凝土中掺钢纤维	—	—	选用
施工缝气密处理	采用	采用	采用

4.2.6 掺气密剂的混凝土施工材料应符合下列规定：

1 宜选用强度等级较低的硅酸盐和普通硅酸盐水泥；

2 砂的细度模数 $M_x \geqslant 2.7$，含泥量不大于3%，不得使用细砂；

3 石子的最大粒径 $D_{max} \leqslant 40$ mm，级配宜为2～3级，含泥量不大于1%，不得有泥土块，或泥土包裹石子表面，针片状颗粒含量不大于15%；

4 宜选用非引气型气密剂，掺量应符合设计要求。

4.2.7 掺气密剂的混凝土施工应符合下列要求：

1 C20混凝土配合比宜为1∶2.5∶3.5，水灰比宜取0.48；

2 原材料应按以上配合比进行称量，水的允许偏差为±1%，水泥及气密剂的允许偏差为±2%，砂石允许偏差为±3%；

3 混凝土应采用拌和站集中拌和；水泥、气密剂及砂应先干拌1.5～2 min后，再加入石子及水搅拌1.5～2 min；

4 混凝土拌和物从搅拌机卸出至灌注完毕所经时间不应超过60 min；

5 应采用机械震捣，不得用人工震捣；

6 连续养护时间不得少于28 d，并应避免在5 ℃以下施工。

4.2.8 当衬砌内设置瓦斯隔离层时，其垫层应采用闭孔型泡沫塑料，厚度不应小于4 mm。

4.2.9 全封闭防瓦斯地段有地下水时，宜采取在左右边墙下部外侧铺设纵向透水管，将地下水引离含瓦斯地段的排水措施。透水管终点宜设置气水分离装置，分离出的瓦斯气体可用管道引出洞外在高处放散。

4.2.10 从隧道内引出瓦斯的金属管，其上端管口距地面不应小于10 m，并应妥善接地，防止雷击。瓦斯放空管的接地电阻不得大于5 Ω，其周围20 m内禁止有明火火源及易燃易爆物品。

4.2.11 当隧道内含瓦斯地段较长且初始瓦斯压力大于0.74 MPa时，宜在衬砌背后预埋通向大气的降压管；有平行导坑时，可从平行导坑向正洞施钻瓦斯降压孔，防止隧道建成后瓦斯压力回升。

4.3 辅助坑道

4.3.1 瓦斯隧道辅助坑道的设置,应按瓦斯工区与非瓦斯工区,结合施工通风需要,综合研究,确定方案。

4.3.2 在确定斜井、竖井、横洞位置时,应避免通过或靠近煤层,不能避免时,宜减少通过或靠近煤层的长度。

4.3.3 高瓦斯工区和瓦斯突出工区宜设置平行导坑,采用巷道式通风,设置灾害避难所,进行远距离爆破等安全措施。

4.3.4 瓦斯隧道的斜(竖)井作为抽出式通风井时,不得兼作提升井。井内应设方便检修人员工作及避难行走的人行台阶(竖井为梯子间)。

4.3.5 瓦斯隧道的辅助坑道,当在运营期间予以利用时,应设置永久性支护。

4.3.6 隧道竣工交付运营前,在辅助坑道洞口及与正洞相交处、含瓦斯地段两端等位置,宜修建永久性防瓦斯密闭门和采取其他防瓦斯措施,并应定期维修。

4.3.7 隧道竣工后,必要时应在辅助坑道内设置专供运营期间使用的瓦斯检测仪表和通风设备,保障辅助坑道维修管理工作的安全。

4.4 运营通风

4.4.1 瓦斯隧道在运营中,瓦斯浓度在任何时间、任何地点都不得大于0.5%。

4.4.2 瓦斯隧道运营期间,必须进行瓦斯检测,低瓦斯隧道可采用人工检测,高瓦斯和瓦斯突出隧道,则应采用自动检测。自动检测系统应具有瓦斯超限报警、通风机自动控制等功能,系统可采用洞口或远程计算机集中控制。

4.4.3 隧道运营期间瓦斯检测断面的位置,应根据施工期间的瓦斯涌出情况确定。施工期间有瓦斯涌出地段,每50~100 m设置一处,其他地段视具体情况确定。人工检测点或自动检测探头应位于隧道断面中部拱顶下25 cm处。自动检测时,检测系统应能抗强电磁干扰,探头的安装结构应便于定时检查维修。

4.4.4 瓦斯隧道的机械通风方式,可采用壁龛式射流风机、洞口风道式纵向通风或竖(斜)井分段式纵向通风,应在技术经济比较后确定。

4.4.5 瓦斯隧道运营通风机可采用普通型,有特殊要求时可采用防爆型。

4.4.6 设置机械通风的瓦斯隧道的通风量,应在稀释隧道内瓦斯所需风量和防止瓦斯积聚最小风速之相应风量中取大者确定。计算风压时需计入适量自然反风。防止瓦斯积聚的最小风速按1 m/s计。

4.4.7 机械通风的风机应有一定的备用量,采用射流风机时应有50%的备用量,采用大型风机时应有100%的备用量。备用风机必须能在10 min内启动。

4.4.8 瓦斯隧道的机械通风运转时间由计算确定,风机每次运转时间不应小于15 min。风机应具有短时反转控制风流大小及方向的消防功能。

4.4.9 瓦斯隧道运营期间宜采用定时通风;当隧道内瓦斯浓度达到0.4%时,必须启动风机进行通风。保证隧道内瓦斯浓度不大于0.5%,当瓦斯浓度降到0.3%以下时,可停止通风。

4.4.10 设置机械通风的瓦斯隧道的监控中心与车站运转室和风机房之间应设置直通专线电话。

4.4.11 设有运营机械通风或瓦斯自动监控设施的瓦斯隧道,应视情况确定是否需要设置双回路电源。

5 钻爆作业

5.0.1 瓦斯工区钻孔必须采取湿式钻孔;当作业地点附近 20 m 以内风流中瓦斯浓度达到 1.0% 时,必须停止钻孔作业。

5.0.2 瓦斯工区装药与爆破作业应符合下列规定:

1 爆破地点 20 m 内,风流中瓦斯浓度必须小于 1%;

2 爆破地点 20 m 内,矿车、碎石、煤砟等物体阻塞开挖断面不得大于 1/3;

3 通风应风量足,风向稳,局扇无循环风;

4 炮眼内煤、岩粉应清除干净;

5 炮眼封泥不足或不严不应进行爆破。

5.0.3 瓦斯工区的爆破作业必须采用煤矿许用炸药,并应符合下列规定:

1 低瓦斯工区岩层掘进,应使用安全等级不低于一级的煤矿许用炸药;

2 低瓦斯工区揭煤和煤层、半煤层掘进,应使用安全等级不低于二级的煤矿许用炸药;

3 高瓦斯工区爆破,应使用安全等级不低于三级的煤矿许用炸药;

4 有煤与瓦斯突出危险的地段爆破,应使用安全等级不低于三级的煤矿许用含水炸药。

5.0.4 瓦斯工区爆破应使用煤矿许用瞬发电雷管或煤矿许用毫秒延期电雷管,并应使用防爆型发爆器起爆。不应使用导爆管或普通导爆管,严禁使用火雷管。使用煤矿许用毫秒延期电雷管时,从起爆到最后一段的延期时间不应超过 130 ms。

5.0.5 瓦斯工区爆破炮孔必须进行填塞封泥,填塞封泥应采用黏土、砂子或黏土和砂子混合物等不燃性材料,填塞封泥材料中不应含有煤粉、块状材料或其他可燃性材料。炮孔的填塞长度应符合下列要求:

1 炮孔深度不宜小于 0.6 m;在特殊条件下,当炮孔深度小于 0.6 m 时,必须采取特殊的安全措施,并封满炮泥;

2 炮孔深度为 0.6 ~ 1 m 时,封泥长度不应小于炮孔长度的 1/2;

3 炮孔深度超过 1 m 时,封泥长度不应小于 0.5 m;

4 炮孔深度超过 2.5 m 时,封泥长度不应小于 1 m;

5 光面爆破时,周边光爆炮孔应用炮泥封实,且封泥长度不得小于 0.3 m;

6 工作面有两个或两个以上自由面时,在煤层中最小抵抗线不得小于 0.5 m,在岩层中最小抵抗线不应小于 0.3 m。浅眼装药爆破大岩块时,最小抵抗线和封泥长度均不应小于 0.3 m;

7 炮孔用水炮泥封堵时,水炮泥外剩余的炮孔部分应采用黏土炮泥封实,其长度不应小于 0.3 m;

8 无封泥,封泥不足或不实的炮孔严禁爆破。

5.0.6 爆破网路和连线,必须符合下列要求:

1 必须采用串联连接方式。线路所有连结接头应相互扭紧,明线部分应包覆绝缘层并悬空。

2 母线与电缆、电线、信号线应分别挂在巷道的两侧,若必须在同一侧时,母线必须挂在电缆下方,并应保持0.3 m以上间距。

3 母线应采用具有良好绝缘性和柔软性的铜芯电缆,并随用随挂,严禁将其固定。母线的长度必须大于规定的爆破安全距离。

4 必须采用绝缘母线单回路爆破。

5 严禁将瞬发电雷管与毫秒电雷管在同一串联网路中使用。

5.0.7 电力起爆必须使用防爆型起爆器作为起爆电源,一个开挖工作面不得同时使用两台及以上起爆器起爆。

5.0.8 在低瓦斯工区和高瓦斯工区进行爆破作业时,爆破15 min后应巡视爆破地点,检查通风、瓦斯、煤尘、瞎炮、残炮等情况,遇有危险必须立即处理。在瓦斯浓度小于1%,二氧化碳浓度小于1.5%,解除警戒后,工作人员方可进入开挖工作面工作。瓦斯突出工区爆破作业应按本规范第9.1.3条第3款执行。

6 揭煤防突

6.1 煤层超前探测

6.1.1 接近突出煤层前,必须对设计标示的各突出煤层位置进行超前探测,标定各突出煤层准确位置,掌握其赋存情况及瓦斯状况。

6.1.2 超前探孔施工应符合下列规定:

1 接近突出煤层前,应在距设计煤层位置 15 ~ 20 m(垂距)处的开挖工作面打超前探孔 1 个,初探煤层位置;

2 在距初探煤层位置 10 m(垂距)处的开挖工作面上打 3 个超前探孔,并取岩(煤)芯,分别探测开挖工作面前方上部及左右部位煤层位置;

3 按各孔见煤、出煤点计算煤层厚度、倾角、走向及与隧道的关系,并分析煤层顶、底板岩性;

4 掌握并收集探孔施工过程中的瓦斯动力现象;

5 各探孔施工应满足下列条件:

1)每个探孔应穿透煤层并进入顶(底)板不小于 0.5 m;

2)正式探测孔应取完整的岩(煤)芯,进入煤层后宜用干钻取样;

3)各探孔直径不宜小于 76 mm;

4)钻孔过程中应观察孔内排出的浆液、煤屑变化情况,并作好记录。

6.2 揭煤前瓦斯突出危险性预测

6.2.1 在瓦斯突出工区,石门揭穿前,应在工作面距煤层法线距离 5 m 以外,至少打 2 个穿透煤层全厚或见煤深度不少于 10 m 的钻孔,测定煤层瓦斯压力或预测煤层突出危险性。测定煤层瓦斯压力时,钻孔应布置在岩层较完整的部位。

6.2.2 瓦斯突出危险性预测应从下列五种方法中选用两种方法,相互验证。石门揭煤可采用瓦斯压力法、综合指标法或钻屑指标法,对于煤巷掘进宜采用钻孔瓦斯涌出初速度法、钻屑指标法或“R”指标法。

1 瓦斯压力法(附录 D);

2 综合指标法(附录 H);

3 钻屑指标法(附录 G);

4 钻孔瓦斯涌出初速度法(附录 J);

5 “R”指标法(附录 K)。

6.2.3 突出危险性预测方法中有任何一项指标超过临界指标,该开挖工作面即为有突出危险工作面。其预测时的临界指标应根据实测数据确定,当无实测数据时,可参照表 6.2.3 中所列突出危险性临界值。

表 6.2.3 突出危险性预测指标临界值

序号	预测类型	预测方法	预 测 指 标	突出危险性临界值
1	石门揭煤突出危险性预测	瓦斯压力法	P(MPa)	0.74
		综合指标法	D	0.25
			K	20(无烟煤)、15(其他煤)
		钻屑指标法	Δh_2(Pa)	160(湿煤)、200(干煤)
			K_1[mL/(g·min$^{1/2}$)]	0.4(湿煤)、0.5(干煤)
2	煤巷开挖工作面突出危险性预测	钻孔瓦斯涌出初速度法	Q	4
		"R"指标法	R_m	6
		钻屑指标法	Δh_2(Pa)	160(湿煤)、200(干煤)
			K_1[mL/(g·min$^{1/2}$)]	0.4(湿煤)、0.5(干煤)
			最大钻屑量(kg/m)	6

6.2.4 钻孔过程中出现顶钻、夹钻、喷孔等动力现象时,应视该开挖工作面为突出危险工作面。

6.3 防治煤与瓦斯突出措施

6.3.1 经预测有煤与瓦斯突出危险时,施工单位应在揭煤前制定包括技术、组织、安全、通风、抢险、救护等技术组织措施。

6.3.2 防治煤与瓦斯突出宜采用钻孔排放。

6.3.3 钻孔排放瓦斯应按下列要求进行:

1 钻孔排放应先进行设计;

2 钻孔排放设计内容应包括:煤层赋存状况、煤层参数、预测时的各项指标、排放范围、钻孔排放半径、排放时间、排放孔个数、每孔长度和角度、排放孔施工及排放期间的安全措施等;

3 排放时间、排放半径及排放孔个数,应根据排放范围及隧道总工期综合分析确定,其排放范围及排放孔角度可参照表 6.3.3 取值;

表 6.3.3 钻孔排放参数值

排放范围(m)				排放半径(m)	排放时间(d)	排放孔角度(°)		
左	右	上	下			水平角	仰角	倾角
≥5	≥5	≥5~7	≥3	0.3~1.0	15~30	0~90	0~45	0~20

4 钻孔排放位置应设在距煤层垂距不小于 3 m 的开挖工作面上;施钻时各孔应穿透煤层,并进入顶(底)板岩层不小于 0.5 m;

5 钻孔排放布孔时,在煤层厚度 1/2 处的孔距不应大于 2 倍排放半径,一般孔底间距不大于 2 m,并以此计算各孔的角度和长度;

6 当煤层倾角小、煤层厚、一次排放钻孔过长、俯角过大时,可采用分段分部多次排放,但首次排放钻孔的穿煤深度不得小于 1.0 m;

7 下部台阶瓦斯排放应采取下列措施：

1）可在上部台阶底部打俯角孔排放；

2）孔距与排距宜为 1.0 m；

3）每排排放钻孔连线应与煤层走向平行；

8 排放孔施工前应加强排放工作面及已开挖段的支护，防止坍塌造成突出；

9 排放孔施工必须严格按设计施钻，钻孔过程中应有专人检查其角度和长度；

10 排放孔施工过程中应注意观察各种异常情况及动力现象，当某孔施工中动力现象严重，可暂停该孔施工，待其他孔施工完后再补贴该孔；

11 每钻完一个孔应检测该孔瓦斯浓度，以后每天进行两次，掌握排放效果和修正排放时间。

6.3.4 钻孔过程中应加强工作面风流及回风道风流中瓦斯浓度检测，当排放工作面瓦斯浓度达到 1.5% 时，应立即撤出人员，切断电源，加强通风。

6.4 防突措施效果检验

6.4.1 防突措施实施后，必须进行效果检验，以确认防突措施是否有效。防突措施效果检验应在距煤层 2.0 m 垂距的岩柱以外进行。

6.4.2 防突措施的效果检验宜按表 6.4.2 中的方法之一进行。

表 6.4.2 防突措施效果检验指标及临界值

序号	检验类型	检验方法	检验指标	检验指标临界值
1	石门揭煤防突措施效果检验	钻屑指标法	Δh_2(Pa)	200(干煤)、160(湿煤)
			K_1〔mL/(g·min$^{1/2}$)〕	0.5(干煤)、0.4(湿煤)
		钻孔瓦斯涌出初速度法	q_m(L/min)	4
2	煤巷掘进工作面防突措施效果检验	“R”指标法	R_m	6
		钻屑指标法	K_1〔mL/(g·min$^{1/2}$)〕	0.5
			Δh_2(Pa)	200
			最大钻屑量(kg/m)	6

6.4.3 防突效果检验指标的临界值应根据实测数据确定，当无实测数据，可参照表 6.4.2 所列指标。检验结果其中任何一项指标超标，或在打检验孔时发生喷孔、顶钻、夹钻等动力现象时，则认为防突措施无效，必须采取补充防突措施。

6.4.4 采用一次性排放时，应检验工作面前方上、中、下、左、右各部位的排放效果；当采用分段分部分次排放时，每次只检验排放部位的排放效果。

6.5 石门揭煤及煤巷掘进

6.5.1 揭煤前应进行石门揭煤设计，其内容包括：揭开石门、半煤半岩等各阶段施工方法、支护手段、组织指挥、抢险救灾方案及安全措施等。

6.5.2 采用震动放炮措施时，石门开挖工作面距煤层的最小垂距是：急倾斜煤层 2 m、倾斜和缓倾斜煤层1.5 m,如果岩层松软、破碎,还应适当增加垂距。

6.5.3 石门揭煤宜用微震动爆破法。

6.5.4 不同倾角、厚度的煤层可用下列方法揭煤:

1 急倾斜和倾斜的薄煤层,应一次全断面揭穿煤层全厚;

2 急倾斜和倾斜的中厚、厚煤层,一次全断面揭入煤层深度宜为1~1.3 m;

3 缓倾斜煤层,应一次全断面揭开岩柱。当倾角小于12°,岩柱水平长度大时,可刷斜面揭开煤层。

6.5.5 在半岩半煤和全煤层中掘进应符合下列要求:

1 揭开煤层后,应检验开挖工作面前方10 m上、中、下、左、右范围内煤与瓦斯突出的危险性,如各项指标均符合要求,可掘进5 m,再检验10 m,再掘进5 m,即应始终保持工作面前方有5 m的安全区。如任一指标达到或超过临界值时,应采取补充防突措施,直至有效。

2 每循环进尺不宜超过1.0 m,在全煤层中掘进应少钻孔、少装药,且必须采用电煤钻钻孔。

3 在半煤半岩中掘进应在岩石炮眼中装药,其总药量为普通爆破药量的1/3或1/2,煤层中如煤质坚硬,需爆破时,必须采用松动爆破。

4 在软弱破碎岩层或煤层中掘进,应采用超前支护或预注浆,防止坍塌,引起突出。

5 爆破后应以喷锚支护,及时封闭瓦斯。

6.5.6 仰拱应先施工,保证拱、墙、仰拱衬砌形成闭合整体。

6.5.7 煤系地层设防段的二次模筑衬砌应预留注浆孔,衬砌完成后应及时压浆,充填空隙,封闭瓦斯。

7 施工通风

7.1 一般规定

7.1.1 瓦斯隧道的施工组织设计中,应编制全隧道和各工区的施工通风设计,并考虑各工区贯通后的风流调整和防爆要求。隧道施工的任何作业面不应存在通风盲区。

7.1.2 瓦斯隧道施工期间,应建立瓦斯通风监控、检测的组织系统,测定气象参数、瓦斯浓度、风速、风量等参数。低瓦斯工区可用便携式瓦检仪,高瓦斯工区和瓦斯突出工区除便携式瓦检仪外,尚应配置高浓度瓦检仪和瓦斯自动检测报警断电装置并配备救护队。瓦斯自动检测报警断电装置的安设应符合附录 B 的要求。

7.2 通风系统

7.2.1 非瓦斯工区的施工通风方式宜采用压入式或混合式。低瓦斯工区的施工通风方式应采用压入式,也可采用巷道式。

7.2.2 高瓦斯工区和瓦斯突出工区,施工通风方式宜采用巷道式。

7.2.3 瓦斯隧道各工区在贯通前,应做好风流调整的准备工作。贯通后,必须调整通风系统,防止瓦斯超限,待通风系统风流稳定后,方可恢复工作。

7.2.4 瓦斯隧道各开挖工作面必须采用独立通风,严禁任何两个工作面之间串联通风。

7.2.5 瓦斯隧道需要的风量,必须按照爆破排烟、同时工作的最多人数以及瓦斯绝对涌出量分别计算,并按允许风速进行检验,采用其中的最大值。独头坑道瓦斯涌出量计算可按附录 L 规定进行。

7.2.6 按瓦斯绝对涌出量计算风量时,对于低瓦斯工区,应将洞内各处的瓦斯浓度稀释到 0.5% 以下;对于高瓦斯工区和瓦斯突出工区,其长度较大的独头坑道,应将开挖工作面风流中的瓦斯浓度稀释到 0.5% 以下;平行导坑仅作巷道式通风的回风道时,其瓦斯浓度应小于 0.75% 。

7.2.7 瓦斯隧道施工中防止瓦斯积聚的风速不宜小于 1 m/s。

7.2.8 瓦斯隧道施工中,对瓦斯易于积聚的空间和衬砌模板台车附近区域,可采用空气引射器、气动风机等设备,实施局部通风的方法,消除瓦斯积聚。

7.2.9 瓦斯隧道在施工期间,应实施连续通风。因检修、停电等原因停风时,必须撤出人员,切断电源。恢复通风前,必须检查瓦斯浓度。当停风区中瓦斯浓度不超过 1% ,并在压入式局部通风机及其开关地点附近 10 m 以内风流中的瓦斯浓度均不超过 0.5% 时,方可人工开动局部通风机。当停风区中瓦斯浓度超过 1% 时,必须制定排除瓦斯的安全措施。回风系统内还必须停电撤人。只有经检查证实停风区中瓦斯浓度不超过 1% 时,方可人工恢复局部通风机供风的坑道中一切电气设备的供电。

7.2.10 采用平行导坑作回风道时,除用作回风的横通道外,其他不用的横通道应及时封闭。留作运输用的横通道应设两道风门,防止风流短路。

7.3 通风设备

7.3.1 压入式通风机必须装设在洞外或洞内新鲜风流中,避免污风循环。瓦斯工区的通风机应设两路电源,并应装设风电闭锁装置。当一路电源停止供电时,另一路应在15 min内接通,保证风机正常运转。

7.3.2 瓦斯工区,必须有一套同等性能的备用通风机,并经常保持良好的使用状态。

7.3.3 瓦斯突出隧道掘进工作面附近的局部通风机,均应实行专用变压器、专用开关、专用线路供电、风电闭锁、瓦斯电闭锁装置。

7.3.4 瓦斯隧道应采用抗静电、阻燃的风管。风管口到开挖工作面的距离应小于5 m,风管百米漏风率不应大于2%。

8 电气设备与作业机械

8.1 一 般 规 定

8.1.1 隧道内非瓦斯工区和低瓦斯工区的电气设备与作业机械可使用非防爆型，其行走机械严禁驶入高瓦斯工区和瓦斯突出工区。

8.1.2 隧道内高瓦斯工区和瓦斯突出工区的电气设备与作业机械必须使用防爆型。

8.1.3 高瓦斯工区和瓦斯突出工区供电应配置两路电源。工区内采用双电源线路，其电源线上不得分接隧道以外的任何负荷。

8.1.4 瓦斯工区内各级配电电压和各种机电设备的额定电压等级应符合下列要求：

1 高压不应大于 10 000 V；

2 低压不应大于 1 140 V；

3 照明、手持式电气设备的额定电压和电话、信号装置的额定供电电压，在低瓦斯工区不应大于 220 V；在高瓦斯工区和瓦斯突出工区不应大于 127 V；

4 远距离控制线路的额定电压不应大于 36 V。

8.1.5 瓦斯工区内的配电变压器严禁中性点直接接地。严禁由洞外中性点直接接地的变压器或发电机直接向瓦斯隧道内供电。

8.1.6 凡容易碰到的、裸露的电气设备及其带动机械外露的传动和转动部分，都必须加装护罩或遮栏。

8.2 电 缆

8.2.1 瓦斯工区内高压电缆的选用应符合下列规定：

1 固定敷设的电缆应根据作业环境条件选用；

2 移动变电站应采用监视型屏蔽橡套电缆；

3 电缆应采用铜芯。

8.2.2 瓦斯工区内低压动力电缆的选用应符合下列规定：

1 固定敷设的电缆应采用铠装铅包纸绝缘电缆、铠装聚氯乙烯电缆或不延燃橡套电缆；

2 移动式或手持式电气设备的电缆，应采用专用的不延燃橡套电缆；

3 开挖面的电缆必须采用铜芯。

8.2.3 瓦斯工区内固定敷设的照明、通信、信号和控制用的电缆应采用铠装电缆、不延燃橡套电缆或矿用塑料电缆。

8.2.4 电缆的敷设应符合下列规定：

1 电缆应悬挂。悬挂点间的距离，在竖井内不得大于 6 m，在正洞、平行导坑和斜井内不得大于 3 m。

2　电缆不应与风、水管敷设在同一侧，当受条件限制需敷设在同一侧时，必须敷设在管子的上方，其间距应大于0.3 m。

3　高、低压电力电缆敷设在同一侧时，其间距应大于0.1 m。高压与高压、低压与低压电缆间的距离不得小于0.05 m。

8.2.5　电缆的连接应符合下列要求：

1　电缆与电气设备连接，必须使用与电气设备的防爆性能相符合的接线盒。电缆芯线必须使用齿形压线板或线鼻子与电气设备连接。

2　在高瓦斯工区和瓦斯突出工区内，电缆之间若采用接线盒连接时，其接线盒必须是防爆型的。高压纸绝缘电缆接线盒内必须灌注绝缘充填物。

8.3　电器与保护

8.3.1　瓦斯工区内的电气设备不应大于额定值运行。

8.3.2　瓦斯工区内的低压电气设备，严禁使用油断路器、带油的起动器和一次线圈为低压的油浸变压器。

8.3.3　瓦斯工区照明灯具的选用，应符合下列规定：

1　已衬砌地段的固定照明灯具，可采用EXdⅡ型防爆照明灯；

2　开挖工作面附近的固定照明灯具，必须采用EXdⅠ型矿用防爆照明灯；

3　移动照明必须使用矿灯。

8.3.4　隧道内高压电网的单相接地电容电流不得大于20 A。

8.3.5　瓦斯工区内禁止高压馈电线路单相接地运行，当发生单向接地时，应立即切断电源。低压馈电线路上，必须装设能自动切断漏电线路的检漏装置。

8.3.6　高瓦斯工区和瓦斯突出工区内的局部通风机和开挖工作面的电气设备，必须装设风电闭锁装置。当局部通风机停止运转时，应立即自动切断局部通风机供风区段的一切电源。

8.3.7　为了防止雷电波及隧道内引起瓦斯爆炸，必须遵守下列规定：

1　经由地面架空线路引入隧道内的供电线路，必须在隧道洞口处装设避雷装置；

2　由地面直接进入隧道内的轨道和露天架空引入(出)的管路，必须在隧道洞口附近将金属体进行不少于2处的集中接地；

3　通信线路必须在隧道洞口处装设熔断器和避雷装置。

8.3.8　隧道内36 V以上的和由于绝缘损坏可能带有危险电压的电气设备的金属外壳、构架等，都必须有保护接地，其接地电阻值应满足下列要求：

1　接地网上任一保护接地点的接地电阻值不得大于2 Ω；

2　每一移动式或手持式电气设备与接地网间的保护接地，所用的电缆芯线的电阻值不得大于1 Ω。

9 施工安全及事故处理

9.1 施工安全

9.1.1 开工前必须对施工作业及管理人员进行安全技术培训。爆破、电工、瓦检等特种作业人员必须持证上岗。

9.1.2 瓦斯隧道应建立专门机构进行通风、防突、防爆及瓦斯检测工作,设置消防设施。高瓦斯工区及瓦斯突出工区应配备救护队。

9.1.3 在揭开有煤与瓦斯突出危险的煤层时,应遵守下列安全规定:

1 开挖工作面出现下列煤与瓦斯突出预兆时,应立即报警,停止工作,撤出人员,切断电源,并上报有关部门。

1)瓦斯浓度忽大忽小,工作面温度降低,闷人,有异味等;

2)开挖工作面地层压力增大,鼓壁,深部岩层或煤层的破裂声明显、响煤炮、掉砟、支护严重变形;

3)煤层结构变化明显,层理紊乱,由硬变软,厚度与倾角发生变化,煤由湿变干,光泽暗淡,煤层顶、底板出现断裂、波状起伏等;

4)钻孔时有顶钻、夹钻、顶水、喷孔等动力现象。

2 石门揭煤爆破时,应在洞外起爆,洞内必须停电,停止一切作业,人员撤至洞外。在煤层中开挖时,可在洞内远距离爆破。

3 揭煤爆破 15 min 后,应由救护队员配戴防毒面具或自救器到开挖工作面对爆破效果、瓦斯浓度等进行检查,确认安全后通知送电、开动局部通风机。通风 30 min 后,由瓦检人员检测开挖工作面、回风道瓦斯浓度,当开挖工作面瓦斯浓度小于 1.0%,二氧化碳浓度小于 1.5% 时,方可通知工地负责人允许施工人员进洞。

4 揭煤时,主风机正常运转,备用主风机及二路电源应保持待启动状态。

5 揭煤工作应由揭煤领导小组统一协调指挥。揭煤时救护队员及设备在洞口待命,一旦发生险情立即抢救。

9.1.3A 瓦斯隧道施工必须建立瓦斯检查管理体系。体系中应包括瓦斯检查管理机构、瓦斯巡回检查及台账管理制度、瓦斯分级检查及管理制度。瓦斯浓度检查应覆盖隧道内所有区域,检查频次应符合下列规定:

1 低瓦斯工区每班至少 2 次;

2 高瓦斯工区每班至少 3 次;

3 有煤与瓦斯突出危险的地段,瓦斯涌出较大、变化异常的地段,应设专人经常检查;

4 长期停工后重新复工的作业面、处理隧道坍方的作业面,作业前必须先检查瓦斯浓度。

9.1.4 在瓦斯隧道顶部进行作业时,应随时检测作业范围的瓦斯浓度,尤其应注意检测塌空区、拱顶、脚手架顶、台车顶等易于形成瓦斯积聚且风流不易到达的地方，当瓦斯积聚体积大于0.5 m^3，浓度大于2%时，附近20 m范围内必须立即停止作业，撤出人员，切断电源，进行处理。

9.1.5 在有煤尘爆炸危险的煤层开挖过程中，除加强通风外，放炮前后在开挖工作面附近20 m内必须喷雾洒水。

9.1.6 高瓦斯工区及瓦斯突出工区，不应进行电焊、气焊、喷灯焊接、切割等工作。当情况特殊不可避免时，必须制定安全措施，设专人进行检查和监督。在焊接、切割等工作地点前后各20 m范围内，不得有可燃物，风流中瓦斯浓度不得大于0.5%，作业点应至少配备2个灭火器和供水阀门，在作业完成前必须经专人检查，确认无残火后方可结束作业。作业完成后应喷水浇洒，并观察1 h。

9.1.7 隧道内瓦斯浓度限值及超限处理措施应符合表9.1.7的规定。

表9.1.7 隧道内瓦斯浓度限值及超限处理措施

序号	地点	限值	超限处理措施
1	低瓦斯工区任意处	0.5%	超限处20 m范围内立即停工，查明原因，加强通风监测
2	局部瓦斯积聚（体积大于0.5 m^3）	2.0%	超限处附近20 m停工，断电，撤人，进行处理，加强通风
3	开挖工作面风流中	1.0%	停止电钻钻孔
		1.5%	超限处停工，撤人，切断电源，查明原因，加强通风等
4	回风巷或工作面回风流中	1.0%	停工、撤人、处理
5	放炮地点附近20 m风流中	1.0%	严禁装药放炮
6	煤层放炮后工作面风流中	1.0%	继续通风、不得进入
7	局扇及电气开关10 m范围内	0.5%	停机、通风、处理
8	电动机及开关附近20 m范围内	1.5%	停止运转、撤出人员，切断电源，进行处理
9	竣工后洞内任何处	0.5%	查明渗漏点，进行整治

9.1.8 在高瓦斯工区和瓦斯突出工区施工期间，应利用避车洞或横通道设置避难所，并应有向外开启的隔离门和电话，所内应有安全设施和足够数量的自救器。

9.1.9 机电设备应符合下列防爆安全规定：

1 瓦斯工区使用的光电测距仪及其他有电源的设备，应采用防爆型，当采用非防爆型时，在仪器设备20 m范围内瓦斯浓度必须小于1%。

2 安装后的机电设备，必须经过外观、防爆性能、操作性能的检查，合格后方可投入使用。

3 机电设备应重点检查专用供电线路、专用变压器、专用开关、瓦斯浓度超限与供电的闭锁、局扇与供电的闭锁情况。供电线路应无明接头，无接头连接不紧密或散接头，有漏电保护装置，有接地装置，电缆悬挂整齐，防护装置齐全等。

4 电动装砟、开挖等作业机械在操作中，防爆开关表面温度过高时应立即停止作业。

5 瓦斯工区使用蓄电池机车应遵守下列规定：

1）司机离开座位时，必须切断电动机电源；

2）机车和矿车必须定期检查和维修，保证防爆性能良好；

3）机车的闸、撒砂装置，任何一项不正常或电气部分失去防爆性能时，不得使用该机车。

6 蓄电池机车及矿灯的充电房应距洞口 50 m 以外。

7 瓦斯隧道使用的机电设备，在使用期间，除日常检查外，尚应按规定的周期进行检查，其检查周期应符合表 9.1.9 的规定。

9.1.10 瓦斯工区施工应遵守下列防火安全规定：

1 消防设施：

1）瓦斯工区必须在洞外设置消防水池和消防用砂，水池中应经常保持不小于 200 m^3 储水量，保持一定的水压；

2）瓦斯工区内必须设置消防管路系统，并每隔 100 m 设置一个阀门（消火栓）；

3）瓦斯作业区内应设置灭火器及消防设施，并经常保持良好状态。

表 9.1.9 机电设备和电缆的检查周期

序号	检 查 项 目	周 期	备 注
1	使用中的防爆机电设备的防爆性能	每月一次	专职电工应每日检查外部一次
2	配电系统继电保护装置检查、整定	每半年一次	
3	高压电缆的泄漏和耐压试验	每年一次	
4	主要机电设备绝缘电阻检查	每月一次	
5	固定敷设电缆的绝缘和外部检查	每季一次	外观和悬挂情况由专职电工每周检查一次
6	移动式机电设备的橡胶电缆绝缘检查	每月一次	由当班司机或专职电工每班检查一次外表有无破损
7	接地电阻测定	每季一次	
8	新安装的机电设备绝缘电阻和接地		投入运行前测定
9	瓦斯检测仪器仪表	10 d 一次	检查校正方法见附录 C

2 火源管理：

1）严禁火源进洞，洞口、洞口房、通风机房附近 20 m 范围内不得有火源，当通风机房不在洞口作业场内时，需另制订防火措施；

2）瓦斯工区作业人员进洞前必须经洞口检查人员检查确认无火源带入洞内。

3 易燃品管理

1）瓦斯工区内不得存放各种油类，废油应及时运出洞外，不得洒在洞内；

2）瓦斯工区内待用和使用过的棉纱、布头和纸张等，必须存放在密闭的铁桶内，并由专人送到洞外处理。

9.1.11 瓦斯工区进洞人员应遵守下列规定：

1 进入瓦斯隧道的人员必须在洞口进行登记；

2 严禁穿着易于产生静电的服装进入瓦斯工区；

3 进入瓦斯突出工区的作业人员必须携带个人自救器。

9.2 事故预防及处理

9.2.1 发生瓦斯事故后，应尽快探明事故性质、原因、范围、遇难人数和事故地点所在的位置，以及洞内瓦斯及通风情况，并立即制订抢救方案。

9.2.2　瓦斯工区处理塌方、冒顶应遵守下列规定：

1　对塌方体上方聚积的瓦斯应设置局部通风排除；

2　对塌方地段的岩隙应加强监测工作，掌握瓦斯浓度变化情况，及时发出险情报告；

3　塌方地段应尽快衬砌，封闭瓦斯。

9.2.3　火灾处理应遵守下列规定：

1　瓦斯爆炸引起火灾时，不得停风，但应控制风向、风量；

2　电气设备着火时，应首先切断电源；

3　不能直接灭火时，必须设置防火墙封闭火区。

9.2.4　火区处理应遵守下列规定：

1　防火墙应编号并在附近设置栏杆及警示牌，并经常检查，做到封闭严密；

2　封闭的火区确认火已经熄灭，达到启封条件方可启封；启封已熄灭的火区必须制订安全措施；

3　启封火区时应逐段恢复通风，同时测定回风流中一氧化碳浓度，当发现复燃征兆时，应立即停止送风重新封闭火区；

4　启封火区及火区初期恢复通风等工作由救护队进行，火区回风流经过的坑道内的人员必须全部撤出。

10　质量检验及工程验收

10.1　质 量 检 验

10.1.1　喷射混凝土和模筑混凝土掺气密剂后的质量检验应包括抗压强度及透气系数两项指标;其抗压强度的检验应符合《铁路混凝土与砌体工程施工规范》(TBJ 10201—2001)的规定。透气系数的检验可采用在位测试或试件检测。试件检测应每50 m衬砌制做不少于1组(6块)试件,测试的透气系数应满足设计要求。混凝土掺气密剂后透气系数的测定按附录M的规定。

10.1.2　混凝土掺气密剂后施工缝应严密平整,不得有蜂窝、孔洞、疏松裂缝等现象。

10.1.3　混凝土掺气密剂后施工缝气密性的测试,在混凝土硬化两周后,宜采用在位检测法或取蕊样检测法抽点检测;每三条施工缝或每100延米(纵缝)制作1组(6块)检查试件。施工工艺变化时,另做1组。

10.1.4　瓦斯隧道除按以上项目进行质量检验外,其他项目应按《铁路隧道工程质量检验评定标准》(TB 10417)的规定检验。

10.2　工 程 验 收

10.2.1　瓦斯隧道竣工验收时,应达到瓦斯设防标准;在内拱顶以下25 cm处的空气中瓦斯浓度不得大于0.5%。在有运营通风条件下,通风后应达到以上标准。

10.2.2　运营通风设施及自动监控系统功能的各项参数应满足设计要求。

10.2.3　瓦斯隧道交付运营前,必须对全隧道进行瓦斯检测。

10.2.4　瓦斯隧道除按以上项目进行工程验收外,其他项目应按《铁路隧道施工规范》(TB 10204)的规定验收。

附录A 煤的破坏类型分类

表A 煤的破坏类型分类

破坏类型	光泽	构造与构造特征	节理性质	节理面性质	断口性质	强度
Ⅰ类煤(非破坏煤)	亮与半亮	层状或块状构造,条带清晰明显	一组或二三组节理,系统发达,有次序	有充填物(方解石等)次生节理面很少,节理、劈理面平整	参差阶状,贝状,波浪状	坚硬,用手难以掰开
Ⅱ类煤(破坏煤)	亮与半亮	(1)尚未失去层状,较有次序 (2)条带明显,有时扭曲,有错动 (3)不规则块状,多棱角 (4)有挤压特征	次生节理面多,且不规则,与原生节理呈网状节理	节理面有擦痕、滑皮,节理面平整,易掰开	参差多角	用手极易剥成小块,中等硬度
Ⅲ类煤(强烈破坏煤)	半亮与半暗	(1)弯曲呈透镜体构造 (2)小片状构造 (3)细小碎块,层理较紊乱无次序	节理不清,系统不发达,次生节理密度大	节理面有大量擦痕	参差及粒状	用手捻之成粉末,硬度低
Ⅳ类煤(粉碎煤)	暗淡	粒状或小颗粒胶结而成,形似天然煤团	节理失去意义,成黏块状		粒状	用手捻之成粉末,偶尔较硬
Ⅴ类煤(全粉煤)	暗淡	(1)土状构造,似土质煤 (2)如断层泥煤			土状	可捻成粉末,疏松

附录 B　瓦斯自动检测报警断电装置的安设要求

B. 0. 1　在瓦斯突出工区和煤层中开挖时，应安设瓦斯自动检测报警断电装置，探头的设置应符合下列要求：

1　巷道式通风时，瓦斯自动检测报警断电装置探头的布置可按图 B. 0. 1—1 进行。

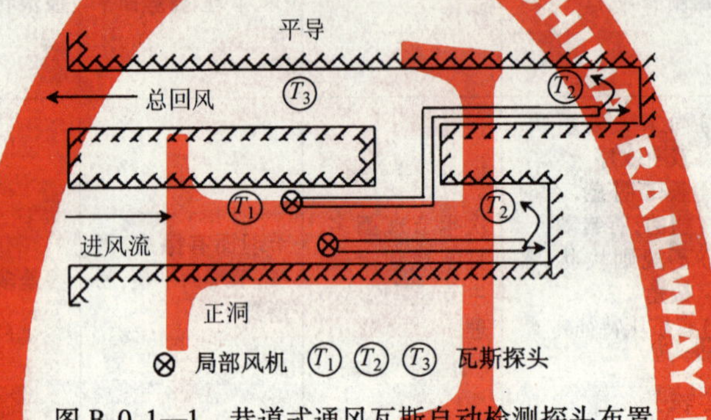

图 B. 0. 1—1　巷道式通风瓦斯自动检测探头布置

断电浓度：$T_1 \geqslant 0.5\%$

$T_2 \geqslant 1.5\%$

$T_3 \geqslant 0.75\%$

断电范围：T_1　局扇及局扇供风坑道中的全部电气设备

T_2　开挖工作面及其附近 20 m 内全部电气设备

T_3　总回风道中及开挖工作面和进风道中全部电气设备

2　单纯压入式通风时，瓦斯自动检测报警断电装置探头的布置可按图 B. 0. 1—2 进行。

断电浓度：$T \geqslant 1.5\%$

断电范围：开挖工作面及其附近 20 m 内全部电气设备

图 B. 0. 1—2　压入式通风瓦斯自动检测探头布置

附录C　瓦斯测定仪检测质量的控制

C.1　便携式瓦斯检测报警仪

C.1.1　仪器测定原理:仪器应用载体热催化燃烧原理,当仪器所处位置存在甲烷气体时,由于甲烷在元件表面产生无焰燃烧,使检测元件的电阻变化,桥路失衡产生信号输出,从而实现检测与报警。其信号大小与甲烷含量有关。

C.1.2　浓度测量范围及质量控制浓度范围应满足下列要求:

甲烷浓度测定范围:0~5.0%;

质量控制浓度范围:0~2.0%。

C.1.3　瓦检仪器质量控制用设备:

1　甲烷标准气:标准气的浓度为0.6%、1.0%、2.0%三种,其不确定度应小于标气称值浓度的4.0%;

2　清洁空气:实验室内空气中残留甲烷的浓度(包括其他干扰气体)应低于0.03%;

3　校准用配套装置:采用由政府计量部门批准制定的瓦斯校准器;

4　直流稳压器:输入电压AC 220 V;输出电压DC 0~6 V;

5　电子秒表;

6　万用电表;

7　计算器:具备统计功能;

8　原始记录表格:质检汇总表。

C.1.4　质量控制项目、方法及校正结果处理:

1　外观及通电检查

仪器外观名称、型号、编号、防爆标志应齐全,整机结构完整,无抖晃现象,各旋钮可正常调节,机壳等部件外观不应有摔损痕迹,通电后显示部分应清晰。

2　仪器电源电压测定

打开仪器后盖,暴露仪器开关,在关机状态下,用万用表测定开关上两点电压值。在正常情况下仪器电源电压值不应小于3.3 V。

3　零点调节

仪器开机预热20 min后,以清洁空气清洗仪器气路,准确调节仪器零点,反复2次。在温度恒定的情况下,当测定量为零时,仪器示值应不大于0.03%甲烷的正值。

4　采用2.0%的甲烷标准气,以160 ml/min流量通入被检仪器,40 s后连续通气的状态下,调校仪器示值应不大于标气标称值再加0.03%。清洁空气清洗仪器回零后再重复调校一次。

5　注意事项

1)操作应严格,标气流量应准确控制;

2)调校定值操作应在尽可能短的时间内完成,以节约甲烷标气和减少高浓度甲烷对仪器的冲击时间；

3)定标值严禁低于标气称值。

6　仪器响应时间

以清洁空气清洗,仪器回零,用2.0%的标气以160 mL/min的速度在通入仪器的同时起动电子秒表,待仪器示值达到定标值的90%处止住秒表。所记时间为仪器响应时间。如此重复测定一次。取其平均时间为检测结果。

检测结果反映仪器对甲烷气体在一定浓度时的灵敏性能。仪器响应时间不应大于30 s。

7　仪器报警点设置

采用0.5%甲烷标准气通入仪器,待示值升至0.3%时调节仪器报警旋钮使仪器处于声、光报警状态。清洁空气清洗回零后再重复调校二次。

报警点设置准确与否直接关系施工安全及正常的工作秩序。要求设定值在(0.3±0.02)%范围内。

8　仪器示值误差测定

采用1.0%甲烷标准气,以160 mL/min流量通入被检仪器40 s后读取仪器示值。再以清洁空气清洗仪器回零,重复测定二次。计算出3次测定结果的均值$\overline{X}$;绝对误差Δ;3次结果间的极差值R。

要求:X减去甲烷标气标称值不应大于0.05%。

单次结果Δ不超过-0.05%,+0.1%;R不超过0.05%。

该指标较客观地反映了瓦检仪的测试准确度和精密度性能,是检查仪器测定质量的主要指标和判断依据。

以上质量控制内容应为定期必测项目。同时每3~6个月还应进行一次电源电压的影响误差测定,便携式瓦斯检测仪每次送检应按表C.1.4格式作好记录。

表C.1.4　便携式瓦斯检测报警仪送检记录

<table>
<tr><td>机号:</td><td colspan="2">出厂日期:</td><td colspan="2">机内编号:</td></tr>
<tr><td>使用单位:</td><td colspan="2">负责人员:</td><td colspan="2">外观检查:</td></tr>
<tr><td colspan="3">仪器定标用标气浓度:　　%</td><td colspan="2">仪器标定值:</td></tr>
<tr><td colspan="3">送检日期:　　年　　月　　日</td><td colspan="2">检定室温:</td></tr>
<tr><td colspan="3">测定用的标气浓度:　　%</td><td colspan="2">电　　压:</td></tr>
<tr><td>测定次数</td><td>1</td><td>2</td><td>3</td><td>均　值</td></tr>
<tr><td>测定浓度</td><td></td><td></td><td></td><td></td></tr>
<tr><td>报警点浓度设定值%</td><td colspan="4"></td></tr>
<tr><td>测定结果</td><td colspan="4"></td></tr>
<tr><td>检测人</td><td colspan="4"></td></tr>
</table>

监测仪器应采用质量控制图对其准确度和精密度进行控制。

C.2　光干涉甲烷测定器

C.2.1　仪器测定原理:由仪器光源发出的光,经聚光、反射与折射形成两束光,分别通过仪器内部的空气室和甲烷室。当空气室和甲烷室同时充入空气时，两束光所经过的光程相同，干涉条纹便发生移动；当两室的温度、压力相等时，干涉条纹的移动量与甲烷浓度成正比。由此通过测定移动量来测定甲烷的浓度含量。

C.2.2　浓度测量范围及质量控制浓度范围应满足下列要求：

甲烷浓度测定范围：0～10%

质量控制浓度范围：1%～10%

C.2.3　光干涉甲烷测定器配套检定装置：

1　补偿式微压计：量程 0～(2 500±5)Pa；

2　单管水柱压力计：量程 0～(7 355±30)Pa；

3　手摇调压给压器；

4　电子秒表及计算器；

5　记录表格及汇总表格；

6　水银温度计。

C.2.4　测定前准备工作

1　零点调节

将检定装置安放于平整无振动影响的工作台上，按检定装置《说明书》安装连接各部件，调整补偿式微压计和单管水柱计调节螺钉，使水准泡指示水平。

将微压计的刻度盘和指针调整到零点位置。加入适量蒸馏水，调节调整帽使微压计液面镜像锥尖相接。

2　气密性能检查

1)补偿式微压计气密性能检查：卡死连接被检仪器端的胶管，关闭水柱计开关，开启微压计开关。在转动微压计刻度的同时摇动给压计给压；始终保持液面在可视范围的情况下施于微压计 250 mm 水柱的空气压力。观测 1 min。要求液面镜像间锥尖不得移开。合格后小心将微压计和给压器同时退回零位，关闭微压计开关。

2)水柱压力计气密性能检查：开启水柱计开关，摇动给压器使水柱上升至 700 mm 刻度，观测 1 min，其液面下降不应大于 0.5 分格。合格后，退回给压器至水柱零点刻度，关闭水柱计开关。

C.2.5　质量控制项目、方法和校正结果处理。

1　外观检查

仪器外观应良好，名称、型号、编号和防爆标志等应清晰。附件齐全，连接可靠。胶管不应老化，吸气球不应漏气，电池电压应充足并接触良好，吸收性能正常。

2　通电检查

1)干涉条纹检查：转动调节手轮干涉条纹能全量程移动，并不得有急跳现象。亮度均匀充足，干涉条纹清晰，在目镜视野内不得有影响读数的干扰物。转动微调手轮应能使干涉条纹有微小移动。捏动吸气球可见到干涉条纹的移动。

2)主分度盘检查：调节目镜可看到全中分度线和分度数字。

3)微分度盘检查：调节微分度盘微调手轮应能显示全部分度线和数字。

3　气密性能检查

将待检仪器吸气球卡死，进气口与检定装置的胶管接口相连。开启水柱计开关，摇动给压器使水柱上升至 700 mm 刻度处，观测 1 min。水柱液面不应下降。合格后将水柱通回零位。关闭水柱计开关。

4　仪器示值基本误差测定

1)理论压值的计算:根据质控实验室的温度,以下列公式计算 1.0%、4.0%、7.0%、10.0% 四点的理论给压值:

$$P = (273 + t) \div 293 \times 52.87X \qquad (C.2.5)$$

式中　P——理论给压值(mmH_2O);

t——实验室温度(℃);

X——仪器示值测定点(百分数的分子)。

2)被检仪器零点设置:捏动吸气球向被检仪器打入新鲜空气,将仪器微分度盘调至零位并记住干涉条纹与主分度盘零点刻度线的重合位置和程度。

3)1.0%、4.0% 两点示值误差测定:把被检仪器进气口与检定装置相连,开启微压计开关。转动微压计刻度盘,同时小心摇动给压器,保持液面在可观范围内调节压力至 1.0% 点的理论给压值的位置。调节被检仪微调手轮,从主分度盘和微分盘上仔细读取测定示值。以同样方式继续给压至 4.0% 点的理论给压值的位置。读取测定示值。回零后关闭微压计开关。继续以下操作测定。

4)7.0%、10% 两点示值误差测定:开启水柱计开关,给压至 7.0% 点理论给压值,调节微调手轮仔细读取测定示值。再给压至 10.0% 点理论给压值,以同样方法读取测定示值。回零后,关闭水柱计开关。

重复上述 4 点测定示值二次。每点共计测定 3 个示值。

5　误差计算和误差限合格要求:各点测定结果的示值误差可用绝对误差形式表示,符号记为 Δ;Δ = 测定示值 - 测定点标称值。

在规定工作条件下,被检仪器的绝对误差不应超过表 C.2.5—1 的规定:

表 C.2.5—1　光干涉甲烷测定器绝对误差(%)

量程范围	1.0	4.0	7.0	10.0
绝对误差	±0.05	±0.1	±0.2	±0.3

光干涉甲烷测定器每次送检应按表 C.2.5—2 作好记录。

表 C.2.5—2　光干涉甲烷测定器送检记录

机　号			出厂日期	
使用单位			负责人员	
外观检查				
通电检查	干涉条纹 微分度盘		主分度盘 光学零件	
气密性检查				
检测浓度	1.0% 甲烷	4.0% 甲烷	7.0% 甲烷	10.0% 甲烷
给定压力值				
测定次数 1				
测定次数 2				
测定次数 3				
均　值				
测定温度				
测定结论				
检测人:		年　月　日		

附录 D　煤层瓦斯压力测定方法

D. 0. 1　煤层瓦斯压力的测定可采用专用的机械装置测压、液体测压、水泥砂浆封孔测压及黏土测压等方法。采用黏土测压法时,可按下列步骤进行:

1　在测压钻孔内插入带有压力表接头的紫铜管,管径为6 ~8 mm,长度不小于7 m。

2　将特制的柱状黏土(含自然水分经炮泥机挤压成型的炮泥)送入孔内,柱状黏土末端距紫铜管末端0. 2 ~0. 5 m,每次送入0. 3 ~0. 5 m,用堵棍捣实。

3　每堵1 m黏土柱打入1个木塞,木塞直径小于钻孔直径10 ~15 mm。打入木塞时应保护好紫铜管,防止折断。

4　在孔口0. 5 ~1. 0 m处用水泥砂浆封堵。经24 h水泥凝固后,安上压力表测压,并详细记录压力上升与时间关系,直到压力稳定为止。稳定后的压力即为煤层瓦斯压力。

附录 E　瓦斯放散初速度指标测定方法

E. 0. 1　瓦斯放散初速度指标（ΔP）测定可采用 ΔP 测定仪、真空泵、甲烷瓶（浓度大于 95%）、分样筛（孔径 0. 2 mm、0. 25 mm 各一个）、天平（最大称量 250 g，感量 0. 5 g）、小锤、漏斗等仪器设备或用具。

E. 0. 2　煤样应在煤层新暴露面上采取，煤样质量为 250 g，地面打钻取样时，应取新鲜煤芯 250 g。煤样应附有标签，注明采样地点、层位、采样时间等。

E. 0. 3　制样时应将所采煤样进行粉碎，筛分出粒度为 0. 2 ~0. 25 mm 的煤样。每一煤样取 2 个试样，每个试样质量 3. 5 g。

E. 0. 4　测定时可按下列步骤进行：

1　将 2 个试样用漏斗分别装入 ΔP 测定仪的 2 个试样瓶中；

2　用真空泵对试样脱气 1. 5 h；

3　将甲烷瓶与脱气后的试样瓶连接、充气（充气压力为 0. 1 MPa），使煤样吸附瓦斯 1. 5 h；

4　关闭试样瓶和甲烷瓶阀门，使试样瓶与甲烷瓶隔离；

5　开动真空泵对仪器管道进行脱气，使 U 形管汞真空计两端液面相平；

6　停止真空泵，关闭仪器死空间通往真空泵的阀门，打开试样瓶的阀门，使煤样与仪器被抽空的死空间相连并同时启动秒表计时，10 s 时关闭阀门，读出汞柱计两端汞柱差 P_1（mm），45 s 时再打开阀门，60 s 时关闭阀门，再一次读出汞柱计两端差 P_2（mm）。

E. 0. 5　瓦斯放散初速度指标可按下式计算：

$$\Delta P = P_2 - P_1 \qquad (E. 0. 5)$$

E. 0. 6　同一煤样的两个试样测出 ΔP 值之差不应大于 1，当 $\Delta P > 1$ 时应重新进行测定。

附录 F　煤的坚固性系数测定方法

F. 0. 1　煤的坚固性系数(f)测定可采用捣碎筒、计量筒、分样筛(孔径 20 mm、30 mm 和 0. 5 mm 各一个)、天平(最大称量 1 000 g,感量 0. 5 g)、小锤、漏斗、容器等仪器设备或用具。

F. 0. 2　在煤层采样时,应沿新暴露煤层的上、中、下部分别采取块度为 10 cm 左右的煤样各两块,在地面采样时应沿煤层厚度的上、中、下部分别采取块度为 10 cm 的煤芯各两块。煤样采出后应及时用纸包上并浸蜡封固(或用塑料袋包严),避免风化。

F. 0. 3　煤样应附标签,注明采样地点、层位、时间等;煤样的携带、运送不得摔碰。

F. 0. 4　制样时应把煤样用小锤碎制成 20 ~ 30 mm 的小块,用孔径为 20 或 30 mm 的筛子筛选;称取制备好的试样 50 g 为 1 份,每 5 份为 1 组,共称取 3 组。

F. 0. 5　测定时可按下列步骤进行:

1　将捣碎筒放置在水泥地板或 2 cm 厚的铁板上,放入一份试样,将 2. 4 kg 重锤提到 600 mm 高度,再自由落下冲击试样,每份冲击 3 次,把 5 份捣碎后的试样装在同一容器中。

2　把每组(5 份)捣碎后的试样一起倒入孔径 0. 5 mm 分样筛中筛分,筛至不再漏下煤粉为止。

3　把筛下的粉末用漏斗装入计量筒,轻轻敲击使之密实,然后轻轻插入具有刻度的活塞尺与筒内粉末面接触。在计量筒口相平处读取数 L(即粉末在计量筒内实际测量高度,读至毫米)。

当 $L \geqslant 30$ mm 时,冲击次数 n 可定为 3 次,按以上步骤继续进行其他各组的测定。

当 $L < 30$ mm 时,第一组试样作废,每份试样冲击次数 n 改为 5 次,按以上步骤进行冲击,筛分和测量,仍以每 5 份作一组,测定煤粉高度 L。

F. 0. 6　煤的坚固性系数可按下式计算:

$$f = 20\ n/L \tag{F.0.6}$$

式中　f——坚固性系数;

n——每份试样冲击次数;

L——每组试样筛下煤粉的计算高度(mm)。

测定平行样 3 组(每组 5 份),取算数平均值,计算结果取一位小数。

F. 0. 7　当取得的煤样粒度不到测定 f 值所要求粒度(20 ~ 30 mm)时,可采取粒度为 1 ~ 3 mm的煤样按上述要求进行测定,并按下式换算:

当 $f_{1\sim3} > 0.25$ 时,$f = 1.57 f_{1\sim3} - 0.14$

当 $f_{1\sim3} \leqslant 0.25$ 时,$f = f_{1\sim3}$

式中　$f_{1\sim3}$——粒度为 1 ~ 3 mm 时煤样的坚固性系数。

附录 G　钻屑指标法

G. 0. 1　钻屑量可用质量法或容量法测定：

1　质量法：每钻1 m钻孔，收集全部钻屑，用弹簧秤称量质量。

2　容量法：每钻1 m钻孔，收集全部钻屑，用量具测量钻屑体积。

G. 0. 2　钻屑解吸指标（Δh_2）的测定可按下列步骤进行：

钻孔时，在预定的位置取出钻屑，用孔径1 mm和3 mm的筛子筛分，将筛分好的 ϕ1 ~ 3 mm粒度的试样装入 MD－2 型解吸仪的煤样瓶中，试样装至煤样瓶刻度线水平（10 g左右），自钻孔钻至该采样段起经3 min后，启动秒表，转动三通阀，使煤样瓶与大气隔离，在 2 min时记录解吸仪的读数，该值即为 Δh_2，单位为 Pa。

G. 0. 3　钻屑解吸指标（K_1）测定可按下列步骤进行：

钻孔取样同第 G. 0. 2 条，使用仪器为 $\overline{\text{W}}$TC 型突出预测仪，测定时每钻进2 m，取一次钻屑作解吸特征测定。取样时，应备好秒表、筛子，钻孔钻到预定深度时，用组合筛子在孔口接钻屑，同时启动秒表，一面取样，一面筛分，当钻屑量不少于100 g时，停止取样，并继续进行筛分，最后把已筛分好的 ϕ1 ~ 3 mm 的煤样装入 $\overline{\text{W}}$TC 仪器的煤样罐内，盖好煤样罐，准备测试。当秒表走到 t_0 时（通常规定 t_0 为1 ~ 2 min），启动仪器采样键进行测定，经 5 min后，当仪器显示 t_0 时，用键盘输入 t_0，按监控键，仪器显示 L_0，输入 L_0 按监控键，仪器进行计算，并显示 F_i，此值即为 K_1 值。

附录H　综合指标法

H.0.1　采用综合指标法对煤层进行工作面的煤与瓦斯突出危险性预测时应符合下列要求：

1　在岩石工作面向突出煤层应至少钻两个测压孔，测定煤层瓦斯压力，测压方法见附录C。

2　在钻测压孔的过程中，每米煤孔应采取一个煤样，测定煤的坚固性系数（f）；坚固性系数测定方法见附录E。

3　应将两个测压孔所得的坚固性系数最小值平均，作为煤层软分层的平均坚固性系数。

4　应将坚固性系数最小的两个煤样混合后，测定煤的瓦斯放散初速度指标（ΔP），见附录E。

H.0.2　煤层突出危险性，可按下列两个综合指标判断：

$$D = (0.0075H/f - 3)(P - 0.74) \tag{H.0.2—1}$$

$$K = \Delta P/f \tag{H.0.2—2}$$

式中　D——煤层的突出危险性综合指标；

K——煤层的突出危险性综合指标；

H——开挖工作面埋深（m）；

P——煤层瓦斯压力，取两个测压钻孔实测瓦斯压力的最大值（MPa）；

ΔP——软分层煤的瓦斯放散初速度指标（mmHg）；

f——软分层煤的平均坚固性系数。

H.0.3　用综合指标 D 和 K 预测煤层突出危险性的临界值应符合表H.0.3的规定。

表H.0.3　综合指标 D、K 的临界值

煤层突出危险性综合指标 D	煤的突出危险性综合指标 K	
	无　烟　煤	其他煤种
0.25	20	15

注：1　当 $D = (0.0075H/f - 3)(P - 0.74)$ 式中两个括号内的计算值都为负时，则不论 D 值多小，都为突出威胁煤层；

2　地质勘探时进行煤层突出危险性预测时，突出威胁应为无突出危险煤层。

附录J　钻孔瓦斯涌出初速度、瞬间解吸压力、钻粉量测定方法

J.0.1　钻孔瓦斯涌出初速度、瞬间解吸压力、钻粉量测定可采用1.2 kW电煤站、42 mm直径麻花钻杆10 m、镀锌白铁皮水桶、弹簧秤(量程25 kg)、初速度测定装置一套、水银温度计(0～50 ℃)、管钳、秒表、高压气枪、煤气表等仪器设备。

J.0.2　测试过程中,当钻孔进入煤层后,应换电煤钻钻孔,并启动秒表,钻进速度宜控制在1 m/min左右,每钻完1 m煤孔后,应立即撤出钻杆,插入钻孔瓦斯涌出初速度测定装置。在2 min后开始读取瓦斯涌出量值,然后关闭通向煤气表的阀门,读出压力表上显示的瞬间解吸压力值。在测定瓦斯涌出量前,测定 K_1 值的煤样采集与钻粉量的收集应一并完成。当钻孔瓦斯涌出量大于6 L/min时,在第5 min后应继续读取1 min瓦斯涌出衰减量,衰减系数 α 应大于0.65。当 $\alpha \leqslant 0.65$ 时,煤层有突出危险。

J.0.3　钻孔速度必须严格控制,钻杆拖动排煤粉时,必须控制孔径扩大。

J.0.4　孔位应选在排放(或抽放)孔之间或瓦斯排放空白区煤层的软分层中。

J.0.5　钻杆进尺应有明确的标记,接煤粉的容器应保证煤粉能够全部进入容器内。

J.0.6　初速度测定装置的封孔压力必须保持0.25 MPa,保证封孔严密,初速度测试结果准确。

J.0.7　初速度测定装置各段联接处,必须配有胶垫,保证气密性。测试管胶端的小孔必须通畅无阻,应避免煤粉堵塞小孔造成涌出量降低。

附录 K “R”指标法

K. 0. 1 采用“R”指标法进行防突措施效果检验时应按下列步骤进行:

1 在工作面钻不少于 3 个直径为42 mm,深度为10 m的钻孔,钻孔应在软分层中,一个钻孔位于巷道工作面中部,并平行于掘进方向,其他钻孔的终孔点应位于隧道轮廓线外的2 ~4 m处。

2 钻孔每打1 m,测定一次钻屑量和钻孔瓦斯涌出初速度,根据每个钻孔的最大钻屑量和最大瓦斯涌出初速度按下式确定各孔的 R 值:

$$R = (S_{\max} - 1.8)(q_{\max} - 4)$$

式中 $S_{\max}$——钻孔最大钻屑量(kg/m);

$q_{\max}$——钻孔最大瓦斯涌出初速度(L/min)。

3 临界指标 R_m 取 6,当任何一个钻孔中的 $R \geqslant R_m$,该工作面为突出危险工作面,当 R 为负值时,用单项(取公式中的正值项)指标。

附录 L　独头坑道瓦斯涌出量的计算

L. 0. 1　独头坑道瓦斯涌出量 q 可按下式计算

$$q = q_1 + q_2 + q_3 \quad (\mathrm{m^3/min}) \qquad \text{(L. 0. 1)}$$

式中　q_1——开挖工作面爆落煤块瓦斯涌出量；

q_2——新暴露煤壁瓦斯涌出量；

q_3——喷射混凝土地段洞壁瓦斯逸出量。

L. 0. 2　开挖工作面爆落煤块的瓦斯涌出量 q_1 可按式(L. 0. 2)计算：

$$q_1 = V_a \rho W / 1\,440 \quad (\mathrm{m^3/min}) \qquad \text{(L. 0. 2)}$$

式中　V_a——每日开挖各循环爆落煤块总体积($\mathrm{m^3}$)；

ρ——煤的密度，1. 2 ~ 1. 4 $\mathrm{t/m^3}$；

W——每吨煤块瓦斯逸出量($\mathrm{m^3/t}$)；

$$W = W_0 - W_0'$$

W_0——每吨煤瓦斯含量($\mathrm{m^3/t}$)；

W_0'——煤块中残存瓦斯量($\mathrm{m^3/t}$)；W_0' 与煤的挥发分 V^r 有关，可按表 L. 0. 2 取值 $\overline{W}_K'$ 为可燃物的残存瓦斯量，考虑煤的水分、灰分即可换算为 W_0'。

表 L. 0. 2　煤块中残存瓦斯量计算参数

V^r(%)	2 ~ 8	8 ~ 12	12 ~ 18	18 ~ 26	26 ~ 35	35 ~ 42	42 ~ 50
$\overline{W}_K'$ ($\mathrm{m^3}$/t 可燃物)	12 ~ 8	8 ~ 7	7 ~ 6	6 ~ 5	5 ~ 4	4 ~ 3	3 ~ 2

L. 0. 3　新暴露煤壁瓦斯涌出量 q_2 可按式(L. 0. 3—1)计算：

$$q_2 = AQ_0 f(t) \quad (\mathrm{m^3/min}) \qquad \text{(L. 0. 3—1)}$$

式中　A——每天新暴露未支护煤壁面积($\mathrm{m^2}$)，当洞壁上岩壁与煤壁有相同强度的瓦斯逸出时，

$$A = A_0 + SV$$

A_0——巷道断面面积($\mathrm{m^2}$)；

S——巷道断面周长(m)；

V——每日开挖进尺(m)；

Q_0——单位时间单位坑壁面积瓦斯逸出初始强度〔$\mathrm{m^3/(m^2 \cdot min)}$〕。

$$Q_0 = 0.026 W_0 [0.0004 (V^r)^2 + 0.16] \qquad \text{(L. 0. 3—2)}$$

式中　W_0——符号同前；

V^r——煤层挥发分(%)；

$f(t)$——时间衰减函数。

$$f(t) = e^{-\alpha t} \qquad \text{(L. 0. 3—3)}$$

式中　α——衰减系数，可实测，当不能实测时，可按下式计算：

$$\alpha = 0.0047\lambda + 0.0026\ (\mathrm{d}^{-1}) \qquad (L.0.3—4)$$

λ——煤的透气性系数〔$m^2/(MPa \cdot d)$〕；

t——煤壁暴露计算时间(d)；因煤壁暴露总时间为1 d，设为均匀衰减，可取 $t=0.5$ d。

L.0.4　喷射混凝土地段洞壁瓦斯逸出量 q_3 可按下式计算：

$$q_3 = \frac{10^5 KVS}{2P_2\rho_a\Delta}\left[\frac{P_0{}^2(e^{-2\alpha_1} - e^{-2\alpha_1(n+1)})}{1 - e^{-2\alpha_1}} - nP_2{}^2\right]\ (m^3/min) \qquad (L.0.4)$$

式中　K——喷射混凝土层的瓦斯渗透系数，气密性喷混凝土取 6×10^{-11} m/min，普通混凝土取 6×10^{-10} m/min；

V,S——符号同前；

P_2——洞内气压，可取0.1 MPa；

ρ_a——瓦斯气体密度，可取 $0.716\ kg/m^3$；

Δ——喷射混凝土支护厚度(m)；

P_0——瓦斯初始压力(MPa)；

α_1——喷射混凝土支护地段瓦斯压力衰减系数，可近似取 $\alpha_1=0.5\alpha$；

n——坑道内煤巷与半煤半岩巷长度 L 除以每日进尺 V，即：$n=L/V$。

L.0.5　独头坑道瓦斯涌出量计算示例

设已知正在煤层中开挖的独头坑道，施工速度为每日开挖2 m，喷射混凝土支护起点距开挖面2 m，已施作喷射混凝土500 m，其中前300 m为煤巷或半煤巷，后200 m为岩巷，其他有关参数如下：

坑道　断面积 $A_0=10\ m^2$；

周长 $S=15$ m；

喷射气密性混凝土支护厚度 $\Delta=0.10$ m；

煤层　吨煤瓦斯含量 $W_0=10\ m^3/t$；

挥发分 $V^r=17\%$；

透气系数 $\lambda=12.21\ m^2/(MPa\cdot d)$；

瓦斯初始压力 $P_0=1.5$ MPa；

煤层密度 $\rho=1.2\ t/m^3$；

瓦斯密度 $\rho_a=0.716\ kg/m^3$。

计算该坑道瓦斯涌出量 q：

1　爆落煤块瓦斯涌出量 q_1

查表L.0.2，由 $V^r=17\%$ 得 $W_0'=6.7\ m^3/t$(内插)

每吨爆落煤块瓦斯涌出量

$$W = W_0 - W_0' = 10 - 6.7 = 3.3\ m^3/t$$

每日开挖所爆落煤块总体积 $V_d = VA_0 = 2\times10 = 20\ m^3$

将 V_d、W 及煤的密度 ρ 代入式(L.0.2)得

$$q_1 = V_d\rho W/1\,440$$

$$=20\times1.2\times3.3/1\,440$$

$$=0.055\ m^3/min$$

2 每天新暴露洞壁煤层瓦斯涌出量 q_2

每天新暴露未支护洞壁面积 $A=A_0+SV$

代入已知数得： $A=10+15\times2=40\ m^2$

每分钟每平方米洞壁逸出瓦斯初始强度 Q_0 按式(L.0.3—2)计算：

$$\begin{aligned}Q_0 &= 0.026W_0[0.000\,4(V^r)^2+0.16]\\&=0.026\times10\times(0.000\,4\times17^2+0.16)\\&=0.071\,7\ m^3/(m^2\cdot min)\end{aligned}$$

由式(L.0.3—4)，瓦斯逸出衰减系数为

$$\begin{aligned}\alpha &= 0.004\,7\lambda+0.002\,6\\&=0.004\,7\times12.21+0.002\,6\\&=0.06\end{aligned}$$

由式(L.0.3—1)及式(L.0.3—3)有

$$\begin{aligned}q_2&=AQ_0f(t)\\&=40\times0.071\,7\times e^{-\alpha t}\\&=40\times0.071\,7\times e^{-0.06\times0.5}\\&=2.78\ m^3/min\end{aligned}$$

3 喷射混凝土地段洞壁瓦斯逸出量 q_3

由式(L.0.4)有

$$q_3=\frac{10^5KVS}{2P_2\rho_a\Delta}\left[\frac{P_0{}^2(e^{-2\alpha_1}-e^{-2\alpha_1(n+1)})}{1-e^{-2\alpha_1}}-nP_2{}^2\right]$$

式中 K——喷层瓦斯渗透系数，对于气密性喷射混凝土为

$$K=6\times10^{-11}m/min$$

V——每日进尺，2 m；

S——巷道周长，15 m；

P_2——洞内气压，0.1 MPa；

ρ_a——瓦斯气体密度，0.716 kg/m³；

Δ——喷层厚，0.10 m；

P_0——瓦斯初始压力，1.5 MPa；

α_1——$\alpha/2=0.03$。

$$n=L/V=300/2=150$$

将各已知数代入上式得

$$\begin{aligned}q_3&=\frac{10^5\times6\times10^{-11}\times2\times15}{2\times0.1\times0.716\times0.10}\times\\&\left[\frac{1.5^2(e^{-2\times0.03}-e^{-2\times0.03\times151})}{1-e^{-2\times0.03}}-150\times0.1^2\right]\\&=0.44\ m^3/min\end{aligned}$$

300 m 长喷混凝土坑道平均每 1 m² 逸出瓦斯：

$$0.44/(300\times15)=0.000\,1\ m^3/(min\cdot m^2)$$

此值仅为煤壁瓦斯涌出强度 Q_0 的 1/717，可见用10 cm厚的气密性喷混凝土及时封

闭洞壁，可以有效地减少瓦斯逸出。

4　该独头坑道涌出瓦斯总量

$$q = q_1 + q_2 + q_3 = 0.055 + 2.78 + 0.44 = 3.28\ m^3/min$$

附录 M 混凝土掺气密剂后透气系数测定方法

M. 0. 1 测定混凝土的透气系数应在恒定气压下进行。

M. 0. 2 测定混凝土透气系数可采用下列设备及材料：

1 透气系数测定仪：可借用 HS－40 型混凝土抗渗仪进行改装；

2 空气压缩机：工作压力 1. 2 ~ 1. 4 MPa，排气量 0. 3 m^3/min；

3 气体量测装置：测量精度不低于 0. 1 mL；

4 压力机或其他加压装置；

5 电烘箱、电炉及钢丝刷等；

6 密封材料：石蜡、多功能胶、环氧黏结剂、沥清等。

M. 0. 3 模筑混凝土试件制作应符合下列要求：

1 试件尺寸可按混凝土抗渗试件制备，其尺寸宜为：上径175 mm、下径185 mm、高150 mm 的圆台体；

2 试件成型后应在24 h后拆模，可用钢丝刷刷除两端面水泥浆膜，并在标准养护室养护，或与构件同条件养护至28 d，继续室内气干 14 ~ 28 d，当试件湿度与大气平衡后，方可进行透气性测试。

M. 0. 4 模拟施工缝混凝土试件制作应符合下列要求：

1 试件尺寸：同模筑试件。

2 试件制备：在混凝土抗渗试模中，事先放置用木材或其他材料制成的半块圆锥台体，侧面涂刷隔离剂备用，将施工用的模筑混凝土拌和物浇入抗渗试模的另一半空模中，震动捣实，24 h后拆模，将试件与模筑混凝土同条件养护，至再次浇注模筑混凝土前，将其置于试模中并在侧面（新旧混凝土交接面）作接缝处理并涂喷界面黏结剂（处理方法及黏结剂同施工缝）30 min内将模筑混凝土浇入抗渗模的另一半空模中，震动捣实，48 h后用钢丝刷清除试件表面水泥浆膜，小心拆模，试件与模筑混凝土同条件下养护至28 d，继续室内气干 14 ~ 28 d后，方可进行透气性测试。

M. 0. 5 喷射混凝土试件制作应符合下列要求：

1 试件尺寸：可从喷射混凝土大板中切取尺寸为100 mm × 100 mm × 100 mm的立方体试件；或钻取直径 110 ~ 130 mm，高100 mm的试件，一组 6 块。

2 试件养护条件与喷射混凝土相同，28 d后取出，继续室内气干 14 ~ 28 d，当试件湿度与大气湿度平衡后，方可进行透气性测试。

M. 0. 6 采用下进气法测试（适用于圆锥台体标准抗渗试件）透气性时应符合下列要求：

1 将气干试件的侧面用熔化状态的密封材料均匀滚涂一层涂膜。

2 用压力机或其他加压装置将涂有密封材料的试件压入预热（50 ℃）过的抗渗试模内，使试件与试模底面压平，待试模稍冷后解除压力，取下试件。

3 将密封好的试件安装在渗透仪上，加压至最大压力检查密封的气密性，确认密封无漏气后即可开始测试，见图 M.0.6(a)。

4 测试压力可根据需要确定，从0.3 MPa开始，经稳压6 h后，开始测读透气量(精确至0.1 mL)，一般每隔0.5 h测读一次，直到连续两次的透气量读数差不大于平均值的+10%时止，其两次透气量的平均值，即为试件的0.5 h透气量。若透气量很大，也可按透气量达到某一固定值时所经历的时间进行控制，连续两次的经历时间读差，也应控制在平均值的+10%内，取其平均值作为该试件的透气时间，计算出在该测试压力下单位时间的透气量。然后继续提高压力，稳压6 h后，继续测试。

5 在透气量测续过程中发现透气量不正常，突然增大时，卸压后应重新检查其密封情况，必要时需重新测定。

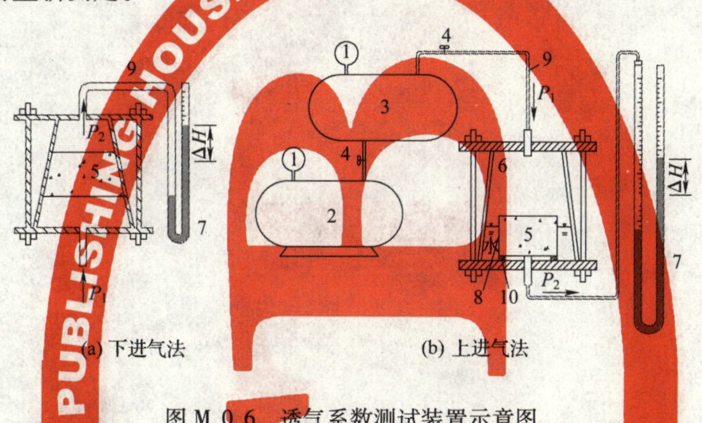

图 M.0.6 透气系数测试装置示意图

1—气压表；2—空气压缩机；3—恒压容器；4—气阀；5—试件；6—气压室；7—U形透气量仪；ΔH—透气量；8—密封涂层；9—胶管；10—钢环

M.0.7 采用上进气法测试(适用于非标准圆锥台体试件)透气性时，应符合下列要求：

1 试件密封：除规定的透气面外，试件的其他暴露面均需密封，密封剂可采用多功能耐磨胶、环氧树脂等。密封剂一般涂刷2~3遍，涂刷前试件的表面应平整无油污及浮渣等妨碍黏结的杂物，并用有机溶剂清洗。待第一道密封剂固化后，可用砂纸将表面打毛，用有机溶剂擦净之后继续涂刷第二遍。

2 试件与抗渗仪底座密封：

在试件与抗渗仪底座间设置金属过渡环，用环氧树脂将试件与金属环、金属环与抗渗仪底座黏牢，防止漏气，待环氧树脂固化后，即可加上抗渗仪的钢套并密封，送气测试，见图 M.0.6(b)。

3 透气量测定：可按下进气法透气性测试相同步骤进行。

4 试件密封检查：为检查试件及试件、钢环、底座间的密封性，待透气测读完成后，应在钢套与试件周围注入清水继续加压至气压最大值，经24 h后检查透气通道中有无水流出，当卸压并放出清水后再仔细检查试件、钢环、底座间有无渗水，试件本身有无透水痕迹，当无漏水痕迹时，表明密封良好，透气量测定有效，否则试件应重新烘干密封测试。

M.0.8 混凝土的透气系数可从每组6块试件的透气量测试中，舍去最大值和最小值，取中间4块试件的透气量平均值作为该组试件的透气量，按下式计算其透气系数：

$$K=\frac{2LP_2\gamma_\alpha}{(P_1^2-P_2^2)}\times\frac{Q}{A}\times10^{-2} \tag{M.0.8}$$

式中 K——透气系数(cm/s)；

L——试件厚度(cm)；

P_1——施压一侧气体压力(MPa)；

P_2——测流一侧气体压力(MPa)；

A——透气面积(cm^2)；

Q——平均单位时间透气量(cm^3/s)；

γ_α——空气单位容积重量，取 1.205×10^{-5} N/cm^3。

本规范用词说明

执行本规范条文时，对于要求严格程度的用词说明如下，以便在执行中区别对待。

(1)表示很严格，非这样做不可的用词：

正面词采用“必须”；

反面词采用“严禁”。

(2)表示严格，在正常情况均应这样做的用词：

正面词采用“应”；

反面词采用“不应”或“不得”。

(3)表示允许稍有选择，在条件许可时首先应这样做的用词：

正面词采用“宜”；

反面词采用“不宜”。

表示允许有选择，在一定条件下可这样做的，采用“可”。

《铁路瓦斯隧道技术规范》
条 文 说 明

本条文说明系对重点条文的编制依据、存在的问题以及在执行中应注意的事项等予以说明。为了减少篇幅，只列条文号，未抄录原条文。

1.0.1 随着铁路建设的发展，瓦斯隧道尤其是高瓦斯隧道明显增多。由于铁路瓦斯隧道与煤矿施工存在着明显差异，行业习惯和技术用语各不相同，套用"煤规"或延用"铁路瓦斯隧道技术暂行规定"已不能满足设计、施工和运营的需要。为统一铁路瓦斯隧道勘测、设计、施工的技术标准，处理好安全、技术、经济三者的关系，满足铁路工程建设的需要，制定本标准。

1.0.2 本规范适用于新建的各种铁路瓦斯隧道的勘测、设计、施工及验收。

1.0.3 瓦斯隧道由于瓦斯浓度与煤（岩）中的瓦斯含量常有对应关系，不确定因素很多，因此定义瓦斯隧道尚无规定的定量指标，为确保安全，本条规定只要隧道内存在瓦斯，不论瓦斯出现早晚、时间长短、地点位置、数量大小，该隧道即定为瓦斯隧道。

1.0.4 具有煤与瓦斯突出危险的隧道，由于瓦斯在煤（岩）中的含量、压力的存在形式、涌出规律、煤层的赋存条件、含水、涌水等，很难在勘测设计阶段中完全、准确掌握，为确保安全，应根据施工实际揭示的瓦斯和地质情况，及时修正设计。

1.0.5 本条所指国家现行的有关标准和规范，主要有《煤矿安全规程》（能源安保〔1992〕1017号）、《防治煤与瓦斯突出细则》（煤安字〔1995〕30号）、《爆破安全规程》（GB 6722—86）、《铁路隧道设计规范》（TB 10003—2001）、《铁路隧道施工规范》（TB 10204—2001）、《铁路隧道施工技术安全规程》（TB J404—87）、《铁路隧道喷锚构筑法技术规范》（TB 10108—2001）、《铁路隧道工程质量检验评定标准》（TB 10417—98）、《新建铁路工程测量技术规范》（TB 10101—99）、《铁路工程地质技术规范》（TB 10012—2001）等。

3.1.2 瓦斯隧道地质工作的目的是通过调查、勘测和测试、取样分析，掌握隧道通过地区影响瓦斯赋存的各种地质条件和瓦斯赋存、分布规律，进行瓦斯预测，为隧道设计、施工提供必要的依据和参数。由于瓦斯的来源除煤系地层外还有油页岩及含天然气、石油地层，所以本规范将后者统称为含瓦斯地层，与煤系地层一起作为瓦斯地质的工作对象。因瓦斯有流动、运移的特性，所以规定瓦斯地层工作的范围应较一般隧道适当扩大，内容也要适当加深。

3.2.1 邻近矿井的既有资料是确定瓦斯隧道地质条件和有关瓦斯参数的重要依据。收集利用邻近矿井的既有资料，既能减少铁路瓦斯隧道的勘测成本，又可提高勘测成果质量，故必须重视此项工作。

3.2.3 本规范规定瓦斯隧道地质工作内容比原《铁路瓦斯隧道技术暂行规定》有所增加，要求在勘测成果中能定量地为设计提供含瓦斯地层的有关参数，因此在勘测阶段应适当增加钻孔进行现场测试，并采取煤样、气样进行物理、化学分析等工作。

3.2.4 由于瓦斯隧道一旦发生灾害，将产生重大损失，设计、施工均十分重视，要求提供的勘探资料也较多，本规范规定工程地质报告中应有专门篇章介绍瓦斯和煤层情况，可使设计和施工人员获得系统、详尽的资料，从而有利于瓦斯隧道的修建工作。

3.3.1 巷道中各含煤地段的瓦斯绝对涌出量(单位：m^3/min)，是确定施工工区瓦斯等级的重要依据。一个瓦斯工区的瓦斯涌出量，既与煤(岩)层的瓦斯含量、瓦斯压力有关，也与开挖断面大小、施工速度、喷射混凝土支护厚度以及模注混凝土衬砌滞后距离等有关，一个施工工区的瓦斯涌出量是随施工过程而变化的，计算时必须考虑这些因素，最后选取瓦斯涌出量的最大值，作为判定工区瓦斯等级的依据。

3.3.2 设计阶段根据瓦斯地质资料划分瓦斯工区和含瓦斯地段的等级后，施工阶段尚应根据开挖后揭示的实际情况进行修正，尤其是对于煤层突出危险的判断，必须在开挖工作面进行现场检验和核实。这是因为，勘测和钻探所提供的资料含有一定误差，而且预测和推算的方法目前也不尽完善，所以在施工中进行重新核实工作是十分必要的。

4.1.1 瓦斯隧道类型根据隧道内各施工工区的最高级确定。如各工区中最高级为低瓦斯工区，则为低瓦斯隧道，如最高级为瓦斯突出工区，则为瓦斯突出隧道。

4.1.2 瓦斯隧道施工工区的划分应根据施工组织及瓦斯设防需要，经技术经济比较后确定。划分为不同类型的工区后，在施工机械和施工方法上可区别对待，从而达到简化施工和降低造价的目的。比如低瓦斯工区除加强通风和瓦斯监测外，可采用普通的非防爆施工机械和电气设备；高瓦斯工区则应采用防爆设备；而瓦斯突出工区，则除采用防爆设备外，还应有防突措施和相应的装备。

4.1.3 根据计算，一个工区的瓦斯涌出量不大于0.5 m^3/min时，采用普通的通风设备即可把洞内瓦斯浓度降到0.3%以下。一般当独头通风长度为2 000 m时，配用一台88－1型风机及ϕ1 000 mm的风管或有平行导坑独头长400 m时，采用2BJ56风机作为局扇及ϕ800 mm风管，均可保证施工安全，从而可允许采用非防爆设备施工，所以本规范用瓦斯涌出量0.5 m^3/min作为低瓦斯工区的上限，此种工区多数仅通过少数薄煤层或煤线，一般瓦斯不严重。

4.1.4 判定突出煤层的4个指标，勘测阶段可在工地通过钻孔测定，隧道施工期间，则部分在洞内直接测定，部分取煤样在实验室测定。

4.2.1 同一施工工区中既有含煤地层也有不含煤层，不同的地段对封闭瓦斯的要求是不同的，故应进一步把工区细分为不同等级的地段，一种地段对应一种结构措施，从而使设计更科学合理。

含瓦斯地段分为三、二、一共三级，经检算，当瓦斯压力小于0.15 MPa时(或吨煤瓦斯含量小于0.5 m^3/t)，隧道结构采用一层40 cm厚气密性混凝土即可有效封闭瓦斯，此时隧道衬砌单位面积的瓦斯逸出量仅0.0022 $cm^3/m^2 \cdot s$，10延长米隧道的逸出瓦斯累积6 h才达到0.01 m^3，可以认为已达到封闭目的，故取瓦斯压力0.15 MPa(或吨煤瓦斯含量0.5 m^3/t)作为三级地段上限。瓦斯再严重，则属二级或一级。一级地段有煤与瓦斯突出危险，需采用最严密的防瓦斯结构措施，其瓦斯压力下限为0.74 MPa。

4.2.2 一、二级瓦斯地段瓦斯涌出量较大，故宜采用复合式衬砌，以便形成封闭瓦斯的多道防线。所谓“全封闭”是指隧道全部周边(含隧底)均应采取封闭瓦斯措施。

4.2.3 鉴于封闭瓦斯的技术措施经验不多。表4.2.3列出一些建议措施，供设计者参考。其中喷射混凝土及模注混凝土的气密剂已有市售成品。混凝土掺钢纤维后可增加衬砌的抗裂性能,有利于减少瓦斯渗漏。施工缝处理可在先后浇注混凝土界面掺界面剂,拆模后在衬砌内表面骑缝涂刷专用涂料,瓦斯压力大时还可预埋止水带。由于瓦斯具有由压力高地段向压力低地段渗透扩散的特点,上述的结构封闭措施应向瓦斯等级较低地段延长,一般延长 50 ~ 100 m,地层透气性低时取小值,透气性高时取大值。

4.2.5 透气系数指标参照南昆铁路家竹箐隧道的科研成果,喷射混凝土和模注混凝土掺气密剂后可达到 $10^{-11} \sim 10^{-12}$ cm/s的气密效果,本规范采用其低值,已偏于保守。施工缝是衬砌渗漏的关键,必须处理好。

4.2.6 为防止塑料隔离层被一次支护(喷混凝土)的粗糙表面刺破,需配置垫层。闭孔 PE 泡沫垫层既能保护塑料隔离层,又有较高的抗渗性(与土工布比较)。

4.2.7、4.2.8 过去的全封闭衬砌很少考虑给地下水留出路,往往引起衬砌开裂导致漏水漏气,为了不使排到洞内排水沟的地下水混有瓦斯气体,本规范规定地下水在排出之前应先通过气水分离装置。为防止雷击起火,引向洞外的排瓦斯管道应有防雷击措施。

4.2.10 指导性施工组织设计内容除普通隧道要求的项目外,尚应包括:

(1)煤系地层及其他含瓦斯地层的局部详细平纵断面图;

(2)各煤层产状、厚度、物理力学参数和成分分析数据;

(3)典型探煤设计图;

(4)典型揭煤设计图;

(5)施工阶段瓦斯检测方法及要求,应配备的瓦斯检测设备;

(6)瓦斯突出预测参考指标及防突措施实施后的检验参考指标;

(7)防突措施设计;

(8)施工通风设计;

(9)煤层及石门坑道的施工支护设计;

(10)主要机械设备及通风照明设施一览表。

4.3.4 斜(竖)井在作抽出式通风井时,如兼作提升井,则必须安设两道风门并开凿支风道,这样不但工程复杂而且提升时频繁开闭风门增加漏风系数,降低了主风机效率,这是很不可取的。

4.3.6 瓦斯隧道运营以后,辅助坑道处于不通风状态,多有瓦斯积累。为防止辅助坑道中的瓦斯扩散到正洞及洞外发生事故,故规定在洞口、辅助坑道与正洞相交处、含瓦斯地层两端等部位应安设防瓦斯密闭门。

4.3.7 瓦斯隧道的辅助坑道在运营阶段需定期进入人员进行检查和维护(如清理水沟,加固裂损衬砌等),为保证养护人员人身安全,辅助坑道应配置必要的通风和供配电设施,只有在彻底通风使瓦斯浓度小于 0.5% 以后,才能进入工作。必须指出的是,通风风量应逐渐由小变大,务必使坑道内排出的高浓度瓦斯与坑道口新鲜气流混合后其浓度不大于 1.5%。通风完毕,人员进入现场工作,应遵守专门制订的安全守则。

4.4.1、4.4.2 瓦斯隧道的含瓦斯地段,在施工中经过开挖排放、采用瓦斯隔离层、气密性混凝土封堵后,不可能有大量的瓦斯逸出。瓦斯隧道交付运营后,隧道内的瓦斯逸出地段及瓦斯逸出量将比施工期间大大减少。根据目前国内已建成的家竹箐、岩脚寨、炮台山等隧道的实际运营情况可知,隧道内尚不能达到运营期间完全没有瓦斯逸出,故在运营期间必须进行瓦斯检测。运营隧道内瓦斯允许浓度为 0.5%,系参照《铁路瓦斯隧道运营通风的技术标准研究》科研成果制定。条文中对各类瓦斯隧道,在运营期间的瓦斯检测方式作了具体规定。

4.4.3 参照家竹箐隧道科研成果和《煤矿安全规程》(能源部1992年版,以下简称《煤规》)有关规定制订。

4.4.4 目前铁路隧道运营通风均采用纵向式通风,根据通风技术的发展,采用壁龛式射流风机、控制上具有机动灵活,适应性强等优点,且避免了因设置风道产生的多余能耗,所以在条文中规定了壁龛式、洞口风道式通风或竖(斜)井分段式纵向通风的排列顺序,以供设计时根据实际条件选用。当隧道有施工的竖(斜)井可供利用且条件有利时,也可考虑竖(斜)井分段式纵向通风方案。

4.4.5 由于铁路瓦斯隧道运营期间瓦斯逸出量较少,且有严格的瓦斯允许浓度标准,当隧道内微量瓦斯集聚接近允许浓度时,就必须启动风机通风,稀释和排除隧道内集聚的瓦斯以保安全。

风机一般安装在洞口或竖(斜)井口,已远离瓦斯地段,所以一般可采用普通型风机。若风机安装在有瓦斯逸出地段时,可采用防爆型风机。

4.4.6 根据家竹箐隧道科研成果制订。自然反风的储备能力一般按自然反风1.5 m/s计。

4.4.7 参照《煤规》第126条和射流风机的特点制订。

4.4.8 为避免风机在短时间内频繁启动造成设备故障或损坏,故要求风机每次运转时间不应小于15 min。

4.4.9 为保持隧道内瓦斯浓度在任何时间均在允许浓度以下,保证铁路不间断地进行安全运输,故在隧道内瓦斯浓度接近0.5%时应及时启动风机。

4.4.10 根据家竹箐隧道科研成果制订。

5.0.1 深度小于0.6 m炮眼爆破的安全措施如下:

(1)每孔装药量不得超过150 g;

(2)炮眼必须封满炮泥;

(3)爆破前必须在爆破地点附近撒水降尘,并检查瓦斯浓度超过1%时,不准爆破;

(4)检查并加强爆破地点附近的支护;

(5)爆破时,必须做好警戒,并有工班长现场指挥。

5.0.3 在矿井下爆炸,根据国家标准《爆破安全规程》第4.4.3条规定"应按危险程度选用相应安全等级的煤矿许用炸药;高瓦斯矿井必须使用二级或三级以上的煤矿许用炸药。有煤与瓦斯突出危险的开挖工作面必须使用三级或三级以上的煤矿许用炸药。"而选用的煤矿许用炸药,目前大量使用2号、3号。其对瓦斯的安全性能随号数递增,威力则随号数递减。

5.0.4 秒或半秒级电雷管各段的间隔时间为1 s或0.5 s,在有瓦斯爆炸危险的工作面使用时,当前段爆炸瓦斯浓度已形成较高,下段炸药才爆炸,就容易引爆瓦斯。况且雷管内的延期药在燃烧,从雷管的排气孔喷出火焰或高温气体是引爆瓦斯的危险因素,从而严禁使用。

毫秒雷管则不然,只要最后一段延期时间不大于130 ms,爆炸过程中瓦斯浓度尚未达到1%时,各段毫秒雷管就已爆炸完毕故安全。

5.0.5 水炮泥是一种用塑料薄膜制成ϕ35 mm圆筒,筒内充水封口,代替炮眼充填料,它的作用是降低爆温、缩短爆炸火焰延续时间、降尘等,爆炸时不易引起燃烧和引爆瓦斯。

5.0.6　瞬发雷管和毫秒雷管的电引火装置，使用的材料和形式均不相同，对电流的敏感程度亦各异，若将这两种雷管串联起爆，则对电流敏感程度高的雷管先起爆，随即可切断网路，导致其余雷管不能起爆，故严禁在同一网路中将这两种雷管同时使用。

电力起爆采用串联连接方式，要求的起爆电流较小，而安全的电爆破发出的电压虽较高，但电流较小，则两者可互相匹配。而并联起爆则要求电流大，需用动力电源，使用并联或混联时，若分路电阻安排不当，有的分路先爆炸，炸断仍在通电的其他分路或母线，则易产生电火花引爆瓦斯，故必须采用串联连接方式。

5.0.7　防爆型起爆器具有高强度的防爆外壳，电能的输出有时间限制，在6 ms内将足够的电流输送到爆破网路后而自动停止供电，可防止网路被炸开后的瞬间产生火花放电，从而消除了引爆瓦斯的可能性，故安全上有保障。

6.1.2　为防止误穿煤层而引发瓦斯事故，要对煤层进行初探和正式探测。因为煤系地层地质条件变化较大，煤层走向、厚度、倾角等又受地质构造影响，在不同地段各不相同。初探是标定煤层初步位置。正式探测一方面是标明煤层确切位置；二是为计算煤层参数提供资料；三是了解施钻中的动力现象。

6.2.3　突出危险性指标临界值一般应根据各地煤层情况进行实测，但因隧道施工前难以实测，且实测又较复杂，难以采到煤样，因此如当地有煤矿生产部门，可借用煤矿部门临界值，如无煤矿部门资料则可参照本表中的临界值，该临界值是根据《防治煤与瓦斯突出细则》并结合南昆线家竹箐隧道和水柏线何家寨隧道施工的有关数据总结而得，可供参考。

6.3.2　防治煤与瓦斯突出可用钻孔排放、瓦斯抽放、水力冲孔、金属架等或其他经试验验证有明显效果的措施。经煤矿部门介绍和家竹箐隧道试验总结，钻孔排放瓦斯具有技术简单，施工难度小，设备投入少，排放时间短（10～30 d）、安全可靠等优点，且结合铁路隧道绝大多数是空过煤层，接触煤层小，属小范围防突（煤矿称掘进工作面防突），因此，钻孔排放瓦斯这种措施适宜铁路施工防突，最近煤矿部门研制生产了一种小型移动式瓦斯抽放泵，适合小范围抽放瓦斯，可在铁路施工中试用。

6.3.3

5　为了达到控制范围内瓦斯的均匀排放，要求在煤层厚度1/2处的排放孔间距不大于2倍排放半径，并由此计算各个长度、角度（说明图6.3.3）。

说明图6.3.3　排放瓦斯孔布置图

6　排放孔单孔长度超过30 m，钻杆易折断，钻进速度慢，效率降低，钻孔时间长，俯角孔角度超过45°，排砟、排水困难，出现堵钻，钻不进。经实践，采用分段分部位分次排放,同样可达到排放目的,确保揭煤安全。

7 铁路隧道断面大,在煤系地层段围岩软弱、破碎、自稳能力差,易造成坍塌,石门揭煤断面越小,实际发生危险可能性越小,因此,铁路隧道在煤系地层宜采用上、下分部台阶法开挖。上、下部台阶长度应根据围岩的稳定性和保证结构安全及通风需要确定,且有利用下部台阶瓦斯排放。

6.3.4 《煤规》第144条规定综合机械化采掘工作面,当其附近瓦斯浓度达到1.0%时报警,达到1.5%时必须停止作业,切断机械电源。本条是根据以上规定而制定的。

6.4.2 效果检验临界值应根据实测或附近生产煤矿的数据确定,如无这两方面数据,我们根据《防治煤与瓦斯突出细则》及家竹箐隧道和何家寨隧道的实践提供了本表中的临界参考值。其中一项超标,则应判定防突措施无效,应采取增加排放孔或延长排放时间等补救措施。

6.5.2 本条引自《煤规》第184条。

6.5.4

3 揭缓倾斜煤层时,因倾角小,在相同垂距下,石门水平长度较长,可能达数十米。如一次揭开煤层,其水平钻孔深度长,一次用药量也大,可发生顶部坍塌,引起突出。根据家竹箐隧道和何家寨隧道近百次揭煤经验总结出以刷斜面形式揭开缓倾斜煤层,即每次石门开挖进尺为1~1.2 m,开挖高度以顶板有1.2~1.5 m(垂距)厚度为准,直至开挖到工作面距煤层1.5~1.8 m(水平距)时再揭开煤层。在每次开挖过程中应加强顶板临时支护,确保1.2~1.5 m厚度的顶板不至坍落。

5 在半煤半岩或全煤层中开挖,爆破找顶后,应及时喷锚支护,一方面是为了加固围岩,防止坍塌,另一方面可部分封堵瓦斯,减少工作面瓦斯溢出。

6.5.6 煤系地层段围岩一般较软弱,容易发生底鼓和底部瓦斯溢出,仰拱与边墙能同步施工,可保证衬砌结构稳定和减少瓦斯溢出。但边墙与仰拱同时施工,施工难度大,一般不易做到,因此要求仰拱及早施工,使拱、墙、仰拱形成闭合整体达到隧道结构早稳定。

6.5.7 煤系地层设防段均采用复合式衬砌,在施工支护与二次模筑衬砌之间有瓦斯隔离层,在二次衬砌拱顶刹尖部位常有大量空隙,为防止瓦斯聚积,确保拱顶密实,需充填注浆,为了避免注浆孔施工打穿隔离板;要求二次衬砌应予留注浆孔。一般每5 m在拱顶,拱腰两侧各一个。

7.1.1 瓦斯隧道因有易燃易爆的气态甲烷从煤层或岩缝中溢出,施工通风的好坏,直接关系到作业人员的人身安全,因此,必须根据瓦斯绝对涌出量编制通风设计。

7.2.2 巷道式通风必定是双巷掘进。对有瓦斯突出危险的隧道,有两条平行的巷道安全度大。

7.2.4 《煤规》第119条规定"采煤工作面和掘进工作面都应采用独立通风。同一采区内,同一煤层上下相连的两个同一风路中的采煤工作面,其工作面总长度不得超过400 m。采煤工作面与其相邻的掘进工作面,掘进工作面与其相邻的掘进工作面,布置独立通风有困难时可采用串联通风,但串联通风的次数不得超过1次。在地质构造极为复杂或残采地区,采煤工作面确需串联通风时,应采取安全措施,经矿务局局长批准,可以采用串联通风,但串联通风次数不得超过2次,三个采煤工作面的总长度不得超过100 m。本条文所规定的串联工作面的风流中,必须装有瓦斯自动检测报警断电装置,在此种风流中,瓦斯和二氧化碳浓度都不得超过0.5%,其他有害气体浓度都应符合本规程第106条的规定。开采有瓦斯喷出或有煤与瓦斯(二氧化碳)突出的煤层,严禁任何两个工作面之间串联通风。”本条是参照上述规定制定的。

7.2.5 按瓦斯隧道内同时工作的最多人数计算通风量,每人每分钟至少供给新鲜空气量4 m^3。按瓦斯绝对量计算通风量,可参照下式计算。

$$Q = \frac{100qK}{n - n_0} \quad \text{(说明 7.2.5)}$$

式中 Q——瓦斯遂道通风量(m^3/min);

q——瓦斯绝对涌出量(m^3/min),通过地质勘探或隧道内实测获得;

n——隧道内瓦斯最大容许含量的百分数;

n_0——进风中瓦斯含量的百分数;

K——瓦斯涌出不均衡系数,$K = 1.5 \sim 2.0$,抚顺煤炭研究所建议取1.6。

7.2.6 独头施工的瓦斯隧道,采用压入式通风,整个巷道都是回风流。考虑到洞内有电气设备,工作面还有后部工序作业,故工作面风流中瓦斯浓度稀释在0.5%以下。对于有平行导坑的巷道式通风,回风风流中瓦斯浓度应在0.75%以下。但其开挖工作面仍为独头,故风流中的瓦斯浓度应控制在0.5%以下。

7.2.7 《煤规》第107条规定在架线电机车巷道容许最低风速为1 m/s,采煤工作面、掘进中的煤巷和煤岩巷为0.25 m/s,国外有资料说,风速在0.3 m/s时,甲烷会从发生点反流形成甲烷带。当风速为0.5 m/s时,甲烷几乎不会发生反流,但也会形成甲烷带。当风速大于1 m/s时,甲烷散乱,则不会形成甲烷带,不会在上部聚积。我国南昆线家竹箐隧道实测资料,洞内防瓦斯聚积风速小于1 m/s时,拱顶瓦斯浓度大多大于2%。

7.2.8 采用局部通风,目的就是不使瓦斯形成停留区域。

7.2.9 参照《煤规》第146条“每一矿井必须从采掘工作、生产管理上采取措施,防止瓦斯积聚。当发生瓦斯积聚时,必须及时处理。矿井因停电和检修,主要通风机停止运转或通风系统遭到破坏以后,必须有恢复通风、排除瓦斯和送电的安全措施。恢复正常通风后,所有受到停风影响的地点,都必须经过通风、瓦斯检查人员检查,证实无危险后,方可恢复工作。所有安装电动机及其开关地点附近20 m的巷道内,都必须检查瓦斯,符合本规定有关条文的规定时,方可开动机器。因临时停电或其他原因,局部通风机停止运转。在恢复通风前,首先必须检查瓦斯,证实停风区中瓦斯浓度不超过1%或二氧化碳浓度不超过1.5%时,还必须遵守本规程第135条中关于局部通风机及其开关地点附近瓦斯浓度的规定,方可人工开动局部通风机,恢复正常通风。如果停风区中,瓦斯浓度超过1%或二氧化碳浓度超过1.5%时,必须制定排除瓦斯或二氧化碳的安全措施,控制风流,使排除的风流在同全风压风流混合处的瓦斯和二氧化碳浓度都不得超过1.5%,回风系统内还必须停电撤人。只有经过瓦斯检查,证实恢复通风的巷道风流中瓦斯浓度不超过1%和二氧化碳浓度不超过1.5%时,方可人工恢复局部通风机供风的巷道中的一切电气设备的供电。临时停工的地点,不得停风。否则,必须切断电源,设置栅栏,提示警标,禁止人员进入,并向矿调度室报告。停工区内瓦斯或二氧化碳浓度达到3%或其他有害气体浓度超过本规程第106条的规定,不能立即处理时,必须在24 h内封闭完毕。恢复已封闭的停工区或采掘工作接近这些地点时,必须事先排除其中积聚的瓦斯。排除瓦斯的工作,应制定安全措施,报矿总工程师批准。严禁在停风或在瓦斯超限的区域内进行停电、回收等作业”制定。

7.2.10 有平行导坑的巷道式通风,不用的横通道及时封闭非常重要,是减少漏风的关键措施,一定要做好。

7.3.3 参照《煤规》第134条“……瓦斯喷出区域、高瓦斯矿井、煤(岩)与瓦斯(二氧化碳)突出矿井中,掘进工作面的局部通风机都应实行三专(专用变压器、专用开关、专用线路)供电。经矿总工程师批准,也可采用装有选择性漏电保护装置的供电线路供电,但每天有专人检查1次,保证局部通风机可靠运转”制定。

8.1.1 瓦斯隧道的非瓦斯工区和低瓦斯工区可按非瓦斯隧道处理,可采用非防爆型的电气设备和作业机械。当非瓦斯工区和低瓦斯工区与高瓦斯工区和瓦斯突出工区开挖贯通后,如后者工区已封闭或设立风门,可防止大量瓦斯涌入前者工区时,则非瓦斯工区和低瓦斯工区仍可采用非防爆型的电气设备和作业机械。

8.1.2 高瓦斯工区和瓦斯突出工区采用防爆型机电设备是为了防止电气设备和作业机械工作时产生火花引爆瓦斯。当高瓦斯工区和瓦斯突出工区与非瓦斯工区和低瓦斯工区开挖贯通后,如前者工区未采取防止瓦斯涌入后者工区的措施时,则非瓦斯工区和低瓦斯工区的固定设备和照明从一开始就应采用防爆型。

8.1.3 两路电源指分别来至两个公用变电站或同一个公用变电站的不同母线段的两条电源线路;或一条来自公用变电站和一条来自自备电站的两条电源线路。为了保证施工用电,特别是通风机正常运转,隧道内供电应有双电源线路。

8.1.4~8.1.6 参照《煤规》第420、424、425条制定。

8.2.1 在竖井井筒或倾角45°及以上的斜井内应采用钢丝铠装不滴流铅包纸绝缘电缆、钢丝铠装交联聚乙烯绝缘电缆、钢丝铠装聚氯乙烯绝缘电缆或钢丝铠装铅包纸绝缘电缆;在正洞和平导或倾角45°以下的斜井内,应采用钢带铠装不滴流铅包纸绝缘电缆、钢带铠装聚氯乙烯绝缘电缆或钢带铠装铅包纸绝缘电缆。

8.2.2、8.2.3 参照《煤规》第444条制定。《煤规》第444条对井下选用电缆,有下列要求:

(1)移动变电站必须采用监视型屏蔽橡套电缆;

(2)低压动力电缆:

①固定敷设的应采用铠装铅包纸绝缘电缆、铠装聚氯乙烯绝缘电缆或不延燃橡套电缆;

②移动式和手持式电气设备都应使用专用的分相屏蔽不延燃橡套电缆;

③1140 V设备及采掘工作面的660 V及380 V设备必须用分相屏蔽不延燃橡套电缆。

(3)固定敷设的照明、通信、信号和控制用的电缆应采用铠装电缆、不延燃橡套电缆或矿用塑料电缆;非固定敷设的,应采用不延燃橡套电缆。

(4)低压电缆不应采用铝芯。

8.2.4 参照《煤规》第445条和第446条制定。

《煤规》第445条规定:敷设电缆(同手持式或移动式设备连接的电缆除外),必须遵守下列规定:

(1)电缆必须悬挂:

①在水平巷道或倾角30°以下的井巷中,电缆应用吊钩悬挂;

②在立井井筒或倾角30°及其以上的井巷中,电缆应用夹子、卡箍或其他夹持装置进行敷设,夹持装置应能承担电缆重量,并不得损坏电缆。

(2)水平巷道或倾斜井巷中悬挂的电缆应有适当的弛度,并在承受意外重力时能自由坠落。其悬挂高度应使电缆在有矿车掉道时不致受撞击,在电缆坠落时,不致落在轨道或运输机上。

(3)电缆悬挂点的距离:在水平巷道或倾斜井巷内不得超过3 m,在立井井筒内不得超过6 m。

(4)沿钻孔敷设电缆必须绑紧在钢丝绳上,钻孔必须加装套管。

《煤规》第446条规定:电缆不应悬挂在压风管或水管上,不得遭受淋水或滴水。在电缆上严禁悬挂任何物件。如果电缆同压风管、供水管在巷道同一侧敷设时,必须敷设在管子上方,并保持0.3 m以上的距离。电缆同风管等易燃物品应分挂在巷道两侧。否则,相互之间应保持0.3 m以上的距离。盘圈或盘8字型的电缆不得带电但采煤机等电缆车上的电缆不受此限。

井筒和巷道内的通信和信号电缆,应同电力电缆分挂在井巷的两侧,如果受条件所限;在井筒内,应敷设在距电力电缆0.3 m以外的地方;在巷道内,应敷设在电力电缆的上方0.3 m以上的地方。

高、低压电力电缆敷设在巷道同一侧时,高、低压电缆相互间的距离应大于0.1 m;高压电缆之间和低压电缆之间的距离不得小于50 mm,以便摘挂。

井下巷道内的电缆,沿线每隔一定距离、在拐弯或分支点以及连接不同直径电缆的接线盒两端,都应设置注有编号、用途、电压和截面的标志牌,以便识别。

8.2.5 参照《煤规》第449条制定。电缆与电气设备连接,必须使用与电气设备防爆性能相符的接线盒,即接线盒的防爆性能与电气设备的防爆性能一致。

《煤规》第449条规定,电缆的连接必须符合下列要求:

(1)电缆同电气设备的连接,必须用同电气设备性能(矿用各种防爆型、矿用一般型等)相符的接线盒,电缆芯线必须使用齿形压线板(卡爪)或线鼻子同电气设备进行连接;

(2)不同型电缆(例如纸绝缘电缆同橡套电缆或同塑料电缆)之间不得直接连接,必须经过符合要求的接线盒、连接器或母线盒进行连接;

(3)同型电缆之间,除按不同型电缆之间的连接方法进行连接外,还可直接连接,但必须遵守下列规定:

①纸绝缘电缆必须使用符合要求的电缆接线盒连接,高压纸绝缘接线盒必须灌注绝缘充填物。

②橡套电缆的连接(包括绝缘、护套已损坏的橡套电缆的修补)必须采用硫化热补或与热补有同等效能的冷补。在地面热补或冷补的橡套电缆,必须经浸水耐压试验,合格后方可下井使用。

③塑料电缆的连接,其连接处的机械强度以及电气、防潮密封、老化等性能应符合该型矿用电缆的技术标准要求。

8.3.1 参照《煤规》第428条制定。《煤规》第428条规定:电气设备不应超过额定值运行。电气设备变更额定值时,必须经过试验,提出技术鉴定报告,报矿务局批准。

8.3.2 参照《煤规》第431条规定。《煤规》第431条规定:井下低压电气设备,严禁使用油断路器、带油的起动器和一次线圈为低压的油浸变压器。但洞室内的变压器、整流器等不受此限。40 kW及以上的起动频繁的低压控制设备,应使用真空接触器。

8.3.3 因EXdⅠ型矿用防爆照明灯较EXdⅡ型防爆照明灯有更坚固的外壳,更适用于条件较差的作业地段使用;移动式照明采用矿灯是为了安全和方便。

8.3.4、8.3.5 参照《煤规》第434条制订。《煤规》第434条规定:矿井高压电网的单相接地电容电流不得超过20 A。否则,必须采取限制措施。

矿井地面变电所和井下中央变电所的高压馈电线上,应装设有选择性的单相接地保护装置;供移动变电站的高压馈电线上,必须装设有选择性的动作于跳闸的单相接地保护装置。

井下低压馈电线上,应装设带有漏电闭锁的检漏保护装置或有选择性的检漏保护装置。如无此种装置,必须装设自动切断漏电馈电线的检漏装置。

8.3.6 参照《煤规》第134条制订。《煤规》第134条规定:局部通风机和掘进工作面中的电气设备,必须装有风电闭锁装置。当局部通风机停止运转时,能立即自动切断局部通风机供风巷道中一切电源。在瓦斯喷出区域、高瓦斯矿井、煤(岩)与瓦斯(二氧化碳)突出矿井中的所有掘进工作面应装设两闭锁(风电闭锁、瓦斯电闭锁)设施,当局部通风机停止运转或掘进巷道内瓦斯超限时,能立即自动切断局部通风机供风巷道中的一切电源。

8.3.7 参照《煤规》第436条制订。《煤规》第436条规定:为了防止地面雷电波及井下引起瓦斯、煤尘以及火灾等灾害,必须遵守下列规定:

(1)经由地面架空线路引入井下的供电线路(包括电机车架线),必须在入井处装设避雷装置;

(2)由地面直接入井的轨道,露天架空引入(出)的管路,都必须在井口附近将金属体进行不少于两处的良好的集中接地;

(3)通信线路必须在入井处装设熔断器和避雷装置。

8.3.8 参照《煤规》第460条和第461条制定。《煤规》第460条规定:36 V以上和由于绝缘损坏可能带有危险电压的电气设备的金属外壳、构架等,都必须有保护接地。电气保护接地工作,应按部颁布的有关矿井保护接地装置的安装、检查与测定工作细则执行。

《煤规》第461条规定:接地网上任一保护接地点测得的接地电阻值,不得超过2 Ω。每一移动式和手持式电气设备同接地网之间的保护接地用的电缆芯线(或其他相当接地导线)的电阻值,都不得超过1 Ω。

9.2.4 封闭的火区,具备下列条件时,方可认为火区已经熄灭,方准启封。

(1)火区启封前,火区内空气温度、氧气、一氧化碳和水温的指标测取应符合下列条件:

①气温度下降到30 ℃以下或与火灾发生该区日常温度相同。

②空气中的氧气浓度降到5%以下。

③空气中不含有一氧化碳,或封闭期间内一氧化碳浓度逐渐下降,并稳定在0.001%以下。

以上指标均应在大气压力稳定或下降期间于回风侧的防火墙内或钻孔中测取,并以最大值为准。

④火区内的出水温度低于25 ℃,或与火灾发生前该区的日常出水温度相同。该温度应以火区所有防火墙或钻孔的出水中测取的最大值为准。

(2)以上4项指标持续稳定时间少于1个月,每天不少于3次。

(3)火区启封后,原点回风侧的气温,水温和一氧化碳浓度在连续3 d以上无上升趋势,方可认定火区已完全熄灭。

中华人民共和国行业标准

铁建设〔2003〕127 号

铁路隧道工程施工质量验收标准

Standand for constructional quality acceptance of railway tunnel engineering

TB 10417—2003

J 287—2004

2003—12—16 发布　　　　2004—01—01 实施

中华人民共和国铁道部　发布

前 言

本标准是根据铁道部《关于印发2001年铁路工程建设规范、定额、标准设计编制计划的通知》(铁建设函〔2001〕172号)的要求,在《铁路隧道工程质量检验评定标准》(TB 10417—98)基础上修订而成的。

本标准在编制过程中认真贯彻"调整地位、验评分离、充实内容、严格程序、强化检测、明确职责"的指导思想,进行了深入的调查研究,总结了我国铁路隧道工程施工质量控制的实践经验,并广泛征求了有关方面的意见。本标准提出了铁路隧道工程施工质量保证措施,明确了建设各方在施工质量控制中的职责,严格了材料进场验收和施工质量检测的程序及方法,体现了科学性和可操作性,突出验标对铁路隧道工程施工质量的控制。

本标准共分12章,主要内容包括:总则、术语、基本规定、洞口工程、洞身开挖、支护、衬砌、防水和排水、辅助坑道及附属洞室、附属设施、明洞工程、隧道单位工程观感质量评定等。

本次修订主要内容如下:

1. 修改了工程施工质量验收的内容、程序和质量标准;取消了优良等级评定。

2. 补充了模板、管棚、超前小导管、仰拱填充、施工缝和变形缝处理、盲管(沟)、辅助坑道坑道口及封闭、消防等内容。

3. 取消了装配式衬砌、锚杆拉拔试验等内容。

本标准以黑体字标志的条文为强制性条文,必须严格执行。

在执行本标准过程中,希望各单位结合工程实践,认真总结经验,积累资料。如发现需要修改和补充之处,请将意见及有关资料寄交中铁二局集团有限公司(四川省成都市通锦路16号,邮政编码:610032),并抄送铁路工程技术标准所(北京市海淀区羊坊店路甲8号,邮政编码:100038),供今后修订时参考。

本标准由铁道部建设管理司负责解释。

本标准主编单位:中铁二局集团有限公司。

本标准参编单位:铁路工程技术标准所。

本标准主要编写人:沈征难、倪光斌、林原。

目　次

1 总 则

1.0.1 为了加强铁路工程施工质量管理,统一铁路隧道工程施工质量的验收,保证工程质量,制定本标准。

1.0.2 本标准适用于旅客列车设计行车速度等于或小于160 km/h的客货车共线运行的新建、改建标准轨距铁路隧道工程施工质量的验收。对于其他铁路隧道工程,以及本标准未涉及的新技术、新工艺、新设备、新材料,其施工质量的验收应另行制订补充标准。

1.0.3 施工单位作为工程施工质量控制的主体,应对工程施工质量进行全过程控制;建设单位、监理单位和勘察设计单位等各方应按有关规定的要求对施工阶段的工程质量进行控制。

1.0.4 铁路隧道工程施工应贯彻国民经济可持续发展战略,做好环境保护、水土保持等工作,合理利用资源,并做到文明安全施工。

1.0.5 铁路隧道工程施工质量的检验检测工作取得的质量数据应真实可靠,全面反映工程质量状况。所用方法和仪器设备应符合相关标准的规定,对混凝土强度、厚度,衬背回填密实情况,应按《铁路混凝土质量检测规程》(TB 10426)和《铁路隧道衬砌质量无损检测规程》(TB 10223)的有关规定,优先采用成熟、可靠、先进的无损检测技术。

1.0.6 铁路隧道工程施工中所采用的承包合同文件和工程技术文件等对施工质量的要求不得低于本标准的规定。

1.0.7 铁路隧道工程施工质量的验收除应符合本标准外,尚应符合国家现行有关标准的规定。

2 术 语

2.0.1 工程施工质量 constructional quality of engineering

反映隧道工程在施工过程中或最终产品满足相关标准或合同约定的要求,包括其在安全、使用功能及其耐久性能、环境保护等方面所有明显和隐含能力的特性总和。

2.0.2 验收 acceptance

在施工单位自行质量检查评定的基础上,参与建设活动的有关单位共同对检验批、分项、分部、单位工程的质量按有关规定进行抽样检验,根据相关标准以书面形式对工程质量达到合格与否做出确认。

2.0.3 进场验收 site acceptance

对进入施工现场的材料、构配件、设备等按相关标准规定要求进行检验,对产品达到合格与否做出确认。

2.0.4 检验批 inspection lot

按同一生产条件或按规定的方式汇总起来供检验用的,由一定数量样本组成的检验体。

2.0.5 检验 inspection

对检验项目中的性能进行量测、检查、试验等,并将结果与标准规定要求进行对比,以确定每项性能是否合格所进行的活动。

2.0.6 见证 witness

监理单位或建设单位现场监督施工单位某过程完成情况的活动。

2.0.7 见证取样检测 evidential testing

在监理单位或建设单位监督下,由施工单位有关人员现场取样,并送至具备相应资质的检测单位所进行的检测。

2.0.8 平行检验 parallel acceptance testing

项目监理机构利用一定的检查或检测手段,在承包单位自检的基础上,按照一定的比例进行检查或检测的活动。

2.0.9 旁站 stop and supervision

在工程的关键部位或关键工序施工过程中,由监理人员在现场进行的监督活动。

2.0.10 交接检验 handing over inspection

由施工的承接方与完成方经双方检查并对可否继续施工做出确认的活动。

2.0.11 工序 constructional procedure

工程施工过程的基本单元。

2.0.12 主控项目 dominant item

对安全、卫生、环境保护和公众利益起决定性作用的检验项目。

2.0.13 一般项目 general item

除主控项目以外的检验项目。

2.0.14 抽样检验 sampling inspection

按照所规定的抽样方案，随机地从进场的材料、构配件、设备或工程项目中，按检验批抽取一定数量的样本所进行的检验。

2.0.15 抽样方案 sampling scheme

根据检验项目的特性所确定的抽样数量和方法。

2.0.16 计数检验 counting inspection

在抽样的样本中，记录每一个体有某种属性或计算每一个体中的缺陷数目的检查方法。

2.0.17 计量检验 quantitative inspection

在抽样检验的样本中，对每一个体测量其某个定量特性的检查方法。

2.0.18 观感质量 quality of appearance

通过观察和必要的量测所反映的工程外在的质量。

2.0.19 返修 repair

对工程不符合标准规定的部位采取整修等措施。

2.0.20 返工 rework

对不合格的工程部位采取的重新制作、重新施工等措施。

2.0.21 一般缺陷 common defect

对结构构件的受力性能或安装使用性能无决定性影响的缺陷。

2.0.22 严重缺陷 serious defect

对结构构件的受力性能或安装使用性能有决定性影响的缺陷。

2.0.23 全断面开挖法 full face excavation method

将整个隧道断面一次开挖成形的施工方法。

2.0.24 正台阶法 bench cut method or benching steping method

先开挖隧道的上半断面，待开挖到一定距离后再同时开挖下半断面的施工方法。根据上半断面的超前距离的不同，可分为长台阶法、短台阶法及微台阶法。

2.0.25 环形开挖预留核心土法 ring cut method

先开挖上部导坑成环形，并进行支护，再分部开挖中部核心土、两侧边墙的施工方法。

2.0.26 双侧壁导坑法 both side drift method

先开挖隧道两侧的导坑，并进行初期支护，再分部开挖剩余部分的施工方法。

2.0.27 中洞法 center drift method

在连拱隧道或单线隧道的喇叭口地段，先开挖两洞之间立柱（或中墙）部分，并完成立柱（或中墙）混凝土浇筑后，再进行左右两洞开挖的施工方法。

2.0.28 中隔壁法（CD 法） center diagram method

在软弱围岩大跨度隧道中，先开挖隧道的一侧，并施作临时中隔壁墙，然后再分部开挖隧道的另一侧的施工方法。

2.0.29 交叉中隔壁法（CRD 法） center cross diagram method

在软弱围岩大跨度隧道中，先开挖隧道一侧的一部或二部，施作部分临时中隔壁墙及临时仰拱，再开挖隧道另一侧的一部或二部，然后再开挖最先施工一侧的最后部分，并延长中隔壁墙壁，最后开挖剩余部分的施工方法。

2.0.30 超挖 overbreak

隧道实际开挖断面大于设计开挖断面的部分。

2.0.31　欠挖　underbreak

隧道实际开挖断面小于设计开挖断面的部分。

2.0.32　预注浆　advanced grouting

在隧道开挖前,为了固结围岩,填充空隙或堵水而沿着开挖面或拱部进行的注浆。

2.0.33　回填注浆　back filling grouting

在衬砌完成后,为了填充衬砌与围岩之间的空隙面进行的注浆。

2.0.34　预留变形量　excess clearance or camber

为充分发挥围岩自承作用,容许初期支护和围岩有一定量的变形,而将设计开挖断面作适当扩大的预留量。

2.0.35　监控量测　monitoring measurement

隧道施工中对围岩和支护动态进行的经常性观察和测量。

3 基本规定

3.1 一般规定

3.1.1 铁路隧道工程施工现场质量管理应有相应的施工技术标准、健全的质量管理体系和施工质量检验制度。

施工现场质量管理检查记录应由施工单位在施工前按表 3.1.1 的规定填写，总监理工程师进行检查，并做出检查结论。

表 3.1.1 施工现场质量管理检查记录

单位工程名称		开工日期	
建设单位		项目负责人	
设计单位		项目负责人	
监理单位		总监理工程师	
施工单位	项目负责人		项目技术负责人
序号	项目		检查情况
1	开工报告		
2	现场质量管理制度		
3	质量责任制		
4	工程质量检验制度		
5	施工技术标准		
6	施工图现场核对情况		
7	地质勘察资料		
8	交接桩及施工复测资料		
9	施工组织设计及审批		
10	环境保护方案及审批		
11	分包方资质与对分包单位管理制度		
12	主要专业工种操作上岗证书		
13	施工检测设备及计量器具设置		
14	材料、设备管理制度		
检查结论： 总监理工程师 年 月 日			

3.1.2 隧道工程应按下列规定进行施工质量控制：

1 工程采用的主要材料、构配件和设备，施工单位应对其外观、规格、型号和质量证明文件等进行验收，并经监理工程师检查认可；凡涉及结构安全和使用功能的，施工单位应进行检验，监理单位应按规定进行平行检验或见证取样检测；

2　各工序应按施工技术标准进行质量控制，每道工序完成后，施工单位应进行检查，并形成记录；

3　工序之间应进行交接检验，上道工序应满足下道工序的施工条件和技术要求；相关专业工序之间的交接检验应经监理工程师检查认可。未经检查或经检查不合格的不得进行下道工序施工。

3.1.3　隧道工程施工质量应按下列要求进行验收：

1　工程施工质量应符合本标准和相关专业验收标准的规定；

2　工程施工质量应符合工程勘察、设计文件的要求；

3　参加工程施工质量验收的各方人员应具备规定的资格；

4　工程施工质量的验收均应在施工单位自行检查评定合格的基础上进行；

5　隐蔽工程在隐蔽前应由施工单位通知监理单位进行验收，并应形成验收文件；

6　涉及结构安全的试块、试件以及有关材料，监理单位应按规定进行平行检验或见证取样检测；

7　检验批的质量应按主控项目和一般项目进行验收；

8　对涉及结构安全和使用功能的分部工程应进行抽样检测；

9　承担见证取样检测及有关结构安全检测的单位应具有相应的资质；

10　单位工程的观感质量应由验收人员通过现场检查共同确认。

3.2　工程施工质量验收的划分

3.2.1　隧道工程施工质量验收划分为单位工程、分部工程、分项工程和检验批。

3.2.2　单位工程应按一个完整工程或一个相当规模的施工范围划分，并按下列原则确定：

1　一座隧道宜作为一个单位工程，长隧道和特长隧道可按施工标段划分为若干单位工程；

2　独立明洞（或棚洞）可作为一个单位工程。

3.2.3　分部工程应按一个完整部位或主要结构及施工阶段划分。

3.2.4　分项工程可按工种、工序、材料、施工工艺等划分。

3.2.5　检验批可根据质量控制和施工段需要划分，其检验项目分为主控项目和一般项目。

3.2.6　隧道工程的分部、分项工程划分和检验批检验项目应符合表3.2.6的规定。

表3.2.6　隧道工程分部工程、分项工程和检验批检验项目

序号	分部工程	分项工程	检验批	检验批检验项目条文号	
				主控项目	一般项目
1	洞口工程	开　挖	每个洞口	4.2.1～4.2.2	4.2.3
		砌　体	每个砌筑段	4.3.1～4.3.10	4.3.11～4.3.13
		钢　筋	每个安装段	4.4.1～4.4.5	4.4.6～4.4.9
		模　板	每个安装段	4.5.1～4.5.3	4.5.4～4.5.6
		混凝土	每个浇注段	4.6.1～4.6.12	4.6.13～4.6.18

续上表

序号	分部工程	分项工程	检验批	检验批检验项目条文号	
				主控项目	一般项目
2	洞身开挖	洞身开挖	每个开挖循环	5.2.1~5.2.3	5.2.4~5.2.5
		隧底开挖	每个开挖循环	5.3.1~5.3.3	5.3.4~5.3.5
3	支护	喷射混凝土	每个喷射段	6.2.1~6.2.10	6.2.11~6.2.15
		锚杆	每个安装段或每3~5 m	6.3.1~6.3.5	6.3.6~6.3.7
		钢筋网	每个安装段或每3~5 m	6.4.1~6.4.3	6.4.4~6.4.8
		钢架	每榀	6.5.1~6.5.5	6.5.6~6.5.8
		管棚	每环	6.6.1~6.6.3	6.6.4~6.6.5
		超前小导管	每环	6.7.1~6.7.4	6.7.5~6.7.6
4	衬砌	衬砌模板	每个安装段	7.2.1~7.2.3	7.2.4~7.2.6
		钢筋	每个安装段	7.3.1~7.3.5	7.3.6~7.3.9
		混凝土	每个浇注段	7.4.1~7.4.15	7.4.16~7.4.21
		喷射混凝土	每个喷射段	7.5.1~7.5.11	7.5.12~7.5.17
		底板	每个浇注段	7.6.1~7.6.8	7.6.9~7.6.13
		仰拱	每个浇注段	7.7.1~7.7.9	7.7.10~7.7.16
		仰拱填充	每个浇注段	7.8.1~7.8.7	7.8.8~7.8.12
		回填注浆	每个注浆段	7.9.1~7.9.5	7.9.6
5	防水和排水	洞口防排水	每个洞口	8.2.1~8.2.4	8.2.5~8.2.6
		洞内排水沟(槽)	100 m	8.3.1~8.3.5	8.3.6~8.3.7
		施工缝与变形缝处理	每处	8.4.1~8.4.6	8.4.7~8.4.8
		防水板防水	每个铺设段	8.5.1~8.5.3	8.5.4~8.5.7
		涂料防水层防水	500 m²	8.6.1~8.6.4	8.6.5~8.6.7
		注浆防水	每个作业循环	8.7.1~8.7.3	8.7.4~8.7.8
		盲管(沟)	每个衬砌浇注段	8.8.1~8.8.5	8.8.6~8.8.8
6	辅助坑道及附属洞室	开挖	每个开挖循环	9.2.1~9.2.2	9.2.3~9.2.5
		喷射混凝土	每个喷射段	9.3.1	9.3.2
		锚杆	每个安装段或每3~5 m	9.4.1~9.4.5	9.4.6~9.4.7
		钢筋网	每个安装段或每3~5 m	9.5.1~9.5.3	9.5.4~9.5.8
		钢架	每榀	9.6.1~9.6.4	9.6.5
		管棚	每环	9.7.1~9.7.3	9.7.4
		超前小导管	每环	9.8.1~9.8.4	9.8.5
		钢筋	每个安装段	9.9.1~9.9.5	9.9.6~9.9.9
		模板	每个安装段	9.10.1~9.10.3	9.10.4~9.10.5
		混凝土	每个浇注段	9.11.1~9.11.6	9.11.7
		坑道口及其封闭	每个口	9.12.1~9.12.2	9.12.3~9.12.4

续上表

序号	分部工程	分 项 工 程	检 验 批	检验批检验项目条文号	
				主控项目	一般项目
7	附属设施	运营通风土建工程	每 处	10.2.1~10.2.6	10.2.7
		消 防	每 处	10.3.1~10.3.3	10.3.4~10.3.6
		电缆槽	100 m	10.4.1~10.4.3	10.4.4~10.4.6
8	明洞工程	明洞开挖	每个开挖循环	11.2.1~11.2.3	11.2.4
		模 板	每个安装段	11.3.1~11.3.3	11.3.4
		钢 筋	每个安装段	11.4.1~11.4.5	11.4.6~11.4.9
		混凝土	每个浇注段	11.5.1~11.5.7	11.5.8~11.5.10
		明洞防排水	每个施工段	11.6.1~11.6.5	11.6.6~11.6.12
		回 填	每个施工段	11.7.1~11.7.2	11.7.3~11.7.4

注:洞口工程中砌体分项工程检验批可按端墙、翼墙、挡土墙等不同结构划分检验批。

3.3 工程施工质量验收

3.3.1 检验批的质量验收应包括如下内容:

1 实物检查,按下列方式进行:

1)对原材料、构配件和设备等的检验,应按进场的批次和本标准规定的抽样检验方案执行;

2)对混凝土强度等,应按国家现行有关标准和本标准规定的抽样检验方案执行;

3)对本标准中采用计数检验的项目,应按抽查总点数的合格点率进行检查。

2 资料检查,包括原材料、构配件和设备等的质量证明文件(质量合格证、规格、型号及性能检测报告等)和检验报告、施工过程中重要工序的自检和交接检验记录、平行检验报告、见证取样检测报告和隐蔽工程验收记录等。

3.3.2 检验批合格质量应符合下列规定:

1 主控项目的质量经抽样检验全部合格;

2 一般项目的质量经抽样检验合格;有允许偏差的抽查点,除有专门要求外,合格点率应达到80%及以上,且不合格点的最大偏差不得大于规定的允许偏差1.5倍;

3 具有完整的施工操作依据、质量检查记录。

3.3.3 分项工程质量验收合格应符合下列规定:

1 分项工程所含的检验批均应符合合格质量的规定;

2 分项工程所含的检验批的质量验收记录应完整。

3.3.4 分部工程质量验收合格应符合下列规定:

1 分部工程所含分项工程的质量均应验收合格;

2 质量控制资料应完整;

3 隧道限界、衬砌厚度、强度、衬砌背后回填及防水等涉及结构安全和使用功能的检验和抽样检测结果应符合有关规定。

3.3.5 单位工程质量验收合格应符合下列规定:

1 单位工程所含分部工程的质量均应验收合格；

2 质量控制资料应完整；

3 单位工程所含分部工程有关安全和功能的检测资料应完整；

4 主要功能的抽查结果应符合有关标准规范的规定；

5 观感质量验收应符合要求。

3.3.6 当检验批工程质量不符合要求时，应按以下规定进行处理：

1 经返工重做的或更换构配件、设备的检验批，应重新进行验收；

2 当检验批的试块、试件强度不能满足要求时，经有资质的法定检测单位检测鉴定，能够达到设计要求的检验批，应予以验收。

3.3.7 通过返修或加固处理仍不能满足安全和使用功能要求的分部工程、单位工程，严禁验收。

3.4 工程施工质量验收的程序和组织

3.4.1 检验批应由施工单位自检合格后，报监理单位，由监理工程师组织施工单位专职质量检查员等进行验收。监理单位应对全部主控项目进行检查，对一般项目的检查内容和数量可根据具体情况确定。检验批质量验收记录应按表 3.4.1 填写。

表 3.4.1 ______检验批质量验收记录

单位工程名称				
分部工程名称				
分项工程名称			验收部位	
施工单位			项目负责人	
施工质量验收标准名称及编号				
施工质量验收标准的规定			施工单位检查评定记录	监理单位
主控项目	1			
	2			
	3			
	4			
	5			
	6			
一般项目	1			
	2			
	3			
	4			
	5			
施工单位检查评定结果			专职质量检查员 年 月 日 分项工程技术负责人 年 月 日 分项工程负责人 年 月 日	
监理单位验收结论			监理工程师 年 月 日	

3.4.2 分项工程应由监理工程师组织施工单位分项工程技术负责人等进行验收，并按表

3.4.2 填写记录。

3.4.3 分部工程应由监理工程师组织施工单位项目负责人和技术、质量负责人等进行验收;隧道衬砌分部工程进行验收时,勘察设计单位项目负责人应参加,并按表3.4.3填写记录。

3.4.4 单位工程完工后,施工单位应自行组织有关人员进行检查评定,并向建设单位提交工程验收报告。

3.4.5 建设单位收到单位工程验收报告后,应由建设单位项目负责人组织施工、设计、监理单位负责人进行单位工程验收,并按表3.4.5—1~4填写记录。

3.4.6 单位工程有分包单位施工时,分包单位应对所承担的工程项目按本标准规定的程序进行检查评定,总包单位应派人参加。分包工程完成后,应将有关工程资料移交总包单位。

3.4.7 当参加验收各方对工程施工质量验收意见不一致时,可请铁路建设行政主管部门或其委托的质量监督部门协调处理。

表3.4.2　　分项工程质量验收记录

单位工程名称			
分部工程名称		检验批数	
施工单位		项目负责人	
序号	检验批部位	施工单位检查评定结果	监理单位验收结论
1			
2			
3			
4			
5			
6			
7			
8			
9			
10			
11			
说明:			
施工单位 检查评定结果	分项工程技术负责人　　年　月　日		
监理单位 验收结论	监理工程师　　年　月　日		

表 3.4.3 ________分部工程质量验收记录

单位工程名称					
施 工 单 位					
项目负责人		项目技术负责人		项目质量负责人	
序号	分项工程名称	检验批数	施工单位检查评定结果	监理单位验收结论	
1					
2					
3					
4					
5					
6					
7					
8					
9					
10					
质量控制资料					
安全和功能检验(检测)报告					
验收单位	施工单位		项目负责人 年 月 日		
	勘察设计单位		项目负责人 年 月 日		
	监理单位		监理工程师 年 月 日		

注:1 衬砌分部工程验收时,设计单位项目负责人应参加;

2 质量控制资料核查、安全和功能抽查项目应按表 3.4.5—2 和表 3.4.5—3 确定。

表 3.4.5—1 单位工程质量验收记录

单位工程名称				
开工日期			竣工日期	
施工单位				
项目负责人		项目技术负责人	项目质量负责人	
序号	项 目	验 收 记 录		验收结论
1	分部工程	共 分部 经查,符合标准规定及设计要求 分部		
2	质量控制资料核查	共 项 经查,符合要求 项 不符合规范要求 项		
3	安全和主要使用功能核查及抽查结果	共核查、抽查 项 符合要求 项 不符合要求 项		
4	观感质量验收	共检查 项 评定为合格的 项 评定为差的 项		
5	综合验收结论			
验收单位	施工单位	监理单位	勘察设计单位	建设单位
	(公章) 单位负责人 年 月 日	(公章) 总监理工程师 年 月 日	(公章) 项目负责人 年 月 日	(公章) 项目负责人 年 月 日

表 3.4.5—2 单位工程质量控制资料核查记录

工程名称				
施工单位				
序号	资料名称	份数	核查意见	核查人
1	图纸会审、设计变更、洽商记录			
2	工程定位测量、放线记录			
3	原材料出厂合格证及进场检(试)验报告			
4	施工试验报告			
5	成品及半成品出厂合格证或试验报告			
6	隐蔽工程验收记录			
7	施工记录			
8	工程质量事故及事故调查处理资料			
9	施工现场质量管理检查记录			
10	分项、分部工程质量验收记录			
11	新材料、新工艺施工记录			
12	监控量测资料			
13				
结论: 施工单位项目负责人　　年　月　日　　总监理工程师　　年　月　日				

注:核查人为验收组的监理单位人员。

表 3.4.5—3 单位工程安全和功能检验资料核查及主要功能抽查记录

工程名称				
施工单位				
序号	安全和功能检查记录	份数	核查意见	核查、抽查人
1	初砌混凝土强度同条件养护试件试验报告			
2	衬砌混凝土强度无损检测记录			
3	初砌混凝土厚度无损检测记录			
4	喷射混凝土衬砌强度检测记录			
5	衬砌背后回填密实度检测记录			
6	衬砌渗水情况检查记录			
7	隧道内轮廓检测记录			
8				
9				
10				
11				
12				
13				
14				
15				
结论: 施工单位项目负责人　　年　月　日　　总监理工程师　　年　月　日　　建设单位项目负责人　　年　月　日				

注:1　核查、抽查项目由验收组协商确定;

2　核查、抽查人为验收组的监理单位人员。

表 3.4.5—4 单位工程观感质量检查记录

单位工程名称					
施 工 单 位					
序号	项 目 名 称		质 量 状 况	质量评定	
				合格	差
1	洞门	端 墙			
		翼 墙			
		仰 坡			
		排水设施			
		名 牌			
2	洞身	拱 部			
		边 墙			
		隧 底			
		沟槽盖板			
3	防排水效果	衬 砌			
		沟 槽			
结论： 施工单位项目负责人 年 月 日　　总监理工程师 年 月 日　　建设单位项目负责人 年 月 日					

注：观感质量评定为“差”的项目应返修。

4 洞 口 工 程

4.1 一 般 规 定

4.1.1 隧道洞口边坡、仰坡开挖及地表恢复应符合环境保护规定，做好水土保持。

4.1.2 边坡、仰坡开挖不得采用大爆破，开挖后应及时进行防护施工，山坡危石应清除干净，不留后患。

4.1.3 采用抗滑桩、钢管桩、地表深孔注浆等工法对洞口地表进行处理时，其施工质量应符合国家及有关行业标准的要求。

4.1.4 洞门施作时应尽量避开雨季和洪水季节，尽早施作洞门及洞口段衬砌，确保洞门边坡稳定。

4.1.5 隧道门端墙处的土石方开挖后应及时施作端墙和挡护工程。

4.1.6 隧道门的排水、截水设施应按设计要求与路基排水系统合理连接，不得冲刷路基坡面。

4.1.7 混凝土及砌体等砌筑工程基础必须置于稳固的地基上，基坑必须进行隐蔽工程验收。

4.1.8 隧道门端墙和翼墙、挡土墙的反滤层、泄水孔、施工缝设置应符合设计要求。当隧道门挡土墙的泄水孔设计无规定时，施工应符合下列规定：

1 泄水孔应均匀设置，在每米高度上间隔 2 m 左右设置一个泄水孔。

2 泄水孔与土体间铺设长宽各为 300 mm、厚 200 mm 的卵石或碎石作疏水层。

4.1.9 模板及支(拱)架应根据结构形式、荷载大小、地基土类别、施工设备和材料供应等条件进行设计。模板及支(拱)架应具有足够的强度、刚度和稳定性，能承受所浇筑混凝土和砌体的重力、侧压力及施工荷载。

4.1.10 模板及支(拱)架与脚手架之间不得相互连接。

4.1.11 浇筑混凝土或砌体砌筑前，应对模板工程进行验收，形成施工记录。模板安装和浇筑混凝土过程时，应对模板及支(拱)架进行观察和维护；发现跑模、变形等异常情况时，应停止施工，采取措施，并形成记录。

4.1.12 模板及支(拱)架拆除的时间、顺序及安全措施必须符合施工组织设计的规定。

4.1.13 隧道门端墙两侧的砌筑与回填应对称进行，不得对衬砌产生偏压。端墙、翼墙、挡土墙墙背后应按设计要求分层回填密实。

4.1.14 洞门检查梯及隧道名牌、号标的设置应符合设计规定。

4.2 开 挖

主 控 项 目

4.2.1 隧道门边坡、仰坡开挖范围及尺寸应符合设计要求。

检验数量：施工单位、监理单位全验。

检验方法：查对设计图，观察、尺量。

4.2.2 隧道门端墙、翼墙、挡土墙基底的地基承载力必须符合设计要求。

检验数量:施工单位每个洞口检测不少于3处,当洞口处岩土体不均匀时应适当增加检测点;监理单位见证检测不少于1处。

检验方法:施工单位采用静力触探试验或标准贯入试验检测,必要时采用载荷试验检测;监理单位检查全部检测报告并进行见证检测。

一 般 项 目

4.2.3 隧道门排水沟、截水沟的开挖位置、深度、坡度应符合设计要求。

检验数量:施工单位每个洞口检查不少于10点。

检验方法:施工单位观察、水准测量、尺量。

4.3 砌 体

主 控 项 目

4.3.1 水泥质量检验必须符合本标准第7.4.1条的规定。

4.3.2 外加剂质量必须符合本标准第7.4.4条的规定。

4.3.3 砌体工程所用石材和混凝土砌块的强度等级必须符合设计要求,石材的其他品质指标尚应符合下列规定:

1 在最冷月平均气温低于 -15 ℃或 -5 ℃ ~ -15 ℃的地区使用的石材,其抗冻性指标应分别符合冻融循环25次或15次的要求,且表面无破坏迹象;

2 浸水和潮湿地区主体工程的石材软化系数不得小于0.8。

检验数量:石材:同产地的石材至少抽取一组试件进行强度检验。最冷月平均气温低于 -5 ℃和浸水潮湿地区,应各增加一组抗冻性指标和软化系数检验的试件。砌块:同生产条件,且连续生产的砌块,其混凝土抗压强度检验数量同本标准第7.4.9条的规定。施工单位全部检验,按施工单位抽检次数的10%分别进行平行检验和见证检验,均不少于一次。

检验方法:施工单位进行石材强度、抗冻性、软化系数和砌块强度试验;监理单位检查试验报告并进行见证取样检测或平行检验。

4.3.4 砂浆用砂除应符合本标准第7.4.2条的规定外,其含泥量不宜大于5%。

检验数量和检验方法:同本标准第7.4.2条的规定。

4.3.5 拌制砂浆用水检验应符合本标准第7.4.7条的规定。

4.3.6 洞口工程砌筑所用材料应符合设计要求。石料类别、规格和质量要求应符合《铁路混凝土与砌体工程施工质量验收标准》(TB 10424—2003)附录B的规定。

检验数量:施工单位、监理单位全部检查。

检验方法:观察和尺量。

4.3.7 洞口工程砌筑所用砂浆的配合比应根据原材料性能、砂浆的技术条件和设计要求进行配合比设计,并通过试配试验调整后确定。砂浆配合比设计、试件制作、养护及抗压强度取值应符合《铁路混凝土与砌体工程施工质量验收标准》(TB 10424—2003)附录E的规定。

检验数量:施工单位对同类型、同强度等级的砂浆至少进行一次砂浆配合比设计;监理单位全部检查。

检验方法:施工单位进行配合比选定试验;监理单位检查配合比选定单。

4.3.8　洞口工程砌筑所用砂浆的强度等级必须符合设计要求。用于检查砂浆强度的试件应在搅拌机出料口随机抽样制作。

检验数量：同类型、同强度等级每 100 m^3 为一批，不足 100 m^3 也按一批计。施工单位每批检验一次；监理单位见证取样检测或平行检验次数为施工单位检验次数的 20% 或 10%，但至少一次。

检验方法：施工单位进行砂浆强度试验；监理单位检查试验报告。

4.3.9　洞口工程砌体的砌缝宽度、位置和砌筑方式应符合表 4.3.9 的规定。

表 4.3.9　砌体砌缝宽度、位置和砌筑方式

序号	项　目	浆砌片石（mm）	浆砌块石（mm）	浆砌料石（混凝土砌块）（mm）
1	表面砌缝宽度	≤40	≤30	15～20
2	每找平一次的砌筑高度	≤1 200	≤1 200	—
3	两层间竖向错缝	≥80	≥80	≥100 困难时丁石上下只能一面有竖缝
4	三块石料相接处的空隙	≤70	—	—
5	砌筑方式	—	一丁一顺或二顺一丁	一丁一顺

检验数量：施工单位、监理单位全部检查。

检验方法：观察和尺量。

4.3.10　砌体砌筑完毕应及时覆盖，并经常洒水保持湿润，常温下养护期不得小于 7 d。

检验数量：施工单位、监理单位全部检查。

检验方法：观察。

4.3.11　沉降缝、泄水孔、反滤层的位置和数量应符合设计要求。

检验数量：施工单位全部检查。

检验方法：观察、尺量和计数检查。

一 般 项 目

4.3.12　洞口工程砌体砂浆应饱满，砌缝整齐。砌缝宽度和错缝距离符合规定，无脱落和裂纹。沉降缝整齐垂直，上下贯通。泄水孔坡度向外，无堵塞现象。

检验数量：施工单位全部检查。

检验方法：观察和尺量。

4.3.13　砌体尺寸的允许偏差和检验方法应符合表 4.3.13 的规定。

表 4.3.13　砌体尺寸的允许偏差和检验方法

<table>
<tr><th rowspan="2">序号</th><th rowspan="2" colspan="2">项　目</th><th colspan="2">允许偏差（mm）</th><th rowspan="2">检 验 方 法</th></tr>
<tr><th>基础</th><th>墙</th></tr>
<tr><td rowspan="2">1</td><td rowspan="2">底、顶面高程</td><td>片石</td><td>±25</td><td>±15</td><td rowspan="2">测量不少于 5 处</td></tr>
<tr><td>料石、砌块</td><td>±25</td><td>±15</td></tr>
<tr><td rowspan="2">2</td><td rowspan="2">砌体厚度</td><td>片石</td><td>+30
0</td><td>+20
0</td><td rowspan="2">尺量不少于 5 处</td></tr>
<tr><td>料石、砌块</td><td>+15
0</td><td>+10
0</td></tr>
<tr><td>3</td><td>表面平整度</td><td>料石、砌块</td><td>—</td><td>10</td><td>2 m 靠尺和楔形塞尺检查，不少于 3 处</td></tr>
</table>

检验数量:施工单位全部检查。

4.4 钢 筋

主控项目

4.4.1 钢筋原材料进场检验必须符合本标准第7.3.1条的规定。

4.4.2 钢筋品种、级别、规格和数量必须符合设计要求。

检验数量:施工单位、监理单位全部检查。

检验方法:观察,钢尺检查。

4.4.3 钢筋的连接方式必须符合设计要求。

检验数量:施工单位、监理单位全部检查。

检验方法:观察。

4.4.4 钢筋接头的技术条件和外观质量应符合本标准第7.3.4条的规定。

4.4.5 钢筋的加工应符合本标准第7.3.5条的规定。

一般项目

4.4.6 钢筋加工允许偏差和检验方法应符合本标准第7.3.6条的规定。

4.4.7 钢筋接头的设置应符合本标准第7.3.7条的规定。

4.4.8 钢筋的保护层厚度应符合本标准第7.3.8条的规定。

4.4.9 钢筋应平直、无损伤,表面无裂纹、油污、颗粒状或片状老锈。

检验数量:施工单位全部检查。

检验方法:观察。

4.5 模 板

主控项目

4.5.1 模板及支(拱)架的材料质量及结构必须符合施工工艺设计要求。

检验数量:施工单位、监理单位全部检查。

检验方法:观察和尺量。

4.5.2 模板安装必须稳固牢靠,接缝严密,不得漏浆。模板与混凝土的接触面必须清理干净并涂刷隔离剂。浇筑混凝土前,模板内的积水和杂物应清理干净。

检验数量:施工单位、监理单位全部检查。

检验方法:对照模板工艺设计资料,观察检查。

4.5.3 隧道门端墙、翼墙模板及支架拆除时,除设计有特殊规定外,混凝土强度必须达到设计强度的75%。

检验数量:施工单位、监理单位全部检查。

检验方法:施工单位拆模前进行一组同条件养护试件强度试验;监理单位检查强度试验报告或见证试验。

一 般 项 目

4.5.4 模板安装允许偏差和检验方法应符合表 4.5.4 的规定。

表 4.5.4 模板安装允许偏差和检验方法

序号	项目	允许偏差(mm)	检验方法
1	基础轴线偏移	15	尺量,每边不少于 2 处
2	模板表面平整度	5	2 m 靠尺,不少于 3 处
3	相邻两模板表面高低差	2	尺量
4	底、顶面高程	±10	测量,不少于 6 处

检验数量:施工单位全部检查。

4.5.5 预埋件和预留孔洞的留置允许偏差和检验方法应符合表 4.5.5 的规定。

表 4.5.5 预埋件和预留孔洞的允许偏差和检验方法

序号	项目		允许偏差(mm)	检验方法
1	预留孔洞	中心线位置	10	尺量
		尺寸	+10 0	尺量不少于 2 处
2	预埋件中心线位置		5	尺量

检验数量:施工单位全部检查。

4.5.6 拆除截水沟、排水沟等非承重结构模板时,混凝土强度应保证其表面及棱角不受损伤且不得小于 1.2 MPa。

检验数量:施工单位全部检查

检验方法:观察。

4.6 混 凝 土

主 控 项 目

4.6.1 水泥质量必须符合本标准第 7.4.1 条的规定。

4.6.2 细滑料质量应符合本标准第 7.4.2 条的规定。

4.6.3 粗骨料质量应符合本标准第 7.4.3 条的规定。

4.6.4 外加剂质量必须符合本标准第 7.4.4 条的规定。

4.6.5 矿物掺合料质量应符合本标准第 7.4.5 条的规定。

4.6.6 潜在碱活性骨料的总碱含量应符合本标准第 7.4.6 条的规定。

4.6.7 混凝土拌和用水质量应符合本标准第 7.4.7 条的规定。

4.6.8 混凝土配合比设计应符合本标准第 7.4.8 条的规定。

4.6.9 混凝土强度等级必须符合本标准第 7.4.9 条的规定。

4.6.10 施工缝、变形缝的位置和处理应符合设计和施工技术方案的要求。

检验数量:施工单位、监理单位全部检查。

检验方法:观察和尺量。

4.6.11 混凝土的运输、浇筑及间歇的全部时间应符合本标准第 7.4.13 条的规定。

4.6.12 混凝土养护应符合本标准第7.4.14条的规定。

一般项目

4.6.13 混凝土拌和物的塌落度应符合设计配合比要求。

检验数量:施工单位每工作班不少于一次。

检验方法:坍落度试验。

4.6.14 混凝土拌制前,应测定砂、石含水率,并根据测试结果和理论配合比调整材料用量,提出施工配合比。

检验数量:施工单位每工作班不应少于一次。

检验方法:砂、石含水率测试。

4.6.15 混凝土原材料每盘称量的偏差应符合本标准第7.4.18条的规定。

4.6.16 泄水孔位置、数量应符合设计要求。

检验数量:施工单位全部检查。

检验方法:观察、尺量和计数检查。

4.6.17 隧道门表面应密实平整、颜色均匀,不得有露筋、蜂窝、孔洞、疏松、麻面和缺棱掉角等缺陷。

检验数量:施工单位全部检查。

检验方法:观察。

4.6.18 隧道门端墙、翼墙结构外形尺寸允许偏差应符合表4.6.18的规定。

表4.6.18 隧道门端墙、翼墙结构几何尺寸允许偏差和检验方法

序号	项目	允许编差(mm)	检验方法
1	基础轴线偏差	15	测量,每边不少于2处
2	表面平整度	5	2 m靠尺,不少于3处
3	高程	±10	测量,不少于2处
4	结构厚度	−10	钻孔检查或尺量,不少于2处

检验数量:施工单位全部检查。

5 洞身开挖

5.1 一般规定

5.1.1 隧道施工方法应根据地质、覆盖层厚度、结构断面及地面环境条件等，经过经济、技术比较后确定。

5.1.2 隧道开挖断面应以衬砌设计轮廓线为基准，考虑预留变形量、测量贯通误差和施工误差等因素作适当加大。

5.1.3 隧道开挖预留变形量应根据围岩级别、隧道宽度、隧道埋深、施工方法和支护情况采用工程类比法确定。

5.1.4 隧道开挖过程中，应对隧道围岩进行观察和监测，拟定监控量测方案，监测围岩变形，反馈量测信息指导设计和施工。量测项目和量测频率应符合设计要求。

5.1.5 隧道施工采用钻爆法开挖时，应采用光面爆破或预裂爆破，并应根据地质条件、开挖断面、开挖方法、掘进循环进尺、钻眼机具和爆炸材料等进行钻爆设计，并根据爆破效果调整爆破参数。钻爆开挖不得危及衬砌、初期支护，减少对围岩的扰动。

5.1.6 在浅埋条件下有邻近建筑物、既有线隧道等特殊情况地段爆破时，应采用仪器检测围岩爆破扰动范围和振速，并采取措施控制爆破对围岩的扰动程度。

5.1.7 隧道开挖过程中，应加强开挖面的地质素描和地质预报工作。

5.1.8 洞内地基（边墙、仰拱、底板）处理应按设计要求编制处理方案，其施工质量验收应按国家及行业有关标准执行。

5.1.9 洞内开挖土石方的弃置不应影响既有建筑物的安全，尽量减少对自然环境的影响。

5.1.10 隧道开挖后应及时进行初期支护。采用分部开挖时，应在初期支护喷射混凝土强度达到设计强度的 70% 及以上时，方可进行下一分部的开挖。

5.2 洞身开挖

主控项目

5.2.1 隧道开挖断面的中线、高程必须符合设计要求。

检验数量：施工单位每一开挖循环检查一次，监理单位抽查。

检验方法：激光断面仪、全站仪、经纬仪、水准仪测量。

5.2.2 隧道不应欠挖。当围岩完整、石质坚硬时，方允许岩石个别突出部分（每 1 m^2 不大于 0.1 m^2）侵入衬砌，整体式衬砌应不于 10 cm，其他衬砌不应大于 5 cm。拱脚和墙脚以上 1 m 内断面严禁欠挖。

检验数量：施工单位、监理单位每一开挖循环检查一次。

检验方法：施工单位采用激光断面仪、全站仪、经纬仪量测周边轮廓断面，绘断面图与设计断面核对；监理单位现场核对开挖断面，必要时采用仪器测量。

一般项目

5.2.3 光面爆破或预裂爆破的炮眼痕迹保存率,硬岩应大于等于80%,中硬岩应大于等于60%,并在开挖轮廓面上均匀分布。

检验数量:每一爆破开挖循环检查一次。

检验方法:查钻爆设计方案,观察、目测炮眼痕迹保存率。

5.2.4 隧道开挖断面允许超挖值和检验方法应符合表5.2.4的规定。

表5.2.4 隧道开挖断面允许超挖值(cm)和检验方法

围岩级别 / 开挖部位	Ⅰ	Ⅱ～Ⅳ	Ⅴ、Ⅵ	检验数量	检验方法
拱部	平均线性超挖10	平均线性超挖15	平均线性超挖10	每一开挖循环检查一个断面	激光断面仪、全站仪测量周边轮廓线,绘断面图与设计断面核对
	最大超挖值20	最大超挖值25	最大超挖值15		
边墙	平均10	平均10	平均10		

注:1 平均线性超挖值=超挖横断面积/爆破设计开挖断面周长(不包括隧底);

2 最大超挖值:指最大超挖处至设计开挖轮廓切线距离;

3 炮眼深度大于3 m时,允许超挖值可根据实际情况另行规定。

5.3 隧底开挖

主控项目

5.3.1 隧底开挖底部高程应符合设计要求。隧底范围岩石局部突出每平方米内不应大于0.1 m², 侵入断面不大于5 cm。

检验数量:施工单位每一开挖循环检查一次,监理单位按20%比例抽验。

检验方法:仪器量测。

5.3.2 边墙基础及隧底地质情况应满足设计要求,基底内无积水浮渣。

检验数量:施工单位、监理单位每一开挖循环检查一次。

检验方法:查工程检查证,观察。

5.3.3 当隧道底需要进行加固处理时,应符合设计要求。

检验数量:施工单位、监理单位每处检查一次。

检验方法:施工单位、监理单位按《铁路路基工程施工质量验收标准》(TB 10414)和《建筑地基基础工程施工质量验收规范》(GB 50202)的有关规定进行检查验收。

一般项目

5.3.4 水沟应与边墙基础同时开挖,且一次成型。边墙基础高程应符合设计要求。

检验数量:每一开挖循环检查一次。

检验方法:仪器测量、观察。

5.3.5 隧底轮廓符合设计要求,隧底允许最大平均超挖值为10 cm。

检验数量:每一开挖循环检查一次。

检验方法:仪器测量。

6 支 护

6.1 一 般 规 定

6.1.1 支护必须在隧道开挖后及时进行施作。

6.1.2 喷射混凝土严禁选用具有潜在碱活性骨料。

6.1.3 喷射混凝土的方式应根据工程地质及水文地质、喷射量等条件确定，宜采用湿喷方式。

6.1.4 喷射混凝土前，应检查开挖断面尺寸，清除开挖面的松动岩块及在拱脚与墙脚处的岩屑等杂物，设置控制喷层厚度的标志。

6.1.5 对基面有滴水、淌水、集中出水点的情况，应采用凿槽、埋管等方法进行引导疏干。

6.1.6 喷射混凝土时应按照施工工艺分段、分片，由下而上依次进行。一次喷射混凝土的最大厚度，拱部不得超过 10 cm，边墙不得超过 15 cm。分层喷射混凝土时，后一层喷射应在前一层混凝土终凝后进行。喷射作业紧跟开挖作业面时，混凝土终凝到下一循环爆破作业时间不应小于 3 h。

6.1.7 锚杆类型必须符合设计要求，中空锚杆的规格和性能指标必须符合《中空锚杆技术条件》(TB/T 3209—2008)的规定，严禁采用药包锚杆代替中空锚杆。

6.1.8 钢架宜选用钢筋、型钢、钢轨制成。当钢架选用的材料需作变更时，应办理设计变更文件。

6.1.9 钢架应在隧道开挖后或初喷射混凝土后及时进行架设，安装前应清除钢架脚底虚砟及杂物。

6.2 喷射混凝土

主 控 项 目

6.2.1 喷射混凝土应优先采用硅酸盐水泥、普通硅酸盐水泥。水泥进场时，必须按批对其品种、级别、包装或散装仓号、出厂日期等进行验收，并对其强度、凝结时间、安定性进行试验，其质量必须符合现行国家标准《硅酸盐水泥、普通硅酸盐水泥》(GB175)等的规定。

当在使用中对水泥质量有怀疑或水泥出厂日期超过 3 个月(快硬硅酸盐水泥逾一个月)时，必须再次进行强度试验，并按试验结果使用。

检验数量：同一生产厂家、同一等级、同一品种、同一批号且连续进场的水泥，散装水泥每 500 t 为一批，袋装水泥每 200 t 为一批，当不足上述数量时，也按一批计。施工单位每批抽样不少于一次；监理单位按施工单位抽检次数的 10% 进行见证检验，但至少一次。

检验方法：施工单位检查产品合格证、出厂检验报告并进行强度、凝结时间、安定性试验；监理单位检查全部产品合格证、出厂检验报告、进场试验报告并对强度、凝结时间、安定性进行平行检验或见证取样检测。

6.2.2 喷射混凝土所用的细骨料，应按批进行检验，其颗粒级配、坚固性指标应符合国家现行标准《普通混凝土用砂质量标准及检验方法》(JGJ 52)的规定，细度模数应大于2.5，泥块含量应符合铁道部现行《铁路混凝土与砌体工程施工质量验收标准》(TB 10424)附录B的规定，含泥量不应大于3%。

检验数量：同一产地、同一品种、同一规格且连续进场的细骨料，每400 m^3或600 t为一批，不足400 m^3或600 t也按一批计。施工单位每批抽检一次；监理单位按施工单位抽检次数的10%分别进行平行检验和见证检验，均不少于一次。

检验方法：施工单位现场取样试验；监理单位检查全部试验报告，见证取样检测。

6.2.3 喷射混凝土所用的粗骨料，应按批进行检验，其颗粒级配、压碎指标值、针片状颗粒含量应符合现行铁道行业标准《铁路混凝土与砌体工程施工质量验收标准》(TB 10424)附录C的规定。粗骨料最大粒径不宜大于16 mm，并宜采用连续粒级，含泥量不应大于1%。

检验数量：同一产地、同一品种、同一规格且连续进场的粗骨料，每400 m^3或600 t为一批，不足400 m^3或600 t也按一批计。施工单位每批抽检一次；监理单位按施工单位抽检次数的10%分别进行平行检验和见证检验，均不少于一次。

检验方法：施工单位现场取样试验；监理单位检查全部试验报告，见证取样检测。

6.2.4 喷射混凝土中掺用外加剂的质量应符合本标准第7.4.4条的规定。

6.2.5 喷射混凝土拌和用水宜采用饮用水，当采用其他水源时，水质应符合现行国家标准《混凝土拌和用水标准》(JGJ 63)的规定。

检验数量：同水源施工单位试验检查不应少于一次，监理单位按施工单位抽检次数的10%进行见证检验，但至少一次。

检验方法：施工单位做水质分析试验，监理单位检查试验报告，见证试验。

6.2.6 喷射混凝土的配合比设计应根据原材料性能、混凝土的技术条件和设计要求进行，并应符合下列规定：

1 灰骨比宜为1:4～1:5；

2 水灰比宜为0.40～0.50；

3 含砂率宜为45%～60%；

4 水泥用量不宜小于400 kg/m^3。

检验数量：施工单位对同强度等级、同性能喷射混凝土进行一次混凝土配合比设计；监理单位全部检查。

检验方法：施工单位进行配合比选定试验；监理单位检查配合比选定单。

6.2.7 喷射混凝土的强度必须符合设计要求。用于检查喷射混凝土强度的试件，可采用喷大板切割法制取。当对强度有怀疑时，可在混凝土喷射地点采用钻芯取样法随机抽取制作试件做抗压试验。

检验数量：施工单位每一作业循环检验一次，每个循环至少在拱部和边墙各留置一组检验试件；监理单位见证取样检测或平行检验，检查次数分别为施工单位检查次数的20%和10%。

检验方法：施工单位进行混凝土强度试验；监理单位检查试验报告。

6.2.8 喷射混凝土的厚度应符合下列要求：

1 平均厚度大于设计厚度；

2 检查点数的 60% 及以上大于设计厚度；

3 最小厚度不得小于设计厚度的 1/2，且不小于 3 cm。

检验数量：施工单位每一作业循环检查一个断面，每个断面应从拱顶起，每间隔 2 m 布设一个检查点检查喷射混凝土的厚度；监理单位按施工单位抽检次数的 10% 进行见证检验，但至少一次。

检验方法：施工单位、监理单位检查控制喷层厚度的标志或凿孔测量厚度。

6.2.9 钢纤维喷射混凝土中的钢纤维宜采用普通碳素钢制成，并满足下列要求：

1 钢纤维的品种、规格、性能应符合设计要求；

2 钢纤维抗拉强度不得小于 380 MPa，并不得有油渍和明显的锈蚀。

检验数量；同一生产厂家、同一批号、同一品种、同一出厂日期且连续进场的钢纤维原材料，按每 5 t 为一批，不足 5 t 按一批计。施工单位每批抽检一次；监理单位按施工单位抽检次数的 10% 进行见证检验，但至少一次。

检验方法：施工单位检查产品合格证、出厂检验报告并钢纤维抗拉强度进行试验；监理单位检查全部产品合格证、出厂检验报告、试验报告并进行规定比例的见证取样检测。

6.2.10 喷射混凝土后应进行养护，避免受低温、干燥、急剧温度变化等影响。

检验数量：施工单位、监理单位全验。

检验方法：观察。

一般项目

6.2.11 混凝土喷射方式符合设计要求，施工时应分段、分片，由下而上，依次进行。混合料应随拌随喷，喷层厚度符合设计要求。

检验数量：施工单位每一作业循环检查一个断面。

检验方法：观察。

6.2.12 采用湿喷方式的喷射混凝土拌和物的坍落度应符合设计配合比要求。

检验数量：施工单位每工作班不少于一次。

检验方法：坍落度试验。

6.2.13 喷射混凝土拌制前，应测定砂、石含水率，并根据测试结果和理论配合比调整材料用量，提出施工配合比。

检验数量：施工单位每工作班不应少于一次。

检验方法：砂、石含水率测试。

6.2.14 喷射混凝土原材料每盘称量的偏差应符合表 6.2.14 的规定。

表 6.2.14 原材料每盘称量的允许偏差

序 号	材 料 名 称	允 许 偏 差
1	水 泥	±2%
2	粗、细骨料	±3%
3	水、外加剂	±2%

注：1 各种衡器应定期检定，每次使用前应进行零点校核，保证计量准确；

2 当遇雨天或含水率有显著变化时，应增加含水率检测次数，并及时调整水和骨料的用量。

检验数量：施工单位每工作班抽查不少于一次。

检验方法:复称。

6.2.15 喷射混凝土表面应平顺,无裂缝及掉渣现象,锚杆头及钢筋无外露。

检验数量:施工单位全验。

检验方法:观察。

6.3 锚 杆

主控项目

6.3.1 锚杆所使用的钢筋原材料进场检验必须符合本标准第7.3.1条的规定。

6.3.2 锚杆的规格及物理性能指标应符合设计文件和表6.3.2的规定:

表6.3.2 锚杆物理性能指标

序号	锚杆规格	牌 号	公称直径(mm)	公称壁厚(mm)	质 量	
					公称质量(kg/m)	允许偏差(%)
1	φ22 砂浆锚杆	HRB335	22	—	2.98	±4
2	φ22 组合中空锚杆	中空体 Q345 实心体 HRB400	20	—	2.47	
		中空体 Q345 实心体 HRB335	22	—	2.98	
3	φ25×7 普通中空锚杆	Q345	25	7	3.11	

检查数量:锚杆的规格施工单位、监理单位全检。锚杆的物理性能指标(公称直径、公称壁厚、公称质量)施工单位随机抽样3%进行检验;监理单位按施工单位检查次数的10%进行平行检验和见证检验。

检验方法:锚杆的规格检查产品合格证、出厂检验报告。锚杆物理性能指标采用观察、称重、尺量检查。

6.3.2A 锚杆的屈服强度、抗拉强度、屈服力、最大力、断后伸长率等力学性能指标应符合表6.3.2A的规定。

表6.3.2A 锚杆的屈服力、最大力和断后伸长率 A

序号	锚杆规格	牌 号	屈服强度 R_{el} (MPa)	抗拉强度 R_m (MPa)	屈服力(kN)	最大力(kN)	断后伸长率 A(%)
					不小于		
1	φ22 砂浆锚杆	HRB335	335	455	127	172	17
2	φ22 组合中空锚杆	HRB400	400	540	126	170	16
		HRB335	335	455	127	172	17
3	φ25×7 普通中空锚杆	Q345	325	490	128	193	21

检查数量:施工单位按进场的批次,每批次随机抽样2套进行检验。监理单位按施工单位检查次数的10%进行见证检验。

检验方法:施工单位检查产品合格证、出厂检验报告并取样进行试验。监理单位检查全部产品合格证、出厂检验报告、施工单位试验报告,并进行见证检验。

6.3.3 锚杆安装的数量应符合设计要求。

检验数量:施工单位、监理单位施工现场逐根清点。

检验方法:现场目测检查。

6.3.4 砂浆锚杆采用的砂浆强度等级、配合比应符合设计要求。

检查数量:施工单位每一作业段检查一次;监理单位按20%的比例见证取样检测。

检验方法:施工单位进行配合比设计,做砂浆强度试验;监理单位检查配合比设计和试验报告,进行见证取样检测。

6.3.5 注浆管的直径不得小于16 mm,锚杆孔内灌注砂浆应饱满密实。

检验数量:施工单位全验,监理单位按施工单位检查次数的10%进行平行检验。

检验方法:注浆管的直径施工单位、监理单位尺量;组合中空锚杆施工单位、监理单位现场观察检查排气管回浆情况;普通中空锚杆施工单位、监理单位现场观察检查进浆方式和杆体中空通孔回浆情况;砂浆锚杆检查施工记录、观察。

一般项目

6.3.6 锚杆孔应保持直线,一般情况下应保持与隧道衬砌法线方向垂直。当隧道内岩层结构面出露明显时,锚杆孔宜与岩层主要结构面垂直,锚杆垫板应与基面密贴。

检验数量:施工单位全部检查。

检验方法:观察。

6.3.7 锚杆安装允许偏差应符合下列规定:

1 锚杆孔的孔径应符合设计要求。

2 锚杆孔的深度应大于锚杆长度的10 cm。

3 锚杆孔距允许偏差为±15 cm。

4 锚杆插入长度不得小于设计长度的95%,且应位于孔的中心。

检验数量:施工单位全部检查,监理单位按施工单位检查次数的10%见证检验。

检验方法:现场尺量、观察。

6.3.8 锚杆用钢筋应平直、无损伤、表面无裂纹、油污、颗粒状或片状老锈。

检验数量:施工单位全部检查。

检验方法:观察。

6.4 钢筋网

主控项目

6.4.1 钢筋网所使用的钢筋原材料进场检验必须符合本标准第7.3.1条的规定。

6.4.2 钢筋网所使用的钢筋的品种、规格、性能等应符合设计要求和国家、行业有关技术标准的规定。

检验数量:施工单位、监理单位全部检查。

检验方法:观察,钢尺检查。

6.4.3 钢筋网的制作应符合设计要求。

检验数量:施工单位全部检查;监理单位按施工单位抽检次数的10%进行见证检验,但至少一次。

检验方法:观察、尺量。

一 般 项 目

6.4.4 钢筋网的网格间距应符合设计要求,网格尺寸允许偏差为 ±10 mm。

检验数量:施工单位每批检验一次,随机抽样 5 片。

检验方法:尺量。

6.4.5 钢筋网应与隧道断面形状相适应并与锚杆或其他固定装置联结牢固。

检验数量:施工单位每批检验一次。

检验方法:观察。

6.4.6 钢筋网宜在喷射一层混凝土后铺挂。采用双层钢筋网时,第二层钢筋网应在第一层钢筋网被混凝土覆盖及混凝土终凝后进行铺设。

检验数量:施工单位每批检验一次。

检验方法:观察、施工记录。

6.4.7 钢筋网搭接长度应为 1 ~2 个网孔,允许偏差为 ±50 mm。

检验数量:施工单位每批检验一次,随机抽样 5 片。

检验方法:尺量。

6.4.8 钢筋应冷拉调直后使用,钢筋表面不得有裂纹、油污、颗粒状或片状锈蚀。

检验数量:施工单位每批检验一次。

检验方法:观察。

6.5 钢架(格栅钢架、型钢钢架)

主 控 项 目

6.5.1 钢架所使用的钢筋原材料进场检验必须符合本标准第 7.3.1 条的规定。

型钢材料进场检验必须按批抽取试件做力学性能(屈服强度、抗拉强度和伸长率)和工艺性能(冷弯)试验,其质量必须符合现行国家标准《碳素结构钢》(GB 700)、《热轧普通工字钢》(YB(T)56)等的规定和设计要求。

检验数量:以同牌号、同炉罐号、同规格、同交货状态的钢筋,每 60 t 为一批,不足 60 t 也按一批计。施工单位每批抽检一次;监理单位按施工单位抽检次数的 10% 进行见证检验,但至少一次。

检验方法:施工单位检查每批质量证明文件并进行相关性能试验;监理单位检查全部质量证明文件和试验报告,并进行见证取样检测或平行检验。

6.5.2 制作钢架的钢材品种、级别、规格和数量必须符合设计要求。

检验数量:施工单位、监理单位全部检查。

检验方法:观察、钢尺检查。

6.5.3 格栅钢架钢筋的弯制和末端的弯钩及型钢钢架的弯制应符合设计要求。钢架的结构尺寸应符合设计要求。

检验数量:施工单位全部检验;监理单位按施工单位抽检次数的 10% 进行见证检验,但至少一次。

检验方法:观察、尺量

6.5.4 钢架安装的位置、接头连接、纵向拉杆应符合设计要求,钢架安装不得侵入二次衬砌断面，脚底不得有虚砟。

检验数量：施工单位、监理单位全部检验。

检验方法：观察、测量、尺量。

6.5.5 沿钢架外缘每隔 2 m 应用钢楔或混凝土预制块与围岩顶紧，钢架与围岩间的间隙应采用喷射混凝土喷填密实。

检验数量：施工单位、监理单位全部检查。

检验方法：观察。

一 般 项 目

6.5.6 钢筋、型钢、钢轨等原材料应平直、无损伤，表面不得有裂纹、油污、颗粒状或片状老锈。

检验数量：施工单位安装前全部检查。

检验方法：观察。

6.5.7 钢架的落底接长和钢架间的连接应符合设计要求。钢架立柱埋入底板深度应符合设计要求，并不得置于浮砟上。

检验数量：施工单位全部检查。

检验方法：观察。

6.5.8 钢架安装允许偏差应符合下列要求：

1 钢架间距允许偏差为 ±100 mm；

2 钢架横向允许偏差为 ±50 mm；

3 高程偏差允许偏差为 ±50 mm；

4 垂直度偏差允许偏差为 ±2°；

5 钢架保护层厚度允许偏差为 −5 mm。

检验数量：施工单位每榀钢架检查一次。

检验方法：查对工程检查证、尺量。

6.6 管 棚

主 控 项 目

6.6.1 管棚所用的钢管原材料进场检验必须符合本标准第 7.3.1 条的规定。

6.6.2 管棚所用钢管的品种、级别、规格和数量必须符合设计要求。

检验数量：施工单位、监理单位全部检查。

检验方法：观察，钢尺检查。

6.6.3 管棚搭接长度应符合设计要求。

检查数量：施工单位全部检查，监理单位每排抽查不得少于 3 根。

检验方法：观察、尺量。

一 般 项 目

6.6.4 钻孔的孔位、外插角、孔径施工允许偏差和检验方法应符合表 6.6.4 的规定。

表 6.6.4 管棚施工允许偏差(mm)和检验方法

项 目	钻孔外插角	孔 距	孔 深	检验数量	检验方法
管 棚	1°	±150	±50	施工单位全部检查	仪器测量、尺量

6.6.5 注浆浆液强度和配合比应符合设计要求,且浆液应充满钢管及周围的空隙。

检验数量:施工单位全部检查。

检验方法:查施工记录的注浆量和注浆压力,观察。

6.7 超前小导管

主 控 项 目

6.7.1 超前小导管所用的钢管原材料进场检验必须符合本标准第7.3.1条的规定。

6.7.2 超前小导管所用钢管的品种、级别、规格和数量必须符合设计要求。

检验数量:施工单位、监理单位全部检查。

检验方法:观察,钢尺检查。

6.7.3 超前小导管与支撑结构的连接应符合设计要求。

检验数量:施工单位、监理单位全部检查。

检验方法:观察。

6.7.4 超前小导管的纵向搭接长度应符合设计要求。

检验数量:施工单位、监理单位全部检查。

检验方法:观察、尺量。

一 般 项 目

6.7.5 超前小导管施工允许偏差和检验方法应符合表6.7.5的规定。

6.7.6 超前小导管注浆浆液强度和配合比应符合设计要求,且浆液必须充满钢管及周围的空隙。

检验数量:施工单位全部检查。

检验方法:查施工记录的注浆量和注浆压力,观察。

表 6.7.5 超前小导管施工允许偏差(mm)和检验方法

项 目	超前小导管外插角	孔间距	孔 深	检验数量	检验方法
小导管	2°	±50	+50 0	施工单位每环抽查3根	仪器测量、尺量

7 衬　砌

7.1 一 般 规 定

7.1.1 衬砌施工前应进行中线、高程、开挖轮廓的测量。

7.1.2 隧道竣工后,应进行竣工测量,净空满足设计要求且应符合现行国家标准《标准轨距铁路建筑限界》(GB 146.2)的规定。

7.1.3 隧道衬砌混凝土应采用集中拌和,所用各项材料宜采用自动计量装置按重量投料计量。混凝土的运输、浇筑及间歇的全部时间不应超过混凝土的初凝时间。灌筑整体式衬砌时宜选用衬砌模板台车或移动式模板台架,并配置混凝土运输设备和混凝土输送泵。同一施工段的混凝土应连续浇筑,并应在底层混凝土初凝前将上一层混凝土浇筑完毕。当底层混凝土初凝后浇筑上一层混凝土时,应按施工缝进行处理。

7.1.4 一般情况下隧道衬砌应在围岩和初期支护变形基本稳定后施作二次衬砌,特殊条件下(如松散堆积体、浅埋地段)隧道衬砌应在初期支护完成后及时施作。二次衬砌宜采用全断面一次灌筑混凝土。初期支护与二次衬砌衬背需进行回填注浆时,应预留注浆孔。

7.1.5 初砌混凝土强度应按现行铁道行业标准《铁路混凝土强度检验评定标准》(TB 10425)的规定检验评定,其结果必须符合设计要求。

7.1.6 当工地昼夜平均气温连续3 d低于±5 ℃或最低气温低于-3℃时,应采取冬期施工措施。混凝土冬季施工应符合国家现行标准《建筑工程冬期施工规程》(JGJ 104)和施工技术方案的规定。当工地昼夜平均气温高于30 ℃时,应采取夏期施工措施。

7.1.7 对新选原料产地、同产地更换矿山或连续使用同一产地达两年时,粗、细骨料应做选料源检验,其检验内容包括:颗粒级配、坚固性、有害物质含量和碱活性检验。

7.1.8 混凝土所用的原材料应按品种、规格和检验状态分别标识存放。

7.1.9 混凝土所用的原材料发生变化时,必须重新选定配合比。

7.1.10 混凝土运输、浇筑及间歇的全部时间不应超过混凝土的初凝时间。当下层混凝土初凝后浇筑上一层混凝土时,应按施工缝进行处理。

7.1.11 在混凝土中掺用含氯盐类外加剂时,氯离子含量(按水泥质量百分率计)必须符合下列规定:

1 混凝土结构中,不得大于1.8%。

2 处于干燥环境、常年有水或埋于地下的钢筋混凝土结构中,不得大于0.3%。

3 处于干湿交替状态或常年空气湿度大于80%的钢筋混凝土结构中,不得大于0.12%。

7.1.12 初期支护与二次衬砌应密贴,中间隔离层的设置应符合设计要求。

7.2 隧道衬砌模板

主控项目

7.2.1 隧道衬砌模板台车、移动台架必须按照隧道内净空尺寸进行设计与制造,钢结构及钢模必须具有足够的强度、刚度和稳定性,能承受所浇筑混凝土的重力、侧压力及施工荷载。衬砌模板台车、移动台架必须经验收合格后方可投入使用。

检验数量:施工单位、监理单位检查每台衬砌模板台车、移动台架。

检验方法:查设计资料,产品验收合格证明,现场验收。

7.2.2 模板安装必须稳固牢靠,接缝严密,不得漏浆。模板与混凝土的接触面必须清理干净并涂刷隔离剂。浇筑混凝土前,模板内的积水和杂物应清理干净。

检验数量:施工单位、监理单位每一浇筑段检查一次。

检验方法:观察。

7.2.3 承受围岩压力较大的拱墙模板拆除时,封顶和封口混凝土的强度应达到设计强度100%;承受围岩压力较小的拱墙模板拆除时,封顶和封口混凝土的强度应达到设计强度70%。

检验数量:施工单位、监理单位每一浇筑段拆模时检查一次。

检验方法:施工单位拆模前进行一组同条件养护试件强度试验;监理单位见证试验。

一般项目

7.2.4 拆除不承受外荷载的整体式衬砌拱墙、二次衬砌、仰拱、底板等非承重模板时,混凝土强度不得低于2.5 MPa,并应保证其表面及棱角不受损伤。

检验数量:施工单位全部检查。

检验方法:观察。

7.2.5 模板安装允许偏差和检验方法应符合表7.2.5的规定。

表7.2.5 模板安装允许偏差和检验方法

序号	项目	允许偏差(mm)	检验方法
1	边墙脚	±15	尺量
2	起拱线	±10	尺量
3	拱顶	+10 0	水准测量
4	模板表面平整度	5	2 m靠尺和塞尺
5	相邻浇筑段表面高低差	±10	尺量

检验数量:施工单位全部检查。

7.2.6 预埋件和预留孔洞的留置应符合设计要求。允许偏差和检验方法应符合表7.2.6的规定。

表 7.2.6　预埋件和预留孔洞的允许偏差和检验方法

序号	项目		允许偏差(mm)	检验方法
1	预留孔洞	中心线位置	10	尺量
		尺寸	+10 0	
2	预埋件中心线位置		5	尺量

检验数量:施工单位全部检查。

7.3 钢 筋

主控项目

7.3.1 钢筋进场时,必须按批抽取试件做力学性能(屈服强度、抗拉强度和伸长率)和工艺性能(冷弯)试验,其质量必须符合现行国家标准《钢筋混凝土用热轧光圆钢筋》(GB 13013)和《钢筋混凝土用热轧带肋钢筋》(GB 1499)等的规定和设计要求。

检验数量:以同牌号、同炉罐号、同规格、同交货状态的钢筋,每 60 t 为一批,不足 60 t 也按一批计。施工单位每批抽检一次;监理单位按施工单位抽检次数的 10% 进行见证检验,但至少一次。

检验方法:施工单位检查每批质量证明文件并进行力学性能(屈服强度、抗拉强度和伸长率)和工艺性能(冷弯)试验;监理单位检查全部质量证明文件和试验报告,并进行见证取样检测或平行检验。

7.3.2 钢筋品种、级别、规格和数量必须符合设计要求。

检验数量:施工单位、监理单位全部检查。

检验方法:观察,钢尺检查。

7.3.3 钢筋的连接方式必须符合设计要求。

检验数量:施工单位、监理单位全部检查。

检验方法:观察。

7.3.4 钢筋接头的技术条件和外观质量应符合现行铁道行业标准《铁路混凝土与砌体工程施工质量验收标准》(TB 10424—2003)附录 A 的规定。钢筋焊接接头,应按批抽取试件做力学性能检验,其质量必须符合现行国家标准《钢筋焊接及验收规程》(JGJ 18)的规定和设计要求。承受静力荷载为主的直径为 28 ~ 32 mm 带肋钢筋采用冷挤压套筒连接接头,应按批抽取试件做力学性能检验,其质量必须符合现行国家标准《带肋钢筋套筒挤压连接技术规程》(JGJ 108)的规定和设计要求。

检验数量:焊接接头的力学性能检验以同级别、同规格、同接头形式和同一焊工完成的每 200 个接头为一批,不足 200 个也按一批计。冷挤压套筒连接接头的力学性能检验以同等级、同规格和同接头形式的每 200 个接头为一批,不足 200 个也按一批计。施工单位每批抽检一次;监理单位按施工单位抽检次数的 10% 进行见证检验,但至少一次。

检验方法:钢筋接头外观质量检验,施工单位、监理单位观察和尺量。焊接接头、冷挤压套筒连接力学性能检验,施工单位做拉伸试验,闪光对焊接头增做冷弯试验;监理单位检查力学性能试验报告并进行见证取样检测。

7.3.5 钢筋的加工应符合设计要求。当设计未提出要求时,应符合下列规定:

1 受拉热轧光圆钢筋的末端应作180°弯钩,其弯曲直径 d_m 不得小于钢筋直径的2.5倍,钩端应留有不小于钢筋直径3倍的直线段(图7.3.5—1)。

2 受拉热轧光圆和带肋钢筋的末端,当设计要求采用直角形弯钩时,直钩的弯曲直径 d_m 不得小于钢筋直径的5倍,钩端应留有不小于钢筋直径3倍的直线段(图7.3.5—2)。

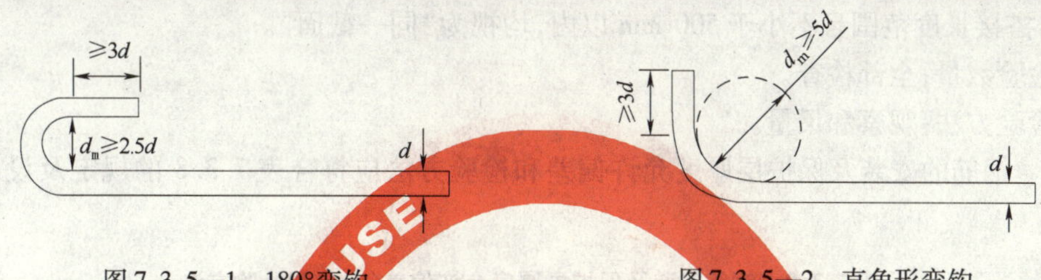

图7.3.5—1 180°弯钩　　图7.3.5—2 直角形弯钩

3 弯起钢筋应弯成平滑的曲线,其弯曲半径不得小于钢筋直径的10倍(光圆钢筋)或12倍(带肋钢筋)(图7.3.5—3)。

4 用光圆钢筋制成的箍筋,其末端应作不小于90°的弯钩,有抗震等特殊要求的结构应作135°或180°的弯钩(图7.3.5—4);弯钩的弯曲直径应大于受力钢筋直径,且不得小于箍筋直径的2.5倍;弯钩端直线段的长度,一般结构不得小于箍筋直径的5倍,有抗震等特殊要求的结构,不得小于箍筋直径的10倍。

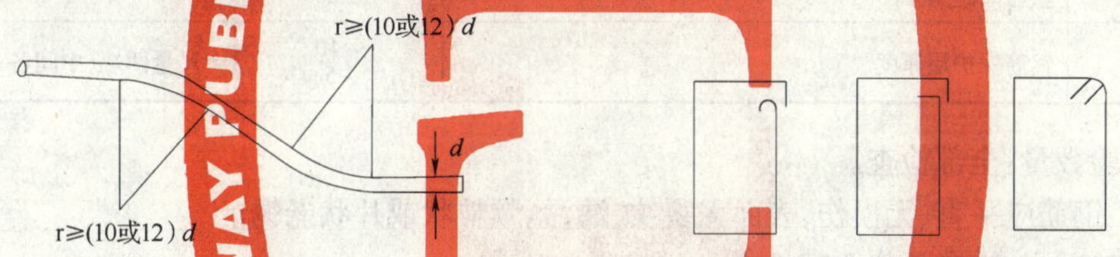

图7.3.5—3 弯起钢筋　　图7.3.5—4 箍筋末端弯钩

检验数量:施工单位按钢筋编号各抽检10%,且各不少于3件;监理单位平行检验数量为施工单位抽检数量的10%,且各不少于一件。

检验方法:尺量。

一 般 项 目

7.3.6 钢筋加工允许偏差和检验方法应符合表7.3.6的规定。

表7.3.6 钢筋加工允许偏差和检验方法

序 号	名 称	允许偏差(mm)	检 验 方 法
1	受力钢筋顺长度方向的全长	±10	尺 量
2	弯起钢筋的弯折位置	20	
3	箍筋内净尺寸	±5	

检验数量:施工单位按钢筋编号各抽检10%,且各不少于3件。

7.3.7 钢筋接头应设置在承受应力较小处,并应分散布置。配置在“同一截面”内受力钢筋接头的截面面积,占受力钢筋总截面面积的百分率,应符合设计要求。当设计未提出要求时,应符合下列规定:

1 焊(连)接接头在受弯构件的受拉区不得大于50%,轴心受拉构件不得大于

25%；

2　绑扎接头在构件的受拉区，不得大于 25%，在受压区不得大于 50%；

3　钢筋接头应避开钢筋弯曲处，距弯曲点的距离不得小于钢筋直径的 10 倍；

4　在同一根钢筋上应少设接头。“同一截面”内，同一根钢筋上不得超过一个接头。

注：两焊（连）接接头在钢筋直径的 35 倍范围且不小于 500 mm 以内、两绑扎接头在 1.3 倍搭接长度范围且不小于 500 mm 以内，均视为“同一截面”。

检验数量：全部检查。

检验方法：观察和尺量。

7.3.8　钢筋的安装及保护层厚度允许偏差和检验方法应符合表 7.3.8 的规定及设计要求。

表 7.3.8　钢筋安装及保护层厚度允许偏差（mm）和检验方法

<table>
<tr><th>序　号</th><th colspan="2">名　　称</th><th>允许偏差</th><th>检　验　方　法</th></tr>
<tr><td>1</td><td colspan="2">双排钢筋，上排钢筋与下排钢筋间距</td><td>±15</td><td rowspan="3">尺量两端、中间各 1 处</td></tr>
<tr><td rowspan="2">2</td><td rowspan="2">同一排中受力钢筋水平间距</td><td>拱　部</td><td>±10</td></tr>
<tr><td>边　墙</td><td>±20</td></tr>
<tr><td>3</td><td colspan="2">分布钢筋间距</td><td>±20</td><td rowspan="2">尺量连续 3 处</td></tr>
<tr><td>4</td><td colspan="2">箍筋间距</td><td>±20</td></tr>
<tr><td>5</td><td colspan="2">钢筋保护层厚度</td><td>+10
−5</td><td>尺量两端、中间各 2 处</td></tr>
</table>

检验数量：全部检查。

7.3.9　钢筋应平直、无损伤，表面无裂纹、油污、颗粒状或片状老锈。

检验数量：施工单位全部检查。

检验方法：观察。

7.4　混　凝　土

主 控 项 目

7.4.1　水泥进场时，必须按批对其品种、级别、包装或散装仓号、出厂日期等进行验收，并对其强度、凝结时间、安定性进行试验，其质量必须符合现行国家标准《硅酸盐水泥、普通硅酸盐水泥》（GB 175）等的规定。

当在使用中对水泥质量有怀疑或水泥出厂日期超过 3 个月（快硬硅酸盐水泥逾一个月）时，必须再次进行强度试验，并按试验结果使用。

钢筋混凝土结构严禁使用含氯化物的水泥。

耐腐蚀混凝土应对所用的水泥的矿物成分进行分析。

检验数量：同一生产厂家、同一等级、同一品种、同一批号且连续进场的水泥，散装水泥每 500 t 为一批，袋装水泥每 200 t 为一批，当不足上述数量时，也按一批计。施工单位每批抽样不少于一次，耐腐蚀混凝土所用的水泥的矿物成分开工前检查一次；监理单位按施工单位抽检次数的 10% 进行见证检验，但至少一次。

检验方法：施工单位检查产品合格证、出厂检验报告并进行强度、凝结时间、安定性试

验;监理单位检查全部产品合格证、出厂检验报告、进场试验报告并进行平行检验或见证取样检测。

7.4.2 拌制混凝土所用的细骨料,应按批进行检验,其颗粒级配、细度模数和坚固性指标应符合国家现行标准《普通混凝土用砂质量标准及检验方法》(JGJ 52)的规定,含泥量、泥块含量应符合铁道部现行《铁路混凝土与砌体工程施工质量验收标准》(TB 10424—2003)附录B的规定。

抗渗等级为P6及以上混凝土宜采用中砂,其含泥量不应大于3%,泥块含量不应大于1%。

检验数量:同一产地、同一品种、同一规格且连续进场的细骨料,每400 m^3或600 t为一批,不足400 m^3或600 t也按一批计。施工单位每批抽检一次;监理单位见证取样检测次数为施工单位抽检次数的20%,但至少一次。

检验方法:施工单位观察、试验。监理单位检查进场试验报告并进行见证取样检测。

7.4.3 拌制混凝土所用的粗骨料,应按批进行检验,其颗粒级配、压碎指标值、针片状颗粒含量应符合现行铁道行业标准《铁路混凝土与砌体工程施工质量验收标准》(TB 10424—2003)附录C的规定。

抗渗混凝土宜采用连续粒级,最大粒径不应大于40 mm。抗渗等级为P6的混凝土,其含泥量不应大于1%,泥块含量不应大于0.5%;抗渗等级为P8及以上的防水混凝土,其含泥量不应大于1%,泥块含量不应大于0.25%。

耐腐蚀混凝土粗骨料不得受当地腐蚀介质污染,并应符合现行铁道行业标准《铁路混凝土与砌体工程施工质量验收标准》(TB 10424—2003)附录C对C30及以上混凝土的规定,其坚固性指标不得大于8%;最大粒径不得大于40 mm。

检验数量:同一产地、同一品种、同一规格且连续进场的粗骨料,每400 m^3或600 t为一批,不足400 m^3或600 t也按一批计。施工单位每批抽检一次。监理单位见证取样检测次数为施工单位抽检次数的20%,但至少一次。

检验方法:施工单位观察、试验;监理单位检查进场试验报告并进行见证取样检测。

7.4.4 混凝土外加剂进场时,必须按批对减水率、凝结时间差、抗压强度比进行检验,其质量必须符合《混凝土外加剂》(GB 8076)、《混凝土外加剂应用技术规范》(GB 50119)等现行国家标准和其他有关环境保护的规定。

检验数量:同一生产厂家、同一批号、同一品种、同一出厂日期且连续进场的外加剂,每50 t为一批,不足50 t时,也按一批计。施工单位每批抽检一次;监理单位按施工单位抽检次数的10%分别进行平行检验和见证检验,均不少于一次。

检验方法:施工单位检查产品合格证、出厂检验报告并进行试验;监理单位检查全部产品合格证、出厂检验报告、进场试验报告并进行见证取样检测。

7.4.5 混凝土掺用的矿物掺合料,应按批对细度、含水率、需水量比、抗压强度比进行检验,其质量应符合《用于水泥和混凝土中的粉煤灰》(GB 1596)和《用于水泥和混凝土中的粒化高炉矿渣粉》(GB/T 18046)等现行国家标准的规定。

检验数量:同一品种、同一等级且连续进场的矿物掺合料,每200 t为一批,当不足200 t时,也按一批计。施工单位每批抽检一次;监理单位按施工单位抽检次数的10%分别进行平行检验和见证检验,均不少于一次。

检验方法:施工单位检查产品合格证、出厂检验报告并进行试验;监理单位检查全部产品合格证、出厂检验报告和进场试验报告并进行见证取样检测。

7.4.6 当使用具有潜在碱活性骨料时，混凝土中的总碱含量应符合现行铁道行业标准《铁路混凝土工程预防碱－骨料反应技术条件》（TB/T 30504）的规定和设计要求。

检验数量：施工单位对每一混凝土配合比进行一次总碱含量计算；监理单位全部检查。

检验方法：施工单位计算；监理单位检查计算单。

7.4.7 拌制混凝土宜采用饮用水，当采用其他水源时，水质必须符合现行国家标准《混凝土拌和用水标准》（JGJ 63）的规定。耐腐蚀混凝土应对环境水的性质进行测定。

检验数量：同水源施工单位试验检查不应少于一次，监理单位按施工单位抽检次数的10%进行见证检验，但至少一次。耐腐蚀混凝土施工单位应在开工前及施工过程中各检查一次，监理单位按施工单位抽检次数的10%进行见证检验，但至少一次。

检验方法：施工单位做水质分析试验，监理单位检查试验报告，见证试验。

7.4.8 混凝土配合比应根据原材料性能、混凝土的技术条件和设计要求，按照国家现行标准《普通混凝土配合比设计规程》（JGJ 55）的有关规定，通过试拌调整后确定。对于抗渗等级为P6及以上的混凝土，抗渗试验时，其抗渗压力应比设计要求提高0.2 MPa，水灰比不应大于0.60。

当对抗冻性、抗腐蚀性有特殊要求时，应按设计要求进行配合比设计并进行抗冻性及抗腐蚀性试验，其技术参数必须符合设计和国家现行有关规范要求。

检验数量：施工单位对同强度等级、同性能混凝土进行一次混凝土配合比设计；监理单位全部检查。

检验方法：施工单位进行配合比选定试验；监理单位检查配合比选定单。

7.4.9 混凝土强度等级必须符合设计要求，隧道衬砌尚应采用同条件养护试件检测实体强度。混凝土强度试件应在混凝土的浇筑地点随机抽样制作。

试件的取样与留置必须符合下列规定：

1 抗压强度标准条件养护试件的取样与留置：

1）每拌制100盘且不超过400 m^3 的同配合比的混凝土，取样不得少于1次；

2）每工作班拌制的同一配合比的混凝土不足100盘时，取样不得少于1次；

3）每次取样应至少留置1组。

2 抗压强度同条件养护试件的取样、养护方式和留置数量应符合铁道部现行标准《铁路工程结构混凝土强度检测规程》（TB 10426）的规定。隧道衬砌每200 m应采用同条件养护试件检测结构实体强度1次。

检验数量：施工单位全部检查；监理单位对标准条件养护试件检查试验报告；对同条件养护试件监理单位按施工单位抽检次数的10%进行平行检验，但至少一次。

检验方法：施工单位进行混凝土抗压强度试验；监理单位检查混凝土强度试验报告并进行见证取样检测或平行检验。

7.4.10 隧道衬砌的厚度必须符合设计要求。

检验数量：施工单位、监理单位每一灌筑段检查一个断面，采用无损检测方法时，测线布置应符合铁道行业标准《铁路隧道衬砌质量无损检测规程》（TB 10223）的规定。

检验方法：施工单位测量净空断面并与开挖轮廓比较，必要时可采用钻孔抽样或无损检测方法检查衬砌厚度，钻孔检查每个断面应从拱顶沿两侧不少于5点，监理单位见证检查。

7.4.11 隧道超挖回填必须符合设计要求。墙脚以上1 m与拱部范围内超挖部分应采用同级混凝土进行回填。边墙基底应无虚渣杂物及淤泥,边墙基础的扩大部分及仰拱的拱座应结合边墙同时灌筑。

检验数量:施工单位、监理单位全部检查。

检验方法:施工单位现场观察检查,监理单位旁站。

7.4.12 施工缝、变形缝的位置和处理应符合设计和施工技术方案的要求。

检验数量:施工单位、监理单位全部检查。

检验方法:观察和尺量。

7.4.13 混凝土的运输、浇筑及间歇的全部时间不应超过混凝土的初凝时间。同一施工段的混凝土应连续浇筑,并应在底层混凝土初凝前将上一层混凝土浇筑完毕。

当底层混凝土初凝后浇筑上一层混凝土时,应按施工缝进行处理。

检验数量:施工单位、监理单位全部检查。

检验方法:观察,检查施工记录。

7.4.14 混凝土浇筑完毕后,应按施工技术方案及时采取有效的养护措施,并应符合下列规定:

1 应在浇筑完毕后的12 h以内对混凝土加以覆盖并保湿养护。

2 混凝土浇水养护的时间:对采用硅酸盐水泥、普通硅酸盐水泥或矿渣硅酸盐水泥拌制的混凝土,不得少于7 d;对掺用缓凝型外加剂或有抗渗等要求的混凝土,不得少于14 d。

3 浇水次数应能保持混凝土处于湿润状态;混凝土养护用水应与拌和用水相同。

4 采用塑料布覆盖养护的混凝土,其敞露的全部表面应覆盖严密,并应保持塑料布内有凝结水。

5 混凝土强度达到1.2 MPa前,不得在其上踩踏或安装模板及支架。

6 当日平均气温低于5 ℃时,不得浇水。

检验数量:施工单位、监理单位全部检查。

检验方法:观察。

7.4.15 抗渗等级P6及以上混凝土、耐腐蚀混凝土除应按规定留置强度检查试件外,尚应留置抗渗检查试件并进行试验评定:

1 每五个作业循环应制作抗渗检查试件1组(6个);不足五个作业循环时,亦应制作抗渗检查试件1组。当使用的材料、配合比或施工工艺变化时,均应另行制作抗渗检查试件1组。

2 混凝土抗渗等级应按现行国家标准《普通混凝土长期性能和耐久性能试验方法》(GBJ 82—85)进行试验评定,其结果应符合设计要求。

检验数量:施工单位全部检查。监理单位见证取样检测次数为施工单位检查次数的20%,但至少一次。

检验方法:施工单位进行强度试验和抗渗试验。监理单位检查混凝土强度和抗渗试验报告并进行见证取样检测。

一般项目

7.4.16 混凝土拌和物的坍落度应符合设计配合比要求。

检验数量:施工单位每工作班不少于一次。

检验方法:坍落度试验。

7.4.17 混凝土拌制前,应测定砂、石含水率,并根据测试结果和理论配合比调整材料用量,提出施工配合比。

检验数量:施工单位每工作班不应少于一次。

检验方法:砂、石含水率测试。

7.4.18 混凝土原材料每盘称量的偏差应符合表7.4.18的规定。

检验数量:施工单位每工作班抽查不少于1次。

检验方法:复称。

7.4.19 预留泄水孔槽位置、数量应符合设计要求。

检验数量:施工单位全部检查。

检验方法:观察、尺量和计数检查。

表7.4.18 原材料每盘称量的允许偏差

序号	材料名称	允许偏差	
		工地	工厂或搅拌站
1	水泥和干燥状态的掺合料	±2%	±1%
2	粗、细骨料	±3%	±2%
3	水、外加剂	±2%	±1%

注:1 各种衡器应定期检定,每次使用前应进行零点校核,保证计量准确;

2 当遇雨天或含水率有显著变化时,应增加含水率检测次数,并及时调整水和骨料的用量。

7.4.20 混凝土结构外形尺寸允许偏差和检验方法应符合表7.4.20的规定。

表7.4.20 结构外形尺寸允许偏差(mm)和检验方法

序号	项目	边墙	拱部	检验方法
1	平面位置	±10	—	尺量
2	垂直度(‰)	2	—	尺量
3	高程	—	+30 0	水准测量
4	结构平整度	15	15	2 m靠尺和塞尺

注:平面位置以隧道设计中线为准进行测量。

检验数量:施工单位每一浇筑段检查一个断面。

7.4.21 混凝土结构表面应密实平整、颜色均匀,不得有露筋、蜂窝、孔洞、疏松、麻面和缺棱掉角等缺陷。

检验数量:施工单位全部检查。

检验方法:观察。

7.5 喷射混凝土

主控项目

7.5.1 喷射混凝土应优先采用硅酸盐水泥、普通硅酸盐水泥。水泥进场验收及其质量必

须符合本标准第 6. 2. 1 条的规定。

7. 5. 2　喷射混凝土细骨料的质量应符合本标准第 6. 2. 2 条的规定。

7. 5. 3　喷射混凝土粗骨料的质量应符合本标准第 6. 2. 3 条的规定。

7. 5. 4　喷射混凝土中掺用外加剂的质量应符合本标准第 7. 4. 4 条的规定。

7. 5. 5　喷射混凝土拌和用水应符合本标准第 6. 2. 5 条的规定。

7. 5. 6　喷射混凝土的配合比设计应符合本标准第 6. 2. 6 条的规定。

7. 5. 7　喷射混凝土抗压强度试件取样、留置及强度等级必须符合本标准第 6. 2. 7 条的规定。

7. 5. 8　喷射混凝土的厚度应符合本标准第 6. 2. 8 条的规定。

7. 5. 9　钢纤维喷射混凝土中的钢纤维质量应符合本标准第 6. 2. 9 条的规定。

7. 5. 10　喷射混凝土后应进行初期养护，避免受低温、干燥、急剧温度变化等影响。

检验数量：施工单位、监理单位全验。

检验方法：观察。

7. 5. 11　喷射混凝土衬砌超挖回填必须符合设计要求，边墙基底应无虚砟杂物及淤泥。

检验数量：施工单位、监理单位全部检查。

检验方法：施工单位现场观察检查，监理单位旁站。

一 般 项 目

7. 5. 12　混凝土喷射方式符合设计要求，施工时应分段、分片，由下而上，依次进行。混合料应随拌随喷，喷层厚度符合设计要求。

检验数量：施工单位每一作业循环检查一个断面。

检验方法：观察。

7. 5. 13　喷射混凝土拌和物的坍落度应符合设计配合比要求。

检验数量：施工单位每工作班不少于一次。

检验方法：坍落度试验。

7. 5. 14　喷射混凝土拌制前，应测定砂、石含水率，并根据测试结果和理论配合比调整材料用量，提出施工配合比。

检验数量：施工单位每工作班不应少于一次。

检验方法：砂、石含水率测试。

7. 5. 15　喷射混凝土原材料每盘称量的偏差应符合本标准第 6. 2. 14 条的规定。

7. 5. 16　喷射混凝土衬砌结构外形尺寸允许偏差和检验方法应符合表 7. 5. 16 的规定。

表 7. 5. 16　喷射混凝土衬砌结构外形尺寸允许偏差(mm)和检验方法

序　号	项　目	边　墙	拱　部	检验方法
1	平面位置	±10	—	尺　量
2	垂直度(‰)	5	—	尺　量
3	高　　程	—	+50 −10	水准测量
4	结构平整度	35	50	2 m 靠尺和塞尺

注：平面位置以隧道设计中线为准进行测量。

检验数量：施工单位每一作业循环检查一个断面。

7.5.17 喷射混凝土表面应平顺,无裂缝及掉渣现象,锚杆头及钢筋无外露。

检验数量:施工单位全验。

检验方法:观察。

7.6 底 板

主 控 项 目

7.6.1 底板混凝土所采用的水泥、外加剂必须符合本标准第 7.4.1 条、第 7.4.4 条的规定。

7.6.2 底板混凝土所采用细骨料、粗骨料、矿物掺合料、碱骨料碱含量、混凝土拌和用水、配合比设计应符合本标准第 7.4.2 条、第 7.4.3 条、第 7.4.5 条、第 7.4.6 条、第 7.4.7 条、第 7.4.8 条、的规定。

7.6.3 底板混凝土抗压强度试件取样、留置及强度等级必须符合本标准 7.4.9 条的规定。

7.6.4 底板厚度应符合设计要求。

检验数量:施工单位每一灌筑段检查一个断面,监理单位见证检查。

检验方法:查对设计图、观察、尺量。

7.6.5 施作底板混凝土前必须清除隧底虚砟、杂物和积水,当隧底有超挖时,超挖部分必须按设计要求及时回填。

检验数量:施工单位、监理单位全验。

检验方法:施工单位现场观察检查,监理单位旁站。

7.6.6 施工缝、变形缝的位置和处理应符合设计和施工技术方案的要求。

检验数量:施工单位、监理单位全部检查。

检验方法:观察和尺量。

7.6.7 底板混凝土的运输、浇筑及间歇的全部时间不应超过混凝土的初凝时间。同一施工段的混凝土应连续浇筑。

检验数量:施工单位、监理单位全部检查。

检验方法:观察检查

7.6.8 底板混凝土的养护应符合本标准第 7.4.14 条规定。

一 般 项 目

7.6.9 底板混凝土拌和物的塌落度应符合本标准第 7.4.16 条的规定。

7.6.10 底板混凝土施工配合比应符合本标准第 7.4.17 条的规定。

7.6.11 底板混凝土原材料每盘称量的偏差应符合本标准第 7.4.18 条的规定。

7.6.12 预留泄水孔槽位置、数量应符合设计要求。

检验数量:施工单位全部检查。

检验方法:观察、尺量和计数检查。

7.6.13 底板坡面应平顺,确保水流畅通。

检验数量:施工单位全部检查。

检验方法:观察。

7.7 仰 拱

主 控 项 目

7.7.1 仰拱混凝土所采用的水泥、外加剂必须符合本标准第 7.4.1 条、第 7.4.4 条的规定。

7.7.2 仰拱混凝土所采用细骨料、粗骨料、矿物掺合料、碱骨料碱含量、混凝土拌和用水、配合比设计应符合本标准第 7.4.2 条、第 7.4.3 条、第 7.4.5 条、第 7.4.6 条、第 7.4.7 条、第 7.4.8 条的规定。

7.7.3 仰拱混凝土抗压强度试件取样、留置及强度等级必须符合本标准第 7.4.9 条的规定。

7.7.4 仰拱厚度及各部尺寸应符合设计要求。

检验数量:施工单位每一灌筑段检查一个断面,监理单位见证检查。

检验方法:查对设计图、观察、尺量。

7.7.5 仰拱拱座与边墙及水沟连接面结合应符合设计要求。

检验数量:施工单位每一灌筑段检查一次,监理单位见证检查。

检验方法:查对施工记录,观察。

7.7.6 施作仰拱混凝土前应清除隧底虚砟、杂物和积水,超挖部分应采用同级混凝土回填。

检验数量:施工单位、监理单位全部检查。

检验方法:施工单位现场观察检查,监理单位旁站。

7.7.7 施工缝、变形缝的位置和处理应符合设计和施工技术方案的要求。

检验数量:施工单位、监理单位全部检查。

检验方法:观察和尺量。

7.7.8 混凝土的运输、浇筑及间歇的全部时间不应超过混凝土的初凝时间。同一施工段的混凝土应连续浇筑。

检验数量:施工单位、监理单位全部检查。

检验方法:观察。

7.7.9 仰拱混凝土的养护应符合本标准第 7.4.14 条的规定

一 般 项 目

7.7.10 仰拱混凝土拌和物的塌落度应符合本标准第 7.4.16 条的规定。

7.7.11 仰拱混凝土施工配合比应符合本标准第 7.4.17 条的规定。

7.7.12 仰拱混凝土原材料每盘称量的偏差应符合本标准第 7.4.18 条的规定。

7.7.13 预留泄水孔槽位置、数量应符合设计要求。

检验数量:施工单位全部检查。

检验方法:观察、尺量和计数检查。

7.7.14 仰拱表面应平顺,确保水流畅通。

检验数量:施工单位全部检查。

检验方法:观察。

7.7.15 仰拱应及时施作，与开挖面的距离不得超过3倍衬砌浇筑段的距离。

检验数量：施工单位每一灌筑段检查一次。

检验方法：观察，尺量。

7.7.16 仰拱高程允许偏差模筑混凝土为±15 mm，喷射混凝土为±20 mm；表面平整度允许偏差模筑混凝土为20 mm，喷射混凝土为50 mm。

检验数量：施工单位每一灌筑段检查一个断面。

检验方法：水准测量、靠尺和塞尺测量。

7.8 仰拱填充

主控项目

7.8.1 仰拱填充混凝土所采用的水泥、外加剂必须符合本标准第7.4.1条、第7.4.4条的规定。

7.8.2 仰拱填充混凝土所采用细骨料、粗骨料、矿物掺合料、碱骨料碱含量、混凝土拌和用水、配合比设计应符合本标准第7.4.2条、第7.4.3条、第7.4.5条、第7.4.6条、第7.4.7条、第7.4.8条的规定。

7.8.3 仰拱填充混凝土抗压强度试件取样、留置及强度等级必须符合本标准第7.4.9条的规定。

7.8.4 仰拱填充混凝土灌注前应清除仰拱表面的杂物和积水。表面处理应满足设计要求。

检验数量：施工单位、监理单位全部检查。

检验方法：施工单位、监理单位现场观察检查。

7.8.5 混凝土的运输、浇筑及间歇的全部时间不应超过混凝土的初凝时间。同一施工段的混凝土应连续浇筑。

检验数量：施工单位、监理单位全部检查。

检验方法：观察。

7.8.6 仰拱填充混凝土表面高程符合设计要求。

检验数量：施工单位每一灌筑段检查一次，监理单位抽查。

检验方法：水准测量。

7.8.7 仰拱填充混凝土养护应符合本标准第7.4.14条的规定。

一般项目

7.8.8 仰拱填充混凝土拌和物的塌落度应符合本标准第7.4.16条的规定。

7.8.9 仰拱填充混凝土施工配合比应符合本标准第7.4.17条的规定。

7.8.10 仰拱填充混凝土原材料每盘称量的偏差应符合本标准第7.4.18条的规定。

7.8.11 预留泄水孔位置、数量应符合设计要求。

检验数量：施工单位全部检查。

检验方法：观察、尺量和计数检查。

7.8.12 仰拱填充表面坡度应符合设计要求，坡面应平顺，确保水流畅通。

检验数量：施工单位全部检查。

检验方法:观察。

7.9 回填注浆

主控项目

7.9.1 隧道衬砌背后注浆选用的注浆材料质量应符合设计要求。

检验数量:施工单位每批检验一次,监理单位按施工单位抽检次数的10%进行见证检验,但至少一次。

检验方法:施工单位做注浆材料性能试验,监理单位检查试验报告、见证检验。

7.9.2 浆液配合比应符合设计要求。

检验数量:施工单位每100 m^2 检查一次,监理单位按施工单位抽检次数的10%进行见证检验,但至少一次。

检验方法:施工单位进行配合比选定试验;监理单位检查试验报告、见证试验。

7.9.3 隧道衬砌背后注浆应保证回填密实。

检验数量:施工单位每500 m^2 检验一次,监理单位按20%比例抽查。

检验方法:施工单位可采用无损检测、钻孔取芯、压水(空气)等检测验证注浆回填密实情况,每个断面应从拱顶沿两侧不少于5点,监理单位进行见证检测。

一般项目

7.9.4 注浆压力、注浆量应符合设计要求。

检验数量:施工单位全验。

检验方法:现场观察统计。

7.9.5 注浆孔的数量、布置、间距、孔深应符合设计要求。

检验数量:施工单位全验。

检验方法:现场观察、尺量。

7.9.6 注浆范围符合实际要求。

检验数量:施工单位全验。

检验方法:观察。

7.9.7 回填注浆应在衬砌混凝土强度达到设计强度的70%后进行。

检验数量:施工单位全验。

检验方法:观察。

8 防水和排水

8.1 一 般 规 定

8.1.1 隧道、明洞、辅助导坑排水应按要求与洞外排水系统合理连接。

8.1.2 隧道工程使用的防水材料应有产品合格证书和性能检测报告,材料的品种、规格、性能等应符合现行国家产品标准和设计要求。不合格的产品不得在工程中使用。

8.1.3 水库、池沼、溪流、井泉附近的隧道衬砌应按设计要求进行防渗处理,防止地下水渗入隧道。

8.1.4 衬砌背后设置排水盲管(沟)或暗沟和隧道底设置中心排水盲沟时,应根据坑道的渗水情况,配合衬砌一次施工,施工中应防止混凝土或压浆浆液浸入盲沟内堵塞水路。盲沟、暗沟、泄水槽及其中配置的集水钻孔排水孔(槽)和水管应组成完整的排水系统并应符合设计要求。

8.1.5 隧道防水应充分利用混凝土衬砌结构的自防水能力,混凝土衬砌抗渗等级设计无要求时,不得低于P6。

8.1.6 隧道衬砌背后采用防水板防水时,应对铺设防水板的基面进行检查,基面外露的锚杆头、钢筋头等尖硬物应割除,凹凸不平处应衬喷、抹平;局部渗水处需先进行处理。

8.1.7 电气化铁路隧道衬砌防水应做到衬砌表面不渗水。非电气化铁路隧道衬砌防水应做到衬砌表面不滴水并符合《铁路隧道防排水技术规范》的有关规定。

8.1.8 寒冷和严寒地区洞内保温水沟、深埋渗水沟或防寒泄水洞,其结构形式与设置范围、位置、坡度以及抗冻性建筑和回填材料均应符合设计及保温技术要求。

8.2 洞口防排水

主 控 项 目

8.2.1 隧道、明洞、辅助坑道等洞内排水系统与洞外排水系统的连接必须符合设计要求。

检验数量:施工单位、监理单位全部检查。

检验方法:查对设计图、现场观察。

8.2.2 隧道、明洞、辅助坑道的洞口边坡排水沟、仰坡坡顶截水沟结构形式和位置应符合设计,并结合永久排水系统及早修建。

检验数量:施工单位、监理单位全部检查。

检验方法:查对设计图、现场观察。

8.2.3 隧道覆盖层较薄和地层渗透性强的洞顶地表水处理,应符合下列规定:

1 洞口附近和浅埋地段洞顶地表平整,不积水。

2 坑洼、钻孔、探坑等应回填不透水土壤,并分层夯实。

3 黄土陷穴和岩溶孔洞等特殊地质的处理应符合设计要求。

4 洞顶原有排水沟槽良好,水流畅通。

5 洞顶高压水池应有防渗措施,水池溢水有疏导设施。

检验数量:施工单位、监理单位全部检查。

检验方法:查对设计图、施工方案、观察。

8.2.4 浆砌水沟砌缝砂浆应饱满;不铺砌水沟的缝隙应填塞密实,在填土上的水沟基底土应夯实。

检验数量:施工单位、监理单位全部检查。

检验方法:观察。

一 般 项 目

8.2.5 排水沟、截水沟排水顺畅,无淤积阻塞。

检验数量:施工单位全部检查。

检验方法:观察。

8.2.6 洞口边坡、仰坡的排水沟和截水沟断面尺寸应符合设计要求。

检验数量:施工单位每条沟至少检查一个断面。

检验方法:观察、尺量。

8.3 洞内排水沟(槽)

主 控 项 目

8.3.1 洞内水沟布置、结构形式、沟底高程、纵向坡度应符合设计要求。

检验数量:施工单位、监理单位全部检查。

检验方法:观察、仪器量测、尺量。

8.3.2 进水孔、泄水孔、泄水槽的位置和间距符合设计要求。

检验数量:施工单位、监理单位全部检查。

检验方法:观察、尺量。

8.3.3 水沟外墙距线路中心线的距离应符合设计要求。

检验数量:施工单位、监理单位全部检查。

检验方法:仪器量测、尺量。

8.3.4 水沟盖板的规格、尺寸、强度及外观质量符合设计要求。

检验数量:施工单位检查10%、监理单位按施工单位抽检次数的10%分别进行平行检验和见证检验,均不少于一次。

检验方法:观察、尺量。

8.3.5 盲管(沟)、暗沟、泄水槽及其中配置的集水钻孔、排水孔(槽)和水沟组成的排水系统排水效果良好。洞内排水顺畅,无淤积阻塞,进水孔、泄水槽、泄水孔畅通。

检验数量:施工单位、监理单位全部检查。

检验方法:观察。

一 般 项 目

8.3.6 水沟盖板应铺设齐全平稳顺直。

检验数量:施工单位全部检查。

检验方法:观察。

8.3.7　水沟断面尺寸符合设计要求。

检验数量:施工单位全部检查。

检验方法:观察。

8.4　施工缝与变形缝处理

主控项目

8.4.1　施工缝、变形缝所用止水条、止水带等材料的品种、规格、性能等应符合设计要求。

检验数量:品种、规格施工单位、监理单位全部检查,性能施工单位按批取样试验,监理单位按施工单位抽检次数的10%进行见证检验,但至少一次。

检验方法:施工单位检查产品合格证、出厂检验报告并进行有关性能试验;监理单位检查全部产品合格证、出厂检验报告、进场试验报告并进行见证取样检测。

8.4.2　隧道衬砌混凝土施工缝预留应符下列规定:

1　边墙水平施工缝不宜留在剪力与弯矩最大处或底板与边墙的交接处,拱墙结合的水平施工缝宜留在起拱线以下300 mm。

2　垂直施工缝应避开地下水和裂隙水较多的地段,并宜与变形缝相结合。

检验数量:施工单位、监理单位全部检查。

检验方法:观察。

8.4.3　变形缝位置、宽度、构造形式等应符合设计要求。

检验数量:施工单位、监理单位全部检查。

检验方法:观察、尺量。

8.4.4　施工缝的防水施工应符合下列规定:

1　后浇筑混凝土应在先浇筑的混凝土终凝后方可进行。浇筑前应对原有混凝土表面进行清洗,清除浮浆保持湿润并铺厚度为30~50 mm的1:1水泥砂浆。

2　遇水膨胀止水条安装前应检查是否受潮膨胀。

3　采用塑料、橡胶、金属止水条时,应采取有效措施确保位置准确、固定牢靠。

检验数量:施工单位、监理单位全部检查。

检验方法:观察。

8.4.5　变形缝的防水施工应符合下列规定:

1　止水带接头连接符合设计要求,接缝平整、牢固,不得有裂口和脱胶现象。

2　中埋式止水带应和变形缝中心线重合,止水带不得穿孔。

3　混凝土浇筑前应校正止水带位置,保持其位置准确、平直。

检验数量:施工单位、监理单位全部检查。

检验方法:观察。

8.4.6　施工缝、变形缝等细部构造做法应符合设计要求,表面不得有渗漏。

检验数量:施工单位、监理单位全部检查。

检验方法:观察和尺量。

一 般 项 目

8.4.7 施工缝、变形缝填塞前,缝内应清扫干净,保持干燥,不得有杂物和积水。

检验数量:施工单位全部检查。

检验方法:观察。

8.4.8 施工缝、变形缝的表面质量应达到缝宽均匀、缝身竖直,环向贯通,填塞密实,外表光洁。

检验数量:施工单位全部检查。

检验方法:观察。

8.5 防水板防水

主 控 项 目

8.5.1 防水板、土工复合材料的材质、性能、规格必须符合设计要求。

检验数量:施工单位按进场批次检验,监理单位按施工单位抽检次数的10%进行见证检验,但至少一次。

检验方法:施工单位进行材质性能试验,监理单位检查产品合格证、试验报告,见证检验。

8.5.2 防水板必须按设计要求进行搭接,搭接应牢固,不得有渗漏。

检验数量:抽查焊缝数量的5%,并不得少于3条焊缝。

检验方法:施工单位采用采用双焊缝间充气检查,监理单位见证检查。

8.5.3 防水板铺设范围及铺挂方式应符合设计要求。铺设时防水板应留有一定的余量,挂吊点设置的数量应合理。

检验数量:施工单位、监理单位全部检验。

检验方法:查隐蔽工程验收记录、观察。

一 般 项 目

8.5.4 铺设防水板的基面应坚实、平整、圆顺,无漏水现象;阴阳角处应做成圆弧形。

检验数量:施工单位全部检验。

检验方法:查隐蔽工程验收记录、观察

8.5.5 防水板焊缝无漏焊、假焊、焊焦、焊穿等现象:

检验数量:施工单位全部检验。

检验方法:查隐蔽工程验收记录、观察。

8.5.6 防水板的铺设应与基层固定牢固,不得有绷紧和破损现象。

检验数量:施工单位全部检验。

检验方法:查隐蔽工程验收记录、观察。

8.5.7 防水板的搭接宽度不应小于10 cm,允许偏差为-10 mm;焊缝宽度不应小于2 cm。

检查数量:抽查焊缝总数的5%,并不得少于3条。

检查方法:观察和尺量检查。

8.6　涂料防水层防水

主 控 项 目

8.6.1　涂料防水层所用的材料应符合设计要求。

检验数量：施工单位按进场批次检验，监理单位按施工单位抽检次数的 10% 进行见证检验，但至少一次。

检验方法：施工单位进行试验，监理单位检查产品合格证、试验报告，见证检验。

8.6.2　涂料防水材料应按设计要求进行配合比设计。

检验数量：施工单位、监理单位全部检查。

检验方法：施工单位进行配合比试验，监理单位检查配合比试验单、见证试验。

8.6.3　涂料防水层施工时应按设计要求进行多遍涂刷，涂料防水层的平均厚度应符合设计要求，最小厚度不得小于设计厚度的 80%。

检验数量：每 500 m^2 抽查 1 处，每处 10 m^2，且不少于 3 处。

检验方法：施工单位采用针测法或割取 20 mm × 20 mm 实样用卡尺测量，监理单位查检测报告，见证检查。

8.6.4　涂料防水层及其转角处、变形缝等细部做法应符合设计要求。

检验数量：施工单位、监理单位全部检查。

检验方法：查隐蔽工程验收记录、观察。

一 般 项 目

8.6.5　涂料防水层的基层应牢固，基面应洁净、平整。基层阴阳角应做成圆弧形。

检验数量：施工单位全部检查。

检验方法：查隐蔽工程验收记录、观察。

8.6.6　涂料防水层应与基层黏结牢固，表面平整、涂刷均匀，不得有流淌、皱折、鼓泡等缺陷。

检验数量：施工单位全部检查。

检验方法：查隐蔽工程验收记录、观察。

8.6.7　涂料防水层的保护层应符合设计要求，保护层应与防水层黏结牢固结合紧密。

检验数量：施工单位全部检查。

检验方法：查隐蔽工程验收记录、观察。

8.7　注 浆 防 水

主 控 项 目

8.7.1　注浆防水选用的注浆材料质量应符合设计要求。

检验数量：施工单位按进场批次检验，监理单位按施工单位抽检次数的 10% 进行见证检验，但至少一次。

检验方法：施工单位进行试验，监理单位检查产品合格证、试验报告，见证检验。

8.7.2　浆液配合比设计应符合设计要求。

检验数量:施工单位、监理单位全部检查。

检验方法:施工单位进行配合比试验,监理单位检查配合比试验单、见证试验。

8.7.3 注浆效果应符合设计要求。

检验数量:每 100 m^2 抽查一处,每处 10 m^2,且不少于 3 处。

检验方法:施工单位采用钻取取芯、压水(或空气)等方法检查,监理单位查检查报告,见证检查。

一般项目

8.7.4 注浆压力、注浆量、注浆时间等注浆参数应符合设计要求。

检验数量:施工单位全部检查。

检验方法:现场观察。

8.7.5 注浆孔数量、布置、间距、孔深应符合设计要求。

检验数量:施工单位全部检查。

检验方法:尺量,观察。

8.7.6 注浆防水范围应符合设计要求。

检验数量:施工单位全部检查。

检验方法:观察。

8.7.7 注浆对地表的影响应符合设计要求。

检验数量:施工单位全部检查。

检验方法:尺量,观察。

8.7.8 注浆施工应符合下列规定:

1 超前预注浆后的漏水量应小于设计值,浆液固结体达到设计强度后方可开挖;

2 初期支护衬砌背后注浆应在初期支护强度达到 100% 后进行。

检验数量:施工单位全部检查。

检验方法:观察,查施工记录。

8.8 盲　管(沟)

主控项目

8.8.1 盲管(沟)材料质量应符合设计要求。

检验数量:施工单位按进场批次检验,监理单位按施工单位抽检次数的 10% 进行见证检验,但至少一次。

检验方法:施工单位进行试验,监理单位检查产品合格证、试验报告,见证检验。

8.8.2 反滤层的砂、石粒径和含泥量应符合设计要求。

检验数量:施工单位按进场批次检验,监理单位按施工单位抽检次数的 10% 分别进行平行检验和见证检验,均不少于一次。

检验方法:施工单位进行试验,监理单位检查砂、石试验报告,见证检验。

8.8.3 盲管(沟)的布置应符合设计要求。

检验数量:施工单位、监理单位全检。

检验方法:观察检查。

8.8.4　衬砌背后设置的排水盲管(沟)或暗沟、隧底设置的中心排水盲沟应根据坑道的渗水情况,配合衬砌一次施工,施工中应防止混凝土或压浆浆液浸入盲管(沟)或暗沟内堵塞水路。

检验数量:施工单位、监理单位全部检查。

检验方法:观察。

8.8.5　盲管(沟)的综合排水效果应符合设计要求。

检验数量:施工单位、监理单位全检。

检验方法:观察检查。

一般项目

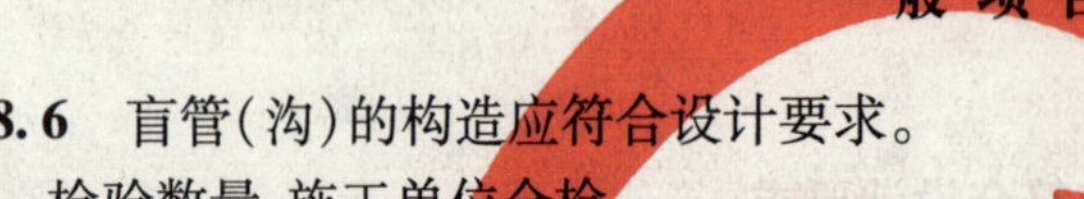

8.8.6　盲管(沟)的构造应符合设计要求。

检验数量:施工单位全检。

检验方法:观察检查。

8.8.7　盲管(沟)的成型尺寸和坡度应符合设计要求。

检验数量:施工单位全检。

检验方法:观察检查。

9 辅助坑道及附属洞室

9.1 一 般 规 定

9.1.1 坑道口边坡、仰坡开挖及地表恢复应符合国家有关环境保护法规法律的要求,保持水土。

9.1.2 坑道口边坡、仰坡开挖不得采用大爆破,开挖后应及时进行防护施工,山坡危石应全部清除不留后患。

9.1.3 隧道设置横洞、斜井、竖井、平行导坑等辅助坑道时,应符合《铁路隧道设计规范》(TB 10003)、《铁路隧道辅助导坑技术规范》(TB 10109)的规定和设计要求。

9.1.4 辅助坑道口的截水、排水系统和防冲刷设施应在隧道施工前按设计要求尽早完成。

9.1.5 辅助坑道和附属洞室施工时的开挖和支护方式应符合设计要求。辅助导坑与正洞的连接处应加强支护,必要时应提前施作二次衬砌确保安全。

9.1.6 竖井的锁口圈(包括井盖)、井口段的衬砌、马头门及井底车场、构造形式及断面应符合设计要求。

9.1.7 辅助坑道废弃时应按设计要求进行处理,设计无要求时应符合下列规定:

1 横洞、平行导坑、斜井的洞口及与正洞的连接处宜用 M10 浆砌片石封闭,封闭长度不小于 1 倍洞径;

2 竖井位于隧道顶部时,回填高度不应小于 10 m,井口宜用钢筋混凝土盖板封闭;

3 辅助坑道封闭前应作好排水设施,并应与隧道的排水设施相结合形成完整畅通的排水系统。

9.1.8 辅助坑道及附属洞室的支护形式应符合设计要求。

9.2 开 挖

主 控 项 目

9.2.1 辅助坑道开挖断面的中线、高程应符合设计要求。

检验数量:施工单位、监理单位每一开挖循环检查一次。

检验方法:仪器量测,尺量。

9.2.2 附属洞室的位置应符合设计要求。

检验数量:施工单位、监理单位每一洞室检查一次。

检验方法:仪器量测,尺量。

一 般 项 目

9.2.3 辅助坑道开挖断面尺寸应符合设计要求。

检验数量:施工单位每一开挖循环检查一个断面。

检验方法:查对设计图,现场检查、测量。

9.2.4 附属洞室开挖断面尺寸应符合设计要求。

检验数量:施工单位每一开挖循环检查一个断面。

检验方法:查对设计图,现场检查、测量。

9.2.5 辅助坑道开挖断面超挖和欠挖应符合设计要求。

检验数量:施工单位每一开挖循环检查一个断面。

检验方法:查对设计图,现场检查、测量。

9.3 喷射混凝土

主 控 项 目

9.3.1 辅助坑道采用喷射混凝土支护时,喷射混凝土所采用水泥、细骨料、粗骨料、外加剂、混凝土拌和用水、配合比、强度、厚度及其养护应符合本标准第6.2.1条、第6.2.2条、第6.2.3条、第7.4.4条、第6.2.5条、第6.2.6条、第6.2.7条、第6.2.8条及第6.2.10条的规定。

一 般 项 目

9.3.2 辅助坑道采用喷射混凝土支护时,喷射方式及施工工艺、坍落度、施工配合比、称量误差、外观质量应符合本标准第6.2.11条、第6.2.12条、第6.2.13条、第6.2.14条和第6.2.15条的规定。

9.4 锚　杆

主 控 项 目

9.4.1 锚杆所使用的钢筋原材料进场检验必须符合本标准第7.3.1条的规定。

9.4.2 半成品、成品锚杆的类型、规格、性能等应符合本标准第6.3.2条的规定。

9.4.3 锚杆安装的数量应符合设计要求。

检验数量:施工单位、监理单位现场逐根清点。

检验方法:现场目测检查。

9.4.4 砂浆锚杆采用的砂浆强度等级、配合比应符合本标准第6.3.4条的规定。

9.4.5 锚杆孔灌浆效果应符合本标准第6.3.5条的规定。

一 般 项 目

9.4.6 锚杆孔位置、方向,锚杆安装允许偏差,锚杆用钢筋外观质量应符合本标准第6.3.6条、第6.3.7条、第6.3.8条的规定。

9.5 钢筋网

主控项目

9.5.1 钢筋网所使用的钢筋原材料进场检验必须符合本标准第7.3.1条的规定。

9.5.2 钢筋网所使用的钢筋的类型、规格、性能等应符合设计要求和国家、行业有关技术标准的规定。

检验数量：施工单位、监理单位全部检查。

检验方法：观察，钢尺检查。

9.5.3 钢筋网的制作应符合设计要求。

检验数量：施工单位每批检验一次，随机抽样5片；监理单位抽检1片。

检验方法：观察、尺量。

一般项目

9.5.4 钢筋网的网格间距应符合设计要求，网格尺寸允许偏差为±10 mm。

检验数量：施工单位每批检验一次，随机抽样5片。

检验方法：尺量。

9.5.5 钢筋网应与辅助坑道断面形状相适应并与锚杆或其他固定装置联结牢固。

检验数量：施工单位每批检验一次。

检验方法：观察。

9.5.6 钢筋网宜在喷射一层混凝土后铺挂。采用双层钢筋网时，第二层钢筋网应在第一层钢筋网被混凝土覆盖及混凝土终凝后进行铺设。

检验数量：施工单位每批检验一次。

检验方法：观察、施工记录。

9.5.7 钢筋网搭接长度应为1～2个网孔，允许偏差为±50 mm。

检验数量：施工单位每批检验一次，随机抽样5片。

检验方法：尺量。

9.5.8 钢筋应冷拉调直后使用，钢筋表面不得有裂纹、油污、颗粒状或片状锈蚀。

检验数量：施工单位每批检验一次。

检验方法：观察。

9.6 钢架（格栅钢架、型钢钢架）

主控项目

9.6.1 钢架所使用的钢筋原材料进场检验必须符合本标准第7.3.1条的规定。

9.6.2 制作钢架的钢材品种、级别、规格和数量必须符合设计要求。

检验数量：施工单位、监理单位全部检查。

检验方法：观察，钢尺检查。

9.6.3 格栅钢架钢筋的弯制和末端的弯钩及型钢钢架的弯制应符合设计要求。钢架的结构尺寸应符合设计要求。

检验数量:施工单位每批检验一次,每批随机抽样不得少于3榀;监理单位抽样检验,且不少于1榀。

检验方法:观察、尺量。

9.6.4 钢架安装的位置、接头连接、纵向拉杆应符合设计要求。钢架脚底不得有虚砟。

检验数量:施工单位、监理单位全部检验。

检验方法:观察、测量、尺量。

9.6.5 钢架外缘与岩面结合应符合本标准第6.5.5条的规定。

一般项目

9.6.6 钢筋、型钢、钢轨等材料应平直、无损伤,表面不得有裂纹、油污、颗粒状或片状老锈。

检验数量:施工单位安装前全部检查。

检验方法:观察。

9.6.7 钢架的落底接长和钢架间的连接应符合设计要求。钢架立柱埋入底板深度应符合设计要求,并不得置于浮砟上。

检验数量:施工单位全部检查。

检验方法:观察。

9.6.8 钢架安装允许偏差应符合本标准第6.5.8条的规定。

9.7 管 棚

主控项目

9.7.1 管棚所用的钢管原材料进场检验必须符合本标准第7.3.1条的规定。

9.7.2 管棚所用钢管的品种、级别、规格和数量必须符合设计要求。

检验数量:施工单位、监理单位全部检查。

检验方法:观察,钢尺检查。

9.7.3 管棚搭接长度应符合设计要求。

检查数量:施工单位全部检查,监理单位每排抽查不得少于3根。

检验方法:观察、尺量。

一般项目

9.7.4 钻孔的孔位、外插角、孔径施工允许偏差和检验方法应符合本标准第6.6.4条的规定:

9.7.5 注浆浆液强度和配合比应符合设计要求,且浆液应充满钢管及周围的空隙。

检验数量:施工单位全部检查。

检验方法:查施工记录的注浆量和注浆压力,观察。

9.8 超前小导管

主控项目

9.8.1 超前小导管所用的钢管原材料进场检验必须符合本标准第7.3.1条的规定。

9.8.2 超前小导管所用钢管的品种、级别、规格和数量必须符合设计要求。

检验数量:施工单位、监理单位全部检查。

检验方法:观察,钢尺检查。

9.8.3 超前小导管与支撑结构的连接应符合设计要求。

检验数量:施工单位、监理单位全部检查。

检验方法:观察。

9.8.4 超前小导管的纵向搭接长度应符合设计要求。

检验数量:施工单位、监理单位全部检查。

检验方法:观察、尺量。

一般项目

9.8.5 超前小导管施工允许偏差和检验方法应符合本标准第6.7.5条的规定。

9.8.6 超前小导管注浆浆液强度和配合比应符合设计要求,且浆液必须充满钢管及周围的空隙。

检验数量:施工单位全部检查。

检验方法:查施工记录的注浆量和注浆压力,观察。

9.9 钢　筋

主控项目

9.9.1 钢筋原材料进场检验必须符合本标准第7.3.1条的规定。

9.9.2 钢筋品种、级别、规格和数量必须符合设计要求。

检验数量:施工单位、监理单位全部检查。

检验方法:观察,钢尺检查。

9.9.3 钢筋的连接方式必须符合设计要求。

检验数量:施工单位、监理单位全部检查。

检验方法:观察。

9.9.4 钢筋接头的技术条件和外观质量应符合本标准第7.3.4条的规定。

9.9.5 钢筋的加工应符合本标准第7.3.5条的规定。

一般项目

9.9.6 钢筋加工允许偏差和检验方法应符合本标准第7.3.6条的规定。

9.9.7 钢筋接头的设置应符合本标准第7.3.7条的规定。

9.9.8 钢筋的保护层厚度应符合本标准第7.3.8条的规定。

9.9.9 钢筋应平直、无损伤,表面无裂纹、油污、颗粒状或片状老锈。

检验数量：施工单位全部检查。

检验方法：观察。

9.10 模 板

主 控 项 目

9.10.1 辅助坑道及附属洞室模板必须按照结构尺寸进行设计与加工，模板必须具有足够的强度、刚度和稳定性，能承受所浇筑混凝土的重力、侧压力及施工荷载。

检验数量：施工单位、监理单位全部检查。

检验方法：查设计资料，产品验收合格证明，现场验收。

9.10.2 模板安装必须稳固牢靠，接缝严密，不得漏浆。模板与混凝土的接触面必须清理干净并涂刷隔离剂。浇筑混凝土前，模板内的积水和杂物应清理干净。

检验数量：施工单位、监理单位每一浇筑段检查一次。

检验方法：观察。

9.10.3 承受围岩压力较大的辅助坑道模板拆除时，混凝土的强度应达到设计强度100%；承重围岩压力较小的模板拆除时，混凝土的强度应达到设计强度70%。

检验数量：施工单位、监理单位每一浇筑段拆模时检查一次。

检验方法：施工单位拆模前进行一组同条件养护试件强度试验；监理单位见证试验。

一 般 项 目

9.10.4 拆除不承受外荷载的非承重模板时，混凝土强度不得低于2.5 MPa，并应保证其表面及棱角不受损伤。

检验数量：施工单位全部检查。

检验方法：观察。

9.10.5 模板安装允许偏差和检验方法应符合本标准第7.2.5条的规定。

9.11 混凝土

主 控 项 目

9.11.1 辅助坑道及附属洞室混凝土所采用的水泥、外加剂必须符合本标准第7.4.1条、第7.4.4条的规定。

9.11.2 辅助坑道混凝土所采用细骨料、粗骨料、矿物掺合料、碱骨料碱含量、混凝土拌和用水、配合比设计应符合本标准第7.4.2条、第7.4.3条、第7.4.5条、第7.4.6条、第7.4.7条、第7.4.8条的规定。

9.11.3 辅助坑道混凝土抗压强度试件取样、留置及强度等级必须符合本标准第7.4.9条的规定。

9.11.4 辅助坑道仰拱和底板混凝土灌注前应清除隧底虚渣、杂物和积水，超挖部分应采用同级混凝土回填。

检验数量：施工单位、监理单位全部检查。

检验方法：施工单位、监理单位现场观察检查。

9.11.5 辅助坑道及附属洞室结构厚度应符合设计要求。

检验数量:施工单位、监理单位每一灌注段检查一个断面。

检验方法:查工程检查证,测量。

9.11.6 辅助坑道混凝土的运输、浇筑及间歇的全部时间和养护应符合本标准第7.4.13条、第7.4.14条规定。

一般项目

9.11.7 辅助坑道混凝土拌和物的塌落度、施工配合比、每盘称量的偏差应符合本标准第7.4.16条、第7.4.17条、第7.4.18条的规定。

9.12 坑道口及其封闭

主控项目

9.12.1 坑道口边坡、仰坡开挖应符合设计要求并及时恢复地表植被,保持水土。

检验数量:施工单位、监理单位每个坑道口检查一次。

检验方法:观察。

9.12.2 横洞、平行导坑洞门与洞口段衬砌,斜井与竖井的锁口圈(包括井盖)、井口段的衬砌、马头门结构形式及断面应符合设计要求。

检验数量:施工单位每个洞门(锁口圈)检查一次。

检验方法:观察。

一般项目

9.12.3 横洞、平行导坑洞口,斜井、竖井井口的封闭应符合设计要求。

检验数量:施工单位每个洞(井)口检查一次。

检验方法:观察。

9.12.4 横洞、平行导坑、斜井、竖井与隧道连接处的封闭应符合设计要求。

检验数量:施工单位每个洞(井)口检查一次。

检验方法:观察。

10 附属设施

10.1 一般规定

10.1.1 本章适用于铁路隧道运营通风土建工程和消防工程的施工质量验收,凡未作规定的,尚应按现行国家、行业有关标准规定执行。

10.1.2 安装工程中所使用的紧固件应采用镀锌件。管道支架、吊架的紧固件应有防松动措施。

10.1.3 穿越隧道衬砌的管道应设套管,套管宜与钢筋绝缘。

10.1.4 设备、部件及管材运入现场后,应有防潮及保护措施。

10.2 运营通风土建工程

主控项目

10.2.1 通风机房位置、结构构造等应符合设计要求。

检验数量:施工单位、监理单位全部检查。

检验方法:观察、尺量。

10.2.2 通风机房机座基础承载力应符合设计要求。

检验数量:施工单位、监理单位全部检查。

检验方法:施工单位现场检测,监理单位见证检测。

10.2.3 通风机房机座基础质量、预埋件位置等应符合设计要求。

检验数量:施工单位、监理单位全部检查。

检验方法:观察、尺量。

10.2.4 风道位置及构造尺寸应符合设计要求。

检验数量:施工单位、监理单位全部检查。

检验方法:查对设计图、仪器测量、尺量。

10.2.5 风道混凝土衬砌的强度等级应符合设计要求。

样检测方法应符合本标准第 7.4.9 条的规定。

10.2.6 风道混凝土衬砌厚度应符合设计要求。

检验数量:施工单位、监理单位抽查。

检验方法:查工程检查证,必要时现场检测。

一般项目

10.2.7 风道混凝土衬砌表面平顺光洁。

检验数量:施工单位全部检查。

检验方法:观察。

10.3 消 防

主 控 项 目

10.3.1 隧道内消防水管、消火栓、消火箱、防火门的规格、型号、质量应符合设计要求。

检验数量:施工单位、监理单位全验。

检验方法:检查产品合格证书,观察。

10.3.2 消火栓、消火箱安装位置正确,启闭灵活,关闭严密。

检验数量:施工单位、监理单位全验。

检验方法:观察、尺量、试验。

10.3.3 消防管道水压试验符合设计要求。

检验数量:施工单位现场试验,试压管段长度不宜大于1 000 m。监理单位见证试验。

检验方法:施工单位做现场试验,监理单位检查全部水压试验报告单,见证试验。

一 般 项 目

10.3.4 消防管道及附件防腐处理应符合设计要求,管道穿越隧道墙体结构时应设置防水套管。

检验数量:施工单位全部检查。

检验方法:观察、工程检查证。

10.3.5 管道阀门安装应符合下列规定:

1 阀门安装前应做强度和严密性试验,并符合设计要求;

2 阀门安装位置应正确,其轴线与管线一致;

3 阀门安装完毕,应及时设置支座并固定。

检验数量:施工单位全部检查。

检验方法:现场试验、测量、观察。

10.3.6 消防管道安装允许偏差和检验方法应符合表10.3.6的规定。

表10.3.6 消防管道安装允许偏差和检验方法

序号	项目	允许偏差(mm)		检验数量	检验方法
1	管道安装	中心线	±15	每20 m抽查1点	仪器测量
		高程	±10		
2	管道支座	纵向	±50		仪器测量
		横向、高程	±10		
3	钢管切口垂直度	允许偏差为管径的1%,且不大于2 mm			量具检测

10.4 电 缆 槽

主 控 项 目

10.4.1 洞内电缆槽布置、结构形式、沟底高程、纵向坡度应符合设计要求。

检验数量:施工单位、监理单位全部检查。

检验方法:观察、仪器量测、尺量。

10.4.2　泄水槽的位置、间距应符合设计要求。

检验数量:施工单位、监理单位全部检查。

检验方法:观察、尺量。

10.4.3　洞内电缆槽盖板的规格、尺寸、强度及外观质量应符合设计要求。

检验数量:施工单位检查10%、监理单位按施工单位检查数量的20%比例抽查。

检验方法:观察、尺量。

一 般 项 目

10.4.4　电缆槽内应无积水、淤积阻塞。泄水孔必须保持畅通。

检验数量:施工单位每一检验批检查一次,每处检查。

检验方法:观察。

10.4.5　电缆槽盖板应铺设齐全平稳并符合设计要求。

检验数量:施工单位逐块检查。

检验方法:观察。

10.4.6　洞内电缆槽断面尺寸应符合设计要求。

检验数量:施工单位全部检查。

检验方法:观察。

11 明洞工程

11.1 一般规定

11.1.1 明洞施工应根据不同的地形、地质条件及结构类型选择施工方案并符合设计及有关规定要求。

11.1.2 明洞地段的土石方开挖时，应采取控制爆破措施，避免大爆破影响边坡和仰坡的稳定。边坡和仰坡开挖后应按设计要求进行防护并应符合环境保护要求，保持水土。

11.1.3 洞内开挖土石方的弃置不应影响既有建筑物的安全，尽量减少对自然环境的影响。

11.1.4 明洞基础必须设置在稳定的地基上。施工时应符合下列要求：

1 偏压和单压明洞外边墙的基底，在垂直线路方向宜向内挖成0.1∶1的斜坡，提高边墙的抗滑力；

2 边墙地基松软时应采取增加承载力的措施；

3 深基础应核对地质条件，当挖至设计高程仍不符合设计要求时，应提出变更设计。

11.1.5 明洞拱圈应按断面要求制作定型挡头板、外模和骨架，并防止走模。

11.1.6 明洞衬砌完成后应及时施作防水层和回填，拱背回填应与边坡、仰坡搭接良好，封闭严密。

11.2 明洞开挖

主控项目

11.2.1 明洞开挖断面的中线、高程应符合设计要求。

检验数量：施工单位每一开挖循环检查一次，监理单位抽查。

检验方法：仪器测量。

11.2.2 明洞边墙基础地质情况和地基承载力应满足设计要求。

检验数量：每一开挖循环检查一次，施工单位检测不少于5处，监理单位见证检测不少于1处。

检验方法：施工单位静力触探或标准贯入检测；监理单位检查检测报告和见证检测。

11.2.3 明洞边墙基础、基底内应无积水、虚渣及杂物。

检验数量：施工单位、监理单位全部检查。

检验方法：观察。

11.2.4 当基底需要进行加固处理时，应符合设计要求。

检验数量：施工单位、监理单位全部检查。

检验方法：施工单位、监理单位按《铁路路基工程施工质量验收标准》(TB 10414)和《建筑地基基础工程施工质量验收规范》(GB 50202)的有关规定进行检查验收。

一 般 项 目

11.2.5 洞边墙与基底允许超欠挖应满足设计要求。

检验数量:施工单位全部检查。

检验方法:仪器测量。

11.3 模　板

主 控 项 目

11.3.1 明洞衬砌模板台车、移动台架必须按照隧道内净空尺寸进行设计与制造,钢结构及钢模必须具有足够的强度、刚度和稳定性,能承受所浇筑混凝土的重力、侧压力及施工荷载。衬砌模板台车、移动台架必须经验收合格后方可投入使用。

检验数量:施工单位、监理单位每环检查一次。

检验方法:查设计资料,产品验收合格证明,现场观察和测量检查。

11.3.2 明洞模板安装必须稳固牢靠,接缝严密,不得漏浆。模板与混凝土的接触面必须清理干净并涂刷隔离剂。浇筑混凝土前,模板内的积水和杂物应清理干净。

检验数量:施工单位、监理单位每环检查一次。

检验方法:观察。

11.3.3 拱圈混凝土强度应达到混凝土设计强度的75%且拱顶回填高度达到0.7 m时方可拆除明洞拱架。

检验数量:施工单位每次拆模前检查一组同条件养护试件,监理单位按20%比例见证试验。

检验方法:施工单位进行同条件养护试件强度试验;监理单位检查强度试验报告或见证试验。

一 般 项 目

11.3.4 明洞结构非承重模板拆除时,混凝土强度不得低于2.5 MPa,并应保证其表面及棱角不受损伤。

检验数量:施工单位全部检查。

检验方法:观察。

11.3.5 明洞模板安装、预留孔洞允许偏差应符合本标准第7.2.5条、第7.2.6条的规定。

11.4 钢　筋

主 控 项 目

11.4.1 钢筋原材料进场检验必须符合本标准第7.3.1条的规定。

11.4.2 钢筋品种、级别、规格和数量必须符合设计要求。

检验数量:施工单位、监理单位全部检查。

检验方法:观察,钢尺检查。

11.4.3 钢筋的连接方式必须符合设计要求。

检验数量:施工单位、监理单位全部检查。

检验方法:观察。

11.4.4 钢筋接头的技术条件和外观质量应符合本标准第7.3.4条的规定。

11.4.5 钢筋的加工应符合本标准第7.3.5条的规定。

一般项目

11.4.6 钢筋加工允许偏差和检验方法应符合本标准第7.3.6条的规定。

11.4.7 钢筋接头的设置应符合本标准第7.3.7条的规定。

11.4.8 钢筋的保护层厚度应符合本标准第7.3.8条的规定。

11.4.9 钢筋应平直、无损伤,表面无裂纹、油污、颗粒状或片状老锈。

检验数量:施工单位全部检查。

检验方法:观察。

11.5 混凝土

主控项目

11.5.1 明洞混凝土所采用的水泥、外加剂必须符合本标准第7.4.1条、第7.4.4条的规定。

11.5.2 明洞混凝土所采用细骨料、粗骨料、矿物掺合料、碱骨料碱含量、混凝土拌和用水、配合比设计应符合本标准第7.4.2条、第7.4.3条、第7.4.5条、第7.4.6条、第7.4.7条、第7.4.8条的规定。

11.5.3 明洞混凝土抗压强度试件取样、留置及强度等级必须符合本标准第7.4.9条的规定。

11.5.4 明洞边墙、拱圈混凝土的厚度必须符合设计要求。

检验数量:施工单位、监理单位每一灌筑段检查一个断面,采用无损检测方法时,测线布置应符合铁道行业标准《铁路隧道衬砌质量无损检测规程》(TB 10223)的规定。

检验方法:施工单位测量检查,必要时可采用钻孔抽样或无损检测方法检查衬砌厚度,钻孔检查每个断面应从拱顶沿两侧不少于5点,监理单位见证检查。

11.5.5 灌注边墙混凝土时,边墙超挖部分必须按设计要求及时回填。边墙基底应无虚渣杂物及淤泥。

检验数量:施工单位、监理单位全部检查。

检验方法:施工单位现场观察检查,监理单位旁站。

11.5.6 施工缝、变形缝的位置和处理应符合设计和施工技术方案的要求。

检验数量:施工单位、监理单位全部检查。

检验方法:观察和尺量。

11.5.7 明洞混凝土的运输、浇筑及间歇的全部时间和养护应符合本标准第7.4.13条、第7.4.14条的规定。

一 般 项 目

11.5.8 明洞混凝土拌和物的塌落度、施工配合比、每盘称量的偏差应符合本标准第7.4.16条、第7.4.17条、第7.4.18条的规定。

11.5.9 明洞混凝土结构进水孔、泄水孔、泄水槽应符合本标准第7.4.19条的规定。

11.5.10 混凝土结构外形尺寸允许偏差应符合本标准第7.4.20条的规定。

11.5.11 混凝土结构表面应密实平整、颜色均匀，不得有露筋、蜂窝、孔洞、疏松、麻面和缺棱掉角等缺陷。

检验数量：施工单位全部检查。

检验方法：观察。

11.6 明洞防排水

主 控 项 目

11.6.1 明洞顶部、内墙及洞门墙背防水形式应符合设计要求。

检验数量：施工单位、监理单位全部检查。

检验方法：观察。

11.6.2 明洞顶采用涂料防水层防水时应符合本标准第8.6节的规定。

检验数量：施工单位、监理单位按施工单位抽检次数的10%进行见证检验，但至少一次。

检验方法：检查产品合格证、试验报告和观察。

11.6.3 卷材防水层所用的卷材及主要配套材料质量应符合设计要求。

检验数量：施工单位按材料进场批次抽样检验，监理单位按20%比例见证取样检测。

检验方法：施工单位检查产品出厂合格证，做材料主要性能试验；监理单位检查产品出厂合格证，试验检测报告。

11.6.4 水泥砂浆防水层（含聚合物水泥砂浆、掺外加剂或掺合料水泥砂浆）应根据原材料性能和设计要求进行配合比设计。

检验数量：施工单位全部检查，监理单位按20%比例见证检查。

检验方法：施工单位进行配合比设计，监理单位查水泥砂浆配合比设计及工程试验报告单，见证检查。

11.6.5 卷材防水层及其转角处、变形缝等细部做法应符合设计要求。

检验数量：施工单位、监理单位全部检查。

检验方法：查隐蔽工程验收记录、观察。

11.6.6 明洞设置的截水沟、排水沟、纵向盲沟、盲管等排水设施的位置、结构尺寸应符合设计要求，排水系统顺畅，无淤积阻塞。

检验数量：施工单位、监理单位每一施工段检查一次。

检验方法：查对设计图、尺量、观察。

一 般 项 目

11.6.7 卷材防水层的基层应牢固，基面应洁净、平整，不得有空鼓、松动、起砂和脱皮现象。基层阴阳角处应做成圆弧形。

检验数量:施工单位全部检查。

检验方法:查隐蔽工程验收记录、观察。

11.6.8 卷材防水层的搭接缝应黏(焊)接牢固,严密,不得有皱折、翘边和鼓包等缺陷。

检验数量:施工单位全部检查。

检验方法:查隐蔽工程验收记录、观察。

11.6.9 卷材防水层的保护层应符合设计要求,保护层应与防水层黏结牢固,结合紧密,厚度均匀一致。

检验数量:施工单位全部检查。

检验方法:观察。

11.6.10 防水卷材铺贴时,两幅卷材短边和长边的搭接宽度均不小于100 mm,采用双层卷材的接缝应错开1/2 ~1/3 幅宽,且二幅卷材不得垂直铺贴。卷材铺贴后不得有滑移、翘边、起泡、损伤等现象。卷材防水层搭接宽度允许偏差为10 mm。

检查数量:施工单位每100 m^2 抽查一处,每处10 m^2,且不得少于3处。

检查方法:观察,尺量。

11.6.11 水泥砂浆防水层应按设计要求分层铺抹,各层应紧密贴合连续施工。

检验数量:施工单位全部检查。

检验方法:查施工记录,观察。

11.6.12 水泥砂浆防水层终凝后应及时进行养护,养护时间不得少于14 d,养护期间应保持湿润。

检验数量:施工单位全部检查。

检验方法:查施工记录,观察。

11.6.13 明洞拱背的黏土隔水层与边、仰坡应搭接良好。

检验数量:施工单位全部检查。

检验方法:观察。

11.7 回 填

主控项目

11.7.1 墙背回填应符合下列规定:

1 自墙顶起坡开挖时,墙背超挖回填应用与边墙强度等级相同的混凝土一次灌筑,超挖较大部分应用浆砌片石回填;

2 自墙底起坡开挖,或在已成路堑增建明洞或偏压及单压式明洞靠山侧墙背回填应符合设计要求。

检验数量:施工单位、监理单位全部检查。

检验方法:查对设计图、工程检查证、施工记录,观察。

11.7.2 洞顶回填高度、坡度、回填材料应符合设计要求。

检验数量:施工单位、监理单位全部检查。

检验方法:查对设计图、工程检验证、观察。

11.7.3 洞顶回填密实度应符合设计要求。

检验数量:施工单位每一作业循环检查一次,监理单位按 20% 比例见证检查。

检验方法:施工单位静力触探试验,监理单位查检测报告,见证检查。

一 般 项 目

11.7.4 墙背回填时应与墙后排水设施同时施工,并保证能使渗水顺畅排出。

检验数量:施工单位全部检查。

检验方法:查施工记录,观察。

11.7.5 拱背回填应对称分层夯实,每层厚度不宜大于 0.3 m,其两侧回填的土面高差不得大于 0.5 m。

检验数量:施工单位全部检查。

检验方法:观察。

12 单位工程观感质量评定

12.0.1 观感质量由建设单位组织监理单位、施工单位共同进行现场评定。

12.0.1A 观感质量验收前,施工单位应将衬砌、道床、电缆沟槽、水沟、避车洞、设备洞室等处所的垃圾和粉尘清理干净,建设单位应组织施工单位、监理单位进行初验,初验不合格的工程不得进行观感质量验收。

12.0.2 观感质量检查项目评定达不到合格标准,应进行返修。

12.0.3 洞门观感质量合格标准:

混凝土端墙、翼墙表面平整,色泽均匀,接茬处无较大错台、跑模现象。局部蜂窝麻面已修补,外形整体轮廓清晰,线角基本顺直。

砌石端墙、翼墙选料得当,表面平整,砌缝符合规定,勾缝无明显缺陷,线角基本顺直。

浆砌片石边仰坡表面平顺,砌缝密实。边仰坡无露裸,地表植被恢复及水土保持良好,无冲刷痕迹。

洞门排水设施排水流畅,无淤积。砌体表面不淌水,无大面积湿渍。

变形缝缝身竖直、缝宽基本均匀,填塞密实无漏水。

检查梯及隧道名牌、号标的设置美观大方。

12.0.4 洞身观感质量合格标准:

拱部、边墙及隧底衬砌表面色泽均匀、曲线圆顺,整体轮廓清晰。

混凝土接茬处无较大错台、跑模现象。无较大面积的蜂窝麻面,局部蜂窝麻面已修补。无从表面延伸至内部的、影响结构安全和使用功能的裂缝。

洞内沟槽线条顺直美观。沟槽盖板无破损,安装牢固。

12.0.5 防排水观感质量合格标准:

拱部衬砌无滴水,边墙无淌水。洞身范围内无大面积湿渍。

水沟流水坡面平顺,水流畅通,不积淤堵塞。泄水孔排水畅通。

本标准用词说明

执行本标准条文时，对于要求严格程度的用词说明如下，以便在执行中区别对待。

(1)表示很严格，非这样做不可的用词：

正面词采用“必须”；

反面词采用“严禁”。

(2)表示严格，在正常情况均应这样做的用词：

正面词采用“应”；

反面词采用“不应”或“不得”。

(3)表示允许稍有选择，在条件许可时首先应这样做的用词：

正面词采用“宜”；

反面词采用“不宜”。

表示有选择，在一定条件下可以这样做的，采用“可”。

《铁路隧道工程施工质量验收标准》条文说明

本条文说明系对重点条文的编制依据,存在的问题以及在执行中应注意的事项等予以说明。为了减少篇幅,只列条文号,未抄录原文。

1.0.1 本标准的编制目的是为了加强和统一铁路隧道工程施工质量的验收。本标准不涉及工程决策阶段的质量、勘察设计阶段的质量和运营维修阶段的质量等。

本标准是政府部门、专门质量机构、建设单位、监理单位、勘察设计单位和施工单位对工程施工阶段的质量进行监督、管理和控制的主要依据。

由于施工阶段的质量控制是工程整体质量控制的关键环节,工程整体质量在很大程度上取决于施工阶段的质量控制,所以本标准根据铁路隧道专业的工程质量特性,规定了建设活动各方对隧道工程施工质量控制的方法、程序、职责以及质量指标,藉以保证工程质量。

1.0.2 本标准适用于旅客列车最高行车速度 160 km/h 及以下的客货共线运行的新建、改建标准轨距铁路。在标准体系中,本标准是铁路隧道工程专业施工质量验收的主体标准。客运专线、高速铁路的隧道工程以及本标准制订时没能纳入的新技术、新工艺、新设备、新材料等,应该在本标准的基础上制订补充规定。

1.0.3 《建设工程质量管理条例》分别规定了建设单位、勘察设计单位、监理单位和施工单位的法定质量职责和义务。本标准根据铁路隧道工程的专业特点,对建设各方在施工阶段的质量职责具体细化均做出了明确规定,改变了几十年来一贯沿用的工程施工质量仅由施工单位一方负责的传统模式,促使各方共同保证工程质量的合格。

1.0.4 铁路工程施工点多线长、施工期较长,取弃土(砟)、污水(物)排放、噪声等对生态环境的影响很大。施工单位应在施工前制订有效的环保方案,施工期内最大限度地减少对环境的影响,施工结束后给予必要的恢复,切实做好环境保护和水土保持工作,保证国民经济的可持续发展。设计有要求的更应该全面按设计文件办理。

1.0.5 铁路工程施工质量检验检测工作,是工程质量管理的重要组成部分,也是工程质量控制的重要手段。客观、准确的检验检测数据,是评价工程质量的科学依据。判定工程施工质量合格与否,要体现质量数据说话的原则。其基础是质量数据必须真实可靠,并且能够代表工程施工质量情况。这就要求检验检测所用的仪器方法和抽样方案必须符合相关标准或技术条件的规定,方法统一,数据才有可比性。另外,随着工程检测技术的发展,一些成熟可靠的新方法、新仪器不断出现,尤其是对工程实体质量的检测,使用新技术后,能减少检测工作量,提高检测精度,应该积极采用。但采用这些新技术应经过必要程序的鉴定。

铁路隧道工程质量无损检验方法主要指地质雷达法、声波法、红外线法、瑞雷波法。

地质雷达法主要用于检测衬砌厚度及衬砌背后回填密实情况。

声波法主要用于检测衬砌混凝土的强度等级、混凝土的完整性、衬砌厚度。

瑞雷波法可用于检测隧道衬砌厚度和强度。

红外线法可用于检测隧道渗水、漏水。

1.0.6　本标准中规定的质量指标是合格标准。合格标准也就是控制施工质量的最低标准。达不到本标准所规定的质量要求的工程，其结构安全和使用功能就不能得到有效保证和满足，就是不合格的工程。所以本标准要求施工所采用的承包合同文件和其他工程技术文件等，对施工质量的要求不能低于本标准中的规定。

1.0.7　铁路工程施工过程中的环节多、影响工程质量的因素多，所以采用的标准规范就会很多。既有技术标准又有管理标准、既有国家标准又有行业标准、甚至还有国际标准和国外标准，本标准难以一一详列。一般情况下可根据工程实际情况，确定各种标准规范的采用与否。但是对于施工过程涉及到的、现行国家和铁道行业标准中有强制性执行要求的标准或标准条文则必须贯彻执行。

铁道行业涉及的主要标准包括：

《铁路隧道设计规范》(TB 10003—2001)

《铁路隧道喷锚构筑法技术规范》(TB 10108—2002)

《锚杆喷射混凝土支护技术规范》(GB 50086—2001)

《铁路混凝土与砌体工程施工质量验收标准》(TB 10424—2003)

《混凝土结构工程施工质量验收规范》(GB 50204—2002)

《铁路隧道防排水技术规范》(TB 10119—2000)

《铁路隧道衬砌质量无损检测技术规范》(TB 10222—2003)

《铁路隧道术语》(GB/T 16566—1996)

2

本章中给出的 35 个术语，是本标准有关章节中所引用的。在编写本章术语时，主要参考了《铁路隧道术语》(GB/T 16566—1996)、《建筑工程施工质量验收统一标准》(GB 50300—2001)、《铁路隧道施工规范》(TB 10204—2002)等国家、行业标准的相关术语。

3.1.1　本条规定了隧道工程施工现场应建立必要的质量管理体系和质量检验制度。强调施工质量的控制应为全过程的质量控制。全过程控制不仅要包括原材料进场控制、工艺流程控制、施工操作控制、每一道工序质量检查、各相关工序间的交接检验等中间环节的质量控制，还包括了施工单位应通过内部的审核与管理者的评审，找出质量管理体系中存在的问题和薄弱环节，并制定改进措施和跟踪检查落实等措施，使项目的质量管理体系不断完善与提高。施工现场应配齐相应的施工技术标准，包括国家标准、行业标准和企业标准；施工单位要有健全的质量管理体系，要建立必要的施工质量检验制度；施工准备工作要全面、到位。

施工前，监理单位(未委托监理的项目为建设单位，下同)要对施工单位所做的施工准备工作进行全面检查。这是对监理单位(建设单位)和施工单位两方提出的要求，是保证开工后顺利施工和保证工程质量的基础。一般情况下，每个单位工程应检查一次。施工现场质量管理检查记录由施工单位的现场负责人填写，由监理单位的总监理工程师(建设单位项目负责人)进行检查验收，做出合格或不合格及限期整改的结论。

现场质量管理制度应包括现场施工技术资料的管理制度在内。

3.1.2 工程施工质量控制的要点是两个方面：一是对材料、构配件和设备质量的进场验收；二是对各工序操作质量的自检、交接检验。

(1)对材料、构配件和设备质量的进场验收应分两个层次进行。

现场验收：对材料、构配件和设备的外观、规格、型号和质量证明文件等进行验收。检验方法为观察检查并配以必要的尺量、检查合格证、厂家(产地)试验报告；检验数量多为全部检查。施工单位和监理单位的检验方法和数量多数情况下相同。未经检验或检验不合格的，不得运进施工现场。

试验检验：凡是涉及结构安全和使用功能的，要进行试验检验。试验检验项目的确定掌握两个原则：一是对工程的结构安全和使用功能确有重要影响；二是大多数单位具备相应的试验条件。施工单位试验检验的批量、抽样数量、质量指标应根据相关产品标准、设计要求或工程特点确定，检验方法符合相关标准或技术条件的规定。监理单位要按施工单位抽样数量的20%或10%以上的比例进行见证取样检测或平行检验。不合格的不得用于工程施工。

(2)对工序操作质量的自检、交接检验。

自检：施工过程中各工序应按施工技术标准进行操作，该工序完成后，对反映该工序质量的控制点进行自检。自检的结果要留有记录。这些结果可以作为施工记录的内容，有的也正好是检验批验收需要的检验数据，要填入检验批质量验收记录表中。

交接检验：一般情况下，一个工序完成后就形成了一个检验批，可以对这个检验批进行验收，而不需要另外进行交接检验。对于不能形成检验批的工序，在其完成后应由其完成方与承接方进行交接检验。特别是不同专业工序之间的交接检验，应经监理工程师检查认可，未经检查或经检查不合格的不得进行下道工序施工。其目的有三个：一是促进前道工序的质量控制；二是促进后道工序对前道工序质量的保护；三是分清质量职责，避免发生纠纷。

3.1.3 作为铁路隧道工程施工质量验收的强制性条文，必须严格遵守。工程施工质量验收包括检验批、分项工程、分部工程和单位工程施工质量的验收。

1 铁路隧道工程施工质量验收依据的标准有两本：本标准和《铁路混凝土与砌体工程施工质量验收标准》(TB 10424—2003)。除两标准及两标准条文中提及的有关标准外，均不得作为验收依据。

2 按图施工是施工单位的重要原则，勘察设计文件是施工的依据，施工中不得随意改变勘察设计文件。如必须改变时，应按程序由设计单位修改，施工质量也应符合修改后的设计文件要求。

3 参加施工质量验收的各方人员，是指参加检验批、分项工程、分部工程、单位工程施工质量验收的人员，这些人员应具有相应的资格。本标准给出了原则性的规定，还应结合工程情况、管理模式等，在保证工程质量、分清责任的前提下具体确定。

4 施工单位是施工质量控制的主体，应对工程施工质量负责，其工程施工质量必须达到本标准的规定。另外，其他各方的验收工作必须在施工单位自行检查合格基础上进行，否则，也是违反标准的行为。

5 施工单位对隐蔽工程在施工完成后应先行检查，符合要求后通知监理单位验收。对于隧道工程中的地基基础，在开挖至设计高程后，还应通知勘察设计单位参加验收，实际上是要求勘察设计单位对现场地质情况进行确认。这一点对于保证工程质量及日后可能出现的质量事故的责任判定很重要，不能忽视。

6　为了保证对涉及结构安全的试块、试件的代表性和真实性负责，监理单位必须按本标准对各检查项目的规定，进行平行检验或见证取样检测、见证检测。且各检验项目中均有具体规定。涉及结构安全和使用功能的现场检测项目，监理单位应按规定进行见证或平行检验。见证或平行检验的数量各检验项目中也有具体规定。

7　检验批质量验收是对主控项目和一般项目的检查验收。只要这些项目的质量达到了本标准的规定，就可以判定该检验批合格。标准中的其他要求不在检验批质量验收中涉及。

8　对涉及结构安全和使用功能的重要分部工程的抽样检测，是这次标准修订增加的重要内容，以前的标准中没有这方面的要求。

9　为了保证见证取样检测及结构安全检测结果的可靠性、可比性和公正性，检测单位应具备有关管理部门核定的资质。对于特殊项目的检测，可由建设单位确定检测单位。

10　单位工程的观感质量相对涉及结构安全和使用功能的主体工程质量而言，应该是比较次要的。但是，对完工后的工程进行一次全面检查，对工程整体质量进行一次现场核实，是很有必要的。观感质量验收绝不是单纯的外观检查，也不是在单位工程完成后对涉及外观质量的项目进行重新检查，更不是引导施工单位在工程外观上做片面的投入。观感质量验收的目的在于直观地从宏观上对工程的安全可靠性能和使用功能进行验收。如局部缺损、污染等，特别是在检验批、分项工程、分部工程的检查验收时反映不出来，而后来又发生变化的情况，通过观感质量验收及时发现问题，提出整改，是一个不可缺少的质量控制环节。

3.2.1　铁路隧道工程施工质量验收应按四级划分：单位工程、分部工程、分项工程、检验批。

单位工程：按一个完整工程，或一个完整工程中的相当规模施工范围划分。其重要的划分原则为一个单位工程必须是由一个施工单位施工的。

分部工程：按一个完整的部位、主要结构或施工阶段划分，由若干个分项工程组成。

分项工程：主要是按工种划分，有的也可按工序、材料、工艺等划分。由若干个检验批组成，特殊情况下仅含一个检验批。

检验批：是分项工程的组成部分。根据施工质量控制和验收需要，将一个分项工程划分成若干各检验批。检验批是施工质量验收的基本单元。

3.2.2　一般情况下隧道工程应以一座作为单位工程进行质量验收。但针对目前铁路工程招投标的情况，长隧道和特长隧道往往划分为二个或多个标段进行施工招标，在这种情况下可按施工标段划分单位工程。

3.2.5　检验批是施工过程中条件相同并有一定数量的材料、构配件或安装项目，由于其质量基本均匀一至，因此可以作为检验的基础单位，并按批验收。

3.2.6　本条规定了本专业单位工程、分部工程、分项工程的划分以及检验批的具体规模数量，这是开展工程质量验收工作的重要基础，是提高验标可操作性的关键所在，在各级工程质量验收中必须严格执行。为了提高验收资料的系统性和完整性，方便检查、归档、验收，具体实施中，应对单位工程、分部工程、分项工程以及检验批进行编号，每一个检验批都应当有自己独立的一个号码。具体的编号方式参照《铁路工程施工质量验收标准应用指南》执行。

3.3.1 检验批质量验收内容包括实物检查和资料检查两部分。本标准对检验批质量验收的要求都是根据这两个方面做出的规定。检验批是工程验收的最小单位，检验批的质量是分项工程乃至整个单位工程质量的基础。

本条给出了检验批质量合格的条件，共两个方面：资料检查、主控项目检验和一般项目检验。

质量控制资料反映了检验批从原材料到最终验收的各施工工序的操作依据，检查情况以及保证质量所必须的管理制度等。质量控制资料的检查实际上是过程控制的确认，这是检验批质量验收的前提。

检验批的合格质量主要取决于对主控项目和一般项目的检验结果。

主控项目是对检验批的基本质量起决定性影响的检验项目，因此必须全部符合检验项目和有关规范的规定，即主控项目不允许有不符合要求的检验结果。

3.3.2 检验批质量合格的前提是主控项目和一般项目的质量经抽样检验合格。对于有允许偏差的一般项目抽查点除有专门要求外，规定在允许偏差内的点应达到80%及以上，其余抽查点可以超出允许偏差，但不得超出1.5倍的允许偏差。

3.3.3 分项工程质量验收是对其所含检验批质量的统计汇总。主要是检查核对检验批是否覆盖分项工程范围，不能缺漏。分项工程的验收是在检验批的基础上进行的。一般情况下，分项工程与检验批具有相同的性质，只是批量的大小不同。因此，构成分项工程的各检验批的验收资料文件完整，且均已验收合格，则分项工程验收合格。

3.3.4 分部工程质量验收包括以下三个方面的内容：

(1)分部工程所含分项工程的质量均应验收合格。这也是一项统计汇总工作。应注意核对有没有缺漏的分项工程，各分项工程验收是否正确等。

(2)质量控制资料应完整。这也是一项统计汇总工作，主要是检查检验批的验收资料、施工操作依据、质量记录是否完整配套，是否全面反映了质量状况。

(3)隧道衬砌厚度、强度、衬砌背后回填及防水等的检验和抽样检测结果应符合本标准的有关规定。主要检查项目是否有缺漏、检测记录是否符合要求，检测结果是否符合本标准的规定和设计要求。

3.3.5 单位工程质量的验收是建设活动各方对施工质量控制的最后一关。分部工程质量、质量控制资料、检测资料及抽查结果、观感质量均应符合本标准的规定。

3.3.6 工程质量不符合要求的情况，多在检验批质量验收阶段出现，否则会影响相关分项、分部工程质量的验收。

1 对于推倒重做、更换构配件或设备的检验批，应该重新进行验收。当重新抽样检查后，检验项目符合本标准规定的，应判定该检验批合格。

2 个别试块试件的强度不能满足要求的情况，包括试块试件失去代表性、试块试件缺少、试验报告有缺陷或对试验报告有怀疑等。在这种情况下，应由有资质的检测单位进行检验测试，如果测试结果证明该检验批的质量能够达到原设计的要求，则该检验批予以合格验收。

对于其他不合格的现象，因情况复杂，本标准不能给出明确的处理方案。由各方根据具体情况按程序协商处理。

3.3.7 采取返修或加固处理措施后，仍然存在严重缺陷，不能满足安全和使用要求的分部、单位工程，是不合格工程，严禁验收。

3.4.1～3.4.7 标准中规定的检验批质量验收记录表是通用格式。由于分项工程所含项目差别很大，实际操作过程中，往往发生漏检项目、项目名称不统一、质量描述不规范、检验数量不足等具体问题，所以检验批质量验收记录采用统一格式是非常必要的。各检验批质量验收记录表的具体格式和填写要求参照《铁路工程施工质量验收标准应用指南》执行。

工程施工质量验收的程序和组织应把握以下要点：

(1)施工单位自检合格是验收工作的基础。

(2)监理单位对所有主控项目进行检查，对一般项目根据施工单位质量控制情况确定检查项目。

(3)参加验收的各方人员应具备相应的资格，主要是能够负质量责任，当发生质量问题时具有可追溯性。

(4)勘察设计单位只参加单位工程和与勘察、设计文件有直接关系的分部工程的验收。

3.4.1～3.4.2 检验批和分项工程验收前，施工单位必须组织相关人员进行自检，检验批和分项工程自检合格后填写好"检验批和分项工程质量验收记录"(有关监理验收记录和结论不填)并报监理工程师。由于检验批和分项工程是工程质量的基础，因此，监理工程师在接到施工单位填报的"检验批和分项工程质量验收记录"后，应组织施工单位专职质量检查员和分项工程技术负责人在施工现场严格按规定程序进行验收。监理单位应对所有主控项目进行检查，对一般项目可根据施工单位质量控制情况确定检查项目。

3.4.3 工程监理实行总监理工程师负责制，按监理分部工程的验收应由总监理工程师组织施工单位项目负责人和技术、质量负责人等进行。考虑到铁路工程点多线长，分部工程全部由总监理工程师组织验收，具体实施有难度。根据《铁路建设工程监理规范》(TB 10402—2003)的规定，分部工程的验收由监理工程师组织施工单位项目负责人和技术、质量负责人等进行。

由于隧道衬砌厚度、强度、衬砌背后回填及防水等技术性能要求严格，技术性强，关系到整个工程的安全功能和使用性能，因此规定这些分部工程的勘察设计单位项目负责人也应参加相关分部工程的质量验收。

3.4.4 本条规定单位工程完工后，施工单位应首先依据质量标准、设计文件等组织有关人员进行自检并对检查结果进行评定，符合要求后向建设单位提交工程验收报告和完整的质量资料，请建设单位组织验收。

3.4.5 本条规定了单位工程质量验收应由建设单位负责人或项目负责人组织验收。由于设计、施工、监理单位都是责任主体，因此，单位工程验收时，监理单位总监理工程师、施工单位负责人或项目负责人和质量负责人、勘察设计单位负责人或项目负责人均应参加验收。

4.1.1 本条文针对目前隧道洞口施工存在的环保问题，主要是洞口边坡、仰坡开挖后，破坏了山体原有的平衡和植被造成山体坍塌、水土流失。因此，隧道洞口施工时，边坡、仰坡的防护除了应满足设计要求外，控制边坡暴露面的范围、地表植被的恢复、水土保持等涉及洞口周边环境的应符合国家有关环境保护法规法律的要求。

洞口边仰坡系指洞门端墙(含翼墙及洞口连接的挡墙)的上部范围。

4.1.2 边坡、仰坡开挖不得采用大爆破，是因为大爆破对围岩的振动很大，极易造成边坡、仰坡的坍塌，甚至造成山体坠石或滑坡。同时条文要求开挖后应及时进行防护施工，也是为了避免山坡长期暴露造成水土流失形成事故隐患。

4.1.7 洞口砌筑工程的基础应设置在稳定的地基上，这是总的要求。基础开挖至设计标高后必须进行隐蔽工程验收，如其承载力不符合设计要求，应提出设计变更。

4.5.1 现浇混凝土的结构尺寸、外观质量以及浇筑混凝土过程中的施工安全往往与模板的强度、刚度和稳定性有直接的关系，因此要求模板应有设计计算资料，保证模板能承受结构荷载和施工荷载。

5.1.1 随着隧道施工技术尤其是支护技术的发展，隧道施工方法（开挖方式）也不断地更新和发展，施工单位在选择开挖方法时，应根据地质、覆盖层厚度、结构断面及地面环境条件、施工设备配置等经过经济、技术比较后选择确定。

5.1.3 隧道开挖轮廓的确定原则是在考虑所有影响净空尺寸的因素，围岩稳定后，开挖断面仍符合设计要求。施工单位首先要根据自己的施工经验根据围岩级别、隧道宽度、隧道埋深、施工方法和支护情况采用工程类比法确定围岩预留变形量。当无类比资料时，可按下表采用。

围岩级别	单线隧道	双线隧道
Ⅱ		1～3
Ⅲ	1～3	3～5
Ⅳ	3～5	5～7
Ⅴ	5～7	7～10
Ⅵ	7～10	特殊设计

注：1 深埋、软岩隧道取大值，硬岩隧道取小值；
2 有明显流变、原岩应力较大和膨胀性围岩应根据量测数据反馈分析确定。

5.1.5 本条强调了隧道施工采用钻爆法开挖时应进行钻爆设计，目的是避免超挖、控制对围岩的振动和达到预期的循环进尺，并尽可能地节省工料提高经济技术指标。但在施工过程中，应对每次的爆破效果进行检查并与爆破设计进行比较，及时修正参数提高爆破效果。

5.1.10 目前常用的隧道开挖方式主要有全断面法开挖、正台阶法开挖、环形留核心土法开挖、中洞法开挖、中隔壁法（CD法）开挖、交叉中隔壁法开挖、双侧壁导坑法开挖。无论采用哪一种开挖方法，都要求隧道开挖后及时施作初期支护并达到一定的强度后，方允许下一工序的开挖以保证围岩的稳定和施工安全。

台阶法施工的台阶长度应根据地质和开挖断面跨度等情况采用长、短和超短台阶，下台阶应在拱部初期支护结构基本稳定且喷射混凝土达到设计强度70%以上时开挖。当岩体不稳定时，应先施工边墙初期支护后方可开挖中间土体，并适时施工仰拱。

环形留核心土法施工时，上台阶的环形拱部开挖后应及时进行初期支护，当初期支护结构基本稳定且喷射混凝土达到设计强度70%以上时再开挖核心土。核心土应留坡度并不出现反坡。上台阶施工完后可按台阶法施工下台阶及仰拱。

中洞法施工时，开挖中洞的跨度不宜大于0.3倍隧道宽度。待中洞初期支护结构基本稳定且喷射混凝土达到设计强度70%以上，再按台阶法施工左右洞上下台阶及仰拱。相邻洞前后错开距离不宜小于15 m。

中隔壁法施工时,采用台阶法先分部开挖隧道的一侧,施作初期支护及中隔壁墙,待初期支护结构基本稳定且喷射混凝土达到设计强度70%以上时再开挖隧道的另一侧。左右洞体施工时,前后错开距离不宜小于15 m。

交叉中隔壁法施工时,采用台阶法先分部开挖隧道一侧的一部或二部,施作初期支护及中隔壁墙,待初期支护结构基本稳定且喷射混凝土达到设计强度70%以上时再开挖隧道的另一侧的一部或二部,然后再开挖隧道下部。左右洞体施工时,前后错开距离不宜小于15 m。

双侧壁导坑法施工时,导洞跨度不应大于0.3倍隧道宽度。先开挖双侧壁导洞并施作初期支护,然后采用台阶法开挖隧道拱部及下台阶和仰拱。左右导洞体施工时,前后错开距离不宜小于15 m。

5.2.4 施工现场判定炮眼痕迹保存率一般可用目测来进行。松散软岩很难保留炮眼痕迹,可不作炮眼痕迹保存率的要求,只要开挖轮廓成形较好,也可作为合格。

铁路隧道主要施工(开挖)方法

序号	名称	横断面示意	适用范围	主要施工方法
1	全断面开挖法		稳定岩体中的单拱单线区间隧道	(1)采用光面爆破或预裂爆破开挖 (2)施工仰拱后根据设计做初期支护或直接进行二次衬砌施工
2	台阶法	① ②	稳定岩体、土层及不稳定岩体	(1)稳定岩体:上台阶采用光面爆破,开挖后并分别施工初期支护结构。台阶留置长度不宜大于5B(B为隧道开挖跨度)或50 m,下台阶开挖后适宜施工仰拱 (2)土层及不稳定岩体:拱部开挖后及时施工初期支护结构,台阶根据地质和隧道跨度采用短台阶(1~1.5B)或超短台阶(3~5 m)开挖,下台阶开挖后适宜施工仰拱
3	环形开挖预留核心土法	① ② ③ ②	土层及不稳定岩体单拱隧道	(1)以台阶法为基础,先分别开挖上台阶的环形拱部,并施工完初期支护结构后开挖核心土 (2)开挖下台阶,施工墙体初期支护结构后并做仰拱
4	双侧壁导坑法	② ① ③ ①	土层及不稳定岩体单拱隧道	(1)以台阶法为基础,先开挖双侧壁导洞并施工初期支护结构 (2)开挖拱部并施工初期支护结构 (3)开挖下台阶,施工墙体初期支护结构后并做仰拱

续上表

序号	名 称	横断面示意	适用范围	主 要 施 工 方 法
5	中洞法	② ② ① ③ ③	土层及不稳定岩体中多拱隧道	(1)先施工中洞并施做初期支护,然后施工中洞内的梁柱结构 (2)以台阶法为基础,开挖双侧拱部并施工初期支护结构 (3)开挖下台阶,施工墙体初期支护结构后并做仰拱
6	中隔壁法(CD法)	① ③ ② ④	土层及不稳定岩体单拱隧道	(1)以台阶法为基础,将隧道分成左右两个单元洞体 (2)开挖一侧拱部并施工初期支护结构 (3)开挖一侧下台阶,施工墙体初期支护结构并施做仰拱 (4)开挖另一侧拱部并施工初期支护结构 (5)开挖一侧下台阶,施工墙体初期支护结构并施做仰拱
7	交叉中隔壁法(CRD法)	① ③ ② ④	土层及不稳定岩体单拱隧道	(1)以台阶法为基础,将隧道分成左右两个单元洞体 (2)开挖一侧拱部并施工初期支护结构 (3)开挖一侧下台阶,施工墙体初期支护结构并施做仰拱 (4)开挖另一侧拱部并施工初期支护结构 (5)开挖一侧下台阶,施工墙体初期支护结构并施做仰拱

5.2.5 本条所列的隧道开挖断面允许超挖值是采用《铁路隧道设计规范》(TB 10003—2001)第6.0.4条表6.0.4所列数据。

6

本章中"支护"包括了两个含义,即临时支护和初期支护。虽然二者在设计理念中是不同的概念,但对于施工而言,其施工方法是相同的。所以在进行质量验收时,统一称为支护。

喷锚支护包括:锚杆支护、喷射混凝土支护、喷射混凝土锚杆联合支护、喷射混凝土钢筋网联合支护、喷射混凝土与锚杆及钢筋网联合支护、喷钢纤维混凝土支护、喷钢纤维混凝土锚杆联合支护,以及上述几种类形加设钢架而成的联合支护。

超前支护包括:超前锚杆支护、超前管棚支护、超前小导管支护、超前预注浆加固围岩。

6.1.1 隧道开挖后及时进行支护是保证施工安全和提高支护效果的重要手段,支护的及时与否直接影响隧道施工的成败,也是最关键的一个环节。

6.1.3 喷射混凝土的方式可分为干喷、潮喷和湿喷。因湿喷射混凝土所用水、水泥、粗细骨料、外加剂等材料喷射前经过正确的计量和充分拌和,其喷射质量容易控制且回弹率低,所以标准规定宜采用湿喷方式。

6.2.1 喷射混凝土的质量与水泥品种和标号关系密切,而普通硅酸盐水泥与速凝剂有良好的相容性,所应优先选用普通硅酸盐水泥。

矿渣硅酸盐水泥和火山灰质硅酸盐水泥抗渗性能好,对硫酸盐类侵蚀抵抗能力较强,但初凝时间长,早期强度低,干缩性大。

6.2.4 为适应工程施工需要,在喷射混凝土加入早强剂、速凝剂、增黏剂等有关外加剂是改善喷射混凝土性能的重要手段。

速凝剂是喷射混凝土必须使用的外加剂,它的质量和掺量对喷射混凝土的强度、质量和成本都很重要。速凝剂对于不同品种的水泥,其作用效果是不尽相同的。同时速凝剂的凝结时间也会因环境温度的不同而有差别。使用前应进行与水泥相容性和速凝效果的检验。一般情况下速凝剂的掺量可采用水泥质量的 2% ~4%。

6.2.11 喷射混凝土施工应分段分层作业。

自下而上可避免先喷上部时松散回弹物污染下部未喷射混凝土的基面,且喷好下部的混凝土可对上部喷射的混凝土起到支托的作用。

一次喷射混凝土的厚度要适当,过薄则粗骨料不易黏结牢固,增加回弹量。过厚则不易保证喷射混凝土的致密和强度。

为保证喷射混凝土的质量,喷射混凝土应进行初期养护,喷射后 4 h 内不得进行爆破作业。

6.3.6 锚杆钻孔方向应与孔口岩面垂直才能使垫板密贴岩面,拧紧尾部螺母。锚杆不加垫板是目前施工中存在的一个普遍问题,本条强调锚杆垫板应与基面密贴应引起足够的重视。一般情况下垫板采用厚度 6 ~10 mm 的钢板制成,规格为 150 mm × 150 mm 或 200 mm × 200 mm。

6.4.6 为使岩面平整便于挂网和施工安全,隧道开挖后宜首先喷射一层混凝土后再铺挂钢筋网。

6.5.5 为确保钢架的支护效果,围岩、钢架、喷射混凝土应形成一个整体。所以要求钢架应被喷射混凝土包裹,同时钢架还应与围岩密贴顶紧。

7.1.1 本条是对隧道衬砌施工前的要求。隧道进行衬砌施工时,中线、水平必须准确,尤其是应事前考虑施工误差。否则,将影响隧道净空尺寸,增加修整断面的工作量,降低衬砌质量。

7.1.3 拟定监控量测方案,监测隧道的稳定状态,注意衬砌的变形,尤其是浅埋和软岩隧道,在衬砌施作完成后应对衬砌的变形情况进行监测,反馈监测信息指导设计和施工。监测项目和监测频率应符合设计要求。

7.2.1 对隧道衬砌模筑混凝土使用的衬砌台车必须进行设计是保证施工安全和混凝土成型质量并指导备料、制作、安装和拆除的重要技术环节。

7.2.4 过早拆模、混凝土强度不足很可能造成衬砌沉降变形、开裂等情况的发生。过晚拆模衬砌台车脱模困难。为保证隧道衬砌的安全和使用功能,提出了拆模时混凝土的强度要求。该强度通常反映为同条件养护混凝土试件的强度。

7.4.1 混凝土用水泥应根据隧道结构所处的环境条件和工程需要,分别选用符合国家现行标准的硅酸盐水泥、普通硅酸盐水泥、矿渣硅酸盐水泥、火山灰质硅酸盐水泥、粉煤灰硅酸盐水泥,水泥标号不得小于425号,并符合设计要求。

水泥进场时应对其品种、级别、包装等进行检查,并对其强度、安定性及其他必要的性能指标进行复验,其质量必须符合现行国家标准《硅酸盐、普通硅酸盐水泥》GB 175等的规定。

在使用水泥的过程中,如果对其质量有怀疑或水泥出厂超过三个月(快硬水泥超过一个月)时,应进行复验,并按复验结果使用。

7.4.4 混凝土外加剂种类较多,且均有相应标准。使用时其质量及应用技术应符合国家现行标准《混凝土外加剂》(GB 8076)、《混凝土外加剂应用技术规范》(GB 50119)、《混凝土速凝剂》(JC 472)、《混凝土泵送剂》(GB 473)、《混凝土防水剂》(JC 474)、《混凝土防冻剂》(JC 475)、《混凝土膨胀剂》(JC 476)等的规定。外加剂的检验项目、方法和批量应符合相应标准的规定。

7.4.8 为确保隧道防水混凝土的抗渗等级及抗压强度,防水混凝土所采用的水泥强度等级不应低于32.5级。

粗、细骨料的含泥量多少直接影响防水混凝土的质量,尤其是对混凝土的抗渗性影响较大。特别是黏土块,其体积不稳定,干燥时收缩、潮湿时膨胀,对混凝土有较大的破坏作用,必须严格控制粗、细骨料的含泥量。

考虑到施工现场与实验室条件的差别,试验室配制的防水混凝土其抗渗水压值应比设计要求提高0.2 MPa,以利保证施工质量和混凝土的防水性能。

防水混凝土添加外加剂是提高防水混凝土质量的一个重要手段,用于隧道衬砌防水混凝土的外加剂的技术性能应符合国家或行业标准一等品及以上的质量要求。

煤灰、硅粉可以减少水泥用量降低水化热,防止和减少混凝土裂缝的产生。但随着用量的增加,混凝土强度随之下降。因此,粉煤灰的掺量不应大于20%,硅粉的掺量不应大于3%。

7.4.9 本条针对不同的混凝土生产量,规定了用于检查衬砌混凝土强度试件的取样与留置要求。

7.4.10 隧道衬砌混凝土厚度的质量控制主要通过施工单位自控和监理旁边站得以保证。分项工程验收时,工程检查证是证明衬砌厚度的主要依据。当对某一检验批的衬砌厚度有疑问时,主可采用钻孔抽样检测验证衬砌厚度,但这种方法不宜多用。工程竣工时,经施工单位和建设单位、监理单位协商或合同约定可采用无损检测方法验证衬砌厚度。

7.4.11 隧道边墙是高而薄的结构,边墙壁基础和边墙超挖部分的回填密实情况直接关系到隧道衬砌的整体质量。边墙基础灌注前必须进行隐蔽工程验收,其地质条件应符合设计要求。边墙超挖部分原则上采用同等级混凝土回填,当超挖量大时也可采用浆砌片石回填,但必须征得设计同意。回填浆砌片石时应砌成台阶,以提高回填部分的稳定性。

为保持边墙的稳定,在灌注边墙时,应一并完成边墙拱座和边墙基础的扩大部分,避免单独开挖拱座基础时损坏拱脚。

7.4.12 混凝土施工缝不应随意留置,其位置应事前在施工技术方案中确定。一般情况下顺隧道方向以衬砌台车或衬砌移动台架的长度为一个浇筑段留置施工缝。水平方向原则上不留施工缝,必须留置时,留置位置应在边墙脚以上1 m和拱脚以下300 mm的范围内。

7.7.15 仰拱衬砌紧跟开挖工作面超前浇筑对稳定洞室具有很大的作用。同时洞内作业环境得到了很好的改善。故隧道施工中推荐采用仰拱超前的施工方法。

8.1.1 隧道排水是一项系统工程,施工单位必须按照设计的排水系统进行施工。洞内排水系统应与洞外排水系统合理连接。

隧道施工时,无论是顺坡排水还是反坡排水都要求隧底无水漫流,工作面不积水,以避免浸蚀和软化隧底,影响铺底或整体道床的质量。

铺助导坑是排泄正洞水流的一项措施。隧道完工后,可利用辅助导坑设置永久工程,以保证正洞排水畅通。

隧道洞口的排水必须注意对环境的影响,严禁水流冲刷边坡造成水土流失。

8.1.3 及早处理地表水是隧道防水的一道关键环节。特别是隧道覆盖层薄和渗水性强的地层应在隧道进洞前先期处理。隧道周边的水库、池沼、溪流、井泉的水是隧道渗水的水源,施工时应按设计要求进行防渗处理。

8.1.5 防水混凝土包括普通防水混凝土、外加剂防水混凝土或掺合料防水混凝土和膨胀水泥防水混凝土三大类。普通防水混凝土是以调整配合比的方法提高混凝土的密实性和抗渗性;外加剂防水混凝土是在混凝土拌和物中加入少量改善混凝土抗渗性的有机或无机物,如减水剂、防水剂、引气剂等外加剂;掺合料防水混凝土是在混凝土拌和物中加入少量的硅粉、磨细矿粉、粉煤灰等无机物,以增加混凝土的密实性和抗渗性;膨胀水泥防水混凝土是利用膨胀水泥在水化硬化过程中形成大量体积增大的结晶,主要是改善混凝土的孔结构,提高其抗渗性能。

8.1.7 隧道防水质量的好坏直接影响到隧道使用寿命和铁路运营安全。本条对隧道防水外观质量提出了验收标准。

隧道衬砌的漏水现象一般表现为渗水、滴水、淌水、涌水等几种形式。

渗水是指地下水从衬砌防外向内湿润渗透,使衬砌内出现面积大小不等的湿润,但水仍然附着于衬砌表面上;

滴水是指水滴间断或不间断地脱离衬砌往下滴落入隧底,连续出水称滴水成线;

淌水是指漏水在边墙上的反映,水连续沿边墙向下流淌称为淌;

涌水是指一定水压的水向外冒。

按照国标《地下工程防水规范》规定,将地下工程防水等级划分为 4 级,其中电气化铁路隧道、寒冷及严寒地区的铁路隧道的防水等级为属 2 级,其防水标准为不允许有漏水,结构表面可有少量的湿渍。任意 100 m^2 防水面积不超过 4 处大于 0.2 m^2 的湿渍。非电气化铁路隧道的防水等级为属 3 级,其防水标准为结构表面允许有少量漏水点但不得有线流和漏泥砂现象。任意 100 m^2 防水面积不超过 7 处大于 0.3 m^2 的湿渍。

水灰比对硬化后的混凝土孔隙率大小、数量起决定性的作用,直接影响混凝土的结构密实性。水灰比越大,混凝土中多余水分蒸发后,形成的毛细管等开放性的孔隙就越多,这些孔隙是造成混凝土渗水的主要原因。因此,从理论上讲,在满足水泥完全水化及湿润骨料所需水量的前提下,水灰比越小混凝土的密实性越好,抗渗性和强度也就越高。但水灰比越小,混凝土的浇筑和捣固也就越加困难,反而使混凝土因拌不匀和捣固不足造成密实性和抗渗性降低。目前,减水剂已成为混凝土不可缺少的外加剂,掺入减水剂可适量减小混凝土的水灰比。防水混凝土的水灰比不应大于 0.6。

8.5.2 防水板接缝较多,防水的关键取决于接缝密封好坏的程度。国内常采用的是双焊缝自动热合技术，这种方法一方面能保证焊接质量，另一方面便于充气检查。

充气检查方法是将5号注射针与压力表相连接，用打气筒进行充气，当压力表达到0.25 MPa时停止充气，保持15 min，压力下降在10%以内，说明焊缝合格。如压力下降过快说明有渗漏，用肥皂水涂在焊缝上，有气泡的地方重新补焊。

8.5.3 防水板铺设应与基层固定牢固并保持一定的松弛度。防水板固定不牢会引起板面下垂，绷紧时又会将防水板拉断同时造成混凝土衬砌厚度不够的现象。

8.6.3 涂刷的防水涂料固化后形成一定厚度的涂膜，如果涂膜厚度太薄起不到防水作用和很难达到合理的使用年限要求，本条规定了防水涂料的涂膜厚度应符合设计要求。防水涂膜在满足厚度要求的前提下，涂刷的遍数越多对成膜的密实度越好，因此涂刷时应多遍涂刷，不论是厚质涂料还是薄质涂料均不得一次成膜。

8.7.1 围岩注浆是将不透水的凝胶物质(防水材料)通过钻孔注入并扩散到岩层裂隙中，把裂隙中的水挤走，堵住地下水的通道，减少或阻止地下水渗入结构或开挖工作面，达到防水的目的。同时，围岩注浆还起到固结破碎岩层的作用，从而对开挖隧道创造有利条件。

隧道衬砌施工完毕进行防水注浆时，应注意在注浆地段防止堵塞衬砌背后的排水设施。

9.1.4 辅助坑道是隧道正洞施工的一个重要环节，坑道口的截水、排水和防冲刷设施均应尽早地完成以保证坑道和正洞施工工期的要求。

9.1.5 辅助导坑的支护由设计明确。施工中如地质情况与设计不符需变更设计参数时，应办理变更设计手续。由于坑道与正洞交接处断面加大形状不规则且受力条件复杂，故应加强支护以策安全。

10

本次修订取消了原《铁路隧道工程质量检评定标准》附属设施一章中的供电照明和通信信号二节。原因是一般情况下隧道主体施工单位不承建设备安装工程。同时，铁路供电照明和通信信号另有安装工程质量验收标准，对此部分安装工程的质量验收可执行相应的国家或行业标准。

11.1.1 明洞大多数情况下设置在坍方、落石、泥石流等地质不良地段。因此，明洞施工时应根据当地的地形、地质条件及结构类型选择施工方案。

(1)先墙后拱法施工适用于埋置深度较浅，施工边坡后能暂时稳定的地段。

(2)先拱后墙壁法施工适用于岩层破碎、路堑边坡较高，全部明挖可能造成山体坍塌，但拱脚岩层承载力较好且能保证拱圈稳定的地段。施工时，起拱线以上部分采用拉槽法开挖临时边、仰坡，当临时边、仰坡不稳定时可采用喷锚支护加强边坡的稳定，明洞较长时可分段拉槽开挖。做好拱圈后再开挖下部断面和浇筑边墙。

(3)先做外侧边墙法施工适用于半路堑、原地面坡度陡峻的地段。施工时先开挖外侧边墙部分，然后砌筑外侧边墙至设计高程，再开挖拱部施作拱圈部分；在拱内落底并随时加支撑保持内侧临时边坡的稳定；开挖内边墙马口后浇筑边墙。

11.1.4 明洞边墙基础应设置在稳定的地基上，这是总的要求。偏压和单压明洞墙基应考虑其抗滑力。明洞基础开挖至设计标高后必须进行隐蔽工程验收。如其承载力不符合设计要求，应提出设计变更。

11.3.3 明洞拱圈属于拱结构类型，当明洞拱圈跨度小于8 m时，根据《铁路混凝土施工质量验收标准》要求，拆除明洞拱架时，拱圈混凝土强度应达到设计强度的75%。当明洞拱圈跨度大于8 m时，混凝土应达到设计强度的100%。

11.7.1 明洞回填分墙背回填和拱部回填两个部位。由于其作用不同，因而回填的工艺要求也不尽相同。

(1)墙背回填的作用，主要是使边墙与围岩密贴。当围岩较稳定时，墙背可垂直或以较陡的坡度开挖，超挖量不大，墙背空隙不大。边墙施工时可用相同的材料同时浇筑或砌筑。当围岩稳定性差，墙壁背超挖量大且墙背空隙呈下小上大，不得任意抛填土石致使侧压力增大，施工时必须按设计要求办理。

(2)拱顶回填主要是缓冲边坡落石、坍方对明洞拱顶的冲击以及排除坡面水的作用。

中华人民共和国行业标准

铁建设函〔2004〕121号

铁路隧道衬砌质量无损检测规程

Code for undestructive detecting of railway tunnel lining

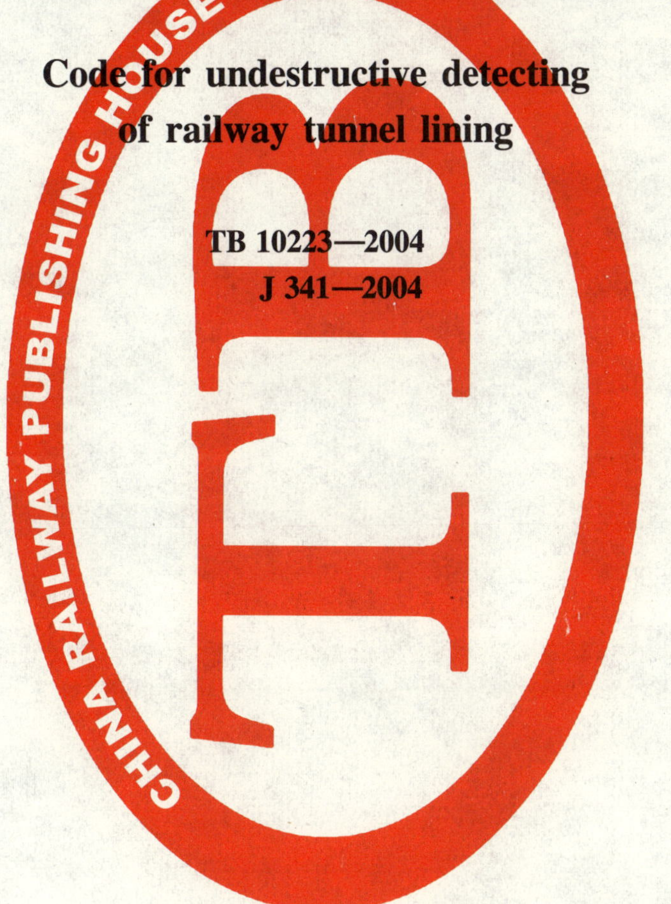

TB 10223—2004

J 341—2004

2004—03—09 发布　　2004—04—01 实施

中华人民共和国铁道部　发布

前　言

本规程是根据《关于印发2002年铁路工程建设规范、定额、标准设计编制计划的通知》(铁建设〔2002〕26号)的要求编制而成的。

本规程内容包括:总则、术语和符号、基本规定、地质雷达法、声波法和无损检测质量的检查及评定等6章,另有1个附录。

本规程以黑体字标志的条文为强制性条文,必须严格执行。

本规程系首次编制,在执行过程中,希望各单位结合工程实践,认真总结经验,积累资料。如发现需要修改和补充之处,请及时将意见及有关资料寄交中国铁路工程总公司(北京市丰台区莲花池南里26号,邮政编码:100055),并抄送铁路工程技术标准所(北京市海淀区羊坊店路甲8号,邮政编码:100038),供今后修订时参考。

本规程由铁道部建设管理司负责解释。

本规程主编单位:中国铁路工程总公司。

本规程参编单位:中铁地质物探试验研究中心、中铁西南科学研究院。

本规程主要起草人:刘成军、陈唯一、何振宁、李海明、刘玉乾、王洁、潘瑞林、方青利、张宇、回孝诚、周朝征、粟健、吴晓军。

目　　次

1 总 则

1.0.1 为统一铁路隧道衬砌质量无损检测的技术要求，规范检测行为，提高检测质量，制定本规程。

1.0.2 本规程适用于铁路隧道衬砌施工过程的质量控制和工程验收的质量无损检测，检测内容包括衬砌的厚度、强度、背后回填密实度和内部缺陷。

1.0.3 本规程地质雷达法和声波法可根据不同的检测内容和要求选用。

1.0.4 **从事铁路隧道衬砌质量无损检测的单位及人员应具备相应的资质、资格。**

1.0.5 铁路隧道衬砌质量无损检测除应符合本规程外，尚应符合国家现行的有关强制性标准的规定。

2 术语和符号

2.1 术 语

2.1.1 无损检测 undestructive detection

无破损性检测。

2.1.2 地质雷达法 ground penetrating radar method

利用介质对电磁波的反射特性,对介质内部的构造和缺陷(或其他不均匀体)进行探测的方法。

2.1.3 声波法 acoustical wave method

利用声波在介质中的传播特性及有关参数,对介质特征和内部的构造与缺陷进行探测的方法。

2.1.4 介电常数 dielectric constant

在有外电场作用时,物质储存电荷能力的量度。是一个点上电位移和电场强度的比值。

2.1.5 相对介电常数 relative dielectric constant

介质相对于真空的介电常数。

2.1.6 中心频率 center frequency

某频率范围的中间频率。

2.1.7 采样率 sample rate

每个采样周期的采样点数。

2.1.8 采样间隔 sample interval

相邻采样点间的时间间隔。

2.1.9 测量时窗 measurement time window

信号采集的时间范围。

2.1.10 电磁波速 velocity of electromagnetic wave

电磁波在介质中的传播速度。

2.1.11 初至 first arrival of acoustical wave

激发时,在某测点观测到的第一个波到达的时间。

2.1.12 有效异常 effective anomaly

检测目标体产生的异常。

2.1.13 干扰异常 interference anomaly

检测目标体以外的其他因素(或目标体)引起的异常。

2.1.14 时域 time field

介质内某质点以时间为变量的振幅、相位函数,即时间波形。

2.1.15 频域 frequency field

介质内某质点以频率为变量的振幅、相位函数,即频率、相位谱。

2.2 符 号

ε_r——相对介电常数

t——时间

d——检测和标定目标体的厚度(或距离)

v——电磁波速

s——采样率

f——天线中心频率

v_p——衬砌混凝土的纵波速度

Δf——反射面在频域中的对应频差

C25——混凝土强度等级,即保证率为95%的混凝土强度标准值(25 MPa)

3 基本规定

3.0.1 检测仪器应按规定定期检查、标定和保养。

3.0.2 检测仪器应具有防尘、防潮、防震性能，并应满足现场温度和湿度环境的要求。

3.0.3 检测前的准备工作应符合下列要求：

1 收集隧道工程地质资料、施工图、设计变更资料和施工记录；

2 制定检测计划，选定技术参数；

3 进行现场调查，做好测量里程标记。

3.0.4 检测报告应符合下列规定：

1 检测报告应准确、完整，数据应真实、齐全。内容应包括：检测项目、检测方法、采用的仪器和设备、工作布置和工作量、检测数量、抽验地段及结果、资料处理和解释、结论。

2 检测报告所附的资料表和成果图件应符合本规程附录A要求，内容需包括：

1）测网布置平面图，含测线的位置、方向和里程等；

2）衬砌厚度及回填纵剖面图；

3）衬砌厚度检测结果、衬砌混凝土强度等级检测结果、衬砌背后回填情况统计、钢架和钢筋分布及衬砌质量汇总等资料表。

3.0.5 检测时应遵守有关安全规定，配备必要的安全防护人员及设备。

4　地质雷达法

4.1　一般规定

4.1.1　地质雷达法适用于检测衬砌厚度、衬砌背后的回填密实度和衬砌内部钢架、钢筋等分布。

4.1.2　地质雷达主机技术指标应符合下列要求：

1　系统增益不低于150 dB；

2　信噪比不低于60 dB；

3　模/数转换不低于16位；

4　信号迭加次数可选择；

5　采样间隔一般不大于0.5 ns；

6　实时滤波功能可选择；

7　具有点测与连续测量功能；

8　具有手动或自动位置标记功能；

9　具有现场数据处理功能。

4.1.3　地质雷达天线可采用不同频率的天线组合，技术指标应符合下列要求：

1　具有屏蔽功能；

2　最大探测深度应大于2 m；

3　垂直分辨率应高于2 cm。

4.2　现场检测

4.2.1　测线布置应符合下列规定：

1　隧道施工过程中质量检测应以纵向布线为主，横向布线为辅。纵向布线的位置应在隧道拱顶、左右拱腰、左右边墙和隧底各布1条；横向布线可按检测内容和要求布设线距，一般情况线距8～12 m；采用点测时每断面不少于6个点。检测中发现不合格地段应加密测线或测点。

2　隧道竣工验收时质量检测应纵向布线，必要时可横向布线。纵向布线的位置应在隧道拱顶、左右拱腰和左右边墙各布1条；横向布线线距8～12 m；采用点测时每断面不少于5个点。需确定回填空洞规模和范围时，应加密测线或测点。

3　三线隧道应在隧道拱顶部位增加2条测线。

4　测线每5～10 m应有一里程标记。

4.2.2　介质参数标定应符合下列要求：

1　检测前应对衬砌混凝土的介电常数或电磁波速做现场标定，且每座隧道应不少于1处，每处实测不少于3次，取平均值为该隧道的介电常数或电磁波速。当隧道长度大于

3 km、衬砌材料或含水量变化较大时，应适当增加标定点数。

2　标定可采用下列方法：

1）在已知厚度部位或材料与隧道相同的其他预制件上测量；

2）在洞口或洞内避车洞处使用双天线直达波法测量；

3）钻孔实测。

3　求取参数时应具备以下条件：

1）标定目标体的厚度一般不小于 15 cm，且厚度已知；

2）标定记录中界面反射信号应清晰、准确。

4　标定结果应按下式计算：

$$\varepsilon_r = \left(\frac{0.3t}{2d}\right)^2 \tag{4.2.2—1}$$

$$v = \frac{2d}{t} \times 10^9 \tag{4.2.2—2}$$

式中　ε_r——相对介电常数；

v——电磁波速（m/s）；

t——双程旅行时间（ns）；

d——标定目标体厚度或距离（m）。

4.2.3　测量时窗由下式确定：

$$\Delta T = \frac{2d\sqrt{\varepsilon_r}}{0.3} \cdot \alpha \tag{4.2.3}$$

式中　ΔT——时窗长度（ns）；

α——时窗调整系数，一般取 1.5 ~ 2.0；

其他参数意义同式（4.2.2—1）。

4.2.4　扫描样点数由下式确定：

$$S = 2 \cdot \Delta T \cdot f \cdot K \times 10^{-3} \tag{4.2.4}$$

式中　S——扫描样点数；

ΔT——时窗长度（ns）；

f——天线中心频率（MHz）；

K——系数，一般取 6 ~ 10。

4.2.5　纵向布线应采用连续测量方式，扫描速度不得小于 40 道（线）/s；特殊地段或条件不允许时可采用点测方式，测量点距不得大于 20 cm。

4.2.6　检测工作应符合下列要求：

1　测量前应检查主机、天线以及运行设备，使之均处于正常状态；

2　测量时应确保天线与衬砌表面密贴（空气耦合天线除外）；

3　检测天线应移动平稳、速度均匀，移动速度宜为 3 ~ 5 km/h；

4　记录应包括记录测线号、方向、标记间隔以及天线类型等；

5　当需要分段测量时，相邻测量段接头重复长度不应小于 1 m；

6　应随时记录可能对测量产生电磁影响的物体（如渗水、电缆、铁架等）及其位置；

7　应准确标记测量位置。

4.3　数据处理与解释

4.3.1　原始数据处理前应回放检验，数据记录应完整、信号清晰，里程标记准确。不合格的原始数据不得进行处理与解释。

4.3.2　数据处理与解释软件应使用正式认证的软件或经鉴定合格的软件。

4.3.3　数据处理与解释可采用下列流程：

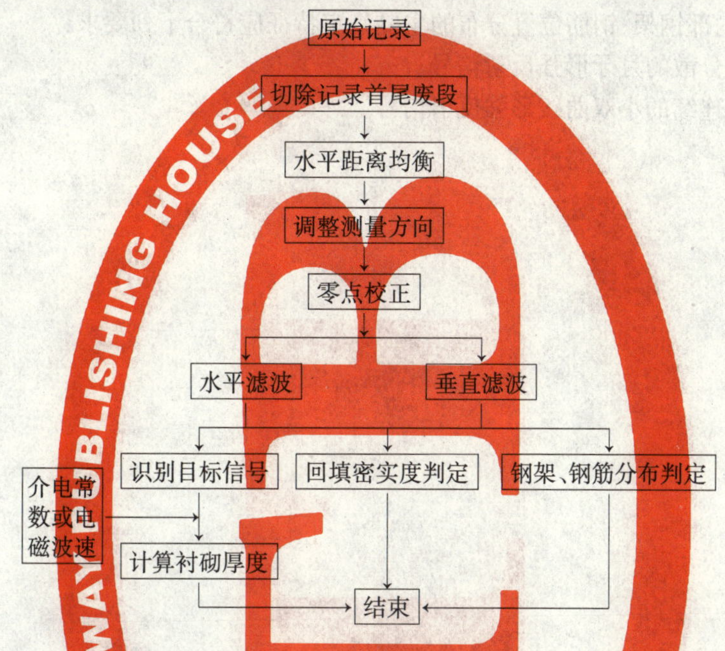

4.3.4　数据处理应符合下列规定：

1　确保位置标记准确、无误；

2　确保信号不失真，有利于提高信噪比。

4.3.5　解释工作应符合下列规定：

1　解释应在掌握测区内物性参数和衬砌结构的基础上，按由已知到未知和定性指导定量的原则进行；

2　根据现场记录，分析可能存在的干扰体位置与雷达记录中异常的关系，准确区分有效异常与干扰异常；

3　应准确读取双程旅行时的数据；

4　解释结果和成果图件应符合衬砌质量检测要求。

4.3.6　衬砌界面应根据反射信号的强弱、频率变化及延伸情况确定。

4.3.7　衬砌厚度应由下式确定：

$$d=\frac{0.3t}{2\sqrt{\varepsilon_r}} \tag{4.3.7—1}$$

或

$$d=\frac{1}{2}v\cdot t\cdot 10^{-9} \tag{4.3.7—2}$$

式中　d——衬砌厚度(m)；

ε_r——相对介电常数；

t——双程旅行时间(ns)；

v——电磁波速(m/s)。

4.3.8 衬砌背后回填密实度的主要判定特征应符合下列要求：

1 密实：信号幅度较弱，甚至没有界面反射信号；

2 不密实：衬砌界面的强反射信号同相轴呈绕射弧形，且不连续，较分散；

3 空洞：衬砌界面反射信号强，三振相明显，在其下部仍有强反射界面信号，两组信号时程差较大。

4.3.9 衬砌内部钢架、钢筋位置分布的主要判定特征应符合下列要求：

1 钢架：分散的月牙形强反射信号；

2 钢筋：连续的小双曲线形强反射信号。

5 声 波 法

5.1 一 般 规 定

5.1.1 声波法包括直达波法和反射波法,应根据不同的检测目的选用。直达波法适用于检测隧道衬砌表层混凝土质量,判定浅部的典型缺陷,在具有参照标准的前提下,可推定衬砌表层混凝土的单轴抗压强度等级;反射波法适用于检测隧道衬砌混凝土厚度、内部缺陷等。

5.1.2 声波检测仪主机技术指标应符合下列要求:

1 频率范围 1 ~100 kHz;

2 模/数转换精度不低于 12 位;

3 最高采样间隔不低于 0.2 μs;

4 量程范围 0.1 ~5 V;

5 记录长度不低于 4 kB;

6 具有负延时和通道触发功能;

7 测试软件具有频谱分析功能。

5.1.3 声波激振器技术指标应符合下列要求:

1 压电激振器应输出 600 ~800 V 的脉冲电压并具有足够的稳定性;

2 冲击激振器应能在衬砌混凝土中激发短余振声波;

3 激发的声波频率范围 10 ~50 kHz。

5.1.4 换能器、传感器应符合下列规定:

1 发射换能器应为厚度振动型压电换能器,其共振频率宜为 50 ~100 kHz;

2 接收传感器应为短余振压电传感器,其共振频率宜为50 ~100 kHz,工作频率应为 10 ~50 kHz。

5.2 现 场 检 测

5.2.1 沿隧道里程每 8 ~12 m 应布置一个测试断面。无仰拱的隧道,每个断面布置 5 个测点(拱顶、左右拱腰和左右边墙各一个);有仰拱的隧道,应在隧道底部增加 1 ~3 个测点。

5.2.2 采用直达波法检测时仪器应包括高压发生器、发射换能器、接收传感器、声波检测仪、便携计算机等。采用反射波法检测时仪器应包括冲击器、接收传感器、电荷放大器、声波检测仪、便携计算机等。

5.2.3 检测工作应符合下列要求:

1 确认检测断面里程和测点位置。

2 应搜集隧道衬砌混凝土龄期、配合比等相关资料。

3　检测点的混凝土表面应平整、清洁。换能器、传感器应通过耦合剂与混凝土表面保持紧密结合，耦合层不得夹杂泥砂或空气。

4　数据采集前应通过试验选择最佳的激发、接收距离及仪器工作参数，设置量程、采样速度、记录长度、触发电平、负延时数等参数。

5　采用直达波法时，应以测点位置为中心安装发射换能器和接收传感器并使其耦合良好。发射换能器与接收传感器之间距离误差不得大于 0.5%。测试直达波并保存到磁盘文件，重复测试 3 次。

6　采用反射波法时，应以测点位置为中心点在隧道衬砌表面安装 2 个接收传感器，并通过电荷放大器接至声波仪的 1、2 通道。各传感器与衬砌混凝土表面之间应耦合良好。两传感器间距宜为 0.5 ~1.0 m。两传感器之间距离误差不得大于 0.5%。在两传感器延长线上距离 1 通道传感器 5 cm 处激发声波，测试并确认得到清晰的直达波及反射波信号，保存到磁盘文件，重复测试 3 次。

5.3　数据处理及计算

5.3.1　测点衬砌混凝土纵波速度应按下式计算：

$$v_p = \frac{L}{t - t_0} \tag{5.3.1}$$

式中　v_p——纵波速度(m/s)；

L——直达波(纵波)的旅行距离(m)；

t——$(t_1 + t_2 + t_3)/3$，直达波(纵波)旅行时间的平均值(s)；

t_0——系统延迟时间(s)。

5.3.2　反射波时域分析应包括以下内容：

1　对 1 通道信号作偏移距为 $L_0 = 5$ cm 的反射波时域分析；

2　当衬砌厚度或缺陷深度大于 20 cm 且倾斜较小时，对 1 通道作零偏移距分析，即点反射分析；

3　按反射波形态、能量、相位特征识别主要反射界面；

4　点反射时的界面深度按下式计算：

$$d = \frac{v_p \cdot t}{2} \tag{5.3.2}$$

式中　d——界面深度(m)；

t——反射波到达 1 通道的时间(s)。

5　对 2 通道信号作偏移距为 $L_0 + L$ 的反射波时域分析，对 1 通道分析的对应界面作验证、偏移校正和倾斜分析等。

5.3.3　反射波频域分析应包括：

1　对信号作快速傅立叶变换(SFFT)分析。确认时域分析中的每一个反射界面，在频域中有对应的一组频差 Δf。1 通道点反射时，应满足下式：

$$\Delta f = \frac{v_p}{2 \cdot d} \tag{5.3.3}$$

2　对信号作二次快速傅立叶变换(SFFT)分析。确认时域分析中的每一个反射界面,在二次快速傅立叶变换中有惟一的对应峰值。

5.4 判释与推定

5.4.1 应根据衬砌混凝土强度与纵波速度关系,推定衬砌混凝土的强度等级。其强度等级标准参照体系可采用以下方法之一确认:

1 以设计的混凝土等级相应的波速值为标准;

2 以室内标准试件或同条件养护的试件的波速值为标准;

3 以被检测地段隧道衬砌无缺陷的完整混凝土实测波速为标准;

4 以区域纵波速度与混凝土强度等级关系为参考,或参照表 5.4.1。

表 5.4.1 普通混凝土纵波速度与强度等级参照表

强度等级	C15	C20	C25	C30	C35
纵波速度 v_p(m/s)	2 600 ~ 3 000	3 000 ~ 3 400	3 400 ~ 3 800	3 800 ~ 4 200	4 200 ~ 4 500

5.4.2 衬砌混凝土浅部缺陷的判识特征应符合下列要求:

1 低强度混凝土:直达波形态无明显异常但速度明显偏低;

2 充填低速异物(如片石等):直达波形态畸变且速度偏低;

3 充填高速异物(如卵石等):直达波形态畸变且速度明显偏高。

5.4.3 衬砌混凝土厚度计算应符合下列要求:

1 衬砌混凝土厚度计算:

$$d = \frac{v_p \cdot t}{2} \qquad (5.4.3\text{—}1)$$

式中 d——衬砌混凝土厚度(m);

t——衬砌界面反射波到达时间(s)。

2 衬砌混凝土厚度计算值的验证应按下式进行:

$$\Delta f = \frac{v_p}{2 \cdot d} \qquad (5.4.3\text{—}2)$$

式中 Δf——隧道界面反射波频差值;

d——衬砌混凝土厚度计算值(m)。

5.4.4 反射波路径中的缺陷判识特征应符合下列要求:

1 衬砌与围岩接触不密实:反射波能量相对较强且与直达波同相,甚至出现多次反射;

2 衬砌厚度不足:直达波速度正常,只有一个反射界面,界面深度较设计值低;

3 衬砌内部有充填物:直达波速度正常,衬砌厚度对应的反射界面前有其他不规则反射信号;

4 隐伏裂纹、间隙:直达波速度正常,反射波能量强且与首波同相位。裂纹很浅时,直达波出现变异甚至出现半波缺失。

6　无损检测质量的检查及评定

6.0.1　采集数据检查工作应符合下列规定：

1　地质雷达法的采集数据检查应为总工作量的5%，检查资料与被检查资料的雷达图像应具有良好的重复性、波形基本一致、异常没有明显位移。

2　声波法的采集数据检查应为总工作量的5%，允许相对误差为±10%，其计算公式为：

$$\delta = \frac{1}{n}\sum_{i=1}^{n}\frac{t_i - t}{(t_i + t)/2} \times 100\% \tag{6.0.1}$$

式中　δ——相对误差；

t——基本观测值；

t_i——检查观测值。

6.0.2　检查资料质量评定应符合下列规定：

1　衬砌背后回填密实度和衬砌混凝土强度的检查点相对误差小于10%为合格，衬砌混凝土厚度的检查点相对误差小于15%为合格；

2　合格的检查点数量大于总检查点数量90%为合格。

6.0.3　当检查资料的质量不满足第6.0.1条和第6.0.2条要求时，检查工作量应增加至总工作量的20%；仍不合格时，则整个检测工作必须重新进行。检查资料应与检测报告一起提交。

附录 A　无损检测记录表

表 A—1　________隧道衬砌厚度检测结果

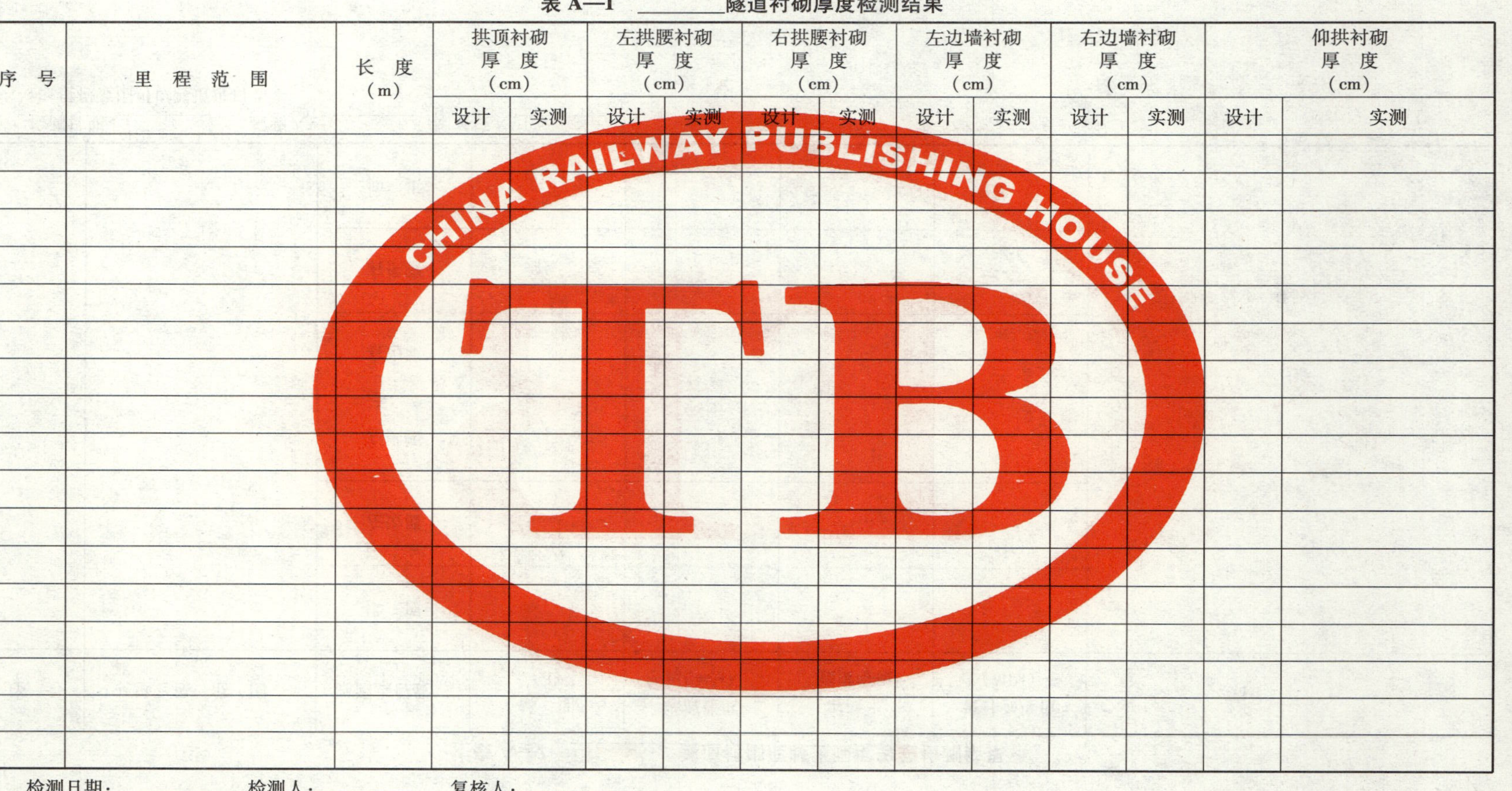

序　号	里　程　范　围	长　度（m）	拱顶衬砌厚　度（cm）		左拱腰衬砌厚　度（cm）		右拱腰衬砌厚　度（cm）		左边墙衬砌厚　度（cm）		右边墙衬砌厚　度（cm）		仰拱衬砌厚　度（cm）	
			设计	实测	设计	实测	设计	实测	设计	实测	设计	实测	设计	实测

检测日期:________　检测人:________　复核人:________

注:1　里程范围可以隧道进口为零;

2　三线隧道可根据测线数量增加相应的栏目。

表 A—2　＿＿＿＿隧道衬砌混凝土强度等级检测结果

序　号	里　程　范　围	测点位置	龄　期 (d)	纵波速度 v_p(m/s)	混凝土 强度等级	设计强度值 (MPa)	备　　注
		拱　顶					
		左边墙					
		左拱腰					
		右边墙					
		右拱腰					
		仰　拱					

检测日期：＿＿＿＿　检测人：＿＿＿＿　复核人：＿＿＿＿

注：里程范围可以隧道进口为零。

表 A—3　______隧道衬砌钢架、钢筋分布

序号	里程范围	衬砌钢架、钢筋分布					备注
		拱顶	左边墙	左拱腰	右边墙	右拱腰	

检测日期：______　　检测人：______　　复核人：______

注：1　里程范围可以隧道进口为零；

2　三线隧道可根据测线数量增加相应的栏目。

表 A—4 ____________隧道衬砌背后回填情况统计

序 号	里 程 范 围	位 置	回 填 情 况			备 注
			密 实	不 密 实	空 洞	
		拱 顶				
		左边墙				
		左拱腰				
		右边墙				
		右拱腰				

检测日期:__________ 检测人:__________ 复核人:__________

注:1 里程范围可以隧道进口为零;

2 三线隧道可根据测线数量增加相应的栏目。

表 A—5　________隧道衬砌质量汇总

序　号	里　程　范　围	位　置	衬　砌　质　量　描　述					备　　注
			厚　　度	强度等级	回填密实度	内部缺陷	钢筋分布	

检测日期:________　检测人:________　复核人:________

注:1　里程范围可以隧道进口为零;

2　钻孔验证可在备注栏内说明。

本规程用词说明

执行本规程条文时,对于要求严格程度的用词说明如下,以便在执行中区别对待。

(1)表示很严格,非这样做不可的用词:

正面词采用“必须”;

反面词采用“严禁”。

(2)表示严格,在正常情况均应这样做的用词:

正面词采用“应”;

反面词采用“不应”或“不得”。

(3)表示允许稍有选择,在条件许可时首先应这样做的用词:

正面词采用“宜”;

反面词采用“不宜”。

表示有选择,在一定条件下可以这样做的用词,采用“可”。

《铁路隧道衬砌质量无损检测规程》条文说明

本条文说明系对重点条文的编制依据、存在的问题以及在执行中应注意的事项等予以说明。为了减少篇幅,只列条文号,未抄录原条文。

1.0.1 铁路隧道衬砌是隐蔽工程,用传统的目测或钻孔对其质量进行检测有较大的局限性。应用物理勘探的方法对隧道衬砌混凝土厚度、强度及结构进行无破损性的检测,可取得快速、安全、可靠的效果,为此制定本规程。

1.0.2 铁路隧道的衬砌包括:喷锚衬砌、整体式衬砌、复合式衬砌、装配式衬砌、下锚段衬砌、底板和仰拱等。既有铁路隧道、公路隧道、水利工程隧道及相应各类地下洞室衬砌工程质量的无损检测可参照本规程执行。

1.0.3 地质雷达法和声波法有其适用范围和使用条件,应根据不同的检测对象和检测要求选用。新建工程的施工过程质量控制和竣工验收质量检测多以地质雷达法为主,抽检时做少量声波法检测。既有线隧道衬砌的表面病害检测除采用地质雷达法和声波法外,还可采用摄像检查,记录表面病害情况。检测渗水、漏水时,可采用红外线摄像。检测隧道衬砌混凝土厚度和强度时也可采用瑞雷波法。

1.0.4 由于进行检测的人员技术水平参差不齐,使用的仪器设备良莠不分,对检测技术和方法不熟悉,忽略隧道衬砌质量的要求,因而造成检测成果资料应用价值低,影响了无损检测的效果。因此,除制定本规程,对隧道衬砌施工过程的质量控制和竣工验收质量评定提供有效的手段外,还应选择具备规定资质的检测单位及人员对隧道衬砌质量进行检测。

1.0.5 与本规程相关的技术标准有:《铁路隧道设计规范》、《铁路隧道施工规范》、《铁路隧道工程施工质量验收标准》、《铁路桥隧建筑物大修检测规则》、《铁路混凝土强度检验评定标准》、《铁路工程施工安全技术规程》、《铁路工程物理勘探规程》等。在正常情况下,混凝土质量的检查应按国家现行有关标准的规定,采用标准试块的抗压强度来检验混凝土的强度质量。

3.0.4 检测报告的内容还可包括:检测任务来源及要求、工程情况(包括围岩等级、衬砌设计厚度、衬砌混凝土强度等级、龄期、水泥、骨料等)及处理建议等。

根据委托单位的检测要求和内容,提供的成果图、表还可包括:衬砌等厚度图、混凝土强度等级纵剖面图、衬砌混凝土完整性图、衬砌表面病害展示图、回填空洞平面展示图和断面图。成果报告、图件和各类表格应制做成电子文档,以便归档保存。

4.1.1 衬砌厚度对于复合衬砌是指二次衬砌(模筑衬砌)厚度。

4.1.3 地质雷达天线的中心频率的选择,应既能满足分辨率的要求又能满足检测深度的要求。根据隧道衬砌设计厚度、围岩类型及检测部位的不同,天线中心频率可在400～

1 000 MHz之间选择。

垂直分辨率：一般指垂直方向在空间上（或时间上）可以分辨的两个界面间的最小距离（或时间），本规程指可分辨的衬砌背后最小间隙。

4.2.1　纵向布置测线的目的是对隧道衬砌质量能够进行连续测量，防止遗漏。检测衬砌厚度时，6 条测线应分别布置在拱顶、左右拱腰和左右边墙和隧底。布置 4 条测线时可在拱腰或边墙各减 1 条。当被检测隧道长度小于 50 m 时，可采用横向布线。采用横向布线时，可连续测量，也可点测，但一个断面上的测点不应少于 6 个。

施工过程质量控制也可视情况随时横向布线，重点地段可纵向、横向综合布线。

4.2.3　时窗调整系数 α：为使界面信号位于记录中部而设此系数。

4.2.4　采样定理：在模拟信号数字化时，为保证模拟信号不失真，需要较小的采样间隔，当信号的频率成分不大于 f_c 时，可选取 $\Delta T \leq \frac{1}{2 \cdot f_c}$ 为采样间隔。

4.2.5　考虑仪器扫描速度与实测条件，每秒扫描速度不小于 40 道（线）是天线移动速度为 3 ~ 5 km/h 时的扫描速度设置值。

4.3.8　密实系指衬砌与围岩密贴或衬砌背后全部用填料回填，填料内无空隙。不密实系指衬砌背后全部用填料回填，但填料内空隙率较大。空洞系指衬砌背后没有或部分回填，衬砌背后有明显空隙、空腔和空洞。

5.1.1　本规程中的声波法，是指在衬砌混凝土表面激发并接收瞬态高频弹性波信号，通过分析直达波、反射波的时域、频域特征，进而测定隧道衬砌混凝土特性的一种物理方法。

直达波法的基本原理是，在隧道衬砌表面激发高频声波，声波沿表层传播至接收传感器，通过分析直达波速度及波形形态推定混凝土强度等级，判定衬砌浅部典型缺陷。直达波法的作用宽度和深度一般在 1/4 波长范围内。

反射波法的基本原理是，在隧道衬砌表面向混凝土内部激发高频声波，当混凝土内部存在反射界面时，声波将发生反射，通过接收分析反射波信号进而测定混凝土厚度及判定内部缺陷。反射波法也接收直达波，用于测定纵波速度并作为判识缺陷深度的计算依据。

5.1.2　本条规定了数字式声波仪的主要性能参数，对模拟式声波仪不适用。

5.1.3　压电激振器也称为内发射器，适用于直达波法，其余振较长不适用于反射波法。压电激振器的高压发生端与发射换能器间应用屏蔽线相连，线长不大于 20 m，线径不宜过细以减少线路损耗。高压发生器的稳定性应符合重复 100 次时间误差小于1 μs 的要求。

冲击激振器亦即通道外触发器。适用于直达波法和反射波法。冲击器应具有足够小的质量，否则不能激发高频短余震声波信号，禁止使用榔头、石块等重物敲击。冲击方式应为小距离抛击。对隧道底部仰拱进行测试时，宜采用小距离自由下落的方式激发。冲击方向应与衬砌表面或冲击垫垂直，倾斜冲击容易产生假反射信号。耦合剂宜为车用黄油，隧道底部测试时也可使用清水，禁止使用高频吸收材料。

5.1.4　接收传感器应体积小、重量轻，以确保信号质量。不宜使用发射换能器作为接收传感器。

5.2.1　当同时采用地质雷达法和声波法进行检测时，或只针对重点部位和特殊地段进行检测时，测点布置方式可作相应调整。

5.2.3　只测定混凝土强度时，宜采用压电激振方式，可不使用电荷放大器。同时测试混凝土强度和厚度时应采用冲击激振方式并使用电荷放大器，冲击激振频率应与压电激振方式一致，以便于采用综合法推定混凝土强度等级。

声波仪的测试参数设定应满足波形清晰、不限幅、信噪比足够、衰减过程完整等基本要求。测试参数可设置为：采用速度1 ~2 μs，记录长度 4 kB，负延时数为 100 点。合理选择冲击激振方式确保接收到短余振高频声波信号。

5.3.1 系统延迟时间 t_0 用时距曲线法测定。

5.3.2 反射波时域分析中应注意偏移、倾斜修正。

5.3.3 频域中的反射界面的对应频差 Δf 不是系统主频，不能混淆。

5.4.1 不同地区、不同气候波速值有差异。表 5.4.1 基于中铁西南科学研究院在四川境内的内昆线等地区进行的强度与波速关系测试，并参考基桩低应变检测中的实际应用曲线。为满足强度等级标准值的95% 保证率的要求，将波速值提高了 10%。实际测试时，应取相应强度等级对应波速范围的上限值为宜，以确保足够的保证率。

5.4.2 浅部缺陷指深度在 1/4 波长范围内，体积较大，足以使直达波发生明显改变的缺陷。浅部缺陷只能作定性判识。可采用其他方法对浅部缺陷进行验证。

5.4.3 厚度计算应先易后难，即先分析已知的或只有一个反射面的测点，再综合分析多反射面或反射不明显的测点。不得在反射波不清晰的情况下单独使用式(5.4.3—2)计算衬砌厚度，以免发生错误。

5.4.4 缺陷特征一般较复杂，应采用对比法进行识别。多缺陷时，应判定特征最明显的缺陷。

6.0.1 采集数据的检查是采用重复检测的方式进行，按检测总工作量的 5% 随机抽验，并在报告中纳入检查地段位置和检查结果。

6.0.2 资料质量的检查可采用原检测方式重复检验，也可采用其他不同的检测方法检验。需钻孔验证检查时应根据隧道衬砌是否允许等情况与委托方商定。

中华人民共和国行业标准

铁建设〔2005〕67号

铁路隧道设计规范

Code for design on tunnel of railway

TB 10003—2005
J 449—2005

2005—04—25　发布　　　　2005—04—25　实施

中华人民共和国铁道部　发布

前　　言

本规范是根据铁道部建设管理司的安排，为贯彻落实铁路跨越式发展的要求，在《铁路隧道设计规范》(TB 10003—2001)基础上修订而成的。

本规范修订过程中认真总结了我国铁路隧道建设的经验和教训，借鉴了国内外有关标准的规定，在广泛征求意见的基础上，经反复审查定稿。

工程技术人员必须按照“以人为本、服务运输、强本简末、系统优化、着眼发展”的铁路建设理念，结合工程具体情况，因地制宜，充分发挥主观能动性，积极采用安全、可靠、先进、成熟、经济、适用的新技术，不能生搬硬套标准。勘察设计单位执行(或采用)单项或局部标准，并不免除设计单位及设计人员对整体工程和系统功能质量问题应承担的法律责任。

本规范共分 15 章，主要内容包括：总则、术语和符号、隧道勘测、作用(荷载)、建筑材料、洞门与洞口段、隧道衬砌和明洞、轨道、附属构筑物、概率极限状态法设计、破损阶段法和容许应力法设计、辅助坑道、防水与排水、运营期间的通风与照明、隧道改建等，另有 7 个附录。

本次修订的主要内容如下：

1. 修改了本规范适用速度。旅客列车设计行车速度由140 km/h提高为160 km/h，明确货物列车行车速度为 120 km/h。
2. 明确铁路隧道应按满足 100 年使用年限设计。
3. 规定了时速 160 km 铁路隧道轨面以上最小净空。
4. 规定衬砌结构应优先采用复合式衬砌，并优化了复合式衬砌设计参数。
5. 规定各级围岩均应采用曲墙式衬砌。
6. 提高了衬砌混凝土的强度等级。
7. 加强了隧底结构，对仰拱及底板的设置原则作了规定。
8. 提高了隧道衬砌防水标准。
9. 提高防水板设置的要求，规定施工缝、变形缝应采取的防水措施，并对防水材料各项性能作出规定。
10. 依照新颁《铁路工程岩土分类》、《铁路工程地质勘测规范》修改了相关附录。
11. 删除原规范隧道施工、隧道运营管理设施两章，将有关内容纳入相应章节。
12. 增列附录 G“地震基本烈度与地震动参数的换算”。

本规范以黑体字标志的条文为强制性条文，必须严格执行。

在执行本规范过程中，希望各单位结合工程实践，认真总结经验，积累资料。如发现需要修改和补充之处，请及时将意见及有关资料寄交铁道第二勘察设计院(四川省成都市通锦路 3 号，邮政编码：610031)，并抄送铁道部经济规划研究院(北京市海淀区羊坊店路甲 8 号，邮政编码：100038)，供今后修订时参考。

本规范由铁道部建设管理司负责解释。

本规范主编单位:铁道第二勘察设计院。

本规范参编单位:铁道部经济规划研究院。

本规范主要起草人:赵万强、喻渝、倪光斌、陈中、肖硕恒、杨昌宇、熊祥雪、刘鹏、李现宾。

目　次

1 总　　则

1.0.1 为了贯彻国家有关法规和铁路技术政策，统一铁路隧道设计技术标准，使铁路隧道设计符合安全适用、技术先进、经济合理的要求，制定本规范。

1.0.2 本规范适用于铁路网中客货列车共线运行、旅客列车设计行车速度等于或小于 160 km/h、货物列车设计行车速度等于或小于 120 km/h 的Ⅰ、Ⅱ级标准轨距铁路隧道的设计。

1.0.3 隧道按其长度可分为：

特长隧道　　全长 10 000 m 以上；

长 隧 道　　全长 3 000 m 以上至 10 000 m；

中长隧道　　全长 500 m 以上至 3 000 m；

短 隧 道　　全长 500 m 及以下。

注：隧道长度是指进出口洞门端墙墙面之间的距离，以端墙面或斜切式洞门的斜切面与设计内轨顶面的交线同线路中线的交点计算。双线隧道按下行线长度计算；位于车站上的隧道以正线长度计算；设有缓冲结构的隧道长度应从缓冲结构的起点计算。

1.0.4 隧道勘测设计，必须遵照国家有关政策和法规，重视隧道工程对生态环境和水资源的影响。隧道建设应注意节约用地、节约能源及保护农田水利，对噪声、弃渣、排水等应采取措施妥善处理。

1.0.5 隧道设计应依据可靠完整的资料，针对地形、地质和生态环境的特征，综合考虑运营和施工条件，通过技术、经济比较分析，使选定的方案、设计原则和建筑结构符合安全适用、经济合理和环境保护的要求。

1.0.6 新建铁路隧道的内轮廓，必须符合现行国家标准《标准轨距铁路建筑限界》(GB 146.2)的规定及远期轨道类型变化要求。对于旅客列车最高行车速度 160 km/h 新建铁路隧道内轮廓尚应考虑机车类型、车辆密封性、旅客舒适度等因素确定，隧道轨面以上净空横断面面积，单线隧道不应小于 42 m^2，双线隧道不应小于 76 m^2；曲线上隧道应另行考虑曲线加宽。设救援通道的隧道断面应视救援通道尺寸加大，救援通道的宽度不应小于 1.25 m。

双层集装箱运输的隧道建筑限界应符合铁道部相关规定。

位于车站上的隧道，其内部轮廓尚应符合站场设计的规定和要求。

1.0.7 改建既有线和增建第二线时，新建隧道应采用新建铁路标准，改建隧道宜采用新建铁路标准。

1.0.8 隧道建筑物应按满足 100 年正常使用的永久性结构设计，建成的隧道应能适应运营的需要，方便养护作业，并具有必要的安全防护等设施。

1.0.9 隧道建筑结构、防排水的设计及建筑材料的选择，应充分考虑地区环境的影响。

1.0.10 隧道设计应贯彻国家有关技术经济政策，积极采用新理论、新技术、新材料、新设备、新工艺。

1.0.11 隧道设计应根据工程地质及水文地质条件，结合断面大小、衬砌类型、隧道长度、工期要求等因素综合研究选定适应的施工方法。

1.0.12　**长隧道、特长隧道和地质条件复杂的隧道设计，应编制指导性施工组织设计，并将超前地质预报作为关键工序纳入设计。**

1.0.12A　**高瓦斯隧道和有瓦斯突出隧道应按本规范及相关规范、规程编制预防煤与瓦斯突出、探煤、揭煤、过煤的指导性施工方案设计。岩溶发育隧道和对水环境影响较大隧道的设计应包括预防施工灾害、环境灾害的内容。**

1.0.12B　**铁路隧道设计应根据不断更新的地质、施工信息开展信息化设计。**

1.0.13　隧道设计应结合施工通风及洞内卫生标准，选择施工运输方式。

1.0.13A　**铁路隧道设计应根据隧道工程特点针对安全、环境、质量、投资、工期、第三方等风险进行评估与管理。**

1.0.14　铁路隧道设计除应符合本规范外，尚应符合国家现行的有关强制性标准的规定。

2 术语和符号

2.1 术 语

2.1.1 围岩 surrounding rock

隧道工程影响范围内的岩土体。

2.1.2 围岩压力 surrounding rock pressure

隧道开挖后,因围岩变形或松散等原因,作用于支护或衬砌结构上的压力。

2.1.3 围岩分级 surrounding rock classification

根据岩体完整程度和岩石坚硬程度等主要指标,按稳定性对围岩进行的分级。

2.1.4 初始地应力场 initial ground-stress field

在自然条件下,由于受自重和构造运动作用,在岩体中形成的应力。

2.1.5 作用 action(荷载 load)

施加在结构上的外力和引起结构外加变形或约束变形的原因。

2.1.6 松散压力 loosening pressure

由于隧道开挖、支护及衬砌背后的空隙等原因,使隧道上方的围岩松动,以相当于一定高度的围岩重量作用于支护或衬砌结构上的压力。

2.1.7 容许应力设计法 allowable stress design method

以结构构件截面计算应力不大于规定的材料容许应力的原则,进行结构构件设计计算的方法。

2.1.8 破损阶段设计法 plastic stage design method

考虑结构材料破坏阶段的工作状态进行结构构件设计计算的方法。

2.1.9 概率极限状态设计法 probability limit states design method

以概率理论为基础,以防止结构或构件达到某种功能要求的极限状态作为依据的结构设计计算的方法。

2.1.10 可靠性 reliability

结构在规定的时间内,在正常规定的条件下,完成预定功能的能力。包括安全性、适用性和耐久性。当以概率来度量时,称为结构的可靠度。

2.1.11 设计基准期 design reference period

在持久设计状况下,计算结构可靠度时,考虑各项基本变量与时间关系所取用的基准时间。

2.1.12 安全等级 safety classes

为使结构具有合理的安全性,根据工程结构破坏所产生后果的严重性而划分的设计等级。

2.1.13 承载能力极限状态 ultimate limit states

结构或构件达到最大承载能力或达到不适于继续承载的较大变形的极限状态。

2.1.14　正常使用极限状态　service-ability limit states

结构或构件达到使用功能上允许的某一限值的极限状态。

2.1.15　可靠指标　reliability index

度量结构可靠性的一种数量指标，它是结构可靠概率的标准正态分布反函数。

2.1.16　失效概率　probability of structural failure

结构或构件不能完成预定功能的概率。

2.1.17　作用代表值　representative value of actions

结构或构件设计时，由于不同目的，作用所取的不同值均称为作用代表值。它包括标准值、准永久值、频遇值和组合值等。

2.1.18　作用标准值　characteristic value of actions

作用的主要代表值。其值可根据设计基准期内极大值概率分布的某一分位值确定。

2.1.19　作用设计值　design value of actions

作用标准值乘以作用分项系数后的值。

2.1.20　作用效应　effects of actions

由于作用引起的结构或构件的内力和变形等。

2.1.21　作用的组合　combination of actions

结构或构件设计时，预计可能同时出现的几种不同作用的集合。

2.1.22　材料性能标准值　characteristic value of a material property

设计结构或构件时采用的材料性能的基本代表值。该值可根据符合规定标准材料的性能的概率分布的某一分位值确定。

2.1.23　材料性能设计值　design value of material property

材料性能标准值除以材料性能分项系数后的值。

2.1.24　几何参数标准值　nominal value of geometrical parameter

设计结构或构件时采用的几何参数的基本代表值。该值可按设计文件规定值确定。

2.1.25　几何参数设计值　design value of geometrical parameter

几何参数标准值除以几何参数分项系数后的值。

2.1.26　分项系数　partial coefficient

为了保证所设计的结构或构件具有规定的可靠度，在结构极限状态设计表达式中采用的系数，分为作用分项系数、抗力分项系数和材料性能分项系数等类。

2.1.27　抗力　reaction

结构或构件及其材料承受作用效应的能力，如承载能力、刚度、抗裂度、强度等。

2.1.28　地震动参数　seismic ground motion parameter

描述地震的动力特征参数，主要有地震动峰值加速度和地震动反应谱特征周期等指标。

2.1.29　地震动峰值加速度　seismic peak ground acceleration

与地震动加速度反应谱最大值相应的水平加速度。

2.2　符　　号

2.2.1　作用（荷载）

F_d——作用设计值

F_k——作用标准值

γ_f——作用分项系数

S_d——作用效应设计值

E——地震作用

G_1——结构自重

G_2——结构附加恒载

F_b——制动力

F_c——冲击力

P——压力

P_c——落石冲击力

Q_1——列车活载

Q_2——公路车辆活载

Q——围岩压力

2.2.2　内外力和应力

M, M_k, M_d——弯矩、弯矩标准值、弯矩设计值

N, N_k, N_d——轴向力、轴向力标准值、轴向力设计值

V_d——剪力设计值，竖向力设计值

q——垂直匀布压力

σ——基底应力

e_i——结构上任意点 i 的侧压力

Q——斜截面上最大剪力

2.2.3　材料指标

$f_{cu,k}$——边长为 150 mm 的混凝土立方体抗压强度标准值

f_{ck}, f_{cd}——混凝土轴心抗压强度标准值、设计值

f_{cmk}, f_{cmd}——混凝土弯曲抗压强度标准值、设计值

f_{ctk}, f_{ctd}——混凝土轴心抗拉强度标准值、设计值

E_c——混凝土的弹性模量

G_c——混凝土的剪切模量

f_{stk}——钢筋抗拉强度标准值

f_{std}, f'_{scd}——钢筋抗拉、抗压强度设计值

E_s——钢筋的弹性模量

R_a——混凝土或砌体的抗压极限强度

R_l——混凝土的抗拉极限强度

R_w——混凝土的弯曲抗压极限强度

Q_{kh}——斜截面上受压区混凝土和箍筋的抗剪强度

R_c——围岩的单轴饱和抗压强度

σ——弹性反力强度

γ——围岩重度

2.2.4　几何特征

A——构件截面面积

B——坑道宽度

I——截面惯性矩

W——截面受拉边缘的抵抗矩

φ——构件的纵向弯曲系数

η——偏心距增大系数

ω——裂缝宽度

a,a'——自钢筋 A_g、A_g'的合力点分别到截面近边的距离

A_g,A_g'——纵向受拉、纵向受压钢筋的截面面积

A_k——配置在同一截面内箍筋各肢的全部截面面积

A_w——配置在同一弯起平面内的弯起钢筋的截面面积

b——矩形截面的宽度或 T 形截面的肋宽

b_i'——T 形截面受压区翼缘宽度

d——钢筋直径

e,e'——钢筋 A_g、A_g'的重心至轴向力作用点的距离

e_0——轴向力的偏心距

h——截面的高度或曲线线路外轨超高

h'——外侧拱顶至地面的高度

h_0——截面的有效高度

h_i'——T 形截面受压区翼缘的高度

H——构件的计算长度

Δl——温度变化引起隧道构件的变形值

R——曲线半径

t——偏压隧道外侧围岩的覆盖厚度

x——混凝土受压区的高度

β,β'——内侧、外侧产生最大推力时的破裂角

θ——土柱两侧摩擦角

δ——衬砌向围岩的变形值

2.2.5 计算系数

γ——材料重度

φ——内摩擦角

φ_c——计算摩擦角

E——变形系数

f——基底摩擦系数

K——围岩弹性反力系数或结构安全系数

K_0——倾覆稳定系数

K_c——滑动稳定系数

m——开挖边坡坡率或地面坡率

n——回填土石面坡率

λ——侧压力系数

α——材料的线膨胀系数或轴向力的偏心影响系数

α_{kh}——抗剪强度影响系数

ν——泊松比

Δt——温度变化值

μ——回填土石与开挖边坡间的摩擦系数

3 隧道勘测

3.1 一般规定

3.1.1 隧道工程勘测时,应根据不同设计阶段的任务、目的和要求,针对隧道工程的特点,确定应搜集勘测资料的内容和范围,并进行调查、测绘、勘探和试验,做到搜集资料齐全、准确,满足设计要求。

3.1.2 隧道勘测应分为设计阶段勘测和施工阶段勘测。各阶段的勘测内容、范围、精度等应根据隧道规模及其使用目的确定,并应符合有关规定的要求。

3.1.3 在勘测前,应根据隧道所通过地区的地形、工程地质及水文地质等条件,并综合考虑勘测的阶段、方法、范围等,编制相应的勘测计划。

在勘测过程中,当发现实际地质情况和预计的情况不符时,应及时修改勘测计划。

3.1.4 隧道勘测应详细调查隧道所在地区的自然、人文活动和社会环境状况,评价隧道工程对环境可能造成的影响。

3.2 调查测绘

3.2.1 隧道工程测绘应遵守下列规定:

1 按设计阶段要求搜集或测绘地形图、纵断面图、横断面图等;

2 测绘资料的图纸内容需反映隧道所在地的工程地质、水文地质、周围建筑物及人居状况;

3 在隧道洞口和辅助坑道口附近,按规定设置必要的平面控制点和水准点。

3.2.2 隧道工程调查应包括下列内容:

1 自然概况:地形、地貌特征。

2 工程地质特征:地层、岩性及地质构造特征,着重查清地质构造变动的性质、类型、规模;断层、节理、软弱结构面特征及其与隧道的组合关系和围岩的基本物理力学性质等。

3 水文地质特征:地下水类型及地下水位、含水层的分布范围及相应的渗透系数、水量和补给关系、水质及其对混凝土的侵蚀性、有无异常涌水、突水等。

4 影响隧道洞口安全或洞身稳定的不良地质和特殊岩土地段(如崩塌、错落、岩堆、滑坡、岩溶、人为坑洞、泥石流、含水砂层、风积沙、黄土、盐岩、膨胀土、地温、多年冻土、雪崩、冰川等),查明其类型和规模以及发生、发展的原因,根据其发展的趋势,判明对隧道影响的程度。

5 通过含有害气体、矿体及具有放射性危害的地层时,查明其分布范围、成分和含量。

6 地震动参数。其与地震基本烈度对照按附录G办理。

7 周围建筑物及人居状况。

8 气象资料:气温、气压、风向、风速以及雨量、雪量、冻结深度等。

9 施工条件:建筑材料及可资供应的水、电情况,周围环境,交通、建筑物、水库、地下管线与采空区等,施工场地及弃渣条件,有关法令及规章制度对噪声、振动、地表下沉等的限制,以及补偿对象调查等。

3.2.3 长隧道、特长隧道和地质条件复杂的隧道,应进行大面积的区域性工程地质调查、测绘,并加强地质勘探和试验工作,查清区域地质构造及工程地质、水文地质条件;当地下水对隧道影响较大时,应进行地下水的动态勘测。必要时宜采取开挖试验坑道的措施进行调查、观测和试验,直接判断和确认围岩状态及其性质。

3.2.4 设计阶段地质调查,根据隧道规模的不同宜采用测绘、弹性波探测、遥感、钻孔、试验坑道等方法进行。

3.2.5 施工阶段地质调查,根据需要宜采用开挖工作面直接观察或利用超前钻孔、导坑、试验坑道、物探等进行。

施工阶段地质调查应完成下列任务:

1 核定岩层构造、岩性、地下水等情况;

2 及时预测和解决施工中遇到的工程地质及水文地质问题;

3 为验证或修改设计提供依据。

3.2.6 根据调查结果,应对下列各项内容作出工程评价并提出处理措施:

1 围岩自稳性;

2 隧道涌水量、涌水压力、突然涌水等;

3 岩土膨胀压力;

4 滑坡、偏压;

5 围岩状态和土压特性;

6 高应力地区应力场;

7 瓦斯、岩溶及人为坑洞等。

3.2.7 围岩级别的确定应符合表 3.2.7 及附录 A 的规定。

表 3.2.7 铁路隧道围岩分级

围岩级别	围岩主要工程地质条件		围岩开挖后的稳定状态(单线)	围岩弹性纵波速度 v_p(km/s)
	主要工程地质特征	结构特征和完整状态		
Ⅰ	极硬岩(单轴饱和抗压强度 $R_c>60$ MPa):受地质构造影响轻微,节理不发育,无软弱面(或夹层);层状岩层为巨厚层或厚层,层间结合良好,岩体完整	呈巨块状整体结构	围岩稳定,无坍塌,可能产生岩爆	>4.5
Ⅱ	硬质岩($R_c>30$ MPa):受地质构造影响较重,节理较发育,有少量软弱面(或夹层)和贯通微张节理,但其产状及组合关系不致产生滑动;层状岩层为中厚层或厚层,层间结合一般,很少有分离现象,或为硬质岩石偶夹软质岩石	呈巨块或大块状结构	暴露时间长,可能会出现局部小坍塌;侧壁稳定;层间结合差的平缓岩层,顶板易塌落	3.5~4.5
Ⅲ	硬质岩($R_c>30$ MPa):受地质构造影响严重,节理发育,有层状软弱面(或夹层),但其产状及组合关系尚不致产生滑动;层状岩层为薄层或中层,层间结合差,多有分离现象;硬、软质岩石互层	呈块(石)碎(石)状镶嵌结构	拱部无支护时可产生小坍塌,侧壁基本稳定,爆破震动过大易塌	2.5~4.0
	较软岩($R_c=15\sim30$ MPa):受地质构造影响较重,节理较发育;层状岩层为薄层、中厚层或厚层,层间结合一般	呈大块状结构		

续上表

围岩级别	围岩主要工程地质条件		围岩开挖后的稳定状态（单线）	围岩弹性纵波速度 v_p(km/s)
	主要工程地质特征	结构特征和完整状态		
Ⅳ	硬质岩（$R_c>30$ MPa）：受地质构造影响极严重，节理很发育；层状软弱面（或夹层）已基本破坏	呈碎石状压碎结构	拱部无支护时，可产生较大的坍塌，侧壁有时失去稳定	1.5～3.0
	软质岩（$R_c\approx5\sim30$ MPa）：受地质构造影响严重，节理发育	呈块（石）碎（石）状镶嵌结构		
	土体：1. 具压密或成岩作用的黏性土、粉土及砂类土 2. 黄土（Q_1、Q_2） 3. 一般钙质、铁质胶结的碎石土、卵石土、大块石土	1 和 2 呈大块状压密结构，3 呈巨块状整体结构		
Ⅴ	岩体：软岩，岩体破碎至极破碎；全部极软岩及全部极破碎岩（包括受构造影响严重的破碎带）	呈角砾碎石状松散结构	围岩易坍塌，处理不当会出现大坍塌，侧壁经常小坍塌；浅埋时易出现地表下沉（陷）或塌至地表	1.0～2.0
	土体： 一般第四系坚硬、硬塑黏性土，稍密及以上、稍湿或潮湿的碎石土、卵石土、圆砾土、角砾土、粉土及黄土（Q_3、Q_4）	非黏性土呈松散结构，黏性土及黄土呈松软结构		
Ⅵ	岩体：受构造影响严重呈碎石、角砾及粉末、泥土状的断层带	黏性土呈易蠕动的松软结构，砂性土呈潮湿松散结构	围岩极易坍塌变形，有水时土砂常与水一齐涌出；浅埋时易塌至地表	<1.0（饱和状态的土<1.5）
	土体：软塑状黏性土、饱和的粉土、砂类土等			

注：1　表中“围岩级别”和“围岩主要工程地质条件”栏，不包括膨胀性围岩、多年冻土等特殊岩土；

2　关于隧道围岩分级的基本因素和围岩基本分级及其修正，可按本规范附录 A 的方法确定；

3　层状岩层的层厚划分：

巨厚层：厚度大于 1.0 m；

厚　层：厚度大于 0.5 m，且小于等于 1.0 m；

中厚层：厚度大于 0.1 m，且小于等于 0.5 m；

薄　层：厚度小于或等于 0.1 m。

3.2.8　各级围岩的物理力学指标标准值应按试验资料确定，无试验资料时可按表 3.2.8 选用。

表 3.2.8　各级围岩的物理力学指标

围岩级别	重度 γ (kN/m^3)	弹性反力系数 K(MPa/m)	变形模量 E(GPa)	泊松比 ν	内摩擦角 φ(°)	黏聚力 c(MPa)	计算摩擦角 φ_c(°)
Ⅰ	26～28	1 800～2 800	>33	<0.2	>60	>2.1	>78
Ⅱ	25～27	1 200～1 800	20～33	0.2～0.25	50～60	1.5～2.1	70～78
Ⅲ	23～25	500～1 200	6～20	0.25～0.3	39～50	0.7～1.5	60～70
Ⅳ	20～23	200～500	1.3～6	0.3～0.35	27～39	0.2～0.7	50～60
Ⅴ	17～20	100～200	1～2	0.35～0.45	20～27	0.05～0.2	40～50
Ⅵ	15～17	<100	<1	0.4～0.5	<22	<0.1	30～40

注：1　本表数值不包括黄土地层；

2　选用计算摩擦角时，不再计内摩擦角和黏聚力。

3.3　隧道位置的选择

3.3.1　隧道位置应选择在稳定的地层中，不宜穿越工程地质、水文地质极为复杂和溶洞、暗河、煤层采空区等严重不良地质段，当必需通过时，应有充分的理由和可靠的工程措施。

3.3.2 长隧道、特长隧道、地质条件复杂的隧道、瓦斯隧道,其平面位置的选择应在大面积地质测绘和综合地质勘探的基础上确定线路走向,并应根据合理工期,对施工方案、施工方法进行多方案比选。

越岭线路的长隧道和特长隧道,应进行大面积的方案研究;对可能穿越的垭口,拟定不同的越岭高程及其相应的展线方案,通过区域工程地质调查、测绘,结合线路条件以及施工、运营条件等,进行全面技术经济比选确定。

3.3.3 河谷线路沿河傍山地段,当线路以隧道通过时,线路宜向靠山侧内移,避免隧道洞壁过薄、河流冲刷和不良地质对其稳定的影响。

采用短隧道群应与长隧道方案比选,并应优先选用长隧道。洞口位置的选定应考虑环境保护的要求,早进洞,晚出洞。

濒临水库地区的隧道应注意水库坍岸等对隧道稳定的影响,采取相应的工程措施。

3.3.4 隧道应避免通过具有放射性危害的地层。

3.3.5 隧道位置的选定,应考虑洞口地形、地质条件、相关工程和环境要求的影响,洞口不宜设在不良地质、排水困难、地势狭窄的沟谷低洼处或不稳定的悬崖陡壁下,宜避开滑坡、崩塌、岩堆、危岩落石、泥石流等地段;对于需设置辅助坑道和运营通风设施的隧道,应综合考虑其设置条件和要求。

3.3.6 新建双线或增建第二线时,应进行修建一座双线隧道和两座单线隧道的比较;当遇特长隧道或高瓦斯煤系地层、不良地质地段、特殊岩土(如:含水砂层、风积沙、黄土、盐盐、膨胀土、多年冻土等)地区的隧道时,宜修建两座单线隧道。新建单线铁路的特长隧道应结合施工通风与排水、运营消防与防灾需要,优先设置贯通的平行导坑。

两相邻隧道的最小净距,应按围岩条件、隧道断面尺寸及施工方法等因素确定。一般情况下,不应小于表3.3.6的规定。

表3.3.6 两相邻单线隧道间的最小净距(m)

围岩级别	Ⅰ	Ⅱ—Ⅲ	Ⅳ	Ⅴ	Ⅵ
净　距	$(1.5\sim2.0)B$	$(2.0\sim2.5)B$	$(2.5\sim3.0)B$	$(3.0\sim5.0)B$	$>5.0B$

注:B为隧道开挖断面的宽度(m)。

3.4 隧道线路平面及纵断面

3.4.1 隧道内的线路宜设计为直线,当因地形、地质等条件限制必需设计为曲线时,宜采用较大的曲线半径,慎用最小曲线半径,并宜将曲线设在洞口附近。隧道内不宜设置反向曲线。

3.4.2 隧道纵向坡度设置应符合下列规定:

1 隧道内的坡度可设置为单面坡或人字坡,地下水发育的长隧道宜用人字坡。

隧道坡度不宜小于3‰,在最冷月平均气温低于-5 ℃的地区,地下水发育的隧道宜适当加大坡度。

2 位于长大坡道上长度大于400 m的隧道,其坡度不得大于最大坡度按规定折减后的数值;位于长大坡道且曲线地段的隧道,应先进行隧道内线路最大坡度折减,再进行曲线坡度减缓。各种牵引种类的隧道内线路最大坡度折减系数应按表3.4.2的规定采用。

表 3.4.2　电力、内燃机车牵引的隧道内线路最大坡度折减系数

隧道长度(m)	电力牵引	内燃牵引
400 < L ≤ 1 000	0.95	0.90
1 000 < L ≤ 4 000	0.90	0.80
>4 000	0.85	0.75

注:最大坡度折减系数不分单、双机牵引,也不分单、双线隧道。

3　隧道内宜设计为长坡段。

4　旅客列车设计行车速度小于 160 km/h 的铁路,相邻坡段的坡度差大于 3‰时,应以圆曲线型竖曲线连接,竖曲线的半径应采用 10 000 m。

旅客列车设计行车速度为 160 km/h 的铁路段,相邻坡段的坡度差大于 1‰时,应以圆曲线型竖曲线连接,竖曲线的半径应采用 15 000 m,竖曲线不宜与平面圆曲线重叠设置,困难条件下,竖曲线可与半径不小于 2 500 m 的圆曲线重叠设置;特殊困难条件下,经技术经济比选,竖曲线可与半径不小于 1 600 m 的圆曲线重叠设置。

3.4.3　位于车站上的隧道,应采取必要的工程措施确保排水畅通。

3.4.4　当隧道洞口位于滨河可能被洪水淹没地带、水库回水影响范围或受山洪威胁地段时,其路肩高程应高出设计水位加波浪侵袭高度和壅水高度不小于 0.5 m。Ⅰ、Ⅱ级铁路设计水位的洪水频率标准为 1/100;当观测洪水(包括调查可靠的有重现可能的历史洪水)高于上述设计洪水频率标准时,应按观测洪水设计;当观测洪水的频率超过 1/300 时,Ⅰ、Ⅱ级铁路应采用 1/300 洪水频率标准设计。

4 作用(荷载)

4.1 一般规定

4.1.1 采用概率极限状态法进行结构设计计算时,其作用应符合本节及第4.2节的规定。

采用破损阶段法或容许应力法进行结构设计计算时,其荷载应符合本节及第4.3节的规定。

4.1.2 作用(荷载)分类应符合表4.1.2的规定。

表4.1.2 作用(荷载)分类

序号	作用分类	结构受力及影响因素	荷载分类	
1	永久作用	结构自重	恒载	主要荷载
2		结构附加恒载		
3		围岩压力		
4		土压力		
5		混凝土收缩和徐变的影响		
6	可变作用	列车活载	活载	
7		活载所产生的土压力		
8		公路活载		
9		冲击力		
10		渡槽流水压力(设计渡槽明洞时)		
11		制动力	附加荷载	
12		温度变化的影响		
13		灌浆压力		
14		冻胀力		
15		施工荷载(施工阶段的某些外加力)	特殊荷载	
16	偶然作用	落石冲击力	附加荷载	
17		地震力	特殊荷载	

注:永久作用(恒载)除表中所列外,在有水或含水地层中的隧道结构,必要时还应考虑水压力。

4.1.3 作用(荷载)应根据隧道的地形、地质条件、埋置深度、结构特征和工作条件、施工方法、相邻隧道间距等因素,按有关公式计算或按工程类比确定。当施工中发现其与实际不符时,应及时修正。对地质复杂的隧道,必要时应通过实地量测确定作用的代表值或荷载的计算值及其分布规律。

4.1.4 当地面水平或接近水平,且隧道覆盖厚度值小于表4.1.4所列数值时,应按浅埋隧道设计。当有不利于山体稳定的地质条件时,浅埋隧道覆盖厚度值应适当加大。

表4.1.4 浅埋隧道覆盖厚度值(m)

围岩级别	Ⅲ	Ⅳ	Ⅴ
单线隧道	5~7	10~14	18~25
双线隧道	8~10	15~20	30~35

4.1.5 作用于隧道衬砌上的偏压力,应视地形、地质条件以及外侧围岩的覆盖厚度确定。

表4.1.5—1 偏压隧道外侧拱肩山体最大覆盖厚度 t(m)

地面坡1:m	线 别	围岩级别				示意图
		Ⅲ	Ⅳ石	Ⅳ土	Ⅴ	
1:0.75	双 线	7.0	*	*	*	
1:1	单 线	*	5.0	10.0	18.0	
	双 线	7.0	*	*	*	
1:1.25	双 线	*	*	18.0	*	
1:1.5	单 线	*	4.0	8.0	16.0	
	双 线	7.0	11.0	16.0	30.0	
1:2	单 线	*	4.0	6.0	12.0	
	双 线	*	10.0	14.0	25.0	
1:2.5	单 线	*	*	5.5	10.0	
	双 线	*	*	13.0	20.0	

注:1 Ⅵ级围岩的 t 值可通过计算确定;
2 Ⅲ、Ⅳ级石质围岩的 t 值应扣除表面风化破碎层和坡积层厚度;
3 " * "表示缺少统计资料,设计时可通过工程类比或经验设计取值。

一般情况下,Ⅲ~Ⅴ级围岩,地面倾斜,隧道外侧拱肩至地表的垂直距离 t 等于或小于表4.1.5—1所列数值时,应按偏压隧道设计。当 t 值等于或小于表4.1.5—2规定时,尚应在洞外采取设置地表锚杆、抗滑桩或其他支挡结构等工程措施。

表4.1.5—2 偏压隧道外侧拱肩山体需加固的覆盖厚度限值 t(m)

地面坡1:m	线 别	围岩级别				示意图
		Ⅲ	Ⅳ石	Ⅳ土	Ⅴ	
1:0.75	双 线	3.0	*	*	*	
1:1	单 线	*	3.0	5.0	12.0	
	双 线	3.0	8.0	*	*	
1:1.25	双 线	*	*	10.0	*	
1:1.5	单 线	*	2.0	4.0	9.0	
	双 线	3.0	7.0	9.0	20.0	
1:2	单 线	*	2.0	3.5	7.0	
	双 线	*	6.0	8.0	17.0	
1:2.5	单 线	*	*	3.0	6.0	
	双 线	*	*	7.0	14.0	

注:1 Ⅲ、Ⅳ级石质围岩的 t 值应扣除表面风化破碎层和坡积层厚度;
2 " * "表示缺少统计资料,设计时可通过工程类比或经验设计取值。

4.1.6 明洞回填土压力应按洞顶设计填土和一定数量坍方堆积土石的全部重力计算确定。填料的物理力学指标,当无试验资料时,可按表4.1.6采用。

表4.1.6 填料的物理力学指标

填料名称	重度(kN/m³)	计算摩擦角 φ_c
干砌片石	20	50°
回填土石	19	35°

4.2　作用组合与作用计算

4.2.1　采用概率极限状态法设计隧道结构时,结构的作用设计值应按式(4.2.1)计算。

$$F_d = \gamma_f F_k \tag{4.2.1}$$

式中　γ_f——作用分项系数;

F_k——作用标准值。

4.2.2　隧道结构的作用应根据不同的极限状态和设计状况进行组合。一般情况可按作用的基本组合进行设计,基本组合可表达为:结构自重+围岩压力或土压力。

基本组合中各作用的组合系数取1.0,当考虑其他组合时,应另行确定作用的组合系数。

4.2.3　结构自重标准值可按结构设计尺寸及材料标准重度计算确定。

4.2.4　计算单线深埋隧道衬砌时,围岩压力按松散压力考虑,其垂直及水平匀布压力的作用标准值可按下列规定确定。

1　垂直匀布压力可按式(4.2.4)计算确定。

$$q = \gamma h \qquad h = 0.41 \times 1.79^S \tag{4.2.4}$$

式中　q——围岩垂直匀布压力(kPa);

γ——围岩重度(kN/m^3);

h——围岩压力计算高度(m);

S——围岩级别。

2　水平匀布压力可按表4.2.4确定。

表4.2.4　围岩水平匀布压力

围岩级别	Ⅰ~Ⅱ	Ⅲ	Ⅳ	Ⅴ	Ⅵ
水平匀布压力	0	$<0.15q$	$(0.15\sim0.30)q$	$(0.30\sim0.50)q$	$(0.50\sim1.00)q$

注:式(4.2.4)及表4.2.4适用于下列条件:

1　不产生显著偏压力及膨胀力的一般围岩;

2　采用钻爆法施工的隧道。

4.2.5　计算偏压衬砌时,围岩压力可按本规范附录B的公式计算确定。

4.2.6　明洞回填土压力可按本规范附录C的公式计算。

4.2.7　作用于洞门墙墙背的主动土压力可按库仑理论计算,当墙背仰斜(即墙背向地层倾斜)和直立时,土压力采用水平方向。土压力可按本规范附录D的公式计算。

4.2.8　混凝土收缩和徐变的影响、水压力及可变作用及偶然作用的确定可按第4.3节相应条文办理。

4.3　荷载组合与荷载计算

4.3.1　采用破损阶段法或容许应力法设计隧道结构时,结构所受的荷载应按表4.1.2规定并就其可能的最不利组合情况计算。

4.3.2　明洞荷载组合时应符合下列规定:

1 明洞顶回填土压力计算，当有落石危害需检算冲击力时，可只计洞顶设计填土重力（不包括坍方堆积体土石重力）和落石冲击力的影响，具体设计时可通过量测资料或有关计算验证。

2 当设置立交明洞时，应分别不同情况计算列车活载、公路活载或渡槽流水压力。

3 当明洞上方与铁路立交、填土厚度小于 1 m 时，应计算列车冲击力，洞顶无填土时，还应计算制动力的影响。

4 当计算作用于深基础明洞外墙的列车活载时，可不考虑列车的冲击力、制动力。

4.3.3 计算深埋隧道衬砌时，围岩压力按松散压力考虑，其垂直及水平匀布压力可按下列规定确定：

1 垂直匀布压力可按式(4.3.3)计算确定。

$$q = \gamma h \tag{4.3.3}$$

$$h = 0.45 \times 2^{S-1} \omega$$

式中 ω——宽度影响系数，$\omega = 1 + i(B-5)$；

B——坑道宽度(m)；

i——B 每增减 1 m 时的围岩压力增减率：当 $B < 5$ m 时，取 $i = 0.2$；$B > 5$ m 时，可取 $i = 0.1$；

其余符号含义同式(4.2.4)。

2 水平匀布压力可按本规范表 4.2.4 的规定确定。

4.3.4 浅埋隧道的荷载可按本规范附录 E 的规定确定。

4.3.5 偏压隧道的荷载可按本规范附录 B 的规定确定。

4.3.6 明洞回填土压力可按本规范附录 C 的规定确定。

4.3.7 作用于洞门墙墙背上的主动土压力可按第 4.2.7 条的规定办理。

4.3.8 铁路列车活载及其冲击力、制动力等应按国家现行《铁路桥涵设计基本规范》(TB 10002.1)的规定计算。

4.3.9 公路汽车活载应按国家现行《公路桥涵设计通用规范》(JTJ 021)的规定计算。

4.3.10 对稳定性有严格要求的刚架和截面厚度大、变形受约束的结构，均应考虑温度变化和混凝土收缩徐变的影响。

4.3.11 结构构件就地建造或安装时，作用在构件上的施工荷载，应根据施工阶段、施工方法和施工条件确定。

4.3.12 在最冷月平均气温低于 −15 ℃地区和受冻害影响的隧道应考虑冻胀力，冻胀力可根据当地的自然条件、围岩冬季含水量等资料通过计算确定。

4.3.13 灌浆压力应按灌浆机械可能使用的最大作用力计算确定。

4.3.14 地震力应按现行国家标准《铁路工程抗震设计规范》(GBJ 111)的规定计算确定。

5 建筑材料

5.1 一般规定

5.1.1 隧道工程常用的各类建筑材料,可选用下列强度等级:

1 混凝土:C15、C20、C25、C30、C40、C50;

2 喷射混凝土:C20、C25、C30;

3 片石混凝土:C15、C20;

4 水泥砂浆:M7.5、M10、M15、M20;

5 石材:MU40、MU50、MU60、MU80、MU100;

6 钢筋 HPB235、HRB335、HRB400,当结构构件受截面强度控制时,宜优先采用 HRB400 钢筋。

5.1.2 隧道工程各部位建筑材料的强度等级应满足耐久性要求,并不应低于表 5.1.2—1 和 5.1.2—2 的规定。

表 5.1.2—1 衬砌建筑材料

工程部位 \ 材料种类	混凝土	钢筋混凝土	喷射混凝土	
			喷锚衬砌	喷锚支护
拱圈	C25	C30	C25	C25
边墙	C25	C30	C25	C25
仰拱	C25	C30	C25	C25
底板	—	C30	—	—
仰拱填充	C20	—	—	—
水沟、电缆槽	C25	—	—	—
水沟、电缆槽盖板	—	C25	—	—

5.1.3 建筑材料的选用,应符合下列规定:

1 建筑材料应符合结构强度和耐久性的要求,同时应满足其抗冻、抗渗和抗侵蚀的需要。

表 5.1.2—2 洞门建筑材料

工程部位 \ 材料种类	混凝土	钢筋混凝土	砌体
端墙	C20	C25	M10 水泥砂浆砌块石或 C20 片石混凝土
顶帽	C20	C25	M10 水泥砂浆砌粗料石
翼墙和洞口挡土墙	C20	C25	M10 水泥砂浆砌块石
侧沟、截水沟	C15	—	M10 水泥砂浆砌片石
护坡	C15	—	M10 水泥砂浆砌片石

注:1 护坡材料也可采用 C20 喷射混凝土;

2 最冷月平均气温低于 -15 ℃的地区,表列水泥砂浆强度应提高一级。

2　混凝土宜选用低水化热、低 C_3A 含量、低碱含量的水泥和矿物掺和料、引气剂等。

3　当有侵蚀性水经常作用时,所用混凝土和水泥砂浆均应具有相应的抗侵蚀性能。

4　最冷月平均气温低于 -15 ℃的地区和受冻害影响的隧道,混凝土强度等级应适当提高。

5.1.4　隧道混凝土的碱含量应符合国家现行《铁路混凝土工程预防碱—骨料反应技术条件》(TB/T 3054)的规定。混凝土和砌体所用的材料除应符合国家有关标准规定外,尚应符合下列要求:

1　混凝土不应使用碱活性骨料;

2　钢筋混凝土构件中的钢筋应符合现行国家标准《钢筋混凝土用热轧带肋钢筋》(GB 1499)与《钢筋混凝土用热轧光圆钢筋》(GB 13013)的规定;

3　片石强度等级不应低于 MU40,块石强度等级不应低于 MU60,有裂缝和易风化的石材不应采用;

4　片石混凝土内片石掺用量不应大于总体积的 20%。

5.1.5　喷锚支护采用的材料,除应符合本规范的有关规定外,尚应符合下列要求:

1　喷射混凝土应优先采用硅酸盐水泥或普通硅酸盐水泥;

2　粗骨料应采用坚硬耐久的碎石或卵石,不得使用碱活性骨料;喷射混凝土中的骨料粒径不宜大于 15 mm,喷射钢纤维混凝土中的骨料粒径不宜大于 10 mm;骨料宜采用连续级配,细骨料应采用坚硬耐久的中砂或粗砂,细度模数宜大于 2.5;

3　钢质锚杆杆体的直径宜为 16 ~ 32 mm,杆体应用带肋钢筋,杆体材料基本物理力学指标不宜低于 HRB335、HRB400 钢,杆体断裂延伸率不小于 16%;锚杆端头应设垫板,垫板材质可采用 Q235 钢;

4　砂浆锚杆用的水泥砂浆强度等级不应低于 M20;

5　钢筋网材料可采用 HPB235(Q235)钢,直径宜为4 ~ 12 mm。

5.1.6　混凝土和喷射混凝土中可根据需要掺加外加剂,其性能应满足下列要求:

1　对混凝土的强度及其与围岩的黏结力基本无影响;对混凝土和钢材无腐蚀作用;

2　对混凝土的凝结时间影响不大(除速凝剂和缓凝剂外);

3　不易吸湿,易于保存;不污染环境,对人体无害。

5.1.7　喷射钢纤维混凝土中的钢纤维宜采用普通碳素钢制成,并应满足下列要求:

1　钢纤维可采用方形或圆形断面,等效直径宜为 0.3 ~ 0.5 mm;

2　长度宜为 20 ~ 25 mm,并不得大于 25 mm;

3　抗拉强度不得小于 600 MPa,并不得有油渍和明显的锈蚀;

4　掺量宜为混合料重量的 1.3% ~ 3.0% ,应根据钢纤维长径比选取。

5.1.8　初期支护的钢架宜用钢筋、工字钢、H 形型钢或钢轨制成,也可用钢管或 U 形型钢制成。

5.1.9　常用建筑材料的重度应按表 5.1.9 的规定采用。

表 5.1.9　建筑材料的标准重度或计算重度

材料名称	混凝土	片石混凝土	钢筋混凝土(配筋率在 3% 以内)	钢材	浆砌片石	浆砌块石	浆砌粗料石
重度(kN/m^3)	23	23	25	78.5	22	23	25

注:钢筋混凝土配筋率大于 3% 时,其重度为混凝土自重(扣除钢筋体积的混凝土重量)加钢筋自重。

5.2 按概率极限状态法设计的材料性能

5.2.1 混凝土的强度标准值应按表5.2.1采用。

表5.2.1 混凝土强度标准值(MPa)

强度种类	符号	混凝土强度等级					
		C15	C20	C25	C30	C40	C50
轴心抗压	f_{ck}	10	13.5	17	20	27	33.5
弯曲抗压	f_{cmk}	11	15	18.5	22	29.5	36
轴心抗拉	f_{ctk}	1.4	1.7	2.0	2.2	2.7	3.1

注:1 混凝土垂直浇筑,且一次浇筑层高度大于1.5 m时,表中强度值应乘以系数0.9;
2 计算现浇钢筋混凝土轴心受压构件时,如截面中的边长或直径小于30 cm,则表中强度值应乘以系数0.8;当构件质量(如混凝土成形、截面和轴线尺寸等)确有保证时,则不受此限制;
3 离心混凝土的设计强度应按有关专门规定取用。

5.2.2 混凝土的强度设计值应按表5.2.2采用。

表5.2.2 混凝土强度设计值(MPa)

强度种类	符号	混凝土强度等级					
		C15	C20	C25	C30	C40	C50
轴心抗压	f_{cd}	7.5	10.0	12.5	15.0	20.0	25.0
弯曲抗压	f_{cmd}	8.5	11	13.5	16.5	21.5	27.5
轴心抗拉	f_{ctd}	0.93	1.13	1.33	1.47	1.80	2.07

5.2.3 混凝土的弹性模量应按表5.2.3采用。混凝土的剪切模量可按表5.2.3数值乘以0.43采用。混凝土的泊松比可采用0.2。

5.2.4 喷射混凝土的强度设计值应按表5.2.4—1采用;喷射混凝土的重度可取2 200 kg/m^3,弹性模量应按表5.2.4—2采用。

5.2.5 钢筋的抗拉强度标准值及其抗拉强度和抗压强度的设计值应按表5.2.5采用。

表5.2.3 混凝土的弹性模量 E_c(GPa)

混凝土强度等级	C15	C20	C25	C30	C40	C50
弹性模量 E_c	26	28	29.5	31	33.5	35.5

表5.2.4—2 喷射混凝土的弹性模量(GPa)

喷射混凝土强度等级	C20	C25	C30
弹性模量	21	23	25

表5.2.4—1 喷射混凝土的强度设计值(MPa)

强度种类 \ 喷射混凝土强度等级	C20	C25	C30
轴心抗压	10.0	12.5	15.0
弯曲抗压	11.0	13.5	16.5
抗 拉	1.1	1.3	1.5

表5.2.5 钢筋抗拉和抗压强度的标准值与设计值

钢筋种类	HPB235(Q235)	HRB335	HRB400
抗拉强度标准值(MPa)	235	335	400
抗拉强度和抗压强度设计值(MPa)	210	300	360

注:表中 d 为钢筋直径。

5.2.6 HPB235级钢筋的弹性模量应采用210 GPa,HRB335、HRB400钢筋的弹性模量应采用 200 GPa。

5.2.7　龄期为 28 d，以毛截面计算的各类砌体抗压强度设计值应按下列规定采用：

1　块体高度为 180 ~ 350 mm 的粗料石砌体的抗压强度设计值应按表 5.2.7—1 采用。

2　片石砌体的抗压强度设计值应按表 5.2.7—2 采用。

表 5.2.7—1　粗料石砌体的抗压强度设计值（MPa）

石材强度等级	水泥砂浆强度等级		
	M15	M10	M7.5
MU100	8.62	7.76	6.91
MU80	7.72	6.95	6.20
MU60	6.68	6.02	5.38

表 5.2.7—2　片石砌体的抗压强度设计值（MPa）

石材强度等级	水泥砂浆强度等级		
	M15	M10	M7.5
MU100	3.06	2.55	2.10
MU80	2.76	2.28	1.89
MU60	2.40	1.99	1.66
MU50	2.18	1.81	1.47
MU40	1.96	1.63	1.29

5.2.8　砌体的弹性模量可采用 10 ~ 15 GPa。砌体的剪切模量宜采用砌体弹性模量的 0.4 倍。

5.3　按破损阶段法和容许应力法设计的材料性能

5.3.1　混凝土和钢筋混凝土结构中用混凝土的极限强度应按表 5.3.1 采用。

表 5.3.1　混凝土的极限强度（MPa）

强度种类	符号	混凝土强度等级					
		C15	C20	C25	C30	C40	C50
抗　　压	R_a	12.0	15.5	19.0	22.5	29.5	36.5
弯曲抗压	R_w	15.0	19.4	24.2	28.1	36.9	45.6
抗　　拉	R_l	1.4	1.7	2.0	2.2	2.7	3.1

注：1　片石混凝土的抗压极限强度可采用表中数值；

2　表中弯曲抗压极限强度按 $R_w = 1.25\ R_a$ 换算。

5.3.2　混凝土的容许应力应按表 5.3.2 采用。

表 5.3.2　混凝土的容许应力（MPa）

应力种类	符号	混凝土强度等级					
		C15	C20	C25	C30	C40	C50
弯曲及偏心受压应力	$[\sigma_w]$	6.1	7.8	9.6	11.2	14.7	18.2
弯曲拉应力	$[\sigma_{wl}]$	0.36	0.43	0.50	0.55	—	—
剪应力	$[\tau]$	0.70	0.85	1.00	1.10	1.35	1.55

注：1　片石混凝土的容许应力可采用表中数值；

2　计算主要荷载加附加荷载时，除剪应力外可提高 30%。

5.3.3　混凝土的弹性模量应按表 5.2.3 采用，混凝土的剪切模量可按表列数值乘以 0.43 采用。

5.3.4　钢筋的容许应力应按表 5.3.4 采用。

表 5.3.4　钢筋的容许应力

钢筋种类	容许应力（MPa）	
	主要荷载	主要荷载 + 附加荷载
HPB235	130	160
HRB335	180	230
HRB400	210	270

5.3.5 钢筋强度和弹性模量等应按表5.3.5采用。

表5.3.5 钢筋的强度和弹性模量

钢筋种类	屈服强度(MPa)	抗拉极限强度(MPa)	抗拉或抗压计算强度(MPa)	弹性模量(GPa)	延伸率(%)
HPB235	235	310	235	210	25
HRB335	335	455	335	200	17
HRB400	400	540	400	200	16

5.3.6 C20喷射混凝土的极限强度可采用:轴心抗压15 MPa,弯曲抗压18 MPa,抗拉1.3 MPa,弹性模量为21 GPa。喷射混凝土与围岩的黏结强度可采用:Ⅰ、Ⅱ级围岩不应低于0.8 MPa,Ⅲ级围岩不应低于0.5 MPa。

注:1 喷射混凝土的强度等级指采用喷射大板切割法,制作成边长为10cm的立方体试块,在标准条件下养护28 d,用标准试验方法所得的极限抗压强度乘以0.95的系数;

2 喷射混凝土与围岩黏结强度可采用预留试件拉拔法或钻芯拉拔法。

5.3.7 砌体的极限强度应按表5.3.7采用。

表5.3.7 砌体的极限强度(MPa)

强度种类		抗压 R_a			抗剪 R_j
砌体种类		片石砌体	块石	粗料石	
砂浆强度等级	M7.5	3.0	—	—	0.35
	M10	3.5	5.5	8.0	0.40
	M15	4.0	6.0	9.0	0.50

5.3.8 砌体的弹性模量及剪切模量应按第5.2.8条选取。

5.3.9 石砌体中心及偏心受压的容许应力应按表5.3.9采用。

表5.3.9 石砌体中心及偏心受压的容许应力(MPa)

砌体种类	石料强度等级	水泥砂浆强度等级		
		M20	M15	M10
片石砌体	MU100	3.0	2.6	2.2
	MU80	2.7	2.35	2.0
	MU60	2.3	2.025	1.85
	MU40	1.95	1.65	1.45
块石砌体	MU100	5.6	5.25	4.9
	MU80	4.7	4.4	4.1
	MU60	3.8	3.5	3.2
粗料石砌体	MU100	7.1	6.05	5.0
	MU80	6.0	5.4	4.8
	MU60	4.9	4.5	4.1

注:1 介于表列石料或水泥砂浆的强度等级之间的其他砌体的受压容许应力,可用内插确定;

2 当有特殊需要必须用细料石及半细料石砌体时,其受压容许应力可按粗料石砌体的受压容许应力分别乘以提高系数1.43及1.14,但提高后的受压容许应力不应大于水泥砂浆抗压极限强度的1/2。

6　洞门与洞口段

6.0.1　隧道洞口位置应根据地形、地质、水文条件，同时结合环境保护、洞外有关工程及施工条件、运营要求，通过综合分析比较确定。

隧道应早进洞、晚出洞，同时应符合下列要求：

1　隧道洞口的设置，应减少对原有坡面的破坏；

2　当洞口处有坍方、落石、泥石流等威胁时，应尽早进洞；

3　线路跨沟或沿沟进洞时，应结合防排水工程，确定洞口位置；

4　漫坡地形的洞口位置，宜结合弃渣的处理、填方利用、排水以及有利施工等因素，综合分析确定；

5　洞口段应结合地形、地质条件和施工方法等确定加固措施，必要时可采取地表注浆。

6.0.2　洞门结构形式应根据洞口的地形、地质等条件确定，并符合下列要求：

1　采用斜交洞门时，其端墙与线路中线的交角不应小于45°，在松软地层中不宜采用斜交洞门；

2　设有运营通风的隧道，洞门结构形式应结合通风设施一并考虑；

3　位于城镇、风景区、车站附近的洞门，宜考虑建筑景观及环境协调要求；

4　有条件时可采用斜切式或其他新型洞门结构。

6.0.3　洞门设计应符合下列规定：

1　当洞顶仰坡土石有剥落可能时，仰坡坡脚至洞门端墙背的水平距离不宜小于1.5 m；洞门端墙顶高出仰坡坡脚不宜小于0.5 m；洞门端墙与仰坡间水沟的沟底至衬砌拱顶外缘的高度不宜小于1 m。

2　当洞口有翼墙或挡土墙时，沿轨枕底面水平由线路中线至邻近翼墙、挡土墙的距离，至少有一侧（曲线地段系曲线外侧）不应小于3.5 m。

3　洞门墙应根据地基情况设置变形缝，墙身应设置泄水孔。

6.0.4　洞门墙基础的设置应符合下列要求：

1　基础必须置于稳固的地基上，并埋入地面下一定深度，土质地基埋入的深度不应小于1 m；

2　在冻胀性土上设置基础时，基底应置于冻结线以下0.25 m，或采取其他工程措施；

3　在松软地基上设置基础，当地基承载力不足时，应结合具体条件采取扩大基础等措施。

6.0.5　洞口其他设施的设置，应遵守下列规定：

1　洞口仰坡周围应设置排水、截水设施，并与路堑排水系统一并布置；

2　当洞口边仰坡局部土石失稳时，应结合地形、地质特点，采取清刷、设置支挡建筑物等措施根治，不留后患；

3 洞口仰坡和边坡土石有剥落可能时,其坡面应予加固;有条件时应优先采用绿色护坡;

4 当洞口段路基基床为土层或遇水易软化的软弱岩层时,路基面应采用M10水泥砂浆砌片石铺砌;

5 洞口应设置必要的检查设备及相关标志;

6 旅客列车行车速度160 km/h的铁路隧道,应视洞口环境及旅客舒适度要求考虑设置洞口缓冲设施;

7 旅客列车行车速度160 km/h的铁路隧道,洞口过渡段设置应符合国家现行《铁路路基设计规范》(TB 10001)的规定。

7 隧道衬砌和明洞

7.1 一 般 规 定

7.1.1 隧道应设衬砌,并应优先采用复合式衬砌,地下水不发育的Ⅰ、Ⅱ级围岩的短隧道,可采用喷锚衬砌。

衬砌结构的型式及尺寸,可根据围岩级别、水文地质条件、埋置深度、结构工作特点,结合施工条件等,通过工程类比和结构计算确定,必要时,还应经过试验论证。

7.1.2 隧道衬砌应根据围岩级别进行设计,除断层破碎带、软硬岩接触带、岩堆体或错落体、滑坡体、高地应力或大变形地段、人工填土或弃渣场地段,衬砌应向围岩较好地段延伸5~10 m外,其他地段可不延伸。

1 隧道应采用曲墙式衬砌,Ⅵ级围岩的衬砌应采用钢筋混凝土结构;

2 因地形或地质构造等引起有明显偏压的地段,应采用偏压衬砌;Ⅴ、Ⅵ级围岩的偏压衬砌应采用钢筋混凝土结构;Ⅳ级围岩的偏压衬砌也宜采用钢筋混凝土结构;

3 隧道洞口段衬砌应加强,加强长度应根据地质、地形等条件确定,一般单线隧道洞口加强衬砌长度不应小于5 m,双线和多线隧道应适当加长;

4 围岩较差地段的衬砌应向围岩较好地段延伸,延伸长度宜为5~10 m;

5 偏压衬砌段应延伸至一般衬砌段内5 m以上;

6 单线Ⅲ级以上、双线Ⅲ级及以上地段均应设置仰拱。单线Ⅲ级、双线Ⅱ级及以下地段是否设置仰拱应根据岩性、地下水情况确定。不设仰拱的地段应设底板。底板厚度不应小于30 cm,并应设置钢筋,钢筋净保护层厚度不应小于30 mm;

7 硬软地层分界处及对衬砌受力有不良影响处,应设置变形缝;

8 电力牵引的隧道,当长度大于2 000 m或位于隧道群地段和车站两端时,应根据需要设置接触网补偿下锚的衬砌段。

7.1.3 隧道与运营通风洞、辅助坑道的横通道及其他联络通道等连接处的衬砌应加强。

7.1.4 位于曲线地段隧道断面的加宽,除圆曲线部分应按规定办理外,缓和曲线部分可分两段加宽。自圆曲线至缓和曲线中点,并向直线方向延长13 m,应采用圆曲线加宽断面;其余缓和曲线,自直缓分界点向直线段延长22 m,应采用缓和曲线中点加宽断面,其加宽值取圆曲线加宽值的一半(图7.1.4)。

位于曲线地段车站上的隧道及区间曲线地段的双线隧道,断面加宽值应根据站场及线路具体情况计算确定。

7.2 隧 道 衬 砌

7.2.1 复合式衬砌设计应符合下列规定:

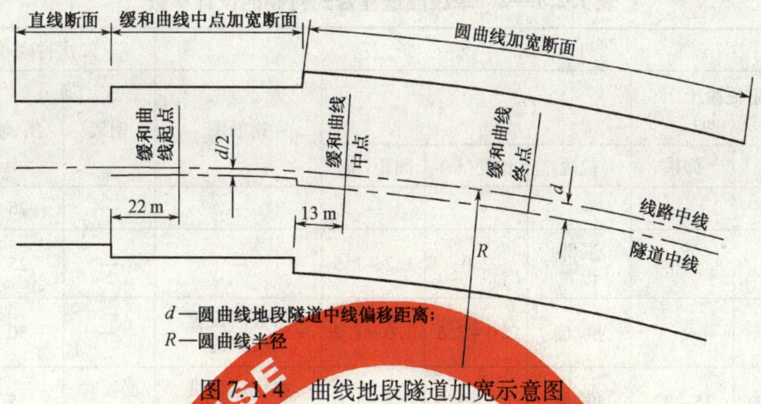

图 7.1.4　曲线地段隧道加宽示意图

1　复合式衬砌设计应综合考虑包括围岩在内的支护结构、断面形状、开挖方法、施工顺序和断面闭合时间等因素，力求充分发挥围岩的自承能力。

2　复合式衬砌的初期支护，宜采用喷锚支护，其基层平整度应符合 $D/L \leqslant 1/6$（D 为初期支护基层相邻两凸面凹进去的深度；L 为基层两凸面的距离）；二次衬砌宜采用模筑混凝土，二次衬砌宜为等厚截面，连接圆顺。

3　各级围岩在确定开挖断面时，除应满足隧道建筑限界要求外，还应预留适当的围岩变形量，其量值可根据围岩级别、隧道宽度、埋置深度、施工方法和支护情况等条件，采用工程类比法确定；当无类比资料时，可参照表 7.2.1—1 采用。

表 7.2.1—1　预留变形量(mm)

围岩级别	单线隧道	双线隧道
Ⅱ	—	10～30
Ⅲ	10～30	30～50
Ⅳ	30～50	50～80
Ⅴ	50～80	80～120
Ⅵ	由设计确定	设计确定

注：1　深埋、软岩隧道取大值；浅埋、硬岩隧道取小值；
　　2　有明显流变、原岩应力较大和膨胀性围岩，应根据量测数据反馈分析确定。

4　复合式衬砌初期支护及二次衬砌设计参数，可根据隧道围岩分级、岩体构造特征等采用工程类比、理论分析确定，并应根据现场围岩量测信息对支护参数作必要的调整。

7.2.2　喷锚衬砌设计应符合下列规定：

1　喷锚衬砌内部轮廓应比整体式衬砌适当放大，除考虑施工误差和位移量外，应再预留 10 cm 作为必要时补强用。

2　遇下列情况不应采用喷锚衬砌：

1)地下水发育或大面积淋水地段；

2)能造成衬砌腐蚀或膨胀性围岩的地段；

3)最冷月平均气温低于 -5 ℃地区的冻害地段；

4)有其他特殊要求的隧道。

表 7.2.1—2　单线隧道复合式衬砌的设计参数

围岩级别	初期支护							二次衬砌厚度(cm)	
	喷射混凝土厚度(cm)		锚杆			钢筋网	钢架	拱、墙	仰拱
	拱、墙	仰拱	位置	长度(m)	间距(m)				
Ⅱ	5	—	—	—	—	—	—	25	—
Ⅲ	7	—	局部设置	2.0	1.2~1.5	—	—	25	—
Ⅳ	10	—	拱、墙	2.0~2.5	1.0~1.2	必要时设置 @25×25	—	30	40
Ⅴ	15~22	15~22	拱、墙	2.5~3.0	0.8~1.0	拱、墙、仰拱 @20×20	必要时设置	35	40
Ⅵ	通过试验确定								

表 7.2.1—3　双线隧道复合式衬砌的设计参数

围岩级别	初期支护							二次衬砌厚度(cm)	
	喷射混凝土厚度(cm)		锚杆			钢筋网	钢架	拱、墙	仰拱
	拱、墙	仰拱	位置	长度(m)	间距(m)				
Ⅱ	5~8	—	局部设置	2.0~2.5	1.5	—	—	30	—
Ⅲ	8~10	—	拱、墙	2.0~2.5	1.2~1.5	必要时设置 @25×25	—	35	45
Ⅳ	15~22	15~22	拱、墙	2.5~3.0	1.0~1.2	拱、墙、仰拱 @25×25	必要时设置	40	45
Ⅴ	20~25	20~25	拱、墙	3.0~3.5	0.8~1.0	拱、墙、仰拱 @20×20	拱、墙、仰拱	45	45
Ⅵ	通过试验确定								

注：1　采用钢架时，宜选用格栅钢架，钢架设置间距宜为 0.5~1.5 m；
　　2　对于Ⅳ、Ⅴ级围岩，可视情况采用钢筋束支护，喷射混凝土厚度可取小值；
　　3　钢架与围岩之间的喷射混凝土保护层厚度不应小于 4 cm；临空一侧的混凝土保护层厚度不应小于 3 cm。

3　喷锚衬砌的设计参数，可参照表 7.2.2 选用。

表 7.2.2　喷锚衬砌的设计参数

围岩级别	单线隧道	双线隧道
Ⅰ	喷射混凝土厚度 5 cm	喷射混凝土厚度 8 cm，必要时设置锚杆，锚杆长 1.5~2.0 m，间距 1.2~1.5 m
Ⅱ	喷射混凝土厚度 8 cm，必要时设置锚杆，锚杆长 1.5~2.0 m，间距 1.2~1.5 m	喷射混凝土厚度 10 cm，锚杆长 2.0~2.5 m，间距 1.0~1.2 m，必要时设置局部钢筋网

注：1　边墙喷射混凝土厚度可略低于表列数值，当边墙围岩稳定，可不设置锚杆和钢筋网；
　　2　钢筋网的网格间距宜为 15~30 cm，钢筋网保护层厚度不应小于 3 cm。

7.2.3　整体衬砌设计应符合下列规定：

1　单线隧道洞口段，当线路中线与地形等高线斜交，围岩为Ⅰ~Ⅲ级时，可采用斜交衬砌。双线斜交衬砌的选用应慎重考虑。

2 最冷月平均气温低于-15 ℃的地区,应根据情况设置变形缝。

3 各级围岩地段拱部衬砌背后应压注不低于M20的水泥砂浆。

7.2.4 初期(施工)支护的组成应根据围岩的性质及状态、地下水情况、隧道断面尺寸及其埋置深度等条件确定。

1 系统锚杆应沿隧道周边按梅花形均匀布置,其方向应接近于径向或垂直岩层。隧道边墙部位宜采用普通砂浆锚杆,拱部应优先采用组合中空锚杆。自稳时间短、初期变形大的软弱围岩地层可增加锚杆长度或采用自钻式锚杆。

2 自稳时间短、初期变形大的地层,或对地面下沉量有严格限制时,应采用钢架。根据围岩条件的不同,可选择仅在隧道拱部设置的钢架或在拱部及墙部设置的开口式钢架。在软弱围岩中应采用封闭式钢架。格栅钢架主筋的直径不宜小于18 mm,各排钢架间应设置钢拉杆,其直径宜为20~22 mm。

3 松散、破碎或膨胀性围岩中宜采用钢筋网喷射混凝土作初期支护,其厚度不宜小于10 cm,钢筋网应以直径6~8 mm的钢筋焊接而成,网格间距宜为15~30 cm,钢筋网搭接长度应为1~2个网孔。

7.2.5 衬砌仰拱应具有与其使用目的相适应的强度、刚度和耐久性。仰拱厚度宜与拱、墙厚度相同。

Ⅲ~Ⅵ级围岩隧道的仰拱,其初期支护宜采用钢筋网喷射混凝土,必要时宜加设锚杆、钢架或采用早强喷射混凝土;二次衬砌应采用模筑混凝土。

在软弱围岩有水地段或最冷月平均气温低于-15 ℃地区的洞口段,仰拱应加强。

7.2.6 隧道仰拱与底板施工应符合下列要求:

1 仰拱或底板施作前,必须将隧底虚碴、杂物、积水等清除干净,超挖部分应采用同级混凝土回填与找平;

2 仰拱应超前拱墙衬砌施作,其超前距离宜保持3倍以上衬砌循环作业长度;

3 仰拱或底板施工缝、变形缝处应作防水处理,其工艺按有关规定办理;

4 仰拱或底板施作应各段一次成型,不得分部灌筑。

7.2.7 隧道喷射混凝土应在开挖后及时进行,宜采用湿喷工艺。

7.2.8 隧道拱、墙背回填应符合下列规定:

1 拱部范围与墙脚以上1 m范围内的超挖,应用同级混凝土回填;

2 其余部位的空隙,可视围岩稳定情况、空隙大小,采用混凝土、片石混凝土回填;

3 拱部局部坍塌严禁采用浆砌片石回填。

7.3 特殊岩土和不良地质地段的隧道衬砌

7.3.1 黄土地区的隧道,应视黄土分类、物理力学性能和施工方法等确定衬砌结构,并应采用曲墙有仰拱的衬砌,曲墙衬砌的边墙矢高不应小于弦长的1/8。

黄土隧道宜采用复合式曲墙带仰拱衬砌,其初期支护宜采用钢架、钢筋网喷射混凝土和锚杆支护,单线隧道喷层厚度不得小于10 cm,双线隧道不应小于15 cm,钢筋网钢筋直径宜为6~12 mm。设锚杆时,其长度宜为2.5~4 m,支护沿纵向每隔5~10 m,应设置环向变形缝,其宽度宜为10~20 mm。

位于隧道附近地表的冲沟、陷穴、裂缝应予回填、铺砌,并设置地表水的引排设施。

7.3.2 松散堆积层、含水砂层及软弱、膨胀性围岩的隧道设计应遵守下列规定:

1 衬砌应采用曲墙有仰拱的结构;必要时可采用钢筋混凝土或钢架混凝土结构;

2 通过松散堆积层或含水砂层时,施工前宜采取设置地表砂浆锚杆、从地表或沿隧道周边向围岩注浆等预加固措施;施工中可采用超前锚杆、超前小导管注浆或管棚等超前支护措施;

3 通过软弱和膨胀性围岩时,宜采用圆形或接近圆形断面;

4 根据具体情况,应对地表水和地下水作出妥善处理。

7.3.3 穿越岩溶、洞穴的隧道,应根据空穴大小、充填情况及其与隧道的关系、地下水情况,采取下列处理措施:

1 对空穴水的处理应因地制宜,采用截、堵、排结合的综合治理措施;

2 干、小的空穴,可采取堵塞封闭;有水且空穴较大,不宜堵塞封闭时,可根据具体情况,采取梁、拱跨越;

3 当空穴岩壁强度不够或不稳定,可能影响隧道结构安全时,应采取支顶、锚固、注浆等措施。

7.3.4 通过含瓦斯地层的隧道,应根据地层每吨煤含瓦斯量、瓦斯压力确定瓦斯地段等级,针对不同瓦斯等级地段采用不同的衬砌结构。瓦斯隧道衬砌应采取下列防瓦斯措施:

1 瓦斯隧道应采用复合式衬砌,初期支护的喷射混凝土厚度不应小于15 cm,二次衬砌模筑混凝土厚度不应小于40 cm;

2 衬砌应采用单层或多层全封闭结构,并选用气密性建筑材料,提高混凝土的密实性和抗渗性指标;

3 衬砌施工缝隙应严密封填;

4 应向衬砌背后或地层压注水泥砂浆,或采用内贴式、外贴式防瓦斯层,加强封闭。

7.3.5 通过放射性岩层的隧道,应根据放射性元素性质和放射强度,采用单层或多层全封闭衬砌结构。

7.3.6 富水岩溶隧道的衬砌结构设计应考虑水压荷载影响。

7.4 明 洞

7.4.1 明洞的设置应满足下列条件:

1 洞顶覆盖薄,难以用钻爆法修建隧道的地段;

2 受坍方、落石、泥石流等威胁的地段;

3 公路、铁路、沟渠等必须在铁路上方通过,又不宜修建隧道、立交桥或渡槽等的地段;

4 为了减少隧道工程对环境的破坏,保护环境和景观,洞口段需延长者。

7.4.2 明洞的结构类型应根据地形、地质及施工条件等因素,综合比较确定。

7.4.3 明洞结构设计应符合下列规定:

1 明洞拱圈和路堑式明洞边墙、半路堑式明洞内墙可比照隧道整体式衬砌设计,半路堑式明洞外墙宜适当加厚;

2 棚式明洞盖板宜采用T形截面构件,内边墙宜采用重力式结构,当岩层坚固完整、无水时，可采用锚杆式边墙；外侧支承结构根据坍方落石和地基情况可选用墙式、柱式或刚架式等类型；特殊情况下也可采用悬臂结构；

3　气温变化较大的地区，应根据具体情况设置变形缝。

7.4.4　明洞基础设计应符合下列规定：

1　拱形明洞位于软弱地基上或两侧边墙地基软硬不均时，应采取设置仰拱、整体式基础、桩基和加深基础等措施；

2　外边墙基础深度超过路基面以下 3 m 时，宜设置横向拉杆或用锚杆锚固于稳定的岩层内；若为棚式明洞的立柱，宜加设纵撑与横撑；

3　明洞受河岸冲刷影响地段，应根据情况设置防护；

4　外墙基础趾部距外侧稳固地层的边缘，应保持适当的水平距离；当地基坚硬完整时，基础可做成台阶状；

5　局部地段外墙基础设置困难时，可采用拱、梁跨越。

7.4.5　明洞顶回填土的厚度和坡度，应根据明洞的用途和要求确定。为防御落石、崩塌而设的明洞，回填土的厚度不宜小于 1.5 m。填土坡度宜为 1:1.5～1:5。

山坡有严重的危石、崩塌威胁时，应予以清除或加固处理。

7.4.6　明洞边墙背后回填，应根据明洞类型、围岩级别、设计要求和施工方法按下列要求确定：

1　衬砌设计考虑了围岩弹性反力作用时，边墙背后超挖部分应用混凝土或水泥砂浆砌片石回填；

2　衬砌设计只计墙背地层（或回填土）主动土压力时，边墙背后回填料的内摩擦角，不应小于地层的计算摩擦角或所用回填料的计算摩擦角。

7.4.7　明洞顶上的过水渡槽，其过水断面的设计，应按有关排洪、灌溉的标准办理，并注意泥石流的影响。

8　轨　　道

8.0.1　隧道内轨道类型应与隧道外线路标准一致，正线轨道类型可按表 8.0.1 的规定采用。在长度大于 1 000 m 的隧道内，应采用与隧道外轨道同级的耐磨钢轨。

8.0.2　隧道内可铺设无砟道床或有砟道床，特长隧道应采用无砟道床，长度 1 000 m 及以上隧道，当条件适宜时，宜采用无砟道床。道床应有良好的防排水设施。

8.0.3　隧道内铺设无砟道床时应符合下列要求：

1　道床基底必须干燥、稳定；

2　无砟道床与有砟道床之间应铺设道床弹性逐渐变化的过渡段，其长度不应小于7.5 m；

3　道床必须设置变形缝。

8.0.4　隧道内铺设有砟道床时应符合下列要求：

1　应采用一级碎石道砟；

2　采用单层道床时，其厚度应按隧道外石质、渗水土路基的标准铺设；

3　道床砟肩至边墙（或高式水沟）间应用道砟铺平；

4　轨枕端头至侧沟、电缆槽间的道砟宽度不应小于 20 cm；靠近道床一侧的侧沟墙身应增设构造钢筋。

表 8.0.1　正线轨道类型

项　目	单位	特重型	重　型			次重型	中　型	轻　型
运营条件 年通过总质量	Mt	>50	25 ~ 50			15 ~ 25	8 ~ 15	<8
运营条件 路段旅客列车设计行车速度	km/h	160 ~ 120	160 ~ 120	≤120		≤120	≤100	≤80
钢　轨	kg/m	75	60	60		50	50	50
轨枕 混凝土枕 型号	—	Ⅲ	Ⅲ	Ⅲ	Ⅱ	Ⅱ	Ⅱ	Ⅱ
轨枕 混凝土枕 铺枕根数	根/km	1 667	1 667	1 667	1 760	1 667 ~ 1 760	1 600 ~ 1 680	1 520 ~ 1 640
轨道结构 有砟道床 土质路基 非渗水土路基 双层 表层道砟	cm	30	30	30		25	20	20
轨道结构 有砟道床 土质路基 非渗水土路基 双层 底面道砟	cm	20	20	20		20	20	15
轨道结构 有砟道床 土质路基 渗水土路基 / 石质路基 单层 道砟	cm	35	35	35		30	30	25
轨道结构 有砟道床 级配碎（砾）石基床 单层 道砟	cm	30	30	—		—	—	
轨道结构 无砟道床 板式轨道 / 长枕埋入式 混凝土底座厚度	cm	≥15						
轨道结构 无砟道床 弹性支承块式 混凝土底座厚度	cm	≥17						

注：1　年通过总质量包括净载、机车和车辆的质量，单线按往复总质量计算，双线按每一条线的通过总质量计算；

2　年通过总质量大于 50 Mt 的线路，根据实际的运营条件，经技术经济比选可采用 60 kg/m 钢轨；

3　设计行车速度小于 160 km/h 的改建铁路轨道，可采用Ⅱ型单纯凝土枕；

4　弹性支承块式混凝土底座厚度系指支承块下混凝土厚度；

5　特殊情况下采用木枕时，铺设根数可根据设计确定。

9 附属构筑物

9.1 避车洞

9.1.1 全封闭、实施大机养护、采用综合维修线路上的隧道及隧道特殊衬砌结构地段,不宜设置小避车洞;其他隧道可根据需要设置小避车洞,但应有防止开裂、防渗水措施。

9.1.2 避车洞应有衬砌,其结构类型应与隧道衬砌类型相适应;避车洞底面应与道床、人行道或侧沟盖板顶面平齐。

9.2 电缆槽

9.2.1 隧道内应设置电缆槽。电缆槽的布置和设置条件,除应符合有关专业的要求外,尚应符合下列规定:

1 通信、信号电缆可设在一个电缆槽内,通信、信号电缆必须和电力电缆分槽敷设;

2 通信、信号电缆槽的弯曲半径不宜小于1.2 m,电力电缆槽的弯曲半径宜为电缆外径的6~30倍;

3 槽底有高低差时,纵向应顺坡连接;

4 电缆槽应设盖板,盖板顶面应与避车洞底面或道床顶面平齐,当电缆槽与水沟同侧并行时,应与水沟盖板平齐。

9.2.2 隧道长度大于500 m时,应在设电缆槽同侧的大避车洞内设置余长电缆腔,间距可为420 m或600 m,隧道长度为500~1 000 m时,可只在隧道中部设置一处。

9.3 其他设施

9.3.1 隧道内需设置无人增音站时,其位置可根据通信要求确定,亦可与大避车洞结合使用,但应将大避车洞加深2.5 m。当不能结合时,应另行修建无人增音站,其尺寸宜与大避车洞相同。

9.3.2 无人增音站内应预留通信电缆出入通路和预埋接地装置(接地体),并应有防排水措施,要求做到不渗水、不漏水。

9.3.3 隧道内当需设置变压器洞、信号继电器箱洞及无线电通信电台箱洞等设备洞室时,可根据有关专业要求协商办理。

9.3.4 电力牵引的长隧道,必要时可设置存放维修接触网的绝缘梯车洞,并宜利用施工辅助坑道或避车洞修建,其间距宜为500 m。

9.3.5 同时修建相邻双孔隧道时,宜按表9.3.5规定在相邻双孔隧道之间设置供巡查、维修、救援等使用的行人横通道。

表 9.3.5 横通道间距和尺寸(m)

名　称	间　距	宽　度	高　度
行人横通道	300～400	2.0	2.2

注:隧道长度为 600～800 m 时,可在隧道中部设一行人横通道,长度小于 600 m 时可不设。

9.3.6 Ⅰ级铁路的特长隧道和有特殊需要的长隧道,宜单独设置存放专用器材等运营养护设备的洞室,并作出明显标志。必要时,还应设置报警、消防及其他应急设施。分期修建时,隧道断面应能满足后期安装应急设施的净空要求。

9.3.7 旅客列车行车速度 160 km/h 的新建铁路隧道,应根据隧道长度及防灾救援等情况考虑设置救援通道。对有辅助坑道的隧道,宜利用辅助坑道作为紧急出口。

10 概率极限状态法设计

10.1 一般规定

10.1.1 本章适用于旅客列车行车速度小于或等于 140 km/h、货物列车行车速度小于或等于 80 km/h 且不运行双层集装箱列车的一般地区单线铁路隧道整体式衬砌及洞门、单线铁路隧道偏压衬砌及洞门、单线铁路拱形明洞衬砌及洞门结构的设计。

10.1.2 隧道结构应根据承载能力极限状态及正常使用极限状态的要求，分别按下列规定进行计算和验算：

1 承载力与稳定：结构构件均应进行承载能力（包括压屈失稳）的计算，必要时尚应进行结构整体稳定性计算；

2 变形：对使用上需控制变形值的结构构件，应进行变形验算；

3 抗裂及裂缝宽度：对使用上要求不出现裂缝的混凝土构件，应进行混凝土抗裂验算；对钢筋混凝土构件，应验算其裂缝宽度。

10.1.3 隧道结构的设计、施工、运营及养护应实行有效的质量管理和控制，以使结构达到并保持规定的结构可靠性或安全度。

10.1.4 计算整体式衬砌时，应考虑围岩对衬砌变形的约束作用如弹性反力。弹性反力的大小及分布可根据衬砌在作用下的变形、回填情况和围岩的变形性质等因素，采用局部变形理论，由式（10.1.4）计算确定：

$$\sigma = K\delta \tag{10.1.4}$$

式中 σ——弹性反力强度；

K——围岩弹性反力系数，无实测数据时可按本规范表 3.2.8 选用；

δ——衬砌向围岩的变形值。

计算明洞时，当墙背围岩对边墙变形有约束作用时，亦应考虑弹性反力的影响。

10.1.5 隧道和明洞衬砌的混凝土偏心受压构件，除应按本规范第 10.2 节及第 10.3 节检算承载能力外，尚应控制其截面偏心距。其轴向力的偏心距不宜大于截面厚度的 0.45 倍；对半路堑式明洞外墙和砌体偏心受压构件，则不应大于截面厚度的 0.3 倍；基底偏心距应符合本规范表 11.3.1 的规定。

10.1.6 明洞的基底应力不得大于地基承载能力设计值。半路堑单压式明洞和受力情况类似挡土墙的结构，其滑动稳定系数不应小于 1.3，倾覆稳定系数不应小于 1.5。

10.1.7 计算有仰拱的隧道和明洞衬砌，当仰拱先作时，应考虑仰拱对结构内力的影响；当仰拱在边墙之后施作时，则可不考虑仰拱的作用。

10.2 承载能力极限状态计算

10.2.1 混凝土矩形截面中心及偏心受压构件，其受压承载能力应按式（10.2.1）检算。

$$\gamma_{sc}N_k \leqslant \varphi\alpha bhf_{ck}/\gamma_{Rc} \tag{10.2.1}$$

式中 N_k——轴力标准值(MN),由各种作用标准值计算得到;

γ_{sc}——混凝土衬砌构件抗压检算时作用效应分项系数,根据结构类型按表10.2.1—1采用;

γ_{Rc}——混凝土衬砌构件抗压检算时抗力分项系数,按表10.2.1—1采用;

φ——构件纵向弯曲系数,对于隧道衬砌、明洞拱圈及墙背紧密回填的边墙,可取$\varphi=1.0$;对于其他构件,应根据其长细比,按表10.2.1—2采用;

f_{ck}——混凝土轴心抗压强度标准值(MPa),按本规范表5.2.1采用;

b——截面宽度(m);

h——截面高度(m);

α——轴向力偏心影响系数,按表10.2.1—3采用。

表10.2.1—1 混凝土衬砌构件抗压检算各分项系数

结 构 类 型	单线深埋隧道衬砌	单线偏压隧道衬砌	单线明洞混凝土衬砌
作用效应分项系数γ_{sc}	3.95	1.60	2.67
抗力分项系数γ_{Rc}	1.85	1.83	1.35

注:偏压衬砌的分项系数仅适用于Ⅳ、Ⅴ级围岩。

表10.2.1—2 混凝土构件的纵向弯曲系数

H/h	<4	4	6	8	10	12	14	16
纵向弯曲系数φ	1.00	0.98	0.96	0.91	0.86	0.82	0.77	0.72
H/h	18	20	22	24	26	28	30	
纵向弯曲系数φ	0.68	0.63	0.59	0.55	0.51	0.47	0.44	

注:1 表中H为构件的计算长度,h为截面短边边长(当中心受压时)或弯矩作用平面内的截面边长(当偏心受压时);

2 当H/h为表列数值的中间值时,φ可按插值采用。

表10.2.1—3 偏心影响系数α

e_0/h	0.00	0.02	0.04	0.06	0.08	0.10	0.12	0.14	0.16
α	1.000	1.000	1.000	0.996	0.979	0.954	0.923	0.886	0.845
e_0/h	0.18	0.20	0.22	0.24	0.26	0.28	0.30	0.32	0.34
α	0.799	0.750	0.698	0.645	0.590	0.535	0.480	0.426	0.374
e_0/h	0.36	0.38	0.40	0.42	0.44	0.46	0.48		
α	0.324	0.278	0.236	0.199	0.170	0.142	0.123		

注:1 表中e_0为轴向力偏心距;

2 表中$\alpha=1.000+0.648(e_0/h)-12.569(e_0/h)^2+15.444(e_0/h)^3$。

10.2.2 受弯构件、偏心受压构件,其受拉钢筋和受压区混凝土同时达到强度设计值时,相对界限受压区高度ξ_b可按下式计算:

$$\xi_b = x_b/h_0 = 0.8/[1+f_{std}/(0.0033E_s)] \tag{10.2.2}$$

式中 ξ_b——相对界限受压区高度;

x_b——界限受压区高度(m);

h_0——截面有效高度(m);

f_{std}——纵向受拉钢筋的抗拉强度设计值,按表5.2.5采用;

E_s——钢筋的弹性模量,按本规范第5.2.6条的规定采用。

10.2.3 偏心受压构件计算时,应考虑构件在弯矩作用平面内挠曲对轴向力偏心距的影响,此时,应将轴向力对截面重心的初始偏心距 e_i 乘以偏心距增大系数 η。对矩形、T形、工字形截面偏心受压构件,偏心距增大系数可按下式计算:

$$\eta = 1 + \frac{1}{1\,400\,\frac{e_i}{h_0}}\left(\frac{H}{h}\right)^2 \zeta_1 \zeta_2 \qquad (10.2.3\text{—}1)$$

$$\zeta_1 = \frac{0.5 f_{cd} A}{N_d} \qquad (10.2.3\text{—}2)$$

$$\zeta_2 = 1.15 - 0.01\,\frac{H}{h} \qquad (10.2.3\text{—}3)$$

式中 H——构件的计算长度(m);

h——截面高度(m);

A——构件截面面积(m^2);

ζ_1——考虑偏心距对截面弯曲的影响系数,当计算所得的 $\zeta_1 > 1$ 时,取 $\zeta_1 = 1$;

ζ_2——考虑构件长细比对截面弯曲的影响系数,当 $H/h \leqslant 15$ 时,取 $\zeta_2 = 1$;

f_{cd}——混凝土轴心抗压强度标准值、设计值;

N_d——按最不利荷载组合求得的轴向力设计值;

h_0——截面的有效高度(m)。

对于隧道衬砌、明洞拱圈和墙背紧密回填的明洞边墙,以及当构件高度与弯矩作用平面内的截面边长之比 $H/h \leqslant 8$ 时,可不考虑挠度对偏心距的影响,取 $\eta = 1$。

偏心受压构件除应计算弯矩作用平面的受压承载力外,尚应按轴心受压构件检算垂直于弯矩作用平面的受压承载力,此时可不考虑弯矩作用,但应按表10.2.3考虑纵向弯曲系数的影响,将截面承载力予以折减。

表10.2.3 钢筋混凝土构件的纵向弯曲系数

H/b	≤8	10	12	14	16	18	20	22	24	26	28	30
φ	1.00	0.98	0.95	0.92	0.87	0.81	0.75	0.70	0.65	0.60	0.56	0.52

注:1 H 为构件计算长度,两端刚性固定时,$H = 0.5l$;一端刚性固定、另一端为不移动的铰时,$H = 0.7l$;两端均为不移动的铰时,$H = l$;一端刚性固定、另一端为自由端时,$H = 2l$;l 为构件的全长。

2 b 为矩形截面构件短边尺寸。

10.2.4 钢筋混凝土矩形截面偏心受压构件正截面强度应按下列公式计算(图10.2.4):

$$N_d \leqslant f_{cmd} bx + f'_{scd} A'_s - \sigma_s A_s \qquad (10.2.4\text{—}1)$$

$$N_d e \leqslant f_{cmd} bx\left(h_0 - \frac{x}{2}\right) + f'_{scd} A'_s (h_0 - a') \qquad (10.2.4\text{—}2)$$

$$e = \eta e_i + y_{sp} \qquad (10.2.4\text{—}3)$$

$$e_i = e_0 + e_s \qquad (10.2.4\text{—}4)$$

式中 N_d——按最不利荷载组合求得的轴向力设计值,$N_d = \gamma_s N_k$,其中 γ_s 按表10.2.4采用;

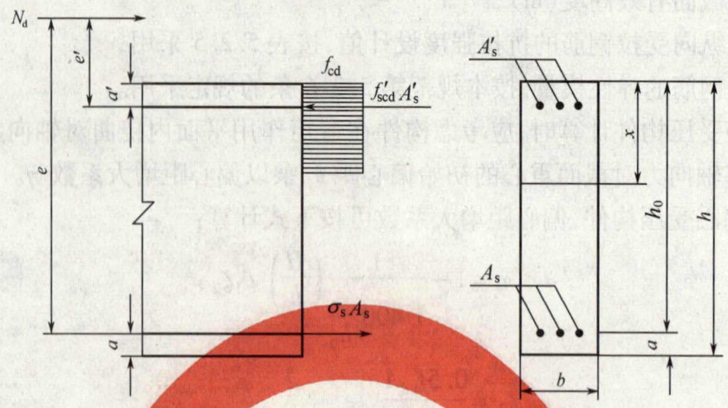

图 10.2.4 矩形截面偏心受压构件正截面

表 10.2.4 钢筋混凝土衬砌构件抗压检算分项系数

结构类型	单线深埋隧道衬砌	单线偏压隧道衬砌	单线明洞混凝土衬砌
分项系数 γ_s	1.80	1.60	1.60

注:偏压衬砌的分项系数仅适用于Ⅳ、Ⅴ级围岩。

N_k——按最不利荷载组合求得的轴向力标准值(MN);

f_{cmd}——混凝土弯曲抗压强度设计值(MPa),按表 5.2.2 采用;

f_{std},f'_{scd}——钢筋的抗拉、抗压强度设计值(MPa),按表 5.2.5 采用;

e——轴向力作用点至受拉边钢筋 A_s 的合力点的距离(m);

b——构件截面宽度(m);

h_0——构件截面有效高度,$h_0=h-a$,h 为截面高度(m);

A_s,A'_s——受拉区、受压区的钢筋截面面积(m^2);

a——受拉区钢筋合力点至截面近边的距离(m);

a'——受压区钢筋合力点至截面近边的距离(m);

η——考虑挠度影响的轴向力偏心距增大系数,按第 10.2.3 条的规定计算;

e_i——初始偏心距(m);

e_0——轴向力对截面重心的偏心距(m);

y_{sp}——自截面重心至 A_s 合力点的距离(m);

e_s——附加偏心距(m),$e_s=0.12(0.3h_0-e_0)$,当 $e_0\geqslant 0.3h_0$ 时,取 $e_s=0$;

σ_s——钢筋 A_s 的应力(MPa)。

混凝土受压区高度 x 可按下式确定:

$$f_{cmd}bx\left(e-h_0+\frac{x}{2}\right)\pm f'_{scd}A'_s\ e'-f_{std}A_s e=0 \qquad (10.2.4—5)$$

式中 e'——轴向力作用点至纵向受压钢筋合力点的距离(m)。

当 N_d 作用于 A_s 与 A'_s 的重心之间时,公式中"±"取"+",否则取"-"。

按本条进行检算时,需首先判别大小偏心。

1 当 $x\leqslant x_b$ 时称为大偏心受压构件,此时式(10.2.4—1)中 $\sigma_s=f_{std}$。

2 当 $x>x_b$ 时称为小偏心受压构件,此时式(10.2.4—1)中 σ_s 可按下式计算:

$$\sigma_s = \frac{f_{std}}{\xi_b - 0.8}\left(\frac{x}{h_{0i}} - 0.8\right) \tag{10.2.4—6}$$

式中　h_{0i}——第 i 层钢筋截面重心至混凝土受压区边缘的距离(m)。

3　当 $x > h$ 时,式(10.2.4—1)及式(10.2.4—2)中取 $x = h$,σ_s 仍按求出的 x 进行计算。

4　对小偏心受压构件,尚应按下式核算:

$$N_d\left[\frac{h}{2} - a' - (e_0 - e_s)\right] \leqslant f_{cmd}bh\left(\frac{h}{2} - a'\right) + f'_{scd}A_s(h_0 - a') \tag{10.2.4—7}$$

5　矩形截面对称配筋的钢筋混凝土小偏心受压构件,也可按下列近似公式计算钢筋截面面积:

$$A_s = A'_s = \frac{N_d e - \xi(1 - 0.5\xi)f_{cmd}bh_0^2}{f'_{scd}(h_0 - a')} \tag{10.2.4—8}$$

此处,相对受压区高度可按下式计算:

$$\xi = \frac{N_d - \xi_b f_{cmd}bh_0}{\dfrac{N_d e - 0.45f_{cmd}bh_0^2}{(0.8 - \xi_b)(h_0 - a')} + f_{cmd}bh_0} + \xi_b \tag{10.2.4—9}$$

10.3　正常使用极限状态计算

10.3.1　从抗裂要求出发,隧道和明洞衬砌的混凝土矩形偏心受压构件,其抗裂承载能力应按式(10.3.1)检算。

$$\gamma_{st}N_k(6e_0 - h) \leqslant 1.75\varphi bh^2 \cdot \frac{f_{ctk}}{\gamma_{Rt}} \tag{10.3.1}$$

式中　N_k——轴力标准值(MN),由各种作用标准值计算得到;

γ_{st}——混凝土衬砌构件抗裂检算时的作用效应分项系数,根据结构类型按表10.3.1选用;

γ_{Rt}——混凝土衬砌抗裂检算时的抗力分项系数,根据结构类型按表10.3.1选用;

表10.3.1　混凝土衬砌构件抗裂检算各分项系数

结构类型	单线深埋隧道衬砌	单线偏压隧道衬砌	单线明洞混凝土衬砌
作用效应分项系数 γ_{st}	3.10	1.40	1.52
抗力分项系数 γ_{Rt}	1.45	2.51	2.70

注:1　当 $e_0/h \leqslant 1/6$ 时,可不进行抗裂检算;
　　2　偏压衬砌分项系数仅适用于Ⅳ、Ⅴ级围岩。

e_0——检算截面偏心距(m);

b——截面宽度(m);

h——截面高度(m);

φ——构件纵向稳定系数,对于隧道衬砌、明洞拱圈及墙背紧密回填的边墙,可取1.0;对于其他构件,应根据其长细比,按表10.2.1—2选用;

f_{ctk}——混凝土轴心抗拉强度标准值,按本规范表5.2.1采用。

10.3.2　钢筋混凝土衬砌结构构件,按作用基本组合所求得的最大裂缝宽度,不应大于

0.2 mm。

10.3.3 钢筋混凝土受拉、受弯和偏心受压构件，其最大裂缝宽度可按式(10.3.3)计算，对 $e_0 \leqslant 0.55h_0$ 的偏心受压构件，可不检算裂缝宽度。

$$w_{max} = \alpha\psi(1.9C_s + 0.08d/\rho_{te})\sigma_s/E_s \tag{10.3.3}$$

式中 w_{max}——最大裂缝宽度(mm)；

α——构件受力特征系数，对轴心受拉构件取 $\alpha=2.7$，对受弯和偏心受压构件取 $\alpha=2.1$，对偏心受拉构件取 $\alpha=2.4$；

ψ——裂缝间纵向受拉钢筋应变不均匀系数，$\psi=1.1-0.65f_{ctk}/(\rho_{te}\sigma_s)$，其中 ρ_{te} 为按有效受拉混凝土面积计算的纵向受拉钢筋配筋率，即 $\rho_{te}=A_s/A_{ce}$；当 $\rho_{te}<0.01$ 时，取 $\rho_{te}=0.01$(当 $\psi<0.4$ 时，取 $\psi=0.4$；当 $\psi>1.0$ 时，取 $\psi=1.0$；对直接承受重复荷载的构件，取 $\psi=1.0$)；

A_s——受拉区纵筋截面面积；

A_{ce}——有效受拉混凝土截面面积：对受拉构件取构件截面面积；对受弯、偏心受压和偏心受拉构件取 $A_{ce}=0.5bh+(b_f-b)h_f$；对矩形截面取 $A_{ce}=0.5bh$(b、h 分别为混凝土截面的高度及宽度)；

γ——纵向受拉钢筋表面特征系数，变形钢筋取0.7，光面钢筋取1.0；

C_s——最外层纵向受拉钢筋外边缘至受拉区底边的距离(mm)，当 $C_s<20$ 时，取 $C_s=20$；当 $C_s>65$ 时，取 $C_s=65$；

d——钢筋直径(mm)，当采用不同直径钢筋时，$d=4A_s/\nu u$，此处 u 为纵向受拉钢筋截面周长的总和；ν 为纵向受拉钢筋表面特征系数，变形钢筋取1，光面钢筋取0.7；

σ_s——纵向受拉钢筋的应力(MPa)，按本规范第10.3.4条计算；

E_s——钢筋的弹性模量(MPa)，按本规范第5.2.6条采用。

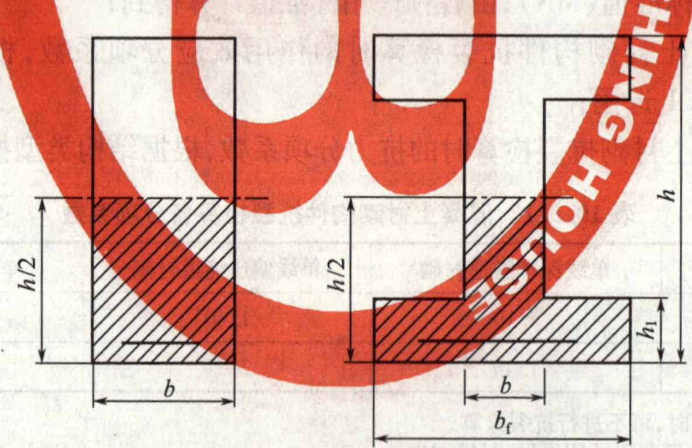

图10.3.3 有效受拉混凝土截面面积

10.3.4 裂缝宽度检算时，钢筋混凝土构件纵向受拉钢筋应力按下列公式计算：

1 受弯构件 $\sigma_s = M_s/(0.87h_0A_s)$ (10.3.4—1)

2 偏心受压构件 $\sigma_s = N_s(e-z)/(A_sz)$ (10.3.4—2)

3 轴心受拉构件 $\sigma_s = N_s/A_s$ (10.3.4—3)

4 偏心受拉构件 $\sigma_s = N_se'/[A_s(h_0-a_s')]$ (10.3.4—4)

式中 M_s，N_s——按荷载组合计算出的弯矩值与轴力值(MN·m，MN)；

A_s——受拉区纵向钢筋截面面积(m^2);

e——轴向压力作用点至纵向受拉钢筋合力点之间的距离(m),按式(10.2.4—3)计算;

z——纵向受拉钢筋合力点至受压区合力点之间的距离(m),$z=[0.87-0.12(h_0/e)^2]h_0$,且 $z<0.87h_0$;

a_s'——纵向钢筋受压钢筋合力点至截面近边的距离(m);

e'——轴向拉力作用点至纵向受压钢筋合力点的距离(m);

h_0——截面有效高度(m)。

10.3.5 对于受弯构件,按作用基本组合计算的最大挠度值不应大于表10.3.5规定的允许值。

表 10.3.5 受弯构件的允许挠度

构件类型		允许挠度
梁、板构件	当 $l_0 \leq 5$ m 时	$l_0/250$
	当 5 m $< l_0 \leq 8$ m 时	$l_0/300$
	当 $l_0 > 8$ m 时	$l_0/400$

注:l_0 为受弯构件的计算跨度。

10.3.6 钢筋混凝土受弯构件在各种荷载组合作用下的变形(挠度和转角),可根据给定的刚度按材料力学的方法计算。

10.4 洞门计算

10.4.1 洞门墙(包括隧道门和明洞门)可视作挡土墙,除应检算其强度、基底应力及稳定性外,还应控制其截面和基底的偏心距。计算时,设计参数应按现场试验资料采用。当缺乏试验资料时,亦可按表10.4.1规定采用。

表 10.4.1 洞门墙设计参数

仰坡坡度	计算摩擦角 φ_c	地层重度 γ(kN/m³)	基底摩擦系数 f
1:0.5	70°	25	0.6~0.7
1:0.75	60°	24	0.5
1:1	50°	20	0.45
1:1.25	43°~45°	18	0.4
1:1.5	38°~40°	17	0.35~0.4

10.4.2 钢筋混凝土洞门墙的截面最小配筋率应符合本规范表10.5.5的规定。选择截面时钢筋弹性模量与混凝土弹性模量的比值 n 应采用15。

10.4.3 洞门墙墙身的强度及地基承载能力可按下列要求检算:

1 洞门墙墙身抗压承载能力按下式检算:

$$\gamma_s N_k \leq 0.7\Phi A f_{ck}/\gamma_{Rc} \tag{10.4.3—1}$$

式中 γ_s——墙身抗压检算作用效应分项系数,取1.10;

N_k——截面轴向力标准值(MN);

A——截面面积(m^2);

Φ——承载力影响系数,$\Phi=1/[1+12(e_0/t)^2]$;

e_0——检算截面偏心距(m);

t——墙身厚度(m);

f_{ck}——洞门墙墙身材料轴心抗压强度标准值,混凝土按表5.2.1采用;

γ_{Rc}——洞门墙墙身材料抗压强度分项系数，取 $\gamma_{Rc}=1.03$。

2 洞门墙墙身抗裂承载能力按下式检算：

$$\gamma_s\left[\frac{2G}{bt}-\frac{6}{bt^2}(Gd_g-\gamma_e e_k d_e)\right]\leqslant\frac{f_{tk}}{\gamma_{Rt}} \tag{10.4.3—2}$$

式中 γ_s——墙身抗裂检算作用效应分项系数，取 $\gamma_s=1.10$；

G——计算条带墙重(MN)；

b——洞门计算条带宽度(m)；

t——检算截面厚度(m)；

d_g——重力作用线至检算截面前缘距离(m)；

e_k——土压力的标准值(MN)；

γ_e——土压力的分项系数，按表 10.4.3 采用；

d_e——土压力作用线至墙趾的距离(m)；

f_{tk}——洞门墙材料抗拉强度标准值，混凝土采用表 5.2.1 之值；

表 10.4.3 计算单线隧道门和明洞门的土压力计算分项系数

计算项目	抗压极限状态		抗裂极限状态	稳定性极限状态	
	墙身抗压	地基承载力	墙身抗裂	基底抗倾覆	基底抗滑动
分项系数 γ_e	2.56	2.30	2.21	2.52	2.07

γ_{Rt}——洞门墙材料抗拉强度分项系数，取 $\gamma_{Rt}=0.7$；

其余符号意义同前。

3 洞门墙的地基承载力按下式检算：

$$\gamma_s\left(\frac{G}{A}+\frac{Gd_g-\gamma_e e_k d_e}{W}\right)\leqslant\frac{p_k}{\gamma_p} \tag{10.4.3—3}$$

式中 γ_s——地基承载能力检算作用效应分项系数，取 $\gamma_s=1.01$；

p_k——地基承载力标准值，按地基实际承载力确定或查表 10.4.5—1 ~ 2；

γ_p——地基承载力分项系数，取 $\gamma_p=1.12$；

W——基础底面的抵抗矩(m^3)；

其余符号意义同前。

10.4.4 洞门墙稳定性可按下列要求检算：

1 倾覆稳定按下式检算：

$$\gamma_e e_k d_e\leqslant Gd_g/\gamma_g \tag{10.4.4—1}$$

式中 γ_g——洞门材料重度分项系数，取 1.0；

其余符号意义同前。

2 滑动稳定按下式检算：

$$\gamma_e e_k\leqslant f_k G/\gamma_f \tag{10.4.4—2}$$

式中 f_k——地基摩擦系数标准值，按表 10.4.1 采用；

γ_f——地基摩擦系数的分项系数，取 $\gamma_f=1.04$；

其余符号意义同前。

10.4.5 当根据野外鉴别结果确定地基承载能力标准值时，应符合表 10.4.5—1 及表 10.4.5—2 的规定。

表 10.4.5—1 岩石地基承载力标准值(MPa)

风化程度 岩石类别	强风化	中等风化	微风化
硬质岩	0.5~1.0	1.5~2.5	≥4.0
软质岩	0.2~0.5	0.7~1.2	1.5~2.0

注:1 对于微风化的硬质岩石,如取其承载力大于4.0 MPa时,应由试验确定;
2 对于强风化的岩石,当与残积土难于区分时,可按土考虑。

表 10.4.5—2 碎石类土地基承载力标准值(MPa)

密实程度 土的名称	稍密	中密	密实
卵石土	0.30~0.50	0.50~0.80	0.80~1.00
碎石土	0.25~0.40	0.40~0.70	0.70~0.90
圆砾土	0.20~0.30	0.30~0.50	0.50~0.70
角砾土	0.20~0.25	0.25~0.40	0.40~0.60

注:1 表中数值适用于骨架颗粒空隙全部由中砂、粗砂或硬塑、坚硬状态的黏性土或稍湿的粉土所填充;
2 当粗颗粒为中等风化或强风化时,可按其风化程度适当降低承载力;当颗粒间呈半胶结时,可适当提高承载力。

10.4.6 洞门墙身截面偏心距不应大于0.3倍截面厚度。对于岩石地基,基底偏心距不应大于1/4基底厚度,对于土质地基,基底偏心距不应大于1/6基底厚度。

10.4.7 隧道门土压力的计算应符合本规范附录D的规定。

10.5 构造要求

10.5.1 承受荷载的隧道建筑物各部结构截面最小厚度不应小于表10.5.1的规定。

10.5.2 混凝土基础台阶的坡线和竖直线之间的夹角不应大于45°。

10.5.3 钢筋混凝土构件中外侧钢筋的混凝土净保护层最小厚度应符合表10.5.3的规定。

表 10.5.1 截面最小厚度(cm)

建筑材料种类	隧道和明洞衬砌	洞门端墙、翼墙和洞口挡土墙
混凝土	20	30
片石混凝土	—	50

表 10.5.3 混凝土保护层最小厚度(cm)

构件厚度	保护层最小厚度	
	非侵蚀性环境	侵蚀性环境
<15	1	1.5
15~30	3	3.5
31~50	3.5	4
>50	4	5

注:明洞和洞门,可采用非侵蚀性环境栏内数值。

10.5.4 受拉区域的钢筋可单根或2~3根成束布置,钢筋的净距不得小于d(d为钢筋的直径,螺纹钢筋d为钢筋的计算直径)或30 mm。当钢筋(包括成束钢筋)层数等于或多于3层时,其净距横向不得小于1.5d或45 mm,竖向仍不得小于d或30 mm。

光面钢筋端部半圆形弯钩的内径不得小于2.5d(直钩的半径也不得小于2.5d),带肋钢筋直钩的半径不得小于2.5d(HRB335)或3.5d(HRB400),并在钩的端部留一直段,其长度不小于3d(HRB335)或5d(HRB400)(图10.5.4)。

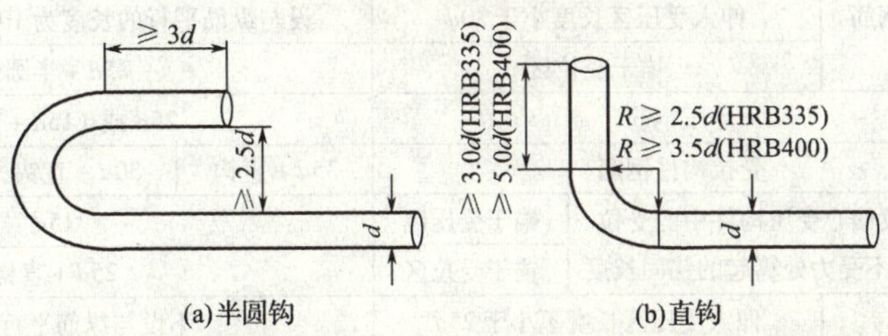

图 10.5.4 钢筋标准弯钩图

10.5.5　钢筋混凝土结构构件中纵向受力钢筋的截面最小配筋率不应低于表 10.5.5 规定的数值。

表 10.5.5　钢筋混凝土构件中纵向受力钢筋的最小配筋率(%)

受力类型		最小配筋率
受压构件	全部纵向钢筋	0.60
	一侧纵向钢筋	0.20
受弯构件、偏心受拉、轴心受拉构件一侧的受拉钢筋		0.2 或 $45f_{ctd}/f_{std}$ 中的较大值

注:1　偏心受拉构件中的受压钢筋,应按受压构件一侧纵向钢筋考虑;

2　受压构件的全部纵向钢筋和一侧纵向钢筋的配筋率以及轴心受拉构件和小偏心受拉构件一侧受拉钢筋的最小配筋率应按构件的全截面面积计算;受弯构件、大偏心受拉构件一侧受拉钢筋最小配筋率按全截面面积扣除受压翼缘面积 $(b_f'-b)h_f'$ 后的截面面积计算;

3　当温度、收缩等因素对结构产生较大影响时,构件的最小配筋百分率应适当增加;

4　当钢筋沿构件截面周边布置时,"一侧纵向钢筋"系指沿受力方向两个对边中的一边布置的纵向钢筋。

10.5.6　钢筋的弯起及锚固应符合下列规定:

1　钢筋的弯起:

当纵向受力钢筋需弯起时,弯起钢筋的弯终点 B 处应留有锚固长度,该长度在受拉区不应小于 $20d$,在受压区不应小于 $10d$,光面钢筋在端部尚应设弯钩。

位于梁底层两侧的钢筋不应弯起。

弯起钢筋的弯起角,对于梁宜为 45°或 60°,对于板不宜小于 30°。

弯起钢筋弯曲最小半径 R(示于图 10.5.6),对于 HPB235(Q235)钢筋应为 $10d$,对于 HRB335(20MnSi)钢筋应为 $12d$(d 为钢筋直径)。

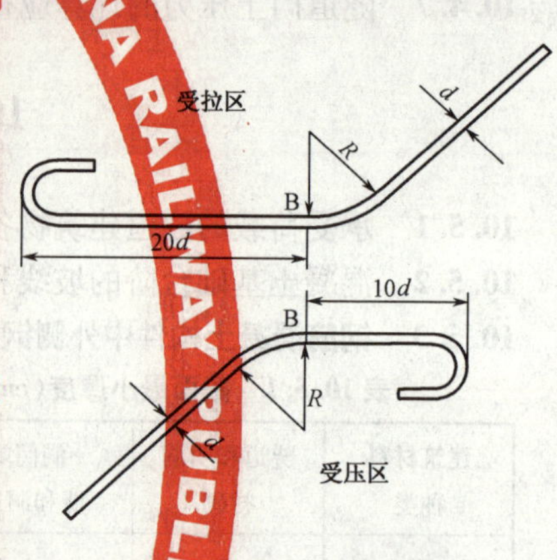

图 10.5.6　弯起钢筋端部构造

2　钢筋的锚固长度应符合表 10.5.6 的规定。

表 10.5.6　钢筋最小锚固长度(mm)

钢筋种类	锚固条件		混凝土强度等级		
			C20	C25	C30～C60
HPB235	受压钢筋		30d 或 (10d + 直钩)		
	受拉构件钢筋		30d + 半圆钩	25d + 半圆钩	20d + 半圆钩
	受弯及偏心受压构件中的受拉钢筋	锚于受压区	10d + 直钩		
		锚于受拉区	20d + 半圆钩		
	弯起钢筋	伸入受压区长度不小于 20d	不设与纵筋平行的直段,端部采用直钩		
		伸入受压区长度小于 20d	设与纵筋平行的长度为 10d 直段,并加直钩		
		锚于受拉区	25d + 半圆钩		
HPB335	受压钢筋		25d 或 (15d + 直钩)		
	受拉构件钢筋		35d + 直钩	30d + 直钩	25d + 直钩
	受弯及偏心受压构件中的受拉钢筋自不受力处算起的锚固长度	锚于受压区	15d		
		锚于受拉区	25d + 直钩		
	弯起钢筋	伸入受压区长度不小于 25d	不设与纵筋平行的直段		
		伸入受压区长度小于 25d	设与纵筋平行长度为 20d 的直段		
		锚于受拉区	25d + 直钩		

续上表

钢筋种类	锚固条件		混凝土强度等级		
			C20	C25	C30～C60
HRB400	受压钢筋		30d 或（20d＋直钩）		
	受拉构件钢筋		40d＋直钩	35d＋直钩	30d＋直钩
	受弯及偏心受压构件中的受拉钢筋自不受力处算起的锚固长度	锚于受压区	20d		
		锚于受拉区	30d＋直钩		

注：1　表中 d 为钢筋计算直径；

2　受拉的 HRB335 和 HRB400 钢筋直径大于 25 mm 时，其锚固长度应按表中值加 5d；

3　受弯及大偏心受压构件中的受拉钢筋截断时宜避开受拉区，表中数值仅在困难条件采用。

10.5.7　轴心受压构件的配筋构造应符合下列规定：

1　仅受轴心压力并配有纵筋及一般箍筋的构件

1）纵筋截面积不应小于构件截面积的 0.6％，也不宜大于 3％；

2）纵筋的直径不宜小于 12 mm；

3）箍筋的间距不应超过纵筋直径的 15 倍，也不应大于构件横截面的最小尺寸；

4）箍筋的直径不应小于纵筋直径的 1/4，也不应小于 6 mm。

2　当采用螺纹钢筋时

1）纵筋的截面积不应小于螺旋圈内核心面积的 0.6％；

2）核心截面积不应小于构件截面积的 2/3；

3）螺纹钢筋的螺距不应大于核心直径的 1/5，也不应大于 80 mm；

4）螺纹钢筋换算截面不应小于纵筋的截面积，也不应超过该截面积的 3 倍；

5）纵筋截面积与螺纹钢筋换算截面积之和不应小于该截面积的 10％。

10.5.8　钢筋连接应符合下列规定：

1　隧道衬砌受力钢筋接头宜设置在受力较小处，受拉钢筋宜采用套筒机械连接方式，其他钢筋可采用绑扎搭接。

2　隧道衬砌拱部及边墙钢筋接头不得采用焊接。

10.5.9　钢筋的直径和间距应符合表 10.5.9—1～3 的要求。

表 10.5.9—1　柱中钢筋的直径和间距（mm）

类　别	直　径　d	间　距
纵向受力钢筋（主筋）	≥12	净距≥50 中距≤350
箍　筋	≥6 ≥d/4（d 为主筋中的最大直径） 纵向钢筋配筋率＞3％时，≥8	≤400；≤截面的短边尺寸； ≤15d（绑扎骨架中）或≤20d（焊接骨架中），d 为纵筋中最小直径； 在绑扎的搭接接头 l_d 长度范围内，当搭接钢筋为受压时，≤10d，且≤200（d 为主筋中最小直径）
构造钢筋	偏心受压柱，当截面高度 h≥600 mm 时，应在柱长边设置纵向构造钢筋，d＝10～16，间距≤500	

表 10.5.9—2 板中钢筋的直径和间距(mm)

类 别	直 径 d	间 距
纵向受力钢筋(主筋)	受力钢筋常用 6,8,10	板厚 $h \leqslant 150$ mm 时,≤200; $h > 150$ mm 时,$\leqslant 1.5h$,且不应大于 300
构造钢筋	分布钢筋常用 $d \geqslant 6$,间距≤200	

表 10.5.9—3 梁中钢筋的直径和间距(mm)

类 别	直 径 d	间 距
纵向受力钢筋(主筋)	梁高 $h < 300$ mm 时,≥6; $h \geqslant 300$ mm 时,≥10	净距 $\geqslant d$,同时下部钢筋≥25 mm,上部钢筋≥30 mm。下部钢筋多于两排时,其横向中距应是下面两排中距的 2 倍
箍 筋	梁高 $h \leqslant 250$ mm 时,≥4; 250 mm $< h \leqslant 800$ mm 时,≥6; $h > 800$ mm 时,≥8; 配有计算的受压钢筋时,$\geqslant d/4$(d 为受压钢筋中的最大直径)	梁高 150 mm $< h \leqslant 300$ mm 时,150 ~ 200; 300 mm $< h \leqslant 500$ mm 时,200 ~ 300; 500 mm $< h \leqslant 800$ mm 时,250 ~ 350; $h > 800$ mm 时,300 ~ 500; $V > 0.07 f_c b h_0 + 0.05 N_{p0}$ 时取小值,反之取大值(式中 V 为剪力设计值;N_{p0} 为混凝土法向预应力等于零时预应力钢筋及非预应力钢筋的合力;f_c 为混凝土轴心抗压强度设计值)
构造钢筋	1 架立钢筋,梁跨 $l < 4$ m 时,$d \geqslant 6$;$l = 4 \sim 6$ m 时,$d \geqslant 8$;$l > 6$ m 时,$d \geqslant 10$; 2 梁侧构造钢筋及拉筋,梁高 $h > 700$ mm 时,在梁两侧面沿高度每隔 300 ~ 400 mm 应设一根 $d \geqslant 10$ 的构造钢筋,并以拉筋联系。拉筋直径一般与箍筋同,间距 500 ~ 700 mm,常为箍筋间距的倍数	

注:当按计算需设置弯起钢筋时,前一排(对支座而言)的弯起点至后一排的弯终点的距离不应大于上表中 $V > 0.07 f_c b h_0 + 0.05 N_{p0}$ 时的箍筋间距。

11　破损阶段法和容许应力法设计

11.1　一般规定

11.1.1　隧道和明洞衬砌按破损阶段检算构件截面强度时，根据结构所受的不同荷载组合，在计算中应分别选用不同的安全系数，并不应小于表11.1.1—1和表11.1.1—2所列数值。按所采用的施工方法检算施工阶段强度时，安全系数可采用表列“主要荷载＋附加荷载”栏内数值乘以折减系数0.9。

表11.1.1—1　混凝土和砌体结构的强度安全系数

材料种类		混凝土		砌体	
荷载组合		主要荷载	主要荷载＋附加荷载	主要荷载	主要荷载＋附加荷载
破坏原因	混凝土或砌体达到抗压极限强度	2.4	2.0	2.7	2.3
	混凝土达到抗拉极限强度	3.6	3.0	—	—

表11.1.1—2　钢筋混凝土结构的强度安全系数

荷载组合		主要荷载	主要荷载＋附加荷载
破坏原因	钢筋达到计算强度或混凝土达到抗压或抗剪极限强度	2.0	1.7
	混凝土达到抗拉极限强度	2.4	2.0

11.1.2　计算隧道整体式衬砌及明洞时，应考虑围岩对衬砌变形的约束作用，可按本规范第10.1.4条办理。

11.1.3　喷锚衬砌和复合式衬砌的初期支护，宜按工程类比法确定衬砌设计参数；施工期间应通过监控量测进行修正。对地质复杂、大跨度、多跨度和有特殊要求的隧道，除采用工程类比法外，还应结合数值解法或近似解法进行分析确定。

计算复合式衬砌时，初期支护应按主要承载结构计算。二次衬砌在Ⅰ～Ⅲ级围岩可作为安全储备，按构造要求设计；在Ⅳ～Ⅵ级围岩，应按承载结构设计。

11.1.4　喷锚衬砌和复合式衬砌初期支护的稳定性，应按监控量测得到的总位移量与极限位移量比较和位移变化趋势进行判别。极限位移应根据围岩地质条件、断面特征及施工方法等因素分析确定。采用本规范表7.2.1—2及表7.2.1—3中参数设计的初期支护，其极限相对位移可参照附录F选用。

11.1.5　隧道和明洞衬砌的混凝土偏心受压构件，其轴向力的偏心距不宜大于截面厚度的0.45倍；对于半路堑式明洞外墙、棚式明洞边墙和砌体偏心受压构件，不应大于截面厚度的0.30倍。基底偏心距应符合本规范表11.3.1的规定。

11.1.6　明洞的基底应力不得大于地基的容许承载力。半路堑单压式明洞、悬臂式明洞和受力情况类似挡土墙的结构等，其滑动稳定系数和倾覆稳定系数应符合本规范表11.3.1的规定。

11.1.7 计算隧道和明洞有仰拱的衬砌时,仰拱作用的考虑应符合本规范第 10.1.7 条的规定。

11.1.8 隧道建筑物各部分的构造要求,应符合本规范第 10.5 节的规定及下列要求:

1 当梁高 $h>800$ mm 时,梁中箍筋间距取 300～500 mm($KQ>0.07R_abh_0$ 时取小值,反之取大值)。

2 当按计算需设置弯起钢筋时,前一排(对支座而言)的弯起点至后一排的弯终点的距离不应大于上款 $KQ>0.07R_abh_0$ 时的箍筋间距。

11.2 衬砌计算

11.2.1 混凝土和砌体矩形截面中心及偏心受压构件的抗压强度应按下式计算:

$$KN\leqslant\varphi\alpha R_abh \tag{11.2.1}$$

式中 R_a——混凝土或砌体的抗压极限强度,可分别按本规范表 5.3.1 或表 5.3.7 采用;

K——安全系数,按本规范表 11.1.1—1 采用;

N——轴向力(MN);

b——截面的宽度(m);

h——截面的厚度(m);

φ——构件的纵向弯曲系数:对于隧道衬砌、明洞拱圈及墙背紧密回填的边墙,可取 $\varphi=1.0$;对于其他构件,应根据其长细比按本规范表 10.2.1—1 采用;

α——轴向力的偏心影响系数,按本规范表 10.2.1—3 采用。

11.2.2 从抗裂要求出发,混凝土矩形截面偏心受压构件的抗拉强度应按下式计算:

$$KN\leqslant\varphi\frac{1.75R_lbh}{\frac{6e_0}{h}-1} \tag{11.2.2}$$

式中 R_l——混凝土的抗拉极限强度,按本规范表 5.3.1 采用;

e_0——截面偏心距(m);

其他符号意义同前。

注:计算表明,对混凝土矩形截面构件,当 $e_0\leqslant0.20h$ 时,系抗压强度控制承载能力,按式(11.2.1)计算。

11.2.3 钢筋混凝土受弯构件的截面强度,应按下列公式计算(图 11.2.3):

1 受压区面积为矩形时

$$KM\leqslant R_wbx(h_0-x/2)+R_gA_g'(h_0-a') \tag{11.2.3—1}$$

此时,中性轴的位置按下式确定:

$$R_g(A_g-A_g')=R_wbx \tag{11.2.3—2}$$

2 受压区面积为 T 形时

$$KM\leqslant R_w[bx(h_0-x/2)+0.8(b_i'-b)h_i'(h_0-h_i'/2)]+R_gA_g'(h_0-a') \tag{11.2.3—3}$$

此时,中性轴的位置按下式确定:

$$R_g(A_g-A_g')=R_w[bx+0.8(b_i'-b)h_i'] \tag{11.2.3—4}$$

按上述公式计算受弯构件时,混凝土受压区的高度应符合式(11.2.3—5)与式(11.2.3—6)的要求,截面强度应符合式(11.2.3—7)的要求。但在构件中如无受压钢筋或计算中不考虑受压钢筋时,只需符合式(11.2.3—5)的要求。

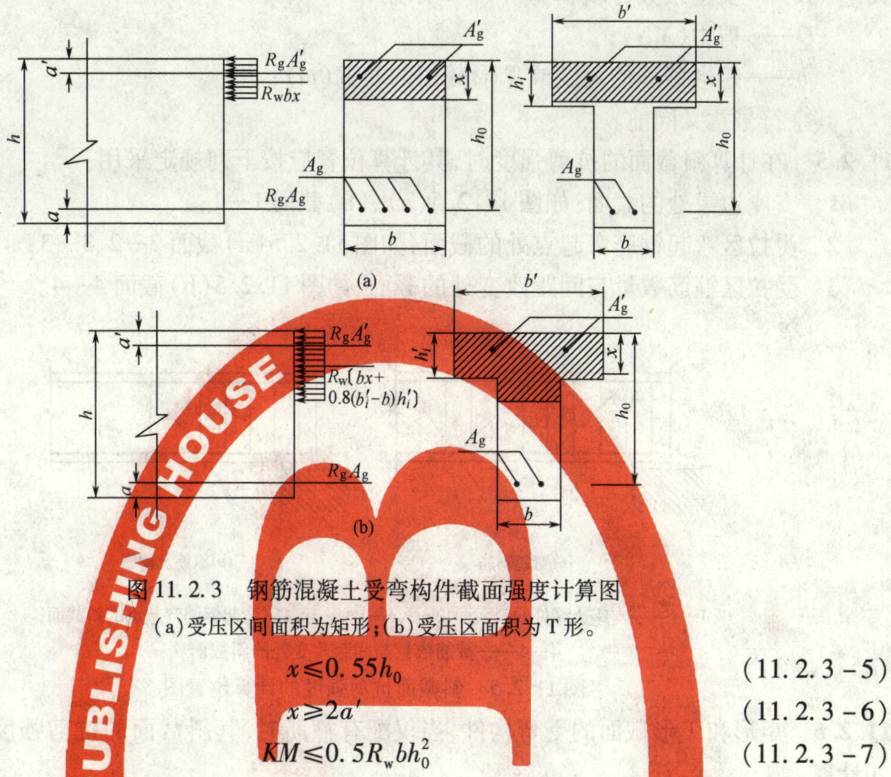

图 11.2.3　钢筋混凝土受弯构件截面强度计算图

(a)受压区间面积为矩形;(b)受压区面积为T形。

$$x \leqslant 0.55h_0 \tag{11.2.3-5}$$

$$x \geqslant 2a' \tag{11.2.3-6}$$

$$KM \leqslant 0.5R_w bh_0^2 \tag{11.2.3-7}$$

式中　K——安全系数,按表11.1.1—2采用;

M——弯矩(MN·m);

R_w——混凝土弯曲抗压极限强度,$R_w=1.25R_a$ 按表5.3.1采用;

R_g——钢筋的抗拉或抗压计算强度,按表5.3.8采用;

A_g,A_g'——受拉和受压区钢筋的截面面积(m^2);

a,a'——自钢筋 A_g 或 A_g' 的重心分别至截面最近边缘的距离(m);

h——截面高度(m);

h_0——截面的有效高度(m),$h_0=h-a$;

x——混凝土受压区的高度(m);

b——矩形截面的宽度或T形截面的肋宽(m);

b_i'——T形截面受压区翼缘计算宽度(m),按表11.2.3所列各项中的最小值采用;

h_i'——T形截面受压区翼缘的高度(m)。

表 11.2.3　T形截面受压区翼缘的宽度

序号	考 虑 情 况	肋 形 梁	独 立 梁
1	按跨度 l	$l/3$	$l/3$
2	按梁肋净距 s	$b+s$	—
3	按翼缘高度 h_i'($h_i'/h_0\geqslant 0.1$)	—	$b+12h_i'$

11.2.4　矩形和T形截面的受弯构件,其截面应符合下式要求:

$$KQ \leqslant 0.3R_a bh_0 \tag{11.2.4}$$

式中 K——安全系数,按表 11.1.1—2 采用;

Q——剪力(MN);

b——矩形截面的宽度或 T 形截面的肋宽(m);

其余符号意义同前。

11.2.5 在计算斜截面的抗剪强度时,其计算位置应按下列规定采用:

1 支座边缘处的截面,如图 11.2.5(a)、(b)截面 1—1;

2 受拉区弯起钢筋弯起点处的截面,如图 11.2.5(a)截面 2—2、3—3;

3 受拉区箍筋数量与间距改变处的截面,如图 11.2.5(b)截面 4—4。

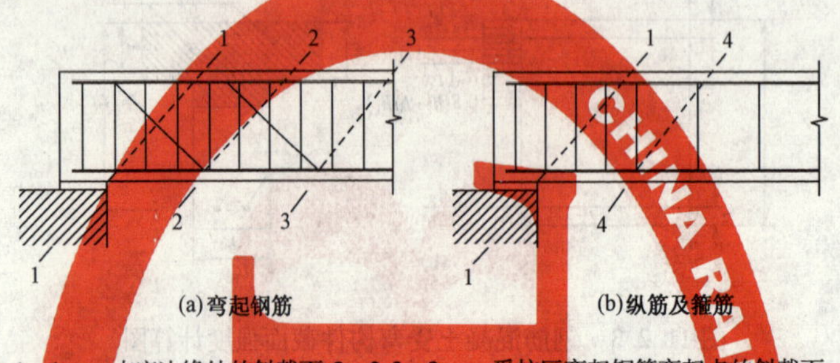

(a)弯起钢筋 (b)纵筋及箍筋

1—1——支座边缘处的斜截面;2—2,3—3——受拉区弯起钢筋弯起点的斜截面;

4—4——箍筋数量与间距改变处的斜截面

图 11.2.5 斜截面抗剪强度的计算位置图

11.2.6 矩形和 T 形截面的受弯构件,当仅配有箍筋时,其斜截面的抗剪强度应按下列公式计算:

$$KQ \leqslant Q_{kh} \tag{11.2.6—1}$$

$$Q_{kh} = 0.07R_a bh_0 + \alpha_{kh} R_g \frac{A_k}{S} h_0 \tag{11.2.6—2}$$

式中 Q——斜截面上的最大剪力(MN);

Q_{kh}——斜截面上受压区混凝土和箍筋的抗剪强度(MN);

α_{kh}——抗剪强度影响系数,应按下列规定采用:

当 $KQ/bh_0 \leqslant 0.2R_a$ 时,$\alpha_{kh}=2.0$;

当 $KQ/bh_0 = 0.3R_a$ 时,$\alpha_{kh}=1.5$;

当 KQ/bh_0 为中间数值时,α_{kh} 值按直线内插法取用;

A_k——配置在同一截面内箍筋各肢的全部截面面积(m^2),$A_k = n\alpha_k$,此时,箍筋的间距应符合第 11.1.8 条的要求;

n——在同一截面内箍筋的肢数;

α_k——单肢箍筋的截面面积(m^2);

S——沿构件长度方向上箍筋的间距(m);

R_g——箍筋的抗拉计算强度,按表 5.3.5 采用。

11.2.7 矩形和 T 形截面的受弯构件,当配有箍筋和弯起钢筋时,其斜截面的抗剪强度按下列公式计算:

$$KQ \leqslant Q_{kh} + 0.8R_g A_w \sin\theta \tag{11.2.7}$$

式中 Q——在配置弯起钢筋处的剪力(MN),按第 11.2.8 条的规定采用;

A_w——配置在同一弯起平面内的弯起钢筋的截面面积(m^2),弯起钢筋的间距应符合第 11.1.8 条的要求；

θ——弯起钢筋与构件纵向轴线的夹角(°)。

11.2.8 计算弯起钢筋时，剪力 Q 值可按下列规定采用(图 11.2.5a)：

1 当计算第一排(对支座而言)弯起钢筋时，取用支座边缘处的剪力值；

2 当计算以后的每排弯起钢筋时，取用前一排(对支座而言)弯起钢筋起点处的剪力值。

11.2.9 矩形和 T 形截面的受弯构件，如能符合式(11.2.9)要求时，则不需要进行斜截面的抗剪强度计算，而仅需要根据本规范第 11.1.8 条的规定，按构造要求配置箍筋。

$$KQ \leqslant 0.07R_a bh_0 \tag{11.2.9}$$

11.2.10 钢筋混凝土矩形截面的大偏心受压构件($x \leqslant 0.55h_0$)，其截面强度应按下列公式计算(图 11.2.10)：

$$KN \leqslant R_w bx + R_g(A'_g - A_g) \tag{11.2.10—1}$$

或

$$KNe \leqslant R_w bx(h_0 - x/2) + R_g A'_g(h_0 - a') \tag{11.2.10—2}$$

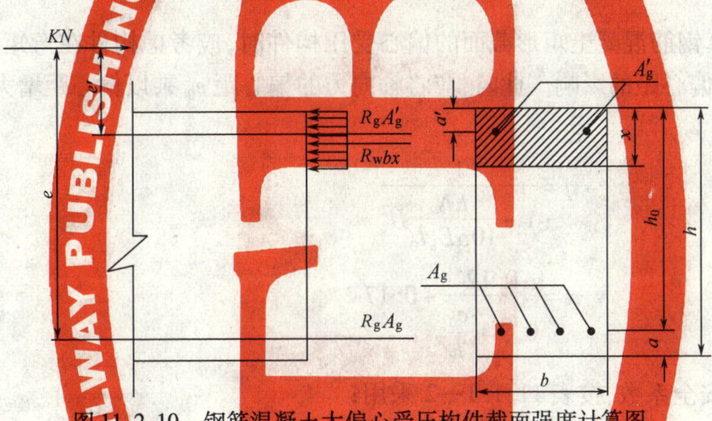

图 11.2.10 钢筋混凝土大偏心受压构件截面强度计算图

此时，中性轴的位置按下式确定：

$$R_g(A_g e \mp A'_g e') = R_w bx(e - h_0 + x/2) \tag{11.2.10—3}$$

当轴向力 N 作用于钢筋 A_g 与 A'_g 的重心之间时，式(11.2.10—3)中的左边第二项取正号；当 N 作用于 A_g 和 A'_g 两重心以外时，则取负号。

如计算中考虑受压钢筋时，则混凝土受压区的高度应符合式(11.2.3—6)要求，如不符合，则按式(11.2.10—4)计算。

$$KNe' \leqslant R_g A_g(h_0 - a') \tag{11.2.10—4}$$

式中 N——轴向力(MN)；

e, e'——钢筋 A_g 和 A'_g 的重心至轴向力作用点的距离(m)；

其他符号意义同前。

当按式(11.2.10—4)求得的构件截面强度比不考虑受压钢筋更小时，则计算中不应考虑受压钢筋。

11.2.11 钢筋混凝土矩形截面的小偏心受压构件($x > 0.55h_0$)，其截面强度应按下式计算(图 11.2.11)：

$$KNe \leqslant 0.5R_a bh_0^2 + R_g A'_g(h_0 - a') \tag{11.2.11—1}$$

当轴向力 N 作用于钢筋 A_g 与 A'_g 的重心之间，尚应符合下列要求：

$$KNe' \leqslant 0.5R_a bh_0'^2 + R_g A_g (h_0' - a) \quad (11.2.11\text{—}2)$$

式中符号意义同前。

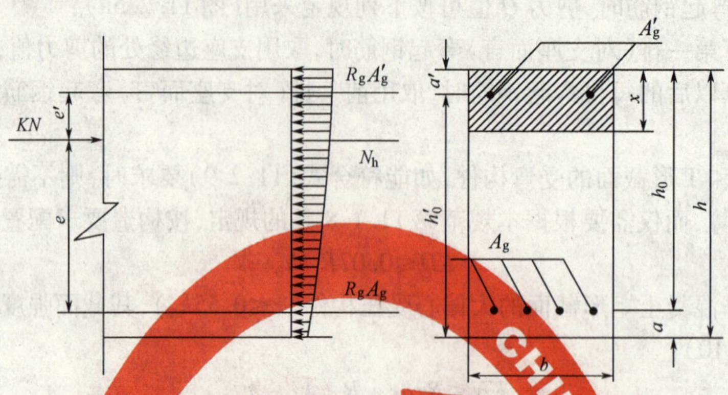

图 11.2.11　钢筋混凝土小偏心受压构件截面强度计算图

11.2.12　计算钢筋混凝土矩形截面的偏心受压构件时，应考虑构件在弯矩作用平面内的挠度对轴向力偏心距的影响。此时，应将轴向力的偏心距 e_0 乘以偏心距增大系数 η。η 值按下式计算：

$$\eta = \frac{1}{1 - \dfrac{KN}{10\alpha E_h I_0} H^2} \quad (11.2.12\text{—}1)$$

$$\alpha = \frac{0.12}{0.3 + \dfrac{e_0}{h}} + 0.17 \quad (11.2.12\text{—}2)$$

式中　K——安全系数，按表 11.1.1—2 采用；

E_h——混凝土的受压弹性模量，按本规范第 5.2.3 条采用；

I_0——混凝土全截面（包括钢筋）的换算截面惯性矩（m^4）；

H——构件的高度（m）；

α——与偏心距有关的系数，当 $e_0/h \geqslant 1$ 时，取 $\alpha = 0.26$。

对于隧道衬砌，明洞拱圈和墙背紧密回填的明洞边墙，以及当构件高度与弯矩作用平面内的截面边之比 $H/h \leqslant 8$ 时，可取 $\eta = 1$。

偏心受压构件，除应计算弯矩作用平面的强度外，尚应按轴心受压构件检算垂直于弯矩作用平面的强度。此时，可不考虑弯矩的作用，但应按表 11.2.12 考虑纵向弯曲系数的影响。

表 11.2.12　钢筋混凝土构件的纵向弯曲系数

H/h	≤8	10	12	14	16	18	20	22	24	26	28	30
纵向弯曲系数 η	1.00	0.98	0.95	0.92	0.87	0.81	0.75	0.70	0.65	0.60	0.56	0.52

11.3　洞门计算

11.3.1　洞门（包括隧道门和明洞门）可视作挡土墙，按容许应力检算其强度，并应检算绕墙趾倾覆及沿基底滑动的稳定，检算时应符合表 11.3.1 的规定。

表 11.3.1　洞门墙主要检算规定

墙身截面压应力 σ	≤容许应力
墙身截面偏心距 e	≤0.3 倍截面厚度
基底应力 σ	≤地基容许承载力
基底偏心距 e	岩石地基≤$B/4$ 土质地基≤$B/6$ （B—墙底宽度）
滑动稳定系数 K_c	≥1.3
倾覆稳定系数 K_0	≥1.6

注：检算高洞门墙需控制截面拉应力时，拉应力控制值可按混凝土的抗拉极限强度（按表 5.3.1）或砌体的弯曲抗拉极限强度（可取表 5.3.7 抗剪极限强度 R_j 值），给以适当的安全系数拟定。

11.3.2　计算洞门时，设计参数应按现场试验资料采用。当缺乏试验资料时，亦可采用表 11.3.2 所列数值。

表 11.3.2　洞门设计计算参数

仰坡坡度	计算摩擦角 φ_c	地层重度 γ（kN/m³）	基底摩擦系数 f	基底控制压应力（MPa）
1:0.5	70°	25	0.6	0.8
1:0.75	60°	24	0.5	0.6
1:1	50°	20	0.4	0.4～0.35
1:1.25	43°～45°	18	0.4	0.3～0.25
1:1.5	38°～40°	17	0.35～0.4	0.25

11.3.3　钢筋混凝土洞门的截面最小配筋率应符合本规范第 10.5.5 条的规定。

12　辅 助 坑 道

12.1　一 般 规 定

12.1.1　隧道辅助坑道(横洞、平行导坑、斜井、竖井、泄水洞)的选择,应根据隧道长度、施工期限、地形、地质、水文等条件,结合施工和运营期间通风、排水、防灾救援、疏散及弃渣等的需要,通过技术经济比较确定。

12.1.2　辅助坑道的断面尺寸应根据用途、运输要求、地质条件、支护类型、设备外形尺寸及技术条件、人行安全及管路布置等因素确定。当需作为通风道时,应核算其面积。

12.1.3　辅助坑道应视需要设置永久支护。辅助坑道的洞(井)口、软弱围岩段及辅助坑道与正洞连接段的衬砌应加强。

12.1.4　辅助坑道在隧道主体工程竣工后,应按下列规定进行处理:

1　排水系统应整理,水流应通畅;

2　需要利用的辅助坑道应设置永久支护及衬砌,其洞(井)口应设置安全防护设施;不予利用的洞(井)口应封闭。

12.1.5　辅助坑道的洞(井)口位置选择、施工场地布置及弃渣处理等,应符合环境保护要求。

12.2　横洞和平行导坑

12.2.1　傍山、沿河隧道需设辅助坑道时,宜优先考虑采用横洞,其位置应考虑施工需要和施工主攻方向。横洞与隧道中线连接处的平面交角宜为40°~45°,并应有向洞外不小于3‰的下坡。

12.2.2　长度在4 000 m以上的长隧道,当不宜采用横洞时,应优先采用平行导坑。瓦斯隧道和特长隧道应优先采用平行导坑。平行导坑的设置应符合下列要求:

1　宜设在地下水来源的一侧;

2　与隧道的净距应按地质条件、施工方法等因素确定,宜采用15~20 m;

3　若将来有可能扩建为第二线隧道时,除与隧道的间距应按本规范表3.3.6规定办理外,位于软弱围岩和特殊地质地段的平行导坑结构宜结合二线综合考虑;

4　坑底高程宜低于隧道底面高程0.2~0.6 m。

12.2.3　平行导坑宜采用单车道断面,隔适当距离设置错车道,错车道的有效长度宜为1.5倍施工车辆长度。

12.2.4　平行导坑横通道的设置应符合下列规定:

1　间距应根据施工及进度需要、运营期间功能要求确定,不宜小于240 m,其位置可结合隧道避车洞位置确定,应尽量避免通过断层、岩层破碎带等不良地质地段;

2 与隧道中线的交角宜为40°；

3 设有平行导坑的长隧道、特长隧道，平行导坑和正洞的横通道设置间距宜为300～500 m，当考虑防灾救援时，其间距应适当减小。

12.2.5 平行导坑应设置水沟，其过水断面、沟底坡度等，应根据排水需要和正洞排水统一考虑。

12.3 斜井和竖井

12.3.1 长隧道需增加工作面时，可在其洞身埋置不深且地质条件较好地段采用斜井或竖井。

斜井和竖井井口不得设在可能被洪水淹没处，井口应高出洪水频率为1/100的水位至少0.5 m；当设于山沟低洼处时，必须有防洪措施。

12.3.2 斜井和竖井的设置应符合下列规定：

1 斜井

1)斜井提升方式应根据提升量、斜井长度、坡度及井口地形选择。各种提升方式的斜井倾角应符合下列规定：

箕斗提升 不大于35°

串车提升 不大于25°

胶带输送机提升 不大于15°

2)井底车场与隧道中线连接处的平面交角宜采用40°～45°。

3)井身纵断面不宜变坡，井口和井底变坡点应设置竖曲线，竖曲线半径宜采用12～20 m。

4)斜井必须设置宽度不小于0.7 m的人行道，倾角大于15°时应设置台阶；串车斜井和箕斗斜井每隔30～50 m可设一个躲避洞。

2 竖井

1)平面位置应设在隧道中线的一侧，与隧道的净距宜为15～20 m；

2)竖井断面宜采用圆形，井筒内应设置安全梯或其他升降安全设施；

3)井筒与井底车场连接处（或称马头门）应能满足通过隧道内所需的材料和设备的要求；

4)竖井应根据使用期限、井深、提升量，并结合安装维修等因素，选用钢丝绳罐道、钢罐道或木罐道。

12.3.3 斜井和竖井井底车场，应根据地质条件、运量要求、提升方式、运输设备等因素，结合调车安全、作业方便等要求，合理布置。

12.3.4 斜井和竖井井底应根据涌水量和施工组织安排选择地下水的排出方式和相应的设施，并根据井身长度、提升方式、使用期限及便利施工等因素考虑各种洞室的设置。

12.3.5 斜井和竖井的衬砌设计应符合下列规定：

1 斜井井口段和地质较差的地段，宜作衬砌；

2 竖井井口应设混凝土或钢筋混凝土井颈；马头门应作模筑混凝土衬砌。井口段、通过地质条件较差的井身段及马头门的上方宜设壁座；其型式、间距可根据地质条件、施工方法及衬砌类型确定。

12.3.6 斜井和竖井在建井和使用期间，必须有相应的安全措施，并在适当位置设挡车设备，严防溜车。倾角在15°以上的斜井应有轨道防滑措施。竖井还应设置可靠的防坠器。

13　防水与排水

13.1　一 般 规 定

13.1.1　新建和改建隧道防排水，应采取“防、排、截、堵结合，因地制宜，综合治理”的原则，采取切实可靠的设计、施工措施，保障结构物和设备的正常使用和行车安全。对地表水和地下水应作妥善处理，洞内外应形成一个完整的防排水系统。

13.1.2　隧道防、排水设计应根据工程特点及勘测资料进行，其设计内容应包括：

1　防水标准和设防要求；

2　防水混凝土抗渗等级和其他技术指标；

3　防水层选用的材料及其技术指标；

4　工程细部构造的防水措施，选用的材料及其技术指标；

5　工程结构的防水系统，各种洞口工程防排水系统；洞身局部地段地表堵水、截水、排水系统。

13.1.3　Ⅰ级铁路隧道；Ⅱ级铁路电化隧道；车站隧道及机电设备洞室的防水应满足下列要求：

1　衬砌不渗水，安装设备的孔眼不渗水；

2　道床排水畅通，不浸水；

3　在有冻害地段的隧道，衬砌背后不积水、排水沟不冻结。

13.1.4　Ⅱ级铁路非电化隧道；隧道内一般洞室的防水应满足下列要求：

1　衬砌不漏水，安装设备的孔眼不渗水；

2　道床排水畅通，不浸水；

3　在有冻害地段的隧道，衬砌不渗水，衬砌背后不积水、排水沟不冻结。

13.1.5　隧道正洞间的联络通道防水，应达到衬砌不漏水、地面不积水；兼顾运营期间养护维修使用的辅助坑道防水，应达到衬砌拱部不滴水、边墙不淌水，地面不积水；供其他使用的辅助坑道防水，应达到衬砌不能有线流，洞内排水通畅。

13.1.6　隧道应重视初期支护的防水，防水应以混凝土自防水为主体，以施工缝、变形缝防水为重点，并辅以注浆防水和防水层加强防水，满足结构使用功能。

13.1.7　隧道修建及运营中的排水有可能影响周围环境，造成污染和危害时，应采取防污染和防其他公害的措施，并应防止水土流失、降低围岩稳定性及造成农田灌溉和人畜用水困难等后患。

13.1.8　隧道防排水应积极采用可靠的新技术、新材料、新工艺。

13.2　防　水

13.2.1　隧道首先应重视防止地表水的下渗。当隧道地表的沟谷、坑洼积水对隧道有影响时,宜采取疏导、铺砌和填平等措施,对废弃的坑穴、钻孔等应填实封闭,防止地表水下渗。

13.2.2 隧道附近水库、池沼、溪流、井泉的水,当有可能渗入隧道,应采取封堵措施处理,以免影响生产、生活用水。

13.2.3 隧道防水措施应符合下列规定:

1 隧道衬砌防水应充分利用混凝土结构的自防水能力,其抗渗等级不得低于P6,并可根据需要和埋置深度采用抗渗等级不得低于P8的防水混凝土。在有冻害地段或最冷月平均气温低于-15 ℃的地区,防水混凝土的抗渗等级还应适当提高。

处于侵蚀性介质中的防水混凝土,其耐侵蚀系数不应小于0.8。

2 防水混凝土结构的厚度不应小于30 cm,裂缝宽度不得大于0.2 mm,并不得贯通;当为钢筋混凝土时,迎水面主筋保护层厚度不应小于5 cm。

3 复合衬砌初期支护与二次衬砌之间应铺设防水板,并设系统盲管(沟)。

4 Ⅰ级铁路隧道、Ⅱ级铁路电化隧道、车站隧道及机电设备洞室的施工缝应同时采用两种可靠的复合防水措施,变形缝应采用中埋式止水带加其他两种可靠的复合防水措施。

5 Ⅱ级铁路非电化隧道、隧道内一般洞室、隧道正洞间的联络通道的施工缝应采用一至二种可靠的复合防水措施,变形缝应采用中埋式止水带加其他一至二种可靠的复合防水措施。

6 围岩破碎、富水、易坍塌地段及地下水、岩溶发育,存在突水、突泥可能的特殊地质地段,应采用注浆加固围岩和防水的措施。

7 有侵蚀性地下水时,应针对侵蚀类型,压注抗侵蚀浆液,敷设防水、防蚀层等,采用抗侵蚀性混凝土等措施。

8 最冷月平均气温低于-15 ℃地区,对地下水的处理应以堵为主。

Ⅰ 防水混凝土

13.2.4 防水混凝土采用的材料应符合表13.2.4的规定,防水混凝土施工应符合现行国家标准《地下工程防水技术规范》(GB 50108)的有关规定;防水混凝土的配合比应通过试验确定。

表13.2.4 防水混凝土原材料技术要求

材料名称	技术要求
水泥	水泥的强度等级宜为42.5级;在受侵蚀性介质作用时,应按介质的性质选用相应的水泥;在受冻融作用时,应优先选用普通硅酸盐水泥,不宜用火山灰质硅酸盐水泥和粉煤灰硅酸盐水泥
砂、石	除应符合国家现行《普通混凝土用碎石或卵石质量标准及检验方法》(JGJ 53)的规定外,不得使用碱活性粗、细骨料,石子最大粒径不宜大于40 mm,且连续级配,含泥量不得大于1%,泥块含量不得大于0.25%;砂宜采用中砂,含泥量不得大于3%,泥块含量不得大于1%
水	拌制混凝土所用的水,应符合国家现行《混凝土拌和用水标准》(JGJ 63)的规定
外加剂	可根据工程需要掺入减水剂、膨胀剂、防水剂、密实剂、引气剂、复合型外加剂等外加剂,其品种和掺量应经试验确定。所有外加剂应符合国家或行业标准一等品及以上的质量要求

续上表

材料名称	技　术　要　求
掺合料	可掺入一定数量的粉煤灰、磨细矿渣粉、硅粉等。粉煤灰的级别不应低于二级，掺量不宜大于20%；硅粉掺量不应大于3%；其他掺合料的掺量应经过试验确定
总碱量	每立方米防水混凝土中各类材料的总碱量（Na_2O当量）应符合国家现行《铁路混凝土工程预防碱—骨料反应技术条件》（TB/T 3054）的规定
氯离子含量	混凝土中氯离子含量应符合国家现行标准《混凝土结构设计规范》（GB 50010）的相应规定

Ⅱ　施工缝、变形缝

13.2.5　隧道衬砌混凝土应连续灌筑，拱圈、仰拱、底板不得留纵向施工缝。施工缝设置应遵守下列规定：

1　墙体纵向施工缝不应留设在剪力与弯矩最大处或底板与边墙的交接处，应留在高出底板顶面不小于30 cm的墙体上。拱墙结合的水平施工缝，宜留在拱墙接缝以下15～30 cm处；墙体有预留孔洞时，施工缝距孔洞边缘不应小于300 mm。

2　环向施工缝应避开地下水和裂隙水较多的地段，并宜与变形缝相结合。

13.2.6　常见施工缝防水的单一构造形式见图13.2.6—1和图13.2.6—2，复合构造形式见图13.2.6—3和图13.2.6—4，亦可采用其他新型、成熟、可靠的防水构造形式。

13.2.7　施工缝的施工应符合下列规定：

1　纵向施工缝浇灌混凝土前，应将其表面浮浆和杂物清除，刷净浆或涂混凝土界面处理剂；

2　设止水条的环向施工缝施工时，在端面应预留浅槽，槽应平直，槽宽比止水条宽1～2 mm，槽深为止水条厚度的1/2；

3　施工缝内采用中埋式止水带时，应确保位置准确、固定牢靠；

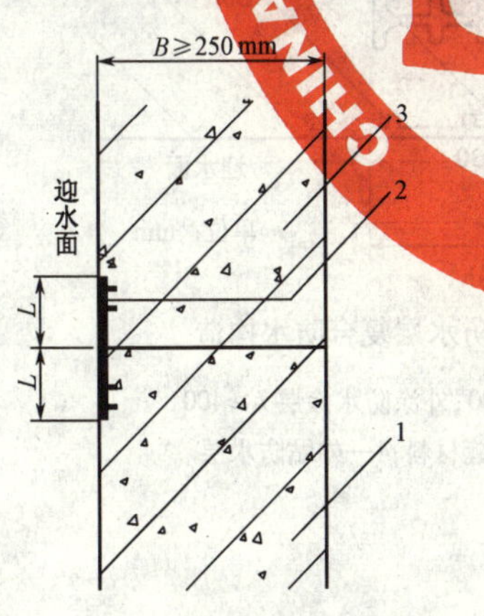

图13.2.6—1　施工缝单一防水构造（一）

1—先浇混凝土；2—外贴止水带；3—后浇混凝土

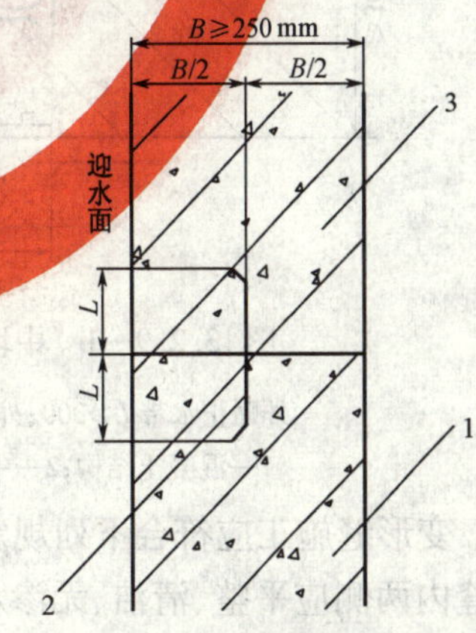

图13.2.6—2　施工缝单一防水构造（二）

钢板止水带$L \geqslant 200$ mm；钢边橡胶止水带$L \geqslant 120$ mm

1—先浇混凝土；2—中埋止水带；3—后浇混凝土

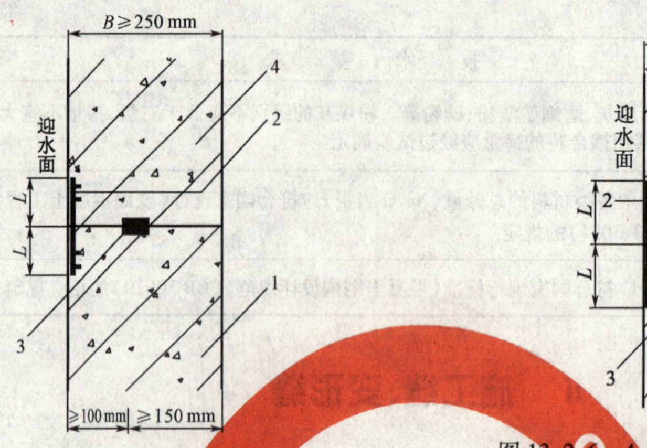

图 13.2.6—3　施工缝复合防水构造(一)

外贴止水带 L≥150 mm

1—先浇混凝土;2—外贴止水带;

3—遇水膨胀止水条;4 —后浇混凝土

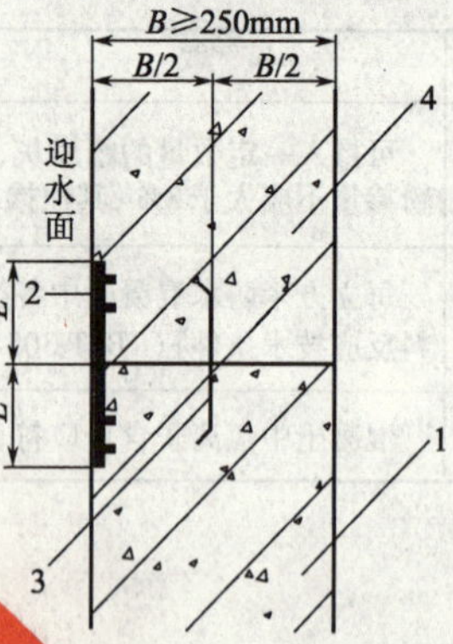

图 13.2.6—4　施工缝复合防水构造(二)

外贴止水带 L_2≥150 mm;钢板止水带 L_1≥100 mm;

橡胶止水带 L_1≥125 mm;钢边橡胶止水带 L_1≥120 mm

1—先浇混凝土;2—外贴止水带;

3—中埋止水带;4—后浇混凝土

4　施工中应采取措施保证待贴止水条或预设止水带的混凝土界面洁净。

13.2.8　隧道衬砌变形缝设置应符合下列规定:

1　变形缝处混凝土结构的厚度不应小于 300 mm;

2　用于沉降的变形缝其最大允许沉降差值不应大于 30 mm,当计算沉降差值大于 30 mm 时,应采取特殊设计;

3　用于沉降的变形缝的宽度宜为 20 ~ 30 mm,用于伸缩的变形缝的宽度宜小于此值。

13.2.9　常见变形缝的几种复合防水构造形式见图 13.2.9—1 和图 13.2.9—2,亦可采用其他新型、成熟、可靠的防水构造形式。

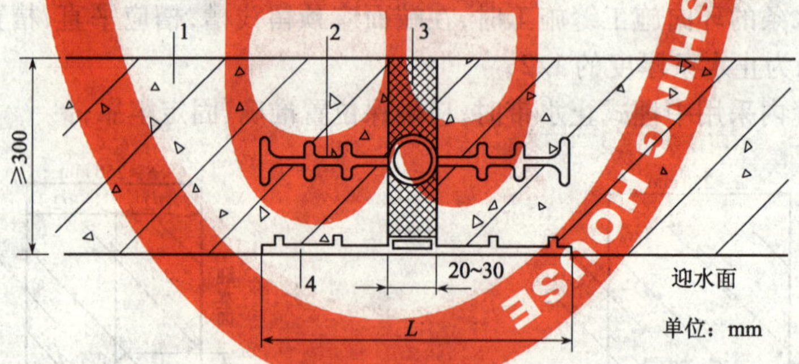

图 13.2.9—1　中埋止水带与外贴防水层复合防水构造

外贴止水带 L≥300;外贴防水卷材 L≥400;外涂防水涂层 L≥400

1—混凝土结构;2—中埋止水带;3—填缝材料;4—外贴防水层

13.2.10　变形缝施工应符合下列规定:

1　缝内两侧应平整、清洁、无渗水;

2　缝底应先设置与嵌缝材料无黏结力的背衬材料或遇水膨胀橡胶条;

3　嵌缝应密实;

4　中埋式止水带接头连接应采用热焊,不得叠接;背贴式止水带应与防水板焊接,止水条不得受潮。

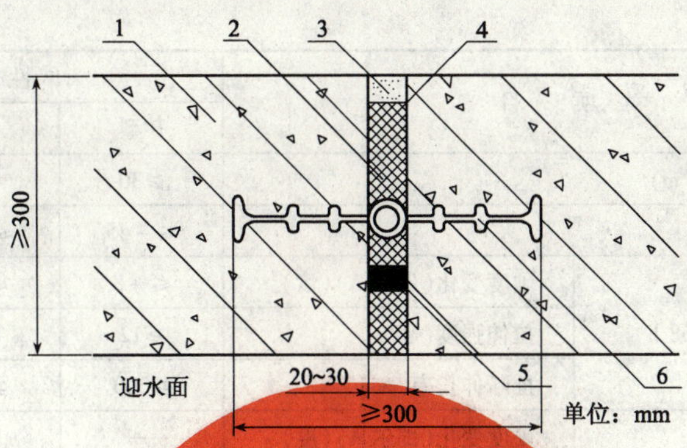

图 13.2.9—2 中埋止水带与遇水膨胀橡胶条、嵌缝材料复合防水构造

1—混凝土结构；2—填缝材料；3—嵌缝材料；

4—背衬材料；5—遇水膨胀橡胶条；6—中埋止水带

13.2.11 止水条宜选用制品型遇水膨胀橡胶止水条，其物理力学性能应符合表 13.2.11 的规定。当选用其他新型、成熟、可靠的材料时，其物理性能应符合国家相关标准的要求。

表 13.2.11 制品型遇水膨胀橡胶止水条物理力学性能

序 号	项 目		指 标
1	硬度（邵尔 A）（度*）		42±7
2	拉伸强度（MPa）		≥3.5
3	扯断伸长率（%）		≥450
4	体积膨胀倍率（%）		≥200
5	反复浸水试验	拉伸强度（MPa）	≥3
		扯断伸长率（%）	≥350
		体积膨胀倍率（%）	≥200
6	低温弯折（-20 ℃×2 h）		无裂纹
7	防霉等级		优于2级

注：* 硬度为推荐项目，其余均为强制项目；
成品切片测试应达到标准的 80%；
接头部位的拉伸强度不得低于上表标准性能的 50%；
体积膨胀倍率是浸泡后的试样质量与浸泡前的试样质量的比率。

13.2.12 止水带宜选用橡胶止水带和钢边橡胶止水带，其物理性能应分别符合表 13.2.12—1 和表 13.2.12—2 的要求。当选用其他新型、成熟、可靠的材料时，其物理性能应符合国家相关标准的要求。

表 13.2.12—1 橡胶止水带物理性能

序号	项 目		性能要求		
			B 型	S 型	J 型
1	硬度（邵尔 A）（度）		60±5	60±5	60±5
2	拉伸强度（MPa）		≥15	≥12	≥10
3	扯断伸长率（%）		≥380	≥380	≥300
4	压缩永久变形（%）	70 ℃×24 h	≤35	≤35	≤35
		23 ℃×168 h	≤20	≤20	≤20

续上表

序号	项　目			性能要求		
				B型	S型	J型
5	撕裂强度(kN/m)			≥30	≥25	≥25
6	脆性温度(℃)			≤-45	≤-40	≤-40
7	热空气老化	70 ℃×168 h	硬度变化(邵尔A)(度)	≤+8	≤+8	—
			拉伸强度(MPa)	≥12	≥10	—
			扯断伸长率(%)	≥300	≥300	—
		100 ℃×168 h	硬度变化(邵尔A)(度)	—	—	≤+8
			拉伸强度(MPa)	—	—	≥9
			扯断伸长率(%)	—	—	≥250
8	臭氧老化 50pphm;20%,48 h			2级	2级	0级

注:B型适用于变形缝用止水带;S型适用于施工缝止水带;J型适用于有特殊耐老化要求的接缝用止水带。

13.2.13　施工缝、变形缝防水选用的嵌缝材料,要求最大拉伸强度不应小于0.2 MPa,最大伸长率应大于300%,且拉、压循环性能为80 ℃时拉伸—压缩率不小于±20%。

表13.2.12—2　钢边橡胶止水带的物理力学性能

项目	硬度(邵尔A)	拉伸强度(MPa)	扯断伸长率(%)	压缩永久变形(70 ℃×24 h)(%)	撕裂强度(N/mm)	热老化 70 ℃×168 h			拉伸永久变形(70 ℃×24 h,拉伸100%)	橡胶与金属带黏合试验	
						硬度变化(邵尔A)	拉伸强度(MPa)	扯断伸长率(%)		破坏类型	黏合强度(MPa)
性能指标	60±5	≥18	≥400	≤35	≥35	≤+8	≥16.2	≥320	≤20	橡胶破坏(R)	≥6

Ⅲ　注浆防水

13.2.14　隧道注浆防水时,注浆方案应根据水文地质、工程地质条件及环境允许排水量,按下列规定选择:

1　在隧道开挖前,预计涌水量大的软弱地层地段,宜采用超前预注浆;

2　支护后有大面积渗漏水或大股涌水时,宜采用围岩注浆。

13.2.15　隧道围岩注浆,超前预注浆后的漏水量应小于设计允许值,浆液固结体达到设计强度后,方可开挖。

13.2.16　超前预注浆应根据岩层裂隙状态、地下水情况、加固范围、设备能力、浆液扩散半径和对注浆效果的要求等综合分析确定注浆孔数、布孔方式及钻孔角度。

13.2.17　超前预注浆段的长度视具体情况合理确定,宜为30~50 m;掘进时必须保留止水岩盘的厚度,该厚度宜为毛洞高度(直径)的0.5~1.0倍。

13.2.18　岩石地层超前预注浆的压力应根据围岩水文地质及工程地质条件合理确定,一般应比静水压力大0.5~1.5 MPa;当静水压力较大时,宜为静水压力的2~3倍。

13.2.19　单孔注浆结束的条件,应符合下列规定:

1　超前预注浆各孔段均达到设计终压并稳定10 min,且注浆量不小于设计注浆量的80%、进浆速度为开始进浆速度的1/4;

2 支护后围岩注浆达到设计终压；

3 其他各类注浆应满足设计要求。

13.2.20 预注浆及围岩注浆后，必须在分析资料的基础上，采取钻孔取芯法对注浆效果进行检查，必要时进行压(抽)水试验。当检查孔的吸水量大于1.0 L/(min · m)时，必须进行补充注浆。注浆钻孔及检查孔应封填密实。

13.2.21 注浆应防止对环境的污染，在注浆施工期间及工程结束后，应对水源取样检查。当有污染时，应及时采取相应措施。

13.2.22 注浆材料宜符合下列要求：

1 具良好的可灌性；

2 凝胶时间可调；

3 固化时收缩小，与岩石、混凝土、土壤等有一定的黏结力；

4 固结后有一定的抗压、抗拉强度和抗渗性、耐久性，稳定性好；

5 当地下水有侵蚀性时应具有相应的耐腐蚀性；

6 无毒或低毒，对环境污染小；

7 注浆工艺简单，操作方便、安全。

13.2.23 注浆材料的选择可根据隧道围岩工程地质和水文地质情况、注浆目的、注浆工艺和设备等因素，并结合经济性合理确定，一般按以下原则考虑：

1 超前预注浆宜用水泥类浆液，必要时可用水泥—水玻璃浆液；

2 围岩注浆，可用水泥砂浆、水泥类浆液、化学浆液；

3 水泥类浆液宜选用强度不低于42.5级的水泥，其他浆液材料应符合有关规定；浆液的配合比，必须经现场试验后确定。

Ⅳ 防水板设置

13.2.24 隧道防水板应在初期支护变形基本稳定并经验收合格后进行铺设，铺设时基层宜平整、无尖锐物，基层平整度应符合 $D/L \leqslant 1/6$ 的要求（D 为初期支护基层相邻两凸面凹进去的深度；L 为基层相邻两凸面间的距离）。

13.2.25 隧道设置防水板与无纺布时，应符合下列规定：

1 防水板宜选用高分子防水材料；

2 幅宽宜为2～4 m，厚度不应小于1.5 mm；

3 物理力学性能应符合表13.2.25的规定；

4 耐穿刺性好；

5 耐久性、耐水性、抗渗性、耐腐蚀性、耐菌性好；

6 无纺布密度不应小于300 g/m²。

表13.2.25 塑料防水板物理力学性能

项 目	拉伸强度(MPa)	断裂延伸率(%)	热处理时变化率(%)	低温弯折性
指 标	≥12	≥200	≤2.5	-20 ℃无裂纹

13.2.26 隧道内防水板应采用无钉铺设，两幅防水板的搭接宽度不应小于150 mm，搭接缝应为双焊缝，单条焊缝的有效宽度不应小于15 mm。焊缝应连续、不间断，不得漏焊、假

焊、焊焦、焊穿且应做充气检验。

13.2.27 防水板搭接缝与施工缝错开距离不应小于50 cm。

13.3 排 水

13.3.1 隧道、明洞、辅助坑道宜采用自流排水，并应防止由于排水危及地面建筑物及农田水利设施等。

13.3.2 隧道排水主要应采取下列措施：

1 隧道内纵向应设排水沟，横向应设排水坡，流入排水沟的隧底横向排水坡宜为2%，不应小于1%。

2 根据工程地质和水文地质条件，应在衬砌外设环向盲管、纵向盲管（沟）、进水孔和洞内排水沟，组成完整的排水系统，必要时可在隧底设排水盲管（沟）；环向盲管应与纵向盲管（沟）连接，纵向盲管（沟）应与边墙进水孔连接，边墙进水孔应与洞内排水沟连通；各盲管（沟）及进水孔相互间宜采用变径三通连接。

3 遇围岩地下水出露处，应在衬砌背后加设竖向盲管或排水管（槽）、集水钻孔等予以引排，对于颗粒易流失的围岩，采用集中疏导排水时，应采取防颗粒流失的特殊反滤措施。

4 当地下水发育，含水层明显，又有长期补给来源，洞内水量较大时，可利用辅助坑道或设置泄水洞等作为截、排水设施；泄水洞断面设置，应根据流量及施工条件，同时考虑养护方便而定，泄水洞的纵坡不小于3‰。

5 喷锚支护地段围岩局部集中漏水时，应在喷锚前采取措施将水封堵或引离排除。

13.3.3 隧道内设置排水沟应遵守下列规定：

1 水沟坡度应与线路坡度一致；在隧道中分坡平段范围内和车站内的隧道，排水沟底部应有不小于1‰的坡度。

2 隧道应设置双侧水沟，对于排水量小且预计今后水量不会有大的增加时，可考虑设置单侧排水沟；双线隧道不得单独采用中心水沟；双线特长、长隧道在地下水发育时宜增设中心水沟。

3 水沟靠道床侧墙体应留泄水孔。泄水孔孔径应为4～10 cm，间距应为100～300 cm。在电缆槽底面紧靠水沟侧，应在水沟边墙上预留泄水槽，槽宽不得小于4 cm，间距不得大于500 cm。

4 水沟断面应视水量大小选定，应有足够的过水能力；水沟的设置应便于清理和检查，并应铺设盖板。

5 最冷月平均气温低于－5 ℃地区冬季有水隧道的冻害地段，宜设置保温水沟、中心深埋水沟或防寒泄水洞等措施；其配套排水设施应能防寒，使水流畅通。

13.3.4 当隧道内水质有侵蚀性和放射性时，应采取适当措施，防止排水污染环境。

13.3.5 当隧道洞顶有沟谷通过，且沟底岩层裂隙发育、地表水对隧道影响较大时，可用M10水泥砂浆砌片石或不低于C15混凝土铺砌沟底。

13.3.6 当隧道的覆盖层较薄，地表水易渗漏影响隧道时，应清理地表、开沟疏导封闭积水洼地或局部夯填黏土，促使地表径流通畅。

13.3.7 采用环向盲管排水时，其设置应符合下列规定：

1 环向盲管应沿隧道、坑道的周边固定于围岩或初期支护表面,并与纵向盲管(沟)连接;

2 环向盲管纵向设置间距宜为5~10 m,当水较大时,可在水较大处增设1~2道;

3 环向盲管与混凝土衬砌接触部位应作隔浆层如外裹无纺布等,其管径应根据围岩渗漏水量的大小确定。

13.3.8 采用纵向集水盲管(沟)排水时,其设置应符合下列要求:

1 应设在衬砌边墙脚处防水层外侧;

2 应与竖向盲管、环向盲管、集水孔、进水孔连接牢固、畅通;

3 纵向坡度应符合设计要求,当设计无要求时,其坡度不得小于2‰;

4 采用外包裹无纺布的渗水盲管,其管径应根据围岩渗漏水量的大小确定;

5 进水孔纵向设置间距宜为5~10 m。

13.3.9 在地下水发育的无仰拱衬砌地段,应设置隧底横向盲管,并与洞内排水沟连通。隧底横向盲管设置间距宜为5~15 m,坡度不应小于1%,外侧应设置隔浆层。

13.3.10 盲管应具有一定的弹性,透水性好,能承受不小于0.5 MPa的压力,并不易锈蚀。

13.4 洞口和明洞防排水

13.4.1 洞口防水和排水应采取下列措施:

1 隧道、明洞和辅助坑道的洞口应设置截水沟和排水沟。

2 多雨地区,宜采取措施防止洞口仰坡范围内地表水下渗和冲刷。

3 洞外路堑的水不宜流入隧道。当出洞方向路堑为上坡时,宜将洞外侧沟做成与线路坡度相反,且不小于2‰的坡度。当隧道全长小于300m、路堑水量较小,且含泥量少、不易淤积,修建反向侧沟将增加较大工程等条件下,路堑侧沟的水可经隧道流出,但应验算隧道水沟断面,不够时应予扩大,并在高端洞口设置沉淀井。

13.4.2 明洞的防水和排水应遵守下列规定:

1 明洞顶部应设置必要的截、排水系统;对称路堑式明洞洞顶水沟,一般应往洞门方向排水,如线路出洞为上坡时,反坡排水坡度不得小于1% ,并应保证洞顶回填土最薄厚度不小于1.5 m。当明洞较长且有条件时,可横向拉槽向山坡较低一侧排水。

2 靠山侧边墙顶或边墙后,应设置纵向和竖向盲沟,将水引至边墙进水孔排入洞内排水沟。衬砌拱脚背后(或边墙脚背后)纵向盲管设置纵坡不小于2‰;衬砌边墙背后竖向盲管设置间距宜为5~10 m。

3 衬砌外缘应敷设外贴式防水层,防水层铺设基面应作1~2 cm水泥砂浆找平层,防水层表面应设3~5 cm厚水泥砂浆保护层;防水层应与混凝土密贴。防水层视具体情况可采用涂料或片材,材料应具良好的耐久性、耐水性、抗渗性,其物理性能应符合国家相关标准、规范要求。

4 明洞与隧道接头处、明洞衬砌施工缝、变形缝应按第13.2.5条~第13.2.13条要求做好防水处理。

5 明洞结构回填土表面均应铺设隔水层,隔水层应优先选用黏土层,在黏土取材困难时,可选用复合隔水层;隔水层应与边坡搭接良好。

6 独立明洞洞身宜设双侧排水沟,横向应设排水坡。隧道洞口接长的明洞,应与隧道洞身一并考虑设置排水设施。

13.4.3 隧道口及明洞顶截水沟设置应符合下列要求：

1 应设置在洞顶边仰坡外不小于5 m。

2 截水沟坡度应根据地形设置，但不小于3‰。当纵坡过陡时应设计急流槽或跌水连接，水沟截面尺寸根据流入截水沟的汇水区流量确定。水量大时，应根据地形将水引至沟谷或涵洞处排泄，不宜引入路堑排泄。

13.4.4 明洞工程纵向盲管直径不得小于100 mm，竖向盲管直径不得小于50 mm；进水孔直径宜为50 mm；纵向排水管与竖向排水管、进水孔宜通过变径三通接头连接。

14　运营期间的通风与照明

14.1　运营通风

14.1.1　运营隧道应结合具体情况，采用下列综合防治有害气体危害的方法：

1　提高列车通过隧道的行驶速度；

2　隧道内铺设无砟道床；

3　设置机械通风。

14.1.2　特长隧道及瓦斯隧道运营通风的设置应与消防通风综合考虑。

14.1.3　运营隧道内空气的卫生标准应达到：列车通过隧道后15 min以内，空气中 CO 浓度在 30 mg/m³ 以下，氮氧化物（换算成 NO_2）浓度在 10 mg/m³ 以下。电化运营隧道内的卫生标准还应符合：隧道湿度应小于 80%，温度应低于 28 ℃，臭氧浓度应小于 0.3 mg/m³，含有 10% 以下游离 SiO_2 的粉尘浓度应小于 10 mg/m³。

瓦斯隧道运营期间，必须进行瓦斯检测，隧道内在任何时间、任何地点保证运营安全的瓦斯浓度不得大于 0.5%。

14.1.4　瓦斯隧道运营期间瓦斯涌出浓度达到 0.4% 时，必须启动风机进行定时通风，保证隧道内瓦斯浓度不大于 0.5%；当瓦斯浓度降到 0.3% 以下时，可停止通风。定时通风在列车进入隧道前或在列车出隧道后进行，列车在隧道内运行时不应进行通风。瓦斯隧道运营通风的最小风速不得小于 1.0 m/s。

14.1.5　运营隧道设置机械通风应根据牵引种类、隧道长度、隧道平面与纵断面、道床类型、行车速度和密度、气象条件及两端洞口地形条件等因素综合确定，并满足下列要求：

1　单线隧道应符合下列规定：

内燃机车牵引的隧道，长度在 2 km 以上，宜设置机械通风；

电力机车牵引的隧道，长度在 8 km 以上（行车密度较低、自然风条件较好时，可适当加长长度），宜设置机械通风进行换气；

隧道长度虽小于上述数值，但自然通风不良，难以在规定时间内达到容许卫生标准时，亦宜设置机械通风。

2　双线隧道应根据行车密度、自然条件等具体情况，选定设置机械通风的隧道长度和通风方式。对于内燃机车牵引的双线隧道，当隧道长度 L(km) × 行车密度 N(对/d) ≤ 100 时，不应设置机械通风。

14.1.6　运营隧道采用的机械通风方式，应根据技术、经济条件，考虑安全、通风效果等因素，综合比选确定。

当采用轴流风机时，可选用洞口风道式、斜井式、竖井式等；当采用射流风机时，可在纵向布置风机或在洞口同一断面集中布置风机，也可采用射流风机和轴流风机相结合的组合通风方式。

当需要利用斜井、竖井、横洞等辅助坑道进行机械通风时，辅助坑道设置的位置与断面尺寸,应结合运营通风的要求统一确定。

14.1.7　配置通风设备时,通风机所需供给的有效风量,应按挤压为主的原理进行计算,并考虑列车通过隧道的活塞作用和自然风的影响。

通风机供给的洞内风速不应大于8 m/s。

14.1.8　轴流风机通风的设置应符合下列规定:

1　采用洞口风道通风方式时,宜采用吹入式通风;通风机可设在低洞口端,通风设备宜设在洞外,当必须设在洞内时,机房和设备应有防潮、防锈蚀的措施;

2　通风机的类型宜选用风量大、风压低的轴流风机;风机传动应配套,宜选用电力传动;

3　设计洞口风道式通风时,风道与隧道的夹角宜小些,风道口与风道的过风面积及风机类型应使通风系统处于良好的工作状态;

4　通风设备的基础应置于稳固的地基上。

14.1.9　射流风机通风的设置应符合下列规定:

1　纵向等距离布置射流风机时,其间距宜在100~150 m之间,保证风流均匀扩散;

2　射流风机宜采用洞口堆放式或洞内壁龛式,不宜采用拱顶吊装式;

3　射流风机采用支架固定时,其支架应做成可拆式,支架两端应设置防护钢网;

4　风机支架等钢结构应接地,防止漏电危及检修人员安全;

5　为保证风机能按设定的时间启动关停,有效地利用活塞风,风机控制系统应设置红外线或踏板信号自动控制装置;该装置含控制台、控制柜、红外线或踏板信号装置及语音系统等;功能设置应含断路、短路、过载保护、声光报警及语音提示等。

14.2　照　明

14.2.1　全长1 000 m及以上的直线隧道和全长500 m及以上的曲线隧道应设置照明设备。

14.2.2　隧道照明的设置应符合下列要求:

1　隧道内指示照明采用固定照明,其灯具安装高度(距轨面)宜为4 m;

2　隧道内作业照明应采用移动照明,其插座宜设在避车洞处,安装高度(距轨面)不宜低于1.5 m;

3　照明灯具应选用防潮、减震、防腐蚀和不妨碍信号瞭望的灯具;在可能有瓦斯泄出的隧道内应具有防爆性能;

4　照明的设置尚应符合国家现行《铁路隧道照明设施与供电技术条件》(TB/T 2275)的规定。

14.2.3　设有固定照明装置且有救援通道的隧道,应设置应急照明设施。

15 隧道改建

15.1 一般规定

15.1.1 改建既有隧道宜采用新建铁路的有关标准。当既有隧道改建工程较大或改建条件困难时，可根据具体情况，提出满足运输要求和符合技术条件的改建标准。增建隧道，应采用新建铁路的有关标准。

15.1.2 隧道改建方案，应根据技术标准、运输要求，结合地形、地质、线路条件、附近大型建筑物的影响、运营情况和既有隧道现状，通过技术经济比较确定。

15.1.3 隧道改建选用的工程措施及施工方法，应以保证运营和施工的安全为前提，减少对运营的干扰并方便施工。

15.1.4 隧道改建应根据设计要求收集有关资料，必要时还应对既有隧道作进一步补充勘察。

15.2 改　　建

15.2.1 既有隧道改建时，对隧道外有坍方落石、隧道内有较严重漏水、基底翻浆冒泥等现象应进行整治。

15.2.2 改建曲线地段的单线隧道，其断面加宽，除圆曲线部分应按规定办理外，缓和曲线部分，自缓和曲线终点向缓和曲线延伸 13 m 范围内，应采用圆曲线加宽值。自缓和曲线中点向直线方向延伸 13 m 处应采用圆曲线加宽值的一半；自缓和曲线起点向直线方向延伸 22 m 处为开始加宽的起点，其余部分的加宽值，可根据以上三点的加宽值，按直线变化插入进行检查。当不能满足上述要求时，应予处理(图 15.2.2)。

图 15.2.2　改建曲线地段隧道加宽加高示意图

15.2.3　改建既有隧道，对衬砌净空不符合要求的，应按以下办法处理：

1　净空宽度不足，可根据衬砌侵入限界的程度及既有线路条件，采用调整线路平面、凿除或拆换局部衬砌，以满足限界要求；

2　净空高度不足，可调整线路纵断面，落底处理；当降坡落底引起隧道两端引线地段工程改建困难，应与挑顶改建方案作比较；

3　净空宽度和高度均不足，可根据具体情况，采用局部或全部拆换衬砌的改建措施。

15.2.4　隧道改建时，对局部衬砌裂损、强度不够或漏水的地段，可采用压浆、喷锚、设置套拱或其他加强措施。

15.2.5　隧道内基底翻浆冒泥整治，应优先采用加深或重建排水沟，必要时可采用更换仰拱、加固基底等方法；隧道内严重渗漏水地段或衬砌背后有空隙地段，宜采用回填注浆，浆液宜选用水泥砂浆、水泥类浆液；隧道回填注浆后仍有渗漏水时，宜采用衬砌内注浆，浆液宜选用特种水泥浆、超细水泥浆和化学浆液。

15.2.6　隧道改建施工应符合铁道部《铁路超限货物运输规则》及有关行车线上施工安全的规定。

15.3　电气化改造

15.3.1　隧道电气化改造要求的净空高度可与新建电力牵引隧道不同，应根据接触网悬挂高度、受电弓高度、车辆高度、养路抬道的预留等计算，得出最小的净空高度，并留有一定富余量确定。

15.3.2　电化改造隧道应避免在洞门墙下锚。

15.3.3　隧道电气化改造，要求做到拱部不渗水。

附录 A　铁路隧道围岩基本分级

A.1　围岩基本分级

A.1.1　分级因素及其确定方法应符合下列规定：

1　围岩基本分级应由岩石坚硬程度和岩体完整程度两个因素确定；

2　岩石坚硬程度和岩体完整程度，应采用定性划分和定量指标两种方法综合确定。

A.1.2　岩石坚硬程度可按表 A.1.2 划分。

表 A.1.2　岩石坚硬程度的划分

岩石类别		单轴饱和抗压强度 R_c(MPa)	代表性岩石
硬质岩	极硬岩	$R_c>60$	未风化或微风化的花岗岩、片麻岩、闪长岩、石英岩、硅质灰岩、钙质胶结的砂岩或砾岩等
硬质岩	硬　岩	$30<R_c\leqslant 60$	弱风化的极硬岩；未风化或微风化的熔结凝灰岩、大理岩、板岩、白云岩、灰岩、钙质胶结的砂岩、结晶颗粒较粗的岩浆岩等
软质岩	较软岩	$15<R_c\leqslant 30$	强风化的极硬岩；弱风化的硬岩；未风化或微风化的云母片岩、千枚岩、砂质泥岩、钙泥质胶结的粉砂岩和砾岩、泥灰岩、泥岩、凝灰岩等
软质岩	软　岩	$5<R_c\leqslant 15$	强风化的极硬岩；弱风化至强风化的硬岩；弱风化的较软岩和未风化或微风化的泥质岩类；泥岩、煤、泥质胶结的砂岩和砾岩等
软质岩	极软岩	$R_c\leqslant 5$	全风化的各类岩石和成岩作用差的岩石

A.1.3　岩体完整程度可按表 A.1.3 划分。

A.1.4　围岩基本分级可按表 A.1.4 确定。

表 A.1.3　岩体完整程度的划分

完整程度	结构面特征	结构类型	岩体完整性指数(K_v)
完　整	结构面 1～2 组，以构造型节理或层面为主，密闭型	巨块状整体结构	$K_v>0.75$
较完整	结构面 2～3 组，以构造型节理、层面为主，裂隙多呈密闭型，部分为微张型，少有充填物	块状结构	$0.75\geqslant K_v>0.55$
较破碎	结构面一般为 3 组，以节理及风化裂隙为主，在断层附近受构造影响较大，裂隙以微张型和张开型为主，多有充填物	层状结构，块石、碎石状结构	$0.55\geqslant K_v>0.35$
破　碎	结构面大于 3 组，多以风化型裂隙为主，在断层附近受构造作用影响大，裂隙宽度以张开型为主，多有充填物	碎石角砾状结构	$0.35\geqslant K_v>0.15$
极破碎	结构面杂乱无序，在断层附近受断层作用影响大，宽张裂隙全为泥质或泥夹岩屑充填，充填物厚度大	散体状结构	$K_v\leqslant 0.15$

表 A. 1. 4 围岩基本分级

级别	岩体特征	土体特征	围岩弹性纵波速度(km/s)
Ⅰ	极硬岩,岩体完整	—	>4.5
Ⅱ	极硬岩,岩体较完整; 硬岩,岩体完整	—	3.5~4.5
Ⅲ	极硬岩,岩体较破碎; 硬岩或软硬岩互层,岩体较完整; 较软岩,岩体完整	—	2.5~4.0
Ⅳ	极硬岩,岩体破碎; 硬岩,岩体较破碎或破碎; 较软岩或软硬岩互层,且以软岩为主,岩体较完整或较破碎; 软岩,岩体完整或较完整	具压密或成岩作用的黏性土、粉土及砂类土,一般钙质、铁质胶结的粗角砾土、粗圆砾土、碎石土、卵石土、大块石土,黄土(Q_1、Q_2)	1.5~3.0
Ⅴ	软岩,岩体破碎至极破碎; 全部极软岩及全部极破碎岩(包括受构造影响严重的破碎带)	一般第四系坚硬、硬塑黏性土,稍密及以上、稍湿、潮湿的碎(卵)石土、粗圆砾土、细圆砾土、粗角砾土、细角砾土、粉土及黄土(Q_3、Q_4)	1.0~2.0
Ⅵ	受构造影响很严重呈碎石、角砾及粉末、泥土状的断层带	软塑状黏性土、饱和的粉土、砂类土等	<1.0(饱和状态的土<1.5)

A. 2 隧道围岩分级修正

A. 2. 1 隧道围岩级别的修正应符合下列规定:

1 围岩级别应在围岩基本分级的基础上,结合隧道工程的特点,考虑地下水状态、初始地应力状态等必要的因素进行修正。

2 地下水状态的分级宜按表 A. 2. 1—1 确定。

3 地下水对围岩级别的修正,宜按表 A. 2. 1—2 进行。

表 A. 2. 1—1 地下水状态的分级

级别	状 态	渗水量〔L/(min · 10 m)〕
Ⅰ	干燥或湿润	<10
Ⅱ	偶有渗水	10~25
Ⅲ	经常渗水	25~125

表 A. 2. 1—2 地下水影响的修正

地下水状态分级 \ 围岩基本分级	Ⅰ	Ⅱ	Ⅲ	Ⅳ	Ⅴ	Ⅵ
Ⅰ	Ⅰ	Ⅱ	Ⅲ	Ⅳ	Ⅴ	—
Ⅱ	Ⅰ	Ⅱ	Ⅳ	Ⅴ	Ⅵ	—
Ⅲ	Ⅱ	Ⅲ	Ⅳ	Ⅴ	Ⅵ	—

4 围岩初始地应力状态,当无实测资料时,可根据隧道工程埋深、地貌、地形、地质、构造运动史、主要构造线与开挖过程中出现的岩爆、岩芯饼化等特殊地质现象,按表 A. 2. 1—3 评估。

表 A. 2. 1—3 初始地应力场评估基准

初始地应力状态	主 要 现 象	评估基准(R_c/σ_{max})
极高应力	1. 硬质岩:开挖过程中时有岩爆发生,有岩块弹出,洞壁岩体发生剥离,新生裂缝多,成洞性差	<4
	2. 软质岩:岩芯常有饼化现象,开挖过程中洞壁岩体有剥离,位移极为显著,甚至发生大位移,持续时间长,不易成洞	
高应力	1. 硬质岩:开挖过程中可能出现岩爆,洞壁岩体有剥离和掉块现象,新生裂缝较多,成洞性较差	4~7
	2. 软质岩:岩芯时有饼化现象,开挖过程中洞壁岩体位移显著,持续时间较长,成洞性差	

注:R_c 为岩石单轴饱和抗压强度(MPa);σ_{max} 为最大地应力值(MPa)。

5　初始地应力对围岩级别的修正宜按表 A.2.1—4 进行。

表 A.2.1—4　初始地应力影响的修正

修正级别 / 围岩基本分级 / 初始地应力状态	Ⅰ	Ⅱ	Ⅲ	Ⅳ	Ⅴ
极高应力	Ⅰ	Ⅱ	Ⅲ或Ⅳ①	Ⅴ	Ⅵ
高应力	Ⅰ	Ⅱ	Ⅲ	Ⅳ或Ⅴ②	Ⅵ

注：①围岩岩体为较破碎的极硬岩、较完整的硬岩时定为Ⅲ级；围岩岩体为完整的较软岩、较完整的软硬互层时定为Ⅳ级；

②围岩岩体为破碎的极硬岩、较破碎及破碎的硬岩时定为Ⅳ级；围岩岩体为完整及较完整软岩、较完整及较破碎的较软岩时定为Ⅴ级。

6　隧道洞身埋藏较浅，应根据围岩受地表的影响情况进行围岩级别修正。当围岩为风化层时，应按风化层的围岩基本分级考虑；围岩仅受地表影响时，应较相应围岩降低 1～2级。

A.2.2　施工阶段隧道围岩级别的判定宜按表 A.2.2 的判定卡进行。

表 A.2.2　施工阶段围岩级别判定卡

<table>
<tr><td rowspan="2">工程名称</td><td colspan="3" rowspan="2"></td><td rowspan="2">位置</td><td colspan="2">里　程</td><td></td><td rowspan="2">评　定</td></tr>
<tr><td colspan="2">距洞口距离(m)</td><td></td></tr>
<tr><td rowspan="4">岩性指标</td><td colspan="4">岩石类型(名称)</td><td colspan="3">黏聚力 c =　　MPa；φ =</td><td rowspan="4">极硬岩
硬　岩
较软岩
软　岩
极软岩
土</td></tr>
<tr><td colspan="4">单轴饱和抗压强度 R_c =　　MPa</td><td colspan="3">点荷载强度极限 I_s =　　MPa</td></tr>
<tr><td colspan="4">变形模量 E =　　GPa</td><td colspan="3">泊松比 ν =</td></tr>
<tr><td colspan="4">天然重度 γ =　　kN/m³</td><td colspan="3">其　他</td></tr>
<tr><td rowspan="7">岩体完整状态</td><td colspan="3">地质构造影响程度</td><td>轻　微</td><td>较　重</td><td>严　重</td><td>极严重</td><td rowspan="2">完　整</td></tr>
<tr><td rowspan="4">地质结构面</td><td>间距(m)</td><td>>1.5</td><td>0.6～1.5</td><td>0.2～0.6</td><td>0.06～0.2</td><td><0.06</td></tr>
<tr><td>延伸性</td><td>极　差</td><td>差</td><td>中　等</td><td>好</td><td>极　好</td><td>较完整</td></tr>
<tr><td>粗糙度</td><td>明显台阶状</td><td>粗糙波纹状</td><td colspan="2">平整光滑有擦痕</td><td>平整光滑</td><td>较破碎</td></tr>
<tr><td>张开性(mm)</td><td>密闭
<0.1</td><td>部分张开
0.1～0.5</td><td>张开
0.5～1.0</td><td>无充填张开
>1.0</td><td>黏土充填</td><td>破　碎</td></tr>
<tr><td colspan="2">风化程度</td><td>未风化</td><td>微风化</td><td>弱风化</td><td>强风化</td><td>全风化</td><td rowspan="2">极破碎</td></tr>
<tr><td colspan="2">简要说明</td><td colspan="5"></td></tr>
<tr><td>地下水状态</td><td colspan="4">渗水量〔L/(min·10 m)〕</td><td><10
干燥或湿润</td><td>10～25
偶有渗水</td><td>25～125
经常渗水</td><td>干燥或湿润
偶有渗水
经常渗水</td></tr>
<tr><td rowspan="2">初始地应力状态</td><td colspan="7">埋深 H =　　m</td><td rowspan="2"></td></tr>
<tr><td colspan="4">地质构造应力状态</td><td colspan="3">其他</td></tr>
<tr><td colspan="3">围岩级别</td><td>Ⅰ</td><td>Ⅱ</td><td>Ⅲ</td><td>Ⅳ</td><td>Ⅴ</td><td>Ⅵ</td></tr>
<tr><td colspan="3">备　注</td><td colspan="6"></td></tr>
<tr><td colspan="3">记录者</td><td colspan="3">复核者</td><td colspan="3">日　期</td></tr>
</table>

附录 B 偏压隧道衬砌作用(荷载)计算方法

B.0.1 当地面倾斜,Ⅳ、Ⅴ级围岩的单线隧道及Ⅲ～Ⅴ级围岩的双线隧道外侧拱肩至地面的垂直距离(t)等于或小于本规范表 4.1.5—1 所列数值时,应按偏压隧道设计。

B.0.2 在作用(荷载)下其垂直压力可按式(B.0.2—1)计算:

$$Q=\frac{\gamma}{2}[(h+h')B-(\lambda h^2+\lambda' h'^2)\tan\theta] \quad \text{(B.0.2—1)}$$

并假定偏压分布图形与地面坡一致(图 B.0.2)。

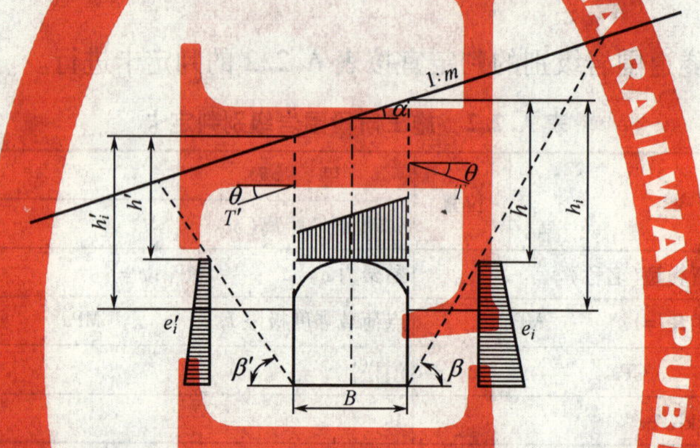

图 B.0.2 偏压隧道衬砌作用(荷载)计算图式

式中 h,h'——内、外侧由拱顶水平至地面的高度(m);

B——坑道跨度(m);

γ——围岩重度(kN/m³);

θ——顶板土柱两侧摩擦角(°),当无实测资料时,可参考表 B.0.2 选取;

表 B.0.2 摩擦角 θ 取值

围岩级别	Ⅰ～Ⅲ	Ⅳ	Ⅴ	Ⅵ
θ 值	$0.9\varphi_c$	$(0.7\sim0.9)\varphi_c$	$(0.5\sim0.7)\varphi_c$	$(0.3\sim0.5)\varphi_c$

λ,λ'——内、外侧的侧压力系数,由下式计算:

$$\lambda=\frac{1}{\tan\beta-\tan\alpha}\times\frac{\tan\beta-\tan\varphi_c}{1+\tan\beta(\tan\varphi_c-\tan\theta)+\tan\varphi_c\tan\theta} \quad \text{(B.0.2—2)}$$

$$\lambda'=\frac{1}{\tan\beta'+\tan\alpha}\times\frac{\tan\beta'-\tan\varphi_c}{1+\tan\beta'(\tan\varphi_c-\tan\theta)+\tan\varphi_c\tan\theta} \quad \text{(B.0.2—3)}$$

$$\tan\beta=\tan\varphi_c+\sqrt{\frac{(\tan^2\varphi_c+1)(\tan\varphi_c-\tan\alpha)}{\tan\varphi_c-\tan\theta}} \quad \text{(B.0.2—4)}$$

$$\tan\beta'=\tan\varphi_c+\sqrt{\frac{(\tan^2\varphi_c+1)(\tan\varphi_c+\tan\alpha)}{\tan\varphi_c-\tan\theta}} \quad \text{(B.0.2—5)}$$

式中 α——地面坡度角(°);

φ_c——围岩计算摩擦角(°);

β,β'——内、外侧产生最大推力时的破裂角(°)。

B.0.3 在作用(荷载)下的水平侧压力可按式(B.0.3—1~2)计算:

内侧 $$e_i=\gamma h_i\lambda \tag{B.0.3—1}$$

外侧 $$e_i=\gamma h_i'\lambda' \tag{B.0.3—2}$$

式中 h_i,h_i'——内、外侧任一点 i 至地面的距离(m)。

附录C 明洞作用(荷载)计算方法

C.0.1 明洞拱圈回填土垂直压力可按式(C.0.1)计算:

$$q_i = \gamma_1 h_i \tag{C.0.1}$$

式中 q_i——明洞结构上任意点 i 的回填土石垂直压力值(kN/m²);

γ_1——拱背回填土石重度(kN/m³);

h_i——明洞结构上任意点 i 的土柱高度(m)。

C.0.2 明洞拱圈回填土石侧压力可按式(C.0.2—1)计算:

$$e_i = \gamma_1 h_i \lambda \tag{C.0.2—1}$$

式中 e_i——任意点 i 的侧压力(kN/m²);

γ_1, h_i——符号意义同前;

λ——侧压力系数,计算公式为:

填土坡面向上倾斜(图C.0.2—1)时按无限土体计算,即

$$\lambda = \cos\alpha \frac{\cos\alpha - \sqrt{\cos^2\alpha - \cos^2\varphi_1}}{\cos\alpha + \sqrt{\cos^2\alpha - \cos^2\varphi_1}} \tag{C.0.2—2}$$

填土坡面向上倾斜(图C.0.2—2)时按有限土体计算,即

$$\lambda = \frac{1 - \mu n}{(\mu + n)\cos\rho + (1 - \mu n)\sin\rho} \cdot \frac{mn}{m - n} \tag{C.0.2—3}$$

图 C.0.2—1

图 C.0.2—2

式中 α——设计填土面坡度角(°);

φ_1——拱背回填土石计算摩擦角(°);

ρ——侧压力作用方向与水平线的夹角(°);

n——开挖边坡坡度;

m——回填土石面坡度;

μ——回填土石与开挖边坡面间的摩擦系数。

填土坡面水平(图C.0.2—3)时的侧压力系数为

$$\lambda=\tan^2\left(\frac{\pi}{4}-\frac{\varphi}{2}\right)$$

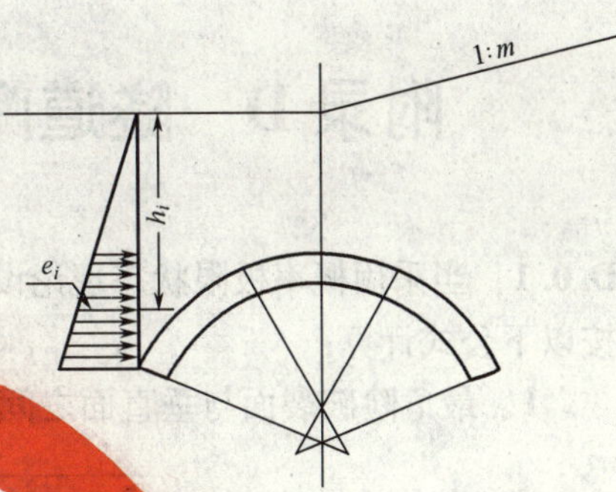

图　C.0.2—3

C.0.3　明洞边墙回填土石侧压力可按式(C.0.3—1)计算：

$$e_i=\gamma_2 h_i'\lambda \qquad (C.0.3—1)$$

式中　γ_2——墙背回填土石重度(kN/m^3)；

h_i'——边墙计算点换算高度(m)，$h_i'=h_i''+\frac{\gamma_1}{\gamma_2}\cdot h_1$；

h_i''——墙顶至计算位置的高度(m)；

h_1——填土坡面至墙顶的垂直高度(m)；

λ——侧压力系数，计算公式为：

填土坡面向上倾斜(图 C.0.3—1)时，

$$\lambda=\frac{\cos^2\varphi_2}{\left[1+\sqrt{\frac{\sin\varphi_2\cdot\sin(\varphi_2-\alpha')}{\cos\alpha'}}\right]^2} \qquad (C.0.3—2)$$

填土坡面向下倾斜(图 C.0.3—2)时，

$$\lambda=\frac{\tan\theta_0}{\tan(\theta_0+\varphi_2)(1+\tan\alpha'\tan\theta_0)} \qquad (C.0.3—3)$$

式中　$\alpha'=\arctan\left(\frac{\gamma_1}{\gamma_2}\tan\alpha\right)$；

φ_2——墙背回填土石计算摩擦角；

$$\tan\theta_0=\frac{-\tan\varphi_2+\sqrt{(1+\tan^2\varphi_2)(1+\tan\alpha'/\tan\varphi_2)}}{1+(1+\tan^2\varphi_2)\tan\alpha'/\tan\varphi_2} \qquad (C.0.3—4)$$

填土坡面水平时的侧压力系数为

$$\lambda=\tan^2\left(\frac{\pi}{4}-\frac{\varphi_2}{2}\right)$$

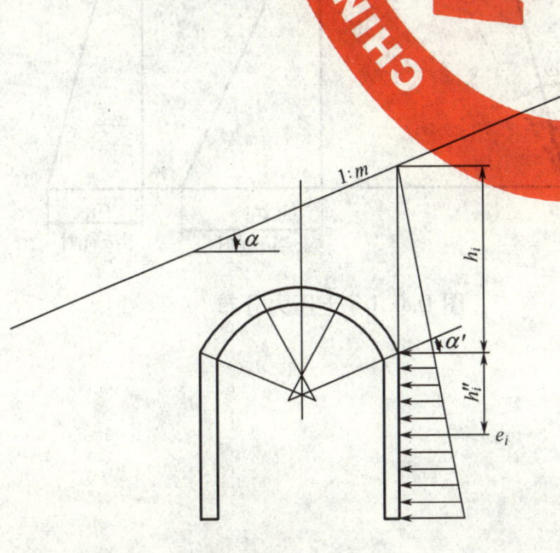

图　C.0.3—1

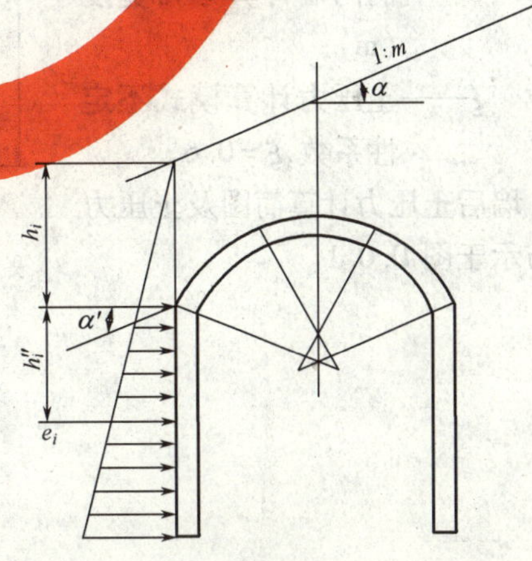

图　C.0.3—2

附录 D　隧道门作用(土压力)计算方法

D. 0. 1　当采用概率极限状态理论设计时,隧道门端墙、翼墙及洞门挡土墙的有关参数可按以下公式计算:

1　最危险破裂面与垂直面之间的夹角

$$\tan\omega=\frac{\tan^2\varphi_c+\tan\alpha\tan\varepsilon-\sqrt{(1+\tan^2\varphi_c)(\tan\varphi-\tan\varepsilon)(\tan\varphi_c+\tan\alpha)(1-\tan\alpha\tan\varepsilon)}}{\tan\varepsilon(1+\tan^2\varphi_c)-\tan\varphi_c(1-\tan\alpha\tan\varepsilon)} \tag{D. 0. 1—1}$$

式中　φ_c——围岩计算摩擦角(°);

ε,α——地面坡角和墙背倾角(°),如图 D. 0. 1 所示。

2　土压力

$$E=\frac{1}{2}\gamma\lambda[H^2+h_0(h'-h_0)]b\times\xi \tag{D. 0. 1—2}$$

$$\lambda=\frac{(\tan\omega-\tan\alpha)(1-\tan\alpha\tan\varepsilon)}{\tan(\omega+\varphi_c)(1-\tan\omega\tan\varepsilon)} \tag{D. 0. 1—3}$$

$$h'=\frac{a}{\tan\omega-\tan\alpha} \tag{D. 0. 1—4}$$

式中　E——土压力(kN);

γ——地层重度(kN/m^3);

λ——侧压力系数;

ω——墙背土体的破裂角(°);

b——洞门墙计算条带宽度(m);

ξ——土压力计算模式不定性系数,$\xi=0.6$。

墙后土压力计算简图及土压力分布示于图 D. 0. 1。

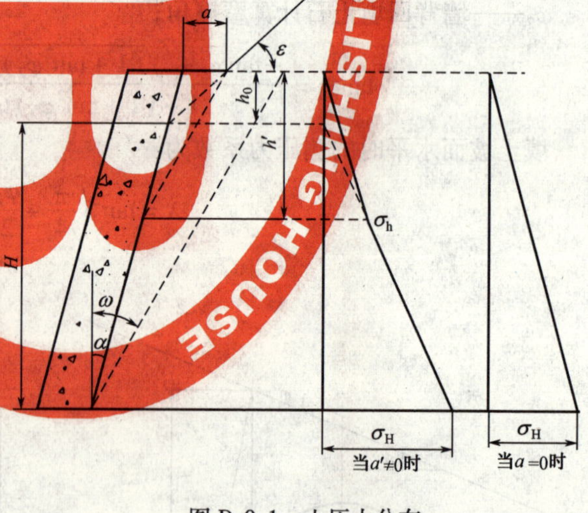

图 D. 0. 1　土压力分布

附录 E　浅埋隧道衬砌作用(荷载)计算方法

E.0.1　地面基本水平的浅埋隧道,所受的作用(荷载)具有对称性。其计算应符合下列规定:

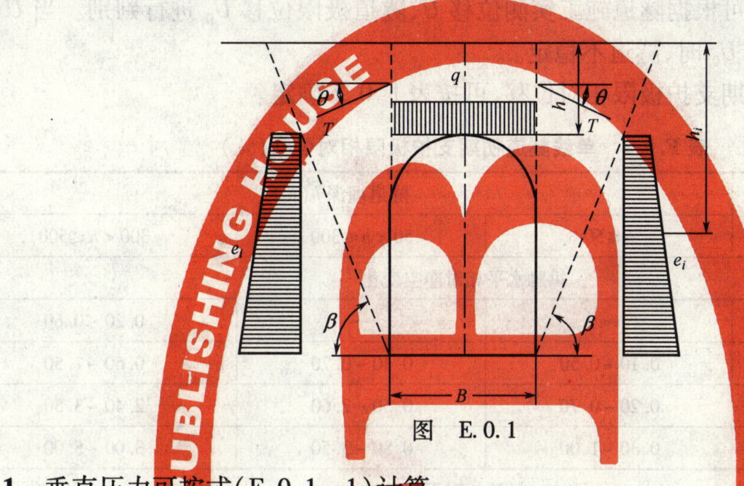

图　E.0.1

1　垂直压力可按式(E.0.1—1)计算:

$$q=\gamma h\left(1-\frac{\lambda h\tan\theta}{B}\right) \tag{E.0.1—1}$$

$$\lambda=\frac{\tan\beta-\tan\varphi_c}{\tan\beta[1+\tan\beta(\tan\varphi_c-\tan\theta)+\tan\varphi_c\tan\theta]}$$

$$\tan\beta=\tan\varphi_c+\sqrt{\frac{(\tan^2\varphi_c+1)\tan\varphi_c}{\tan\varphi_c-\tan\theta}}$$

式中　B——坑道跨度(m);

γ——围岩重度(kN/m^3);

h——洞顶地面高度(m);

θ——顶板土柱两侧摩擦角(°),为经验数值;

λ——侧压力系数;

φ_c——围岩计算摩擦角(°);

β——产生最大推力时的破裂角(°)。

2　水平压力可按式(E.0.1—2)计算:

$$e_i=\gamma h_i\lambda \tag{E.0.1—2}$$

式中　h_i——内外侧任意点至地面的距离(m)。

E.0.2　当 $h<h_a$(h_a 为深埋隧道垂直荷载计算高度)时,取 $\theta=0$,属超浅埋隧道。

E.0.3　当 $h\geqslant2.5h_a$(h_a 为深埋隧道垂直荷载计算高度)时,式(E.0.1—1)不适用。

附录 F 隧道初期支护极限相对位移和稳定性判别方法

F. 0. 1 隧道稳定性可根据隧道施工实测位移 U、隧道极限位移 U_0 进行判别。当 $U \leqslant U_0$ 时,隧道稳定;当 $U > U_0$ 时,隧道不稳定。

F. 0. 2 单线隧道初期支护极限相对位移,可按表 F. 0. 2 确定。

表 F. 0. 2 单线隧道初期支护极限相对位移(%)

围岩级别	隧道埋深 h(m)		
	$h \leqslant 50$	$50 < h \leqslant 300$	$300 < h \leqslant 500$
拱脚水平相对净空变化			
Ⅱ	—	—	0. 20 ~ 0. 60
Ⅲ	0. 10 ~ 0. 50	0. 40 ~ 0. 70	0. 60 ~ 1. 50
Ⅳ	0. 20 ~ 0. 70	0. 50 ~ 2. 60	2. 40 ~ 3. 50
Ⅴ	0. 30 ~ 1. 00	0. 80 ~ 3. 50	3. 00 ~ 5. 00
拱顶相对下沉			
Ⅱ	—	0. 01 ~ 0. 05	0. 04 ~ 0. 08
Ⅲ	0. 01 ~ 0. 04	0. 03 ~ 0. 11	0. 10 ~ 0. 25
Ⅳ	0. 03 ~ 0. 07	0. 06 ~ 0. 15	0. 10 ~ 0. 60
Ⅴ	0. 06 ~ 0. 12	0. 10 ~ 0. 60	0. 50 ~ 1. 20

注:1 本表适用于按本规范表 7. 2. 1—2 参数设计的单线隧道复合式衬砌的初期支护。硬岩取表中较小值,软岩取较大值。表列数值可在施工中通过实测资料积累作适当修正。

2 拱脚水平相对净空变化指拱脚测点间净空水平变化值与其距离之比;拱顶相对下沉指拱顶下沉值减去隧道下沉值后与原拱顶至隧底高度之比。

3 单线隧道初期支护墙腰水平相对净空变化极限值可按拱脚水平相对净空变化极限值乘以 1. 2 ~ 1. 3 后采用。

F. 0. 3 双线隧道初期支护极限相对位移,可按表 F. 0. 3 确定。

表 F. 0. 3 双线隧道初期支护极限相对位移(%)

围岩级别	隧道埋深 h(m)		
	$h \leqslant 50$	$50 < h \leqslant 300$	$300 < h \leqslant 500$
拱脚水平相对净空变化			
Ⅱ	—	0. 01 ~ 0. 03	0. 01 ~ 0. 08
Ⅲ	0. 03 ~ 0. 10	0. 08 ~ 0. 40	0. 30 ~ 0. 60
Ⅳ	0. 10 ~ 0. 30	0. 20 ~ 0. 80	0. 70 ~ 1. 20
Ⅴ	0. 20 ~ 0. 50	0. 40 ~ 2. 00	1. 80 ~ 3. 00
拱顶相对下沉			

续表 F.0.3

围岩级别	隧道埋深 h(m)		
	$h\leqslant 50$	$50<h\leqslant 300$	$300<h\leqslant 500$
Ⅱ	—	0.03～0.06	0.05～0.12
Ⅲ	0.03～0.06	0.04～0.15	0.12～0.30
Ⅳ	0.06～0.10	0.08～0.40	0.30～0.80
Ⅴ	0.08～0.16	0.14～1.10	0.80～1.40

注:1　本表适用于按本规范表7.2.1—3参数设计的双线隧道复合式衬砌的初期支护。硬岩取表中较小值,软岩取较大值。表列数值可在施工中通过实测资料积累作适当修正。

2　拱脚水平相对净空变化指拱脚测点间水平净空变化值与其距离之比;拱顶相对下沉指拱顶下沉值减去隧道下沉值后与原拱顶至隧底高度之比。

3　双线隧道初期支护墙腰水平相对净空变化极限值可按拱脚水平相对净空变化极限值乘以1.1～1.2后采用。

F.0.4　隧道稳定性还可结合现场观测和位移发展变化规律,依据下述项目作出判别:

1　隧道开挖工作面状态及支护状态观测结果;

2　位移速度;

3　位移速度的变化率。

F.0.5　经过判别不能满足隧道稳定性要求时,应修改设计或加强支护:

1　隧道施工中修改设计的主要内容包括:

1)围岩级别的变更;

2)预留变形量的增加或减少;

3)施工工序或开挖方法的变更;

4)监控量测项目或点位置的变动。

2　对初期支护的加强措施包括:

1)增加喷射混凝土厚度,考虑使用早强水泥配制的喷射混凝土;

2)加密或加长锚杆;

3)增设钢筋网或考虑使用喷射钢纤维混凝土;

4)采用或加密钢拱;

5)加固围岩以提高围岩的物性指标;

6)采用预支护技术(管棚、旋喷拱或预切槽)减少坑道变形。

F.0.6　确认围岩级别提高,地质及水文条件较原判断有明显好转,应调整初期支护设计参数。

F.0.7　当出现下列失稳先兆时应加强支护或尽快施作二次衬砌:

1　局部石块坍塌或层状劈裂、喷混凝土层的大量开裂;

2　累计位移量已达到极限位移的2/3,且仍未发现隧道周边位移速度有明显减缓的趋势;

3　每日的位移量大于极限位移的10%;

4　洞室变形的异常加速,即在无施工干扰时的变形速率加大。

附录 G　地震基本烈度与地震动参数的换算

G. 0. 1　地震区隧道设计应直接采用地震动参数(地震动峰值加速度和地震动反应谱特征周期)取代地震基本烈度,作为铁路隧道工程设防的依据。对于相关技术标准中涉及地震基本烈度概念的,在尚未修订之前,可参照下述方法确定:

1　抗震设计验算直接采用现行国家标准《中国地震动参数区划图》(GB 18306—2001)提供的地震动参数;

2　当涉及地基处理、构造措施或其他防震减灾措施时,地震基本烈度数值可由现行国家标准《中国地震动参数区划图》(GB 18306—2001)查取地震动峰值加速度并按表 G. 0. 1 确定。

表 G. 0. 1　地震动峰值加速度分区与地震基本烈度对照

地震动峰值加速度分区(g)	<0. 05	0. 05	0. 10	0. 15	0. 20	0. 30	≥0. 4
地震基本烈度值	<Ⅵ	Ⅵ	Ⅶ	Ⅶ	Ⅷ	Ⅷ	≥Ⅸ

本规范用词说明

执行本规范条文时,对于要求严格程度的用词说明如下,以便在执行中区别对待。

(1)表示很严格,非这样做不可的用词:

正面词采用"必须";

反面词采用"严禁"。

(2)表示严格,在正常情况下均应这样做的用词:

正面词采用"应";

反面词采用"不应"或"不得"。

(3)表示允许稍有选择,在条件许可时首先应这样做的用词:

正面词采用"宜";

反面词采用"不宜"。

表示有选择,在一定条件下可以这样做的,采用"可"。

《铁路隧道设计规范》
条 文 说 明

本条文说明系对重点条文的编制依据、存在的问题以及在执行中应注意的事项等予以说明。为了减少篇幅，只列条文号，未抄录原条文。

1.0.2　《铁路隧道设计规范》(TB 10003—2001)规定的适用范围为“旅客列车最高行车速度为140 km/h的新建铁路标准轨距客货共线铁路”。随着改革开放和市场经济的发展，铁路运输日益繁忙，提高列车速度已迫在眉睫，列车提速已是我国铁路运输发展的主要目标，是人民生活水平迅速提高、市场发展的需要。铁路科学技术的发展，技术装备的改善以及广深、沪宁、京秦、沈大等线相继开行快速列车和铁路干线大提速的运营实践经验，为客货共线铁路逐步提高旅客列车速度提供了技术和运营经验。因此，根据现行铁路技术政策和铁路实现跨越式发展要求，遵循强本简末和系统优化的原则，本次修订将客货列车共线运行铁路的旅客列车最高行车时速提高到160 km、货物列车最高行车时速提高到120 km。

1.0.3　隧道按长度分类的标准是参照国际隧道协会的有关资料规定的，以使不同长度的隧道概念明确，便于使用和利于国际交流。

关于隧道长度的计算方法，统一规定系指进出口洞门端墙墙面之间的距离，即以端墙面或斜切式洞门的斜切面与设计内轨顶面的交线同线路中线的交点计算。计算时，双线隧道根据铁道部基建总局(84)基设字第027号关于新建双线铁路定测中线规定的通知，规定以下行线为准。位于车站上的隧道，可能有位于正线、站线、岔线与特别用途线上等各种情况，故统一规定以正线为准(有两股正线时，以下行线为准)；遇在站线、特别用途线上等情况，可参照本规定计算；设有运营通风的隧道，其长度应包括引风洞、帘幕洞门等通风设施的长度；对个别时速160公里设有缓冲结构的隧道长度应从缓冲结构的起点进行计算。

1.0.5　铁路隧道是永久性的大型建筑物，建成后不易改建、扩建，不仅在勘测设计中，而且在施工中及竣工后，它的耐久性等各方面均受到地形、地质及环境等条件的影响，并且由于洞内工作条件差，对隧道施工及运营养护存在不利因素。因此本条文提出了隧道设计的总的原则规定。

1.0.6　关于新建铁路隧道的内部轮廓，本条文仅作了必须符合现行国家标准《标准轨距铁路建筑限界》及远期轨道类型变化要求等的原则规定。这是考虑到：①铁路电化或非电化的问题，应在具体线路的设计任务书中予以规定；②隧道建筑限界未涉及轨面以下部分，而轨下部分与选用何种远期轨道类型对确定隧道内部轮廓有直接关系；③对于旅客列车最高行车速度160 km/h新建铁路隧道轨顶面以上净空横断面面积的规定，未考虑双层集装箱运输条件；④当需设救援通道时，隧道断面应适当加大，以满足救援通道尺寸要求，曲线上的隧道应另行考虑曲线加宽；⑤位于车站上的隧道，由于站场有其特殊的规定和要求，如净空应较区间的为大，故作出相应规定。

对旅客列车行车速度160 km/h路段隧道内净空断面，这里引用铁道科学研究院西南分院的研究成果，说明如下：

1 空气动力学效应的计算

(1)当列车以时速160 km通过铁路隧道时，空气动力学效应对行车、旅客乘车舒适度、洞口环境有一定不利影响，因此新建最高时速160 km客货共线铁路隧道的设计除遵照《标准轨距铁路建筑限界》(GB 146.2)规定外，还应考虑消减列车进入隧道时所诱发的空气动力学效应的不利影响。具体情况说明如下：

① 瞬变压力(pressure transient)会造成旅客耳朵不适，乘车舒适度降低，并对铁路员工和车辆产生危害。

当车外压力为常数时，车内压力随时间的变化可表达为

$$P_i(t)=P_a(1-e^{-\frac{t}{\tau}})$$

式中τ定义为车辆的密封指数：

“不密封”标准车辆 $\tau=0.7$ s；

密封“好”的车辆 $\tau=5.0$ s；

密封空调车 $\tau=8.0$ s。

乘车舒适度取车厢内压力变化最大值$\Delta P\leqslant 3$ kPa/3 s时，若采用钝形机车、考虑双线隧道内列车交会最不利情况相应的车辆密封指数为1.5 s(稍加密封)，远期可通过车辆密封指数进一步提高，提高乘车舒适度。

② 列车进入隧道会诱发洞口微气压波。计算表明，列车运行速度为160 km/h时，若隧道洞口无建筑物，无特殊环境要求，可不设缓冲结构。

③ 列车进入隧道时，空气阻力增大。一般情况下，应控制其增量不超过明线情况空气阻力的30%。

④ 列车风会影响隧道内作业人员安全。作业人员能承受的最大风速为14 m/s。

列车进入隧道时产生的空气动力学效应影响因素很多，例如：

机车车辆方面：行车速度，车头和车尾形状，列车横断面大小，列车长度，列车外表面形状和粗糙度，车辆的密封性等。

隧道方面：隧道净空断面积，隧道壁面的粗糙度，洞口及辅助结构物形式，竖井、斜井和横洞的设置，道床类型(整体、板式还是碎石道床)等。

其他方面：列车在双线隧道中的交会等。

在确定新建最高时速160公里客货共线铁路隧道净空断面时，必须考虑瞬变压力和空气阻力条件等空气动力学效应。

(2)瞬变压力

参照一些国家的资料，目前采用最多的评估参数是相应于某一特定时间内的压力变化值，即3 s内压力变化最大值。

根据国外大量统计和试验资料并考虑我国国情，在近期可采用$\Delta P\leqslant 3$ kPa/3 s作为旅客乘车舒适度标准。值得注意的是这一标准在国外高速铁路有进一步提高的趋势。

通过我国“八五”、“九五”科技攻关项目“高速铁路线桥隧设计参数选择研究”及160 km列车瞬变压力数值仿真分析，可知，根据我国时速160 km铁路主要采用钝形机车

的情况,对于净空面积大于 42 m^2 的单线隧道,即使车辆完全不密封($\tau=0$),旅客乘车舒适度也可满足 $\Delta P\leqslant 3$ kPa/3 s 的条件。单线隧道净空断面面积主要是由建筑限界和设置救援通道确定的。对于双线隧道客车会车的不利情况,当净空截面积为 76 m^2 时,对车辆密封 $\tau=1.5$ s 时,车内的瞬变压力可满足 $\Delta P\leqslant 3$ kPa/3 s 的条件。虽然目前车辆基本不密封($\tau=0.7$ s),但考虑到在隧道内最不利位置会车的概率较小,同时,不设置救援通道的隧道长度为"最不利长度"($L=1\ 800$ m)概率也极低,因此对于个别不设置救援通道的双线隧道,净空截面积为 76 m^2 在近期可以接受。远期,将车辆密封指数提高到 $\tau=1.5$ s 以上,净空断面面积为 76 m^2 的隧道即可满足舒适度要求。

(3)列车空气阻力计算

新建最高时速 160 km 客货共线铁路列车通过隧道时阻力比列车在明线上的空气阻力大,即时速 160 km 的列车通过隧道时其活塞现象比普通铁路明显。隧道中列车的空气阻力计算采用了改进后的日本原朝茂公式。

在行车速度一定的情况下对空气阻力的影响因素有:

① 隧道长度的影响

空气阻力随隧道长度的增加而单调增加,但其增加率越来越小,最后趋于一常数,阻塞比越小,趋于常数所需的隧道长度越短 。一般情况,隧道长度超过 3 km 以后,空气阻力变化不大。

② 阻塞比 β 对空气阻力的影响

空气阻力随 β 的增加而单调增加,且斜率越来越大,因而隧道断面积是决定行车空气阻力增量大小的主要因素。

③ 列车在隧道中交会的影响

评价隧道内列车空气阻力的增量大小的原则是既要保证隧道断面积不至于过大,造成工程上的浪费和困难,又要使洞内空气阻力增量也不至于过大,造成行车困难。

新建时速 160 km 客货共线铁路单、双线隧道行车空气阻力及增量的计算结果,在采用本规范所规定的内净空断面情况下,洞内空气阻力增量不超过明线空气阻力 30% 。

2 隧道内轮廓断面面积的确定

新建时速 160 km 的客货共线铁路隧道断面内轮廓分为双线和单线两种情况,主要根据下列条件确定:

(1)隧道净空横断面有效面积应满足消减空气动力学效应不利影响的要求;

(2)满足最高时速 160 km 的铁路建筑接近限界要求,双线隧道还应满足线间距要求;

(3)养护、维修和救援空间要求。

在满足以上条件下,从围岩稳定、结构受力及空间利用等角度对断面形状和尺寸进行优化。

上述理论计算表明,采用钝形机车,单线隧道当断面积采用 42 m^2 时,在密封指数 $\tau=0$ 时可满足乘车舒适度(压力变化最大值 $\Delta P\leqslant 3$ kPa),洞内空气阻力增量不超过明线空气阻力 30% 的要求,但隧道内轮廓底部两侧不能设置救援通道。

双线隧道当净空面积采用 76 m^2 时,亦不设置救援通道。

综合考虑上述因素,条文中提出的新建最高时速 160 km 的客货共线铁路隧道内净空断面积为:

单线隧道:42 m^2(钝形机车,不设置救援通道)

双线隧道:76 m^2(钝形机车,不设置救援通道,线间距4.2 m)

是否设置救援通道可根据隧道长度和防灾等级确定。

1.0.8 结构的设计使用年限,通常指的是结构在技术性能上能够满足使用要求的期限,即技术使用年限。出于节约资源和可持续发展的需要,以及对隧道工程进行修理、拆除所带来的巨大经济损失和干扰,国际上对基础设施工程的结构设计使用年限有进一步延长的趋势。我国混凝土原材料资源目前已面临短缺,客观上更需要避免大规模的频繁修理、拆除与重建。因此,尽可能提高结构物的安全与耐久性质量,延长结构物的使用年限,应作为结构设计的重要指导原则之一。

根据2003年中国土木工程学会技术标准《混凝土结构耐久性设计与施工指南》第3.0.2条的规定,大型桥梁、隧道、高速和一级公路上的桥涵等属重要土木基础设施工程,设计使用年限约为100年,这与国际上对一般房屋建筑的设计寿命多在50~75年,重要建筑物和一般桥隧等基础设施工程的设计使用年限多为100年一致。为此本规范提出隧道工程设计使用年限100年的规定。

为满足隧道100年设计使用年限,要求隧道结构物应设计为具有规定的强度、稳定性和耐久性的永久性结构。所谓结构的耐久性,一般指建筑材料应具有要求的抗渗性(密实性)、抗冻性和抗侵蚀性。

建成的隧道能适应运营的需要,必需设置一些为保证运营安全和方便养护作业的设施,如避车洞、电缆槽、消防设施洞、运营通风设备、洞门检查设备等。这些设施或设备,有的是隧道结构设计时必须考虑的,有的是隧道设计时就要为其提供安置条件的,故条文作了原则规定。

1.0.9 隧道建筑结构、防排水设计及选用的建筑材料,应考虑地区环境的影响。若所处地区环境变化如气温变化过大,将引起结构内力的变化;如严寒地区,由于气温过低,特别是有地下水时,将产生冻胀力及冻害。如地下水的腐蚀性、石膏地层的膨胀腐蚀、高地应力围岩发生岩爆、软弱围岩地段大变形特征等,这些情况易造成隧道建筑物外荷载的增大,增加施工难度和影响混凝土质量,故结构设计必须采取特别措施,包括选择断面形式、提高混凝土强度及抗渗等级等。

1.0.10 近10年来,隧道与地下工程的科技水平不断提高。在材料和工艺方面,防排水、锚杆、喷射混凝土等的材料和型号比较过去10年有较大进步,效果也越来越好,湿喷工艺也有长足进步,并逐步普及。总之,隧道建设科技进步为使隧道达到安全实用,质量可靠,经济合理,技术先进打下了基础。

1.0.11 隧道施工方法选择的恰当与否,直接关系到施工安全、工程进度、工程质量和原材料消耗,以及工程造价等方面;在影响确定施工方法诸因素中,地质资料是起着主要作用的。鉴于目前技术水平及可能采取的勘探手段的限制,所搜集的地质资料及其所作的分析判断,有可能与实际情况有所出入;因此对地质变化较大的隧道,选用的施工方法要有较大的适应性,从而保证不致因地质条件变化而频于改变施工方法,或需变更施工方法时较少影响施工进度。

一般按围岩级别选用施工方法,由于喷锚初期支护在隧道中的应用,全断面法的适用范围可扩大到Ⅲ~Ⅳ级围岩。

地质条件较差的洞口,往往由于开挖面扩大了,最容易影响牵动到地表,破坏岩体的稳定;由洞内向洞外方向扩大、灌拱,主要是选择在地质条件较好之处,由里向外扩大,及时跟上衬砌。以上系总结洞口段施工经验,保证洞口安全稳定而来的。

在流砂、含水量大的松散地层中修建隧道,采用一般的封闭施工方法,对堵坍、防水非常困难,不仅工效低、进度慢,且极易发生坍塌事故,根据实践经验,采用管棚、降水以及压注水泥浆(或化学浆液)加固地层后再开挖的办法,能较顺利地通过。

冻结法也是一种加固地层的方法,在我国地下工程中使用过,它是将在冷却机中冷却过的浓缩氯化钾溶液通过沿开挖面周围埋设的冻结管套压入砂层中,并不断循环,在钻孔周围形成 -30 ℃ ~ -40 ℃或更低的冷却带,使砂层冻结,提高砂层强度、整体性和不透水性。

水平钻孔旋喷注浆技术也是一种加固地层的方法,可在条件具备时,予以采用。

1.0.12 设计文件必须要有指导性施工组织设计,主要是为了使施工单位了解整个工程的修建全过程,然后据此编制切合实际的概(预)算。编制施工组织设计,主要内容包括施工方案、施工安排、施工进度和需用的劳动力、主要材料、施工机具、电力、运输等数量以及有关安全、技术、节约等措施,据以指导施工。一般情况下,应符合下列要求:

(1)结合现有的施工技术水平和机具设备情况,经过综合比较,选定施工方案;

(2)建筑材料和动力资源的利用,要因地制宜,就地取材,尽量节约能源和木材;

(3)根据材料来源和交通运输情况,选定经济、合理的运输方案和方法;

(4)施工机具的配备,要选型配套,并宜提高机械化水平;

(5)统筹安排供风、供水、供电等设备,满足施工要求;

(6)大力推广采用先进技术和经验,提高劳动生产率;

(7)确保工程质量和施工安全。

指导性施工组织设计编制的依据有:

(1)国家对建设项目修建的要求,如施工总期限、分期分段通车期限、概算、预算资料;

(2)设计文件:有关设计图表及工程数量;

(3)调查资料:气象、交通运输情况、当地建筑材料的分布,临时辅助大型建筑物及辅助设施的修建条件,以及水、电、燃料等资料;

(4)在既有线改建中,尚应包括既有线的现状及旧料和设备可资利用情况等资料;

(5)鉴定意见及有关协议等。

指导性施工组织设计的编制,要求简明扼要,切实实用,其主要内容有:

(1)说明书(包括主要工程数量);

(2)施工进度图及总平面布置示意图;

(3)主要劳动力、材料、设备、施工机具等数量表;

(4)必要时,要列主要施工工序和过渡工程示意图等。

要编好指导性施工组织设计,关键是要做好施工调查工作,熟悉施工作业和掌握好定额指标,施工准备工作应尽量缩短时间。

1.0.13 隧道设计应结合施工通风及洞内卫生标准,选择施工运输方式。修建双线隧道时,独头坑道长度在 3 000 m 以下的可采用无轨运输。修建单线隧道时,独头坑道长度在 1 000 m 以下的可采用无轨运输;长度大于 1 500 m 时,可采用有轨运输。

洞内采用有轨运输时,铺设单车道地段,宜设置必要的错车线,其有效长度应符合本规范第 12.2.3 条的规定。线路铺设的技术标准,应满足机车、车辆和机具安全运行的要求。洞内采用无轨运输时,运输道路应铺设路面。

装碴运输作业,在隧道掘进循环中的所占时间约 60% 左右,对掘进速度影响很大。因此条文提出以机械装碴、机动车牵引成组车辆为基本方式,以适应快速施工的要求。

近来年,采用无轨运输和有轨运输并存,各有长处;在中长隧道、长隧道及特长隧道中均有无轨运输和有轨运输。总的看法是:无轨运输的最高月掘尺可高于有轨运输,但由于受机械完好状态的影响较大,因而月掘尺不很稳定,机械设备投入较大,成本较高,且管理难度大,施工环境较差(主要是污染源多,通风效果差);而有轨运输的优点是机械设备投入较少,成本较低,方便管理,月掘尺较稳定,因而仍可实现高速稳产。所以认为有轨运输方式在今后一段时间内仍为主要运输方式。

为了连续生产、增大实际装岩效率,对转载配套设备的发展应予重视,因为装载机的实际装岩效率在很大程度上取决于转载配套设备和调车方法;从过去施工的部分统计,装岩效率用错车道为 20% ~30%,用浮放道岔为 30% ~40%,用长转载机(大容量梭式矿车)时可达到 60% ~70%。

为了安全、高效率地进行洞内运输,因此要求运输轨道的标准条件,应能满足装运机械的要求,在以往施工中,因为轨道铺设标准较差,使非生产时间增多,使出碴运输工序容易成为施工中的关键。

线路铺设的技术标准,可参考说明表 1.0.13—1 ~3。

说明表 1.0.13—1 最小平面曲线半径

轴型及行驶地段	双轴机车、车辆		有转向架的梭车	槽式列车
	洞 内	洞 外		
最小曲线半径(m)	7*d*	10*d*	12	25

注:*d* 为机车、车辆的轴距(m)。

说明表 1.0.13—2 安全净距及人行道宽度

项 目	最小尺寸(cm)					备 注
	单道	双道	会让站	接挂处	乘人车停车处	
两列车间净距	—	20	40	20	—	机车、车辆悬突出部分水平间距
边侧净距	20	20	20	—	20	机车、车辆最突出部分与坑壁或支撑间水平间距
人行道宽度	70 单侧	—	70 单侧	70 两侧	100 单侧	

说明表 1.0.13—3 轨道

最大轴重(t)	钢轨(kg/m)	枕木厚×宽×长(cm^3)	枕木间距(cm)	道岔号数	碴厚(cm)
>5	≥24	12×15×136	60	≥6	15
5	24	12×15×136	60~70	≥4	15
4	18~24	12×15×136	60	≥4	10
3	15~18	10×15×136	65~70	≥4	10
1~2	15	10×15×136	70	≥4	7
<1	8~11	10×12×136	70	2~4	7

为了保持线路处于良好状态,应组织专业人员养护,从发展趋势来看,一些大型机械

如用无轨运输时,对路面的纵横断面坡度和排水沟的维修,应十分注意,必要时设集水坑和水泵强行排水,同时视地质和滴水情况可考虑用砂砾、碎石垫铺路面。

3.1.1 隧道勘测资料是勘测设计人员通过各种勘测手段,对隧道所处位置、地形、地质等自然条件具体认识的反映,也是隧道位置的选择、工程布置和结构设计、以及计划工程投资等整个设计工作的依据,因而勘测资料必须按照设计要求进行搜集。

根据加强基本建设前期工作,严格按照基本建设程序办事的原则,隧道勘测工作一般包括搜集已有资料,地形、地质的调查测绘,工程地质及水文地质勘探及试验等工作。勘测工作依据设计阶段的不同,其任务、目的和设计要求也不相同,工作的范围、内容和深细度也不相同。因此本条规定:"根据不同设计阶段的任务、目的和要求,针对隧道工程的特点,确定应搜集勘测资料的内容和范围"。

3.1.2 隧道勘测各阶段调查的内容及范围等可参见说明表3.1.2。

在勘测时,首先进行大致的、大范围的以全貌为目的的调查,依次整理出由调查所判明的事项等,提出调查的重点,接着在先前调查已获得成果的基础上,用以后进行的调查成果不断地加以评价、修正,使之更趋完善。

说明表3.1.2 各阶段的调查内容及范围

阶段	时期	目的	内容	范围
初测	从研究比较线路到决定隧道线路	获取可行性研究选线所需的地形、地质及其他环境条件的资料,并为下一阶段调查提供基础资料	地形、地质调查,环境调查等,一般根据既有资料及现场踏勘	包括比较线路在内的范围
定测	从决定隧道线路后到施工前	获取初步设计、施工计划、概算等所需资料	地形、地质、环境调查属于详细调查,包括各项措施、施工设备、弃渣场等具体内容	与隧道有关的地点及周围地区
施工中调查	施工期内	预测和确认施工中产生的问题,变更设计、施工管理等	地形、地质、环境等调查,洞内量测、开挖工作面观察、预计对施工影响并制定措施等	隧道内及受施工影响的范围

因此,各调查阶段是相互联系的一个整体。

3.1.3 勘测计划包括对既有资料的收集和调查、地质勘察、环境调查、施工条件调查、调查采取的方法等内容。勘测计划应按不同调查阶段、针对提出的要求,并考虑隧道的规模、特点等编制。编制时,应对调查项目、调查方法、精度要求、范围和顺序、成果等作出明确规定。

3.1.4 施工会影响到土地利用、动植物、交通以及自然环境等,从而产生枯水、噪声、振动等问题。因此应对隧道所在地区的自然、人文活动和社会环境状况进行调查。有关地形、地质、动植物、土地利用、交通、噪声、振动、地面下沉等自然、社会和生活环境的调查资料,可作为"进行与周围环境相协调的工程设计"的依据,并有对"将隧道工程在施工中及设施使用后对环境的影响控制在最小程度"有利。

对在工程施工时及使用后预计会发生的枯水、噪声、振动、下沉等的地区,施工前后的对比是很重要的,所以在预测影响范围内的调查应在施工前较早地着手进行,对其变化要求直到问题明确为止,要一直进行。

3.2.1 在各种不同比例尺的地形图、纵横断面图上应附有工程地质及水文地质情况及隧道所在地周围建筑物及人居状况,以充分反映隧道位置和洞口位置的地形、地物、地质、人文等的全貌，这些是供选定隧道方案、确定隧道平面和高程位置、洞口位置、洞口缓冲结构以及进行整个隧道工程布置和结构设计的基础资料。

如隧道线路方案平面图，比例尺为1/5 000～1/50 000，当长隧道、特长隧道有线路方案比较时，必须有此图，以充分反映选用方案和主要比较方案的地形、地貌、地质等情况和显示各比选方案的客观性；

隧道线路平面，比例尺为1/1 000～1/5 000，图上显示隧道经过的地形、地貌及地质概况，供确定隧道位置、布置辅助坑道、运营通风风道、施工场地、截排水及改沟、弃渣处理等之用；

隧道洞口平面，比例尺为1/100～1/500，供选择洞口位置、洞口排水及有关工程布置使用；

隧道纵断面依据隧道长度不同，可采用横1/500～1/5 000、竖1/200～1/2 000，图中显示隧道埋置全貌、洞身分段工程地质和水文地质特征以及线路条件等，供布置洞身衬砌设计之用；

其余如洞口纵断面、洞口横断面、洞身断面等，比例尺为1/100或1/200，供选定洞口和设计洞口、洞身之用，有关辅助坑道、运营通风风道等亦应收集相应的测绘资料。

以上资料，凡有可资利用的地形图、航测照片、航测绘图等必须搜集，没有可供利用的，必须进行现场测绘。

《新建铁路工程测量规范》（TB 10101—99）、《既有铁路测量技术规则》（TB J105—88）等有关标准，都对测绘资料作了测绘精度的规定和要求，应严格执行。

3.2.2 本条所列的隧道工程的调查内容系根据《铁路基本建设项目预可行性研究、可行性研究和设计文件编制办法》和有关规范等拟定的。通过调查所取得的资料，应能充分地说明隧道通过地段的地形、地质条件、自然条件和施工条件等。实践证明这些资料是隧道设计和施工必备的基础资料，其内容及其深细度可根据各阶段的勘测设计要求和隧道规模去确定，使其能满足各阶段的设计和施工需要，最后应形成系统的、完整的资料。

自然概况调查，以地形地貌特征为主，其中包括：自然地理，如山脉、水系、地形的陡缓、高程、地表植被、建筑物分布、与地质结构有关的地形地貌特征（如河流形态、阶地、溶蚀洼地、漏斗、峰丛、断层崖、沙丘）等的概括情况。

工程地质、水文地质特征调查的主要内容，包括：岩性特征、地质构造、表层堆积、水文地质特征、地温、弃渣利用的可能性等。通过地质勘察，取得完整而准确的资料；从工程观点出发，对隧道所在地质条件作出评价。

隧道通过不良地质地段，将给隧道勘测设计和施工、运营带来困难，甚至可能给隧道工程造成重大危害。因此对不良地质地段，必须详细查清其发生、发展的原因及其类型和规模，采取对策。凡能绕避又不过多增大工程费时，应尽可能绕避，对不能绕避的处所，必须采取可靠的工程措施，以确保隧道工程施工及运营的安全。

地层中含有害气体、矿体时，必须查明其类别、成分、含量和分布于洞身的具体位置等，以便采取预防措施和处理设计。

通过地震动峰值加速度0.1g及以上的地区时，应调查历史地震对既有建筑物的毁损情况、自然破坏现象等，结合岩性、构造、水文地质等条件，确定地震动参数地理位置分界的具体里程及地点，分析评价其对隧道工程的影响。目前地震动参数与地震基本烈度都有使用，其对应关系如附录G所示。

对旅客列车设计速度等于160 km/h的线路,应调查隧道洞口周围建筑物距洞口的距离及其对微压波的限制值。

气象资料包括气温、气压、风、湿度、降雨量、洪水、晴雨情况、降雪量、积雪及雪融期以及地层冻结深度,这些资料对隧道设计和施工都是必需的。

施工条件调查,除条文中所列者外,尚有生活供应、医药卫生条件及开挖洞口的用地和建筑物拆迁等。

3.2.3 对长隧道、特长隧道和地质条件复杂的隧道,进行大面积的区域性工程、水文地质调查、测绘,并加强地质勘探和试验工作,方可查清区域地质构造及工程地质和水文地质条件,提供隧道设计的依据,并提出采用工程方案的理由和可靠的工程措施意见,以保证隧道设计合理、施工和运营安全。

在膨胀性的、含水未固结的、高热的特殊围岩,断层破碎带或有承压积水层等特殊地质下要求进行详细地质调查时,可采用开挖调查坑道进行调查、量测和试验,以获得与研究支护参数、施工程序等有直接关系的资料。

调查坑道除了在主洞开挖独立的、专用的坑道外,还可利用从主洞引出的分支坑道、作业坑道等。从坑道调查中获得的资料,对了解施工难易程度、围岩状态(自稳性)、有无漏水、围岩物性、土压、位移、温度及有害气体等问题,将有很大的帮助。

3.2.4 地质调查有许多方法,也开发出许多新的试验、调查方法,但在不同的围岩条件下,应采用不同的方法。这里将围岩种类与调查项目列于说明表3.2.4—1,调查项目与调查方法之间的关系列于说明表3.2.4—2,供选择调查方法时参考。

3.2.5 目前各国对隧道及地下工程十分重视施工阶段地质调查工作。条文所规定的几种方法是施工中地质调查比较有效的方法。

其中,开挖工作面直接观察是极其重要的;在每次爆破后,应立即由专人进行开挖工作面观察并素描,其主要内容有:

说明表3.2.4—1 围岩种类与调查项目

调查项目 围岩种类	地 貌	地质构造	岩、土质	地下水	力学性质	物理性质	矿物化学性质	记 要
硬质围岩	滑坡、崩塌、偏压等	地质分布、断层、褶曲	岩石名、岩相、裂隙、风化、变质	积水压、地下水位	饱和单轴抗压强度	围岩弹性波速度、超声波速度		呈土砂状者视为土砂围岩
软质围岩	滑坡、崩塌、偏压等	地质分布、断层、褶曲		积水压、地下水位、透水系数	饱和单轴抗压强度,黏结力,内摩擦角,变形系数,泊松比	围岩弹性波速度、超声波速度	浸水崩解度	同上,浸水崩解度大时,视为膨胀性围岩
土砂围岩	滑坡、崩塌、偏压等	地质分布		积水压、地下水位、透水系数	黏结力、内摩擦角、变形系数、泊松比、标准贯入试验锤击数	密度、粒径分布、含水比		粒径均匀的黏土成分几乎不存在时,要研究其流动性
膨胀性围岩	滑坡、崩塌、偏压等	地质分布、断层、褶曲	岩石名、岩相、裂隙、风化、变质		饱和单轴抗夺强度,黏结力,内摩擦角、变形系数、泊松比	密度、粒径分布、液限、塑限、含水比、围岩弹性波速度	含有黏土矿物,浸水崩解度	

注:岩相是指岩石粒度、矿物组成、空隙状态。土砂围岩为黏性土时,可参考软质围岩、膨胀围岩性。

说明表 3.2.4—2 调查项目与调查方法间的关系

调查项目 \ 地质调查方法		资料调查	地表踏勘	弹性波调查	水文调查	地下水调查	钻孔	孔内检测					孔内加载试验	试件试验	调查坑道观察量测
								速度检测	电气检测	孔径检测	温度检测	标准贯入试验			
地貌	滑坡、崩塌	○	○				○								
	偏压	○	○												
	埋深	○													
地质构造	地质分布	Δ	○	Δ			○	Δ	Δ		○				
	断层、褶曲	Δ	○	○			○	Δ							○
岩质、土质	岩石、土质名	Δ	○				○		Δ						○
	岩相	Δ	○				○								○
	裂隙		Δ	○			○	○							○
	风化、变质		Δ	○			○	○	Δ						○
	固结程度		○	Δ			○	Δ	Δ	○		○			○
地下水	积水层		○		○	○	○		○	○	Δ				
	地下水位		Δ		Δ	○	○								
	透水系统					○									
力学性质	饱和单轴抗压强度											○		○	Δ
	黏结力、内摩擦角											Δ		○	Δ
	变形系数、泊松比											Δ	○	○	○
	标准贯入试验锤击数											○			
物理性质	围岩弹性波速度			○				○							
	超声波速度													○	
	密度													○	
	粒径分布													○	
	液限、塑限													○	
	含水比													○	
矿物化学性质	黏土矿物													○	
	浸水崩解度													○	
	吸水率、膨胀率													○	

注:表中○为必测项目;Δ为选测项目。

(1)地层、岩石分布、岩层走向、倾角;

(2)固结程度、风化及变质程度、软硬程度;

(3)裂隙方向及频率、充填物及性质;

(4)断层位置及走向、倾角、破碎程度;

(5)涌水位置及涌水量;

(6)坍塌位置及形态。

3.2.6 为把地质调查结果用于工程规划、设计、施工，有必要对条文中所列各项进行工程评价。对开挖工作面围岩的自稳性、突然涌水，会产生偏压的地形、洞口附近的边坡崩塌、滑坡及对相邻结构的影响、膨胀性围岩等的评价是很重要的。这些围岩条件，一般来说，用围岩级别或物性值等准确地表达是很困难的，不得不依靠以往的经验、资料、实例进行定性判定。

在进行隧道设计时，有时需设定围岩的工程模式、初始地应力场等，采用理论分析法和数值分析法来分析围岩的动态和稳定性。

与喷锚衬砌或喷锚支护设计、施工有密切关系的围岩评价应着重阐明本条文所示的围岩的状态，其中隧道自稳性和土压特性是最重要的。

现将 Z. T. Bienawski 经过实例分析绘出的坑道自稳时间，列于说明表 3.2.6—1，供参考。

说明表 3.2.6—1 坑道自稳时间实例

项 目	Ⅰ	Ⅱ	Ⅲ	Ⅳ	Ⅴ
无支护长度(m)	15	8	5	2.5	1
平均自稳时间	10 年	6 个月	7 d	10 h	20 min
岩体的内聚力(MPa)	≥0.4	0.3～0.4	0.2～0.3	0.1～0.2	<0.1
岩体的内摩擦角	≥45°	35°～45°	25°～35°	15°～25°	<15°

将坑道开挖后的围岩实际力学动态，按地压的显现形式进行分类，显然是与坑道破坏形态有关的。

坑道开挖后通常出现三种破坏形式：

(1)局部崩塌：主要是由地质构造上的原因造成的，如在规则裂隙岩体中，当隧道方向与裂隙产状呈不利组合时；

(2)拱形崩塌：主要是在硬岩或中硬岩，或土砂中，由于开挖后的应力超过岩石强度而造成的脆性破坏，即属于强度破坏之例；

(3)变形持续增大：主要在软岩及膨胀性或挤入性岩体中，由于无破坏迹象的变形持续不断地增大，或变形过度所造成。

拱形崩塌显现的主要形式是松散压力，而变形持续增大则主要是塑性压力。因此，这种破坏形态就成为目前岩体分类的实践基础。显而易见，除局部崩塌主要与岩体的构造有关外，在后两种情况下，则主要与岩体的初应力场及岩体的物理力学性质有关。

在定性评价时，可参考说明表 3.2.6—2 加以判定。

说明表 3.2.6—2 坑道自稳与计算模式间的定性关系

坑道破坏形态	压力显现形式	岩体形态	产生破坏的基本原因	岩体的力学动态
局部崩塌	局部掉块或无压力显现	硬岩、完整	地质构造	弹性的或刚体平衡
拱形崩塌	松弛压力为主	硬岩、中硬岩有裂隙及裂隙发育的土、砂	强度破坏	弹性的、弹塑性的、土中拱效应
变形的持续增大	塑性的、膨胀性的压力为主	软岩、黏性土、膨胀性、挤入性的	变形过度(考虑时间变量)	弹塑性的、黏弹塑性的

3.2.7 准确判定围岩级别是决策隧道设计、施工中各种问题的基础。本条规定围岩级别

的判定按设计和施工两个阶段进行,是基于施工阶段可根据已暴露的围岩地质条件,对设计阶段的预判进行修正,这才是最客观、可靠、可信的判定。

表3.2.7及附录A关于围岩分级的规定,根据岩石坚硬程度和岩体完整程度两个基本指标确定,而后按围岩初始地应力和地下水状态进行修正。条文要求判定围岩级别采用定性与定量相结合的方法,附录A所列施工阶段围岩级别判定卡,就是为了定量判定的需要拟订的。

3.3.1 地质条件对隧道位置的选择往往起决定性的作用。隧道位置应选择在岩性较好、稳定的地层中,将对施工和运营有利,亦可节约投资。对岩性差的地层、断层破碎带、含水层等工程地质、水文地质极为复杂的严重不良地质地段,应避免穿越,以免增加设计、施工和运营的困难,甚至影响隧道的性能和安全、发生意料不到的病害。若不能绕避而必须通过时,应有充分的理由,并应减短其穿越的长度,采取可靠的工程处理措施、以确保隧道施工及运营的安全。

3.3.2 越岭隧道所经,一般山峦起伏、地质陡峻、地质复杂,自然条件变化很大,其中分水岭垭口的高低,山梁的厚薄、山坡的陡缓以及垭口两面的沟台地势,主、支沟台地分布情况等,对构成越岭方案的越岭位置、隧道长度、展线条件三个密切相关的因素影响大。越岭方案的选择,以选择越岭垭口为重点,从而解决越岭垭口、隧道高程(长度),和两侧展线这三个既相互依存又互相制约的问题。一个大型的分水岭,往往有不少的垭口,可供越岭线路和隧道穿越进行比选,因而条文规定:"越岭线路的长隧道和特长隧道,应进行大面积的方案研究"。选择越岭垭口时,可由面到线,由线到点,由近而远,由低而高,寻找可能穿越的各个垭口进行研究;一般利用小比例尺的航测照片或地形图根据线路方向 和克服高程的不同要求及条件,进行大面积纸上选线,而后对这些方案进行同等的调查研究,特别是区域工程地质的调查、测绘,查清区域性构造与线路的关系,地质条件与隧道工程的关系;结合线路条件及施工水平,合理地确定隧道工期,充分注意到较长的隧道往往具有显著的技术经济价值和较好的运营条件,但常因工期控制而遇到困难,要正确处理好施工与运营的要求,近期与远期的利益,结合两端展线情况,对各方案作出评价,全面进行技术经济比选确定。

3.3.3 河谷地形由于受地质构造和水流冲刷等影响,往往出现地形和地质均较复杂的情况,特别是在山区河谷地区,往往河流弯曲、沟谷发育、支沟密布,河谷两岸常有对称或不对称的台地和陡峭的山坡,并常伴有崩塌、错落、岩堆、滑坡、泥石流、河岸冲刷等不良地质现象。河谷线路沿河傍山地段,常因地形、地质复杂等原因而采用隧道通过。成昆等线,河谷线路均占全线长度70%以上,利用隧道克服自然障碍,出现沿河傍山隧道很多;由于地形、地质复杂,选线不够注意,即使以隧道通过时,有时线路内靠不足,造成不少隧道出现洞壁过薄、偏压、浅埋、洞口深基础的明洞工程,水流冲刷危害以及穿越不良地质地段等现象,往往出现线路扭曲,隧道短而多,或桥隧相连,桥梁工程增长增高,支挡建筑物甚多,而一些塌方落石的威胁尚未能彻底消除。因此条文规定:"当线路以隧道通过时,线路宜向山侧内移"。

线路沿河傍山,不论是河流弯曲地段或较顺直地段,均常出现隧道群或桥隧群的情况;此时线路是靠里还是靠外,或截弯取直,是用长隧道还是隧道群或桥隧群,就很有比选价值。一般情况下应优先选用长隧道,这是因为:

(1)对危岩落石地段或陡坡地段,如以路基通过,往往工程不少,安全难保,不如采用隧道方案为优；

(2)沿河傍山地面，若线路靠外而行，结果出现桥、隧、支挡相连、隧道洞壁过薄、洞口常伴有深基础明洞或较大的河岸防护工程，路基难免出现病害，如线路靠里作隧道或增长隧道，减少桥梁、路基工程，可减少或避免上述弊病；

(3)以中长隧道或长隧道代替隧道群或桥隧群，工程集中单一，施工管理方便，并有利于运营安全；

(4)沿河傍山修建中长隧道或长隧道，易于设置辅助坑道(如横洞)，增加工作面，不致成为控制工期。

濒临水库地区的隧道，由于水库水位变化影响较大，且常易造成山体坍岸以及滑坡，因此必须充分注意，并采取可靠的工程措施，以确保隧道结构的运营安全。

3.3.4 对于具有放射性危害的隧道，其施工十分困难的，对人员和设备及运营环境的保护工作将使投资增加，并且效果难以保证，因此作出应绕避的原则规定。

3.3.5 隧道洞身和洞口是不可分割的整体，故在隧道位置选定时，理应包括洞身和洞口位置的选定。但由于洞身范围长，移动面宽，而洞口位置范围较小，有关工程集中，且常在线路转换方向的附近；故隧道定线时，如不充分注意，往往照顾了洞身位置的条件，而忽视了洞口位置的选择和对洞外有关工程的处理，结果给隧道设计和施工带来困难；如接建明洞、施工进洞困难，洞口有关工程严重干扰等现象，甚至造成不得不改线的情况。所以，在线路确定的情况下，把洞口位置和洞口建筑物设计得经济合理，固然必要；但在线路定线时就注意到洞口的安排则更为重要。

选定隧道的位置时，尚应考虑到辅助坑道和运营通风的设置条件和要求，使其互相协调，以免顾此失彼，造成施工困难或运营不便，甚至不得不重新定线。

3.3.6 对新建双线铁路，由于地形、地质、水文以及施工技术水平、安全、经济等的影响，当出现隧道时，会产生修建一座双线隧道抑或两座单线隧道，谁优谁劣的问题；在修建第二线时，也会出现将既有单线隧道扩建成一座双线隧道，抑或另建一座单线隧道的比较；由于这些问题牵涉的因素较多、涉及面广，不经比较，有时很难正确决定，故作条文规定。

根据实践的经验体会，在松软地层、不良地质地段或黄土地区修建隧道时，跨度大小对隧道工程的影响较其他地区更为显著，往往修建两座单线隧道较修建一座双线隧道较易于保证工程质量和施工安全，且工程费所增亦不多。

随着我国社会进步、经济繁荣与人民生活水平不断提高，以及我国隧道设计与施工技术的逐步发展与完善，隧道设计要求有"以人为本"的理念，对于特长隧道及其他有条件的长隧道，考虑到运营期间一旦发生事故，能有效防灾、救援且尽量控制损失，则选用两座单线隧道，相互间设置联络通道的方案应是最佳决策。

两相邻隧道间的最小净距，条文规定应按围岩地质条件、隧道断面尺寸及施工方法等因素确定，其目的系为保证隧道工程的安全。从理论上来说，两相邻隧道分别设置于围岩压力及施工相互无影响，或者其间岩柱具有足够的强度和稳定条件，不致危及两相邻隧道的施工及结构的安全，即认为是可行的。但由于影响两相邻隧道间距的因素很多，如围岩的地质条件、隧道断面尺寸、既有隧道衬砌情况、埋置深度、爆破用药量以及施工方法等，而这些因素的影响难以定量，并据以按计算来确定两相邻隧道的间距，因此，条文列出的按理论计算规定的两相邻隧道的间距，仅供参照选用。选用时还需根据经验，通过工程类比、分析确定。

当采用掘进机、盾构法开挖或遇塌方等情况，可根据经验酌情增减。

3.4.1 隧道的施工、运营、养护及改建等工作条件均不如洞外线路，尤其是在小半径曲线隧道、长隧道及反向曲线隧道，更为困难。事实上，内燃牵引的铁路曲线隧道的自然通风条件不如直线隧道，有害气体较难排出，对养护人员的身体健康和轨道的锈蚀污染都增加不利的影响。运营中为了保证隧道符合建筑限界的要求和正常的行车条件，需要经常检查线路平面和水平，曲线隧道也较直线隧道增加了维护作业量和难度。故从争取较好的通风条件，减少施工难度，改善维修养护人员和乘务员的工作环境及瞭望条件，简化洞内施工、养护作业并缩短作业时间，以及提高行车速度等方面来看，都是直线隧道优于曲线隧道。并且，根据运营经验，反向曲线的维修养护比同向曲线复杂，列车运行亦不如同向曲线平稳，当夹直线较短时，这些缺点就更显著，因此作出本条文规定。

3.4.2

(1)隧道内的坡型，应结合隧道所在地段的地形、地质、线路纵断面、牵引种类、隧道长度、施工条件、运营要求等具体情况，全面考虑设计为单面坡或人字坡。单面坡有利于紧坡地段争取高程和隧道的通风；人字坡有利于从隧道两端同时施工时的排水和出砟。位于紧坡地段的隧道，一般应设计为单面坡；紧坡地段的越岭隧道，宜设计为向自然纵坡陡的一侧为下坡的单面坡；一般隧道，为使自然通风有利，亦宜设计为单面坡，当长隧道或特长隧道内地下水发育，将给施工带来极大困难和线路高度损失影响不大的情况下，设计为人字坡往往较为有利。故条文规定："地下水发育的长隧道宜用人字坡"。

隧道纵向坡度，由于洞内排水需要，不宜过缓，考虑施工时在无排水沟的条件下能顺利排水，其自然坡度宜在5‰左右，而建成后其排水沟的最小坡度亦不宜小于2‰，故条文规定："不宜小于3‰"。在最冷月平均气温低于 -5 ℃的地区，地下水发育的隧道，为了减少冬季排水沟产生冻害，适当加大排水坡以增大流速是有利的，故条文作此规定。

(2)隧道内纵断面坡段的设计，必须满足行车安全和平稳的要求，并应考虑施工和养护的方便。当列车经过变坡点时要产生附加力及附加加速度，而隧道内如坡度变化甚多，将给施工及运营维修养护增加困难，故从行车平稳的要求和施工、养护的方便出发，隧道内坡段宜设计长些或不短于列车长度。

(3)为了缓和变坡点坡度的急剧变化，使列车通过变坡点时不脱轨、不脱钩和产生的附加加速度不超过允许的数值，当相邻坡度差大于一定限值时，需在变坡点处设置竖曲线。根据理论分析，竖曲线半径与行车速度及车辆转向架中心距及转向架中心至车钩中心距等有关，经计算在满足行车平稳和不脱钩的要求，竖曲线半径均较条文规定值为小，但为了改善行车条件，并结合考虑原有竖曲线标准的运营养护实际情况，故采用条文规定值，对于旅客列车设计行车速度为160 km/h 路段，考虑旅客舒适度，隧道内变坡点竖曲线半径给予适当提高，要求采用15 000 m。

缓和曲线范围内，外轨顶面高程一般以不大于2‰的超高递减坡度逐渐升高。在竖曲线范围内的轨顶将以一定的变化率圆顺变化，若两者重叠时，由于两者变化率不能协调，而在一定程度上外轨顶改变了竖曲线和缓和曲线在立面上的形状，如果做好理论要求的形状，则对养护工作要求较高，存在一定的困难，因而明确：竖曲线不应与缓和曲线重叠。

3.4.3 车站上的隧道，因线路坡度一般较缓，加之受站场作业限制，应采取必要的工程措施，以保证排水畅通。

3.4.4 本条路肩高程系依据国家现行《铁路工程水文勘测设计规范》(TB10017)第5.1.3条及第1.0.5条制定。

4.1.1～4.1.2 条文对按可靠度(概率极限状态法)和非可靠度(破损阶段法、容许应力法)方法进行设计时,结构上的作用(荷载)作出规定。

按照《铁路工程结构可靠度设计统一标准》(以下简称铁路统标)的规定,施加在结构上的集中力和分布力(直接作用),和引起结构外加变形和约束变化的原因(间接作用)统称为作用。施加在结构上直接作用也称为荷载。隧道结构上的作用按时间的变异性分为三类:

(1)永久作用——在设计基准期内量值不随时间变化或其变化与平均值相比可忽略的作用,如结构自重、围岩压力等;

(2)可变作用——在设计基准期内量值随时间变化,且其变化与平均值相比不可忽略的作用,如列车活载、渡槽流水压力等;

(3)偶然作用——在设计基准期内不一定出现,而一旦出现,其量值很大且持续时间很短的作用,如地震力。

结构的可靠度设计计算方法,是建立在统计分析的基础上的,而目前对上述各类作用的研究,如双线及三线隧道的围岩松散压力(永久作用)、公路铁路活载、施工荷载(可变作用)等,尚不够全面和深入,对于相应的结构设计计算,还需要采用以往的方法作为完善可靠度设计法前的过渡。因此本规范保留了原《铁路隧道设计规范》(TBJ 3—85)对荷载和结构计算的一些规定。表4.1.2实际上也反映了本规范与原隧规作用分类的差异,应用时可根据所采用的结构设计方法相应分类。

4.1.3 在确定隧道作用(荷载)时,应充分考虑对其的各项影响因素。例如:

(1)隧道所处的地形、地质条件:偏压或膨胀压力、或松散压力;

(2)隧道的埋置深度:深埋或浅埋;

(3)隧道的支护结构类型及工作条件:喷锚支护或模筑混凝土衬砌等;

(4)隧道施工方法:钻爆法开挖或明挖法,或掘进机开挖等。

这些因素对确定作用(荷载)的性质、大小及其分布皆有重大影响。

目前,由于作用(荷载)的不确定性,在多数情况下仍用工程类比法来计算。在施工中如发现与实际不符,应及时修正。对地质复杂的隧道及重点隧道,为了了解和掌握隧道作用(荷载)的性质、大小及分布,宜通过实地量测加以确认。

4.1.4 表4.1.4大致是按2.5倍塌方高度确定的,表中数据确定的前提是山体基本稳定,且无其他不良地质。当有不利于山体稳定的地质条件时,浅埋隧道覆盖厚度应适当加大。

4.1.5 根据偏压隧道的调查,大多数偏压隧道处于洞口段,属于地形浅埋偏压;在洞身段,偏压较少,且多属于地质构造偏压,本条文规定适用于前者。

在确定偏压隧道的作用时,应考虑地面坡、围岩级别及外侧围岩的覆盖厚度(t)。由于浅埋偏压隧道多属破碎、松散类围岩,故一般情况下,只在Ⅲ～Ⅴ级围岩中,当外侧覆盖厚度(t)小于或等于表4.1.5—1所列数值时,才考虑地形偏压。表4.1.5—2是根据调查和模型试验得来的。设计中对缺少统计资料项,亦可通过工程类比或经验设计值设计,或通过考虑坍落压力拱形成条件与作图法相结合确定。

为简化计,按最不利情况考虑,假定偏压(荷载)作用分布与地面坡一致,根据外覆土体的承载力检算，决定表4.1.5—2所列数据。

表4.1.5—2是根据调查和模型试验得来的，当偏压隧道外侧覆盖厚度小于或等于表4.1.5—2中值时，有可能出现外侧土坡失稳，因而在此情况下，要求在洞外山侧采取设置地面锚杆、抗滑桩或其他支护结构等措施。

本条文偏压衬砌设计所采用的垂直压力、水平压力计算方法列入本规范附录B。

4.1.6 表4.1.6所列数值是多年实践中普遍采用的经验设计数据。

4.2.1～4.2.2 铁路隧道结构的作用分项系数是根据有关基本变量的概率分布类型、统计参数和规定的目标可靠指标β_{nom}经过优化计算分析确定的。

条文规定在采用非可靠度设计法时，作用分项系数取1，是因为按可靠度理论修订规范的前期科研成果表明，各永久作用如深埋隧道松散荷载，偏压隧道围岩压力和明洞衬砌土压力等作用的标准值，与原隧规（TBJ 3—85）公式计算值相近或基本相同，可为非可靠度方法所采用。

作用的代表值还包括准永久值、频遇值和组合值等，对于可变作用需根据设计基准期确定其代表值，并且还应根据结构所处环境，确定作用组合。按现行《铁路工程结构可靠度设计统一标准》的要求，设计时应根据结构的不同状况和极限状态考虑作用的基本组合、长期组合、短期组合及偶然组合等。但由于铁路隧道结构一般情况下只存在永久作用，并且对可变作用的研究目前还存在一些问题和困难，因此条文规定采用可靠度设计法时，按给定的基本组合考虑。显然，今后对作用组合的研究是十分迫切的。

4.2.4 对于深埋隧道松散压力作用概率统计特征有如下研究结论：

（1）隧道塌方是岩体发生松散破坏的最直接表现。分析研究中建立了具1 046个样本的塌方数据库，将其按数理统计原理，进行塌方高度的概率参数统计，又用$K—S$检验法对分布概型优度拟合检验，得到最优分布概型为正态分布。

（2）按照数量统计，得出的塌方高度标准值较原《铁路隧道设计规范》（TBJ 3—85）给出的数值略高（土质除外），但变化趋势相同。

分析计算结果对照见说明表4.2.4。

说明表4.2.4　围岩六级分类分析计算对比值（单线）

分类（级）名称		各分类级别下的塌方高度（m）					
		Ⅰ	Ⅱ	Ⅲ	Ⅳ	Ⅴ	Ⅵ
本次研究的塌方高度统计标准值		0.58	1.59	2.68	3.98	8.53	11.36
本规范回归公式计算标准值		0.73	1.31	2.34	4.19	7.49	13.39
TBJ 3—96规范值	塌方高度值	0.45	0.90	1.80	3.60	7.20	14.40
	原围岩类别	Ⅵ	Ⅴ	Ⅳ	Ⅲ	Ⅱ	Ⅰ

据此回归，得到围岩垂直匀布作用为

$$q_k = \gamma_k \times h$$

$$h = 0.410\ 631 \times 1.784\ 09^S$$

式中 q_k——垂直匀布压力标准值（kN/m）；

γ_k——围岩重度标准值（kN/m^3）；

h——围岩塌方高度计算标准值（m）；

S——围岩级别，如Ⅲ级围岩即$S=3$。

4.2.6 回填土(石)侧压力的计算分两种情况,一为按无限土体计算,一为按有限土体计算。当地层无侧压力,开挖边坡稳定,其开挖边坡坡率陡于按有限土体计算得出的最大侧压力开挖坡率时,可根据实际开挖边坡,按有限土体计算其侧压力。反之,当开挖边坡坡率缓于或等于按有限土体计算得出的最大侧压力开挖坡率时,其侧压力应按无限土体计算。

4.2.7 关于土压力理论和计算,目前与实际情况还有一定的距离,但在没有更为成熟的计算理论和方法下,对于作用于洞门墙墙背上的主动土压力一般可按库仑理论计算。

洞门作用(土压力)按本规范附录 D 方法计算。附录 D 未包括的情形,可按有关技术手册办理。

4.2.8 有关冻胀力、灌注压力、地震力、列车活载及制动力、公路汽车荷载等可变作用及偶然作用的计算,基本与第 4.3 节相应条文一致,故规定可按第 4.3 节相应条文办理。

4.3.2～4.3.3 系沿用原隧规(TBJ 3—85)的规定。

4.3.4 系沿用原隧规(TB 10003—99)附录 B 的规定,给出"附录 E 浅埋隧道荷载计算"。浅埋隧道的定义可按第 4.1.4 条规定办理。

4.3.5～4.3.7 偏压隧道、明洞结构和洞门结构的围岩压力或土压力的计算方法,仍采用原隧规(TBJ 3—85)的办法。本规范附录 C、D 中所列公式经试验验证与 TBJ 3—85 基本一致,故予以采用。洞门结构当采用破损阶段和容许应力法设计时,土压力计算按《铁路工程设计技术手册·隧道》中相应公式办理。

4.3.8 设计山岭铁路隧道建筑物时,一般不需考虑铁路列车活载,只有隧道结构构件承受列车活载时(如上方有铁路通过的明洞、深基础明洞的外墙、无砟道床、中心水沟盖板等),才应按"中华人民共和国铁路标准活载"计算,详见现行《铁路桥涵设计基本规范》的有关规定。

4.3.9 当隧道结构构件承受汽车活载时(如上方有道路通过的明洞等),应按《公路桥涵基本设计规范》或《城市道路桥涵设计规范》有关规定办理。

4.3.10 超静定结构(如拱式结构、刚架等)由于温度变化及混凝土收缩引起的变形将产生截面内力,如连续刚架式棚洞对温度变化及混凝土收缩均很敏感,以往设计曾考虑了这部分应力。

混凝土收缩的原因,主要是由于水泥浆凝结而产生,也包括了环境干燥所产生的干缩现象。

混凝土收缩有下列现象:

(1)随水灰比增长而增加;

(2)高等级水泥的收缩较大,采用外加剂时也会加大收缩;

(3)增加填充骨料可减少收缩,并随骨料的种类形状及颗粒组成的不同而异;

(4)收缩在凝结初期比较快,以后逐渐迟缓,但仍持续很长时间;

对于钢筋混凝土结构,当混凝土收缩时,钢筋承受力,阻碍了混凝土部分的收缩变形,并使混凝土承受拉力。

分段灌筑的混凝土结构和钢筋混凝土结构,因收缩已在合龙前部分完成,故对混凝土收缩段的影响可予酌减,拼装式结构也因同样理由可酌减。

研究混凝土收缩问题时,往往与混凝土徐变现象不易分开,混凝土收缩使构件本身产生应力,而这种应力长期存在而使混凝土发生徐变,此种徐变就限制或抵消了一部分收缩应力，混凝土的收缩系数一般可定为$(2\sim4)\times10^{-4}$之间，平均为3×10^{-4}，但这些数值是指实验室内的试件而言，而实际上随着构件体积的增大，表面模量（单位体积的表面面积）相对的减少，影响到表面的水分散发。另外还要考虑实际构件施工过程中已完成部分收缩，因此采用的收缩系数标准分别为0.0002和0.00015，而混凝土的线膨胀系数0.00001，相当于降低温度20 ℃和15 ℃。

超静定混凝土拱圈的温度应力及收缩应力，由于混凝土塑性变形的影响，其实际值远小于按弹性体计算所得的数值。

混凝土拱的塑性变形呈徐变的形式，混凝土收缩及气温的变化（指日平均气温变化），在拱内引起应力的过程是一种持续缓慢的过程，这样徐变效应将表现得更好，降低该两应力的效应也就更大，尤其对混凝土收缩应力在设计中应予考虑。影响混凝土徐变的因素很复杂，如组成混凝土成分的性质、数量及质量，结构物的加载龄期及所处的气候条件等，考虑到结构物施工及工作条件不同，加之我国幅员广大，气候条件相差悬殊，本条文规定按实际资料计算；考虑到缺乏具体资料时，按弹性体进行计算，近似地分别采用混凝土弹性模量的0.70倍和0.45倍，这是根据调查统计分析归纳的，也是偏于安全的。

铁路隧道衬砌，以往很少有计算温度应力及混凝土收缩应力的实例，但随着车站隧道衬砌向大跨度发展，对受气温影响显著的或截面厚度大的的衬砌结构，应注意温度变化及混凝土收缩的影响。

4.3.11 结构构件上的施工荷载，应根据实际情况确定。

4.3.14 隧道结构地震作用值按现行国家标准《铁路工程抗震设计规范》规定计算。

5.1.1

（1）根据国际标准（ISO3893）及现行《铁路混凝土强度检验评定标准》（TB 10425）的规定，混凝土标号的名称改为混凝土强度等级（以符号C表示），并对混凝土试件的标准尺寸，由原来的边长为20 cm立方体，改为边长为15 cm立方体。

混凝土强度等级由立方体抗压强度标准值确定，立方体抗压强度标准值是本规范混凝土各种力学指标的基本代表值。

（2）喷射混凝土强度等级是决定其力学性能和耐久性的重要指标，对支护结构的工作性能和使用效果关系重大。因此，本次修订根据《锚杆喷射混凝土支护技术规范》（GB 50086—2001）相关规定，确定隧道工程喷射混凝土强度等级不应低于C20，个别复杂地质、软弱、破碎地层地段，可选用C25、C30喷射混凝土支护。

（3）水泥砂浆的强度等级与现行国家标准《砌体结构设计规范》（GB 50003）相同。

（4）关于石材强度等级的确定，原采用边长为20 cm的立方体试块作为试验抗压强度的标准，由于石材抗压强度较高，一般压力试验机的测力范围较小，不易满足；现修改为边长7 cm的立方体试块作为标准，并调整了其他边长尺寸试块的强度换算系数，如说明表5.1.1。石材的强度等级以其标准试件的饱和含水极限抗压强度表示。

说明表5.1.1 石材强度等级的换算系数

立方体边长（cm）	20	15	10	7	5
换算系数	1.43	1.28	1.14	1	0.86

根据我国目前料源情况和修建隧道工程中的现状，对隧道工程常用的建筑材料提出可采用混凝土、钢筋混凝土、喷射混凝土和块石砌体等。具体应用时，应本着保证结构需

要，因地制宜，就地取材的原则来考虑。

对于原规范中 Q235、20MnSi 钢筋的符号，考虑到现行国家标准《混凝土结构设计规范》(GB 50010—2002)已分别改为 HPB235、HRB335，为协调一致，本次作了修改。

HRB400 钢筋即新Ⅲ级螺纹钢筋，与普通Ⅱ级螺纹钢筋相比，具有强度高、延性好的优点。为推进 HRB400 钢在铁路隧道工程中的应用，将 HRB400 钢种纳入本条文。

隧道结构钢筋级别一般由强度计算、裂缝宽度验算并经经济比较后选用，当强度控制时，宜优先采用 HRB400 钢，而由裂缝宽度验算控制时，HRB400 钢强度虽高，但并不能减少钢筋用量或减薄断面厚度，因此较多采用 HRB335 钢。同时，鉴于目前未取得 HRB400 钢的焊接、疲劳等相关试验结果，HRB400 钢暂不用于承受疲劳荷载的地下立交隧道结构设计。

5.1.2 据清华大学陈肇元院士研究及我国铁路隧道工程实践的总结，发现我国目前混凝土结构劣化十分严重，我国土建结构工程的安全性与耐久性设计标准一直偏低，对混凝土耐久性起关键作用的施工质量又最为薄弱，使混凝土并不像当初想象的那么坚固耐久；20 世纪 70 年代起，混凝土耐久性问题大量出现；结构腐蚀给国家带来巨大经济损失。可持续发展及铁路跨越式发展均迫切需要提高混凝土结构的安全性与耐久性。根据铁道部铁建设〔2003〕76 号文精神，本次修订隧道衬砌混凝土的强度等级要求不得低于 C25，就是基于提高混凝土的耐久性并考虑到目前基本材料性能的提高及施工操作实际情况提出的。

考虑洞门端墙为露天承重结构，混凝土的强度等级均采用 C20；钢筋混凝土的强度等级均选用 C25；若采用砌体时考虑到施工质量和结构强度与耐久性问题，选用 M10 水泥砂浆砌块石或 C20 片石混凝土。洞口段挡、翼墙混凝土的强度等级均选用 C20；钢筋混凝土的强度等级均选用 C25；若采用砌体时选用 M10 水泥砂浆砌块石。

对于洞口侧沟、截水沟及护坡，当用砌体时，考虑到结构强度与耐久性，要求水泥砂浆强度等级不低于 M10。

关于严寒地区洞门材料的要求水泥砂浆强度提高一级的规定，主要是考虑严寒地区气温低，昼夜温差大，经常与冰雪接触，受冰冻膨胀等特点，为了提高衬砌抗渗、抗冻性能，其建筑材料应具有较高的抗拉强度和早期强度。

5.1.3

(1)“选用的建筑材料应符合结构强度和耐久性的要求”是指在任何情况下使用的建筑材料必须具备的基本条件。当隧道修建于特殊地区或特定场合时，如严寒地区、煤系地层、含盐地层和地下水有侵蚀性等，其所选用的材料，尚应具有适应于这些特殊条件要求的性能，故条文规定：“同时满足其抗冻、抗渗和抗侵蚀的需要”。为提高混凝土结构的安全性与耐久性，条文中提出“所用混凝土宜选用低水化热、低 C_3A 含量、偏低含碱量水泥以及矿物掺和料、引气剂等，使混凝土有良好的抗侵入性、体积稳定性和抗裂性。”设计时可通过控制混凝土材料常规指标、组成和保护层厚度，如强度等级、水胶比、胶凝材用量，必要时提出混凝土材料的耐久性指标：如抗冻等级、扩散系数、渗透系数等，以提高混凝土结构的耐久性。

(2)在有侵蚀性地下水的围岩中修建隧道，若对此忽视或处理不够完美时，衬砌混凝土会被腐蚀，严重影响衬砌的强度和安全，需要事后补救。故条文强调有侵蚀性水时，隧道衬砌的混凝土或砂浆应具有抗侵蚀性能。

含有侵蚀性水对混凝土损坏的原因，系由于混凝土材料中的某些成分被水所溶蚀，某些成分与水中的酸、碱、盐等起化学作用或生成有害物质，而导致结构的破坏。水中含有侵蚀物质种类较多，对混凝土侵蚀的性质也各不相同，而且水对混凝土的侵蚀作用是一项复杂的物理化学反应过程，环境水的侵蚀特征是决定抗侵蚀措施的关键。故条文提出："其抗侵蚀性能的要求应视水的侵蚀性特征确定"。

(3)在寒冷及严寒地区的隧道衬砌经常与冰冻接触，当气温低、昼夜温差大，在冻融循环作用下，其表面剥蚀现象比一般地区严重。一般说来，整体式混凝土衬砌的抗冻、抗渗性能比较高，故条文提出："最冷月平均气温低于－15 ℃的地区及受冻害影响的隧道，宜采用整体式混凝土衬砌"。为了提高砌体和混凝土的强度，增强其抗冻、抗渗性能，以加强其抗侵蚀性和满足衬砌结构的耐久性要求，条文因而规定："混凝土强度等级应适当提高"。

5.1.4 根据铁建设〔2003〕76号文的相关规定，隧道混凝土的碱含量应符合现行《铁路混凝土工程预防碱—骨料反应技术条件》(TB/T 3054)的规定。

(1)为了保证混凝土的质量，故对骨料条文规定"进行碱活性检验"。

(2)用于砌体的石料，应符合砌体材料的基本要求。石料强度等级是体现石料质量的重要标志，并可相应反映出石料的其他性能，如强度低的多表现为易风化，耐久性差些，耐冻、耐渗性能要弱些。为保证砌体的质量，条文规定片石和块石强度等级不应低于MU40，并强调："有裂缝和易风化的石材不应采用"。

5.1.5 关于喷锚支护的材料说明如下：

(1)喷射混凝土优先选用普通硅酸盐水泥，是因为它含有较多的C_3A和C_3S，凝结时间较快，特别是与速凝剂有良好的相容性，细骨料采用中粗砂及细度模数大于2.5的规定，不仅是为了有足够的水泥包裹细骨料，有利于获得足够的混凝土强度，同时可减少粉尘和硬化后混凝土的收缩。砂的含水率控制在"5%～7%"，主要是为了减少具有活性的水泥颗粒的损失，减少粉尘，也有利于水泥的充分水化。关于粗骨料粒径，目前国内的喷射机可使用最大粒径为25 mm，但为了减少回弹和管路堵塞，故条文规定不大于16 mm。

(2)锚杆杆体的材料，按国家标准《钢筋混凝土用热轧带肋钢筋》采用HRB335(20MnSi)或HPB235(Q235)钢筋，杆体直径宜为18～32 mm，最大杆体直径由原规范22 mm改为32 mm，主要是考虑目前隧道施工过程中尤其在高地应力、大变形地段、软弱围岩段，大量应用直径较大的新型锚杆，取得了较好的加固效果，同时与现行《锚杆喷射混凝土支护技术规范》相一致。如ϕ22普通砂浆锚杆，除考虑杆体强度要求外，钻孔眼一般为ϕ42mm，以便于注入必要的砂浆。

(3)早强水泥砂浆，如采用硫铝酸盐水泥作胶结料，并在砂浆中掺入一定比例的早强剂，砂浆灌筑后2～8 h内，锚杆抗拔力可大于5 t。

(4)钢筋网的钢筋不宜太粗，否则易使喷层产生裂纹，故采用钢筋直径不大于12 mm。

根据锚杆受力特征，钢质锚杆杆体宜选用HRB400钢更显经济合理，根据受力计算也可选用HRB335，根据GB 1499.1—2008《钢筋混凝土用钢第1部分：热轧光圆钢筋》、GB 1499.2—2007《钢筋混凝土用钢第2部分：热轧带肋钢筋》可知：HRB335、HRB400钢筋的断裂延伸率分别为16%、17%，故要求锚杆杆体断裂延伸率不小于16%；垫板不是钢筋而是钢材，经调研，一般垫板材质采用Q235钢。

5.1.6 为了改善模筑混凝土和喷射混凝土的性能，以适应工程需要，在混凝土中加入有关外加剂是当前一种不可缺少的重要手段。目前各种外加剂还在不断改进、不断创新，因此条文未规定具体产品型号，但采用时应满足条文提出的普遍要求，即使采用一种外加剂能满足某一特殊需要，也不能对混凝土原有性能产生不良影响。选用外加剂时，首先选用经过鉴定的产品，并结合工程实际，在使用前进行相应试验，找出合理组合及其掺量。

5.1.7 根据《钢纤维混凝土结构设计与施工规程》，并结合相关材料发展情况而定。由于钢纤维表面光滑，喷射钢纤维混凝土的破坏，通常都是纤维从混凝土中被拔出，要使喷射钢纤维混凝土性能更加增强，需提高混凝土与纤维间的握裹力，钢纤维可加工成麻花形，并采用矩形断面。

钢纤维的长度和掺量主要是由喷射混凝土的施工工艺决定。实践表明，纤维长度大于25 mm，掺量超过干混合料重量6%时，搅拌的均匀性和喷射施工就要发生困难。主要表现为在搅拌时纤维容易绞结在喷射机中。因此，钢纤维长度不宜超过25 mm，掺量不宜大于干混合料重量6%。

5.1.8 用钢筋组焊成的格栅钢架是近年来吸取国外经验而使用的一种新型钢架，它与往常使用的钢轨、型钢、钢管等组成的钢架相比，有受力好、质量轻、刚度可调节、省钢材、易制造、易安装等优点，应大力推广使用。

5.2.1～5.2.2 混凝土试块强度的总体分布一般属正态分布（见说明图5.2.1）。其强度等级取保证率为95%的下分位值，即取混凝土抗压极限强度（试块）的总体分布的平均值减去1.645倍标准差，故材料强度标准值f_{ck}可由下式求得：

$$f_{ck}=f_{cm}(1-k\delta)$$

式中　δ——变异系数；

k——保证率为95%，系数$k=1.645$。

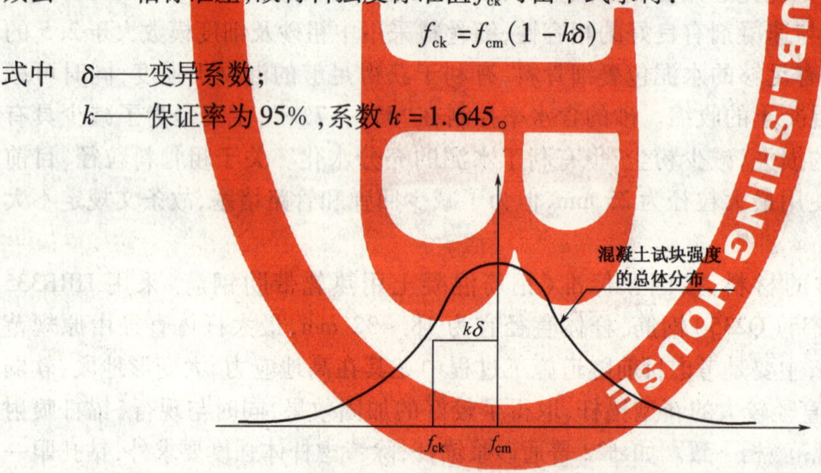

说明图　5.2.1

华东交通大学和有关单位曾对铁路所属混凝土成品厂、各工程局和各铁路局施工部门进行了混凝土静载强度的调查工作，先后共取得各种强度等级的混凝土试样的静载抗压强度数据共39 805个，并进行了统计分析，得出各种等级混凝土的概率分布及参数。此外，还进行了混凝土静载力学性能如轴心抗压强度、劈裂抗拉强度，弹性模量的试验分析，以便为这些力学性能标准值的制订提供依据。

根据调查资料，经离差分析，剔除部分数据后得出的综合统计参数与建工系统的对照见说明表5.2.1—1。

说明表 5.2.1—1 混凝土统计参数

混凝土强度等级	铁路系统		公路系统	
	标准差 S	变异系数 δ	标准差 S	变异系数 δ
C60	5.53	0.08	7.16	0.10
C55	5.81	0.09		
C50	5.98	0.10	6.72	0.11
C45	6.04	0.11		
C40	5.98	0.12	5.98	0.12
C35	5.79	0.13	5.79	0.13
C25	5.43	0.16	5.43	0.16
C20	5.11	0.18	5.11	0.18
C15	4.81	0.21	4.81	0.21

铁路工程用混凝土，就其强度而言，在 C40 以下，其统计参数（包括试块强度均值、变异系数）与建工系统相同，而在 C45 以上，则明显比建工系统好，这反映了铁路工程中 C45 以上的混凝土由于大多为厂制，混凝土制作的质量控制较严之故。

（1）混凝土轴心抗压强度标准值

混凝土棱柱体抗压强度标准值与边长为 150 mm 立方体抗压强度标准值关系式为

$$f_{ck} = K_c f_{cu,k} \quad \text{（说明 5.2.1—1）}$$

式中 f_{ck}——混凝土棱柱体抗压强度标准值，按下式表达：

$$f_{ck} = \bar{f}_{c,15}(1 - 1.645\delta_{fc,15}) \quad \text{（说明 5.2.1—2）}$$

$\bar{f}_{c,15}$，$\delta_{fc,15}$——混凝土轴心抗压强度 f_{c15} 的平均值和变异系数；

$f_{cu,k}$——混凝土立方体抗压强度标准值（试件尺寸为 150 mm×150 mm×150 mm），

$$f_{cu,k} = \bar{f}_{cu,15}(1 - 1.645\delta_{fcu,15}) \quad \text{（说明 5.2.1—3）}$$

$\bar{f}_{cu,15}$，$\delta_{fcu,15}$——混凝土立方体抗压强度的平均值和变异系数。

假定混凝土轴心抗压强度的变异系数与立方体抗压强度的变异系数相等，即 $\delta_{fc,15} = \delta_{fcu,15}$，故混凝土棱柱强度换算系数 $K_c = \dfrac{f_{c,15}}{f_{cu,15}}$，$K_c$ 值的试验资料比较离散，通常可取为 0.67，故 $f_{ck} = 0.67f_{cu,k}$，考虑到结构中混凝土结构或构件的强度标准值 $f_{ck} = 0.88f'_{ck} \approx 0.67f_{cu,k}$。为说明情况，将本规范的取值与国内外主要规范的取值列于说明表 5.2.1—2，以资比较。

说明表 5.2.1—2 混凝土轴心抗压强度标准值 f_{ck}（MPa）比较表

轴心抗压强度标准值 f_{ck}	混凝土强度等级									
	C15	C20	C25	C30	C35	C40	C45	C50	C55	C60
本规范采用值	10	13.5	17	20	23.5	27	30	33.5	37	40
CEB—FIP 规范推荐值	12	16	20	24	28	32	36	40	45	50
GB 50010—2002 规范换算值	10	13.5	17	20	23.5	27	29.5	32	34	36
TBJ 3—85（隧规）值	10.5	14	17.5	21	24.5	28	31.5	35	38.5	42
SDJ 20—78（水工规范）值	10.5	14	17.5	21		26		35		42

注：GB 50010—2002 规范换算值中考虑了结构构件强度换算系数 0.88，为便于比较，此表中的数值为该规范的 f_{ck}/0.88。

从说明表 5.2.1—2 可得出，我们与建工系统（GB 50010—2002）C40 以下，两者的 f_{ck}

值是基本相同的，C40 以上，则我们的大，这是因为 GB 50010—2002 规范考虑到高强度混凝土的脆性破坏等特征和高强度混凝土施工实践经验不足，对 C45 ~ C60 分别乘以 0.975、0.95、0.925 和 0.9 的折减系数，本规范未乘上述折减系数，主要考虑到就铁路工程来说，高等级混凝土多为工厂生产，质量控制较严，且已有相当的工程经验，没有必要予以折减，至于高强度混凝土的脆性破坏问题，应该在结构计算中给予考虑，不宜在混凝土强度标准值中乘以折减系数。

（2）混凝土轴心抗拉强度标准值

混凝土轴心抗拉强度 f_{ct} 应以载面 150 mm × 150 mm 的棱柱体或截面 ϕ150 mm 的圆柱体的直接抗拉强度为准。考虑到直接抗拉试验比较复杂，我国目前仅制定了混凝土劈裂抗拉强度的标准试验方法。因此，我国大部分混凝土轴心抗拉强度的试验资料是通过劈裂抗拉强度换算而得；参考 CEB—FIP 模式规范的建议，混凝土劈裂抗拉强度 $f_{ct,sp}$ 与混凝土抗拉强度 f_{ct} 的关系，可用下式表达：

$$f_{ct} = 0.9 f_{ct,sp}$$

一般认为，混凝土轴心抗拉强度 f_{ct} 与混凝土棱柱体抗拉强度 $f_{ct,15}$ 的 $(f_{ct,15})^{2/3}$ 呈线性比例关系，即

$$K_{ct} = f_{ct} / (f_{ct,15})^{2/3}$$

式中　K_{ct}——混凝土轴心抗拉强度与混凝土棱柱体抗拉强度 $(f_{ct,15})^{2/3}$ 的比值。

根据华东交通大学、原上海铁道大学、铁道科学研究院和其他一些单位的资料，偏安全地取 $K_{ct} = 0.26 (f_{ct,15})^{2/3}$。

假定混凝土轴心抗拉强度 f_{ct} 的变异系数 $\delta_{fct} = 0.12$，则混凝土轴心抗拉强度的标准值为 $f_{ctk} = \bar{f}_{ct,15}(1 - 1.645\delta_{fct}) = \bar{f}_{ct,15}(1 - 1.645 \times 0.12) \approx 0.8\bar{f}_{ct,15}$，故 $f_{ct,15} = f_{ctk}/0.8$，则有

$$f_{ct} = 0.26\left(\frac{f_{ctk}}{0.8}\right)^{2/3} \approx 0.30 f_{ctk}^{2/3}$$，这就是规范表 5.2.1 中之 f_{ctk} 值。

兹将本规范的取值与国内外规范的取得的比较列于说明表 5.2.1—3 中。

说明表 5.2.1—3　混凝土轴心抗拉强度标准值 f_{ctk}（MPa）比较表

轴心抗拉强度标准值 f_{ctk}		混凝土强度等级									
		C15	C20	C25	C30	C35	C40	C45	C50	C55	C60
本规范采用值		1.4	1.7	2.0	2.2	2.5	2.7	2.9	3.1	3.3	3.5
CEB—FIP 模式规范（1990）	$f_{ctk,m}$	1.6	1.9	2.2	2.5	2.8	3.0	3.3	3.5	3.8	4.1
	$f_{ctk,min}$	1.1	1.3	1.5	1.7	1.8	2.0	2.2	2.3	2.5	2.7
	$f_{ctk,max}$	2.1	2.5	2.9	3.3	3.7	4.0	4.4	4.7	5.1	5.4
GB 50010—2002 规范值		1.36	1.7	1.99	2.27	2.56	2.78	2.95	3.12	3.24	3.35
TBJ 3—85（隧规）值		1.3	1.6	1.9	2.1	2.4	2.6	2.8	3.0	3.2	3.4
SDJ 20—78（水工规范）值		1.3	1.75	1.9	2.1		2.55		3.0		3.4

（3）混凝土轴心抗压强度设计值

在对现有隧道标准设计进行可靠指标标准分析结果的基础上，考虑到原规范的设计安全系数以及综合作用分项系数等综合分析结果，混凝土的材料分项系数，根据混凝土构件的目标可靠指标取 $\gamma_c = 1.35$，故 $f_{cd} = \frac{f_{ck}}{1.35}$，由此得出规范中说明表 5.2.1—2 之值，与国内外规范值比较见说明表 5.2.2—1。

说明表 5.2.2—1　混凝土轴心抗压强度设计值 f_{ctd}（MPa）比较表

轴心抗压强度设计值 f_{cd}	混凝土强度等级									
	C15	C20	C25	C30	C35	C40	C45	C50	C55	C60
本规范采用值	7.5	10	12.5	15	17.5	20	22.5	25	27.5	30
GB 50010—2002 值	7.2	9.6	11.9	14.3	16.7	19.1	21.1	23.1	25.3	27.5
前苏联规范（CHиП2.05.03—84）值		10.5	13	15.5	17.5	20	22	25	27	30
CEP—FIP 模式规范（1990）*	8.0	10.7	13.3	16	18.7	21.3	24	26.7	30	33.3

注：* 采用的混凝土强度等级是以 ϕ15 cm×30 cm 的圆柱试件强度为准，表列数值已进行适当换算，以便比较。

从表中可看出，本规范的混凝土轴心抗压强度设计值与前苏联规范（CHиП2.05.03—84）十分接近，与我国国家标准《混凝土结构设计规范》（GB 50010—2002）比较，在 C15～C60 范围则由于 GB 50010—2002 对高强度混凝土的轴心抗压强度采用了 0.917～0.96 的折减系数，故本规范采用值大于 GB 50010—2002 规范值。

（4）混凝土轴心抗拉强度设计值

混凝土轴心抗拉强度的设计值 f_{ctd} 可按下式取值：

$$f_{ctd}=f_{ct}\times\exp(-\beta_{fct}\delta_{fct})$$

式中　β_{fct}——混凝土结构极限状态设计式中混凝土轴心抗拉强度的分项可靠指标。

根据对铁路工程结构极限状态设计式的分析，我们可以偏安全地将混凝土轴心抗拉强度的分项可靠指标取为 $\beta_{fct}=3.0$；关于变异系数，一般认为混凝土轴心抗拉强度（指结构中的强度）的变异性大于混凝土轴心抗压强度的变异性。根据国外有关资料，混凝土轴心抗拉强度的变异系数，可取 $\delta_{fct}=0.2$，故 $f_{ctd}=f_{ct}\times0.5488$。

此外，考虑到结构构件的抗拉强度与试件强度之间的偏差类似于混凝土轴心抗压强度，取“结构构件换算系数”为 0.845，则结构构件的混凝土轴心抗拉强度 $f_{ct}=0.845\bar{f}_{ct}$。

综上所述，混凝土轴心抗拉强度设计值 $f_{ctd}=0.5488\times0.845\bar{f}_{ct}=0.464\bar{f}_{ct}$，而

$$f_{ct,k}=\bar{f}_{ct}(1-1.645\delta_{fct})=\bar{f}_{ct}(1-1.645\times0.2)=0.671\bar{f}_{ct}$$

则混凝土的抗拉强度 f_{ct} 的材料分项系数 γ_{ct} 可用下式表达：

$$\gamma_{ct}=\bar{f}_{ct,k}/f_{ctd}=0.671\bar{f}_{ct}/(0.464\bar{f}_{ct})=1.446$$

考虑到混凝土的抗拉强度较抗压强度的离散性要大，为偏于安全起见，混凝土抗拉强度的材料分项系数 γ_{ct} 取为 1.5，则可得规范中表 5.2.2 之值。混凝土轴心抗拉强度设计值与各规范的比较见说明表 5.2.2—2。

说明表 5.2.2—2　混凝土轴心抗拉强度设计值 f_{ctd}（MPa）比较表

轴心抗拉强度设计值 f_{ctd}	混凝土强度等级									
	C15	C20	C25	C30	C35	C40	C45	C50	C55	C60
本规范采用值	0.93	1.13	1.33	1.47	1.67	1.80	1.93	2.07	2.20	2.33
GB 50010—2002 规范值	0.91	1.1	1.27	1.43	1.57	1.71	1.80	1.89	1.96	2.04
前苏联规范（CHиП2.05.03—84）值	*	0.85	0.95	1.1	1.15	1.25	1.3	1.4	1.45	1.5
	**	1.4	1.6	1.8	1.95	2.1	2.2	2.3	2.4	2.5
CEB—FIP 模式规范（1990）*	0.59	0.71	0.82	0.94	1.06	1.18	1.24	1.35	1.47	1.59

注：　* 此行数值为按第一种极限状态（强度和稳定性的计算）计算时的采用值；
　　** 此行数值为按第二种极限状态（抗裂性与挠度的计算）计算时的采用值。

5.2.3　混凝土的弹性模量定义为在应力—应变图原点处的切线模量，它近似等于快速卸载时曲线的割线的斜率，用不包括初始塑性应变。过去的规范，混凝土的静压弹性模量常采用割线弹性模量来表达。此次改变是向 CEB—FIP 模式规范（1990）靠拢。在 CEB—FIP 中对混凝土受压弹性模量列有两个参数，即 E_c（系切线弹性模量）和 E_{cs}（称折减弹性模量），其中 E_c 用于按变形协调条件进行结构分析，而 E_{cs}则用于弹性分析，以考虑初始塑性应变，本规范仅取 E_c。

混凝土静压弹性模量是以混凝土棱柱体（圆柱体）试件的试验结果为准，一般为混凝土受压弹性模量与混凝土轴心抗压强度的 $f^{1/3}$ 呈线性比例关系，即

$$E_c' = k_E'(f_{c,15})^{1/3}$$

式中　E_c' ——混凝土割线弹性模量；

k_E' ——混凝土割线弹性模量 E_c' 与轴心抗压强度的 $(f_{c,15})^{1/3}$ 比值。

根据华东交通大学、原上海铁道大学、铁道科学研究院和其他一些单位混凝土弹性模量的试验资料分析 k_E' 离散性很大，而且其试验结果均为割线弹性模量面非切线弹性模量；因此，在制定新的混凝土弹性模量标准值时，只能参考。故参照 CEB—FIP 模式规范（1990）中推荐的公式来拟定混凝土弹性模量标准值：

$$E_c = 10^4(f_{cm})^{1/3}$$

根据本研究课题的调查统计，各种强度等级的混凝土轴心抗压强度平均值 f_{cm} 如说明表 5.2.3 所列。

说明表 5.2.3　混凝土棱柱体抗压强度平均值 f_{cm}（MPa）

混凝土轴心抗压强度平均值	C15	C20	C25	C30	C35	C40	C45	C50	C55	C60
f_{cm}	17.4	21.6	25.8	29.6	33.8	37.9	41.8	45.5	49.1	52.5

据上表数值及上述表达式可得本规范中表 5.2.3 的 E_c 值。

混凝土弹性应变的泊松比 ν_c 及剪变弹性模量 G_c 系参照 1990 年的 CEB—FIP 模式规范及原隧规（TBJ 3—85）确定。

5.2.4　喷射混凝土的强度及弹性模量来源于现行国家标准《锚杆喷射混凝土支护技术规范》（GB 50086—2001）中第 4.3.1～4.3.2 条及条文说明。

5.2.5　钢筋强度标准值的确定，对有明显物理流限的热轧钢筋，采用国家标准规定的屈服点；对无明显物理流限的钢筋，则采用国家标准规定的极限抗拉强度，所有标准值均具有不小于 95% 的保证率。

根据《钢筋混凝土用热轧带肋钢筋》的规定，并经过试验研究，认为月牙肋的 HRB335（20MnSi）钢筋在焊接性能上，可以代替原规范采用的 20MnSi 钢筋。但为保证钢筋的焊接强度，其化学成分 $\left(C+\frac{Mn}{6}\right)$ 应小于等于 0.5%，供使用参考。

钢筋的强度设计值的确定，同样采用结构可靠指标分析及结合工程经验校准，经综合分析后确定。

本规范对钢筋强度的设计值取整，对热轧Ⅰ、Ⅱ级钢筋（HPB235（Q235）、HRB335（20MnSi））的材料分项系数 γ_s 取值 1.25。

5.2.6　本条钢筋的弹性模量值系根据国家标准《混凝土结构设计规范》（GB 50010—2002）规定。

5.2.7~5.2.8 条文是根据国家标准《砌体结构设计规范》(GB 50003—2001)结合铁路工程情况改编的,砌体的块体和砌筑砂浆,按材料力学性质划分为若干强度等级,强度等级的数值,基本上与原来的"标号"数值相对应,但换算为法定计量单位"兆帕(MPa)或(N/mm^2)",并取整数表示(个别强度等级保留了一位小数)。其次,根据工程实践经验,对某些材料强度等级规定作了适当的调整。

本规范未对混凝土砌体的材料性能作规定,在使用时其强度等级应不低于砌体块体的最小等级 MU40。

说明表 5.2.8 沿砌体灰缝截面破坏时的轴心抗拉弯曲抗拉和抗剪强度设计值(MPa)

序号	强度种类	破坏特征及砌体种类	砂浆强度等级			
			M15	M10	M7.5	M5
1	轴心抗拉	沿齿缝	0.11	0.10	0.08	0.06
2	弯曲抗拉	沿齿缝	0.17	0.16	0.13	0.10
		沿通缝	0.08	0.07	0.05	0.04
3		抗　　剪	0.25	0.23	0.20	0.16

有关砌体性能的说明请参见《砌体结构设计规范》。

对于龄期为 28 d 的以毛截面计算的各类砌体的轴心抗拉、弯曲抗拉和抗剪强度设计值在缺少实测资料时,可按说明表 5.2.8 采用。

5.3.3 混凝土的弹性模量是根据混凝土受压时的应力—应变图确定的。因混凝土为弹塑性材料,其压缩变形不服从虎克定律,弹性模量并非常数,应力—应变图为曲线,规范中的弹性模量为应力—应变曲线上应力为 $0.43f_u$ 点的割线模量(f_u 为混凝土抗压强度极限值);其次,根据《铁路工程结构可靠度设计统一标准》的规定,弹性模量的标准值取其概率分布的 0.5 的分位值;本条弹性模量的取得是根据以上原则,并通过与强度设计值的换算而确定的,其取值水平基本上与原规范的水平相当,结果与表 5.2.3 接近,故采用。

5.3.4、5.3.5 条文引自原隧规(TBJ 3—85),此处性能参数未作调整。

5.3.6 喷射混凝土的极限强度,系参照《混凝土结构设计规范》(GB 50010)及国家标准《锚杆喷射混凝土支护设计施工验收规范》的规定,考虑到喷射混凝土抗拉强度与抗压强度之比稍小于模筑混凝土,因而将抗拉极限强度适当降低。

喷射混凝土与岩石的黏结力与岩石强度有关,本条黏结力的规定,以保证结合的界面上能传递拉应力和剪应力,有利于两者共同工作。

喷射混凝土标准试件制作方法,一般采用大板切割法,若采用非标准方法,则应在本工程所用原材料、配合比、工艺技术和养护等条件相同的情况下,作对比试验求得。

5.3.7、5.3.8 条文引自原隧规(TBJ 3—85),其中由于本规范对砌块材料作了强度等级的划分规定,而原隧规与其没有对应关系,故此处砌体的性能参数未作调整。

5.3.9 对于石砌体中心及偏心受压的容许应力,本条文引自现行《铁路桥涵混凝土和砌体结构设计规范》(TB 10002.4—99)第 3.0.1~3.0.2 条,当有实测资料时,应以实测资料为准。

6.0.1 在选择隧道位置时,必须重视洞口位置的选择。洞口选择的不当会造成洞口塌方,长期不能进洞或病害整治工程大,不易根治而留隐患。洞口位置选择的基本要求是:地质条件好些,线路能够垂直或接近垂直地形等高线。

修建隧道合理地选择洞口位置，是保护环境和保证顺利施工、安全运营及节省工程造价的重要条件。近年来铁路建设，已重视了洞口位置的选择，但仍有不足之处，分析其原因，主要是对隧道洞口所处的地质条件一般较差，岩层破碎、松散、风化严重这一情况不够重视。洞口施工或路堑开挖时破坏了山体原有的平衡，极易产生坍塌、顺层滑动等现象，并且还存在洞口各部位与相关工程施工干扰、洞口弃渣处理不当，以及占用农田、影响居民生活等问题。

条文针对目前隧道洞口存在的问题，根据施工技术的进步和条件的改善的情况，提出了应根据地形、地质、水文、施工及运营条件和环境保护的要求综合分析，而贯彻“早进晚出”这一技术原则体现了这一精神，因此规定：“隧道宜早进洞晚出洞”。

(1)从目前的施工技术水平和条件来看，可以尽量做到不破坏原有的地表形态，因而规定洞口的设置“不宜扰动原有坡面”，但对整条铁路线的洞口，是不能避免的，因而要求此时“着重考虑边仰坡的稳定”。鉴于洞口出现的问题多为边坡、仰坡失稳坍塌，对环境造成破坏，并严重威胁施工安全、阻碍顺利施工，所以最大限度地降低边仰坡高度，控制暴露面范围是十分必要的，也是隧道工程设计及施工技术发展和国家环境保护政策、法规的要求。

隧道洞口边坡、仰坡的控制高度列于说明表 6.0.1。

说明表 6.0.1　选定洞口位置控制边仰坡高度

围岩分级	Ⅰ～Ⅱ			Ⅲ		Ⅳ			Ⅴ～Ⅵ	
边仰坡率	贴壁	1:0.3	1:0.5	1:0.5	1:0.75	1:0.75	1:1	1:1.25	1:1.25	1:1.5
高度(m)	<15	<20	25 左右	<20	25 左右	<15	<18	20 左右	<15	<18

(2)在不良地质地段，如遇有落石、坍塌、掉块威胁线路安全时，宜早进洞或加接明洞，还可以设柔性钢丝网防护，对于有些大型危石和集中落石区，根据具体情况分别采用清除、支顶、锚杆、锚索加固等措施处理，保证隧道安全运营。

如遇有泥石流地段，多采用隧道或明洞等方式绕避，洞顶若有冲沟通过则宜加接明洞作渡槽引渡。

经验证明，用明洞遮拦危石、支挡滑坡、引渡泥石流及水沟等，为线路通畅起到一定作用。

(3)在线路遇到沟渠时应慎重处理，当线路横沟进洞时，设置桥涵净空不宜过小，以免后患。当地形条件不适于设置桥涵时，结合地形、地质情况、水流大小，经过技术经济比较，并采取相应的工程措施：

① 扩大洞门墙顶水沟，将水引离隧道；

② 利用明洞洞顶作过水渡槽引接；

③ 洞顶水沟流量大，对隧道施工、运营不利时，应结合地形、地质条件，改沟排出。

洞口线路沿沟进洞时，往往地质条件差，地层压力大，极易产生塌方、滑移等病害，应尽量避开，当线路必须通过时，采取妥善的挡护措施并要认真作好防排水工作。

6.0.2　洞门的作用在于支撑隧道边仰坡、拦截仰坡面的少量剥落、掉块，并将仰坡的水引离隧道，以稳固洞口，保证洞口线路安全，故洞口应设置洞门。

洞门的结构形式应适应洞口地形、地质要求。当地形等高线与线路中线正交、围岩较差时，可采用翼墙式隧道门；岩层较好时可采用端墙式、柱式隧道门及斜切式洞门；当洞口地形等高线与线路中线斜交角度小于 45°，地面横坡较陡，一侧边仰坡刷方较高，有落石掉块威胁运营安全，而另侧又难于采用暗挖法施工者，可采用明洞；当洞口地形等高线与线路中线斜交角度大于或等于65°，地面横坡稍陡或一侧地形突出，可采用台阶式洞门；采用台阶式洞门可以提高一侧刷坡的起点，有的还可以争取不刷坡或减少仰坡的暴露面，以保证山体稳定。

洞口位于悬崖峭壁，仅有小量落石的地方，可设计悬臂式洞门；因地制宜设计洞门很重要，如曾设计了带八字墙的洞门；近年来在较松软地层，为了不刷仰坡，不坡坏山体原有平衡，设计了紧贴地形的斜切式洞门等。

当地形等高线与线路中线斜交角约在45°～65°之间，地面横坡较陡，地质条件较好（单线Ⅰ～Ⅲ级双线Ⅰ～Ⅱ级围岩），可采用斜交洞门。因斜交洞口地层压力和衬砌受力情况较为复杂，施工也比较麻烦，特别在Ⅲ～Ⅳ级围岩地层，情况就更为复杂。又因斜交洞门其端墙与线路中线的交角越小，对洞口段衬砌受力及施工均为不利，所以条文规定："在采用斜交洞门时，其端墙与线路中线的交角不应小于45°"。

6.0.3 条文对洞门结构构造作了三点规定：

（1）本款条文是根据实践经验，为防止洞顶土石坍落危及轨道和衬砌安全提出的要求。

（2）本款条文是为便于维修抽换轨枕而制定的。

（3）当洞口地形、地质、水文情况较差时，为防止端墙、翼墙、挡土墙基础不均匀沉陷而造成墙身开裂，需要对较长的洞门端墙、翼墙、挡土墙设沉降缝。为使墙后积水迅速排出，应在墙身处设置泄水孔。

6.0.4 这是因为通常洞口地形、地质比较复杂，有的半硬半软，有的全为松散堆积体所覆盖，有的地面倾斜陡峻，还有河岸冲刷，个别的还存在软弱面或滑动面等；为了保证洞口建筑物的安全稳定，基础必须置于稳固地基上，这不仅指加深基础，亦包括清除基底虚砟或采取加固措施等来达到基础稳固，除此，洞门墙基础及两侧应嵌入地面一定深度，以保证端墙的稳定，基础嵌入深度依地质条件而定，约为80～100 cm，端墙两侧约为30～50 cm。

在松软地基上设置基础，地基强度不够时，可结合具体条件采取扩大基础、桩基、压浆加固地基等措施。

冻胀性土壤的特点是：冻胀时土壤隆起，膨胀力大，而解冻时由于水溶作用，土壤变软又沉陷。容易造成建筑物断裂或破损。条文根据铁路工程一般设置基础的经验，要求基底设置于冻结线以下0.25 m。所谓冻结线即指当地最大的冻结深度。当冻结线较深时，为避免基础埋置过深，圬工过大及施工困难，可采取非冻结性的砂石材料换填，并作好隔水处理，也可用桩基及其他加固措施解决。一般岩石地基和碎石土层地基，可不考虑冻结深度的影响，而应清除表面风化层。当墙基砌筑在稳定坚硬的基本岩层的斜坡上，基础可切割成台阶形式。

6.0.5 为保证洞门工程质量和施工、运营安全而规定本条文。当洞口山坡局部土石失稳，或有危石时，采取清刷、支挡措施在施工前比较容易，也可保证施工安全，不留后患。洞口仰坡及边坡土石有剥落可能时，坡面应予防护，否则运营期间的养护维修工作量很大，当山坡陡峻或遇长大路堑、攀登不便的洞口，应根据不同地形及洞门形式，设置检查梯。长隧道及其他重要隧道应设巡守房屋等。

旅客列车行车速度160 km/h的铁路隧道，应视洞口环境如周围人居、建筑物、相关工程状况，结合旅客舒适度要求，考虑是否设缓冲结构。

旅客列车行车速度160 km/h的铁路隧道，其洞口段仍然存在隧路间刚柔路基过渡段的问题，应根据现行《铁路路基设计规范》(TB 10001)相关规定设计洞口段路基。

7.1.1　铁路隧道为永久性建筑物，为避免洞内岩体日久风化及水的侵蚀而发生落石掉块，危及行车安全；建成后能适应长期运营的需要；避免运营中做衬砌的困难，故条文规定："隧道应做衬砌"。

隧道衬砌因其通过的地质情况、结构受力、计算方法以及施工条件的不同，有整体式衬砌（模筑混凝土衬砌及砌体衬砌）、复合式衬砌（内、外两层衬砌组合而成）、喷锚衬砌（喷射混凝土、锚杆喷射混凝土、锚杆钢筋网喷射混凝土、喷钢纤混凝土衬砌）。

喷锚衬砌，实践证明，是一种加固围岩、抑制围岩变形，积极利用围岩自承能力的衬砌形式。它具有支护及时、柔性、密贴等特点，在受力条件上比模筑衬砌优越，对加快施工进度、节约劳力及原材料、降低工程成本等效果显著，亦能保证行车安全，应予推广。但由于在Ⅲ～Ⅳ级围岩中实践经验较少，施工工艺还有待进一步提高。故条文规定："在Ⅰ～Ⅱ级围岩的短隧道中，可采用喷锚衬砌"。

复合式衬砌是近年来兴起的一种新型隧道衬砌形式，是由内、外两层衬砌组合而成。通常称第一层衬砌为初期支护，第二层衬砌叫做二次衬砌；复合式衬砌内外两层组合的方式有喷锚与整体、装配与整体、整体与整体等多种，一般常用的是喷锚与整体的组合。其优点是能充分发挥围岩的自承能力，调整衬砌受力状态，充分利用衬砌材料的抗压强度，从而提高衬砌的承载力。为了提高防水等级，应在初期支护与二次衬砌之间铺设不同类型的防水层。

衬砌结构类型及强度，必须能长期随围岩压力等荷载作用，而围岩压力等作用又与围岩级别、水文地质、埋藏深度、结构工作特点等有关，因此在选定时，可根据这些情况考虑。此外，衬砌结构的选用还受施工方法、施工措施等影响，例如在先拱后墙法中，拱圈易产生不均匀沉陷，有时须加宽拱脚，从而改变了应力状态等，因而还需考虑施工条件等。鉴于地下结构的工作状态极为复杂，影响因素较多，单凭理论计算还不能完全反映实际情况，为了使理论与实践相结合，选用的衬砌更为合理，除根据以上因素外，还要通过工程类比和结构计算并适当考虑施工误差确定。

7.1.2　对设置衬砌时应符合的各项规定说明如下：

(1)衬砌一般有直墙和曲墙两种，一般隧道开挖后，围岩均会产生较大侧压力导致衬砌破坏，故各级围岩应采用曲墙式衬砌，尤其严寒地区洞内冬季冰冻，会产生较大侧压力导致衬砌破坏，更应采用曲墙式衬砌。直墙衬砌仅适用于一般地区地质条件较好，无侧压力或侧压力较小，开挖后围岩稳定的单线隧道的Ⅰ、Ⅱ级的围岩地段。

(2)当隧道外侧山体覆盖较薄，地面横坡较陡，或因洞身岩层构造不利，层面倾斜较陡，有顺层滑动可能以及施工坍塌产生围岩松动、滑移等情况而引起明显偏压的地段，为了承受不对称的围岩压力，应采用偏压衬砌，但也要注意当隧道外侧覆盖厚度过薄，会出现外侧土坡失稳。因而尚应采取设置地面锚杆、抗滑桩或支挡结构等措施。

(3)洞口地段，一般埋藏较浅，地质条件较差，受自然条件（雨水侵蚀、冰冻破坏、气候变化等）影响，土质较松散，岩石易风化，稳定性较洞内为差，衬砌受力情况也较洞内不利，如有时受仰坡方向的纵向推力等。因此，洞口应设置洞口段衬砌或加强衬砌；根据国内调查，洞口段衬砌常出现开裂变形等情况，也说明了洞口地段的特殊性和加强衬砌的必要性。

至于洞口段衬砌或加强衬砌的长度,应根据工程地质、水文地质及地形条件考虑,单线隧道洞口应设置不少于5 m的洞口段衬砌(或加强衬砌),是一般地质条件下的最小长度,如遇地质条件差或地形不利时,尚需结合具体情况予以延伸。双线隧道和多线隧道,由于断面较大,相应围岩应力亦较单线隧道大,衬砌结构受力条件更复杂,其洞口段衬砌(或加强衬砌)长度应适当加长。

(4)在洞身地质条件变化地段,围岩压力是不相同的,为了避免强度不够,引起衬砌变形,围岩较差地段的衬砌及偏压衬砌段应适当向围岩较好的地段延伸,以起过渡作用,至于延伸的长度,应视围岩的具体变化情况而定,故条文规定:"一般延伸长度为5~10 m"。

(6)单线Ⅳ~Ⅵ级围岩、双线Ⅲ~Ⅵ围岩地段,岩层一般受地质构造影响严重,风化破碎,侧压力较大,基础易产生沉陷;土质则承载力低,稳定性较差,开挖后易产生隆起等变形,故均应采用曲墙有仰拱的衬砌。单线Ⅲ级、双线Ⅱ级及以下地段是否设置仰拱应根据岩性、地下水情况确定。

为保证仰拱的作用,仰拱的矢跨比,单线隧道宜取1/6~1/8,双线隧道宜取1/10~1/12。

不设仰拱,又无底板的石质隧道,由于在长期列车动载作用及地下水侵蚀的影响下地基岩石易破碎松散,底部日趋泥化,往往产生基底沉陷、道床翻浆冒泥等病害,不但增加养护维修工作量,而且影响运营安全,严重者需进行翻修重做。因此,不设仰拱的隧道,为了便于隧道底排水,避免日后翻修重建的困难,应施作底板。

隧道底板所处岩石岩质经常会软硬不均,加之有时施工未将杂物、虚砟、积水清除,在列车震动、冲击荷载作用下,隧道底板极易破坏,其破坏机理往往是因为局部受拉引起。根据实践经验规定,单双线隧道底板厚度不得小于25 cm,且要求隧道底板加设钢筋,钢筋净保护层厚度不应小于30 mm,以保证隧道的长期稳定及并满足道床沉降控制要求;为保证底板设计的最小厚度,底板施作前,要求将隧底虚砟、杂物、积水等清除干净,并应采用混凝土找平。

(7)在洞身有明显的硬软地层分界处,由于地基承载力相差很大,前后衬砌下沉不匀,往往造成破裂,甚至引起其他病害,故条文规定此时应设置变形缝。

(8)在电力牵引的隧道内,传递电能的接触网是由接触悬挂、支承装置及定位器等部分组成。接触悬挂包括接触线、吊弦和承力索(在简单悬挂时没有承力索);为了保持接触线内有一定的张力,减少气温变化时弛度的变化和安全供电以及检修的需要,将接触线按一定长度分段(称为锚段),在锚段两端安设自动调整张力的补偿器,在温度变化时,接触线能沿线路自动移动而保持其弛度不变,在安设补偿器处,衬砌需要加宽、加高,即所谓接触网补偿下锚的衬砌区段,也称为锚段衬砌。其设置要求,应使接触网具有良好的工作及维修条件,并结合隧道长度、隧道平面位置、隧道两端具体情况和当地气温变化情况,以及电化设计的具体布置等因素综合考虑确定。大体上隧道长度超过2 000 m及位于隧道群地段和车站两端时,应根据需要设置接触网补偿下锚的衬砌地段。

7.1.4 曲线隧道的缓和曲线部分仍沿用过去标准,分两段加宽,对于新建铁路隧道可保证运营净空要求,又便于施工,无需过多变动拱架模板;其缺点是缓和曲线上各点衬砌加宽断面一般均略大于限界要求,增加了工程量,如果按缓和曲线率计算加宽值或分几段直线变化插入,则可减少工程量,但施工不便;为了减少施工困难,保证施工质量,仍采用原规范的加宽办法。

对于改建隧道缓和曲线部分的加宽，详见第15.2.2条有关内容。

位于曲线车站上的隧道及区间曲线地段的双线隧道，其断面内、外侧加宽同单线隧道，相邻两线路线间距的加宽，则根据站场、线路专业要求进行计算确定。

7.2.1 采用复合式衬砌有关规定说明如下：

(1)铁路隧道复合式衬砌是地下工程采用新奥法进行设计与施工，并在我国推广应用所取得的成果之一。复合式衬砌的初期支护多用喷锚支护，具有支护及时、柔性的特点，并在一定程度上能够随着围岩的变形而变形，力求最大限度地发挥围岩的自承能力。根据围岩条件，复合衬砌初期支护采用喷射混凝土、锚杆、钢筋网和钢架等支护形式单一或组合施工，并通过监控量测手段，确定围岩已基本趋于稳定，再进行内层二次衬砌施工，二次衬砌可采用模筑混凝土、喷锚、拼装式衬砌等，但一般采用模筑混凝土。

(2)隧道开挖后，周边变形量是随围岩条件、隧道宽度、埋置深度、施工方法和支护(一般指初期支护)刚度等影响而不同。一般Ⅰ～Ⅱ级围岩变形量小，并且多有超挖，所以可不预留变形量；而Ⅲ～Ⅳ级围岩则有不同程度的变形量，特别是软弱围岩(含浅埋隧道)的情况复杂，要确定标准预留变形量是困难的，必须通过实地监控测量，得出结果加以研究分析才能设定。因此规定采用工程类比法确定；当无类比资料时，可按规范中表7.2.1—1先设定预留变形量，再在施工过程中通过量测予以修正。

影响二次衬砌受力状态的因素很多，除围岩级别、地下水状态、隧道埋置深度外，还有初期支护的刚度及其施作时间等，故设计二次衬砌时，应综合考虑各种因素的影响，以期达到安全、经济的目的。目前，多采用工程类比法设计二次衬砌。

二次衬砌一般受力比较均匀，为防止应力集中，故宜采用连接圆顺、等厚的马蹄形断面。

国内外隧道现场试验表明，软弱流变围岩隧道，在施工后2～3年内，甚至5～6年围岩变形才最终稳定；故设计软弱流变围岩隧道时，应考虑以后继续增长的围岩形变压力的作用。

(3)表7.2.1—2、3中复合式衬砌的设计参数，是根据国内外公路、铁路隧道支护参数统计、类比，结合专家调研意见进行修改的。其中Ⅳ、Ⅴ级围岩当初期支护设置格栅钢架时，要求喷射混凝土必须覆盖钢架。对于仰拱是否采用喷射混凝土，根据目前铁路隧道施工实际，给出"单线Ⅴ级围岩、双线Ⅳ、Ⅴ级围岩仰拱设钢架时要求采用喷射混凝土或单线Ⅴ级土质围岩仰拱要求采用喷射混凝土，其余级别围岩仰拱均不要求采用喷射混凝土"。

对于双线隧道Ⅲ～Ⅴ级围岩，通过专家调研咨询，一致认为Ⅲ、Ⅳ级围岩地层岩性、岩质相差较大，建成后二次衬砌承受的围岩压力也相差极大，为了保证衬砌结构的耐久性、可靠性、安全性，双线隧道Ⅳ、Ⅴ级围岩二次衬砌厚度应当适当加大。为此修订了双线Ⅳ、Ⅴ级围岩的二次衬砌厚度，分别较原规范加厚5 cm、10 cm。

对于复合式衬砌喷射混凝土厚度，在调研咨询基础上结合现场施工实际及防水层铺设要求(根据现行《地下工程防水技术规范》防水层铺设要求基层平整度应符合1/6～1/10)，作了适当调整。对于单线Ⅴ级围岩喷射混凝土厚度考虑不设和设置钢架两种情况，设置钢架时考虑设置14 cm×14 cm、15 cm×15 cm的格栅，喷射混凝土厚度可分别选用20 cm、22 cm；对于双线Ⅴ级复合衬砌喷射混凝土厚度考虑设置16 cm×16 cm、18 cm

×18 cm的格栅钢架，喷射混凝土厚度最大选用25 cm；喷射混凝土厚度修订后，即使Ⅴ级围岩设置钢架，喷射混凝土表面凹凸不平整度也可控制在1/10，可以完全满足防水层铺设基层平整度要求，同时初期支护也得到进一步提高，加大了结构的安全度。

另外，结合目前工程施工实际，对于Ⅴ级围岩岩质相对较好时可采用钢筋束作加强支护，喷射混凝土厚度可适当减少；对于Ⅳ级围岩有时视情况也可采用钢筋束作加强支护，喷射混凝土厚度亦可适当减少。

7.2.2 对采用喷锚衬砌时，应符合的规定说明如下：

(1)完整、稳定的围岩，一般为巨块状火成岩、变质岩或厚层沉积岩，受地质构造影响较微，节理不发育，无软弱面(或夹层)，为了防止岩层日久风化，确保施工和运营安全，可采用喷射混凝土衬砌；但如可能发生岩爆时，须先加锚杆并挂钢筋网。

(2)为确保衬砌不侵入隧道建筑限界，喷锚衬砌内轮廓除考虑按整体式衬砌内轮廓要求放大外，尚应预留10 cm，作为补强之用。喷锚衬砌是柔性结构，厚度较薄，并与围岩共同作用，考虑必要时需要加强喷锚衬砌，以防内轮廓尺寸不够，因此预留。

(3)鉴于有水时不利于喷层与围岩的紧密黏结，难以充分发挥喷射混凝土的应有作用，甚至给喷射混凝土带来不利影响；洞内地下水具有侵蚀性的地段，易造成衬砌腐蚀，由于喷层厚度较薄，受腐蚀的危害甚于模筑混凝土衬砌，黏土质胶黏的砂岩、流质粉砂岩、泥质板岩、泥质及砂质泥岩等岩性较软的岩层，开挖后易风化潮解，亲水性很强，遇水泥化、软化、膨胀、围岩压力大，严重者发生淤泥状流淌，稳定性较差，喷锚衬砌难以阻止其迅速的变形；喷锚衬砌抗冻胀性能较差，严寒和寒冷地区，土壤冰胀导致衬砌破坏的危害甚于模筑混凝土衬砌，故大面积淋水地段、能造成腐蚀及膨胀性地层的地段、严寒和寒冷地区冻冰害地段，不宜采用喷锚衬砌。至于有其他特殊要求的隧道，不宜用喷锚衬砌时，应根据具体情况确定。

7.2.3

(1)隧道洞口地段，如线路中线与地形等高线斜交，地质条件较好，为降低边、仰坡开挖高度，选用斜交洞门时，可采用斜交衬砌。但因斜交地段地层压力和衬砌受力较为复杂，施工也较困难，特别是在松软地层地段，易出现病害或造成事故，为了安全，故条文规定当围岩为Ⅰ～Ⅲ级时方能采用。

(2)在严寒地区，冬春季节，洞内气温常在0 ℃以下，衬砌圬工由于冷缩影响，往往导致开裂、变形，为了结构安全，应设置伸缩缝，伸缩缝的间距可视隧道长度及其所在地区最冷月平均气温等条件确定，一般是洞口段短些，洞内长些，气温影响较大者短些，影响较小者长些；设计时，可根据具体情况，每隔10～30 m设置一道，如围岩较好，又无地下水时，亦可用贯通拱圈与边墙的工作缝代替之。

(3)隧道衬砌背后，尤其是拱圈顶部与围岩之间，由于混凝土收缩，一般会留有空隙，特别当采用支撑开挖法施工时，Ⅲ～Ⅵ级围岩与衬砌更不易密贴，围岩压力不能均匀传布，也不能充分发挥围岩的弹性反力，衬砌易变形，故规定："Ⅲ～Ⅵ级围岩地段的拱部衬砌背后，宜压注水泥砂浆"。

当洞身通过地质不良地段或傍山有偏压地段，一般地压较大，且不对称，如不及时压注水泥砂浆填充衬砌与围岩间空隙，衬砌更易变形，因此要求向衬砌背后进行断面压注水泥砂浆或其他浆液，既填充空隙，改善衬砌受力状态，又加固围岩，减少围岩压力。

有地下水地段设有引水设备时，应采取措施，防止堵塞通路，但不能因为需引水而不压浆,衬砌是主体结构,防止衬砌变形是主要的。如压浆后排水通路堵塞造成渗漏时,可再钻孔、凿槽或埋管引水,或采取其他防水措施。

7.2.4 初期支护应具有合理的刚度,并且在一定程度能够随着围岩的变形而变形;由于喷射混凝土、锚杆、钢筋网、钢架或格栅钢架等的作用各不相同,初期支护的刚度与其组成成分有着密切关系。故在设计时应根据工程地质、水文地质、隧道断面尺寸、覆盖层厚度等条件选择初期支护的组成部分,确定初期支护的刚度时,除上述因素外,还应考虑地面及地下建筑物的种类及状态和使用目的等因素;当隧道所在地区对地表下沉量有严格限制时,在此条件下,应进行现场试验,防止单凭经验处理问题。在松散、胶结性差的地层中可加设钢筋网,以提高喷射混凝土与受喷岩面间的黏结力,防止喷层剥落和松散介质坍塌。

在不同地质条件下,使用锚杆的目的也不同。在节理、层理发达的硬岩和中硬岩中,因岩石本身强度高,一般会出现因开挖而使围岩中的应力超过围岩本身强度的现象;在此条件下,采用锚杆的目的在于抑制岩块间的滑动,以保持围岩稳定。在软岩或土砂地层中,往往因开挖而使围岩中的应力超过本身的强度,从而在围岩中出现塑性区,使净空变形加大,此时采用锚杆的目的在于限制塑性区的产生及发展,尽力减少围岩变形,以达到稳定围岩的目的。

锚杆类型可分为端头锚固型、全长黏结型、摩擦型、预应力锚杆等。

端头锚固型锚杆易锈蚀,长期稳定性差,用作局部锚杆时,对围岩可起缝合作用。

全长黏结型锚杆的适用范围广,在硬岩、中硬岩、软岩、土砂及膨胀性围岩中均适用,故在铁路隧道中多采用此类锚杆,中空锚杆、砂浆锚杆就属此类。从目前的施工经验看,一般多用砂浆锚杆,在隧道拱部多用中空锚杆。

在浅埋隧道中,为缩小塑性区范围,多采用端头锚固与全长黏结并用锚杆,并可预加应力。

确定锚杆长度时,主要考虑地质条件,局部锚杆的长度一般应比系统锚杆的长度大,因为安设局部锚杆处理的围岩因安设系统锚杆已受到扰动,为提高局部锚杆的效果,故其长度大于系统锚杆的长度,以使局部锚杆能锚固在比较稳定的岩层中。

锚杆布置主要应根据围岩级别及其结构状态、隧道断面尺寸、开挖方式等条件,一般应将锚杆布置在受隧道开挖的影响范围内,但锚杆的端头因锚固在稳定的岩层中,除为了防止岩块掉落而布置的局部锚杆外,布置系统锚杆时应考虑各锚杆间的共同作用。

锚杆的间距不宜大于锚杆长度的1/2,是有利于相邻锚杆共同作用的。

布置锚杆时,应使锚杆承受拉力或剪切力,故规定锚杆安设方向应与岩层面尽量垂直。

托板是使喷射混凝土与锚杆组成统一支护结构的重要构件。喷射混凝土虽可起到托板作用,但在先喷后锚的条件下,由于喷射混凝土与锚杆在其端头处的连接并不牢固,此种代替作用往往不能得到发挥。故设置托板是必要的。

在自稳时间短的围岩中修建隧道时,如果在喷射混凝土及锚固锚杆的砂浆尚未达到所需强度之前就需要对开挖面进行支护时,应采用钢架,因钢架在架设后,可立即起到支护作用;另外,当围岩压力大或变形发展快时,亦可采用钢架,以加强初期支护。

为了充分发挥钢架的支护作用,应使钢架与喷射混凝土组成一体结构,故要求在确定钢架的形状、尺寸时,应考虑隧道断面形状、喷射混凝土厚度等因素,在不良地质条件下,应采用闭合结构。

由于喷射混凝土时的喷射压力对受喷面有冲洗作用，而且当地下水位高时，涌水或渗水都可能使土砂流出；在节理多的岩层中，因爆破振动有可能引起岩块掉落；在膨胀性围岩中，因围岩变形较大，引起喷层剥落。故规定在松散岩层、土砂地层及膨胀性围岩中开挖隧道时，应采用钢筋网喷射混凝土。设计钢筋网时应考虑到：

(1)质量轻，运输方便；

(2)铺设方便、简单，易于连接；

(3)对坍落的岩块可起支承作用；

(4)适合于分部开挖的要求等。

采用钢筋网的另一个目的，是为了提高喷射混凝土与岩石表面间的黏结力。

7.2.5 通常在软弱围岩中才修建仰拱，因此，设计仰拱应从结构及围岩两方面予以考虑。使结构满足受力要求自然是必需的；而加固围岩、处理好地下水，改善仰拱受力条件也是很重要的。

仰拱曲率选用合理，既能稳定围岩，又能改善仰拱受力条件；围岩越差曲率本应越大，但将增加土石开挖量及回填混凝土数量，增加成本。所以也可采取适当加大曲率并辅以其他加强措施。为此，要进行技术经济比较。

在软弱围岩中将衬砌尽早做成一封闭结构，则更能发挥衬砌功能，维护隧道及围岩的整体稳定，这是按本规范实施的一项重要原则。因此，不仅要修建模筑混凝土仰拱，而且从稳定围岩和施工安全考虑，在Ⅴ~Ⅵ级围岩初期支护中也应修建喷射混凝土仰拱。

近年来运营隧道经常发生底鼓、翻浆冒泥等病害，严重干扰运输，影响行车安全，经济损失很大。产生病害的原因是多方面的，目前对仰拱荷载作用及受力条件已专门成立课题进行研究。为了尽量减少隧道在运营期间出现病害，保证运输畅通，除采取一些加强措施外，有必要适当扩大仰拱修建范围，所以规定Ⅲ~Ⅵ级围岩的隧道均宜修建仰拱。

7.2.6 隧道仰拱与底板施工前，要求必须将隧底虚碴、杂物、积水等清除干净，并应采用同级混凝土对基底回填或找平等，以保证底板或仰拱的厚度，同时也为从施作上保证隧道基底置于基岩上，消除施工引起基底病害的潜在隐患；及时封闭仰拱或底板是保持洞室稳定的关键。在Ⅳ~Ⅵ级围岩中，仰拱尤其要超前施作。关于施作仰拱的防干扰问题，可参照有关施工配套措施。

7.2.7 喷射混凝土施工工艺有干喷、潮喷、湿喷和湿式模喷4种，湿喷工艺能改善作业环境，应大力推广使用。

7.2.8 为了使衬砌顶紧围岩，防止因围岩松散而导致地层压力的增长，保证衬砌结构的安全稳定。条文对回填工作的几点具体要求，说明如下：

(1)拱、墙范围的超挖，一般应用同级混凝土回填，这是由于现场采取这种作法，可以增加围岩与衬砌的黏结力，从而防止拱圈下沉和便于马口开挖，以及墙脚的稳定有明显效果而定的。

(2)关于回填材料的选用，一般经验：当围岩为一般的地质条件空隙不大者，可用与衬砌同级圬工同时灌筑；空隙较大者可用片石混凝土回填。

7.3.1 通过黄土地层的隧道，应按其土壤分类及物理力学性能确定衬砌结构。

根据黄土隧道衬砌现场试验研究和量测资料，说明垂直压力是不均匀的，大致呈马鞍形分布，侧压力比较大，其侧压力系数约为0.5，故规定黄土隧道应采用平拱曲墙衬砌；实践证明,带仰拱、边墙曲率较大(矢高不小于弦长的1/8)的复合衬砌,能促使围岩较快的稳定,为了避免或减少土体应力集中,隧道开挖轮廓宜圆顺。

由于黄土遇水软化、坍塌,对位于隧道附近地表冲沟、陷穴、裂隙,应予以回填、铺砌,并做好地表水的引排设施,将水排至隧道范围以外,以免下渗影响结构安全。

7.3.2　通过松散堆积层、流砂层及软弱、膨胀性围岩的隧道,由于围岩压力较大,开挖后易于变形坍塌,甚至造成衬砌环裂、下沉等情况,为了保证施工安全和衬砌完好,衬砌设计时,应遵守下列规定:

(1)衬砌结构必须适应围岩压力情况和满足衬砌上的荷载作用要求,在松散堆积层、流砂层及软弱、膨胀性围岩中修筑隧道,非但有垂直压力,而且有较大的侧压力和底压力,因此衬砌应采用曲墙带仰拱的结构;如压力特别大,为避免单纯增加衬砌厚度,使隧道开挖断面加大,导致压力增大,给施工造成更大困难,并考虑钢筋混凝土结构绑扎钢筋的不便,可采用钢骨架混凝土结构(即刚性骨架混凝土结构),加强衬砌;其钢构,一般多用型钢,也可用旧钢轨,在开挖过程中可兼作临时支护,防止围岩松散,并减少支撑替换时再次扰动围岩的稳定。

(2)松散堆积层流砂层围岩,强度很低,稍有变形就会松散,其开挖面几乎不能自稳,因此衬砌背后均应按规范第7.2.1条第5款进行压浆。此外,如地质特别破碎,甚至随挖随坍,还可向围岩中预先压注水泥砂浆或进行水平,斜向和竖向旋喷(桩)加固地层,确保施工安全。

(3)软弱及膨胀性围岩,开挖后变形量大,且延续时间较长,其中膨胀围岩常作用较大的膨胀侧压力和底压力,有时侧压力还大于垂直压力,从而导致边墙变形大而底鼓,因而不宜一次完成永久衬砌,宜用复合衬砌,并宜用带仰拱的圆形或接近圆形的马蹄形断面。初期支护可及时提供一定的支护抗力,使围岩不至发生松散,同时又允许基岩的塑性变形有一定发展,以充分发挥围岩的自承作用;二次衬砌作为永久结构物,可保证隧道长期稳定,并便于防水措施的实施。

(4)在含水层的情况下,松散堆积及流砂地层会发生岩土流失,软弱围岩遇水更易软化失稳,膨胀性围岩的坑道安全性更为降低。因此,必须根据地形,地质,水文地质等具体情况,对地表水和地下水作出妥善处理,如天然沟谷、水渠的改移或嵌缝、铺砌;整平地表防止积水下渗,衬砌背后疏干地层的排水设施;采用排水坑道,排水钻孔,井点法,深井法等降低地下水位,以及压注水泥砂浆或化学浆液等。

7.3.3　岩溶是可溶性岩层(石灰岩、白云岩、石膏)受水的化学作用(溶解、沉积)和机械作用(冲蚀、潜蚀)等地质作用和这些地质作用所形成的各种现象的总称。洞穴乃指掏金洞、掏砂洞、采煤洞、采空区等人工洞穴而言。不利位置的岩溶、洞穴对隧道的危害很大,当隧道穿越岩溶或洞穴时,除大溶洞难以跨越或施工不易处理及运营安全无保证的复杂洞穴,须改动线路绕避外,凡影响洞身稳定者,均须予以处理,其处理措施,应视空穴大小、有水无水、空穴充填情况及与隧道的相对关系而定。

(1)对空穴水的处理,鉴于京广线南岭隧道采用以疏导为主而出现的溶洞坍塌、地表沉陷的病害情况,有一些小煤窑采空区排水后地表开裂和沉陷现象,不宜盲目采取以排为主,应根据水源、水量、水压、水的活动规律和工程地质情况等综合研究,慎重考虑,因地制宜采取截、堵、排的治理措施。如地表水为主要供给来源时,则宜设截水沟,整平地表,沟谷嵌补、铺砌的截、堵治理措施。若空穴水对隧道无影响,可采用回填封堵处理。当水量大、水压大，堵塞后可能危及隧道安全时，应设置排水建筑物（排水沟、涵洞、泄水洞等）排泄，在工程地质、水文地质情况复杂时，则应采取截、堵、排综合治理的措施。

（2）对干燥无水、无填充、已停止发育的小溶洞及小的人工洞穴，可采用浆砌片石或干砌片石堵塞封闭；如空穴较大，堵塞加固工程大，或有水流不宜堵塞封闭时，可根据空穴与隧道接触的情况及空穴的影响范围等具体情况，采用梁、拱等结构跨越。

（3）与隧道周围接触的空穴，有在隧道顶部，也有在隧道下面的，还有位于隧道旁侧的，如空穴顶板或局部岩壁岩层破碎，强度不够，或有节理、裂隙、不稳定，可能发生崩坠、坍落等情况，影响隧道安全时，可结合不同情况采取支顶、锚固等措施处理。如空穴位于隧底，其顶板距隧底较薄者，可用支承墙、支承柱、钢筋混凝土等支顶加固。若空穴在隧道顶部者，可修建护拱，拱上回填部分土石，防护落石掉块，倘若局部岩壁不稳，可采用锚杆等预加固。

7.3.4 通过含瓦斯地层的隧道，衬砌设计时，为防止瓦斯浓度积存而危及行车安全的事故发生，保证铁路正常运营，应根据地层瓦斯含量的大小，瓦斯逸出量和压力的大小，采取下列相应措施：

（1）含瓦斯地层的隧道，一般宜采用有仰拱的封闭式衬砌或复合衬砌，以混凝土整体模筑，并提高混凝土的密实性和抗渗性，以防瓦斯逸出。

（2）向衬砌背后压注水泥砂浆及其他化学浆液，使衬砌背后形成一个帷幕，以隔绝瓦斯的通路，也是常用的封闭堵塞措施之一。

如采用上述措施，还可能有渗逸情况时，可采用较大压力的深孔压浆，填塞堵死岩缝、节理裂隙，减少瓦斯的出路。此外，在衬砌表面和断缝处敷内贴式、外贴式防瓦斯层，实践表明，也具有良好的封闭效果。内、外贴防瓦斯层一般有沥青玻璃布、聚氯乙烯防瓦斯层、油毛毡防瓦斯层、环氧沥青防瓦斯层及喷抹防瓦斯层等。但外贴式防瓦斯层，往往由于衬砌与地层间空隙狭窄，施工困难，且操作人员易于中毒，铺设质量不易保证，受到一定的局限性，内贴式防瓦斯层也存在一定缺点，若有良好的敷设条件，可以采用。

瓦斯隧道的设计，尚应符合《铁路瓦斯隧道技术规范》的各项规定和要求。

7.3.5 通过放射性地层的隧道视放射指标严重程度，应采用复合式衬砌结构，衬砌材料要依放射性质选取，要求结构具有放射性防护性能。

7.4.1 明洞适用的情况，分别说明如下：

（1）“洞顶覆盖薄，难以用钻爆法修建隧道的地段”中，洞顶覆盖薄是先决条件，但不是决定因素，关键在于能否用钻爆法暗挖修建隧道，所以说洞顶覆盖厚度虽是前提，但地质条件起主导作用，此外与施工因素也很有关系等。因此，综合考虑能否能用钻爆法暗挖施工，如确有困难，可采用明挖法修建明洞。

（2）明洞为防坍建筑物，对防御塌方、落石有明显的效果；当采用坡面防护措施，不能确保线路安全时，明洞建筑是经常采用的。

在山区铁路中，防治泥石流病害的原则，一般是上游采取水土保持，中游设坝拦截，下游修建桥渡、导流堤、急流槽及渡槽等措施排泄，当有困难或不经济时，经过比选，可采用明洞渡槽引渡，避免对线路的危害。

（3）当公路、铁路、河沟、灌溉渠等跨越铁路，由于地形、地质以及线路条件的限制，有困难而又必须在隧道上方通过时，常以明洞结构代替立交桥、过水渡槽；但应有确切技术经济比较资料说明其合理性。

(4)在可以改善环境条件,避免自然环境受到破坏时,应设置明洞。

7.4.2 明洞的结构类型,设计有拱形明洞或棚洞两大类。拱形明洞按路堑形式分为路堑式(Ⅰ式)、偏压直墙式(Ⅱ式)、偏压斜墙式(Ⅲ式)及单压式(Ⅳ式)四种;每种形式又按围岩级别分成几类。棚洞根据外墙型式分为墙式、柱式、刚架式、悬臂式等。在选用时,首先应根据地形、地质条件,其次应结合运营安全、施工难易及经济与否等因素综合比较确定。

拱形明洞结构整体性好,能适应较大的山体压力,因此在一般情况下,一次塌方量可能较大,基础设置条件较好时,宜采用拱形明洞。当线路外侧地形狭窄或基岩埋藏较深的半路堑,设置明洞确有困难时,为了便利施工,可采用棚洞。

根据实践经验,在滑坡地段一般不宜修建明洞;但在一定条件下,明洞又是整治滑坡的一项经济有效措施。如滑坡面位于路基面以上,明洞基础稳妥可靠时,采用一些有效的设计措施和施工措施后,是可以安全通过滑坡地段的。所以,一般应先研究绕避或采用路基整治方案,对有可能修建明洞的方案,应与其他方案作全面的技术、经济比较,如需修建明洞时,除对明洞结构形式、施工方法、施工措施等进行分析研究外,还应认真研究地表排水、地下水处理、抗滑挡墙、抗滑桩、清方减载等综合整治措施,确保明洞结构安全。

在既有线上修建明洞时,施工与运输的干扰是不可避免的,为了保证行车安全,满足运量的要求,宜采用最大限度减少行车干扰的结构类型和措施;在结构类型上,如采用预制钢筋混凝土构件现场拼装。在施工措施上,如采用移动式拱架台车(在电化铁路上应加设绝缘接地设备),或在拱脚处设移动式拱架支座等。

7.4.3 明洞衬砌设计应该遵守的规定,说明如下:

(1)路堑式拱形明洞结构和隧道整体式衬砌基本相似,是由拱圈、边墙、底板(或仰拱)组成。因此明洞拱圈和路堑式明洞边墙形式,可参照隧道整体式衬砌的规定办理;拱圈截面采用对称式结构,可为等截面或变截面形式,对于一般的单线拱形明洞,常采用等截面;边墙一般采用直墙,当墙背侧压较大时,宜采用曲墙;有底压力时,应加设仰拱;地层松软时,则用曲墙带仰拱。

半路堑明洞,由于外侧地形条件不同,有半路堑偏压型和单压型两种,在山坡坍塌和不对称填土荷载作用下,山侧有偏压力。根据内力计算,外墙宜适当加厚,以利支承拱脚和平衡山侧推力。

(2)棚洞结构主要由盖板、内边墙和外侧支承建筑物三部分组成。盖板的形式通常有T形和Π形两种,一般多采用T形截面构件,便于预制吊装,缩短工期。内边墙根据地形、地质情况,有重力式和锚杆式两种,重力式适用内侧有足够净宽或岩层破碎不适宜修建锚杆式内边墙的地段,因棚洞边墙承受结构的全部水平力,起挡土墙的作用,故一般采用重力式结构;锚杆式边墙适用于新建线路或已成路堑内侧不宽阔,同时岩层坚硬完整,能提供一定的锚固力地段,考虑地下水对岩层稳定的影响,以及锚杆的强度和耐久性,锚杆式内墙宜设在岩层无水或地下水较少的情况。外侧支承结构有墙式、柱式及刚架式等类型,具体选用时,应根据落石、塌方和地质情况确定。墙式棚洞一般适用于外侧地基承载力较低,但地基稳定的半路堑;柱式或刚架式棚洞适用于外侧地形狭窄,基岩埋藏较深,采用柱式结构并将柱基下到较好的基岩上。

当山坡较陡,岩层坚硬完整,但坡面有少量的剥落、掉块或少量塌方,而外侧地基不良或外侧岩壁陡峻,不宜设置基础或设置基础工程太大时,可采用悬臂式棚洞,以确保线路行车安全；但在地震动峰值加速度为0.1g及以上的地震区，不宜采用悬臂式棚洞。

(3)明洞是修建在地面上的建筑物，其砌体和混凝土不可避免地要遭受大气温度变化的影响而产生胀缩，特别是在气温变化较大的地区，常出现环形裂缝。因此，为了减少衬砌开裂变形，在气温变化较大的地区，应根据具体情况设置伸缩缝；伸缩缝的间距，可视明洞长度、覆土或暴露情况、温差大小及地质情况酌情确定。

7.4.4 明洞衬砌基础和隧道衬砌基础一样，为防止侧沟及底板施工开挖时影响边墙地基稳定，设计时应结合明洞结构的特点，遵守下列规定：

(1)拱形明洞不宜设在软弱地基上或两侧边墙基础硬软不均的地基上，以免基础下沉或不均匀沉陷，导致明洞结构破坏；当不可避免时，应采取措施，以策安全。若基岩不深，可加深基础至基岩上；基础加深有困难时，可加设混凝土或钢筋混凝土仰拱。如用明洞基础位于软弱地层或填筑土上、弃渣堆积等地基上，而修建深基工程量大，施工困难时，可采用整体式基础，亦可考虑采用桩基或加固地层等措施。

(2)路基面以下超过3 m的深基础，一般指半路堑单压明洞的外边墙基础。因外墙基础深时，墙也高，墙底的向外转动对拱圈内力的影响也大，在路基面处加设横向拉杆或将深基础墙身用锚杆锚固于基岩上，均可减少墙底的向外转动，改善结构受力条件。

柱式棚洞立柱为深基础时，于路基面加设纵撑和横撑，主要给立柱加设约束条件，以减少其长细比的影响。

(3)山区铁路一般多傍山沿河而行，明洞设计时，要考虑河岸冲刷可能影响基础稳定的地段，应根据地形、地质、流速等情况，设置河岸防护，确保明洞安全。

(4)位于斜坡地段单压明洞的外墙基础，为确保基底稳定，其趾部应埋入稳固的地层中，并与外侧稳固地层边缘保持适当水平距离，完整坚硬岩层，约0.5 m；一般岩层，约1.0 m；松软岩层，宜大于1.5 m。

外墙地基为坚硬完整的岩层时，为了节约砌体和混凝土，减少开挖数量和施工困难，基础可切割成台阶，但台阶的平均坡度不得陡于1:0.5，且不大于岩层的内摩擦角；台阶宽度不得小于0.5 m，最低一层基础的宽度不得小于2 m，以免影响洞身稳定。

(5)单压明洞局部地段外墙基础很深，设置困难时，为了减少工程，便利施工可采用拱梁跨越。

7.4.5 明洞有为防御落石、崩塌而设的，也有因公路、铁路、沟渠必须在铁路上方通过而修建的，还有受泥石流等危害而建明洞的。由于明洞的用途不同，洞顶回填土的厚度和坡度也不一样。因之，在确定明洞顶回填土的厚度、坡度时，应根据明洞的用途和要求确定。

“为防御落石、崩坍的需要而设的明洞，回填土的厚度一般不小于1.5 m”。此次规范修改，鉴于无新的情况，因而沿用了原规范的规定。

洞顶回填土横向坡度(简称填土坡度)，应以能顺畅排除坡面水为原则。加大填土坡度时，只能增加偏侧恒载，对拱圈受力不利。因此，在满足排水的原则下，填土坡愈缓愈好；但考虑山坡崩坠的石块，受雨水冲刷而带来的泥石，以及坡面零星的坍塌，多堆积于坡脚附近，因而设计填土坡应较实际填土适当加大，作为安全储备，以往设计时，根据防护落石、崩塌和支撑边坡稳定等需要，对填土坡作了如下的要求：

(1)为满足洞顶排水的需要，设计回填土坡度应不小于2%；

(2)在一般落石、坍塌的情况下，可采用设计填土坡1:5～1:3，实际填土坡1:10～1:5。

(3)为支撑边坡稳定或防护山坡可能发生大量塌方、泥石流、滑坡时,可采用设计填土坡1:3~1:1.5,实际填土坡1:5~1:3。

根据既有明洞的调查,填土坡多为1:5~1:10来看,上述设计要求比较切合实际,因此规定:"设计填土坡一般为1:1.5~1:5"。

明洞一般适用于建成后山体基本稳定,只有少量塌方落石情况,如山坡存在有严重的危石或坍塌威胁时,为了确保明洞完好和施工、运营安全,应结合具体情况予以清除或加固处理。

7.4.6 明洞边墙背开挖,因围岩不同而有两种情况,一种是边墙部位垂直开挖,另一种是自墙底起坡开挖。边墙与边坡间的回填,应结合这两种情况并根据设计要求确定。因此明洞边墙背回填,应视明洞类型、围岩级别、设计要求和施工方法而定。

(1)各种类型明洞的Ⅱ、Ⅲ、Ⅳ级围岩,一般均自墙顶起坡开挖,边墙部位要求与围岩密贴,设计时考虑了围岩弹性反力作用,此时墙背有超挖,应视超挖大小,用混凝土或水泥砂浆砌片石回填密实,以适合边墙受力条件。

(2)Ⅴ级围岩的边墙,一般不宜垂直开挖,而须用填料回填;但明洞墙背主动土压力是按围岩计算摩擦角计算的,因此边墙背回填料的摩擦角,不应低于地层的计算摩擦角;但如设计时已按回填料的计算摩擦角计算,则不应低于该计算用的摩擦角,否则侧压力将增大,影响结构安全。而回填料的内摩擦角,本应试验取得,当无试验数据时,可按回填料的计算摩擦角采用,故条文规定:"边墙背回填料的内摩擦角,应不低于地层的计算摩擦角或设计的回填料的计算摩擦角"。

7.4.7 明洞顶上的过水渡槽,一般是排泄山沟洪水,或为保证农田灌溉所需水量;因此,其过水断面的设计,应按有关排洪、灌溉标准办理。当为排泄山沟洪水的渡槽时,需注意有无泥石流的影响。如为泥石流沟,还应考虑泥石流淤积引起的漫溢和大漂砾通过对槽身撞击磨损等情况,为了线路安全,明洞渡槽顶面高程,需高出设计水位适当尺寸。

8.0.1~8.0.5 请参见现行《铁路轨道设计规范》的有关条文说明。

9.1.1 关于避车洞间距,单线隧道大、小避车洞和双线隧道大、小避车洞,通过实践,仍沿用原规范的有关规定。要注意到,单线隧道的小避车洞每侧间距为60 m,均相错设置;而双线隧道小避车洞每侧间距按30 m设置,仍相错设置。

大避车洞一侧间距为300 m(碎石道床),因此隧道长度小于300 m者可以不设;隧道长度300~400 m时,一因隧道较短,二因轻型车辆、小车的避车情况极少,故在隧道中间设一个大避车洞。

大避车洞的布置,除考虑隧道本身长度外,还应结合接桥有无避车台,路堑侧沟外有无平台借以避车的情况,一并考虑,以策安全。

变形缝(沉降缝、伸缩缝、工作缝)与衬砌断面变化处的接缝是隧道常见的人为缝隙。沉降缝、伸缩缝两侧圬工截然分开,工作缝与衬砌断面变化处圬工非同时灌注,整体性较差。如在以上缝隙处设置避车洞,对洞身和避车洞的稳定都不利,且衬砌断面变化受地质条件和曲线变化控制,沉降缝的设置与地质情况有关,其位置不能随意变更,因此避车洞不得设于衬砌断面变化处或沉降缝处,而工作缝、伸缩缝不受上述情况限制,它可以前后移动,同时为了结构稳定和洞身安全,工作缝、伸缩缝设置时,应避开避车洞。此外,考虑受力条件的改善,小避车洞中线与接缝距离不小于2 m,大避车洞中线与接缝距离不小于3 m。

关于设计行车速度 160 km/h 的隧道人员待避问题，根据铁道科学研究院高速科研试验结果及其他国内外资料说明如下：

(1)高速列车在隧道中运行时，将产生强烈的列车风，由于隧道壁和其他铁路设施的存在，隧道中工作人员的退避范围受到了很大限制，根据国内外资料和试验结果，规定人所承受的列车风速限值为 14 m/s，超过这个范围将造成人身伤害。

(2)隧道里列车风的发生和变化是十分复杂的流体力学问题，列车壁与隧道壁之间的气流运动是具三维，非定常、可压缩，黏性，双边界(一动一静)特性的，可采用合理的简化模型进行高速隧道内列车风分布计算。

理论分析和实测资料表明，最大断面平均流速发生在车尾部通过计算断面后的某个时刻。在说明图 9.1.1 的隧道断面示意图中人员待避区 B_m 外侧处(即靠近列车一侧)的列车风风速可以用下式计算：

$$U_m = \frac{15}{14} \times \frac{R_t^2}{(R_t - R_v)\left(\frac{7}{8}R_t + R_v\right)} \times \left(\frac{R_t - R_m}{R_t - R_v}\right)^{\frac{1}{7}} \times v_{max} \qquad (说明 9.1.1)$$

式中 U_m——隧道中人员待避区外侧的列车风速；

R_t——线路中心线距隧道壁的距离；

R_v——列车宽度的 1/2；

R_m——待避区外侧和线路中线的距离；

v_{max}——隧道内最大断面平均风速。

设人员待避区外侧距隧道壁面距离为 B_m，则可根据最大平均断面风速 v_{max} 计算人员待避处的风速。

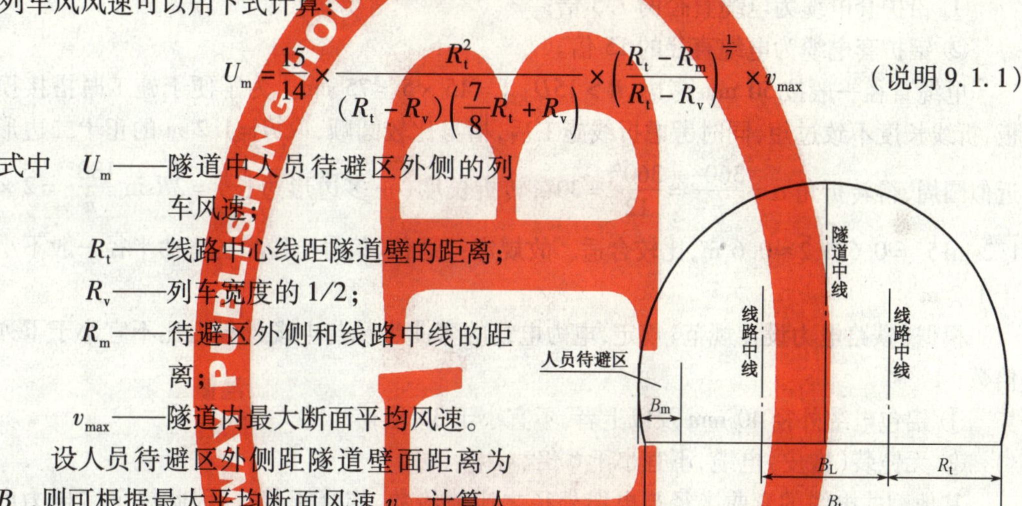

说明图 9.1.1 隧道断面示意图

在压力波计算中可以得到沿隧道长度方向的断面平均风速，从而得到 v_{max}，再由式(说明 9.1.1)计算出待避处风速 U_m。

说明表 9.1.1 最高时速 160 km 铁路隧道最大平均断面风速计算表(考虑 160 km/h 客车情况)

隧道类型	机车	隧道断面积(m^2)	隧道断面最大平均风速 v_{max}(m/s)	待避区最大风速 U_m
单线	钝形	46	18.4	25.8
双线	钝形	80	12.6	14.3
	钝形	71	18.7	27.1

以 14 m/s 作为安全标准，计算结果表明新建最高时速 160 km 客货共线铁路，对于单线隧道净空轮廓范围内，无条件设置人员待避区；对于双线隧道，考虑客车交会的不利情况，条件也较勉强。为此本规范一律不考虑在内净空范围内设置人员待避区，人员待避问题一律用设置避人洞解决，同时考虑到待避区风速大于隧道断面最大平均风速，为了人员安全，应在避车洞内设置金属扶手。

9.1.2 隧道内一般均有程度不同的地下水，有的修建时干燥无水，建成后由于水文地质条件的变化，出现渗、漏水的情况，考虑岩层遇水更易风化，为了减少养护维修工作量，确保行车安全，故规定避车洞应衬砌，其衬砌类型应和该处的隧道衬砌类型相适应。

"避车洞底面应与道床、人行道或侧沟盖板面齐平",主要是便于轻型车辆、小车和行人躲避火车,杜绝不安全事故的发生。

9.2.1 关于电缆槽设置的有关规定说明如下:

(1)通信、信号电缆同属弱电线路,相互间无干扰影响,可敷设在一个电缆槽内,但为了检修方便,也可分槽敷设。电力电缆为强电线路,与通信、信号电缆有干扰影响,为保持电缆良好的工作条件,确保行车安全,必须分槽敷设。但在曲墙式衬砌双侧水沟地段,分槽敷设确有困难时,为避免加大隧道净宽增加投资,电力电缆可在直线建筑接近限界以外沿隧道墙壁架设,为防货车通过隧道时,蓬布或捆绳甩挂在电力电缆安装架引起事故,应有必要的防护措施。

(2)根据《铁路通信设计规范》,电缆接续处的弯曲半径不应小于下列规定:

① 铅护套电缆为电缆直径的7.5倍;

② 铝护套电缆为电缆直径的15倍。

电缆直径一般按50 mm考虑,$R>15D_{电缆}=15\times5=75$ cm。为了便于施工时搭接模板,折线长度不致过短,同时考虑折线施工后,槽身比较圆顺,取$R=1.2$ m的正十二边形近似圆周,得转折角$\alpha=\frac{360°}{n}=\frac{360°}{12}=30°$,转折长度(正多边形边长)$=2R\sin\frac{180°}{n}=2\times1.2\sin15°=0.621\ 2\approx0.6$ m,比较合适。故规定:"通信、信号电缆槽的弯曲半径一般不小于1.2 m"。

根据《铁路电力设计规范》规定,电力电缆的弯曲半径与电缆外径之比不宜小于下列倍数:

① 铝包电缆外径40 mm及以上者,不宜小于30倍;

② 无铠装(橡皮)电缆,不宜小于6倍。

其他型式电缆的弯曲半径与电缆外径之比值倍数,均介于其间,因此规定:"电力电缆槽的弯曲半径通常为电缆外径的6~30倍",以便根据电缆的具体型式确定。

③ 电缆槽底有高低差时,为了便于施工敷设,避免电缆折损,纵向应顺坡连接。

④ 为防止电缆槽受损坏,电缆槽应设盖板。考虑避车方便和安全,盖板顶面与避车洞底面或道床顶面齐平,当电缆槽与水沟侧并行时,还应与水沟盖板齐平。

9.2.2 为了便于电缆维修养护,在电缆敷设时,须考虑电缆余留问题,根据《铁路通信设计规范》规定,通过500 m及以上长度的隧道时,在一侧大避车洞内适当余留。因之隧道长度大于500 m时,需要考虑在电缆同侧的大避车洞内设置余长电缆腔(即余长弧形电缆槽),放置余长电缆。余长电缆腔的间距为420 m或600 m,当隧道长度为500~1 000 m时,可在中间设置一处,其具体位置,应与通信专业取得联系。

9.3.1 根据电讯传输衰耗和通信设计要求,应每隔一定距离设置无人增音站时,其位置可根据通信设计要求确定。倘位置稍加移动时,亦可与大避车洞结合使用,以减少工程和施工困难,但需将大避车洞加深2.5 m(后墙厚度另计);其位置不能与大避车洞结合利用时,则在隧道一侧边墙内,另行修建无人增音洞,其尺寸一般同大避车洞,深度按大避车洞尺寸另加2.5 m及后墙衬砌厚度。

9.3.2 无人增音站内应预留通信电缆出入通路,以沟通内、外沟腔。为了增音机的安全,无人增音站内还应考虑施工预埋接地装置的接地体,以免隧道竣工后电务施工补设的困难。接地体一般采用角钢或钢管,当隧道内有喷锚钢筋网或锚杆时,应尽可能与接地体连成一体,以达到更好的接地效果。考虑机件锈蚀、腐蚀,同时应有防水措施,并要求做到不渗水、不漏水。此外为了增音机安全使用,在寒冷和严寒地区,还应有保温措施,如在与大避车洞之间设置隔墙及保温门等。

9.3.3 隧道内除电缆槽、无人增音站等附属构筑物外,有时由于电力、通信、信号方面的需要,还有变压器洞、信号继电箱洞,以及无线电通信的洞口电台和洞内电台箱洞等设施,如需设置时应根据各专业提供的资料和设计要求协商办理。

9.3.4 在电气化铁路长隧道内进行正常的接触网维修工程时,为了保证维修人员的行车安全,必要时可使用绝缘梯车。绝缘梯车有折叠式和固定两种,固定式则需在隧道一侧边墙内设置存放绝缘梯车的洞室。绝缘梯车洞的间距,一般约500 m设一处,宜设在地质条件较好的一侧;为梯车移动方便和洞身安全,绝缘梯车洞轴线与隧道轴线以45°左右斜交为宜;考虑减少工程和施工困难,宜利用辅助坑道或避车洞修建,但须按绝缘梯车洞尺寸规定及要求进行修正和衬砌。绝缘梯车洞的参考尺寸为2.5 m×2.5 m×6.0 m(高×宽×长),具体设计时,应与电力专业联系。

9.3.5 相邻双孔隧道"系指两座单线隧道行车的隧道,其相邻距离如果很远或工程巨大时,也可不设或少设横洞。横洞的作用在于方便维修、养护和消防救援等工作。对于长隧道尤为必要,故在选定隧道位置时,就应考虑"相邻距离"这个因素,既要符合规范要求,又要考虑横洞工程量的大小。

9.3.6 "专用消防器材"系指喷雾灭火筒、沙桶、水柜、水桶及消防皮管等。隧道内运营养护设备安装包括通风、供电、信号、照明、消防、通信、报警、监测等,其运营养护管理设施若分期增设,则在设计中应注意满足隧道建筑限界的要求,不要拆改。

9.3.7 通过时速160 km旅客列车的隧道应考虑设置救援通道。根据国外资料调研,救援通道净空一般高2.2 m,宽1.6 m,距线路中心线2.2 m,但现行《新建时速200公里铁路设计暂行规定》已将救援通道的宽度调整为不小于1.25 m。单线隧道设置单侧救援通道,双线隧道设置双侧救援通道时,为此对时速160 km旅客列车的隧道,如设置救援通道,可按高2.2 m,宽1.25 m,距线路中心线2.2 m执行。

10.1.1 本规范对铁路隧道结构按概率极限状态法设计的基本规定,是根据现行国家标准《工程结构可靠度设计统一标准》(GB 50153—92)及《铁路工程结构可靠度设计统一标准》(GB 50216—94)规定的结构可靠度和极限状态设计原则、方法以及1999年以来铁道部建设司主持的"铁路隧道可靠度"研究成果制定的。

工程结构的可靠度是指结构在规定的时间内,在规定的条件下,完成其预定功能的概率。"规定的时间"一般是指设计中根据结构的有效使用期所规定的时间,称为设计基准期;"规定的条件"是指在正常施工运营维护环境下承担外力和变形应满足的条件,"预定功能"包括结构安全性、结构耐久性和结构适用性的要求。

铁路隧道结构按概率极限状态法设计时,应规定适当的结构设计基准期(即工程结构在正常维护和使用条件下能满足一定可行的时间)。本规范结合铁路隧道结构预期使用寿命,将隧道结构的设计基准期定为100年。

设计铁路隧道结构,应根据其破坏可能产生后果的严重程度划分为三个安全等级,相应于各安全等级的隧道结构类型见说明表10.1.1—1。

设计铁路隧道结构采用的目标可靠指标β_{nom}值可按结构不同安全等级确定,见说明表10.1.1—2。

说明表 10.1.1—1　铁路隧道结构安全等级

安全等级	结　构　类　型
一　级	大跨度及复杂结构，如三线以上大跨隧道、明洞和其他新型结构等
二　级	单、双线铁路隧道结构
三　级	单、双线铁路明洞及棚洞等

说明表 10.1.1—2　铁路隧道结构目标可靠指标 β_{nom} 值

极限状态类型		安全等级 一	二	三
正常使用极限状态		1.0~2.5		
承载能力极限状态	脆性破坏	4.7	4.2	3.7
	延性破坏	4.2	3.7	3.2

1999 年以来，铁路隧道结构可靠度研究一直以旅客列车行车速度小于等于 140 km/h、货物列车行车速度小于等于 80 km/h 且不运行双层集装箱列车的标准为基础，并选用单线铁路隧道衬砌及明洞标准图为校核对象，校准选取分项系数。受概率极限状态设计法自身研究进展的限制，对于本条文规定范围以外的隧道结构尚不适用该法，应采用本规范第 11 章所规定的非可靠度方法设计。

这里需说明的是：铁路隧道的目标可靠指标定为抗压 4.2，抗裂 2.5，自然是单线、双线和多线都适用。这个数值是经过校准法校准并参照国内外同等重要性结构的要求和考虑铁路隧道实际工作情况确定的，单、双线都已考虑在内。至于基本随机变量的统计特征，混凝土偏压构件强度统计特征在常用的材料强度等级范围，无论单线、多线也都一样。衬砌几何尺寸统计特征也基本一样，差别在于荷载的统计特征。对于深埋隧道，这次整理出的塌方高度是从 1 046 个样本求出的，这些样本来源于铁路、公路、水工等隧道。这些样本的隧道开挖断面宽度 91.6% 都在 5 ~ 10 m 范围内。对于开挖宽度大都在 10 m 以上的双线或多线隧道，由于数据较少，荷载统计特征是否有变化或如何变化，现在还难以下结论。因此，为慎重起见，用现行统计参数推算出的分项系数只适用于单线铁路深埋隧道，包括时速 160 km 单线深埋隧道（开挖跨度小于 10 m）；对于单线浅埋、偏压、明洞衬砌，由于荷载的统计特征研究具有局限性，为慎重起见，推算出的分项系数只适用于时速 140 km 的单线铁路浅埋、偏压、明洞衬砌。考虑到统一性，条文明确本章适用于旅客列车行车速度小于或等于 140 km/h、货物列车行车速度小于或等于 80 km/h 且不运行双层集装箱列车的单线铁路隧道深埋、浅埋、偏压、明洞衬砌的设计。当然这些衬砌设计也可用破损阶段法或容许应力法设计。

10.1.2　关于铁路隧道结构设计计算

1　应按两种极限状态设计

（1）承载能力极限状态：当结构构件达到最大承载能力或不适于继续承载的变形即下列状态之一时，应认为超过了承载能力极限状态：

① 整个结构或结构的一部分作为刚体失去平衡（如倾覆、滑移等）；

② 结构构件或连接因超过材料破坏强度而破坏；

③ 结构或结构构件丧失稳定。

承载能力极限状态的设计表达式为

$$\gamma_0\gamma_d S(F_d,\alpha_d)\leqslant R(f_d,\alpha_d)$$

式中　γ_0——结构重要性系数；

γ_d——计算模式不定性或其他分项系数中未考虑的因素引起的分项系数；

$S(\cdot)$——作用效应函数；

F_d——作用设计值；

α_d——几何参数设计值；

$R(\cdot)$——抗力函数；

f_d——材料性能设计值。

各设计值由相应的标准值配合适当的分项系数表达之。

(2)正常使用极限状态:当结构或结构构件达到正常使用或耐久性的某项规定限值的下列状态之一时,应认为超过了正常使用极限状态:

① 影响正常使用或外观的变形;

② 影响正常使用或耐久性能的局部损坏(包括裂缝);

③ 影响正常使用的其他特定状态。

正常使用极限状态的设计表达式为

$$\gamma_0\gamma_d\delta(F_d, f_d, C_d) \leqslant [C]$$

式中 $\delta(\cdot)$——约束值的函数;

$[C]$——结构极限约束值;

C_d——几何参数设计值。

其他符号意义同前。

2 隧道结构设计时,应根据在施工和使用中的环境条件和影响分为三种设计状况:

(1)持久状况:在结构施工和使用过程中一定出现且持续很长的状况,持续期一般与使用期为同一数量级。

(2)短暂状况:在结构施工和使用过程中出现概率较大,而持续较短的状况。

(3)偶然状况:在结构使用过程中出现概率很少,且持续期很短的状况。

对于不同的设计状况,应按所采用的不同结构体系、可靠度水准和基本变量的设计值,分别进行计算,以其在极限状态中采用不同的分项系数值表达。

结构均应对三种状况进行承载能力极限状态设计;对持久状况和短暂状况根据结构需要按正常使用极限状态进行设计。

对各种设计状况,结构应按不同的极限状态确定相应的结构作用效应的最不利组合进行设计。

3 对偶然状况,结构承载能力极限状态设计,应符合下列原则:

(1)按作用效应的偶然组合进行设计或采取防护措施,使主要承重结构不致因偶然事件而丧失承载能力。

(2)允许主要承重结构因偶然事件而局部破坏,但结构的剩余部分仍应具有在一段时间不发生继发性破坏的可靠度。

由于目前对部分作用、各类限值以及结构可靠度分析的方法尚不完善,因此,仍需以过去的经验为基础进行结构设计。为简便起见,本章规定各种情况下的计算均采用第4.2.2条给定的基本组合。

10.1.3 隧道结构的可靠度是正常设计、正常施工、正常维护使用条件下确定的,因此必须加强设计、施工、运营中的质量管理和控制,并应在有关设计、施工验收、运营养护等标准中对质量控制给予明确的规定,以确保隧道结构在建造、安装和运营过程中具有规定的强度、刚度、稳定性和耐久性。

10.1.4 由理论分析和模型试验说明:隧道衬砌承载后的变形受到围岩的约束,引起围岩的约束力，阻止衬砌变形的发展，从而改善了衬砌的工作状态，提高了衬砌的承载能力，这是地下结构区别于地面结构的主要标志，故在计算衬砌时应考虑围岩对衬砌变形的约束作用。

弹性抗力、衬砌与围岩的黏结力均属围岩的约束力，由于黏结力约束作用以往研究不多，今后应加强注意。为简化计算，弹性反力的摩擦力对衬砌内力的影响可不考虑，这对结构安全储备是有利的。

10.1.5、10.1.6　目前国内地下建筑混凝土衬砌设计时，很多部门和单位均不计偏心值。本规范对衬砌截面的偏心距仍作出规定，目的是使衬砌形式尺寸选择合理，以充分发挥混凝土的抗压能力，因为当偏心距超过一定数值后，衬砌截面系由抗拉强度控制，而混凝土的抗拉强度远远低于其抗压强度，随着偏心距的增加，衬砌截面的承载力将显著降低。故除了满足强度要求外，对偏心距也应适当加以控制。当衬砌截面强度符合要求而偏心距超出规定较多时，宜适当调整拱轴，使衬砌结构形式趋于合理。

对于半路堑式明洞外墙、棚式明洞边墙和砌体的偏心受压构件，以抗压强度和偏心距作为检算的控制条件，所以偏心要求较严。

10.1.7　当基底围岩过于松软时，根据具体情况的需要，先做仰拱可起到稳定坑道底部的作用。对模筑混凝土，先做仰拱应考虑仰拱对隧道衬砌和明洞结构内力的影响；如果仰拱在边墙之后修建，一般不计算仰拱作用，但若遇到在隧道峻工后，围岩压力增长较显著的地层，则亦需要考虑仰拱对结构内力的影响。

模筑衬砌考虑仰拱对结构内力影响时，边墙基底和仰拱按作用在弹性地基上的结构考虑，边墙基底由于垂直方向的刚度很大可按弹性地基上的刚性梁计算，仰拱可按弹性地基上的曲梁计算，地基反力的分布情况，可采用局部变形理论计算确定。

10.2.1

(1)条文系按衬砌偏压构件截面压坏的概率极限状态列出受压承载力公式。其意义为考虑各种概率影响之后求得的轴力设计值，应小于或等于各种概率影响之后求得的截面极限抗压能力。

表 10.2.1—1 中数值是根据北方交通大学、石家庄铁道学院、兰州铁道学院的科研成果(说明表 10.2.1—1)，为便于实际应用合并而得。

说明表 10.2.1—1　不同隧道衬砌荷载效应分项系数

	围岩级别	Ⅱ	Ⅲ	Ⅳ	Ⅴ
单线深埋隧道衬砌	γ_{sc}	3.79	3.9	3.89	3.95
	γ_{Rc}	1.86	1.85	1.82	1.81
偏压隧道衬砌	γ_{sc}	—	—	1.57	1.70
	γ_{Rc}	—	—	1.86	1.80
明洞混凝土衬砌	γ_{sc}	2.67	2.67	2.67	2.67
	γ_{Rc}	1.35	1.35	1.35	1.35

(2)当截面受偏压作用时，受拉区拉应变 ε 达到或超过极限拉应变 ε_t 的部分发生开裂，不产生拉应力；$\varepsilon<\varepsilon_t$ 部分还有拉应力产生，且有塑性性质。受压区应变 ε 小于弹性极限应变 ε_u 的范围，压应力为三角形分布；$\varepsilon_u\leqslant\varepsilon<\varepsilon_{cu}$($\varepsilon_{cu}$ 为受压极限应变)范围为塑性区，应力矩形分布；当最大压应变 $\varepsilon\approx\varepsilon_{cu}$时，截面破坏，丧失承载力。此时截面应力状态大

致如说明图 10. 2. 1 所示。

(3)因破坏时截面实际应力较复杂,不确定因素比较多,简化后误差较大。故通过试验用偏心影响系数反映各影响因素的作用。当构件偏心受压时,由于合力作用点偏离截面核心,承压面积减少,部分截面还可能受拉等原因,使承载能力比轴心受压有所减少。偏心影响系数 α 的意义是混凝土构件偏心受压时的极限承载能力与同强度同截面尺寸混凝土构件轴心受压时极限承载能力的比值。它体现由于偏心受压使构件极限承载比轴心受压降低的程度。由于实际情况复杂,影响因素较多,α 与相对偏心距 e_0/h 的关系实际是一个随机过程,用简化假定和理论计算难以全面概括和反映实际,较好的办法是通过大量试验找出其统计特征。本规范采用的 α 计算公式和规范中表 10. 2. 1—3 的数值是通过各种强度等级的混凝土,6 种偏心距,300 多根偏压和轴心受压试件的试验结果统计整理而得。

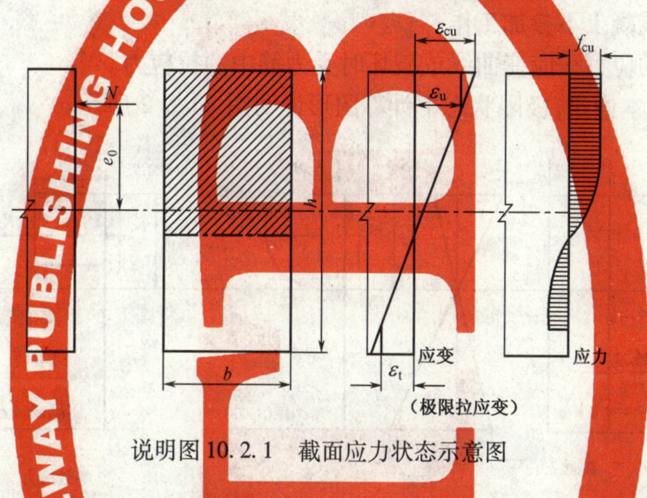

说明图 10. 2. 1 截面应力状态示意图

(4)按概率极限状态设计时,衬砌所承受的荷载、围岩的力学指标、衬砌的几何尺寸、衬砌材料的强度都是随机变量,它们各自具有一定的统计特征,计算模式的不定性也对可靠指标有影响。为了便于实际应用又照顾传统表达方式,本规范采用分项系数法、分别作用效应分项系数、材料抗力分项系数来考虑各随机变量的影响及目标可靠指标的要求。

(5)轴力标准值 N_k 由各种作用标准值得到,轴力设计值 N_d 由各种荷载标准值计算得到的轴力标准值 N_k 和抗压检算时作用效应分项系数 γ_{sc} 相乘而得,$N_d = \gamma_{sc} \cdot N_k$。为照顾传统习惯,此处未将 N_d 直接写出。作用效应分项系数 γ_{sc} 系考虑荷载围岩、力学性质、几何尺寸和计算方法等变异性和确定性及目标可靠指标的要求等综合确定。

(6)混凝土衬砌轴心抗压强度标准值 f_{ck} 按本规范表 5. 2. 3—1 选用。混凝土抗压检算时,抗力分项系数 γ_{Rc} 系考虑几何尺寸、偏心影响、材料强度及抗力计算公式不确定性因素,以及目标可靠指标的要求综合确定。

(7)说明表 10. 2. 1—1 中各项系数的数值是利用《按可靠性理论修改隧规的基础性研究》课题中荷载、衬砌几何尺寸及混凝土偏压构件强度等统计特征研究成果,将混凝土衬砌构件抗压破坏目标可靠指标定为 4. 2,砌体定为 3. 7,按《铁路工程结构可靠设计统一标准》推荐的方法,通过反复计算调整而得。若基本随机变量的统计特征与上述成果不符或目标可靠指标有变化,各分项系数也应重新计算取值。

10.2.2 对受弯及受弯和轴力共同作用的构件正截面承载能力极限状态设计通常依据以下的基本假定：

(1)截面应变服从平截面假定，即无论钢筋混凝土梁还是预应力混凝土梁，从加载至破坏的整个过程中，中性轴逐渐上升，截面变形沿梁高度基本呈线性变化，因此平截面假定可作为承载能力极限状态。国内外的一些主要规范，均采用了平截面假定。

(2)确定等效矩形应力的特征值，需要给定混凝土的 σ_c—ε_c 曲线及非均匀受压的混凝土极限应变 ε_{cu}。通过试验，可以取得各值。

(3)正截面强度的计算公式，受弯矩及弯矩和轴力共作用的构件，其正截面承载力根据内力作用方向，取构件断面或单位宽度进行计算，并按下列四个假定进行：

① 混凝土和钢筋应变沿梁高按线性分布；

② 已知受压混凝土的应力—应变曲线或特征系数；

③ 受拉区混凝土不参加工作；

④ 主钢筋的应力—应变曲线或破坏时受力筋中的拉应力。

根据上述基本假定，极限状态下计算图形说明图 10.2.2 所示。

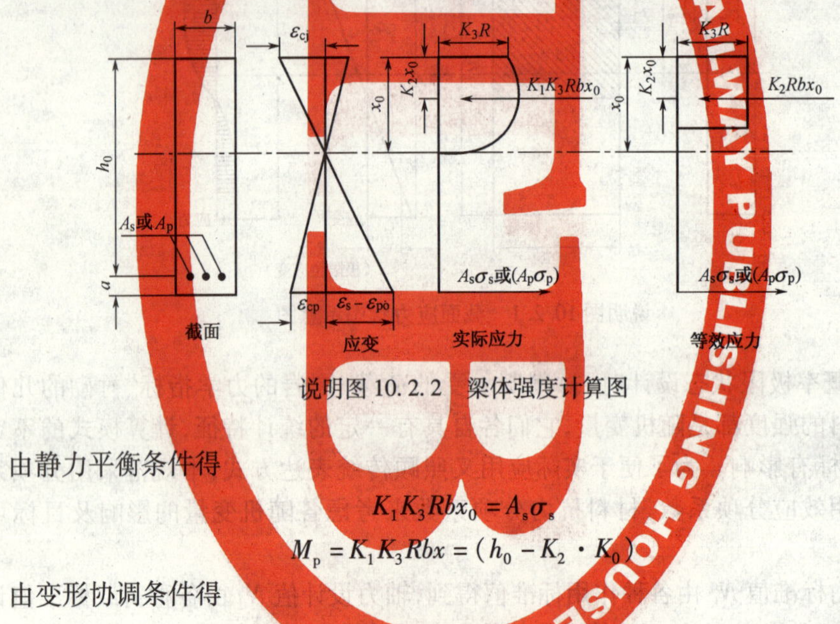

说明图 10.2.2　梁体强度计算图

由静力平衡条件得

$$K_1K_3Rbx_0 = A_s\sigma_s$$

$$M_p = K_1K_3Rbx = (h_0 - K_2 \cdot K_0)$$

由变形协调条件得

$$\frac{X_0}{h_0} = \frac{\varepsilon_{ci}}{\varepsilon_{cj} + \varepsilon_s - \varepsilon_{cp} - \varepsilon_{po}} = \frac{\varepsilon_{ci}}{\varepsilon_{cj} + \varepsilon_s - \varepsilon_0}$$

并通过 12 根试验梁实测资料，得到 $K_1 = 0.8$，$K_2 = 0.4$，$K_3 = 0.7$，又经过计算了 103 根试验梁的破坏弯矩及计算不定性系数，经过检验，在置信度水平 0.05 时均服从正态分布。

再根据平截面假定，分别对于有屈服点的钢筋(包括 HPB235(Q235)和 HRB335(20MnSi))分别求得，得出规范中所列的相对界限受压区高度值。

10.2.3 条文有关规定说明如下：

(1)本条基本上与《混凝土结构设计规范》条文相同，可参见《混凝土结构设计规范》(GB 50010—2002)的有关条文说明。

(2)关于偏心距增大系数：当长细比超过一定值(约为 8)后，由于偏心荷载作用产生的二阶弯矩效应是不容忽视的。建规修订过程中,对普通钢筋混凝土中长柱的二阶效应作了大量试验研究,并制定了沿构件高度曲率按正弦曲线分布、混凝土受压边极限压应变 $\varepsilon = 0.0033$ 为基本假定,以曲率表达式为基础的偏心距增大系数 η 的计算公式,铁路系统又作了第二批中长柱预应力偏压试验,结果是满意的。

(3)关于稳定系数 φ 值,钢筋混凝土偏压构件的 $N—M—\varphi$ 全过程分析方法已很成熟,CEB—FIP MC—78 将其视为精确的柱分析方法。经过计算,统计结果见说明表 10.2.3(其中 η^{T} 与 η^{G} 分别为理论值及 GB 50010—2002 公式值)。

说明表 10.2.3　不同长细比柱体试验统计参数

L_0/h	统计内容	$\bar{x}$	S	样本数
5.5 ~ 1.0	η^{G}/η^{T}	0.998	0.020 3	44
15、20	η^{G}/η^{T}	1.043	0.067 5	48
30	η^{G}/η^{T}	1.120	0.162	24
5.5 ~ 30	η^{G}/η^{T}	1.0418	0.097 3	116

从统计结果看,长细比为 30 时,规范值偏大,此时构件破坏时混凝土受压边缘应变达不到计算假定的 $\varepsilon_u = 0.0033$,表现了失稳特点,故误差大一些,因此对于长柱,如 $L_0/h > 30$,应用一般方法或全过程分析方法求解。

10.2.4　钢筋混凝土偏压构件正截面强度计算公式是参照建规的有关公式提出的适用于铁路工程结构的计算表达式,表达式所依据的基本假定如一般规定所述。

承受荷载的构件当截面受拉钢筋屈服,同时受压区边缘混凝土应变达到极限应变 ε_{cu} 时,构件所发生的破坏称为界限破坏,当给定 $K_1 = 0.8$ 时,由平截面假定就可求出界限破坏时的受压区高度。

在收集了 213 根短柱的试验数据、强度试验值 N_u^s 与计算值 N_u^p 比值 N_u^s/N_u^p 的统计值见说明表 10.2.4。

说明表 10.2.4　短柱试验值与计算值统计对比

统计参数	$\bar{x}$	S	$\bar{x}$	S	$\bar{x}$	S	n
	$n = 213$		$\sigma_s < f_y, x < h'$		其他情况		
(1)	1.475	0.232	1.537	0.204	1.236	0.174	44
	$n = 213$		小偏心受压		大偏心受压		
(2)	1.053	0.144	1.071	0.145	0.994	0.125	50
(3)	1.006	0.115	1.014	0.110	1.024	0.132	44
(4)	1.176	0.139	1.174	0.137	1.183	0.144	48

上表中项(1)为按允许应力法公式计算结果(公式中取$[\sigma_w] = 0.8f_{cu}$);项(2)为原桥规(TBJ 2—85)第 6.3.12 条公式的计算结果;项(3)为建规偏压公式的计算结果(式中取 $f_{cu} = rf_c = 0.968 \times 0.8f_{cd}$)其中项(2)、项(3)的界限受压区相对高度 ξ_b 均按平均截面假定取值。

由上表可以看出,项(3)与试验值符合最好,而允许应力法公式最差,而且当为非全截面受压($x < h$)截面强度由混凝土材料控制时,计算值更加偏低,与其他情况的柱相比,试验值与计算值的比值均有明显差别(前者 $N_u^s/N_u^j = 1.537$,后者为 1.236),而项(3)大、

小偏压的两种情况则相差很小（前者为 1.024，后者为 1.014），均方差相对也小一些。

说明图 10.2.4 给出了钢筋混凝土偏压构件的 $M—N$ 关系曲线，可以直观看出几种公式差别，允许应力法 $M—N$ 曲线上 A 点以下部分钢筋混凝土材料强度控制着截面强度，与其他公式曲线差别不大，这是因为此时混凝土受压区虽然仍是三角形应力分布，且最大混凝土应力小于允许应力，但由于轴向力相对较小，钢筋屈服，混凝土应力分布形状及受压区高度已非主要影响因素，而 A 点至 B 点一段则因截面强度为混凝土控制，而且由于不允许混凝土进入塑性变形，受拉区的钢筋就达不到屈服，对不考虑材料进入塑性的截面强度影响较大，使 AB 段相对其他极限状态公式曲线，计算强度降低很多，此时，混凝土未充分发挥作用。

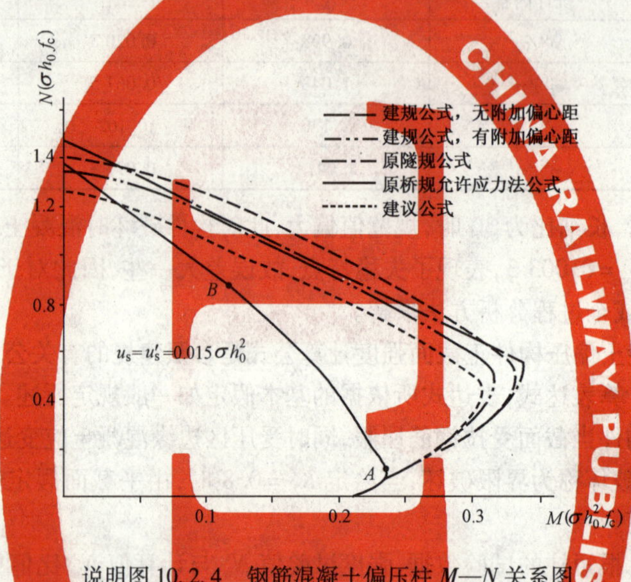

说明图 10.2.4　钢筋混凝土偏压柱 $M—N$ 关系图

鉴于原《隧规》公式与《建规》公式的所有差别及考虑到由于荷载作用位置的不同性，混凝土质量的不均匀以及施工的偏差等，可能产生附加偏心距 e_s（目前许多国家规范中都有关于附加偏心距计算的规定），建议在计算公式中考虑一个不变的附加偏心距 e_s。建议公式与其他公式的比较见说明图 10.2.4。213 根钢筋混凝土偏压构件试验强度与建议公式强度值的比值统计结果见说明表 10.2.4 中之项(4)。

10.3.1　条文说明如下：

(1)本条文系按混凝土矩形截面构件受偏压引起开裂的概率极限状态列出计算公式，其意义为考虑各种概率影响之后求得的轴力计算值，应小于或等于考虑各种概率影响之后求得的截面开裂时极限抗压承载力设计值。与抗压检算一样，用基本变量标准值与相应分项系数组合的概率极限状态实用设计式。

表 10.3.1 中数值是根据北方交通大学、石家庄铁道学院、兰州铁道学院的科研成果（说明表 10.3.1—1），为便于实际应用，合并而得。

(2)混凝土截面偏心受压时，开裂以前假设完全符合平面假定，应变按直线变化。当受拉区应变 ε 达到极限应变 ε_t 时，开始出现裂纹。此时考虑混凝土塑性性质，受拉区应力达到抗拉强度设计值时，不再增长，而按矩形分布（如说明图 10.3.1 所示）。当 $\varepsilon=\varepsilon_t$，裂纹出现时，相对于受拉区按三角形分布的最大为 $\gamma_p\gamma_{tk}$，γ_0 取 1.25。按平面假定截面应力直线分布求得条文的计算公式。

说明表 10.3.1—1 隧道结构荷载效应分项系数

	围岩级别	Ⅱ	Ⅲ	Ⅳ	Ⅴ
单线浅埋隧道衬砌	γ_{st}	2.96	3.02	3.07	3.11
	γ_{Rt}	1.44	1.44	1.46	1.47
偏压隧道衬砌	γ_{st}	—	—	1.29	1.35
	γ_{Rt}	—	—	2.54	2.48
明洞混凝土衬砌	γ_{st}	1.52	1.52	1.52	1.52
	γ_{Rt}	2.70	2.70	2.70	2.70

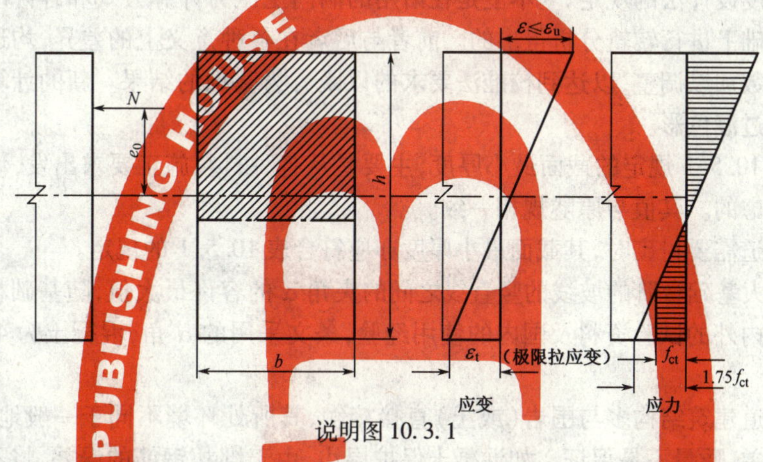

说明图 10.3.1

注：当 $e_0/h \leq 0.167$ 时可不进行抗裂检算。

（3）轴力计算值 N_d 由轴力标准值 N_k 与抗裂检算时作用效应分项系数 γ_μ 相乘而得。混凝土轴心抗拉强度标准值 f_{tk} 按本规范表 5.2.3—1 选用。同样用混凝土抗裂检算时抗力分项系数 γ_{Rt} 考虑几何尺寸、偏心作用、材料强度及计算公式不确定性等因素及目标可靠指标等的影响。

（4）表 10.3.5 中的各分项系数的数值是利用《按可靠性理论修改隧规的基础性研究》课题中的荷载、衬砌几何尺寸及混凝土偏心构件强度等统计特征的研究成果，将衬砌构件抗裂目标可靠指标定为 2.5，按《铁路工程结构可靠度设计统一标准》推荐的方法，通过反复计算调整而得。若基本随机变量的统计特征与上述成果不符或目标可靠指标有所变化，各分项系数也应重新计算取值。

由于原规范对混凝土抗裂的安全度要求较高（安全系数达到 3.6 以上），为了使新、老规范系数也一致或相近，经过折算比较，再对混凝土衬砌抗裂强度综合分项系数除以 0.7 系数（相当于抗拉强度标准值乘以 0.7 系数），使按老规范抗裂检算合格的截面按新规范检算不致有较多富裕。

10.3.2 对于裂缝宽度允许值的确定，考虑了现行国外规范的有关规定，并考虑了“耐久性研究专题”对裂缝的调查报告。

10.3.3、**10.3.4** 影响裂缝宽度的主要因素有钢筋的净保护层厚度 C、钢筋与混凝土的黏结滑移等，因此平均裂缝宽度 w_f 为净保护层、钢筋直径 d 与有效配筋率 μ 等的函数。此次规改，考虑到隧道结构的特点，引用了建工《混凝土结构设计规范》（GB 50010—2002）的有关公式，有关裂缝计算的说明可详见《混凝土结构设计规范》相关条文说明。条文公式(10.3.4—1、2、3、4)中的 M_s、N_s 本来是按荷载短期效应组合计算的弯矩值与轴力值(MN·m、MN),由于本次规改未作荷载短期效应组合方面的研究,本规范暂认为 M_s、N_s 为结构计算的弯矩值与轴力值。

10.4.1～10.4.6 本章条文系根据西南交通大学《洞门结构可靠度设计方法研究》科研成果及通过对铁路隧道一般地区、偏压隧道、明洞洞门结构的计算验证提出和修改的。洞门结构计算包括抗压、抗裂强度检算、地基承载能力检算及稳定性检算,并且对截面和基底截面的偏心距,按以往的工程经验加以限制。

应当看到,由于洞口结构受力情况复杂,力学模型对计算的影响很大。而本章所提出的洞门可靠度设计法的规定,基本上是在沿用的洞门土压力计算公式和容许应力结构计算方法的基础上进行转轨分析得出的。前者与后者在各种意义上的差异,均通过计算模式不定性系数加以调整,以达到校准法要求的以既有为基础的结果。新的计算公式带有明显的转轨过渡色彩。

10.5.1 表 10.5.1 规定的截面最小厚度,主要是从各种材料施工要求出发,使施工质量得以保证考虑的。其值与原隧规相一致。

辅助坑道需要衬砌时,其截面最小厚度亦应符合表 10.5.1 的规定。

10.5.2 扩大基础台阶的坡线的竖直线之间的夹角 α 的容许最大值,随基础材料种类而异。根据国内外的试验资料及国内的使用经验,条文采用的 α 角,混凝土为 45°,与原隧规相一致。

10.5.3 隧道建筑结构多与围岩(或土)直接接触,其所处环境不同于一般地面结构,加之施工条件差,质量不易保证。如混凝土保护层小,由于绑扎钢筋的误差,将不能起到保护钢筋免遭锈蚀的作用。故其净保护层厚度应较地面钢筋混凝土结构规定略大。

表 10.5.3 所列混凝土保护层最小厚度,系根据铁路隧道的使用经验、参照《混凝土结构设计规范》(GB 50010—2002)第 9.2.1 条规定拟定的。

考虑到明洞一般多系洞口接长明洞,即使独立明洞、长度也不会很长,故可采用非侵蚀性环境栏内数值。

对于不与围岩(或土)直接接触的钢筋混凝土构件,其保护层厚度可较表 10.5.3 规定值适当减小。

考虑到钢筋混凝土的耐久性,并结合美、英规范,本条规定的钢筋净保护层厚度以最外侧钢筋算起,无论是主筋还是箍筋或辅筋。

10.5.4 对于钢筋净距的规定主要是为使灌筑混凝土时骨料能顺利通过,以保证混凝土能灌筑密实,另一方面也是为了使混凝土与钢筋之间能有良好的黏结能力。由于施工中所用的粗骨料最大粒径为 25 mm,所以规定钢筋混凝土净距不得小于 d 或 30 mm。

当钢筋的层数等于或多于三层时,其净距亦应相应加大,因而规定水平向净距不得小于 1.5d 或 45 mm,而竖向净距则不予增大。

为使钢筋能可靠锚固在混凝土内,钢筋端部一般均应设有弯钩。对于光面钢筋,采用半圆形或直角形弯钩;对于螺纹钢筋则采用直角形弯钩。

10.5.5 我国建筑结构混凝土构件的最小配筋率,较长时间沿用 20 世纪 60 年代前苏联规范的规定。远未达到受拉区混凝土开裂后受拉钢筋不致立即屈服的水平,本次修订直接按国标《混凝土结构设计规范》(GB 50010—2002)第 9.5.1 条和第 9.5.2 条规定提高了最小配筋率,具体说明可见其条文说明。

对于受弯和偏心受压构件,本条文是为了在混凝土梁的受拉边缘产生裂纹时,梁不会突然破坏而规定的。原则上是按混凝土梁由抗拉极限强度能承受的弯矩与最小配筋率时的钢筋混凝土梁所能承受弯矩相等制定的,并给予一定的安全储备。对于T形截面梁,上列最小配筋率系指对肋宽 b 与截面有效高 h 乘积的截面面积的比值。

10.5.6 参照《混凝土结构设计规范》(GB 50010—2002)有关条文规定的,可参见相应条文说明。

10.5.7 条文规定说明如下:

(1)轴心受压钢筋混凝土构件是由钢筋和混凝土两部分共同承受荷载的。规定最小配筋率的目的主要使构件能承受一部分弯矩和减少混凝土收缩徐变的影响。一般在工程实践和科学实验中,轴心受压构件均有弯矩存在,配置规定数量的钢筋即可承受这一部分弯矩,从而推迟构件的破坏。试验资料表明,在轴心受压钢筋混凝土构件中,由于混凝土收缩徐变的影响,使原来由混凝土承受的压力转嫁给钢筋,混凝土应力减少,钢筋应力增加,配筋率愈低则转嫁给钢筋的应力愈大,因此,必须规定最小配筋率的限度。各国的规定不一,其范围为0.4%~1.0%,本规范取0.6%。

规定最大配筋率主要是从施工出发,以免钢筋过密使混凝土不易灌筑和捣实。

(2)规定纵筋、箍筋最小直径和箍筋最大间距是为了保证受压钢筋有足够的刚度,使钢筋承受压力时,距离纵向弯曲破坏还有一定的安全储备,因此每一纵筋必须与箍筋绑扎在一起;同时箍筋能给混凝土以侧向约束作用,提高其极限承载能力,使构件不致发生突然破坏。

(3)配有螺旋钢筋的构件可视为一个组合构件,它的截面由螺旋钢筋约束的核心部分和外围部分(保护层)所组成。核心部分的约束程度与很多因素有关,如螺旋钢筋的体积配筋率、螺旋筋的间距、钢号以及核心部分混凝土的质量等,最主要的是螺旋筋的间距,间距愈大,约束程度愈差。因此限定螺旋筋的间距不应大于核心直径的1/5或80 mm。同时,间距也不能过小,以免影响灌筑混凝土的质量,使核心部分与保护层之间可能出现蜂窝,减小构件的整体性。

(4)截面核心部分面积对总截面比例的规定,是从经济方面考虑的,螺旋筋部分对纵筋面积比例的规定是不使配有螺旋筋的构件的承载能力反低于未配螺旋筋的构件的承载能力,但螺旋筋也不宜配置过多,以致混凝土的保护层有剥落的可能。

10.5.8 钢筋在接头处连接后,还必需保证其与未连接前具有相同的强度,直径愈大必需加强。当直径大于25 mm时,用搭接等办法已不能保证接头处与未接头处具有相同的强度,故必须焊接。至于搭接长度的规定,一般按等强度的要求由试验求得。

10.5.9 本条所列钢筋直径和间距的规定,与《混凝土结构设计规范》(GB 50010—2002)中有关规定是一致的,可参见该规范有关条文说明。

11.1.1~11.1.3,11.1.5~11.3.2 本章规定引自原隧规(TBJ 3—85),是考虑到目前可靠度设计法尚不全面,为适应各类隧道结构设计而保留的计算方法。

(1)数值分析法可用于复杂地质、任意荷载和不同断面设计隧道,计算时还可考虑不同施工方法的时间效应的影响。有限元法有线弹性、弹塑性、黏弹性和黏弹塑性等计算模型。假设围岩是在初始地应力场中的连续介质,洞室和衬砌等离散为一系列相互联系的单元,使其尽量符合实际的荷载、几何尺寸的边界条件;隧道开挖过程是洞周局部应力释放而引起围岩应力重分布的过程,根据施工情况将洞内单元分几次开挖去,然后在洞周各点加上数值相等、方向相反的等效节点力，通过电算可得到围岩应力、变形、塑性区范围、岩体稳定性以及衬砌应力、变形和接触压力等。

（2）特征曲线（即收敛—约束法）主要用来计算初期支护。求出围岩特征线（根据弹性理论导出的围岩变形与支护阻力关系曲线）和支护特征曲线（支护结构对围岩变形所能提供的约束曲线）的相互关系；其计算原则为：

① 初期支护能提供的总支护能力，必须大于隧道周边围岩达到塑性应力平衡时，洞壁必须施加的径向阻力；

② 初期支护允许洞壁产生的径向变形，必须大于洞周边所产生的塑性径向变形。

（3）块体平衡理论是假定巷道稳定性主要受岩体结构面组合情况控制。在工程地质基础上，找出围岩结构面组合情况的结构面本身性能，然后确定可能塌坍、滑动的不稳定岩块（危石），以及它们与巷道间的关系。常因某块危岩滑动、掉落而引起整个围岩失稳，不稳定岩块或围岩由初期支护承受，根据悬吊或组合拱原理设计锚杆参数；在危岩作用下，验算在岩块结构面处喷层的抗冲切强度，喷层和围岩间的黏结力。

初期支护极限相对位移（表 10.1.7—1 及表 10.1.7—2）是《隧道稳定性位移判别准则研究》的科研成果（鉴定证书为技鉴字〔1997〕第 022 号）及《喷锚衬砌和复合衬砌可靠性设计方法和设计参数研究》的科研成果，是依据国内一些地下工程测试实例，并参照国内同类资料推算拟定的，具有一定的实用性。但由于工程实践尚不够多，特别是岩层性质的多变性和复杂性，表内数值尚待进一步实践补充完善，因此允许在施工实测中，根据资料进行适当地修正补充。

《隧道稳定性位移判别准则研究》的主要内容为：

① 明确了隧道稳定性的概念，提出了隧道稳定性可通过隧道位移来体现和判别。

② 对实测位移的分析确定方法进行了比选，提出了实测位移的时间序列组合模型分析方法。这不仅可知道数据序列均值的具体形式。还知道均值的残差序列的变化规律，使得实测数据的拟合模型、位移前推测预报更加准确可靠，为稳定性随机分析和位移随机反分析提出了完整的量测信息。

③ 提出了通过实测位移随机反分析确定围岩参数、原始地应力和支护结构作用荷载的方法。同时，为补充随机反分析中实测位移不足，提出了实测位移随机插值法。

④ 对位移判别体系的核心问题，即极限位移的确定，提出了整体模拟方法，对毛洞阶段、初期支护阶段和二次衬砌阶段或修筑整体混凝土衬砌后的失稳破坏形式、极限状态和极限位移的求法，提出了整套计算模拟方法，在此基础上，进行大量工作，对单、双线电化铁路隧道复合式衬砌标准设计各级围岩、不同埋深等标准设计断面，从开挖毛洞到隧道建成各阶段，各断面内各主要测线间和拱顶下沉和极限位移列成表格可供查询。

⑤ 提出了隧道稳定性位移判别准则；按预设计、开挖、初期支护、二次衬砌及建成后运营四阶段监控量测到的位移信息来判别隧道的稳定性。

⑥ 进行了隧道破坏过程及极限位移的室内模拟试验特征，并结合实际工程实现了工程验证。

《喷锚衬砌和复合衬砌可靠性设计方法和设计参数研究》的主要内容为：

① 由于围岩错综复杂的组合变化不易掌握，喷锚和复合衬砌作用机理也还未充分认识，而因目前对一般喷锚和复合衬砌的设计仍应强调以工程类比为主，通过监控量测加以

验证和修改的方法，设计分两阶段进行是必要的。

② 对一般喷锚和复合衬砌不必强调进行计算分析，对地质复杂、长大、重点隧道和缺乏工程类比资料的特殊隧道，需要进行理论分析时，应根据围岩特性和工程要求选好本构关系，特别要加强地质调查和工程勘测，以确定围岩相应的物理力学指标及原始应力状态，使计算结果能定量地指导设计。

③ 喷锚、复合衬砌可靠度可在定值有限元分析的基础上加以随机化，仍以校核支护和围岩破坏为主建立功函数和极限状态方程，仍可引用 $R—S$ 模式。作用效应 S 的计算在定值分析中就十分复杂。作用各种物性指标及几何尺寸都成随机变量后，作用效应统计特征的分析计算更加繁琐，因而认为现阶段比较可靠的方法是蒙脱卡洛抽样模拟。

④ 施工阶段利用监控量测结果反馈设计与施工是喷锚构筑法修建隧道的重要环节，一定要坚持按喷锚构筑法有关规定做好，为反分析提供监测数据的量测断面更应布置得当，要能提供具有代表性的精度更高、项目更全的数据。

⑤ 利用极限位移的成果得出简化的隶属函数公式，利用监测数据整理得到的统计特征建立位移概率密度函数，推导出失效概率和可靠指标。

⑥ 按规范规定的围岩特性指标范围值作为均匀分布，围岩的自重应力计算深度不超过 100 ~ 300 m，按弹塑性随机有限元算出的可靠指标可作为一般定量参考，只能算作过渡性处理措施。

对上述科研成果经过鉴定和审查，认为部分可作为修订规范的重要数据，因而将成果在此简介，但由于工程实践尚不够多，特别是围岩性质的多变性和复杂性，尚待进一步实践补充完善，并且认为，特别对喷锚和复杂衬砌的可靠度设计法，目前尚不成熟，但可以作为深入研究的基础或参考。

12.1.1 选设辅助坑道，条文提出："应根据隧道长度、施工期限、地形、地质、水文等条件，结合通风、排水及弃渣的需要，通过技术经济比较确定"。一般情况下，隧道长度是选设辅助坑道的基本条件，因为在全面安排施工组织计划后，隧道仅以两个工作面掘进。施工进度不能满足工期要求时，就有考虑设置辅助坑道的必要，以增辟工作面，适应施工工期要求。

设计时，必须对辅助坑道的设置与否，采用何种类型等问题进行多方案技术经济比较，慎重选用，防止缺乏整体规划，不顾经济效益，仅从施工方便考虑，随意设置辅助坑道，造成工程上的浪费。

12.1.2 设置辅助坑道的目的，主要是增加工作面加快施工进度，而影响的关键多在于出砟速度。因此在设计时，首先要根据运输要求确定采用单道或双道断面，地质条件则决定了断面的形状，如地质较好，可采用拱形直边墙断面，而地质较差时，则需采用拱形曲边墙断面；如按上述条件确定的同时，还需综合考虑设备、管路布置等要求，力求提高断面利用率，缩小断面积，以降低造价和加快施工进度。

有关安全因素的规定如下：

(1)横洞、斜井及平行导坑：

① 坑道的一侧，必须留有宽度不小于 0.7 m 的人行道；另一侧的间隙宽度，不得小于0.2 m；

② 斜井人车停车点，在坑道一侧，必须留有宽 1 m 以上的人行道；

③ 在双车道运输的坑道中,两条轨道中心线之间的距离必须使两列车最突出部分之间的间隙大于0.2 m;

④ 在有摘挂钩作业的车场,两列列车车体的最突出部分之间的间隙,不得小于0.7 m。

(2)竖井内提升容器之间以及提升容器最突出部分和井壁、罐道梁之间的最小间隙见说明表12.1.2—1(单位:cm)。

"若需作为通风道时,则应核算其面积"系指当辅助坑道同时又兼作施工通风道,竣工后利用作运营通风道两种情况。

① 若兼施工通风道时,应根据所需的风量核算其净断面,使风速控制在允许范围以内。计算公式如下:

$$v = Q/F \leq v_{允许}$$

式中 v——通过坑道风流的速度(m/s);

Q——所需风量(m^3/s);

F——坑道的净断面(m^2);

$v_{允许}$——坑道允许通过的最高风速,$v_{允许}=6$ m/s。

② 对为留作运营通风时核算面积,应使断面积在满足运营通风的风量要求等条件下,尽可能地减少压头损失,以节省通风所需的动力,克服风道内阻力所需的压头。其关系式如下:

说明表12.1.2—1 竖井内设备间距表

罐道和井梁布置 \ 间隙类别		容器和井壁之间	容器和容器之间	容器和罐道梁之间	容器和井梁之间	备 注
罐道布置在容器一侧		15	20	4	15	罐耳和罐道卡子之间为2
罐道布置在容器两侧	木罐道	39	—	5	20	有卸载滑轮的容积,滑轮和罐道梁间隙增加2.5
	钢罐道	15	—	4	15	
罐道布置在容器正面	木罐道	20	20	5	20	
	钢罐道	15	—	4	15	
钢丝绳罐道		35	45	—	35	设防撞绳时,容器之间的最小间隙为20

$$h = RQ^2 = \alpha_{摩} \cdot \frac{SL}{F^2}Q^2$$

式中 $\alpha_{摩}$——沿程摩擦阻力系数;

S——断面周边长(m);

L——通风道长度(m)。

如设坑道长度$L=200$ m,所需通风量为120 m^3/s及240 m^3/s时,其不同断面所需要的压头h和通风过程克服上述摩阻以及通风机所需的轴功率的关系,见说明表12.1.2—2及说明图12.1.2。

从说明表12.1.2—2及说明图12.1.2—1和说明图12.1.2—2可以看出断面过小,需要增加风机的压头甚大,在风量$Q=120$ m^3/s时,$F=5$ m^2($v=24$ m/s)比$F=10$ m^2($v=12$ m/s)压头增加67/12=5.58倍,耗电量增加4.58倍(克服风道摩擦阻力);当风量240 m^3/s时,$F=5$ m^2($v=48$ m/s)比$F=20$ m^2($v=120$ m/s),压头增加267/11=24.3倍,耗电量增加1 047/43=24.3倍。

说明表 12.1.2—2 断面所需风压与通风过程、风机轴功率对应关系

Q(m³/s)	F(m²)	S(m)	v(m/s)	R	$h=RQ^2$	$[N]=\dfrac{hQ}{102\eta}$(kW)
120	5	8.78	24.0	0.004 636	67	131
120	7	10.78	17.1	0.002 074	30	58.8
120	10	12.78	12.0	0.000 843 5	12	23.5
240	5	8.78	48.0	0.004 636	267	1 047
240	7	10.78	34.3	0.002 074	119	467
240	10	12.78	24.0	0.000 843 5	49	192
140	20	23.34	12.0	0.000 192 6	11	43

注:〔N〕为通风机轴功率;$\alpha_{摩}$ 为 0.000 33;η 为通风机的效率,取 0.6。

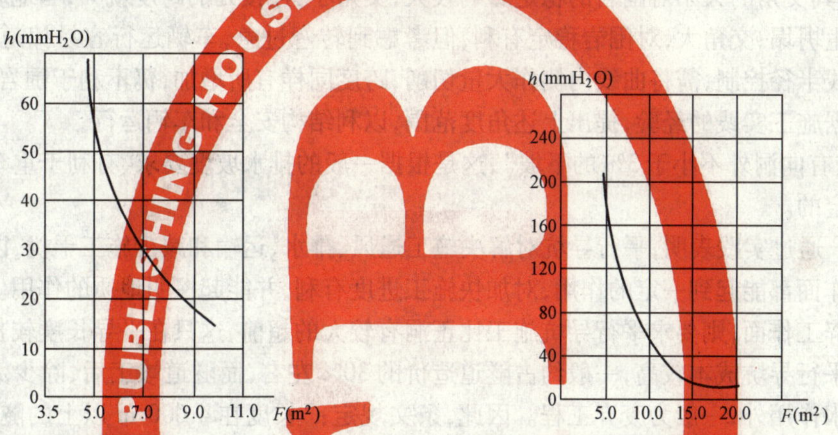

说明图 12.1.2—1 $Q=120\ m^3/s$　　说明图 12.1.2—2 $Q=240\ m^3/s$

根据上述计算,说明断面的大小对消耗的动力影响很大,结合其有关因素,一般认为风道中风速采用 10 ~ 15 m/s 为宜,以使选用的通风机的效率经济合理。

通过核算坑道断面积后,若不能满足运营通风要求,则应修改断面,避免施工过后重新扩大断面,费工费时,勉强利用则需增加动力消耗,都将造成浪费。

12.1.3、12.1.4 近年来修建的长隧道、很多都采用了辅助坑道,竣工运营后除少数利用外,多数废弃,仅做了洞口的封闭工程,在运营中往往发生病害,以致危及行车安全,这是由于辅助坑道属于临时性的施工组织措施,未给予应有的重视。过去有用木支撑因山体压力随时间增加不易拆除而留下,以致支撑腐朽,山体压力继续增加造成洞壁坍塌,而在隧道开挖时,隧道四周一定范围内的围岩都受到扰动,应力状态发生变化,这一范围内辅助坑道的稳定与否,直接影响到隧道衬砌的外荷状况,辅助坑道一旦坍塌,必然导致正洞山体压力增大,同时会引起地下水流不畅,甚至堵塞,往往造成支护裂损,边墙渗漏水等病害,因此对辅助坑道的支护,不能仅仅从施工阶段安全的角度出发,还应保证正洞运营安全。故规定:"应视需要设永久支护"。

关于辅助坑道在竣工后的处理问题,根据调查往往是竣工后仅做了一般的封闭工作,并未妥善采取必要的处理措施。交付运营后,一些地下水发育的隧道,因坑道内排水不良、以致倒灌入正洞,严重的甚至淹没钢轨;在地质不良地段,坑道塌方严重,个别的危及正洞安全,不得不返工整治。所以要求设计时对隧道竣工后特别对于不予利用的辅助坑道进行妥善处理。对位于隧道轨面以下的洞室如斜井的砟仓、箕斗坑等,若影响正洞及行车安全者均应密实回填,不留后患。

12.1.5 隧道施工中的弃渣、废水、废气、噪音都会给工程环境造成不良影响，特别是弃渣堵塞水道、河道、造成水患和占用农田的事常有发生。以往隧道的选位、洞门的设计，与自然景观相协调固然不足，而辅助坑道的洞（井）口位置的选择和设计、考虑与自然环境、自然景观相协调更为不足。条文中因而规定辅助坑道的洞（井）选位的设计、施工场地布置及弃渣处等应符合环境保护要求，与环境保护、道路交通总体布置以及自然景观相协调，以与国家现行的环境保护法规协调一致。

12.2.1 傍山、沿河的隧道、当施工需要时，采用横洞施工，方便实用。其连接形式，应根据地质、施工的主攻方向和进度要求及横洞的长短，确定采用单联或双联。

条文中提出："连接处的平面交角宜为40°～45°"，这是因为横洞与隧道连接处成喇叭口状，其交角的大小对围岩的稳定影响较大；交角小，连接处的跨度就大；当地质较差时容易发生坍塌；交角大，对围岩稳定有利，但考虑到转弯过急，车辆运行容易掉道，一般受连接曲线半径控制，需将曲线内侧作大量切削，跨度同样有所增加，仍不利于围岩的稳定。本条根据施工实践的经验，提出上述角度范围，以利结构安全和车辆运行。

"应有向洞外不小于3‰的下坡"，这是根据一般的排水坡度要求、有利于重车下坡运行而规定的。

12.2.2 通过实践表明，平行导坑对解决施工通风、排水、运输和减少施工干扰，以及增加正洞工作面都能起到一定的作用，对加快施工进度有利，并能起探明地质的作用。要通过平导增辟工作面，则要求平行导坑施工比正洞有较大的超前，这只在平导长度较长时才能实现。平行导坑成本较高，一般约占隧道造价的30%左右，而隧道竣工后，除少数平导有运营排水作用外，一般为废弃工程。因此，条文规定："长度在4 000 m以上的隧道，当不宜采用其他类型辅助坑道时，应优先采用平行导坑"。

瓦斯隧道施工时，为防瓦斯爆炸，加强通风是最主要的安全措施，由于需要风量大，风管式通风往往不能满足需要，因此，应优先采用能形成全负压的巷道式通风平导坑；另外《煤矿安全规程》规定：每个生产矿井必须至少有两个能行人的通地面的安全出口。铁路瓦斯隧道与煤矿生产矿井虽有区别，但设置平行导坑后多一个通向洞外的出口，对于防止瓦斯灾害是有显著作用的。故条文规定："瓦斯隧道应优先采用平行导坑"。

有关选定平行导坑与隧道间的净距，条文规定："宜采用15～20 m"。这在一般的围岩中是可行时，当地质条件不好的，应选用较大的距离。

对于位于软弱围岩和特殊地质地段的平导结构宜结合二线综合考虑，主要是指在平导将来扩建为第二线隧道的可能性极大的前提下，可以考虑平导按正线衬砌施作，以免今后反复，投资加大。

条文提出平行导坑，"底面高程低于隧道高程0.2～0.6 m"。这可使横洞通道的纵坡由隧道向平行导坑布置为下坡，有利于正洞水流向平行导坑排水和重车出砟；但由于横通道内设有反向曲线，且两端铺设道岔，坡度太大时，下坡易使车辆溜车掉道，上坡可能超过机车牵引限坡，为有利于排水，其坡度不应小于3‰，瓦斯隧道设置平行导坑作为辅助坑道用于排放瓦斯时，其底面高程可大大高于隧道底高程，如此则隧道不能用平行导坑排水和出砟。

在考虑兼运营隧道排水作用时，应加深平导内水沟的深度。

12.2.4 有关横通道的间距说明如下：

间距过大，则落后工序拉得很长，不利于通风、排水，不利于协调配合正洞施工中的需要；间距过小，则增多工程量，提高了造价，还可能互相干扰，影响进度。条文提出："不宜小于 240 m，宜为 300 ~ 500 m"，是根据施工经验结合避车洞的布置而定的。但当作为防灾救援通道时，间距过大不利于人员疏散，因此条文规定："当考虑防灾救援时，其间距应适当减小"。

12.2.5 平行导坑和正洞的排水关系，可能出现多种形式。如：当隧道内纵坡为单面坡，平导纵坡与隧道一致反向掘进时，地下水需依靠机械抽排，若两端平导不贯通，到运营时，高洞口端平导地下水只能流经隧道排出，隧道纵坡为人字坡或单面坡，而隧道的地下水大，需流经平导排出，但考虑不周或处理不当时，往往产生滞流、倒流、漫流等情况，因此设计时对平导的水沟断面、坡度都应和正洞排水系统一并考虑，以免造成上述问题。

12.3.1 在设置斜井、竖井时，应使其井身通过地质较好的地段，这是因为斜井和竖井在工程地质、特别是水文地质差的情况下，施工难度大、进度慢、造价高且不安全。在选设井口位置时，其井口地形应有布置提升设备以及卸料和出砟所需的场地。设置斜井和竖井的目的在于增辟正洞工作面，加快施工进度，满足工期要求；如果忽视这些要求，井身施工期长，且增加造价，将达不到设置斜井或竖井的预期效果，故加以强调。

在斜井和竖井的施工中，因斜井的施工设备和施工技术较简单，而竖井施工需要一套专门的设施，如吊盘、抓岩机、吊桶、稳车等；二者比较，竖井的施工进度慢，水的排出困难造价高，安全性也差，同时竖井测量投点困难，向正洞延伸测量误差较大。故在不宜设置斜井时，可采用竖井。

"井口位置的高程应高出洪水频率为 1/100 的水位至少0.5 m"。这是根据工程实践中的经验教训而提出来的。在洪水位标高难以确定，井口有可能被洪水淹没时，则应有确保安全的防洪措施。

12.3.2

1 斜井

(1)近年来，斜井施工数量逐年增多，根据调查大多倾角在 25°以下。一般认为斜井倾角小，对斜井本身的修建速度有所提高，工作人员上下方便安全，并可提高斜井的提升能力，对隧道快速施工起到一定作用。当采用矿车提升，倾角超过一定的角度就会出现掉块、角度越大掉块现象越严重，同时还容易造成掉道。故规定："串车提升的斜井倾角不大于 25°"。由于施工技术和施工机械化程度的不断提高，正洞施工进度加快，出砟量增大，除采用大容积提升容器外，采用箕斗提升亦可适当增大倾角，以缩短斜井长度，增大提升能力，加快斜井的提升速度。为此，在地形有利而另有通道进料时，可设专为出砟用的箕斗提升斜井，故条文规定："箕斗提升斜井倾角不大于 35°"。胶带输送机的斜井，在铁路隧道中很少使用，缺乏经验，参照国内外有关资料，考虑到隧道弃渣与冶金部门提升的矿石、矸石的情况相接近，从安全出发，故在条文中规定："胶带输送机提升时倾角不大于15°。

(2)"井底车场与隧道中线连接处的平面交角宜采用 40° ~ 45°"。这里是指斜井与隧道采用平面相接的串车提升斜井，如斜井与隧道采用立交或皮带输送机提升时，其角度不受此限，但不宜小于 40°。

(3)"井身纵断面不宜变坡"，由于井身变坡会给提升带来不利。如纵断面是凹形，钢线绳与轨面之间呈现一弓弦状，极易撞击顶板，增加钢丝绳的磨损及造成车辆掉道；如纵断面是凸形，车辆行经变坡点，其重心落在后轮时，前轮跷起，不能保持稳定，易发生掉道，不安全，故作此规定。

“井口和井底变坡点应设置竖曲线”，是为了缓和变坡点前后坡度的急剧变化，使车辆能够平稳顺利通过变坡点，不致发生掉道和脱钩。

(4)“斜井必须设置宽度不小于0.7 m的人行道”，是适用于串车、箕斗提升的斜井，也适用于采用胶带输送机提升的斜井，但前者是设在一侧，后者是设在胶带输送机与轨道之间的。

“串车斜井和箕斗斜井每隔30～50 m可设一躲避洞”，是参照《煤矿安全规程》的规定，“斜井中行车时，严禁行人”。而在生产过程中，往往要利用提升的间歇时间对地滚、轨道、管路和其他设施进行检修，为了不延误生产及时进行检修，同时又保证检修人员的安全，故作此规定，但对于提升量不大，运输不十分频繁，提升速度较慢或有隔墙的人行道时，可不设躲避洞。

2　竖井

(1)竖井设在隧道中线上时，对正洞施工有干扰，不安全，而且竖井与隧道接头处拱顶衬砌结构处理较复杂，如竖井漏水将威协正洞，处理也较困难，而设在中线一侧，则可避免上述缺陷，故条文规定：“平面位置应设在隧道中线一侧”。

根据以往的实践，规定“与隧道净距一般15～20 m”，这在一般围岩下是可行的；当地质条件差时，应选用较大的距离。竖井与隧道的间距还应考虑井口地形和井底车场的布置，以利出砟、进料和便利施工。

(2)“井筒内应设置安全梯”，安全梯主要是作为井下发生突发事故停电时的安全设计，而在正洞未贯通前，它又是惟一的出口，平时也可利用安全梯检查井筒装备和处理卡罐等事故。

(3)为了消除提升容器在运行时的横向摆动，保证提升容器高速安全地运输，应沿井筒纵向安设罐道。故条文提出：“竖井应根据使用期限、井深、提升量、并结合安装维修等因素，选用钢丝绳罐道或木罐道梁”。其中钢丝绳罐道具有结构简单，安装维修方便，可节约钢材或木材，减少投资；不需罐道梁，减轻了井壁的负荷，从而有利于井筒护壁采用喷锚支护，可缩短建井周期；同时提升容器运行稳定，改善了提升系统的受力情况等优点，宜优先采用。

12.3.3　斜井和竖井随着井身长度、提升方式、运输设备及施工组织安排的不同，井底车场布置的规模大小有很大的差别，因此条文不作具体规定。设计时可根据运量要求，综合考虑上述因素，结合井口地形、方便施工、确保安全、经济合理，以及提升能力等情况，尽可能地将辅助性工作和设备安装于地面；如车辆、工具的修理、电瓶车充电、炸药及雷管的存放以及变电所和空压机等；如不便于设在地面时，应尽量利用正洞设置，以减少工程量。

12.3.4　采用斜井和竖井作辅助坑道时，地下水的排出直接影响到工程的进度、造价及施工安全，因此在勘测设计过程中应切实了解和掌握地下水的情况，并根据涌水量的大小和施工组织安排及有关规定，确定井下泵房、水仓等排水系统的设置。

12.3.5　竖井井口多处在松散的表土层或风化破碎的岩层内，而且还要承受井架、提升荷载和井口附近的建筑等传来的荷载。故条文规定：“竖井井口应设混凝土或钢筋混凝土井颈”。其井颈的形式、尺寸和材料可根据井口地质条件、井架和井口建筑物传给井颈的荷载及施工方法等因素来确定。

“马头门应作模筑混凝土衬砌”,因马头门是十字交叉点,结构特殊,受力情况复杂,要承受井筒传来的力,故作此规定。

“井口段、通过地质条件较差的井身段及马头门的上方宜设壁座”。在竖井支护中,一般地质条件下均可采用无壁座支护;当地质条件差,衬砌与地层间黏结力弱,地基承载力低,或者需承受上方较大的荷载,而设置壁座可以扩散承受有负荷、减轻单位地基承载力,故作此规定。

有关衬砌参数参见说明表12.3.5—1和说明表12.3.5—2。

说明表12.3.5—1 斜井(及横洞、平导)衬砌参数

围岩级别	喷锚衬砌	模筑混凝土衬砌	复合衬砌	
			初期支护	二次衬砌
Ⅰ	不支护	20 cm	不支护,局部喷射混凝土或水泥砂浆护面	20 cm
Ⅱ	5 cm	20 cm	局部喷射混凝土,厚度5 cm	20 cm
Ⅲ	(1)8~10 cm厚喷射混凝土; (2)5 cm厚喷射混凝土,设置锚杆长1.5~2.0 m	25~30	喷射混凝土厚5~8 cm,局部设锚杆,长2 m	20 cm
Ⅳ	—	35~40 cm	喷射混凝土厚8~10 cm,拱部设锚杆,长2~2.5 m,间距1~1.2 m必要时拱部设钢筋网	25~30 cm
Ⅴ	—	45~50 cm,必要时设仰拱	喷射混凝土厚10~15 cm,设系统锚杆,长2.5~3 m,间距1 m,设钢筋网	35~40 cm,必要时设仰拱

注:1 Ⅵ级围岩地段应特殊设计;
2 喷锚衬砌仅适用于地下水不发育,无侵蚀性并能保证光面爆破效果的Ⅰ~Ⅲ级围岩地段;
3 适用于坑道宽不大于5 m,当坑道宽度大于5 m时另行设计。

说明表12.3.5—2 竖井衬砌参数

围岩级别	喷锚衬砌		模注衬砌	复合衬砌		
				初期支护		二次衬砌
	$D<5$ m	5 m$\leq D<7$ m		$D<5$ m	5 m$\leq D<7$ m	
Ⅰ	喷射混凝土厚度10 cm,必要时局部设置长1.5~2.0 m的锚杆	喷射混凝土厚度10 cm,设置长1.5~2.5 m的锚杆;或15 cm喷射混凝土	模筑混凝土或钢筋混凝土厚30 cm或砌体厚40 cm	—	—	—
Ⅱ	喷射混凝土厚10~15 cm,设置长1.5~2.0 m的锚杆;必要时,加设混凝土圈梁	10~15 cm钢筋网喷射混凝土,设置1.5~2.5 m的锚杆;必要时,加设混凝土圈梁	—	—	—	—
Ⅲ	15~20 cm钢筋网喷射混凝土,设置长2~2.5 m锚杆;必要时设钢圈梁	15~20 cm钢筋网喷射混凝土,设置2~3 m的锚杆;必要时,加设钢筋混凝土圈梁	混凝土或钢筋混凝土厚度40cm,或砌体厚60 cm	喷射混凝土厚5~10 cm,锚杆长1.5~2 m,间距1 m,必要时配钢筋网	喷射混凝土厚10~15 cm,锚杆长2~2.5 m,间距1 m,必要时配钢筋网	30 cm

续上表

围岩级别	喷锚衬砌		模注衬砌	复合衬砌		
				初期支护		二次衬砌
	$D<5$ m	5 m$\leqslant D<7$ m		$D<5$ m	5 m$\leqslant D<7$ m	
Ⅳ	—	—	混凝土或钢筋混凝土厚 50 cm 或砌体厚 70 cm	喷射混凝土厚 10 ~ 15 cm，锚杆长 2 ~ 2.5 m，间距 1 m，必要时配钢筋网	喷射混凝土厚 15 ~ 20 cm，锚杆长 2.5 ~ 3 m，间距 0.75 ~ 1 m，配钢筋网	40 cm
Ⅴ	—	—	混凝土或钢筋混凝土厚 60 cm 或砌体厚 80 cm	喷射混凝土厚 15 ~ 20 cm，锚杆长 2.5 ~ 3 m，间距 0.75 ~ 1 m，配钢筋网，必要时配钢筋圈梁	喷射混凝土厚 20 ~ 25 cm，锚杆长 3 ~ 3.5 m，间距 0.5 ~ 0.75 m，配钢筋网，必要时配钢圈梁	50 cm

注：1　Ⅵ级围岩地段应采用特殊支护措施；
　　2　钢筋网的钢筋宜选用 φ6 ~ 8，网格间距宜选用 10 ~ 20 cm。

12.3.6　斜井和竖井不论在建井还是在使用过程中，必须安全工作，在提升过程中会因断绳、脱钩产生溜车（掉罐）或过卷，以及斜井的掉道、翻车、竖井中的碰撞事故。故本条提出："斜井和竖井在建井和使用期间，必须有相应的安全措施，并在适当位置设挡车设备，严防溜车"。所提的"相应措施"除挡车设备外，斜井串车提升时井口应设阻车器，车辆上应设置抓钩，联接插销应有防止脱钩的位置；竖井中应有可靠的继绳防坠装置，井底、井口及绞车房应设音响和色灯信号联系装置；防止卷、过速装置以及必要的检查管理制度等。所指的"适当位置设挡车设备"是指在井口和井底各设一道挡车设备，斜井井身则根据斜长可设 1 ~2 道挡车设备。"倾角在 15°以上的斜井应有轨道防滑措施"，因为斜井轨道与水平轨道不同，斜井轨道由于重力作用，往往下滑，轨缝增大或缩小，轨道连接螺栓被剪断，局部线路或道岔变形，使维护困难，造成事故，危及人员、设备的安全，影响正常的施工，故作此规定。

13.1.1　隧道的水害是由洞内、洞外的多种因素引起的，所以不可能靠单一的办法就能得到很好的解决。根据多年来隧道治水的经验，隧道防排水应采取"防、排、截、堵结合，因地制宜，综合治理"的原则。与现行《地下工程防水技术规范》（GB 50108）提出的防排水原则是一致的。

"防"：即要求隧道衬砌结构具有一定的防水能力，能防止地下水渗入，如采用防水混凝土或塑料防水板等。

"排"：即隧道应有排水设施并充分利用，以减少渗水压力和渗水量，但必须注意大量排水后对周围环境引起的后果，如围岩颗粒流失，降低围岩稳定性或破坏地下水、地表水径流条件造成当地农田灌溉和生活用水困难等，要求设计应事先了解当地环境要求，以"限量排放"为原则，结合注浆堵水制定设计方案与措施，妥善处理排水问题。

"截"：隧道顶部如有地表水易于渗漏处或有坑注积水，应设置截、排水沟和采取消除积水的措施。

"堵"：在隧道施工过程中，有渗漏水时，可采用注浆、喷涂等方法堵住；运营后渗漏水地段也可采用注浆、喷涂或用嵌填材料、防水抹面等方法堵水。

隧道防排水工作，应结合水文地质条件、施工技术水平、工程防水等级、材料来源和成本等,因地制宜,选择适宜的方法,以达到防水可靠、排水通畅、线路基床底部无积水、经济合理,最终保障结构物和设备的正常使用和行车安全。

13.1.2 原《规范》对设计内容没做规定,因此工程防水设计时有一定的随意性,加上这条内容的目的是使防排水设计规范化,使隧道工程建设从设计阶段开始就对防排水有明确的要求,为确保地下工程正常使用打下良好基础。

13.1.3、13.1.4、13.1.5 隧道漏水会造成衬砌腐蚀、轨道及零配件锈蚀、隧底道床翻浆、挂冰侵限、电力牵引地段漏电等病害加剧,危害隧道结构的耐久性,影响行车及人身安全。为了预防或消除地表水和地下水产生的危害,首先应着眼于隧道修建时采用适当措施。因此,隧道防排水设计应对地表水、地下水进行妥善处理,结合隧道支护衬砌采用可靠的防水、排水措施,使洞内外形成一个完整、通畅的防水排水系统。

回顾历年来铁路隧道防排水技术标准,同时与公路隧道、地铁防排水技术标准作纵向、横向对比分析,发现铁路隧道防排水标准应当进一步提高。为此,本规范结合现行《地下工程防水技术规范》(GB 50108—2001)要求,考虑Ⅰ级、Ⅱ级铁路年货运量及功能的差异要求,车站隧道、机电设备安装洞室、电化与非电化铁路隧道、隧道间联络通道等对环境防水要求的不同,根据专家讨论,条文规定:

"Ⅰ级铁路隧道、Ⅱ级铁路电化隧道、车站隧道及机电设备洞室的防水,应满足:衬砌不渗水,安装设备的孔眼不渗水;道床排水畅通,不浸水;在有冻害地段的隧道,衬砌背后不积水、排水沟不冻结。

Ⅱ级铁路非电化隧道、隧道内一般洞室的防水,应满足:衬砌不漏水,安装设备的孔眼不渗水;道床排水畅通,不浸水;在有冻害地段的隧道,衬砌不渗水,衬砌背后不积水、排水沟不冻结。

隧道正洞间的联络通道防水,要求衬砌不漏水、地面不积水;兼顾运营期间养护维修使用的辅助通道防水,要求衬砌拱部不滴水、边墙不淌水,地面不积水;供其他使用的通道防水,要求衬砌不能有线流,洞内排水通畅。"

根据现行《地下工程防水技术规范》(GB 50108—2001)要求,"衬砌及设备箱洞、安装设备的孔眼不渗水"是指隧道衬砌、设备箱洞、安装设备的孔眼等表面无湿润痕迹。对"隧道正洞间的联络通道、Ⅱ级非电化铁路隧道、隧道内一般洞室的衬砌不漏水"要求,指的是结构表面可有少量湿渍,总湿渍面积不应大于总防水面积的6/1 000;任意100 m^2 防水面积上的湿渍不超过4处,单个湿渍的最大面积不大于0.2 m^2。

"道床排水畅通,不浸水",指的是要求道床具有良好的排水能力,不能存在任何有水流滞留的位置,列车排水或日常养护维修用水一旦洒到道床,要能在段时间自流排走,达到道床不浸水。

"地面不积水"是指通道结构底部不产生积水。

"排水沟不冻结"是指排水沟不出现结冰冻胀。

隧道主要防水设施为衬砌防水混凝土、防水层、止水条(带)等;主要排水设施为中心水沟(管)、纵向盲管、竖向盲管、环向盲管、边墙侧沟等;主要堵水措施有超前预注浆、围岩注浆、衬砌背后注浆、衬砌内注浆等。

(1)本次隧道的防水要求,主要考虑以下几因素:

① Ⅰ级铁路隧道、Ⅱ级铁路电化隧道、车站隧道及机电设备洞室;Ⅱ级铁路非电化隧道、隧道内一般洞室;隧道正洞间的联络通道、供使用的通道等结构的可靠性、耐久性问

题。

过去,往往由于隧道含水、滴水、洞内空气潮湿,加上机车排烟的共同作用,隧道内金属设备及钢轨锈蚀非常严重。如成昆线沙木拉打隧道(全长6 383 m),滴水地段钢轨损伤十分严重,据1974～1980年统计,共更换新轨300多根,而不滴水地段未换新轨。

另外,当隧道围岩中地下水具有侵蚀性时,由于混凝土衬砌受到侵蚀介质经常作用,使混凝土出现起毛、酥松、麻面蜂窝、起鼓剥落、孔洞露石、骨料分离等材质破坏,甚至有的可用手掐成粉末,严重者成豆腐渣,腐蚀病害能导致材料强度降低,衬砌厚度变薄,渗水、漏水日趋严重,落石掉块打伤人,衬砌失去对围岩的支护作用,其他病害会接踵而来,如成昆线的百家岭隧道(全长2 047 m),该隧道水质具有硫酸型侵蚀,1973年病害整治前,边墙下部和两侧衬砌混凝土腐蚀,有的呈豆腐渣状,衬砌已失去支承作用,后更换衬砌,情况才稍有好转。

造成上述病害,除了围岩地下水本身具有侵蚀性外(对侵蚀性地下水除采用增加衬砌密实性防渗漏水,还应采取其他综合治理措施),主要原因是拱部滴水、边墙漏水引起。值得指出的是,过去在隧道内安装悬挂设备在衬砌上钻的孔眼,或为加固围岩钻的锚杆孔眼,由于安装后孔眼内防水处理得不够好,孔眼往往成为漏水通道。如成昆线李子湾隧道(全长3 008 m),大部分锚杆孔眼成为滴水通道;襄渝线电气化隧道内安装承力索的锚杆也经常滴水。因此,条文按"Ⅰ级铁路隧道、Ⅱ级铁路电化隧道、车站隧道及机电设备洞室";"Ⅱ级铁路非电化隧道、隧道内一般洞室";"隧道正洞间的联络通道、供使用的通道"对结构防水作出严格要求:Ⅰ级铁路隧道、Ⅱ级铁路电化隧道、车站隧道及机电设备洞室、Ⅱ级铁路非电化隧道、隧道内一般洞室、隧道正洞间的联络通道等要求消除衬砌漏水现象,防止衬砌漏水或侵蚀性地下水对衬砌、轨道、通信和电力设备的损坏、腐蚀危害。

② 电化铁路隧道,衬砌要求不渗水。过去在电力牵引区段的隧道,由于隧道有水,往往造成器材绝缘性能降低,特别是严寒地区,由于滴水挂冰,造成牵引接触网短路、放电跳闸等事故。

③ 对有冻害地段的隧道、含有侵蚀性水的地段以及设计对防水有严格要求的地段或部位,则要求做到衬砌不渗水。

有冻害地段的隧道是指寒冷和严寒地区有可能产生冻胀危害的隧道地段,该地段隧道拱部、边墙衬砌,不仅不允许产生滴、淌等漏水现象,而且渗水现象也不允许产生,以防衬砌挂冰侵限和出现冰融破坏。"衬砌背后不积水"是指拱、墙衬砌背后冻结范围内不积水,要做好排水系统,防止产生冻胀破坏衬砌。这就给寒冷和严寒地区的隧道提出了更高的防排水要求。

寒冷和严寒地区,由于冬季衬砌漏水,引起衬砌挂冰,侵入净空,如嫩林线西罗奇岭2号隧道(全长1 151 m),因挂冰侵限曾两次撞坏内燃机车窗玻璃。

冬季衬砌背后积水会引起衬砌冻胀开裂,据东北80座既有铁路隧道调查统计,其中有18座先后出现不同程度的冻胀开裂现象,如滨绥线新大林隧道(全长458 m),建成不久在隧道全长范围内的边墙均出现冻胀开裂变形、侵入净空,致使隧道无法使用。

隧道涌水冬季会产生隧道结冰的病害。如1977年以前,沈吉线的水帘洞隧道(全长245 m)和嫩林线的白卡尔隧道(全长1 309 m)都曾出现较严重的隧道结冰现象,如不及时清除,会出现冰没轨面,危及行车安全,因而每年组织人力刨冰,1977年后采取了措施才消除了隧底结冰的危害。

冻胀性围岩，或隧底泄水不畅，加之隧底未设仰拱，底部产生不均匀冻胀而造成线路不均匀隆起，如不及时处理会威胁行车安全。如嫩林线西罗奇岭 2 号隧道因隧底局部泄水不畅，结冰冻胀引起线路隆起达 200 mm，长图线的马鞍山隧道（全长 226 m）和青林隧道（全长 866 m）隧底为冻胀性围岩，每年冬季，线路隆起达 150 ~ 200 mm。

最冷月平均气温低于 -10 ℃的严寒地区的隧道，只要确定冬季有水，隧道水沟均应采取防寒措施。同时还应考虑其作为永久使用的辅助坑道的排水沟的防寒问题及辅助坑道对正洞排水的影响。华北太焦线所在地区 1951 ~ 1976 年，最冷月 -10.4 ℃，隧道均在 1970 ~ 1978 年建成，设计水沟没采取防寒措施，而 1977 年，该线最冷月平均气温达 -12.2 ℃，全线 56 座隧道有 6 座出现水沟冻结，引起隧底道床结冰严重，影响行车安全；东北魏塔线修建于 1970 ~ 1973 年，当地最冷月平均气温 -10 ℃ ~ -12 ℃，设计水沟没采取防寒措施，1973 年建成通车，当年冬季，全线 31 座隧道有 5 座水沟冻结；以上两线的隧道，凡水沟出现冻结的，均在原高式侧沟上改双层盖板，有些在两层盖板间加入防寒材料，且洞外水沟修筑了在冻结线下的深埋暗沟，才消除了隧道内的水沟冻结现象；但这两线的隧道，凡改建单侧保温水沟者，其另一侧边墙来水仍产生隧底冻结和引起轨道冻起现象。1973 ~ 1979 年修建的京通线，凡隧道采用单侧保温者，也有此弊病。

因此，条文要求"在有冻害地段的隧道，衬砌不渗水、衬砌背后不积水、排水沟不冻结"，以防止衬砌挂冰、隧道结冰及冻胀引起侵限、衬砌开裂和道床隆起、水沟排水不畅。

④ 衬砌结构的可靠、耐久，同样取决于道床是否发生病害问题。过去由于隧底积水，往往造成道床基底被软化或淘空或使无砟道床下沉开裂。如襄渝线的中梁山隧道（全长 3 984 m），曾出现无砟道床成段下沉、开裂现象，威胁行车安全。有砟道床基底破坏会出现翻浆冒泥，甚至引起水沟边墙隆起、倾斜等病害。如川黔线新房子隧道（全长 949 m），道床翻浆、底板破坏达 350 m。因此，条文要求"道床排水畅通，不浸水"，以防止引起道床翻浆冒泥和下沉等病害。

（2）对于铁路隧道可供使用的通道，考虑可能经常有维修、养护人员出入，特殊情况还作为人员紧急疏散通道，如果不对防水给予重视，当其所处围岩中地下水具有侵蚀性且渗水、漏水严重时，易使混凝土衬砌受到侵蚀介质经常作用，材料强度降低，衬砌厚度变薄，甚至落石掉块伤人，衬砌失去对围岩的支护作用，其他病害会接踵而来；对于隧道内的辅助洞室，一般都存放机器设备或作为人员避车空间，防水也应给予高度重视。为此，条文要求"隧道内一般洞室的衬砌不漏水，供运营期间养护维修使用的通道防水，要求衬砌拱部不滴水、边墙不淌水，地面不积水；其他可供使用的通道防水，要求衬砌不能有线流，洞内排水通畅。"

13.1.6 混凝土或钢筋混凝土结构自防水是一个综合体系，故应以系统工程对待，确立以混凝土自防水为根本，接缝防水为重点的防水原则。

13.2.1 为了减少地表水下渗，对洞顶存在的积水洼地，宜设洞顶排水沟疏导引流，洼地应填平防止积水，对经过洞顶的天然沟槽，或输水渠道、水工隧洞等排水设施。凡对隧道有影响者，宜将沟床铺砌，防止水流下渗，故条文提出"隧道地表沟谷、坑洼积水、渗水对隧道有影响时，宜采用疏导、勾补、铺砌和填平等措施"，对易发生积水下渗的"废弃的坑穴、钻孔等应填实封闭，防水或减少地表水下渗"。

13.2.2 "隧道附近的水库、池沼、溪流、井泉的水，如有可能渗入隧道，影响农田灌溉及生活用水时，应采取措施处理"。由于隧道开挖后影响农田灌溉和人民生活用水的例子很多,如京通线桃山隧道开挖后,影响附近一座水库(水量3 000 m^3)干涸,山上一个村13户农民断绝生活水源,为此赔款29万元,襄渝线中梁山隧道,隧道开挖后影响山顶上几百户居民的生活用水及农田灌溉,赔款近百万元,目前处理这类的地表水,教训多于经验,因而条文只原则地提出"应采取封堵措施处理",具体措施尚待于通过实践不断总结经验。

13.2.3　隧道防水措施说明如下:

(1)隧道的漏水现象,一方面产生于衬砌本身的薄弱部位(由于混凝土灌筑时捣固不好,引起衬砌蜂窝、麻面、洞穴及因混凝土级配或水灰比不当而产生的泌水通路);另一方面发生于衬砌的缝隙(施工缝、伸缩缝、沉降缝等);前者主要是提高混凝土的密实性,是衬砌本身的抗渗要求,为此,条文提出"隧道衬砌防水应充分利用混凝土衬砌结构自防水能力,混凝土衬砌抗渗等级不得低于P6,并可根据需要和埋置深度采用抗渗等级不低于P8的防水混凝土。在有冻害地段及最冷月平均气温低于-15 ℃的地区,防水混凝土的抗渗等级还应适当提高。",后者主要是加强"三缝"防水。

条文中"处于侵蚀性介质中防水混凝土的耐侵蚀系数,不应小于0.8"引自国家标准《地下工程防水技术规范》(GB 50108—2002)第4.1.4条,具体见相应说明。

(2)"混凝土结构厚度"中的"混凝土结构"对复合衬砌专指二次衬砌。防水混凝土结构要求,系引用现行《地下工程防水技术规范》(GB 50108)第4.1.6条,详见相应说明。

(3)防水隔离层除可防止渗水、漏水之外,还有一种重要作用,即在初期支护喷射混凝土与二次衬砌模筑混凝土之间起隔离作用,减少二次衬砌中出现的裂纹。因此,在采用喷锚初期支护时,一般均应设置防水隔离层;众所周知,地下水量、流向等在隧道施工期间和运营期间也可能有所变化,在施工期间无水或少水的隧道并不能保证在运营期间也无水或少水,故在施工期间无水或少水的隧道中,根据耐久性的要求,也宜设置防水隔离层;另外,考虑到防水质量及工艺要求,防水层厚度不宜小于1.2 mm,设计应选用1.2~2 mm。

当隧道底部的岩层松软、地下水位高时,为防止隧道底部产生病害,应设置封闭式防水隔离层。

(4)缝隙漏水是引起衬砌渗漏水的一个薄弱环节,在设计、施工中对此均不够重视,致使衬砌遇缝多漏,如烟白线图们岭隧道,1976年建成后洞内大部分施工缝、变形缝都有渗漏水现象;拱部刹尖封顶和拱脚与边墙顶的封口处理不密实,也常为漏水通路。故本规范根据现行国家《地下工程防水技术规范》(GB 50108—2002)施工缝、变形缝防水设防相应规定,要求施工缝、变形缝应采用可靠的防水措施:Ⅰ级铁路隧道、Ⅱ级电化铁路隧道、车站隧道及机电设备洞室的施工缝应同时选二种可靠的防水措施,Ⅱ级非电化铁路隧道、隧道内一般洞室及隧道正洞间的联络通道衬砌的施工缝应选用一至二种可靠的防水措施;Ⅰ级铁路隧道、Ⅱ级电化铁路隧道、车站隧道及机电设备洞室的变形缝应选中埋式止水带与其他二种可靠的防水措施相结合,Ⅱ级非电化铁路隧道、隧道内一般洞室及隧道正洞间的联络通道衬砌的变形缝应选中埋式止水带与其他一至二种可靠的防水措施相结合。目前可靠的防水措施主要有遇水膨胀止水条、中埋式止水带、钢边止水带、Ω形止水带、防水嵌缝材料、外贴式止水带、可卸式止水带等。

另外,目前根据围岩地下水的出露情况也有采用L形施工缝、企口式施工缝、铁皮或钢板施工缝、防水砂浆、设暗槽引水或配制膨胀水泥封顶、封口混凝土等措施。

(5)围岩注浆是将不透水的凝胶物质(防水材料)通过钻孔注入扩散到岩层裂隙中,把裂隙中的水挤走,堵住地下水的通路、减少或阻止涌水流入工作面,同时还起到固结破碎岩层的作用,从而为开挖、衬砌创造了良好的条件。国内外水底隧道施工采用围岩注浆防水取得成功的实例都有不少。此外,铁路局在整治既有隧道漏水中,采用分段注浆将水集中在一定范围开凿盲沟引排治水也得到较好的效果,如沈丹线福全岭隧道等。

近年来,围岩注浆法的发展是较快的,注浆材料已从水泥浆液发展到化学浆液;注浆工艺从单液注浆系统发展到双液注浆系统;注浆的应用范围从地面竖井注浆和地面帷幕注浆发展到隧道工作面注浆,以及衬砌外围岩注浆和衬砌填充注浆;注浆的地质条件已从含水裂隙岩层到含砂层等较复杂的地层。因而条文中区别不同的情况提出:围岩破碎、富水、易坍塌地段,应采用注浆加固围岩和防水措施。考虑衬砌回填注浆容易堵塞衬砌外的排水系统,所以在注浆地段,应采取措施防止堵塞排水设施如设隔浆墙等。

(6)"有侵蚀性地下水时,应针对侵蚀类型,压注抗侵蚀浆液,敷设防水、防蚀层等,采用抗侵蚀性混凝土等措施",有侵蚀性地下水的防水措施,应针对不同的侵蚀类型采用不同的抗侵蚀混凝土,这是必要的,但更重要的是提高混凝土的密实性(不透水性)和整体措施,这是提高混凝土的抗侵蚀能力最重要的措施,因为混凝土内部结构均匀密实,外界侵蚀性水就不易渗入,混凝土内部溶解的 $Ca(OH)_2$ 也不易被水析出,从而阻滞了环境水的侵蚀速度,使用密实的、与混凝土不起化学作用的材料在衬砌外表面做隔离保护层。也可在衬砌外面做黏土隔水层、外贴防水层,如在衬砌背后压乳化沥青或沥青水泥浆液;在衬砌外面涂抹防蚀涂料,如环氧煤焦油涂料、乳化沥青涂料、偏氧乙烯共聚乳液、苯乙烯涂料等。总之,对待侵蚀性的地下水,要因地制宜,尽可能采用多道防线达到衬砌防侵蚀的目的。

13.2.4 防水混凝土质量是衬砌结构防水的关键,其原材料技术要求引自国家标准《地下工程防水技术规范》(GB 50108)第4.1.7~4.1.13条,详见相关说明;考虑到防水混凝土的耐久性,本规范对于混凝土中氯离子含量给予规定,要求按国家标准《混凝土结构设计规范》(GB 50010—2003)第3.4节办理,可见相应说明。根据国家标准《混凝土结构设计规范》(GB 50010—2003)规定,不同环境类别的混凝土结构,根据不同设计使用年限,混凝土中氯离子含量允许值各不一样,如在室内正常环境,设计使用年限为100年的结构混凝土中,最大氯离子含量为0.06%;在与无侵蚀性的水或土壤直接接触的环境、设计使用年限为50年的结构混凝土中,最大氯离子含量为0.3%等。

13.2.5 墙体纵向施工缝距底板的距离采用300 mm,是考虑现在施工中采用钢摸板比较普遍,这一距离的大小应与钢模板的模数相适应。

13.2.6 常见施工缝防水的构造形式,根据国家标准《地下工程防水技术规范》(GB 50108),结合铁路隧道工程特点及目前防水施工工艺水平情况,条文中明确隧道内一般洞室及隧道正洞间的联络通道、Ⅱ级铁路非电化隧道衬砌的施工缝防水,宜选用外贴止水带、中埋止水带两种单一防水构造;但在地下水不太发育、水量较小地段有的隧道内一般洞室及隧道正洞间的联络通道、Ⅱ级非电化铁路隧道,结合好的施工工艺亦可选用说明图13.2.6—1中埋止水条单一构造型式;对于复合构造型式,条文中明确宜采用外贴止水带与中埋止水带的组合型式、外贴止水带与中埋止水条的组合型式两种,对于地下水丰富、水压较大地段结构施工缝,宜选用外贴止水带与中埋止水带组合型式防水构造;对于地下水量小、水压不大地段结构的施工缝,可选用止水条与中埋止水带组合型式防水构造。当然,在地下水不太发育、水量较小地段,结合好的施工工艺亦可选用说明图13.2.6—2中埋止水带与遇水膨胀止水条的组合型式。

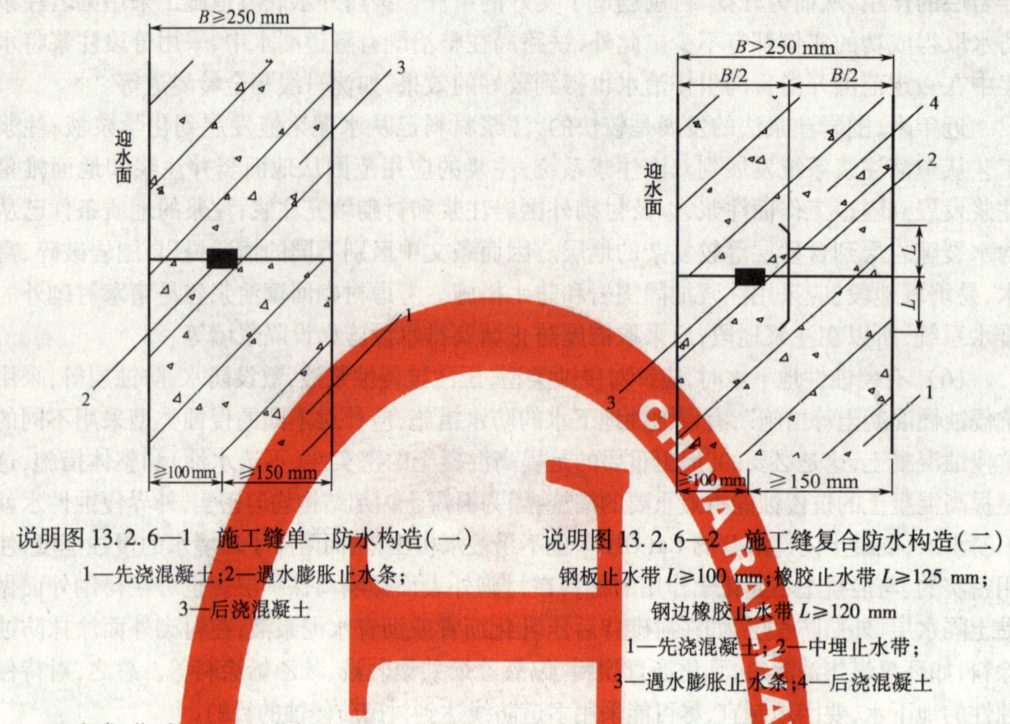

说明图 13.2.6—1　施工缝单一防水构造(一)

1—先浇混凝土;2—遇水膨胀止水条;

3—后浇混凝土

说明图 13.2.6—2　施工缝复合防水构造(二)

钢板止水带 $L \geqslant 100$ mm;橡胶止水带 $L \geqslant 125$ mm;

钢边橡胶止水带 $L \geqslant 120$ mm

1—先浇混凝土;2—中埋止水带;

3—遇水膨胀止水条;4—后浇混凝土

根据长期实际工程实例及经验,对于遇水膨胀橡胶止水条的设置,为了避免止水条遇水膨胀,挤坏施工缝两侧壁还未完全达到设计强度的混凝土,要求止水条中心距迎水面边缘距离不小于 10 cm、距背水面距离不小于 15 cm。

13.2.7　施工缝的防水质量除了与选用的构造措施是否合理有关外,还与施工质量有很大的关系。本条根据各地的实践经验,规定了在混凝土终凝后(一般来说,夏季在混凝土浇筑后 24 h,冬季则在 36 ~ 48 h,具体视气温、混凝土等级而定,气温高、混凝土等级高者可短些)铲除表面浮浆的内容,这不仅是因为混凝土刚刚终凝,浮浆的清除较为容易,更主要的是这层浮浆是妨碍新老混凝土结合的障碍,由于新老混凝土不能紧密结合使施工缝容易产生渗漏水。刷净浆或混凝土界面处理剂,目的是使新老混凝土结合更好,否则会出现工程界俗称的"烂根"现象,极易造成施工缝的渗漏水。

遇水膨胀橡胶止水条是近年来在施工缝上使用的新材料,许多工点应用后效果尚好,而腻子型止水条、膨润土止水条有的地方用后效果不佳,其效果不佳的原因是由于降雨或施工用水等使止水腻子或止水膨润土条过早膨胀,因此对腻子型止水条、膨润土止水条,如果要用,要求具有较好的缓胀性能。

环向施工缝的做法是根据目前工程实践的经验所做的规定,以确保垂直施工缝上安装的止水条不会掉下,位置准确,又能起止水作用。

中埋止水带只有位置准确、固定牢固才能起到止水作用,因此做此规定。

其他不清楚的可详见国家标准《地下工程防水技术规范》(GB 50108)第 4.1.22 条相应说明。

13.2.8　因变形缝处是防水薄弱环节,特别是采用中埋式止水带,止水带将此处的混凝土分为二部分,由此对变形缝处抵抗地下水渗透造成不利影响,因此条文作了变形缝处混凝土局部加厚的规定。

沉降缝和伸缩缝统称变形缝，由于防水做法有很多相同之处，故一般不细加区分。但实际上两者是有一定区别的，沉降缝主要用于在上部建筑变化明显的部位及地基差异较大的部位，而伸缩缝是为了解决因干缩变形和温度变化所引起的变形时避免产生裂缝而设置的，因此修编时针对这点对两种缝作了相应规定。沉降缝渗漏水目前工程上比较多，除了选材、施工等诸多因素外，沉降量过大也是一个重要原因。因目前所用的最好材料，如带钢边的止水带虽大大增加了与混凝土的黏结力，但如沉降量过大，也会造成钢边止水带与混凝土脱开，使工程渗漏。根据现有材料适应变形能力的情况，本条规定了沉降缝最大允许沉降差值。

从防水要求来说，如果变形缝宽度过大，则会使处理变形缝的材料在同一水头情况下所受的压力增加，这对防水是不利的，但如果变形缝宽度过小，在采取一些防水措施时施工有一定难度，无法按设计要求施工。根据目前工程实践，本条规定了宽度的取值范围，如果工程有特殊要求，可根据实际需要确定宽度。

13.2.9 结合隧道工程特点，常见变形缝的两种复合防水构造形式引自国家标准《地下工程防水技术规范》(GB 50108)第5.1.6条，见相应说明，其中Ⅰ级铁路隧道、Ⅱ级铁路电化隧道、车站隧道及机电设备洞室变形缝复合防水构造应优先选用"中埋式止水带与外贴式防水层、防水嵌缝材料组合的防水构造"；隧道内一般洞室及隧道正洞间的联络通道、Ⅱ级铁路非电化隧道衬砌的变形缝防水可选用"中埋式止水带与遇水膨胀橡胶条、嵌缝材料组合的防水构造"。考虑到目前防水材料、防水方式发展更新很快，对于变形缝防水，条文规定"亦可采用其他新型、成熟、可靠的防水构造型式"。

13.2.10 要使嵌缝密封材料具有良好的防水性能，除了嵌填的密封材料要密实外，缝两侧的基层处理也十分重要，否则密封材料与基面黏结不紧密，就起不到防水作用。另外，缝底的背衬材料不可忽视，否则会使密封材料三向受力，对密封材料的耐久性和防水性都有不利影响。

13.2.11 条文中明确，施工缝、变形缝防水，宜选用制品型遇水膨胀橡胶止水条。当然，实际工程设计中也有选用腻子型及膨润土遇水膨胀橡胶止水条的，但有的地方用后效果不佳，其效果不佳的原因是由于降雨或施工用水等使止水腻子或止水膨润土条过早膨胀，另外这两种止水条材料远期质量、耐久性、可靠性不好评定，为确保隧道工程防水质量，故条文指出宜选用遇水膨胀橡胶止水条，并列出其技术指标，对腻子型止水条、膨润土止水条不推荐使用。

橡胶制品型遇水膨胀止水条质量规定、材料参数根据GB/T 18173.3—2002标准，结合目前施工实际要求类比确定。GB/T 18173.3—2002标准由国家质量监督检验检疫总局2002年1月14日批准，于2002年8月1日实施。

考虑到目前防水材料、防水方式发展更新很快，故条文规定"当选用其他新型、成熟、可靠的材料时，其物理性能应符合国家相关标准、规范要求"。我们鼓励使用新的防水材料、新的防水工艺。

13.2.12 施工缝、变形缝防水，当选用止水带时，其尺寸公差应符合说明表13.2.12的要求。

说明表13.2.12 遇水膨胀橡胶止水带几何尺寸公差

止水带公称尺寸		极限偏差
厚度B	4~6 mm	+1.0
	7~10 mm	$^{+1.3}_{0}$
	11~20 mm	+2.0
宽度L(%)		±3

橡胶止水带表面不允许有开裂、缺胶、海绵状等影响使用的缺陷,中心孔偏心不允许超过管状断面厚度的1/3;止水带表面允许有深度不大于2 mm、面积不大于16 mm的凹痕、气泡、杂质、明疤等缺陷不超过4处。

橡胶止水带材料物理力学性能参数摘自GB 18173.2—2000标准,该标准由国家质量技术监督局2000年7月31日批准,于2001年3月1日实施。

钢边橡胶止水带的物理力学性能摘自国家标准《地下防水工程技术规范》(GB 50108—2002)第5.1.8条,详见相关说明。

考虑到目前防水材料、防水方式发展更新很快,故条文规定"施工缝、变形缝防水,亦可选用其他新型、成熟、可靠的止水带材料,但其物理性能应符合相应国家标准、规范要求。"我们鼓励使用新的防水材料、新的防水工艺。

13.2.13 施工缝、变形缝防水选用的嵌缝材料的性能要求根据国标《地下防水工程技术规范》(GB 50108—2002)第5.1.10条要求确定。嵌缝材料要求具有反复变形性能即拉伸压缩循环性能。目前材料中对测试温度要求有70 ℃、80 ℃、90 ℃三种情况,地下工程所处温度虽没有那么高,但考虑到其他性能指标的要求,故选择80 ℃,条文规定嵌缝材料的"拉、压循环性能为80 ℃时拉伸—压缩率不小于±20%。"

13.2.14 注浆是利用压力将注浆材料压入围岩、衬砌裂隙或壁后空隙,达到堵塞裂缝、增强防水的目的。条文中"围岩注浆"指径向注浆及局部点集中堵水注浆或补注浆。条文只谈到超前预注浆和围岩注浆,旨在强调为做到第13.1.2条、第13.1.3条、第13.1.4条、第13.1.5条和第13.1.6条要求,经隧道开挖前的预注浆和开挖后的围岩注浆,应该达到初期支护不滴水,进而不需要回填注浆甚至衬砌内注浆。但实际上在地下水压较大的富水地层,可能会有采用超前注浆和围岩注浆后,仍有渗漏水地段或衬砌背后有空隙地段,此时还是宜采用回填注浆作为预设计方案;当出现围岩注浆或回填注浆后仍有渗漏水时,还得采用衬砌内注浆补救;另外,对于既有线改造及病害整治来说,回填注浆与衬砌内注浆还是主要的防水方案。

注浆防水已在国内许多地下工程中广泛应用,铁路隧道工程应用也较多已成为工程防水的有效措施,但选择注浆方案应作充分研究和比较,以期取得较好的效果。

13.2.16 超前预注浆钻孔一般为伞形辐射状布置,是全封闭形。但对不含水岩层注浆可根据现场情况,如岩层裂隙状态、浆液扩散范围、注浆孔角度和偏斜率等因素来确定钻孔布置形式。竖井地面预注浆,布孔宜在井圈外不超过1.5 m处,按等距离排列,孔间距离为4~6 m。

坑道地面预注浆,孔距坑道两侧1.5~2 m,呈交错排列,孔距为3~5 m。

13.2.17 超前预注浆钻孔设计,首先要确定注浆段长。施工时通常采用的方法是预注浆一段,再掘进一段,并留下止水岩盘。因此注浆段长度过小,则重复交错钻进次数多,使作业速度减慢,但段长过大,则受到钻机能力限制。一般注浆段长度应根据坑道的工程水文地质条件和钻机能力确定,工程水文地质条件差(如穿越流砂层或淤泥层),则注浆段长度应缩小。根据目前国内外统计,段长一般为30~50 m。在工程施工时,每次注浆段长度可视实际情况,加以适当调整。

掘进段长与注浆段长的关系可参照:①掘进段长度不应超过注浆段长的80%,以保留20%以上的长度作为下段注浆的止水岩盘;②南岭隧道注浆段长为20 m,开挖段长为16 m。

止水岩盘厚度(超前预注浆系指孔底与毛洞边缘距离,地面预注浆系指注浆孔穿过毛洞底高程的距离),国内外有关数据如下:

南岭隧道为毛洞高度的0.7倍(5 m);奥斯陆污水隧道为毛洞高度的0.7倍(3 m)。

根据工程实践确定这一距离为毛洞直径的0.5~1倍,通常为3~10 m,可按掘进爆破影响范围和工程所处的工程水文地质状况不同而定,如全断面掘进、工程地质条件差、预计涌水量大的地段可取较大值。

13.2.18 注浆压力是浆液在裂隙中扩散、充填、压实、隔水的动力。注浆压力太低,浆液就不能充填裂隙、扩散范围也有限,注浆质量也差;压力过高,甚至超过一定的限值,会引起裂隙扩大,岩层移动和抬升,浆液易扩散到预定注浆范围之外,造成浪费。合理的注浆压力既能避免压力过高所造成的不利影响,又能保证浆液的结石强度和不透水性,有利于形成良好的隔水帷幕。

国内外注浆工程中,用来计算掘进前最大预注浆压力的经验公式和图表较多,大致可归纳为以静水压力为依据和以静力平衡为依据两大类方法。

以静水压力为依据的经验公式,只考虑静水压力,而对影响注浆的其他因素均不考虑。通常有下述两种公式:

(1)$P=2\sim3$倍静水压力

(2)$P=P_{静}+0.5\sim1.5$ MPa

在实际使用中,预注浆往往采用后者为多。

回填注浆时,部分压力将直接作用在衬砌上,所以压力不宜太大。考虑到管路压力损失,一般以注浆孔口处压力来控制,其值应小于0.5 MPa,具体视工程而异,结构差的,可选稍低值。

13.2.19 关于注浆结束标准目前提法尚不一致,通常考虑两个指标:达到设计压力和进浆速度小于规定值。

注浆压力比较直观,施工现场也便于检查,而进浆量与注浆压力、注浆材料有密切关系,现场也较难检查。

由于预注浆设计压力大多是以经验公式确定,实际施工也有不太合适的情况。如果达到设计注浆压力,而进浆量仍较大,还是继续压注为好。所以规范提出进浆量指标作为一个依据是必要的。

由于回填注浆和衬砌内注浆主要是充填衬砌或衬砌与围岩间的孔隙,只要控制压力就可以了。

衬砌后围岩注浆,往往是为了达到较高抗渗要求而进行的,因此其结束标准应略高。

13.2.20 为了检验注浆效果,防止开挖时发生坍塌涌水事故,必须进行效果检查,通常是在分析资料的基础上采取钻孔取芯法进行检查。有条件时,还可采用物探等方法进行检查,分析资料时要结合注浆设计、注浆记录、注浆结束标准,分析各注浆孔的注浆效果,看哪些达到了,哪些是薄弱环节,有无漏注或未达到结束标准的孔,原因何在,如何补救等等。

钻孔取芯法是按设计要求在注浆薄弱地方,钻检查孔,检查浆液扩散、固结情况、取芯率,并进行压水(抽水)试验,检查地层吸水率(透水率),计算渗透系数及开挖时的出水量。

13.2.21、13.2.22 注浆材料应尽量采用无毒或低毒注浆材料,例如水泥系、水玻璃系。

当采用有毒化学注浆材料，如丙烯酰胺、聚氨酯系时，为防止环境污染，除了在施工时对现场废水、废液应妥善处理外，注浆点应距饮用水源一定距离。

(1)《建筑工程注浆施工的暂行规定》(日本，1974 年 7 月建设省颁布)第 2.3.2 条规定：距注浆点 10 m 以内有饮用水源，原则上不得采用注浆方法。

(2)东北工学院对铬木素浆液污染范围试验，对埋深 21～27 m 砂层注浆实测及模拟试验结果，其污染范围与浆液注入量有关。即注入量越大，实际上反映裂隙宽度较大，污染范围也越大。根据现场实测，污染距离为 7～20 m。

(3)浙江水利科学研究所对浆液扩散范围进行试验，结果表明，扩散距离为 20～30 m。

浆液扩散范围与工程水文地质和注浆工艺有很大关系，例如淤泥层透水性小，砂砾层透水性大，因此注浆点距引用水源距离应根据工程水文地质情况，参照上述规定和试验数据确定。在注浆施工期间及注浆结束后，应随时抽取水样检查，发现有害物含量高于国家法定标准时，应停止施工，并采取补救措施。

13.2.23 需说明的是，为保证做到隧道防水要求，有时在涌水量大的富水地层段衬砌后仍有可能严重渗漏水时或对于既有线隧道整治，仍然会采用回填注浆，此时浆液宜选用水泥砂浆、水泥类浆液；当选用衬砌内注浆时，浆液宜选用特种水泥浆、超细水泥浆和化学浆液。

由于注浆材料不能完全符合所有条件，选择材料时应根据工程水文地质情况、注浆目的、注浆工艺及设备、成本等因素综合考虑，合理选择注浆材料。

水泥类浆液来源广、成本低，使用于注浆量大的预注浆、回填注浆及裂隙宽度大于 0.15 mm 的围岩注浆。在遇有溶洞、大的断层带时，在注入水泥浆前可先注入一些惰性材料，如中、粗砂或岩粉等。

当地下水流速较大时，为防止浆液被水冲稀，影响注浆效果，应选用胶凝时间较短的浆液，如水泥—水玻璃浆液、聚氨酯系浆液。

当围岩、衬砌内裂隙宽度小于 0.15 mm 时，可采用丙烯酰胺系化学浆液；衬砌内注浆除可选用化学浆液外，一般也选用特种水泥浆、超细水泥浆。

13.2.24 本条文引自《地下工程防水技术规范》(GB 50108—2001)第 4.5.4 条。

13.2.25 本条文引自《地下工程防水技术规范》(GB 50108—2001)第 4.5.2 条，并借鉴目前地下工程防水设计、施工实例及经验，对防水板厚度要求适当提高到 1.2 mm，达到防水可靠的目的。

13.2.26 本条文引自《地下工程防水技术规范》(GB 50108—2001)第 4.5.6 条。

13.3.1 隧道、明洞、辅助坑道排水是指采用各种排水措施，使地下水能顺着预设的各种管沟排出洞外。

13.3.2 隧道排水措施说明如下：

(1)隧道内纵向应设排水沟，横向应设排水坡的措施。实践证明是十分必要的。排水沟一般起汇集、排除和降低地下水的作用。隧道设排水坡是为了防止隧道积水的危害。

(2)为了排除汇集在衬砌背后的围岩地下水，应在衬砌背后设纵向盲沟、环向盲沟和隧底排水盲沟，组成完整的排水系统，环向盲沟间距一般为 10 m。另外，为排除某一集中涌水，可在衬砌外预埋引排水管；为扩大集水范围，在不影响围岩稳定和引起盲沟堵塞的前提下，可在盲沟内向围岩钻一些集水钻孔。

(3)为了排除汇集衬砌背后的围岩地下水,可在围岩地下水出露处(应考虑地下水的发展变化趋势)设置各种盲沟;当围岩地下水主要在边墙时,可在边墙衬砌背后设竖向盲沟,竖向盲沟间距一般为 10~30 m;为了排除某一集中涌水,在衬砌外预埋管引排称排水管;如在衬砌内预留水槽引排称排水槽;为扩大集水范围,在不影响围岩稳定和引起盲沟堵塞的前提下,可在盲沟内向围岩钻一些集水钻孔。当拱部围岩裂隙水单靠竖向盲沟不能排除时,可设环向盲沟。当围岩裂隙水分布较广,单靠竖向盲沟不能排除围岩裂隙水时,可在两道竖向盲沟间设纵向盲沟,要求组成完整的排水系统。

对于颗粒易流失的围岩系指砂层、土质或破碎松散围岩等,如用集中排水易造成颗粒流失,降低围岩的稳定性,增大围岩压力,影响衬砌安全。因此,条文提出:“采用集中疏导排水时,应采取防颗粒流失的特殊反滤措施”。

(4)“当地下水发育,含水层明显,又有长期补给来源,洞内水量较大时”,有可能使洞内水沟断面泄水能力不够,为了减少正洞地下水量,“可利用或设置辅助抗道、泄水洞等作为截、排水设施”。如隧道有辅助坑道可利用时,应尽可能利用原辅助坑道截、排水。否则,可根据地形、地质、地下水情况增设辅助坑道或泄水洞截、排水。

(5)为了保证喷锚支护质量,喷锚前的围岩局部有集中漏水地段应先治水,如在施工壁面凿槽埋管,将水引入排水沟。

13.3.3 “洞内设置排水沟应遵守下列规定”说明如下:

(1)关于洞内排水沟的规定:

为利于隧道排水流水通畅,排水沟应具有一定的沟底坡度,本规范第 3.4.2 条规定隧道内纵向坡度不宜少于 3‰,这个规定考虑了排水的需要,因此,本条规定:“水沟坡度应与线路坡度一致”。

在隧道中的分坡平道范围内不设水沟或不设水沟坡度,将影响水流的排泄。水沟坡度过大,将增加水沟及边墙基础工程量,鉴于分坡平道多设于隧道中间坡顶地段,长度不长,水流量较小,结合减少坡顶水沟的深度,因此规定在隧道中的分坡平道范围内排水沟底部应有不小于 1‰的坡度。

(2)隧道设置双侧水沟,不仅可使衬砌结构对称,改善结构受力特性,而且具有许多其他优点。单线隧道采用有砟道床,如设置中心水沟,水沟埋在道床下面,对养护维修很不方便,故一般不予采用。设置双侧水沟,水沟紧靠两侧边墙设置,对排除衬砌背后盲沟的水,预防隧道翻浆冒泥以及养护维修都较中心水沟有利。双侧水沟虽较中心水沟稍费混凝土,但不及隧道衬砌混凝土量的 2%,为数有限,因此采用双侧水沟,对于养护、检查、维修,保证洞内水沟流水通畅都极为有利。

另外,近 30 年来,我国新建长度在 1 500 m 以上的隧道,大多采用无砟道床或宽枕道床,而以往无砟道床一般采用浅式中心水沟,由此削弱了无砟道床断面,易引起道床开裂;由于水沟浅,不利于降低地下水位,围岩地下水在道床底潜流,当道床底围岩软弱或有虚砟,易被潜流带走,在列车冲击下,容易引起无砟道床开裂、下沉,严重影响行车安全。为此,条文规定:

双线隧道,由于两线间距较大,单独采用中心水沟,不利于拦截衬砌外的地下水,易造成隧底软化,影响道床稳定,增加养护维修工作的困难,因而要求两侧及中心均设水沟,而双线的长、特长隧道,地下水发育时,为均匀各沟水量,宜增设中心水沟。为此,条文规定:“双线隧道不得单独采用中心水沟。双线特长、长隧道,地下水发育时宜在中心设置水沟”。

(3)水沟墙体应留泄水孔,系指采用侧沟的水沟型式而言,目的是使衬砌背后及隧底的地下水尽快引入水沟排走,其中,靠墙侧进水孔间距为5 m,靠道床侧进水孔间距为1～3 m。

(4)“水沟断面视水量大小选定,应有足够的过水能力”。在洞内一般水量不大的情况下,水沟通常按标准断面设置,根据既有隧道的实际来看,大多数是合适的,但当洞内水量较大时,标准断面就不可能满足需要,因而有的需扩大水沟断面,有的需设双侧水沟,故作如上规定。水沟的作用在于排水,如果堵塞淤积而难于检查清理时,就要增加养护维修工作量,甚至产生不良的后果,故条文规定“水沟的设置应便于清理和检查,并应铺设盖板”。这是为了便于行人,避免道碴、杂物掉入沟内,有利于养护维修而定的。

(5)最冷月平均气温低于-5 ℃的地区,由于气温低,水沟水流容易冻结,影响排水通畅,同时会引起隧道产生一系列冻害现象。为此,水沟应采用防寒措施。

由于影响隧道内气温、水温的因素较多,目前确定防寒水沟的形式与长度,主要根据工程类比,即根据当地最冷月平均气温和参照邻近的隧道确定。

最冷月平均气温低于-10 ℃的严寒地区的隧道,只要确定冬季有水,隧道水沟均应采取防寒措施。同时还应考虑其作为永久使用的辅助坑道的排水沟的防寒问题及辅助坑道对正洞排水的影响。华北太焦线所在地区1951年～1976年,最冷月-10.4 ℃,隧道均在1970年～1978年建成,设计水沟没采取防寒措施,而1977年,该线最冷月平均气温达-12.2 ℃,全线56座隧道有6座出现水沟冻结,引起隧底道床结冰严重,影响行车安全;东北魏塔线修建于1970年～1973年,当地最冷月平均气温-10 ℃～-12 ℃,设计水沟没采取防寒措施,1973年建成通车,当年冬季,全线31座隧道有5座水沟冻结;以上两线的隧道,凡水沟出现冻结的,均在原高式侧沟上改双层盖板,有些在两层盖板间加入防寒材料,且洞外水沟修筑了在冻结线下的深埋暗沟,才消除了隧道内的水沟冻结现象;但这两线的隧道,凡改建单侧保温水沟者,其另一侧边墙来水仍产生隧底冻结和引起轨道冻起现象。1973～1979年修建的京通线,凡隧道采用单侧保温者,也有此弊病,所以最冷月平均气温在-10 ℃～-15 ℃之间宜设置双侧保温水沟,其设置长度一般为洞口起200～500 m即可。

目前东北的哈尔滨铁路局共有100多座隧道,主要水沟形式为中心深埋水沟,其水沟埋深一般在当地冻结线以下,1971～1977年,在东北嫩林线白卡尔隧道试验浅埋保温水沟(其最冷月平均气温达-28 ℃),水沟埋深一般在轨顶高程下1.2～1.4 m,采用沥青玻璃棉做保温材料,结果水沟连年冻结;长图线1977～1978年新建的土门岭隧道(全长565 m),当地最冷月平均气温-18 ℃～-20 ℃,采用单侧保温水沟,以矿渣作保温材料,埋深1.6 m,隧道建成后也出现水沟局部冻结现象,所以最冷月平均气温在-15 ℃～-25 ℃之间,宜设置中心深埋水沟。

当最冷月平均气温低于-25 ℃的地区,其黏性土的冻结深度大于2.5 m,岩石冻结深度达5.5 m以上,如将中心水沟设在冻结线下,采用明挖法,施工困难,且遇松软围岩,深挖拉槽会影响边墙稳定。目前,东北的嫩林线、牙林线、呼中支线等共8座隧道采用暗挖法施工的防寒泄水洞排水,效果较好。故最冷月平均气温低于-25 ℃时宜设置防寒泄水洞。

凡采用上述三种防寒水沟的隧道,“其配套排水设施应能防寒”。配套排水设施系指衬砌外的盲沟、横沟、水沟检查井、洞外水沟及出水口等。为防止流水冻结，均应采用防寒措施，以保证洞内外排水系统流水畅通。

13.3.5、13.3.6 摘自中华人民共和国铁道部标准图《隧道防排水一般设计》(专隧(02)1020—Ⅰ)设计说明。

13.3.7 采用环向盲管排水时，其设置应规定摘自国家标准《地下防水工程技术规范》(GB 50108—2002)第6.3.4条，详见相关说明。

13.3.8 采用纵向集水盲管(沟)排水时，其设置要求摘自国家标准《地下防水工程技术规范》(GB 50108—2002)第6.3.7条，详见相关说明。

13.3.9 在地下水发育的无仰拱衬砌地段，考虑到尽量减少道床病害，要求设置隧底盲管(沟)，并与洞内侧沟连通，隧底盲管(沟)设置要求结合国家标准《地下防水工程技术规范》(GB 50108—2002)第6.3.8条，结合隧道工程特点给定。

13.4.1 洞口防水和排水措施说明如下：

(1)为防止地表水冲刷洞口和辅助坑道边、仰坡的水流入隧道，条文规定："隧道、明洞和辅助坑道洞口应设置截水沟和排水沟"。

(2)多雨地区系指湿润或半湿润地区(即干燥度小于1.5的地区)隧道仰坡范围，由于地层覆盖薄，岩层裂隙通畅，为了防止仰坡范围的地表水下涌，即使从岩层结构本身不需要防护，但从加强防水与截水要求，宜采用防护措施，因此条文规定："多雨地区，为防止洞门仰坡范围地表水下渗和冲刷，根据具体情况采取防护措施。防护措施如浆砌片石或喷射混凝土等。

(3)对洞外水流的处理，条文原则规定："洞外路堑的水不宜流入隧道"。这是从保证隧道正常运营和安全而规定的。为排除洞外路堑汇水，提出："当出洞方向路堑为上坡时，宜将洞外侧沟做成与线路坡度相反，且一般不小于2‰的坡度"。这指在一般情况下应该这样做，以利排水。当隧道全长小于300 m时，如路堑水量小，且含泥量少，不易淤积；或修建反向侧沟将增加大量土石方和砌体、混凝土工程等困难条件下，也要求作反坡排水，显然不经济，也并不安全，针对上述情况，条文指出："路堑侧沟的水可经隧道流出"。为了保证安全和正常运营，条文同时指出："但应验算隧道水沟断面，不够时应予扩大"，特别要求"并在高端洞口设置沉淀井"，主要在于保证正常运营，非常必要。

13.4.2 明洞的防水和排水措施说明如下：

(1)明洞建筑于露天空旷地区，一般有地表径流的影响，如不设法截、拦、排走，容易引起冲刷坡面，产生坍塌；或流入回填土体内部，浸泡回填料，增加明洞负荷，为了保证建筑物的安全稳定，故条文规定："明洞顶部应设置必要的截、排水系统"。

(2)对衬砌背后有地下水来源时，条文提出："靠山侧边墙顶或边墙后，应设置纵向和竖向盲沟，将水引至边墙进水孔排入洞内排水沟。"

根据目前标准图设计及实际应用，明洞衬砌拱脚背后(或边墙脚背后)纵向排水管设置纵坡必须不小于2‰；衬砌边墙背后竖向排水管设置间距一般应为5～10 m。

(3)"衬砌外缘应敷设外贴式防水层"，外贴防水层防水效果显著，对明洞来说，更具有施工方便的特点。一般外贴式防水层有多类，应根据明洞所处的地质、水文地质、结构特点及工程重要性来选择。

考虑到防水材料不断革新，不一定选用以往的甲种、乙种防水层，条文规定，可视具体情况选定具有良好的耐久性、耐水性、抗渗性，其物理性能应符合国家相关标准、规范要求即可。

(4)明洞与暗洞接头处往往是渗漏水的薄弱环节，因此要求明洞与暗洞接头处，应做好防水处理。如新旧混凝土严格按施工规则要求处理，明洞防水层要往暗洞延伸一定长度，做好仰坡脚与明洞填土搭接等。

(5)为了防止洞顶地表汇水的渗透，条文规定回填土表面宜铺设黏性土隔水层或复合防水层，以减少或隔断水流的通路。复合防水层如说明图13.4.2中(b)图示，防水板加浆砌覆盖或喷混植生覆盖等，在黏土缺乏的工点选用。回填土与边坡的搭接处往往是水流的良好通道，由于水流的渗透软化作用，易产生回填土体的滑移，故要求回填土与边坡搭接良好。

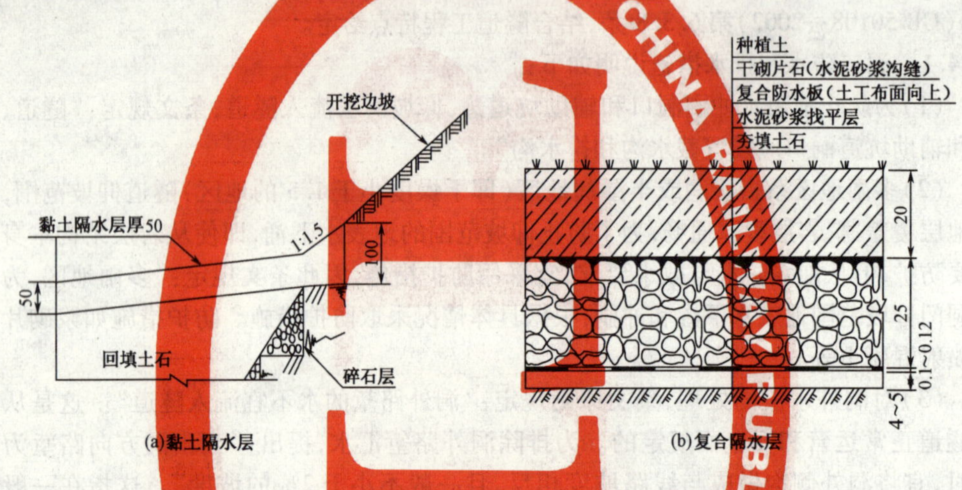

说明图 13.4.2　明洞回填土表面隔水层(单位:cm，比例示意)

13.4.3　隧道口及明洞顶截水沟设置要求摘自中华人民共和国铁道部标准图《隧道防排水一般设计》(专隧(02)1020—Ⅰ)设计说明。

13.4.4　明洞工程纵向排水管、竖向排水管、泄水管选材；纵向排水管与竖向排水管、泄水管要求通过变径三通接头连接，摘自中华人民共和国铁道部标准图《单线明洞衬砌标准图》(贰隧(02)0047)设计说明及相应设计图。

14.1.1　对运营隧道中有害气体的防治方法，说明如下：

(1)提高列车通过隧道的行驶速度

过去，蒸汽牵引地段列车通过隧道，运行速度低，大量有害气体拥入司机室，同时温度升高，恶化司机室劳动条件，容易使司机熏闷，造成行车事故。

内燃牵引时，据调查，在平型关隧道内单机牵引时，CO最高浓度达55 mg/m^3，NO_x达33.6 mg/m^3；在银匠界隧道内双机牵引时，CO最高浓度达58.8 mg/m^3，NO_x达71.9 mg/m^3；在沙木拉达隧道内双机牵引时，CO最高浓度245.8 mg/m^3，NO_x176 mg/m^3，均严重超标，危及人身安全和影响列车正常运行。

实践证明：列车通过隧道行驶速度低，容易发生行车事故，即使短隧道也会发生事故，曾发生过这样的事例，列车通过长度400多米的隧道，由于运行速度低，又遇洞内停车，因而大量有害气体拥入司机室，同时温度急剧升高，司机室劳动卫生条件恶化，造成司机熏倒事故。为防止这种情况的发生，应以提高列车通过隧道的速度或其他措施来解决。

(2)铺设混凝土无砟道床

隧道内养护维修工作条件比洞外差,工作效率低,碎石道床维修工作量大,且体力劳动繁重。采用混凝土无砟道床等,可以大大减少养护维修工作量,减轻体力劳动强度。根据调查估计,一般情况下无砟道床比碎石道床可减少维修工作量约80%以上,这样可以大量减少在洞内的作业时间,是对洞内养护维修人员减少有害气体的危害的有效措施,也有利于列车的运行,宜积极推广。

(3)机械通风

机车通过隧道产生的有害气体,一般短隧道则利用列车通过隧道的活塞作用和自然风,在一定时间内予以排除。当隧道较长,上述条件不满足要求时,则需采用机械通风,使之能在要求的时间内将有害气体排出洞外。现将几座隧道机械通风效果列于说明表14.1.1中。

从现场观察和说明表14.1.1看出,设置机械通风的隧道,能在一定时间内将有害气体排出洞外;同时改善洞内湿度,减少设备的锈蚀是有一定作用,故机械通风是对有害气体防治的重要措施。

上面列举的三项措施是我国在运营隧道中实践的经验总结。根据上述不同措施的作用,结合具体情况,采用多种措施进行防治,才能有效地预防运营隧道中有害气体对人身体健康的危害,改善劳动条件,保证行车安全,提高工作效率。

说明表 14.1.1

隧道长(m)	机车牵引类型	通风方式	风机型号及动力类型	通风效果	自然通风效果
3 350	蒸汽(单机、双机)	洞口风道式,在上洞口设置帘幕吸出式	Y-20轴流式风机,四台并井联作业,四台28 kW电动机	列车出洞后一般在12~14 min能将洞内煤烟排清	顺向自然风30~40 min反向自然风长时间排不清
2 434	蒸汽(单机、双机)	洞口通道式,压入式不设帘幕	$50A_4-11No22$轴流风机一台,110 kW电动机一台	列车出洞后约8 min煤烟可排清	30~40 min
2 714	内燃、蒸汽(单机)	洞口风道式,压入式不设帘幕	$70B_2$11No24轴流风机一台,155 kW电动机一台	列车出洞后约13 min能将洞内有害气体排清	一般超过20 min
4 270	内燃(双机)	洞口风道式,压入式不设帘幕	$70B_2$No18轴流式风机二台并联,450马力柴油机二台	列车出洞后约15~20 min有害气体可排清	一般超过35 min
2 442	内燃(双机)	洞口风道式,压入式不设帘幕	$50A_4-11No22$轴流风机一台,90 kW电动机一台	列车出洞后约8 min有害气体可排清	顺风时25 min静风时35 min以上

14.1.3 关于卫生标准的制订是以《矿山安全条例》第六节第五十一条的有关规定为依据。该条例是国务院1982年2月13日以国发〔1982〕30号文发布的。

关于氮氧化物(换算成NO_2)浓度的卫生标准是根据铁道部标准《铁路运营隧道空气中内燃机车废气容许浓度》(TB1912—87)修订的。

本规定未包括地层中放出的有害气体的特殊处理。

14.1.5 关于设置机械通风,说明如下:

(1)考虑隧道设置机械通风的条件,条文提出:"应根据牵引种类、隧道长度、隧道平面和纵断面、道床类型、行车速度和密度、气候条件及两端洞口地形等因素综合考虑确定"。通过各地区30多座隧道的调查表明,确定一座隧道是否设置机械通风,不能单纯以其长度来确定。例如某隧道长2 533 m,为无砟道床,两端洞口分别有130 m和360 m长的曲线,坡度约为12‰(双机)内燃牵引,隧道自然通风良好,一般排除有害气体约需15~20 min,在不利情况下排烟时间约需30 min;而某隧道长2 434 m,为碎石道床,纵坡为+6‰、-7‰人字坡,蒸汽机车牵引,行车速度约在25 km/h,列车通过隧道排除有害气体约需40 min,自然风影响不利时时间更长。

从上述两例可知,虽然隧道长度相近,但由于各种条件不同,则排烟所需时间不同,故设置运营机械通风,要考虑多方面的因素而定。

(2)从蒸汽和内燃机车(单机)在洞内运行产生有害气体对工作人员的影响分析:

不同的机车类型通过隧道排出的废气中,有害气体的成分、浓度是不相同的。实践证明:隧道内有害气体对人体危害最大的,蒸汽机车为CO,内燃机车为NO_x。

通过现场试验得到:蒸汽机车通过隧道产生CO最高浓度平均超过容许标准6~12倍,内燃机车通过隧道产生NO_x最高浓度平均超过容许标准19~34倍,就有害气体对机车乘务人员影响来说,蒸汽机车通过隧道时,司机室工作条件恶劣,容易发生急性中毒,内燃司机室较之蒸汽机车工作条件有较大的改善,但采用机械通风对司机的劳动条件改善不大,正如第14.1.1条说明中已提到的,在这方面主要是靠提高通过隧道的行车速度来解决。

(3)鉴于影响隧道运营通风的因素比较复杂,通过多年来的实践,认为原规定仍可行,故予以保留。但在实际应用中仍需结合具体工点特点,按照条件所规定的原则,研究确定。

(4)关于电力牵引的隧道,其隧道内有害气体浓度和电磁场强度及人体感应电流量测数据见说明表14.1.5—1和说明表14.1.5—2。

说明表14.1.5—1 电力牵引隧道内有害气体浓度

隧道名称及单、双线	长度(m)	机车类型及台数	有害气体浓度(mg/m^3)			粉尘浓度(mg/m^3)		粉尘中二氧化硅含量(%)		噪声强度dB(A)	
			NO_x	CO	SO_2	平均	最高	平均	最高	隧道内	隧道外
大瑶山	14 295	韶山型一台	0.4	<1.3	0.5	0.65	5.7	27.8	45.4	114	100
会龙场	4 009	韶山型一台	0.467	3.73	0.366	1.54	2.93			102	

从上表中可看到,采用电力牵引后隧道内的有害气体浓度大大下降,对司机和养护维修人员的劳动工作条件均得到大大改善。所以以往电力牵引隧道内一般不考虑设置机械通风。但说明表14.1.5—2得到(轨顶以上1.5 m的实测值),由于电力牵引供电为25~27.5 kV,属高压供电,在接触网周围产生一定的电磁场强度及人体感应电流;另外列车通过长隧道(及特长隧道),抛弃的废弃物及排出的粪便和牲畜禽车通过时散发的臭气,会久久停留在隧道内不易排出,污染隧道环境(但目前尚无数量化的衡量标准和测试方法)。因而如大瑶山隧道(双线)虽为电力牵引,洞内空气污染仍较严重。

说明表 14.1.5—2　电力牵引隧道电磁场强度及人体感应电流

隧道名称及单、双线	电场强度(kV/m)				磁感应强度(mT)				人体感应电流(μA)			
	隧道外		隧道内		隧道外		隧道内		隧道外		隧道内	
	平均值	最大值	平均值	最大值	平均值	最大值	平均值	最大值	平均值	最大值	平均值	最大值
大瑶山(双)	4.24		2.01	4.2	0.28		0.21	0.87	39.1		17.2	34.0
会龙场(单)	2.3	<6	2.0		0.26	<2	0.2		20	70	17	

为此,铁道部已组织专门课题组正在研究电力牵引隧道设置机械通风和计算标准、计算方法的有关条件和参数。

本次规改,提出当电力牵引的长隧道在 8 km 及以上时,宜考虑设置机械通风进行隧道内换气,有待今后验证完善之。但在实际应用中,更应结合具体工作特点,综合多方面的因素,来确定是否设置机械通风。

(5)关于多线隧道,由于尚无较多的实践经验,更无充分的数据,因而对多线隧道未作具体规定。

14.1.6　到 20 世纪 70 年代末,全国已完成运营通风设计的隧道共 136 座,采用的通风方式计有帘幕洞口风道式 37 座,无帘幕洞口风道式 87 座,洞口环形风道式(喷嘴)5 座,斜井式 5 座,竖井式 2 座。洞口风道式是否采用帘幕,应根据隧道的情况,通过经济技术比较选用,一般从安全、经济考虑,常用无帘幕洞口风道式通风;竖井式和斜井式一般系结合施工使用的竖井和斜井作风道,采用得较少。

当利用辅助坑道做运营通风时,需要根据通风对断面的要求进行核算,这是根据过去某些隧道在设计辅助坑道未考虑适应运营通风的要求,往往发现坑道断面不能满足运营通风的需要,若进行改造,则造成浪费。对于运营通风道断面的选定来说,一般认为良好的风道,风速应在 12 m/s 以下,可使克服坑道摩擦阻力需要的压力减少,因而可以节约通风所需的动力,克服风道内阻力所需的压头,其关系式如下:

$$h = RQ^2 = a \cdot \frac{SL}{F^3}Q^2$$

式中　a——沿程摩擦阻力系数;

S——断面周边长(m);

L——风道断面积(m^2);

Q——所需风量(m^3/s);

F——风道断面积(m^2)。

根据上述关系式,假设坑道长 200 m,在同一条件下,当风量在 240 m^3/s 时,$F = 5\ m^2$ 比 $F = 20\ m^2$ 面积的坑道,克服风道摩擦阻力所需的压头增加 24 倍,耗电量也增加 24 倍,这说明断面大小对消耗的动力影响很大。

射流风机均为轴流式风机,因为采用的风机出口风速较大,达 30 m/s 左右,对隧道内空气纵向流动起引射作用,故称射流风机。焦柳线牙已隧道(长 2 528 m)是第一座采用射流风机的单线铁路隧道,1973 年隧道竣工运营,1989 年 9 月改装的射流风机通风系统投入运营通风运行,采用 Φ630 mm 射流风机。近年来,射流风机通风在铁路长隧道运营中已有多座投产。

射流风机通风与无帘幕洞口风道式通风原理相同,理论上两者的通风效率也应接近,但由于风机效率、风道损失等的差别,风机功率有所差别。土建工程方面射流风机要占用隧道断面空间而省去了洞口风道式的风道与风机房，如果隧道断面净空并无富余，需加大隧道断面来安装风机，则经济上是否合算需作具体比较。机电设备方面，风机价格可能有差别，射流风机要多一些进洞电力电缆。射流风机分散在洞内（或高悬于洞顶），养护将增加一些困难。

因此，在通风方案选择中，要结合隧道的实际，做技术经济比较。

人字坡隧道，即上下行两个方向均需通风排烟时，采用可反转运转的射流风机通风，可能是一种较理想的通风方案。

当隧道断面无富余空间时，可考虑在局部地段扩大隧道断面，在扩大断面上布置射流风机，此时射流阻力将增大，通风效率将降低，需要的风机台数将有所增加，如果风机布置在隧道进口段，将隧道进口段的断面扩大，则将与无帘幕洞口风道吹入式相仿（多台射流风机并联工作）。

14.1.7　目前我国铁路隧道普遍采用的通风方式多属纵向式通风。通过现场试验研究证明，排除隧道内的有害气体的过程，系以挤压为主。故条文规定："配置通风设备时，通风机所需供给的有效风量，应按挤压为主的原理进行计算"。自然风对运营通风的影响，当自然风方向与气流排烟方向一致时，起着加压的作用。反之，则起着阻力的作用。两者作用不同，在设计计算时应该加以考虑。

考虑列车通过隧道的活塞风是利用列车在隧道中运行时的活塞作用，引起洞外新鲜空气从洞口向隧道流动。当通风方式是采用沿列车运行方向吹入式通风时，其方向与列车运行方向相同，可利用列车的活塞作用，引起洞外新鲜空气从洞口向隧道内流动；如列车出洞后开始通风，可以节省通风量。当通风方向与列车运行相反，且采用迎面吹入式通风时，则不能利用活塞风对通风的有利作用，同时还要考虑风流方向改变的影响。

当隧道为单方向通风时，选择通风位置，应在低洞口至活塞风长度范围内布置（通风设备设于低洞口）这样能使隧道内有害气体顺利地排出洞外。

条文规定："通风机供给的洞内风速不应大于8 m/s"，主要是根据人体感觉和适应能力而定。

14.1.8　洞口风道（无帘幕）吹入式通风系统中，通风机供给的风量，通过风道进入隧道，排除污染空气，由于设置通风机这一端洞口有可能一部分风量从短路端漏出洞外；也有可能引进一部分风量，即进入隧道起排除污染空气作用的有效风量小于或大于通风机的供风量。影响隧道内有效风量与许多因素有关：如风道口面积、风道中线与隧道中线的夹角、隧道长度、风道位置以及隧道内自然风速、风向等条件均可影响有效风量，在同一条件下，改变风道与隧道的夹角，影响有效风量分配比 R_b，其关系见说明图 14.1.8。

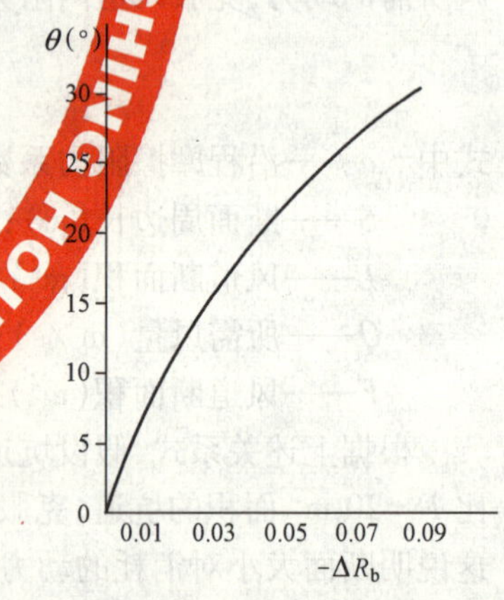

说明图　14.1.8

图中风道与隧道的夹角 θ 以 0°为基准，当角度增大时，风量分配比减少的数值 ΔR_b，从图中曲线看出从 0°变到 30°时，流量分配比要减少 0.09，所以在可能条件下尽量减少风道中线与隧道中线的夹角，是对通风有利的。

14.1.9　射流风机可在隧道一个断面布置一台或一台以上作为一组，根据隧道断面与风机尺寸决定，在隧道纵向按一定间距要求、按通风需要布置若干组。

同一断面上,两台或两台以上风机组的风机横向间距按安装、检修所需尺寸拟定即可。

风机组布置在靠近洞口地段或隧道中部地段,对于隧道纵向通风的效果是相同的,为使动力电缆引入隧道距离较短,当然应布置在靠近变电站的洞口段。如果隧道低洞口外设置变电站无特殊困难,则风机组布置在低洞口段比较适宜,此时当列车进洞后通风时,风机组全部或部分是在活塞风引进的新鲜空气中运转。

各风机组的纵向间距应大于风机射流段的距离,即一组风机出口高速风流与隧道风流混合后达到隧道断面风速基本均匀(相当于隧道风流为均匀流动时的风速)时的距离。关于射流段的距离,有各种文献介绍其试验结果,不尽一致。考虑单线铁路隧道中采用射流风机时风机直径较小,所需台(组)数不会很多,且为将烟气段一次通风挤压出隧道的通风方式,故建议射流段距离按 $10d$ 考虑,d 为隧道当量直径(水力直径),加上安全度则风机纵向最小间距可按 $10d+20$ m 设计。

如风机组布置在低洞口段,第一组风机进风口距洞口(进风端)的距离,理论上对通风效果无多大影响,如果不需反转通风,则按 10 m 左右布置即可,如风机组布置在高洞口段,则最后一组风机出风口距出风端洞口最小距离应不小于射流段长度,也即 $10d+20$ m。

风机距隧道顶(壁面)距离太近时,对安装检修不便且影响通风效果。当隧道断面净空有限,不得已而将风机布置距壁面较近时,要计入降低通风效果的影响。

15.1.1 隧道改建,应对地质条件,线路平、纵断面,隧道净空,建筑物和设备的利用条件,改建难易程度,改建施工对运营的干扰等情况作综合分析;原则上对改建隧道工程要求按新建标准进行改建,以提高技术标准,满足运输要求。

当既有隧道按新建标准改建,将引起隧道两端改建工程量增加或造成较多工程废弃;改建施工即使采用复杂的工程措施仍难以保证运营及施工安全;施工与行车干扰大,实施改建方案极为困难,因而导致不能维持正常运输或严重经济损失时,则"可根据具体情况,提出满足运输要求和符合技术条件的改建标准或充分利用既有设备的理由和措施"。

对于增建第二线隧道,为适应运输发展需要,应以新建标准修建。

15.1.2 隧道改建是指对技术标准不能满足运输要求的既有隧道进行技术改造。主要内容包括调整线路平、纵断面、扩大隧道净空,增设洞内建筑物或对隧道受到局部损坏地段的补强与修复。对既有线进行技术改造而要求隧道改建的一般形式有:既有单线隧道改建、既有单线隧道改建为双线(或多线)隧道,以及既有单线隧道改建并增建第二线隧道。

无论是改建还是扩建,目的是提高技术标准,进一步提高既有线输送能力,适应列车行车速度的提高或客货运量的增加。所以,应根据拟定的既有线改建标准,针对既有隧道不同的改建要求与改建形式结合考虑地段、地质、洞内及两端洞口地段的线路技术条件、附近大型建筑的影响、运营情况、既有隧道现状等因素,通过技术经济比较,合理选定隧道改建方案。

在隧道改建设计时,要充分考虑既有工程的利用条件,在能满足运输要求的前提下,尽量利用既有工程及设备,减少改建工程量。当认为改线新建比在既有隧道内进行改建有利时,可对改线另建新隧道与既有隧道改建作技术经济比较,但在研究和研究改线方案时,应尽量使既有工程得到充分利用,避免对改线地段两端既有工程过多的拆迁、改建及废弃。为使确定的改建方案付诸实施，应结合改建工程特点、选用技术先进、经济合理的工程措施及施工方法，并应在改建施工前对改建地段的运营情况作详细了解，据此制定可靠的技术安全措施和周密的施工组织计划，缩短施工期限，以减少运营费损失及对运营的干扰。

15.1.3　隧道改建，一般是在既有线不中断运营的条件下进行的，所以在维持通车的既有隧道内进行改建不同于新建施工，工程改建期间对行车的干扰是不可避免的，与新建隧道施工相比，具有下列特点：

(1)必须维持正常运输，保证行车安全，相应的施工操作程序、操作技术等均较复杂，从而要求改扩建工程措施切实可行，若工程措施及施工方法选择不当，将直接影响建筑施工进度或可能在施工中造成事故，对施工与运营均不利。

(2)施工对运输的干扰：

① 施工要求运输挤出一定的“天窗”和安排区间的封锁、徐行等，给组织运营增加困难；

② 由于施工及安全措施偶有疏忽或施工计划安排不周，以致不能按时开通线路而阻碍行车；

③ 施工期间架设临时设施，减少隧道净空给组织超限货物的运输造成困难。

(3)运输对施工的干扰：

① 为了满足正常运输要求，须在规定时间内开通线路，施工只能间断进行、或在列车间隔时间施工；当列车通过时，人员必须停工待避，因而工程进度缓慢，不利施工组织计划的制定与实施；

② 列车超限或不按规定限速运行，会给施工带来意料不到的事故或损失。

所以，对于技术条件、改建程度各不相同的隧道进行改建，可以选用不同的施工技术措施与安全措施；但为了使改建施工顺利进行，并能保证既有线正常运输，隧道改建选用的工程措施及施工方法，应以保证运营和施工的安全为前提，尽量减少对运营的干扰并方便施工。工程措施的选用，在条件许可时，尽量考虑方便施工；目的是能在保证安全运输的前提下，使施工进度加快，在改建区段可以缩减对运营的干扰次数或时间，以减少运营损失。

施工与运输的相互关系，要克服那种强调以施工为主或仅强调运输重要的片面性，应本着充分协作，密切配合的原则，要求施工保证行车安全，力争减少对运输的干扰，同时又要求运输尽量为施工创造有利条件；如按规定时间封锁线路，满足施工材料、机具、物资的运输，严格按要求的限界装车，列车按规定的运行速度通过施工地段等，以方便施工。

15.1.4　隧道改建收集资料，在内容上不同于新建隧道。因此，在勘测设计的不同阶段，应合理确定收集资料的内容及现场调查的项目。对于各项资料的收集，目的是为了掌握既有隧道现状及在施工、运营中所出现的病害情况，并据此分析发生的原因，以便在改建设计中确定改扩建方案及选用合理而又可靠的工程措施。

对既有隧道应重点查明的内容如下：

(1)净空尺寸；

(2)轨道、衬砌、洞门、防排水系统及附属构筑物现状；

(3)围岩不稳定地段、施工塌方部位及处理情况；

(4)渗水、漏水、涌水部位及水量、水质、冻害情况;

(5)相邻结构物的影响情况;

(6)竣工文件,历年病害整治及大修资料。

以上资料是针对隧道改扩建设计需要提出来的。与改扩建工程有关的资料及病害状况,可以从原隧道设计文件、施工记录、竣工文件以及运营管理部门的年检资料中取得,并应现场进行重点调查甚至勘察、核实、尽量使收集的资料正确、齐全,以满足设计要求。

在收集隧道净空尺寸资料,应重视对量测衬砌轮廓断面的工作,这项资料是对既有隧道扩大净空而进行改扩建设计的主要依据,特别是在既有线电气化技术改造时,对于勘测阶段收集隧道净空资料在进行统计分析后,可以合理选定接触网悬挂形式及确定扩大净空所引起的改扩建工程量。补砌净空尺寸的量测,目前已有多种测量仪器和设备,但应用仍不普遍,故现场量测仍有人工操作的。在隧道内进行量测,行车干扰大,作业环境及工作条件差,为使量测工作能正常进行,避免发生事故,勘测时必须提出一定的技术安全措施和量测的精度要求,有条件时,应尽量推广使用光带断面摄影或机械方法量测,以减轻劳动强度,提高量测精度。

15.2.2 新建铁路隧道的曲线加宽规定分为两段加宽,其优点是保证了运营净空要求,便于施工;但缺点是加宽方法过于安全,使缓和曲线上各点衬砌加宽断面均大于限界要求。故对既有线改建曲线地段的单线隧道断面的加宽,作了适当的修改。

圆曲线及缓和曲线加宽断面向直线方向的延伸长度,仍为原规范所定的 13 m 及 22 m;为了在缓和曲线地段加宽设计的灵活布置,且使其间的加宽结果比较经济合理,将圆曲线加宽断面改在圆缓点向直线方向延伸 13 m 的范围内,缓和曲线中点加宽断面(圆曲线加宽值的一半)定于缓和曲线中点向直线方向延伸 13 m 处,直缓点向直线方向延伸 22 m处为开始加宽起点。以上 3 处为加宽的控制点,其他部分的加宽值,可根据相邻两处的加宽值,按直线变化插入求得,亦可采用台阶式多分段的加宽方式,但要满足上述要求。

隧道衬砌净空能否满足限界要求及必须凿除的尺寸等,均需根据丈量和计算进行检查确定。缓和曲线上各段的加宽数值还可逐段计算,一般采用切线支距法,也有采用分析法计算的。

位于曲线车站上的既有隧道及区间曲线地段的既有双线隧道,则根据站场、线路等专业要求计算确定。

15.2.3 当既有隧道净空不能满足运输要求时,可根据改建标准,结合改建工程特点,选用不同的工程措施以扩大隧道净空。

如果衬砌宽度侵入限界数值不大,有条件利用凿除部分衬砌解决时,则可结合围岩条件及衬砌的完好程度,采用凿除单侧或双侧衬砌的局部;当若局部凿除衬砌不能满足要求时,则可考虑利用拆换一侧边墙扩大净空宽度。为使改建工程尽量集中,可在调整线路平面或改善线路技术条件时,利用线路中线的拨移量,使局部衬砌凿除或边墙拆换的施工尽量在隧道的单侧进行。局部衬砌凿除的控制厚度,宜结合净空要求、既有衬砌的完整情况、地质条件等因素确定,并遵守下列原则:局部衬砌凿除后,使衬砌保留的厚度不应小于规定的衬砌结构截面最小厚度,必要时应对衬砌采用补强或加固措施,以能满足安全使用的要求。

如果对拱部衬砌局部凿除就能满足净空高度要求,则应尽量选用凿除局部衬砌的方法,但当拱部凿除将影响拱圈结构安全时,则可结合改建隧道两端既有工程现状及其改建的难易程度，采用调整线路纵断面或落底处理，这样不仅可以充分利用原有衬砌，而且施工不侵占既有隧道净空，大部分改建施工可安排在行车间隙进行。但当降坡落底量较大，引起边墙基础加深，开挖施工困难并影响衬砌结构稳定，洞内排水设施、隧道两端桥涵及路基工程改建困难，应结合既有隧道地质条件及改建地段运输情况等因素考虑，可与挑顶改建方案作比较。

当既有隧道净空宽度和高度均不足时，应视改建要求及衬砌完整程度，尽量利用既有拱、墙衬砌，以减少改建工程量，一般可采用局部拆换衬砌的工程措施；当全部或大部拆换衬砌的改建工程措施复杂，地质条件又不允许大量拆换衬砌或改建施工极度困难，则可根据具体情况，对既有隧道改建与改线另建新隧道的方案作技术经济比较后，综合分析确定。

在扩大净空的改建施工中无论采用何种工程措施，凡凿除衬砌或对衬砌及围岩有扰动时，均要求考虑对既有衬砌采取临时或永久加固措施，以保证施工及运营的安全，并在施工期间对施工地段须采取加强线路上部建筑稳定措施和运营的安全防护。

15.2.4 隧道改建对局部衬砌裂损、变形或风化、腐蚀等引起衬砌强度降低并影响正常使用时，则可根据不同情况，结合改建工程措施，单独或配合使用本条所列举的加强措施。尤其既有隧道病害整治时，对于局部衬砌裂损、变形时，采用衬砌局部凿除并设置钢带，与各种锚杆、钢筋网、喷射混凝土共同使用时，效果较好且经济。

15.2.5 根据多年工程实际，隧道内基底翻浆冒泥整治，采用加深或重建排水沟，必要时采用更换仰拱、加固基底等方法，效果较好，故条文写成"应优先选用"这些措施。

15.2.6 在隧道改建施工期间，隧道内要安装改建施工所必需的临时设施，如施工支架、管线路及堆放料具等，势必侵占既有隧道部分净空，这给列车运行带来了不便，对于一些超限货物只能缓运或绕道运输，给组织运行增加一定困难。因此，为了在施工期间能保证施工及行车的安全，尽量减少对超限货物运输的限制，要求在施工时提供确切而又尽量大的临时行车限界。

临时行车限界应根据既有隧道限界状况、改建工程措施、施工方法及改建地段要求通过超限货物的情况，综合分析确定，必要时应与行车部门协商解决。在改建中，若能对施工采取一定措施，如采用活动的或刚度大体积小的脚手架、利用避车洞安置机具设备或堆放材料等，以能提供尽量大的临时行车限界，对于确保行车安全是有实际意义的。

条文规定："隧道改建施工，应符合铁道部《铁路超限货物运输规则》及有关行车线上施工安全的规定"是保证安全施工所必要，以确定临时行车限界，予以执行。

隧道改建施工，一般在维持正常运输的条件下进行，因此，工作场地、施工条件均受限制，施工与行车有所干扰。为了保证有较集中的时间用于施工，改建施工宜安排在区间封锁天窗时间进，实践证明这是可行的。至于改建施工中的一些辅助工作或并不侵占净空的隧道底部施工，可按照《铁路工务安全规则》的有关规定，利用行车间隙时间，在采用有效的安全防护条件下进行。

在运输繁忙的区段内，改建施工要求每天封闭线路的次数及每次封锁的时间均受到限制，对施工组织计划的实施带来困难，势必影响工程进度，造成施工期限延长，增加运营损失。所以为了维持正常运输，避免施工与运输的严重干扰，当改建地段的地形、地质条件许可时，可在施工期间采用临时便线通车。在拟定洞外铺设便线方案时，应对临时便线工程投资与在原隧道内维持运营又进行改建所引起的经济损失作合理比较，并根据区间运行条件、既有线路平面、纵断面、改建地段既有工程等情况,确定临时便线的技术标准。

若为增建第二线,也可在增建第二线隧道通车后,再进行既有线隧道的改建。

15.3.1 条文是多年来电气化技术改造的经验总结。但应用时应本着实事求是的原则,从实际情况出发,要考虑全线段通过能力的需要,也要考虑运输安全。对于接触网悬挂方式的选定也要多方比较方能确定,以免造成不必要的返工。

15.3.2 本条是既有线进行电气化改造可能出现的问题,考虑到隧道洞门结构受力复杂,为保证洞门结构的稳定,要求避免在洞门墙上下锚。

15.3.3 电气化技术改造的隧道,其防排水的要求要严格做到拱部不渗水。

附录 A

"铁路隧道围岩分级"引自《隧道围岩分级及施工阶段定量评定办法》科研成果,该课题是西南交通大学承担的科研项目,于 1988 年 3 月通过鉴定,鉴定证书为技鉴字(1998)第 010 号。

"隧道围岩分级及施工阶段定量评定办法"确定的主要内容为:

(1)铁路隧道围岩分级与《工程岩体分级标准》(GB 50218—94)接轨的确定:

① 铁路隧道围岩分级的构成和体系;

② 与 GB 50218—94 接轨的原则和方法。

(2)施工阶段围岩分级方法的研究

原规范的铁路隧道围岩分类标准是 1975 年发布实施的,1995 年国家标准《工程岩体分级标准》又实施了,两者前后相差 20 年,因此,无论在内容、分级方法、指标以及分级因素等方面都有些差异,这是自然的。两者的不同主要表现在:

① 工程岩体分级国标,在评价岩体基本质量时,采用岩体基本特殊质量定性指标和岩体基本质量定量指标(BQ)两个指标分级;而《铁路隧道设计规范》中则缺少相应的定量指标,但在定性指标以及分级因素,基本上是一致的;

② 国标是对岩体基本质量进行分级,然后对有关影响因素,如地下水、地应力的影响进行修正,而"隧规"则采用定性的判断加以修正;

③ 国标的分级主要是针对岩体的,不包括土体在内,"隧规"的分级则是全面反映岩体和土体的分级,是具有铁路隧道特点的分级方法;

④ 在岩体分级的排序上,国标采用Ⅰ,Ⅱ,…,Ⅴ,而"隧规"分类则是采用Ⅵ,Ⅴ,…,Ⅰ的排序方法。

根据对国标和隧规围岩分级的分析,在铁路隧道的围岩分级(原隧规叫围岩分类)中,如果取消土的分级,则与国标基本上是一致的。因此,接轨的基本原则和方法是:

① 将铁路围岩分级(以后不再叫围岩分类)分为岩体和土体两大类,而在岩体方面与国标完全接轨,在土体方面维持原来分级基准。

② 按工程岩体分级标准的精神,将其中一些主要条文,如地应力的影响、坑道自稳性评价、地下水的修正等,均纳入铁路隧道围岩分级之中,有的作了适当的修改。

③ 围岩分级的排序,采用国标的分级排序,其相关的关系见说明表 A.1。

说明表 A.1

国标《工程岩体分级标准》	Ⅰ	Ⅱ	Ⅲ	Ⅳ	Ⅴ	
原隧规的围岩分类	Ⅵ	Ⅴ	Ⅳ	Ⅲ	Ⅱ	Ⅰ
本隧规的围岩分级	Ⅰ	Ⅱ	Ⅲ	Ⅳ	Ⅴ	Ⅵ

④ 有关围岩坚硬程度、围岩完整程度等的划分，采用原隧规围岩分级中的规定。结构面发育程度应根据结构面特征，按说明表 A. 2 确定。岩体受地质构造影响程度，应按说明表 A. 3 确定。

说明表 A. 2　结构面发育程度分级

名　称	结　构　面　发　育　程　度		
	结构面组数及平均间距	主要结构面的类型	岩体结构类型
不发育	1 组～2 组，平均间距超过 1. 0 m	规则为构造型密闭	巨块状结构
较发育	2 组～3 组，平均间距超过 0. 4 m	呈 X 形，较规则，以构造型为主，多数密闭，部分微张，少有充填	大块状结构
发　育	3 组以上，平均间距不超过0. 4 m	不规则，呈 X 形或米字形，以构造型或风化型为主，大部分张开，部分有充填物	碎石块石状
极发育	3 组以上，杂乱，平均间距不超过0. 2 m	以风化型和构造型为主，均有充填	碎石状

⑤根据铁路隧道围岩分级方法的构成，增加施工阶段围岩级别判定的有关条文和判定卡。

说明表 A. 3　岩体受地质构造影响的分级

受地质构造影响程度	地　质　构　造　作　用　特　征
轻　微	地质构造变动小，结构面不发育
较　重	地质构造变动较大，位于断裂（层）或褶曲轴的邻近地段，可有小断层，结构面发育
严　重	地质构造变动强烈，位于褶曲部或断裂影响带内，软岩多见扭曲及拖拉现象，结构面发育
极 严 重	位于断裂破碎带内，岩体破碎呈块石、碎石、角砾状，有的甚至呈粉末泥土状，结构面极发育

附录 D

“隧道门作用（土压力）的计算方法”引自《隧道洞门可靠性设计的研究》科研成果，该课题是西南交通大学承担的科研项目，于 1999 年 1 月以建技〔1999〕7 号文通过审查。

《隧道洞门可靠性设计的研究》的主要内容为：

（1）洞门墙稳定性和强度的极限状态方程式的具体形式；

（2）设计计算基本参数的概率特征；

（3）规范条文修订的建议。

该课题的确定结论主要有：

（1）得到了各级围岩计算摩擦角的统计特征；

（2）通过大量模型试验，提出了各级围岩的洞门基底摩擦系数统计特征的建议值；

（3）采用离心模型试验和现行隧道设计规范推荐的土压力计算公式相比的方法来研究洞门土压力计算模式的不确定性，从而得到了洞门土压力计算模式不确定性随机变量的统计特征；

(4)建议在今后进行洞门可靠分析时，采用近似法和窄界限法；

(5)从端墙式洞门、柱式洞门和翼墙式洞门的结构可靠度分析结果来看，在设计洞门时偏心检算起控制作用。

2000 年，承研单位又通过对单线铁路隧道各型洞门结构的计算分析，补充提出了实用公式及有关分项系数。洞门结构的受力状况较复杂，目前所提出的公式实际上是一个转轨形式，参见第 10.4.1 条条文说明。

附录 F

表 F. 0. 2、F. 0. 3 中所列极限相对位移为全位移，即指考虑隧道净空开挖前期变形量、开挖中变形量和开挖后变形量的总位移量。

附录 G

本附录摘自国家标准《中国地震动参数区划图》(GB 18306—2001)。

中华人民共和国行业标准

铁建设〔2005〕160号

客运专线铁路隧道工程施工质量验收暂行标准

2005—09—17 发布　　　　2005—09—17 实施

中华人民共和国铁道部　发布

前　言

本暂行标准是根据铁道部《关于印发〈2005年铁路工程建设标准编制计划〉的通知》(铁建设函〔2005〕84号)的要求,为满足客运专线铁路建设需要、实现质量一流的目标而进行编制的。

本暂行标准在编制过程中,总结了我国铁路建设的成功经验,学习和借鉴了国际先进标准,充分体现了客运专线铁路的技术特点和质量要求,坚持了"调整地位、验评分离、充实内容、严格程序、强化检测、明确职责"的编制原则。本暂行标准具有以下特点:

1. 突出了单位工程综合质量评定、实体工程质量及主要功能核查要求;

2. 强调了工程施工质量必须达到设计要求的结构安全、使用功能和耐久性能,主体结构质量实现零缺陷,满足设计使用年限内正常运营的需要;

3. 明确了建设各方在工程施工质量控制过程中的具体质量职责,可操作性强;

4. 规定了工程施工应采用先进的技术、设备和工艺,保证质量,保障安全;

5. 规定了质量检测应采用先进、成熟、科学的方法和手段,质量数据做到全面、真实、可靠;

6. 统一了工程施工质量验收记录等资料管理与保存的要求;

7. 提出了对参加客运专线铁路工程施工及验收的各方人员进行上岗培训的要求。

本暂行标准应与《铁路混凝土工程施工质量验收补充标准(铁建设〔2005〕160号)等技术标准配合使用。验收过程中,当涉及结构安全、系统功能部分的设计文件或设计规范的要求与本暂行标准有差异时,应以标准高者为依据。

本暂行标准共分13章,主要内容包括:总则、术语、基本规定、洞口工程、洞身开挖、支护、衬砌、辅助坑道及附属洞室、明洞工程、缓冲结构物、防水和排水、附属设施、隧道单位工程综合质量评定等。

在执行本暂行标准过程中,希望各单位结合工程实践,认真总结经验,积累资料。如发现需要修改和补充之处,请及时将意见及有关资料寄交中铁三局集团有限公司(山西省太原市迎泽大街269号,邮政编码:030001),并抄送铁道部经济规划研究院(北京市海淀区羊坊店路甲8号,邮政编码:100038),供今后修订时参考。

本暂行标准由铁道部建设管理司负责解释。

本暂行标准主编单位:中铁三局集团有限公司。

本暂行标准参编单位:铁道部经济规划研究院。

本暂行标准主要起草人:吕强、倪光斌、原郭兵、阴帆、赵德学、虞铁春、刘志江。

目 次

CHINA RAILWAY PUBLISHING HOUSE

1 总 则

1.0.1 为加强客运专线铁路隧道工程施工质量管理，统一客运专线铁路隧道工程施工质量的验收标准，保证工程质量，实现建设一流客运专线铁路的目标，制定本暂行标准。

1.0.2 本暂行标准适用于旅客列车设计行车速度200～350 km/h的标准轨距客运专线铁路隧道工程施工质量的验收。无砟轨道铁路的隧道工程尚应执行客运专线铁路无砟轨道工程施工质量验收的有关规定。

本暂行标准未涉及的新技术、新工艺、新设备、新材料，其施工质量的验收应符合相关标准的规定。

1.0.3 客运专线铁路隧道工程施工质量必须达到设计要求的结构安全、耐久性和使用功能，主体结构质量实现零缺陷，满足设计使用年限内正常运营的需要。

1.0.4 施工单位作为工程施工质量控制的主体，应建立健全质量保证体系，对工程施工质量进行全过程控制。建设单位、监理单位、勘察设计单位等各方应按有关规定分工负责。

1.0.5 客运专线铁路隧道工程施工应贯彻国民经济可持续发展战略，合理利用资源，做好环境保护、水土保持等工作。弃砟场应按环保和设计要求合理选择，弃砟不得堵塞沟槽，挤压河道、桥梁墩台及其他建筑物。弃砟堆的边坡应作防护，防止水土流失。

1.0.6 客运专线铁路隧道工程施工应采用先进的设备和工艺，确保工程质量。

1.0.7 客运专线铁路隧道工程施工应制定相应的安全技术措施，严格遵守安全技术规程，确保施工安全。隧道内施工应采取防尘措施，加强通风，保证空气质量符合劳动卫生标准。

1.0.8 客运专线铁路隧道工程应采用先进、成熟、科学的检验检测手段，质量数据必须真实可靠，全面反映工程质量状况。所用方法和仪器设备应符合相关标准的规定，仪器精度应能满足质量控制要求，质量检测人员必须具有规定的资格。对混凝土强度、厚度及衬砌背后回填密实度情况，应按铁道部现行《铁路工程结构混凝土强度检测规程》(TB 10426)和《铁路隧道衬砌质量无损检测规程》(TB 10223)的有关规定，优先采用成熟、可靠、先进的无损检测技术进行检测。

1.0.9 客运专线铁路隧道工程的各类质量检测报告、检查验收记录和其他工程技术管理资料，必须按规定及时填写，并且严格履行责任人签字确认制度。施工质量验收资料的归档整理应符合有关规定的要求。其中，检验批、分项工程质量验收记录，建设单位、施工单位、监理单位均应长期保存；分部工程、单位工程质量验收记录，建设单位应永久保存，施工单位应长期保存；其他资料应按相关规定保存。

1.0.10 客运专线铁路隧道工程施工中所采用的承包合同文件和工程技术文件等对施工质量的要求不得低于本暂行标准的规定。当设计要求的质量指标高于本暂行标准的规定时，应按设计要求办理。

1.0.11 参加客运专线铁路隧道工程施工及验收的各方技术、质量、监理和管理人员等，应经过施工质量验收标准的专门培训,合格后方可上岗。

1.0.12　客运专线铁路隧道工程施工质量的验收除应符合本暂行标准外,尚应符合铁道部《铁路混凝土工程施工质量验收补充标准》(铁建设〔2005〕160号)和国家现行有关强制性标准的规定。

2 术 语

2.0.1 工程施工质量 constructional quality of engineering

反映工程施工过程或实体满足相关标准规定或合同约定的要求,包括其在安全、使用功能及其在耐久性能、环境保护等方面所有明显和隐含能力的特性总和。

2.0.2 验收 acceptance

工程施工质量在施工单位自行检查评定的基础上,参与建设活动的有关单位共同对检验批、分项、分部、单位工程的质量按有关规定进行复验,根据相关标准以书面形式对工程质量达到合格与否做出确认。

2.0.3 进场验收 site acceptance

对进入施工现场的材料、构配件、设备等按相关标准规定要求进行检验,对其达到合格与否做出确认。

2.0.4 检验批 inspection lot

按同一生产条件或按规定的方式汇总起来供检验用的,由一定数量样本组成的检验体。

2.0.5 检验 inspection

对检验项目中的性能进行量测、检查、试验等,并将结果与标准规定要求进行比较,以确定每项性能是否合格所进行的活动。

2.0.6 见证 witness

监理单位或建设单位现场监督施工单位某过程完成情况的活动,如见证检验、见证检测、见证试验等。

2.0.7 见证取样检测 evidential testing

在监理单位或建设单位监督下,由施工单位有关人员现场取样,并送至具备相应资质的检测单位所进行的检测。

2.0.8 平行检验 parallel acceptance testing

监理单位利用一定的检查或检测手段,在施工单位自检的基础上,按照一定的比例独立进行检查或检测的活动。

2.0.9 旁站 stand-by

在关键部位或关键工序施工过程中,由监理人员在现场进行的监督活动。

2.0.10 工序 constructional procedure

施工过程中,具有相对独立特点的作业活动,或由必要的技术间歇或停顿分割的作业活动,它是施工过程的基本单元。

2.0.11 交接检验 handing over inspection

由施工的承接方与完成方共同检查并对可否继续施工做出确认的活动。

2.0.12 主控项目 dominant item

工程中的对安全、卫生、环境保护和公众利益起决定性作用的检验项目。

2.0.13 一般项目 general item

除主控项目以外的检验项目。

2.0.14 抽样检验 sampling inspection

按照规定的抽样方案，随机地从进场的材料、构配件、设备或工程检验项目中，按检验批抽取一定数量的样本所进行的检验。

2.0.15 抽样方案 sampling scheme

根据检验项目的特性所确定的抽样数量和方法。

2.0.16 计数检验 counting inspection

在抽样的样本中，记录每一个体有某种属性或计算每一个体中的缺陷数目的检查方法。

2.0.17 计量检验 quantitative inspection

在抽样检验的样本中，对每一个体测量其某个定量特性的检查方法。

2.0.18 返工 rework

对不合格的工程部位采取的重新制作、重新施工等措施。

2.0.19 返修 rehabilitation

对工程不符合标准规定的部位采取整修等措施。

2.0.20 施工缝 construction joint

在混凝土浇筑过程中，因设计要求或施工需要分段浇筑而在先、后浇筑的混凝土之间形成的接缝。

2.0.21 混凝土结构耐久性 durability of concrete structure

在预定作用和预期的维护与使用条件下，结构及其部件能在预定的期限内维持其所需的最低性能要求的能力。

2.0.22 设计使用年限 designed service life

设计人员用以作为结构耐久性设计依据并具有足够安全度或保证率的目标使用年限。设计使用年限应由业主或用户与设计人员共同确定，并满足有关法规的要求。

2.0.23 结构使用年限 service life of structure

结构建造完成后，在预定的使用与维护条件下，结构所有性能（如安全性、适用性）均能满足原定要求的实际使用年限。

2.0.24 胶凝材料 cementitious material, or binder

用于配制混凝土的水泥与粉煤灰、磨细矿渣粉和硅灰等活性矿物掺和料的总称。

2.0.25 水胶比 water to binder ratio

混凝土配制时的用水量与胶凝材料总量之比。

2.0.26 碱活性骨料 alkaline reaction aggregate

在一定条件下会与混凝土中的碱发生化学反应，导致混凝土结构产生膨胀、开裂甚至破坏的骨料。

2.0.27 碱含量 alkali content

混凝土碱含量是指混凝土中等当量氧化钠的含量，以 kg/m^3 计；混凝土原材料的碱含量是指原材料中等当量氧化钠的含量，以质量百分率计。等当量氧化钠含量是指氧化钠与0.658倍的氧化钾之和。

2.0.28 超挖 overbreak

隧道实际开挖断面大于设计开挖断面的部分。

2.0.29 欠挖 underbreak

隧道实际开挖断面小于设计开挖断面的部分。

2.0.30 预注浆 pioneer grouting

为了固结围岩或堵水，稳定开挖面，隧道开挖前在地面或在开挖工作面或沿开挖轮廓线进行的超前注浆。

2.0.31 回填注浆 back filling grouting

在复合衬砌完成后，为了填充防水板与二次衬砌之间的空隙而进行的注浆。

2.0.32 围岩注浆 surrounding ground grounting

初期支护后，为封堵渗漏水对围岩所进行的注浆。

2.0.33 预留变形量 excess clearance or camber

为充分发挥围岩自承作用，容许初期支护和围岩有一定量的变形，而将设计开挖断面作适当扩大的预留量。

2.0.34 监控量测 monitoring measurement

隧道施工中对围岩和支护动态进行的经常性观察和测量。

2.0.35 综合质量评定 overall quatiy assessment

在检验批、分项、分部工程质量验收的基础上，对单位工程的质量控制资料、实体质量和主要功能以及观感质量进行的核查及评定。

3 基 本 规 定

3.1 一 般 规 定

3.1.1 客运专线铁路隧道工程施工现场质量管理应有相应的施工技术标准、健全的质量管理体系和施工质量检验制度。

施工现场质量管理检查记录应由施工单位在施工前按表 3.1.1 的规定填写，总监理工程师进行检查，并做出检查结论。

表 3.1.1　施工现场质量管理检查记录

<table>
<tr><td>单位工程名称</td><td></td><td colspan="2">开工日期</td><td colspan="2"></td></tr>
<tr><td>建设单位</td><td></td><td colspan="2">项目负责人</td><td colspan="2"></td></tr>
<tr><td>设计单位</td><td></td><td colspan="2">项目负责人</td><td colspan="2"></td></tr>
<tr><td>监理单位</td><td></td><td colspan="2">总监理工程师</td><td colspan="2"></td></tr>
<tr><td>施工单位</td><td></td><td>项目负责人</td><td></td><td>项目技术负责人</td><td></td></tr>
<tr><td>序　　号</td><td colspan="3">项　　　　目</td><td colspan="2">检 查 情 况</td></tr>
<tr><td>1</td><td colspan="3">开工报告</td><td colspan="2"></td></tr>
<tr><td>2</td><td colspan="3">现场质量管理制度</td><td colspan="2"></td></tr>
<tr><td>3</td><td colspan="3">质量责任制</td><td colspan="2"></td></tr>
<tr><td>4</td><td colspan="3">工程质量检验制度</td><td colspan="2"></td></tr>
<tr><td>5</td><td colspan="3">施工技术标准</td><td colspan="2"></td></tr>
<tr><td>6</td><td colspan="3">施工图现场核对情况</td><td colspan="2"></td></tr>
<tr><td>7</td><td colspan="3">地质勘察资料</td><td colspan="2"></td></tr>
<tr><td>8</td><td colspan="3">交接桩及施工复测资料</td><td colspan="2"></td></tr>
<tr><td>9</td><td colspan="3">施工组织设计及审批</td><td colspan="2"></td></tr>
<tr><td>10</td><td colspan="3">环境保护方案及审批</td><td colspan="2"></td></tr>
<tr><td>11</td><td colspan="3">主要专业工种操作上岗证书</td><td colspan="2"></td></tr>
<tr><td>12</td><td colspan="3">施工检测设备及计量器具设置</td><td colspan="2"></td></tr>
<tr><td>13</td><td colspan="3">材料、设备管理制度</td><td colspan="2"></td></tr>
<tr><td colspan="6">检查结论：

总监理工程师　　　　　　年　　月　　日</td></tr>
</table>

3.1.2 客运专线铁路隧道工程应按下列规定进行施工质量控制：

1 施工单位应对工程采用的主要材料、构配件和设备的外观、规格、型号和质量证明文件等进行验收，并经监理工程师检查认可；凡涉及结构安全和使用功能的，施工单位应进行检验,监理单位应按规定进行平行检验或见证取样检测。

2 各工序应按施工技术标准进行质量控制,每道工序完成后,施工单位应进行检查,并形成记录。

3 工序之间应进行交接检验,上道工序应满足下道工序的施工条件和技术要求;相关专业工序之间的交接检验应经监理工程师检查认可。未经检查或经检查不合格的不得进行下道工序施工。

3.1.3 客运专线铁路隧道工程施工质量应按下列规定进行验收:

1 工程施工质量应符合本暂行标准和相关专业验收标准的规定;

2 工程施工质量应符合工程勘察、设计文件的要求;

3 参加工程施工质量验收的各方人员应具备规定的资格;

4 工程施工质量的验收均应在施工单位自行检查评定合格的基础上进行;

5 涉及结构安全的试块、试件以及有关材料,监理单位应按规定进行平行检验或见证取样检测;

6 检验批的质量应按主控项目和一般项目进行验收;

7 对涉及结构安全和使用功能的分部工程应进行抽样检验;

8 承担见证取样检测及有关结构安全检测的单位应具有相应的资质;

9 单位工程的综合质量应由验收人员通过检查共同确认。

3.2 工程施工质量验收单元的划分

3.2.1 客运专线铁路隧道工程施工质量验收划分为单位工程、分部工程、分项工程和检验批。

3.2.2 单位工程应按一个完整工程或一个相当规模的施工范围划分,并按下列原则确定:

1 一座隧道宜作为一个单位工程,长隧道和特长隧道可按施工标段划分为若干个单位工程;

2 独立明洞(或棚洞)可作为一个单位工程。

3.2.3 分部工程应按一个完整部位或主要结构及施工阶段划分。

3.2.4 分项工程可按工种、工序、材料、施工工艺等划分。

3.2.5 检验批可根据质量控制和施工段需要划分,其检验项目分为主控项目和一般项目。

3.2.6 分部、分项工程划分和检验批检验项目应符合表3.2.6的规定。

表3.2.6 分部工程、分项工程和检验批检验项目

序号	分部工程	分项工程	检验批	检验批检验项目条文号	
				主控项目	一般项目
1	洞口工程	开挖	每个洞口	4.2.1~4.2.3	4.2.4、4.2.5
		模板	每个安装段	4.3.1~4.3.3	4.3.4~4.3.6
		钢筋	每个安装段	4.4.1~4.4.6	4.4.7~4.4.9
		混凝土	每个浇筑段	4.5.1~4.5.8	4.5.9~4.5.11
		浆砌片石	每个砌筑段	4.6.1~4.6.11	4.6.12、4.6.13
		洞口防护	每个洞口	4.7.1~4.7.9	4.7.10、4.7.11

续上表

序号	分部工程	分项工程	检验批	检验批检验项目条文号	
				主控项目	一般项目
2	洞身开挖	洞身开挖	每个开挖循环或 3 ~ 5 m	5.2.1 ~ 5.2.4	5.2.5
		隧底开挖	每个开挖循环或 3 ~ 5 m	5.3.1、5.3.2	5.3.3
		弃渣场防护	每　处	5.4.1 ~ 5.4.7	5.4.8 ~ 5.4.11
3	支　护	喷射混凝土	每个喷射段或 3 ~ 5 m	6.2.1 ~ 6.2.16	6.2.17、6.2.18
		锚　杆	每个安装段或每 3 ~ 5 m	6.3.1 ~ 6.3.7	6.3.8、6.3.9
		钢筋网	每个安装段或每 3 ~ 5 m	6.4.1 ~ 6.4.5	6.4.6 ~ 6.4.8
		钢　架	每 3 ~ 5 m	6.5.1 ~ 6.5.5	6.5.6 ~ 6.5.8
		管　棚	每　环	6.6.1 ~ 6.6.5	6.6.6
		超前小导管	每　环	6.7.1 ~ 6.7.6	6.7.7
		超前预注浆	每　环	6.8.1 ~ 6.8.4	6.8.5 ~ 6.8.7
4	衬　砌	模　板	每个安装段	7.2.1 ~ 7.2.3	7.2.4 ~ 7.2.6
		钢　筋	每个安装段	7.3.1 ~ 7.3.6	7.3.7 ~ 7.3.9
		混凝土	每个浇筑段	7.4.1 ~ 7.4.22	7.4.23 ~ 7.4.25
		底　板	每个浇筑段	7.5.1 ~ 7.5.14	7.5.15、7.5.16
		仰　拱	每个浇筑段	7.6.1 ~ 7.6.14	7.6.15 ~ 7.6.17
		仰拱填充	每个浇筑段	7.7.1 ~ 7.7.10	7.7.11、7.7.12
		回填注浆	每个注浆段	7.8.1 ~ 7.8.4	7.8.5 ~ 7.8.7
5	辅助坑道及附属洞室	开　挖	每个开挖循环	8.2.1、8.2.2	8.2.3、9.2.4
		喷射混凝土	每个喷射段或 3 ~ 5 m	8.3.1	8.3.2
		锚　杆	每个安装段或每 3 ~ 5 m	8.4.1 ~ 8.4.6	8.4.7
		钢筋网	每个安装段或每 3 ~ 5 m	8.5.1 ~ 8.5.3	8.5.4 ~ 8.5.6
		钢　架	每　榀	8.6.1 ~ 8.6.5	8.6.6 ~ 8.6.8
		管　棚	每　环	8.7.1 ~ 8.7.5	8.7.6
		超前小导管	每　环	8.8.1 ~ 8.8.6	8.8.7
		模　板	每个安装段	8.9.1 ~ 8.9.3	8.9.4、8.9.5
		钢　筋	每个安装段	8.10.1 ~ 8.10.6	8.10.7 ~ 8.10.9
		混凝土	每个浇筑段	8.11.1 ~ 8.11.9	8.11.10
		坑道口及其封闭	每个坑道口	8.12.1、8.12.2	8.12.3、8.12.4
6	明洞工程	开　挖	每个开挖循环	9.2.1 ~ 9.2.4	9.2.5
		模　板	每个安装段	9.3.1、9.3.2	9.3.3、9.3.4
		钢　筋	每个安装段	9.4.1 ~ 9.4.6	9.4.7 ~ 9.4.9
		混凝土	每个浇筑段	9.5.1 ~ 9.5.13	9.5.14 ~ 9.5.17
		涂料防水层防水	每个覆盖段	9.6.1 ~ 9.6.5	9.6.6 ~ 9.6.9
		卷材防水层防水	每个覆盖段	9.7.1 ~ 9.7.4	9.7.5 ~ 9.7.7
		回　填	每个施工段	9.6.1 ~ 9.6.3	9.8.4、9.8.5

续上表

序号	分部工程	分项工程	检验批	检验批检验项目条文号	
				主控项目	一般项目
7	缓冲结构	基础开挖	每个开挖段	10.2.1~10.2.4	10.2.5
		模　板	每个安装段	10.3.1、10.3.2	10.3.3、10.3.4
		钢　筋	每个安装段	10.4.1~10.4.6	10.4.7~10.4.9
		混凝土	每个浇筑段	10.5.1~10.5.12	10.5.13~10.5.15
8	防水和排水	洞口防排水	每个洞口	11.2.1~11.2.4	11.2.5、11.2.6
		洞内排水沟	每120 m	11.3.1~11.3.8	11.3.9、11.3.10
		检查井	每4处	11.4.1~11.4.4	11.4.5、11.4.6
		中心水沟	每120 m	11.5.1~11.5.7	11.5.8
		防寒泄水洞	每　处	11.6.1~11.6.5	11.6.6、11.6.7
		施工缝防水	每　处	11.7.1~11.7.8	—
		变形缝防水	每　处	11.8.1~11.8.7	11.8.8、11.8.9
		防水板防水	每个覆盖段	11.9.1~11.9.5	11.9.6~11.9.9
		围岩注浆	每个作业循环	11.10.1~11.10.5	11.10.6~11.10.8
		盲　管	每个衬砌段	11.11.1~11.11.5	11.11.6
9	附属设施	运营通风土建工程	每　处	12.2.1~12.2.5	12.2.6
		救援通道	每100 m	12.3.1~12.3.3	12.3.4、12.3.5
		紧急出口	每　处	12.4.1~12.4.4	12.4.5、12.4.6
		消　防	每　处	12.5.1~12.5.4	12.5.5~12.5.7
		电缆槽	每100 m	12.6.1~12.6.4	12.6.5~12.6.7
		洞内附属构筑物	每　处	12.7.1~12.7.3	12.7.4、12.7.5

3.3 工程施工质量验收

3.3.1 检验批的质量验收应包括下列内容：

1 实物检查，按下列方式进行：

1）对原材料、构配件和设备等的检验，按进场的批次和本暂行标准规定的抽样检验方案执行；

2）对混凝土性能指标的检验，按国家现行有关标准和本暂行标准规定的抽样检验方案执行；

3）对本暂行标准中采用计数检验的项目，应按抽查点数符合本暂行标准规定的百分率进行检查。

2 资料检查，包括原材料、构配件和设备等的质量证明文件（质量合格证、规格、型号及性能检测报告等）和检验报告、施工过程中重要工序的自检和交接检验记录、平行检验报告、见证取样检测报告等。

3.3.2 检验批合格质量应符合下列规定：

1 主控项目的质量经抽样检验全部合格。

2 一般项目的质量经抽样检验全部合格。其中,有允许偏差的抽查点,除有专门要求外,80% 及以上的抽查点应控制在规定允许偏差内,最大偏差不得大于规定允许偏差的 1.5 倍。

3 具有完整的施工操作依据、质量检查记录。

3.3.3 分项工程质量验收合格应符合下列规定:

1 所含的检验批均符合合格质量的规定;

2 所含的检验批的质量验收记录完整。

3.3.4 分部工程质量验收合格应符合下列规定:

1 所含分项工程的质量均验收合格;

2 质量控制资料完整;

3 隧道衬砌内轮廓、衬砌厚度和强度、衬砌背后回填及防水等涉及结构安全和使用功能的检验和抽样检测结果符合设计要求及有关标准规定。

3.3.5 单位工程质量验收合格应符合下列规定:

1 所含分部工程的质量均应验收合格;

2 质量控制资料应完整;

3 实体质量和主要功能应符合相关标准、规范的规定和设计要求;

4 观感质量验收应符合要求。

3.3.6 当检验批工程质量不符合要求时,应按下列规定进行处理:

1 经返工重做或更换构配件、设备的检验批,应重新进行验收;

2 当对试块试件的试验结果有怀疑,或因试块试件丢失损坏、试验资料丢失等无法判断实体质量时,应由有资质的法定检测单位对实体质量进行检测鉴定,凡达到设计要求的检验批可予以验收。

3.3.7 通过返修或加固处理仍不能满足结构安全和使用功能要求的分部工程、单位工程,严禁验收。

3.4 工程施工质量验收的程序和组织

3.4.1 检验批应由施工单位自检合格后报监理单位,由监理工程师组织施工单位专职质量检查员等进行验收。监理单位应对全部主控项目进行检查,对一般项目的检查内容和数量可根据具体情况确定。检验批质量验收记录应按表 3.4.1 填写。

3.4.2 分项工程应由监理工程师组织施工单位分项工程技术负责人等进行验收,并按表 3.4.2 填写记录。

3.4.3 分部工程应由监理工程师组织施工单位项目负责人和技术、质量负责人等进行验收;隧道衬砌分部工程进行验收时,勘察设计单位项目负责人应参加,并按表 3.4.3 填写记录。

3.4.4 单位工程完工后,施工单位应自行组织有关人员进行检查评定,并向建设单位提交工程验收报告。

3.4.5 建设单位收到单位工程验收报告后,应由建设单位项目负责人组织施工、设计、监理单位负责人进行单位工程验收,并按表 3.4.5 填写记录。单位工程验收包含综合质量验收的内容,综合质量验收应符合本暂行标准第 13 章的有关规定。

表 3.4.1 ______检验批质量验收记录

<table>
<tr><td colspan="2">单位工程名称</td><td colspan="3"></td></tr>
<tr><td colspan="2">分部工程名称</td><td colspan="3"></td></tr>
<tr><td colspan="2">分项工程名称</td><td></td><td>验收部位</td><td></td></tr>
<tr><td colspan="2">施工单位</td><td></td><td>项目负责人</td><td></td></tr>
<tr><td colspan="2">施工质量验收标准
名称及编号</td><td colspan="3"></td></tr>
<tr><td colspan="2">施工质量验收标准的规定</td><td>施工单位检查评定记录</td><td colspan="2">监理单位验收记录</td></tr>
<tr><td rowspan="6">主
控
项
目</td><td>1</td><td></td><td colspan="2"></td></tr>
<tr><td>2</td><td></td><td colspan="2"></td></tr>
<tr><td>3</td><td></td><td colspan="2"></td></tr>
<tr><td>4</td><td></td><td colspan="2"></td></tr>
<tr><td>5</td><td></td><td colspan="2"></td></tr>
<tr><td>6</td><td></td><td colspan="2"></td></tr>
<tr><td rowspan="5">一
般
项
目</td><td>1</td><td></td><td colspan="2"></td></tr>
<tr><td>2</td><td></td><td colspan="2"></td></tr>
<tr><td>3</td><td></td><td colspan="2"></td></tr>
<tr><td>4</td><td></td><td colspan="2"></td></tr>
<tr><td>5</td><td></td><td colspan="2"></td></tr>
<tr><td colspan="2">施工单位
检查评定结果</td><td colspan="3">专职质量检查员　　年　月　日
分项工程技术负责人　　年　月　日
分项工程负责人　　年　月　日</td></tr>
<tr><td colspan="2">监理单位
验收结论</td><td colspan="3">监理工程师　　年　月　日</td></tr>
</table>

表 3.4.2 ________分项工程质量验收记录

<table>
<tr><td colspan="2">单位工程名称</td><td colspan="4"></td></tr>
<tr><td colspan="2">分部工程名称</td><td colspan="2"></td><td>检验批数</td><td></td></tr>
<tr><td colspan="2">施工单位</td><td colspan="2"></td><td>项目负责人</td><td></td></tr>
<tr><td>序号</td><td colspan="2">检 验 批 部 位</td><td>施工单位检查评定结果</td><td colspan="2">监理单位验收结论</td></tr>
<tr><td>1</td><td colspan="2"></td><td></td><td colspan="2"></td></tr>
<tr><td>2</td><td colspan="2"></td><td></td><td colspan="2"></td></tr>
<tr><td>3</td><td colspan="2"></td><td></td><td colspan="2"></td></tr>
<tr><td>4</td><td colspan="2"></td><td></td><td colspan="2"></td></tr>
<tr><td>5</td><td colspan="2"></td><td></td><td colspan="2"></td></tr>
<tr><td>6</td><td colspan="2"></td><td></td><td colspan="2"></td></tr>
<tr><td>7</td><td colspan="2"></td><td></td><td colspan="2"></td></tr>
<tr><td>8</td><td colspan="2"></td><td></td><td colspan="2"></td></tr>
<tr><td>9</td><td colspan="2"></td><td></td><td colspan="2"></td></tr>
<tr><td>10</td><td colspan="2"></td><td></td><td colspan="2"></td></tr>
<tr><td>11</td><td colspan="2"></td><td></td><td colspan="2"></td></tr>
<tr><td colspan="6">说明：</td></tr>
<tr><td colspan="2">施工单位
检查评定结果</td><td colspan="4">分项工程技术负责人　　　　年　月　日</td></tr>
<tr><td colspan="2">监理单位
验收结论</td><td colspan="4">监理工程师　　　　年　月　日</td></tr>
</table>

表 3.4.3 ______分部工程质量验收记录

<table>
<tr><td colspan="2">单位工程名称</td><td colspan="4"></td></tr>
<tr><td colspan="2">施工单位</td><td colspan="4"></td></tr>
<tr><td colspan="2">项目负责人</td><td>项目技术负责人</td><td></td><td>项目质量负责人</td><td></td></tr>
<tr><td>序 号</td><td>分项工程名称</td><td>检验批数</td><td>施工单位检查评定结果</td><td colspan="2">监理单位验收结论</td></tr>
<tr><td>1</td><td></td><td></td><td></td><td colspan="2"></td></tr>
<tr><td>2</td><td></td><td></td><td></td><td colspan="2"></td></tr>
<tr><td>3</td><td></td><td></td><td></td><td colspan="2"></td></tr>
<tr><td>4</td><td></td><td></td><td></td><td colspan="2"></td></tr>
<tr><td>5</td><td></td><td></td><td></td><td colspan="2"></td></tr>
<tr><td>6</td><td></td><td></td><td></td><td colspan="2"></td></tr>
<tr><td>7</td><td></td><td></td><td></td><td colspan="2"></td></tr>
<tr><td>8</td><td></td><td></td><td></td><td colspan="2"></td></tr>
<tr><td>9</td><td></td><td></td><td></td><td colspan="2"></td></tr>
<tr><td>10</td><td></td><td></td><td></td><td colspan="2"></td></tr>
<tr><td colspan="3">质量控制资料</td><td></td><td colspan="2"></td></tr>
<tr><td colspan="3">实体质量和主要功能检验(检测)报告</td><td></td><td colspan="2"></td></tr>
<tr><td rowspan="3">验收单位</td><td>施工单位</td><td colspan="4">项目负责人 年 月 日</td></tr>
<tr><td>勘察设计单位</td><td colspan="4">项目负责人 年 月 日</td></tr>
<tr><td>监理单位</td><td colspan="4">监理工程师 年 月 日</td></tr>
</table>

注:1 衬砌分部工程验收时,设计单位项目负责人应参加;

2 质量控制资料核查、实体质量和主要功能抽查项目应按表 13.1.2 和表 13.2.1 确定。

表 3.4.5 单位工程质量验收记录

<table>
<tr><td colspan="3">单位工程名称</td><td colspan="3"></td></tr>
<tr><td colspan="3">开工日期</td><td></td><td>竣工日期</td><td></td></tr>
<tr><td colspan="3">施工单位</td><td colspan="3"></td></tr>
<tr><td colspan="3">项目负责人</td><td>项目技术负责人</td><td>项目质量负责人</td><td></td></tr>
<tr><td>序号</td><td colspan="2">项目</td><td colspan="2">验收记录</td><td>验收结论</td></tr>
<tr><td rowspan="2">1</td><td colspan="2" rowspan="2">分部工程</td><td colspan="2">共 分部</td><td rowspan="2"></td></tr>
<tr><td colspan="2">经查,符合标准规定及设计要求 分部</td></tr>
<tr><td rowspan="3">2</td><td rowspan="9">综合质量评定</td><td rowspan="3">质量控制资料核查</td><td colspan="2">共 项</td><td rowspan="3"></td></tr>
<tr><td colspan="2">经查,符合要求 项</td></tr>
<tr><td colspan="2">不符合规范要求 项</td></tr>
<tr><td rowspan="3">3</td><td rowspan="3">实体质量和主要功能核查</td><td colspan="2">共核查 项</td><td rowspan="3"></td></tr>
<tr><td colspan="2">符合要求 项</td></tr>
<tr><td colspan="2">不符合要求 项</td></tr>
<tr><td rowspan="3">4</td><td rowspan="3">观感质量验收</td><td colspan="2">共检查 项</td><td rowspan="3"></td></tr>
<tr><td colspan="2">评定为合格的 项</td></tr>
<tr><td colspan="2">评定为差的 项</td></tr>
<tr><td>5</td><td colspan="2">综合验收结论</td><td colspan="3"></td></tr>
<tr><td rowspan="2">验收单位</td><td colspan="2">施工单位</td><td>监理单位</td><td>勘察设计单位</td><td>建设单位</td></tr>
<tr><td colspan="2">(公章)
单位负责人
年 月 日</td><td>(公章)
总监理工程师
年 月 日</td><td>(公章)
项目负责人
年 月 日</td><td>(公章)
项目负责人
年 月 日</td></tr>
</table>

4 洞口工程

4.1 一般规定

4.1.1 隧道洞口边、仰坡土石方开挖及防护工程施工,应符合设计要求和环境保护、水土保持的有关规定。

4.1.2 边、仰坡应自上往下开挖,不得采用洞室爆破,开挖后应及时进行防护工程施工。

4.1.3 边、仰坡地质条件不良时,开挖前应采取稳定措施。当采用抗滑桩、钢管桩、地表注浆等方法对洞口地表进行加固处理时,其施工质量应符合国家现行有关标准的规定和设计要求。边、仰坡施工过程中应随时检查地表及坡面情况,发现开裂、滑动等现象时应立即采取加固措施保证边、仰坡稳定和施工安全。

4.1.4 边、仰坡周围的排水沟、截水沟应在边、仰坡开挖前修建完成;隧道洞门的排、截水设施应与洞门工程同步施工,当端墙顶部水沟置于填土上时,必须将填土夯填密实。隧道洞口及缓冲结构物的排、截水工程应与路基排水系统合理连通。

4.1.5 隧道门端墙和缓冲结构物土石方的开挖应避开雨季和雪融期,开挖后应及时施作端墙、翼墙、缓冲结构和挡护工程。

4.1.6 隧道门及洞口段衬砌应尽早施工以保证洞口边、仰坡稳定。隧道门和缓冲结构的基础必须置于稳固的地基上,基坑超挖部分应用与基础同级混凝土和基础同步浇筑。

4.1.7 隧道门端墙和翼墙、挡土墙的反滤层、泄水孔、变形缝设置应符合设计要求,确保泄水孔排水通畅。当设计对泄水孔无要求时,施工应符合下列规定:

1 泄水孔应均匀设置,在每米高度上间隔 2 m 左右按梅花状各设置一个泄水孔;

2 泄水孔与土体间铺设长宽各为 300 mm、厚 200 mm 的卵石或碎石作反滤层。

4.1.8 模板及支(拱)架应根据结构形式、荷载大小、地基土类别、施工设备和材料供应等条件进行设计。模板及支(拱)架应具有足够的强度、刚度和稳定性,能承受所浇筑混凝土的重力、侧压力及施工荷载。

4.1.9 模板及支(拱)架与脚手架之间不得相互连接。

4.1.10 隧道门端墙两侧的混凝土浇筑与墙背后回填应对称进行,不得对拱、墙衬砌产生偏压。端墙和翼墙、挡土墙背后应按设计要求分层回填密实。

4.2 开 挖

主控项目

4.2.1 隧道洞口的边、仰坡开挖形式和坡度应符合设计要求。

检验数量:施工单位、监理单位全部检查。

检验方法:观察、仪器测量。

4.2.2 隧道门端墙和翼墙、挡土墙的基坑开挖范围、高程应符合设计要求。台阶形基底的台阶应完整、平顺。

检验数量:施工单位、监理单位全部检查。

检验方法:观察、测量。

4.2.3 隧道门端墙和翼墙、挡土墙基础的地基承载力必须符合设计要求。软弱地基加固处理的施工质量应符合设计要求。

检验数量:施工单位、监理单位全部检查。

检验方法:施工单位采用静力触探试验或标准贯入试验检测,必要时采用载荷试验检测;监理单位检查全部检测报告并进行见证检测。

一般项目

4.2.4 洞口排水沟、截水沟的平面位置、开挖断面应符合设计要求,保证排水畅通。

检验数量:施工单位全部检查。

检验方法:对照设计文件观察、测量。

4.2.5 隧道门端墙和翼墙、挡土墙基础基坑开挖尺寸允许偏差和检验方法应符合表4.2.5的规定。

表 4.2.5 端墙和翼墙、挡土墙基坑开挖允许偏差和检验方法

序号	项目	允许偏差(mm)	检验方法
1	基坑中心距线路中心	+50 0	尺量,每边不少于5处
2	基坑长度、宽度	+100 0	尺量,每边不少于5处
3	基底高程	0 -100	仪器测量,每边不少于5处

检验数量:施工单位全部检查。

4.3 模板

主控项目

4.3.1 模板及支(拱)架的结构及材料的规格、质量必须符合施工工艺设计要求。

检验数量:施工单位、监理单位全部检查。

检验方法:对照模板设计资料观察和尺量。

4.3.2 模板及支(拱)架安装必须稳固牢靠,接缝严密不漏浆。模板与混凝土的接触面必须清理干净并涂刷隔离剂。浇筑混凝土前,模板内的积水和杂物应清理干净。

检验数量:施工单位、监理单位全部检查。

检验方法:观察检查。

4.3.3 端墙和翼墙、挡土墙模板及支(拱)架拆除时,混凝土强度必须符合设计要求。设计无要求时,混凝土强度应达到设计强度等级的100%。

检验数量:施工单位、监理单位全部检查。

检验方法:施工单位拆模前进行一组同条件养护试件强度试验;监理单位检查强度试验报告并见证试验。

一般项目

4.3.4 隧道门端墙和翼墙、挡土墙模板安装允许偏差和检验方法应符合表4.3.4的规定。

表 4.3.4 模板安装允许偏差和检验方法

序号	项目	允许偏差(mm)	检验方法
1	基础边缘位置	+15 0	测量,每边不少于4处
2	基础顶面高程	±10	
3	边墙边缘位置	+10 0	
4	边墙拱脚、端翼墙顶面高程	±10	
5	模板表面平整度	5	2 m靠尺测量,不少于4处
6	模板表面错台	2	尺量

检验数量:施工单位全部检查。

4.3.5 隧道门端墙和翼墙、挡土墙预埋件和预留孔洞的数量应符合设计要求,允许偏差和检验方法应符合表4.3.5的规定。

表 4.3.5 预埋件和预留孔洞的允许偏差和检验方法

序号	项目		允许偏差(mm)	检验方法
1	预留孔洞	中心线位置	10	尺量
		尺寸	+10 0	
2	预埋件中心线位置		3	

检验数量:施工单位全部检查。

4.3.6 拆除端墙和翼墙、挡土墙之外的非承重模板时,混凝土强度应保证其表面及棱角不受损伤,且不得小于2.5 MPa。

检验数量:施工单位全部检查。

检验方法:观察,检查施工记录。

4.4 钢筋

主控项目

4.4.1 钢筋原材料进场检验必须符合本暂行标准第7.3.1条的规定。

4.4.2 钢筋品种、规格的检验必须符合本暂行标准第7.3.2条的规定。

4.4.3 钢筋连接方式的检验必须符合本暂行标准第7.3.3条的规定。

4.4.4 钢筋接头的技术条件和外观质量的检验应符合本暂行标准第7.3.4条的规定。

4.4.5 钢筋加工的检验应符合本暂行标准第7.3.5条的规定。

4.4.6 钢筋安装及保护层厚度的检验应符合本暂行标准第7.3.6条的规定。

一般项目

4.4.7 钢筋加工偏差的检验应符合本暂行标准第7.3.7条的规定。

4.4.8 钢筋接头设置的检验应符合本暂行标准第7.3.8条的规定。

4.4.9 钢筋的外观质量的检验应符合本暂行标准第7.3.9条的规定。

4.5 混 凝 土

主 控 项 目

4.5.1 混凝土所用水泥、外加剂,混凝土中的氯离子含量、总碱含量的检验必须符合本暂行标准第7.4.1条、第7.4.4条、第7.4.5条和第7.4.7条的规定。

4.5.2 混凝土所用细骨料、粗骨料、矿物掺合料和拌和用水的检验必须符合本暂行标准第7.4.2条、第7.4.3条、第7.4.6条和第7.4.8条的规定。

4.5.3 混凝土配合比设计的检验应符合本暂行标准第7.4.10条和第7.4.11条的规定。

4.5.4 混凝土强度等级必须符合设计要求,混凝土强度试件应在混凝土的浇筑地点随机抽样制作。混凝土标准养护试件的试验龄期可为56 d,试件的取样与留置必须符合下列规定:

1 每拌制100盘且不超过100 m^3 的同一配合比混凝土,取样不得少于一次;

2 每工作班拌制的同一配合比混凝土不足100盘时,取样不得少于一次;

3 每次取样应至少留置一组。

检验数量:施工单位全部检查;监理单位检查试验报告。

检验方法:施工单位进行混凝土抗压强度试验;监理单位检查混凝土强度试验报告,见证取样检测或平行检验。

4.5.5 混凝土养护、原材料称量偏差的检验应符合本暂行标准第7.4.16条和第7.4.17条的规定。

4.5.6 混凝土施工配合比的控制应符合本暂行标准第7.4.18条的规定。

4.5.7 端墙和翼墙、挡土墙厚度不得小于设计要求,墙面坡度符合设计要求。

检验数量:施工单位、监理单位检查不少于4处。

检验方法:施工单位采用尺量或钻孔测量;监理单位见证测量。

4.5.8 混凝土拌和物的坍落度的检验应符合本暂行标准第7.4.19条的规定。

一 般 项 目

4.5.9 泄水孔的位置、数量应符合设计要求。

检验数量:施工单位全部检查。

检验方法:尺量和计数检验。

4.5.10 隧道门表面应密实平整、颜色均匀,不得有露筋、蜂窝、孔洞、疏松、麻面和缺棱掉角等缺陷。

检验数量:施工单位全部检查。

检验方法:观察。

4.5.11 隧道门的端、挡翼墙结构几何尺寸允许偏差及检验方法应符合表4.5.11的规定。

表4.5.11 隧道门端墙和翼墙、挡土墙结构几何尺寸允许偏差和检验方法

序号	项 目	允许偏差(mm)	检 验 方 法
1	基础边缘平面位置	20	测量,每边不少于4处
2	基础宽度	-10	
3	基础顶面高程	±20	
4	端、挡翼墙边缘平面位置	+10 0	
5	端、挡翼墙顶面高程	±20	
6	表面平整度	5	2 m靠尺测量,拱部不少于2处,墙身不少于4处

检验数量:施工单位全部检查。

4.6 砌体工程

主控项目

4.6.1 砌体工程所用水泥进场时,必须按批对其品种、级别、包装或散装仓号、袋装质量、出厂日期等进行验收,并对其强度、凝结时间、安定性进行试验,其质量必须符合现行国家标准。

当在使用中对水泥质量有怀疑或水泥出厂日期逾3个月(快硬硅酸盐水泥逾一个月)时,必须再次进行强度试验,并按试验结果使用。

当使用具有潜在碱活性骨料时,应要求厂方提供水泥中碱含量值,并选用碱含量符合要求的水泥。

检验数量:同生产厂家、同批号、同品种、同强度等级、同出厂日期且连续进场的水泥,散装水泥每500 t为一批,袋装水泥每200 t为一批,不足上述数量时也按一批计。施工单位每批抽检一次;监理单位按施工单位抽检次数的10%进行见证检验,但至少一次。

检验方法:施工单位检查产品合格证、出厂检验报告并进行强度、凝结时间、安定性试验;监理单位检查全部产品合格证、出厂检验报告、试验报告并进行平行检验或见证取样检测。

4.6.2 砌体工程所用砂浆掺用外加剂的质量必须符合《混凝土外加剂》(GB 8076)、《混凝土外加剂应用技术规范》(GB 50119)等现行国家标准和有关环境保护的规定。

检验数量:同生产厂家、同批号、同品种、同出厂日期且连续进场的外加剂,每50 t为一批,不足50 t也为一批。施工单位每批检验一次;监理单位见证取样检测抽检次数为施工单位检验次数的20%,但至少一次。

检验方法:施工单位检查产品合格证、出厂检验报告并进行进场检验;监理单位按施工单位抽检次数的10%进行见证检验,但至少一次。

4.6.3 砌体工程所用石材的强度等级应符合设计要求,石材的其他品质指标尚应符合下

列规定：

1　在最冷月平均气温低于 -15 ℃或 -5 ℃ ~ -15 ℃的地区使用的石材，其抗冻性指标应分别符合冻融循环 25 次或 15 次的要求，且表面无破坏迹象；

2　浸水和潮湿地区主体工程的石材软化系数不得小于0.8。

检验数量：同产地的石材至少抽取一组试件进行抗压强度检验。最冷月平均气温低于 -5 ℃和浸水潮湿地区，应各增加一组抗冻性指标和软化系数检验的试件。施工单位全部检验；监理单位按施工单位检验次数的 10% 分别进行平行检验和见证检验，均不少于一次。

检验方法：施工单位进行石材强度、抗冻性、软化系数检验；监理单位检查试验报告并进行见证取样检测或平行检验。

4.6.4　拌制砂浆用砂应按批进行检验，其颗粒级配、细度模数应符合现行《普通混凝土用砂质量标准及检验方法》(JGJ 52)的规定，含泥量不宜大于5%。

检验数量：同产地、同品种、同规格且连续进场的拌制砂浆用砂，每 400 m^3 或 600 t 为一批，不足 400 m^3 或 600 t 也按一批计。施工单位每批抽检一次；监理单位按施工单位抽检次数的 10% 分别进行平行检验和见证检验，均不少于一次。

检验方法：施工单位观察和试验；监理单位检查全部试验报告并进行见证取样检测。

4.6.5　拌制砂浆宜采用饮用水，当采用其他水源时，水质必须符合现行国家标准《混凝土拌和用水标准》(JGJ 63)的规定。

检验数量：施工单位及监理单位同水源检查不应少于一次。

检验方法：施工单位水质分析；监理单位检查水质分析报告。

4.6.6　砌体工程所用石料的规格应符合设计要求。石料类别、规格和质量要求应符合《铁路混凝土与砌体工程施工质量验收标准》(TB 10424—2003)附录 D 的规定。

检验数量：施工单位、监理单位全部检查。

检验方法：观察和尺量。

4.6.7　砌体工程砌筑用砂浆的配合比必须根据原材料性能、砂浆的技术条件和设计要求进行计算，并通过试配试验调整后确定。砂浆配合比设计、试件制作、养护及抗压强度取值应符合《铁路混凝土与砌体工程施工质量验收标准》(TB 10424—2003)附录 E 的规定。

检验数量：施工单位对同类型、同强度等级的砂浆至少进行一次砂浆配合比设计；监理单位全部检查。

检验方法：施工单位进行配合比选定试验；监理单位检查配合比选定单。

4.6.8　砌体工程所用砂浆的强度等级必须符合设计要求。用于检查砂浆强度的试件应在搅拌机出料口随机抽样制作。

检验数量：同类型、同强度等级每 100 m^3 砌体为一批，不足 100 m^3 也按一批计。施工单位每批检验一次；监理单位检查试验报告。

检验方法：施工单位进行砂浆强度试验；监理单位检查砂浆强度试验报告并进行见证取样检测或平行检验。

4.6.9　洞口工程砌体的砌缝宽度、位置和砌筑方式应符合表 4.6.9 的规定。

表 4.6.9 砌体砌缝宽度、位置和砌筑方式

序号	项 目	浆砌片石(mm)	浆砌块石(mm)	浆砌料石(mm)
1	表面砌缝宽度	≤40	≤30	15~20
2	每找平一次的砌筑高度	≤1 200	≤1 200	—
3	两层间竖向错缝	≥80	≥80	≥100,困难时丁石上下只能一面有竖缝
4	三块石料相接处的空隙	≤70	—	—
5	砌筑方式	—	一丁一顺或二顺一丁	一丁一顺

检验数量:施工单位、监理单位全部检查。

检验方法:观察和尺量。

4.6.10 砌体砌筑完毕应及时覆盖,并经常洒水保持湿润,常温下养护期不得小于7 d。

检验数量:施工单位、监理单位全部检查。

检验方法:观察。

4.6.11 沉降缝、泄水孔和反滤层的位置、数量应符合设计要求。

检验数量:施工单位、监理单位全部检查。

检验方法:尺量和计数检查。

一般项目

4.6.12 洞口工程砌体砂浆应饱满,砌缝整齐。砌缝宽度和错缝距离符合规定,无脱落和裂纹。沉降缝整齐垂直,上下贯通。泄水孔坡度向外,无堵塞现象。

检验数量:施工单位全部检查。

检验方法:观察和尺量。

4.6.13 砌体尺寸的允许偏差和检验方法应符合表4.6.13的规定。

表 4.6.13 边、仰坡砌体尺寸允许偏差和检验方法

序号	项 目	允许偏差(mm)	检 验 方 法
1	底面高程	±30	测量,不少于4处
2	坡 率	设计值的0.5%	
3	表面平整度	30	2 m靠尺检查,不少于4处
4	厚 度	+30 0	尺量,不少于4处

检验数量:施工单位全部检查。

4.7 洞口防护

主控项目

4.7.1 边、仰坡以上的山坡危石应在边、仰坡开挖前清除干净。

检验数量:施工单位、监理单位全部检查。

检验方法:观察。

4.7.2　边、仰坡的开挖形式应符合设计要求。

检验数量:施工单位、监理单位全部检查。

检验方法:观察。

4.7.3　边、仰坡防护的型式应符合设计要求。绿色防护和喷锚防护工程施工质量的验收应符合铁道部《客运专线铁路路基工程施工质量验收暂行标准》(铁建设〔2005〕160号)的相关规定。

检验数量:施工单位、监理单位全部检查。

检验方法:观察。

4.7.4　防护栅栏支柱应按设计要求的位置、深度埋设稳固。防护栅栏应按设计要求安装牢固,不松动。

检验数量:施工单位、监理单位全部检查。

检验方法:观察。

4.7.5　防护栅栏所用材料的品种、规格、质量应符合设计要求。

检验数量:施工单位、监理单位每批产品抽样检验不少于1组。

检验方法:施工单位查验产品质量证明文件和性能报告单,并抽样检验;监理单位进行见证检验。

4.7.6　检查台阶、检查梯、栏杆等检查设备的施工应符合下列要求:

1　应按设计位置、范围和构造要求设置检查设备,其连接应牢固,外观应顺直整齐。

2　检查梯等检查设备杆件的涂料品种、质量、涂装体系应符合设计要求,并无漏涂、露底、剥落、起泡等缺陷。涂刷应均匀,色泽一致。

检验数量:施工单位、监理单位全部检查。

检验方法:观察、尺量。

4.7.7　声屏障的设置范围、位置和结构形式应符合设计要求。

检验数量:施工单位、监理单位全部检查。

检验方法:观察。

4.7.8　声屏障所用材料品种、规格、质量应符合设计要求。

检验数量:施工单位、监理单位每批产品抽样检验不少于1组。

检验方法:施工单位查验产品质量证明文件和性能报告单,进行抽样检验;监理单位见证检验。

4.7.9　警示标志的型式、位置和数量符合设计要求。

检验数量:施工单位、监理单位全部检查。

检验方法:观察、尺量和计数检查。

一 般 项 目

4.7.10　栏杆、检查设施的允许偏差的检验方法应符合表4.7.10的规定。

表 4.7.10 栏杆、检查设施允许偏差、检验数量及检验方法

序号	检验项目	允许偏差(mm)	施工单位检验数量	检验方法
1	构件断面尺寸	设计尺寸的 ±5%	按构件数量抽样检验 10%,每构件检查 1 组	尺量
2	安装尺寸	±20		
3	柱垂直度	柱高的 0.5%	按柱的数量抽样检验 10%,每柱横纵向各检查 1 点	
4	检查梯、台阶尺寸	±30	每梯抽样检验 5 级	尺量

4.7.11 声屏障施工允许偏差的检验应符合表 4.7.11 的规定。

表 4.7.11 声屏障施工的允许偏差、检验数量及检验方法

序号	检验项目	允许偏差(mm)	施工单位检验数量	检验方法
1	距线路中心线位置	$^{+50}_{0}$	沿线路纵向每 100 m 抽样检验 10 m	尺量
2	顶面高程	±50		仪器测量
3	每幅声屏障顶面水平	$^{+30}_{0}$		
4	垂直度	屏障高的 1%		吊垂球测量

5 洞身开挖

5.1 一般规定

5.1.1 隧道洞身开挖方式和开挖方法应根据地质条件、覆盖层厚度、衬砌断面、隧道长度及工期要求等,经过经济、技术比较后确定。洞身开挖进度应与支护、衬砌等后续工序协调。

5.1.2 隧道开挖轮廓线应以衬砌设计轮廓线为基准,考虑围岩变形量、施工误差和测量贯通误差等因素适当加大。施工中应严格控制超挖。

5.1.3 洞身开挖轮廓线预留围岩变形量,应根据围岩级别、隧道宽度、隧道埋深、施工方法和支护情况采用工程类比法确定。

5.1.4 开挖前应按设计要求进行超前地质预报,开挖后应按设计要求的量测项目及频率进行围岩量测,及时反馈量测信息,做好施工方法的调整以指导施工。

5.1.5 隧道施工采用钻爆法开挖时,应采用光面爆破或预裂爆破。爆破前应根据地质条件、断面尺寸、开挖方法、循环进尺、钻眼机具和爆破材料等进行钻爆设计,施工中应根据爆破效果调整爆破参数。

5.1.6 在浅埋条件下有邻近建筑物、既有线隧道等特殊情况地段爆破时,应采用仪器检测围岩爆破扰动范围和振速,并采取措施控制爆破对围岩和邻近建筑物的扰动程度。

5.1.7 边墙、仰拱或底板等的地基承载力必须符合设计要求。软弱地基处理方法和施工质量应符合设计要求。隧底开挖前应进行施工工艺设计。

5.1.8 隧道开挖后应及时进行初期支护。采用分部开挖时,应在初期支护喷射混凝土强度达到设计强度的70%及以上时进行下一部分的开挖。隧道通过膨胀性围岩时,支护应紧跟开挖,尽快封闭,对围岩施加约束。分部开挖施工过程中应加强对临时支护的保护。

5.1.9 洞内开挖土石方的弃置,应符合设计要求和环境保护、水土保持的有关规定,不得影响既有建筑物的安全,并应采取挡护措施防止弃砟流失对环境造成不良影响。所采取的挡护措施和坡面绿化措施等应报地方有关行政主管部门审批。

5.1.10 施工过程中应根据不同岩性和不同地下水环境单元取水化验,并应将化验结果及时反馈给设计单位。

5.1.11 不良地质地段隧道开挖应根据实际情况采取短进尺、弱爆破、强支护、勤量测的施工方法。

5.2 洞身开挖

主控项目

5.2.1 隧道开挖断面的中线和高程必须符合设计要求。

检验数量:施工单位每一开挖循环检查一次;监理单位按施工单位检验数量的10%

平行检验。

检验方法:施工单位采用仪器测量;监理单位平行检验。

5.2.2 隧道开挖应严格控制欠挖。当围岩完整、石质坚硬时,岩石个别突出部分(每1 m^2 不大于0.1 m^2)侵入衬砌应小于5 cm。拱脚和墙脚以上 1 m 内断面严禁欠挖。

检验数量:施工单位、监理单位每一开挖循环检查一次。

检验方法:施工单位采用自动断面仪等仪器测量周边轮廓断面,绘断面图与设计断面核对;监理单位见证测量,现场核对开挖断面。

5.2.3 洞身开挖中,应在每一次开挖后及时观察、描述开挖面地层的层理、节理、裂隙结构状况、岩体的软硬程度、出水量大小等,核对设计地质情况,判断围岩稳定性。

检验数量:施工单位、监理单位每一开挖循环检查一次。

检验方法:施工单位进行工程地质观察和描述;监理单位见证检查。

5.2.4 光面爆破或预裂爆破钻眼前,应根据钻爆设计图准确标出炮眼位置。钻孔时应按钻爆设计要求严格控制炮眼的间距、深度和角度。掏槽眼的眼口间距和深度允许偏差为5 cm。周边眼的间距允许偏差为 5 cm,外插角应符合钻爆设计要求,眼底不应超出开挖断面轮廓线 15 cm。

检验数量:施工单位每一开挖循环检查全部掏槽眼和 10 个周边眼;监理单位按施工单位检查数量的 20% 见证检查。

检验方法:测量。

一 般 项 目

5.2.5 光面爆破或预裂爆破的炮眼痕迹保存率,硬岩不应小于 80%,中硬岩不应小于60%,并在开挖轮廓面上均匀分布。

检验数量:施工单位每一爆破开挖循环检查一次。

检验方法:对照钻爆设计资料,观察、计数检验炮眼痕迹保存率。

5.3 隧 底 开 挖

主 控 项 目

5.3.1 隧底开挖轮廓和底部高程应符合设计要求。隧底范围石质坚硬时,岩石个别突出部分(每 1 m^2 不大于 0.1 m^2)侵入衬砌应小于 5 cm。

检验数量:施工单位、监理单位每一开挖循环检查一次。

检验方法:施工单位用仪器测量底部高程,用自动断面仪测量周边轮廓断面,绘断面图与设计断面核对;监理单位见证测量,核对开挖断面。

5.3.2 隧底开挖后应及时核对隧底地质情况。当需要进行加固处理时,应符合设计要求。

检验数量:施工单位、监理单位每处检查一次。

检验方法:施工单位进行地质描述;监理单位见证检查。

一 般 项 目

5.3.3 水沟开挖位置、基底高程应符合设计要求,靠边墙的水沟应与边墙基础同时开挖、一次成型。

检验数量:施工单位每一开挖循环检查一次。

检验方法:观察、仪器测量。

5.4 弃渣场防护

主 控 项 目

5.4.1 弃渣场地的位置应符合设计要求。

检验数量:施工单位、监理单位全部检查。

检验方法:观察。

5.4.2 弃渣场的挡护结构形式及排水沟、截水沟的结构形式应符合设计要求。

检验数量:施工单位、监理单位全部检验。

检验方法:观察。

5.4.3 弃渣场的坡面防护形式应符合设计要求。

检验数量:施工单位、监理单位全部检验。

检验方法:观察。

5.4.4 弃渣挡护工程所用的材料质量应符合设计要求。

检验数量:施工单位、监理单位全部检验。

检验方法:观察,查合格证,试验。

5.4.5 挡护工程基础的地基承载力应满足设计要求。

检验数量:每一施工段检查一次。施工单位检查不少于5处;监理单位见证检测不少于1处。

检验方法:施工单位采用静力触探或标准贯入检测;监理单位见证检测和检查检测报告。

5.4.6 挡护工程及排水沟、截水沟砌筑完毕应及时覆盖养护,并经常洒水保持湿润,常温下养护期不得小于7 d。

检验数量:施工单位、监理单位全部检查。

检验方法:观察,检查施工记录。

5.4.7 沉降缝、泄水孔和反滤层的位置、数量应符合设计要求。

检验数量:施工单位、监理单位全部检查。

检验方法:尺量和计数检查。

一 般 项 目

5.4.8 排水沟、截水沟排水顺畅,无淤积阻塞。

检验数量:施工单位全部检查。

检验方法:观察。

5.4.9 砌体砂浆饱满,砌缝整齐。表面砌缝无空鼓、无脱落和裂纹。沉降缝整齐垂直,上下贯通。泄水孔坡度向外,无堵塞现象。

检验数量:施工单位全部检查。

检验方法:观察和敲击检查。

5.4.10 弃渣场挡护工程尺寸的允许偏差和检验方法应符合表5.4.10的规定。

表5.4.10 弃渣场挡护工程尺寸允许偏差和检验方法

序号	项目	允许偏差(mm)		检验方法	检验数量
		基础	墙体		
1	基础埋深	-100	—	尺量	每10 m检查1处
2	砌体厚度	-20	-10		
3	墙体表面平整度	—	20	2 m靠尺检查	每10 m检查5处
4	墙体表面相邻砌石错台高差	—	10	尺量	每10 m检查5处

5.4.11 排水沟、截水沟的高程、砌体尺寸的允许偏差和检验方法应符合本暂行标准第4.6.13条的规定。

6 支 护

6.1 一般规定

6.1.1 隧道支护必须紧跟开挖及时施作，同时应按设计要求进行监控量测的相关作业，对位于不良地质地段的隧道，支护应及时封闭。

6.1.2 喷射混凝土应采用湿喷工艺。拌制喷射混凝土时，原材料称量应采用自动计量装置，衡器应定期检定，每次使用前应进行零点校核，保证计量准确。

6.1.3 喷射混凝土前，应检查开挖断面尺寸，清除开挖面和待喷面的松动岩块及拱脚、墙脚处的岩屑等杂物，并应设置控制喷层厚度的标志。

6.1.4 基面有滴水、淌水、集中出水的地点，应采用凿槽、埋管等方法进行引导疏干。

6.1.5 分层喷射混凝土时，后一层喷射应在前一层混凝土终凝后进行，一次喷射的最大厚度：拱部不得超过 10 cm，边墙不得超过 15 cm。喷射作业紧跟开挖作业面时，混凝土终凝到下一循环爆破作业间隔不得小于 3 h。

6.1.6 锚杆类型应根据地质条件、使用要求及锚固特点进行选择并符合设计要求，锚杆宜采用商品锚杆且必须设置垫板，垫板应与基面密贴。在有水地段安装普通砂浆锚杆时，应先将孔内水引出或在附近另行钻孔后，再安装锚杆。喷射混凝土回弹料严禁重复使用。

6.1.7 钢架应在隧道开挖后或初喷射混凝土后及时进行架设，安装前应清除钢架底部虚渣及杂物。**“锚杆类型必须符合设计要求，中空锚杆的规格和性能指标必须符合《中空锚杆技术条件》**(TB/T3209—2008)**的规定，严禁采用药包锚杆代替中空锚杆。**

6.1.8 初期支护采用钢筋网、钢架喷射混凝土结构时，应保证钢筋网和钢架与围岩之间的空隙用喷射混凝土回填密实。

6.1.9 作业区应有良好的通风和照明装置，粉尘浓度不大于2 mg/m^3。

6.2 喷射混凝土

主 控 项 目

6.2.1 喷射混凝土应优先采用硅酸盐水泥、普通硅酸盐水泥。水泥进场检验应符合本暂行标准第 7.4.1 条的规定。

6.2.2 喷射混凝土所用细骨料的检验应符合本暂行标准第 7.4.2 条的规定。

6.2.3 喷射混凝土所用粗骨料的检验应符合本暂行标准第 7.4.3 条的规定。

6.2.4 喷射混凝土外加剂进场时，必须按批对减水率、凝结时间差、抗压强度比进行检验，其质量必须符合现行国家标准《混凝土外加剂》(GB 8076)、《混凝土外加剂应用技术规范》(GB 50119)和其他有关环境保护的规定和设计要求。

检验数量：同一生产厂家、同一批号、同一品种、同一出厂日期且连续进场的外加剂，每50 t 为一批，不足50 t 时应按一批计。施工单位每批抽检一次；监理单位检测次数为施工单位抽检次数的20%，并至少一次。

检验方法：施工单位检查产品合格证、出厂检验报告并进行试验；监理单位按施工单位抽检次数的10%进行见证检验，但至少一次。

6.2.5 喷射混凝土中总碱含量的检验应符合本暂行标准第7.4.7条的规定。

6.2.6 喷射混凝土拌和用水宜采用饮用水。当采用其他水源时，水质应符合现行国家标准《混凝土拌和用水标准》(JGJ 63)的规定。

检验数量：同水源施工单位试验检查不应少于一次；监理单位按施工单位抽检次数的10%进行见证检验，但至少一次。

检验方法：施工单位做水质分析试验；监理单位检查试验报告，见证试验。

6.2.7 喷射钢纤维混凝土中的钢纤维应满足下列规定：

1 钢纤维的品种、规格、性能应符合设计要求；

2 钢纤维抗拉强度不得小于600 MPa；

3 钢纤维应能承受一次弯折90°不断裂；

4 钢纤维长度和直径允许偏差应为设计尺寸的±10%；

5 钢纤维不得有明显的锈蚀、油渍和其他妨碍钢纤维与水泥黏结的杂质，也不得混有妨碍水泥硬化的化学成分。

检验数量：同一生产厂家、同一批号、同一品种、同一出厂日期且连续进场的钢纤维，每5 t为一批，不足5 t应按一批计。施工单位每批抽检一次；监理单位按施工单位抽检次数的10%进行见证检验，但至少一次。

检验方法：施工单位检查产品合格证、出厂检验报告，在每批中分别随机抽取10根进行抗拉强度、弯折性能试验和用精度不低于0.02 mm的卡尺测量长度、直径；监理单位检查全部产品合格证、出厂检验报告、试验报告，并进行规定比例的见证取样检测。

6.2.8 喷射合成纤维混凝土中的合成纤维应满足下列规定：

1 合成纤维的品种、规格、性能应符合设计要求；

2 合成纤维抗拉强度不宜小于280 MPa；

3 合成纤维长度和直径允许偏差应为设计尺寸的±10%；

4 合成纤维不得有妨碍纤维与水泥黏结的杂质，也不得混有妨碍水泥硬化的化学成分。

检验数量：同一生产厂家、同一批号、同一品种、同一出厂日期且连续进场的合成纤维，每5 t为一批，不足5 t应按一批计。施工单位每批抽检一次；监理单位检测次数为施工单位抽检次数的20%，并至少一次。

检验方法：施工单位检查产品合格证、出厂检验报告，在每批中分别随机抽取10根进行抗拉强度试验和用精度不低于0.02 mm的卡尺测量长度、直径；监理单位按施工单位抽检次数的10%进行见证检验，但至少一次。

6.2.9 喷射混凝土的配合比设计应根据原材料性能、混凝土的技术条件和设计要求通过试验选定，并应符合下列规定：

1 胶骨比宜为1∶4～1∶5；

2 水胶比宜为0.40～0.50；

3 砂率宜为45%～60%；

4 胶凝材料用量不宜小于 400 kg/m^3；

5 钢(合成)纤维的掺量应符合设计要求。

检验数量:施工单位对同强度等级、同性能喷射混凝土进行一次混凝土配合比设计,施工过程中,如水泥、外加剂等主要原材料的品种和规格发生变化,应重新进行配合比设计;监理单位全部检查。

检验方法:施工单位进行配合比选定试验;监理单位检查配合比选定单。

6.2.10 喷射混凝土的早期(1 d)强度必须符合设计要求。

检验数量:施工单位、监理单位每一喷射循环检查一次。

检验方法:施工单位采用贯入法或拔出法检测;监理单位见证检测。

6.2.11 喷射混凝土的强度必须符合设计要求。用于检查喷射混凝土强度的试件,应采用大板切割法制取;当不具备切割条件时也可采用边长 150 mm 的立方体无底试模,在其内喷射混凝土制作试件,试件成型的喷射方向应与边墙相同,喷射混凝土标准养护试件的试验龄期为 28 d。当对强度有怀疑时,可在混凝土喷射地点采用钻芯取样法随机抽取制作试件做抗压试验。

检验数量:施工单位每一作业循环检验一次,每个循环至少在拱部和边墙各留置一组检验试件;监理单位检查试验报告。

检验方法:施工单位进行混凝土强度试验;监理单位检查混凝土强度试验报告并进行见证取样检测或平行检验。

6.2.12 喷射混凝土的厚度和表面平整度应符合下列要求:

1 平均厚度大于设计厚度;

2 检查点数的 80% 及以上大于设计厚度;

3 最小厚度不小于设计厚度 2/3;

4 表面平整度的允许偏差为 100 mm。

检验数量:全断面开挖时,施工单位每个作业循环检查一个断面,每个断面应从拱顶起,每间隔 2 m 布设一个检查点检查喷射混凝土的厚度;分部开挖时,施工单位每 3 ~ 5 m 检验一次;监理单位按施工单位抽检次数的 10% 进行见证检验,但至少一次。

检验方法:施工单位、监理单位检查控制喷层厚度的标志、凿孔或无损检测测量厚度,用自动断面仪或摄影仪等仪器测量断面轮廓检查表面平整度。

6.2.13 喷射混凝土终凝 2 h 后,应按施工技术方案及时采取有效措施进行养护,养护时间不少于 14 d。

检验数量:施工单位、监理单位全部检查。

检验方法:观察,检查施工记录。

6.2.14 喷射混凝土冬期施工时,作业区的气温和混合料进入喷射机的温度均不应低于 5 ℃。

检验数量:施工单位、监理单位全部检查。

检验方法:测温。

6.2.15 喷射混凝土原材料每盘称量的允许偏差应符合表 6.2.15 的规定。

检验数量:施工单位、监理单位每工作班抽查不少于一次。

检验方法:复称。

表 6.2.15 原材料每盘称量的允许偏差

序号	材料名称	允许偏差
1	水 泥	±2%
2	粗、细骨料	±3%
3	水、外加剂	±2%
4	钢(合成)纤维	±2%

6.2.16 喷射混凝土表面应密实、平整,无裂缝、脱落、漏喷、露筋、空鼓和渗漏水,锚杆头钢筋无外露。

检验数量:施工单位、监理单位全部检查。

检验方法:观察、敲击。

一 般 项 目

6.2.17 喷射混凝土拌和物的坍落度应符合设计配合比要求。

检验数量:施工单位每工作班不少于一次。

检验方法:坍落度试验。

6.2.18 喷射混凝土拌制前,应测定砂、石含水率,并根据测试结果和理论配合比调整材料用量,提出施工配合比。

检验数量:施工单位每工作班不应少于一次。雨天或含水率有显著变化时,应增加含水率检测次数。

检验方法:砂、石含水率测试。

6.3 锚 杆

主 控 项 目

6.3.1 锚杆所使用的钢筋原材料进场检验必须符合本暂行标准第7.3.1条的规定。

6.3.2 锚杆的规格及物理性能指标应符合设计文件和表6.3.2的规定:

表 6.3.2 锚杆物理性能指标

序号	锚杆规格	牌号	公称直径(mm)	公称壁厚(mm)	质量	
					公称质量(kg/m)	允许偏差(%)
1	ϕ22 砂浆锚杆	HRB335	22	—	2.98	±4
2	ϕ22 组合中空锚杆	中空体 Q345 实心体 HRB400	20	—	2.47	
		中空体 Q345 实心体 HRB335	22	—	2.98	
3	ϕ25×7 普通中空锚杆	Q345	22	7	3.11	

检查数量:锚杆的规格施工单位、监理单位全检。锚杆的物理性能指标(公称直径、公称壁厚、公称质量)施工单位随机抽样33%进行检验;监理单位按施工单位检查次数的

10%进行平行检验和见证检验。

检验方法：锚杆的规格检查产品合格证、出厂检验报告。锚杆物理性能指标采用观察、称重、尺量检查。

6.3.2A　锚杆的屈服强度、抗拉强度、屈服力、最大力、断后伸长率等力学性能指标应符合表6.3.2A的规定。

表6.3.2A　锚杆的屈服力最大力和断后伸长率A

序号	锚杆规格	牌号	屈服强度 R_{el} (MPa)	抗拉强度 R_m (MPa)	屈服力 (kN)	最大力 (kN)	断后伸长率A (%)
					不小于		
1	ϕ22 砂浆锚杆	HRB335	335	455	127	172	17
2	ϕ22 组合中空锚杆	HRB400	400	540	126	170	16
		HRB335	335	455	127	172	17
3	ϕ25×7 普通中空锚杆	Q345	325	490	128	193	21

检查数量：施工单位按进场的批次，每批次随机抽样2套进行检验。监理单位按施工单位检查次数的10%见证检验。

检验方法：施工单位检查产品合格证、出厂检验报告并取样进行试验。监理单位检查全部产品合格证、出厂检验报告、施工单位试验报告，并进行见证检验。（强制性条文）

6.3.3　锚杆安装的数量应符合设计要求。

检验数量：施工单位、监理单位全部检查。

检验方法：施工现场计数检查。

6.3.4　砂浆的强度等级、配合比应符合设计要求。

检查数量：施工单位、监理单位每一作业段检查一次。

检验方法：施工单位进行配合比设计，做砂浆强度试验；监理单位见证检验。

6.3.5　注浆管的直径不得小于16 mm，锚杆孔内灌注砂浆应饱满密实。

检验数量：施工单位全验，监理单位按施工单位检查次数的10%进行平行检验。

检验方法：注浆管的直径施工单位、监理单位尺量；组合中空锚杆施工单位、监理单位现场观察检查排气管回浆情况；普通中空锚杆施工单位、监理单位现场观察检查进浆方式和杆体中空通孔回浆情况；砂浆锚杆检查施工记录、观察。

6.3.6　自钻式锚杆安装前，锚杆体中孔和钻头的水孔应畅通，无异物堵塞。

检验数量：施工单位、监理单位全部检查。

检验方法：观察。

6.3.7　锚杆安装允许偏差应符合下列规定：

1　锚杆孔的孔径应符合设计要求；

2　锚杆孔的深度应大于锚杆长度的10 cm；

3　锚杆孔距允许偏差为±15 cm；

4　锚杆插入长度不得小于设计长度的95%，且应位于孔的中心。

检验数量：施工单位全部检查；监理单位按施工单位抽检次数的10%进行见证检验，但至少一次。

检验方法:现场尺量。

一般项目

6.3.8 锚杆孔的方向应符合设计要求,锚杆垫板应与基面密贴。

检验数量:施工单位全部检查。

检验方法:观察。

6.3.9 锚杆应平直、无损伤,表面无裂纹、油污、颗粒状或片状锈蚀。

检验数量:施工单位全部检查。

检验方法:观察。

6.4 钢筋网

主控项目

6.4.1 钢筋网所使用的钢筋原材料进场检验必须符合本暂行标准第7.3.1条的规定。

6.4.2 钢筋网所使用的钢筋的品种、规格等应符合设计要求。

检验数量:施工单位、监理单位全部检查。

检验方法:观察、尺量。

6.4.3 钢筋网的制作应符合设计要求。

检验数量:施工单位全部检查;监理单位按施工单位抽检次数的10%进行见证检验,但至少一次。

检验方法、观察、尺量。

6.4.4 钢筋网的安装位置应符合设计要求,并与锚杆或其他固定装置联结牢固。钢筋网的混凝土保护层厚度不得小于3 cm。

检验数量:施工单位、监理单位每循环检查5处。

检验方法:观察,凿孔检查或仪器探测。

6.4.5 钢筋网应在岩面喷射一层混凝土后再铺挂,底层喷射混凝土的厚度不得小于4 cm。采用双层钢筋网时,第二层钢筋网应在第一层钢筋网被混凝土覆盖及混凝土终凝后铺设。

检验数量:施工单位、监理单位每循环检验一次。

检验方法:观察,检查施工记录。

一般项目

6.4.6 钢筋网的网格间距应符合设计要求,网格尺寸允许偏差为±10 mm。

检验数量:施工单位每循环检验一次,随机抽样5片。

检验方法:尺量。

6.4.7 钢筋网搭接长度应为1~2个网孔,允许偏差为±50 mm。

检验数量:施工单位每循环检验一次,随机抽样5片。

检验方法:尺量。

6.4.8 钢筋应冷拉调直后使用,钢筋表面不得有裂纹、油污、颗粒状或片状锈蚀。

检验数量:施工单位全部检验。

检验方法:观察。

6.5 钢架(格栅钢架、型钢钢架)

主 控 项 目

6.5.1 制作刚架所用钢筋的进场检验应符合本暂行标准第 7.3.1 条的规定。

制作刚架所用型钢进场检验必须按批抽取试件作力学性能(屈服强度、抗拉强度和伸长率)和工艺性能(冷弯)试验,其质量必须符合现行国家标准《碳素结构钢》(GB 700)、《热扎普通工字钢》(YB(T)56)等的规定和设计要求。

检验数量:以同牌号、同炉罐号、同规格、同交货状态的型钢,每 60 t 为一批,不足 60 t 应按一批计。施工单位每批抽检一次;监理单位按施工单位抽检次数的 10% 进行见证检验,但至少一次。

检验方法:施工单位检查每批质量证明文件并进行相关性能试验;监理单位检查全部质量证明文件和试验报告,并进行见证取样检测或平行检验。

6.5.2 制作钢架的钢材品种和规格必须符合设计要求。

检验数量:施工单位、监理单位全部检查。

检验方法:观察,尺量。

6.5.3 格栅钢架钢筋的弯制和末端的弯钩及型钢钢架的弯制应符合设计要求。钢架的结构尺寸应符合设计要求。

检验数量:施工单位全部检查;监理单位按施工单位抽检次数的 10% 进行见证检验,但至少一次。

检验方法:观察、尺量。

6.5.4 钢架安装不得侵入二次衬砌断面,底部不得有虚碴,相邻钢架及各节钢架间的连接应符合设计要求。钢架的混凝土保护层厚度不得小于 4 cm,表面覆盖层厚度不得小于 3 cm。

检验数量:施工单位、监理单位每榀检查。

检验方法:观察、测量。

6.5.5 沿钢架外缘每隔 2 m 应用钢楔或混凝土预制块与初喷层顶紧,钢架与初喷层间的间隙应采用喷射混凝土喷填密实。

检验数量:施工单位、监理单位全部检查。

检验方法:观察。

一 般 项 目

6.5.6 钢筋、型钢等原材料应平直、无损伤,表面不得有裂纹、油污、颗粒状或片状锈蚀。

检验数量:施工单位全部检查。

检验方法:观察。

6.5.7 钢架制作应符合下列规定:

1 采用型钢弯制钢架时,分节长度应根据设计尺寸及所采用的开挖方法确定,各节长度不应大于 4 m,腹板上钻孔的位置应符合设计要求;

2 钢架节点焊接长度应大于 4 cm,且对称焊接;

3 钢架周边拼装允许偏差为±3 cm,平面翘曲应小于2 cm。

检验数量:施工单位每榀钢架检查一次。

检验方法:观察、尺量。

6.5.8 钢架安装允许偏差的检验应符合表6.5.8的规定。

表6.5.8 钢架安装允许偏差

序 号	项 目	允 许 偏 差
1	间 距	±100 mm
2	横 向	±50 mm
3	高 程	±50 mm
4	垂直度	±2°
5	保护层和表面覆盖层厚度	-5 mm

检验数量:施工单位每榀钢架检查一次。

检验方法:测量、尺量。

6.6 管 棚

主 控 项 目

6.6.1 管棚所用钢管进场必须按批抽取试件作力学性能(屈服强度、抗拉强度和伸长率)和工艺性能(冷弯)试验,其质量必须符合国家有关规定及设计要求。

检验数量:以同牌号、同炉罐号、同规格、同交货状态的钢管,每60 t为一批,不足60 t按一批计。施工单位每批抽检一次;监理单位按施工单位抽检次数的10%进行见证检验,但至少一次。

检验方法:施工单位检查每批质量证明文件并进行相关性能试验;监理单位检查全部质量证明文件和试验报告,并进行见证取样检测或平行检验。

6.6.2 管棚所用钢管的品种和规格必须符合设计要求。

检验数量:施工单位、监理单位全部检查。

检验方法:观察,钢尺检查。

6.6.3 管棚搭接长度应符合设计要求。

检查数量:施工单位、监理单位全部检查。

检验方法:尺量。

6.6.4 注浆浆液的配合比应符合设计要求。

检验数量:施工单位、监理单位全部检查。

检验方法:施工单位进行配合比选定试验;监理单位检查配合比选定单,并进行见证试验。

6.6.5 注浆压力应符合设计要求,注浆浆液应充满钢管及其周围的空隙。

检验数量:施工单位全部检查;监理单位按施工单位检查数量的10%进行见证检验,但至少一次。

检验方法:施工单位查施工记录的注浆量和注浆压力,观察;监理单位见证检查。

一 般 项 目

6.6.6 管棚钻孔的允许偏差应符合表6.6.6的规定：

表6.6.6 管棚钻孔允许偏差

序 号	项 目	允 许 偏 差
1	方向角	1°
2	孔口距	±50 mm
3	孔 深	±50 mm

检验数量：施工单位全部检查。

检验方法：仪器测量、尺量。

6.7 超前小导管

主 控 项 目

6.7.1 超前小导管所用的钢管进场检验必须符合本暂行标准第6.6.1条的规定。

6.7.2 超前小导管所用钢管的品种和规格必须符合设计要求。

检验数量：施工单位、监理单位全部检查。

检验方法：观察，尺量。

6.7.3 超前小导管与支撑结构的连接应符合设计要求。

检验数量：施工单位、监理单位全部检查。

检验方法：观察。

6.7.4 超前小导管的纵向搭接长度应符合设计要求。

检验数量：施工单位、监理单位全部检查。

检验方法：尺量。

6.7.5 注浆浆液配合比的检验应符合本暂行标准第6.6.4条的规定。

6.7.6 超前小导管注浆压力应符合设计要求，浆液必须充满钢管及其周围的空隙。

检验数量：施工单位全部检查；监理单位按施工单位检查数量的10%进行见证检验，但至少一次。

检验方法：施工单位查施工记录的注浆量和注浆压力，观察；监理单位见证检查。

一 般 项 目

6.7.7 超前小导管施工允许偏差应符合表6.7.7的规定。

表6.7.7 超前小导管施工允许偏差

序 号	项 目	允 许 偏 差
1	方向角	2°
2	孔口距	±50 mm
3	孔 深	$^{+50}_{0}$ mm

检验数量：施工单位每环抽查3根。

检验方法:仪器测量、尺量。

6.8 超前预注浆

主控项目

6.8.1 超前预注浆所采用水泥的检验应符合本暂行标准第 7.4.1 条的规定,其他注浆材料的检验应符合国家相关标准的规定。

6.8.2 浆液配合比设计应根据试验确定并符合设计要求。

检验数量:施工单位、监理单位全部检查。

检验方法:施工单位进行配合比试验;监理单位检查配合比试验单并见证试验。

6.8.3 超前预注浆范围应符合设计要求。

检验数量:施工单位、监理单位全部检查。

检验方法:观察。

6.8.4 超前预注浆效果必须符合设计要求。检查孔的设置和日均出水量应符合设计要求。

检验数量:施工单位、监理单位全部检查。

检验方法:检查孔数量采用计数检查,出水量采用集水称量。

一般项目

6.8.5 注浆压力、注浆量、进浆速度等注浆参数应符合设计要求。

检验数量:施工单位全部检查。

检验方法:观察、查施工记录。

6.8.6 注浆孔数量、布置应符合设计要求。注浆孔间距允许偏差为 ±5 cm,钻孔偏斜率的允许偏差为 0.5% 孔深。

检验数量:施工单位全部检查。

检验方法:观察和测量。

6.8.7 单孔注浆压力达到设计要求值,持续注浆 10 min 且进浆速度为开始进浆速度的 1/4 或进浆量达到设计进浆量的 80% 及以上时注浆方可结束。

检验数量:施工单位全部检查。

检验方法:观察、计时、查施工记录。

7 衬 砌

7.1 一般规定

7.1.1 隧道竣工后的衬砌轮廓线严禁侵入设计轮廓线。

7.1.2 衬砌混凝土的强度、耐久性、耐腐蚀性、抗渗性及抗冻性必须符合设计要求。防水混凝土所使用的粗、细骨料必须是现行国家标准《建筑用卵石、碎石》(GB/T 14685)和《建筑用砂》(GB/T 14684)规定的优等品或一等品。

7.1.3 衬砌混凝土使用水泥宜选用硅酸盐水泥、普通硅酸盐水泥,混合材宜为矿渣或粉煤灰。有耐硫酸盐侵蚀要求的混凝土也可选用中抗硫酸盐硅酸盐水泥或高抗硫酸盐硅酸盐水泥。不宜使用早强水泥。

使用的细骨料应选用级配合理、质地均匀坚固、吸水率低、空隙率小的洁净天然河砂,也可选用专门机组生产的人工砂,不宜使用山砂,不得使用海砂。

使用的粗骨料应选用级配合理、粒形良好、质地均匀坚固、线胀系数小的洁净碎石,也可采用碎卵石或卵石,不宜采用砂岩碎石。混凝土应采用二级或三级级配粗骨料,粗骨料应分级采购、分级运输、分级堆放、分级计量。

当使用的粗、细骨料更换产地或同一产地连续使用 2 年以上时,应做选料源检验,其检验内容应包括颗粒级配、坚固性、有害物质含量和碱活性。

7.1.4 外加剂应采用减水率高、坍落度损失小、适量引气、质量稳定、能满足混凝土耐久性能的产品。当将不同功能的多种外加剂复合使用时,外加剂之间以及外加剂与水泥之间应有良好的适应性。宜优先选用多功能复合外加剂。矿物掺和料应选用品质稳定的产品。在运输和存贮过程中应有明显标志,严禁与水泥等其他粉状材料混淆。

7.1.5 混凝土应采用运输搅拌车(轮式或轨式)运送,其运输能力应与搅拌设备的搅拌能力配合适宜。应确保运输设备不漏浆和不吸水,装料前要清除容器内黏着的残渣,装料要适当。运输设备使用前须湿润。

7.1.6 混凝土衬砌应采用全断面一次成型法施工,特殊情况下可按设计要求进行分部施工。有仰拱的衬砌应先施作仰拱。

7.1.7 二次衬砌应在围岩和初期支护变形基本稳定后施作,特殊条件下(如松散堆积体、浅埋地段)的二次衬砌应在初期支护完成后及时施作。围岩变形过大或初期支护变形不收敛,又难以及时补强时,可提前施作二次衬砌,但二次衬砌应加强。变形基本稳定应符合下列条件:

1 隧道周边变形速率明显趋于减缓;

2 拱脚水平收敛小于 0.2 mm/d,拱顶下沉收敛速度小于 0.15 mm/d;

3 施作二次衬砌前的累计位移值,已达极限相对位移值的 80% 以上;

4 初期支护表面裂隙不再继续发展。

7.1.8 有仰拱的衬砌,应先浇筑仰拱后再进行仰拱回填,仰拱与回填应分开灌筑。

7.1.9 隧底混凝土施工前应清除基底虚砟、淤泥、积水和杂物。

7.1.10 仰拱和底板混凝土强度达到 5 MPa 后行人方可通行,达到设计强度的 100% 后车辆方可通行。

7.1.11 混凝土运输、浇筑及间歇的全部用时不应超过混凝土的初凝时间。底层混凝土初凝后浇筑上一层混凝土时,应按施工缝处理。

7.1.12 初期支护与二次衬砌应密贴,空隙应通过回填注浆填满。

7.1.13 当工地昼夜平均气温连续 3 d 低于 5 ℃或最低气温低于 -3 ℃时,应采取冬期施工措施;当工地昼夜平均气温高于 30 ℃时,应采取夏期施工措施。

7.1.14 模板、钢筋、混凝土的检验除应本暂行标准的规定外,尚应符合铁道部《铁路混凝土工程施工质量验收补充标准》(铁建设〔2005〕160 号)的有关规定。

7.2 模 板

主 控 项 目

7.2.1 衬砌模板台车、移动台架设计制造时必须以隧道设计断面为准,应考虑施工误差、贯通测量调差及预留沉落等因素。钢结构及钢模必须具有足够的强度、刚度和稳定性。

检验数量:施工单位、监理单位检查每台衬砌模板台车、移动台架。

检验方法:查设计资料、产品验收合格证明。

7.2.2 模板安装必须稳固牢靠,接缝严密,不得漏浆。模板与混凝土的接触面必须清理干净并涂刷隔离剂。浇筑混凝土前,模板内的积水和杂物应清理干净。

检验数量:施工单位、监理单位每一浇筑段检查一次。

检验方法:观察。

7.2.3 二次衬砌在初期支护变形稳定前施工的,拆模时的混凝土强度应达到设计强度的 100%;在初期支护变形稳定后施工的,拆模时的混凝土强度应达到 8 MPa。

检验数量:施工单位、监理单位每一浇筑段拆模前检查一次。

检验方法:施工单位拆模前进行一组同条件养护试件强度试验;监理单位见证试验。

一 般 项 目

7.2.4 拆除非承重模板时,混凝土强度不得低于 2.5 MPa,并应保证其表面及棱角不受损伤。

检验数量:施工单位全部检查。

检验方法:观察,检查施工记录。

7.2.5 模板安装允许偏差和检验方法应符合表 7.2.5 的规定。

表 7.2.5 模板安装允许偏差和检验方法

序号	项 目	允许偏差(mm)	检 验 方 法
1	边墙脚平面位置及高程	±15	尺 量
2	起拱线高程	±10	

续上表

序号	项　目	允许偏差(mm)	检验方法
3	拱顶高程	+10 0	水准测量
4	模板表面平整度	5	2 m 靠尺和塞尺
5	相邻浇筑段表面高低差	±10	尺　量

检验数量:施工单位全部检查。

7.2.6 预埋件和预留孔洞的设置应符合设计要求。允许偏差和检验方法应符合表7.2.6的规定。

检验数量:施工单位全部检查。

表 7.2.6 预埋件和预留孔洞的允许偏差和检验方法

序号	项　目		允许偏差(mm)	检验方法
1	预留孔洞	中心线位置	10	尺　量
		尺　寸	+10 0	
2	预埋件中心线位置		3	

7.3 钢　筋

主控项目

7.3.1 钢筋进场时,必须对其质量指标进行全面检查并按批抽取试件做屈服强度、抗拉强度、伸长率和冷弯试验,其质量应符合现行国家标准《钢筋混凝土用热轧光圆钢筋》(GB 13013)、《钢筋混凝土用热轧带肋钢筋》(GB 1499)和《低碳钢热轧圆盘条》(GB/T 701)等的规定和设计要求。

检验数量:以同牌号、同炉罐号、同规格、同交货状态的钢筋,每60 t为一批,不足60 t也按一批计。施工单位每批抽检一次;监理单位按施工单位抽检次数的10%进行见证检验,但至少一次。

检验方法:施工单位全部检查质量证明文件,并按批进行抽样做屈服强度、抗拉强度、伸长率和冷弯试验;监理单位全部检查质量证明文件、试验报告,并随机抽样进行见证取样检测或平行检验。

7.3.2 钢筋品种、级别、规格和数量必须符合设计要求。

检验数量:施工单位、监理单位全部检查。

检验方法:观察,钢尺检查。

7.3.3 钢筋的连接方式必须符合设计要求。

检验数量:施工单位、监理单位全部检查。

检验方法:观察。

7.3.4 钢筋接头的技术条件和外观质量应符合铁道部《铁路混凝土工程施工质量验收补充标准》(铁建设〔2005〕160号)附录B的规定。钢筋焊接接头应按批抽取试件做力学性能检验,其质量必须符合现行行业标准《钢筋焊接及验收规程》(JGJ 18)的规定和设计要求。承受静力荷载为主的直径为 28 ~ 32 mm 带肋钢筋采用冷挤压套筒连接接头时，应按批抽取试件做力学性能检验，其质量必须符合现行行业标准《带肋钢筋套筒挤压连接技术规程》(JGJ 108)的规定和设计要求。

检验数量：钢筋接头的外观质量，施工单位、监理单位全部检查。焊接接头的力学性能检验以同级别、同规格、同接头形式和同一焊工完成的每 200 个接头为一批，不足 200 个也按一批计。冷挤压套筒连接接头的力学性能检验以同等级、同规格和同接头型式的每 200 个接头为一批，不足 200 个也按一批计。施工单位每批抽检一次；监理单位按施工单位抽检次数的 20% 进行见证检验，但至少一次。

检验方法：钢筋接头外观检验，施工单位、监理单位观察和尺量。焊接接头和冷挤压套筒连接接头力学性能检验，施工单位做拉伸试验，闪光对焊接头增做冷弯试验；监理单位检查力学性能试验报告，并进行见证取样检测。

7.3.5　钢筋的加工应符合设计要求。当设计未提出要求时，应符合下列规定：

1　受拉热轧光圆钢筋的末端应作 180°弯钩，其弯曲直径 d_m 不得小于钢筋直径的 2.5 倍，钩端应留有不小于钢筋直径 3 倍的直线段(图 7.3.5—1)。

2　受拉热轧光圆和带肋钢筋的末端，当设计要求采用直角形弯钩时，直钩的弯曲直径 d_m 不得小于钢筋直径的 5 倍，钩端应留有不小于钢筋直径 3 倍的直线段(图 7.3.5—2)。

3　弯起钢筋应弯成平滑的曲线，其弯曲半径不得小于钢筋直径的 10 倍(光圆钢筋)或 12 倍(带肋钢筋)(图 7.3.5—3)。

4　用光圆钢筋制成的箍筋，其末端应作不小于 90°的弯钩，有抗震等特殊要求的结构应作 135°或 180°的弯钩(图 7.3.5—4)；弯钩的弯曲直径应大于受力钢筋直径，且不得小于箍筋直径的 2.5 倍；弯钩端直线段的长度，一般结构不得小于箍筋直径的 5 倍，有抗震等特殊要求的结构，不得小于箍筋直径的10 倍。

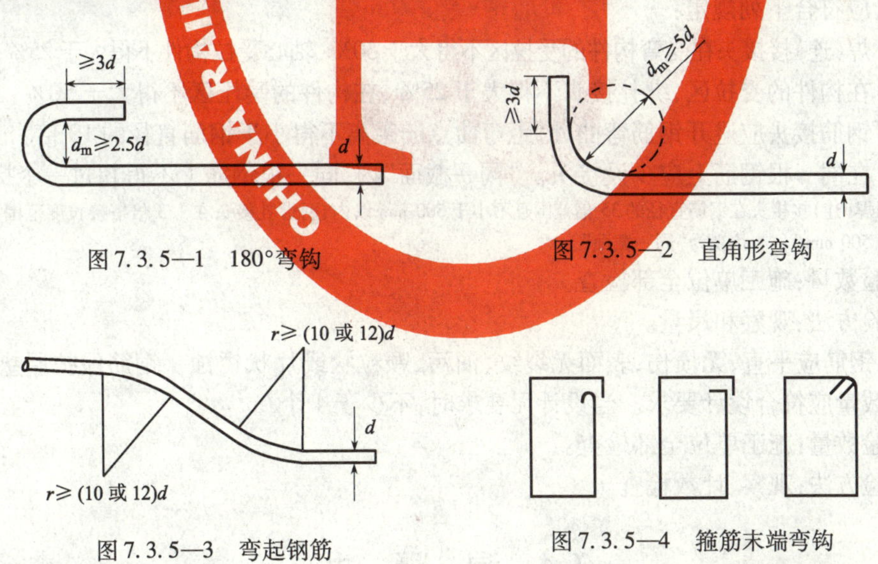

图 7.3.5—1　180°弯钩

图 7.3.5—2　直角形弯钩

图 7.3.5—3　弯起钢筋

图 7.3.5—4　箍筋末端弯钩

检验数量：施工单位按钢筋编号各抽检 10%，并各不少于 3 件；监理单位平行检验数量为施工单位抽检数量的 10%，并各不少于 1 件。

检验方法：尺量。

7.3.6 钢筋安装和保护层厚度的允许偏差和检验方法应符合表7.3.6的规定。

表 7.3.6 钢筋安装及保护层厚度允许偏差和检验方法

序号	名称		允许偏差(mm)	检验方法
1	双排钢筋的上排钢筋与下排钢筋间距		±5	尺量两端、中间各1处
2	同一排中受力钢筋水平间距	拱部	±10	
		边墙	±20	
3	分布钢筋间距		±20	尺量连续3处
4	箍筋间距		±20	
5	钢筋保护层厚度		+10 -5	尺量两端、中间各2处

检验数量:施工单位全部检查。

一般项目

7.3.7 钢筋加工允许偏差和检验方法应符合表 7.3.7 的规定。

表 7.3.7 钢筋加工允许偏差和检验方法

序号	名称	允许偏差(mm)	检验方法
1	受力钢筋顺长度方向的全长	±10	尺量
2	弯起钢筋的弯折位置	20	
3	箍筋内净尺寸	±3	

检验数量:施工单位按钢筋编号各抽检 10%,并各不少于 3 件。

7.3.8 钢筋接头应设置在承受应力较小处,并应分散布置。配置在"同一截面"内受力钢筋接头的截面面积,占受力钢筋总截面面积的百分率,应符合设计要求。当设计未提出要求时,应符合下列规定:

1 焊(连)接接头在受弯构件的受拉区不得大于50%,轴心受拉构件不得大于25%。

2 在构件的受拉区,绑扎接头不得大于25%,在构件的受压区不得大于50%。

3 钢筋接头应避开钢筋弯曲处,距弯曲点的距离不得小于钢筋直径的10倍。

4 在同一根钢筋上应少设接头。"同一截面"内,同一根钢筋上不得超过一个接头。

注:两焊(连)接接头在钢筋直径的35倍范围且不小于500 mm以内、两绑扎接头在1.3倍搭接长度范围且不小于500 mm以内,均视为"同一截面"。

检验数量:施工单位全部检查。

检验方法:观察和尺量。

7.3.9 钢筋应平直、无损伤,表面无裂纹、油污、颗粒状或片状锈蚀。钢筋保护层垫块的位置和数量应符合设计要求。当设计无要求时,不少于4个/m^2。

检验数量:施工单位全部检查。

检验方法:观察、计数检查。

7.4 混凝土

主控项目

7.4.1 水泥质量应符合《铁路混凝土工程施工质量验收补充标准》(铁建设〔2005〕160号)

第6.2.1条的规定。

检验数量和检验方法应符合表7.4.1的规定。

表7.4.1 水泥的检验要求

检验项目	检验要求					
	质量证明文件检查		抽样试验检验			
烧失量	√	每厂家、每品种、每批号检查供应商提供的质量证明文件。施工单位、监理单位均全部检查	√	下列情况之一时，检验一次：①任何新选货源；②使用同厂家、同批号、同品种的水泥达3个月及出厂日期达3个月的水泥。施工单位试验检验；监理单位见证取样检测或平行检验。		同厂家、同批号、同品种、同强度等级、同出厂日期且连续进场的散装水泥每500t(袋装水泥每200t)为一批，不足上述数量时也按一批计。施工单位每批抽样试验一次；监理单位按施工单位抽检次数的10%进行见证检验，但至少一次
氧化镁	√		√			
三氧化硫	√		√			
细　度	√		√		√	
凝结时间	√		√		√	
安定性	√		√		√	
强　度	√		√		√	
碱含量	√		√			
助磨剂名称及掺量	√					
石膏名称及掺量	√					
混合材名称及掺量	√					
熟料 C_3A 含量	√					

7.4.2 细骨料的质量要求和选用原则应符合《铁路混凝土工程施工质量验收补充标准》(铁建设〔2005〕160号)附录D的规定。

检验数量和检验方法：符合表7.4.2的规定。

表7.4.2 细骨料的检验要求

检验项目	检验要求			
细度模数	√	下列情况之一时，检验一次：①任何新选料源；②连续使用同料源、同品种、同规格的细骨料达一年。施工单位试验检验；监理单位见证取样检测或平行检验	√	连续进场的同料源、同品种、同规格的细骨料每400 m³(或600 t)为一批，不足上述数量时也按一批计。施工单位每批抽样试验一次，其中有机物含量每3月检验一次；监理单位按施工单位抽检次数的10%分别进行平行检验和见证检验，均不少于一次
吸水率	√			
含泥量	√		√	
泥块含量	√		√	
坚固性	√			
云母含量	√		√	
轻物质含量	√		√	
有机物含量	√		√	
硫化物及硫酸盐含量	√			
Cl^- 含量	√			
碱活性	√			

7.4.3 粗骨料的质量要求和选用原则应符合《铁路混凝土工程施工质量验收补充标准》(铁建设〔2005〕160号)附录E的规定。

检验数量和检验方法：符合表7.4.3的规定。

表 7.4.3　粗骨料的检验要求

检 验 项 目	检 验 要 求			
颗粒级配	√	下列情况之一时,检验一次: ①任何新选料源; ②连续使用同料源、同品种、同规格的粗骨料达一年	√	连续进场的同料源、同品种、同规格的粗骨料每 400 m^3(或 600 t)为一批,不足上述数量时也按一批计。 施工单位每批抽样试验一次;监理单位按施工单位抽检次数的 10% 分别进行平行检验和见证检验,均不少于一次
岩石抗压强度	√			
吸水率	√			
空隙率	√			
压碎指标	√		√	
坚固性	√			
针片状颗粒含量	√	施工单位试验检验;监理单位见证取样检测或平行检验	√	
含泥量	√		√	
泥块含量	√		√	
硫化物及硫酸盐含量	√			
有机物含量(卵石)	√		√	
Cl^- 含量	√			
碱活性	√			

7.4.4　外加剂的性能应符合《铁路混凝土工程施工质量验收补充标准》(铁建设〔2005〕160号)第6.2.5条的规定。外加剂的匀质性应满足现行国家标准《混凝土外加剂》(GB 8076)规定。

检验数量和检验方法:符合表7.4.4的规定。

表 7.4.4　外加剂的检验要求

检 验 项 目	检 验 要 求					
	质量证明文件检查		抽 样 试 验 检 验			
匀质性	√	每品种、每厂家检查供应商提供的质量证明文件。 施工单位、监理单位均全部检查	√	下列情况之一时,检验一次: ①任何新选货源; ②使用同厂家、同批号、同品种的产品达6个月及出厂日期达6个月的产品。 施工单位试验检验;监理单位见证取样检测或平行检验		同厂家、同批号、同品种、同出厂日期的产品每50 t为一批,不足50 t时也按一批计。 施工单位每批抽样试验一次;监理单位按施工单位抽检次数的 10% 分别进行平行检验和见证检验,均不少于一次
水泥净浆流动度	√		√			
硫酸钠含量	√		√			
Cl^- 含量	√		√			
碱含量	√		√			
减水率	√		√		√	
坍落度保留值	√		√			
常压泌水率比	√		√		√	
压力泌水率比	√		√			
含气量	√		√		√	
凝结时间差	√		√		√	

续上表

检验项目	检验要求					
	质量证明文件检查		抽样试验检验			
抗压强度比	√		√		√	
对钢筋的锈蚀作用	√		√			
耐久性指数	√		√			
收缩率比	√		√			

7.4.5 钢筋混凝土中由水泥、矿物掺合料、骨料、外加剂和拌和用水等引入的氯离子总含量不应超过胶凝材料总量的0.10%。

检验数量：施工单位对每一混凝土配合比进行一次氯离子总含量计算；监理单位全部检查。

检验方法：施工单位计算；监理单位检查计算单。

7.4.6 矿物掺和料的技术要求应符合《铁路混凝土工程施工质量验收补充标准》(铁建设〔2005〕160号)第6.2.2条的规定。

检验数量和检验方法：符合表7.4.6的规定。

表7.4.6 矿物掺和料的检验要求

检验项目		检验要求					
		质量证明文件检查		抽样试验检验			
粉煤灰	细度	√	每品种、每料源检查供应商提供的质量证明文件。施工单位、监理单位均全部检查	√	下列情况之一时，检验一次：①任何新选货源；②使用同厂家、同批号、同品种的产品达3个月及出厂日期达3个月的产品。施工单位试验检验；监理单位见证取样检测或平行检验	√	同厂家、同批号、同品种、同出厂日期的产品每120 t为一批，不足120 t时也按一批计。施工单位每批抽样试验一次；监理单位按施工单位抽检次数的10%分别进行平行检验和见证检验，均不少于一次
	烧失量	√		√		√	
	含水率	√		√			
	需水量比	√		√		√	
	三氧化硫含量	√		√			
	碱含量	√		√			
	Cl^-含量	√		√			
	氧化钙含量	√		√			
磨细矿渣粉	比表面积	√	同上	√	同上	√	同上
	烧失量	√		√		√	
	氧化镁含量	√		√			
	三氧化硫含量	√		√			
	Cl^-含量	√		√			
	含水率	√		√			
	流动度比	√		√		√	
	碱含量	√		√			
	活性指数	√		√			

续上表

检验项目		检验要求					
		质量证明文件检查		抽样试验检验			
硅灰	烧失量	√	同上	√	同上	√	同厂家、同批号、同品种、同出厂日期的产品每30 t为一批,不足30 t时也按一批计。 施工单位每批抽样试验一次;监理单位按施工单位抽检次数的10%分别进行平行检验和见证检验,均不少于一次
	Cl^- 含量	√		√			
	SiO_2 含量	√		√			
	比表面积	√		√		√	
	需水量比	√		√		√	
	含水率	√		√			
	活性指数	√		√		√	

7.4.7　混凝土中的碱含量应符合设计要求。设计无具体要求时,当骨料的碱—硅酸反应砂浆棒膨胀率在0.10%～0.20%时,混凝土的碱含量应满足表7.4.7的规定;当骨料的砂浆棒膨胀率在0.20%～0.30%时,除了混凝土的碱含量应满足表7.4.7的规定外,尚应在混凝土中掺加具有明显抑制效能的矿物掺和料和外加剂,并经试验证明抑制有效,试验方法可采用《铁路混凝土工程施工质量验收补充标准》(铁建设〔2005〕160号)附录H规定的方法。

表7.4.7　混凝土最大碱含量(kg/m^3)

工程结构类别		100年	60年
环境条件	干燥环境	3.5	3.5
	潮湿环境	3.0	3.5
	含碱环境	*	3.0

注:1　带*号项目混凝土必须换用非碱活性骨料。

2　混凝土的总碱含量包括水泥、掺合料、外加剂、骨料及水的碱含量之和。其中,矿物掺和料的碱含量以其所含可溶性碱计算。粉煤灰的可溶性碱量取粉煤灰总碱量的1/6,矿渣的可溶性碱量取矿渣总碱量的1/2,硅灰的可溶性碱量取硅灰总碱量的1/2。

3　干燥环境是指不直接与水接触、空气平均相对湿度长期小于75%的环境;潮湿环境是指直接与水接触、干湿交替变化的环境、水下或与潮湿土壤接触以及空气平均相对湿度长期大于或等于75%的环境;含碱环境是指直接与海水、含碱工业废水、钾(钠)盐等接触的环境;干燥环境或潮湿环境与含碱环境交替变化时,均按含碱环境对待。

检验数量:施工单位对每一混凝土配合比进行一次总碱含量计算;监理单位全部检查。

检验方法:施工单位计算;监理单位检查计算单。

7.4.8　拌制混凝土宜采用饮用水,当采用其他水源时,质量必须符合《铁路混凝土工程施工质量验收补充标准》(铁建设〔2005〕160号)附录F的规定。

检验数量和检验方法:符合表7.4.8的规定。

7.4.9　钢筋阻锈剂、混凝土表面涂层和防腐蚀面层所用材料等的品种、质量应符合设计要求和相关产品标准的规定。

检验数量:施工单位按相关标准的规定进行检验;监理单位按施工单位检验次数的10%分别进行平行检验和见证检验,均不少于一次。

检验方法:施工单位全部检查质量证明文件并按批进行抽样试验;监理单位全部检查质量证明文件、试验报告,并进行见证取样检测或平行检验。

表 7.4.8 水的检验要求

检验项目	抽样试验检验			
pH值	√	下列情况之一时，检验一次：①新水源；②同一水源的水使用达一年。施工单位试验检验；监理单位见证取样检测或平行检验	√	同一水源的涨水季节检验一次。施工单位试验检验；监理单位按施工单位抽检次数的10%进行见证检验，但至少一次
不溶物含量	√		√	
可溶物含量	√		√	
氯化物含量	√		√	
硫酸盐含量	√		√	
碱含量	√		√	
凝结时间	√			
抗压强度比	√			

7.4.10 混凝土应根据强度等级、耐久性等要求和原材料品质以及施工工艺等进行配合比设计。混凝土配合比应通过计算、试配、试件检测、调整后确定。配制成的混凝土应能满足设计强度等级、耐久性指标和施工工艺等要求。混凝土配合比选定试验的检验项目应符合表7.4.10的规定。当设计对混凝土的耐久性指标无具体要求时，应按《铁路混凝土工程施工质量验收补充标准》(铁建设〔2005〕160号)附录G确定。具有抗渗要求的混凝土，试配时其抗渗指标应比设计值提高0.2 MPa。

表 7.4.10 混凝土配合比选定试验的检验项目

序号	检验项目	试验方法	备注
1	坍落度	《普通混凝土拌和物性能试验方法标准》(GB/T 50080)	
2	泌水率		
3	含气量		
4	抗裂性	《铁路混凝土工程施工质量验收补充标准》(铁建设〔2005〕160号)附录C	
5	抗压强度	《普通混凝土拌和物性能试验方法标准》(GB/T 50081)	
6	电通量	《铁路混凝土工程施工质量验收补充标准》(铁建设〔2005〕160号)附录H	
7	抗渗性	《普通混凝土长期性能和耐久性能试验方法》(GBJ 82)	根据结构所处环境类别、设计要求等进行试验
8	抗冻性		

检验数量：施工单位对同强度等级、同性能的混凝土进行一次混凝土配合比选定试验，当使用的原材料、施工工艺发生变化时，均应重新进行配合比选定试验；监理单位检查试验报告。

检验方法：施工单位进行配合比选定试验；监理单位见证配合比选定试验或平行检验，并检查确认配合比选定单。

7.4.11 混凝土的最大水胶比和单方混凝土胶凝材料的最低用量及抗蚀系数应满足设计要求。当设计无具体要求时，应符合《铁路混凝土工程施工质量验收补充标准》(铁建设〔2005〕160号)第6.3.4条的规定。

检验数量：施工单位对每一混凝土配合比进行一次计算；监理单位全部检查。

检验方法：施工单位计算；监理单位检查计算单。

7.4.12 混凝土强度等级必须符合设计要求，隧道衬砌应采用同条件养护试件检测结构实体强度。衬砌混凝土抗压强度标准条件养护试件的试验龄期为 56 d，混凝土强度试件应在混凝土的浇筑地点随机抽样制作。

试件的取样与留置必须符合下列规定：

1 标准条件养护抗压强度试件的取样与留置：

1）每拌制 100 盘且不超过 100 m^3 的同配合比的混凝土，取样不得少于一次；

2）每工作班拌制的同一配合比的混凝土不足 100 盘时，取样不得少于一次；

3）现浇混凝土的每一结构部位，取样不得少于一次；

4）每次取样应至少留置一组试件；

5）标准条件养护试件的留置组数应按设计要求、相关标准规定和实际需要确定。

2 同条件养护抗压强度试件的取样、养护方式和留置数量应符合铁道部现行《铁路工程结构混凝土强度检测规程》（TB 10426）的规定。隧道衬砌每 200 m 应采用同条件养护试件检测结构实体强度 1 次。

检验数量：施工单位全部检查；监理单位对标准条件养护试件检查试验报告，对同条件养护试件按施工单位抽检次数的 10% 进行平行检验，但至少一次。

检验方法：施工单位进行混凝土抗压强度试验；监理单位检查混凝土强度试验报告，并进行见证取样检测或平行检验。

7.4.13 衬砌混凝土的抗渗等级应符合设计要求。施工现场应按规定留置抗渗检查试件，并应按现行国家标准《普通混凝土长期性能和耐久性能试验方法》（GBJ 82）的规定进行试验评定。试件留置组数应符合下列规定：

1 隧道衬砌每 200 m 应制作检查试件 1 组（6 个），不足 200 m 时，也应留置 1 组；

2 当使用的材料、配合比或施工工艺发生变化时，应另行制作检查试件 1 组。

检验数量：施工单位全部检查；监理单位检查试验报告。

检验方法：施工单位做抗渗试验；监理单位检查试验报告并进行见证试验。

7.4.14 隧道衬砌的厚度严禁小于设计厚度。

检验数量：施工单位、监理单位每一浇筑段检查一个断面。

检验方法：施工单位在模板架立后，测量开挖轮廓与模板间的净距，衬砌完成后且回填注浆前采用无损检测法检测；监理单位见证检查。

7.4.15 隧道超挖回填必须符合设计要求。墙脚以上 1 m 范围内和整个拱部的超挖部分应采用同级混凝土回填。

检验数量：施工单位、监理单位全部检查。

检验方法：观察检查。

监理单位旁站监理。

7.4.16 混凝土浇筑完毕后，应按施工技术方案及时采取有效的养护措施，并应符合下列规定：

1 应在浇筑完毕后的 12 h 以内对混凝土加以覆盖并保湿养护；

2 混凝土浇水养护的时间应符合表 7.4.16 的规定；

3 浇水次数应能保持混凝土处于湿润状态；混凝土养护用水应与拌和用水相同，水温应与环境气温基本相同；

表 7.4.16 不同混凝土潮湿养护的最低期限

混凝土类型	水胶比	大气潮湿($50\% < RH < 75\%$),无风,无阳光直射		大气干燥($RH < 50\%$),有风,或阳光直射	
		日平均气温 T(℃)	潮湿养护期限(d)	日平均气温 T(℃)	潮湿养护期限(d)
胶凝材料中掺有矿物掺和料	≥0.45	$5 \leq T < 10$	21	$5 \leq T < 10$	28
		$10 \leq T < 20$	14	$10 \leq T < 20$	21
		$T \geq 20$	10	$T \geq 20$	14
	≤0.45	$5 \leq T < 10$	14	$5 \leq T < 10$	21
		$10 \leq T < 20$	10	$10 \leq T < 20$	14
		$T \geq 20$	7	$T \geq 20$	10
胶凝材料中未掺矿物掺和料	≥0.45	$5 \leq T < 10$	14	$5 \leq T < 10$	21
		$10 \leq T < 20$	10	$10 \leq T < 20$	14
		$T \geq 20$	7	$T \geq 20$	10
	≤0.45	$5 \leq T < 10$	10	$5 \leq T < 10$	14
		$10 \leq T < 20$	7	$10 \leq T < 20$	10
		$T \geq 20$	7	$T \geq 20$	7

4 采用塑料布覆盖养护的混凝土,其敞露的全部表面应覆盖严密,并应保持塑料布内有凝结水;

5 混凝土强度达到 5 MPa 前,不应在其上安装模板及支架;

6 当环境气温低于 5 ℃时不应浇水。

检验数量:施工单位、监理单位全部检查。

检验方法:观察、检查施工记录。

7.4.17 混凝土每盘原材料称量的允许偏差应符合表 7.4.17 的规定。

表 7.4.17 原材料每盘称量的允许偏差

序 号	材 料 名 称	允 许 偏 差
1	水泥和干燥状态的掺合料	±1%
2	粗、细骨料	±2%
3	水、外加剂	±1%

检验数量:施工单位、监理单位每工作班抽查不少于一次。

检验方法:施工单位复称;监理单位进行见证检查。

7.4.18 混凝土拌制前,应测定砂、石含水率,并根据测试结果和理论配合比调整材料用量,提出施工配合比。当遇雨天或含水率有显著变化时,应增加含水率检测次数。

检验数量:施工单位每工作班不应少于一次;监理单位按施工单位检查次数的 10% 进行见证检验,但至少一次。

检验方法:砂、石含水率测试。

7.4.19 混凝土拌和物的坍落度应符合理论配合比要求偏差不宜大于 ±20 mm,入模含气量应符合设计要求。当设计对含气量无具体要求时,含气量应按表 7.4.19 控制。

表 7.4.19　混凝土含气量

环境条件	混凝土无抗冻要求	混凝土有抗冻要求		
		D1	D2、D3	D4
含气量(%)	≥2.0	≥4.0	≥5.0	≥5.5

检验数量：施工单位每拌制 50 m^3 混凝土或每工作班应测试不少于 1 次；监理单位全部检查测试结果。

检验方法：施工单位进行坍落度、水胶比和含气量试验；监理单位见证试验。

7.4.20　新浇筑与邻接的已硬化混凝土或岩土介质间的温差不得大于 15 ℃。

检验数量：施工单位每部位测温 1 次并填写测温记录；监理单位见证检查。

检验方法：温度测试。

7.4.21　施工缝的留设位置和处理应符合设计和施工技术方案的要求。

检验数量：施工单位、监理单位全部检查。

检验方法：观察和尺量。

7.4.22　混凝土表面的非受力裂缝最大宽度不得大于 0.20 mm。

检验数量：施工单位、监理单位全部检查。

检验方法：观察、测量。

一 般 项 目

7.4.23　混凝土结构外形尺寸允许偏差和检验方法应符合表 7.4.23 的规定。

表 7.4.23　结构外形尺寸允许偏差和检验方法

序　号	项　　目	允许偏差(mm)	检 验 方 法
1	边墙平面位置	±10	尺　量
2	拱部高程	+30 0	水准测量
3	边墙、拱部表面平整度	15	2 m 靠尺检查或自动断面仪测量

注：平面位置以隧道设计中线为准进行测量。

检验数量：施工单位每一浇筑段检查一个断面。

7.4.24　隧道衬砌预埋件和预留孔洞的允许偏差应符合本暂行标准第 4.3.5 条的规定。

7.4.25　混凝土结构表面应密实平整、颜色均匀，不得有露筋、蜂窝、孔洞、疏松、麻面和缺棱掉角等缺陷。

检验数量：施工单位全部检查。

检验方法：观察。

7.5　底　板

主 控 项 目

7.5.1　底板混凝土所采用的水泥、外加剂和混凝土中的总碱含量的检验应符合本暂行标准第 7.4.1 条、第 7.4.4 条和第 7.4.7 条的规定。

7.5.2　底板混凝土所用的细骨料、粗骨料，混凝土中氯离子含量、矿物掺合料，混凝土拌和用水和混凝土配合比设计的检验应符合本暂行标准第 7.4.2 条、第 7.4.3 条、第 7.4.5 条、第 7.4.6 条、第 7.4.8 条、第 7.4.10 条和第 7.4.11 条的规定。

7.5.3 钢筋阻锈剂、混凝土表面涂层和防腐蚀面层所用材料等的品种、质量应符合设计要求和相关产品标准的规定。

检验数量:施工单位按相关标准的规定进行检验;监理单位见证取样检测或平行检验。

检验方法:施工单位全部检查质量证明文件,并按批进行抽样试验;监理单位全部检查质量证明文件、试验报告,并进行见证取样检测或平行检验。

7.5.4 底板混凝土抗压强度试件的取样、留置及强度的检验必须符合本暂行标准第 7.4.12 条的规定。隧道底板每 500 m 应采用同条件养护试件检测结构实体强度 1 次。

7.5.5 底板混凝土抗渗性的检验应符合本暂行标准第 7.4.13 条的规定。隧道底板每 500 m 应制作检查试件 1 组(6 个),不足 500 m 时,也应留置 1 组。

7.5.6 底板厚度必须符合设计要求。

检验数量:施工单位、监理单位每一浇筑段检查一个断面。

检验方法:底板施做前查对设计图、观察、尺量,底板施做后采用无损检测法检测。监理单位见证检查。

7.5.7 施作底板混凝土前应清除隧底虚砟、淤泥、积水和杂物,超挖部分应采用同级混凝土回填。

检验数量:施工单位、监理单位全部检查。

检验方法:施工单位观察检查;监理单位旁站。

7.5.8 底板混凝土应分段连续浇筑,一次成型,不留纵向施工缝。底板与沟槽底部的连接应符合设计要求。

检验数量:施工单位、监理单位全部检查。

检验方法:观察。

7.5.9 底板混凝土养护的检验应符合本暂行标准第 7.4.16 条规定。

7.5.10 底板混凝土原材料每盘称量允许偏差及其检验应符合本暂行标准第 7.4.17 条的规定。

7.5.11 底板混凝土施工配合比的检验应符合本暂行标准第 7.4.18 条的规定。

7.5.12 底板混凝土坍落度和含气量的检验应符合本暂行标准第 7.4.19 条的规定。

7.5.13 新旧混凝土的结合和混凝土施工缝的检验应符合本暂行标准第 7.4.20 条和第 7.4.21 条的规定。

7.5.14 混凝土表面裂缝的检验应符合本暂行标准第 7.4.22 条的规定。

一 般 项 目

7.5.15 底板顶面高程和横向坡度应符合设计要求,高程允许偏差为 ±15 mm,坡面应平顺,确保水流畅通、不积水。

检验数量:施工单位全部检查。

检验方法:观察、测量。

7.5.16 底板混凝土表面质量的检验应符合本暂行标准第 7.4.25 条的规定。

7.6 仰 拱

主 控 项 目

7.6.1 仰拱混凝土所用的水泥、外加剂和混凝土中的总碱含量的检验应符合本暂行标准第7.4.1条、第7.4.4条和第7.4.7条的规定。

7.6.2 仰拱混凝土所用细骨料、粗骨料,混凝土中氯离子含量、矿物掺合料,混凝土拌和用水和混凝土配合比的检验应符合本暂行标准第7.4.2条、第7.4.3条、第7.4.5条、第7.4.6条、第7.4.8条、第7.4.10条和第7.4.11条的规定。

7.6.3 钢筋阻锈剂、混凝土表面涂层和防腐蚀面层所用材料等的品种、质量应符合设计要求和相关产品标准的规定。

检验数量:施工单位按相关标准的规定进行检验;监理单位见证取样检测或平行检验。

检验方法:施工单位全部检查质量证明文件,并按批进行抽样试验;监理单位全部检查质量证明文件、试验报告,并进行见证取样检测或平行检验。

7.6.4 仰拱混凝土抗压强度试件的取样、留置及强度的检验必须符合本暂行标准第7.4.12条的规定。隧道仰拱每500 m应采用同条件养护试件检测结构实体强度1次。

7.6.5 仰拱混凝土抗渗性的检验应符合本暂行标准第7.4.13条的规定。隧道仰拱每500 m应制作检查试件1组(6个),不足500 m时也应留置1组。

7.6.6 仰拱厚度及各部尺寸应符合设计要求。

检验数量:施工单位、监理单位每一浇筑段检查一个断面。

检验方法:仰拱施做前查对设计图、观察、尺量、仪器测量,仰拱施做后采用无损检测法检测。监理单位见证检查。

7.6.7 仰拱与边墙及水沟连接应符合设计要求。

检验数量:施工单位每一浇筑段检查一次;监理单位见证检查。

检验方法:观察、测量,检查施工记录。

7.6.8 施作仰拱混凝土前必须清除隧底虚砟、淤泥、积水和杂物,超挖部分应采用同级混凝土回填。

检验数量:施工单位、监理单位全部检查。

检验方法:施工单位观察检查;监理单位旁站。

7.6.9 仰拱混凝土应分段连续浇筑、一次成型,不留纵向施工缝。

检验数量:施工单位、监理单位全部检查。

检验方法:观察。

7.6.10 仰拱混凝土养护的检验应符合本暂行标准第7.4.16条规定。

7.6.11 仰拱混凝土拌和物坍落度和含气量的检验应符合本暂行标准第7.4.19条的规定。

7.6.12 新旧混凝土的结合和混凝土施工缝的检验应符合本暂行标准第7.4.20条和第7.4.21条的规定。

7.6.13 混凝土表面裂缝的检验应符合本暂行标准第7.4.22条的规定。

一 般 项 目

7.6.14 仰拱应及时施作,与开挖面的距离不宜超过衬砌浇筑段长度的3倍。

检验数量:施工单位每一浇筑段检查一次。

检验方法:观察和尺量。

7.6.15 仰拱顶面高程和曲率应符合设计要求,高程允许偏差为±15mm。

检验数量:施工单位每一浇筑段检查一个断面。

检验方法:水准测量,自动断面仪测量。

7.6.16 仰拱混凝土表面质量应符合本暂行标准第7.4.25条的规定,且不积水。

7.7 仰拱填充

主 控 项 目

7.7.1 仰拱填充混凝土所用的水泥、外加剂和混凝土中的总碱含量的检验应符合本暂行标准第7.4.1条、第7.4.4条和第7.4.7条的规定。

7.7.2 仰拱填充混凝土所用细骨料、粗骨料、矿物掺合料,混凝土拌和用水和混凝土配合比的检验应符合本暂行标准第7.4.2条、第7.4.3条、第7.4.6条、第7.4.8条、第7.4.10条和第7.4.11条的规定。

7.7.3 仰拱填充混凝土标准条件养护抗压强度试件的取样、留置及强度等级的检验必须符合本暂行标准第7.4.12条的规定。

7.7.4 仰拱填充混凝土不得与仰拱混凝土同时浇筑,仰拱填充混凝土浇筑前应清除仰拱表面的杂物和积水。表面处理应符合设计要求。

检验数量:施工单位、监理单位全部检查。

检验方法:观察。

7.7.5 仰拱填充混凝土的厚度和表面高程应符合设计要求。

检验数量:施工单位每一浇筑段检查一个断面;监理单位见证检查。

检验方法:水准测量,无损检测。

7.7.6 仰拱填充混凝土养护的检验应符合本暂行标准第7.4.16条的规定。

7.7.7 仰拱填充混凝土原材料每盘称量允许偏差及其检验应符合本暂行标准第7.4.17条的规定。

7.7.8 仰拱填充混凝土施工配合比的检验应符合本暂行标准第7.4.18条的规定。

7.7.9 仰拱填充混凝土拌和物坍落度和含气量的检验应符合本暂行标准第7.4.19条的规定。

7.7.10 新旧混凝土的结合和混凝土施工缝的检验应符合本暂行标准第7.4.20条和第7.4.21条的规定。

一 般 项 目

7.7.11 仰拱填充表面坡度应符合设计要求,坡面应平顺、排水通畅、不积水。

检验数量:施工单位全部检查。

检验方法:观察。

7.7.12　仰拱填充混凝土表面质量的验收应符合本暂行标准第 7.4.25 条的规定。

7.8　回填注浆

主控项目

7.8.1　回填注浆原材料的进场检验应符合本暂行标准第 7.4 节的有关规定。

7.8.2　浆液配合比应符合设计要求。

检验数量：施工单位、监理单位全部检查。

检验方法：施工单位进行配合比选定试验；监理单位检查配合比选定单。

7.8.3　回填注浆的浆液强度应符合设计要求。

检验数量：每 50 m^3 留置 3 组抗压试件。施工单位全部检查；监理单位检查试验报告。

检验方法：施工单位做抗压试验；监理单位见证试验。

7.8.4　回填注浆应保证回填密实。

检验数量：施工单位、监理单位每 500 m^2 检验一次。

检验方法：施工单位与衬砌一并采用无损检测法检测，进行钻孔取芯、压水（空气）等检测时，每个断面从拱顶至两侧边墙不应少于 5 点；监理单位见证检测。

一般项目

7.8.5　注浆压力应符合设计要求。

检验数量：施工单位全部检查。

检验方法：观察和统计。

7.8.6　注浆孔的数量、布置、间距以及深度应根据无损检测结果及渗漏情况确定，注浆方式应符合设计要求。

检验数量：施工单位全部检查。

检验方法：观察和尺量。

7.8.7　回填注浆应在衬砌混凝土强度达到设计强度的 70% 后进行。

检验数量：施工单位全部检查。

检验方法：注浆前进行一组同条件养护试件的强度试验。

8　辅助坑道及附属洞室

8.1　一般规定

8.1.1　坑道口边、仰坡开挖及地表恢复应符合环境保护和水土保持的有关规定及设计要求。

8.1.2　坑道口边、仰坡开挖不得采用大爆破，开挖坡面应按设计要求及时进行防护和支护，山坡危石应全部清除。

8.1.3　辅助坑道结构使用寿命可按小于100年考虑。

8.1.4　隧道设置横洞、斜井、竖井、平行导坑等辅助坑道时，应符合铁道部现行《铁路隧道设计规范》(TB 10003)、《铁路隧道辅助导坑技术规范》(TB 10109)的规定和设计要求。

8.1.5　辅助坑道口的截水、排水系统和防冲刷设施应在隧道施工前按设计要求完成。

8.1.6　辅助坑道和附属洞室的开挖和支护方式应符合设计要求。辅助坑道与正洞的连接处应加强支护。

8.1.7　辅助坑道废弃时应按设计要求进行处理，设计无要求时应符合下列规定：

　　1　辅助坑道的洞口及与正洞的连接处宜用M10浆砌片石封闭，封闭长度不小于1倍正洞洞径；

　　2　辅助坑道封闭前应作好排水设施，并应与隧道的排水设施相结合形成完整、畅通的排水系统。

8.2　开　挖

主 控 项 目

8.2.1　辅助坑道开挖断面的中线、高程应符合设计要求。

检验数量：施工单位、监理单位每10 m检验一次。

检验方法：仪器量测。

8.2.2　附属洞室的位置应符合设计要求。

检验数量：施工单位、监理单位每一洞室检查一次。

检验方法：仪器量测，尺量。

一 般 项 目

8.2.3　辅助坑道的开挖断面尺寸应符合设计要求。

检验数量：施工单位每10 m检查一个断面。

检验方法：采用自动断面仪测量开挖轮廓线，与设计轮廓线进行核对。

8.2.4　附属洞室的开挖断面尺寸应符合设计要求。

检验数量：施工单位每一开挖循环检查一个断面。

检验方法:查对设计图,测量。

8.3 喷射混凝土

主控项目

8.3.1 辅助坑道采用喷射混凝土支护时,喷射混凝土所用的水泥、细骨料、粗骨料、外加剂、拌和用水,以及施工配合比、强度、厚度、养护、冬期施工、原材料称量允许偏差和表面质量的检验应符合本暂行标准第6.2.1～第6.2.6条和第6.2.9～第6.2.16条的规定。

一般项目

8.3.2 辅助坑道采用喷射混凝土支护时,喷射混凝土的坍落度、施工配合比的检验应符合本暂行标准第6.2.17条和第6.2.18条的规定。

8.4 锚 杆

主控项目

8.4.1 锚杆所使用的钢筋原材料进场检验必须符合本暂行标准第7.3.1条的规定。

8.4.2 半成品、成品锚杆的类型、规格、性能等的检验应符合本暂行标准第6.3.2条的规定。

8.4.3 锚杆安装的数量应符合设计要求。

检验数量:施工单位、监理单位全部检查。

检验方法:现场逐根清点。

8.4.4 砂浆锚杆采用的砂浆强度、配合比的检验应符合本暂行标准第6.3.4条的规定。

8.4.5 锚杆孔灌浆效果的检验应符合本暂行标准第6.3.5条的规定。

8.4.6 锚杆安装的检验应符合本暂行标准第6.3.6条和第6.3.7条的规定。

一般项目

8.4.7 锚杆孔方向、锚杆用钢筋外观质量的检验应符合本暂行标准第6.3.8条和第6.3.9条的规定。

8.5 钢 筋 网

主控项目

8.5.1 钢筋网所使用的钢筋原材料进场检验必须符合本暂行标准第7.3.1条的规定。

8.5.2 钢筋网所用钢筋的品种、规格等应符合设计要求。

检验数量:施工单位、监理单位全部检查。

检验方法:观察,钢尺检查。

8.5.3 钢筋网的制作、安装的检验应符合本暂行标准第6.4.3～第6.4.5条的规定。

一 般 项 目

8.5.4　钢筋网的网格间距应符合设计要求,网格尺寸允许偏差为 ±10 mm。

检验数量:施工单位每作业循环检验一次,随机抽样 5 片。

检验方法:尺量。

8.5.5　钢筋网搭接长度应为 1～2 个网孔,允许偏差为 ±50 mm。

检验数量:施工单位每作业循环检验一次,随机抽样 5 片。

检验方法:尺量。

8.5.6　钢筋应冷拉调直后使用,钢筋表面不得有裂纹、油污、颗粒状或片状锈蚀。

检验数量:施工单位全部检查。

检验方法:观察。

8.6　钢架(格栅钢架、型钢钢架)

主 控 项 目

8.6.1　钢架所使用的原材料进场检验必须符合本暂行标准第 6.5.1 条的规定。

8.6.2　制作钢架的钢材品种、规格必须符合设计要求。

检验数量:施工单位、监理单位全部检查。

检验方法:观察,钢尺检查。

8.6.3　格栅钢架钢筋的弯制和末端的弯钩及型钢钢架的弯制应符合设计要求。钢架的结构尺寸应符合设计要求。

检验数量:施工单位全部检查;监理单位按 20% 抽样检验,且不少于一榀。

检验方法:观察、尺量。

8.6.4　钢架安装的位置、相邻钢架及各节钢架间的连接以及混凝土保护层厚度等的检验应符合本暂行标准第 6.5.4 条的规定。

8.6.5　钢架外缘与混凝土初喷层结合的检验应符合本暂行标准第 6.5.5 条的规定。

一 般 项 目

8.6.6　钢筋、型钢等材料应平直、无损伤,表面不得有裂纹、油污、颗粒状或片状锈蚀。

检验数量:施工单位安装前全部检查。

检验方法:观察。

8.6.7　钢架制作的检验应符合本暂行标准第 6.5.7 条的规定。

8.6.8　钢架安装允许偏差的检验应符合本暂行标准第 6.5.8 条的规定。

8.7　管　　棚

主 控 项 目

8.7.1　管棚所用钢管的原材料检验必须符合本暂行标准第 6.6.1 条的规定。

8.7.2　管棚所用钢管的品种和规格的检验应符合本暂行标准第 6.6.2 条的规定。

8.7.3　管棚搭接长度的检验应符合本暂行标准第 6.6.3 条的规定。

8.7.4　注浆浆液的配合比应符合设计要求。

检验数量：施工单位、监理单位全部检查。

检验方法：施工单位进行配合比选定试验；监理单位检查配合比选定单并进行见证试验。

8.7.5　注浆压力应符合设计要求，注浆浆液应充满钢管及其周围的空隙。

检验数量：施工单位全部检查；监理单位按施工单位检查数量的 20% 见证检查。

检验方法：施工单位查施工记录的注浆量和注浆压力，观察；监理单位见证检查。

一 般 项 目

8.7.6　管棚钻孔的孔位、方向角、孔深允许偏差的检验应符合本暂行标准第 6.6.6 条的规定。

8.8　超前小导管

主 控 项 目

8.8.1　超前小导管所用钢管的原材料检验必须符合本暂行标准第 6.6.1 条的规定。

8.8.2　超前小导管所用钢管的品种和规格应符合设计要求。

检验数量：施工单位、监理单位全部检查。

检验方法：观察，钢尺检查。

8.8.3　超前小导管与支撑结构的连接应符合设计要求。

检验数量：施工单位、监理单位全部检查。

检验方法：观察。

8.8.4　超前小导管的纵向搭接长度应符合设计要求。

检验数量：施工单位、监理单位全部检查。

检验方法：观察、尺量。

8.8.5　注浆浆液的配合比应符合设计要求。

检验数量：施工单位、监理单位全部检查。

检验方法：施工单位进行配合比选定试验；监理单位检查配合比选定单并进行见证试验。

8.8.6　超前小导管注浆压力应符合设计要求，浆液必须充满钢管及其周围的空隙。

检验数量：施工单位全部检查；监理单位按施工单位检查数量的 20% 检查。

检验方法：施工单位查施工记录的注浆量和注浆压力，观察；监理单位见证检查。

一 般 项 目

8.8.7　超前小导管施工允许偏差应符合表 8.8.7 的规定。

表 8.8.7　超前小导管施工允许偏差

序　号	项　　目	允 许 偏 差
1	方向角	2°
2	孔口距	±50 mm
3	孔　深	$^{+50}_{0}$ mm

检验数量:施工单位每环抽查3根。

检验方法:仪器测量、尺量。

8.9 模 板

主 控 项 目

8.9.1 辅助坑道及附属洞室所用的模板必须按照结构尺寸进行设计与加工,模板必须具有足够的强度、刚度和稳定性,能承受所浇筑混凝土的重力、侧压力及施工荷载。

检验数量:施工单位、监理单位全部检查。

检验方法:查设计资料,产品验收合格证明,现场验收。

8.9.2 模板安装必须稳固牢靠,接缝严密,不得漏浆。模板与混凝土的接触面必须清理干净并涂刷隔离剂。浇筑混凝土前,模板内的积水和杂物应清理干净。

检验数量:施工单位、监理单位每一浇筑段检查一次。

检验方法:观察。

8.9.3 承受围岩压力较大的辅助坑道的模板,拆除时的混凝土强度应达到设计强度的100%;承受围岩压力较小的模板,拆除时的混凝土强度应达到设计强度的70%。

检验数量:施工单位、监理单位每一浇筑段拆模时检查一次。

检验方法:施工单位拆模前进行一组同条件养护试件强度试验;监理单位进行见证试验。

一 般 项 目

8.9.4 拆除不承受外荷载的非承重模板时,混凝土强度不得小于2.5 MPa,并应保证其表面及棱角不受损伤。

检验数量:施工单位全部检查。

检验方法:观察、查施工记录。

8.9.5 模板安装允许偏差的检验应符合本暂行标准第7.2.5条的规定。

8.10 钢 筋

主 控 项 目

8.10.1 钢筋原材料进场检验必须符合本暂行标准第7.3.1条的规定。

8.10.2 钢筋品种、规格必须符合设计要求。

检验数量:施工单位、监理单位全部检查。

检验方法:观察,钢尺检查。

8.10.3 钢筋的连接方式必须符合设计要求。

检验数量:施工单位、监理单位全部检查。

检验方法:观察。

8.10.4 钢筋接头的技术条件和外观质量的检验应符合本暂行标准第7.3.4条的规定。

8.10.5 钢筋的加工检验应符合本暂行标准第7.3.5条的规定。

8.10.6 钢筋的安装及保护层厚度的检验应符合本暂行标准第7.3.6条的规定。

一 般 项 目

8.10.7 钢筋加工允许偏差的检验应符合本暂行标准第 7.3.7 条的规定。

8.10.8 钢筋接头设置的检验应符合本暂行标准第 7.3.8 条的规定。

8.10.9 钢筋应平直、无损伤,表面无裂纹、油污、颗粒状或片状锈蚀。

检验数量:施工单位全部检查。

检验方法:观察。

8.11 混 凝 土

主 控 项 目

8.11.1 混凝土所用的水泥、细骨料、粗骨料、外加剂、矿物掺合料,混凝土中的总碱含量和拌和用水的检验应符合本暂行标准第 7.4.1 ~ 第 7.4.8 条的规定。

8.11.2 辅助坑道混凝土配合比的设计和抗压强度试件的取样、留置及试验应符合本暂行标准第 7.4.10 ~ 第 7.4.12 条的有关规定,辅助坑道衬砌可不做同条件养护试件试验。

8.11.3 辅助坑道仰拱和底板混凝土浇筑前应清除隧底虚碴、杂物和积水,超挖部分应采用同级混凝土回填。

检验数量:施工单位、监理单位全部检查。

检验方法:观察。

8.11.4 辅助坑道及附属洞室结构厚度应符合设计要求。

检验数量:施工单位、监理单位每一浇筑段检查一个断面。

检验方法:测量和无损检测。

8.11.5 辅助坑道混凝土的养护及其每盘原材料称量允许偏差的检验应符合本暂行标准第 7.4.16 条和第 7.4.17 条的规定。

8.11.6 辅助坑道混凝土施工配合的检验应符合本暂行标准第 7.4.18 条的规定。

8.11.7 辅助坑道混凝土坍落度和含气量的检验应符合本暂行标准第 7.4.19 条的规定。

8.11.8 辅助坑道新旧混凝土结合和施工缝的检验应符合本暂行标准第 7.4.20 条和第 7.4.21 条的规定。

8.11.9 辅助坑道混凝土表面裂缝的检验应符合本暂行标准第 7.4.22 条的规定。

一 般 项 目

8.11.10 辅助坑道混凝土的结构外形尺寸、预留孔洞和外观质量的检验应符合本暂行标准第 7.4.23 ~ 第 7.4.25 条的规定。

8.12 坑道口及其封闭

主 控 项 目

8.12.1 坑道口边、仰坡开挖应符合设计要求并及时恢复地表植被,保持水土。

检验数量:施工单位、监理单位每个坑道口检查一次。

检验方法:观察。

8.12.2　横洞、斜井和平行导坑的洞门，竖井的锁口圈（包括井盖）、井口段的衬砌，马头门结构形式及断面应符合设计要求。

检验数量：施工单位、监理单位每个洞门（锁口圈）检查一次。

检验方法：观察，尺量。

一 般 项 目

8.12.3　横洞、平行导坑洞口，斜井、竖井井口的封闭应符合设计要求。

检验数量：施工单位每个洞（井）口检查一次。

检验方法：观察。

8.12.4　横洞、平行导坑、斜井、竖井与隧道连接处的封闭应符合设计要求。

检验数量：施工单位每个洞（井）口检查一次。

检验方法：观察。

9 明洞工程

9.1 一般规定

9.1.1 明洞施工应根据不同的地形、地质条件及结构类型选择施工方案并符合设计要求。

9.1.2 明洞地段的土石方开挖时，应采取控制爆破措施，但不得采用大爆破。开挖坡面应按设计要求及时进行防护和支护。

9.1.3 明洞开挖土石方的弃置不得影响既有建筑物的安全，并应符合环境保护和水土保持的有关规定。

9.1.4 明洞衬砌完成后应及时施作防水层、回填、铺砌和排水设施。

9.1.5 明洞施工应根据实际地质条件制定专门的施工方案及技术措施。

9.1.6 明洞混凝土的施工应符合本暂行标准第 7.1 节的有关规定。

9.1.7 明洞防排水的结构形式应符合设计要求，防排水的施工应符合本暂行标准第 11.1 节的有关规定。

9.2 明洞开挖

主控项目

9.2.1 明洞开挖断面的中线和高程应符合设计要求。

检验数量：施工单位、监理单位每一施工段或 8 ~ 12 m 检查一次。

检验方法：施工单位尺量和仪器测量；监理单位见证检查。

9.2.2 明洞基础地质情况和地基承载力应满足设计要求。

检验数量：每一施工段或 8 ~ 12 m 检查一次。施工单位检查不少于 5 处；监理单位见证检测不少于 1 处。

检验方法：施工单位做静力触探或标准贯入检测；监理单位见证检测和检查检测报告。

9.2.3 明洞基础底部应无积水、虚碴及杂物。

检验数量：施工单位、监理单位全部检查。

检验方法：观察。

9.2.4 明洞基底加固范围和方法应符合设计要求。

检验数量：施工单位、监理单位全部检查。

检验方法：施工单位、监理单位按国家现行《建筑地基基础工程施工质量验收规范》(GB 50202)和《客运专线铁路路基工程施工质量验收暂行标准》(铁建设〔2005〕160 号)的有关规定进行检验。

一般项目

9.2.5 明洞开挖断面尺寸应符合设计要求。

检验数量:施工单位全部检查。

检验方法:仪器测量。

9.3 模　板

主控项目

9.3.1 明洞衬砌移动台架制造和安装的检验应符合本暂行标准第7.2.1条和第7.2.2条的规定。

9.3.2 拱圈混凝土强度应达到70%,且完成两侧拱脚以下回填时,方可拆除明洞拱架。明洞拱架拆除后应及时对称回填土至拱项以上0.7 m,回填土的压实系数不应低于0.8。

检验数量:施工单位、监理单位全部检查。

检验方法:施工单位拆模前进行一组同条件养护试件强度试验,监理单位见证试验。

一般项目

9.3.3 拆除非承重模板的检验应符合本暂行标准第7.2.4条的规定。

9.3.4 明洞模板安装、预留孔洞允许偏差的检验应符合本暂行标准第7.2.5条和第7.2.6条的规定。

9.4 钢　筋

主控项目

9.4.1 钢筋进场检验必须符合本暂行标准第7.3.1条的规定。

9.4.2 钢筋品种和规格的检验必须符合本暂行标准第7.3.2条的规定。

9.4.3 钢筋的连接方式的检验必须符合本暂行标准第7.3.3条的规定。

9.4.4 钢筋接头的技术条件和外观质量的检验应符合本暂行标准第7.3.4条的规定。

9.4.5 钢筋加工的检验应符合本暂行标准第7.3.5条的规定。

9.4.6 钢筋安装和保护层厚度的检验应符合本暂行标准第7.3.6条的规定。

一般项目

9.4.7 钢筋加工允许偏差的检验应符合本暂行标准第7.3.7条的规定。

9.4.8 钢筋接头设置的检验应符合本暂行标准第7.3.8条的规定

9.4.9 钢筋外观质量的检验应符合本暂行标准第7.3.9条的规定。

9.5 混凝土

主控项目

9.5.1 混凝土所用的水泥、外加剂的检验必须符合本暂行标准第7.4.1条和第7.4.4条的规定。

9.5.2 混凝土所用的细骨料、粗骨料、混凝土中氯离子含量、矿物掺合料、总碱含量、拌和用水的检验应符合本暂行标准第7.4.2条、第7.4.3条和第7.4.5~第7.4.8条的规定。

9.5.3 钢筋阻锈剂、混凝土表面涂层和防腐蚀面层所用材料等的品种、质量应符合设计要求和相关产品标准的规定。

检验数量:施工单位按相关标准的规定进行检验;监理单位见证取样检测或平行检验。

检验方法:施工单位全部检查质量证明文件,并按批进行抽样试验;监理单位全部检查质量证明文件、试验报告,并进行见证取样检测或平行检验。

9.5.4 混凝土配合比的检验应符合本暂行标准第7.4.10条和第7.4.11条的规定。

9.5.5 混凝土抗压强度试件的取样、留置及强度的检验必须符合本暂行标准第7.4.12条的规定。

9.5.6 混凝土抗渗性能的检验应符合本暂行标准第7.4.13条的规定。

9.5.7 混凝土厚度的检验必须符合本暂行标准第7.4.14条的规定。

9.5.8 浇筑边墙混凝土时,应清除虚碴和淤泥等杂物,超挖部分必须按设计要求及时回填。

检验数量:施工单位、监理单位全部检查。

检验方法:观察。

9.5.9 混凝土养护和每盘原材料称量允许偏差的检验应符合本暂行标准第7.4.16条和第7.4.17条的规定。

9.5.10 明洞混凝土施工配合比的检验应符合本暂行标准第7.4.18条的规定。

9.5.11 明洞混凝土坍落度和含气量的检验应符合本暂行标准第7.4.19条的规定。

9.5.12 新旧混凝土结合和施工缝的检验应符合本暂行标准第7.4.20条和第7.4.21条的规定。

9.5.13 明洞混凝土表面裂缝的检验应符合本暂行标准第7.4.22条的规定。

一般项目

9.5.14 明洞混凝土结构进水孔、泄水孔、泄水槽的位置、间距和尺寸应符合设计要求。

检验数量:施工单位、监理单位全部检查。

检验方法:仪器测量、尺量。

9.5.15 明洞混凝土结构外形尺寸的检验应符合本暂行标准第7.4.23条的规定。

9.5.16 明洞衬砌预埋件和预留孔洞的允许偏差应符合本暂行标准第4.3.5条的规定。

9.5.17 明洞混凝土结构外观质量的检验应符合本暂行标准第7.4.25条的规定。

9.6 涂料防水层

主控项目

9.6.1 涂料防水层所用材料的性能指标应符合设计要求。

检验数量:施工单位按进场批次检验;监理单位按施工单位抽检次数的10%进行见证检验,但至少一次。

检验方法:施工单位检查全部产品合格证、质量证明文件,对无机涂料的抗折强度、黏结强度、抗渗性和有机涂料的可操作时间、潮湿基面黏结强度、抗渗性、浸水 168 h 后拉伸强度、浸水 168 h 后断裂伸长率等性能进行试验;监理单位检查产品合格证、质量证明文件、试验报告,并见证检验。

9.6.2 涂料防水材料应按设计要求进行配合比设计。

检验数量:施工单位、监理单位全部检查。

检验方法:施工单位进行配合比试验;监理单位检查配合比试验单并见证试验。

9.6.3 涂料防水层及其转角处、变形缝等细部做法应符合设计要求。

检验数量:施工单位、监理单位全部检查。

检验方法:观察。

9.6.4 水泥砂浆保护层应根据原材料性能和设计要求进行配合比设计。

检验数量:施工单位、监理单位全部检查。

检验方法:施工单位进行配合比选定试验;监理单位检查配合比选定单。

9.6.5 涂料防水层施工时应按设计要求进行多遍涂刷,涂料防水层的平均厚度应符合设计要求,最小厚度不得小于设计厚度的 80%。

检验数量:施工单位和监理单位每 100 m^2 抽查一处,每处 10 m^2,且不少于 3 处。

检验方法:施工单位采用针测法或割取 20 mm×20 mm 实样用卡尺测量;监理单位查检测报告,见证检查。

一 般 项 目

9.6.6 涂料防水层的基层应牢固,基面应洁净、平整。基层阴阳角应做成圆弧形。

检验数量:施工单位全部检查。

检验方法:观察。

9.6.7 涂料防水层应与基层黏结牢固,表面平整、涂刷均匀,不得有流淌、皱褶、鼓泡等缺陷。

检验数量:施工单位全部检查。

检验方法:观察。

9.6.8 水泥砂浆保护层应与防水层黏结牢固结合紧密。

检验数量:施工单位全部检查。

检验方法:观察。

9.6.9 水泥砂浆保护层应按设计要求分层铺抹,各层应紧密贴合并连续施工,终凝后及时养护,养护时间不得少于 14 d,养护期间应保持湿润。

检验数量:施工单位全部检查。

检验方法:观察、检查施工记录。

9.7 卷材防水层

主 控 项 目

9.7.1 卷材防水层所用卷材的性能指标应符合设计要求。

检验数量:施工单位按进场批次检验;监理单位按施工单位抽检次数的 10% 进行见

证检验，但至少一次。

检验方法：施工单位检查全部产品合格证、质量证明文件，对材料的拉伸强度、断裂伸长率、低温柔度、低温弯折性、不透水性等性能进行试验；监理单位检查产品合格证、质量证明文件、试验报告，并见证检验。

9.7.2　黏贴各类卷材必须使用与卷材性相容的胶黏剂，胶黏剂的性能指标应符合设计要求。

检验数量：施工单位按进场批次检验；监理单位按施工单位抽检次数的10%进行见证检验，但至少一次。

检验方法：施工单位检查全部产品合格证、质量证明文件，对材料黏结剥离强度、浸水168 h后的黏结剥离强度保持率等性能进行试验；监理单位检查产品合格证、质量证明文件、试验报告，并见证检验。

9.7.3　卷材防水层铺设及其在转角处和变形缝等细部做法应符合设计要求。

检查数量：施工单位、监理单位全部检查。

检查方法：观察。

9.7.4　防水卷材铺贴时，应顺流水方向进行，上部压住下部，2幅卷材短边和长边的搭接宽度均不应小于150 mm，采用双层卷材的接缝应错开1/2～1/3幅宽，且2幅卷材不得垂直铺贴。卷材铺贴后不得有滑移、翘边、起鼓和损伤等现象。

检查数量：施工单位、监理单位全部检查。

检查方法：观察和尺量。

一 般 项 目

9.7.5　卷材防水层的基层应牢固，基面应洁净、平整，不得有空鼓、松动、起砂和脱皮现象。基层阴阳角处应做成圆弧形。

检查数量：施工单位全部检查。

检查方法：观察。

9.7.6　卷材防水层的搭接缝应黏（焊）接牢固、严密，不得有皱褶、翘边和空鼓等缺陷。

检查数量：施工单位全部检查。

检查方法：观察。

9.7.7　卷材防水层的保护层应符合设计要求，保护层与防水层应黏结牢固，厚度均匀一致。

检查数量：施工单位全部检查。

检查方法：观察。

9.8　回　　填

主 控 项 目

9.8.1　明洞墙背回填应符合下列规定：

1　由墙顶起坡开挖时，墙背超挖回填应用与边墙强度等级相同的混凝土一次浇筑；

2　由墙底起坡开挖或在已成路堑增建明洞时，墙背回填应按设计要求办理；

3　偏压及单压式明洞靠山侧墙背回填应符合设计要求。

检验数量:施工单位、监理单位全部检查。

检验方法:查对设计图,观察、检查施工记录。

9.8.2 明洞顶回填高度、坡度、回填材料和粒径应符合设计要求。

检验数量:施工单位、监理单位全部检查。

检验方法:观察和尺量。

9.8.3 明洞顶回填土密实度应符合设计要求。

检验数量:施工单位、监理单位每一作业循环检查一次。

检验方法:施工单位做静力触探试验;监理单位进行见证试验。

一般项目

9.8.4 明洞墙后排水设施应符合设计要求并与墙背回填同时施工,确保渗水顺畅排出。

检验数量:施工单位全部检查。

检验方法:观察。

9.8.5 明洞拱背回填应对称分层夯实,每层厚度不宜大于0.3 m,其两侧回填的土面高差不得大于0.5 m。

检验数量:施工单位全部检查。

检验方法:观察。

10 缓冲结构

10.1 一般规定

10.1.1 缓冲结构基础开挖时应与洞口工程配合施工，采取临时支护措施保持基础与边坡稳定。

10.1.2 缓冲结构基础开挖过程中应避免对墙趾处持力岩土层的扰动，并应避免雨水浸泡基坑。

10.1.3 缓冲结构竣工后，应进行竣工测量，净空满足设计要求。

10.1.4 缓冲结构混凝土强度应按现行铁道部现行《铁路混凝土强度检验评定标准》(TB 10425)的规定检验评定。

10.1.5 缓冲结构所用的原材料应按品种、规格和检验状态分别标识存放。

10.1.6 混凝土运输、浇筑及间歇的全部用时以及冬、夏期施工应符合本暂行标准第7.1.13条和第7.1.15条的规定。

10.2 基础开挖

主控项目

10.2.1 缓冲结构基坑地基承载力应符合设计要求，软弱地层应按设计要求作地基处理。

检验数量：施工单位、监理单位每侧检验2点。

检验方法：施工单位对土质基坑采用动力触探($N_{63.5}$)，击数标准经试验确定或设计给定，对石质基坑采用现场目测鉴别方法；监理单位见证检验。

10.2.2 缓冲结构基坑开挖范围应符合设计要求。

检验数量：施工单位、监理单位全部检查。

检验方法：观察和尺量。

10.2.3 缓冲结构台阶形坑底应完整无损伤，台面与阶壁应平顺。

检验数量：施工单位、监理单位全部检查。

检验方法：观察和尺量。

10.2.4 缓冲结构基坑底面应无虚砟、杂物。

检验数量：施工单位、监理单位全部检查。

检验方法：观察。

一般项目

10.2.5 缓冲结构基坑各部尺寸允许偏差的检验应符合表10.2.5的规定。

表 10.2.5 基坑各部尺寸允许偏差检验

序 号	项 目	允许偏差(mm)	施工单位检验数量	检验方法
1	基坑边缘距线路中线距离	+50 -10	4~6点	尺 量
2	基坑宽度	±100	4~6点	
3	基底高程	0 -50	4~6点	水准仪测量

10.3 模 板

主控项目

10.3.1 缓冲结构模板的结构形式必须符合设计要求。

检验数量:施工单位、监理单位全部检查。

检验方法:观察。

10.3.2 移动台架制造和安装的检验应符合本暂行标准第 7.2.1 条和第 7.2.2 条的规定。

一般项目

10.3.3 拆除缓冲结构拱、墙模板时,混凝土强度不得低于8 MPa,并应保证其表面及棱角不受损伤。

检验数量:施工单位全部检查。

检验方法:观察、检查施工记录。

10.3.4 模板安装、预留孔洞允许偏差的检验应符合本暂行标准第 7.2.5 条和第 7.2.6 条的规定。

10.4 钢 筋

主控项目

10.4.1 钢筋原材料进场检验必须符合本暂行标准第 7.3.1 条的规定。

10.4.2 钢筋品种和规格的检验必须符合本暂行标准第 7.3.2 条的规定。

10.4.3 钢筋的连接方式的检验必须符合本暂行标准第 7.3.3 条的规定。

10.4.4 钢筋接头的技术条件和外观质量的检验应符合本暂行标准第 7.3.4 条的规定。

10.4.5 钢筋加工的检验应符合本暂行标准第 7.3.5 条的规定。

10.4.6 钢筋安装和保护层厚度的检验应符合本暂行标准第 7.3.6 条的规定。

一般项目

10.4.7 钢筋加工允许偏差的检验应符合本暂行标准第 7.3.7 条的规定。

10.4.8 钢筋接头设置的检验应符合本暂行标准第 7.3.8 条的规定

10.4.9 钢筋外观质量的检验应符合本暂行标准第 7.3.9 条的规定。

10.5 混凝土

主控项目

10.5.1 混凝土所用的水泥、细骨料、粗骨料、外加剂、混凝土中氯离子含量、矿物掺合料、总碱含量、水的检验应符合本暂行标准第 7.4.1～第 7.4.8 条的规定。

10.5.2 钢筋阻锈剂、混凝土表面涂层和防腐蚀面层所用材料等的品种、质量应符合设计要求和相关产品标准的规定。

检验数量:施工单位按相关标准的规定进行检验;监理单位见证取样检测或平行检验。

检验方法:施工单位全部检查质量证明文件,并按批进行抽样试验;监理单位全部检查质量证明文件、试验报告,并进行见证取样检测或平行检验。

10.5.3 混凝土配合比的检验应符合本暂行标准第 7.4.10 条和第 7.4.11 条的规定。

10.5.4 混凝土抗压强度试件的取样、留置及强度的检验必须符合本暂行标准第 7.4.12 条的规定。

10.5.5 缓冲结构的混凝土厚度必须符合设计要求。

检验数量:施工单位、监理单位每一浇筑段检查一个断面。

检验方法:尺量。

10.5.6 缓冲结构基础超挖回填必须符合设计要求。设计无要求时,应用与基础同级混凝土回填,基底应无虚砟、杂物、淤泥和积水。

检验数量:施工单位、监理单位全部检查。

检验方法:施工单位观察;监理单位进行见证检查。

10.5.7 缓冲结构施工缝、变形缝的位置和处理应符合设计和施工技术方案的要求。

检验数量:施工单位、监理单位全部检查。

检验方法:观察和尺量。

10.5.8 混凝土养护和每盘原材料称量允许偏差的检验应符合本暂行标准第 7.4.16 条和第 7.4.17 条的规定。

10.5.9 混凝土施工配合比的检验应符合本暂行标准第 7.4.18 条的规定。

10.5.10 混凝土拌和物坍落度和含气量的检验应符合本暂行标准第 7.4.19 条的规定。

10.5.11 新浇混凝土与邻接的旧混凝土或岩土介质间的温差应符合本暂行标准第 7.4.20 条的规定。

10.5.12 混凝土表面裂缝的检验应符合本暂行标准第 7.4.22 条的规定。

一般项目

10.5.13 减压孔的位置、数量、尺寸应符合设计要求,长、宽允许偏差为 ±2 cm。

检验数量:施工单位全部检查。

检验方法:观察、尺量和计数检查。

10.5.14 缓冲结构外形尺寸允许偏差和检验方法应符合表 10.5.14 的规定。

表 10.5.14 结构外形尺寸允许偏差和检验方法

序号	项目	允许偏差(mm)	检验方法	检验数量
1	边墙平面位置	±10	尺量	施工单位每一浇筑段检查一个断面
2	垂直度	2‰		
3	拱部高程	$^{+30}_{0}$	水准测量	
4	边墙表面平整度	15	2 m 靠尺检查或自动断面仪测量	
5	拱部表面平整度	15	2 m 靠尺检查或自动断面仪测量	

注:平面位置以隧道设计中线为准进行测量。

10.5.15 缓冲结构混凝土外观质量的检验应符合本暂行标准第 7.4.25 条的规定。

11 防水和排水

11.1 一 般 规 定

11.1.1 隧道衬砌和设备洞室的衬砌防水等级应达到现行国家标准《地下工程防水技术规范》(GB 50108)规定的一级防水标准,衬砌表面无湿渍。

11.1.2 隧道工程使用的防水材料应有产品合格证书和性能检测报告,材料的品种、规格、性能等应符合现行国家产品标准和设计要求。不合格的产品不得在工程中使用。

11.1.3 水库、池沼、溪流、井泉附近的隧道衬砌应按设计要求进行防渗处理,防止地下水渗入隧道。

11.1.4 衬砌背后设置排水盲管或暗沟时,应根据坑道的渗水情况,配合衬砌一次施工。暗沟、泄水槽及其中配置的集水钻孔、排水孔(槽)和水管应组成完整的排水系统并应符合设计要求。隧道防水分段隔离设置应符合设计要求。

11.1.5 隧道防水应充分利用混凝土衬砌结构的自防水能力,衬砌混凝土抗渗等级不得低于P8。

11.1.6 隧道衬砌背后采用防水板防水时,应对铺设防水板的基面进行检查,基面外露的锚杆头、钢筋头等尖硬物应割除,凹凸不平处应补喷、抹平;喷射钢纤维混凝土的表面铺设防水板前应补喷砂浆保护层,保证钢纤维不外露;局部渗水处需先进行处理。

11.1.7 拱部、边墙、洞门墙背及明洞顶部防水层结构形式应符合设计要求。

11.1.8 隧道、明洞、辅助坑道和缓冲结构宜采用自流排水,并应防止由于排水危及建筑物及农田水利设施等。

通向江、河、湖、海的排水出口高程低于洪(潮)水位时,应采取防倒灌措施。

11.1.9 寒冷地区隧道内保温水沟、深埋渗水沟和防寒泄水洞,其结构形式与设置范围、位置、坡度,以及抗冻性建筑和回填材料,均应符合设计及保温技术要求。

11.2 洞口防排水

主 控 项 目

11.2.1 隧道、明洞、辅助坑道等洞内排水系统与洞外排水系统的连接必须符合设计要求。

检验数量:施工单位、监理单位全部检查。

检验方法:查对设计图,现场观察。

11.2.2 隧道、明洞、辅助坑道的洞口边坡排水沟、仰坡坡顶截水沟结构型式和位置应符合设计要求,并结合永久排水系统尽早修建。

检验数量:施工单位、监理单位全部检查。

检验方法:查对设计图,现场观察。

11.2.3　隧道覆盖层较薄和地层渗透性强的洞顶地表水处理,应符合下列规定:

1　洞口附近和浅埋地段洞顶地表应平整,不积水;

2　坑洼、钻孔、探坑等应回填不透水土,并分层夯实;

3　黄土陷穴和岩溶孔洞等特殊地质的处理应符合设计要求;

4　洞顶原有排水沟(槽)应防渗良好,水流畅通;

5　洞顶水池应有防渗措施,水池溢水有疏导设施。

检验数量:施工单位、监理单位全部检查。

检验方法:查对设计图、施工方案,观察。

11.2.4　浆砌水沟砌缝砂浆应饱满密实;不铺砌的石质水沟的缝隙应填塞密实,在填土上的水沟的基底土应夯实。

检验数量:施工单位、监理单位全部检查。

检验方法:观察。

一 般 项 目

11.2.5　排水沟、截水沟排水顺畅,无淤积阻塞。

检验数量:施工单位全部检查。

检验方法:观察。

11.2.6　洞口排水沟、截水沟的设置范围、高程和砌体尺寸的允许偏差和检验方法应符合表11.2.6的规定。

表11.2.6　排水沟、截水沟砌体尺寸允许偏差和检验方法

序号	项　　目	允 许 偏 差 (mm)	检 验 方 法
1	设置范围	±200	测量每条水沟不少于2处
2	沟底高程	±20	
3	水沟纵坡	设计坡度的0.5%,且无积水	
4	水沟宽度	+30 0	测量每条水沟不少于4处
5	水沟侧墙铺砌高度	-10	
6	水沟铺砌厚度	-10	

检验数量:施工单位全部检查。

11.3　洞内排水沟(槽)

主 控 项 目

11.3.1　洞内水沟布置、结构形式、沟底高程、纵向坡度应符合设计要求。

检验数量:施工单位、监理单位全部检查。

检验方法:观察、仪器量测、尺量。

11.3.2　进水孔、泄水孔、泄水槽的位置、间距和尺寸应符合设计要求。

检验数量:施工单位、监理单位全部检查。

检验方法:观察、尺量。

11.3.3 水沟外墙距线路中心线的距离应符合设计要求。

检验数量：施工单位、监理单位全部检查。

检验方法：仪器量测、尺量。

11.3.4 水沟沟身混凝土的强度和抗渗性能应符合本暂行标准第7.4.12条和第7.4.13条的有关规定。

11.3.5 靠线路侧沟墙钢筋混凝土的钢筋应符合本暂行标准第7.3.1～第7.3.6条的有关规定。

11.3.6 水沟盖板的规格和强度应符合设计要求。盖板应铺设齐全平稳顺直。

检验数量：施工单位检查5%；监理单位按施工单位检查数量20%的比例抽查。

检验方法：观察、尺量和检查试验资料。

11.3.7 盲管、水沟和孔槽组成的排水系统应有良好的排水效果，做到洞内排水顺畅，无积淤堵塞，进水孔、泄水槽、泄水孔畅通。

检验数量：施工单位、监理单位全部检查。

检验方法：观察。

一般项目

11.3.8 水沟断面尺寸的允许偏差和检验方法应符合表11.3.8的规定。

表11.3.8 水沟断面尺寸允许偏差和检验方法

序号	项目	允许偏差(mm)	检验方法
1	断面尺寸	±10	尺量
2	壁厚	±5	
3	高度	0 −20	
4	沟底高程	±20	仪器测量

检验数量：施工单位每100 m随机检查3处。

11.3.9 混凝土外观质量的检验应符合本暂行标准第7.4.25条的有关规定。

11.4 检查井

主控项目

11.4.1 检查井的数量、位置和结构形式应符合设计要求。

检验数量：施工单位、监理单位全部检查。

检验方法：观察、测量。

11.4.2 检查井的井壁厚应符合设计要求，允许偏差为−10 mm。

检验数量：施工单位、监理单位每个检查井任意抽查3各断面，每个断面检测4个点。

检验方法：施工单位测量；监理单位见证测量。

11.4.3 检查井井盖的规格、强度符合设计要求。井盖应铺设齐全平稳。

检验数量：施工单位、监理单位全部检查。

检验方法：观察、测量。

11.4.4 检查井混凝土的强度和抗渗性的检验应符合本暂行标准第7.4.12条和第

7.4.13 条的规定。

一般项目

11.4.5 检查井的尺寸、井底高程、平面位置的允许偏差和检验方法应符合表 11.4.5 的规定。

表 11.4.5 检查井的允许偏差和检验方法

序号	项目	允许偏差(mm)	检验方法
1	断面尺寸	±20	尺量
2	平面位置(纵、横向)	±50	仪器测量
3	井底高程	±20	

检验数量:施工单位全部检查。

11.4.6 检查井混凝土外观质量的检验应符合本暂行标准第 7.4.25 条的规定。

11.5 中心水沟

主控项目

11.5.1 中心水沟所用材料的质量应符合设计要求。

检验数量:施工单位按进场批次检验;监理单位按施工单位抽检次数的 10% 进行见证检验,但至少一次。

检验方法:施工单位进行试验;监理单位检查产品合格证、试验报告,并见证检验。

11.5.2 中心水沟的构造形式、与边墙水沟的连接形式应符合设计要求。

检验数量:施工单位、监理单位全部检查。

检验方法:观察检查。

11.5.3 中心水沟沟身混凝土的强度和抗渗性能应符合本暂行标准第 7.4.12 条和第 7.4.13 条的有关规定。

11.5.4 中心水沟预制节段的内径、壁厚不得小于设计厚度。上部进水孔的位置、间距、数量符合设计要求。

检验数量:施工单位、监理单位全部检查。

检验方法:观察、尺量。

11.5.5 中心水沟节段拼装形式应符合设计要求。

检验数量:施工单位、监理单位全部检查。

检验方法:观察。

11.5.6 反滤层的砂、石粒径和含泥量应符合设计要求。

检验数量:施工单位按进场批次检验;监理单位按施工单位检验次数的 10% 分别进行平行检验和见证检验,均不少于一次。

检验方法:施工单位进行试验;监理单位检查砂、石试验报告,见证检验。

11.5.7 中心水沟的纵向坡度应符合设计要求。

检验数量:施工单位、监理单位全部检查。

检验方法:测量。

一 般 项 目

11.5.8　中心水沟平面位置允许偏差为 ±20 mm,高程允许偏差为 ±10 mm。

检验数量:施工单位每 100 m 任意检查 3 点。

检验方法:测量。

11.6　防寒泄水洞

主 控 项 目

11.6.1　防寒泄水洞的位置和结构形式应符合设计要求。

检验数量:施工单位、监理单位全部检查。

检验方法:观察、测量。

11.6.2　防寒泄水洞的纵坡应符合设计要求。

检验数量:施工单位、监理单位每 100 m 任意检查 3 点。

检验方法:施工单位测量;监理单位见证测量。

11.6.3　防寒泄水洞混凝土支护结构厚度应符合设计要求,允许偏差为 -10 mm。

检验数量:施工单位、监理单位每 100 m 任意抽查 3 个断面,每个断面检测 4 点。

检验方法:施工单位测量;监理单位见证测量。

11.6.4　防寒泄水洞混凝土的强度和抗渗性的检验应符合本暂行标准第 7.4.12 条和第 7.4.13 条的规定。

11.6.5　防寒泄水洞应排水通畅,无积淤堵阻塞。

检验数量:施工单位、监理单位全部检查。

检验方法:观察。

一 般 项 目

11.6.6　防寒泄水洞的尺寸、高程、平面位置的允许偏差和检验方法应符合表 11.6.6 的规定。

表 11.6.6　防寒泄水洞的允许偏差和检验方法

序号	项　目	允许偏差(mm)	检验方法
1	断面尺寸	±50	尺　量
2	高　程	±20	仪器测量
3	平面位置	±50	

检验数量:施工单位全部检查。

11.6.7　防寒泄水洞混凝土外观质量的检验应符合本暂行标准第 7.4.25 条的规定。

11.7　施工缝防水

主 控 项 目

11.7.1　施工缝所用止水带、止水条的品种、规格和性能等必须符合设计要求。

检验数量:施工单位按进场批次检验;监理单位按施工单位抽检次数的10%进行见证检验,但至少一次。

检验方法:施工单位检查产品合格证、出厂检验报告,并进行止水带的拉伸强度、扯断伸长率、撕裂强度、压缩永久变形率和止水条的硬度、拉伸强度、扯断伸长率、体积膨胀倍率、膨胀性能等性能指标试验;监理单位检查全部产品合格证、出厂检验报告、进场试验报告,并见证试验。

11.7.2 止水带的宽度和厚度应符合设计要求,厚度不得有负偏差。止水带的表面不得有开裂、缺胶和海绵状等影响使用的缺陷。

检验数量:施工单位全部检查;监理单位按施工单位抽检次数的10%进行见证检验,但至少一次。

检验方法:观察、尺量。

11.7.3 止水条的宽度、厚度和直径应符合设计要求,表面不得有开裂、缺胶等缺陷。

检验数量:施工单位全部检查;监理单位按施工单位抽检次数的10%进行见证检验,但至少一次。

检验方法:观察、尺量。

11.7.4 隧道衬砌混凝土施工缝防水构造形式应符合设计要求。

检验数量:施工单位、监理单位全部检查。

检验方法:观察、尺量。

11.7.5 施工缝浇筑混凝土前应将表面的浮浆和杂物清理干净,施工缝的处理应符合设计要求。纵向施工缝和横向施工缝交界部位的处理应符合设计要求。

检验数量:施工单位、监理单位全部检查。

检验方法:施工单位观察;监理单位见证。

11.7.6 止水带施工应符合下列规定:

1 止水带接头连接应符合设计要求,应采用热焊,不得叠接,接缝平整、牢固,不得有裂口和脱胶现象;

2 止水带安装位置符合设计要求,中心线位置应和施工缝中心重合,止水带固定牢固、平直,不得有扭曲现象;

3 背贴式止水带与防水板的连接方式应符合设计要求。

检验数量:施工单位、监理单位全部检查。

检验方法:施工单位观察、尺量;监理单位见证检查。

11.7.7 止水条施工应符合下列规定:

1 止水条不得受潮,安装前应进行检查;

2 止水条安装位置、接头连接应符合设计要求。

检验数量:施工单位、监理单位全部检查。

检验方法:施工单位观察、尺量;监理单位见证检查。

11.7.8 施工缝防水效果应良好,无渗水。

检验数量:施工单位、监理单位全部检查。

检验方法:观察。

11.8　变形缝防水

主控项目

11.8.1　变形缝所用止水条、止水带等材料的品种、规格和性能等的检验应符合本暂行标准第 11.7.1 ~ 第 11.7.3 条的规定。

11.8.2　防水嵌缝材料的品种、规格、性能应符合设计要求。

检验数量：施工单位按进场批次检验；监理单位按施工单位抽检次数的 10% 进行见证检验，但至少一次。

检验方法：施工单位检查产品合格证、出厂检验报告，并进行嵌缝材料的最大拉伸强度、最大伸长率等性能指标试验；监理单位检查全部产品合格证、出厂检验报告、进场试验报告，并见证试验。

11.8.3　变形缝的位置、宽度和构造形式等应符合设计要求。

检验数量：施工单位、监理单位全部检查。

检验方法：观察、尺量。

11.8.4　变形缝止水带、止水条防水施工的检验应符合本暂行标准第 11.7.6 条和第 11.7.7 条的规定。

11.8.5　变形缝嵌缝材料嵌填施工应符合下列规定：

1　缝内两侧平整、清洁、无渗水，涂刷的基层处理剂符合设计要求；

2　背衬材料的设置符合设计要求；

3　嵌填密实，与两侧黏结牢固。

检验数量：施工单位、监理单位全部检查。

检验方法：观察

11.8.6　变形缝细部构造做法应符合设计要求，表面不得有渗水。

检验数量：施工单位、监理单位全部检查。

检验方法：观察、尺量。

11.8.7　用做沉降的变形缝应按设计要求设置沉降观测点，并进行施工期间的沉降观测，年沉降速率应符合设计要求。

检验数量：施工单位、监理单位全部检查。

检验方法：沉降观测点的设置采用计数检查，沉降观测采用仪器测量。

一般项目

11.8.8　变形缝填塞前，缝内应清理干净，保持干燥，不得有杂物和积水。

检验数量：施工单位全部检查。

检验方法：观察。

11.8.9　变形缝的表面质量应缝宽均匀、缝身竖直，环向贯通，填塞密实，外表光洁。密封材料嵌填严密，黏结牢固，无开裂、鼓包、下塌现象。

检验数量：施工单位全部检查。

检验方法：观察。

11.9　防　水　板

主 控 项 目

11.9.1　防水板、土工复合材料的材质、性能和规格必须符合设计要求。

检验数量:施工单位按进场批次每 10 000 m^2 检验一次,不足 10 000 m^2 也按一次计;监理单位按施工单位抽检次数的 10% 进行见证检验,但至少一次。

检验方法:施工单位检查产品合格证、质量证明文件,并对防水板的厚度、密度、抗拉强度、断裂延伸率和土工复合材料单位面积的重量等性能指标进行试验;监理单位检查产品合格证、质量证明文件、试验报告,并见证检验。

11.9.2　防水板必须按设计要求进行双焊缝焊接,焊接应牢固,不得有渗漏,每一单焊缝的宽度不应小于 15 mm。

检验数量:施工单位、监理单位每一浇筑段环向检查 1 条焊缝、纵向检查 2 条焊缝。

检验方法:焊缝宽度施工单位采用尺量,焊缝质量施工单位采用双焊缝间充气检查;监理单位见证检查。

11.9.3　防水板铺设范围及铺挂方式应符合设计要求。铺设时防水板应留有一定的余量,挂吊点设置的数量应合理。环向铺设时先拱后墙,下部防水板应压住上部防水板。

检验数量:施工单位、监理单位全部检查。

检验方法:观察。

11.9.4　铺设防水板的基层应平整、无尖锐物体。基层平整度应符合 $D/L \leqslant 1/6$ 的规定。

检验数量:施工单位沿隧道长度每 10 m 检查 10 处;监理单位按施工单位抽检次数的 10% 进行见证检验,但至少一次。

检验方法:施工单位尺量;监理单位见证检查。

注:D——初期支护基层相邻两凸面凹进去的深度;

L——初期支护基层相邻两凸面之间的距离。

11.9.5　防水板焊缝无漏焊、假焊、焊焦、焊穿等现象:

检验数量:施工单位、监理单位全部检查。

检验方法:观察。

一 般 项 目

11.9.6　铺设防水板的基面应坚实、平整、圆顺,无漏水现象;阴阳角处应做成圆弧形。

检验数量:施工单位全部检查。

检验方法:观察。

11.9.7　防水板的铺设应与基层固定牢固,不得有绷紧和破损现象。

检验数量:施工单位全部检查。

检验方法:观察。

11.9.8　防水板的搭接宽度不应小于 15 cm,允许偏差为 -10 mm。

检查数量:施工单位全部检查。

检查方法:观察和尺量。

11.9.9　防水板搭接缝与施工缝错开距离不应小于 50 cm,允许偏差为 -5 cm。

检查数量:施工单位全部检查。

检查方法:观察和尺量。

11.10 围岩注浆

主控项目

11.10.1 注浆防水选用的注浆材料质量应符合设计要求。

检验数量:施工单位按进场批次检验;监理单位按施工单位检验次数的 20% 见证检验。

检验方法:施工单位进行试验;监理单位检查产品合格证、试验报告,见证检验。

11.10.2 浆液配合比设计应符合设计要求。

检验数量:施工单位、监理单位全部检查。

检验方法:施工单位进行配合比试验;监理单位检查配合比试验单,见证试验。

11.10.3 注浆防水范围应符合设计要求。

检验数量:施工单位、监理单位全部检查。

检验方法:观察。

11.10.4 注浆效果应符合设计要求,每延米每昼夜出水量应符合设计要求。

检验数量:施工单位和监理单位每一注浆段检查一次。

检验方法:施工单位采用集水检查;监理单位见证检查。

11.10.5 注浆结束后,应及时将注浆孔和检查孔封填密实。

检验数量:施工单位和监理单位全部检查。

检验方法:观察。

一般项目

11.10.6 注浆压力、注浆量、进浆速度等注浆参数应符合设计要求。

检验数量:施工单位全部检查。

检验方法:观察、检查施工记录。

11.10.7 注浆孔数量、布置、间距、孔深及角度应符合设计要求。

检验数量:施工单位全部检查。

检验方法:观察和测量。

11.10.8 初期支护背后注浆应在初期支护混凝土强度达到设计强度的 100% 后进行。

检验数量:施工单位全部检查。

检验方法:观察,检查施工记录。

11.11 盲　管

主控项目

11.11.1 盲管材料质量应符合设计要求。

检验数量:施工单位纵向盲管每 2 000 m 检查一次,横向盲管每 5 000 m 检查一次;监理单位按施工单位抽检次数的 10% 进行见证检验,但至少一次。

检验方法:施工单位对盲管所用原材料的透水率、抗变形、有效孔径进行试验;监理单位检查产品合格证和试验报告,见证检验。

11.11.2 盲管的铺设位置和范围应符合设计要求。

检验数量:施工单位、监理单位全部检查。

检验方法:观察和检查。

11.11.3 盲管接头的连接,纵、环向盲管之间的连接,纵向盲管与排水沟的连接,应符合设计要求。

检验数量:施工单位、监理单位全部检查。

检验方法:观察。

11.11.4 衬砌背后设置的排水盲管应结合衬砌一次施工,施工中应防止混凝土或压浆浆液浸入盲管堵塞水路。

检验数量:施工单位、监理单位全部检查。

检验方法:观察。

11.11.5 盲管的综合排水效果应符合设计要求。

检验数量:施工单位、监理单位全部检查。

检验方法:观察。

一般项目

11.11.6 盲管的成型尺寸和坡度应符合设计要求。

检验数量:施工单位全部检查。

检验方法:观察和检查。

12　附属设施

12.1　一般规定

12.1.1　本章适用于铁路隧道运营通风、防灾救援、洞内附属构筑物的土建工程和消防工程的施工质量验收；有关机械和设备安装的工程质量验收，应符合现行国家、铁道部有关标准的规定。

12.1.2　安装工程中所使用的紧固件应采用镀锌件。管道支架和吊架的紧固件应有防松动措施。

12.1.3　穿越隧道衬砌的管道应设套管，套管宜与钢筋绝缘。

12.1.4　设备、部件及管材运入现场后，应有防潮及保护措施。

12.2　运营通风土建工程

主 控 项 目

12.2.1　通风机房、风道的位置、结构和断面尺寸应符合设计要求。

检验数量：施工单位、监理单位全部检查。

检验方法：观察和尺量。

12.2.2　通风机机座基底承载力应符合设计要求。

检验数量：施工单位、监理单位全部检查。

检验方法：施工单位做现场检测；监理单位见证检测。

12.2.3　通风机基础平面位置、尺寸和预埋件，以及预留孔的位置、规格和数量等应符合设计要求。

检验数量：施工单位、监理单位全部检查。

检验方法：观察和尺量。

12.2.4　通风机机座、风道混凝土强度应符合本暂行标准第 7.4.12 条的规定。

12.2.5　风道混凝土衬砌厚度应符合设计要求。

检验数量：施工单位、监理单位每一浇筑段检查一次。

检验方法：钻孔或无损检测。

一 般 项 目

12.2.6　通风机机座、风道混凝土表面应平顺光洁。

检验数量：施工单位全部检查。

检验方法：观察。

12.3 救援通道

主控项目

12.3.1 救援通道的位置应符合设计要求。

检验数量:施工单位、监理单位全部检查。

检验方法:测量。

12.3.2 救援通道的宽度、走行面高程以及距线路中线的距离应符合设计要求。

检验数量:施工单位、监理单位全部检查。

检验方法:尺量或仪器测量。

12.3.3 救援通道的图象文字标识牌设置的间距、方向和灯光显示应符合设计要求。

检验数量:施工单位、监理单位全部检查。

检验方法:观察和测量。

一般规定

12.3.4 救援通道走行面应平顺,并与相邻沟槽盖板顶面平齐。

检验数量:施工单位全部检查。

检验方法:观察。

12.3.5 救援通道内的应急照明设置应符合设计要求。

检验数量:施工单位全部检查。

检验方法:观察。

12.4 紧急出口

主控项目

12.4.1 紧急出口的位置应符合设计要求。

检验数量:施工单位、监理单位全部检查。

检验数量:观察和测量。

12.4.2 紧急出口通道的断面宽度、高度和坡度应符合设计要求。

检验数量:施工单位、监理单位全部检查。

检验方法:施工单位测量;监理单位见证测量。

12.4.3 紧急出口通道的图象文字标识牌设置的间距、方向和灯光显示应符合设计要求。

检验数量:施工单位、监理单位全部检查。

检验方法:观察和测量。

12.4.4 紧急出口防护门的设置位置应符合设计要求,防护门应启闭灵活。

检验数量:施工单位、监理单位全部检查。

检验方法:观察和测量。

一般项目

12.4.5 隧道内紧急出口处和紧急通道内的应急照明设置、应急照明灯具安装的间距应符合设计要求。

检验数量：施工单位全部检查。

检验方法：观察和测量。

12.4.6 斜井作为紧急出口时，其台阶踏步的结构尺寸应符合设计要求。

检验数量：施工单位按 10% 抽查。

检验方法：观察和尺量。

12.5 消防

主控项目

12.5.1 隧道内消防管道、消火栓、消火箱和防火门的规格、型号、质量应符合设计要求。

检验数量：施工单位、监理单位全部检查。

检验方法：检查产品合格证书和观察。

12.5.2 消火栓、消火箱和防火门的设置位置应符合设计要求，防火门应启闭灵活，关闭严密。

检验数量：施工单位、监理单位全部检查。

检验方法：观察、测量。

12.5.3 消防水池的设置位置和规格应符合设计要求。

检验数量：施工单位、监理单位全部检查。

检验方法：观察、尺量。

12.5.4 消防管道水压试验应符合设计要求。

检验数量：施工单位、监理单位全部检查。

检验方法：施工单位做现场试验，每次试压管段长度不宜大于 1 000 m；监理单位见证试验和检查全部水压试验报告单。

一般项目

12.5.5 消防管道及附件防腐处理应符合设计要求，管道穿越隧道墙体结构时应设置防水套管，并与钢筋绝缘。

检验数量：施工单位全部检查。

检验方法：观察。

12.5.6 管道阀门安装应符合下列规定：

1 阀门的材质、强度和严密性应符合设计要求。

2 阀门安装位置应符合设计要求。

3 阀门支座的设置应符合设计要求。

检验数量：施工单位全部检查。

检验方法：现场试验、测量和观察。

12.5.7 消防管道安装的允许偏差和检验方法符合表12.5.7的规定。

表12.5.7 消防管道安装允许偏差和检验方法

序号	项目	允许偏差(mm)		检验方法
1	管道安装	中心线	15	尺量,仪器测量
		高程	±10	
2	管道支座	纵向	±50	
		横向、高程	±10	
3	钢管切口垂直度	为管径的1%,且不大于2 mm		量具检测

检验数量:施工单位每20 m抽查一次。

12.6 电缆槽

主控项目

12.6.1 洞内电缆槽的布置、结构形式、沟底高程、纵向坡度及结构外缘距同侧轨道中心距离应符合设计要求。

检验数量:施工单位、监理单位全部检查。

检验方法:观察、测量。

12.6.2 洞内电缆槽盖板的规格和尺寸应符合设计要求。

检验数量:施工单位、监理单位全部检查。

检验方法:尺量。

12.6.3 电缆槽的位置和间距应符合设计要求。

检验数量:施工单位、监理单位全部检查。

检验方法:观察、测量。

12.6.4 洞内余长电缆腔的设置位置、间距和弧形电缆槽的尺寸应满足有关专业的要求,并应符合设计要求。

检验数量:施工单位、监理单位全部检查。

检验方法:测量。

一般项目

12.6.5 电缆槽内应无积水和积淤堵塞。泄水孔应通畅。

检验数量:施工单位全部检查。

检验方法:观察。

12.6.6 电缆槽盖板铺设应齐全平稳并符合设计要求。

检验数量:施工单位全部检查。

检验方法:观察。

12.6.7 洞内电缆槽断面尺寸应符合设计要求。

检验数量:施工单位全部检查。

检验方法:测量。

12.7　洞内附属构筑物

主 控 项 目

12.7.1　存放维修、防灾工具和作其他用途的专用洞室的设置位置和尺寸应符合设计要求。

检验数量:施工单位、监理单位全部检查。

检验方法:测量。

12.7.2　隧道内接触网下锚区段的设置位置和结构尺寸应符合设计要求。

检验数量:施工单位、监理单位全部检查。

检验方法:测量。

12.7.3　洞室结构混凝土的强度和抗渗性的检验应符合本暂行标准第 7.4.12 条和第 7.4.13 条的规定。

一 般 项 目

12.7.4　洞室内应无积水和淤积阻塞。泄水孔应通畅。

检验数量:施工单位全部检查。

检验方法:观察。

12.7.5　洞室混凝土表面应平顺光洁。

检验数量:施工单位全部检查。

检验方法:观察。

13 隧道单位工程综合质量评定

13.1 单位工程质量控制资料核查

13.1.1 单位工程质量控制资料应齐全完整,全面反映工程施工质量状况。

13.1.2 单位工程质量控制资料核查应由监理单位组织施工单位进行,并按表13.1.2填写记录。

表13.1.2 单位工程质量控制资料核查记录

单位工程名称				
施工单位				
序号	资料名称	份数	核查意见	核查人
1	图纸会审、设计变更、洽商记录			
2	工程定位测量、放线记录			
3	原材料出厂合格证及进场检(试)验报告			
4	施工试验报告			
5	成品及半成品出厂合格证或试验报告			
6	施工记录			
7	工程质量事故及事故调查处理资料			
8	施工现场质量管理检查记录			
9	分项、分部工程质量验收记录			
10	新材料、新工艺施工记录			
11	监控量测资料			
结论: 施工单位项目负责人　　　　总监理工程师 年　月　日　　　　年　月　日				

注:核查人为监理单位人员。

13.2 单位工程实体质量和主要功能核查

13.2.1 单位工程完成后,应由建设单位组织设计、监理、施工单位对单位工程实体质量和主要功能进行核查,并按表13.2.1填写记录。

表 13.2.1　单位工程实体质量和主要功能核查记录

单位工程名称				
施工单位				
序 号	项　　目	份　数	核查意见	核 查 人
1	衬砌混凝土强度检测			
2	钢筋混凝土中钢筋位置和保护层检测			
3	衬砌混凝土厚度检测			
4	底板混凝土厚度检测			
5	衬砌背后回填密实度检测			
6	衬砌渗水情况检查			
7	隧道衬砌内轮廓检测			
8	衬砌表面裂缝检查			
结论： 施工单位项目负责人　　总监理工程师　　建设单位项目负责人 年　月　日　　年　月　日　　年　月　日				

注：核查项目有验收组协商确定。

13.2.2　单位工程实体质量和主要功能核查方法和数量：

1　衬砌混凝土强度检测采用无损检测方法，每 100 m 检测一次；

2　钢筋混凝土中钢筋位置和保护层检测，采用满足精度要求的钢筋保护层厚度检测仪现场测定混凝土保护层的实际厚度，每 100 m 检查一次，每次 10 个点；

3　衬砌混凝土厚度检测采用无损检测方法，每 100 m 检测一个断面，或纵向布线检测；

4　仰拱混凝土厚度检测采用无损检测方法，每 100 m 检测一个断面，或纵向布线检测；

5　底板混凝土厚度检测采用无损检测方法，每 100 m 检测一个断面，或纵向布线检测；

6　衬砌背后回填密实度检测采用无损检测方法，每 100 m 检测一个断面，或纵向布线检测；

7　衬砌渗水情况检查采用观察，全部检查；

8　衬砌表面裂缝检查采用观察，全部检查；

9　隧道衬砌内轮廓检测采用断面仪测量，每 100 m 检查一次。

13.2.3　结构实体质量和主要使用功能达不到设计要求的单位工程严禁验收。

13.3　单位工程观感质量评定

13.3.1　单位工程观感质量评定由建设单位组织设计、监理、施工单位共同进行现场评定,并按表13.3.1填写记录。

13.3.2 单位工程观感质量检查项目评定达不到合格标准者应进行返修。

13.3.2A 观感质量验收前,施工单位应将衬砌、道床、电缆沟槽、水沟、避车洞、设备洞室等处所的垃圾和粉尘清理干净,建设单位应组织施工单位、监理单位进行初验,初验不合格的工程不得进行观感质量验收。

13.3.3 洞门观感质量合格标准:

混凝土端墙、翼墙和挡土墙表面平整,色泽均匀,接茬处无明显错台、跑模现象。局部蜂窝麻面已修补,外形整体轮廓清晰,线角基本顺直。

浆砌片石边、仰坡表面平顺,砌缝密实。边、仰坡开挖面无裸露,地表植被恢复及水土保持良好,无冲刷痕迹。

表13.3.1 单位工程观感质量检查记录

<table>
<tr><td colspan="3">单位工程名称</td><td colspan="3"></td></tr>
<tr><td colspan="3">施工单位</td><td colspan="3"></td></tr>
<tr><td rowspan="2">序号</td><td rowspan="2" colspan="2">项目名称</td><td rowspan="2">质量状况</td><td colspan="2">质量评定</td></tr>
<tr><td>合格</td><td>差</td></tr>
<tr><td rowspan="6">1</td><td rowspan="6">洞门</td><td>端墙</td><td></td><td></td><td></td></tr>
<tr><td>挡翼墙</td><td></td><td></td><td></td></tr>
<tr><td>边仰坡</td><td></td><td></td><td></td></tr>
<tr><td>排水设施</td><td></td><td></td><td></td></tr>
<tr><td>名牌、号标</td><td></td><td></td><td></td></tr>
<tr><td>检查梯、扶手</td><td></td><td></td><td></td></tr>
<tr><td rowspan="4">2</td><td rowspan="4">洞身</td><td>拱部</td><td></td><td></td><td></td></tr>
<tr><td>边墙</td><td></td><td></td><td></td></tr>
<tr><td>隧底</td><td></td><td></td><td></td></tr>
<tr><td>沟槽盖板</td><td></td><td></td><td></td></tr>
<tr><td rowspan="2">3</td><td rowspan="2">防排水效果</td><td>衬砌</td><td></td><td></td><td></td></tr>
<tr><td>沟槽</td><td></td><td></td><td></td></tr>
<tr><td rowspan="3">4</td><td rowspan="3">弃砟</td><td>挡护工程</td><td></td><td></td><td></td></tr>
<tr><td>排水系统</td><td></td><td></td><td></td></tr>
<tr><td>砟面处理</td><td></td><td></td><td></td></tr>
<tr><td colspan="6">结论:

施工单位项目负责人　　　总监理工程师　　　建设单位项目负责人
年　月　日　　　年　月　日　　　年　月　日</td></tr>
</table>

注:观感质量评定为“差”的项目应返修。

洞门排水设施排水流畅，无淤积。砌体表面不渗水和无大面积湿渍。洞口防护设施和警示标志齐全。

变形缝缝身竖直、缝宽基本均匀，填塞密实无漏水。

检查梯及隧道名牌、号标的设置美观大方。

13.3.4　洞身观感质量合格标准：

拱部、边墙及隧底衬砌表面色泽均匀、曲线圆顺，整体轮廓清晰。

混凝土接茬处无较大错台、跑模现象。无蜂窝麻面或局部蜂窝麻面已修补。

洞内沟槽线条顺直美观。沟槽盖板无破损，安装牢固、平顺。

13.3.5　防排水观感质量合格标准：

正洞和设备洞室衬砌不渗水，道床无积水，设备安装孔眼不渗水。洞身范围内无湿渍。

水沟流水坡面平顺，水流畅通，不积淤堵塞。泄水孔排水畅通。

13.3.6　弃渣工程观感质量合格标准：

弃渣挡墙平顺，墙体表面砂浆饱满、砌缝整齐，表面勾缝美观大方，沉降缝垂直、上下贯通。

弃渣堆表面平整，已按要求完成绿化或造田。

弃渣场排水设施齐全，与周围环境排水沟渠连接良好，排水顺畅。

本暂行标准用词说明

执行本暂行标准条文时,对于要求严格程度的用词说明如下,以便在执行中区别对待。

(1)表示很严格,非这样做不可的用词:

正面词采用"必须";

反面词采用"严禁"。

(2)表示严格,在正常情况下均应这样做的用词:

正面词采用"应";

反面词采用"不应"或"不得"。

(3)表示允许稍有选择,在条件许可时首先应这样做的用词:

正面词采用"宜";

反面词采用"不宜"。

表示有选择,在一定条件下可以这样做的,采用"可"。

《客运专线铁路隧道工程施工质量验收暂行标准》条文说明

本条文说明系对重点条文的编制依据、存在的问题以及在执行中应注意的事项等予以说明。为了减少篇幅，只列条文号，未抄录原条文。

1.0.1 本暂行标准的编制目的是为了加强和统一客运专线铁路隧道工程施工质量的验收。本暂行标准不涉及客运专线铁路决策阶段的质量、勘察设计阶段的质量和运营维修阶段的质量等。

本暂行标准是政府行政主管部门、专门质量机构、建设单位、监理单位、勘察设计单位和施工单位对工程施工阶段的质量进行监督、管理和控制的主要依据。

由于施工阶段的质量控制是工程整体质量控制的关键环节，工程整体质量在很大程度上取决于施工阶段的质量控制，所以本暂行标准根据客运专线铁路隧道工程质量特性，规定了建设活动各方对隧道工程施工质量控制的方法、程序、职责以及质量指标，借以保证工程质量。

1.0.2 本暂行标准适用于旅客列车行车速度 200～350 km/h 的标准轨距客运专线铁路隧道工程。本暂行标准未能纳入的新技术、新工艺、新设备、新材料等，应该在本暂行标准的基础上制订补充规定。

1.0.4 《建设工程质量管理条例》分别规定了建设单位、勘察设计单位、监理单位和施工单位的法定质量职责和义务。本暂行标准根据客运专线铁路隧道工程的专业特点，对建设各方在施工阶段的质量职责具体细化，均做出了明确规定。改变了几十年来一贯沿用的工程施工质量仅由施工单位一方负责的传统模式，促使各方共同保证工程质量的合格。

1.0.5 客运专线铁路工程施工点多线长、施工期较长，取弃土(砟)、污水(物)排放、噪声等对生态环境的影响很大。施工单位应在施工前制订有效的环保方案，施工期内最大限度地减少对环境的影响，施工结束后给予必要的恢复，切实做好环境保护和水土保持工作，保证国民经济的可持续发展。设计有要求的更应该全面按设计文件办理。

1.0.8 客运专线铁路工程施工质量检验检测工作，是工程质量管理的重要组成部分，也是工程质量控制的重要手段。客观、准确的检验检测数据，是评价工程质量的科学依据。判定工程施工质量合格与否，要体现质量数据说话的原则。其基础是质量数据必须真实可靠，并且能够代表工程施工质量情况。这就要求检验检测所用的仪器方法和抽样方案必须符合相关标准或技术条件的规定，方法统一，数据才有可比性。另外，随着工程检测技术的发展，一些成熟可靠的新方法、新仪器不断出现，尤其是对工程实体质量的检测，使用新技术后，能减少检测工作量，提高检测精度，应该积极采用。但采用这些新技术应经过必要程序的鉴定。

铁路隧道工程质量无损检验方法主要指地质雷达法、声波法、红外线法、瑞雷波法。

地质雷达法主要用于检测衬砌厚度及衬砌背后回填密实情况。

声波法主要用于检测衬砌混凝土的强度等级、混凝土的完整性、衬砌厚度。

瑞雷波法可用于检测隧道衬砌厚度和强度。

红外线法可用于检测隧道渗水、漏水。

1.0.10 本暂行标准中规定的质量指标是合格标准。合格标准也就是控制施工质量的最低标准。达不到本暂行标准所规定的质量要求的工程，其结构安全和使用功能就不能得到有效保证和满足，就是不合格的工程。所以本暂行标准要求施工所采用的承包合同文件和其他工程技术文件等，对施工质量的要求不能低于本暂行标准中的规定。

1.0.12 客运专线铁路工程施工过程中的环节多、影响工程质量的因素多，所以采用的标准规范就会很多。既有技术标准又有管理标准，既有国家标准又有行业标准，甚至还有国际标准和国外标准，本暂行标准难以一一详列。一般情况下可根据工程实际情况，确定各种标准规范的采用与否。但是对于施工过程涉及的、现行国家和铁道行业标准中有强制性执行要求的标准或标准条文则必须贯彻执行。

3.1.1 本条规定了隧道工程施工现场应建立必要的质量管理体系和质量检验制度。强调施工质量的控制应为全过程的质量控制。全过程控制不仅要包括原材料进场控制、工艺流程控制、施工操作控制、每一道工序质量检查、各相关工序间的交接检验等中间环节的质量控制，还包括了施工单位应通过内部的审核与管理者的评审，找出质量管理体系中存在的问题和薄弱环节，并制定改进措施和跟踪检查落实等措施，使项目的质量管理体系不断完善与提高。施工现场应配齐相应的施工技术标准，包括国家标准、行业标准和企业标准；施工单位要有健全的质量管理体系，要建立必要的施工质量检验制度；施工准备工作要全面、到位。

施工前，监理单位（未委托监理的项目为建设单位，下同）要对施工单位所做的施工准备工作进行全面检查。这是对监理单位（建设单位）和施工单位两方提出的要求，是保证开工后顺利施工和保证工程质量的基础。一般情况下，每个单位工程应检查一次。施工现场质量管理检查记录由施工单位的现场负责人填写，由监理单位的总监理工程师（建设单位项目负责人）进行检查验收，做出合格或不合格及限期整改的结论。

现场质量管理制度应包括现场施工技术资料的管理制度在内。

3.1.2 工程施工质量控制的要点是两个方面：一是对材料、构配件和设备质量的进场验收；二是对各工序操作质量的自检、交接检。

（1）对材料、构配件和设备质量的进场验收应分两个层次进行。

现场验收：对材料、构配件和设备的外观、规格、型号和质量证明文件等进行验收。检验方法为观察检查并配以必要的尺量、检查合格证、厂家（产地）试验报告；检验数量多为全部检查。施工单位和监理单位的检验方法和数量多数情况下相同。未经检验或检验不合格的，不得运进施工现场。

试验检验：凡是涉及结构安全和使用功能的，要进行试验检验。试验检验项目的确定掌握两个原则：一是对工程的结构安全和使用功能确有重要影响，二是大多数单位具备相应的试验条件。施工单位试验检验的批量、抽样数量、质量指标应根据相关产品标准、设计要求或工程特点确定，检验方法符合相关标准或技术条件的规定。监理单位要按施工单位抽样数量的20%或10%以上的比例进行见证取样检测或平行检验。不合格的不得用于工程施工。

（2）对工序操作质量的自检、交接检验。

自检：施工过程中各工序应按施工技术标准进行操作，该工序完成后，对反映该工序质量的控制点进行自检。自检的结果要留有记录。这些结果可以作为施工记录的内容，有的也正好是检验批验收需要的检验数据，要填入检验批质量验收记录表中。

交接检验：一般情况下，一个工序完成后就形成了一个检验批，可以对这个检验批进行验收，而不需要另外进行交接检验。对于不能形成检验批的工序，在其完成后应由其完成方与承接方进行交接检验。特别是不同专业工序之间的交接检验，应经监理工程师检查认可，未经检查或经检查不合格的不得进行下道工序施工。其目的有三个：一是促进前道工序的质量控制；二是促进后道工序对前道工序质量的保护；三是分清质量职责，避免发生纠纷。

3.1.3 作为客运专线铁路隧道工程施工质量验收的强制性条文，必须严格遵守。工程施工质量验收包括检验批、分项工程、分部工程和单位工程施工质量的验收。

(1)隧道工程施工质量验收依据的标准有两本：本暂行标准和《铁路混凝土工程施工质量验收补充标准》(铁建设[2005]160号)。除两标准及两标准条文中提及的有关标准外，均不得作为验收依据。

(2)按图施工是施工单位的重要原则，勘察设计文件是施工的依据，施工中不得随意改变勘察设计文件。如必须改变时，应按程序由设计单位修改，施工质量也应符合修改后的设计文件要求。

(3)参加施工质量验收的各方人员，是指参加检验批、分项工程、分部工程、单位工程施工质量验收的人员，这些人员应具有相应的资格。本暂行标准给出了原则性的规定，还应结合工程情况、管理模式等，在保证工程质量、分清责任的前提下具体确定。

(4)施工单位是施工质量控制的主体，应对工程施工质量负责，其工程施工质量必须达到本暂行标准的规定。另外，其他各方的验收工作必须在施工单位自行检查合格基础上进行，否则，也是违反标准的行为。

(5)施工单位对隐蔽工程在施工完成后应先行检查，符合要求后通知监理单位验收。对于隧道工程中的地基基础，在开挖至设计高程后，还应通知勘察设计单位参加验收，实际上是要求勘察设计单位对现场地质情况进行确认。这一点对于保证工程质量及日后可能出现的质量事故的责任判定很重要，不能忽视。

(6)为了保证对涉及结构安全的试块、试件的代表性和真实性负责，监理单位必须按本暂行标准对各检查项目的规定，进行平行检验或见证取样检测、见证检测。且各检验项目中均有具体规定。涉及结构安全和使用功能的现场检测项目，监理单位应按规定进行见证或平行检验。见证或平行检验的数量各检验项目中也有具体规定。

(7)检验批质量验收是对主控项目和一般项目的检查验收。只要这些项目的质量达到了本暂行标准的规定，就可以判定该检验批合格。标准中的其他要求不在检验批质量验收中涉及。

(8)为了保证见证取样检测及结构安全检测结果的可靠性、可比性和公正性，检测单位应具备有关管理部门核定的资质。对于特殊项目的检测，可由建设单位确定检测单位。

(9)单位工程的观感质量相对涉及结构安全和使用功能的主体工程质量而言，应该是比较次要的。但是，对完工后的工程进行一次全面检查，对工程整体质量进行一次现场核实，是很有必要的。观感质量验收绝不是单纯的外观检查，也不是在单位工程完成后对涉及外观质量的项目进行重新检查，更不是引导施工单位在工程外观上做片面的投入。观感质量验收的目的在于直观地从宏观上对工程的安全可靠性能和使用功能进行验收。

如局部缺损、污染等，特别是在检验批、分项工程、分部工程的检查验收时反映不出来，而后来又发生变化的情况，通过观感质量验收及时发现问题，提出整改，是一个不可缺少的质量控制环节。

3.2.1 客运专线铁路隧道工程施工质量验收应按四级划分：单位工程、分部工程、分项工程、检验批。

单位工程：按一个完整工程，或一个完整工程中的相当规模施工范围划分。其重要的划分原则为一个单位工程必须是由一个施工单位施工的。

分部工程：按一个完整的部位、主要结构或施工阶段划分，由若干个分项工程组成。

分项工程：主要是按工种划分，有的也可按工序、材料、工艺等划分。由若干个检验批组成，特殊情况下仅含一个检验批。

检验批：是分项工程的组成部分。根据施工质量控制和验收需要，将一个分项工程划分成若干各检验批。检验批是施工质量验收的基本单元。

3.2.2 一般情况下隧道工程应以一座作为单位工程进行质量验收。但针对目前铁路工程招投标的情况，长隧道和特长隧道往往划分为两个或多个标段进行施工招标，在这种情况下可按施工标段划分单位工程。

3.2.5 检验批是施工过程中条件相同并有一定数量的材料、构配件或安装项目，由于其质量基本均匀一至，因此可以作为检验的基础单位，并按批验收。

3.3.1 检验批质量验收内容包括实物检查和资料检查两部分。本暂行标准对检验批质量验收的要求都是根据这两个方面做出的规定。检验批是工程验收的最小单位，检验批的质量是分项工程乃至整个单位工程质量的基础。

本条给出了检验批质量合格的条件，共两个方面：资料检查、主控项目检验和一般项目检验。

质量控制资料反映了检验批从原材料到最终验收的各施工工序的操作依据，检查情况以及保证质量所必须的管理制度等。质量控制资料的检查实际上是过程控制的确认，这是检验批质量验收的前提。

检验批的合格质量主要取决于对主控项目和一般项目的检验结果。

主控项目是对检验批的基本质量起决定性影响的检验项目，因此必须全部符合检验项目和有关规范的规定，即主控项目不允许有不符合要求的检验结果。

3.3.2 检验批质量合格的前提是主控项目和一般项目的质量经抽样检验合格。对于有允许偏差的一般项目抽查点除有专门要求外，规定在允许偏差内的点应达到80%及以上，其余抽查点可以超出允许偏差，但不得超出1.5倍的允许偏差。

3.3.3 分项工程质量验收是对其所含检验批质量的统计汇总。主要是检查核对检验批是否覆盖分项工程范围，不能缺漏。分项工程的验收是在检验批的基础上进行的。一般情况下，分项工程与检验批具有相同的性质，只是批量的大小不同。因此，构成分项工程的各检验批的验收资料文件完整，且均已验收合格，则分项工程验收合格。

3.3.4 分部工程质量验收包括以下三个方面的内容：

(1)分部工程所含分项工程的质量均应验收合格。这也是一项统计汇总工作，应注意核对有没有缺漏的分项工程，各分项工程验收是否正确等。

(2)质量控制资料应完整。这也是一项统计汇总工作，主要是检查检验批的验收资料、施工操作依据、质量记录是否完整配套，是否全面反映了质量状况。

(3)隧道衬砌厚度、强度、衬砌背后回填及防水等的检验和抽样检测结果应符合本暂行标准的有关规定。主要检查项目是否有缺漏、检测记录是否符合要求,检测结果是否符合本暂行标准的规定和设计要求。

3.3.5 单位工程质量的验收是建设活动各方对施工质量控制的最后一关。分部工程质量、质量控制资料、检测资料及抽查结果、观感质量均应符合本暂行标准的规定。

3.3.6 工程质量不符合要求的情况,多在检验批质量验收阶段出现,否则会影响相关分项、分部工程质量的验收。

(1)对于推倒重做、更换构配件或设备的检验批,应该重新进行验收。当重新抽样检查后,检验项目符合本暂行标准规定的,应判定该检验批合格。

(2)个别试块试件的强度不能满足要求的情况,包括试块试件失去代表性、试块试件缺少、试验报告有缺陷或对试验报告有怀疑等。这种情况下,应由有资质的检测单位进行检验测试,如果测试结果证明该检验批的质量能够达到原设计的要求,则该检验批予以合格验收。

对于其他不合格的现象,因情况复杂,本暂行标准不能给出明确的处理方案,由各方根据具体情况按程序协商处理。

3.3.7 采取返修或加固处理措施后,仍然存在严重缺陷,不能满足安全和使用要求的分部、单位工程,是不合格工程,严禁验收。

3.4

工程施工质量验收的程序和组织应把握以下要点:

(1)施工单位自检合格是验收工作的基础。

(2)监理单位应对所有主控项目进行检查,对一般项目可根据施工单位质量控制情况确定检查项目。

(3)参加验收的各方人员应具备相应的资格,主要是能够负质量责任,当发生质量问题时具有可追溯性。

(4)勘察设计单位只参加单位工程和与勘察、设计文件有直接关系的分部工程的验收。

3.4.1~3.4.2 检验批和分项工程验收前,施工单位必须组织相关人员进行自检,检验批和分项工程自检合格后填写好"检验批和分项工程质量验收记录"(有关监理验收记录和结论不填)并报监理工程师。由于检验批和分项工程是工程质量的基础,因此,监理工程师在接到施工单位填报的"检验批和分项工程质量验收记录"后,应组织施工单位专职质量检查员和分项工程技术负责人在施工现场严格按规定程序进行验收。

3.4.3 工程监理实行总监理工程师负责制,按理分部工程的验收应由总监理工程师组织施工单位项目负责人和技术、质量负责人等进行。考虑到客运专线铁路工程点多线长,分部工程全部由总监理工程师组织验收,具体实施有难度。根据《铁路建设工程监理规范》(TB 10402)规定,分部工程的验收由监理工程师组织施工单位项目负责人和技术、质量负责人等进行。

由于隧道衬砌厚度、强度、衬砌背后回填及防水等技术性能要求严格,技术性强,关系到整个工程的安全功能和使用性能,因此规定这些分部工程的勘察设计单位项目负责人也应参加相关分部工程的质量验收。

3.4.4 本条规定单位工程完工后，施工单位应首先依据质量标准、设计文件等组织有关人员进行自检并对检查结果进行评定，符合要求后向建设单位提交工程验收报告和完整的质量资料，请建设单位组织验收。

3.4.5 本条规定了单位工程质量验收应由建设单位负责人或项目负责人组织验收。由于设计、施工、监理单位都是责任主体，因此，单位工程验收时，监理单位总监理工程师、施工单位负责人或项目负责人和质量负责人、勘察设计单位负责人或项目负责人均应参加验收。

4.1.1 本条文针对目前隧道洞口施工存在的环保问题，主要是洞口边坡、仰坡开挖后，破坏了山体原有的平衡和植被造成山体坍塌、水土流失。因此，隧道洞口施工时，边坡、仰坡的防护除了应满足设计要求外，控制边坡暴露面的范围、地表植被的恢复、水土保持等涉及洞口周边环境的应符合国家有关环境保护法规法律的要求。

洞口边仰坡系指洞门端墙（含翼墙及洞口连接的挡墙）的上部范围。

4.1.2 边坡、仰坡开挖不得用采用洞室爆破，是因为洞室爆破对围岩的振动很大，极易造成边坡、仰坡的坍塌，甚至造成山体坠石或滑坡。同时条文要求开挖后应及时进行防护施工，也是为了避免山坡长期暴露造成水土流失形成事故隐患。

4.3.1 现浇混凝土的结构尺寸、外观质量以及浇筑混凝土过程中的施工安全往往与模板的强度、刚度和稳定性有直接的关系，因此要求模板应有设计计算资料，保证模板能承受结构荷载和施工荷载。

4.6.2 砌体工程质量能否满足设计要求，石材的质量将起决定性作用。因此本条对石材强度、抗冻性指标、软化系数作了规定。以保证砌体工程的强度等级和耐久性要求。

抗冻性指标系指石材在吸水饱和状态下经规定冻融的循环次数后无明显损伤（裂缝、脱层），质量损失不大于5%，强度损失不大于25%。石材的软化系数系指石材在吸水饱和状态下的极限抗压强度与石材在干燥状态下的极限抗压强度的比值，这是检验石材受水流和风化影响的一个重要指标。

4.6.4 砌筑砂浆通过试配确定配合比，是使施工中砂浆达到设计强度等级和减小砂浆强度离散性的重要保证。砂浆配合比设计、试件制作、养护及抗压强度取值规定以附录形式列于《铁路混凝土与砌体工程施工质量验收标准》（TB 10424—2003）的附录 E。

5.1.1 随着隧道施工技术尤其是支护技术的发展，隧道施工方法（开挖方式）也不断地更新和发展，施工单位在选择开挖方法时，应根据地质、覆盖层厚度、结构断面及地面环境条件、施工设备配置等经过经济、技术比较后选择确定。

5.1.3 隧道开挖轮廓的确定原则是在考虑所有影响净空尺寸的因素，围岩稳定后，开挖断面仍符合设计要求。施工单位首先要根据自己的施工经验根据围岩级别、隧道宽度、隧道埋深、施工方法和支护情况采用工程类比法确定围岩预留变形量。有明显流变、围岩应力较大和膨胀性围岩的预留变形量应根据量测数据反馈分析确定。

5.1.5 本条强调了隧道施工采用钻爆法开挖时应进行钻爆设计，目的是避免超挖、控制对围岩的振动和达到预期的循环进尺，并尽可能地节省工料提高经济技术指标。但在施工过程中，应对每次的爆破效果进行检查并与爆破设计进行比较，及时修正参数提高爆破效果。

5.1.8 目前常用的隧道开挖方式主要有全断面法开挖、正台阶法开挖、环形留核心土法开挖、中洞法开挖、中隔壁法（CD 法）开挖、交叉中隔壁法（CRD 法）开挖、双侧壁导坑法开挖。无论采用哪一种开挖方法，都要求隧道开挖后及时施作初期支护并达到一定的强度后，方允许下一工序的开挖以保证围岩的稳定和施工安全。

台阶法施工的台阶长度应根据地质和开挖断面跨度等情况采用长、短和超短台阶，下台阶应在拱部初期支护结构基本稳定且喷射混凝土达到设计强度 70% 以上时开挖。当岩体不稳定时，应先施工边墙初期支护后方可开挖中间土体，并适时施工仰拱。

环形留核心土法施工时，上台阶的环形拱部开挖后应及时进行初期支护，当初期支护结构基本稳定且喷射混凝土达到设计强度 70% 以上时再开挖核心土。核心土应留坡度并不出现反坡。上台阶施工完后可按台阶法施工下台阶及仰拱。

中洞法施工时，开挖中洞的跨度不宜大于 0.3 倍隧道宽度。待中洞初期支护结构基本稳定且喷射混凝土达到设计强度 70% 以上，再按台阶法施工左右洞上下台阶及仰拱。相邻洞前后错开距离不宜小于 15 m。

中隔壁法施工时，采用台阶法先分部开挖隧道的一侧，施作初期支护及中隔壁墙，待初期支护结构基本稳定且喷射混凝土达到设计强度 70% 以上时再开挖隧道的另一侧。左右洞体施工时，前后错开距离不宜小于 15 m。

交叉中隔壁法施工时，采用台阶法先分部开挖隧道一侧的一部或二部，施作初期支护及中隔壁墙，待初期支护结构基本稳定且喷射混凝土达到设计强度 70% 以上时再开挖隧道的另一侧的一部或二部，然后再开挖隧道下部。左右洞体施工时，前后错开距离不宜小于 15 m。

双侧壁导坑法施工时，导洞跨度不应大于 0.3 倍隧道宽度。先开挖双侧壁导洞并施作初期支护，然后采用台阶法开挖隧道拱部及下台阶和仰拱。左右导洞体施工时，前后错开距离不宜小于 15 m。

5.2.2　隧道不应欠挖，是为了保证衬砌断面尺寸满足设计要求，但在中硬岩以上围岩的爆破中，难免个别部位的欠挖，若对其进行补爆，则势必造成较大的超挖。故本条规定了不影响衬砌质量的欠挖极限，但拱脚和墙脚以上 1 m 范围内，衬砌不准减薄，故规定此部位“严禁欠挖”。

5.2.3　开挖工作面的工程地质与水文地质观察和描述，对于判断围岩稳定性和预测开挖前方的地质条件十分重要，因此，此项工作作为主控项目进行检查。

5.2.4　钻眼质量应从严要求。钻眼前在工作面标出设计的炮眼位置，以保证正确实施。但此项工作比较费事，往往未能认真贯彻，其原因是施工现场缺乏简便合适的测量设施，应引起高度重视，并备好工具，做好此项工作，才能有效达到设计爆破效果。

掏槽眼的位置正确与否，关系到整个开挖面爆破的效果。故要求眼口间距和深度的偏差不大于 5 cm，在完整的硬岩中尤要注意。

规定的眼底偏差，是根据使用支架式风钻钻眼考虑的。如使用大型液压凿岩台车钻眼，由于其结构性能不同，可由施工单位自行确定。

5.2.5　施工现场判定炮眼痕迹保存率应采用计数的方法来进行。松散软岩很难保留炮眼痕迹，可不作炮眼痕迹保存率的要求，只要开挖轮廓成形较好，也可作为合格。

6

本章中“支护”包括了两个含义，即临时支护和初期支护。虽然二者在设计理念中是不同的概念，但对于施工而言，其施工方法是相同的。所以在进行质量验收时，统一称为支护。

喷锚支护包括：锚杆支护、喷射混凝土支护、喷射混凝土锚杆联合支护、喷射混凝土钢筋网联合支护、喷射混凝土与锚杆及钢筋网联合支护、喷钢纤维混凝土支护、喷钢纤维混凝土锚杆联合支护，以及上述几种类型加设钢架而成的联合支护。

超前支护包括：超前锚杆支护、超前管棚支护、超前小导管支护和超前预注浆加固围岩。

6.1.1 隧道开挖后及时进行支护是保证施工安全和提高支护效果的重要手段，支护的及时与否直接影响隧道施工的成败，也是最关键的一个环节。

6.1.3 喷射混凝土的方式可分为干喷、潮喷和湿喷。因湿喷混凝土所用水、水泥、粗细骨料、外加剂等材料喷射前经过正确的计量和充分拌和，水灰比能准确控制，有利于水泥的水化，因而施工中其喷射质量容易控制且回弹率低，混凝土均质性好，强度也较高。所以标准规定应采用湿喷方式。

6.1.6 喷射混凝土施工应分段分层作业。

自下而上可避免先喷上部时松散回弹物污染下部未喷射混凝土的基面，且喷好下部的混凝土可对上部喷射的混凝土起到支托的作用。

一次喷射混凝土的厚度要适当。过薄则粗骨料不易黏结牢固，增加回弹量；过厚则不易保证喷射混凝土的致密和强度。

为保证喷射混凝土的质量，喷射混凝土应进行初期养护，喷射后 3 h 内不得进行爆破作业。

6.2.1 喷射混凝土的质量与水泥品种和标号关系密切，而普通硅酸盐水泥含有较多的 C_3A 和 C_3S，凝结时间快，特别是与速凝剂有良好的相容性，所应优先选用普通硅酸盐水泥。

6.2.5 速凝剂是喷射混凝土必须使用的外加剂，它的质量和掺量对喷射混凝土的强度、质量和成本都很重要。速凝剂对于不同品种的水泥，其作用效果是不尽相同的。同时速凝剂的凝结时间也会因环境温度的不同而有差别。使用前应进行与水泥相容性和速凝效果的检验。一般情况下速凝剂的掺量可采用水泥质量的 2% ~4%。

6.2.14 在低温下进行喷射混凝土作业，混凝土凝结时间显著延长，使一次喷射厚度减少，并使回弹增大。同时，喷射混凝土在低温下硬化，强度增长缓慢。为了保证喷射作业具有良好的工作条件，使混凝土在冬期施工中的强度能得到正常发展，本条作出了作业区和混合料的温度不应低于 5 ℃的规定。

6.3.4 砂浆的配合比直接影响着砂浆的强度、注浆密度和施工的顺利进行。若水灰比过小，可注性差，容易堵管，影响注浆作业的顺利进行；水灰比过大，杆件插如后，砂浆容易往外流淌，孔内砂浆不饱满，也不密实，影响锚固效果。只有砂浆的稠度适宜时，杆件插入后，将砂浆挤压密实，在杆体和孔壁之间不容易形成空腔。

6.3.8 锚杆钻孔方向应与孔口岩面垂直才能使垫板密贴岩面，拧紧尾部螺母。锚杆不加垫板是目前施工中存在的一个普遍问题，本条强调锚杆垫板应与基面密贴应引起足够的重视。一般情况下垫板采用厚度 6 ~ 10 mm 的钢板制成，规格为 150 mm × 150 mm 或 200 mm × 200 mm。

6.4.5 当采用普通凿岩爆破方法开挖隧道时，岩面起伏差较大，在这种情况下，先喷上一层混凝土，再铺设钢筋网，既可保证岩层稳定性较差时作业安全，又可较少围岩表面起伏差，保证钢筋的保护层厚度。

采用双层钢筋网时，第一层钢筋网被混凝土覆盖后再铺设第二层钢筋网，有利于减少喷射作业过程中的回弹率，增加钢筋与壁面之间喷射混凝土的密实性。

6.5.4 清除钢架脚底处虚碴是为了防止钢架整体下沉或两边不均匀下沉。

6.5.5 架设钢架的关键是要保证钢架的稳定性，为确保钢架的支护效果，围岩、钢架、喷射混凝土应形成一个整体。所以要求钢架应被喷射混凝土包裹，同时钢架还应与围岩密贴顶紧。

6.8

处理极其松散、破碎、软弱地层，或在大量涌水的软弱地段以及断层破碎带的隧道，通常采用超前预注浆加固地层，使围岩强度和自稳能力得到提高。

客运专线隧道断面较大，可采用深孔围岩注浆。深孔围岩注浆可采用周边注浆，也可采用全断面注浆。采用这种方法时注浆段较长，为 15 ~ 30 m，注浆压力较高，为 1.5 ~ 4 MPa，浆液扩散范围大，为 1 ~ 2 m。但需要大型注浆设备，注浆周期较长。

6.8.4 注浆结束前，为了检验注浆效果，防止开挖时发生坍塌涌水事故，必须进行效果检验。通常是在分析资料的基础上采取钻孔集水进行检查。有条件时，还可采用物探法等进行检查。

6.8.5 注浆压力是浆液在裂隙中扩散、充填、压实、脱水的动力。注浆压力太低，浆液不能充填裂隙，扩散范围受到限制而影响注浆质量；注浆压力太高，会引起裂隙扩大、岩层移动和抬升，浆液易扩散到注浆范围之外。特别在浅埋隧道还会引起地表隆起，破坏地面设施。

7.1.7 仰拱衬砌紧跟开挖工作面超前浇筑对稳定洞室具有很大的作用，同时洞内作业环境得到了很好的改善。故隧道施工中要求采用仰拱超前的施工方法。

7.2.1 对隧道衬砌模筑混凝土使用的衬砌台车必须进行设计是保证施工安全和混凝土成型质量并指导备料、制作、安装和拆除的重要技术环节。

7.2.3 过早拆模、混凝土强度不足很可能造成衬砌沉降变形、开裂等情况的发生。过晚拆模衬砌台车脱模困难。为保证隧道衬砌的安全和使用功能，提出了拆模时混凝土的强度要求。该强度通常反映为同条件养护混凝土试件的强度。

7.4.1 混凝土用水泥应根据隧道结构所处的环境条件和工程需要，分别选用符合国家现行标准的硅酸盐水泥、普通硅酸盐水泥、矿渣硅酸盐水泥、火山灰质硅酸盐水泥、粉煤灰硅酸盐水泥。

水泥进场时应对其品种、级别、包装等进行检查，并对其强度、安定性及其他必要的性能指标进行复验，其质量必须符合现行国家标准《硅酸盐、普通硅酸盐水泥》(GB 175)等的规定。

在使用水泥的过程中，如果对其质量有怀疑或水泥出厂超过三个月(快硬水泥超过一个月)时，应进行复验，并按复验结果使用。

7.4.4 混凝土外加剂种类较多，且均有相应标准。使用时其质量及应用技术应符合国家现行标准《混凝土外加剂》(GB 8076)、《混凝土外加剂应用技术规范》(GB 50119)、《混凝土速凝剂》(JC 472)、《混凝土泵送剂》(GB 473)、《混凝土防水剂》(JC 474)、《混凝土防冻剂》(JC 475)、《混凝土膨胀剂》(JC 476)等的规定。外加剂的检验项目、方法和批量应符合相应标准的规定。

7.4.15 隧道边墙是高而薄的结构，边墙壁基础和边墙超挖部分的回填密实情况直接关系到隧道衬砌的整体质量。边墙基础浇筑前必须进行隐蔽工程验收，其地质条件应符合设计要求。边墙超挖部分原则上采用同等级混凝土回填，当超挖量大时也可采用浆砌片石回填，但必须征得设计同意。回填浆砌片石时应砌成台阶，以提高回填部分的稳定性。

为保持边墙的稳定，在浇筑边墙时，应一并完成边墙拱座和边墙基础的扩大部分，避免单独开挖拱座基础时损坏拱脚。

8.1.4 辅助坑道是隧道正洞施工的一个重要环节，坑道口的截水、排水和防冲刷设施均应尽早地完成以保证坑道和正洞施工工期的要求。

8.1.5 辅助导坑的支护由设计明确。施工中如地质情况与设计不符需变更设计参数时，应办理变更设计手续。由于坑道与正洞交接处断面加大形状不规则且受力条件复杂，故应加强支护以策安全。

9.1.1 明洞大多数情况下设置在坍方、落石、泥石流等地质不良地段。因此，明洞施工时应根据当地的地形、地质条件及结构类型选择施工方案。

(1)先墙后拱法施工适用于埋置深度较浅，施工边坡后能暂时稳定的地段。

(2)先拱后墙壁法施工适用于岩层破碎、路堑边坡较高，全部明挖可能造成山体坍塌，但拱脚岩层承载力较好且能保证拱圈稳定的地段。施工时，起拱线以上部分采用拉槽法开挖临时边、仰坡，当临时边、仰坡不稳定时可采用喷锚支护加强边坡的稳定，明洞较长时可分段拉槽开挖。做好拱圈后再开挖下部断面和浇筑边墙。

(3)先做外侧边墙法施工适用于半路堑、原地面坡度陡峻的地段。施工时先开挖外侧边墙部分，然后砌筑外侧边墙至设计高程，再开挖拱部施作拱圈部分；在拱内落底并随时加支撑保持内侧临时边坡的稳定；开挖内边墙马口后浇筑边墙。

9.2.2 明洞边墙基础应设置在稳定的地基上，这是总的要求。偏压和单压明洞墙基应考虑其抗滑力。明洞基础开挖至设计标高后必须进行隐蔽工程验收。如其承载力不符合设计要求，应提出设计变更。

9.6.1 明洞回填分墙背回填和拱部回填两个部位。由于其作用不同，因而回填的工艺要求也不尽相同。

(1)墙背回填的作用，主要是使边墙与围岩密贴。当围岩较稳定时，墙背可垂直或以较陡的坡度开挖，超挖量不大，墙背空隙不大。边墙施工时可用相同的材料同时浇筑或砌筑。当围岩稳定性差，墙壁背超挖量大且墙背空隙呈下小上大，不得任意抛填土石致使侧压力增大，施工时必须按设计要求办理。

(2)拱顶回填主要是缓冲边坡落石、坍方对明洞拱顶的冲击以及排除坡面水的作用。

11.1.1 隧道防水质量的好坏直接影响到隧道使用寿命和铁路运营安全。本条对隧道衬砌防水等级提出了验收标准。

按照《地下工程防水技术规范》(GB 50108)规定，地下工程防水等级划分为4级，其中一级的防水标准是：不允许渗水，结构表面无湿渍。适用范围为：人员长期停留的场所，因有少量湿渍会使物品变质、失效的贮物场所及严重影响设备正常运转和危及工程安全运营的部位，极重要的战备工程。为了保证客运专线安全高速运行和各种设备正常运转，规定隧道衬砌和设备洞室的衬砌防水等级应达到一级标准。

11.1.5 防水混凝土包括普通防水混凝土、外加剂防水混凝土或掺合料防水混凝土和膨胀水泥防水混凝土三大类。普通防水混凝土是以调整配合比的方法提高混凝土的密实性和抗渗性;外加剂防水混凝土是在混凝土拌和物中加入少量改善混凝土抗渗性的有机或无机物,如减水剂、防水剂、引气剂等外加剂;掺合料防水混凝土是在混凝土拌和物中加入少量的硅粉、磨细矿粉、粉煤灰等无机物,以增加混凝土的密实性和抗渗性;膨胀水泥防水混凝土是利用膨胀水泥在水化硬化过程中形成大量体积增大的结晶,主要是改善混凝土的孔结构,提高其抗渗性能。

11.1.8 隧道、明洞、辅助坑道排水是指采用各种排水措施,使地下水能顺着预设的各种管沟排出洞外。

当排水口高程低于最高洪(潮)水位时,为防止洪(潮)水倒灌,通常在排水口处采取自密封措施。

11.2.1 隧道排水是一项系统工程,施工单位必须按照设计的排水系统进行施工。洞内排水系统应与洞外排水系统合理连接。

隧道施工时,无论是顺坡排水还是反坡排水都要求隧底无水漫流,工作面不积水,以避免浸蚀和软化隧底,影响铺底或整体道床的质量。

辅助导坑是排泄正洞水流的一项措施。隧道完工后,可利用辅助导坑设置永久工程,以保证正洞排水畅通。

隧道洞口的排水必须注意对环境的影响,严禁水流冲刷边坡造成水土流失。

11.2.2 及早处理地表水是隧道防水的一道关键环节。特别是隧道覆盖层薄和渗水性强的地层应在隧道进洞前先期处理。

明洞建筑于露天空旷地区,一般有地表径流的影响,如不设法截、拦、排走,容易引起冲刷坡面,产生坍塌,或流入回填体内部,浸泡回填料,增加明洞荷载。为了保证建筑物的安全,规定明洞顶应设置截、排水系统。

11.7.5 施工缝的防水质量除了与选用的构造措施是否合理有关外,还与施工质量有很大关系。本条规定施工缝浇筑混凝土前应将表面浮浆和杂物清理干净,是因为这层浮浆是妨碍新老混凝土结合的障碍,由于新老混凝土不能紧密结合使施工缝容易渗漏水。

11.8.5 要使嵌缝材料具有良好的防水性能,除了嵌填的密封材料要密实外,缝两侧的基层处理也十分重要,否则密封材料与基面黏结不紧密,就起不到防水作用。另外,缝底的背衬不可忽视,否则会使密封材料三向受力,对密封材料的耐久性和防水性都有不利影响。

11.8.7 沉降缝和伸缩缝统称变形缝,由于防水做法有很多相同之处,故一般不加细分。但实际上两者是有一定区别的,沉降缝主要用于在上部建筑明显变化的部位及地基差异较大的部位,而伸缩缝是为了解决因干缩变形和温度变化所引起的变形时避免产生裂缝而设置的。沉降缝渗漏水目前在工程上比较多,除了选材、施工等诸多因素外,沉降量过大也是一个重要原因。沉降量过大,会造成止水带与混凝土脱开,使工程渗漏。因此施工过程中应按设计要求埋设沉降观测标志,并按设计规定的频率进行沉降观测,年沉降速率不能超过设计的允许值。

11.9.2 防水板接缝较多,防水的关键取决于接缝密封好坏的程度。国内常采用的是双焊缝自动热合技术,这种方法一方面能保证焊接质量,另一方面便于充气检查。

充气检查方法是将 5 号注射针与压力表相连接,用打气筒进行充气,当压力表达到 0.25 MPa 时停止充气,保持 15 min,压力下降在 10% 以内,说明焊缝合格。如压力下降过快说明有渗漏,用肥皂水涂在焊缝上,有气泡的地方重新补焊。

11.9.3 防水板铺设应与基层固定牢固并保持一定的松弛度。防水板固定不牢会引起板面下垂,绷紧时又会将防水板拉断同时造成混凝土衬砌厚度不够的现象。

铺设时先拱后墙,下部防水板压住上部防水板的规定,是为了使防水板外侧上部的渗漏水能顺利流下,不至于积聚在防水板的搭接处而形成隐患。

11.9.4 防水板系在初期支护表面铺设,要求初期支护基层表面十分平整则费事费时,且也达不道这一要求,故标准只提应平整,并根据工程实践的经验提出平整度的定量指标,以便于铺设防水板。但基层表面伸出的钢筋头、钢纤维头等坚硬物体必须予以清除,以免损伤防水板。

11.9.7 防水板的铺设应与基层固定牢固。防水板固定不牢会引起板面下垂,绷紧时又会将防水板拉断。

11.11.3 衬砌背后排水系统的施工一般根据工程及水文地质条件以及环境保护等要求综合考虑,不仅可以在隧道衬砌背后设置排水系统,而且为了防止翻浆冒泥,也可以设置隧道底中心排水盲管,以减少水害的发生,但施工中必须防止衬砌或压浆浆液浸入盲管堵塞管路。

中华人民共和国行业标准

铁路运营隧道空气中机车废气容许浓度和测试方法

Allowable Concentration and Measurement of Locomotive Exhaust in Railway Operating Tunnel

TB/T 1912—2005
代替 **TB/T 1912—1987**

2005—06—27 发布　　　2005—12—01 实施

中华人民共和国铁道部　发布

中华人民共和国行业标准

铁路运营隧道空气中机车废气容许浓度和测试方法

Allowable Concentration and Measurement of Locomotive Exhaust in Railway Operating Tunnel

TB/T 1912—2005
代替 TB/T 1912—1982

2005—06—27 发布　　　2005—12—01 实施

中华人民共和国铁道部 发布

前　　言

本标准代替 TB/T 1912—1987《铁路运营隧道空气中内燃机车废气容许浓度》。

本标准与 TB/T 1912—1987 相比主要变化如下：

——修改一氧化碳测试方法；

——增加电气化长隧道空气中有害物容许浓度和测试方法；

——标准附录中增加氮氧化物采样测试方法；

——增加氮氧化物检测管测试方法；

——增加术语和定义。

本标准的附录 A 为规范性附录。

本标准由铁道部劳动卫生研究所提出并归口。

本标准起草单位：铁道部劳动卫生研究所。

本标准主要起草人：任安绚、施红生、赵亚林、刘建华。

本标准于 1987 年首次发布，本次为第一次修订。

目　次

铁路运营隧道空气中机车废气容许浓度和测试方法

1 范 围

本标准规定了铁路运营隧道空气中机车废气的容许浓度及测试、计算方法。

本标准适用于海拔 3 000 m 以下地区铁路运营隧道空气中机车废气的卫生监测和通风设计。

2 规范性引用文件

下列文件中的条款通过本标准的引用而成为本标准的条款。凡是注日期的引用文件,其随后所有的修改单(不包括勘误的内容)或修订版均不适用于本标准,然而,鼓励根据本标准达成协议的各方研究是否可使用这些文件的最新版本。凡是不注日期的引用文件,其最新版本适用于本标准。

GB/T 16024—1995 臭氧的丁子香酚 - 盐酸副玫瑰苯胺分光光度法。

NIOSH 6604 电化学传感器便携式直读仪器法

OSHA ID—214 作业环境臭氧测试方法由 OSHA SLTC 臭氧膜式半导体传感器直读仪器法

3 术语和定义

下列术语和定义适用于本标准。

3.1

日均浓度 average concentration - full shift

一个工作日内连续监测 6 h 隧道内有害物的平均浓度。

3.2

15 min 时间加权浓度 15 min time weighted average concentration

列车通过测点后 1.5 min 有害物的时间加权平均浓度。

3.3

机械通风停止时浓度 concentration at mechanical ventilation stop

机械通风停止时隧道内有害物的浓度。

3.4

最高容许浓度 maximum allowable concentration

隧道内有害物任何时间均不应超过的浓度。

4 容许浓度

4.1 内燃机车牵引运营隧道内空气污染,以氮氧化物、一氧化碳作为代表性指标,其容许浓度应符合表 1 要求。无机械通风隧道内氮氧化物、一氧化碳不应超过表 1 规定的 15 min时间加权容许浓度和日平均容许浓度。进行机械通风,机械通风停止时隧道内氮氧化物、一氧化碳不应超过表 1 规定的机械通风停止时容许浓度。

表 1 单位:mg/m^2

监 测 指 标	容 许 浓 度		
	日 平 均	15 min 时间加权	机械通风停止时
氮氧化物(换算成 NO_2)	10	20	10
一氧化碳	30	100	30

4.2 电力机车牵引运营隧道内空气污染,以臭氧作为代表性指标,其容许浓度应符合表 2 要求。无机械通风隧道内臭氧浓度不应超过表 2 规定的最高容许浓度。进行机械通风,机械通风停止时隧道内臭氧浓度不应超过表 2 规定的机械通风停止时容许浓度。

表 2 单位:mg/m^3

监 测 指 标	容 许 浓 度	
	最 高	机械通风停止时
臭 氧	0.3	0.3

4.3 内燃机车、电力机车混合牵引运营隧道按 4.1 要求执行。

5 测试、计算方法

5.1 测试方法

氮氧化物、一氧化碳和臭氧三项代表性指标测试方法应符合表 3 要求。

表 3

监测指标	测 试 方 法
氮氧化物	真空采样 Saltzman 法(见附录 A) 检测管法(Draeger – Tube Nitrous Fumes CH 31001,6724001)
一氧化碳	NIOSH 6604 电化学传感器便携式直读仪器法
臭 氧	GB/T 16024—1995 臭氧的丁子香酚 – 盐酸副玫瑰苯胺分光光度法 OSHA ID—214 作业环境臭氧测试方法中 OSHA SLTC 臭氧膜式半导体传感器直读仪器法

5.2 采 样 点

5.2.1 无机械通风测试日平均、15 min 时间加权、最高容许浓度,隧道内采样点的设置应根据隧道的特点,选择排烟困难的区段作为采样点,采样在避车洞口 1.5 m 高度。

5.2.2 有机械通风测试机械通风停止时浓度,隧道内采样点应设在隧道排烟端第一个避车洞处(距隧道排烟端洞口 100 ~ 150 m),采样在避车洞口 1.5 m 高度。

5.3 计算方法

5.3.1 日均浓度

应在一个工作日内连续测试 6 h,不考虑列车通过情况每 10 min 采样一次,按下式计算有害物平均浓度。

$$C_{日均} = (C_1 + C_2 + \cdots + C_n)/n$$

式中　$C_{日均}$——日均浓度,单位为毫克每立方米(mg/m^3);

C_1、C_2、C_n——每次采样浓度,单位为毫克每立方米(mg/m^3);

n——采样次数。

5.3.2　15 min 时间加权浓度

采样应在列车尾部通过测点后即刻、1 min、3 min、5 min、7 min、10 min、14 min 各采样一次,按下式计算有害物 15 min 时间加权浓度。

$$C_{15}=(C_0+2C_1+2C_3+2C_5+3C_7+4C_{10}+C_{14})/15$$

式中　C_{15}——15 min 时间加权浓度,单位为毫克每立方米(mg/m^3);

C_0、C_1、C_3、C_5、C_7、C_{10}、C_{14}——列车通过测点后各时间的有害物浓度,单位为毫克每立方米(mg/m^3)。

5.3.3　最高容许浓度

仪器直读法为列车通过测点后即刻、1 min、2 min、3 min、……每隔 1 min、测试一次,连续测试 15 min,取 15 min 测试中有害物最高浓度值。

分光光度法为列车通过测点后即刻开始采样,每个样采集 3 min,连续采集 5 个样,取 5 个样中有害物最高浓度值。

5.3.4　机械通风停止时浓度

应在机械通风停止后立刻采样、测试。

附　录　A
（规范性附录）
铁路隧道内 NO_x 真空采样 Saltzman 法

A.1　原　　理

运营隧道内氮氧化物主要以 NO、NO_2 形式存在。真空采样法是用真空采样管采集样气，放置 24 h，使 NO 自然氧化成 NO_2。NO_2 在水中形成亚硝酸，亚硝酸与吸收液中的对氨基苯磺酸发生重氮化反应，产物与盐酸萘乙二胺耦合生成玫瑰红色染料，比色定量。

A.2　仪　　器

A.2.1　单口真空采样管（150 mL）

A.2.2　具塞比色管（25 mL）

A.2.3　分光光度计

A.2.4　真空泵

A.3　试　　剂

实验全部用去离子水。

A.3.1　吸收液

A.3.1.1　储备液

50 mL 冰醋酸（二级）与 900 mL 水混合，加入 5.0 g 对氨基苯磺酸（二级），搅拌至全部溶解（必要时可加热），再加入 0.05 g 盐酸萘乙二胺（二级），用水稀释至 1 000 mL，置于棕色瓶中备用。此储备液置于冰箱中可保存 1 个月。

A.3.1.2　使用液

取 4 份储备液加 1 份水混合。

A.3.2　标准溶液

准确称取 0.1500 g 干燥的亚硝酸钠（二级），用水溶解后，移入 100 mL 容量瓶中，用水稀释至刻度，此溶液 1 mL 含 0.1 mgNO_2^-，贮存在冰箱中可保存 1 个月。使用时用水稀释成 1 mL 含 5 μgNO_2^- 的标准溶液。

A.4　采　　样

将装有 10.00 mL 吸收液的真空采样管进气口套上乳胶管，抽成真空，用止水夹夹住。采样时打开止水夹，平衡约 5 ~ 10 s，夹上止水夹，振摇 3 ~ 5 次后放置 24 h。

A.5　分析步骤

A.5.1　按表 A.1 配制标准管。

将各管摇匀后放置15 min，于波长555 nm处，用1 mL比色皿进行比色，以 NO_2^- 含量对光密度绘制标准曲线。

A.5.2 将采样后放置24 h的真空采样管振摇几次，按步骤A.5.1的条件进行比色测定，由标准曲线（或回归曲线）上得出吸收液中 NO_2^-。

表A.1 标准管的配制

管　号	0	1	2	3	4	5
标准溶液(mL)	0	0.20	0.60	1.00	1.40	1.80
水(mL)	2.00	1.80	1.40	1.00	0.60	0.20
吸收液(mL)	8.00	8.00	8.00	8.00	8.00	8.00
NO_2^- (μg)	0	1.0	3.0	5.0	7.0	9.0

A.6 计　　算

A.6.1 空气中氮氧化物的浓度按下式计算：

$$NO_x = \frac{C}{k \cdot V_0}$$

式中 NO_x——空气中氮氧化物（换算成 NO_2）浓度，单位为毫克每立方米（mg/m^3）；

C——样品溶液中 NO_2^- 含量，单位为微克（μg）；

V_0——换算成标准状态下的采样体积，单位为升（L）；

k——NO_2（气）→NO_2^-（液）的转换系数；在 NO_x 浓度大于等于10 mg/m^3 时，取0.86；在 NO_x 浓度小于10 mg/m^3 时，取0.76。

A.6.2 采样体积按下式计算：

$$V_0 = (V_{管} - 0.010) \times \frac{P-h}{P}$$

式中 V_0——换算成标准状态下的采样体积，单位为升（L）；

$V_{管} - 0.010$——真空采样管加入10 mL吸收液后的实际容积，单位为升（L）；

P——采样时的大气压力，单位为千帕（kPa）；

h——抽真空后管内的剩余压力，单位为千帕（kPa）。

A.7 说　　明

A.7.1 真空采样的容积应逐一经过校准。

A.7.2 真空泵的效率不可能达到100%，因此要用真空表测出真空采样管内的剩余压力，用以校正采样体积。

A.7.3 采样时，打开止水夹后不要振荡，控制平衡时间为5～10 s，以免产生正偏差。

A.7.4 本方法的精密度为2.5%～5.1%，最低检出限为0.1 μg/10 mL。

铁建设〔2007〕88 号

铁路隧道设计施工有关标准补充规定

2007—04—20 发布　　　　2007—04—20 实施

中华人民共和国铁道部　发布

铁路隧道设计施工有关标准补充规定

（铁建设〔2007〕88号）

一、基本规定

第一条 隧道是铁路基础设施的重要组成部分，提高铁路隧道勘察、设计、施工质量，确保施工安全是全面落实铁路建设新理念的重要体现。隧道工程必须精心勘察、精心设计、精心施工。

第二条 隧道设计、施工应充分借鉴国内外隧道设计先进的理念、方法，积极推广采用新技术、新工艺、新设备、新材料，不断提高勘察设计和施工水平。

二、勘察、设计

第三条 隧道应以工程地质、水文地质情况作为确定位置的前提条件，并选择稳定的地层，绕避工程地质、水文地质极为复杂，高地下水压以及严重不良地质地段。

第四条 隧道地质勘探应采用综合方法，并符合下列要求：

（1）钻孔位置和数量应视地质复杂程度而定。洞门附近覆土较厚时，应布置勘探孔；地质复杂，长度大于1 000 m的隧道，洞身应按不同地貌及地质单元布置勘探孔查明地质条件；主要的地质界限，重要的不良地质、特殊岩土地段等处应有钻孔控制；洞身地段的钻孔位置宜布置在中线外8～10 m。

（2）钻探深度应至路肩以下3～5 m；遇溶洞、暗河及其他不良地质时，应适当加深至溶洞及暗河底以下5 m。

（3）客运专线铁路和时速200公里客货共线铁路隧道的洞身勘探应根据地层及地质构造发育情况，适当增加勘探与测试工作量；埋深小于100 m的较浅隧道或洞身段沟谷较发育的隧道，勘探点间距不宜大于500 m；埋深较大隧道勘探点的布置应根据地质调查及物探成果专门研究确定。

（4）断层和物探异常点应设有勘探控制点，并请当地专家参与分析评估。

第五条 隧道洞口设计应严格执行“早进洞，晚出洞”的原则，减小对洞口周围环境的影响；隧道口应优先采用切削式洞门，必要时考虑设置洞口缓冲设施；位于城镇、风景区、车站附近的洞门，宜考虑建筑景观与环境协调美化的要求；洞口边、仰坡土石有剥落可能时，应优先采用工程防护和绿色防护相结合的加固措施。

第六条 隧道主体结构应按满足100年正常使用年限要求设计。

第七条 隧道长度大于等于1 000 m时，隧道内应优先采用无砟轨道。

第八条 隧道勘察设计、施工应全过程开展风险评估和风险管理工作，提出应对和减小风险的有效措施。

第九条 地下水发育的岩溶地区，长、特长隧道宜优先采用人字坡。

第十条 长大及地质复杂隧道应开展施工及运营期间的防灾救援设计，长隧道及特长隧道应结合辅助坑道类型选择，综合确定运营期间防灾救援方案。

第十一条 隧道设计应根据行车组织方式、地质条件、防灾救援、空气动力学效应、工程造价、施工方法以及隧道两端接线条件等因素综合确定采用两个单线隧道或单洞双线隧道方案。一般情况下,新建长度小于 10 km 的隧道可采用单洞双线隧道方案;长度大于等于 10 km 隧道,宜优先采用两个单线隧道方案。

第十二条 新建铁路隧道内轮廓应根据下列因素综合确定:

(1)隧道建筑限界;

(2)隧道内股道数及线间距;

(3)缓解空气动力学效应的措施及必需的断面面积;

(4)机车车辆类型及其密封性;

(5)轨道结构形式及其运营维护方式;

(6)隧道设备空间;

(7)救援通道和安全空间;

(8)工程技术作业空间。

第十三条 隧道设计必须考虑列车进入隧道或隧道群诱发的空气动力学效应对行车、旅客舒适度、车辆结构强度和环境等方面的影响。当线路中隧道所占比例小于 10%,且每小时通过隧道小于 4 座时,单线隧道允许的最大瞬变压力宜为 2 kPa/3 s,双线隧道宜为 3 kPa/3 s;当线路中隧道所占比例大于 25%,或每小时通过隧道大于 4 座时,单线隧道允许的最大瞬变压力宜为 0. 8 kPa/3 s,双线隧道宜为 1. 25 kPa/3 s。

第十四条 隧道的超前支护、初期支护、衬砌等措施应与地质情况相对应。对于地质变化特别快或勘探有疑问的重点地段应选用较强的支护、衬砌措施。

第十五条 隧道初期支护喷射混凝土的强度等级不应低于 C25,24 小时强度不应低于10 MPa。

第十六条 隧道衬砌结构设计必须满足下列要求:

(1)客货共线铁路隧道二次衬砌与仰拱的混凝土强度等级不得低于 C25,采用钢筋混凝土时,其强度等级不得低于 C30。

(2)客运专线铁路隧道二次衬砌与仰拱的混凝土强度等级不得低于 C30,采用钢筋混凝土时,其强度等级不得低于 C35。

(3)底板必须采用钢筋混凝土,其强度等级不得低于 C30,厚度不得小于 30 cm。

(4)仰拱填充可采用普通混凝土,其强度等级可采用 C20。

(5)双线隧道Ⅳ~Ⅵ围岩地段,二次衬砌应采用钢筋混凝土,钢筋保护层厚度必须符合《铁路混凝土结构耐久性设计暂行规定》的要求。

第十七条 隧道防排水设计应采取“防、堵、截、排,因地制宜,综合治理”的原则,应进行环境评价,重视环境保护。对下穿江、河、城市及对环境有特殊要求的隧道宜采取全封闭不排水的原则;对岩溶、高压水和适当排放不会影响环境的隧道宜采取以堵为主,限量排放的原则;排水对环境确无影响时宜采取排水的原则,并考虑排水措施的可维护性。

第十八条 新建双线隧道,应根据排水量设置水沟。排水量较大时,应设置双侧水沟和中心水沟,干燥无水或排水量较小时,可只设双侧水沟。

第十九条 采用复合式衬砌的隧道,应根据隧道的工程地质、水文地质和环境条件等综合因素研究在初期支护与二次衬砌之间铺设分离式防水板,防水板厚度不应小于1. 5 mm;干燥无水或渗水量很小时可不设防水板。

第二十条 铁路隧道铺设的防水板物理力学性能除应符合《铁路隧道设计规范》(TB 10003—2005)有关规定外,尚应符合《铁路隧道防水材料技术条件》相关要求。

三、施　工

第二十一条 隧道应根据环境条件、地质条件、断面大小、结构形式、施工工期等因素选择适宜的施工方法。

第二十二条 新建铁路隧道长度大于10 km,且工程地质和水文地质条件、施工场地、运输条件适宜时,宜优先考虑掘进机法施工方案。

第二十三条 软弱破碎围岩宜积极采用岩土控制变形分析法施工技术。

第二十四条 隧道施工应进行超前地质预报,超前地质预报应纳入正常施工工序。工程地质、水文地质复杂的长隧道和特长隧道,可能存在诱发重大地质灾害的隧道,地下水活跃、围岩软弱、含富水断层的隧道,高瓦斯、高地应力的隧道,可能发生突水、突泥的隧道,可委托专业队伍,采用新技术、新设备、新方法,开展第三方超前地质预报工作。

第二十五条 铁路隧道施工应根据《铁路隧道监控量测技术规程》的规定开展监控量测工作,监控量测工作应纳入正常施工工序,监控量测结果应及时反馈,指导设计与施工。隧道开挖后的围岩变形量测应按规定实施,量测数据应绘制成图。

第二十六条 隧道岩石爆破应采用光爆方法,尽量减少对围岩的扰动,控制变形。较破碎岩石隧道、水平层岩石隧道,每循环爆破进尺不宜过大,并严格控制光面爆破的参数,优化施工工艺,控制线性超挖量。

第二十七条 隧道施工应严格执行《铁路隧道钻爆法施工工序及作业指南》等有关规定。隧道初期支护应紧跟开挖面及时施做,尽快封闭;软弱及不良地质隧道仰拱应紧跟,仰拱距开挖面距离宜控制在40 m以内;洞口段、浅埋段、断层破碎带,隧道二次衬砌应及时施作。

第二十八条 浅埋隧道、黄土隧道应以控制变形为重点,遵循"预支护、短开挖、少扰动、强支护、早封闭、实回填、严治水、勤量测"的原则。分部开挖台阶长度一般不应超过1.0倍开挖洞径。浅埋隧道、黄土隧道应采取措施防止地面水渗入洞内,洞内积水应尽快疏排。

第二十九条 锚杆端头必须设置垫板,锚杆孔灌浆应密实,锚杆材质的断裂伸长率不得小于16%,允许抗拉力和极限抗拉力应符合设计要求。拱部采用的中空锚杆或其他带排气装置的锚杆,必须采用沿锚孔进浆,以锚杆中孔或排气管做回浆孔的工艺。

第三十条 隧道内仰拱、底板混凝土应整体浇筑,一次成型。仰拱与仰拱填充混凝土应分开施工,仰拱底部虚砟、杂物、积水必须清理干净。

第三十一条 隧道拱部超挖部分应采用与二次衬砌同强度等级混凝土一次灌筑。

第三十二条 防水板铺设基层平整度(凹槽深度与宽度之比,即(D/L)不应大于1/10,防水板的焊缝宽度、搭接宽度、焊接质量应符合有关规定。

第三十三条 隧道施工中应根据隧道长度、断面大小、施工组织等选择施工通风方式和通风设备。确保隧道内作业环境指标符合国家有关标准。

第三十四条 施工单位应编制应急预案,配备必要的报警、救援、逃生设施。隧道开工前应进行应急演练。

第三十五条　铁路隧道施工必须严格执行《铁路工程施工安全技术规程》(TB 10401),建立安全生产责任制,培训作业人员,持证上岗,确保隧道施工安全。

第三十六条　本规定由铁道部建设司负责解释。

第三十七条　本规定自2007年4月20日起施行。

中华人民共和国行业标准

铁建设〔2007〕106号

铁路隧道全断面岩石掘进机法技术指南

2007—05—22 发布　　　　2007—05—22 实施

中华人民共和国铁道部　发布

前　言

本技术指南是根据铁道部经济规划研究院《关于委托编制2006年铁路工程建设标准的通知》(经规标准〔2006〕45号)的要求,为满足铁路隧道岩石掘进机法设计、施工和工程质量验收需要而进行编制的。

本技术指南在编制过程中,总结了我国铁路隧道岩石掘进机法设计、施工的经验,学习和借鉴了国际先进标准,充分体现了岩石掘进机法设计、施工的技术特点和质量要求,符合指南的编写要求。本技术指南具有以下特点:

(1)指南按设计、施工和验收三部分编写,内容全面,引用数据和标准合理,工艺流程详细,吸纳了当前掘进机法的先进技术,可指导采用掘进机法施工的铁路隧道的勘察、设计、施工和验收工作。

(2)明确了优先采用掘进机法施工的隧道的条件,确定了使用掘进机法进行隧道勘察设计的内容和需要提供的地质参数。

(3)提出了影响掘进机施工的关键参数和适用的围岩工作条件等级。

(4)提出掘进机选型的原则和在选型中应注意的因素。

(5)规定了工程施工应采用先进的技术、设备和工艺,质量保证,安全保障等措施。

(6)提出了对参加掘进机法隧道施工及验收的各方人员进行上岗培训的要求。

本技术指南共分为19章,主要内容包括:总则、术语、基本规定、地质勘察、隧道设计、掘进机设备选型、施工准备、施工测量、管片及仰拱块制作、设备组装调试、地质超前预报、掘进与支护、防排水施工、施工通风、防尘及风水电供应、掘进机保养与检修、掘进机拆卸、施工运输、监控量测和工程验收等。

在使用过程中,当涉及结构安全、系统功能部分设计文件的要求与本技术指南有差异时,应以标准高者为依据。

在执行本技术指南的过程中,希望各单位结合工程实践,认真总结经验,积累资料。如发现需要修改和补充之处,请及时将意见及有关资料寄交中国铁路工程总公司(北京市西客站南广场中铁工程大厦,邮政编码:100055),并抄送铁道部经济规划研究院(北京市海淀区羊坊店路甲8号,邮政编码:100038),供今后修订时参考。

本技术指南由铁道部建设管理司负责解释。

本技术指南主编单位:中国铁路工程总公司。

本技术指南参编单位:中铁隧道集团有限公司、铁道第一勘察设计院、中铁西南科学研究院。

本技术指南主要起草人:陈唯一、杨世武、刘　春、杨木高、何发亮、琚时轩、陈　馈、孟祥连、周振国、叶康概、杨国柱、吴全中、刘建廷。

目 次

1 总 则

1.0.1 为贯彻国家有关法规和铁路技术政策,统一铁路隧道全断面岩石掘进机法的勘察、设计、施工、验收技术要求和标准,使新建铁路隧道符合安全适用、技术先进、经济合理的要求,并加强施工管理,保证工程质量,制定本技术指南。

1.0.2 本技术指南适用于采用全断面岩石掘进机法修建的铁路隧道的勘察、设计、施工和工程质量验收。掘进机在无砟轨道铁路隧道工程的设计、施工和工程质量验收尚应符合无砟轨道铁路工程的有关规定。

1.0.3 隧道勘察设计,必须遵照国家有关政策和法规,重视环境保护和节约能源,针对地形、地质、生态环境和能源状况,综合考虑运营、施工及大件设备运输条件等,通过技术、经济比较,合理确定技术方案和掘进机选型。

1.0.4 新建铁路隧道长度大于等于10 km,且地形、地质、水文和运输场地等条件适合采用掘进机法修建时,经技术经济比较,应优先采用掘进机法。

1.0.5 采用全断面岩石掘进机法的隧道应根据隧道地形和地质条件、工期计划等,进行掘进机适用性和施工安全风险评估,提高设计的科学性,确保施工的安全性,保证工程质量。

1.0.6 采用全断面岩石掘进机法的隧道在施工中应根据超前地质预报及监控量测信息,调整掘进参数,控制推进姿态,优化支护参数,实施全过程的动态管理。

1.0.7 隧道设计施工中应积极推广应用新技术、新工艺、新材料和新设备,提高工程质量和设计、施工技术水平。

1.0.8 采用掘进机法的隧道工程必须按规定及时填写各类质量检测报告,检查验收记录和其他工程技术管理资料,严格履行责任人签字制度。施工质量验收资料的归档整理应符合有关规定的要求。

1.0.9 采用掘进机法施工的铁路隧道工程设计、施工和质量验收除应符合本指南的要求外,尚应符合国家和铁道部现行有关强制性标准的规定。

2 术　语

2.0.1　全断面岩石掘进机　full face rock tunnel boring machine(TBM)

旋转并推进刀盘,通过滚刀破碎岩石而使隧洞全断面一次成形的机器。

2.0.2　开敞式全断面岩石掘进机　open type TBM

利用支撑机构撑紧洞壁以承受向前掘进的反作用力及反扭矩的全断面岩石掘进机。

2.0.3　护盾式全断面岩石掘进机　shielded full face rock TBM

在整机外围设置与机器直径相一致的圆筒形防护结构以利于掘进和进行管片安装的全断面岩石掘进机。

2.0.4　单护盾掘进机　single shield TBM

护盾由一个组成,掘进与管片安装是分步完成的。

2.0.5　双护盾掘进机　double shield TBM

护盾由前、后及伸缩护盾组成,可实现掘进与管片安装同步进行。

2.0.6　刀盘　cutterhead

破岩并铲拾岩渣的部件,包括刀具、铲斗及刀盘结构件等。

2.0.7　滚刀　disc cutter

破碎岩石的工具、由刀圈、刀体、刀轴轴承及端面密封等零件组成。

2.0.8　中心滚刀　center cutter

布置在刀盘中心区的滚刀。

2.0.9　正滚刀　inner cutter

布置在中心滚刀与过渡滚刀之间的滚刀。

2.0.10　过渡滚刀　transition cutter

布置在刀盘外圆过渡曲面上的滚刀。

2.0.11　边滚刀　gauge cutter

位于刀盘外缘区,其切削刀布置成圆弧部分的滚刀。

2.0.12　单刃滚刀　single disc cutter

带有单列刀刃的盘形滚刀。

2.0.13　双刃滚刀　double disc cutter

带有双列刀刃的盘形滚刀。

2.0.14　刀圈　cutter ring

用于破碎岩石的带刀刃的环形体。

2.0.15　刀体　cutter hub

滚刀的毂部,它外装刀圈,内装轴承及端面密封圈。

2.0.16　刀轴　cutter shaft

支承刀体回转的心轴。

2.0.17　刀座　cutter saddle

安装滚刀的支座。

2.0.18 刀盘轴承 cutterhead bearing

承受刀盘推力、倾覆力矩和刀盘重量的轴承。

2.0.19 刀盘密封 cutterhead seal

防止灰尘侵入刀盘轴承、大齿圈及防止润滑油外泄的密封装置。

2.0.20 大齿圈 bull gear

带动刀盘回转的大直径齿圈。

2.0.21 铲斗 bucket

刀盘回转时,铲拾破碎下的岩渣,提升至机器上部并将其卸出的部件。

2.0.22 喷雾防尘装置 water spray system

喷射水雾,防止岩尘飞扬的装置,位于刀盘前端,面向工作面。

2.0.23 刀盘支承壳体 cutterhead support

支承回转刀盘,传递扭矩及推力的部件。

2.0.24 挡尘板 dust plate

装在刀盘支承壳体上的环形圆板,防止岩尘逸出。

2.0.25 刀盘微动机构 inching unit of the cutterhead

使刀盘作微转定位的机构。

2.0.26 机架 main frame

机器的主体,用于连接主要部件及传递破岩的反扭矩。

2.0.27 内机架 inner kelly

掘进过程中机架的移动部分。

2.0.28 外机架 outer kelly

掘进过程中机架的不动部分。

2.0.29 护盾 shield

装在机器外围的防护构件。

2.0.30 顶护盾 roof support

安装于开敞式掘进机刀盘支承壳体顶部,支撑及稳定掘进机前上部的机构。

2.0.31 前支承 front support

安装于开敞式掘进机前端,刀盘支承壳体下部用于支承机器前部重量的机构。

2.0.32 前侧支承 front side support

安装于开敞式掘进机前端刀盘支承壳体两侧的支承机构,起稳定刀盘和水平调向的作用。

2.0.33 后支承 rear support

安装于机器后部下面,在机器复位时,支承机器后部重量的机构。

2.0.34 支撑机构 grippre unit

掘进过程中,承受反推力、反扭矩及机器的部分重量的机构,由支撑油缸、支撑板及支撑座等组成。

2.0.35 X形支撑 X-gripper

由四个单支撑组成的X形支撑机构。

2.0.36 双支撑 dual-gripper

由前、后二组支撑所组成的支撑机构。

2.0.37 双支撑移位机构 dual-grippre space adjustment unit

连接并调整前、后二组支撑间距的机构。

2.0.38 支撑靴 gripper shoe

支撑机构中直接紧贴洞壁的靴板。

2.0.39 支撑靴座 gripper carrier

支撑机构中与机架导轨衔接的框形构件。

2.0.40 推进机构 propel unit

用于推动机器前进及使支撑前移复位的机构，由推进油缸、支座、销轴等组成。

2.0.41 纠编转机构 rolling corrector

纠正机器滚转角位移的机构，用于护盾式掘进机。

2.0.42 激光导向机构 laser guidance unit

指示掘进方位的激光装置，包括激光发射器、前靶及后靶等。

2.0.43 钢拱架安装器 steel rib erector

安装隧洞环形支护结构用的机构，用于开敞式掘进机。

2.0.44 后配套 back-up

拖在主机后部，装有电气、液压及其他附属设备等的拖式台车。

2.0.45 出渣转载装置 muck tansfer equipment

掘进时，将岩渣转载到运渣车辆的装置。

2.0.46 机器直径 diameter of the machine

机器的公称设计直径(m)。

2.0.47 掘进直径 boring diameter

掘进得到的实际隧洞直径(m)。

2.0.48 掘进速度 advance speed

单位时间内掘进的隧洞长度(m/h)。

2.0.49 掘进断面面积 boring section area

掘进所得到的实际隧洞截面积(m^2)。

2.0.50 掘进行程 boring stroke

完成一个掘进循环所达到的掘进长度(m)。

2.0.51 最小转弯半径 minimal curve radius

隧洞中心线的最小曲线率半径(m)，其值决定于机器本身的外形尺寸及调向性能。

2.0.52 总推力 total thrust

设计最大推力，即各推进油缸最大推力的总和(kN)。

2.0.53 总功率 total horsepower

机器装机功率的总和(kW)。

2.0.54 总支撑力 total gripper force

各支撑最大设计支撑力的总和(kN)。

2.0.55 滚刀数 rolling cutter number

设置在刀盘上的各种滚刀的总数。

2.0.56 刀间距 cutter spacing

相邻刀刃刃口相对刀盘中心距离之差,即在掘进时的相邻刀刃刃口形成的轨迹之间的距离(mm)。

2.0.57 刀圈直径 cutter ring diameter

滚刀刀圈的外径 D(mm)。

2.0.58 刀圈寿命 cutter ring life

滚刀刀圈能连续工作的一次性期限,以破碎岩石的实方量来表示(m^3)。

2.0.59 滚刀承载能力 rated loading capacity of rolling cutter

滚刀的额定承载力(kN)。

2.0.60 刀盘功率 cutterhead horsepower

刀盘的装机功率(kW)。

2.0.61 刀盘扭矩 cutterhead torque

与刀盘功率相对应的回转力矩(kN·m)。

2.0.62 刀盘转速 cutterhead rotating speed

刀盘每分钟的回转数(r/min)。

2.0.63 刀盘推力 cutterhead thrust

破碎岩石时作用在刀盘上的推力(kN)。

2.0.64 机器全长 length of the machine

掘进机的总长(m),包括后配套设备。

2.0.65 步进 pace

掘进机利用支撑机构换步到开挖面过程。

2.0.66 贯入度 penetration

掘进过程中,刀盘回转一转的滚刀进刀深度(mm)。

2.0.67 掘进循环 boring cycle

完成一次掘进必须进行的整个操作过程,包括掘进过程与复位过程。

2.0.68 掘进过程 boring process

当支撑机构撑紧洞壁后,从推进油缸推进开始直至推进行程结束的过程,也就是破岩的过程。

2.0.69 复位过程 reset process

推进行程结束,支撑机构向前移动,回复到推进油缸起始状态的过程,也就是非破岩的过程。

2.0.70 掘进周期 boring period

完成一个掘进循环所需的时间(min)。

2.0.71 掘进时间 boring time

完成掘进过程所需的时间(min)。

3 基本规定

3.1 设计

3.1.1 采用全断面掘进机法施工首先应进行地质条件适应性评估。下述六种地质地段不适宜采用全断面掘进机施工。掘进机需要通过该地质地段时，应提前进行处理。设计中应提出处理预案并进行风险评估。

1 地应力高、塑性变形大的软弱围岩；

2 软弱围岩和具中等及以上膨胀性的围岩；

3 宽大断层破碎带及软弱破碎带；

4 涌、突水严重的地段；

5 岩溶发育带；

6 高瓦斯地带。

3.1.2 掘进机法施工隧道无论采用复合式衬砌结构或者预制管片衬砌结构，均应按满足100年正常使用要求设计。

3.1.3 掘进机法施工隧道断面设计为圆形，开敞式掘进机直径大小主要根据隧道基本内轮廓、支护结构厚度和施工富余量（含施工误差、预留变形量等）确定，护盾式掘进机尚应考虑盾尾间隙和盾壳钢板厚度。

3.1.4 掘进机法施工隧道设计时应充分利用圆形断面的特点，尽量减小下部及两侧的富余空间，合理利用富余空间布置隧道内的附属设施。

3.1.5 长大隧道在进行钻爆法、掘进机法施工方案比选时，除应考虑隧道本身的工程地质、水文地质等内部条件外，尚应充分考虑道路运输、施工场地布置、材料供应、供电等外部施工条件，同时还应考虑工程场址、环境保护等要求。

3.2 施　工

3.2.1 采用全断面岩石掘进机法施工的铁路隧道工程施工应根据铁路修建的总体施工组织计划，结合施工单位具体情况，做好以下工作：

1 按照国家、铁道部规定的安全规程，制定切实可行的安全措施，确保施工安全。

2 按照国家、铁道部规定的质量验收标准，建立完善的质量保证体系，制定切实可行的质量保证措施，确保工程质量。

3 在保证工程施工质量的前提下，节约能源，降低材料消耗，提高隧道工程施工的综合经济效益。

4 积极改善隧道工程施工条件，加强通风、防尘、照明、防有害气体、防辐射，降低作业人员的劳动强度，遵守国家有关劳动保护法规，确保作业人员身体健康。

5 隧道工程施工从进场建点到竣工收尾，都应把保护环境、文明施工贯穿到施工的每一环节中。

3.2.2 采用全断面岩石掘进机法施工的隧道工程每道工序的完成，都应采取相应的检测手段检测施工质量，并做好记录；隧道完工后应对施工质量进行全面的无损检测，特别是二次衬砌质量及隧道底部质量，必要时辅以钻孔取样，并应将检测结果纳入竣工文件。

3.2.3 采用全断面岩石掘进机法施工的铁路隧道工程防排水，应采取“因地制宜，综合治理”的原则，根据施工需要和当地环保要求做好施工期间的防排水。

3.2.4 采用全断面岩石掘进机法施工的铁路隧道工程施工防水在设计上应以混凝土为主体，以施工缝防水为重点，并应重视初期支护的防水，辅以注浆防水和防水层加强防水，满足结构使用功能。

3.2.5 隧道二次衬砌结构施工过程中，应建立完善的质量保证体系，采用先进的施工工艺和检测手段，进行严格的过程控制，确保混凝土结构的耐久性。

3.2.6 隧道工程施工应根据规定的测量精度，采取相应的施测方法，建立复核制度，保证隧道的中线、水平、开挖断面、初期支护厚度、二次衬砌厚度、管片拼装精度和净空尺寸符合设计要求。

3.2.7 在施工过程中，应随时收集原始数据、资料，做好有关的施工记录。隧道竣工时应根据施工特点编写单项和全面的施工技术总结，及时提交竣工文件。

3.3 工程验收

3.3.1 采用掘进机法施工的铁路隧道质量必须达到设计要求的结构安全、耐久性和使用功能，主体结构质量满足设计使用年限内正常运营的需要。

3.3.2 施工单位作为工程施工质量控制的主体，应建立健全质量保证体系，对工程施工质量进行全过程控制。建设单位、监理单位、勘察设计单位等各方应按有关规定对工程施工质量进行控制。

3.3.3 采用掘进机法施工的铁路隧道工程应采用先进、成熟、科学的检验检测手段，质量数据必须真实可靠，全面反映工程质量状况。所用方法和仪器设备应符合相关标准的规定，仪器精度应能满足质量控制要求，质量检测人员必须具有规定的资格。

3.3.4 采用掘进机法施工的铁路隧道的各类质量检测报告、检查验收记录和其他工程技术管理资料应符合有关规定的要求，检验批、分项工程质量验收记录，建设单位、施工单位、监理单位均应长期保存；分部工程、单位工程质量验收记录，建设单位应永久保存，施工单位应长期保存；其他资料应按相关规定保存。

3.3.5 采用掘进机法的铁路隧道施工中所采用的承包合同文件和工程技术文件等对施工质量的要求不得低于本技术指南的规定。当设计要求的质量指标高于本技术指南的规定时，应按设计要求办理。

3.3.6 参加采用掘进机法施工的铁路隧道验收的各方技术、质量、监理和管理人员等，应经过专门培训，合格后方可上岗。

4 地质勘察

4.1 一般规定

4.1.1 采用掘进机进行施工的隧道应按表 4.1.1 所列项目开展隧道地质调查工作。若调查结果发现存在问题,则应针对这些问题进行深入的调查研究。

采用掘进机法施工的隧道地质勘察除符合现行有关标准规定外,应采用综合勘探方法查明主要的地质界线和工程地质问题,并采用钻探进行验证。钻孔位置和数量应根据地质复杂程度确定,深钻孔应综合利用。洞门附近覆土较厚时,应布置勘探孔;洞身应按不同地貌单元、岩性构造分布等布置勘探孔,主要的地质界线以及重要的不良地质、特殊岩土地段和主要的岩性段落内应布置钻孔。洞身埋深小于 100 m 的长大地段,钻孔的间距不宜大于 500 m;洞身埋深较大的地段,钻孔的间距应做专门研究。

表 4.1.1　为 TBM 开展的基本调查项目

调查项目 / 地质条件		综合勘测						根据需要采样进行的岩石室内试验								
		地质调绘	弹性波测试	电阻率测试	钻探	孔内试验：抽提水试验	孔内试验：综合物探测井	密度	吸水率	颗粒密度	抗压强度	抗拉强度	硬度试验	膨胀率	弹性波速度	磨片鉴定
岩体强度	硬质岩隧道	■	■	■	■		■	■	○	■	■	■	■		■	■
岩体强度	软质岩～未固结岩隧道	■	■	■	■		■	■	■	■	■	○	○	○	■	■
破碎带、溶洞、地下水	位置、性质、规模、富水程度及分区	■	■	■	■	■	■								○	
膨胀性地层	隧道内有挤出可能性时	■		○	■			■	■	■	■	○	○	■	○	■
有害气体、岩温、放射性	可能存在对隧道施工运营产生影响时	■			■		■									

注:■必须的调查;○选择实施的调查。

4.1.2 掘进机法施工隧道的地质工作,应根据掘进机法施工的特点和技术要求,结合勘测阶段的工作特点和深度要求按以下阶段实施:

1　初测阶段

初步查明隧道区的工程地质和水文地质条件,确定影响采用掘进机法施工的地质因素、分布段落、长度及所占比例,评价其影响程度,为判定隧道工程能否采用掘进机法施工提供必要的地质依据。

2　定测阶段

对于经初测地质工作判明能够使用掘进机法施工的隧道工程,在定测阶段首先应查明工程涉及的主要地层岩性和断裂构造发育特征,为掘进机选型提供地质参数;其次通过详细的调查测试试验,确定主要岩性段的岩石强度、硬度、岩体完整性及地下水发育程度定量评价指标,为掘进机的设计及配套设备的选择提供各类定量地质参数。最后,应对定测地质资料进行认真分析整理,详细划分隧道围岩掘进机工作条件等级,明确需要采用钻爆法提前处理的具体段落及长度,为隧道掘进机法施工设计、辅助处理方案设计提供详细的地质资料。

3 掘进机法实施阶段

1)应充分利用超前探测技术、超前地质钻探或超前导坑开展地质调查测试工作,详细查明隧道洞身围岩的各项地质参数,为掘进机法施工组织管理,掘进参数选择以及防治地质灾害等提供依据,指导掘进机施工。

2)在掘进机施工过程中,及时分析掘进机掘进效率与地质参数的相关关系,确定各种围岩条件下掘进机施工的最优方案和合理的掘进机推力、扭矩等掘进参数。

4.2 勘察要点

4.2.1 查明隧道通过的主要断层及软弱破碎带的性质、规模、产状、分布范围、主要破碎物质、破碎程度、富水程度。

4.2.2 查明隧道围岩的种类、分布范围,查明有无高地压塑性软弱围岩,软弱围岩及中等及以上膨胀性的围岩存在,并查清其所占的比例。

4.2.3 掌握隧道的水文地质条件,判明地下水类型及补给来源,预测洞身分段涌水量和可能最大涌水量,预测可能出现的严重突、涌水点(段)。

4.2.4 在可溶岩地区,应查明隧道区岩溶发育的范围、深度、规模,分析有无溶岩水或充填物突然涌出的危险,以确定掘进机能否通过。

4.2.5 查明影响掘进机的选型、设计及施工效率的隧道岩石的强度、硬度、岩体的完整程度和地下水发育状况等地质参数指标。

4.3 地质参数测试

4.3.1 地质参数测试项目

1 岩石强度,包括岩石的单轴抗压及抗拉强度、弹性模量;

2 岩石硬度,包括岩石的耐磨性或可钻性指标、岩石的构成及石英含量;

3 围岩完整性,包括岩体的结构面发育程度(可用岩体完整性系统 K_v 或节理体积数 J_v 表示)、优势结构面对隧道稳定性和掘进机掘进的影响程度;

4 其他地质参数,主要包括隧道围岩地应力状态、围岩地下水水质及涌水量。

4.3.2 地质参数测试技术要求

1 对隧道工程涉及的主要岩性,应在地表及钻孔中取一定数量的代表性岩样进行岩石强度和硬度指标的测试,测试要考虑岩石各向异性的影响,每一主要岩性段的取样试验不应少于3组;

2 沿隧道轴线围岩完整性的调查测试,应根据地形地貌条件和岩石出露状况,采用物探地震波速测试,岩石露头体积节理数量测和钻孔取芯 RQD 测量等多种方法,相互补充,以查明隧道围岩的完整性程度,提供其定量评价指标;

3 对隧道区岩体主要结构面(包括断层、节理、层理、片理、片麻理等)的产状应进行认真的调查测量和统计分析，并采用分期配套、节理玫瑰花图、等密图等手段找出优势结构面方位，建立其与隧道轴向的关系，评估其对隧道施工开挖的影响；

4 通过综合多种勘测，确定隧道工程通过的主要岩性的特征和岩体完整程度，为TBM选型、刀具及动力系统设计提供地质参数；

5 水文地质调查的深度，应能满足进行隧道富水性区段划分，预报产生突、涌水地段及最大涌水量的要求；

6 对长大深埋隧道或有可能存在高地应力、高岩温、有害物质等问题的隧道，还应开展有针对性的专项地质调查和测试工作，分析预测因上述问题而产生硬岩岩爆、软岩塑性大变形、热害、有害气体等地质灾害的可能性及危害程度，并通过上述调查和分析，为掘进机法的支护、通风、排水等辅助设备的设计配套提供地质依据。

4.4 地质参数评价标准

4.4.1 岩石坚硬程度的定量指标，应按岩石单轴饱和抗压强度(R_c)进行评价，其对应关系可按表4.4.1确定。

表4.1.1 R_c 与定性划分的岩石坚硬程度的对应关系

R_c(MPa)	>60	60~30	30~15	15~5	<5
坚硬程度	极硬岩	硬岩	较软岩	软岩	极软岩

4.4.2 岩体完整程度的定量指标，应按岩体完整性指标(K_v)或岩体体积节理数(J_v)、岩石质量指标(RQD)进行评价，其对应关系可按表4.4.2确定。

表4.4.2 K_v、J_v、RQD与定性划分的岩体完整程度的对应关系

岩体完整程度	完整	较完整	较破碎	破碎	极破碎
K_v	>0.85	0.85~0.65	0.65~0.45	0.45~0.25	<0.25
J_v(条/m^3)	<3	3~10	10~20	20~35	>35
RQD(%)	>80	80~60	60~40	40~25	<25

4.4.3 岩石耐磨性的定量指标，可采用与岩石的单轴抗压强度相关性较好的专用钢针(CAI)针头的磨损值A_b的大小来表征，其对应关系可按表4.4.3确定。

表4.4.3 A_b 与定性划分的岩石耐磨性的对应关系

岩石耐磨性等级	极低耐磨性	低耐磨性	中等耐磨性	强耐磨性	特强耐磨性
A_b(1/10 mm)	<3	3~4	4~5	5~6	>6

4.4.4 岩石坚硬度的定量指标，可采用由凿击试验测定的凿碎比功a来评价，其对应关系可按表4.4.4确定。

表4.4.4 a 与定性划分的岩石坚硬度的对应关系

岩石的坚硬程度	软	中等	中硬	硬	很硬
a(kg. m/cm^3)	<30	30~40	40~50	50~60	60

4.5 隧道掘进机围岩工作条件分级

4.5.1 按《铁路工程地质勘察规范》(TB 10012—2001),将隧道围岩分成六个级别(表4.5.1)

表 4.5.1 铁路隧道围岩基本分级

级别	岩体基本质量的定性特征	围岩弹性波纵波速度(km/s)
Ⅰ	极硬岩,岩体完整	>4.5
Ⅱ	极硬岩,岩体较完整 硬岩,岩体完整	3.5~4.5
Ⅲ	极硬岩,岩体较破碎 硬岩或软硬岩互层,岩体较完整 较软岩,岩体完整	2.5~4.0
Ⅳ	极硬岩,岩体破碎 硬岩,岩体较破碎或破碎 较软岩或软硬岩互层,且以软岩为主,岩体较完整或较破碎 软岩,岩体完整或较完整	1.5~3.0
Ⅴ	软岩,岩体破碎至极破碎 全部极软岩及全部极破碎岩(包括受构造影响严重的破碎带)	1.0~2.0
Ⅵ	受构造影响很严重呈碎石、角砾及粉末、泥土状断层带	<1.0

4.5.2 根据岩石单轴饱和抗压强度、岩体的完整程度(裂隙化程度)、岩石的耐磨性和岩石凿碎比功这四个影响掘进机工作条件(工作效率)的主要地质参数指标,将隧道掘进机工作条件由好到差分成A(工作条件好)、B(工作条件一般)、C(工作条件差)三级(表4.5.2)。

表 4.5.2 隧道围岩掘进机工作条件分级表

围岩分级	分级评判主要因素				隧道掘进机工作条件等级
	岩石单轴抗压强度 R_c(MPa)	岩体完整性系统 K_v	岩石耐磨性 A_b(1/10 mm)	岩石凿碎比功 a(kg·m/cm^3)	
Ⅰ	80~150	>0.85	<6	<70	Ⅰ$_B$
		0.85~0.75	>6	≥70	Ⅰ$_C$
	≥150	>0.75	—	—	
Ⅱ	80~150	0.75~0.65	<5	<60	Ⅱ$_A$
			5~6	60~70	Ⅱ$_B$
			≥6	≥70	Ⅱ$_C$
	≥150		—	—	
Ⅲ	60~120	0.65~0.45	<5	<60	Ⅲ$_A$
			5~6	60~70	Ⅲ$_B$
			≥6	≥70	Ⅲ$_C$
	≥80	<0.45			

续表 4.5.2

围岩分级	分级评判主要因素				隧道掘进机工作条件等级
	岩石单轴抗压强度 R_c(MPa)	岩体完整性系统 K_v	岩石耐磨性 A_b(1/10 mm)	岩石凿碎比功 a(kg·m/cm^3)	
Ⅳ	30~60	0.45~0.30	<6	<70	Ⅳ$_B$
Ⅳ	15~60	0.30~0.25	—	—	Ⅳ$_C$
Ⅴ和Ⅵ	<15	<0.25	—	—	不宜使用

注:K_v 值也可用 J_v 值代替。

5 隧道设计

5.1 一般规定

5.1.1 掘进机施工隧道设计除应满足《铁路隧道设计规范》(TB 10003—2005)(以下简称《隧规》)及现行相关规范、规程的要求外,尚应根据掘进机施工特点进行设计。

5.1.2 掘进机法施工隧道基本内轮廓设计为圆形,其直径大小应根据建筑限界、接触网悬挂方式、净空面积要求、轨下道床型式、附属构筑物设置等因素综合拟定。

5.1.3 隧道预留变形量应考虑蛇行误差、贯通误差、不均匀沉降及结构变形等因素。根据开挖断面大小、地质条件、掘进机操作性能、线路曲线及坡度等因素进行确定,一般可取10~30 cm。

5.1.4 开敞式掘进机施工隧道宜采用复合式衬砌,初期支护以锚喷网钢架联合支护,二次衬砌采用模筑混凝土,根据不同的地质情况,可设计为混凝土、钢筋混凝土或钢纤维混凝土衬砌,隧道底部结构可采用预制或现浇两种形式。

5.1.5 护盾式掘进机宜采用预制钢筋混凝土管片衬砌(局部需拆除时可考虑钢管片)。当存在腐蚀性介质或外水压较大等特殊情况时,可设置二次模筑衬砌。隧道底部结构可采用预制(与底部管片联体式或分离式)或现浇两种形式。

5.1.6 掘进机施工隧道底部采用预制结构时,预制块结构形式设计应考虑以下因素:顶面布置轨道满足施工运输要求、中心设置水沟、两侧与二次模筑衬砌合理连接、底部预留注浆回填高度、预制块自身预留注浆孔、吊杆、钢拱架安装槽、承轨槽、道钉预留孔、止水带安装槽、水沟接头防水处理槽等。

预制块长度可按掘进机循环进尺来确定。

预制块一般采用钢筋混凝土结构,设计中应检算其养护、脱模、翻转、吊装、运输、洞内安装与地基接触情况、与二衬整体受力等工况。

5.1.7 掘进机宜在洞外进行组装。当场地不满足要求时,宜在洞外设置主机及部分后配套组装场,同时采用钻爆法施做预备洞、出发洞等配套工程。

拼装场宜设计为平坡,其宽度可根据拼装掘进机所需龙门吊车的宽度并考虑富裕量来确定,拼装场周围应有足够的空间以堆放零部件。

5.1.8 掘进机需要在洞内拼装时(如从斜井进入施工),其拼装洞应满足组装要求,同时宜设置后配套拼装洞。

5.1.9 掘进机完成掘进后应根据地形地质条件、施工组织进行拆卸,有条件时应尽量在洞外拆卸。当需在洞内拆卸时,应设置拆卸洞。

5.1.10 隧道洞外施工场地应主要包括主机及后配套拼装及存放场、混凝土搅拌站、预制车间、预制块(管片)堆放场、维修车间、料场、翻车机及临时渣场、生产及职工生活房屋等。面积根据需要及洞口自然条件确定,狭窄时应紧凑布置,开阔时可适当放大。

5.1.11 掘进机施工运输方式(包括出渣及人、料运输)应根据隧道长度、断面大小、工期、运输能力、运输干扰程度、污染情况、隧道基底形式、运输组织方式等因素对皮带运输、有轨运输方式进行综合比选确定。

5.1.12 掘进机施工隧道为圆形,其锚段设置不宜扩大断面,应根据圆形断面内轮廓选用适当的下锚型式。

5.1.13 两座隧道间互相联络的横通道、紧急通道、风道等宜采用钻爆法施工,其与正洞相交处衬砌应加强。

5.1.14 监控量测内容应符合本技术指南第 18 章的有关规定。

5.1.15 隧道结构耐久性设计应按《铁路混凝土结构耐久性设计暂行规定》执行。

5.1.16 掘进机施工隧道一般为长或特长隧道,为方便运营维护及减少病害,原则上均采用无砟道床。

5.2 结构计算

5.2.1 隧道结构计算采用荷载—结构计算模式,并采用地层—结构模式进行校核。按破损阶段法设计,并按最不利组合情况计算。

5.2.2 荷载分类按表 5.2.2 所列荷载类型考虑。

表 5.2.2 荷载分类表

序号	作用分类	结构受力及影响因素	荷载分类	
1	永久荷载	结构自重	恒载	主要荷载
2		结构附加荷载		
3		围岩压力		
4		土压力		
5		水压力(堵水设计时考虑)		
6		地面超载		
7		混凝土收缩和徐变的影响		
8	可变荷载	列车活载	活载	
9		活载所产生的土压力		
10		公路活载		
11		冲击力		
12		渡槽流水压力(设计渡槽明洞时)		
13		制动力	附加荷载	
14		温度变化的影响		
15		灌浆压力		
16		冻胀力		
17		施工荷载(施工阶段的某些外加力)	特殊荷载	
18	偶然荷载	落石冲击力	附加荷载	
19		地震力	特殊荷载	

注:永久荷载(恒载)除表中所列外,在有水或含水地层中的隧道结构,必要时还应考虑水压力。

5.2.3 计算荷载模式可采用图5.2.3所示的荷载系统。

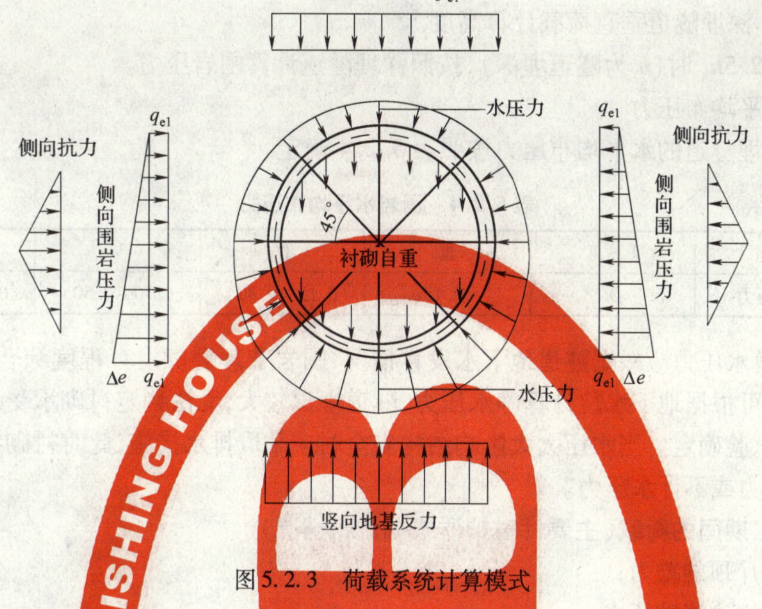

图5.2.3 荷载系统计算模式

5.2.4 荷载计算应考虑以下方面因素

1 结构自重

$$f=\gamma\cdot b\cdot h$$

式中 γ——混凝土重度(kN/m^3);

h——衬砌厚度(m);

b——衬砌纵向计算宽度,按1 m计。

2 地层抗力

在链杆法中,地层抗力是用地层弹簧来模拟的。地层抗力系数根据土层条件确定,按温克尔假定计算。在计算中,消除受拉的弹簧。

$$\sigma=K\cdot S\cdot b\cdot\delta$$

式中 K——弹性抗力系数;

S——相邻两单元长度和之半;

δ——单元变形;

b——衬砌纵向计算宽度,按1 m计。

3 围岩压力(此处按深埋考虑,浅埋、偏压情况参考《隧规》计算)

1)垂直均布压力

$$q=\gamma\cdot h_a$$

$$h_a=0.45\times2^{S-1}\cdot\omega$$

式中 q——围岩垂直均布压力(kPa);

γ——围岩重度(kN/m^3);

S——围岩级别;

ω——宽度影响系数,$\omega=1+i(B-5)$;

B——坑道跨度;

i——B 每增减 1 m 时的围岩压力增减率：当 $B<5$ m 时，取 $i=0.2$；$B>5$ m 时，可取 $i=0.1$；

h_a——深埋隧道垂直荷载计算高度。

当 $h_a \geqslant 2.5h_a$ 时（h 为隧道埋深），按照深埋隧道计算围岩压力。

2）水平均布压力

深埋隧道的水平均布压力按照表 5.2.4 确定。

表 5.2.4　围岩水平均布压力

围岩级别	Ⅰ～Ⅱ	Ⅲ	Ⅳ	Ⅴ	Ⅵ
水平均布压力	0	$<0.15q$	$(0.15\sim0.30)q$	$(0.30\sim0.50)q$	$(0.50\sim1.00)q$

4　隧道水压力应根据隧道地下水发育情况、围岩节理裂隙发育程度综合考虑，隧道埋深较浅时可根据地下水位计算静水压力，隧道埋深较大，无法判定衬砌承受水压力大小时，应进行试验确定。当水压太大影响结构安全时应采取排水措施，此时衬砌结构计算可计部分水压力或不计水压力。

5　施工期间的荷载（主要针对护盾式掘进机情况）

1）千斤顶的推力；

2）回填注浆的压力；

3）盾尾脱离后的压力。

6　列车荷载、冻胀力、地震荷载、人防荷载等其他荷载根据《隧规》和相关规范来确定。

5.2.5　复合式衬砌按破损阶段法检算构件截面强度时，根据构件所受的不同荷载组合，在计算中应选用不同的安全系数，并不应小于表 5.2.5—1 和表 5.2.5—2 所列数值。检算施工阶段强度时，安全系数可采用两表中"主要荷载＋附加荷载"栏内数值乘以折减系数 0.9。

表 5.2.5—1　混凝土和砌体结构的强度安全系数

材料种类		混凝土		砌体	
荷载组合		主要荷载	主要荷载＋附加荷载	主要荷载	主要荷载＋附加荷载
破坏原因	混凝土或砌体达到抗压极限强度	2.4	2.0	2.7	2.3
	混凝土达到抗拉极限强度	3.6	3.0	—	—

表 5.2.5—2　钢筋混凝土结构的强度安全系数

荷载组合		主要荷载	主要荷载＋附加荷载
破坏原因	钢筋达到计算强度或混凝土达到抗压或抗剪极限强度	2.0	1.7
	混凝土达到抗拉极限强度	2.4	2.0

5.2.6　计算复合式衬砌时，初期支护应按主要承载结构考虑，二次模筑衬砌在Ⅰ～Ⅲ级围岩可作为安全储备，按构造要求设计；在Ⅳ～Ⅴ级围岩，应按承载结构设计，衬砌计算方法详见《隧规》第 11 章。

5.2.7　管片衬砌截面内力计算可采用抗弯刚度均匀环法、多铰环法、弹性铰环法、旋转弹簧加抗剪弹簧法等四种计算方法。除对管片环进行整体计算外，尚应对管片接头及管片环接头进行计算。具体计算方法可参照有关资料。

5.3 建筑材料

5.3.1 掘进机施工隧道工程各部位建筑材料的强度等级应不低于表5.3.1规定。

表5.3.1 隧道各部位建筑材料强度等级

工程部位＼材料种类	混凝土	钢筋混凝土
拱圈	客货共线C25、客运专线C30	客货共线C30、客运专线C35
边墙	客货共线C25、客运专线C30	客货共线C30、客运专线C35
仰拱	客货共线C25、客运专线C30	客货共线C30、客运专线C35
底板	—	C30
仰拱填充	C20	—
仰拱预制块	C30	C40
管片	—	不低于C40
水沟、电缆槽	C25	—
水沟电缆槽盖板	—	C25

5.3.2 其他建筑材料及相关要求详见《隧规》第5章。

5.4 洞门与洞口段

5.4.1 隧道洞口位置应根据地形、地质、水文条件，并考虑环保要求，结合掘进机法施工场地的布置综合确定，应坚持“早进晚出”的原则。

5.4.2 洞门形式应结合圆形隧道结构的特点设计，做到简捷明快、美观大方，并与周围环境相协调。

5.4.3 洞门及洞口段设计其他要求详见《隧规》第6章。

5.5 复合式衬砌

5.5.1 采用开敞式掘进机施工的隧道应采用复合式衬砌。若地质条件允许时，也可设计为模筑混凝土单层衬砌。衬砌设计应根据围岩条件、水文地质条件、埋深、结构特点通过工程类比和结构计算确定，必要时还应经过试验论证。

5.5.2 当二次衬砌在贯通后施做时，其初期支护应作为主要承载结构。初期支护以锚喷网、钢架进行联合支护，必要时辅以注浆加固等措施，应保证掘进机在贯通之前初期支护的安全稳定性。

5.5.3 掘进机施工隧道钢架安装一般为全圆，同时考虑围岩变形因素，钢架底部宜设计为可伸缩的夹板结构，以满足安装及变形要求。

5.5.4 二次衬砌宜采用等截面形式，根据地质条件，可采用模筑混凝土、钢筋混凝土或钢纤维混凝土，拱顶应进行压浆回填，并充分考虑与底部预制块的整体受力特点。

5.6 管片衬砌

5.6.1 护盾式掘进机施工隧道宜采用预制管片衬砌,以支承围岩压力、水压力等外部荷载,承受掘进机的推进力及各种施工、运营设施构成的内部荷载。一般无需设置二次衬砌,如需补强、防渗或外水压力较大时,可设计二次衬砌。二次衬砌采用模筑无筋或钢筋混凝土。二次衬砌结构应根据其作用进行设计。

5.6.2 制作管片材料可采用钢筋混凝土、钢材、复合材料等。铁路隧道一般采用钢筋混凝土平板形管片或箱形钢管片(隧道开口处)。有特殊要求时也可采用其他管片形式。

5.6.3 管片分块应根据管片受力要求、掘进机设备、管片拼装、管片运输、防水效果等因素合理确定。管片分块应具体考虑以下因素:

1 管片内力——不同分块的管片结构内力有一定差异,应对不同分块进行内力分析比选;

2 管片防水——分块数越少、接缝数量越少,越有利于减少渗水;

3 千斤顶布置——为使管片受力均匀,减少破损,千斤顶应尽量避免压缝布置;

4 管片制作、运输及拼装难度。

5.6.4 管片厚度应根据隧道所处地质条件、埋置深度、隧道直径、管片材料、施工工艺等条件,参考表5.6.4,通过工程类比并经结构分析验算后确定。

表5.6.4 管片分块及厚度

管片环外径(m)	钢筋混凝土	管片分块(块)	管片厚度(mm)
8~10	不低于C40	7~8	300~400
10~12	不低于C40	7~9	400~500
12~15	不低于C40	9~12	500~600

注:钢筋配筋量可根据结构计算确定。

5.6.5 管片环宽应综合考虑搬运、组装、曲线及防水等因素选择,宜取1 500~2 000 mm。

5.6.6 管片接头包含纵向和环向接头。管片间一般采用斜直或弯形螺栓接头形式。如有特殊要求时,也可采用铰接头、销插入式、楔接头、榫接头等形式。

5.6.7 管片拼装方式可分为通缝、错缝两种。对防水要求高、软土地区、大直径断面的隧道,应优先采用错缝拼装方式。

5.6.8 铁路隧道管片一般采用通用衬砌环形式,在小半径曲线段及修正蛇行时,可采用楔形管片环。楔形量应根据管片种类、管片宽度、管片外径、曲线半径、曲线楔形管片环使用比例、管片制作方便等因素综合考虑。在无法计算楔形量时,可参照表5.6.8进行取值。

表5.6.8 楔形量取值表

管片环外径	8 m≤D<10 m	10 m≤D
楔形量(mm)	35~70	40~70
楔形角(′)	10~30	10~25

5.7 预备洞、出发洞、拆卸洞

5.7.1 开敞式掘进机预备洞、出发洞、拆卸洞设计

1 预备洞采用钻爆法施工、复合式衬砌,地基软弱时应设置仰拱。

2 预备洞可采用斜曲墙形式,为满足掘进机步进要求,底板应设计为平板。

预备洞长度可按下式估算:

$$L\text{预备洞} \geqslant L\text{掘进机总长} - L\text{洞外拼装场} + L\text{富裕长度}$$

3 为保证掘进机开始掘进,应设置出发洞,其直径较掘进机直径适当加大。

4 出发洞长度应根据围岩情况,按撑靴需要支承在出发洞壁的位置确定。

5 掘进机需要在洞内拆卸时需设置拆卸洞,拆卸洞应尽量设置在地质情况较好的地段。

6 拆卸洞断面大小应根据掘进机直径和起吊设备尺寸确定,其长度根据主机及其配套设施确定,宽度根据掘进机直径每侧适当留出一定富裕量确定,高度根据起吊设备布置及顶部拱形结构确定。

5.7.2 护盾式掘进机出发洞、拆卸洞设计

1 出发洞采用钻爆法施工并进行初期支护,初期支护以锚喷网钢架为主;

2 护盾式掘进机也可采用在洞口处设反力架直接出发方式,此时应对边仰坡及洞口局部段围岩进行加固;

3 护盾式掘进机施工结束若设置拆卸洞时,拆卸洞长度及大小应根据掘进机直径参照敞开式掘进机拆卸洞设计。

5.8 防水及排水

5.8.1 设计原则

1 复合式衬砌防排水设计原则与《隧规》相同。

2 管片衬砌防水设计遵循“以防为主、多道设防、因地制宜、综合治理”的原则,以管片接缝防水为重点,必要时辅以外防水层或增设二次模筑衬砌防水。

3 隧道防排水设计应包括防水标准和设防要求,衬砌自防水,施工缝(管片接缝)、变形缝防水,防水层、管片衬砌与隧道开口处防水,工程细部构造的防水措施,工程结构的防排水系统等。金属管片防腐蚀也应与防水措施相结合。

4 隧道防排水设计应满足《隧规》及国家相关标准及规范要求。

5.8.2 复合式衬砌防排水

1 隧道防水应充分利用混凝土启防水能力,衬砌混凝土抗渗等级不低于 P8 。

2 当隧道内地下水发育或有集中涌水时,应先对围岩进行注浆,以免造成大量的地下水流失,然后对少量地下水进行引排。

3 初期支护与二次衬砌间设置防水板及环、纵向防水材料,干燥无水或渗水量很小时可不设防水板。隧道断面的防排水系统见图 5.8.2—1 。

4 施工缝、变形缝防水应采用止水带、止水条及其他可靠的防水材料组成的复合防水构造。

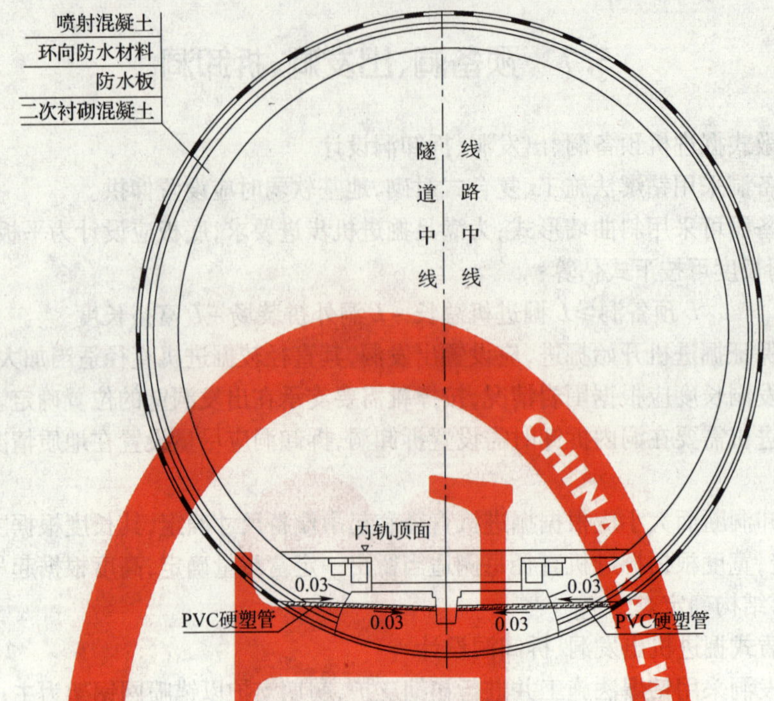

图 5.8.2—1　防排水系统示意

5　仰拱预制块之间及其与现浇仰拱块之间的防水，采用在仰拱块上设置弹性密封垫的方式。其设置方式见图 5.8.2—2。弹性密封垫应满足在设计水压和接缝最大张开错位下不渗漏的要求。

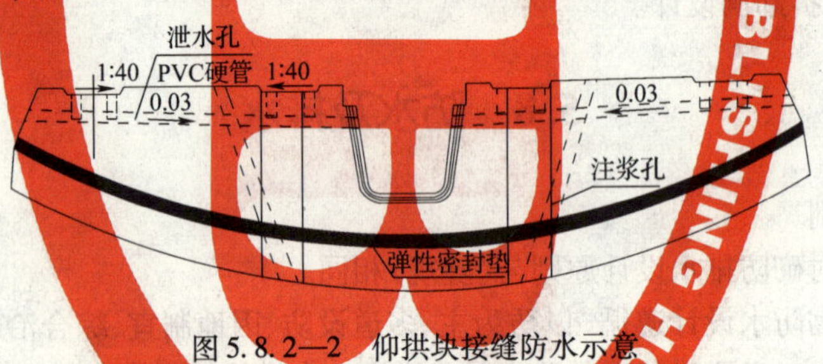

图 5.8.2—2　仰拱块接缝防水示意

6　中心水沟接头处设置橡胶止水带，以防水沟内的水下渗。其设置方式见图 5.8.2—3。

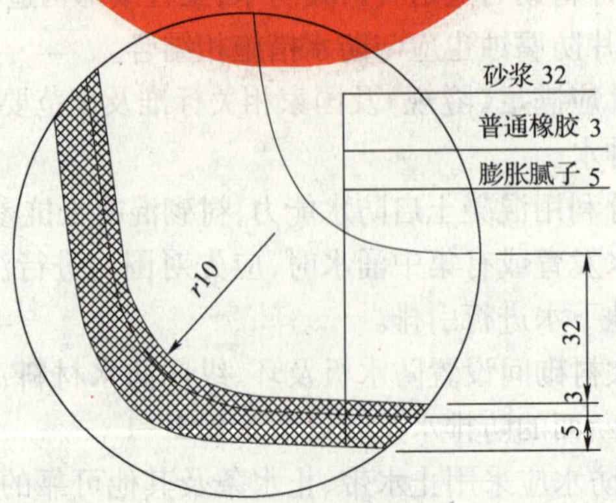

图 5.8.2—3　中心水沟接缝防水示意

5.8.3 管片衬砌的防水

1 防水技术要求

1)管片结构防水混凝土的抗渗等级不低于 P10;

2)单块管片检漏:在 1 MPa 水压下,保持压力≥6 h,要求渗水厚度≤5 cm。

2 管片自防水技术措施

采用高效减水剂、高活性微矿粉掺料,选择合理的拌和物配合比参数,配制以抗裂、耐久为重点的高性能混凝土。

在腐蚀性地下水环境条件下,应在管片外喷涂防腐蚀涂层。

3 背后压浆是管片衬砌重要的防水措施,管片安装完成后,管片背后回填豆粒石,然后通过预留的注浆孔进行回填压浆。回填注浆见图 5.8.3—1。

4 管片接缝防水

1)管片接缝密封垫应满足在设计水压和接缝最大张开错位下不得渗漏为原则。

2)采用弹性密封垫于接缝外侧,断面为多孔特殊断面,利用其特殊构造形式,高压缩回弹止水。弹性密封垫设置及结构见图 5.8.3—2 ~ 图 5.8.3—3。

图 5.8.3—1 管片衬砌注浆防水示意

3)封顶块与邻接块之间采用较薄遇水膨胀橡胶与复合密封垫,以防止封顶块插入时弹性橡胶密封垫的挤出、扯长。

4)衬砌管片内弧侧预留嵌缝槽,管片拼装完毕后在预留凹槽内塞填密封胶或预制成型的嵌缝材料。

5 螺栓孔和注浆孔应设置防渗漏的密封垫圈。

6 在隧道变形缝部位的密封垫表面黏贴一道遇水膨胀橡胶条进行加强防水处理

7 钻爆法施工的斜井、横通道与正洞管片衬砌的衔接处应进行刚柔过渡加强防水处理,管片两端可采用背贴式止水带和预埋注浆管。

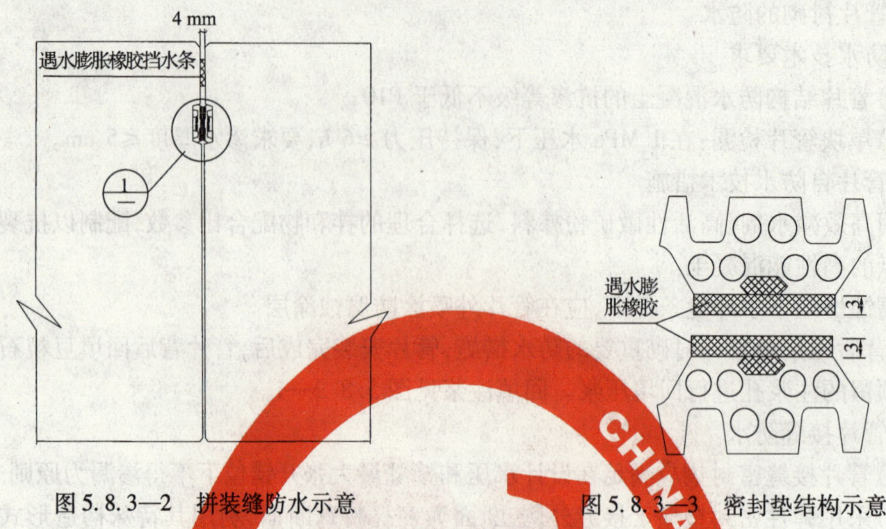

图 5.8.3—2　拼装缝防水示意　　　　图 5.8.3—3　密封垫结构示意

5.9　附属结构物

5.9.1　掘进机法施工隧道利用圆形断面两侧较宽的特点，有条件时采用避车台来代替小避车洞。大避车洞及其他专用洞室采用钻爆法施工。

5.9.2　通信信号电缆槽、电力电缆槽及余长电缆腔等宜根据需要在隧道两侧设置。

5.9.3　绝缘梯车洞、无人增音站、综合接地、变压器等其他洞内设施应根据隧规及有关规定设置。

6 掘进机设备选型

6.1 一 般 规 定

6.1.1 隧道施工前，应对掘进机设备进行选型，做到配套合理，充分发挥施工机械的综合效率，提高机械化施工水平。

6.1.2 掘进机设备选型应遵循下列原则：

1 安全性、可靠性、先进性、经济性相统一。

2 满足隧道外径、长度、埋深和地质条件、沿线地形以及洞口条件等环境条件。

3 满足安全、质量、工期、造价及环保要求。

4 后配套设备与主机配套，满足生产能力与主机掘进速度相匹配，工作状态相适应，且能耗小、效率高的原则，同时应具有施工安全、结构简单、布置合理和易于维护保养的特点。进入隧道的机械，其动力宜优先选择电力机械。

6.1.3 掘进机设备的选型应按下列步骤进行：

1 根据地质条件、施工环境、工期要求、经济性等因素确定掘进机的类型，进行开敞式掘进机与护盾式掘进机之间的选择。

2 根据隧道设计参数及地质条件进行同类掘进机之间结构、参数的比较选型，确定主机的主要技术参数。

3 根据生产能力与主机掘进速度相匹配原则，确定后配套设备的技术参数与功能配置。

6.2 掘进机选型

6.2.1 掘进机选型应按以下因素综合分析确定：

1 隧道的长度和平、纵断面尺寸等隧道设计参数。

2 隧道的地质条件：

1）隧道的围岩级别、岩性、围岩岩石的坚硬程度（单轴饱和抗压强度 R_c），隧道的断层数量、断层宽度、充填物种类和物理特性；

2）岩体完整程度和岩体完整性系数；

3）岩石的耐磨性及石英含量；

4）岩体主要结构面的产状与隧道轴线间的组合关系；

5）围岩的初始地应力状态；

6）隧道的含水、出水状态等水文地质；

7）隧道的有害、可燃性气体及放射性物质的分布情况。

3 隧道施工环境：

1）周边环境、进出口施工场地、交通情况；

2）气候条件；

3)水电供应情况。

4 隧道施工总工期及节点工期要求。

5 经济技术性比较。

6.2.2 选型时应重点考虑以下制约掘进机施工性能的因素:

1 岩石的可掘性;

2 开挖面稳定性;

3 开挖时洞壁稳定性;

4 断层带长度;

5 挤压地层的存在。

6.2.3 在发挥掘进速度的前提下,掘进机适用的主要地质范围如下:

1 开敞式掘进机主要适用于岩石整体较完整~完整,有较好自稳性的硬岩地层(50~150 MPa)。当采取有效支护手段并经论证,也可适用于软岩隧道,但掘进速度应予以限制。

2 双护盾式掘进机主要适用于较完整,有一定自稳性的软岩~硬岩地层(30~90 MPa)。

3 单护盾式掘进机主要适用于有一定自稳性的软岩(5~60 MPa)。

6.3 主机主要技术参数

6.3.1 掘进机的主要技术参数包括刀盘直径(D)、刀盘转速(n)、刀盘扭矩(T)、刀盘驱动功率(W)、掘进推力(F)、掘进速度(v)、掘进行程(L)等。

6.3.2 刀盘直径应按掘进机的类型、成洞洞径、衬砌厚度等确定。

6.3.3 刀盘转速应根据围岩级别及刀盘直径等因素确定。

6.3.4 刀盘扭矩应根据围岩条件、掘进机类型、掘进机结构、掘进机直径确定。

6.3.5 刀盘驱动功率应根据刀盘扭矩、转速及传动效率确定。

6.3.6 掘进推力必须根据各种推进阻力的总和及其所需要的富裕量确定。

6.3.7 掘进速度必须根据围岩条件确定。

6.3.8 掘进行程宜选用长行程,护盾式掘进机的掘进行程必须根据管片环宽确定。

6.4 设备配备

6.4.1 设备配备必须具备能满足计划进度的能力,与工程规模和施工方法相适应,运转安全,并符合环境保护的要求。

6.4.2 掘进机必须具有掘进、出渣、导向、支护四个基本功能,并配置完成这些功能的机构。掘进机设备的质量必须符合设计要求,整机制造完成后,必须在工厂进行总装调试,验收合格后方可出厂,制造厂家应提供质量保证书。

6.4.3 配备的各种辅助设备必须与掘进机的类型及施工技术要求相适应。

6.4.4 出渣运输及供料设备采用有轨出渣及供料与连续皮带输送机出渣及有轨供料两种方式,应选用与掘进机的生产能力相匹配,技术上可靠,经济上合理的方案,并根据开挖洞径、掘进循环进尺、隧道长度和坡度等因素确定运输设备的具体规格和数量。

6.4.5　根据掘进机类型和围岩条件配备相应的支护设备。

6.4.6　通风设备的配置应符合下列要求：

1　一次通风宜采用压人式通风，风管采用软管，管径根据隧道断面、长度、出渣方式确定；

2　根据计算风量和风压，结合通风方式及布置选择通风设备，宜采用轴流式通风机；

3　长距离通风时，为满足风压的要求，宜采用相同型号的风机等距离间隔串联方式；

4　施工区域的风速不宜低于0.5 m/s；

5　二次通风宜采用压、抽（含防尘）并用式；

6　在后配套拖车上，须配置除尘机。

6.4.7　掘进机应配置地质超前钻机等超前地质预报设备。

7 施工准备

7.1 一般规定

7.1.1 隧道施工前应针对掘进机法施工工程特点和内容进行现场调查，了解掘进机法施工条件、施工范围和当地交通、通信、材料供应情况。

7.1.2 在隧道施工前必须掌握以下资料：

1 工程地质和水文地质勘查报告；

2 当地的气象、水文、水质情况；

3 工程施工合同文件、分包合同文件、监理合同文件；

4 施工所需的设计图纸资料和工程技术要求文件；

5 掘进机从到达的口（岸）到施工场地运输道路的地形、设施调查资料。

7.1.3 掘进机施工前，应完成以下主要工作：

1 核对洞口位置和进洞坐标；

2 确定洞门放样精度和就位后高程、坐标；

3 掘进机的组装、调试与验收；

4 预制管片/仰拱块的准备；

5 掘进机施工的各类报表；

6 配套工程的衔接工作；

7 掘进机设备部件运输的施工组织方案。

7.1.4 掘进机法施工作业人员应专业齐全、满足施工要求，人员须经过专业培训、持证上岗。

7.2 技术准备

7.2.1 掘进施工前应熟悉和复核设计文件和施工图，熟悉有关技术标准、技术条件、设计原则和设计规范，掌握掘进机及附属设备的基本原理、组装顺序、操作规程、维保规程。

7.2.2 掘进施工时应根据工程概况、工程水文地质情况、质量工期要求、资源配备情况，编制实施性施工组织设计，对施工方案进行论证和优化，并按相关程序进行审批。

7.2.3 实施性施工组织设计的编制，应遵循下列原则：

1 满足合同要求；

2 应在详细调研的基础上进行技术方案的比选，选择最优的方案进行编制；

3 应完善施工工艺，积极采用新技术、新工艺；

4 因地制宜，就地取材，达到环境保护的要求；

5 满足掘进机法施工的技术特点。

7.2.4 实施性施工组织设计主要内容应包括：

1 工程概况及技术标准；

2 工程地质条件及重难点分析；

3 掘进机组装、调试、掘进、拆机施工组织；

4 施工场地平面布置、临时设施布置；

5 施工进度指标及进度计划；

6 组织机构与资源配置；

7 质量保证措施和环保措施；

8 复杂地质条件掘进机施工处理措施和应急预案；

9 工程重点技术和攻关研究内容。

7.2.5 隧道施工前必须制定施工工艺实施细则，编制作业指导书，完成关键工艺技术交底。

7.3 设备、设施

7.3.1 按工程特点和环境条件配备好试验、测量及监测仪器及配套施工设备。

7.3.2 长大隧道应配置合理的通风设备和出渣方式，选择合理的洞内供料方式和运输设备，并达到环境保护的要求。

7.3.3 供电设备必须满足掘进机施工的要求，掘进机施工用电应与生活、办公用电分开，并保证两路电源正常供应。

7.3.4 管片/仰拱块预制厂应建在洞口附近，保证管片/仰拱块制作、养护空间，并预留好管片/仰拱块存放场地。

7.3.5 洞内掘进机与洞外生产区供水分开供应，自成系统。

7.3.6 掘进机的配套设备应能满足掘进法施工的进度、安全、环保、效率及经济合理的要求。

7.4 材 料

7.4.1 掘进机施工前必须满足施工所需要的各种材料，制定材料供应计划。

7.4.2 做好钢材、木材、水泥、砂石料和混凝土等材料的试验工作。所有原材料必须有产品合格证，且经过检验合格后方能使用。

7.4.3 根据进度安排，备足掘进机及附属设备所用的油、脂、刀具及常用易损件。

7.5 临 时 工 程

7.5.1 施工场地布置按下列要求进行平面设计：

1 有利于生产、文明施工，节约用地和保护环境；

2 实现统筹规划，分期安排，便于各项施工活动有序进行，避免相互干扰；

3 保证掘进、出渣、衬砌、转运、调车等需要，满足设备的组装和初始条件。

7.5.2 施工场地临时工程布置包括：

1 确定弃渣场的位置和范围；

2 有轨运输时,洞外出渣线、备料线、编组线和其他作业线的布置;

3 汽车运输道路和其他运输设施的布置;

4 确定掘进机的组装和配件储存场地;

5 确定风、水、电设施的位置;

6 确定管片/仰拱块预制厂的位置;

7 确定砂、石、水泥等材料、机械设备配件等机料存放或堆放场地;

8 确定各种生产、生活等房屋的位置;

9 场内供、排水系统的布置。

7.5.3 管片/仰拱块加工车间应配置吊装运输线、模具车间、拌合站、钢筋加工车间、蒸汽养生及养护池、室外存放管片/仰拱块场地,满足管片/仰拱快生产进度和储存数量要求。

7.5.4 弃渣场地要符合环境保护的要求,弃渣不得堵塞沟槽和挤压河道,弃渣场的渣堆坡脚采用重力式挡土墙挡护。

7.5.5 组装场应位于洞口附近,场地应用混凝土硬化,强度满足承载力要求。

7.5.6 根据设备主要大件运输要求;必要时加固和加宽掘进机设备的运输便道。

7.6 安全环保

7.6.1 应制定掘进机安全技术操作规程。

7.6.2 应选用适用的通风方式、通风设备及洞内温控措施,以满足国家工业卫生标准要求。

7.6.3 应设置照明、消防设施。

7.6.4 准备足够的排水设备,并应有应急预案措施。

7.6.5 作业位置与场所必须留有安全通道并保证畅通。

7.6.6 采取相应预防措施,减少施工噪声、振动、水质和土壤污染,控制地表下沉,减小施工可能对周边环境的影响。

7.6.7 隧道中存在可燃性或有害气体时,应配备相关检测仪器,并加强通风,使可燃性或有害气体浓度控制在安全允许值以内。

7.6.8 配置废水处理设施,施工中排出的废水应经过处理达到标准后排放。

7.7 防灾

7.7.1 编制相关的紧急抢险施工预案。成立专门的组织机构,配备必要的报警、救援、逃生设施,开工前应进行紧急抢险施工预案培训与演练。

7.7.2 必须准备足够的沙袋、水泵等防灾物资与设备。

7.7.3 洞内、洞外联系方式保持畅通。

7.7.4 掘进机上必须配备足够的手提干式灭火器,关键部位必须有专用的消防设施。

7.7.5 后配套系统配备有超前预报、警告装置、防尘、防废气瓦斯、防爆、防噪声、防火等防灾装置。

8 施工测量

8.1 一般规定

8.1.1 掘进机法施工测量应按照《客运专线无砟轨道铁路工程测量暂行规定》(铁建设〔2006〕189号)、现行行业标准《全球定位系统(GPS)铁路测量规程》(TB 10054)及《新建铁路工程测量规范》(TB 10101)等有关技术规定设计、作业和检测。控制测量完成后,应向监理工程师提交测量成果报告。

8.1.2 掘进机法施工测量主要内容应包括地面控制测量、地下控制测量、掘进施工测量、贯通测量和竣工测量。

8.1.3 测量工作开始前,应对施工现场进行踏勘,接受和收集相关测量资料,办理测量资料交接手续,并对既有测量控制点进行复测和保护。

8.1.4 应了解掘进机结构和其自身配置的导向系统的特点、精度以及人工测量仪器精度等,制定科学、适用的掘进机施工测量方案。

8.1.5 控制测量应符合下列规定:

1 根据隧道长度及贯通精度要求进行隧道平面和高程控制测量设计;

2 控制测量必须在确认桩点稳固、可靠后进行;

3 测量工作中的各项计算均应由两组独立进行,计算过程中应及时校核,发现问题应及时检查并找出原因;

4 利用原控制点(含中线控制点)作第2次设站观测或根据原控制点增设新点时,必须对原控制点的相邻边和水平角进行复核;

5 利用原水准点作引伸测量时,必须对其相邻已测段高差或相邻水准点间高差进行复核;

6 隧道洞外控制测量应在隧道进洞施工前完成。

8.1.6 控制测量工作应按下列基本内容和要求进行:

1 用于测量的设计图资料应认真核对,确认无误后方可使用,引用数据资料必须核对。

2 隧道施工前,应根据设计单位交付的测量资料进行控制桩点核对和交接。

3 平面控制测量布网形式应结合隧道长度、平面形状、线路通过地区的地形和环境等条件综合考虑。长隧道及隧道群的洞外平面控制测量宜采用GPS测量、GPS测量和导线测量综合使用的方法,洞内平面控制测量宜使用全站仪、经纬仪及光电测距仪进行测量。

4 长隧道平面控制宜建立独立坐标系统,三角锁或导线应沿隧道两洞口连线方向布设。

5 每个洞口应测设不少于3个平面控制点(包括洞口投点及其相联系的三角点或导线点)和2个高程控制点。

8.1.7 地面施工测量控制点必须埋设在施工影响的变形区以外。由于施工现场条件限制,埋设在变形区内的施工测量控制点必须经常检核。

8.1.8 测量外业数据采集和内业数据处理应符合国家相关技术标准,使用规范的表格和软件,并有复核手续。经纬仪、水准仪及标尺、光电测距仪、全站仪、GPS 全球定位系统都应按规定周期进行检定和校正。各类测量仪器设备在使用过程中应按规定定期进行自检。

8.2 地面控制测量

8.2.1 应了解全线已有控制网的现状、坐标和高程系统、布网方法、布网层次和精度等状况,并通过踏勘和检测对本施工段测量控制点分布的合理性、可靠性等做出评价,选择适宜的坐标、高程起算控制点,制定合理的掘进机施工控制测量方案。

8.2.2 掘进机施工平面控制网宜分两级布设,首级为 GPS 控制网或精密导线网、二级为施工加密导线网,在满足精度要求的情况下可采用其他方法布网。施工路线长度较短时,可一次布网,掘进机施工高程控制网可采用精密水准或光电三角高程等测量方法一次布设全面网。

8.2.3 掘进机施工控制网测量应满足 GPS 静态测量的技术要求。精密导线测量、精密水准测量/光电三角高程的主要作业要求应符合《客运专线无砟轨道铁路工程测量暂行规定》(铁建设〔2006〕189 号)的要求。

8.2.4 在隧道洞口必须建立统一的施工控制测量系统,控制点在保证贯通精度的前提下应尽量分布在便于使用的地方,每个洞口应布设不少于 3 个控制点。

8.3 地下控制测量

8.3.1 地下控制测量应包括地下施工导线测量、施工控制导线测量和地下施工水准测量、施工控制水准测量。

8.3.2 地下控制测量起算点必须采用直接从地面传递到洞内的平面和高程控制点,一般地下平面起算点不应少于 3 个,起算方位边不应少于 2 条,起算高程点不应少于 2 个。

8.3.3 控制点应埋设在稳定的隧道结构上,一般位于隧道两侧或顶、底板便于观测的位置,并应埋设强制对中装置。

8.3.4 地下控制网一般为支导线和支水准路线,隧道较长时或对于双线隧道,必须形成闭合路线或构成导线网和水准网。

8.3.5 直线隧道掘进大于 200 m 或到达曲线段时,应布设施工导线和施工水准,同时宜选择稳固的施工导线点组成施工控制导线。

8.3.6 角度、距离测量和水准测量精度不低于测量设计所要求的精度。

8.3.7 每次延伸地下控制导线和控制水准,应对已有施工控制点进行检测,检测点如有变动应剔除,并选择其他稳定点进行延伸测量。

8.3.8 在隧道贯通前,地下导线控制和水准控制测量应不少于 3 次。重合点坐标较差应小于点位中误差的 $2\sqrt{2}$ 倍,且应采用各次的加权平均值作为测量结果。

8.4 掘进施工测量

8.4.1 掘进机始发前,应将平面和高程测量数据传入隧道内的控制点上,并应满足掘进机组装、基座、反力架和导轨等安装以及掘进机始发对测量的要求。

8.4.2 掘进机上所设置的测量标志应满足下列要求:

1 掘进机测量标志应牢固设置在掘进机纵向或横向截面上,标志点间距离尽量大,前标志点应靠近切口位置,标志可黏贴反射片或安置棱镜;

2 测量标志点间三维坐标系统应和掘进机几何坐标系统一致或建立明确的换算关系。

8.4.3 掘进机就位后应利用人工测量方法准确测定掘进机的初始位置和姿态,掘进机自身导向系统测得的成果应与人工测量结果一致。

8.4.4 掘进机姿态测量应满足下列要求:

1 掘进机姿态测量内容包括平面偏差、高程偏差、俯仰角、方位角、滚转角及切口里程。

2 掘进机姿态计算数据取位要求见表8.4.4。

表8.4.4 掘进机姿态计算数据

名　　称	单　位	取位精度
平面偏差	mm	1
高程偏差	mm	1
俯仰角	′	1
方位角	′	1
滚转角	′	1
切口里程	m	0.01

3 掘进机配置的导向系统宜具有实时测量功能。人工辅助测量时,测量频率应根据其导向系统精度确定。掘进机始发20 m内,到达前50 m内应增加人工测量频率。

4 掘进机测量系统测量误差应在±3 mm以内。

8.4.5 双护盾掘进机的衬砌环测量要求应满足下列规定:

1 衬砌环测量应在盾尾内完成管片拼装和衬砌环完成壁后注浆两个阶段进行。

2 在盾尾内管片拼装成环后应测量盾尾间隙,并结合掘进机姿态测量数据,为管片安装提供依据。

3 衬砌环完成壁后注浆后,宜在后配套车架通过该管片环后进行测量,内容宜包括衬砌环中心坐标、底部高程、水平直径、垂直直径和前端面里程。测量误差应在±10 mm以内。

8.4.6 每次测量完成后,应及时提供掘进机和衬砌环测量结果,供修正运行轨迹使用。

8.5 贯通测量

8.5.1 隧道贯通后应进行贯通测量,贯通测量包括隧道的纵向、横向、高程贯通误差和方位角贯通误差。

8.5.2　测定贯通误差时,应在贯通面设置贯通相遇点。

8.5.3　隧道的纵、横向贯通误差可利用隧道贯通面两侧平面控制点测定贯通相遇点的坐标闭合差确定,也可利用隧道贯通面两侧中线在贯通相遇点的间距测定。方位角贯通误差可利用两侧平面控制点测定邻近贯通面同一导线边方位角较差确定。隧道的纵、横向贯通误差应投影到线路的切线和法线方向上。

8.5.4　隧道高程贯通误差可利用隧道贯通面两侧高程控制点测定与贯通面邻近的(或贯通面上)同一水准点的高程较差确定。

8.5.5　隧道贯通测量限差应符合国家相关的技术标准,或根据工程具体情况做专门的技术设计以确定贯通限差。

8.5.6　隧道贯通后应分别以隧道进出口的控制点为起算数据,采用附合路线形式重新布设和施测地下控制网,应计算分析并确立合理的调线地段进行贯通误差的调整分配。平差后的成果(导线坐标、水准高程)作为测设永久中线、铺设整体道床及轨道放样的依据。

8.6　竣 工 测 量

8.6.1　竣工测量采用的坐标系统、高程系统等应与原施工测量或勘测设计系统相一致(有特殊要求的除外)。

8.6.2　隧道贯通后应以隧道洞口的控制点为起算点,对隧道内的导线点和水准点分别重新组成附合路线或附合网进行施测,平差计算后的成果作为以后建设工作的测量依据。

8.6.3　隧道竣工测量内容应包括隧道平面偏差值、高程偏差值以及纵、横断面测量等。

8.6.4　断面测量一般直线段每 12 m,曲线段每 5 m 测量一个净空断面,断面上的测点位置、数量应按铁路隧道相关规范要求确定。

8.6.5　断面测量可采用断面仪或全站仪极坐标等测量方法,断面点测量误差在 ±10 mm 以内。

8.6.6　竣工测量成果应按要求整理归档,并作为隧道验收依据。

9 管片及仰拱块制作

9.1 一 般 规 定

9.1.1 管片/仰拱块必须在符合要求的厂房内生产,同时配备符合工艺要求生产线。

9.1.2 应制定生产技术标准、健全质量管理体系。

9.1.3 应编制施工组织设计和技术方案,在审查批准后实施。

9.1.4 混凝土搅拌、浇筑、振捣等设备应进行安装调试、安全检查并验收通过,计量器具、计量设备应通过鉴定,管片养护设施应符合要求。

9.1.5 各种原材料应经试验检验合格,混凝土配合比经试配确定,其性能应符合设计要求。

9.1.6 对操作人员进行技术交底及培训,经考核合格后持证上岗。

9.1.7 管片/仰拱块的吊装孔预埋件规格和稳定性应符合设计要求。

9.1.8 环、纵向预留孔件的尺寸、形状应符合设计要求。

9.2 模 具

9.2.1 模具设计应符合下列规定:

1 模具应具有足够的强度、刚度和稳定性,应具有良好的密封性能、不漏浆,并满足管片的体型要求,保证在正常使用条件下规定的周转使用次数内不变形。

2 模具应便于装拆。

9.2.2 模具制作、验收应符合下列规定:

1 模具应由专业厂制作。

2 每套新制作的模具到场安装后须进行初验,符合要求后进行试生产;在试生产的管片中,随机抽取三环进行水平拼装检验,合格后方可正式生产。

9.2.3 合模、开模与出模应按下列规定进行:

1 应按模具使用说明书规定顺序合模和开模,并对模具进行检查。

2 环、纵向螺栓孔预埋件、中心吊装孔预埋件以及其他各类预埋件和模具接触面应密封良好,钢筋骨架和预埋件严禁接触脱模剂。

3 开模和出模时均应注意保护模具,按照顺序拆卸,轻拿轻放,及时清理。

9.2.4 模具每周转 100 次,必须进行系统检验,宽度允许偏差为 ±0.4 mm。

9.3 原材料要求

9.3.1 砂石料、水泥、外加剂、钢筋、脱模剂等原材料进场应有产品质量证明文件,应按国家有关标准进行复验,质量应符合国家现行标准的规定。

9.3.2 宜采用非碱活性骨料。当骨料有碱活性时,混凝土中碱含量的限值应符合《铁路混凝土耐久性设计暂行规定》的要求。

9.3.3 有钢质螺栓孔垫圈时,其质量应符合设计要求。

9.3.4 钢筋的品种、级别和规格应符合设计要求。当钢筋的品种、级别或规格需作变更时,应办理设计变更文件。

9.4 钢筋加工

9.4.1 钢筋骨架制作时应采用焊接骨架,钢筋骨架应在符合要求的胎具上制作,钢筋骨架必须通过试生产,经检验合格后方可批量制作。

9.4.2 钢筋加工应符合下列规定:

1 应按钢筋料表进行钢筋切断或弯曲。

2 弧形主筋加工时应防止平面翘曲,成型后表面不得有裂纹,且成型尺寸应准确。

3 受力钢筋的弯钩和弯折应符合相关规定。

4 除焊接封闭环式箍筋外,箍筋的末端应作弯钩,弯钩形式应符合设计要求。当设计无具体要求时,应符合下列规定:

1)箍筋弯钩的弯弧内直径应符合《混凝土结构施工及验收规范》(GB 50204—2002)中的有关规定。

2)箍筋弯钩的弯折角度应符合设计要求。当设计无具体要求时,箍筋弯钩的弯折角度应为135°,且弯后平直部分长度不应小于箍筋直径的10倍。

5 钢筋调直应符合《混凝土结构施工及验收规范》(GB 50204—2002)的相关规定。

9.4.3 钢筋骨架成型应符合下列规定:

1 钢筋焊接前,必须根据施工条件进行试焊,合格后方可施焊;焊工必须持证上岗。

2 焊接骨架时,应核对钢筋级别、规格、长度、根数及胎具型号。焊接应根据钢筋级别、直径及焊机性能合理选择焊接参数;钢筋应平直,端面整齐;焊接骨架的焊点设置,应符合设计要求:当设计无规定时,骨架的所有钢筋相交点必须焊接;钢筋骨架成型应对称跳点焊接。

3 焊接前焊接处不应有水锈、油渍等;焊后焊接处不应有缺口、裂纹及较大的金属焊瘤。

4 预埋件的材质、加工精度和焊接质量应满足设计要求。

5 钢筋骨架制作成型后,应进行实测检查并填写记录。检查合格后,分类码放,并设明显标识牌。

6 保护层垫块规格应符合设计要求,且绑扎牢靠。钢筋骨架入模后,各部位保护层应符合设计要求。

9.4.4 钢筋及钢筋骨架安装后,在浇筑混凝土时,应对钢筋布设进行验收,钢筋加工的形状、尺寸、钢筋骨架安装应符合设计及《铁路混凝土工程施工质量验收补充标准》(铁建设〔2005〕160号)的要求。

9.5 管片混凝土

9.5.1 施工必须制订作业指导书,严格过程控制和管理。其混凝土耐久性、工作性、体积稳定性和强度除应符合设计规定外，尚应符合《铁路混凝土结构耐久性设计暂行规定》(铁建设〔2005〕157号)的相关要求。

9.5.2 必须按设计要求严格进行混凝土配合比选定试验。

1 混凝土应根据强度等级、耐久性等要求和原材料品质以及施工工艺进行配合比设计。

2 混凝土中碱含量应符合设计及混凝土耐久性要求。

3 首次使用的混凝土配合比应进行开盘鉴定，其工作性能应满足设计配合比的要求。开始生产时应至少留置一组标准养护试件，作为验证配合比的依据。

4 应严格按施工配合比投料。混凝土原材料计量偏差应符合《混凝土结构施工及验收规范》(GB 50204—2002)中的有关规定。

5 每工作班至少测定一次砂石含水率，并据此提出施工配合比。

9.5.3 混凝土的施工应满足以下条件：

1 施工过程中应派专人负责记录混凝土浇筑时间和浇筑时的坍落度、浇筑时现场温度与混凝土浇筑温度以及养护方式、养护过程，包括养护开始时间、养护中的衬砌表面温度与降温速率、拆模时间与拆模时温度等。

2 混凝土的搅拌必须采用强制性搅拌机并严格控制搅拌时间。

3 混凝土应搅拌均匀、色泽一致，和易性良好。应在搅拌或浇筑地点检测坍落度，应逐盘作目测检查混凝土黏聚性和保水性。

4 混凝土浇筑及间歇的全部时间不应超过混凝土的初凝时间。

9.5.4 混凝土浇筑应符合下列规定：

1 混凝土应连续浇筑成型；根据生产条件选择适当的振捣方式；振捣时间以混凝土表面停止沉落或沉落不明显、混凝土表面气泡不再显著发生、混凝土将模具边角部位充实并有灰浆出现时为宜，不得漏振或过振。

2 浇筑混凝土时不得扰动预埋件。

3 管片浇筑成型后，在初凝前宜再次进行压面。

4 浇筑混凝土的同时应留置试件，所做试件应具有代表性。

9.5.5 管片/仰拱块养护应符合下列规定：

1 混凝土浇筑成型后至开模前，应覆盖保湿，采用蒸汽养护或自然养护方式进行养护。

2 当采用蒸汽养护时，应经试验确定混凝土养护制度。管片/仰拱块混凝土预养护时间不宜少于2 h，升温速度不宜超过15 ℃/h，降温速度不宜超过10 ℃/h，恒温最高温度不宜超过60 ℃。出模时当管片/仰拱块表面温度与环境气温差大于20 ℃时，管片/仰拱块应在室内车间进行降温，直至管片/仰拱块表面温度与环境气温差不大于20 ℃。

3 采用蒸汽养护时应监控温度变化并根据工艺要求及时调整蒸养温度，同时做好记录。

4 管片/仰拱块脱模后还需进行喷淋养护/水池中的养护，养护时间不少于7 d。

5 管片/仰拱块在贮存阶段应进行养护。

9.5.6 混凝土管片应在管片的内弧面角部喷涂标记，标记内容应包括管片型号、模具编号、生产日期、生产厂家、合格状态。每一片管片应独立编号。

9.5.7 预制钢筋混凝土管片/仰拱块应按设计要求进行结构性能检验并满足要求，吊装预埋件首次使用前必须进行抗拉拔试验，抗拉拔力应符合设计要求，管片/仰拱块混凝土不应有露筋、孔洞、疏松、夹渣、有害裂缝、缺棱掉角、飞边等缺陷，麻面面积不得大于管片面积的5%。

9.5.8 预制钢筋混凝土管片应满足尺寸要求：宽度偏差为±1 mm，厚度偏差为$^{+3}_{-1}$ mm。

9.6 管片及仰拱块储存运输

9.6.1 贮存场地必须硬化、坚实平整。雨季应加强贮存管片场地的检查，防止地基出现不均匀沉降。

9.6.2 采用内弧面向上或单片侧立的方式码放，码放高度经计算后确定。不论采用何种方法贮存，每层管片之间必须使用垫木，位置要正确。管片运输应采取适当的防护措施。

9.6.3 根据型式分类堆放。管片必须达到设计强度后方可使用。

9.6.4 根据安全操作规程进行吊装，吊装时使用专用的吊具。

10 设备组装调试

10.1 一般规定

10.1.1 掘进机大件的进场运输应由具有相应资质的专业运输公司承担。

10.1.2 洞外组装的场地应符合以下要求：

1 组装场地表面平整，主机的组装场地平整度应控制在 3 mm 以内，其中线基本对准隧道中线；

2 应做好支挡和排水措施；

3 应夯实地基，门吊走行轨道基础应为钢筋混凝土结构，组装场地的地面抗压强度及混凝土厚度满足掘进机生产厂对组装场地的要求；

4 组装场地的长度、宽度应至少能满足掘进机组装和大件进出，并有一定的机动长度；

5 门吊的跨度应大于刀盘直径，并保证吊装安全的需要。

10.1.3 洞内组装的场地应符合以下要求：

1 洞室的建造应遵守经济原则，尽量减少建造费用；组装洞室的尺寸应满足洞中吊装的工作条件；

2 为满足组装时运输的需要，场地的长度应满足掘进机主机和后配套的长度要求并有一定的安全距离；

3 场地宽度应满足最大件的吊装运输的要求，同时应满足吊机的尺寸要求；

4 洞室的高度应满足吊装作业要求，吊钩相对地面的最大有效起吊高度应大于主机直径 3 ~4 m 。

10.1.4 掘进机大件到达施工现场后，应根据掘进机的组装顺序要求，合理安排卸车顺序和存放放置。

10.1.5 应由经过专业培训的起重人员负责掘进机大件的卸车，并设专人指挥。

10.1.6 应根据掘进机设备的最大件质量和尺寸，确定门吊（洞外组装）或桥吊（洞内组装）的型号和结构。

10.1.7 掘进机组装用门吊（或桥吊）必须选择符合安全要求，具备相应资质的专业厂家生产的产品。门吊（或桥吊）组装完成后，必须进行试运行，并请当地技术监督部门进行质量验收，合格后方可启用。

10.1.8 拆箱检验或用于组装之前的拆箱应谨慎，确保掘进机部件原有尺寸和加工精度。

10.1.9 螺栓、结合面、液压元件等应认真清洗。

10.1.10 吊装作业时，确保各大型部件选择合理的吊点，吊运、吊装应平稳。

10.1.11 大件吊装作业应按相关作业安全操作规程及掘进机制造厂的组装要求进行。

10.1.12 按正确装配关系进行组装，并按规定的顺序和扭矩紧固螺栓。

10.1.13 做好施工现场的消防工作，电焊作业时，必须有专人进行防护。

10.1.14 组装完成后,必须进行各系统的空载调试和整机空载调试。

10.2 设备组装

10.2.1 设备组装前应完成如下工作:

1 应完成组装场地、临时存放场地、预备洞室、步进洞室的施工。

2 应研究装配图及技术要求,了解装配结构、装配特点和调整方法;根据掘进机部件情况、现场场地条件,制定详细的装配工艺规程。

3 应准备符合安全要求的装配工具、量具、夹具、吊具和材料;应对装配件进行外观检验。根据最大部件尺寸和最重部件规格选择吊装设备,做好组装场地的准备工作。

4 应准备风、水、电及电气焊设备,电源插座应为防水、防爆型。

5 配备数量足够的消防器材。

10.2.2 主机的组装应符合以下要求:

1 严格按照组装程序进行;

2 必须将所有的连接螺栓紧固到规定的紧固扭矩,形成主机的基本骨架;

3 步进机构四个角的水平误差应控制在 ±5 mm;

4 结合面应具有均匀的预紧压力;

5 刀盘应先将分块合拢,连接后整体吊装;

6 主机组装后,应进行必要的电气系统连接和液压系统连接,对主机的一些辅助设备进行必要的调试和功能性试验。

10.2.3 设备桥的组装应符合以下要求:

1 选择合适的吊点,确保设备桥的吊装安全;设备桥在与主机连接前,应做好必要的临时支撑。

2 仰拱吊机(或管片安装机)的安装,应注意其运行轨道的顺直。

3 清洁连接表面,确保螺栓的紧固力矩和连接表面的预紧力。

4 正确安装各类吊机、注浆设备、除尘风机等。

5 安装数据记录系统、PLC 系统、电视监控系统等,正确与主机连接。

10.2.4 后配套拖车的组装应符合以下要求:

1 应首先进行各节拖车的组装及拖车上相应的辅助设备安装;

2 然后进行各节拖车的连接;

3 安装皮带支架和皮带;

4 安装电气系统、液压系统、卸渣机。

5 和主机连接,并进行必要的调试。

10.2.5 连续皮带机的组装应符合以下要求:

1 洞口场地应考虑储带仓的安装位置及倒渣设备需要的场地。

2 按照制造商提供的说明进行安装。

1)在连续皮带输送机尾部的前方,安装皮带机架、托辊、槽形托辊,为胶带运输提供条件;

2)皮带上不宜使用过多的裙板密封条;

3)注意螺栓的质量和尺寸,各项规格应与图纸及零部件明细中标出的相符;

4)皮带黏接应平滑;

5)滚筒轴承的安装应特别注意中心距以及紧定套的紧固;

6)焊接时应避免在托辊或机械元件附近进行接地。

3 储存仓中的胶带用尽时,进行接长胶带的硫化处理工作。

10.3 设 备 调 试

10.3.1 设备调试的主要内容包括外观检查、功能测试、技术性能测试和调整。

10.3.2 按主机、辅助设备、附属设备等编制《设备测试功能表》。先进行各单台设备的功能调试,然后进行掘进机设备的整机联锁功能调试,将测试数据与表中的标准值进行比较。调试后根据试验结果参照设计性能判断装机质量,并及时处理各系统存在的问题。主要调试内容如下:

1 机械部分——能否完成设计动作,测试噪声等;

2 液压部分——试验动作之压力、流量、频率(油脂系统)、泄漏等;

3 电气部分——试验电压、电流、控制电压、频率、功率因数、PLC 模块功能等;

4 水、气系统——试验压力、泄漏、管路布置等;

5 数据记录系统及通信系统——试验功能。

10.3.3 外观检查、单台设备的功能测试、技术性能测试等单一的测试和检查可在组装期间同步进行,系统的调试工作在组装完成后进行。

10.3.4 必须按编制的设备测试功能表逐项测试,设备调试时应做好相应记录,数据超过标准值时应查找原因,直至调试至所测数据达到规定范围内。

10.3.5 必须确保设备的各项性能指标完全符合掘进机技术要求,确认各设备安装无误的前提条件下,方可开始掘进机的步进。

10.4 现 场 验 收

10.4.1 采购期间,根据掘进机设备的主要设计功能及使用要求与制造商共同确定《验收大纲》;掘进机组装调试完成后,应按照《验收大纲》分系统逐项进行验收。

10.4.2 掘进机主机必须满足下列要求:

1 外径必须符合设计要求;

2 主机内各辅助设备达到功能要求,运行中不得相互干扰;

3 护盾必须为表面平整的正圆柱体;

4 对于护盾式掘进机,在辅助推进油缸活动范围内,盾尾内表面平整,无突出焊缝,盾尾真圆度在允许的范围内。

10.4.3 刀盘必须符合下列要求:

1 所有连接用的螺栓必须按制造厂的设计要求配置,使用液压扭力扳手达到设计扭矩值,液压扭力板手应进行定期标定;

2 刀盘空载运行正向、反向各 15 min,运行平稳,各减速机及传运系统无异常响声;

3 集中润滑系统应进行流量和压力的测试,各润滑部件的受油情况必须达到设计要求。

10.4.4　护盾式掘进机的管片安装机必须满足下列要求：

1　空载试车时，各部件的行程、回转角度、提升距离、平移距离、调节距离必须符合设计要求，各系统的工作压力必须满足设计要求；

2　负载试车时，管片安装机作回转、平移、提升、调节等动作运行平稳，各滚轮、挡轮安装定位准确、安全可靠，各系统的工作压力正常。

10.4.5　皮带运输机必须满足下列要求：

1　空载试车时，不得有皮带跑偏现象。

2　负载试车时，运转平稳，无振动和异常响声，全部托辊和滚筒均运转灵活。

10.4.6　连续皮带机必须满足下列要求：

1　进行运行速度测试、张紧装置测试、手动功能测试、电气连锁测试、皮带机全程信号报警测试；

2　PLC 控制系统与主机 PLC 系统相匹配，以保证由主机控制启动和停止连续皮带机。

11　地质超前预报

11.1　一般规定

11.1.1　采用全断面岩石掘进机法施工的隧道应开展施工地质超前预报，通过地质超前预报工作达到快速补充和检验地质资料的目的，使掘进机安全通过复杂地质地段，避免漏报重大地质灾害点(段)。

11.1.2　预报方法的选择应以不占或少占用掘进机工作时间为原则。

11.2　预报内容

11.2.1　地质超前预报的内容应包括：

1　对掘进机参数选用有关的地质因素

1)地层、岩性、岩石硬度、岩石强度的确定；

2)地质构造、断层、节理裂隙发育带位置、规模及性质的确定；

3)软、硬地层分界面位置的确定。

2　对掘进机施作安全有影响的地质因素

1)岩溶发育的位置、规模、充填情况等的确定；

2)瓦斯及有害气体的规模；

3)特殊地层如岩爆、膨胀岩地层的分布；

4)危及安全的地层或人工建筑物(如矿巷、书库)的分布及其与隧道在空间上的相关关系；

5)涌水、涌泥位置的确定。

11.2.2　补充地表地质调查的内容包括：

1　隧道穿越地区地层分布确定，岩层产状测定；

2　构造分布、性质确定及构造产状测定；

3　必要的岩体节理裂隙统计(产状测定、间距或称密度统计)。

11.2.3　隧道洞内地质调查的内容包括：

1　洞周地质测绘

1)地层岩性描述，含岩层产状测定，岩石风化程度确定；

2)断层位置、产状、宽度及断层带岩、土体物理力学性质确定；

3)节理裂隙的组数确定，产状、闭合度测定，充填情况、密集程度确定；

4)出水点的位置确定，水量估算；

5)不同岩性分界面位置确定；

6)不良地质现象描述，如岩溶洞穴、采空区的位置、形态、充填情况，塌方塌落位置、方量，岩爆出现地点、爆裂程度，软岩大变形或膨胀岩鼓胀变形位置等，涌泥涌沙位置、规模等。

2 施工掌子面地质素描

1)地层、岩性分布,岩石风化程度描述;

2)构造发育位置、规模、性质确定及产状测定,节理裂隙产状测定、间距统计及分布位置确定;

3)软、硬地层分界面位置;

4)不良地质现象描述,如岩溶洞穴、采空区的位置、形态、充填情况,塌方塌落位置、方位,岩爆出现地点、爆裂程度,软岩大变形或膨胀岩鼓胀变形位置,涌泥涌沙位置、规模等;

5)煤层出露位置、产状、规模;

6)涌漏水、涌泥位置,涌水水量估算;

7)特殊地层如岩爆、膨胀岩地层的分布等。

11.3 预报方式、方法

11.3.1 掘进机法施工的隧道应动态监测掘进前方的地质情况,地质复杂的隧道段应辅以超前水平钻探或其他物探方法进行探测、验证。

11.3.2 预报采用的方法包括:

1 地质法;

2 超前水平钻探法;

3 地球物理探测等其他方法。

11.3.3 预报采用预报简报和预报总报告的方式实施,预报简报应在实施洞内钻探或探测后次日提交。

1 预报简报内容

1)隧道工程概况;

2)地质预报采用的方法原理;

3)钻探或探测布置图;

4)钻探或探侧结果分析;

5)预报结论及下一步施工措施建议:预报长度,是否需改变掘进参数,是否需要改变支护措施,预警可能出现的灾害地质问题及处理措施建议等。

2 地质预报总报告内容

1)隧道工程概况;

2)采用的技术方法原理;

3)隧道地质展示图;

4)隧道实际地质纵剖面图;

5)典型预报实例;

6)预报与施工验证的对比分析,预报准确率的统计分析;

7)结论。

11.4 技术要求

11.4.1 地质调查

1 隧道地表补充地质调查,按国家或行业有关规程(规范)执行,应用专项野外地质记录本用铅笔记录,其结果应反映在隧道地质平、剖面图上;

2 洞内地质调查应按地质点调查的统一格式填写,以1/500~1/2 000比例尺反映在地质展示图和剖面、断面图上;

3 掌子面素描图应在现场进行并作相应文字记录,不得作回忆编录;

4 所有地质图件、文字叙述应按国家或行业规程(规范)统一的格式(图示、图例、术语等)提交。

11.4.2 探测方法

1 超前水平钻探法按国家或行业相应的技术标准要求执行;

2 地球物理探测法按国家或行业各种地球物理探测方法的技术标准要求执行,使用爆炸作震源时不得影响掘进机的安全。

12　掘进与支护

12.1　一 般 规 定

12.1.1　采用全断面岩石掘进机施工时，需要开挖出发洞及为设备在洞内安装、拆卸的辅助洞室。当出发洞和辅助洞室采用钻爆法施工开挖时，其开挖及支护方式应按《客运专线铁路隧道施工技术指南》（铁建设〔2005〕160 号）的有关规定执行，并满足设计要求。

12.1.2　在组装场地不能满足整机组装要求时，应设置组装预备洞。预备洞的施工符合下列要求：

1　基底必须清理干净，混凝土铺底，强度符合掘进机步进要求。隧道底板应满足掘进机步进时的承载力要求。

2　预备洞施工完成后，应对所有净空进行检查，预备洞的底板平整度不得大于 3 mm。

12.1.3　开敞式掘进机施工应设置始发洞，护盾式应设置始发导台。始发洞和始发导台应符合下列规定：

1　始发洞的长度按掘进机主机长度确定，保证掘进机始发时有足够的支撑反力，断面按支撑结构确定。

2　在始发导台施工或安装时，应确保导台位置误差在 ±10 mm 以内，从而保证始发位置正确。

3　始发洞必须使用钢筋混凝土衬砌，衬砌完成后应对所有错台进行处理，错台不得大于 3 mm。衬砌背后不得有空洞。

12.1.4　掘进机施工应做好掘进方向的控制，确保隧道轴线符合设计要求。

12.1.5　掘进机施工必须根据隧道的地质条件，选择合理的掘进参数。

12.1.6　应根据围岩条件选择合理的支护体系。

12.1.7　应加强对刀具检测、检查，对刀具消耗量进行统计和分析。

12.1.8　加强对各项材料消耗的统计分析，必须坚持设备强制保养和状态检测。

12.1.9　主司机及各附属设备的操作人员应通过培训后上岗，非操作人员严禁操作设备。

12.1.10　在掘进施工中，作业人员分工明确，并加强值班巡视。

12.1.11　对特殊地段及特殊地质条件下掘进机法施工应有应急预案和详细的施工组织措施。

12.2　掘进机步进

12.2.1　掘进机步进之前应使用断面仪对钻爆段净空进行测量，严禁侵限。底部平整度及强度应满足步进要求。

12.2.2　在预备洞铺底顶面测出隧道设计中线，以便于掘进机底部导向施工。

12.2.3 步进时应将超前钻机、锚杆钻机以及钢拱架安装器的支撑油缸锁定在最小状态。

12.2.4 掘进机主机步进后,后配套跟紧主机同步前进。

12.2.5 步进时,操作司机要密切注意操作室各相关仪表的显示,加强步进监控,作业人员要加强巡视工作并作好施工轨道延伸。

12.2.6 步进完成,掘进机在支撑状态下,拆除步进装置,准备始发。

12.3 掘进机始发与试掘进

12.3.1 护盾式掘进机始发时始发台必须固定牢靠,位置正确。开敞式应确保撑靴撑紧始发洞壁。

12.3.2 护盾式掘进机在向前推进时,通过控制推进油缸行程使掘进机沿始发台向前推进。

12.3.3 派专人观察刀盘位置与岩面的接触情况。开始低速转动刀盘,直至将岩面切削平整后,开始试掘进。

12.3.4 在试掘进磨合期,要加强掘进参数的控制,逐渐加大推力。

12.3.5 采用双护盾掘进机施工,应正确选择掘进模式。Ⅱ、Ⅲ级围岩宜选用双护盾掘进模式,Ⅳ、Ⅴ级围岩宜选用单护盾掘进模式。在出现断层破碎带及侵入岩接触带时,采用单护盾掘进模式,检查反力架和负环钢管片,辅助推进油缸伸出,顶在钢环管片上,调整掘进机姿态和方向。

12.3.6 始发及试掘进推进过程中,要依据地质超前预报结果,调整掘进参数。在掘进时推进速度要保持相对平稳,控制好每次的纠偏量。灌浆量要根据围岩情况、推进速度、出渣量等及时调整。

12.3.7 试掘进参数应根据始发洞掌子面的岩石状况,确定始发参数。在始发掘进时,应以低速度、低推力进行试掘进,了解设备对岩石的适应性,对刚组装调试好的设备进行试机作业。

12.3.8 在试掘进操作中,操作司机需逐步掌握掘进机操作的规律性、班组作业人员逐步掌握掘进机作业工序,在掌握掘进机的作业规律性后,再适当提高掘进机的掘进速度。

12.3.9 在始发及试掘进过程中,应根据参数显示及实际机况进行掘进机的始发及试掘进调试。

12.3.10 始发时要加强测量工作,把掘进机的姿态控制在一定的范围内,通过管片/抑拱块的铺设、掘进机本身的调整来达到姿态的控制。

12.3.11 加强设备的监控,增加人员的巡视。

12.3.12 当班作业人员紧密配合,严格按操作规程作业,尽快熟悉掘进机的配套作业。

12.3.13 材料准备充分,并随时作好轨道和管路的延伸。

12.4 正常掘进

12.4.1 掘进机施工时应进行地质超前预测预报。

12.4.2 掘进速度及推力的选定根据地质情况确定。

12.4.3 在破碎地段严格控制出渣量,避免出现掌子面前方大范围坍塌。

12.4.4 掘进机一般有自动扭矩控制、自动推力控制和手动控制三种工作模式,具体应根据地质情况合理选用。

1 在均质硬岩条件下,选择自动控制推力模式;

2 在节理发育或软弱围岩条件下,选择自动控制扭矩模式;

3 掌子面围岩软硬不均,如果不能判定围岩状态,选择手动控制模式。

12.4.5 在掘进过程中,观察各仪表显示是否正常,检查风、水、电、润滑系统、液压系统的供给是否正常,检查气体报警系统是否处于工作状态和气体浓度是否超限,确保错误指示台上不会有任何警报或切断指示。进行灯光试验,以检查所有指示元件的功能。

12.4.6 在掘进过程中,加强巡视,确保设备运转良好。

12.4.7 检查掌子面支护、仰拱块铺设、管片安装、渣车到位、连续皮带机正常、作业人员到位等情况,确保掘进正常。

12.4.8 在每一循环作业前,操作司机应根据导向系统显示的主机位置数据进行调向作业。

12.4.9 采用自动导向系统对掘进机姿态进行监测。定期进行人工测量,对自动导向系统进行复核。

12.5 姿态控制

12.5.1 掘进机推进过程中必须严格控制推进轴线,使掘进机的运动轨迹在设计轴线允许偏差范围内。

12.5.2 掘进机自转量应控制在设计允许值范围内,并随时调整。

12.5.3 双护盾掘进机在竖曲线与平曲线段施工应考虑已成环隧道管片竖、横向位移对轴线控制量的影响。

12.5.4 当掘进机轴线偏离设计位置时,必须进行纠偏。

1 掘进机开挖姿态与隧道设计中线及高程的偏差控制设计值允许的范围内。

2 双护盾掘进机纠偏采用油缸编组、区域油压以及相应的措施进行。实施掘进机纠偏不得损坏已安装的管片,并保证新一环管片的顺利拼装。

12.6 到达掘进

12.6.1 到达掘进前,必须制定掘进机到达施工方案,做好技术交底,施工人员应明确掘进机适时的桩号及刀盘距贯通面的距离,并按确定的施工方案实施。

12.6.2 到达前必须做好以下工作:

1 检查洞内的测量导线;

2 在洞内拆卸时应检查掘进机拆卸段支护情况;

3 到达所需材料、工具;

4 施工接收导台;

5 做好到达前的其他工作,接收台检查、滑行轨的测量等,要加强变形监测,及时与操作司机沟通;

6 增加监测的频次,并及时反馈监测结果。

12.6.3 掘进机到达前应检查掘进方向以保证贯通误差在规定的范围内。

12.6.4 到达掘进的最后20 m要根据围岩的地质情况确定合理的掘进参数并作出书面交底，总的要求是：低速度、小推力和及时的支护或回填灌浆，并做好掘进姿态的预处理工作。

12.6.5 双护盾掘进机到达段，为防止管片在失去后盾管片支撑或推力后产生松弛导致管片环缝张开，应设置管片纵向拉紧装置。

12.6.6 做好出洞场地、洞口段的加固。

12.6.7 应保证洞内、洞外联络畅通。

12.7 支护与衬砌

12.7.1 开敞式掘进机在软弱破碎围岩掘进时必须进行初期支护，以满足围岩支护抗力，确保施工安全。

12.7.2 开敞式掘进机施工初期支护包括喷混凝土、挂网、锚杆、钢架等。喷锚支护施工中，应做好喷锚支护施工记录、喷混凝土的强度、厚度、外观尺寸等项检查和实验报告、监控量测记录。

12.7.3 初期支护应及时施做，并按设计要求进行监控量测，保证施工安全。

12.7.4 护盾式掘进机在管片拼装时应准备好以下工作：

1 拼装人员必须熟悉管片排列位置、拼装顺序；

2 应对管片及防水密封条进行检查，并按拼装顺序存放；

3 掘进机推进后的姿态应符合拼装要求；

4 应对前一环管片环面进行质量检查和确认；

5 应对拼装机具和材料进行检查；

6 封顶块安装前，在侧面涂抹润滑剂，以免损伤密封条。

12.7.5 管片拼装作业应满足以下要求：

1 拼装管片时，拼装机作业范围内不得有人和障碍物；

2 拼装过程中，应严格控制推进油缸的压力和伸缩量，使掘进机姿态保持不变；

3 连接螺栓紧固力矩应符合设计要求；对拼装五环后的管片，螺栓紧固力矩进行复紧；

4 拼装时应防止管片及防水密封条的损坏；

5 对已拼装成环的管片环作椭圆度的抽查，确保拼装精度；

6 平曲线段管片拼装时，应注意使各种管片环向定位准确，保证隧道轴线符合设计要求。

12.7.6 管片/仰拱块拼装完成后，须及时对管片/仰拱块背后进行充填豆砾石，注入砂浆对豆砾石进行固结，达到管片背后孔隙充填密实，减少围岩松动和土压力的直接作用。经检查注浆效果不能达到要求时，要及时补强完善。

12.7.7 开敞式掘进机二次衬砌时首先进行隧道底板及仰拱浇筑，并按照铁路隧道现行规范要求进行全断面二次衬砌。

12.8 特殊地质条件施工

12.8.1 施工前必须根据设计提供的工程及水文地质资料,结合现场实际情况进行分析研究,制定完整的施工技术方案,并结合紧急预案,做好技术、物资、机械的储备,避免地质灾害的发生。掘进机施工进入特殊地质地段前,必须详细查明和分析工程的地质状况与隧道周边环境,对特殊地质条件下的掘进机施工制定相应可靠的施工技术措施。

12.8.2 隧道施工时,应根据具体情况制定地质预测、预报方案。根据地质预测、预报的结果,应及时地调整施工方案。必须加强量测工作,并及时反馈量测结果,进行动态设计和动态施工。

12.8.3 掘进机在软弱围岩掘进施工时,应按下列要求进行作业:

1 掘进机在软弱围岩掘进时,应减缓掘进速度,必要时须先停机进行围岩加固支护处理,再行推进。

2 在软弱破碎带掘进时,根据坍塌的不同程度,主要采取以下三种支护方式:

1)洞壁发生小规模岩石剥落现象,开敞式掘进机无须停机,挂钢筋网,打锚杆,喷混凝土,必要时立钢架。

2)节理密集带或中等规模断层破碎带处发生较大规模的岩石塌落现象,此时开敞式掘进机须停机处理:及时安装全圆钢拱架,安放钢筋网,利用手喷混凝土系统向坍塌处喷混凝土及时封闭围岩,减少岩石暴露时间以及时形成支护体系;对坍腔内松散岩体及时注浆回填密实;对撑靴处坍塌较严重部位,在钢拱架背后立模浇灌混凝土回填。

3)大规模的断层破碎带处,同时常伴有裂隙水,拱顶及洞壁发生大面积坍塌,发展很快,自然拱很难形成,严重时并有超前发展现象,掘进机停止掘进,并应优先考虑利用超前钻机预注浆加固处理岩层方案。超前钻孔的仰角在6°~10°左右,钻孔时应将刀盘退离掌子面50~60 cm。开敞式掘进机还可以对坍腔采取立模注浆回填密实,减小临空面以控制坍塌的继续发展。其他支护措施同上。

3 开敞式掘进机采用人工喷混凝土时,必须做好相关设备的防护工作,避免混凝土回填料污染主机设备。喷射混凝土必须从填充岩面空洞、裂缝开始。在钢拱架地段,钢架与围岩之间空隙必须用喷射混凝土填充密实,并需将钢拱架及时进行包裹。

4 对富水软弱破碎围岩应采取加强防排水的技术措施:预加固施工中一般可先采用超前钻孔排水;采取注浆堵水措施。

5 双护盾掘进机通过软弱破碎围岩时,减少刀盘喷水、降低刀盘转速和推力,减少单位时间内出渣量,不停机快速通过,防止塌方,安装重型管片并及时填充豆砾石并注浆,待通过后进行固结注浆。

12.8.4 对岩爆段掘进法施工,应按下列要求进行作业:

1 隧道施工中可能发生岩爆时,应遵循“以防为主,防治结合”的原则,对开挖面前方的围岩特性、水文地质情况等进行预测、预报。当发现有较强烈岩爆存在的可能时,应及时研究施工对策措施,做好施工前的必要准备。

2 在岩爆隧道施工过程中,应采取下列方法进行地质预报:

1)开挖面及其附近的观察预报,通过地质的观察、素描,分析岩石的“动态特征”,

主要包括岩体内部发生的各种声响和局部岩体表面的剥落等。

2)采用工程地质类比法进行宏观预报。

3 应根据岩爆强度大小对其进行严格分级,针对不同的岩爆级别采取不同的技术措施外理。

1)轻微岩爆地段在施工时,加大刀盘喷水量对易产生岩爆的岩石也能起到一定的软化作用,促使应力释放和调整。采取锚杆钢筋网(小网格网片)加格栅拱架的支护方式。锚杆间距1.2 m,加钢筋网的目的是为防止岩石弹落伤害人员或设备。

2)中等岩爆地段按间距1.0~1.5 m打2.5 m深的应力释放孔,也可向孔内喷灌高压水软化围岩,以释放部分地应力。为防止岩石碎块弹射和提高结构整体支护作用,在锚杆钢筋网槽钢拱架支护基础上,人工喷射5 cm厚混凝土。

3)强烈岩爆地段必要时除采取上述措施外,也可采取网喷钢纤维混凝土、施做超前锚杆等方式。

4 隧道施工中一旦发生岩爆,应立即采取下列处理措施:

1)进行工作面的观察,做好各种记录,如岩爆的位置、强度、类型、数量以及山鸣等;

2)安排专职人员清除岩爆后的松石,加强巡回检查和危石处理,杜绝崩落的岩石砸坏设备或伤害人员现象发生。

12.8.5 掘进机能通过的小的岩溶地段,应按下列要求进行作业:

1 隧道通过岩溶地区时,施工前应根据设计图结合施工现场情况,查明溶洞的分布范围、类型、规模、发育程度、填充物及地下水的情况,及时正确地制定施工方案。

2 采用超前地质预报系统,进一步判断溶洞的位置、大小、范围、充填状况,再利用超前钻机进行补充地质勘察与物探结合,判断溶洞的位置、大小、范围、充填状况和地下水状况。

3 根据查明的溶洞规模、填充物的情况对溶洞进行处理,以满足掘进机施工要求。

4 在掘进过程中,通过控制掘进参数控制掘进方向,减缓掘进速度,使掘进机在掘进的瞬间刀盘各部位受力尽量相同,减少对刀具的偏磨和掘进机姿态的偏移等现象。

5 做好溶洞段施工应急预案。

12.8.6 对掘进机法通过膨胀岩地段,应按下列要求进行作业:

1 膨胀岩隧道的施工方法应根据膨胀岩的特性,并结合施工条件、围岩稳定情况、地下水活动状况等因素综合决定。

2 膨胀岩隧道的防排水,应采用"以防为主,防、截、堵、排相结合"的原则,并结合当地的气象、水文、地质条件,因地制宜地进行。开敞式掘进机施工时应采用弹性软式透水管,将水归入沟槽,引排至洞内水沟。

3 开敞式掘进机在膨胀岩隧道施工的初期支护应采用喷射混凝土、钢筋网、锚杆、钢架等,必要时可采用钢纤维混凝土或加设钢筋网。

4 膨胀岩隧道的衬砌应在围岩变形基本稳定,变形速度小于0.5 mm/d后进行。当衬砌混凝土的强度达到设计强度的100%时,方可拆模。

5 护盾式掘进机通过膨胀岩地段时,应设法迅速通过,减少停机时间。需要时,可使用扩孔刀具加大开挖直径,减少被卡住危险。泥质膨胀岩遇水后会发生将盘形滚刀糊住而无法工作，可考虑加装刮刀及喷射泡沫剂来缓解。注意工作模式的转换。

12.8.7 在高瓦斯地段施工时，应在掘进机上配备有害气体探测设备。当瓦斯达到一定浓度时，探测设备可发出警告声并停止主机作业，强制执行二次通风系统工作等保护程序，操作人员应按照操作规程认真操作。

12.8.8 施工过程中针对掘进机无法施工的突发特殊地段，开挖迂回导坑到掘进前方进行处理也是处理方案之一。

12.8.9 护盾式掘进机在设备选型时，应考虑管片安装机的行程，以便在必要时拆除后面的管片从侧面开挖导坑，迂回到掌子面前进行处理。

12.8.10 迂回导坑的施工遵守现行《铁路隧道施工规范》的有关规定。

13 防排水施工

13.1 一 般 规 定

13.1.1 全断面岩石掘进机隧道结构防水等级应达到国家现行标准《地下工程防水技术规范》(GB 50108)规定的一级防水标准,二次衬砌结构不允许渗水,二次衬砌结构表面无湿渍。

13.1.2 护盾掘进机隧道防水以管片防水为基础,以接缝防水为重点,辅以对特殊部位的防水处理,形成一套完整的防水体系。

13.1.3 钻爆法施工段、开敞式掘进机施工段、双护盾不设管片施工段的复合式衬砌,其防排水应按铁路隧道现行规范和设计要求执行。

13.1.4 全断面岩石掘进机管片支护后,设计有特殊防水要求时,可在管片内增设二次混凝土衬砌,其施工方式按设计要求执行。

13.1.5 隧道排水应满足环境保护的要求,不得影响周边环境,应采取污水处理措施,达标后排放。

13.2 施工防排水

13.2.1 洞内排水应符合下列要求:

1 洞内顺坡排水水沟断面应能满足隧道中渗漏水、施工废水和掘进机循环设备用水的排出需要,排水沟应经常清理;

2 洞内反坡排水,可根据坡度、水量和设备情况设集水坑及布置管路和泵站,一次或分段接力排出洞外。

13.2.2 隧道开挖前应探明工程地质和水文地质情况,制定防排水措施。开挖后可能引起大规模坍塌时,应在开挖前进行压浆堵水,加固围岩。

13.2.3 当通过超前地质预报判明前方地层可能为含水地层时,应对工程地质和水文地质作详细的调查分析,判明地下水流方向,采用注浆方式进行超前加固,确定钻孔位置、方向、数目和钻进深度,并应采取下列防止涌水措施:

1 非施工人员必须撤出危险区;

2 当隧道为下坡开挖时,应测算水量大小,备足抽水设备

3 钻孔钻到预期的深度未出水时,可会同设计部门进一步进行地质和水文探测工作,重新判明地下水情况。

13.3 管片及接缝防水

13.3.1 管片制作时应按设计要求达到防水抗渗等级。

13.3.2 管片接缝防水材料必须满足设计要求。施工前应做好如下工作:

1 所采用的防水材料,必须按设计要求和生产厂的质量指标分批进行抽检;

2 采用遇水膨胀橡胶防水材料时,运输和存放须采取防潮措施,并设专门库房存放;

3 材料专用库房按规定配备防火设施。

13.3.3 管片防水密封条粘贴应遵守下列规定:

1 按管片型号使用,严禁使用尺寸不符或有质量缺陷的产品;

2 在管片角隅处加贴自黏性橡胶薄片时,其尺寸应符合设计要求;

3 环面纠偏要求粘贴传力衬垫材料时,必须按正确位置粘贴;

4 变形缝、柔性接头等管片接缝防水的处理应按设计图纸要求实施;

5 管片防水密封条粘贴后,在运输、堆放、拼装前应有防雨、防潮措施,拼装时应逐块检查;

6 管片采用嵌缝防水材料时,槽缝应清洗干净,使用专用工具填塞平整密实。

13.3.4 管片接头面上密封材料的粘贴、保护、储运要按规定的程序进行。

13.3.5 管片密封材料的选择应满足以下要求:

1 具有足够弹性,千斤顶的反复推力和管片变形时不失去水密性;

2 能承受千斤顶的推力及螺栓的紧固力;

3 不会给管片的组装精度带来影响;

4 密封材料对管片有充分的黏附性;

5 能适应气候的变化,有良好的化学稳定性、耐久性;

6 易于施工,具有均质性。

13.3.6 管片嵌缝施工中的填料应满足以下列要求:

1 要有水密性、良好的化学稳定性及对气候变化的适应性;

2 在湿润状态下要易于施工;

3 伸缩性小,伸缩及复原性好;

4 硬化时不受水分影响;

5 施工后应尽快成为非黏接,完全硬化时间短。

13.3.7 螺栓孔、注浆孔外周的防水材料应满足以下要求:

1 伸缩性好,不失水密性;

2 能承受螺栓坚固力;

3 有耐久性而且不老化。

13.4 特殊部位的防水

13.4.1 开敞式掘进机采用仰拱块方式施工地段,隧道底部也可采用施作现浇混凝土仰拱方式,达到与拱墙复合式衬砌整体防水的目的。

13.4.2 护盾式掘进机管片衬砌与现浇混凝土衬砌的接触部位应采用缓膨型遇水膨胀止水条、注浆防水等方式达到止水目的,并满足设计要求。

13.4.3 采用双层衬砌的特殊设计地段,内层衬砌混凝土浇筑前,应将外层衬砌的渗漏水引排或进行封堵。

13.4.4 掘进机管片/仰拱块豆砾石充填完成后,及时进行充填注浆防水,并对注浆孔、螺栓吊装孔进行封堵。

13.4.5 掘进机管片衬砌与联络通道、附属构筑物的接缝防水按设计要求选择防水材料和施工方法。

14　施工通风、防尘及风水电供应

14.1　通风与防尘

14.1.1　隧道在整个施工过程中，作业环境应符合下列卫生及安全标准：

1　空气中氧气含量，按体积计不得小于 20%。

2　粉尘容许浓度，每立方米空气中含有 10% 以上的游离二氧化硅的粉尘不得大于 2 mg。

3　有害气体最高容许浓度：

1）一氧化碳最高容许浓度为 30 mg/m^3，特殊情况下施工人员必须进入工作面时，浓度可为 100 mg/m^3，但工作时间不得长于 30 min；

2）二氧化碳按体积计不得大于 0.5%。

4　掘进机在采购、选型上要充分考虑温度要求，隧道内气温不得高于 28 ℃。

5　掘进机在采购、选型上要充分考虑噪声要求，隧道内噪声不得大于 90 dB。

14.1.2　隧道施工通风应根据机械、人员、风速来决定最小风量，每人应供应新鲜空气 3 m^3/min。隧道施工通风的风速不应小于 0.5 m/s。

14.1.3　通风机的功率及通风管的直径应根据隧道独头掘进长度、运输净空以及衬砌作业净空等计算确定。

14.1.4　通风机、通风管的安装符合下列要求：

1　通风机应安装保险装置，当发生故障时应能自动停机；

2　通风机应有适当的备用数量；

3　通风机的安装位置宜在洞口 20 m 以外；

4　通风管的安装应平顺，接头严密，每 100 m 平均漏风率不应大于 1%，弯管半径不得小于通风管直径的 3 倍；

5　通风管的吊点间距一般不大于 5 m，吊点应牢固；

6　通风管破损时，必须及时修理或更换。

14.1.5　当通风管较长，需要提高风压时，可采用多台通风机串联；风机串联或并联时，应采用同一型号风机。

14.1.6　隧道施工必须采用综合防尘措施，并按规定时间测定粉尘和有害气体浓度。洞内空气每月至少应取样分析一次。

14.2　供　　风

14.2.1　掘进机上配备的空压机的功率应能满足洞内同时施工时各种风动机具的最大耗风要求。

14.2.2　应定期检查空压机上的油水分离器，定期排放油水分离器中的积油和水。

14.2.3 定期检查、养护空压机上的各种闸阀和安全装置。

14.3 供 水

14.3.1 隧道施工供水方案的选择及配备应符合下列要求：

1 水源的水量应能满足工程和生活用水的需要。应蓄水利用。水池高度应能满足洞内最大水压的要求。

2 水池的容量应有一定的储备量，满足洞内集中用水的需要。

3 采用机械抽水供水时，应有备用的抽水机。

4 工程和生活用水使用前必须经过水质鉴定。掘进机施工用水应使用软水，浑、硬水不得使用，在水池中进行沉淀并达到工业用水标准后使用。

5 进水温度不宜高于30 ℃。

14.3.2 洞内供水管的直径及水压应与掘进机设备上的管路及要求相配套。

14.3.3 洞内水管的安装和使用应符合下列要求：

1 管路应敷设平顺，接头严密、不漏水。

2 水管在安装之前应进行检查，有裂纹、创伤、凹陷等现象不得使用，管内不应保存有残余物和其他脏物。

14.4 供 电

14.4.1 隧道供电电压应符合下列要求：

1 常规供电线路采用380 V/220 V三相五线制系统；

2 掘进机供电根据隧道的长度采用不低于10 kV的高压供电；

3 照明电压，作业地段应采用低压，电压一般不得大于36 V，其他地段可采用220 V。

14.4.2 隧道施工作业地段必须有足够的照明。

14.4.3 各种电气设备和输电线路应有专人经常进行检查维修、调整等工作，其作业要求应符合掘进机的技术规程和《施工现场临时用电安全技术规范》(JGJ 46—2005)的要求。

15　掘进机保养与检修

15.1　一 般 规 定

15.1.1　掘进机必须保持良好的技术状况，不得带故障作业。

15.1.2　保养与检修必须坚持“预防为主、经常检修、强制保养、养修并重”的原则，采用日常保养和定期维修保养相结合的方式。

15.1.3　按照生产厂家提供的设备维修保养指南制定强制性的保养与检修计划。

15.1.4　维保人员必须经过相关专业的培训后持证上岗。

15.1.5　根据掘进机的特点、结合现场实际状况制定保养与检修检查表，并根据检查表切实进行。保养与检修工作中，必须做好书面记录。

15.1.6　掘进机及附属设备的保养与检修工作应在机器停止操作时进行。

15.1.7　电器设备保养与检修时，应断开维护的电气部件的开关，并确保保养与检修的设备不会工作。

15.1.8　液压系统保养与检修之前必须关闭相关阀门并降压，必须防止液压油缸的缩回和液压马达的意外运行。液压系统的维修保养必须注意清洁，严禁使用棉纱等易起毛的物品清洁管接头内壁、油桶、油管等。

15.1.9　掘进机长期停止运行时，需定期进行维护、检查和保养。

15.2　主机的保养与检修

15.2.1　主机系统的保养与检修应按以下要求进行：

1　破损、磨损及裂纹等外观检查和检修应在保养之前进行，并贯穿于保养过程始终。

2　保养时尽可能在外观检查的基础上对主机的附属设备进行功能检查，出现功能故障时应及时检修。

3　必须定期对油位指示装置进行观察，油位不足时，及时查明原因并通过滤油机补油。

4　定期观察带有滤芯堵塞指示的油滤清器，根据需要及时进行更换。

5　设备的操作手柄、仪表、视窗等外观表面和环境，每天必须进行清洁。

6　油缸活塞杆外露面、精密导轨面、仪表表面、显示窗表面和注油嘴，每天必须进行清洁。

7　定期用高压风吹扫离合器压盘与摩擦片之间的积尘，妥善遮盖离合器罩，以免落入油污或脏污，引起离合器片打滑。

8　主机上各液压分配阀、操纵阀和各信号电缆等，必须采取防尘、防水、防锈、防砸措施。

9　必须及时清除各死角及滑轨面的碎石、淤泥。

10 及时冲洗除尘器内的钢丝滤网和纤维滤网，并冲洗除尘风机风道内的积尘；定期清理刀盘后部风道内积尘。

11 必须及时清除钢拱架移动平台导向滑动板滑动规面脏污，同时涂抹润滑脂。

12 必须每班检查外机架和主轴承润滑脂泵的工作状况，发现问题及时检修。

13 必须每班检查皮带运转状况并及时调整。

14 必须每天对主机重要结构部件的黄油嘴加注润滑脂，其余部位根据要求每隔二天或一周加注一次。

15 必须每周检查主轴承的密封状况。

16 必须每季清理前后外机架撑靴及后支腿导向柱上积尘并进行润滑维护。

17 对主机受振动影响的部位，必须定期进行螺栓松动检查。液压张紧螺栓应每半年用液压张紧装置按规定扭矩复紧一次。

18 运转中发现滤清器压差报警指示，必须及时更换滤芯。

19 对电气连线的进行松动及受潮情况检查，避免接线松动和短路。

15.2.2 主机独立设备保养与检检的重点是进行功能检查、清理清洗、润滑养护、紧固、调整。

15.2.3 锚杆钻机的保养与检修按以下要求进行：

1 每班进行功能检查；

2 每班检查冲洗箱、软管、接头的泄漏；

3 每班加注润滑脂；

4 每班检查钻机与滑板、走行链条的连接松紧度、链条机构是否卡滞，适时调整；

5 每班检查弧形轨道、凿岩机重要螺栓松紧度，按规定扭矩紧固；

6 每班清理锚杆钻机上坠落的碎石，同时用废齿轮油润滑钻机走行链条，适时添满油气润滑玻璃油杯里的润滑油；

7 每季度检查凿岩机蓄能器充气压力。

15.2.4 仰拱吊机、材料吊机的保养与检修按以下要求进行：

1 每班进行吊机功能试验，当动作失灵、不动作或有噪声时及时修理；

2 每班清理吊机顶部及走行区域滚轮处积渣，经常在链条上涂抹齿轮油；

3 每天观察液压接头、回转接头或油管是否渗漏，油箱油位低时及时加液压油；

4 每周检查吊机变速箱，适时补油；

5 每周检查走行机构轮组磨损、总成磨损、链条变形情况。

15.2.5 除尘风机的保养与检修按以下要求进行：

1 每天清洗滤网、视情更换滤网，冲洗风道积尘；

2 每周检查沿途风道连接处软风管接头是否脱落或破损；

3 每周检查除尘风机电机固定螺栓是否松动，电机运转是否平稳；

4 每季度检查电机接线盒线间、相间绝缘值，观察电机旋转轴与风扇叶片之间的旋转密封是否可靠。

15.2.6 管片安装系统的保养与检修按以下要求进行：

1 每班对管片安装机、管片储存器进行日常清洁；

2 每天对管片安装机、管片储存器、管片吊机的注油口加注润滑油；

3 每天检查管片安装机及管片储存器的油缸、液压管路连接及有无泄漏；

4 每天检查管片安装机、管片吊机的限位传感器的接线及工作情况；

5 每周检查管片吊机的滑线紧固情况及有无损坏，检查轨道螺栓紧固情况，检查各部件有无松动情况；

6 每周检查管片安装机、管片储存器、管片吊机的胶垫有无损坏，检查管片吊机的抓头有无变形，检查管片安装机抓举头磨损情况；

7 每周检查管片安装机减速机油位及工作情况，油位低时及时补油。

15.2.7 护盾系统的保养与检修按以下要求进行：

1 每班清除伸缩盾主推进油缸部位及盾尾辅助推进油缸部位的杂物，清理扭矩梁侧面润滑油；

2 每天检查主推进油缸、辅助推进油缸、防扭装置、扭矩梁、撑靴、稳定器的油缸阀组及管路有无泄漏，检查油缸行程传感器的工作情况；

3 每周检查防扭装置防扭环连接工作情况；

4 每周检查扭矩梁紧固螺栓有无松动；

5 每周检查主推进油缸的连接铰接处并加注润滑油。

15.3 后配套设备的保养与检修

15.3.1 必须对后配套设备进行功能检查、清理清洗、润滑养护、紧固、调整。

15.3.2 对后配套设备的润滑养护按以下要求进行：

1 必须每天对卸渣机、喷锚系统、皮带输送机的导向轮和 1 号皮带机从动轮等的注脂部位进行注脂润滑；

2 必须每周对拖车滚轮、冷却风机、辅助吊机、水泵、空压机、接力风机、皮带机的张紧油缸、提升油缸、主动轮、轴承座、2 号皮带机从动轮、3 号皮带机从动轮等的注脂部位进行注脂润滑。

15.3.3 皮带输送机的保养与检修按以下要求进行：

1 每班观察皮带跑偏情况，通过皮带从动轮张紧装置的调整螺栓适量调整滚筒两侧张紧量，以皮带运转时松紧适度、不跑偏为标准。

2 每班通过皮带运转情况，观察皮带下方皮带托滚旋转是否灵活、驱动滚筒或从动滚筒轴承噪声和径向跳动是否明显、安装：支架是否紧固。检查托滚、刮板磨损，如磨损过度应及时更换。

3 皮带损伤检查。每班检查所有皮带表面、背面及侧面的损伤情况，查明原因并及时修补。

4 每天检查内机架一号皮带下方石渣堆积程度，及时清理并查找堆积原因。

5 每周清理皮带桥皮带两侧或下方，尤其是皮带托滚周围的尘土、沉积物和淤积碎石。

6 每半年拔出驱动滚筒驱动马达，检查变速箱齿轮磨损程度，更换新齿轮油。

7 连续皮带机按相关规定要求进行保养与检修。

15.3.4 料车拖拉系统的保养与检修按以下要求进行：

1 每班进行功能检查。

2 每班清理链轨、链槽渣石。

3 每班检查拖拉泵站运行压力和泵体发热情况，温度过高立即停机冷却。

4　每周检查驱动回转马达链轮和引导小链轮是否磨损、拖拉链条是否脱钩、变形拉长，检查链条连接块及链槽磨损程度。必要时，通过前坡道链轮张紧机构张紧链条；或焊割修整。或更换磨损件。

15.3.5　卸渣机的保养与检修按以下要求进行：

1　每班进行功能检查；

2　每班清理翻板、渣斗、滚筒等处积石；

3　每班检查刮渣器与皮带贴合程度，及时调整；

4　曲线段施工时，每班检查走行电缆在滑槽活动是否灵活、卡滞，及时调整、校正；

5　每周观察翻板表面磨损、卡滞情况；

6　每周检查行走马达连接螺栓是否松脱、折断，行走滚轮是否打滑，必要时在滚轮踏面沿周向间断堆焊凸棱，增加行走附着力。

15.3.6　空气压缩机的保养与检修按以下要求进行：

1　每班检查冷却剂液位，不足时及时补充；

2　定期用高压风吹扫冷却器及周边积垢；

3　每 2 000 h 更换冷却剂滤清器，每年或指示灯闪光时更换空气滤清器；

4　每季度检查所有软管是否破裂、老化，使用 2 年时必须更换所有软管；

5　每半年标定压力传感器，每年标定安全阀；每 2 年更换冷却剂，并同时更换分离器元件和冷却剂滤清器。

15.3.7　喷锚设备的保养与检修按以下要求进行：

1　每班检查油箱油位、高压压力、蓄能器与油泵转换压力、真空计过滤器污染程度、液压接头和输料管接头密封；

2　每班对所有润滑点加注润滑脂；

3　每班清洗混凝土输送泵所有管路；

4　每周检查耐磨板、S 阀磨损、输料管壁厚和磨损，检查螺栓松动，螺栓按规定扭矩校核；

5　喷锚移动机构的走行齿条和滚轮滚道，每周涂抹润滑脂。

15.3.8　应急发电机的保养与检修按以下要求进行：

1　每次启动前，检查机油和燃油油位、冷却液液位，不足时及时补充；

2　每周检查蓄电池电解液位置和电压，保证随时处于充足电状态；

3　每月检查空气滤清器是否堵塞；

4　定期清理发动机表面积尘；

5　其余均按发动机保养与维修的相关规定执行。

15.3.9　空调系统的保养与检修按以下要求进行：

1　每班观察空调运行参数；

2　定期检查管路是否泄漏（制冷剂、压缩机油等），打开蒸发器盖板检查铜管是否污染；

3　定期检查螺钉、电路接头；

4　每 500 h 更换压缩机油和机油滤清器；

5　设备封存之前，开动空调设备，将氟利昂制冷剂收回系统，在断开冷凝器管路的同时，立即严密、妥善密封空调冷却系统出口通道。

15.3.10　豆砾石填充系统的保养与检修按以下要求进行：

1　每班对配料转盘进行日常清洁；

2　每班检查泵站工作压力、配料盘注油润滑压力是否正常；

3　每天检查液压油/润滑油油位及加注情况；

4　每天检查豆砾石泵站的限位传感器工作是否正常，除尘系统工作是否正常；

5　每周检查豆砾石泵站配电柜电气接线是否可靠、管路连接是否可靠，检查液压油/润滑油油位及各减速机油位，检查管路有无破损现象。

15.3.11　注浆系统系统的保养与检修按以下要求进行：

1　每班进行日常清洁；

2　每班检查泵站工作压力是否正常，注浆油缸换向传感器工作是否正常，搅拌装置工作是否正常，水计量系统是否正常；

3　每周检查液压油位，检查配电柜电气接线是否可靠。

15.4　油水管理

15.4.1　必须配备基本的油水检测设备、仪器及化验人员，条件不具备时，必须委托有油水化验资质的单位进行。必须定期、定点抽取油样进行化验分析，并以检测结果来指导油水管理工作。

15.4.2　油样检测分析采用油质检测仪和污染度测试仪，结合铁谱、光谱分析技术，对油质的理化性能指标和磨损磨粒进行检测和分析。

15.4.3　取油样采用专用取样工具，在机械充分运转达到正常油温时，在固定的取样位置进行取样，取样后应及时对取样工具进行保养。

15.4.4　掘进机各关键部件的取样应符合下列要求：

1　主轴承润滑系统应每月在润滑油回油截止阀处取样，取样量为 200 mL，用于铁谱、光谱、理化指标和污染度分析；

2　主轴承密封系统应每月分别从刀盘护盾下部的左右密封油箱回油处取样，取样量为 200 mL，用于铁谱、光谱、理化指标和污染度分析；

3　液压系统主油箱应每月从大油箱内用专用抽油器抽取 150 mL 油样，用于作污染度和理化指标分析；

4　锚杆钻机应每月从锚杆钻机油箱处抽取 150 mL 油样，用于污染度和理化指标分析；

5　齿轮箱应每月从变速箱中旋开观察镜顶部的放油螺钉，从此孔内深入油腔抽取 200 mL 油样，用于污染度、理化指标、铁谱和光谱分析；

6　辅助泵站应每月从油箱内抽取 150 mL 油样，用于理化指标和污染度分析；

7　仰拱块吊机应每 2 个月从油箱处抽取 150 mL 油样，用于污染度和理化指标分析；

8　材料吊机应每 2 个月从油箱处抽取油样，用于污染度和理化指标分析；

9　管片安装机每 2 个月从减速机注油口处抽取油样，用于污染度和理化指标分析。

15.5　刀具管理

15.5.1　必须制定刀具管理规程并配备刀具管理人员。

15.5.2 必须根据围岩条件对刀具的运转状况定期进行检查,对刀具及其相应装置进行调整、更换和检修。

15.5.3 刀具检查内容应包括刀具外观检查、刀具螺栓检查和刀具磨损量的测量。

15.5.4 刀具的检查应符合下列要求:

1 根据实际遇到的围岩条件确定刀具检查的时间间隔;

2 交接班时,对刀盘和刀具进行必要检查和处理;

3 对新装刀具,必须将固定刀轴的螺栓紧固至规定的扭矩,待掘进一个行程后进行刀具安装螺栓的复紧;

4 掘进中发现刀具漏油、异味,刀盘前发出异响,渣中发现金属物或钢颗粒及严重塌方等特殊情况时,应紧急停机进行检查;

5 在围岩条件发生变化时,应检查刀具;掘进中,当推力逐渐增大、推进速度变慢、推进时间延长时,必须检查刀具。

15.5.5 刀具检查中发现以下情况之一时,必须更换刀具:

1 当刀圈的磨损量超过规定的允许磨损量时;

2 刀圈断裂时;

3 刀圈弦磨时;

4 刀具漏油时;

5 刀圈有大块崩缺时;

6 挡圈断裂或脱落时;

7 刀圈在刀体上转动时;

8 刀具固定螺栓损坏或刀具螺栓松、脱及掉刀时。

15.5.6 刀具更换必须遵循下列原则:

1 必须严格按照刀具的拆装工艺进行刀具的更换,并必须做好详细的刀具更换记录。

2 刀具更换后,应检查相邻刀具的高差。当相邻刀具高度差大于厂家规定的数值时,应进行调整高差的换刀。

3 中心刀必须同时更换,边刀应成组更换。

4 更换边刀时,原则上应更换前部刮渣器的刮板,后刮渣板在磨损量大于厂家规定的数值时应更换。

5 更换边刀时必须更换过渡区的正滚刀。

6 每次换边刀时必须扩孔,扩孔刀在扩孔数次后,当磨损量达到厂家规定的数值时必须更换。

7 新轴承的刀或初装刀尽量装到高刀位上,尽量将旧轴承的刀装到低刀位上。

15.6 故障诊断与处理

15.6.1 故障诊断及预测按以下要求进行;

1 日常检测——值班工程师、操作人员、维保人员应经常检查设备的温度、振动、声音、气味等情况,发现不正常现象或听到异响时,应立即停机检查。

2 机况监测——依据日常检测中发现的不正常现象以及油水的检测结果,检测人员和维修工程师逐项进行检查或利用检测仪器、仪表等进行针对性测试，检测结果记录并汇总，然后进行分析，做出正确判断。

3 故障诊断——检测人员应依据各项检测数据以及机械设备的结构特点、性能及操作、维修保养的特殊要求，判断出故障隐患，并借助于仪器测定，判断故障产生的部位和原因。

15.6.2 故障发生时，必须根据数据采集系统及故障监视系统来判断故障类别（电气故障或机械、液压故障），并及时进行故障检查。诊断出的故障必须及时进行修理，并将故障的部位、原因及修理后的状况记录存档。

15.6.3 电气故障的处理应从控制系统故障、动力线路故障、绝缘故障等三方面进行检查，并根据故障的不同类别进行相应处理。

1 检查控制系统故障时，用编程器与 PLC 程序系统联机，对故障报警器显示的子程序名所对应的子程序进行检查，从程序梯形图运行的状态判断故障原因并进行相应处理。

2 动力线路故障的检查首先应对电路中的电压、电流进行测量，通过与标准值比较，查找故障原因，并进行相应处理。

3 绝缘故障由于电网上某一线路的绝缘值降低造成，用逐一排除法对电网上的每个电路进行送电测试，查找到有漏电现象的电器设备或电缆，并维修或更换。

15.6.4 机械故障的处理可采用振动量、温度等测试值并结合外观检查来判断故障的部位与原因，并针对故障原因进行相应处理。外观检查应包括如下内容：

1 变形及磨损检查——检查相对运动表面有无积垢和损伤，检查离合器摩擦片、溜渣槽、钢拱架回转托轮等的磨损量，检查结构件及踏板等无有变形，检查后进行相应处理。

2 裂纹检查——发现裂纹或断裂应及时焊补，焊接必须牢固可靠，并利用磁粉探伤仪进行检测。

3 螺栓检查——松动的螺栓必须紧固到规定扭矩，螺栓更换时必须是原等级螺栓。

15.6.5 液压故障可采用油温、油品理化指标、铁谱分析、光谱分析等测试值并结合外观检查来判断故障的部位与原因。外观检查应包括如下内容：

1 油位检查——对系统油位进行检查并做记录，分析判断系统是否存在泄漏或需添加新油。

2 泄漏检查——检查液压系统阀件及管路有无泄漏，并进行修理或更换。

3 滤芯检查——检查滤芯的堵塞情况，并进行更换。

15.6.6 液压故障的处理应按故障判断、检修准备、检测、拆卸、维修、调试、安装、调试、试机等程序进行，并在故障处理过程中做好维修记录。

16　掘进机拆卸

16.1　一般规定

16.1.1　掘进机的拆卸方式(洞内拆卸或洞外拆卸)根据总体施工组织设计确定,并制定安全操作规程。

16.1.2　应根据掘进机设备的最大件重量和尺寸,确定吊装设备的型号和结构。

16.1.3　吊装设备必须选择符合安全要求,具备相应资质的专业厂家生产的产品;门吊或桥吊组装完成后,必须进行试运行,并请当地技术监督部门进行质量验收,合格后方可启用。

16.1.4　应由经过专业培训的起重人员负责掘进机大件的吊装,并设专人指挥。吊装作业时,确保各大型部件选择合理的吊点,吊运、吊装应平稳。大件吊装作业应按相关作业安全操作规程及掘进机制造厂的拆卸要求进行。

16.1.5　按正确的拆卸顺序进行拆卸,并按规定的顺序拆卸螺栓。

16.1.6　做好施工现场的消防工作,电焊作业时,必须有专人进行防护。

16.1.7　加强现场的协调能力,确保拆卸作业按计划实施。

16.2　设备拆卸

16.2.1　应编制《掘进机拆卸施工组织设计》,并应包括以下内容。

1　当掘进机在洞内拆卸时,应编制拆卸洞室施工方案;

2　掘进机拆卸安全细则及拆卸期间护卫方案;

3　掘进机拆卸前状态评估与拆卸前后的保养方案;

4　主机、设备桥、后配套系统、液压系统、电气系统的拆卸技术细则;

5　主机、设备桥、后配套系统、液压系统、电气系统的编码与标识规定;

6　主机、设备桥、后配套系统、液压系统、电气系统的包装方案。

16.2.2　设备拆卸前应完成如下工作:

1　拆卸场地、拆卸洞室等配套工程的施工;

2　配备满足拆卸施组要求的吊装设备、专用工具、夹具、吊具、材料及拆卸人员,并对拆卸人员进行质量、安全、拆卸技术培训;

3　准备风、水、电及电气焊设备,洞外拆卸时,电源插座应为防水、防爆型;

4　配备数量足够的消防器材;

5　进行拆机前的状态评估;

6　进行设备及管线的标识;

7　进行拆卸技术交底。

16.2.3　洞外拆卸场地应符合以下要求:

1 拆卸场地表面平整，其中线基本对准隧道中线；

2 应做好支挡和排水措施；

3 应夯实地基，门吊走行轨道基础应为钢筋混凝土结构，拆卸场地的地面抗压强度及混凝土厚度满足掘进机生产厂对拆卸场地的要求；

4 拆卸场地的长度、宽度应至少能满足掘进机的拆卸和大件的吊装，并有一定的机动长度。

16.2.4 洞内拆卸的场地及拆卸应符合以下要求：

1 拆卸洞室的建造应遵守经济原则，尽量减少建造费用；拆卸洞室应选择在围岩较稳定，整体较完整的位置；尺寸应满足洞中吊装的工作条件。洞室平面与净空高度应根据主机大件拆卸的要求确定。

2 采用桥吊时，桥吊的横向工作范围应大于主机直径，吊钩相对地面的最大有效起吊高度应大于主机直径 3～4 m，起吊能力按相关规定确定。应充分考虑桥吊在洞内的运输和安装条件。

3 配电系统应满足桥吊和附属设备拆卸等用电、照明、电焊机、空压机等机具的用电要求，同时结合后期衬砌施工要求进行配置。

4 应注意拆卸洞室的排水能力。

5 采用洞内拆卸方式时，主机在洞内利用桥吊解体，设备桥及后配套拖车等一般在洞外利用门吊和汽吊进行解体。拖车拆出前应将管线和皮带机的皮带进行拆解，并对主机及部分拖车上的小型装置和设备进行拆解。拆卸下来的设备，及时用平板车等运出洞外，并在洞外利用门吊和汽吊，经汽车转至存放场。拖车、设备桥应分组从洞内拖出，在洞口拆卸场地利用门吊和汽吊解体，并直接包装或者先用汽车运送到存放场。

6 洞外存放场地必须进行平整、地面硬化、满足大件运输车辆和吊机作业、排水施工、照明安装，设置防护装置及消防器材。

16.2.5 拆卸作业应遵循以下安全规定：

1 拆机人员必须进行安全技术培训，设专职安全员。

2 吊机由持证上岗司机操作。

3 作业人员必须戴安全帽；登高作业时，应系扎安全带；梯上作业时，严禁站立二人以上。

4 起吊前，须仔细检查连接件是否已全部拆除。起吊刀盘、护盾、主轴承、内外凯（或主梁）等大件时，应再次检查吊机制动器和吊具，先微动试吊后再平衡吊运。

5 吊件不得从人的上空通过。

6 翻转吊件时，钢丝绳保持在垂直状态，不得斜拉斜吊。

7 焊接作业人员应配戴防护眼镜和手套，氧气瓶、乙炔瓶应放置在安全区。

8 拆卸作业时，不得损坏设备上的标识。

9 油泵、油压表、油管和油缸等液压系统处拆卸后应及时封堵。

10 洞外施工受天气影响较大，电气设备、液压设备应做好防潮、防尘。

11 交接班时必须对工具、吊具等专用机具进行交接和检查，如有破损、裂纹、断裂现象要及时更换，做好交接班记录，交接班记录中应包括当班拆卸作业内容。

12 加强洞内、洞口、存放场的安全保卫工作，危险部位设置安全警示牌，在洞内外拆卸作业区和存放场等地方，设置防护装置及消防器材。

16.2.6　拆卸后的文整工作应符合以下要求：

1　应将各班组拆卸记录、运输装车记录、装箱记录等技术资料整理归档。

2　应将掘进机拆卸后的维修计划、拆卸过程中缺损件统计、拆卸中各类螺栓装机统计、库存统计及订购清单、液压系统编码标识记录、电气系统编码标识记录、裸放件编码与标识记录、备件装箱单、拆卸后的遗留问题等统计资料整理并归档。

17 施工运输

17.1 一般规定

17.1.1 施工进料应采用有轨运输。出渣运输可根据隧道的长度、掘进能力、掘进速度选择有轨运输和皮带输送机运输方式。

17.1.2 有轨运输时，洞外应根据需要设调车、编组、卸渣、进料、设备维修等线路，皮带机运输时应设转渣装置。

17.1.3 运输线路应保持平稳、顺直、牢固，设专人按标准要求进行维修和养护，随时处于良好状态。

17.1.4 牵引设备的牵引能力应满足隧道最大纵坡和运输重量的要求，车辆配置应满足出渣、进料及掘进进度的要求，并考虑一定的余量。

17.1.5 列车编组在洞内作业地段、视线不良的曲线上、通过道岔、进入掘进机和通过洞口平交道等处时，其运行速度不得大于 5 km/h，其他地段在采取有效的安全措施后，运行速度不宜大于 20 km/h。

17.1.6 有轨运输应符合下列安全规定：

1 机车牵引不得超载；

2 车辆装载高度不得大于矿车顶面 50 cm，宽度不得大于车宽；

3 列车连接必须良好，编组和停留时，必须有刹车装置和防溜车装置；

4 车辆在同一轨道行驶时，两组列车的间距不得小于 100 m；

5 轨道旁临时堆放材料，距钢轨外缘不得小于 80 cm，高度不得大于 100 cm；

6 车辆运行时，必须鸣笛或按喇叭，并注意瞭望，严禁非专职人员开车、调车和搭车，以及在运行中进行摘挂作业；

7 载人列车，应制定安全保证措施；

8 采用内燃机车牵引时，应配置排气净化装置，符合环保要求。

17.2 出渣运输

17.2.1 掘进机施工时应当通过合理的技术、经济比较选用皮带运输方式或轨道运输方式。

17.2.2 采用皮带机出渣时，应遵守以下安全规定：

1 按掘进机的最高生产能力进行皮带机的设计；

2 皮带机机架应坚固，平、正、直；

3 皮带机全部滚筒和托辊，必须与输送带的传动方向成直角；

4 运输皮带必须保持清洁，并经常清理；

5 必须定期按照皮带机的使用与保养规程对皮带机电气、机械、液压系统进行检查、保养与维修；

6 设专人检查皮带的跑偏情况并及时调整；

7 皮带机延伸应严格按照皮带硫化作业规程和安全操作规程作业；

8 严格按照技术要求设置出渣转载装置。

17.2.3 采用有轨出渣时，应根据现场卸渣条件确定采用侧翻式或翻转式卸渣形式。

17.2.4 在卸渣区域设置明显报警装置，编组列车卸渣前，必须对卸渣区域进行报警，所有人员应该撤离危险区域。

17.2.5 在翻渣时，严禁机车移动。

17.3 供料运输

17.3.1 有轨运输列车编组与运行应满足掘进机连续掘进和最高掘进速度的要求。

17.3.2 根据洞内掘进情况有计划的提前安排进料工作。

17.3.3 材料装车时，必须固定牢靠，以防运输中途跌落。

17.3.4 掘进机上应储备一定数量的易损件和材料，并随时补充。

17.3.5 根据隧道设计要求，及时组织运输砂浆料。

17.3.6 根据地质情况，组织运输锚杆、钢架、钢筋网等支护材料。

17.3.7 依照刀具的消耗统计资料，安排好刀具的运输供应，并在刀具非正常损坏时及时组织提供。

17.3.8 根据掘进里程，确定运输油脂、电缆、皮带、水管等延伸材料。

17.3.9 组织好每循环管片/仰拱块、豆砾石及砂浆等材料的运输。

18 监 控 量 测

18.1 一 般 规 定

18.1.1 全断面岩石掘进机施工中应结合施工环境、地层条件、施工方法与进度制定监控量测方案。

18.1.2 监控量测手段必须直观、可靠、科学，对突发安全事故应有应急监测预案。

18.1.3 在监控量测中应根据观测对象的变形量、变形速率等调整设计及安全对策方案。

18.1.4 浅埋段地上、地下同一断面内的监控量测数据以及掘进机施工参数应同步采集，以便进行分析。

18.1.5 选择的监控量测的仪器和设备，应满足量测精度、抗干扰性、长期使用等要求。

18.2 监测内容与方法

18.2.1 全断面岩石掘进机隧道施工监测内容应包括隧道钻爆法施工区段监控量测和掘进机施工区段的监控量测，并应根据围岩条件、支护参数、施工方法、周围环境及监测目的编制实施大纲和监控量测作业指导书。

18.2.2 隧道始发洞、预备洞、通过斜井施工的正洞组装、拆卸等其他利用钻爆法施工的作业段的监控量测内容，应按设计要求执行，并符合现行《铁路隧道监控量测技术规程》的相关要求。

18.2.3 采用全断面掘进机施工段，隧道监控量测内容和方法见表18.2.3。

表18.2.3　全断面岩石掘进机施工监控量测内容和方法

序号	监　测　项　目	主要监测仪器
1	浅埋地段地表和构筑物变形测量	水准仪
2	围岩、初期支护监测(包括拱顶下沉和水平收敛)	水准仪、收敛仪
3	衬砌管片监测(包括管片隆沉、管片环向净空变化)	水准仪、收敛仪、全站仪

18.2.4 钻爆法施工段监控量测点位布置、频率按照现行《铁路隧道监控量测技术规程》执行。

18.2.5 全断面岩石掘进机施工段地表沉降观测断面设置按表1 8.2.5—1 执行，围岩、初期支护观测断面设置按表1 8.2.5—2 执行，围岩环向净空变化监测间距30～50 m。

表18.2.5—1　地表沉降观测断面设置要求

隧道埋设深度(m)	观测点纵向间距(m)	观测点横向间距(m)
$H>2D$	20～50	7～10
$D<H<2D$	10～20	5～7
$H<D$	10	2～5

表 18.2.5—2 围岩、初期支护观测断面设置要求

围岩情况	观测断面纵向间距(m)	备注
Ⅳ、Ⅴ级	10	围岩变化处应适当加密,在各类围岩的起始段增设拱顶下沉点1~2个,水平收敛1~2对。管片跟进时不做此项监测
Ⅲ级	25	
Ⅱ级	40	

18.2.6 全断面岩石掘进机监控量频率按表 18.2.6 执行。

表 18.2.6 变形测量频率

变形速度(mm/d)	施工状况	测量频率
>10	距工作面 1 倍洞径	2 次/d
10~5	距工作面 1~2 倍洞径	1 次/d
4~1	距工作面 2~5 倍洞径	1 次/2~3 d
<1	距工作面 >5 倍洞径	1 次/7 d

18.2.7 观测点应埋设在能反映变形、便于观测、易于保存的部位。

18.3 管理标准及信息反馈

18.3.1 隧道钻爆法施工段监控量测标准按设计要求执行,并符合现行《铁路隧道监控量测技术规程》的相关要求。

18.3.2 全断面岩石掘进机施工段围岩或初期支护监控量测实测相对位移值或预测的总相对位移值管理标准按表 18.3.2 执行。

表 18.3.2 隧洞周边允许位移相对值(%)

围岩级别	埋深(m)		
	<50	50~300	>300
Ⅲ	0.10~0.30	0.20~0.50	0.40~1.20
Ⅳ	0.15~0.50	0.40~1.20	0.80~2.00
Ⅴ	0.20~0.80	0.60~1.60	1.00~3.00

注:1 周边位移相对值系指两测点间实测位移累计值与两测点间距离之比或拱顶下沉实测值与隧道宽度之比;

2 硬质围岩的取表中较小值,软质围岩的取表中较大值;

3 本表所列数值可在施工过程中通过实测和资料积累作适当修正。

18.3.3 如果位移速度无明显下降,而此时实测位移相对值已接近表中的规定数值,同时支护混凝土表面已出现明显裂缝,或者实测位移速度出现急剧增长时,必须立即采取补强措施,并改变施工程序或设计参数,必要时应立即停止开挖,进行施工处理。

18.3.4 围岩与支护结构的位移速度判别标准按以下规定执行:

1 位移速度持续大于 1.0 mm/d 时,围岩与支护结构处于急剧变形状态;

2 位移速度为 0.2~1.0 mm/d 时,围岩与支护结构处于缓慢变形状态;

3 位移速度小于 0.2 mm/d 时,围岩与支护结构达到基本稳定。

18.3.5 宜利用计算机和相关软件实行监控量测数据采集实时化、数据处理自动化、数据输出标准化,并建立监控量测数据库。

18.3.6　应结合施工和现场环境状况对监控量测数据定期进行综合分析，并应绘制出地表沉降、隧道水平收敛、拱顶下沉等时态曲线图。

18.3.7　每次监控量测完成后应提供书面报告并报送相关部门，在异常情况下必须及时报告。工程竣工后应提供监控量测技术总结报告。

19 工程验收

19.1 一般规定

19.1.1 铁路隧道全断面岩石掘进机法施工现场质量管理应有相应的施工技术标准、健全的质量管理体系和施工质量检验制度。

施工现场质量管理检查记录应由施工单位在施工前按表19.1.1的规定填写，总监理工程师进行检查，并作出检查结论。

表19.1.1 施工现场质量管理检查记录

<table>
<tr><td colspan="2">单位工程名称</td><td></td><td colspan="2">开工日期</td><td colspan="2"></td></tr>
<tr><td colspan="2">建设单位</td><td></td><td colspan="2">项目负责人</td><td colspan="2"></td></tr>
<tr><td colspan="2">设计单位</td><td></td><td colspan="2">项目负责人</td><td colspan="2"></td></tr>
<tr><td colspan="2">监理单位</td><td></td><td colspan="2">总监理工程师</td><td colspan="2"></td></tr>
<tr><td colspan="2">施工单位</td><td></td><td>项目负责人</td><td></td><td>项目技术负责人</td><td></td></tr>
<tr><td>序号</td><td colspan="4">项　　目</td><td colspan="2">检查情况</td></tr>
<tr><td>1</td><td colspan="4">开工报告</td><td colspan="2"></td></tr>
<tr><td>2</td><td colspan="4">现场质量管理制度</td><td colspan="2"></td></tr>
<tr><td>3</td><td colspan="4">质量责任制</td><td colspan="2"></td></tr>
<tr><td>4</td><td colspan="4">工程质量检验制度</td><td colspan="2"></td></tr>
<tr><td>5</td><td colspan="4">施工技术标准</td><td colspan="2"></td></tr>
<tr><td>6</td><td colspan="4">施工图现场核对情况</td><td colspan="2"></td></tr>
<tr><td>7</td><td colspan="4">地质勘查情况</td><td colspan="2"></td></tr>
<tr><td>8</td><td colspan="4">交接桩及施工复测资料</td><td colspan="2"></td></tr>
<tr><td>9</td><td colspan="4">施工组织设计及审批</td><td colspan="2"></td></tr>
<tr><td>10</td><td colspan="4">环境保护方案及审批</td><td colspan="2"></td></tr>
<tr><td>11</td><td colspan="4">主要专业工种操作上岗证书</td><td colspan="2"></td></tr>
<tr><td>12</td><td colspan="4">施工检测设备及计量器具设置</td><td colspan="2"></td></tr>
<tr><td>13</td><td colspan="4">工程材料、设备管理制度</td><td colspan="2"></td></tr>
<tr><td colspan="7">检查结论：

总监理工程师　　　　年　月　日</td></tr>
</table>

19.1.2　采用全断面岩石掘进机法施工的铁路隧道工程，应按下列规定进行施工质量控制：

1　施工单位应对工程采用的主要材料、零配件和设备的外观、规格、型号和质量证明文件进行验收，并经监理工程师检查认可；凡涉及结构安全和使用功能的，施工单位应进行检查，监理单位应按规定进行平行检查或见证取样检查。

2　各工序应按施工技术标准进行质量控制，每道工序完成后，施工单位应进行检查，并形成纪录。

3　工序之间应进行交接检查检验，上道工序应满足下道工序的施工条件和技术要求；相关专业工序之间的交接检验应经监理工程师检查认可。未经检查或检查不合格的不得进行下道工序施工。

19.1.3　采用全断面岩石掘进机法施工的铁路隧道工程施工质量，应按下列规定进行验收：

1　工程施工质量应符合《客运专线铁路隧道工程施工质量验收暂行标准》（铁建设〔2005〕160 号）、《铁路混凝土工程施工质量验收补充标准》（铁建设〔2005〕160 号）和本技术指南以及相关专业验收标准的规定；

2　工程施工质量应符合工程勘察、设计文件的要求；

3　参加工程施工质量验收的各方人员应具备规定的资格；

4　工程施工质量的验收均应在施工单位自行检查评定合格的基础上进行；

5　设计涉及结构安全的试块、试件以及有关资料现场检验项目，监理单位应按规定进行平行检验、见证取样检测或见证检测；

6　检验批的质量应按主控项目和一般项目进行验收；

7　对涉及结构安全和使用功能的分部工程应进行抽样检验，衬砌混凝土强度同条件养护试件检测项目和频次应符合《客运专线铁路隧道施工质量验收暂行标准》（铁建设〔2005〕160 号）的规定；

8　承担见证取样检测及有关结构安全检测的单位应具有相应的资质；

9　单位工程的综合质量应由验收人员通过检查共同确认。

19.1.4　采用全断面岩石掘进机法施工的铁路隧道工程施工质量验收，应划分为单位工程、分部工程、分项工程和检验批。

1　单位工程应按一个完整工程或一个相当规模的施工范围划分，并按下列原则确定：

1）一座隧道宜作为一个单位工程，长隧道和特长隧道可按施工标段划分为若干个单位工程；

2）独立明洞（或棚洞）可作为一个单位工程。

2　分部工程应按一个完整部位或主要结构及施工阶段划分。

3　分项工程可按工种、工序、材料、施工工艺等划分。

4　检验批可根据按施工质量控制和施工段验收需要划分，其检验项目分为主控项目和一般项目。

19.1.5　分部工程、分项工程划分和检验批检验项目划分应符合表 19.1.5 的规定。

表 19.1.5 分部工程、分项工程和检验批划分及检验项目

序号	分部工程	分项工程	检验批	检验项目条文号	
				主控项目	一般项目
1	洞口工程	开　挖	每个洞口	按铁建设〔2005〕160 号标准检验	
		模　板	每个安装段	按铁建设〔2005〕160 号标准检验	
		钢　筋	每个安装段	按铁建设〔2005〕160 号标准检验	
		混凝土	每个浇筑段	按铁建设〔2005〕160 号标准检验	
		浆砌片石	每个砌筑段	按铁建设〔2005〕160 号标准检验	
		洞口防护	每个洞口	按铁建设〔2005〕160 号标准检验	
2	预备洞、始发洞开挖	洞身开挖	每个开挖循环	按铁建设〔2005〕160 号标准检验	
		隧底开挖	每个开挖循环	按铁建设〔2005〕160 号标准检验	
		弃渣广场防护	每　处	按铁建设〔2005〕160 号标准检验	
3	支　护	喷射混凝土	每个喷射段	按铁建设〔2005〕160 号标准检验	
		锚　杆	每个安装段	按铁建设〔2005〕160 号标准检验	
		钢筋网	每个安装段	按铁建设〔2005〕160 号标准检验	
		钢　架	每个开挖循环	按铁建设〔2005〕160 号标准检验	
		管　棚	每　环	按铁建设〔2005〕160 号标准检验	
		超前小导管	每　环	按铁建设〔2005〕160 号标准检验	
		超前预注浆	每　环	按铁建设〔2005〕160 号标准检验	
4	衬　砌	模　板	每个安装段	按铁建设〔2005〕160 号标准检验	
		钢　筋	每个安装段	按铁建设〔2005〕160 号标准检验	
		混凝土	每个浇筑段	按铁建设〔2005〕160 号标准检验	
		底　板	每个浇筑段	按铁建设〔2005〕160 号标准检验	
		仰　拱	每个浇筑段	按铁建设〔2005〕160 号标准检验	
		仰拱填充	每个浇筑段	按铁建设〔2005〕160 号标准检验	
		回填注浆	每个注浆段	按铁建设〔2005〕160 号标准检验	
5	管片/仰拱块衬砌	模　具	每　环	19.2.1～19.2.3	19.2.4
		钢　筋	每 100 环	按铁建设〔2005〕160 号标准检验	
		管片/仰拱块	每　环	19.3.1～19.3.3	19.3.4～19.3.4
		管片/仰拱块安装	每　环	19.4.1～19.4.3	19.4.4～19.4.7
		豆砾石填充	每个安装块	19.5.1	19.5.2
		充填注浆	每个浇筑块	19.6.1～19.6.4	19.6.5
6	附助坑道及附属洞室	开　挖	每个开挖循环	按铁建设〔2005〕160 号标准检验	
		喷射混凝土	每个喷射段	按铁建设〔2005〕160 号标准检验	
		锚　杆	每个安装段	按铁建设〔2005〕160 号标准检验	
		钢筋网	每个安装段	按铁建设〔2005〕160 号标准检验	
		钢　架	每　榀	按铁建设〔2005〕160 号标准检验	
		管　棚	每　环	按铁建设〔2005〕160 号标准检验	
		超前小导管	每　环	按铁建设〔2005〕160 号标准检验	

续表 19.1.5

序号	分部工程	分项工程	检验批	检验项目条文号	
				主控项目	一般项目
6	附助坑道及附属洞室	模　板	每个安装段	按铁建设〔2005〕160 号标准检验	
		钢　筋	每个安装段	按铁建设〔2005〕160 号标准检验	
		混凝土	每个浇筑段	按铁建设〔2005〕160 号标准检验	
		坑道口及其封闭	每个坑道口	按铁建设〔2005〕160 号标准检验	
7	明洞工程	开　挖	每个开挖循环	按铁建设〔2005〕160 号标准检验	
		模　板	每个安装段	按铁建设〔2005〕160 号标准检验	
		钢　筋	每个安装段	按铁建设〔2005〕160 号标准检验	
		混凝土	每个浇筑段	按铁建设〔2005〕160 号标准检验	
		涂料防水层防水	每个覆盖段	按铁建设〔2005〕160 号标准检验	
		卷材防水层防水	每个覆盖段	按铁建设〔2005〕160 号标准检验	
		回　填	每个施工段	按铁建设〔2005〕160 号标准检验	
8	缓冲结构	基础开挖	每个开挖段	按铁建设〔2005〕160 号标准检验	
		模　板	每个安装段	按铁建设〔2005〕160 号标准检验	
		钢　筋	每个安装段	按铁建设〔2005〕160 号标准检验	
		混凝土	每个浇筑段	按铁建设〔2005〕160 号标准检验	
9	防水和排水	洞口防排水	每个洞口	按铁建设〔2005〕160 号标准检验	
		洞内排水沟	每 120 m	按铁建设〔2005〕160 号标准检验	
		检查井	每 4 处	按铁建设〔2005〕160 号标准检验	
		中心水沟	每 120 m	按铁建设〔2005〕160 号标准检验	
		防寒泄水洞	每　处	按铁建设〔2005〕160 号标准检验	
		施工缝防水	每　处	按铁建设〔2005〕160 号标准检验	
		变形缝防水	每　处	按铁建设〔2005〕160 号标准检验	
		防水板防水	每个覆盖处	按铁建设〔2005〕160 号标准检验	
		围岩注浆	每个作业循环	按铁建设(2005)160 号标准检验	
		盲　管	每个衬砌段	按铁建设〔2005〕160 号标准检验	
		管片防水	每　环	19.7.1 ~ 19.7.6	19.7.7 ~ 19.7.9
10	附属设施	运营通风土建工程	每　处	按铁建设〔2005〕160 号标准检验	
		救援通道	每 100 m	按铁建设〔2005〕160 号标准检验	
		紧急出口	每　处	按铁建设〔2005〕160 号标准检验	
		消　防	每　处	按铁建设〔2005〕160 号标准检验	
		电缆槽	每 100 m	按铁建设〔2005〕160 号标准检验	
		洞内附属构筑物	每　处	按铁建设〔2005〕160 号标准检验	

19.1.6 检验批的质量验收应包括以下内容：

1 实物检查，按下列方式进行：

1）对原材料、构配件和设备等的检验，按进场的批次和本技术指南规定的抽样检验方案执行；

2)对混凝土性能指标的检验,按国家现行有关标准规定的抽样检验方案执行;

3)对本技术指南中采用计数检验的项目,应按抽查点数符合本技术指南规定的百分率进行检查。

2 资料检查,包括原材料、构配件和设备等的质量证明文件(质量合格证、规格、型号及性能检测报告等)和检验报告、施工过程中重要工序的自检和交接检验记录、平行检查报告、见证取样检测报告等。

19.1.7 工程施工质量验收应符合下列要求:

1 检验批合格质量应符合下列要求

1)主控项目的质量经抽样检验全部合格;

2)一般项目的质量经抽样检验全部合格,其中有允许偏差的抽检点,除有专门要求外,80%及以上的抽检点应控制在规定允许偏差内,最大偏差不得大于规定允许偏差的1.5倍;

3)具有完整的施工操作依据、质量检查记录。

2 分项工程质量验收合格应符合下列规定:

1)所含的检验批均符合合格质量的规定;

2)所含的检验批的质量验收记录完整。

3 分部工程质量验收合格应符合下列规定:

1)所含分项工程的质量均验收合格;

2)质量控制资料完整;

3)隧道衬砌内轮廓、衬砌厚度和强度、衬砌背后回填及防水等涉及结构安全和使用功能的检验和抽样检测结果符合设计要求及有关标准规定。

4 单位工程质量验收合格应符合下列规定:

1)所含分部工程的质量均应验收合格;

2)质量控制资料应完整;

3)实体质量和主要功能应符合相关标准、规范的规定和设计要求;

4)观感质量验收应符合要求。

19.1.8 当检验批工程质量不符合要求时,应按下列要求进行处理:

1 经返工重做或更换构配件、设备的检验批,应重新进行验收;

2 当对试块时间试件的实验结果有怀疑,或因试块试件丢失损坏、试验资料丢失等无法判断实体质量时,应由有资质的法定检测单位对实体质量进行检测鉴定,凡达到设计要求的检验批可予以验收;

3 通过返修或加固处理仍不能满足结构安全和使用功能要求的分部工程、单位工程,严禁验收。

19.1.9 工程施工质量验收的组织和程序按下列要求执行:

1 检验批应由施工单位自检合格后报监理单位,由监理工程师组织施工单位专职质量检查员等进行验收。监理单位应对全部主控项目进行检查,对一般项目的检查内容和数量可根据具体情况确定。检验批质量验收记录应按表19.1.9—1填写。

2 分项工程应由监理工程师组织施工单位分项工程技术负责人等进行验收,并按表19.1.9—2填写记录。

3 分部工程应由监理工程师组织施工单位项目负责人和技术、质量负责人等进行验收。隧道衬砌分部工程进行验收时，勘测设计单位项目负责人应参加，并按表 19. 1. 9—3 填写记录。

4　施工单位完工后，施工单位应自行组织有关人员进行检查评定，并向建设单位提交工程验收报告。

19. 1. 10　建设单位收到单位工程验收报告后，应由建设单位项目负责人组织人组织施工、设计、监理单位负责人进行单位工程验收，并按表 19. 1. 10 填写记录。单位工程验收包含综合质量验收的内容，综合质量验收应符合本技术指南第 19. 7 节的有关规定。

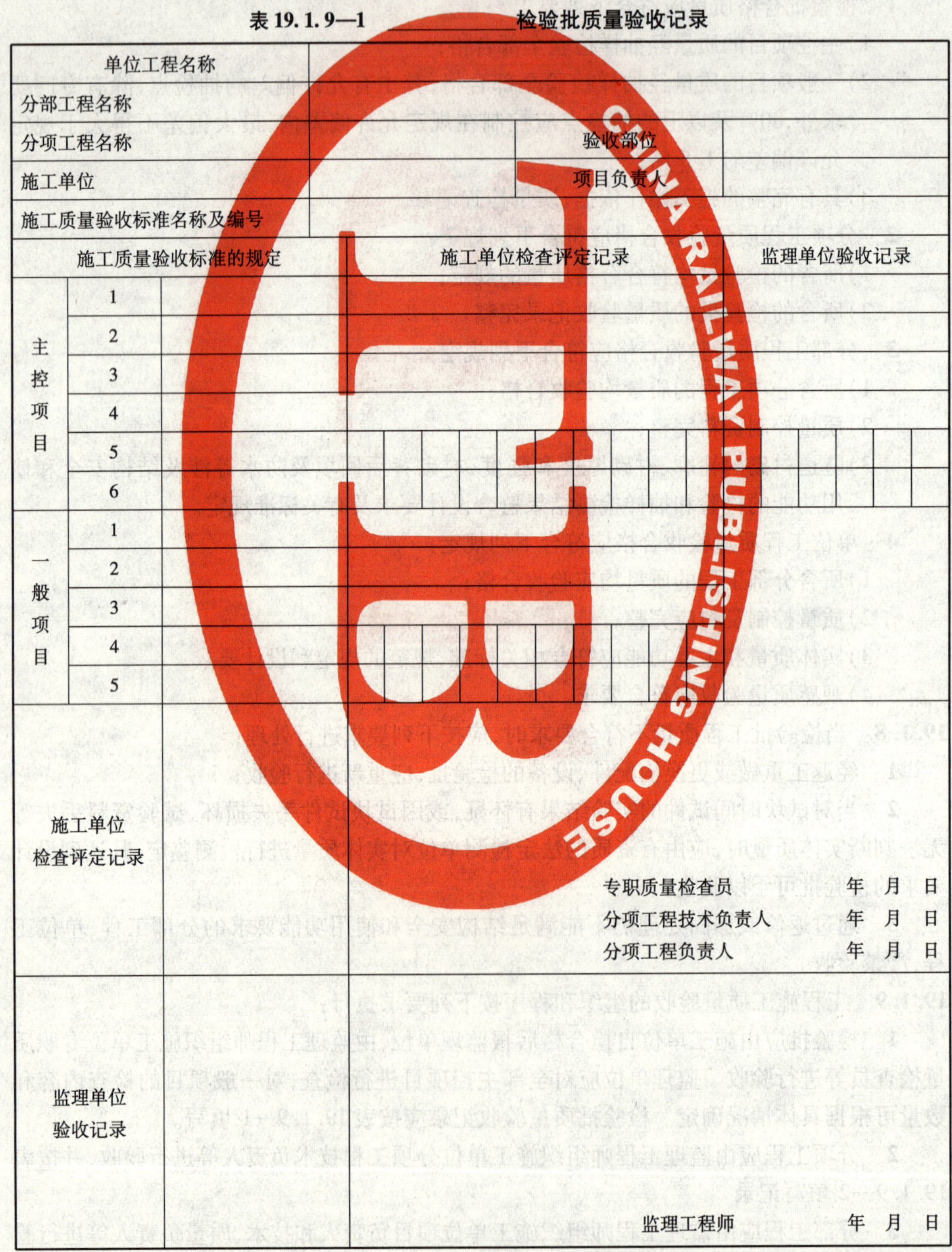

表 19. 1. 9—1　　检验批质量验收记录

单位工程名称				
分部工程名称				
分项工程名称			验收部位	
施工单位			项目负责人	
施工质量验收标准名称及编号				
施工质量验收标准的规定			施工单位检查评定记录	监理单位验收记录
主控项目	1			
	2			
	3			
	4			
	5			
	6			
一般项目	1			
	2			
	3			
	4			
	5			
施工单位检查评定记录			专职质量检查员　　年　月　日 分项工程技术负责人　　年　月　日 分项工程负责人　　年　月　日	
监理单位验收记录			监理工程师　　年　月　日	

表 19.1.9—2 ____________分项工程质量验收记录

单位工程名称			
分部工程名称		检验批数	
施工单位		项目负责人	
序　号	检验批部位	施工单位检查评定结果	监理单位验收结论
1			
2			
3			
4			
5			
6			
7			
8			
9			
10			
11			
说明：			
施工单位检查评定结果	分项工程技术负责人　　年　月　日		
监理单位验收结论	监理工程师　　年　月　日		

表 19.1.9—3　＿＿＿＿＿分部工程质量验收记录

单位工程名称					
施工单位					
项目负责人		项目技术负责人		项目质量负责人	
1	分项工程名称	检验批数	施工单位检查评定结果	监理单位检查评定结论	
1					
2					
3					
4					
5					
6					
7					
8					
9					
10					
质量控制资料					
实体质量和主要功能检验(检测)报告					
验收单位	施工单位		项目负责人　　年　月　日		
	勘测设计单位		项目负责人　　年　月　日		
	监理单位		监理工程师　　年　月　日		

注:1　衬砌分部工程验收时,设计单位项目负责人应参加;

2　质量控制资料核查、实体质量和主要功能抽查项目应按表 19.7.1—1 和表 19.7.1—2 确定。

表 19.1.10 ＿＿＿＿＿＿单位工程质量验收记录

单位工程名称					
开工日期				竣工日期	
施工单位					
项目负责人			项目技术负责人		项目质量负责人
序　号	项　目		验　收　记　录		验收结论
1	分部工程		共	分部	
			经查,符合标准规定及设计要求	分部	
2	综合质量评定验收	质量控制资料核查	共	项	
			经查,符合要求	项	
			不符合规范要求	项	
3		实体质量和主要功能检查	共核查	项	
			符合要求	项	
			不符合要求	项	
4		观感质量验收	共检查	项	
			评定为合格的	项	
			评定为差的	项	
5	综合验收结论				
验收单位	施工单位		监理单位	勘测设计单位	建设单位
	（公章） 单位负责人 年　月　日		（公章） 总监理工程师 年　月　日	（公章） 项目负责人 年　月　日	（公章） 项目负责人 年　月　日

19.2 模　具

主 控 项 目

19.2.1 管片/仰拱块钢模具设计制造时的规格尺寸、强度、刚度和稳定性必须以隧道符合设计断面管片分块为准要求,应考虑加工精度,初验其允许制造偏差,偏差值应符合表19.2.1的规定值。钢结构及模板必须具有足够的强度、刚度和稳定性,应便于拆卸。

表 19.2.1　模具允许制造偏差表

序　号	项　目	允许偏差(mm)	检验方法	检查数量
1	宽　　度	±0.4	内径千分尺	6点/片
2	弧 弦 长	±0.4	样 板	2点/片,每点2次
3	边模夹角	≤0.2	靠尺塞尺	4点/片
4	对 角 线	±0.8	钢卷尺、刻度放大镜	2点/片,每点2次
5	内腔高度	−1 ~ +2	高度尺	4点/片

检验数量:施工单位、监理单位检查每套模具及支架。

检验方法:查设计资料、产品验收合格证明。试生产管片,随机抽取三环进行水平拼装检验,合格后方可正式验收。

19.2.2 模具安装必须稳固牢靠,接缝严密,不得漏浆。模具与混凝土的接触面必须清理干净并均匀涂刷脱模剂,浇筑混凝土前,清理干净模具内杂物,钢筋骨架、预埋配件严禁接触脱模剂。

检查数量:施工单位、监理单位全数检查。

检验方法:观察。

19.2.3 管片出模时,管片混凝土强度应达到 20 MPa。

检验数量:施工单位、监理单位全数检查。

检验方法:施工单位拆模前进行一组同条件养护试件强度试验;监理单位见证试验。

一 般 项 目

19.2.4 模具每周转 100 次,必须进行系统检验,其允许偏差须符合表 19.2.1 规定值。

检验数量:模具每周转 100 次检查一次。

检验方法:观察、尺量。

19.3 管片/仰拱块

主 控 项 目

19.3.1 水泥、细骨料、粗骨料、外加剂、矿物掺和料的质量,配合比、强度等级、抗渗等级等的质量标准、检验数量、检验方法应分别符合《客运专线铁路隧道工程施工质量验收暂行标准》(铁建设〔2005〕160 号)的要求。

检验数量:按铁建设〔2005〕160 号的要求。

检验方法:按铁建设〔2005〕160 号的要求。

19.3.2 管片养护应符合下列规定:

1 管片混凝土浇筑成型后至脱模前,应覆盖保湿采用蒸汽养护或自然方式进行养护。

2 自然养护时间在掺加减水剂时自然养护时间,养护为 8 ~ 12 h。

3 蒸汽养护的混凝土管片静停 2 h 后,开始输入蒸汽,升温速度不宜超过 15 ℃/h,降温速度不宜超过 10 ℃/h,恒温最高温度不宜超过 60 ℃。

4 蒸汽养护时间不宜超过 6 h,停止蒸汽养护时管片温度与环境温度差不得超过 20 ℃。

5 管片脱模后,非冬施期间生产的管片宜置于水中养护 7 d 以上,冬施期间生产的管片宜涂刷养护剂。

检查数量:施工单位、监理单位全数检查。

检验方法:观察、测量。

19.3.3 管片在贮存阶段宜采取适当的方式进行养护、且养护周期不得少于 14 d。管片/仰拱块出厂时的混凝土强度不应低于设计强度。

检查数量:施工单位、监理单位全数检查。

检验方法:检查出厂时混凝土强度报告。

一 般 项 目

19.3.4 混凝土管片钢筋加工要满足设计要求,允许偏差值应符合表19.3.4的规定。

表19.3.4 钢筋加工允许偏差和检验数量

序号	项　　目	允许偏差(mm)	检 查 数 量
1	主筋和构造筋剪切	±10	抽检≥5件/班,同类型、同设备且≤15环
2	主筋折弯点位置	±10	抽检≥5件/班,同类型、同设备且≤15环
3	箍筋内净尺寸	±5	抽检≥5件/班,同类型、同设备且≤15环

检验方法:尺量。

19.3.5 混凝土管片浇筑时,要保证钢筋骨架的稳定位置,钢筋骨架安装的偏差应符合表19.3.5的规定。

表19.3.5 钢筋骨架安装位置的允许偏差和检验数量

序　号	项　　目		允许偏差(mm)	检 查 数 量
1	钢筋骨架	长	+5 −10	每环检1片、每片骨架检查4点
		宽	+5 −10	每环检1片、每片骨架检查4点
		高	+5 −10	每环检1片、每片骨架检查4点
2	受力主筋	间距	±5	每环检1片、每片骨架检查4点
		层距	±5	每环检1片、每片骨架检查4点
		保护层厚度	+5 −3	每环检1片、每片骨架检查4点
3	箍筋间距		±10	每环检1片、每片骨架检查4点
4	分布筋间距		±5	每环检1片、每片骨架检查4点
5	环、纵向螺栓孔和中心吊装孔		畅通,内圆面平整	

检验方法:尺量。

19.3.6 预制钢筋混凝土管片/仰拱块的尺寸偏差应符合表19.3.6的规定。

表19.3.6 预制成型管片允许偏差

序　号	项　　目	允许偏差(mm)
1	宽　　度	±1
2	弧 弦 长	±1
3	厚　　度	+3 −1

检查数量:施工单位每日生产量或不超过15环检查一块,每块检查3点。

检验方法:观察、尺量。

表19.3.7 管片水平拼装检验允许偏差

序 号	项目	允许偏差(mm)	检验频率	检验方法
1	环向缝间隙	2	每环测6点	塞　尺
2	纵向缝间隙	2	每条缝测2点	塞　尺
3	成环后内径	±2	测4条(不放衬垫)	用钢卷尺量
4	成环后外径	+6 −2	测4条(不放衬垫)	用钢卷尺量

19. 3. 7 每套钢模每生产100环后应进行管片水平拼装检验一次,检查结果应符合表19. 3. 7的规定。

检查数量:施工单位每生产100环后检查一次。

检验方法:观察、尺量。

19. 3. 8 预埋件和预留孔洞的设置应符合设计要求。允许偏差和检验方法应符合表19. 3. 8的规定。

表19. 3. 8 预埋件和预留孔洞的允许偏差

序号	项目		允许偏差(mm)
1	预留孔洞	中心线位置	10
		尺寸	+10 0
2	预埋件中心线位置		3

检验数量:施工单位全部自检。

检验方法:观察、尺量。

19. 3. 9 管片/仰拱块混凝土外观质量不应有严重缺陷,有严重缺陷的管片不得用于工程中。管片外观质量缺陷等级见表19. 3. 9。

表19. 3. 9 混凝土管片外观质量缺陷等级

名称	现象	缺陷等级
露筋	管片内钢筋未被混凝土包裹而外露	严重缺陷
蜂窝	混凝土表面缺少水泥砂浆而形成石子外露	严重缺陷
孔洞	混凝土内孔穴深度和长度均超过保护层厚度	严重缺陷
夹渣	混凝土内夹有杂物且深度超过保护层厚度	严重缺陷
疏松	混凝土中局部不密实	严重缺陷
裂缝	①可见的贯穿裂缝	①严重缺陷
	②长度超过密封槽且宽度大于0.1 mm的裂缝	②严重缺陷
	③非贯穿性干缩裂缝	③一般缺陷
外形缺陷	棱角磕碰、飞边等	一般缺陷
外表缺陷	①密封槽部位在长度500 mm的范围内存在直径5 mm以上的气泡5个以上	①严重缺陷
	②管片表面麻面、掉皮、起砂、存在少量气泡等	②一般缺陷

检查数量:施工单位全数检查。

检验方法:观察。

19.4 管片/仰拱块安装

主控项目

19. 4. 1 管片拼装应严格按拼装设计要求进行,管片无内外贯穿裂缝,无大于0.2 mm的推顶裂缝及混凝土剥落现象。

检查数量:施工单位、监理单位逐片检查。

检验方法:用刻度放大镜检查。

19.4.2 管片防水密封条质量应符合设计要求,无缺损,黏结牢固,平整,防水垫圈无遗漏。

检查数量:施工单位、监理单位逐片检查。

检验方法:检查施工日志;检查材料合格证和试验报告。

19.4.3 螺栓质量及拧紧度必须符合设计要求。

检查数量:施工单位、监理单位逐根检查。

检验方法:扭矩扳手紧固检查;检查材料合格证或试验报告。

一般项目

19.4.4 施工中管片拼装允许偏差和检验方法应符合表19.4.4的规定。

表19.4.4 管片拼装允许偏差表

序号	项目	允许偏差(mm)	检验方法	检查频率数量
1	衬砌环直径椭圆度	+6‰D	尺量后计算	4点/环
2	隧道圆环平面位置	±70	用经纬仪测中线	1点/环
3	隧道圆环高程	±70	用水准仪测高程	1点/环
4	相邻同环管片间的径向错台	6	用尺量	4点/环
5	相邻环片同环管片间环面环向错台	7	用尺量	1点/环

注:*D*指隧道的外直径(mm)。

检验数量:每一环。

检验方法:尺量。

19.4.5 成型隧道其允许偏差值应符合表19.4.5的规定。

表19.4.5 成型隧道允许偏差

序号	项目	允许偏差(mm)	检验方法	检查频率
1	衬砌环直径椭圆度	±6‰D	尺量后计算	4点/环
2	隧道圆环平面位置	±120	用经纬仪测中线	1点/环
3	隧道圆环高程	±120	用水准仪测高程	1点/环
4	相邻管片的径向错台	12	用尺量	4点/环
5	相邻管片环向错台	17	用尺量	1点/环

注:*D*指隧道的外直径(mm)。

检验数量:每一环。

19.4.6 结构表面无裂缝、缺棱、掉角,管片接缝符合设计要求。

检查数量:全数检查。

检验方法:观察检查;检查施工日志。

19.4.7 衬砌结构不得侵入建筑限界。

检查数量:逐环检查。

检验方法:经纬仪、水准仪测量。

19.5 豆砾石填充

主控项目

19.5.1 管片与围岩之间的空隙应在每环管片安装完成后及时充填豆砾石,将建筑间隙充填密实，防止管片错动失稳，用高压风通过管片灌浆孔吹入。

检查数量：施工单位、监理单位全数检查。

检验方法：观察、检查施工记录。

一般项目

19.5.2　充填顺次应按先拱底、次两侧、后拱顶的秩序，避免充填的豆砾石出现架空。

检验方法：观察、检查施工记录。

19.6 充填注浆

主控项目

19.6.1　管片与周围围岩的环形空隙中充填豆砾石后要及时回填灌浆。

检查数量：施工单位、监理单位每段注浆时。

检验方法：压力表和流量计。

19.6.2　灌浆体的早期固结强度检查，固结强度每天应不小于0.2 MPa，每28 d不小于2.5 MPa。保证管片衬砌的早期稳定性。

检查数量：施工单位、监理单位每段注浆时。

检验方法：试块检查。

19.6.3　注浆压力和注浆量。注浆压力为0.2～0.3 MPa，注浆量应为管片环型间隙理论体积1.3～1.8倍。

检查数量：施工单位、监理单位每段注浆时。

检验方法：压力表和流量计。

19.6.4　已注浆的壁后注浆材料进行取样，检查注浆厚度、情况、强度等。

检查数量：施工单位、监理单位取样检查。

检验方法：试验仪器。

一般项目

19.6.5　充填灌浆材料要使用符合有关质量规定的材料，其物理力学性能要满足要求，同时要定期验收以确保其质量。

检查数量：全数检查。

检验方法：观察、检查施工记录。

19.7 管片防水

主控项目

19.7.1　同一配合比的管片混凝土，每30环留置抗渗试件一组，试验结果必须符合设计要求。混凝土抗渗试件应在浇筑地点随机取样。

检查数量：施工单位、监理单位每浇筑30环，试验一次。

检验方法：检查试件抗渗试验报告。

19.7.2　防水密封条品种、规格、性能必须满足设计要求。检验。

检验数量:施工单位、监理单位以每6个月同一厂家的防水密封条为一批,取样进行物理性能检验。

检验方法:检查防水密封条出厂试验报告和进厂(场)检验报告。

19.7.3 胶黏剂质量应符合设计要求。

检查数量:施工单位、监理单位以每一批货6个月使用量检查一次。

检验方法:检查胶黏剂出厂材质证明。

19.7.4 管片成品应按要求进行检漏测试。检漏标准按设计抗渗压力恒压2 h,渗水深度不超过管片厚度的1/5为合格。

检查数量:施工单位、监理单位在管片正式生产后,每生产50环应抽查1块管片做检漏测试,连续三次达到检测标准,则改为每生产100环抽查1块管片,再连续三次达到检测标准,按最终检测频率为200环抽查1块管片做检漏测试。如出现一次不达标,则恢复每50环抽查1块管片的最初检测频率,再按上述要求进行抽检。当检漏频率为每50环抽查1块管片时,如出现不达标,则双倍复检,如再出现不达标,须逐块检测。

检查方法:观察、尺量。

19.7.5 防水密封条安装应符合下列要求:

1 黏贴管片防水密封条前应将管片密封条槽清理干净。

2 黏贴后的防水密封条应牢固、平整、严密、位置正确,不得有起鼓、超长和缺口现象。

3 管片防水密封条黏贴完毕并达到黏贴时间要求后方可拼装,拼装时不得损坏密封条。

检查数量:施工单位、监理单位逐块检查。

检查方法:观察检查。

19.7.6 隧道防水施工、防水效果符合设计要求。

检查数量:施工单位、监理单位逐环检查。

检验方法:观察检查;检查施工日志。

一般项目

19.7.7 螺栓孔密封圈品种、规格、性能必须满足设计要求。

检查数量:对进场每一批或使用6个月的材料。

检验方法:检查出厂试验报告和进厂(场)检验报告。

19.7.8 嵌缝材料品种、性能必须满足设计要求。

检查数量:监理单位、施工单位对进场每一批或使用6个月的材料。

检验方法:检查出厂试验报告和进厂(场)检验报告。

19.7.9 螺栓孔密封胶圈应按设计要求安装,不得遗漏,且不宜外露。

检查数量:逐块检查。

检查方法:观察检查。

19.7.10 管片嵌缝防水应符合设计要求。

检查数量:逐环检查。

检查方法:检查施工日志;观察检查。

19.8 单位工程综合质量评定

19.8.1 单位工程质量控制资料核查。

1 单位工程质量控制资料应齐全完整,全面反映工程施工质量状况;

2 单位工程质量控制资料核查应由监理单位组织施工单位进行,并按表 19.8.1 填写记录。

表 19.8.1 单位工程质量控制资料核查记录

单位工程名称				
施工单位				
序号	资料名称	份数	核查意见	核查人
1	图纸会审、设计变更、洽商记录			
2	工程定位测量、放线记录			
3	原材料出厂合格证及进场(试)验报告			
4	施工试验报告			
5	成品及半成品出厂合格证试验报告			
6	施工记录			
7	工程质量事故及事故调查处理资料			
8	施工现场质量管理检查记录			
9	分项、分部工程质量验收记录			
10	新材料、新工艺施工记录			
11	监控量测资料			

结论:

施工单位项目负责人 年 月 日

总监理工程师 年 月 日

注:核查人为监理单位人员。

19.8.2 单位工程实体质量和主要功能核查。

1 单位工程完成后,应由建设单位组织设计、监理、施工单位对单位工程实体质量和主要功能进行核查,并按表 19.8.2 填写记录。

2 单位工程实体质量和主要功能核查方法和数量按《客运专线铁路隧道工程施工质量验收暂行标准》(铁建设〔2005〕160 号)实施。

3 结构实体质量和主要使用功能达不到设计要求的单位工程严禁验收。

表 19.8.2　单位工程实体质量和主要功能核查记录

<table>
<tr><td colspan="2">单位工程名称</td><td colspan="4"></td></tr>
<tr><td colspan="2">施工单位</td><td colspan="4"></td></tr>
<tr><td>序　号</td><td>项　目</td><td>份　数</td><td>核查意见</td><td>核查人</td></tr>
<tr><td>1</td><td>衬砌混凝土强度检测</td><td></td><td></td><td></td></tr>
<tr><td>2</td><td>钢筋混凝土中钢筋位置和保护层检测</td><td></td><td></td><td></td></tr>
<tr><td>3</td><td>衬砌混凝土厚度检测</td><td></td><td></td><td></td></tr>
<tr><td>4</td><td>仰拱混凝土厚度检测</td><td></td><td></td><td></td></tr>
<tr><td>5</td><td>底板混凝土厚度检测</td><td></td><td></td><td></td></tr>
<tr><td>6</td><td>衬砌背后回填密实度检测</td><td></td><td></td><td></td></tr>
<tr><td>7</td><td>衬砌渗水情况检查</td><td></td><td></td><td></td></tr>
<tr><td>8</td><td>隧道衬砌内轮廓检查</td><td></td><td></td><td></td></tr>
<tr><td>9</td><td>衬砌表面内轮廓检查</td><td></td><td></td><td></td></tr>
<tr><td colspan="5">结论：

施工单位项目负责人　　　　总监理工程师　　　　建设单位项目负责人
年　月　日　　　　年　月　日　　　　年　月　日</td></tr>
</table>

注：核查项目由验收组协商确定。

19.8.3　单位工程观感质量评定。

1　单位工程观感质量评定由建设单位、监理、施工单位共同进行现场评定，并按表19.8.3填写记录。

表 19.8.3　单位工程观感质量检查记录

<table>
<tr><td colspan="3">单位工程名称</td><td colspan="3"></td></tr>
<tr><td colspan="3">施工单位</td><td colspan="3"></td></tr>
<tr><td rowspan="2">序　号</td><td colspan="2" rowspan="2">项目名称</td><td rowspan="2">质量状况</td><td colspan="2">质量评定</td></tr>
<tr><td>合　格</td><td>差</td></tr>
<tr><td rowspan="6">1</td><td rowspan="6">洞　门</td><td>端　墙</td><td></td><td></td><td></td></tr>
<tr><td>挡翼墙</td><td></td><td></td><td></td></tr>
<tr><td>边仰坡</td><td></td><td></td><td></td></tr>
<tr><td>排水设施</td><td></td><td></td><td></td></tr>
<tr><td>铭牌、号标</td><td></td><td></td><td></td></tr>
<tr><td>检查梯、扶手</td><td></td><td></td><td></td></tr>
<tr><td rowspan="4">2</td><td rowspan="4">洞　身</td><td>拱　部</td><td></td><td></td><td></td></tr>
<tr><td>边　墙</td><td></td><td></td><td></td></tr>
<tr><td>隧　底</td><td></td><td></td><td></td></tr>
<tr><td>沟槽盖板</td><td></td><td></td><td></td></tr>
</table>

续表 19.8.3

序号	项目名称		质量状况	质量评定	
				合格	差
3	防排水效果	衬砌			
		沟槽			
4	弃渣	挡护工程			
		排水系统			
		渣面处理			
结论： 施工单位项目负责人 年　月　日			总监理工程师 年　月　日	建设单位项目负责人 年　月　日	

注：观感质量评定为“差”的项目应返修。

2　单位工程观感质量检查项目评定达不到合格标准者应进行返修。

3　单位工程观感质量合格标准

1）洞门观感质量合格标准：

混凝土端墙、翼墙和挡土墙表面平整，色泽均匀，接茬处无明显错台、跑模现象。局部蜂窝麻面已修补，外形整体轮廓清晰，线角基本平顺。

浆砌片石边、仰坡表面平顺，砌缝密实。边、仰坡开挖面无裸露，地表植被恢复及水土保持良好，无冲刷痕迹。

洞门排水设施排水流畅，无淤积。砌体表面不渗水和无大面积湿渍。洞口防护设施和警示标志齐全。

变形缝缝身竖直、缝宽基本均匀，填塞密实无漏水。

检查梯及隧道铭牌、号标的设置美观、大方。

2）洞身观感质量合格标准：

拱部、边墙及隧底衬砌表面色泽均匀、曲线圆顺，整体轮廓清晰。

混凝土接茬处无较大错台、跑模现象。无蜂窝麻面或局部蜂窝麻面已修补。

洞内沟槽线条顺直美观。沟槽盖板无破损，安装牢固、平顺。

3）防排水观感质量合格标准：

正洞和设备洞室衬砌不渗水，道床无积水，设备安装孔眼不渗水。洞身范围内无湿渍。

水沟流水坡面平顺，水沟畅通，不积淤堵塞。泄水孔排水畅通。

4）弃渣工程观感质量合格标准：

弃渣挡墙平顺，墙体表面砂浆饱满、砌缝整齐，表面勾缝美观大方，沉降缝垂直、上下贯通。

弃渣堆表面平整，已按要求完成绿化或造田。

弃渣场排水设施齐全，与周围环境排水沟去连接良好，排水畅通。

本技术指南用词说明

执行本技术指南条文时，对于要求严格程度的用词说明如下，以便在执行中区别对待。

(1)表示很严格，非这样不可的用词：

正面词采用“必须”；

反面词采用“严禁”。

(2)表示严格，在正常情况下均应这样做的用词：

正面词采用“应”；

反面词采用“不应”或“不得”。

(3)表示允许稍有选择，在条件许可时首先应这样做的用词：

正面词采用“宜”；

反面词采用“不宜”。

表示有选择，在一定条件下可以这样做的，采用“可”。

《铁路隧道全断面岩石掘进机法技术指南》条文说明

本条文说明系对重点条文的编制依据、存在的问题以及在执行中应注意的事项等予以说明。为了减少篇幅,只列条文号,未抄录原条文。

1.0.1 鉴于铁路采用全断面岩石掘进机施工的工程实例不多,特别是护盾式掘进机的经验、资料尚待补充完善,故暂定为技术指南。

1.0.4 一般单线隧道长度在10 km左右时应优先采用掘进机施工。对于双线隧道可采用小断面掘进机先行导洞施工,再二次钻爆扩挖,一次掘进机施工会造成开挖断面浪费,不宜考虑。

1.0.7 应积极推广应用的新技术,如地质超前预报、穿行式模板台车、塑料锚杆、新型止水材料等。

3.1.1 不适宜采用掘进机施工的理由:

1 地应力高、塑性变形大的软弱围岩,因其岩石强度低而围压高易产生大的塑性变形,造成隧道围岩挤出,洞径缩小。

3 宽大断层破碎带及密集软弱破碎带,因其围岩破碎,且多富水,稳定性差。

4 涌、漏水严重的地段,当围岩为软弱岩层、破碎带,将会大大恶化围岩的工程地质条件,一般不宜用掘进机掘进,若采用,将会发生开挖工作面坍塌、塌拱和隧道基底及侧壁承载力低等问题,掘进机掘进困难;当围岩为硬质岩,一般不致危及围岩及机具的安全稳定,但若严重涌、漏水区段较长或反复出现,也将大大增加掘进机推进的难度。

5 岩溶发育地段,施工中极可能碰到大的岩溶洞穴、充填溶洞或充水溶洞,掘进机掘进或通过很困难,严重时可能发生掉机、险机和埋机等事故。

4.4.1 采用掘进机法或钻爆法修建隧道,地质勘察的要求是一致的,不同点在于掘进机法对地质参数的定量化要求更高,因此在勘探孔布设时特别指出了对于主要的岩性段落应有钻孔控制的要求;在综合勘探方面强调了隧道洞身的岩体弹性波速测试;在岩石试验方面,根据掘进机法的需要,增加了"岩块的弹性波速测试"和"岩石硬度试验"等试验、测试内容。

隧道埋深较大地段的深钻孔钻探的辅助工作量大、工期长、实施困难,因此应大力采用综合勘探手段,充分应用地面调绘和综合物探技术,查明主要地质问题及界线,在此基础上进行钻探验证工作,通过取样试验提出必要的地质参数指标,同时在掘进机施工过程中也应加大地质超前预报的工作力度。因此本条规定对埋深地段的钻孔间距应做专门研究。

4.4.2 采用岩石质量指标(RQD)评价岩体完整程度,目前国内尚无统一的标准,表4.4.2给出的RQD与定性划分的岩体完整程度的对应关系,是根据西康铁路秦岭隧道科研成果,并参考中铁西南院和水电昆明勘测设计院的研究成果提出的。

4.4.3 岩石耐磨性试验设备为塞卡耐磨性试验仪。它是用一个特制钢针,在3.15 kg的荷载作用下，在未处理的岩石表面拖动 1 cm 的距离，针尖由此而磨钝，这个磨钝面的直径(d)就是研磨指数(A_b)，即耐磨性指数，以 1/10 mm 计。一般岩石强度越高、石英含量越大，其研磨指数越大，岩石耐磨性越高。

4.4.4 岩石可钻性凿击试验使用规定标准的便携式岩石凿测器。它是用 4 kg 重的落锤从 1.0 m 高处沿导杆自由落下，以恒定冲击功冲击钎头凿击岩石，并采用 480 次凿击下测量计算获取的凿碎比功和钎刃磨钝宽两项指标来表示岩石的可钻性。比功是指凿碎单位岩石所消耗的功，反映了岩石的坚硬程度。

4.5.2 国内外隧道掘进机工作条件等级划分资料很少，表 4.5.2 是西康铁路秦岭隧道科研成果，还有待今后在工程实践中不断积累修改完善。

5.5.1 说明表 5.5.1—1、说明表 5.5.1—2 为秦岭隧道所采用的围岩级别及支护参数表，可作为掘进机施工复合式衬砌类型设计参考。

说明表 5.5.1—1 围岩级别与支护类型对照表

围岩级别	$Ⅰ_B$	$Ⅰ_C$	$Ⅱ_A$ ~ $Ⅱ_B$	$Ⅱ_c$	$Ⅲ_A$ ~ $Ⅲ_B$	$Ⅲ_c$	$Ⅵ_B$	$Ⅵ_C$
围岩支护类型	A—6	A—7	A—5	A—5 或 A—6	A—4 或 A—5	A—4 或 A—3	A—2	A—1

说明表 5.5.1—2 复合式衬砌支护参数表

支护类型	初期支护参数									二次衬砌(cm)	备注
	喷混凝土		锚杆			钢筋网			钢架(榀/m)		
	部位	厚度(cm)	位置	长度(m)	间距(cm)	位置	直径(cm)	间距(cm)			
A-1	全断面	10	全断面	3.0	100×100	全断面	8	25×25	1/0.9	30	
A-2	全断面	10	全断面	3.0	120 ×120	全断面	8	25×25	3/3.6	30	
A-3	全断面	8	半圆以上	3.0	120 ×120	半圆以上	8	25×25		30	
A-4	全断面	8	局部	3.0		局部	8	25×25		30	
A-5	全断面	8/5	局部	2.5		局部	8	25×25		30	*富水段为8
A-6	全断面	8/5	局部	2.5						30	*富水段为8
A-7	全断面	10									

5.6.1 护盾式掘进机施工的隧道，通常直接采用预制管片衬砌，无需设置二次衬砌。当地质条件表明需要补强，或地下水压力较大需提高隧道抗渗效果时，可增设二次衬砌，二次衬砌通常采用模筑混凝土。从国内外采用管片衬砌的隧道实际情况看，隧道防水很难达到不渗不漏的要求，当地下水较大时，往往在管片衬砌内设置二次模筑衬砌。因此，掘进机直径选用时就应把这些因素考虑全面，若设置二次模筑衬砌，掘进机直径应在隧道限界之外考虑二次衬砌混凝土和管片的厚度，对地质、水文较好可不设二次衬砌地段，隧道净空要大于采用二次衬砌地段隧道净空；对地质、水文较好隧道，可按不设置二次模筑衬砌选择的掘进机直径，当施工过程中，一旦发生地质、水文不好的情况可通过工程措施或临时更换施工方法处理。

据了解，全长 9.5 km 的日本东京湾公路海底隧道，采用全隧管片衬砌加二次模筑衬砌，二次衬砌钢筋混凝土厚度 0.35 m；我国目前正在施工的南水北调穿黄工程采取全隧管片加二次模筑衬砌，二次衬砌钢筋混凝土厚度 0.45 m；即将开工建设的关角隧道，Ⅰ线进口工区采用双护盾掘进机施工，为了保证结构安全，提高防水效果，在地下水发育的地段,考虑采用管片衬砌+内层模筑混凝土衬砌,内层模筑混凝土衬砌厚度为0.25 m。

6.1.1 提高隧道施工机械化配套水平,是隧道施工技术的发展方向,是实现质量、安全、环保、成本和工期目标的保证。只有认真进行掘进机设备的选型、配套,才能充分发挥施工机械的综合效益,才能实施先进的施工工艺、施工方法和施工技术。

6.1.2 做好掘进机设备的选型,对保证隧道工程顺利进行至关重要。以下对选型应遵循的原则进行说明:

1 掘进机选型应首先遵循安全性、可靠性原则,并兼顾技术先进性和经济性的原则进行。经济性从两方面考虑:一是完成隧道开挖、衬砌的成洞总费用;二是一次性采购掘进机设备的费用,掘进机设备的费用应分摊在工程预算内。

2 掘进机选型应根据隧道施工环境综合分析,掘进机的地质针对性非常强,掘进机性能的发挥在很大程度上依赖于工程地质条件和水文地质条件。工程地质及水文地质是影响掘进机隧洞施工质量的重要因素,也是掘进机选型的重要依据。地质勘察资料要求全面、真实、准确,除有详细而尽可能准确的地质勘察资料(见本技术指南第6.2.1条条文说明)外,还应包括隧道地形地貌条件和地质岩性,过沟地段、傍山浅埋段和进出口边坡的稳定条件等。掘进机对隧道通过的地层最为敏感,不同类型的掘进机适用的地层也不同。一般情况下,以Ⅱ、Ⅲ级围岩为主的硬岩隧道较适合采用开敞式掘进机,以Ⅲ、Ⅳ级围岩为主的隧道较适合采用护盾式掘进机。

3 掘进机设备的配置应尽量做到合理化、标准化;应依据工程项目的大小、难易程度、安全、质量、工期、造价、环保以及文明施工等要求,在充分调研的基础上进行选型。工程施工对掘进机的工期要求应包含掘进机前期准备、掘进、衬砌、拆卸转场等全过程;掘进机的前期准备工作包含招标采购、设计、制造、运输、场地、安装、调试、进洞等;开挖总工期应满足预定的隧道开挖所需工期的要求;对边掘进边衬砌的掘进机,掘进机成洞的总工期应满足预定的成洞工期的要求;掘进机的拆卸、转场应满足预定的后续工期的要求。

4 后配套设备的选型应与主机配套,其生产能力应相匹配,工作状态应相适应,配套应合理,其生产能力首先应满足施工组织设计所要求的工期,能确保进度目标的实现。后配套设备的选型应满足劳动保护和环境保护等职业健康安全的要求,满足文明施工的要求。因此后配套设备选型时,应满足操作者劳动强度和劳动条件的改善,应配备污染少、能耗小、效率高的施工机械,以减少作业场所环境污染,有利于环境保护。同时,施工管理者要有强烈的劳动保护和环境保护意识,应自始至终把环境保护工作列入现场管理的重要内容,应强化环境管理,制定环境保护措施。

6.1.3 掘进机选型步骤的说明:

1 在全断面岩石掘进机主要分为开敞式、双护盾式、单护盾式三种类型,并分别适应于不同的地质。在选型时,主要应根据工程地质与水文地质条件、施工环境、工期要求、经济性等方面按说明表6.1.3综合分析后确定。

说明表6.1.3 开敞式掘进机与护盾式掘进机对比表

对比项目	开敞式掘进机	双护盾掘进机	单护盾掘进机
地质适应性	一般在良好地质中使用,硬岩掘进的适应性好,软弱围岩需对地层超前加固。较适合于Ⅱ、Ⅲ级围岩为主的隧道	硬岩掘进的适应性同开敞式,软弱围岩采用单护盾模式掘进,比开敞式有更好的适应性。较适合于Ⅲ级围岩为主的隧道	隧道地质情况相对较差的条件下(但开挖工作面能自稳)使用。较适合于Ⅲ、Ⅳ级围岩为主的隧道

续上表

对比项目	开敞式掘进机	双护盾掘进机	单护盾掘进机
掘进性能	在发挥掘进速度的前提下，主要适用于岩体较完整～完整，有较好自稳性的硬岩地层（50～150 MPa）。当采取有效支护手段后，也可适用于软岩隧道，但掘进速度受到限制	在发挥掘进速度的前提下，主要适用于岩体较完整，有一定自稳性的软岩～硬岩地层（30～90 MPa）	适用于中等长度隧道有一定自稳性的软岩（5～60 MPa）
施工速度	地质好时只需进行锚网喷，支护工作量小，速度快。地质差时需要超前加固，支护工作量大，速度慢	在地质条件良好时，通过支撑靴支撑洞壁来提供推进反力，掘进和安装管片同时进行，有较快的进度。在软弱地层，采用单护盾模式掘进，掘进和安装管片不能同时进行，施工速度受到限制	掘进与安装管片不能同时进行，施工速度受限制
安全性	设备与人员暴露在围岩下，需加强防护	处于护盾保护下，人员安全性好。在地应力较大地层时，有被卡的危险	处于护盾保护下，人员安全性好。在地应力较大地层时，有被卡的危险
掘进速度	受地质条件影响大	受地质条件影响比开敞式小	受地质条件影响比开敞式小
衬砌方式	根据情况可进行二次混凝土衬砌	采用管片衬砌	采用管片衬砌
施工地质描述	掘进过程可直接观测到洞壁岩性变化，便于地质图描绘。当地质勘察资料不详细时，选用开敞式掘进机施工风险较小	不能系统地进行施工地质描述，也难以进行收敛变形量测。地质勘察资料不详细时，施工风险较大	不能系统地进行施工地质描述，也难以进行收敛变形量测。地质勘察资料不详细时，施工风险较大

2 在确定了掘进机类型后，要针对具体工程的隧道设计参数、地质条件、隧道的掘进长度、确定主机的主要技术参数，选择对地层的适应性强、整机功能可靠、可操作性及安全性较强的主机，开敞式掘进机还要特别重视钢拱架安装器、喷锚等辅助支护设备的选型和西己套，以适应隧道地质的变化。

3 掘进机设备由主机和后配套设备组成，形成一条移动的隧道机械化施工作业线，主机主要实现破岩和装渣，后配套设备的技术参数、功能、形式应与主机相匹配，应以主机能力、进度为标准进行核算，为了充分发挥出掘进机的优势，保证工程顺利完成，还要适当扩大匹配设备的能力，按满足正常施工进度和可能扩大的施工进度需要，留有适当余地。后配套系统大致分为轨行型、连续带式输送机型、无轨轮胎型等三种类型，连续带式输送机型由于结构单一和运渣快捷逐渐得到推广。

6.2.1 关于掘进机选型内容的说明：

2 掘进机选型按隧道的地质条件综合分析确定。一般的软岩、硬岩、断层破碎带，可采用不同类型的掘进机辅以必要的预加固和支护进行掘进，但对于大型岩溶暗河发育的隧道、高地应力隧道、软岩大变形隧道、可能发生较大规模突水涌泥的隧道等特殊不良地质隧道，则不适合采用掘进机施工。在这些情况下，采用钻爆法更能发挥其机动灵活的优越性。

(1)岩石的单轴饱和抗压强度(R_c)是影响掘进机选型的主要因素之一。一般 R_c 越低，掘进机的破岩效率越高，掘进越快；R_c 越高，破岩效率越低，掘进越慢。如围岩的自稳时间极短甚至不能自稳时，R_c 高低对掘进速度的影响也就不是第一因素了。R_c 值在一定范围内时，掘进机的掘进既能保持一定的速度，又能使隧道围岩在一定时间内保持自稳是理想的。

(2)岩石结构面的发育程度是决定围岩级别和掘进机效率的又一主要因素。一般情况下，节理较发育和发育时，掘进机掘进效率较高。节理不发育，岩体完整时，掘进机破岩困难；节理很发育，岩体破碎，自稳能力差，掘进机支护工作量增大；同时岩体给掘进机撑靴提供的反力低，造成掘进推力不足，因而也不利于掘进机效率的提高。岩体结构面越发育，密度越大，节理间距越小，完整性系数越小，掘进机掘进速度有越高的趋势。当岩体结构面特别发育，密度极大，节理间距极小，岩体完整性系数很小时，岩体已呈碎裂状或松散状，岩体强度极低，作为隧道工程岩体已不具有自稳能力，在此类围岩中进行掘进机法施工，其掘进速度不但不会提高，反会因需对不稳定围岩进行大量加固处理而大大降低。

(3)岩石的耐磨性也是影响掘进机效率的主要因素之一，它对刀具的磨损起着决定作用。岩石坚硬度和耐磨性越高，刀具、刀盘的磨损就越大。掘进机换刀量和换刀次数的增大，势必影响到掘进机利用率。刀具、刀圈及轴承的失效，对掘进机的使用成本有很大影响。岩石的硬度、岩石中矿物颗粒特别是高硬度矿物颗粒如石英等的大小及其含量的高低，决定了岩石的耐磨性指标。一般来说，岩石的硬度越高，岩石的耐磨性越好，对刀具等的磨损越大、掘进效率也越低。

(4)岩体主要结构面的产状与隧道轴线间的组合关系对掘进机工作效率的影响，主要表现为组合关系对围岩稳定性的影响，进而影响掘进机的工作效率。当岩体主要结构面的走向与隧道轴线间夹角小于45°，且结构面倾角较缓(≤30°)，隧道边墙拱脚以上部分及拱部围岩因结构面与隧道开挖临空面的不利组合而出现不稳楔块，常发生掉块和坍塌，影响掘进机的工作，降低掘进机的工作效率，甚至危及掘进机的安全。

(5)当围岩处于高地应力状态下，若围岩为坚硬、脆性、较完整或完整的岩体，极有可能发生岩爆，严重时将危及掘进机及施工人员的安全；若围岩为软岩，则围岩将产生较大的变形。二者均会给掘进机的掘进施工带来困难。

(6)隧道的含水、出水状态对掘进机工作效率的影响，视岩体含水量和出水量的大小、含水、出水围岩的范围及围岩是硬质岩还是软质岩而异。一般地说，富含水和涌漏水地段，围岩的强度会有不同程度的降低，特别是软质岩的强度降低要大得多，致使围岩的稳定性降低，影响掘进机的工作效率。此外，大量的隧道涌漏水，必将恶化掘进机的工作环境，降低掘进机的工作效率。

6.2.2　制约影响掘进机施工性能的不良地质情况可能是造成隧道不稳定的质量很差的岩体，也可能是贯入度低的岩体(如强度很高的整块岩体)。然而，岩体质量对掘进机性能的影响并没有一个绝对值。掘进机通常适应于在稳定性好、中～厚埋深、中等强度的围岩中掘进的长隧道。施工前掌握隧道的地质条件对隧道工程的施工是极为重要的，设计阶段的前期地质勘察非常重要，用在前期勘察上的资金会因施工费用降低与工期缩短得到很大补偿。掘进机法施工在导洞或主洞实施的超前勘探并不能代替充分的前期地质勘察。制约掘进机性能的相对较为重要或较常见的不良地质情况包括可掘性极限、开挖面和开挖洞壁的不稳定性、断层和挤压/膨胀地层。除此之外，影响掘进机施工的不良地质情况还有黏性土地层、地下水、瓦斯、岩爆、高温岩层、高温水和溶洞等。

掘进机开挖岩体能力的主要指标是掘进机在最大推力作用下的掘进速度。它与岩石类别、岩石单轴抗压强度、围岩裂隙发育、岩石耐磨度、孔隙率等有关。如果掘进机不能以较快的速度掘进或刀具的磨损超过可接受的极限，则这种岩层的可掘性差。

如果开挖岩体破碎，会导致开挖面发生重大不稳定现象，由于塌落、积聚的石块作用于刀盘或卡住了刀盘，造成刀盘不能旋转；或因开挖面不稳定造成超挖严重，在掘进机前方形成空洞;或因支护工作量过大,使掘进机利用率过低。

洞壁不稳定将影响开敞式掘进机正常掘进。

断层带较长时,给正常掘进、支护和处理带来困难。

护盾式掘进机对隧道快速收敛十分敏感。

6.2.3 掘进机适用的主要地质范围说明:

1 以Ⅱ、Ⅲ级围岩为主的硬岩隧道较适合采用开敞式掘进机施工。开敞式掘进机采取有效支护手段后,也可用于软岩隧道。在开敞式掘进机上,可配置钢拱架安装器和喷锚等辅助设备,以适应地质的变化。开敞式掘进机有顶护盾及指形护盾可以进行安全施工,如遇有局部不稳定的围岩,由掘进机所附带的辅助设备通过打锚杆、加钢丝网、喷混凝土、架圈梁等方法加固。以保持洞壁稳定;当遇到局部地段软弱围岩及破碎带时,则掘进机可由所附带的超前钻及灌浆设备,预先固结前方上部周边的围岩,待围岩达到自稳后,再进行掘进。采用开敞式掘进机施工时,永久性的衬砌一般待全线贯通后集中进行。采用开敞式掘进机施工,掘进过程可直接观测到洞壁岩性变化,便于地质图描绘。当所掌握的水文地质资料不很充分时,选用开敞式掘进机,可充分发挥出它能运用新奥法理论及时进行支护的优势。此外,小直径开敞式掘进机可配合钻爆法进行双线(大断面)隧道的先行掘进。

2 以Ⅲ级围岩为主的隧道较适合采用双护盾式掘进机施工。双护盾式掘进机一般适应于在中~厚埋深、中~高强度、稳定性基本良好的围岩中掘进的隧道,对岩石强度变化有较好适应性。

双护盾式掘进机具有两种掘进模式,既适用于软岩隧道掘进,也适用于硬岩隧道掘进,当岩石的单轴饱和抗压强度在30~90 MPa时最为理想。

在围岩稳定性较好的硬岩隧道中掘进时,撑靴紧撑洞壁为主推进油缸提供反力,使掘进机向前推进,刀盘的反扭矩由两个位于支撑盾的反扭矩油缸提供,掘进与管片安装同步进行。此时掘进机作业循环为:掘进与安装管片→撑靴收回换步→再支撑→再掘进与安装管片。具体见说明图6.2.3—1。

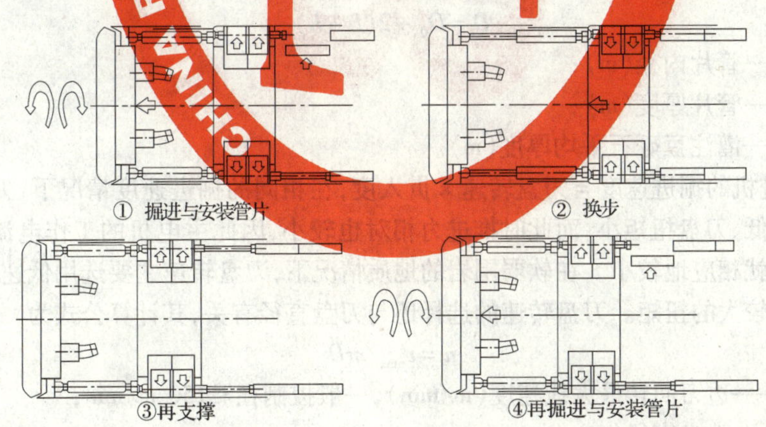

说明图6.2.3—1 双护盾掘进模式(硬岩模式)

在软岩隧道中掘进时,洞壁岩石不能为水平支撑提供足够的支撑力,支撑系统与主推进系统不再使用,伸缩护盾处于收缩位置。刀盘掘进时的反力由盾壳与围岩的摩擦力提供,刀盘的推力由辅助推进油缸支撑在管片上提供,掘进机掘进与管片安装不能同步。此时掘进机作业循环为：掘进→辅助推进油缸缩回→安装管片→再掘进，具体见说明图6.2.3—2。

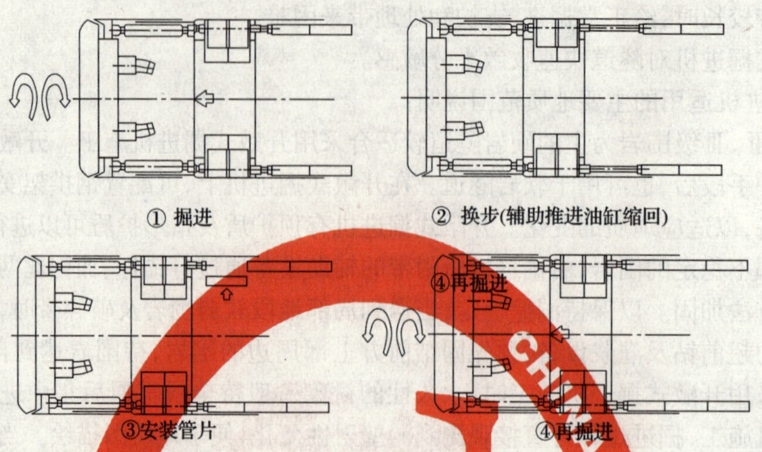

说明图 6.2.3—2　单护盾掘进模式（软岩模式）

3　单护盾式掘进机较适应于Ⅲ～Ⅳ级围岩的隧道，常用于有一定自稳性的软岩及中等长度隧道施工，在围岩级别稍差时，它可发挥出较快的掘进速度，又比双护盾式掘进机减少投资。

6.3.2　开敞式掘进机刀盘直径的计算公式如下

$$D = d + (h_1 + h_2 + h_3)$$

式中　D——刀盘直径(m)；

d——工程要求的成洞洞径(m)；

h_1——预留变形量（考虑掘进误差、围岩可能发生的变形量、模注衬砌误差）(m)；

h_2——初期支护厚度(m)；

h_3——二次衬砌厚度(m)。

护盾式（双护盾、单护盾）掘进机刀盘的直径计算公式如下：

$$D = D_0 + 2(\delta + h)$$

式中　D_0——管片内径(m)；

δ——管片厚度(m)；

h——灌注豆砾石平均厚度(m)。

6.3.3　掘进机的掘进速度 = 刀盘转速 × 贯入度，在相同的掘进速度情况下，刀盘转速高时的贯入度低、刀盘扭矩小，而此时推进力相对也较小，因此主电机的工作电流和刀具的承载负荷也就相应地较小。在软弱围岩的地质情况下，刀盘转速主要选用低速，因为此时需要刀盘有较大的扭矩。刀盘转速的选择还与刀盘直径有关，其计算公式为

$$n = v_{max} / \pi D$$

式中　v_{max}——边刀回转最大线速度(m/min)，一般控制在≤150 m/min；

D——刀盘直径(m)；

n——刀盘转速(r/min)。

刀盘转速与直径成反比，刀盘直径越大，转速越低。

6.3.4　刀盘扭矩主要由下列要素构成：

$$T = \sum (f \cdot F_i \cdot R_i) + \sum T_m$$

式中　T——刀盘扭矩；

f——滚刀滚动阻力系数；

R_i——每把滚刀在刀盘上的回转半径；

T_m——摩擦扭矩；

F_i——每把滚刀的最大承载能力。

刀盘扭矩也可采用以下经验公式进行简便计算：

$$T = \alpha D^2$$

式中　T——刀盘扭矩(kN·m)；

D——刀盘直径(m)；

α——扭矩系数，随掘进机直径、围岩条件而异，一般取 $\alpha \approx 60$ 。

6.3.5　刀盘驱动功率的计算公式如下：

$$W = T \cdot n / 9.55\eta$$

式中　W——刀盘驱动功率(kW)；

T——刀盘扭矩(kN·m)；

n——刀盘转速(r/min)；；

η——传动效率(变频电机驱动时通常取0.95，液压驱动时通常取0.65~0.75)。

6.3.6　开敞式掘进机掘进推力的计算公式如下：

$$F = k N \cdot F_i$$

式中　N——掘进机配置的滚刀数量；

F_i——滚刀额定承载能力(kN)。

k——储备系数，取1.3~1.5。

双护盾式掘进机掘进推力按两种作业模式进行计算主推进系统和辅助推进系统的推力，具体如下：

(1)主推进系统的推力 F_1

采用双护盾掘进模式时，

$$F_1 = k \times F_i \times N$$

式中　N——配置的滚刀数量；

F_i——滚刀额定承载能力(kN)；

k——储备系数，在高地应力地层预留50%的能力储备，储备系数 $k=1.5$。

(2)辅助推进系统的推力 F_2

① 刀盘推力 F_t

$$F_t = F_i \times N$$

式中　N——配置的滚刀数量；

F_i——滚刀额定承载能力(kN)。

② 主机与地层的摩擦阻力 F_f

$$F_f = \mu \times W$$

式中　W——双护式盾掘进机的主机重量(kN)；

μ——护盾与地层的摩擦系数，一般 $\mu = 0.1 \sim 0.3$ 。

③ 后配套设备的牵引力 F_{NL}

$$F_{NL} = \mu_b \times W_b$$

式中 μ_b——后配套与钢轨的摩擦系数；

W_b——后配套的重量（kN）。

④ 盾尾密封与管片之间的摩擦力 F_s

$$F_s = \mu_s \times W_s$$

式中 μ_s——盾尾内表面与管片外表面的摩擦系数；

W_s——作用于盾尾部分的重量（计算时，一般取 2 环管片的重量）（kN）。

辅助推进系统所需推力：

$$F_2 = k \times (F_t + F_f + F_{NL} + F_s)$$

式中 k——储备系数，在高地应力地层预留 50% 的能力储备，储备系数 $k = 1.5$。

单护盾式掘进机掘进推力的计算与双护盾式掘进机的单护盾模式的推力计算相同。

6.3.7 本条所述围岩条件指围岩种类和节理发育程度。

6.3.8 合理选择掘进机行程对加快掘进速度、提高施工进度十分有利。选用合理长行程可减少换步次数，提高总体施工速度。当使用护盾式掘进机时，还可减少混凝土管片接缝数量，从而减少渗漏水的概率。

6.4.1 设备配备因围岩条件、施工环境及施工方法的不同而不同，设备配置时首先要考虑掘进作业的能力，要组成各种作业的工作循环，使各种作业互相配合、紧密衔接、安全施工，并配置备用设备。

6.4.2 掘进、出渣、导向这三个功能贯穿在掘进机掘进全过程中，支护功能只是在必要时才使用。掘进功能分为开挖工作面破岩功能和推进掘进机前进的功能。掘进机必须配置合适的破岩刀具并具有足够的破岩力，还必须配置合适的支撑机构，支撑机构还应具有步进作用，以实现推进掘进机前进的功能。刀盘、刀具、刀盘驱动机构、推进机构、支撑机构是实现掘进功能的基本机构。出砟功能分为导渣、铲渣、溜渣、运渣功能。导渣条、铲斗、溜渣槽、皮带输送机是出渣的基本装置。掘进机的方向控制包括两个方面：一是掘进机本身能够进行导向和纠偏，二是确保掘进方向的正确。导向功能包含方向的确定、方向的调整、偏转的调整。采用激光导向系统来确定掘进机的位置。支护功能分为掘进前未开挖地层的预处理、开挖后洞壁的局部支护和全部洞壁的衬砌。采用不同的支护方法应相应配置不同的设备。

为了安全而有效地组织现场施工，要求掘进机在厂内制造完工后，必须进行整机调试和出厂验收，检查核实掘进机设备的润滑系统、液压系统和电气系统的状况，调试机械运转状态和控制系统的性能，确保掘进机出厂就具备良好的性能。

6.4.3 采用掘进机法施工是一项综合性的施工工艺，必须配备各种辅助设备，辅助设备必须与工程所用的掘进机的类型及施工技术要求相适应。

6.4.4 施工中掘进效率的高低、在很大程度上取决于出渣运输及供料是否及时到位。其选型首先要与掘进机的生产能力相匹配，其次需从技术经济角度分析，选用技术上可靠、经济上合理的方案。

（1）有轨出渣及供料

根据隧道掘进长度，开挖断面，隧道坡度，每个掘进循环进尺，岩石的松散系数，在安全的牵引速度下计算每列出渣列车的矿车斗容和辆数。机车选型要满足不仅可以牵行一列重载矿车，还可带动所需辆数的材料车和载人车，同时考虑坡度，最终确定机车台数和规格。根据掘进长度、列车平均运行速度确定所需出渣列车数。首先确定每列出渣列车所含矿车、机车的数量和规格，要求一个掘进循环出渣量由一列出渣列车一次运走。根据掘进长度，列车平均运行速度，按掘进机连续出渣的要求，确定所需出渣列车的列数。掘进初期，距离较短，只需较少出渣列车数，随着掘进距离的加长，逐渐增加出渣列车数。每列列车应包含机车、矿车、材料车等。如双护式盾掘进机的编组列车应包含机车、矿车、管片平台车、豆砾石罐车、散装水泥车。列车进洞顺序为管片平台车、豆砾石罐车、空矿车、散装水泥车，机车，出洞顺序为机车、空散装水泥车、满载矿车、空豆砾石罐车、空管片平台车。延伸的轨道、水管等随列车编组运入洞内。根据隧道长度和施工组织要求，在轨道上铺设道岔。

(2)连续皮带输送机出渣及有轨供料

轨道仅承担隧道支护材料和掘进机维修人员和器材等运输，可采用轻型钢轨。连续皮带输送机随掘进机移动，从掘进机一直连接到洞口出渣。连续皮带输送机主要由储带仓、主驱动装置、辅助驱动装置、被动轮、胶带、托辊几部分构成。连续皮带输送机结构简单、运输效率高、便于维护管理，可减少洞内运输车辆，减少空气污染，有利于形成快速连续出渣系统。使用皮带输送机连续出渣的关键是皮带输送可随掘进机每次步进得到延长。皮带输送机尾部安装在后配套上。当后配套前进时，胶带逐段从储带仓中被拉出，使皮带输送机不间断地完成石渣输送。随着掘进机每次掘进完成一个循环行程步进时，后配套系统被向前拉动一个行程，此时皮带输送机也随之延伸，为此需要在皮带输送机尾部的前方，将其机架、托辊、槽形托辊进行安装，为胶带运输提供条件。为了满足掘进机在一定距离内不断向前延伸而不用随时延长胶带，设置了一个储带装置。当储存仓中的胶带用尽时，皮带输送机需停止出渣工作，进行接长胶带的硫化处理工作。连续出渣皮带输送机主驱动装置由电机、减速器、驱动轮组成，采用变频调速电机。驱动轮与胶带的传动为摩擦传动。当水平输送距离增加时，要增加另一套结构相同的辅助驱动装置，由两套驱动装置对胶带进行驱动，为协调主、辅驱动装置的运行和在启动时能够自动调整胶带的张拉，连续皮带输送机由 PLC 进行控制，此控制系统与掘进机的控制相匹配，以保证由掘进机控制启动和停止的次序。为了保持胶带的对中性，连续皮带输送机具有液压驱动的纠偏能力，在液压缸的作用下，连续出渣皮带输送机尾部可以在隧道断面的 X 轴和 Y 轴两个方向移动，并可沿 Z 轴旋转，这些运动跟随着胶带的摆动，它受安装在皮带输送机尾部的操作控制台控制。

6.4.5 为适应不同的地质条件，应根据掘进机类型和围岩条件配备相应的支护设备。开敞式掘进机一般需配置超前钻机及注浆设备、钢拱架安装机、锚杆钻机、混凝土喷射泵、喷射机械手，另外，还需配备起吊、运输和铺设预制混凝土仰拱块的设备。双护盾式掘进机一般配置多功能钻机、豆砾石喷射机、水泥浆注入设备，还需配备管片安装机、管片输送器等管片拼装设备。

6.4.6 一次通风是指洞口到掘进机后面的通风，二次通风是指掘进机后配套拖车后部到掘进机施工区域的通风。

1 压入式通风方式的最大的优点是新鲜空气经过管道直接送到开挖面，空气质量好，且通风机不要经常移动，只需接长通风管。采用软风管便于安装、储存和延伸，且软管由化纤增强塑胶布制成，有足够的抗拉强度。

2 根据通风管网(阻力)特性曲线，按照产品说明书提供的风机特性曲线或参数确定通风机的型号。选用的最大风压不宜超过其性能曲线峰点处最大压力的 90%，且须位于驼峰的右侧。

5 二次通风管采用硬质风管在拖车两侧布置，送风口位置布置在掘进机上人员相对集中的区域。

6 掘进机工作时产生的粉尘，是从切削部与岩石的结合处释放出来的，必须采用在切削部附近将粉尘收集，通过吸风管将其送到除尘机处理。

6.4.7 由于地质勘察的局限性，掘进机在隧道掘进中往往会遇到一些地质资料没有反映出来的不良情况。为了进一步探明掘进机前方断层破碎带的确切情况，应积极开展施工地质超前预报工作，以便详细掌握断层破碎带的情况，从而采取合理的措施和选择掘进参数。地质超前预报除利用掘进机上配备的地质超前钻机外，还常采用超前预报系统（如地震地质预报系统）。此外，还可利用平导地质情况推断，利用出露的岩石、出渣的情况以及掘进时的异常情况进行综合判断。详见本技术指南第11章相关内容。

7.1.1 掘进机法是目前世界上最先进的隧道机械化施工方法之一，它在施工进度、安全、环境、质量等方面达到较高水平，是一种工厂化作业模式。但施工场地范围、周边环境、邻近工程的衔接也对施工影响较大，必须通过调查和改进以满足合适的作业条件。

7.1.2 工程地质条件对掘进机掘进速度和质量影响较大，施工前要仔细核对相关图纸、文件和地质资料，全面掌握和领会技术要求、支护方式、质量验收要求和相关技术规程。

7.1.4 针对掘进机法施工中各种不良地质情况，技术人员要制定出详细的作业程序、质量控制要求，以作业文件下发到每个作业人员，使其明确施工的质量和安全标准。培训工作要以理论培训、现场操作培训、外单位学习等多种形式学习职业技能，要求每个员工要岗前培训，考核合格后持证上岗，提高作业水平，严禁无证上岗。

7.2.2 实施性施工组织设计是直接指导施工的技术性文件在充分调研工程现场情况、熟悉工程设计图纸和进一步了解地质资料的情况下编制，它不同于投标时期的编制内容，除了满足工期要求外，还要满足投资计划、符合环保安全要求，使隧道施工做到均衡有序。

7.2.3 编制实施性施工组织设计的原则，除了要求做到具有先进性、经济性、可行性外，还要强调环境保护、安全生产及职业健康的重要性，并应详细列出环境保护、安全生产的详细措施依据。

7.2.4 实施性施工组织设计比指导性施工组织设计更具体、准确，更能切合施工实际，其关键点在于做好施工调查和设计文件的核对，在施工中如发现条件有变异，应及时进行休整。

7.2.5 在核对了设计采用的技术标准后，施工单位应当根据工程施工涉及的专业研究施工中将要执行的有关施工规范、规程等，同时制定切合实际的现场施工工艺实施细则，编制作业指导书，完成关键工艺技术交底。

7.3.1 隧道施工是一个动态的变化过程，施工过程中需要随地质条件的变化，随时调整施工参数，这就需要增加相关的监控量测措施，配备相应的测试仪器，以保障施工的安全。

7.3.2 长大、特长隧道采用掘进机法施工，对于远距离出渣方式的选择，管片、材料的运输方式，通风设备的配置，要有一个较好的规划，以保证隧道作业的良好环境。

7.3.3 掘进机施工期间其电力供应为10 kW或20 kW的高压电源，应与生活和办公用电分开布置。

7.3.4 设计管片/仰拱块预制厂的规模，要充分考虑到管片/仰拱块的供应量和库存的需求。

7.4.1 掘进机施工速度快，对地质条件依赖性大，各种不确定因素多，对材料的组织供应要求非常严格，不能因为材料供应不及时、不充分而造成停机。应当结合工程进度、地质情况制定合理的材料供应计划，并预见出现的影响，尽量备齐各种施工材料，掘进机法施工材料供应多在掘进机保养维修时进行，每个班应补充充分，不能出现在出现问题时再去材料库联系材料。

7.5.1 掘进机是一个多环节紧密联系的联合作业系统，它包括破岩、装渣、管片/仰拱块制作、材料供应、调车机构以及部分辅助措施，为满足庞大系统的组装和初始运行条件，需要有较大的场地。临时设置要具有防灾能力。

7.5.5 掘进机体积庞大，只能以散件集装箱的形式装运，从港口转运至工地，其部(构)件种类、数量多，因此洞口必须设置足够大的临时停放(组装)场地，散件的组装须在洞口附近，待掘进机组装调试完成后，沿轨道步进进入正洞施工。组装场地分主机组装和后配套组装两部分。组装场地布置需要考虑这些大件的尺寸和摆放，场地应用混凝土硬化，强度满足承载力要求，并尽可能避免不良地质，做好支挡和排水措施，确保掘进机的安全。

8.1.1 为了指导掘进机掘进，使隧道符合设计要求，在掘进机施工的全过程，施工测量应提供掘进机掘进所需的施工测量控制点与掘进机姿态。

对自身具有导向测量系统的掘进机，其掘进机姿态状况，由该导向测量系统以施工测量控制点为起算数据实时测量和计算出来，但施工测量控制点数据和稳定状况需要依靠人工测量方法确定。因此，对此类掘进机应以人工测量方法确定施工测量控制点，用导向测量系统测定掘进机姿态状况，而且应在一定的距离内用人工测量方法进行掘进机姿态状况的检核测量并提供修正参数。对自身没有导向测量系统的掘进机，应采用人工测量方法测定掘进机姿态状况，并及时提供上述相关信息。

8.1.4 各厂家和各种型号的掘进机结构和自身导向系统的特点、精度不完全一样，而且个别差距很大，因此只有在充分了解掘进机结构和自身导向系统特点、精度以及人工使用的大地测量仪器精度后，才能切合实际制定出科学、适用的掘进机施工测量方案。

8.1.5 应根据贯通距离、限界要求、测量技术水平、施工误差以及掘进机本身的技术指标等进行贯通测量误差设计，确定合理的贯通测量误差指标，并满足设计要求及符合现行行业标准《新建铁路工程测量规范》(TB 10101)规定的贯通误差指标。

8.2.1 不管隧道全长还是局部采用掘进机施工，都应了解施工地区的坐标和高程系统、已有控制网布设的方法、层次和精度等情况，在此基础上，根据施工方案布设掘进机施工加密控制网。如果原有的控制网精度不能满足要求，则应布设独立的专用控制网，但该网应与该地区坐标和高程系统一致，且宜以该地区一个点的坐标和一条边的方位角为起算数据。因施工现场条件限制没有可利用的控制点，则可建立完全独立的施工坐标系统，但施工完成后该网应与当地控制网及时联测，并纳入地方统一的控制系统中。

8.3.2 规定地下控制测量起算点数量主要为了使地下具有足够的检核测量条件。

8.3.3 根据测量实践，掘进机施工 100 m 以后，隧道衬砌结构已经趋于稳定，在此(稳定处)设置地下控制点。导线点的稳定情况，通过重复测量确定，一般不少于 3 次。导线点宜采用强制对中装置，控制点点位可在隧道两侧交叉设置，在曲线隧道，特别是在连续同向曲线的隧道，要注意旁折光的影响。直接用于掘进机施工测量的控制点，可设置在隧道两侧或顶、底板便于观测的位置。

8.3.4 隧道掘进初期，根据施工现场条件一般先布设精度较低的施工导线和施工水准，当具备条件后及时选择部分施工导线和施工水准组成施工控制导线。特殊情况下，可不受曲线要素点的限制，尽可选择较长的导线边。

8.3.6 施工控制导线点横向中误差 $m_{横} \leqslant m_{中} \times 4\sqrt{l}/5\sqrt{L}$(mm)，即 $m_{横} \leqslant m_{中} \times \sqrt{l/L} \times 4/5$(mm)是依据平均导线边长 l 与贯通距离 L 之比例并乘以 4/5 计算的。施工控制导线最远点横向中误差应该小于或等于贯通中误差，但为提高施工控制导线点精度，并考虑下一级施工导线的误差，因此取 4/5 作为限差标准。

8.3.7 当隧道衬砌结构不稳定时，埋设的地下控制导线点和控制水准点易变动，故每次控制测量必须对施工控制点进行检测。

8.4.2 掘进机上所设置的测量标志应牢固、可靠；有条件时宜设置两套，便于检核，并提高测量精度。

8.4.3 宜根据掘进机自身导向装置的精度，按误差传播理论计算出产生 1/3 贯通测量误差的距离，每在此距离内都应进行一次人工测量，以控制施工误差在设计允许范围内。

8.5.3 贯通误差分解至线路纵、横向上，可直观反映出贯通结果与线路、限界的关系。

8.5.6 隧道贯通后，中线和高程的实际贯通误差，原则上应在未衬砌地段(调线地段)调整。采用掘进机进行全断面施工，隧道贯通时的未衬砌长度往往很短，贯通误差和净空断面尺寸在满足设计要求时，其贯通误差的分配及中线、高程调整段(调线地段)不再局限于未开挖和未衬砌的地段。

8.6.2 隧道贯通后进行贯通导线的附合路线测量，并重新平差后，可为断面测量、限界测量、铺轨测量和设备安装测量等提供较高精度的测量控制点。

8.6.3 竣工测量工作内容可根据设计要求选择，横向偏差、高程偏差指相对于衬砌设计轴线的偏差。

8.6.4 断面上的测点位置、数量应按设计人员根据隧道衬砌形状、设备、行车条件等对断面的要求确定。

9.1.3 编制施工组织设计和技术方案的目的是使管片生产有序、安排合理，采取各种预控措施以保证质量。该技术文件中对涉及结构安全和人身安全的内容，应有明确的规定和措施，并应按程序审批。

9.2.1 正常使用条件下，要求模具在规定的周转使用次数内不变形，包含了反复振捣、高温和温度重复变化等抗疲劳性能的要求，这是保证混凝土管片成型质量的关键。

9.2.2 管片模具是保证管片质量的最重要的环节，其材质和制作精度要求高，制作模具必须具有完善的技术文件，并严格按照技术文件要求进行制作。在实际生产中，不仅要对模具进行实测实量，还应考虑荷载、振动等各种影响因素，必须进行管片试生产，并经水平拼装检验合格才能通过模具验收。

9.2.3 合模、开模与出模规定的说明：

1 由于不同厂家生产的模具合模方法可能不同，因此，应按模具使用说明书规定顺序合模。合模完毕后应检查合模标记并对模具尺寸进行量测。

2 本款规定的目的是保证管片各预留孔与模板接触部位不漏浆、预埋件与混凝土的黏接性。

3 为保证结构的安全、使用功能和管片外观质量，提出无论在开模时还是出模时都需做好模具保护，避免损伤。

9.2.4 管片模具周转一定次数后可能会超出规定的偏差，因此，应对模具进行量测及整修。

9.4.1 钢筋骨架采用焊接方法成型后，其钢筋连接牢固，骨架强度高，不变形。由于弧形骨架加工尺寸不易保证，所以要求骨架必须通过试制，检验合格后才能批量制作，且应该在预先制作好的胎具上进行骨架成型，以便于保证骨架的成型精度。

9.4.2 钢筋加工规定的说明：

1 管片钢筋必须严格按设计图纸加工，不得随意改动。

2 管片主筋呈弧形，加工时应防止出现平面翘曲，以免影响骨架质量。

3、**4** 对钢筋弯钩、弯折和箍筋弯弧的内直径、弯折角度、弯后平直部分长度提出了要求。上述各项对于保证钢筋与混凝土协同受力非常重要。

5 以盘条供应的钢筋使用前需要调直。调直宜优先采用机械方法，以有效控制调直钢筋的质量；也可采用冷拉方法，但应控制冷拉伸长率，以免影响钢筋的力学性能。

9.4.3 钢筋骨架成型规定的说明：

1、**2** 在正式焊接之前，必须采用与生产相同的条件进行焊接工艺试验，了解钢筋焊接性能，选择最佳焊接参数，每种牌号、每种规格钢筋至少做1组试件。当不合格时，应改进工艺，调整参数，直至合格为止。采用的焊接工艺参数应做好记录，便于日后质量的可追溯性。

3 为了防止焊接部位产生夹渣、气孔等缺陷，在焊接区域内，钢筋表面锈蚀、油污等必须清除。

9.4.4 钢筋及其骨架质量要求的说明：

1 在浇筑混凝土之前，对钢筋隐蔽工程质量的验收是为确保受力钢筋等的加工、连接和安装满足设计要求。钢筋隐蔽工程质量验收内容包括：

(1)纵向受力钢筋的品种、规格、数量、位置等；

(2)箍筋、横向钢筋的品种、规格、数量、间距等；

(3)预埋件的规格、数量、位置等。

9.5.2 混凝土应根据实际采用的原材料进行配合比设计，并按普通混凝土拌和物性能试验方法等标准进行试验、试配，以满足混凝土强度、耐久性和工作性的要求。混凝土不得采用经验配合比。同时，应符合经济、合理的原则。低坍落度有利于减少管片裂缝的出现，坍落度不宜大于70 mm。随着混凝土技术的发展，当有可靠的技术保证时也可采用大流动性混凝土。

9.5.5 混凝土快速养生按生产模具移动与否可分为可移动式和固定式两种；按热源不同又可分为蒸汽式、蒸汽暖式、水暖式、电暖式、太阳能式等多种。

移动式的生产工艺大致为：准备模具→钢筋骨架就位→移动模具到固定灌注点灌注混凝土→移开模具静置→移入养护窑→预养→升温→恒温→降温→出窑→起吊脱模（模具清理后进入下一个循环）→整修→存放待用。移动式的特点在于：整个生产线中模具可移动，混凝土灌注点固定，有固定的养生窑。所需设备除养生窑外还需热源、供热系统、模具移动动力、平台、生产线和养护线及联络设备、温控设备。其优点是：模具生产周期快，厂房基础投入少。

固定式的生产工艺大致为：准备模具→钢筋骨架就位→混凝土灌注→静置→加养生罩→升温→恒温→降温→取罩→起吊脱模（模具清理后进入下一个循环）→修整→存放待用。固定式的特点是：模具固定，灌注点移动。所需要的设施包括：养生罩、热源、供热系统、散热片、蒸汽喷嘴或电阻丝之类以及温控设备。

两者比较:前者模具可移动,生产量大,但投入相对高,适用于混凝土预制块单件轻、厚度小、用量大的生产工艺;后者模具固定,生产量小,投入也少,适用于混凝土预制块单件大、重、厚实、用量小的生产工艺。

用于管片生产的混凝土中都使用了掺合料,因此根据现行有关规范,对出模后的管片应进行养护,且养护周期不宜少于14 d。养护可以是水中养护、喷淋养护、涂刷养护剂及可以达到预期养护效果的任何形式;在条件允许时,优先采用水中养护,水中养护的时间不宜少于7 d。对于冬期施工期间生产的管片,宜采用适当的措施进行保温和防护。

9.5.6 管片标记的作用是便于其质量的可追溯性,对于采用倒班作业的生产厂家,还应增加生产流水号码。

9.5.8 管片制作完成后,施工单位应对构件外观质量和尺寸偏差进行检查,并做出记录。当检查发现缺陷时应及时调整,管片水平拼装检验在检验管片精度的同时也是对模具精度的检验。

10.1.2 对洞外组装场地要求的说明:

4 组装场地的长度至少等于主机长度、连接桥长度、拖拉油缸长度、第一节拖车长度、主轴承存放长度刀盘存放长度与机动长度之和。具体见下式:

$$L_{组装场地} \geqslant L_{主机长} + L_{连接桥} + L_{拖拉油缸} + L_{第一节拖车} + L_{主轴承} + L_{刀盘} + L_{机动}$$

5 跨内铺设钢轨,以便于后配套拖车的放置和用于以后的有轨运输。

10.1.3 特长隧道采用多台掘进机分段施工,中间段施工的掘进机采用洞内组装方式。

(1)根据掘进机大件在洞内组装必须占用的空间尺寸,以及吊机安装及作业过程的空间尺寸确定洞室的尺寸。

(2)洞内组装场地的长度一般可用下式计算:

$$L \geqslant L_1 + L_2 + L_3 + e$$

式中 L——场地总长度;

L_1——掘进机长度;

L_2——牵引设备和转运设备总长;

L_3——调转轨道长度;

e——机动长度。

主机步进后,立即铺设混凝土仰拱预制块,相邻仰拱预制块下方垫混凝土垫块。仰拱预制块底部与隧底之间浇注混凝土。要注意修筑的支洞与正洞交叉的交角、坡度和断面大小,以安全方便地将部件送入主洞;支洞可作为通风管道和电力管线通道,在适合运输方案条件时也可利用为运输通道,以减少运输里程。主机洞室需架设较大吨位桥吊,组装洞的断面尺寸由掘进机组装的技术要求和所使用的吊机技术参数确定(吊机选型根据组装技术要求而定)。根据掘进机设备的最大件重量和尺寸,确定吊机的型号和结构,由设备的安装程序确定组装洞的长、宽、高。组装洞的断面尺寸应由提供掘进机设备的厂家提供参考图纸。在组装洞室中安装的桥式起重机其吨位应按掘进机最大部件的重量考虑,桥吊轨道的托梁应进行锚固处理;在掘进机组装场内,用于组装后配套的道床施工及轨道铺设,要保证道床具有足够的强度,即道床要有一定的宽度和一定的密实度,确保掘进机后配套的顺利通过。

10.1.8 拆箱检验或用于组装之前的拆箱,应根据实际包装并确认所装何物时采取相应的拆卸方案,以免盲目拆卸损坏掘进机部件原有的加工精度。

10.1.9 螺栓、结合面应刮脂、除锈,并用清洗剂清洗干净(必要时涂油保护),保证安装前达到其加工的光洁度。涂有油漆的结合面均应除锈并清洗。运输过程中因不慎造成的伤痕,应在原设计尺寸范围内进行处理,以保证装配精度。液压元件的清洗必须用干净清洗剂,液压元件擦拭严禁用棉纱,必须用不脱线的布或毛由擦拭。

10.1.10 以原设计吊装位置为准,确认其重量,用大于负荷的起吊工具及在安全范围内起吊设备,平稳起吊,确保安全,万无一失。吊装作业时,确保各大型部件选择合理的吊点,以正确的方式进行吊装,并缓慢、准确地将部件组装到设备上。

10.1.1 安装之前应认真研究图纸图册,确认部件的装配关系(先后顺序,前后、左右、上下顺序)后再正确装配,防止盲目装配造成返工。螺栓的紧固应确认并核实其精度、扭矩,确定其螺栓端口涂何种材料(普通8.8级、10.9级,螺栓端口涂油脂,HV10.9级高强螺栓喷涂 MoS_2),采用正确工具以及正确紧固顺序及规定的扭矩进行螺栓紧固。

10.2.1 设备组装前完成工作的说明:

2 掘进机结构宠大,在组装前应研究装配图及技术要求,确定装配顺序。

保证装配工艺的质量和精度对掘进机的使用性能、使用寿命影响重大,因此应制订详细的装配工艺规程。

3 工具、材料、油料、液压管接头、专用工具等应就近设置专用库房,在组装场地依次摆放工具、常用料存放、液压件、电气件、水管接头等集装箱/库。

4 组装期间应配备用风、水、电设备;配备电焊、氧气、氩气、二氧化碳、乙炔等。高压风压力:6~8 bar;风管:3×60 m;配套接头;高压水管:2×60 m;电:380 V,3~50 Hz;单相200 V,50 Hz;配电箱:主机组装区配备一个380 V电源配电箱,有4~5路外接输出,其中应有1~2个外接多用途组合插座;后配套组装区前中后各配备一个380 V电源配电箱,每个配电箱有2~3路输出,应有1~2个外接多用途组合插座。

5 在主机组装区和后配套组装区应设若干手持式灭火器、消防沙等消防用品。

10.2.2 主机组装应严格按照组装程序进行,否则,将会给下一步组装工作带来困难,甚至有可能造成返工。主机组装工作必须将所有的连接螺栓紧固到规定的紧固扭矩,形成主机的基本骨架。

开敞式掘进机的主机组装基本顺序如下:

(1)步进机构定位;

(2)将推进油缸与前后外机架(或主梁)相连;

(3)前后外机架下部(带有推进油缸)与步进机构连接;

(4)传动轴安装前后联轴器,并安装前后定位护套;

(5)在前外机架下部套装带防护罩的传动轴,并初步固定在外机架上;

(6)安装前后内机架于前后外机架上,并将前后内机架连接;

(7)在前内机架两侧安装锚杆钻机轨道;

(8)安装前后外机架上部(带有推进油缸);

(9)在前外机架上部套装带防护罩的传动轴,并初步固定在外机架上;

(10)套放钢拱架安装器;

(11)刀盘下护盾就位;

(12)安装带有步进机构的后支撑于后内机架后部;

(13)安装内机架尾部；
(14)吊装主轴承；
(15)安装上护盾支撑架；
(16)将集料斗安装在驱动组件内；
(17)吊装刀盘；
(18)安装刀盘护盾侧翼及顶部；
(19)将传动轴和推进油缸安装于正确位置；
(20)安装传动机构；
(21)安装钢拱架安装器及驱动装置；
(22)安装主机皮带输送机；
(23)安装主机工作平台和其他工作平台；
(24)安装其他辅助设备及附件。

双护盾式掘进机的主机组装基本顺序如下：

(1)在掘进机滑行轨道上安装掘进机托架；

(2)安装前盾。先安装前盾的下护盾，再安装主轴承等前盾内构件，之后安装前盾的上护盾，并将前护盾的上、下护盾用螺栓连接牢固。

(3)安装伸缩盾。先安装下外护盾，将下外护盾焊在前盾上，再安装下内护盾及安装伸缩护盾内部构件，之后安装上内护盾，再安装上外护盾，并将上外护盾焊在前盾上。

(4)安装后护盾（支承盾）。先安装下护盾，再安装支撑装置、支撑靴、辅助推进油缸等内部构件，后安装外护盾。

(5)安装尾盾。安装尾密封，将盾尾焊在后护盾上，在尾盾内安装管片拼装机等装置。

(6)安装刀盘。将刀盘安装到主轴承总成上，最后安装刀具、刀盘铲斗等。

(7)进行其他部件的安装及各系统的连接。

10.2.3 设备桥是连接主机与后配套拖车的桥梁，组装的重点是设备桥的连接与吊装，因设备桥较长，必须选择合适的吊点，才能保证设备桥的安全吊装。对于仰拱吊机的安装，应注意其运行轨道的顺直。设备桥的组装程序推荐如下：

(1)选择合适的组装场地，进行组装前准备；
(2)设备桥的地面连接；
(3)在设备桥上安装两侧及上部辅助框架；
(4)在延伸的轨道上安装设备桥后部支撑；
(5)吊装设备桥与主机连接；
(6)安装设备桥上的辅助设备；
(7)安装设备桥上的工作平台；
(8)安装主控室；
(9)各系统与主机连接；
(10)安装设备桥皮带输送机。

10.2.4 后配套系统有多节拖车，组装工作较为简单。根据不同的组装条件，有不同的组装方法，合理的组装方法能加快组装速度。组装工作的前期，主要是拖车框架的组装和定

型设备的安装,后期进行液压与电气系统的连接。后配套拖车的组装顺序如下:

(1)各节拖车组装及拖车上相应的辅助设备安装;

(2)各拖车连接;

(3)安装料车拖拉系统;

(4)安装皮带;

(5)安装电气系统、液压系统、卸渣机;

(6)和主机连接进行调试。

10.2.5 连续皮带输送机主要由储带仓、主驱动装置、辅助驱动装置、被动轮、胶带、托辊几部分构成。连续皮带输送机尾部安装在后配套上,当后配套前进时,胶带逐段从储带仓中被拉出,使连续皮带输送机不间断地完成石渣输送。随着掘进机每次掘进完成一个循环行程步进时,后配套系统被向前拉动一个行程,此时连续皮带输送机也随之延伸。进行安装前,应确保所有的土建工程均已完成,并确保水平面准确、土建工程合格;安装前,检查确保已标出地段标记,如果存在漏标的情况,则必须在相应的地段做出标记。

10.3.2 《设备测试功能表》格式见说明表10.3.2。

说明表10.3.2 设备测试功能表格式

序号	测试项目	参数标准值	测试值
一		主机	
1	PLC系统程序试验		
2	变频电机启动/停止		
3	刀盘启动/转动		
4	相关联锁试验		
5	冷却水循环及刀盘喷水		
6	润滑油(脂)的PLC控制		
7	刀盘转速测试		
8	各部位温度检测		
…	…		
二		辅助设备	
1	…		
…	…		

检测调试项目主要有液压系统、电气系统、PLC控制系统。液压系统调试主要是各系统压力设定,系统中泵、阀等控制元件,信号测试元件进行匹配性调整。电气系统调试主要是对输入、输出等级的确认,对控制元件关联动作和动作时间的调定,对液压电磁阀动作同步性测试,对供用电设备的安全性测试,对传感元件的安装位置和性能进行检查。PLC控制系统调试主要是对互锁、联锁功能的调试。PLC控制系统调试是掘进机调试工作的重点,对于掘进机能否正常掘进,同时确保设备安全起至关重要的作用。特别是主机

的动作互锁、联锁功能,刀盘、推进油缸、撑靴前后支撑等,以及掘进状态与换步状态的动作互锁、联锁功能,刀盘、推进等与皮带输送机的互锁、联锁功能。

10.3.4　开敞式掘进机的调试参考如下内容,在实际工程中应按掘进机厂家提供的详细调试项目进行掘进机的调试:

(1)刀盘:扩孔刀收缩/伸出,功能试验。

(2)刀盘和相连的护盾功能试验:PLC 系统程序试验,护盾夹紧/松开,刀盘提升/落下,刀盘护盾扩张/收缩。

(3)刀盘驱动:检查 PLC 系统程序,通过程序启动/停止电动机,点动功能,通过离合器使刀盘启动/运转,制动器和 PLC 系统程序联锁,冷却水循环及刀盘喷水,刀盘驱动电机冷却水接通/断开,刀盘喷水装置的接通/断开,PLC 系统程序检验(油和油脂润滑),油循环润滑、油泵接通/断开,油脂润滑实验和气动油脂泵控制,刀盘驱动系统长时间运转试验,润滑油清洁度检查,转速检测,主驱动件、驱动电机、行星减速箱、水冷却、油润滑等的温度测定。

(4)机架推进:PLC 系统程序试验,推进,回程,快速推进,快速回程。

(5)外机架:PLC 系统程序试验,高压夹紧/松开,低压(快速移动)夹紧/松开,复位时间试验(各液压缸的伸出/缩回时间)。

(6)后支承:PLC 系统程序试验,液压支承上升/下降,液压支承左/右伸出。

(7)液压控制系统:油面、油温功能测试,压力调定功能测试,PLC 系统程序检查。

(8)电气装置:PLC 输入/输出试验,变压器、开关柜和 PLC 系统程序联锁,变压器控制器试验温度、信号开/关等,安全电路(紧急断开)实验,通电情况的开关柜和开关电路的模拟试验,照明电路开关/接通,控制台功能试验。

(9)清渣皮带机:功能试验。

(10)主机皮带机:运转速度试验,张紧试验,皮带机伸出/缩进试验。

(11)钢拱架安装系统:检查钢拱架的运动和移动,运输小车功能试验,指示器和警报信号检查,电气联锁检查。

(12)仰拱预制块吊机:功能测试,检查试验块车的间距,用试验块进行动力试验。

(13)地质超前钻机:检查运动并移到极限位置,检查钻孔位置及受到干扰的界限。

(14)锚杆钻机:检查运动并移到极限位置,检查钢拱架运输小车受到的干扰,检查周围工作区。

(15)通风系统:除尘器通风功能试验,接力风机启动试验,风管储风筒功能试验,空气冷却系统功能试验。

(16)通信系统:对讲机通话试验,有线电话通话试验。

(17)数据记录系统:数据传输与采集试验。

(18)导向系统:操纵室内数据显示,洞外数据记录。

(19)有害气体报警系统:有害气体报警试验。

(20)材料及钢轨吊机:功能试验,电气联锁试验。

(21)传输吊机、砂浆筒吊机、辅助吊机:功能试验,净空试验。

(22)卸渣机及后配套皮带机:动力功能、皮带张紧试验和检查。

(23)料车拖拉装置:链驱动功能试验。

(24)注浆系统、喷混凝土系统、电缆卷筒、应急发电机、空压机、供水系统、监视系统等功能试验。

双护盾式掘进机的调试参考如下内容，在实际工程中应按掘进机厂家提供的详细调试项目进行掘进机的调试：

(1)刀盘：扩孔刀收缩/伸出，功能试验。

(2)刀盘驱动：检查调试内容同开敞式掘进机。

(3)主驱动密封和润滑：自动油脂系统与主驱动联锁试验，注脂量调节和记录，油脂泵的气压操纵。

(4)护盾：伸缩油缸功能试验，行程显示，稳定器功能试验，主推进油缸及支撑装置功能试验，辅助推进油缸功能试验。

(5)管片安装机：6个自由度的功能性试验。

(6)管片运输/管片存送器：功能试验。

(7)主机皮带机：运转速度试验，张紧试验，皮带机伸出/缩进试验。

(8)卸渣机及后配套皮带机：动力功能、皮带张紧试验和检查。

(9)液压控制系统：油面、油温功能测试，压力调定功能测试，PLC系统程序检查。

(10)电气装置：PLC输入/输出试验，变压器、开关柜和PLC系统程序联锁，变压器控制器试验温度、信号开/关等，安全电路(紧急断开)实验，通电情况的开关柜和开关电路的模拟试验，照明电路开关/接通，控制台功能试验。

(11)地质超前钻机：检查运动并移到极限位置，检查钻孔位置及受到干扰的界限。

(12)通信系统：对讲机通话试验，有线电话通话试验。

(13)数据记录系统：数据传输与采集试验。

(14)导向系统：操纵室内数据显示，洞外数据记录。

(15)安全控制系统：紧急停机开关试验，接地保护装置、有害气体监测及报警装置功能试验，掘进机联锁功能试验(主轴承润滑剂流量、减速齿轮箱输出小齿轮的润滑剂流量、电机冷却水流量、电机超负荷警报、皮带输送机运行、皮带输送机液压马达的油压力、刀盘转速、密封的润滑剂流量、支撑油缸压力、后下支承和平行支承的同步保护)，信息显示功能(电机温度、变频器温度、齿轮减速箱温度、变压器温度、润滑油箱的油位、液压油油位及温度、牵引油缸压力)。

(16)管片吊机、起重提升设备、冷却系统、除尘系统、空压机、灌浆设备、砂浆设备、喷射豆砾石设备、电缆卷筒、应急发电机、通风系统、监视系统、照明系统等功能试验。

连续皮带输送机调试要点如下：

(1)皮带支架水平误差、垂直误差应控制在允许的范围内。

(2)驱动系统安装完成后应先进行单个驱动元件空载调试，再进行联动空载调试，最后张紧皮带进行负载调试。

(3)调整皮带张紧装置使皮带拉力达到要求的数值后，才能起动皮带。

(4)在初次起动皮带时，应将皮带转速设置在较低的速度，起动后观察各电机的驱动扭矩相差和变化幅度是否在允许范围内，否则进行调整。

(5)首次皮带运行前，应先检查各拉线开关和紧急按钮工作是否正常。

(6)皮带输送机安装基础在强度达到80%后才可拉紧皮带。

(7)调整滚筒及托辊使皮带跑偏控制允许的范围内。调整应在空载和负载荷两种情况下进行。

10.4.1　《验收大纲》格式见说明表 10.4.1。

说明表 10.4.1　掘进机《验收大纲》格式

系统功能说明	设计标准	验收记录	
		工厂验收	工地验收

11.1.1　相对于钻爆法施工而言，全断面岩石掘进机法施工的隧道对工作条件要求较高，对围岩工程地质、水文地质条件的适应性差，特别是在可能出现地质灾害的特殊地质地段，可能发生掘进速度低、卡机、埋机等问题，必须开展施工地质超前预报。

开展隧道地表地质补充调查工作，是确定施工地质超前预报的重点地段（特殊地质地段）及确保洞内地质超前预报的针对性的需要。

开展洞内地质调查工作，是常规地质法预报的重要补充手段。洞内地质调查工作不占用掘进机工作时间，可操作性强，是隧道工程全过程地质工作重要的一环。它不仅是对隧道设计地质资料的补充和完善，更是提高地球物理探测预报准确率的需要，也可为隧道运营阶段隧道病害整治提供完整的隧道地质资料。

根据洞内地质调查结果，结合补充地质调查结果进行的地表地下构造相关分析，可对开挖工作面前方地质状况进行推测、判断和预报。

11.1.2　特殊地质地段隧道施工地质超前预报工作，以利用掘进机前方配备的地质钻机进行超前水平钻探为主、开敞式掘进机施工辅以地球物理等方法探测，目的是避免占用或尽可能少占用掘进机工作时间。

11.2.1　开敞式掘进机法施工的隧道，地质超前预报可以为掘进机掘进参数调整提供依据；对与掘进机施工安全有关的地质因素的预报，目的是为掘进机通过不良地质地段施工预案提供决策依据，避免卡机、埋机等灾害的发生，确保掘进机施工的安全。

11.3.2　开敞式掘进机法施工的隧道，有开展地质法预报的条件。

超前水平钻探法地质超前预报是隧道施工地质超前预报方法中最直接的方法。它通过钻孔钻进速度测试和所采取的钻孔岩芯的观察，以及相关试验获取隧道开挖工作面前方岩石（体）的强度指标、可钻性指标、地层岩性资料、岩体完整程度指标及地下水状况等诸多方面的直接资料。可以探测和了解隧道开挖前方几十米甚至上百米范围内岩体的工程地质、水文地质情况；通过岩芯观察和分析对隧道开挖前方的不稳定岩层、断层破碎带和洞穴进行准确定位；利用采集岩芯样进行试验获取岩石的物理力学特征参数；通过钻孔可确定开挖工作面前方地下水的分布，及时释放隧道施工开挖工作面前方煤系地层中积聚的瓦斯和地下水。

对设有超前平行导坑隧道的掘进机法施工，可利用超前平行导坑了解地质情况，预测后进的掘进机作业隧道将遇到的地质条件。

对双洞隧道，若一洞为掘进机作业，另一洞为钻爆法施工，可采用钻爆法先行施工一隧道，根据其遇到的地质情况，进行掘进机作业隧道的地质超前预报。

地球物理探测法中，除反射成像法外，所有反射法预报得到的均为隧道开挖工作面前方界面的位置，界面间介质性质的判定需结合洞内外地质调查结果和预报人员的地质工作经验以及对隧道所在地区地质背景的掌握分析确定。

由于成像畸变的原因，反射成像法仅可大致确定开挖工作面前方不良地质体(带)的位置和形状，其性质仍需结合洞内外地质调查结果和预报人员的地质工作经验及对隧道所在地区地质背景的掌握分析确定，目前国内尚无应用的报道。

声波层析成像法，尽管有成功探测小型岩溶管道的实例，但由于需在开挖工作面施作成对微倾斜探测钻孔进行孔间探测，且探测换能器入孔困难，探测深度有限，在掘进机法施工隧道的地质超前预报中很难实现。

11.3.3 预报为施工服务，及时提出对预测地段的地质超前预报简报，是体现预报时效性和指导施工的需要。施工地质预报总报告不仅是对预报工作的总结，更是提高预报准确率的需要。

12.1.3 始发洞的直径应大于掘进机开挖直径，具体尺寸由支撑撑靴可伸出的尺寸数值确定，一般不大于50 mm，出发洞的中心位置与设计轴线的偏差，水平为±25 mm，竖直为±50 mm。需要考虑的尺寸有：刀盘厚度、盾体厚度、水平支撑在机架上紧靠前端到连接处的长度、安装时构件的距离等。

12.1.5 按不同地质条件选择合理的掘进参数，应在开挖进行中实际地质的描述记录、相应地段岩石物理特性的实验记录、掘进参数和掘进速度的记录并加以图表化。

掘进机掘进速度与岩石的类别、抗压强度、单位体积节理数、节理发育程度有关。地质条件是影响掘进速度的关键。除关心岩石的抗压强度外，还要注意岩石的石英含量、岩石的塑性(或脆性)和节理发育程度。

掘进机刀具在切削岩石时所承受的荷载是变化的。在切削完整的岩体时，当刀具所施加于岩石的力量达到岩石强度极限后，岩石裂纹迅速扩展并在极短时间内破碎，此时刀具便急速卸载，也在这样的过程中，加重了其他未卸载刀具承受的推力，正常的刀具是应有能力承受这种突然加载的。当节理发育时，由于产生岩石的裂纹更容易一些，急剧卸载的刀具数量可能增多，这时对那些处于施压状态的刀具而言，额外的附加荷载就有可能超过它的承受能力，特别是这种变化频繁的动荷载，会使轴承失去工作能力，或内、外圈与滚动体之间磨损加剧，使轴承产生过大的间隙，或使轴承产生塑性变形以及产生过热、润滑油露出。

掘进中注意掘进参数的选择，减少刀具过大的冲击荷载。要注意刀盘扭矩的变化、整个设备振动的变化，当变化幅度较大时，应减少刀盘推力，保持一定合适的贯入度，并时刻观察石砟的变化，尽最大可能减少刀具漏油及轴承的损坏。在掘进过程中发现贯入度和扭矩增加时，适时降低推力，对贯入度有所控制，这样才能保持均衡的生产效率，减少刀具的消耗。

12.1.6 选择支护体系的原则：一是既要保护设备免遭破坏，还要保证掘进机的掘进速度；二是及时进行喷射混凝土作业。施工过程通过提高锚杆作业效率、正确进行临时支护、及时喷射混凝土等保证掘进施工安全、连续的进行。

12.2.1 掘进机步进的方式大致有两种：一种是通过油缸支撑在支座、马凳、管片等，使掘进机前移；另一种是通过掘进机的步进机构在地面直接向前移动。

12.3.1 始发台主要作用是用于稳妥、准确地放置掘进机，并在基座上进行掘进机安装与试掘进，所以基座必须有足够的强度、刚度和安装精度，并且考虑掘进机安装调试作业方便。

掘进机空载调试运转正常后开始始发施工，在开始进行负环管片后移时，应通过控制推进油缸行程的方法控制负环管片后移，所有推进油缸行程应尽量保持一致。

掘进机在始发基座上向前推进时，由于始发基座条件的限制，一般掘进机的上部千斤顶在一定期间不能使用，为此要精心调整掘进机正面岩体反力以少用或不用底部范围千斤顶，防止掘进机上浮以及反力架因受力不匀而遭破坏。当掘进机始发时，为防止掘进机始发后上浮，需要使用上部推进千斤顶时，则必须安装有足够强度和刚度的支撑，以将上部顶力传至后洞壁。

为防止管片发生旋转，始发阶段应注意扭矩控制，一般情况下，始发阶段的掘进机扭矩值不得大于额定扭矩的 70%。

在掘进机始发阶段，应注意各部位油脂的使用和消耗情况。

12.3.3 掘进机始发进入起始段施工，一般根据掘进机的长度、现场及地层条件将起始段定为 50 ~ 100 m，起始段掘进是掌握、了解掘进机性能及施工规律的过程。

12.3.5 在软弱围岩条件下的掘进，应特别注意支撑靴的位置和压力变化。撑靴位置不好，会造成打滑、停机，直接影响掘进方向的准确，如果由于机型条件限制而无法调整撑靴位置时，应对其位置进行预加固处理。此外撑靴刚撑到洞壁时，极易塌陷，应观察仪表盘上撑靴压力值下降速度，注意及时补压，防止发生打滑。

12.4.4 自动扭矩控制适用于均质软岩；自动推力控制适用于均质硬岩，手动控制模式操作方便、反应灵活。

不同地质状况下掘进参数的选择和调整：

(1) 节理不发育 ~ 发育的硬岩情况下作业。

① 选择刀盘高速旋转掘进。

② 正常情况下，推进速度一般≤35%（电位计设定值）。

③ 围岩本身的干抗压强度较大，不易破碎，若掘进速度太低，将造成刀具刀圈的大量磨损；若推进速度太高，会造成刀具的超负荷，所以必须选择合理的参数掘进。

(2) 节理发育的软岩状况下作业。

掘进推力较小，应选择自动扭矩控制模式，并密切观察扭矩变化，调整最佳掘进参数；观察双护式盾掘进机撑靴支撑能力，确定工作模式。

(3) 节理发育且硬度变化较大的围岩状况下作业，推进速度应控制在 30% 以下。

因围岩分布不均匀，硬度变化大，有时会出现较大的振动，所以推力和扭矩的变化幅度大，必须选择手动控制模式，密切观察推力和扭矩的变化。

(4) 节理较发育、裂隙较多，或存在破碎带、断层等地质情况下的作业。

掘进时应以自动扭矩控制模式为主选择和调整掘进参数，同时应密切观察扭矩变化、电流变化及推进力值和围岩状况，控制扭矩变化范围在 10% 以下，降低推进速度、控制贯入度指标，双护盾式掘进机应调整工作模式。

12.6.1 到达掘进是指掘进机到达贯通面之前 50 m 范围内的掘进。

12.6.2 到达洞内的掘进机接收基座应符合掘进机基座技术要求，导轨应可调节，以适应掘进机到达时的姿态。在曲线地段，接收基座应根据曲线在该位置的切线方向进行定位。

12.6.3 掘进机掘进至离贯通面 100 m 时，必须做一次掘进机推进轴线的方向传递测量，以逐渐调整掘进机轴线。

12.7.2 开敞式掘进机初期支护参数可参照说明表12.7.2选用。

说明表12.7.2 掘进机施工段隧道初期支护方式

围岩类别	喷混凝土	锚 杆	钢 筋 网	钢 支 撑
Ⅱ	局部8 cm	局部 ϕ22 mm，长2.0 m	无	无
Ⅲ	局部10 cm	局部 ϕ22mm，长2.0～2.5 m	局部 ϕ8 mm，间距20 cm×20 cm	无
Ⅳ～Ⅴ	15 cm	除底部外，ϕ22 mm～ϕ25 mm，长2.5～3.0 m，间距（纵×横）0.8 m×0.8 m～1 m×1 m	除底部外，ϕ8 mm，间距15 cm×15 cm	I_{16}工字钢 0.4～0.8 m/榀

12.7.5 管片拼装前，清除上一环环面和盾尾内杂物，检查上一环环面防水密封条是否完好，如有损坏应及时修补；发现环面质量问题，应在下一环管片拼装时，进行纠正。同时应全面检查拼装机的动力及液压设备是否正常，举重臂是否灵活、安全可靠。

管片在地面上按拼装顺序排列堆放，黏贴好防水密封条等防水材料。准备管片连接件和配件、防水垫圈等并随第一块管片运至工作面。

管片拼装时，一般情况应先拼装底部管片，然后自下而上左右交叉拼装，每环相邻管片应均匀拼装并控制环面平整度和封口尺寸，最后插入封顶块成环。

管片拼装成环时，应逐片初步拧紧连接螺栓，脱出盾尾后再次拧紧。每环管片拼装之前，应对相邻已成环的3环范围内的连接螺栓进行全面检查并再次紧固。

逐块拼装管片时，应注意确保相邻两管片接头的环面平整、内弧面平整、纵缝密贴。

封顶块插入前，检查已拼管片的开口尺寸，要求略大于封顶块尺寸，拼装机把封顶块送到位，伸出相应的千斤顶将封顶顶块管片插入成环，作圆环校正，并全面检查所有纵向螺栓。

封顶成环后，进行测量，并按测得数据作圆环校正，再次测量并做好记录。最后拧紧所有纵、环向螺栓。

掘进机推进时，依次把将要脱离盾尾的环纵向螺栓用扳手拧紧至设计要求。

拼装过程中，遇有管片损坏，应及时使用规定材料修补。管片损坏超过标准时，应调换。在拼装过程中应保持成环管片的清洁。如后期发现损坏的管片也必须修补。隧道结构加强处理方案需经业主和设计单位认可。

12.7.6 管片上一般设有多个开口，用以装配喷注豆砾石的喷嘴，采用高压风将豆砾石先从仰拱两侧孔、再侧拱预置孔，最后顶拱的顺序进行填充。

隧道的开挖面和管片之间的间隙由先由豆砾填充，豆砾石由豆砾石泵泵入。该泵安装在后配套台车上，豆砾石是由材料车运进，卸在一个专用漏斗内，从漏斗再传送到泵，泵通过喷嘴钢管和橡胶管泵入管片背后的空隙中。在管片安装机后的几个环后，豆砾石通过管片上的孔泵入。配备的2台豆砾石喷射泵的泵填能力应满足掘进机最大进尺的需要。

尾盾应包括互相搭接的由窄条弹簧钢组成的挡渣板，它们沿尾盾外上部240°布置，用以防止砾石在尾盾周围飞溅。

注浆应与掘进保持同步，注浆顺序是先下后上、左右对称、逐渐上升、最后拱顶，在某孔注浆时，当发现浆液与下一孔串浆时，此孔的注浆已完成。

预留的注浆孔要安装浆液塞,待豆砾石及灌浆凝固后将塞子取出,并进行封堵。

注浆作业应设封闭环,以保证封闭环内注满砂浆,提高注浆效果。每段封闭环的长度由隧道实际状况确定。封闭环可在某特定位置灌注早强砂浆方法,达到阻止砂浆的流动,形成压力充填密实。

砂浆是从后配套上的砂浆罐输入注浆泵,然后由注浆泵在流量表和压力表的控制下注入管片环面。压力传感器和 PLC 系统连接,这样就可以调节泵的速度,控制管片环间的压力,使其保持在预定的范围内。

12.8.1 本条所列特殊地质条件施工应遵循的规定,与一般地质条件相比,要求的是更加严格的控制,更加周密的计划。

12.8.3 在软弱围岩掘进作业几种情况的说明:

(1)开挖工作面石质非常破碎,呈碎石状压碎结构,一触即塌,一有临空面就很难形成自然拱。从护盾边缘观察,拱顶坍塌较深,在掘进过程中大量石块从护盾与岩壁之间滑落,超前坍塌严重,坍腔向后部、前部区域扩大。

判断依据:

① 掘进时机械振动特别大。扭矩增加较快,推力下降也较快。

② 因超前坍塌,很容易发生 1 号皮带输送机堵塞现象。

支护措施:撑靴以上部位挂钢筋网,系统锚杆,梅花形布设,间距 0.9 m×1.2 m;视情况架立全圆钢拱架或局部安设槽钢拱架,2 榀拱架之间打 6~8 根 3 m 长锚杆及安设 2ϕ22 mm格栅钢架;及时进行手喷混凝土封闭岩面。

(2)节理很发育,石质破碎,一般呈块碎状镶嵌结构,在掘进过程中围岩一出露护盾,拱顶或侧壁(上撑靴处)坍塌较严重,并稍超前于护盾,沿护盾与岩壁间落下大量石渣,有超前和扩大发展的趋势,但在停机后能很快形成自然拱。在掘进时刀盘前也会出现轻度超前坍塌(超前一般在 0.5 m 以内,主要表现为块状掉落,对刀具损坏严重),刀盘前开挖工作面参差不齐。

判断依据:掘进时机械振动较大,推力减小,扭矩增加,并且变化幅度较大;皮带输送机上大块增多,拌有少量细渣,渣堆忽多忽少,不均匀。

(3)节理发育,石质较破碎,在掘进过程中围岩露出护盾后,拱部及大跨以上侧壁部位有沿节理面发生小范围大块石头掉落或片状剥落现象(剥离深度一般在 0.5 m 以内),但没有继续发展扩大的迹象。

判断依据:掘进正常,推力、扭矩变化不大,机械(尤其主机区域)没有异常的振动;渣堆均匀集中,偶尔混有大块岩渣。

12.8.5 掘进机进入溶洞段施工时,利用掘进机的超前钻探孔,对机器前方的溶洞处理情况进行探测。每次钻设 20 m 长,两次钻探间搭接 2 m。在探测到前方的溶洞都已经处理过后,再向前掘进。溶洞处理范围主要为隧道中线左右各 8~12 m,隧道上部 5~8 m,隧道下部保证溶腔回填密实。

溶洞处理方法如下:

(1)对无水或流动水较小的充填状况较密实的小溶洞、溶隙和溶蚀通道,采用深孔注单液水泥浆的方法,对溶洞进行回填和对其充填物固结。

(2)对有流动水、充填状况较密实的小溶洞、溶隙和溶蚀通道,采用深孔注水泥—水玻璃双液浆的方法,对溶洞进行回填和对其充填物固结。

(3)对无流动水、充填状况较密实的大溶洞,在钻探孔的周围按1 m×1 m布设注浆充填孔,并利用钻设的注浆孔进一步探明溶洞。在溶洞的周边孔进行水泥—水玻璃双液浆注浆,在内部孔采用注水泥浆的方法,对溶洞进行回填和对其充填物固结。

(4)对充填不密实的大溶洞,利用钻设注浆孔向溶洞内填中粗砂,然后再注浆回填和固结。

(5)对流水较大、充填物较少的大溶洞或地下暗河,预先开挖迂回导坑,利用导坑对其回填低等级速凝混凝土,然后注入双液浆回填。

13.1.2 隧道管片接缝防水的构造形式、截面尺寸和材料性能,是根据隧道纵向变形允许值,计算出的管片环缝张开值确定的,故接缝防水密封条的防水效果是掘进机隧道的防水重点。

13.1.5 在洞口应设与施工排水量相匹配的小型污水处理厂,或设沉淀池、过滤池、净化池等设施处理施工污水。在渗漏较强的地层,施工污水应汇入有铺砌的沟渠或管道中,再纳入污水处理系统。

13.3.3 管片接缝防水密封条为工厂制造,厂方应按设计生产,必要时应在现场实际验证。

13.3.4 作业前的运输、堆放、翻动等工作均不得损坏管片防水槽等关键部位;防水密封条黏贴后,在运输时应保护好,发现问题及时修补后,方能进行拼装。

13.3.7 管片螺栓孔的防水按设计要求和构造尺寸制成环状垫圈,依靠紧固螺栓而达到防水目的。必要时,应按设计要求进行骡栓孔注浆。

13.4.2 隧道变形缝和柔性接头是变形集中、变形量大的特殊部位,因此防水处理和结构施工应严格按设计要求实施,以达到隧道整体防水的目的。

14.4.2 隧道照明可采用荧光灯、荧光高压汞灯、卤钨灯、长弧氙灯或高压钠灯等光源照明。采用普通光源照明时,其照度应满足说明表14.4.2的要求。

说明表14.4.2 隧道施工照明要求

序号	施工作业地段	照度标准(lx)
1	锚杆部位	20
2	喷射混凝土部位	10
3	掘进机上列车编组部位	20
4	掘进机尾部	15
5	成洞地段	4
6	预制厂生产区	10
7	存放区	10
8	混凝土生产区	10
9	列车编组区	6
10	普通作业场所	8

15.1.1 掘进机是掘进机法施工的关键设备,应保持良好的技术状况。若带故障作业,轻则造成停工停产,重则造成工程质量事故和人身事故。

15.1.2 日常保养由掘进机维修保养班在每班作业前后及运转中进行。日常保养的主要工作内容是按设备生产厂家要求的内容并按"十字"作业法"检查、调整、紧固、润滑、清洁”进行,并对检查中发现的问题及时处置,针对出现的故障采取针对性维修措施。定期保养是指按规定的运转周期或掘进长度对掘进机及后配套设备进行检查和维护。掘进机在使用过程中,必须进行定期保养。定期保养与检修分为周、月、季保养与检修。

15.1.4　维修保养人员上岗前,必须经过相关专业的培训,经考试合格后持证上岗。

15.1.5　掘进机的维修保养应建立责任工程师签认制度,保养与检修工作中应进行书面记录,保养与检修记录由维修保养人员填写,由责任工程师检查签认。保养与检修中,对系统的任何修改(包括临时接线等)都应详细记录。

15.1.6~15.1.8　只有当机器停止操作时才能进行保养与检修工作。

15.1.9　掘进机较长时间停止运行时,仍须进行保养,其主要作业为:每个系统的设备空载运行(每隔10~15 d);暴露于空气中的接合面上要涂抹油脂和进行润滑维护。

15.2.1　主机系统保养与检修要求的说明:

1　破损及磨损检查的主要内容:检查相对运动表面有无积垢和损伤;检查离合器摩擦片磨损量,检查溜渣槽磨损,检查主机部件、结构件、踏板是否砸伤;检查钢拱架回转托轮是否磨损、各部螺栓是否松动或脱落;检查各传感器是否松动或断线等;检查液压系统是否外泄,阀块安装是否牢固,油管接头是否松动或破损等。关于裂纹检查,由于焊接应力、掘进时强烈振动和内应力分布不均,会导致完好的焊缝逐渐开裂,严重时钢结构坠落,砸伤人员和设备,因此应对主体部件结构、电机连接处和振动剧烈处进行裂纹检查,发现裂纹应及时焊补、焊牢。

2　功能检查的主要内容:检查各类吊机的动作是否正常;检查钢拱架安装、管片安装器及运送机构运转是否灵活等。

3、4　每班检查液压系统或润滑系统的油箱、回转马达、变速箱等带有油位指示的部位,观察带有滤芯堵塞指示的油滤清器,根据需要及时进行更换。每周对泵站油箱、齿轮箱或油马达的油位进行观察(各油箱均有观察视窗并标有最大、最小油位刻线),油位不足时,应及时补充新油,因油管爆裂损失的油液,也应及时加注,以免油量不够造成动作失常或高温。发现油位显著升高时应引起警惕,及时分析并查找原因,是否系统进水或混入其他液体,根据需要对在用油和新油作黏度对比或含水量试验。

5　设备的操作手柄、仪表、视窗等外观表面和环境由操作人员进行清洁。

6　为防止油封损伤和精密仪器、设备表面损伤,应保持掘进机的油缸活塞杆外露面、精密导轨面、仪表表面、显示窗表面、需拆卸部位的表面和注油嘴的清洁。不得存在锈斑、油污、泥水,清洁后涂抹少量润滑脂。

7　每月用高压风吹扫离合器压盘与摩擦片之间积尘,用胶皮妥善遮盖离合器罩,以免落入油污或脏污,引起离合器片打滑。

8　为防尘、防水、防锈、防砸,尤其是主机上各液压分配阀、操纵阀和各信号电缆等应加焊铁板或保护套保护。

9　为防止各结构件、相对运动件由于落石淤塞造成挤压、卡滞或变形和剧烈磨损,应及时清除各死角及滑轨面的碎石、淤泥。

11　本款是对开敞式掘进机而言。

13　检查中发现皮带跑偏、离合器摩擦片磨损过限等现象时,必须及时调整。

15　每周由内机架进入刀盘,查看主轴承内外迷宫式密封处是否有润滑脂挤出,润滑脂泵工作时,该处应有润滑脂溢出。停机保养时注意观察,若无溢出,打开润滑脂泵持续泵油,达到满意效果再关机。

16 每季清理前后外机架撑靴及后支腿导向柱上积尘,并涂抹高黏度的齿轮油。

17 掘进期间主机各部位振动很大,重要结构件螺栓易松动、脱落、折断。必须进行螺栓松动检查,检查的重点在主机前部振动剧烈部位。主机的所有液压张紧螺栓应每半年用液压张紧装置按规定扭矩复紧一次。

15.4.1 油水检测是掘进机管理的最主要的内容之一,必须建立严格的油水管理制度,应定期、定点抽取油样进行化验分析,并以检测结果来指导油水管理工作。

15.4.2 在机械运动中,大部分摩擦产生的磨粒都要进入润滑油或液压油中,油液中携带着来自磨损表面的磨损碎屑,作为一种诊断媒介,对磨粒的分析可以提供设备状态的重要信息,了解油液中磨粒的成分、数量、形态,能够及时准确地了解机械的磨损程度和磨损性质,从而判断机械的技术状态。油液污染度、水分、斑点、黏度分析可以直观地判断掘进机各类油质的劣化程度;铁谱分析可以清楚地辨别油液磨粒的种类、大小、磨损性质和油品的老化程度,尤其是对异常磨损的较大磨粒的分析判断;光谱分析虽然对较大磨粒不很敏感,但可以精确地测定油液中所含微量元素的含量和属性,据此判断油液中磨损物的来源是外界侵入还是机件的表面磨耗。进行油液监测的主要设备有:油泵、马达、齿轮、主轴承、主泵站、管片安装机等。分析化验的油品为齿轮油、液压油等。实施方案主要为两大类:一类是理化性能检验,即测定油液的黏度、水分、酸值、pH 值等是否超标;从而确定油品是否合格、能否继续使用;另一类是通过对油品的磨粒分析即铁谱分析和光谱分析,来判断设备运转是否正常、是否产生严重磨损。通过对油中磨损磨粒的分析与监视,结合其他监测手段来综合判断掘进机的运行状态和磨损情况。

15.4.3 取样工具主要有专用抽油器、透明塑料油管、专用油样瓶、化纤手巾等;化纤手巾用于擦拭外露油管表面积尘和取油口脏污,禁止使用带毛的棉纱。为防止不规范取油造成的多重污染,凡油样瓶、透明塑料油管,均为一次性无污染用品,取油前塑料袋封装严密,取油后不得重复使用,必须丢弃。为使所取油样能够代表运转部件润滑的真实状况,不得在机械停机时抽取油样,必须使机械充分运转、达到正常运转油温,使油箱中油液充分混合、油中各种磨粒完全呈悬浮状态时,才能取样。对于掘进机各油箱,应区分该系统泵站是否在工作,确认后取油。主机油箱取油,一般在 2~3 循环后开始。如油位较低需补油,然后将机器空载转动 5 min 左右取样,否则,影响分析结果的准确性。为保证取油的规范性,取样时必须确定固定部位的取油口。对同一设备,每次要在同一部位取油,以保证油样分析结果的可比性。取油前擦净油口周围的粉尘和脏污,用专用抽油器取油;尽量避免在截止阀放油口处直接放油,以免油中混入泥沙,透明塑料油管应深入油面10 cm,不得直插到底。吸入油箱底面的油泥,以免影响分析结果的准确性。取样后应清洗采样泵,以免污物滞留在泵内,清洗取油器时用布或纸巾擦净即可。

15.4.4 油液分析技术分为油液本身的物理化学性能分析和油液中不溶物质的分析技术,油液中不溶物质的分析技术也称为磨损磨屑检测技术。检测手段也有两种:一种是油液理化指标的常规分析仪器;一种是对润滑油所含各种微粒物质进行测量分析的精密仪器。用于检测油水理化性能指标和污染度的仪器有快速油质分析仪、润滑油现场测定仪、润滑油现场分析仪、润滑油污染测定仪、发动机冷却水质检测仪、电瓶液、防冻液测定仪、油样分析取样器等。润滑油磨损磨屑检测方法有光谱分析法、微粒计数器法、磁塞法、过滤器法、铁谱分析法,最常用的是铁谱分析法和光谱分析法。铁谱检测采用分析式铁谱仪及直读式铁谱仪;光谱检测分析一般委外进行。

15.5.1 必须制定刀具更换技术规程、刀具修理技术规程等刀具管理规程;建立并健全刀具管理组织机构,满足刀具更换及刀具修理的需要,一般配备换刀班及刀具库。

15.5.2 刀盘上的刀具及相应装置在掘进过程中,其掘进性能不断地向着不良状态变化,在刀具及其相应装置磨损超限或损坏的情况下进行掘进,会导致刀盘严重损坏。必须根据围岩条件对刀具的运转状况定期进行检查,对刀具及其相应装置进行调整、更换和检修,保持刀盘的掘进性能,使刀盘在掘进机的预期寿命内能连续掘进。认真准确详细地进行刀具的检查是了解刀具运转状况和进行刀具更换的基础,对刀具及时、准确的检查有利于增加刀具的寿命,提高隧道掘进的经济效益。

15.5.3 刀具外观检查是检查刀盘上所有滚刀的磨损状况,检查刀圈是否完好、有无剥落、裂纹、断裂及弦磨,刀体是否漏油、刀具轴承是否失效、挡圈是否断裂或脱落、刀圈是否移位;检查刮渣器耐磨板和铲斗耐磨板的状况。刀具螺栓检查是检查刀盘上所有刀具螺栓是否有脱落现象,用手锤敲击螺栓垫,听其声音来辨别螺栓的紧固程度,或一边敲击一边用手感觉其振动情况来辨别螺栓的紧固程度。准确地测量刀具的磨损量是更换刀具的基础。

15.5.4 关于刀具检查要求的说明:

1 根据实际遇到的围岩条件的不同,刀具检查的时间间隔也不同。在试掘进阶段,应通过各种时间间隔的试验,来确定刀具检查的最佳时间间隔。在特殊石质情况下,应增加刀具检查的次数。

2 交接班检查的目的是保证下一个掘进班能连续掘进。

4 异味是指闻到刀具添加剂的特殊气味,掘进中发现刀具漏油、异味、异响,渣中发现金属物或钢颗粒及严重塌方等特殊情况时,应紧急停机进行检查,以免造成更大的损失。

5 对一些有疑问的问题,临时安排掘进中停机检查。如围岩条件发生变化时,应检查刀具;掘进中,当推力逐渐增大、推进速度变慢、推进时间延长时,应首先检查刀具,找出原因。

15.5.5 关于刀具检查中发现问题的说明:

1 刀具进行破岩时,破岩效率与滚刀的刃口宽度有关,随着刀圈磨损量的增加,刃口的宽度增加,当达到一定范围时会影响掘进速度,甚至不能再掘进。刀圈的正常磨损是滚刀失效的主要形式,此类磨损使用测量仪进行测量。

2 掘进过程中,由于地层突然变硬或刀盘某些部件脱落或其他铁件卡在刀刃与地层之间,会导致刀圈局部过载而使刀圈应力集中发生断裂,同时刀圈与刀体配合过盈量未达到要求也会造成刀圈断裂。

3 刀圈弦磨是由于地层原因,滚刀不能转动,或是因为刀具的轴承损坏而引起。因滚刀不能在隧道开挖面上滚动,使刀圈呈现单侧磨损。掘进过程中出现刀圈弦磨如果没及时发现,不但会加速这把刀的磨损,并且会造成相邻滚刀过载失效,从而迅速扩展。

4 造成刀具漏油的原因主要是地质条件发生急剧变化或换刀不合理造成刀具过载,或是因刀具轴承及浮动密封的寿命已达极限。

5 刀圈崩缺是由于刀圈表面产生疲劳裂纹,逐步扩展导致断裂、剥落。如果剥落块较小,一般不影响刀具的正常运转;当出现大块崩缺时,必须更换刀具。

6 挡圈用于避免刀圈沿轴线方向的平行位移。如果挡圈断裂或脱落会引起刀圈位移。

7 刀圈在刀体上转动,是因刀圈与刀体在装配中过盈量偏小所致。

15.5.6 刀具更换必须遵循原则的说明:

1 刀具的更换质量直接影响刀具的正常运转,必须严格按照刀具的拆装工艺进行刀具的更换,最重要的是装配面的清洁,刀具位置的对中以及刀具螺栓的紧固力矩达到规定要求,并必须做好详细的刀具更换记录。

(1)正滚刀的拆卸工艺流程

① 机具准备,包括高压风、高压水、小吊机、套筒扳手、扭矩扳手、大小撬棍、对讲机等。

② 转动刀盘,使需更换的刀具处于底部位置。

③ 用小吊机拉住由细钢丝绳缠绕的待拆刀具(拉力应适中,不使刀具螺栓受力为宜)。

④ 用气动套筒扳手拆下刀具的固定螺栓。

⑤ 利用撬棍使刀具转动 90°

⑥ 用吊机将刀具从刀座中拉出(根据情况间隔撬动刀具,以免卡住)。

⑦ 将刀具吊到主轴承处工作平台上。

⑧ 通过内机架孔将刀具放到地面。

⑨ 清理刀座,并检查螺栓及刀座与托架的接触面。

正滚刀的拆卸也可采用刀具安装小车,刀具拆卸中利用吊机,将导轨置入刀座,并将定位销插入孔中使其连接上。通过刀盘后壁处的推杆,将悬索滚轮箍与导轨彼此对应固定。装上安装小车,牵引悬索围绕悬索滚轮被导引,然后固定在吊机上。移动安装小车,然后用两个螺栓(M16×40)将其固定在刀具上。用套筒扳手拆下刀具螺栓,利用转动装置,使刀具在安装小车上转动 90°。用吊机将刀具从刀座上拉回,并锁住安装小车。用绳索绕住刀具,连同安装小车,通过吊机将其提升到刀盘轴承处,然后通过内机架孔将刀具放到地面。

(2)正滚刀的安装工艺流程

① 准备装刀工具。与拆刀所用基本相同。

② 将需安装的新刀通过内机架孔用小吊机吊放在主轴承处的工作平台上。

③ 转动刀盘,使需换刀处位于底部位置。

④ 用高压水冲洗刀座螺栓孔,清理刀座与刀具托架的接触面的污物。

⑤ 用小吊机和细钢丝绳将刀具缓缓放下,将刀具推进刀孔内。

⑥ 刀具到位后,在小吊机的适中拉力和轻微升降配合下,利用撬棍使刀具转动 90° 。

⑦ 对正刀具螺栓孔,将刀具螺栓旋入,用气动套筒扳手拧紧。

⑧ 松开小吊机,用液压扭矩扳手校核刀具螺栓的扭矩,使其达到规定的扭矩值。

⑨ 完成一个掘进行程后,复紧新换刀具螺栓。

刀具安装与拆卸顺序相反。也可采用刀具安装小车,先将需安装的新刀及安装小车在刀盘轴承处和工作平台上吊起。将刀具和安装小车拖入导轨,并将安装小车锁定。去除绳索,安装小车的牵引悬索需再绕在刀具上,并固定在刀具上。将夹具松开,刀具移进刀座。通过转动装置使刀具转动 90°。从安装小车上拆下刀具,对正刀具螺栓孔,将刀具螺栓旋入，用液压扭矩扳手将刀具螺栓拧紧。完成一个掘进循环后，复紧刀具螺栓。

(3)边滚刀的拆卸和安装工艺流程

① 边滚刀的拆卸与安装过程与正滚刀完全相同，但在更换边滚刀之前应先扩孔，扩孔完毕再更换边滚刀。

② 换边刀必须同时更换刮板，并将安装刮板的螺栓的扭矩拧到规定值。

③ 掘进一个行程后，对新换的刀具和刮板应检查，将螺栓复紧到规定扭矩值。

(4)中心刀的拆卸工艺流程

① 转动刀盘使盘形滚刀的中心线处于水平位置。

② 去掉喷水管及油管等，必要时拆下回转接头。安装操作平台及中心刀专用安装装置。

③ 松开夹紧块，然后拆下。

④ 用套筒扳手从需更换的刀具和喷嘴座块上旋下刀具的底部固定螺栓。

⑤ 带有加长工具的安装小车推进到喷嘴座块处，用两个螺栓将小车与座块相连。

⑥ 拧出喷嘴座块的上部固定螺栓，安装小车进一步前移，并带动喷嘴座块转动90°。

⑦ 拉回安装小车，拆下喷嘴座块，放置内机架中。

⑧ 安装小车前移，并用两个螺栓与外侧刀具连接，拆下刀具上部的固定螺栓。安装小车进一步前移并使刀具转动90°。

⑨ 拉回带刀具的安装小车，用连接爪将其固定到提升装置上，从导轨上抬下，放入内机架中。

⑩ 从安装小车上卸下刀具。

(5)中心刀的安装工艺流程

① 清理刀具与刀座接触面及螺栓孔，检查有无损伤。

② 将新刀用两个螺栓固定在安装小车上，放入导轨并固定。（注意刀具的位置90°转动后，安全锁紧环须指向外侧。）

③ 刀具从中间推入，然后缓慢转过90°。将安装装置水平移动，直到新刀接触到临近的刀具，然后拉回。拧入上部两个固定螺栓，并手动拧紧。

④ 松开安装小车，手动拧入底部固定螺栓，并手动拧紧。

⑤ 将装有加长工具的喷嘴座块用螺栓连接到安装小车上。将喷嘴座块从中间推入，转动90°，然后水平移动直到中心处接触。拉回安装装置，拧入上部固定螺钉，并手动拧紧。

⑥ 旋下加长工具，拉回安装装置。手动拧紧拧紧喷嘴座块底部固定螺栓。

⑦ 安装夹紧块，使刀具对着喷嘴座块夹紧。

⑧ 用液压扭矩扳手将刀具、喷嘴座块和夹紧块上所有螺钉按规定的扭矩值进行拧紧。

⑨ 拆下安装装置，拧入刀具和喷嘴座块上的所有螺栓。

⑩ 装上回转接头、软管、喷嘴、喷管等。卸下操作平台。完成一个掘进行程后，检查并复紧刀具螺栓。

2　一般应保持相邻刀具的高度差≤15 mm，使刀盘上的刀具过渡平滑，刀具受力尽可能均衡。当测定刀圈已达到允许磨损量时，所在测定刀具及邻近预测定位置上的刀具，原则上均应更换或调位，以避免刀盘某个部位新刀圈和旧刀圈之间因磨损相差太大而损坏新刀具,新旧刀高差应小于 15 mm 。当某个区域个别刀具达到磨损极限且周围刀具磨损量也较大(接近允许磨损量)时,可将整个区域的刀具全部更换,若这个区域相邻两把刀的磨损量差值大于 15 mm 时,可在这个区域的两边更换过渡刀,使相邻刀具的磨损量差值小于 15 mm;

3 某个中心刀漏油时应检查其他未漏油的中心刀,若其在刀盘上运转时间不长且位置未发生改变,可以只更换漏油的中心刀;边刀漏油时,必须成组更换,若边刀磨损量不大且刀圈尚未发生弦磨,可先拆下漏油的边刀进行轴承和密封更换后返装原位。

5 更换边刀时也要更换过渡区的正滚刀,这样将起到保护刮板和边刀的作用。

15.6.2 故障发生时,从数据采集系统及故障监视系统来判断属于电气故障,还是机械、液压故障;如属于机械、液压故障时,由机械工程师进行进一步的检查,采用与常规的振动分析和油样检测等手段相结合进行故障诊断。掘进机的主要故障及相应处理方法如下:润滑脂分配阀主要为润滑脂污染故障,应检查泵送压力,发现压力持续升高时,则分配器堵塞,应清洗或更换。主变速箱主要为齿面磨损磨粒、疲劳剥落及断裂等故障,应进行油样检测和振动分析,发现油中机械杂质偏多、黏度偏高、水分偏高,铁谱分析中含有大量的滑动与滚动磨损颗粒、机械杂质,振动分析的振动加速度偏高时,应进行修理或更换。主电机主要为机械松动、轴承损坏或共振,转子偏心,电机后端盖偏磨,水冷效果不良等故障,应检查运行温度和进行振动分析,发现温度较高和振动加速度偏高时,应进行修理或更换。液压泵站主要为磨损性故障,应进行感官检测、油样检测和振动分析,检查中出现较大噪声、马达爬行、温度偏高,发现油中机械杂质偏多、黏度偏高,水分偏高,铁谱分析中含有大量磨损颗粒、机械杂质,振动分析的振动加速度偏高时,应进行修理或更换。PLC系统主要为模块故障,应通过在线方式对输出线路和控制阀进行检查,发现有输入信号而没有输出信号时,应更换模块。除尘风机主要为裂纹及轴承损坏故障,检查中发现风扇叶片旋转不平衡、裂纹、较大的旋转振动和噪声时,应进行修理或更换。混凝土输送泵、喷射机械手主要为磨损性故障,故障原因是大的颗粒加剧系统的磨损所造成,应对磨损部件进行修理或更换。因振动、潮湿和设备运转中的高温产生的故障,故障原因是刀盘破岩中产生的振动而造成设备连接件的松动,隧道潮湿环境造成电器控制的短路,液压冷却系统产生的高温加速了电器元件的老化,应对故障部位进行修理或更换。

15.6.3 电气故障的检查流程见说明图 15.6.3。

1 检查控制系统故障时,用编程器与 PLC 程序系统联机,对故障报警器显示的子程序名所对应的子程序进行检查,从该程序梯形图运行的状态可知是输入方面还是输出方面故障。同时从输入、输出模块发光二极管的亮、灭判断是否有信号输入和输出。如果没有输入信号,则判断为所对应的温度、压力、液位、行程等传感器或它们的连接线路损坏引起。如有输出信号,执行机构不工作时,须对输出线路和控制阀进行检查。检查中发现有输入信号而没有输出信号时,则是 PLC 程序或模块出了问题。

2 动力线路故障的检查首先应对电路中的电压、电流进行测量、计算、比较是否符合标准范围。故障现象主要有电动机绕组烧坏或受潮;动力线路损坏;控制电器损坏等。检查后更换或检修电器设备、控制电器及电缆。

(1)电机

直流电机应检查整流子。整流子积碳严重,有蓝紫色斑点,焊锡变色,甚至焊锡飞溅,金属熔化、整流子翘起、电刷崩断等烧伤痕迹,是过负荷、短路所致。

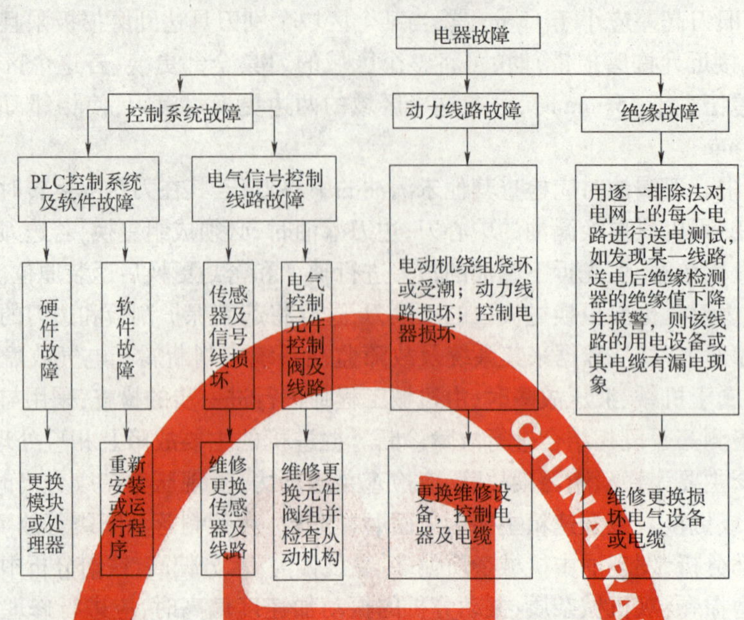

说明图 15.6.3　电器故障检查流程图

电机有变形时，应分解检查电机的定子、转子相对应的表面漆层和金属表面，如有明显的擦痕，说明工作。如转子表面有定子的压痕，或定子表面有转子的压痕（但均无擦痕），则说明不工作。另外，继电器的铁芯有可能吸附铁屑而造成失效。

（2）导线

① 破坏时有电流通过的导线，其金属丝断头烧熔呈球状或几根金属丝熔结在一起。

② 过负荷导线：导线允许连续通过而不致使导线过热的电流量，称为导线的安全截面流量或导线的安全电流。导线中流过的电流超过了安全电流值，就会使导线温度超过最高允许温度，这就称为导线过负荷。

导线在过负荷时破坏，一般由里向外烧，导线绝缘层发生热变色。随着温度升高，热变色由乳白色变黄、变棕、变黑。导线过负荷烧伤是金属丝发热所致，由导线的金属丝往外烧，整根导线从电源至用电设备或短路处都会有烧伤，并且烧伤程度基本上一致。当温度超过 230 ℃时，金属丝表面的镀锡层将扩散到铜中，表面变粗糙，甚至锡层消失。这是与起火烧伤的导线的主要区别。线芯由原来的银白色变为铜线芯本色。短时间或小的过负荷，导线外表可能完好，紧靠金属丝的绝缘层变黑或被烧熔，绝缘层与金属丝脱离，线芯裸露。导线表面有绝缘物冲破棉纱而鼓起的现象，断头具有通电破坏的特征。过负荷的导线，断头熔结在一起，比正常通电导线的线头烧熔严重，而线芯表面氧化。

③ 被火烧伤的导线，是由外往里烧，整根导线只有断续的烧伤。轻度烧伤的导线，仅绝缘层外表发生热变色，绝缘层与金属丝结合紧密，金属丝呈金属本色，属于局部烧损。着火烧伤的集束导线，通常在一定范围内每根导线均被烧伤，只不过内部被掩盖的线股烧伤轻些。

④ 接触不良时，增加电接头接触电阻，使发热量增加，严重时可使接头熔化、设备烧毁。

（3）电气短路

① 详细观察配电盘熔体，如熔断器安装正确，容量符合要求，说明线路未发生过故障

(除非导线很细,线路又长,短路电流又小)。

② 短路故障时,电门壳体完好,但内部被烟熏暗,底部胶木座被烤焦。熔体呈爆断状,在熔断器内留有熔化的金属颗粒的喷溅痕迹。

③ 过载时,熔体温度逐渐升高而缓慢熔断,其残留部分较长,没有金属颗粒喷溅痕迹。

④ 如熔断器内安装的是熔片,而熔片之间狭窄部分熔断,是短路所致,因为狭窄处截面小,相对电阻大,发热多而先爆断。熔片较宽部分有熔化脱落痕迹,属于严重过载所致,、因较宽部分的散热要比狭窄部分困难些,说明熔片的温度是缓慢升高的。

⑤ 注意各电气接头的颜色有无因过热而变化的痕迹。

⑥ 如电动机的线圈上下、两侧或两端有燃烧程度不同的痕迹,又无短路痕迹,这是外界火灾延烧的现象。

⑦ 电气线路因接地、短路时,电路系统通过巨大的短路电流而发生高热(温度可达2 000 ℃ ~3 000 ℃),以致烧毁设备,甚至引起附近的可燃物起火,一般可以找到残件的故障痕迹,表现为多处起火点或条状起火点,走向则与导线的走向相同。

⑧ 可用放大镜观察线芯及其断面,如断面由粗变细,绞线有金属熔化、黏连、变形,这是导线被外火延烧后强度降低、弧垂增大,先拉伸、后断开所致。如果是撕断、砍断,则导线的断面呈切离断口特征,与短路电弧烧痕不一样。

⑨ 注意导线与金属设施接近或接触处,有无电弧放电的痕迹。

⑩ 观察金属软管或钢管布线,如内层烧得严重,则是电气故障所致,若是外层烧得严重,这是外火延烧所致。从内、外层燃烧情况,还有助于判断火势延烧的方向。

3 绝缘故障由于电网上某一线路的绝缘值降低造成。用逐一排除法对电网上的每个电路进行送电测试,如发现某一线路送电后绝缘检测器的绝缘值下降并报警,则该线路的用电设备或其电缆有漏电现象,检修或更换损坏电器设备或电缆。

15.6.4 旋转机械的振动量参照 1974 年颁布的 ISO2372;轴承壳体 70 ℃应引起注意,90 ℃应停机检查;轴承本体 90 ℃应引起注意,120 ℃应停机检查。

15.6.5 主轴承油温达到 65 ℃时报警,70 ℃时应停机检查;轴承内润滑油温度 80 ℃时应引起注意,100 ℃时应停机检查。掘进机使用油品的理化指标的换油标准见说明表15.6.5。铁谱分析时,大于 15 μm 的颗粒显著增加时,可初步判断为不正常;大磨粒读数AL、小磨粒读数 AS(分析式铁谱)可用趋势分析建立标准。光谱分析时,油中各种元素的含量可通过趋势分析建立标准。液压系统在故障处理前,维修人员必须熟悉所维修部位的液压原理图。

说明表 15.6.5 油品理化指标的换油标准

项　目	液压系统换油指标	机油换油指标
外　观	不透明或混浊(目测)	迅速变化或乳化
运动黏度(40 ℃)变化率(%),大于	±10	±10
水分(%)	>0.1	>0.1
机械杂质(%)	>0.1	>0.1
污染度	NAS 级别大于 NAS9	斑点大于四级

15.6.6 故障处理前,维修人员必须熟悉所检修部位的液压原理图,液压系统故障处理的

基本作业流程见说明图 15.6.6。

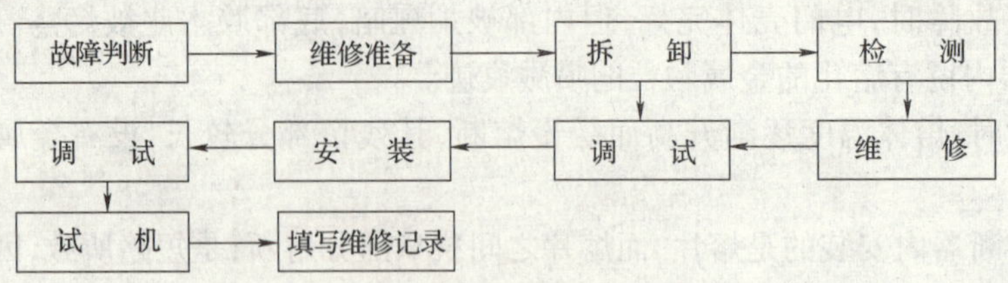

说明图 15.6.6　液压故障的处理流程

16.1.4　以原设计吊机铭牌为准，确认其超吊重量，用大于负荷的起吊工具及在安全范围内起吊设备，应起吊平稳，确保安全，万无一失。吊装作业时，确保各大型部件选择合理的吊点，以正确的方式进行吊装，并缓慢、准确地将部件从设备上拆卸下来。

16.1.5　拆卸前应认真研究图纸图册，确认部件的拆卸关系（先后顺序，前后、左右、上下顺序）后再正确拆卸。螺栓的拆卸应按规定的顺序进行。

16.2.2　关于设备拆卸前工作的说明：

2　应准备拆卸专用工具、空压机（要求风压不低于 6 bar）、电焊机、碳弧刨机及多功能插座用电等。拆卸掘进机及后配套设备上处于外缘的辅助设备时应提前进洞进行，掘进机步行装置按顺序摆放，尽量靠近掘进机行走线。预备枕木、垫木、清洗液、吊带、钢丝绳、撬棍、铁丝、灭火器等，刀盘和驱动组件辅助吊具、设备桥支撑轮架、液压辅助动力站以及工具箱、盛物木箱也需提前就位。拆卸材料包括在维护、包装、存放、运输等使用的材料。

5　拆机前进行状态评估，作为下次组装时性能调试依据。检测项目包括主机 PLC 性能参数测试，变速箱、主电机、液压泵站电机及主轴承的振动频谱检测，内外机架、滑动元件精密表面和各主要油缸缸体、活塞杆表层的探伤检查，液压系统运转参数和主要液压元件性能参数测试，主要电机性能参数测试，离合器接合性能测试。

6　应按照编码进行设备及管线的标识。裸件标识时，按预先制定的编码用笔直接书写于机件的醒目位置；液压、电气标识方案为按预先制定的编码用号码管直接绑扎在接口部位。

16.2.4　洞内拆卸场地的施工既有拆卸洞室的土建工作，同时也包括预装的起重设备，另行配置的风水电等，以及各种预埋、预埋制作件、设备、工具及非标加工件等。

1　拆卸洞室的平面与净空高度根据主机大件拆卸的要求进行设计。既要满足刀盘、护盾、主轴承、内外凯（或主梁）等在洞内拆卸时必须占用的空间尺寸，同时又要满足拆卸吊机安装及作业过程的空间与安全尺寸，应尽量减少拆卸洞室的建造费用。

2　为便于桥吊在拆卸洞内的安装和桥吊构件在拆卸洞内的卸车，应预先在拆卸洞室的顶部和地面安装锚点和地锚。

3　配电系统包括变压器、配电柜等设置。配电系统除应满足桥吊、电焊机、空压机等机具的配电要求外，还应满足掘进机上的照明和所有机具等供电，同时还应结合后期衬砌施工要求进行配置。掘进机上的照明和所有机具等供电，均不能利用掘进机上的配电系统。

4　排水能力应根据洞室所处水文地质条件以及拆机时用水情况等确定。

5　掘进机主机在洞内解体，设备桥和后配套拖车等在洞外解体，洞口区域的拆卸工作主要为后配套系统的拆解工作。掘进机的拆卸作业分为三个基本阶段，即管线拆解阶段、后配套拖车拖运拆解阶段、主机的拆解运输阶段。拖车、设备桥应分组从洞内拖出，各组的数量根据洞口场地、牵引和制动能力等确定，一般以4～5节拖车为一组。事先将有碍于通行的后配套拖车上的附属物拆移位置，或拆下放在拖车上。设备桥与第一节拖车作为一组拖出，在设备桥与主机连接端，须专门制作一走行架。拖车拖出期间由机车牵引。主机洞内拆卸分为后配套拖出前后的两个阶段。后配套拖出前的主要拆解过程和拆解内容包括刀盘、护盾、驱动组件和附件等。后配套拖出后的主要拆解过程为内外凯（或主梁）的解体和洞内大件的运输。利用洞内桥吊和专用重型平板车进行拆运。

6 存放场的准备工作包括场地平整、部分硬化地面设计施工、存放场排水系统、存放场消防水系统、存放场管理及保安房屋、保护围栏设施、存放场照明等的安装。

16.2.5 遵循拆卸作业安全规定的目的是确保掘进机拆卸作业时的人身和设备的安全。

17.1.1 运输能力应满足最大掘进速度的要求，并保证装运能力必须大于最大的开挖能力。施工中应建立工程运输调度，根据施工进度编制运输计划，统一指挥、提高运输效率。掘进机施工过程中水平运输方式主要采用有轨运输系统和皮带输送机运输系统，当采用斜井施工时，可在斜井部分采用无轨运输相结合。在选择运输方式时，要综合考虑隧道长度、设备造价、掘进机掘进能力等因素，使运输设备具有富裕的能力，设备投入也比较经济。

17.1.2 有轨运输线路铺设标准和要求可参考以下内容选用：

（1）钢轨类型不宜小于38 kg/m。

（2）运输轨距宜采用900 mm。轨道道岔应选择不小于6号的道岔，并安装转辙器。

（3）轨枕间距不宜大于0.7 m。

（4）洞内单线运输时，每3 000 m应设一个会车道。

17.2.1 选用何种出渣运输方式，主要取决于以下条件：岩层种类、隧道直径和长度、是从正洞口还是通过竖井、斜井进入隧道及隧道所在位置和净空，以及从经济上、施工单位已有运输系统等多方面做综合分析，然后作出决定。

17.3.2 钢轨、轨枕、水管等材料根据需要编组材料车运送，主要以机车+平板车的方式为主，每天根据施工具体情况机动安排。双护盾式掘进机还应考虑预制管片、豆砾石、砂浆等材料的运输。

18.1.2 采用全断面岩石掘进机施工的隧道，在洞口浅埋段及进洞施工时，必须有始发洞，有些隧道由于洞口外施工场地的限制，需要在洞内进行组装；长大隧道可能需要2台或多台掘进机施工，有时需要增加斜井进洞，有时需要在洞内拆卸；在围岩破碎带，也可能采用钻爆法施工，掘进机步进通过。因此用掘进机施工时不仅要对掘进施工进行监测，还要对钻爆法施工进行监测，以保证隧道施工安全。

18.3.7 铁路隧道采用全断面岩石掘进机施工在国内经验不多，为了积累监控量测经验，要求工程竣工后，提供监控量测的技术总结报告，供有关方面借鉴、参考，并交有关部门存档。

19.1.1 本条规定了采用全断面掘进机法施工的隧道工程施工现场应建立必要的质量管理体系和施工质量检验制度。强调施工质量的控制应为全过程的质量控制。全过程控制不仅要包括材料进场控制、工艺流程控制、施工操作控制、每一道工序质量检查、各相关工序间的交接检验等中间环节的质量控制，还包括了施工单位应通过内部的审核与管理者的评审，找出质量管理体系中存在的问题和薄弱环节，并制定改进措施和跟踪检查落实等措施，使项目的质量管理体系不断完善与提高。施工现场应配齐相应的施工技术标准，包括国家标准、行业标准和企业标准；施工单位要有健全的质量管理体系，要建立必要的施工质量检验制度；施工准备工作要全面、到位。

施工前，监理单位要对施工单位所做的施工准备工作进行全面检查。一般情况下，每个单位工程应检查一次。施工现场质量管理检查记录由施工单位的现场负责人填写，由监理单位的总监理工程师（建设单位项目负责人）进行检查验收，做出合格或不合格及限期整改的结论。

19.1.2 工程施工质量控制的要点有两个方面：一是对材料、零配件和设备质量的进场验收；二是对各工序操作质量的自检、交接检。对材料、构配件和设备的外观、规格、型号和质量证明文件等要进行验收。凡是涉及结构安全和使用功能的，要进行试验检验，未经检验或检验不合格的，不得进入施工现场。工序操作质量的自检结果要留有记录，对于不能形成检验批的工序，在其完成后应由其完成方与承接方进行交接检验。

19.1.3 作为铁路隧道全断面岩石掘进机法施工的隧道工程施工质量验收的强制性条文，必须严格遵守。采用全断面岩石掘进机法施工的隧道在其进出口、通过斜井施工的正洞段、洞内拆卸段必然要采用钻爆法施工，因而，其钻爆法施工的部分按照应《客运专线铁路隧道工程施工质量验收暂行标准》（铁建设〔2005〕160 号）和《铁路混凝土工程施工质量验收补充标准》（铁建设〔2005〕160 号）进行验收，掘进机施工隧道的特殊部分将按本技术指南验收。

19.1.4～19.1.5 客运专线铁路隧道工程施工质量验收应按四级划分，即单位工程、分部工程、分项工程、检验批。划分的目的是为了便于对工程施工质量的控制、检验和验收。单位工程的划分需要根据具体隧道工程情况来确定。

19.1.8 凡检查的项目不符合相应检验标准的规定时，不得参加检验评定。返工重做、更换构配件或设备的检验批，经有资质的监测单位检测鉴定，并应重新进行验收。当重新抽检合格后，应判定该检验批合格。

19.2.1 由于管片尺寸与重量大，管片模具设计尺寸应当按照管片设计大小确定，便于施工运输和管片存放、吊装、安装。管片模具制作精度直接关系到成型管片的质量和精度。

19.2.3 过早拆模时，混凝土强度不足，管片在吊装过程中可能出现损坏，过晚脱模时将会影响模具的使用循环率，不能满足掘进机快速施工的要求。

19.3.3 由于混凝土管片在隧道内衬结构中需要承受围岩压力，管片必须在达到设计强度后才能进行安装使用。

19.3.4 管片制作尺寸及精度，关系到隧道衬砌后，管片之间缝隙的大小，这对管片受力和结构防水关系极大，因此提出进一步的技术要求。

19.4.1 管片在吊装和运输过程中，应当严防碰撞，按要求堆放，按顺序运送到工作面，在安装前要对管片质量再一次进行检查，禁止将受损管片安装在结构中。在管片拼装过程中发现有本条所指质量问题应及时调换，后期发现必须采取可行的技术措施修补或加强处理，修补或加强处理方案需经业主和设计单位认可。管片拼装完成后在下一环推进前应及时检测管片拼装质量是否符合规定，发现有本条所指质量问题时，必须将已成环管片局部或全部拆除重拼装。

19.4.3 管片螺栓采用适当的连接方式，并保证连接质量，以使管片具有整体结构稳定性。

19.5.1 管片外豆砾石填充应在每一环管片安装后及时进行,开敞式掘进机只在仰拱块下进行豆砾石填充,起到稳定管片作用。

19.6.1 管片外豆砾石充填后要及时注浆进行固结,以防止受力变形。

19.7.1 对管片进行检漏测试,是直接对加工制作成的衬砌混凝土进行抗渗性检测。由于检漏测试比较复杂,为降低优质产品的生产成本,采用动态检测法。当生产状态比较稳定,管片检漏结果合格时,可放宽检验批量。

19.8.3 发现有本条所指质量问题必须采取可行的技术措施修补或加强处理,修补或加强处理方案需经业主和设计单位认可。发现隧道防水效果达不到设计要求时,必须采取注浆、堵漏等可行的技术措施予以处理,处理方案需经业主和设计单位认可。

中华人民共和国行业标准

铁建设〔2007〕138号

铁路隧道监控量测技术规程

Technical code for monitoring measurement of railway tunnel

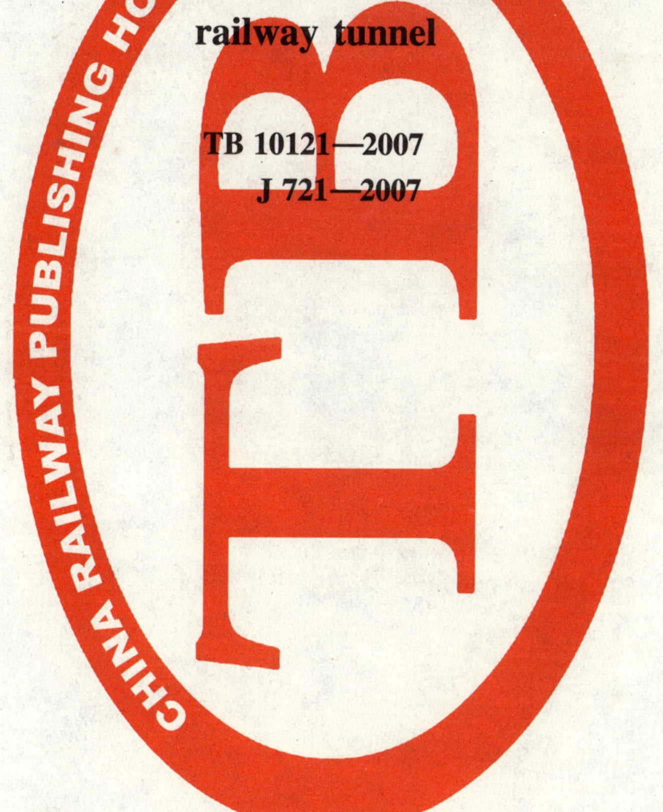

TB 10121—2007

J 721—2007

2007—07—18 发布　　　　2007—07—18 实施

中华人民共和国铁道部　发布

前　言

本技术规程是根据铁道部《关于编制2006年铁路工程建设标准计划的通知》(铁建设函〔2005〕1026号)的要求编制的。

本技术规程编制过程中,认真总结了我国铁路隧道工程建设过程中监控量测的经验,同时借鉴了国内外监控量测有关经验和数据,在广泛征求意见的基础上,经反复审查定稿。

工程技术人员必须结合工程具体情况,因地制宜,充分发挥主观能动性,积极采用安全、可靠、先进、成熟、经济、适用的新技术,不能生搬硬套标准。

本技术规程共分7章,主要内容包括:总则、术语、监控量测基本规定、监控量测技术要求、监控量测方法、监控量测数据分析及信息反馈、监控量测验收资料,另有3个附录。

本规程以黑体字标志的条文为强制性条文,必须严格执行。

本技术规程系首次编制。希望各单位在执行过程中,结合工程实践,认真总结经验,积累资料。如发现需要修改和补充之处,请及时将意见及有关资料寄交中铁二院工程集团有限责任公司(四川省成都市通锦路3号,邮政编码:610031),并抄送铁道部经济规划研究院(北京市海淀区羊坊店路甲8号,邮政编码:100038),供今后修订时参考。

本技术规程由铁道部建设管理司负责解释。

本技术规程主编单位:中铁二院工程集团有限责任公司。

本技术规程参编单位:铁道部经济规划研究院、西南交通大学、中铁隧道集团有限公司。

本技术规程主要起草人:喻渝、倪光斌、王明年、刘招伟、崔天麟、赵万强、郑长青、赵运臣、陈赤坤、曹磊。

目　　次

1 总 则

1.0.1 为规范铁路隧道设计和施工的监控量测工作,使铁路隧道施工监控量测符合安全适用、技术先进、经济合理的要求,制定本技术规程。

1.0.2 本技术规程适用于采用喷锚构筑法修建的铁路隧道,采用其他工法施工的隧道工程监控量测应参照执行。

1.0.3 隧道应进行监控量测设计,其费用应列入概算。

1.0.4 **监控量测应作为关键工序列入现场施工组织,施工中应认真实施。**

1.0.5 铁路隧道监控量测工作除应符合本技术规程要求外,尚应符合国家现行的有关强制性标准的规定。

2 术　语

2.0.1　监控量测　monitoring measurement

隧道施工中对围岩、地表、支护结构的变形和稳定状态，以及周边环境动态进行的经常性观察和量测工作。

2.0.2　必测项目　important monitoring items

保证隧道周边环境和围岩的稳定以及施工安全，同时反映设计、施工状态而必须进行的日常监控量测项目。

2.0.3　选测项目　selection monitoring items

为了满足隧道设计和施工的特殊需要，由设计文件规定的在局部地段进行的监控量测项目。

2.0.4　隧道净空变化　convergence of tunnel inner perimeter

隧道周边上两点间相对位置的变化。

2.0.5　拱顶下沉　crown settlement

隧道拱顶测点的绝对沉降(量)。

2.0.6　地表沉降(或隆起)　settlement, subsidence

隧道开挖后地层中的(应力)扰动区延伸至地表而引起的地表沉降(或隆起)

2.0.7　水平位移　horizontal displacement

变形体沿水平方向的位移值。

2.0.8　垂直位移　vertical displacement

变形体沿竖直方向的位移值。

2.0.9　变形监控量测　deformation measurement

对建(构)筑物及其地基或一定范围内岩体及土体的位移、沉降等项目所进行的监控量测工作。

2.0.10　基准点　basic benchmark

建在稳定的岩层或原土层或构(建)筑物上的经确认固定不动的点。

2.0.11　测点　observation points(survey points)

设置在观测体上(或内部)能反映其特征，作为变形，位移、应力或应变测量用的固定标志。

2.0.12　测线　survey lines

隧道净空变化和拱顶下沉量测时，设在洞周壁上两测点之间的连线。

2.0.13　底鼓　floor heave

隧道开挖后，由于围岩本身的性质以及围岩应力、水理作用和支护强度等因素引起的隧道底板向上隆起的现象。

2.0.14　非接触量测　non－contact measurement

指在不接触被测目标点的情况下，获取被测点的空间位移信息的方法。

2.0.15　极限相对位移　limit relative displacement

指极限位移与两测点间的距离之比。极限位移为全位移,即指考虑隧道净空开挖前期变形量、开挖中变形量和开挖后变形量的总位移。

2.0.16　数码成像　digital image

利用数码成像设备对前方目标物体进行拍摄,以获取目标物体的数字图像。

3 监控量测基本规定

3.0.1 监控量测的管理必须科学合理,设计单位应进行监控量测设计,施工单位应编制监控量测实施细则,施工中应按细则实施,工程竣工后应将监控量测资料整理归档并纳入竣工文件中。

3.0.2 监控量测设计应包括以下内容:

1 确定监控量测项目;

2 确定测点布置原则、监控量测断面及监控量测频率;

3 确定监控量测控制基准。

3.0.3 施工单位应拥有专业的监控量测人员和设备,掌握成熟、可靠的测试数据处理与分析技术。

3.0.4 施工单位应成立现场监控量测小组,建立相应的质量保证体系,负责及时将监控量测信息反馈于施工和设计。

监控量测人员要求相对稳定,以确保监控量测工作的连续性。

3.0.5 现场监控量测工作应包括以下主要内容:

1 现场情况的初始调查;

2 编制实施细则;

3 布设测点并取得初始监测值;

4 现场监控量测及分析;

5 提交监控量测成果。

3.0.6 监控量测实施细则应报监理、业主,经批准后实施,并作为现场作业、检查验收的依据。监控量测变更必须经项目技术负责人审核、报监理工程师批准。

3.0.7 监控量测系统应可靠、稳定、耐久,在服务期内运转正常。仪器设备应按规定进行检查、校对和率定,并出具相关证明。

3.0.8 测点应牢固可靠、易于识别,并注意保护,严防损坏。

3.0.9 施工现场必须建立严格的监控量测数据复核、审查制度,保证数据的准确性。监控量测数据应利用计算机系统进行管理,由专人负责。如有监控量测数据缺失或异常,应及时采取补救措施,并详细做出记录。

3.0.10 根据监控量测精度要求,应减小系统误差,控制偶然误差,避免人为错误。应经常采用相关方法对误差进行检验分析。

3.0.11 施工与监控量测应密切配合,监控量测元件的埋设与监控量测应列入工程施工进度控制计划中,监控量测工作应尽量减少对施工工序的影响。

4 监控量测技术要求

4.1 一般规定

4.1.1 监控量测应达到下列目的：

1 确保施工安全及结构的长期稳定性；

2 验证支护结构效果，确认支护参数和施工方法的准确性或为调整支护参数和施工方法提供依据；

3 确定二次衬砌施做时间；

4 监控工程对周围环境影响；

5 积累量测数据，为信息化设计与施工提供依据。

4.1.2 监控量测设计应根据围岩条件、支护参数、施工方法、周围环境及监控量测目的进行。

4.1.3 监控量测实施细则应根据设计要求及工程特点编制，内容应包括：

1 监控量测项目；

2 人员组织；

3 元器件及设备；

4 监控量测断面、测点布置、监控量测频率及监控量测基准；

5 数据记录格式；

6 数据处理及预测方法；

7 信息反馈及对策等。

4.1.4 监控量测工作必须随施工工序及时进行，尽快读取初始读数，并根据现场情况及时调整监控量测的项目和内容。

4.2 监控量测项目

4.2.1 监控量测项目分为必测项目和选侧项目。

4.2.2 必测项目是隧道工程应进行的日常监控量测项目。具体监控量测项目见表4.2.2。

表 4.2.2 监控量测必测项目

序号	监控量测项目	常用量测仪器	备注
1	洞内、外观察	现场观察、数码相机、罗盘仪	
2	拱顶下沉	水准仪、钢挂尺或全站仪	
3	净空变化	收敛计、全站仪	
4	地表沉降	水准仪、铟钢尺或全站仪	隧道浅埋段

4.2.3　选测项目是为满足隧道设计与施工的特殊要求进行的监控量测项目。具体监控量测项目按表 4.2.3 选择。

表 4.2.3　监控量测选侧项目

序号	监控量测项目	常用量测仪器
1	围岩压力	压力盒
2	钢架内力	钢筋计、应变计
3	喷混凝土内力	混凝土应变计
4	二次衬砌内力	混凝土应变计、钢筋计
5	初期支护与二次衬砌间接触压力	压力盒
6	锚杆抽力	钢筋计
7	围岩内部位移	多点位移计
8	隧底隆起	水准仪、铟钢尺或全站仪
9	爆破振动	振动传感器、记录仪
10	孔隙水压力	水压计
11	水量	三角堰、流量计
12	纵向位移	多点位移计、全站仪

4.2.4　隧道开挖后应及时进行地质素描及数码成像，必要时应进行物理力学试验。

4.2.5　初期支护完成后应进行喷层表面裂缝及其发展、渗水、变形观察和记录。

4.3　监控量测断面及测点布置原则

4.3.1　浅埋隧道地表沉降测点应在隧道开挖前布设。地表沉降测点和隧道内测点应布置在同一断面里程。一般条件下，地表沉降测点纵向间距应按表 4.3.1 的要求布置。

表 4.3.1　地表沉降测点纵向间距

隧道埋深与开挖宽度	纵向测点间距(m)
$2B < H_0 < 2.5B$	20～50
$B < H_0 \leqslant 2B$	10～20
$H_0 \leqslant B$	5～10

注：H_0 为隧道埋深，B 为隧道开挖宽度。

地表沉降测点横向间距为 2～5 m。在隧道中线附近测点应适当加密，隧道中线两侧量测范围不应小于 $H_0 + B$，地表有控制性建(构)筑物时，量测范围应适当加宽。其测点布置如图 4.3.1 所示。

4.3.2　拱顶下沉测点和净空变化测点应布置在同一断面上。监控量测断面按表 4.3.2 的要求布置。

拱顶下沉测点原则上设置在拱顶轴线附近。当隧道跨度较大时，应结合施工方法在拱部增设测点，参照图 4.3.3 布置。

4.3.3　净空变化量测测线数，可参照表 4.3.3、图 4.3.3 布置。

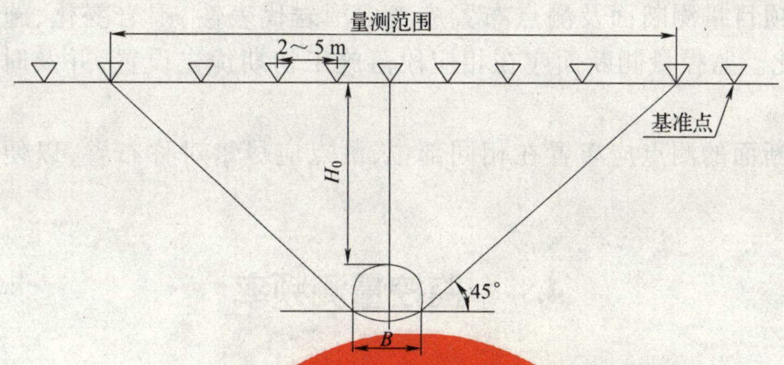

图 4.3.1　地表沉降横向测点布置示意

表 4.3.2　必测项目监控量测断面间距

围岩级别	断面间距(m)
Ⅴ～Ⅵ	5～10
Ⅳ	10～30
Ⅲ	30～50

注：Ⅱ级围岩视具体情况确定间距。

表 4.3.3　净空变化量测测线数

地段 开挖方法	一般地段	特殊地段
全断面法	一条水平测线	—
台阶法	每台阶一条水平测线	每台阶一条水平测线，两条斜测线
分部开挖法	每分部一条水平测线	CD 或 CRD 法上部、双侧壁导坑法左右侧部，每分部一条水平测线，两条斜测线、其余分部一条水平测线

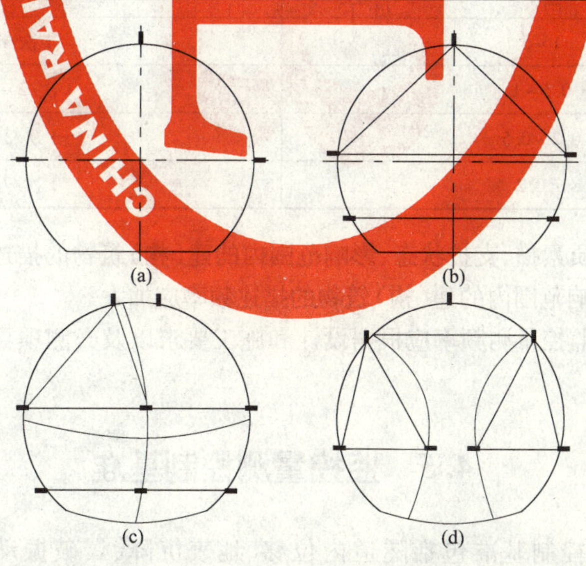

图 4.3.3　拱顶下沉量测和净空变化量测的测线布置示例

(a)拱顶测点和 1 条水平测线示例；(b)拱顶测点和 2 条水平测线、2 条斜测线示例；(c)CD 或 CRD 法拱顶测点和测线示例；(d)双侧壁导坑法拱顶侧点和侧线示例

4.3.4　选测项目量测断面及测点布置应考虑围岩代表性、围岩变化、施工方法及支护参数的变化。监控量测断面应在相应段落施工初期优先设置,并及时开展量测工作。

4.3.5　不同断面的测点应布置在相同部位,测点应尽量对称布置,以便数据的相互验证。

4.4　监控量测频率

4.4.1　必测项目的监控量测频率应根据测点距开挖面的距离及位移速度分别按表4.4.1—1和表4.4.1—2确定。由位移速度决定的监控量测频率和由距开挖面的距离决定的监控量测频率之中,原则上采用较高的频率值。出现异常情况或不良地质时,应增大监控量测频率。

表4.4.1—1　按距开挖面距离确定的监控量测频率

监控量测断面距开挖面距离(m)	监控量测频率
(0~1)B	2次/d
(1~2)B	1次/d
(2~5)B	1次/2~3d
>5B	1次/7d

注:B为隧道开挖宽度。

表4.4.1—2　按位移速度确定的监控量测频率

位移速度(mm/d)	监控量测频率
≥5	2次/d
1~5	1次/d
0.5~1	1次/2~3d
0.2~0.5	1次/3d
<0.2	1次/7d

4.4.2　开挖面地质素描、支护状态、影响范围内的建(构)筑物的描述应每施工循环记录一次。必要时,影响范围内的建(构)筑物的描述频率应加大。

4.4.3　选测项目监控量测频率应根据设计和施工要求以及必测项目反馈信息的结果确定。

4.5　监控量测控制基准

4.5.1　监控量测控制基准包括隧道内位移、地表沉降、爆破振动等,应根据地质条件、隧道施工安全性、隧道结构的长期稳定性,以及周围建(构)筑物特点和重要性等因素制定。

4.5.2　隧道初期支护极限相对位移可参照表4.5.2—1和表4.5.2—2选用。

表 4.5.2—1 跨度 $B\leqslant 7$ m 隧道初期支护极限相对位移

围岩级别	隧道埋深 h(m)		
	$h\leqslant 50$	$50<h\leqslant 300$	$300<h\leqslant 500$
拱脚水平相对净空变化(%)			
Ⅱ	—	—	0.20～0.60
Ⅲ	0.10～0.50	0.40～0.70	0.60～1.50
Ⅳ	0.20～0.70	0.50～2.60	2.40～3.50
Ⅴ	0.30～1.00	0.80～3.50	3.00～5.00
拱顶相对下沉(%)			
Ⅱ	—	0.01～0.05	0.04～0.08
Ⅲ	0.01～0.04	0.03～0.11	0.10～0.25
Ⅳ	0.03～0.07	0.06～0.15	0.10～0.60
Ⅴ	0.06～0.12	0.10～0.60	0.50～1.20

注:1 本表适用于复合式衬砌的初期支护,硬质围岩隧道取表中较小值,软质围岩隧道取表中较大值。表列数值可在施工中通过实测资料积累作适当修正。

2 拱脚水平相对净空变化指两拱脚测点间净空水平变化值与其距离之比,拱顶相对下沉指拱顶下沉值减去隧道下沉值后与原拱顶至隧底高度之比。

3 墙腰水平相对净空变化极限值可按拱脚水平相对净空变化极限值乘以 1.2～1.3 后采用。

表 4.5.2—2 跨度 7 m $<B\leqslant 12$ m 隧道初期支护极限相对位移

围岩级别	隧道埋深 h(m)		
	$h\leqslant 50$	$50<h\leqslant 300$	$300<h\leqslant 500$
拱脚水平相对净空变化(%)			
Ⅱ	—	0.01～0.03	0.01～0.08
Ⅲ	0.03～0.10	0.08～0.40	0.30～0.60
Ⅳ	0.10～0.30	0.20～0.80	0.70～1.20
Ⅴ	0.20～0.50	0.40～2.00	1.80～3.00
拱顶相对下沉(%)			
Ⅱ	—	0.03～0.06	0.05～0.12
Ⅲ	0.03～0.06	0.04～0.15	0.12～0.30
Ⅳ	0.06～0.10	0.08～0.40	0.30～0.80
Ⅴ	0.08～0.16	0.14～1.10	0.80～1.40

注:1 本表适用于复合式衬砌的初期支护,硬质围岩隧道取表中较小值,软质围岩隧道取表中较大值。表列数值可以在施工中通过实测资料积累作适当的修正。

2 拱脚水平相对净空变化指拱脚测点间净空水平变化值与其距离之比,拱顶相对下沉指拱顶下沉值减去隧道下沉值后与原拱顶至隧底高度之比。

3 初期支护墙腰水平相对净空变化极限值可按拱脚水平相对净空变化极限值乘以 1.1～1.2 后采用。

4.5.3 位移控制基准应根据测点距开挖面的距离,由初期支护极限相对位移按表 4.5.3 要求确定。

表 4.5.3　位移控制基准

类别	距开挖面 1B(U_{1B})	距开挖面 2B(U_{2B})	距开挖面较远
允许值	65% U_0	90% U_0	100% U_0

注:B 为隧道开挖宽度,U_0 为极限相对位移值。

4.5.4　根据位移控制基准,可按表 4.5.4 分为三个管理等级。

4.5.5　地表沉降控制基准应根据地层稳定性、周围建(构)筑物的安全要求分别确定,取最小值。

表 4.5.4　位移管理等级

管理等级	距开挖面 1B	距开挖面 2B
Ⅲ	$U < U_{1B}/3$	$U < U_{2B}/3$
Ⅱ	$U_{1B}/3 \leqslant U \leqslant 2U_{1B}/3$	$U_{2B}/3 \leqslant U \leqslant 2U_{2B}/3$
Ⅰ	$U > 2U_{1B}/3$	$U > 2U_{2B}/3$

注:U 为实测位移值。

4.5.6　钢架内力、喷混凝土内力、二次衬砌内力、围岩压力(换算成内力)、初期支护与二次衬砌间接触压力(换算成内力)、锚杆轴力控制基准应满足《铁路隧道设计规范》(TB 10003—2005)的相关规定。

4.5.7　爆破振动控制基准应按表 4.5.7 的要求确定。

表 4.5.7　爆破振动安全允许振速

序号	保护对象类别	安全允许振速(cm/s)		
		<10 Hz	10~50 Hz	50~100 Hz
1	土窑洞、土坯房、毛石房屋	0.5~1.0	0.7~1.2	1.1~1.5
2	一般砖房、非抗震的大型砌块建筑物	2.0~2.5	2.3~2.8	2.7~3.0
3	钢筋混凝土结构房屋	0.0~4.0	3.5~4.5	4.2~5.0
4	一般古建筑与古迹	0.1~0.3	0.2~0.4	0.3~0.5
5	水工隧道	7~15		
6	交通隧道	10~20		
7	矿山巷道	15~30		
8	水电站及发电厂中心控制室设备	0.5		
9	新浇大体积混凝土 龄期:初凝~3 d 龄期:3~7 d 龄期:7~28 d	 2.0~3.0 3.0~7.0 7.0~12		

注:1　表列频率为主振频率,系指最大振幅所对应波的频率。
2　频率范围可根据类似工程或现场实测波形选取。选取频率时亦可参考下列数据:深孔爆破 10~60 Hz;浅孔爆破 40~100 Hz。
3　有特殊要求的根据现场具体情况确定。

4.5.8　采用分部开挖法施工的隧道应每分部分别建立位移控制基准,同时应考虑各分部的相互影响。

4.5.9　围岩与支护结构的稳定性应根据控制基准,结合时态曲线形态判别。

4.5.10　一般情况下，二次衬砌的施做应在满足下列要求时进行：

1　隧道水平净空变化速度及拱顶或底板垂直位移速度明显下降；

2　隧道位移相对值已达到总相对位移量的 90% 以上。

对浅埋、软弱围岩等特殊地段，应视现场具体情况确定二次衬砌施做时间。

4.6　监控量测系统及元器件的技术要求

4.6.1　监控量测系统的测试精度应满足设计要求。拱顶下沉、净空变化、地表沉降、纵向位移、隧底隆起测试精度为 0.5 ~1 mm，围岩内部位移测试精度为 0.1 mm，爆破振动速度测试精度为 1 mm/s。其他监控量测项目的测试精度结合元器件的精度确定。

4.6.2　元器件的精度应满足表 4.6.2 的要求，元器件的量程应满足设计要求，并具有良好的防震、防水、防腐性能。

表 4.6.2　元器件的精度

序号	元器件	测试精度
1	压力盒	≤0.5% F. S.
2	应变计	±0.1% F. S.
3	钢筋计	拉伸≤0.5% F. S.，压缩≤1.0% F. S.

注：F. S. 为元器件满量程。

5　监控量测方法

5.1　一 般 规 定

5.1.1　现场监控量测应由施工单位负责组织实施。

5.1.2　现场监控量测应根据已批准的监控量测实施细则进行测点埋设、日常量测和数据处理，及时反馈信息，并根据地质条件的变化和施工异常情况，及时调整监控量测计划。

5.1.3　现场监控量测方法应简单、可靠、经济、实用。

5.2　洞内、外观察

5.2.1　施工过程中应进行洞内、外观察。洞内观察可分开挖工作面观察和已施工地段观察两部分。

5.2.2　开挖工作面观察应在每次开挖后进行，及时绘制开挖工作面地质素描图、数码成像，填写开挖工作面地质状况记录表，并与勘查资料进行对比。

已施工地段观察，应记录喷射混凝土、锚杆、钢架变形和二次衬砌等的工作状态。

5.2.3　洞外观察重点应在洞口段和洞身浅埋段，记录地表开裂、地表变形、边坡及仰坡稳定状态、地表水渗漏情况等，同时还应对地面建(构)筑物进行观察。

5.3　变形监控量测

5.3.1　变形监控量测可采用接触量测或非接触量测方法。

5.3.2　隧道净空变化量测可采用收敛计或全站仪进行。测点应埋设在表 4.3.3 规定的测线两端。

1　采用收敛计量测时，测点采用焊接或钻孔预埋。

2　采用全站仪量测时，测点应采用膜片式回复反射器作为测点靶标，靶标黏附在预埋件上。量测方法包括自由设站和固定设站两种。

5.3.3　拱顶下沉量测可采用精密水准仪和铟钢挂尺或全站仪进行。在隧道拱顶轴线附近通过焊接或钻孔预埋测点。测点应与隧道外监控量测基准点进行联测。采用全站仪量测时，测点及量测方法同第 5.3.2 条第 2 款。

5.3.4　地表沉降监控量测可采用精密水准仪、铟钢尺进行，基准点应设置在地表沉降影响范围之外。测点采用地表钻孔埋设，测点四周用水泥砂浆固定。

当采用常规水准测量手段出现困难时，可采用全站仪量测。

5.3.5　围岩内变形量测可采用多点位移计。多点位移计应钻孔埋设，通过专用设备读数。

5.4　应力、应变监控量测

5.4.1　应力、应变监控量测宜采用振弦式、光纤光栅传感器。

5.4.2　振弦式传感器通过频率接收仪获得频率读数，依据频率—量测参数率定曲线换算出相应量测参量值。

5.4.3　光纤光栅传感器通过光纤光栅解调仪获得读数，换算出相应量测参量值。

5.4.4　钢架应力量测可采用振弦式传感器、光纤光栅传感器。传感器应成对埋设在钢架的内、外侧。

采用振弦式钢筋计或应变计进行型钢应力或应变量测时，应把传感器焊接在钢架翼缘内测点位置。

采用振弦式钢筋计进行格栅钢架应力量测时，应将格栅主筋截断并把钢筋计对焊在截断部位。

采用光纤光栅传感器进行型钢或格栅钢架应力量测时，应把光纤光栅传感器焊接（氩弧焊）或黏贴在相应测点位置。

5.4.5　混凝土、喷混凝土应变量测可采用振弦式传感器、光纤光栅传感器，传感器应固定于混凝土结构内的相应测点位置。

5.5　接触压力量测

5.5.1　接触压力量测包括围岩与初期支护之间接触压力、初期支护与二次衬砌之间接触压力的量测。

5.5.2　接触压力量测可采用振弦式传感器。传感器与接触面要求紧密接触，传感器类型的选择应与围岩和支护相适应。

5.6　爆破振动监控量测

5.6.1　爆破振动速度和加速度临控量测可采用振动速度和加速度传感器，以及相应的数据采集设备。

传感器应固定在预埋件上，通过爆破振动记录仪自动记录爆破振动速度和加速度，分析振动波形和振动衰减规律。

5.7　孔隙水压与水量监控量测

5.7.1　孔隙水压监控量测可采用孔隙水压计进行。

水压计应埋入带刻槽的测点位置，采取措施确保水压计直接与水接触。通过数据采集设备获得各测点读数，并换算出相应孔隙水压力值。

5.7.2　水量监控量测可采用三角堰、流量计进行。

6 监控量测数据分析及信息反馈

6.1 一 般 规 定

6.1.1 监控量测数据取得后,应及时进行校对和整理,同时应注明开挖方法和施工工序以及开挖面距监控量测点距离等信息。

6.1.2 监控量测数据分析一般采用散点图和回归分析方法。

6.1.3 信息反馈应以位移反馈为主,主要依据时态曲线的形态对围岩稳定性、支护结构的工作状态、对周围环境的影响程度进行判定,验证和优化设计参数,指导施工。

6.1.4 应确保监控量测信息传递渠道畅通、反馈及时有效。

6.2 监控量测数据分析处理

6.2.1 监控量测数据的分析处理应包括数据校核、数据整理及数据分析。

6.2.2 每次观测后应立即对观测数据进行校核,如有异常应及时补测。

6.2.3 每次观测后应及时对观测数据进行整理,包括观测数据计算、填表制图、误差处理等。

6.2.4 监控量测数据的分析应包括以下主要内容:

1 根据量测值绘制时态曲线;

2 选择回归曲线,预测最终值,并与控制基准进行比较;

3 对支护及围岩状态、工法、工序进行评价;

4 及时反馈评价结论,并提出相应工程对策建议。

6.2.5 监控量测数据可采用指数模型、对数模型、双曲线模型、分段函数、经验公式等进行分析,并预测最终值。

6.2.6 爆破振动安全允许距离,可根据爆破振动速度按式(6.2.6)计算。

$$R=\left(\frac{K}{V}\right)^{1/\alpha}\cdot Q^{1/3} \tag{6.2.6}$$

式中 R——爆破振动安全允许距离(m);

Q——炸药量,齐发爆破为总药量,延时爆破为最大一段药量(kg);

V——保护对象所在地质点振动安全允许速度(cm/s);

K,α——与爆破点至计算保护对象间的地形、地质条件有关的系数和衰减指数,可按表6.2.6选取,或通过现场试验确定。

表 6.2.6 爆破区不同岩性的 K,α 值

岩 性	K	α
坚硬岩石	50~150	1.3~1.5
中硬岩石	150~250	1.5~1.8
软 岩 石	250~350	1.8~2.0

6.3　监控量测信息反馈及工程对策

6.3.1　监控量测信息反馈应根据监控量测数据分析结果，对工程安全性进行评价，并提出相应工程对策与建议。

6.3.2　监控量测信息反馈可按图6.3.2规定的程序进行。

6.3.3　施工过程中应进行监控量测数据的实时分析和阶段分析。

1　实时分析：每天根据监控量测数据及时进行分析，发现安全隐患应分析原因并提交异常报告；

2　阶段分析：按周、月进行阶段分析，总结监控量测数据的变化规律，对施工情况进行评价，提交阶段分析报告，指导后续施工。

6.3.4　工程安全性评价应根据第4.5.4条分三级进行，并采用表6.3.4相应的工程对策。工程安全性评价流程见图6.3.4。

图6.3.2　监控量测信息反馈程序框图

表6.3.4　工程安全性评价分级及相应应对措施

管理等级	应对措施
Ⅲ	正常施工
Ⅱ	综合评价设计施工措施，加强监控量测，必要时采取相应工程对策
Ⅰ	暂停施工，采取相应工程对策

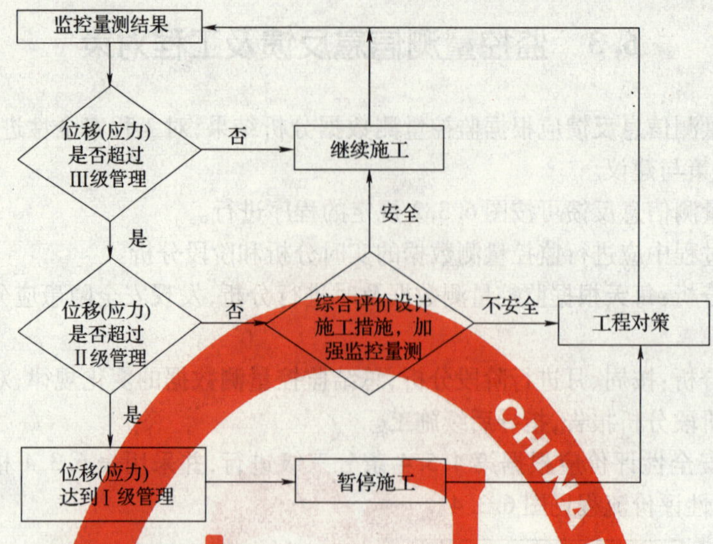

图 6.3.4　工程安全性评价流程

6.3.5　根据工程安全性评价的结果,需要变更设计时,应根据有关铁路工程变更管理办法及时进行设计变更。

6.3.6　工程对策主要应包括下列内容:

1　一般措施

1)稳定开挖工作面措施;

2)调整开挖方法;

3)调整初期支护强度和刚度并及时支护;

4)降低爆破振动影响;

5)围岩与支护结构间回填注浆。

2　辅助施工措施

1)地层预处理,包括注浆加固、降水、冻结等方法;

2)超前支护,包括超前锚杆(管)、管棚、超前插板、水平高压旋喷法、预切槽法等。

7　监控量测验收资料

7.0.1　监控量测验收资料应包括以下内容：

1　监控量测设计；

2　监控量测实施细则及批复；

3　监控量测结果及周(月)报；

4　监控量测数据汇总表及观察资料；

5　监控量测工作总结报告。

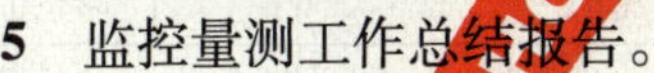

附录 A　开挖工作面地质状况记录表

表 A

编号：　　　　　　　　　　　　　　　　　　　　××××隧道

开挖工作面里程					埋深(m)							
地层岩性		围岩级别	设计		饱和极限抗压强度 R_b(MPa)	极硬岩	硬岩	较软岩	软岩	极软岩	取样编号	试验编号
			实际施工			>60	30~60	15~30	5~15	<5		

开挖工作面上围岩体结构特征	层理	产状			单层厚度(m)		层面特征		与隧轴夹角			
	节理裂隙	组次	产状	间距(m)	长度(m)	缝宽(mm)	充填物	与隧轴夹角				
		1										
		2										
		3										
		4							结构面与隧道轴线关系图			
	断层	产状		破碎带宽度(m)			破碎带特征		与隧轴夹角		纵波速度(m/s)	

侧壁围岩体结构特征	左侧壁								右侧壁							
	层理	产状		单层厚度(m)		层面特征		与隧轴夹角	层理	产状		单层厚度(m)		层面特征		与隧轴夹角
	节理裂隙	组次	产状	间距(m)	长度(m)	缝宽(mm)	充填物	与隧轴夹角	节理裂隙	组次	产状	间距(m)	长度(m)	缝宽(mm)	充填物	与隧轴夹角
		1								1						
		2								2						
		3								3						
		4								4						
	断层	产状		破碎带宽度(m)		破碎带特征		与隧轴夹角	断层	产状		破碎带宽度(m)		破碎带特征		与隧轴夹角

地下水	涌水位置		涌水量[L/(min·10m)]	无水	滴水	线状	股状	含泥砂情况	侵蚀类型	取水样编号	试验编号
				<10	10~25	25~125	>125				

稳定性	洞周	稳定	拱部掉块	边墙掉块	拱部坍塌	边墙坍塌	塌方>10m³	塌方<10 m³
	开挖工作面	稳定		拱部坍塌		开挖工作面挤出	开挖后至掉块或坍塌的时间	

侧壁素描		开挖工作面素描	工程措施及有关参数
左侧壁	右侧壁	开挖工作面	
施工方签字　　　　年　月　日		监理签字　　　　年　月　日	

附录 B　隧道净空变化量测记录表

表 B

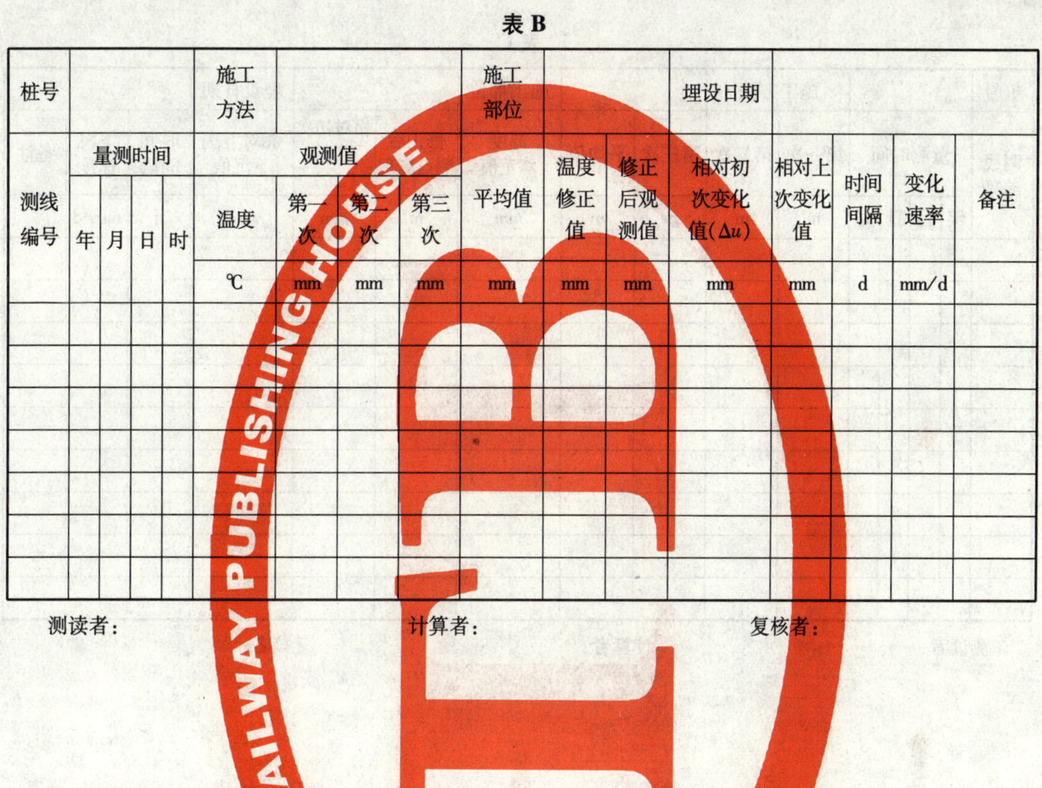

桩号					施工方法				施工部位			埋设日期				
测线编号	量测时间				观测值				平均值	温度修正值	修正后观测值	相对初次变化值(Δu)	相对上次变化值	时间间隔	变化速率	备注
	年	月	日	时	温度	第一次	第二次	第三次								
					℃	mm	mm	mm	mm	mm	mm	mm	mm	d	mm/d	

测读者：　　　　　　　　　　计算者：　　　　　　　　　　复核者：

附录 C　拱顶下沉量测记录表

表 C

桩号					施工方法				施工部位			埋设日期			
测线编号	量测时间				第一次	第二次	第三次	平均值	温度修正值	修正后测点高程	相对初次下沉值(Δu)	相对上次下沉值	时间间隔	下沉速度	备注
	年	月	日	时	m	m	m	m	mm	m	mm	mm	d	mm/d	

测读者：　　　　　　　　　　计算者：　　　　　　　　　　复核者：

本技术规程用词说明

执行本技术规程条文时,对于要求严格程度的用词说明如下,以便在执行中区别对待。

(1)表示很严格,非这样做不可的用词:

正面词采用"必须";

反面词采用"严禁"。

(2)表示严格,在正常情况下均应这样做的用词:

正面词采用"应";

反面词采用"不应"或"不得"。

(3)表示允许稍有选择,在条件许可时首先应这样做的用词:

正面词采用"宜";

反面词采用"不宜"。

表示有选择,在一定条件下可以这样做的,采用"可"。

《铁路隧道监控量测技术规程》
条 文 说 明

本条文说明系对重点条文的编制依据、存在的问题以及在执行中应注意的事项等予以说明。为了减少篇幅,只列条文号,未抄录原条文。

1.0.1 监控量测既是铁路隧道设计文件的重要组成内容,也是铁路隧道施工作业中关键的重要作业环节。在铁路隧道工程中,监控量测技术获得了广泛的应用,并取得了明显的技术经济效果。但是,由于缺乏完整的、统一的技术规程,铁路隧道工程的监控量测工作,在不同程度上还存在着采用技术标准依据不足、数据处理方法选择不当、量测数据反馈不及时、记录不完整以及量测设备陈旧等问题。制定本技术规程,是为了使铁路隧道工程的监控量测设计、施工和验收有一个统一的标准,达到符合安全适用、技术先进、经济合理的要求。

1.0.2 本监控量测技术规程主要适用于采用喷锚构筑法施工的铁路隧道,采用其他工法施工的地下工程进行现场监控量测时应参照执行。

3.1.1 在隧道施工过程中,使用专用的仪器、设备,对围岩和支护结构的受力、变形进行观测,并对其稳定性、安全性进行评价,统称为监控量测。

在设计阶段,应由设计单位对监控量测目的、监控量测项目以及测点的布置等进行设计;在施工阶段,作为施工组织设计的一个重要组成部分,纳入施工工序。制定合理而周密的现场量测细则,是保证监控量测工作有效开展的关键。隧道开工之前,施工单位应根据环境条件、地质条件、设计要求、施工方法及施工进度安排等编制监控量测实施细则,确定量测项目、仪器、测点布置、量测频率、数据处理、反馈方法、组织机构及管理体系,并在施工的全过程中认真实施。

3.1.2 监控量测设计应结合具体隧道工程、水文地质条件、支护参数、施工方法和监控量测目的等进行,其内容应包括以下几个方面:

(1)监控量测项目包括必测项目与选测项目,应根据隧道特点和监控量测要求确定;

(2)测点的布置原则应根据地质条件确定,并初步选取监控量测断面及测试频率;

(3)各监控量测项目的控制基准应根据隧道结构安全性和周边环境的要求以及其他相关规范、法规的要求选取。

3.1.3、3.1.4 监控量测工作是专业化较强的工作,为了确保监控量测数据的准确可靠,达到应有的精度,施工单位应成立现场监控量测小组。

现场监控量测小组应由熟悉监控量测工作的人员组成,且要求人员相对固定,避免人员频繁交接,确保数据资料的连续性,现场应配置专门的人员进行埋点、测试数据处理、信息反馈及仪器维修、保养工作并及时向相关部门报告监控量测结果。

监控量测现场应建立相应的质量保证体系,确保监控量测的有效实施,做到组织管理清晰、责任明确。

3.1.5 现场监控量测工作一般按照下面的程序进行：

(1)现场情况的初始调查

施工前对隧道工程的地质条件、地下水状况及施工影响区域内的周边环境进行初始调查，掌握工程特点和难点，为监控量测工作的顺利开展做好准备。

(2)编制实施细则

现场监控量测小组按照监控量测设计的要求，结合初始调查结果编制实施细则，经业主、监理审查批准后实施。

(3)布设测点并取得初始监测值

基准点、测点的埋设须严格按照相应规范进行，以确保监控量测数据可靠。测点埋设后应及时取得初始监测值。

(4)现场监控量测及分析

现场监控量测工作由现场监控量测小组实施，并根据监控量测数据对隧道施工安全及结构的稳定性做出分析评价。

(5)提交监控量测成果

监控量测小组一般以周报(特殊情况要形成日报)的形式提交监控量测成果(包括纸质和电子文件)。当出现异常现象时，应及时反馈，以便采取相应的对策。

现场监控量测工作停止后，应在一个月内编写出该工程的施工监控量测总结报告。

3.1.6 现场监控量测实施细则是工程施工组织设计的重要组成部分，需上报监理、业主，经批准后方可正式实施，并且作为现场作业、检查、验收的依据之一，相关资料必须认真保存。当现场监控量测工作由于地质条件、施工方法等因素的影响需要调整时，应报项目技术负责人审核，并经现场监理工程师批准后方可实施。

监控量测实施细则应综合考虑工程特点、设计要求、施工方法、地质条件及周边环境等因素进行编制，并满足下列要求：

(1)确保隧道工程安全；

(2)对工程周围环境进行有效的保护；

(3)尽量降低监控量测费用；

(4)尽量减少对工程施工的干扰。

3.1.7 隧道监控量测工作一般在地下进行，环境条件恶劣，因而监控量测系统应具有较高的可靠性、稳定性及耐久性。监控量测仪器设备在使用前及使用过程中必须进行定期的检查、校对和率定，一般包括外观检验、精度检验、防水性检验、应力(应变)及温度率定等。

3.1.8 现场施工过程中经常发生测点破坏的现象，使监控量测数据不连续，影响监控量测结果的准确分析。如果测点被破坏，应在被破坏测点附近补埋。如果测点出现松动，则应及时加固，当天的量测数据无效，待测点加固后重新读取初读数。

3.1.9 监控量测数据必须经现场检查复核，发现异常及时进行重测。

数据的整理和维护工作应由专人负责，数据在输入、处理过程中应复核审查，避免出现错误。监控量测的记录、图表及文字报告应连续和完整。如有缺失，应按国家规程、标准和本技术规程要求及时采取补救措施，应详细进行书面记录。

3.1.10 现场监控量测数据误差会影响对围岩和支护系统的安全评判，工作中应对误差

进行科学分析,减小系统误差,剔除偶然误差,避免人为错误。具体方法如下:

(1)减小系统误差的方法

根据监控量测精度要求选择稳定性好、耐久性好的仪器。如果监控量测仪器产生的系统误差不能满足监控量测精度要求,应根据系统误差产生的原因进行修正。

(2)控制偶然误差的方法

引起偶然误差的原因较多,如电源电压波动、仪表末位读数估读不准、环境因素干扰等。因此,对不同的监控量测项目,应具体分析产生偶然误差的原因,并通过加强管理,提高操作人员的技术水平来控制偶然误差。偶然误差一般服从正态分布,在数据处理过程中,应进行数据统计检验。

(3)避免人为误差(错误)的方法

由于测试人员的工作过失所引起的误差,如读错仪表刻度(位数、正负号)、测点与测读数据混淆、记录错误等,都应避免。避免人为误差的措施主要有加强监控量测管理,规范监控量测工作,提高人员素质。

在数据处理时,此类误差数值一般很大,必须从测量数据中剔除。

3.1.11 现场监控量测与施工作业易发生干扰,因此两者必须紧密配合,妥善协调好施工和监控量测的关系。将监控量测元件的埋设计划列入工程施工进度控制计划中,施工现场应及时提供工作面,创造条件保证监控量测埋设工作的正常进行;监控量测工作也要尽量减少对施工工序的影响。

此外,在施工过程中应高度重视并采取有效措施,防止一切观测设备、观测测点和电缆等受到机械和人为的破坏。

4.1.1 监控量测的主要目的在于了解围岩稳定状态和支护、衬砌可靠程度,确保施工安全及结构的长期稳定性。为围岩级别变更、初期支护和二次衬砌的参数调整提供依据,是实现信息化施工不可缺少的工序,是直接为设计和施工决策服务的。

4.1.2 隧道及地下工程的客观条件千变万化,因此,每一工程应有与其条件相应的监控量测设计文件。

4.1.3 对于所有应进行现场监控量测的工程,本条所列内容都必须包含在实施细则中,凡是设计文件设计的监控量测项目都必须进行量测。

4.1.4 隧道开挖后最初一段时间的变形及应力变化很快,而且这段时间的监控量测数据对后期的最终位移及应力的预测至关重要,所以尽快读取初始读数掌握围岩及结构的最初动态是非常必要的。当现场情况与设计不符时,应及时调整监控量测项目及内容。

4.2.1 隧道施工监控量测旨在现场采集可反映施工过程中围岩动态的实际信息,以判定隧道围岩和初期支护的稳定状态,分析支护结构参数和施工的合理性,为设计和施工提供依据。因此,设计文件应根据隧道的特点和难点确定必测项目和选测项目的具体内容。

4.2.2 必测项目是为了在设计、施工中确保围岩的稳定,并通过判断围岩的稳定性来指导设计、施工的经常性量测,是所有隧道必须进行的项目。这类量测通常测试方法简单,可靠性高,费用少,而且对监视围岩稳定、指导设计施工有巨大的作用。

围岩变形乃是围岩力学形态变化最直观的表现,变形量测具有量测结果直观、测试数据可靠、量测仪表长期稳定性好、抗外界干扰性强,同时测试费用低廉的优点。因此必测项目以位移量测为首选量测项目。

4.2.3 选测项目不是每座隧道都必须开展的工作,是对一些有特殊意义和具有代表性意义的区段进行补充测试，以求更深入地掌握围岩的稳定状态与锚喷支护的效果以及工程对周围环境影响状况，指导未开挖区段的设计与施工。这类量测项目测试较为麻烦，量测项目较多，花费较大，一般只根据需要选择其部分项目。

4.2.4 实践证明，开挖工作面的地质素描和数码成像对于判断围岩稳定性和预测开挖面前方的地质条件是十分重要的，必要时进行物理力学实验，获得围岩的具体力学参数，为施工阶段围岩分级和科学的信息化施工提供有效的参考依据。在进行地质素描及数码成像的时候，工作面应有良好的照明和通风条件，以保证地质素描及数码成像的效果。

4.2.5 初期支护状态的观察和裂缝描述，对直接判断围岩的稳定性和支护参数的检验是不可缺少的。应注意观测初期支护的变形以及渗水情况，及时发现及时治理，避免工程事故的发生。

4.3.1 对于浅埋或超浅埋隧道，隧道横断面方向的地表下沉量测边界应在隧道开挖影响范围以外，并在开挖影响范围以外设置基准点。

地表下沉量测的测点应布设在由设计确定的特别重要的施工地段，包括地表有建（构）筑物地段。对施工中地表发生塌陷并经修补过的地段，以及预先探测到地中存在构筑物或空洞的施工地段，测点应尽量接近构筑物或空洞上方。

4.3.2、4.3.3 净空位移量测、拱顶下沉量测原则上是在同一断面上进行，而且其他量测项目也应设置在同一断面上。但因围岩及开挖方法、隧道内管线位置等原因，可以适当调整。净空变化量测以水平测线量测为主，必要时设置斜测线（如洞口附近、浅埋区段、偏压或膨胀性围岩区段、拱顶下沉位移量大的区段），斜测线的设置有助于了解垂直方向的位移变化情况；当与解析法一起综合判断时，最好也布置斜测线。

分部开挖法临时支护拆除后，应继续进行拱顶下沉和净空变化量测，测线按全断面开挖法布置。

4.3.4 选测项目的断面间距应视需要而定，或在有代表性的地段选取若干测试断面。凡是地质条件差、隧道开挖断面积大、施工工序复杂的重要工程，布点应适当加密。为了尽早对隧道设计参数、施工方法、制定的监控基准等进行评价，应在设置有选测项目的隧道区段尽早进行布点。

4.3.5 选测项目表4.2.3中第1～5项的测点布置见说明图4.3.5。喷混凝土内力、钢架内力、二次衬砌内力、围岩压力、初期支护与二次衬砌间接触压力量测每断面一般设置3～7个测点（截面），如有需要可以增加测点（截面）。测点（截面）应布置在拱顶、拱腰及边墙等部位。围岩内部位移每断面一般采用3～5个钻孔，应分布在边墙和拱部。锚杆轴力量测应在实际锚杆位置布置测点。围岩内部位移量测位置应靠近净空位移测点，以便数据上互相验证。

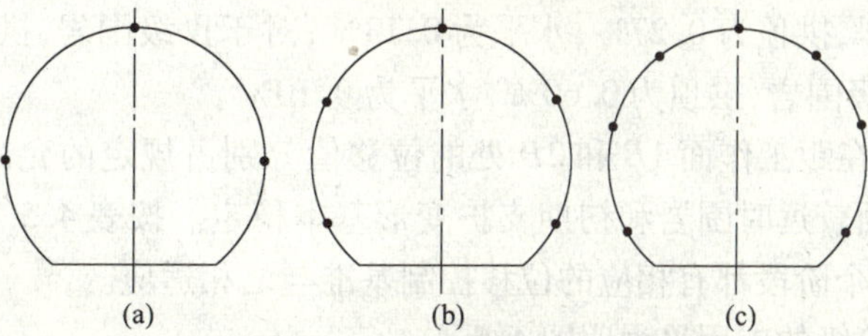

说明图4.3.5 选测项目的测点布置示例

（a）三个测点（截面）；（b）五个测点（截面）；（c）七个测点（截面）

采用分部施工的隧道,如有需要可在临时支护上布置测点。

测点如果被破坏,应在被破坏测点附近补埋。如果测点出现松动,则应及时加固,加固当天的量测数据无效,待测点加固后重新读取初读数。

4.4.1 必测项目量测频率一般根据测点距开挖面的距离及位移速度分别确定,然后取两者中较高者作为实际量测频率。在塑性流变岩体中,位移长期(开挖后两个月以上)不能变化时,量测要继续到每月为 1 mm 为止。

4.4.3 在没有特殊要求的情况下,选测项目可以采用和必测项目相同的量测频率。

4.5.1 监控量测的主要目的是确保隧道施工安全性和结构的长期稳定性,应根据这一目的,同时考虑周围建(构)筑物特点和重要性,综合隧道所处的地质条件和施工方法等多方面因素,制定监控量测基准。该基准根据隧道施工情况,应不断完善。

4.5.2 条文中表 4.5.2—1 和表 4.5.2—2 摘自《铁路隧道设计规范》(TB 10003—2005)表 F.0.2 和表 F.0.3。

对于跨度大于 12m 的铁路隧道,目前还没有统一的位移判定基准。说明表 4.5.2 取自《锚杆喷混凝土支护技术规范》(GB 50086—2001)对隧道周边允许位移相对值的规定。

说明表 4.5.2　隧道周边允许位移相对值(%)

围岩级别	埋深 h(m)		
	$h<50$	$50 \leqslant h \leqslant 300$	$h>300$
Ⅲ	0.10~0.30	0.20~0.50	0.40~1.20
Ⅳ	0.15~0.50	0.40~1.20	0.80~2.00
Ⅴ	0.20~0.80	0.60~1.60	1.00~3.00

注:1　周边位移相对值系指两测点间实测位移累计值与两测点距离之比,两测点间的位移值也称为变化值。

2　脆性围岩取表中较小值,塑性围岩取表中较大值。

3　本表适用于高跨比为 0.8~1.2 的下列地下工程:

Ⅲ级围岩跨度不大于 20 m;

Ⅳ级围岩跨度不大于 15 m;

Ⅴ级围岩跨度不大于 10 m。

4　Ⅰ、Ⅱ级围岩中进行量测的地下工程,以及Ⅲ、Ⅳ、Ⅴ级围岩中在表注 3 范围之外的地下工程应根据实测数据的综合分析或工程类比方法确定允许值。

目前正在施工的郑西客运专线黏质老黄土隧道(Ⅳ级围岩),采用台阶法开挖。实测结果表明,拱顶沉降最大值为 87.0 mm,水平变化最大值为 85.0 mm。

三车道公路隧道模型试验表明,当隧道埋深在 250 m 左右时,隧洞周边允许位移相对值为:对于Ⅲ级围岩,拱顶为 0.27%,水平为 0.13%;对于Ⅳ级围岩,拱顶为 0.46%,水平为 0.12%;对于Ⅴ级围岩,拱顶为 0.60%,水平为 0.10%。

4.5.3 研究表明,在距工作面 1B 和 2B 处的位移值分别占规定的允许位移量的 65% 和 90% 左右,距开挖面较远时围岩和初期支护变形基本稳定。按表 4.5.3 所确定的控制基准使隧道开挖的每个阶段都有相应的位移控制基准与之相适应。

4.5.4 位移管理等级的应用见说明图 4.5.4。

4.5.5 地表沉降控制基准应根据隧道施工安全性和隧道周围建(构)筑物的安全要求(见说明表 4.5.5—1,摘自《基坑工程手册》)分别确定,取两者中的最小值。

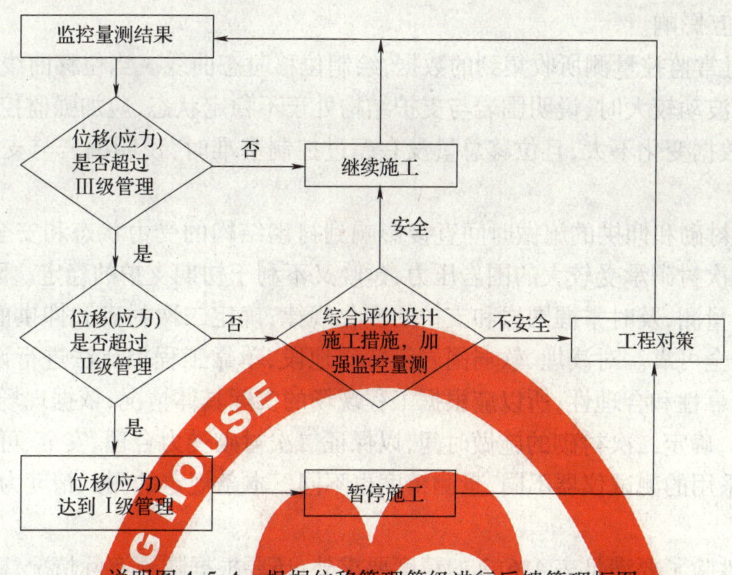

说明图 4.5.4 根据位移管理等级进行反馈管理框图

说明表 4.5.5—1 建筑物在不同沉降差下的反应

建筑结构类型	δ/L(L 为建筑物长度，δ 为差异沉降)	建筑物反应
1. 一般砖墙承重结构，包括有内框架的结构，建筑物长高比小于10；有圈梁；天然地基	达 1/150	分隔墙及承重砖墙发生相当多的裂缝，可能发生结构性破坏
2. 一般钢筋混凝土框架结构	达 1/150	发生严重变形
	达 1/500	开始出现裂缝
3. 高层刚性建筑(箱型基础、桩基)	达 1/250	可观察到建筑物倾斜
4. 有桥式行车的单层排架结构的厂房天然地基或桩基	达 1/300	桥式行车运转困难，不调整轨面水平难运行，分隔墙有裂缝
5. 有斜撑的框架结构	达 1/600	处于安全极限状态
6. 一般对沉降差反应敏感的机器基础	达 1/850	机器使用可能会发生困难，处于可运行的极限状态

注：1 框架结构有多种基础形式，包括现浇单独基础、现浇片筏基础、现浇箱型基础、装配式单独基础、装配式条形基础以及桩基。不同基础形式的框架对沉降差的反应也不同，上表只提出了一般框架结构对差异沉降的反应，因此对重要框架结构在差异沉降下的反应，还要仔细调研其基础型式和使用要求，以确定允许的差异沉降量。

2 各种基础形式的高耸烟囱、化工塔罐、气柜、高炉、塔桅结构(如电视塔)、剧院、会场空旷结构等特别重要的建筑设施要作专门调研，以明确允许差异沉降值。

3 内框架(特别是单排内框架)和底层框架(条形或单独基础)的多层砌体建筑结构，对不均匀沉降很敏感，亦应当专门调研。

4.5.6 钢架应力应不大于钢材的容许应力；喷混凝土内力和二次衬砌内力按《铁路隧道设计规范》(TB 10003—2005)第 11.1.1 条规定的安全系数进行判定；围岩压力及初期支护与二次衬砌间接触压力，应先换算成内力，再按《铁路隧道设计规范》(TB 10003—2005)第 11.1.1 条规定的安全系数进行判定；锚杆应力应小于钢材的容许应力。

4.5.7 参见《爆破安全规程》(GB 6722—2003)的有关规定。

4.5.8 大断面隧道采用 CD 法、CRD 法、双侧壁导坑法等分部开挖法时，应分别设立全断面位移监控基准和管理水平以及各施工部位移监控基准和管理水平，要充分考虑各个施工部之间的相互影响。

4.5.9 根据日常监控量测所收集到的数据,绘制位移时态曲线。当位移曲线出现急剧增长或数据上下波动较大时,说明围岩与支护结构处于不稳定状态,应加强监控量测。当曲线趋于平缓,数据变化不大,且位移总量没有超过控制基准时,说明围岩与支护结构处于稳定状态。

4.5.10 二次衬砌和仰拱的施做时间直接影响到衬砌结构的受力状态和安全稳定性,过早施做会使二次衬砌承受较大的围岩压力,过晚又不利于初期支护的稳定。因此,在施工中应进行监控量测,及时掌握围岩和支护的变化规律,确定二次衬砌和仰拱的施做时间,使衬砌结构安全可靠。对浅埋、软弱围岩等特殊地段,单靠工程类比法进行设计时,不能保证设计的可靠性和合理性,所以应根据工程现场的实际具体情况,依据现场监控量测提供的有效资料,确定二次衬砌的施做时间,以保证二次衬砌受力合理、安全、可靠、耐久。

4.6.1 由于采用的测试仪器不同,量测精度也不同。本条规定的测试精度为测试的最低精度。

4.6.2 元器件除了要满足表4.6.2的精度要求外,还要根据隧道实际情况,确定其量程。由于元器件埋设于隧道内,施工影响大,环境条件差,因此要求元器件具有良好的防震、防水、防腐性能。

5.1.3 现场监控量测的方法和手段,应根据隧道的重要性等级、规模大小,同时还应考虑国内外量测仪器的现状来选用。一般应尽量选择简单可靠、耐久、经济、稳定性能好,被测量的物理量概念明确,有足够大的量程,便于进行分析和反馈的测试仪器。

5.2.1、5.2.2 在隧道工程中,开挖前的地质勘探工作很难提供准确的地质资料,所以有必要在隧道每次开挖后进行细致的观察,通过观察可获得与围岩稳定有关的直观信息,可以预测开挖面前方的地质条件,根据喷层表面状态及锚杆的工作状态,分析支护结构的可靠程度。开挖工作面观察应在每次开挖后进行。观察中发现围岩条件恶化时,应立即采取相应处理措施;观察后应及时绘制开挖工作面地质素描图,同时进行数码成像,填写开挖工作面地质状况记录表(附录A),并与勘查资料进行对比。

(1)对开挖后没有支护的围岩进行观察,主要是了解开挖工作面下列的工程地质和水文地质条件:

① 岩质种类和分布状态,结构面位置的状态;

② 岩石的颜色、成分、结构、构造;

③ 地层时代归属及产状;

④ 节理性质、组数、间距、规模、节理裂隙的发育程度和方向性,结构面状态特征,充填物的类型和产状等;

⑤ 断层的性质、产状、破碎带宽度、特征等;

⑥ 地下水类型、涌水量大小、涌水位置、涌水压力、湿度等;

⑦ 开挖工作面的稳定状态、有无剥落现象。

(2)对已施工地段的观察每天至少应进行一次,其目测内容如下:

① 初期支护完成后对喷层表面的观察以及裂缝状况的描述和记录,要特别注意喷混凝土是否发生剪切破坏;

② 有无锚杆脱落或垫板陷入围岩内部的现象;

③ 钢拱架有无被压屈、压弯现象;

④ 是否有底鼓现象。

观察到的有关情况和现象，应详细记录，并绘制隧道开挖工作面及两侧素描图，要求每个断面至少绘制1张，同时进行数码成像。

观察中如果发现异常现象，要详细记录发现时间、距开挖工作面的距离等。

5.3.1 传统的接触量测方法具有成本低、简便可靠、能适应恶劣环境等优点，但对施工干扰大，测量速度慢，越来越难以满足要求。非接触量测具有对施工干扰小、测量速度快，特别是对于大跨度隧道更能显示出其方便、快速、灵活、适应性强的优点，克服了传统的接触量测方法的缺点，并可以进行隧道变化位移量测和隧道内测点三维位移量测。对于大跨度隧道，应优先考虑非接触量测。

5.3.2 目前隧道净空变化量测可采用接触量测和非接触量测两种方法，其中接触量测主要用收敛计进行量测，非接触量测则主要用全站仪进行。

用收敛计进行隧道净空变化量测方法相对比较简单，即通过布设于洞室周边上两固定点，每次测出两点的净长 L，求出两次量测的增量（或减量）ΔL，即为此处净空变化值。读数时应该读三次，然后取其平均值，具体记录表格见附录B。

用全站仪进行隧道净空变化量测方法包括自由设站和固定设站两种。与传统的接触量测的主要区别在于：非接触量测的测点采用一种膜片式回复反射器作为测点靶标，以取代价格昂贵的圆棱镜反射器。具有回复反射性能的膜片形如塑料胶片，其正面由均匀分布的微型棱镜和透明塑料薄膜构成，反面涂有压敏不干胶，它可以牢固地黏附在构件表面上。这种反射膜片，大小可以任意剪裁，价格低廉。反射模片贴在隧道测点处的预埋件上，在开挖面附近的反射模片，应采取一定的措施对其进行保护，以免施工时反射模片表面被覆盖或污染，同时施工单位应和监控量测单位加强协调工作，保证预埋件不被碰歪和碰掉。通过对比不同时刻测点的三维坐标〔$x(t)$，$y(t)$，$z(t)$〕，可获得该测点在该时段的三维位移变化量（相对于某一初始状态）。在三维位移矢量监控量测时，必须保证后视基准点位置固定不动，并定期校核，以保证测量精度。与传统接触式监控量测方法相比，该方法能够获取测点更全面的三维位移数据，有利于结合现行的数值计算方法进行监控量测信息的反馈，同时具有快速、省力、数据处理自动化程度高等特点。

5.3.3 拱顶下沉量测同位移变化量测一样，都是隧道监控量测的必测项目，最能直接反映围岩和初期支护的工作状态。目前拱顶下沉量测大多数采用精密水准仪和铟钢挂尺等。拱顶下沉监控量测测点的埋设，一般在隧道拱顶轴线处设1个带钩的测桩（为了保证量测精度，常常在左右各增加一个测点，即埋设三个测点），吊挂铟钢挂尺，用精密水准仪量测隧道拱顶绝对下沉量。可用 ϕ6 mm 钢筋弯成三角形钩，用砂浆固定在围岩或混凝土表层。测点的大小要适中。过小，测量时不易找到；过大，爆破易被破坏。支护结构施工时要注意保护测点，一旦发现测点被埋掉，要尽快重新设置，以保证数据不中断。拱顶下沉量测示意图如说明图5.3.3。

拱顶下沉量的确定比较简单，即通过测点不同时刻相对标高 h，求出两次量测的差值 Δh，即为该点的下沉值。读数时应该读三次，然后取其平均值。具体记录表格见附录C。

拱顶下沉量测也可以用全站仪进行非接触量测，特别对于断面高度比较高的隧道，非接触量测更方便，其具体量测方法与三维位移量测方法类似。

5.3.4 地表下沉量测一般用精密水准仪和铟钢尺进行测量，量测结果能反映浅埋隧道开挖过程中地表变形的全过程，其量测精度一般为 ±1 mm。浅埋隧道地表下沉量测的重要

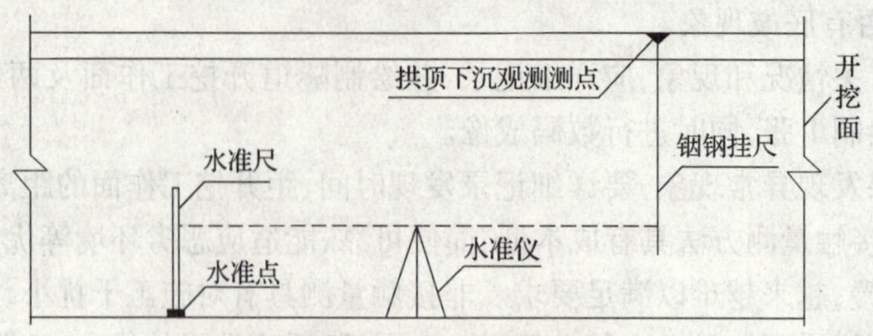

说明图 5.3.3　拱顶下沉量测示意

性，随隧道埋深变浅而增大，如说明表 5.3.4 所示。

说明表 5.3.4　地表沉降量测的重要性

埋　深	重要性	测量与否
$3B<H$	小	不必要
$2B<H<3B$	一般	最好量测
$B<H<2B$	重要	必须量测
$H<B$	非常重要	必须列为主要量测项目

注：B 为隧道直径，H 为隧道埋深。

地表下沉量测断面宜与洞内周边位移和拱顶下沉量测设置在同一断面，当地表有建筑物时，应在建筑物周围增设地表下沉观测点。在隧道纵向（隧道中线方向）至少布置一个纵向断面。在横断面上至少应布置 11 个测点，两测点的距离为 2～5 m。在隧道中线附近测点应布置密一些，远离隧道中线应疏一些。

地表下沉量测方法和拱顶下沉量测方法相似，即通过测点不同时刻标高 h，求出两次量测的差值 Δh，即为该点的下沉值。需要注意的是，参考点（基准点）必须设置在工程施工影响范围以外，以确保参考点（基准点）不下沉，并在工程开挖前对每一个测点读取初始值。一般在距离开挖面前方 $H+h$ 处（H 为隧道埋深，h 为隧道开挖高度）就应对相应测点进行超前监控量测，然后随着工程的进展按一定的频率进行监控量测。在读数时各项限差宜严格控制，每个测点读数误差不宜超过 0.3 mm，对不在水准路线上的观测点，一个测站不宜超过 3 个，超过时应重读后视点读数，以作核对。首次观测时，对测点进行连续三次观测，三次高程之差应小于 ±1.0 mm，取平均值作为初始值。

当所测地层表面立尺比较困难时，可以在预埋的测点表面黏贴膜片式反射器作为测点靶标，然后用全站仪进行非接触量测。

5.3.5　为了判断开挖后围岩的松动区、强度下降区以及弹性区的范围，确定围岩位移随深度变化的关系和判断锚杆长度是否适宜，以便确定合理的锚杆长度，有必要对围岩内变形进行监控量测。

围岩内变形量测的设备主要使用位移计，它可量测隧道不同深度处围岩位移量，近几年位移计被广泛应用于地下空间围岩稳定性监控量测中。在位移计的选择上，应注意以下几点：

（1）安装、量测方便，性能稳定可靠；

（2）能较长期进行监控量测；

（3）造孔方便（孔径 ϕ40～50 mm），安装及时；

（4）锚头抗振，能适应各类围岩，也可在土层中锚固；

(5)精度能够满足生产、科研的要求；

(6)价格合理。

位移计按测试装置的工作原理可分为电测式位移计和机械式位移计。电测式位移计施测方便，操作安全，能够遥控，适应性强，灵敏度高；但受外界干扰较大，读数易受多种因素的综合影响，稳定性较差且费用较高。目前较多采用机械式位移计。

按位移计可以测取位移量的个数多少，位移计可分为单点位移计和多点位移计，单点位移计只能量测围岩内某一深度处的位移量，而多点位移计可在围岩内部不同深度处埋设多个测点，同时量测围岩内不同深度处的位移量，在工程实践中多点位移计应用较广。每个位移测点均由锚头、位移传递杆和测量端头组成。基准面板上有几个位移测点的锥形测孔，测量时将专用百分表插入基准面板的锥形孔内，插稳之后即可读数，每个测孔测量三次，最大差值小于0.01 mm时取其平均值记入表中。

5.4.1 应力、应变监控量测属于选测项目，具体监控量测内容应根据监控量测设计而定，目前应力、应变监控量测主要采用振弦式、光纤光栅等传感器。在一般施工监控量测中，主要以振弦式传感器为主。但如果要对重大隧道进行长期监控量测(如海底隧道)或隧道所处地下水腐蚀性较强，则宜采用光纤光栅传感器进行现场监控量测。光纤光栅传感器相对于传统的振弦传感器，具有抗腐蚀性强、无源量测等优点。

5.4.5 为了解二次衬砌混凝土的应力状态，掌握喷射混凝土受力状况，有必要对喷射混凝土和二次衬砌模筑混凝土进行应力量测。

混凝土应变计是量测混凝土应力的常用仪器，量测时将应变计埋入混凝土内，通过频率测定仪测出应变计振动频率，然后从事先标定出的频率—应变曲线上求出应变，再转求应力。

当用光纤光栅传感器进行混凝土应变量测时，则应将传感器成对的埋入混凝土内，通过光纤光栅解调仪获得不同时刻的波长，然后再把波长转换为混凝土的应变值，求出应力。

测定混凝土应力时，不论采用哪一种量测法，均应根据具体情况和要求，定期进行测量，每次每个测点的测量应不小于三次，力求测量数据可靠、稳定，并做好原始记录。

5.5.1、5.5.2 为了了解围岩压力的量值及分布状态，判断围岩稳定性，分析二次衬砌的安全性，有必要对围岩与初期支护之间接触压力以及初期支护与二次衬砌之间接触压力进行监控量测。接触压力量测仪器根据测试原理和结构可分为液压式测力计和电测式测力计。液压式测力计的优点是结构简单、可靠，现场直接读数，使用比较方便；电测式测力计的优点是测量精度高，可远距离和长期观测。目前使用最为普遍的是振弦式压力盒，属电测式测力计。在埋设压力盒时，要求接触紧密，防止接触不良。埋设好压力盒后应将其电缆统一编号，并集中放置于事先设计好的铁箱内，以免在施工过程中被压断、拉断。观测时，根据具体情况及要求，定期进行测量，每次每个压力盒的读数应不少于三次，力求测量数值可靠、稳定，并做好原始记录。

5.6.1 一般应量测测点三个方向的振动速度或加速度分量，采用爆破振动记录仪自动记录。

5.7.1 孔隙水压监控量测一般采用孔隙水压计，其埋设方法与土压力盒基本相同，可采用挂布法、顶入法、弹入法、埋置法和钻孔法。

6.1.1 在资料整理过程中，应注明监控量测时工作面施工工序和开挖工作面距监控量测断面的距离，以及工程的具体条件（如埋深、地质条件、支护参数等），以便分析不同埋深、地质条件、支护参数等条件下各施工工序、时间、空间与监控量测数据的关系。

6.1.2　现场监控量测所得的数据（包括监控量测日期、时刻、温度等）应及时绘制成位移时态曲线图（或散点图），以便于分析监控量测数据的变化规律及变化趋势。图中纵坐标表示位移量，横坐标表示时间。

由于偶然误差的影响使监控量测数据具有离散性，根据实测数据绘制的位移随时间而变化的散点图出现上下波动，很不规则，难以据此进行分析，必须应用数学方法对监控量测所得的数据进行回归分析，找出位移随时间变化的规律，以判断围岩和支护结构的稳定，为优化设计并指导施工提供科学依据。

6.1.4　由于现场开挖、支护的过程是连续、循环进行的，所以信息反馈必须及时，否则容易影响施工进度或者把险情漏掉造成严重后果，因此施工过程应保证信息反馈传递渠道畅通，确保信息反馈的及时性及有效性。

6.2.1　监控量测资料的分析处理是信息反馈的基本工作。首先应对监控量测数据进行校核，对监控量测数据必须进行可靠性分析，排除仪器、读数等操作过程中的误差，剔除和识别各种粗大、偶然和系统性误差，避免漏测和错测，切实保证监控量测数据的可靠性和完整性；其次，要对监控量测数据进行整理，包括各种物理量计算、图表制作，如物理量的时间和时间速率曲线和空间分布图的绘制等；最后是数据分析，分析通常采用比较法、作图法和数值计算等，分析各监控量测物理量值大小、变化规律、发展趋势。

6.2.2　在现场的监控量测过程中，应加强数据的准确性，观测后应在现场及时计算、校核，如果有异常现象，必须重新进行观测、校核，直至取得可靠数据。

6.2.3　每次观测后应立即对数据进行计算、整理，打印相关监控量测报表，并根据数据绘制散点图，在这些图表中应在对应位置标出相应的施工工况，以便分析时间效应和空间效应的影响。

6.2.4　首先根据监控量测数据绘制时间—位移散点图和距离—位移散点图，见说明图6.2.4所示。然后根据散点图的数据分布状况，选择合适的函数进行回归分析，对最大值（最终值）进行预测，并与控制基准值进行比较，结合施工工况综合分析围岩和支护结构的工作状态。如果位移曲线正常，说明围岩处于稳定状态，支护系统是有效、可靠的；如果位移出现反常的急骤增长现象（出现了反弯点），表明围岩和支护已呈不稳定状态，应立即采取相应的工程措施。

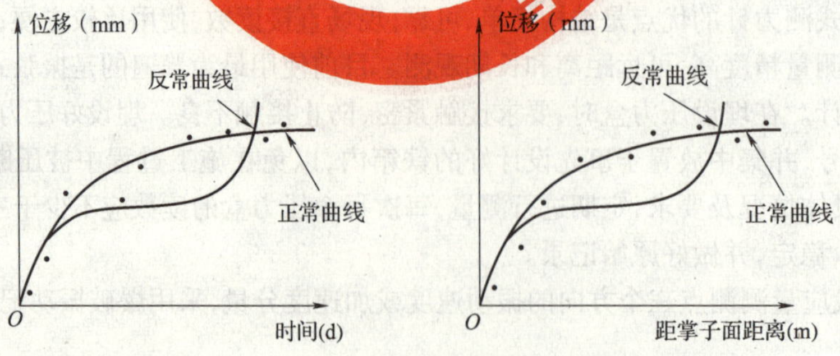

说明图 6.2.4　时间—位移曲线和距离—位移曲线

6.2.5　对位移监控量测结果进行回归分析，预测该测点可能出现的最终值及影响范围，以评估结构或建筑物的安全状况，必要时据此优化施工方法。常用的回归函数有以下几

类:

(1)位移历时回归分析一般采用如下模型:

① 指数模型

$$U = Ae^{-B/t} \quad (说明6.2.5—1)$$

$$U = A(e^{-B/t} - e^{-B/t_0}) \quad (说明6.2.5—2)$$

② 对数模型

$$U = A\lg[(B+t)/(B+t_0)] \quad (说明6.2.5—3)$$

$$U = A\lg(l+t) + B \quad (说明6.2.5—4)$$

③ 双曲线模型

$$U = t/(A+Bt) \quad (说明6.2.5—5)$$

式中 U——变形值(或应力值);

A,B——回归系数;

t,t_0——测点的观测时间(d)。

(2)由于地下工程(隧道)开挖过程中地表纵向沉降、拱顶下沉及净空变化等位移受开挖工作面的时空效应的影响,多采用指数函数进行回归分析。多数情况下,单个曲线进行回归时不能全面反映沉降历程,通常采用以拐点为对称的两条分段指数函数进行回归分析。

$$\left.\begin{aligned} S &= A[1 - e^{-B(x-x_0)}] + U_0 \quad (x > x_0) \\ S &= -A[1 - e^{-B(x-x_0)}] + U_0 \quad (x \leqslant x_0) \end{aligned}\right\} \quad (说明6.2.5.—6)$$

$$S = A(l - e^{-Bx}) \quad (x \geqslant 10) \quad (说明6.2.5—7)$$

式中 A,B——回归参数;

x——距开挖面的距离;

S——距开挖面 x 处的地表沉降;

x_0,u_0——拐点 x_0 处的沉降值 u_0。

根据经验,对于地表纵向沉降回归分析一般采用式(说明6.2.5—6);拱顶下沉、净空变化变一般采用式(说明6.2.5—7)。对于式(说明6.2.5—7),理论上讲,当 x 较小时,S 趋于0;若 S 不趋于0,需考虑监控量测结果的可靠性。

(3)地表沉降横向分布规律采用Peck公式:

$$S(x) = S_{max} e^{-\frac{x^2}{2i^2}} \quad (说明6.2.5—8)$$

$$S_{max} = \frac{V_1}{\sqrt{2\pi} i} \quad (说明6.2.5—9)$$

$$i = \frac{H}{\sqrt{2\pi}\tan(45° - \frac{\phi}{2})} \quad (说明6.2.5—10)$$

式中 $S(x)$——距隧道中线 x 处的沉降值(mm);

S_{max}——隧道中线处最大沉降值;

V_1——地下工程单位长度地层损失(m^3/m);

i——沉降曲线变曲点;

H——隧道埋深。

6.3.1 信息反馈有理论方法和经验方法,目前仍以经验方法为主,其主要目的是:

(1)判定围岩是否稳定,支护措施是否安全,施工方法是否恰当;

(2)在保证安全的前提下,支护是否经济,必要时调整支护设计。

6.3.2 监控量测反馈程序应贯穿于整个施工全过程。

6.3.3 在施工过程中进行监控量测数据的分析分为实时分析和阶段分析,均以报告形式反馈。

(1)实时分析:每天根据监控量测数据,分析施工对结构和周边环境的影响,发现安全隐患及时采取措施;实时分析一般采用日报表形式。

(2)阶段分析:经过一段时间后,根据大量的监控量测数据及相关资料等进行综合分析,总结施工对周围地层影响的一般规律,指导下一阶段施工。阶段分析一般采用周报、月报形式,或根据工程施工需要不定期进行,提出指导施工和优化设计的建议。

7.1.1 监控量测资料从一个侧面反映了施工实际情况,是竣工文件中不可缺少的部分,可为其他类似隧道工程设计和施工提供类比依据,并为建成后运营管理服务,应尽可能详尽。因此,监控量测设计(说明、布置图)、监控量测实施细则及批复、监控量测结果及周(月)报、监控量测数据汇总表及观察资料、监控量测工作总结报告均应纳入竣工文件。

铁路工程施工技术指南

经规标准〔2007〕119号

铁路大断面隧道三台阶七步开挖法施工作业指南（试行）

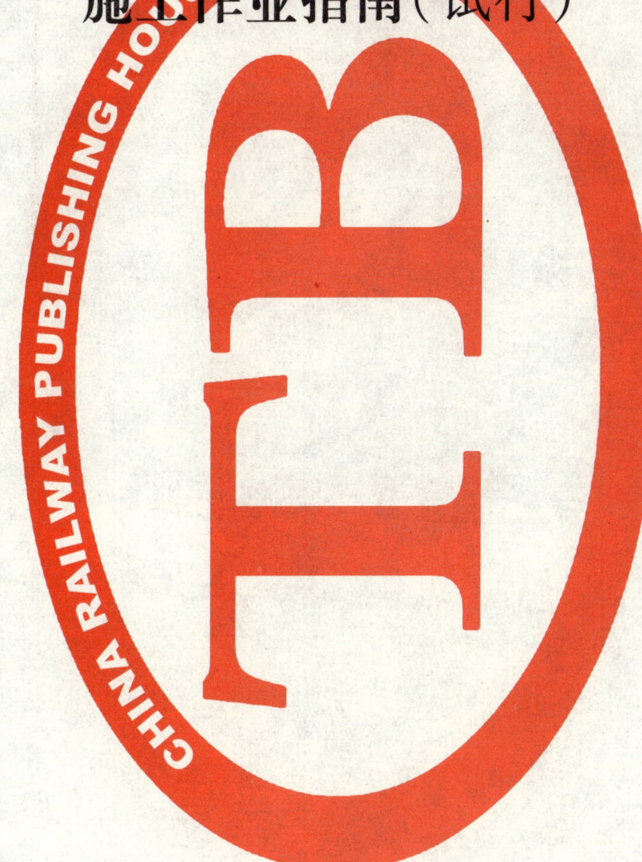

2007—08—20 发布　　　　2007—08—20 实施

铁道部经济规划研究院　发布

前　言

本作业指南是根据铁道部《关于印发〈2007 年铁路工程建设标准编制计划〉的通知》(铁建设函[2006]1112 号)的要求进行编制的。

本作业指南在编制过程中,认真总结了我国铁路隧道施工的经验和教训,以铁路隧道工程施工质量验收标准为依据,重点对施工过程中的工序流程、施工工艺、操作方法、施工控制要点等提出了要求,突出了铁路大断面隧道施工的技术特点。

本作业指南共分 6 章,主要内容包括:总则、施工准备、施工工艺、施工控制要点、劳动组织、机具设备等。

本作业指南系首次编制。希望各单位在实施过程中,结合工程实践,认真总结经验,积累资料。如发现需要修改和补充之处,请及时将意见和有关资料寄交中铁十二局集团有限公司(山西省太原市西矿街 130 号,邮政编码:030024),并抄送铁道部经济规划研究院(北京市海淀区羊坊店路甲 8 号,邮政编码:100038),供今后修订时参考。

本作业指南主编单位:中铁十二局集团有限公司。

本作业指南主要起草人:赵华锋、彭 斌、霍玉华、张金柱、鲍海荣、黄直久。

目　次

1 总　则

1.0.1　为保证铁路大断面隧道施工安全和质量，规范开挖作业程序，加强过程控制，提高施工进度，制定本作业指南。

1.0.2　铁路大断面隧道三台阶七步开挖法(以下简称"三台阶七步开挖法")是以弧形导坑开挖留核心土为基本模式，分上、中、下三个台阶七个开挖面，各部位的开挖与支护沿隧道纵向错开、平行推进的隧道施工方法。

1.0.3　三台阶七步开挖法适用于开挖断面为 100 ~ 180 m^2，具备一定自稳条件的Ⅳ、Ⅴ级围岩地段隧道的施工。

1.0.4　三台阶七步开挖法具有下列技术特点：

1　施工空间大，方便机械化施工，可以多作业面平行作业。部分软岩或土质地段可以采用挖掘机直接开挖，工效较高。

2　在地质条件发生变化时，便于灵活、及时地转换施工工序，调整施工方法。

3　适应不同跨度和多种断面形式，初期支护工序操作便捷。

4　在台阶法开挖的基础上，预留核心土，左右错开开挖，利于开挖工作面稳定。

5　当围岩变形较大或突变时，在保证安全和满足净空要求的前提下，可尽快调整闭合时间。

1.0.5　采用三台阶七步开挖法施工应尽量缩短台阶长度，确保初期支护尽快闭合成环，仰拱和拱墙衬砌及时跟进，尽早形成稳定的支护体系。

1.0.6　采用三台阶七步开挖法进行大断面隧道施工除应符合本作业指南要求外，尚应符合国家现行的有关强制性标准的规定。

2 施工准备

2.0.1 施工调查前应查阅设计文件和资料,制定调查提纲。施工调查内容应包括工程概况、施工条件、地形地质及其他与工程相关内容。调查结束后应编写施工调查报告。

2.0.2 施工调查后应结合三台阶七步开挖法的特点,按照建设项目的规模和工期要求,有针对性地编制实施性施工组织设计和施工作业指导书。

2.0.3 采用三台阶七步开挖法施工的隧道,应进行施工技术交底,作业人员应进行岗前培训和安全教育,特殊工种的作业人员应持证上岗。

2.0.4 施工机械配备应满足正常施工要求。实施中,可根据施工进度要求分期、分批组织上场。

2.0.5 隧道施工机械配套应针对隧道大断面的特点,以实现机械化均衡生产为目标,配套的生产能力应为均衡施工能力的 1.2 ~ 1.5 倍。

3 施工工艺

3.1 施工工艺流程

3.1.1 三台阶七步开挖法可分为以下主要步骤:

1 上部弧形导坑环向开挖,施做拱部初期支护;

2 中、下台阶左右错开开挖,施做墙部初期支护;

3 中心预留核心土开挖、隧底开挖,施做隧底初期支护。

每部开挖后均应及时支护,隧底初期支护后应及时施做仰拱,尽早封闭成环。

3.1.2 三台阶七步开挖法的施工工艺流程见图3.1.2。

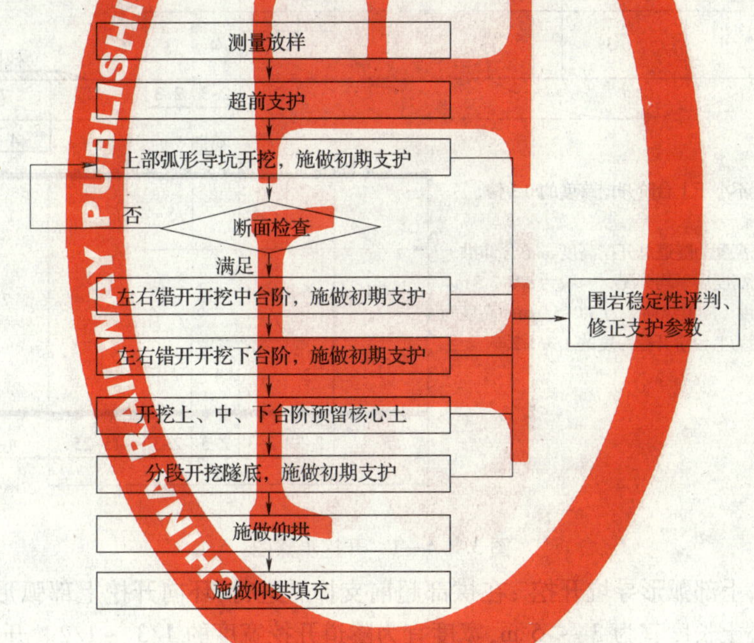

图3.1.2 三台阶七步开挖法施工工艺流程

3.2 施工作业

3.2.1 采用三台阶七步开挖法施工的隧道,应将超前地质预报纳入施工工序,并根据工程水文地质变化情况,及时调整各部台阶长度或施工方法,采取相应的技术措施,及早封闭成环,保证施工安全。

3.2.2 采用三台阶七步开挖法施工的隧道,应根据工程水文地质条件,按设计要求做好超前支护,防止围岩松弛,保证隧道开挖安全。在断层、破碎带、浅埋段等自稳性较差或富水地层中,超前支护应按设计要求进行加强。

3. 2. 3 三台阶七步开挖法施工应符合下列要求:

1 以机械开挖为主,必要时辅以弱爆破;

2 弧形导形应沿开挖轮廓线环向开挖,预留核心土,开挖后及时支护;

3 其他分步平行开挖 ,平行施做初期支护,各分部初期支护衔接紧密,及时封闭成环;

4 仰拱紧跟下台阶,及时闭合构成稳固的支护体系;

5 施工过程通过监控量测,掌握围岩和支护的变形情况,及时调整支护参数和预留变形量,保证施工安全;

6 完善洞内临时防排水系统,防止地下水浸泡拱墙脚基础。

3. 2. 4 三台阶七步开挖法施工步骤见图 3. 2. 4—1,开挖透视图见 3. 2. 4—2,施工工序见图 3. 2. 4—3。

注:

1 上台阶开挖高度不小于上台阶开挖跨度的 0.3 倍,一般为 3.0~4.0 m。

2 中、下台阶开挖高度为隧道总开挖高度(不含仰拱)减去上台阶开挖高度后平均分配,一般为 3.0~3.5 m。

3 上台阶核心土长度(隧道纵向)为 3.0~5.0 m,高度为 1.5~2.5 m,宽度为上台阶开挖跨度的 1/3~1/2。

图 3. 2. 4—1 开挖步骤图

第 1 步,上部弧形导坑开挖 :在拱部超前支护后进行,环向开挖上部弧形导坑,预留核心土,核心土长度宜为 3 ~ 5 m,宽度宜为隧道开挖宽度的 1/3 ~1/2。开挖循环进尺应根据初期支护钢架间距确定,最大不得超过 1. 5 m ,开挖后立即初喷 3 ~ 5 cm 混凝土。上台阶开挖矢跨比应大于 0. 3 ,开挖后应及时进行喷、锚、网系统支护,架设钢架,在钢架拱脚以上 30 cm 高度处,紧贴钢架两侧边沿按下倾角 30°打设锁脚锚杆,锁脚锚杆与钢架牢固焊接,复喷混凝土至设计厚度。

第 2、3 步,左、右侧中台阶开挖:开挖进尺应根据初期支护钢架间距确定,最大不得超过 1. 5 m ,开挖高度一般为 3 ~ 3. 5 m,左、右侧台阶错开 2 ~ 3 m,开挖后立即初喷 3 ~ 5 cm 混凝土,及时进行喷、锚、网系统支护,接长钢架,在钢架墙脚以上 30 cm 高度处,紧贴钢架两侧边沿按下倾角 30°打设锁脚锚杆,锁脚锚杆与钢架牢固焊接,复喷混凝土至设计厚度。

第 4、5 步,左、右侧下台阶开挖:开挖进尺应根据初期支护钢架间距确定,最大不得超过 1. 5 m ,开挖高度一般为 3 ~ 3. 5 m,左、右侧台阶错开 2 ~ 3 m,开挖后立即初喷 3 ~

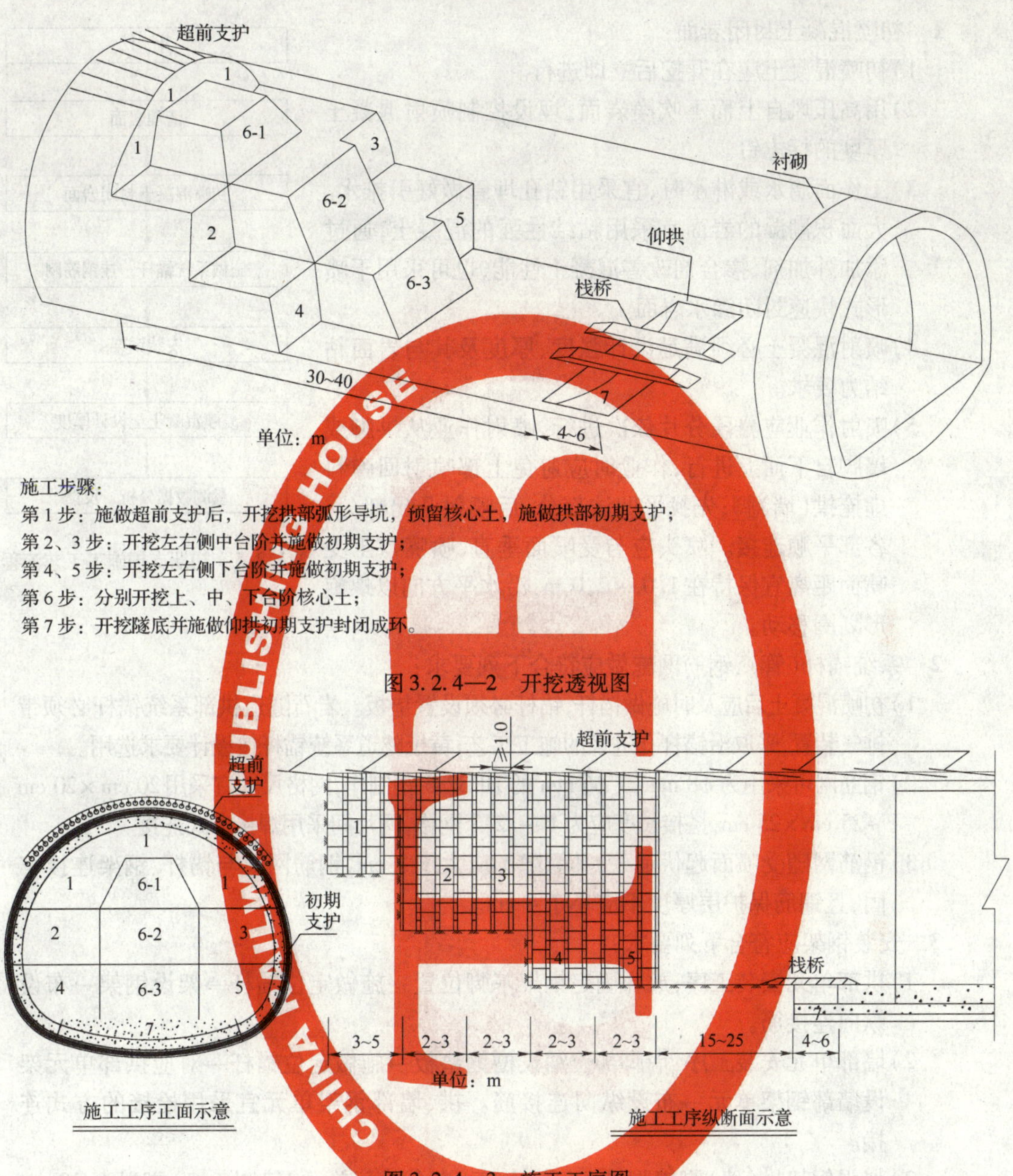

图3.2.4—2 开挖透视图

图3.2.4—3 施工工序图

5 cm 混凝土，及时进行喷、锚、网系统支护，接长钢架，在钢架墙脚以上 30 cm 高度处，紧贴钢架两侧边沿按下倾角 30°打设锁脚锚杆，锁脚锚杆与钢架牢固焊接，复喷混凝土至设计厚度。

第 6 步，上、中、下台阶预留核心土：各台阶分别开挖预留的核心土，开挖进尺与各台阶循环进尺相一致。

第 7 步，隧底开挖：每循环开挖长度宜为 2 ~ 3 m，开挖后及时施做仰拱初期支护，完成两个隧底开挖、支护循环后，及时施做仰拱，仰拱分段长度宜为 4 ~ 6 m。

3.2.5 三台阶七步开挖法的初期支护由喷射混凝土、锚杆（管）、钢筋网和钢架等组成，各部分联合受力。初期支护应在开挖后立即施做，以保护围岩的自然承载力，其施工工艺流程见图 3.2.5。

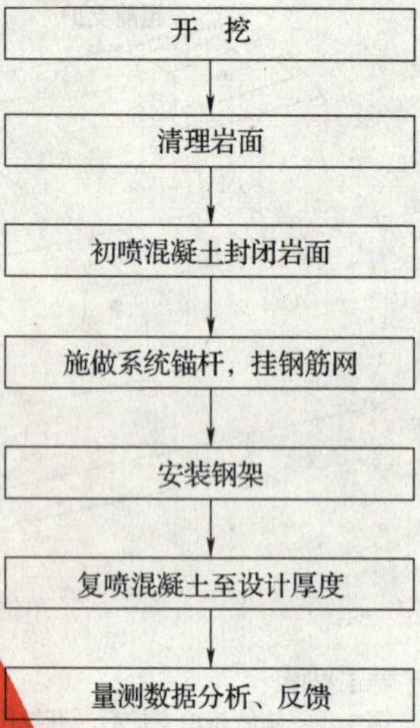

开　挖
↓
清理岩面
↓
初喷混凝土封闭岩面
↓
施做系统锚杆，挂钢筋网
↓
安装钢架
↓
复喷混凝土至设计厚度
↓
量测数据分析、反馈

图 3.2.5　初期支护施工工艺流程

1　初喷混凝土封闭岩面:

1)初喷混凝土应在开挖后立即进行。

2)用高压风自上而下吹净岩面,埋设控制喷射混凝土厚度的标志钉。

3)工作面滴水或淋水时,宜采用钻孔埋管做好引排水。大面积潮湿的岩面宜采用粘结性强的混凝土,通过添加外加剂、掺合剂改善混凝土性能,也可采用干喷形式快速封闭渗水岩面。

4)喷射混凝土必须满足设计强度、厚度及其与岩面粘结力要求。

5)喷射作业应分段分片依次进行,喷射作业从拱脚或墙脚自下而上进行,作业时应避免上部喷射回弹料虚掩拱(墙)脚;先找平凹洼部分,后喷射凸出部分,各部平顺连接。喷头应与受喷面垂直,喷嘴口至受喷面距离宜保持在 1.0 ~2.0 m,沿水平方向以螺旋形划圈移动。

2　系统锚杆(管)、钢筋网施做应符合下列要求:

1)初喷混凝土后应及时施做锚杆,锚杆必须设置垫板。岩石隧道拱部系统锚杆必须带排气装置,采取沿锚杆孔进浆的施工工艺;黄土隧道系统锚杆按设计要求选用。

2)钢筋网可采用为 ϕ8 mm 或 ϕ6 mm 的 HPB235 钢制作,网格尺寸宜采用 20 cm×20 cm ~25 cm×25 cm,搭接长度应为 1 ~ 2 个网格,网片间采用焊接方式连接。

3)钢筋网随受喷面起伏铺设,其间隙不应大于 3 cm,钢筋网应与锚杆、钢架连接牢固,且钢筋保护层厚度不应小于 4 cm。

3　安装钢架应符合下列要求:

1)拱部单元安装工序:放样确定钢架基脚位置→施做定位锚杆→架设钢架→布设纵向连接筋。

2)墙部单元安装工序:墙脚部位铺设槽钢垫板→施做定位锚杆→对应拱部单元架设墙部钢架单元→布设纵向连接筋。拱、墙部钢架单元宜采用栓接的方式连接。

3)加强钢架拱(墙)脚锁脚锚杆(管)施工,各台阶每单元钢架拱(墙)脚以上 30 cm 高度处,紧贴钢架两侧边沿按下倾角 30°打设 4 根或 4 根以上锁脚锚杆(管),锁脚锚杆(管)与钢架牢固焊接,锁脚锚杆直径不应小于 22 mm,锁脚锚管直径不应小于42 mm,长度不得小于 3.5 m,以控制基脚变形。

4)施工注意事项及要求:

①钢架拱(墙)脚应架设在稳固的基岩上或底部铺垫槽钢,以保证钢架基础稳固。安装前应清除基脚下的虚渣、虚土及杂物。

②钢架安装允许偏差:钢架间距、横向位置和高程与设计位置的偏差不超过 ±5 cm,垂直度允许偏差为 ±2°。

③钢架应与纵向连接筋、锁脚锚杆焊接牢固,以增强钢架的整体稳定性。

④锁脚锚杆施工应作为施工质量控制的重点,锁脚锚杆尾部宜加工成“L”形。

钢架连接板应采用栓接牢固连接。

⑤钢架和初喷混凝土间有较大间隙时，每隔2 m应采用骑马或楔形垫块顶紧；钢架与围岩的间隙不应大于5 cm。

4 喷射混凝土厚度应符合设计要求，二次复喷混凝土应分层喷射，每层厚宜为5 ~6 cm。喷射混凝土表面应平顺，无空鼓、裂缝、酥松，平整度宜采用2 m靠尺检查，允许偏差为侧壁5 cm、拱部7 cm。

3.3 仰拱施工

3.3.1 隧底开挖应采用全幅分段施工，上面铺设仰拱栈桥，每循环开挖长度宜控制在2 ~3 m。当仰拱施工滞后下部台阶开挖面30 ~40 m时，应停止前方工作面开挖或短距离跳槽进行隧底开挖。短距离跳槽的次数不得多余3次，每次跳槽间隔不得大于10 m。

3.3.2 隧底开挖后，应及时清除虚渣、杂物、泥浆、积水，立即初喷3 ~5 m厚混凝土封闭岩面，按照设计要求安装仰拱钢架，复喷射混凝土至设计厚度，使初期支护及时闭合成环。

3.3.3 仰拱应超前拱墙衬砌，每循环浇筑长度宜为4 ~6 m，仰拱应采用浮放模板支架成型。仰拱混凝土应分段全幅浇筑，一次成型，不留纵向施工缝，仰拱施工缝和变形缝应设置止水带。仰拱表面应平顺、不积水。

3.3.4 仰拱填充混凝土应在仰拱混凝土终凝后浇筑，浇筑前应清除仰拱表面的杂物和积水，连续浇筑，一次成型，不留纵向施工缝。填充混凝土强度达到5 MPa后允许行人通行，达到设计强度的100%后允许车辆通行。仰拱填充表面坡度应符合设计要求，应平顺，排水通畅不积水。

3.4 监控量测

3.4.1 监控量测工作必须紧跟开挖、支护作业进行布点和监测，量测数据可运用工程类比法及时分析反馈，必要时应根据分析结果调整支护参数，以保证施工安全。

3.4.2 量测项目可分为必测项目和选测项目。必测项目见表3.4.2，选测项目可结合工程实际情况，按照《铁路隧道监控量测技术规程》的规定选取。

表3.4.2 监控量测必测项目

序号	监测项目	测量方法和仪表	测量精度	备注
1	洞内、外观察	现场观察，地质罗盘仪		
2	初期支护拱（墙）脚净空变化	采用非接触无尺量测法，全站仪	0.1 mm	
3	初期支护拱顶下沉	采用非接触无尺量测法，全站仪	0.1 mm	
4	地表沉降	水准测量的方法，水准仪	1 mm	浅埋隧道（$H_0 \leqslant 2b$）、洞口段、下穿高速公路（建筑物）段必测

注：H_0为隧道埋深；b为隧道最大开挖宽度。

3.4.3 净空变化量测测点布置和初读数的读取应符合下列规定。测点、测线布置详见图3.4.3。

1 上部弧形导坑开挖并施做拱部初期支护后，布设拱顶下沉测点A和第一条净空

量测基线 B—B′,在 3 ~ 6 h 内取得初读数;

2 中台阶开挖并施做上部边墙初期支护后,布设第二条净空量测基线 C—C′,在 3 ~ 6 h 内取得初读数;

3 下台阶开挖并施做下部边墙初期支护后,布设第三条净空量测基线 D—D′,在 3 ~ 6 h 内取得初读数;

4 其他量测项目应在开挖后 12 h 内取得初读数,最迟不得超过 24 h,且在下一循环开挖前完成;

5 拱(墙)脚净空变化、拱顶、地表观测点应布设在同一断面,便于分析、比较。

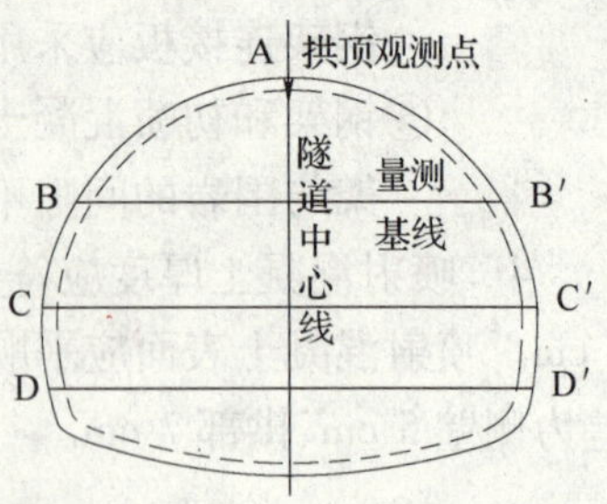

图 3.4.3　净空变化测点布置

3.4.4 各测点取得初读数据后,应按照位移速度和量测断面距开挖面距离选择量测频率(见表 3.4.4)。当出现异常情况时,应加大量测频率。

表 3.4.4　量测频率

位移速度		距开挖面距离	
位移速度(mm/d)	量测频率	量测断面距开挖面距离(m)	量测频率
≥5	2 次/d	(0 ~1)B	2 次/d
1 ~ 5	1 次/d	(1 ~2)B	1 次/d
0.5 ~ 1	1 次/2 ~ 3 d	(2 ~5)B	1 次/2 ~ 3 d
0.2 ~ 0.5	1 次/ 3 d	>5B	1 次/7 d
<0.2	1 次/7 d		

注:1　B 为隧道开挖跨度;

2　当按照“位移速度”和“量测断面距开挖面距离”选择量测频率出现较大差异时,宜取量测频率较高的实施。

3.4.5 量测数据整理及位移—时间变化曲线绘制应符合下列规定:

1 量测数据整理时,应将原始数据按照大小顺序,用频率分布的形式显示出一组数据分布情况,进行数据的数字特征计算以及离散数据的取舍。

2 绘制位移—时间变化曲线,通过回归分析预测最终位移值和各阶段的位移速率。具体方法如下(如拱顶下沉):

1)将量测数据输入计算机系统,绘制位移—时间变化曲线(U—t 曲线),见图 3.4.5;

2)若 U—t 曲线如图 3.4.5(a)所示趋于平缓,通过数据处理或回归分析,可推算最终位移值,掌握位移变化规律;

3)若 U—t 曲线出现类似图 3.4.5(b)所示情况,变形有加快发展趋势,表明围岩和支护处于不稳定状态,应停止前方开挖面掘进,加强支护。

3 一般情况下,采用三台阶七步开挖法施工时,围岩与支护变形有以下规律:开挖中台阶时,A 点和 B—B′基线位移会发生突变,中台阶墙部初期支护施做完成后,变形趋于平缓;开挖下台阶时,A 点和 C—C′基线位移会发生突变,下台阶墙部初期支护施做完成后,变形趋于平缓;开挖隧底时,A 点和 D—D′基线位移会发生突变,仰拱初期支护施做完成,支护全环闭合后,变形趋于平缓。

3.4.6 位移控制基准应根据测点距开挖面的距离,由初期支护极限相对位移按表 3.4.6 要求确定。

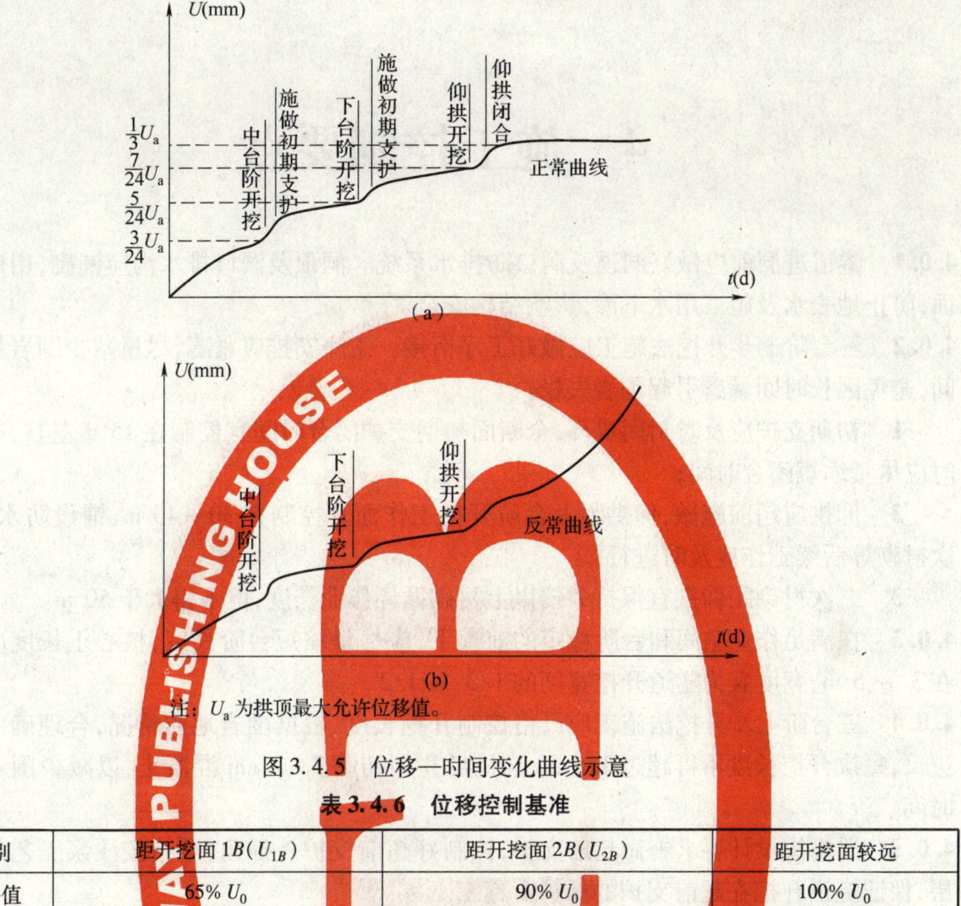

注：U_a 为拱顶最大允许位移值。

图 3.4.5 位移—时间变化曲线示意

表 3.4.6 位移控制基准

类别	距开挖面 1B(U_{1B})	距开挖面 2B(U_{2B})	距开挖面较远
允许值	65% U_0	90% U_0	100% U_0

注：1 B 为隧道开挖宽度；

2 U_0 为极限相对位移值，可根据隧道的开挖宽度、埋深、按照不同的围岩等级，参照《铁路隧道监控量测技术规程》或通过工程类比确定。

3.4.7 根据位移控制基准，可按表 3.4.7 分为三个管理等级。

表 3.4.7 位移管理等级

管理等级	距开挖面 1B	距开挖面 2B
Ⅲ	$U < U_{1B}/3$	$U < U_{2B}/3$
Ⅱ	$U_{1B}/3 \leq U \leq 2U_{1B}/3$	$U_{2B}/3 \leq U \leq 2U_{2B}/3$
Ⅰ	$U > 2U_{1B}/3$	$U > 2U_{2B}/3$

注：U 为实测位移值。

3.4.8 隧道位移管理应符合表 3.4.8 的规定。

表 3.4.8 变 形 管 理

管理等级	工 程 对 策
Ⅲ	正常施工
Ⅱ	采取工程对策，包括加强超前支护等，缩短台阶开挖长度，调整初期支护强度、刚度等，同时加强监控量测
Ⅰ	停止开挖，加强初期支护，加强监控量测

4 施工控制要点

4.0.1 隧道进洞前应做好洞顶及洞口防排水系统。洞顶及洞口排水沟应铺砌,用砂浆抹面,防止地表水及施工用水下渗,影响结构安全。

4.0.2 三台阶七步开挖法施工应做好工序衔接。工序安排应紧凑,尽量减少围岩暴露时间,避免因长时间暴露引起围岩失稳。

1 初期支护应及时封闭成环,全断面初期支护闭合时间宜控制在 15 d 左右,有条件时应尽量缩短闭合时间;

2 仰拱应超前施做,仰拱距上台阶开挖工作面宜控制在 30 ~ 40 m,铺设防水板、二次衬砌等后续工作应及时进行;

3 二次衬砌距仰拱宜保持 2 倍以上衬砌循环作业长度,但不得大于 50 m。

4.0.3 在满足作业空间和台阶稳定的前提下,应尽量缩短台阶长度,核心土长度应控制在 3 ~ 5 m,宽度宜为隧道开挖宽度的 1/3 ~ 1/2。

4.0.4 三台阶七步开挖法施工应严格控制开挖长度,根据围岩地质情况,合理确定循环进尺,每次开挖长度不得超过 1.5 m;开挖后立即初喷 3 ~ 5 cm 混凝土,以减少围岩暴露时间。

4.0.5 严格按设计要求施做超前支护,控制好超前支护外插角,严格按注浆工艺加固地层,保证隧道开挖在超前支护的保护下施工。

4.0.6 隧道周边部位应预留 30 cm 人工开挖,其余部位宜采用机械开挖,局部需要爆破时,必须采用弱爆破,不得超挖。施工时应严格控制装药量,减少对围岩的扰动。

4.0.7 中、下台阶左、右侧开挖应错开,严禁对开,左右侧错开距离宜为 2 ~ 3 m 。

4.0.8 钢架应严格按设计及规范要求加工制作和架设。钢架应架设在坚实基面上,严禁拱(墙)脚悬空或采用虚渣回填。钢架应与锁脚锚杆(管)焊接牢固。

4.0.9 隧道超挖部位必须回填密实,严禁初期支护背后存在空洞。必要时初期支护背后应进行充填注浆,保证初期支护与围岩密贴。

4.0.10 施工过程中可采用增加拱(墙)脚锁脚锚杆(管)、增设钢架拱(墙)脚部位纵向连接筋、扩大拱(墙)脚初期支护基础及增设拱(墙)脚槽钢垫板等增强拱(墙)脚承载力等措施控制变形。

4.0.11 应加强监控量测工作,根据量测结果,及时调整支护参数,确定二次衬砌施做时间,进行信息化施工管理。

4.0.12 应完善洞内临时防排水系统,严禁积水浸泡拱(墙)脚及在施工现场漫流,防止基底承载力降低。当地层含水量大时,上台阶开挖工作面附近宜开挖横向水沟,将水引至隧道中部或两侧排水沟排出洞外。必要时应配合井点降水等措施,降低地下水位至隧道仰拱以下,确保施工顺利进行。反坡施工时,应设置集水坑将水集中抽排。

4.0.13 隧道施工应加强洞内通风,作业环境应符合职业健康及安全标准。

5 劳 动 组 织

5.0.1 施工人员应经培训合格后上岗,特殊工种人员应持证上岗。

5.0.2 单作业面施工一般需要 75 人左右,并保持相对稳定。

5.0.3 人员分配和调整应按不同工种配齐、配足。单作业面施工作业人员配备见表 5.0.3,并可根据施工现场情况及时调整。

表 5.0.3 单作业面施工作业人员配备

序 号	作业项目	作 业 内 容	人 数
1	开挖(24 人)	风镐手	4
		风枪手	12
		挖掘机司机	2
		自卸车司机	6
2	初期支护(35 人)	制作钢架	8
		安装钢架、格栅	10
		喷射手	3
		喷射机司机	3
		喷射机上料	6
		搅拌机司机	2
		搅拌机上料	3
3	技术及测试(6 人)	技术员	1
		试验员	1
		测量班长	1
		测量工	3
4	仰拱(10 人)	隧底初期支护及仰拱混凝土浇筑	10
		合 计	75

6 机具设备

6.0.1 施工机具应根据隧道实施性施工组织设计要求,配备污染低、能耗小、效率高的机具。

6.0.2 单作业面施工机具配备参见表6.0.2,并可根据施工现场情况及时调整。

表6.0.2 单作业面施工机具配备

序号	作业项目	机具设备名称	规格型号	单位	数量	备注
1	开挖	电动压风机	20 m³/min	台	5	高压供风
		双液注浆机	4 m³/h	台	2	注浆
		风镐	G010	台	8	开挖修边
		风动凿岩机	YT-28	台	15	系统锚杆、超前支护、局部爆破钻眼
		挖掘机	CAT320C	台	1	开挖、装渣
		自卸车	20 t	辆	6	出渣
		装载机	小松 WA470	辆	2	装渣
		泥浆泵	100 m³/h	台	2	排水
2	初期支护	钢筋切断机	QJ40-1	台	1	加工钢筋
		钢筋折弯机	40	台	1	加工钢筋
		电焊机	BX-300	台	5	加工钢架、格栅及其他钢构件
		电焊机	BX-400	台	2	加工钢构件
		台式钻床	SP-25A	台	1	加工钢构件
		搅拌机	JS500	台	2	拌合混凝土
		湿喷机	TK961	台	3	喷射混凝土
3	量测仪器	全站仪	索佳 SET2130R	台	1	
		水准仪	PENTAXAP-128	台	1	
		铟钢尺		个		2
4	通风	通风机	SDF-No12.5	台	1	2×110 kW

本作业指南用词说明

执行本作业指南条文时,对于要求严格程度的用词说明如下:以便在执行中区别对待。

(1) 表示很严格,非这样做不可的用词:

正面词采用“必须”;

反面词采用“严禁”。

(2)表示严格,在正常情况均应这样做的用词:

正面词采用“应”;

反面词采用“不应”或“不得”。

(3)表示允许稍有选择,在条件许可时首先应这样做的用词:

正面词采用“宜”;

反面词采用“不宜”。

表示有选择,在一定条件下可以这样做的,采用“可”。

《铁路大断面隧道三台阶七步开挖法施工作业指南(试行)》条文说明

本条文说明系对重点条文的编制依据、存在的问题以及在执行中应注意的事项等予以说明。为了减少篇幅,只列条文号,未抄录原条文。

1.0.1 本作业指南是根据中铁十二局集团有限公司1999年编制的《大跨度软岩隧道短台阶七步平行流水作业施工工法》(99—12工字09号),结合近几年的施工情况,参考现行《客运专线铁路隧道工程施工技术指南》编制的。

1.0.2 三台阶七步开挖法在施工的各阶段,均应进行现场量测,及时提出可靠的量测信息,反馈指导施工和修改支护设计参数。

1.0.3 三台阶七步开挖法适用断面100 ~180 m^2,是根据以往大断面隧道施工及郑西客运专线张茅隧道、交口隧道等施工的经验确定的。该方法适用于Ⅳ、Ⅴ级围岩,主要有黄土、强风化岩层等,如郑西客运专线张茅隧道为Q_2老黄土(进口为强风化安山岩),京珠高速公路靠椅山隧道为强风化泥岩、强风化泥质粉砂岩等;不适用于围岩地质为流塑状态、洞口浅埋偏压段(但经过反压处理或施做超前大管棚后可采用)。

1.0.4 三台阶七步开挖法规避了侧壁导坑法、中隔壁法及交叉中隔壁法等需要拆除临时支护及受力转换造成不安全的因素,及时调整闭合时间,方便机械化施工,利于施工工序转换。

3.2.1 隧道工程的地质条件复杂多变,不预先掌握围岩地质情况,就有可能发生坍塌、沉陷、涌水、突泥、有害气体突出等事故。为了保证隧道施工安全和工程质量,应将超前地质预测、预报纳入施工工序,特别是在长大复杂地质隧道,必须做到有疑必探、先探后掘。掌握地层岩性是避免地质灾害发生的前提条件,同时要分析周边水文地质情况对隧道的影响。

3.2.2 三台阶七步开挖法需结合辅助施工措施对前方开挖面进行预支护或预加固,以提高围岩自承能力,抑制围岩的松弛、变形。

3.2.4 开挖进尺要求不得大于1.5 m,主要是考虑开挖进尺过大一是围岩暴露面积过大降低了围岩自身承载能力;二是进尺过大延长了开挖工作面封闭时间;初喷混凝土厚度3 ~5 cm,增强围岩自稳能力,避免围岩长时间暴露产生掉块。核心土长度3 ~ 5 m(当围岩较差时留5 m,围岩较好时可留3 m),宽度为隧道跨度的1/3 ~1/2,可以有效地防止软弱围岩开挖面失稳,同时提供了作业平台;“上台阶要求开挖矢跨比大于0.3”是指拱部开挖高度与开挖跨度比值应大于0.3。根据以往隧道施工经验,当矢跨比大于0.3时,拱部开挖比较稳定。中、下台阶开挖高度的划分,可根据实际断面大小酌情调整。

3.2.5 由于三台阶七步开挖法是一种动态的施工方法,初期支护施工应实行动态管理,根据围岩与支护的实际变形情况及时调整支护参数,以满足隧道施工安全要求,调整前必须得到上级技术部门及设计、监理单位的批准。

1 由于软弱围岩开挖后常出现局部坍塌、掉块现象,初喷混凝土封闭岩面显得尤为重要,一般初喷混凝土厚度3 ~ 5 cm。对掺水和大面积潮湿的岩面,为了增加粘着力,初喷混凝土可适当增加水泥用量,也可选用潮喷方法。

2 锚杆钻孔方向应与孔口岩面垂直,使垫板密贴岩面,拧紧尾部螺母,保证支护效果。

3 钢架和初喷混凝土面应密贴。钢架背后的空隙,在喷混凝土过程中适当缩短喷头至受喷面的距离并调整喷头角度,保证钢拱架背后喷射密实,提高钢架支护效果。

3.3.1 仰拱施工作为支护体系闭合的最后一道工序,如果不及时施做,往往造成支护变形过大,所以本作业指南对仰拱与开挖工作面距离做了严格要求。仰拱采用栈桥施工方可满足平行作业的要求。

3.3.3 ~3.3.4 本作业指南强调仰拱和仰拱填充混凝土浇筑是考虑隧道初期支护结构整体受力的需要。仰拱混凝土浇筑抑制了初期支护墙脚净空变化和隧底竖向位移,加强了仰拱初期支护结构受力;仰拱填充提前施做有利于隧道施工车辆及行人通行,便于后序拱墙衬砌施工,同时防止仰拱积水。

3.4.1 量测作为掌握围岩和初期支护稳定状态的重要手段,是指导设计和施工决策的依据。在三台阶七步开挖法中,开挖断面大,地质软弱复杂,应加大量测频率,认真做好数据的采集、整理、分析反馈工作,采集数据采用非接触无尺量测较为方便。

4.0.1 软弱围岩隧道,地表水对浅埋段和洞口段施工的影响是很大的,洞顶及洞口排水系统应在进洞前施做,以防止地表水及施工用水下渗。

4.0.2 仰拱距开挖工作面30 ~ 40 m,开挖及施做初期支护按2 m/d考虑,初期支护全环闭合需要15 d左右。

4.0.7 中、下台阶左、右侧边墙若对开,会导致钢架两侧拱(墙)脚同时悬空,易出现掉拱现象。如左、右两侧边墙错开距离过大,将增加初期支护全环闭合时间,对施工安全不利。

4.0.8 锁脚锚杆(管)对三台阶七步开挖法施工安全至关重要,可防止钢架拱脚向洞内位移和下沉。

4.0.11 围岩及初期支护变形过大或变形不收敛,又难以及时补强时,可提前施做二次衬砌,以改善施工阶段结构的受力状态,此时二次衬砌应予以加强。

4.0.12 软弱围岩隧道洞内地下水治理不好,易浸泡软化拱(墙)脚,降低基底承载力,易引起隧道塌方,故应及时完善洞内临时防排水系统。

4.0.13 长大隧道施工,洞内通风设计和实施应引起高度重视,必须以人为本,根据隧道掘进长度采用压入式或混合式通风,确保作业面空气新鲜。尤其是洞内进行出渣、喷射混凝土等作业时,宜进行不间断通风,对粉尘、一氧化碳等有害气体采用仪器检测,必要时停止洞内作业,采取有效措施,待作业面环境达标后再行施工。

中华人民共和国行业标准

铁建设〔2007〕200号

铁路隧道风险评估与管理暂行规定

2007—10—29 发布　　　　2007—10—29 实施

中华人民共和国铁道部　发布

前　言

本暂行规定是根据铁道部《关于尽快开展〈铁路隧道风险评估指南〉编制工作通知》的要求编制的。

在编制过程中,认真总结了我国铁路隧道建设经验和教训,学习和借鉴了国际先进标准,开展了必要的理论研究和调查统计工作,形成了铁路隧道风险评估与管理体系。本暂行规定突出了系统性、完整性和可操作性的特点,是铁路隧道风险评估与管理的指导性文件。

铁路隧道工程发生各类风险的概率较其他工程高,且一旦发生,所造成的损失较大。开展铁路隧道风险评估与管理,有利于决策科学化,有利于减少工程事故的发生,有利于提高政府、业主、设计单位和施工单位的风险管理意识和风险管理能力,从而达到控制风险、减少损失的目的。本暂行规定严格按照标准编制程序组织编制,在广泛征求意见的基础上,组织路内外专家对编制大纲、征求意见稿、送审稿、报批稿进行了审查。

本暂行规定共分6章,主要内容包括:总则、术语、基本规定、铁路隧道风险评估、铁路隧道风险管理、铁路隧道风险评估报告编制,另有1个附录。

在执行本暂行规定过程中,希望各单位结合工程实践,认真总结和积累经验。如发现需要修改、完善和补充之处,请及时将意见及有关资料寄交中国中铁二院工程集团有限责任公司(四川省成都市通锦路3号,邮政编码:610031),并抄送铁道部经济规划研究院(北京市海淀区羊坊店路甲8号,邮政编码:100038),供今后修订时参考。

本暂行规定由铁道部建设管理司负责解释。

本暂行规定主编单位:中国中铁二院工程集团有限责任公司。

本暂行规定参编单位:中铁隧道集团有限公司、中铁十二局集团有限公司、西南交通大学。

本暂行规定主要起草人:陈赤坤、郑长青、仇文革、高杨、曹磊、曹化平、喻渝、罗志、周振国、陈思安、张金柱、商崇伦。

目　次

1 总 则

1.0.1 为规范铁路隧道风险评估与管理工作,循序渐进地建立风险评估与管理体系,制定本暂行规定。

1.0.2 本暂行规定主要适用于新建铁路隧道,也可供类似地下工程参考。

1.0.3 铁路隧道应进行风险评估与管理。风险评估与管理必须贯穿于铁路隧道设计和施工全过程。

1.0.4 铁路隧道风险评估与管理包含设计阶段、招投标阶段和施工阶段,其中设计阶段分为可行性研究、初步设计、施工图阶段。

1.0.5 铁路隧道建设各方应主动、及时、动态地进行风险管理,以保证风险评估全面、可靠、风险处理合理、有效,风险监测准确,反馈及时。

1.0.6 各阶段风险评估与管理应根据隧道工程技术特点针对安全、环境、质量、投资、工期、第三方等风险进行,以安全风险为风险评估与管理的重点,并高度重视具有突发性和灾难性的风险。对安全风险等级评定为极高的应予以规避。

1.0.7 业主、设计、施工等相关单位应作为风险评估与管理的参与方承担相应的风险,风险参与方可通过合同或保险,合理分担或转移风险。

1.0.8 铁路隧道风险评估与管理除应遵守本暂行规定外,尚应符合国家现行的有关强制性标准的规定。

2 术　语

2.0.1　风险　risk

在铁路隧道工程设计和施工期间发生人员伤亡、环境破坏、财产损失、工程经济损失、工期延误等潜在的不利事件的概率(P)和后果(C)的集合,表达式为 $R=f(P,C)$。

2.0.2　风险事件　hazard

工程中发生的人员伤亡、环境破坏、财产损失、工程经济损失、工期延误等偶然性事件,也称风险事故。

2.0.3　风险因素　hazard factor

导致风险事件发生的潜在原因,是促使风险事件发生概率和(或)损失幅度增加的因素。

2.0.4　损失　loss

非预期的不利后果,包括人员伤亡、环境破坏、财产损失、工程经济损失、工期延误等直接或间接损失。

2.0.5　风险识别　risk identification

对存在于工程项目中的风险因素(事件)进行确认和分类。

2.0.6　风险估计　risk estimation

对工程中各种风险发生的可能性及不利后果进行估算。

2.0.7　风险分析　risk analysis

对风险进行识别和估计。

2.0.8　风险评价　risk evaluation

对风险因素和风险事件进行分析和等级评定。

2.0.9　风险评估　risk assessment

对风险进行识别、估计和评价,是辨识其不确定性及评价其影响程度的过程。

2.0.10　风险处理　risk treatment

对风险因素进行处置和应对,其内容包括风险接受、风险减轻、风险转移和风险规避。

2.0.11　风险监测　risk monitoring

风险管理过程中,对风险进行的全程动态监测。

2.0.12　风险控制　risk control

对风险进行的处理和监测。

2.0.13　风险管理　risk management

参与工程建设的各方通过风险分析、风险估计、风险评价、风险处理和风险监测,以求减少风险的影响,以较低、合理的成本获得最大安全保障的管理行为。

2.0.14　风险接受准则　risk acceptance criteria

工程参与各方及第三方可接受或可容忍的最大风险,采用定性或定量的等级指标描述。

2.0.15　风险指标体系　risk index system

按照风险产生的根源或类别等建立的体现风险因素与事件分类及层次关系的树状或层状结构。

2.0.16　初始风险　initial risk

工程建设各阶段未采取风险处理措施前就已存在的风险。

2.0.17　残留风险　residual risk

对初始风险采取处理措施后自留或转移到下一阶段的风险。

2.0.18　风险登记　risk register

对识别的风险进行记录，包括风险处理的详细描述。

2.0.19　第三方　third party

不直接参与工程设计和施工，但受到工程活动影响的相关个人、群体及其设施。

3 基本规定

3.1 铁路隧道风险评估与管理原则

3.1.1 铁路隧道工程风险评估与管理应根据不同建设阶段的任务、目的和要求，针对隧道工程技术特点，确定评估与管理对象、目标和方法。

3.1.2 铁路隧道工程建设各方（包括业主、设计单位、施工单位、监理单位等）应积极进行风险管理，通过风险计划、风险识别、风险估计、风险评价、风险处理和风险监测，优化组合各种风险管理技术，对工程实施动态、有效的风险控制和跟踪处理。

3.1.3 铁路隧道风险评估应主要对造成人员伤亡、环境破坏、财产损失、工程经济损失、工期延误等风险事件进行评估。

3.1.4 风险评估是风险管理的基础和重要工作内容，风险管理是风险评估的目的，均应随着项目建设各阶段的推进而动态地进行。

3.1.5 铁路隧道风险评估与管理目标为安全风险、环境风险、工期风险、投资风险及第三方风险等。

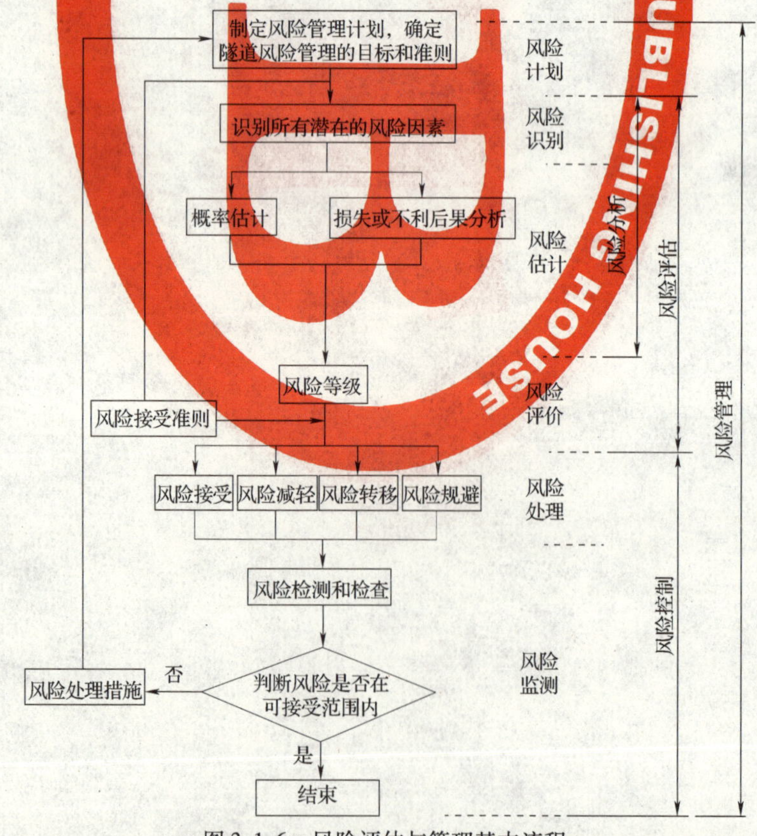

图 3.1.6 风险评估与管理基本流程

3.1.6 铁路隧道风险评估与管理应遵循图 3.1.6 所示基本流程。

3.2 风险评估

3.2.1 风险评估应首先明确相关人员及组织机构，制订计划和策略，确定风险评估对象及目标、风险等级标准和接受准则，收集基本资料，提出风险识别和评价方法等。

3.2.2 风险识别应确定风险的来源并分类，建立适合的风险指标体系。风险识别应提出风险指标体系和风险清单等成果。

风险识别可采用核对表法、专家调查法、头脑风暴法和层次分析法等。

3.2.3 风险估计和评价应建立合理、通用、简洁和可操作的风险评价模型，并按下列基本程序进行：

1 对初始风险进行估计，分别确定各风险因素对目标风险发生的概率和损失。风险概率难以取得时，可采用风险频率代替。

2 分析各风险因素对目标风险的影响程度。

3 评价初始风险等级。

4 根据评价结果制订相应的风险处理方案或措施。

5 对风险进行再评价，提出残留风险。

风险估计和评价可采用专家调查法、风险矩阵法、层次分析法、故障树法、模糊综合评估法、蒙特卡罗法、敏感性分析法等。

3.3 风险管理

3.3.1 风险管理应在合理、可行的前提下，将铁路隧道工程建设中可能存在的各类风险降到可接受的水平，在此基础上保障安全、保护环境、保证建设工期、控制投资、提高效益。

3.3.2 风险管理是动态的过程，应根据工程环境的变化、工程的推进及时进行修正、登记及监测检查，定期反馈，随时与相关单位沟通。

3.3.3 风险管理应首先针对工程特点、上阶段风险评估成果、接受准则等制订风险管理计划。

3.3.4 制订风险管理计划应包括下列内容：

1 确定风险目标、原则和策略；

2 规定相关报告的内容及格式；

3 提出阶段性工作目标、范围、方法与评估标准；

4 明确工程参与各方的职责；

5 组织开展各方自身与相互之间的风险管理及协调工作。

3.3.5 风险处理应符合下列规定：

1 根据项目的风险评估结果，按照风险接受准则，提出风险处理措施。风险处理基本措施包括风险接受、风险减轻、风险转移、风险规避。

2 根据风险处理结果，提出风险对策表。风险对策表的内容应包括初始风险、设计或施工应对措施、残留风险等。

3 对风险处理结果实施动态管理。当风险在接受范围内时，隧道风险管理按预定计划执行，直至工程结束；当风险不可接受时，应对风险进行再处理，并重新制订风险管理计划。

3.3.6 风险监测应符合下列规定：

1 制订风险监测计划，提出监测标准；

2 跟踪风险管理计划的实施，采用有效的方法及工具，监测和应对风险；

3 报告风险状态，发出风险预警信号，提出风险处理建议。

3.3.7 风险管理的目的是使建设各方了解风险现状，保证建设各方共同利益，合理地分担风险，避免重大损失。

3.3.8 在施工期间，对可能发生的突发风险事件，应划分预警分级。根据突发风险事件可能造成的社会影响性、危害程度、紧急程度、发展势态和可控性等情况，预警分为Ⅰ级（特别严重）、Ⅱ级（严重）、Ⅲ级（较严重）和Ⅳ级（一般），依次用红色、橙色、黄色和蓝色表示。

4 铁路隧道风险评估

4.1 一 般 规 定

4.1.1 铁路隧道风险评估应根据各阶段信息建立风险指标体系(如表4.1.1)。体系可按风险因素与风险事件关系的层状或树状结构建立,也可采用核对表形式。对风险评估目标有特殊要求的隧道,宜在本指标体系基础上进行专项评估。

表4.1.1 铁路隧道风险评估指标体系框架

<table>
<tr><th>项 目 阶 段</th><th>施 工 方 法</th><th>目 标 风 险</th><th>风险因素或风险事件</th></tr>
<tr><td rowspan="3">可行性研究阶段</td><td rowspan="3">矿山法
掘进机法
盾构法</td><td rowspan="28">安全、环境、
质量、投资、
工期、第三方</td><td>地质因素</td></tr>
<tr><td>隧道技术因素</td></tr>
<tr><td>其他</td></tr>
<tr><td rowspan="9">初步设计阶段
施工图设计阶段</td><td rowspan="9">矿山法
掘进机法
盾构法</td><td>塌方</td></tr>
<tr><td>瓦斯</td></tr>
<tr><td>突水(泥、石)</td></tr>
<tr><td>大变形</td></tr>
<tr><td>岩爆</td></tr>
<tr><td>设备风险</td></tr>
<tr><td>掘进风险</td></tr>
<tr><td>进出洞风险</td></tr>
<tr><td>其他</td></tr>
<tr><td rowspan="16">施工阶段</td><td rowspan="6">矿山法</td><td>塌方</td></tr>
<tr><td>突水(泥、石)</td></tr>
<tr><td>瓦斯</td></tr>
<tr><td>大变形</td></tr>
<tr><td>岩爆</td></tr>
<tr><td>其他</td></tr>
<tr><td rowspan="3">明挖法</td><td>山体开裂变形</td></tr>
<tr><td>坍塌</td></tr>
<tr><td>其他</td></tr>
<tr><td rowspan="3">掘进机法</td><td>设备风险</td></tr>
<tr><td>掘进风险</td></tr>
<tr><td>其他</td></tr>
<tr><td rowspan="4">盾构法</td><td>设备风险</td></tr>
<tr><td>掘进风险</td></tr>
<tr><td>进出洞风险</td></tr>
<tr><td>其他</td></tr>
</table>

4.1.2　铁路隧道风险评估应结合各阶段工作特点和内容，确定风险评估对象和目标，进行评估工作，提出相应的风险处理措施。当风险产生的后果可能为突发性事故（瓦斯爆炸、突水、突泥、突石等）时，风险处理必须明确设计措施和预案、施工工序、注意事项、监控要求和施工应急措施等，并进行有效的风险管理。

4.1.3　安全风险是铁路隧道风险评估的首要目标，需在保证安全的前提下，进行其他目标风险（环境、质量、投资、工期、第三方）的评估。为保证评估与管理切实有效，相关费用应纳入工程概算。

4.1.4　当初始的安全风险评价为高度或极高等级时，必须高度重视，采取切实有效的措施。当残留的安全风险评价为高度等级时，必须报业主审查；当评价为极高等级时，必须规避并上报业主及上级主管部门。

4.1.5　铁路隧道风险评估方法应根据各阶段风险特点采用定性、定性和定量相结合、定量的方法。

4.1.6　各阶段风险评估完成后，应提供风险评估报告。

4.2　铁路隧道风险分级和接受准则

4.2.1　铁路隧道风险分级包括事故发生概率的等级标准、事故发生后果的等级标准和风险的等级标准。

4.2.2　隧道风险等级应综合考虑隧道工程地质、投资、工期和技术难度等因素确定，实际应用中可参考本暂行规定的等级标准。

4.2.3　事故发生概率分成五级，如表4.2.3所示。

表4.2.3　事故发生概率等级标准

概率范围	中心值	概率等级描述	概率等级
>0.3	1	很可能	5
0.03～0.3	0.1	可能	4
0.003～0.03	0.01	偶然	3
0.000 3～0.003	0.001	不可能	2
<0.000 3	0.000 1	很不可能	1

注：1　当概率值难以取得时，可用频率代替概率；

2　中心值代表所给区间的对数平均值。

4.2.4　事故发生后果分成五级，各种后果的等级标准如表4.2.4—1～4.2.4—4所示。

1　经济损失是指风险事故发生后造成工程项目发生的各种费用的总和，包括直接费用和事故处理所需的各种费用，如表4.2.4—1。

表4.2.4—1　经济损失等级标准

后果定性描述	灾难性的	很严重的	严重的	较大的	轻微的
后果等级	5	4	3	2	1
经济损失（万元）	>1 000	300～1 000	100～300	30～100	<30

注：“～”含义为包括上限值而不包括下限值，以下各表均同。

2　人员伤亡是指在参与施工活动过程中人员所发生的伤亡,依据人员伤亡的类别和严重程度进行分级,如表 4.2.4—2。

表 4.2.4—2　人员伤亡等级标准

后果定性描述	灾难性的	很严重的	严重的	较大的	轻微的
后果等级	5	4	3	2	1
人员伤亡数量(人)	$F>9$	$2<F\leqslant 9$ 或 $SI>10$	$1\leqslant F\leqslant 2$ 或 $1<SI\leqslant 10$	$SI=1$ 或 $1<MI\leqslant 10$	$MI=1$

注:F = 死亡人数,SI = 重伤人数,MI = 轻伤人数。

3　工程延误是指工程风险事故引起的工程建设时间延长。不同性质的工程和建设工期,采用不同的绝对延误时间,如表 4.2.4—3。

表 4.2.4—3　工期延误等级标准

后果定性描述	灾难性的	很严重的	严重的	较大的	轻微的
后果等级	5	4	3	2	1
延误时间 1(控制工期工程)(月/单一事故)	>10	1~10	0.1~1	0.01~0.1	<0.01
延误时间 2(非控制工期工程)(月/单一事故)	>24	6~24	2~6	0.5~2	<0.5

4　环境影响是指隧道施工对周围建(构)筑物破坏或损害、环境污染等。环境影响根据其影响程度进行分级,如表 4.2.4—4。

表 4.2.4—4　环境影响等级标准

后果定性描述	灾难性的	很严重的	严重的	较大的	轻微的
后果等级	5	4	3	2	1
环境影响描述	永久的,且严重的	永久的,但轻微的	长期的	临时的,但严重的	临时的,且轻微的

注:"临时的"含义为在施工工期以内可以消除;"长期的"含义为在施工工期以内不能消除,但不会是永久的;"永久的"含义为不可逆转或不可恢复的。

4.2.5　根据事故发生的概率和后果等级,将风险等级分为四级,如表 4.2.5。

表 4.2.5　风险等级标准

概率等级 \ 后果等级		轻微的	较大的	严重的	很严重的	灾难性的
		1	2	3	4	5
很可能	5	高度	高度	极高	极高	极高
可能	4	中度	高度	高度	极高	极高
偶然	3	中度	中度	高度	高度	极高
不可能	2	低度	中度	中度	高度	高度
很不可能	1	低度	低度	中度	中度	高度

注:▇▇ 极高;▇▇ 高度;▇▇ 中度;▇▇ 低度。

4.2.6　铁路隧道风险接受准则与采取的风险处理措施如表 4.2.6。

表 4.2.6 风险接受准则

风险等级	接受准则	处理措施
低度	可忽略	此类风险较小，不需采取风险处理措施和监测
中度	可接受	此类风险次之，一般不需采取风险处理措施，但需予以监测
高度	不期望	此类风险较大，必须采取风险处理措施降低风险并加强监测，且满足降低风险的成本不高于风险发生后的损失
极高	不可接受	此类风险最大，必须高度重视并规避，否则要不惜代价将风险至少降低到不期望的程度

4.3 可行性研究阶段风险评估

4.3.1 可行性研究阶段应对工程的安全、工期、投资、环境有重大影响的控制性隧道工程进行风险评估。

4.3.2 可行性研究阶段风险因素识别可参照表 4.3.2 进行。

表 4.3.2 可行性研究阶段风险因素核对表

风险因素类别	风险因素
地质因素	区域地形、地貌、地质对隧道方案影响程度
	不良地质、特殊岩土对隧道方案影响程度
	地质勘察的不确定性程度
	其　他
隧道技术因素	工法选择（矿山法、掘进机法、盾构法）
	类似工程可参考程度
	技术难度
	结构设计
	监控量测设计
	特长隧道的线路情况
	辅助坑道
	其　他
其　他	

4.3.3 可行性研究阶段应先评估地质风险，确定初始风险等级，提出相应的勘察设计措施。其主要工作包括：

1 初步选定隧道线路比选方案；

2 评估初始风险（地质），选择设计方案；

3 根据不同的设计方案进行再评估，确定残留风险；

4 对极高等级的残留风险应上报业主及上级主管部门，业主必须采取放弃或修改线路方案等措施；

5 对高度等级的残留风险，设计单位应加强监测，在初步设计阶段加强地质勘探，加深对线路方案及隧道技术方案的研究；

6 对中度等级的残留风险，设计单位应予以监测。

4.4　初步设计阶段风险评估

4.4.1　初步设计阶段应根据可行性研究阶段评估结果,结合本阶段的勘察资料和设计原则,对采用矿山法施工的塌方、瓦斯、突水(泥、石)、岩爆、大变形等典型风险进行评估,对采用掘进机法和盾构法施工的设备、掘进、盾构进出洞等典型风险进行评估。

4.4.2　初步设计阶段风险评估内容和成果应满足施工阶段安全风险评估的基本要求。

4.4.3　初步设计阶段风险因素识别可参照表4.4.3—1和表4.4.3—2进行。

表4.4.3—1　矿山法施工风险因素核对表

风险因素 \ 风险事件		塌方	瓦斯	突水(泥、石)	大变形	岩爆	其他
地形	偏压	★					
地质	岩性及风化程度	★		★	★	★	
	构造(单斜、向斜、背斜、断层)	★	★	★	★	★	
	地下水	★		★	★		
不良地质	滑坡	★					
	岩堆	★					
	顺层	★					
	岩溶			★			
	煤层及矿藏采空区	★	★	★			
特殊岩土	挤压性地层				★		
	膨胀岩、土,冻土,软土				★		
设计情况	常规设计	★	★	★	★	★	
	特殊设计	★	★	★	★	★	
	监测量测设计	★	★	★	★	★	
隧道	断面	★	★	★	★	★	
	长度	★	★	★	★	★	
	埋深	★	★	★	★	★	
辅助坑道	类型		★	★			
	长度		★	★			
	位置		★	★			
	坡度		★	★			
	断面大小		★	★			
其他							

注:其中"★"表示该风险因素对风险事件有影响(以下各表同)。

表 4.4.3—2　掘进机和盾构法施工风险因素核对表

风险因素	风险事件	设备风险	进出洞风险	掘进风险	其　他
地　质	岩性及风化程度	★	★	★	
	构造(单斜、向斜、背斜、断层)	★	★	★	
	地下水	★	★	★	
不良地质	顺　层	★		★	
	岩　溶	★		★	
	煤层及矿藏采空区	★		★	
	挤压性地层	★		★	
特殊岩土	膨胀岩、土,冻土,软土	★	★	★	
设计情况	常规设计	★	★	★	
	特殊设计	★	★	★	
	监控量测设计	★	★	★	
	设备选型	★		★	
隧　道	断　面	★	★	★	
	长　度	★	★	★	
	埋　深	★		★	
建(构)筑物		★	★	★	
下穿江、河		★	★	★	
其　他					

注:其中进出洞风险为盾构法施工风险。

4.4.4　初步设计阶段应根据隧道地质纵断面情况分段评估,确定初始风险(典型风险)等级,提出相应的设计措施。其主要工作包括:

1　分段评估初始风险,选择设计措施;

2　根据设计措施进行再评估,确定残留风险;

3　对极高等级的残留风险应上报业主及上级主管部门,业主必须采取放弃或修改线路方案等措施;

4　对高度等级的残留风险,设计单位应加强监测,在施工图阶段补充地质勘探;

5　对中度等级的残留风险,设计单位应予以监测。

4.5　施工图阶段风险评估

4.5.1　施工图阶段应根据初步设计审查意见,对设计方案需进行重大修改的隧道进行评估。

4.5.2　施工图阶段风险评估主要工作内容同初步设计阶段。

4.5.3　对高度等级的残留风险,设计单位应提出风险减缓措施,减低风险到中度及以下。

4.5.4　对中度等级的残留风险,应在施工图注意事项中明确,在施工阶段予以监测。

4.6 施工阶段风险评估

4.6.1 施工阶段应在施工图阶段的风险评估结果基础上，结合实施性施工组织设计，对所有隧道进行评估。其中采用矿山法施工的隧道侧重于安全，对塌方、瓦斯、突水(泥、石)、岩爆、大变形等典型风险进行评估；采用掘进机法和盾构法施工的隧道，对设备、掘进、盾构进出洞等典型风险进行评估。

4.6.2 施工阶段风险评估内容和成果应满足指导施工中进行风险控制的基本要求。

4.6.3 矿山法施工隧道典型风险因素识别可参照表4.6.3进行。

表4.6.3 矿山法施工风险因素核对表

风险因素 \ 风险事件		塌 方	瓦 斯	突水(泥、石)	大变形	岩 爆	其 他
施工准备情况	见表4.6.7—1	★	★	★	★	★	
施工地质勘察	见表4.6.7—2	★	★	★	★	★	
开挖情况	开挖方式	★	★	★	★	★	
	循环进尺	★	★	★	★	★	
	瓦斯预抽放		★				
	爆破器材检查和落实	★	★	★	★	★	
	预留变形量				★		
	掌子面减少措施					★	
	应力释放措施					★	
	地下水处理	★	★	★			
	爆破方法	★	★	★	★	★	
	隧道超挖情况	★		★	★		
	进 洞	★					
	落 底	★		★			
	挑 顶	★		★			
	断面变化处或工法转化处	★					
	其 他						
揭煤、防突情况	资料收集情况		★				
	常规地质法情况(地质素描)		★				
	超前地质预报情况		★				
	石门开启方法		★				
	安全岩柱留设		★				
	震动或远距离爆破		★				
	瓦斯泄压与排放		★				
	注浆封闭瓦斯		★				
	其 他						

续上表

风险因素	风险事件	塌 方	瓦 斯	突水(泥、石)	大变形	岩 爆	其 他
通风情况	通风系统		★				
	通风设备		★				
	通风质量		★				
	其 他						
施工期防排水	注浆堵水措施			★			
	排水措施			★			
	降水措施			★			
	其 他						
火源控制措施	洞口火源检查		★				
	焊接切割等危险作业规章制度及执行		★				
	进洞人员禁穿化纤服装		★				
	其 他						
支护及衬砌情况	支护刚度	★			★		
	超前支护	★		★	★		
	预注浆			★			
	隔离措施		★				
	气密性混凝土		★				
	施工缝沉降缝处理		★				
	地层加固与改良	★					
	支护时机	★	★	★	★		
	支护方法	★	★	★	★		
	支护质量	★	★	★	★		
	闭合成环周期	★		★	★		
	其 他						
防护情况	机械设备防护		★	★		★	
	人员防护		★	★		★	
	其 他						
电器设备与作业机械	电缆选型		★				
	设备选型		★				
	电器与保护情况		★				
	风电闭锁		★				
	其 他						

续上表

风险因素 \ 风险事件		塌方	瓦斯	突水(泥、石)	大变形	岩爆	其他
	水量			★			
	水质			★			
	水压			★			
监控量测	掌子面稳定情况	★	★	★	★		
	量测器材及布置	★	★	★	★	★	
	量测频率	★	★	★	★	★	
	规范要求监测项目	★	★	★	★	★	
	监控量测制度	★	★	★	★	★	
	信息反馈及处理	★	★	★	★	★	
	瓦斯(浓度、压力)		★				
	其他						
施工管理	见表4.6.7—3	★	★	★	★	★	
隧道特征	见表4.6.7—4	★	★	★	★	★	
其他							

4.6.4 洞口段隧道施工中应特别注意洞口周边环境和地形地质条件,避免对第三方造成人员伤亡和经济损失,其典型风险因素识别可参照表4.6.4进行。

表4.6.4 洞口段隧道施工风险因素核对表

风险因素 \ 风险事件		山体开裂变形	坍塌	其他
施工准备情况	见表4.6.7—1	★	★	
施工地质勘察	见表4.6.7—2	★	★	
施工组织	施工顺序	★	★	
开挖情况	开挖速度	★	★	
	地下水处理	★	★	
	爆破方法	★	★	
	爆破器材检查和落实	★	★	
	弃渣堆放	★	★	
	其他			
施工期防排水	排水措施	★	★	
	降水措施	★	★	
	其他			
支护情况	支护强度	★	★	
	支护形式	★	★	
	其他			

续上表

风险因素＼风险事件		山体开裂变形	坍　塌	其　他
监控量测	量测器材及布置	★	★	
	量测频率	★	★	
	规范要求监测项目	★	★	
	监控量测制度	★	★	
	信息反馈及处理	★	★	
	其　他			
施工管理	见表4.6.7—3	★	★	
隧道特征	开挖跨度	★	★	
	开挖深度	★	★	
其　他				

4.6.5　掘进机施工隧道典型风险因素识别可参照表4.6.5进行。

表4.6.5　掘进机施工风险因素核对表

风险因素＼风险事件		设备风险	掘进风险	其　他
施工准备情况	见表4.6.7—1	★	★	
施工地质勘查	见表4.6.7—2	★	★	
设备情况	刀头、刀盘		★	
	主轴承		★	
	液压系统		★	
	控制系统		★	
	其　他			
掘进机选型	主要技术参数	★		
	适应性	★		
	可靠性	★		
	其　他			
机械操作	姿态控制		★	
	止水注浆		★	
	预加固		★	
	其　他			
支护情况	掌子面处理		★	
	支护形式		★	
	支护时机		★	
	支护质量		★	
	管片后注浆		★	
	其　他			

续上表

风险因素 \ 风险事件		设备风险	掘进风险	其　他
监控量测	速　度		★	
	变形及沉降情况		★	
	线　型		★	
	其　他			
施工管理	见表4.6.7—3	★	★	
隧道特征	见表4.6.7—4	★	★	
其　他				

4.6.6 盾构施工隧道典型风险因素识别可参照表4.6.6进行。

表4.6.6 盾构施工风险因素核对表

风险因素 \ 风险事件		设备风险	进出洞风险	掘进风险	其　他
施工准备情况	见表4.6.7—1	★	★	★	
施工地质勘察	见表4.6.7—2	★	★	★	
盾构选型	主要技术参数	★	★	★	
	适应性	★	★	★	
	可靠性	★	★	★	
	其　他				
机械安装和吊装	人　员		★		
	操　作		★		
	设　备		★		
	其　他				
盾构进出洞	姿态控制		★		
	土层加固		★		
	洞口密封		★		
	反力支架		★		
	其　他				
设备情况	刀头、刀盘		★	★	
	主轴承		★	★	
	前仓防水		★	★	
	平衡系统		★	★	
	密封系统		★	★	
	液压系统		★	★	
	控制系统		★	★	
	其　他				

续上表

风险因素 \ 风险事件		设备风险	进出洞风险	掘进风险	其　他
操　作	姿态控制		★	★	
	盾构机施工参数		★	★	
	注　浆		★	★	
	其　他				
近接辅助措施	既有建构筑物保护措施		★	★	
	盾构隧道内辅助措施		★	★	
	中间地层辅助措施		★	★	
监控量测	压　力		★	★	
	管　片		★	★	
	设　备		★	★	
	构(建)筑物变形		★	★	
	其　他				
施工管理	见表 4.6.7—3	★	★	★	
隧道特征	见表 4.6.7—4	★	★	★	
其　他					

4.6.7 矿山法、盾构法、掘进机法施工及洞口段施工风险因素核对表中的施工准备情况、施工地质勘察、施工管理、隧道特征风险因素见表 4.6.7—1 ~ 4.6.7—4。

表 4.6.7—1　施工准备情况风险因素核对表

施工准备情况	气象调查
	与施工有关法令调查
	设计文件的核对情况
	实施性施工组织设计
	其　他

表 4.6.7—2　施工地质勘察风险因素核对表

施工地质勘察	资料收集情况
	常规地质法情况(地质素描)
	超前地质预报情况
	其　他

表 4.6.7—3　施工管理风险因素核对表

施工管理	培训情况
	检测情况
	应急预案情况
	人员管理情况
	施工队伍状况
	机械装备程度
	施工质量
	施工经验辅助工法的掌握与应用
	监理情况
	其　他

表 4.6.7—4　隧道特征风险因素核对表

隧道特征	埋　深
	断面大小
	长　度
	坡　度
	辅助坑道
	其　他

4.6.8　铁路隧道其他风险因素识别可参照表 4.6.8 进行。

表 4.6.8　其他风险因素核对表

交通事故	司　机
	运输设备
	交通管理
	道路状况
	通风照明情况
	洞外天气
	其　他
用电事故	用电设计
	施工组织
	设备状况
	用电管理
	其　他
火灾事故	火源及传播途径
	消防教育
	消防措施
	消防器材
	人员管理
	其　他
其　他	

4.6.9　施工阶段应根据设计阶段风险评估结果，依据施工地质、资源配置及实施方案进行再评估，提出相应的施工措施，着重于施工管理、措施评价和落实。其主要工作包括：

1　在施工过程中，应根据施工提示地质情况对风险进行动态评估，对中度等级的风险予以监测。若采用原设计方案不能有效减低风险等级到设计要求的水平，应及时上报业主，经业主决策后采取相应措施。

2　根据施工流程按核对表法对其他风险进行识别，结合风险评估结果，按不同的评估目标（安全、工期、投资等）确定应对措施。

3　施工中应对风险跟踪管理，定期反馈，随时与相关单位沟通。

5 铁路隧道风险管理

5.1 管理构架及管理职责

5.1.1 风险管理应采用业主层和实施主体层两层管理。

5.1.2 业主层包括第一管理者、主管风险管理的负责人、风险管理职能部门及相关部门。实施主体层包括设计单位、施工单位、监理单位等，各实施主体应分别建立风险管理小组。业主可邀请风险管理专家成立专家组，协助进行风险评估与管理（见图5.1.2）。

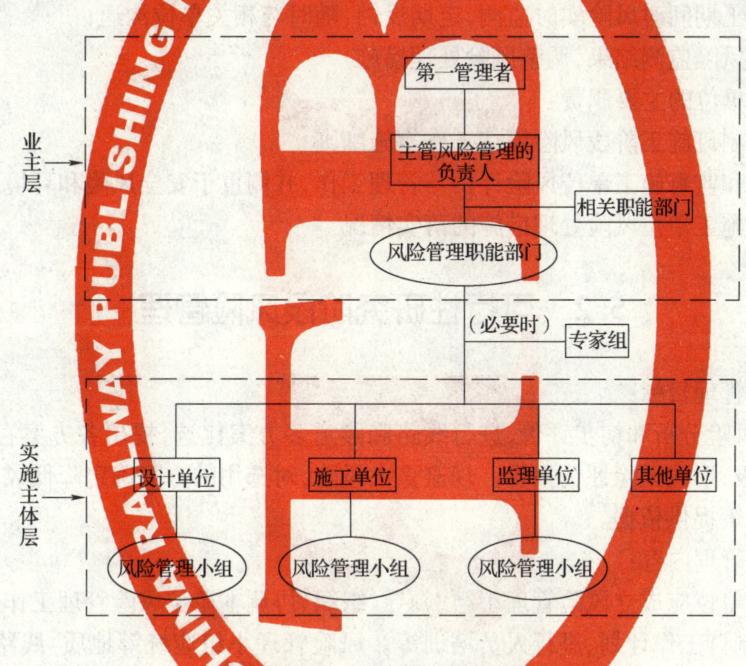

图5.1.2 风险管理构架图

5.1.3 参与风险管理的人员上岗前应进行必要的培训。

5.1.4 设计阶段业主对风险管理全面负责，设计单位（或咨询单位、相关专业机构）在业主指导下对风险进行评估；施工阶段业主对风险管理全面负责，施工单位、监理单位等在业主指导下对风险进行评估。

5.1.5 业主的主要职责：

1 根据工程特点及本暂行规定的相关要求，制订风险评估和风险管理工作实施办法；

2 督导设计单位（或咨询单位、相关专业机构）进行设计阶段风险评估工作；

3 督导施工单位开展施工阶段风险评估工作；

4 负责对高度和极高的风险等级进行审查；

5 必要时委托相关专业机构进行风险监测；

6 检查、监督、协调、处理评估工作中的有关问题。

5.1.6 设计单位的主要职责:

1 制订设计阶段风险评估工作实施细则;

2 进行设计阶段的风险评估工作;

3 提出风险评估结果,纳入设计文件;

4 向施工单位进行有关风险的技术交底和资料交接;

5 参与施工期间的风险评估;

6 根据风险监测结果,提出风险处理意见。

5.1.7 施工单位的主要职责:

1 制订施工阶段风险评估工作实施细则;

2 进行施工阶段的动态风险评估工作;

3 根据风险评估结果提出相应的处理措施,报业主批准后实施;

4 在施工期间对风险实时监测,定期反馈,随时与相关单位沟通;

5 根据风险监测结果,调整风险处理措施。

5.1.8 监理单位的主要职责:

1 参与制订施工阶段风险评估工作实施细则;

2 参与和监督施工单位风险评估与管理工作,并侧重于安全风险和环境风险;

3 检查施工单位风险处理措施的落实情况。

5.2 可行性研究阶段风险管理

5.2.1 风险管理目标:

通过对风险分析和初步评价,进行线路和隧道多方案比选,提出各方案存在的风险,明确风险等级,形成风险评估报告。规避重大风险,对选用的方案确定降低风险的初步措施,为可研决策提供依据。

5.2.2 风险管理内容:

1 设计单位应成立风险管理小组,领导、组织、协调本单位风险管理工作。其工作内容主要包括制订工作计划、进行人员培训等。风险管理小组应统筹地质、线路、隧道等相关专业,在业主和各级管理部门的配合下提供隧道的相关基础资料,包括项目建议书、勘察资料、各级主管单位相关批文、隧道所在区域类似工程的设计资料和施工情况等。

2 风险识别应由业主的风险管理职能部门组织,设计单位风险管理小组负责实施。风险识别应动态地进行,在识别过程中应进行持续的检查和修改,随时提供审查。

3 对识别出的风险因素进行筛选,将较易发现风险、通过一般措施就可以有效控制的或事故发生概率小且无严重后果的风险剔除。评价剩余风险因素的发生概率和后果等级,并最终确定初始风险的等级。

4 针对初始风险,相关专业应研究降低初始风险的处理措施和对策,进行方案设计,并对投资进行比较。结合风险对策措施对残留风险进行评估,确定残留风险的等级,根据风险接受准则确定残留风险是否在可接受范围以内。残留风险评估后应形成残留风险等级表。设计单位的风险评估过程和成果应由设计单位组织专门人员对其进行监控和审查,最后将评估结果上交业主。

5 高度和极高风险必须报送业主。原则上,极高风险应规避,当受勘察阶段的影响而无法判断的风险可作为残留风险,需在文件中明确,并提出下阶段工作的建议和措施。

5.3 初步设计及施工图阶段风险管理

5.3.1 风险管理目标:

初步设计阶段应对上一阶段所确定的残留的风险和新识别的风险进行评估,对影响安全的风险进行专项初步设计。施工图设计阶段应对风险进一步识别,优化设计方案,提出合理的施工方法、切实可行的工程措施、指导性施工组织设计,为施工阶段的风险管理创造条件。

5.3.2 风险管理内容:

1 业主应首先对设计单位的质量保证体系和各级技术责任制度进行审查。

2 设计单位应根据上一阶段风险评估与管理的成果,更新风险信息和相关控制措施,编制本阶段风险管理实施细则。设计前应收集隧道设计的信息和资料,审查其可靠性、准确性和完整性。

3 设计单位应建立风险跟踪机制。其内容包括设计风险交底、设计标准审查和管理、专业之间协调检查等。设计文件应符合相关的法规、规范和满足业主对风险管理的要求,保证施工安全、结构可靠、环境协调。

4 设计人员必须具备足够的工程经验,合理进行施工组织设计,充分考虑不同工法对安全的影响,开展有针对性的预设计,明确监测标准,确保工程的可靠性。

5 编写风险管理报告,在技术交底文件中提出风险管理的注意事项。

5.4 招投标阶段风险管理

5.4.1 风险管理目标:

通过在招标文件中提出的风险等级、管理要求和在投标文件中响应,确定合同中各方风险管理内容和责任,界定风险分担的原则、风险的接受准则和费用,有效保证风险管理顺利进行。

5.4.2 招标文件风险管理内容:

结合隧道工程特点,制订风险管理计划,明确组织机构、人员要求、各方应承担的风险管理责任;规定投标单位应提供的相关信息,制订评分标准等内容。

5.4.3 投标文件风险管理内容:

投标文件应响应招标文件,说明本企业风险管理的能力,提出新发现或预测到的各种风险,明确风险监测方法,重大风险的应急措施等内容。

5.5 施工阶段风险管理

5.5.1 风险管理目标:

根据设计阶段风险评估结果、施工地质、资源配置及实施方案进行再评估,提出相应的施工措施,注重施工管理、措施评价和落实,保证施工安全和减少损失。

5.5.2 风险管理内容：

1 施工前，业主应制订风险管理计划，组织设计单位进行风险的技术交底。

2 施工单位应仔细、全面地熟悉施工图纸，核对图纸与现场实际情况是否相符，提出有关风险（特别是安全风险）的质疑，由设计单位在设计技术交底时解答。

3 施工单位应在施工前制订风险管理实施细则，进行人员培训。

4 施工单位在施工前，应结合设计文件对工程影响范围内的建（构）筑物、公路、地下管线、居民生产生活用水等周边环境及地质条件进行全面核查，并形成正式报告，经监理单位审核签认后，报送业主备案。

5 监理单位应审核施工方案中风险处置原则和风险应急措施。

6 施工中，施工单位应在设计阶段风险评估的基础上，结合环境和地质条件、施工工艺、设备、施工水平、经验和工程特点等，对新出现的风险进行识别，提出风险处理措施供业主决策，对已识别的风险进行监测。

7 施工单位应在施工现场公示识别的风险，其内容包括风险描述、监测方案、应急预案、责任人等。

8 监理单位对施工过程中风险分级调整清单进行审核，经项目总监签认后报送业主。

9 业主负责组织评审和汇总，以会议纪要的形式形成评审意见，对极高、高度的风险分级调整，需报送主管领导。

10 施工过程中风险的监测包括施工监测、工况和环境巡视、作业面状态描述、风险处置过程和发展趋势等内容；施工单位在施工过程中应将地质超前预报、监控量测纳入施工的重要工序，按照设计要求编制施工监测的实施方案，对工程自身结构及环境风险进行全面监测；提前识别和预测地质风险因素，保证施工安全。

11 监理单位对施工监测实施方案进行审批，并报送业主，监理单位应监督、检查施工单位的监控量测、巡视、状态描述、风险跟踪及地质超前预报等实施情况。

12 施工中，参建单位应建立风险的预警、响应及信息报送机制。根据实时监测数据、工况、环境巡视和作业面异常状态等，施工单位确定预警级别，形成异常状况报告；对可能发生重大突发风险事件的预警状态，施工单位应立即启动相关预案，组织处理，同时第一时间报送业主、设计单位、监理单位。

13 监理单位在收到施工单位提交预警异常状况报告后应立即组织施工单位进行分析，审批施工单位报送的预警状态处理措施，审查消警建议报告并报总监、业主和设计单位，并负责检查施工单位的措施执行情况。

14 业主应根据预警异常状况报告、监测数据及分析成果、巡视信息，及时审核、分析并确认风险预警级别，采取有针对性的风险处理措施。其他参建单位应承担风险处理的组织、协调、监督及实施等职责。

6 铁路隧道风险评估报告编制

6.0.1 铁路隧道风险评估报告是铁路隧道风险评估过程的记录，应将风险评估的过程、采用的评估方法、获得的评估结果等写入评估报告中（有关记录表格见附录 A）。

6.0.2 风险评估报告应内容全面、数据完整、客观公正，提出的对策措施具有可操作性。

6.0.3 风险评估报告应包含以下内容：

1 编制依据

1）业主制订的风险管理方针及策略；

2）相关的国家和行业标准、规范及规定；

3）隧道基础资料；

4）各阶段审查意见；

5）上阶段评估结果。

2 隧道概况

3 风险评估程序和评估方法

4 风险评估内容

5 风险对策措施及建议

6 风险评估结论

6.0.4 风险评估报告格式

1 封面

2 评估机构评估资质证书副本复印件

3 著录项

4 目录

5 编制说明

6 正文

7 附件及附录

附录A　风险评估记录表格

表A—1　风险清单表

风险清单表		编　号		日　期	
隧道名称		审　核		阶　段	
序　号	风险事件	风险产生的原因	险源类别	后　果	备　注
1					
2					
3					
…					

注:表中"险源类别"分别为地质因素(G)和设计因素(D)。

表A—2　初始(或残留)风险等级表

初始(或残留)风险等级表			编　号				日　期				
隧道名称			审　核			阶　段					
序号	风险因素	风险事件	A			B			C		
			概率等级	后果等级	风险等级	概率等级	后果等级	风险等级	概率等级	后果等级	风险等级
1											
2											
3											
…											

注:表中A、B、C为评估目标的风险代号,视具体情况可增减(以下各表同)。

表A—3　风险因素权重表

风险权重表		编　号		日　期	
隧道名称		审　核		阶　段	
序　号	风险因素	风险事件	A	B	C
1					
2					
3					
…					

表 A—4　风险因素综合权重表

风险因素综合权重表		编　号		日　期	
隧道名称		审　核		阶　段	
序　号	风险因素	综合权重		重要度	
1					
2					
3					
…					

表 A—5　风险期望损失表

风险期望损失表			编　号		日　期	
隧道名称			审　核		阶　段	
序　号	风险因素	风险事件	预计损失(万元)		期望概率	期望损失(万元)
1						
2						
3						
…						

表 A—6　风险对策措施表

风险对策措施表			编　号			日　期		
隧道名称			审　核			阶　段		
序　号	风险因素	风险事件	A		B		C	
			风险等级	对策措施	风险等级	对策措施	风险等级	对策措施
1								
2								
3								
…								

表 A—7　风险评估综合表

评估阶段			时间			
隧道名称		长度		线别		
地质概况						
设计情况						
施工情况						
评估目标	□安全　□环境　□工期　□投资　□第三方					
识别方法						
风险因素	A	原因背景	B	原因背景	C	原因背景

续上表

风险因素	A	原因背景	B	原因背景	C	原因背景
…						
评估方法						
风险事件	A 等级	风险对策	B 等级	风险对策	C 等级	风险对策
…						
评估结论：						
下阶段注意事项：						

表 A—8　风险登记表

序号	风险事件	成　因	初始风险			风险处理措施	残余风险			残余风险	风险处理负责人	填写日期	意见/备注
			概率等级	后果等级	风险等级		概率等级	后果等级	风险等级				
1													
2													
3													
4													
5													
6													
7													
8													
9													
10													
11													
12													
13													
14													
…													

本暂行规定用词说明

执行本暂行规定条文时，对于要求严格程度的用词说明如下，以便在执行中区别对待。

(1)表示很严格，非这样做不可的用词：

正面词采用“必须”；

反面词采用“严禁”。

(2)表示严格，在正常情况均应这样做的用词：

正面词采用“应”；

反面词采用“不应”或“不得”。

(3)表示允许稍有选择，在条件许可时首先应这样做的用词：

正面词采用“宜”；

反面词采用“不宜”。

表示允许有选择，在一定条件下可以这样做的，采用“可”。

《铁路隧道风险评估与管理暂行规定》条文说明

本条文说明系对重点条文的编制依据、存在的问题以及在执行中应注意的事项等予以说明。为减少篇幅,只列条文号,未抄录原条文。

编制背景:

任何工程都有风险,需通过风险评估与管理的手段将风险降低至“可接受”的程度。无视风险存在的态度,是风险最大的来源。通过系统化的风险评估与管理,可识别及分析风险发生概率及后果,评价风险对策的成本与效益,寻求可行的风险处理措施,达到防止损失或补偿损失的目的。

当今世界范围内越来越多的政府机构、业主、设计单位、施工单位、银行以及保险公司已意识到实行风险管理带来的好处,各国都在加强风险管理研究和运用。风险管理具有以下发展趋势:

(1)风险管理正成为大型项目建设的例行程序。

(2)风险管理与项目管理日趋紧密结合,两者具有同等重要性。

(3)为风险管理制订了指导性的法规,如:

① 国际隧协2004年发布的《隧道风险管理指南》;

② 英国隧协和保险业协会2003年9月联合发布的《英国隧道工程建设风险管理联合规范》;

③ 日本的《隧道施工安全评估指南》;

④ 国际隧道工程保险集团(ITIG)2006年1月发布的《隧道工程风险管理实践规程》(该规程是基于前述英国联合规范);

⑤ 欧共体行政院1992年6月24日发布的《临时或移动施工现场实施最低安全和健康要求的指令》(92/57/CEE);

⑥ 意大利政府1996年8月14日发布的《关于实施由欧共体行政院发布的92/57/CEE指令的相关细则》(D. LGS. 494/96);

⑦ 国际隧道协会2004年发布的《隧道施工安全手册》;

⑧ 我国政府也建立了一些相应的法规:

2005年7月香港特区政府发布的《土工风险管理指导方针》;

2005年建设部对建设工程安全质量保险作出的一系列指示;

中国土木工程学会等编写的《地铁及地下工程建设风险管理指南》。

虽然目前国内外已经有了一些关于隧道工程风险管理的规范、指南等指导性文件,但是到目前为止,国内外还没有一部完整、系统的铁路隧道风险评估与管理方面的指导性文件。

1.0.1 本暂行规定的编写目的是为了加强我国铁路隧道的风险评估与管理,并逐步建立完善的风险评估与管理体系,切实有效地控制各类风险。目前国内外风险评估的方法多样,基于行业特点,其技术用语、评估程序和评估体系各不相同,缺乏统一性。为了引进国内外先进的隧道风险评估与管理理念,统一铁路隧道风险评估技术标准,对隧道工程设计与施工中相关的风险进行评估,特制定本暂行规定。

本暂行规定服务于从事铁路隧道建设的管理、设计、施工、监理、专业评估机构等单位的相关人员。

铁路隧道风险评估与管理工作尚属起步时期,建立适合中国国情和铁路建设需要的风险评估体系是一个庞大的系统工程,应遵循"循序渐进、逐步完善"的原则。隧道风险评估涉及铁路工程的各个专业,综合了地质、隧道、经济、管理、数学、概率等多学科知识,目前国内许多高校尚在进行科研工作,还需长期地开展相关科研攻关。

1.0.2 本暂行规定适用于采用矿山法、盾构法和掘进机法施工的新建铁路隧道,以矿山法为主,兼顾盾构法和掘进机法。由于沉管法在铁路隧道建设中还未实际应用,故本暂行规定不包含沉管法施工的隧道,如有需要可参考本暂行规定和其他相关标准。

由于隧道洞口段易发生风险事故,故本暂行规定也考虑了洞口段风险评估的内容。

1.0.4 风险管理应贯彻于工程全寿命周期,包括可行性研究阶段、设计阶段、招投标阶段、施工阶段和运营阶段。根据国外的工程风险统计,由设计原因和施工原因引起的隧道工程风险事故占60%以上(见说明图1.0.4),因此本暂行规定侧重于设计和施工阶段风险评估。

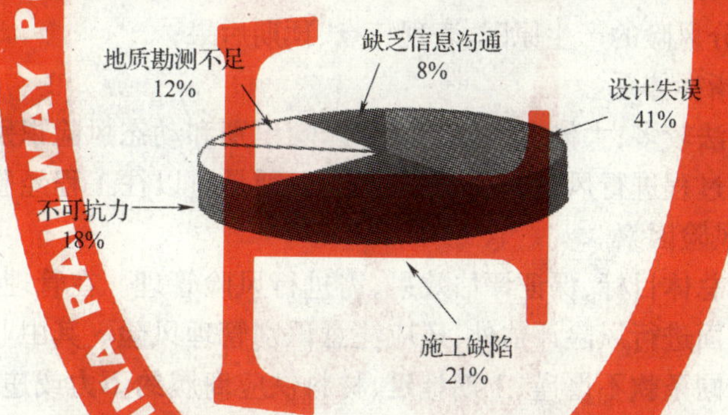

说明图1.0.4 国际隧道工程保险集团对施工现场发生安全事故的原因的调查结果

1.0.6 本暂行规定主要从技术角度对安全、环境、投资、工期以及第三方的风险进行评估,通过评估与管理,可将风险转化为定性或定量的指标,并计算出损失,为决策提供依据。由于各阶段工作重点不同,在对具体隧道进行风险评估时应有所侧重。设计阶段侧重于对风险进行识别和分类,提出风险等级,采取合理的设计措施降低风险,并明确残留风险。施工阶段,矿山法施工的隧道侧重于安全和环境风险,盾构和掘进机法施工的隧道还须侧重于安全和设备风险。

风险评估与管理必须本着"安全第一"的原则,环境、质量、投资、工期等都应服从于安全,尤其要重视可能导致突发性、灾难性的风险事件。例如,2003年7月1日上海地铁4号线由于施工单位用于冷冻法施工的制冷设备发生故障,没有及时采取有效措施排除险情,导致大量流沙涌入,造成地面大幅沉降、建筑物破坏和黄浦江防汛墙断裂,直接经济损失达1.5亿元;2005年12月22日四川省都(江堰)汶(川)高速公路董家山隧道发生特大瓦斯爆炸事件,造成44人死亡、11人受伤,直接经济损失2 035万元;2006年8月5日宜万铁路野三关隧道突发特大突水、突石事件，造成3人死亡、7人失踪，直接经济损失1 349万元；2006年12月10日洛湛铁路大桂山隧道进口洞内发生爆炸，当场死亡3人、伤3人（其中2人送医院抢救无效死亡）、失踪1人；2007年7月15日下午到18日郑西客运专线南山口隧道陆续出现掉块、坍塌，榀钢架压垮、上台阶全部被掩埋，坍塌长度110余米，地表房屋开裂，未造成人员伤亡。

3.2.1 制订计划和策略是风险评估的第一步工作，也是关键工作。计划应动态地制订，并随着风险评估工作进行调整，以保证风险评估得以顺利进行。

3.2.2 风险识别是风险评估的基础，也是风险分析中重要的步骤，其目标是了解并寻找项目所有可能的风险因素。

要进行正确、有效的风险识别，应具有该领域丰富的经验并采用正确的识别方法。

风险识别应遵循科学性、系统性、全面性、预测性的原则。风险识别工作应根据各个阶段工作的具体情况，在不同的阶段选择不同的识别方法，以使本阶段的风险识别工作及时、有效。

风险识别工作应以动态风险识别为主线，以静态风险识别为手段进行，在项目建设进行的每个阶段都应根据本阶段所获得的信息对风险进行连续的、不断深入的识别。具体流程如下：

（1）将项目过程的每一个环节连接起来构成风险识别的主线；

（2）将关键环节分成若干关键部分；

（3）采用合适的方法识别各部分的风险；

（4）列出各部分风险的产生原因、表现特点、预期后果；

（5）形成风险指标体系。

风险识别的方法较多，大体上可分为静态风险识别和动态风险识别。动态风险识别是根据项目进展的过程进行风险识别；静态风险识别是对以往工程经验和资料进行整理和反馈，从而得到风险因素。

为实现项目的总体目标，保证评估效果，需进行风险管理。在管理过程中，除应按本暂行规定从技术方面进行风险评估外，还应注意识别管理风险。其中业主的管理风险主要有：缺乏经验、合同条款不严谨、工期拖延、材料供应商履约不力或违约、设计单位或施工单位履约不力或违约、监理失职、现场协调和督导不力、决策不科学等。设计单位的管理风险主要有：设计程序不完整、审查制度有欠缺、设计人员责任心不强、设计工期不合理、专业接口不顺畅等；施工单位的管理风险主要有：缺乏经验、劳务分包合同不严谨、施工人员责任心不强、施工程序不合理、决策不科学等。

3.2.3 一般情况下需对风险的概率和后果分别进行估计，但根据以往工程经验，对于那些具有突发性和灾难性的典型风险事件，其后果的严重程度可直接判定，这时，只需分析风险事件发生的可能性，就可得到风险等级。

风险估计和评价是风险评估的重点，风险评价中最关键的是风险因素概率和后果等级的取值。在进行概率和后果等级的取值时，一般有两条途径：一是通过对足够的已知数据的分析来找出风险发生的分布规律，从而预测出其发生概率和后果大小；二是在缺少足够数据的情况下，由评估人员或专家根据隧道实际情况对风险等级进行综合判断。由于铁路隧道风险评估刚刚起步，在缺少足够数据的情况下，可主要采用主观估计的方法（如专家调查法）。目前常用的风险评估方法主要有：

(1)专家调查法

专家调查法是用函询的方法征求专家意见进行风险分析与预测的方法,一般步骤为:

① 将项目基本信息和归纳的问题提供给专家;

② 专家匿名提出意见;

③ 归纳专家意见,形成意见统计结果;

④ 反馈给专家,专家匿名再提出意见;

⑤ 反复多次后,将归纳总结的意见提供给决策者作为决策的依据。

该方法采用归纳统计将大多数人的意见和少数人的意见都包含在内,避免了一般归纳法不全面的弊端。采用该方法的预测时间不宜过长,越长准确性越差。本方法分析结果往往受组织者、参加者的主观因素影响,可能存在偏差。

(2)头脑风暴法

头脑风暴法又称智暴法,是借助于专家的经验,通过会议,集思广益获取信息的一种直观的预测和识别方法。参加讨论的人员主要由风险分析专家、风险管理专家和相关专业人员组成。该方法要求主持人必须具有较高的素质,思维敏捷,反应灵敏,一般步骤为:

① 讨论之前,讨论人员应对讨论主题有所准备;

② 讨论过程中,轮流发言、各抒己见,不进行判断性评论,并尽量将发言的原话记录完整,发言人应核对记录中自己的发言内容;

③ 讨论结束后,与会者共同评价讨论中的每一条意见;

④ 主持人对讨论意见进行总结,形成最终结论。

该方法简单易行,比较客观,所得出的结论比较充分、正确,但该方法受主观因素影响,可能存在偏差。

(3)核对表法

核对表法是在系统分析的基础上,找出所有可能存在的风险,然后以提问的方式将这些风险因素列成表格进行核对的一种方法,一般步骤为:

① 将工程风险系统分解为若干个子系统;

② 运用事故树,找出引起风险事件的风险因素,作为检查表的基本检查项目;

③ 针对风险因素,查找有关控制标准或规范;

④ 根据风险因素的风险等级,依次列出风险清单。

核对表一般应包括序号栏、检查项目栏、判断栏(以"是"或"否"来回答)和备注栏(与检查项目有关的需说明的事项)四个项目。

该方法能消除或减低忽视某些风险因素的可能性,是风险识别的一种有效和可靠方法,可用于施工过程中判断风险因素是否存在,也可用在发生事故后帮助查找事故原因。由于在项目过程中风险因素会发生改变,故在应用中应定期检查风险清单的内容是否齐全。

(4)风险矩阵法

风险矩阵法是采用概率理论对风险因素发生的概率和后果进行评估的方法,一般步骤为:

① 确定风险评估指标;

② 确定每个风险因素的后果等级;

③ 确定每个风险因素的概率等级;

④ 将风险发生的概率等级和后果等级分别列在风险矩阵图上，二者垂直坐标交点区域即为风险等级。

该方法操作简单，容易得到风险评估的结果。

(5)层次分析法

层次分析法是按照一定的规律把决策过程层次化、数量化，是一种对多方案或多目标进行决策的方法，一般步骤为：

① 建立系统的递阶层次结构；

② 构造两两比较判断矩阵，从层次结构的第二层开始，对于从属于(或影响到)上一层某个因素的同层诸因素，用成对比较法和 1~9 比较尺度构造成对比较矩阵，直至最下层；

③ 针对某一标准，计算各风险因素的权重，对于每一个成对比较矩阵，计算最大特征根及对应特征向量，特征向量即为该比较矩阵中各因素权重值；

④ 计算当前一层风险相对总目标的排序权重；

⑤ 进行一致性检验。

该方法可以有效地对影响评估目标的风险因素进行定量化分析，并比较各因素之间权重大小。

(6)模糊综合评估法

模糊综合评估法是采用模糊理论和最大隶属度原则对多因素系统进行总体评价的一种方法，一般步骤为：

① 对评估项目进行分析，找到影响评估目标的各风险因素，建立评估目标的评价指标体系；

② 建立风险因素等级评估矩阵；

③ 确定各风险因素概率等级和后果等级；

④ 确定风险因素权重；

⑤ 总体评估风险。

该方法可以通过计算得出目标风险的量化指标，但计算较复杂，难度较大。

(7)敏感性分析

敏感性分析是用来估计可量化的变量对项目决策结果影响的方法，一般步骤为：

① 选定分析目标；

② 确定可能对评价目标产生影响的因素；

③ 根据实际需要选定因素变动范围；

④ 按照不同的因素分别计算评价指标值；

⑤ 明确敏感因素；

⑥ 进行综合分析，根据分析结果采取相关措施，为决策者提供决策依据。

该方法能够预测各风险因素对项目的影响，从而判断项目可能容许的风险程度。但由于没有考虑影响因素发生变化的概率，具有相当大的主观随意性，故事先需做好调查研究工作，充分注意各因素之间的关联性。

(8)蒙特卡罗法

蒙特卡罗法是用统计理论并利用计算机手段研究风险发生概率和风险发生后果的统计实验方法，一般步骤为：

① 确定评估目标的数学模型;

② 对数学模型中的参数变量进行风险识别和分析,收集风险因素的相关数据;

③ 对各参数变量进行风险后果大小及概率分析;

④ 根据风险分析精度要求,确定模拟次数、产生随机数,将参变量的取值代入数学模型,每次求得目标变量的一个具体值,即为一个随机事件样本值;

⑤ 重复上一步工作,得到多个目标变量值;

⑥ 对得到的样本值进行统计分析,得到分布曲线,并检验其概率分布,估计其均值和标准差,将模拟试验结果加以解释并写成书面报告。

该方法能准确、有效地对风险进行定量评估,但需要建立评估目标的数学模型,并确定各参数变量的概率分布规律,比较复杂,实际操作较困难,需要计算机编程辅助分析。

3.3.1 本暂行规定风险管理采用国际隧协推荐的 ALARP 准则,英文原文是:The general objective of the construction risk policy is to reduce all risks covered to a level as low as reasonably practicable。该准则最早出现在经济风险控制领域,目前已经是风险管理方面的一种普遍适用的原则。

ALARP 准则是最常用的风险接受准则,又称最低合理可行准则,其含义是任何工程活动都具有风险,不可能通过预防措施来彻底消除风险,必须在风险水平与利益之间做出平衡。

如说明图 3.3.1,风险分为三个区域。若风险评价所得的风险等级处在不可接受区域,必须拒绝或采取强制性的措施降低风险水平;若风险等级处在风险可接受区,由于风险水平很低,无需采取任何对应措施;若风险等级处在合理可行的最大限度降低区,则需要考察实施各种降低风险水平措施后的效果,并进行对比分析,据此确定风险是否可以接受。

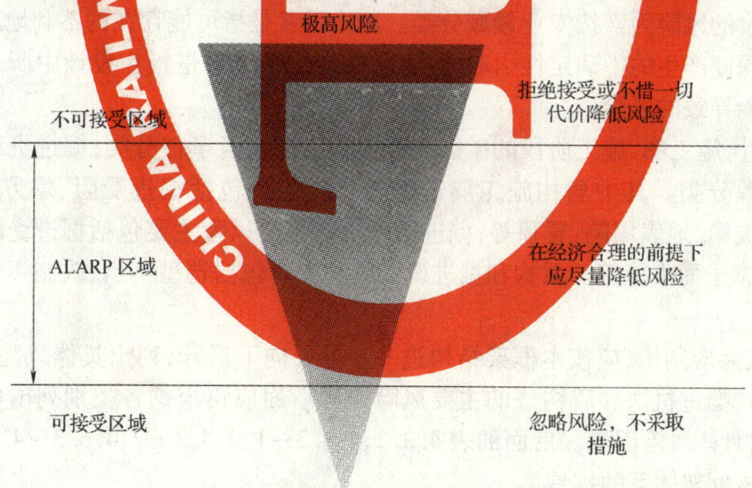

说明图 3.3.1 ALARP 风险管理准则

3.3.2 风险管理的动态性是由客观因素的多变以及对地质因素了解的局限所决定的。风险管理的主体通过风险识别、估计、评价,并以此为基础采取主动行动,合理地使用风险处理方法和技术对活动或事件所涉及的风险实行有效的控制,妥善地处理风险事件造成的不利后果，以合理的成本保证安全，可靠地实现预定的目标。

3.3.5 风险处理四种基本措施如下：

(1)接受风险：也称风险自留，是指项目参与方自己承担风险带来的损失，并做好相应的准备工作。

(2)减轻风险：是指减少风险发生的概率或控制风险的损失，或者增加风险承担者，将风险各个部分分配给不同的参与方。

(3)转移风险：是指当有些风险无法回避、必须直接面对，而自身的承受能力又无法有效地承担时，采用某种方式将某些风险的后果连同对风险应对的权力和责任转移给他人。转移风险的方法很多，主要包括非保险转移和保险转移两大类。

(4)规避风险：是指风险评估后，项目风险发生的概率很高，而且可能的损失也很大，又没有其他有效的对策来降低该风险，这时应采取放弃项目、放弃原有行动计划或改变目标的方法。

4.1.1 本指标体系是从技术角度出发，按照层次结构建立的。该指标体系(表4.1.1)是一个复杂的系统，涉及面广，国内外大都处于研究中，故该指标体系是开放式的，需要在实践中不断调整，逐步完善。

(1)该框架是按树状层次结构建立，即由总体到细节，由宏观到微观。由于不同的阶段和不同的施工方法，评估对象和评估重点不同，本指标体系框架的建立考虑了这些因素。

(2)本体系框架第二层的矿山法包括山岭隧道的矿山法和水底隧道的矿山法；洞口段的施工包括明挖法和暗挖法；掘进机法包括山岭隧道的掘进机法和水底隧道的掘进机法；盾构法包括水底隧道的盾构法。第三层(安全、环境、工期等)为目标风险。第四层为风险因素分类栏。

可研阶段的风险因素按专业领域分类。地质因素是指可能存在的不利地质因素或其因地质勘察深度产生的不确定性引起的风险；隧道技术因素是指在设计中所采用的各种技术措施可能导致的风险。

初步设计、施工图、施工阶段的矿山法和明挖法按风险事件分类；掘进机和盾构法按风险主要来源分类。其中盾构施工隧道掘进风险主要包括掘进受阻、塌方、突水(泥、石)、掌子面失稳、地表塌陷、冒顶等；掘进机施工的掘进风险主要包括掘进受阻、塌方、突水(泥、石)、掌子面失稳等。盾构和掘进设备风险主要包括选型不当、改制不当和检修失误等。

(3)在实际应用中，应按本框架结构进一步分层向下展开，列出具体风险因素(最底层风险因素)；掘进机法和盾构法的主要风险来源后面应再根据各类别列出典型风险事件，进而列出具体风险因素。后面的表4.3.2、4.4.3—1、4.4.3—2、4.6.3～4.6.6即是本暂行规定对该框架体系的扩展。

(4)本框架是根据目前铁路隧道建设中主要涉及的施工方法和现有的经验建立的。本框架是开放性的(表中用“其他”表示)，在对具体工点的风险评估中，可进行调整和补充。

(5)铁路隧道各阶段风险识别可在本暂行规定提供的核对表基础上进行风险的再识别，这样可省去一些复杂的重复性工作，也可以保证风险识别的全面性，有利于建立风险因素的数据库。

4.1.2 招投标阶段风险管理工作主要包括招投标书的准备、承包商的选择、工程合同中风险条款的制订等,故在本章中未考虑招投标阶段风险评估,实际运用中可参考设计阶段。

4.1.5 在设计阶段,由于不能对实际地质情况准确把握,故通常采用定性或半定量的方法进行评估;在施工阶段,通过对实际地层情况的揭示和大量统计数据的获得,可进行定量或者半定量的评估。

4.2.3、4.2.4、4.2.5 等级标准的制订,主要参照国际隧道协会2004年发布的《隧道风险管理指南》进行,并结合了我国铁路隧道工程建设特点和国内相关规定。

(1)鉴于我国经济发展的水平,经济损失等级标准参照了《铁路建设工程质量事故处理规定》(铁建设〔2003〕48号)。

(2)人员伤亡等级标准参照了《工程建设重大事故报告和调查程序的规定》(建设部第3号令)、《铁路建设工程质量事故处理规定》(铁建设〔2003〕48号)和国际隧道协会2004年发布的《隧道风险管理指南》。

(3)工期延误等级标准延误时间1中的0.01月/单一事故,经换算约为8 h/单一事故。对不同的利益方,不同性质的工程,可根据实际情况采用相应的绝对工期延误等级。

(4)某些情况下需要考虑第三方损失。第三方经济损失是指由于工程施工活动引起的第三方直接经济损失和修复赔偿所需的各种费用。第三方人员伤亡是指与工程无关人员因施工活动引起的意外伤亡,采用人员伤亡的类别和严重程度进行分级。

由于第三方损失等级标准牵涉因素众多,如经济发展水平、地区差异、社会影响等,很难给出一个相对固定的等级划分标准,目前可供参考的仅有国际隧协《隧道风险管理指南》推荐的第三方损失等级标准。为方便使用,本暂行规定提供仅供参考的第三方损失和伤亡等级标准,详见说明表4.2.4—1和说明表4.2.4—2。在实际应用中,应根据我国国情和路情,结合具体工程情况进行调整。

说明表4.2.4—1 第三方经济损失等级标准

后果定性描述	灾难性的	很严重的	严重的	较大的	轻微的
后果等级	5	4	3	2	1
第三方经济损失(万元)	>100	30~100	10~30	3~10	<3

说明表4.2.4—2 第三方人员伤亡等级标准

后果定性描述	灾难性的	很严重的	严重的	较大的	轻微的
后果等级	5	4	3	2	1
第三方伤亡数量(人)	$F>1$ 或 $SI>10$	$F=1$ 或 $1<SI\leq10$	$SI=1$ 或 $1<MI\leq10$	$MI=1$	—

注:F=死亡人数,SI=重伤人数,MI=轻伤人数。

在实际工程中,采用绝对标准不能反映投资规模的相对风险,因此除绝对标准之外,还提供部分相对标准作为参考,此相对标准尚不完善,有待于在实践中继续研究和调整。说明表4.2.4—3中的相对经济损失是经济损失与整个工程总投资的比值,相对工期延误时间是指延误时间与工程计划工期的比值,第三方相对经济损失是指第三方经济损失与第三方建(构)筑物当前价值的比值。

说明表 4.2.4—3 相对等级标准

后果定性描述	灾难性的	很严重的	严重的	较大的	轻微的
相对经济损失(‰)	>10	3~10	1~3	0.1~1	<0.1
相对工期延误时间(%)	>10	4~10	1.5~4	0.3~1.5	<0.3
第三方相对经济损失(%)	>10	3~10	1~3	0.5~1	<0.5

(5)环境影响标准参考了国际隧道协会 2004 年发布的《隧道风险管理指南》,只考虑影响时间及影响程度,此标准还有待于进一步研究。

(6)以上各等级标准的制订主要参考了说明表 4.2.4—4 ~4.2.4—6 所示资料。

说明表 4.2.4—4 国际隧协风险等级标准

人员伤亡等级标准					
	灾难性的	很严重的	严重的	较大的	轻微的
伤亡数量(人)	F>10	1<F≤10 或 SI>10	F=1 或 1<SI≤10	SI=1 或 1<MI≤10	MI=1
注:F=死亡人数,SI=重伤人数,MI=轻伤人数					
第三方人员伤亡等级标准					
	灾难性的	很严重的	严重的	较大的	轻微的
伤亡数量(人)	F>1 或 SI>10	F=1 或 1<SI≤10	SI=1 或 1<MI≤10	MI=1	—
注:F=死亡人数,SI=重伤人数,MI=轻伤人数					
第三方经济损失等级标准					
	灾难性的	很严重的	严重的	较大的	轻微的
经济损失(百万欧元)	>3	0.3~3	0.03~0.3	0.003~0.03	<0.003
环境影响等级标准					
	灾难性的	很严重的	严重的	较大的	轻微的
环境影响	永久的,且严重的	永久的,但轻微的	长期的	临时的,但严重的	临时的,且轻微的
工程延误等级标准					
	灾难性的	很严重的	严重的	较大的	轻微的
工期延误1(月)	>10	1~10	0.1~1	0.01~0.1	<0.01
工期延误2(月)	>24	6~24	2~6	0.5~0.2	<0.5
业主经济损失等级标准					
	灾难性的	很严重的	严重的	较大的	轻微的
经济损失(百万欧元)	>30	3~30	0.3~3	0.03~0.3	<0.03

说明表 4.2.4—5 工程建设重大事报告和调查程序的规定

(建设部第 3 号令)

(1989 年 12 月 1 日起施行)

	一级	二级	三级	四级
死亡人数	30 人以上	10 人以上 29 人以下	3 人以上 9 人以下	2 人以下
直接经济损失	300 万元以上	100 万元以上 300 万元以下	30 万元以上 100 万元以下	10 万元以上 30 万元以下

说明表 4.2.4—6 铁路建设工程质量事故处理规定

（铁建〔2003〕48 号）

（2003 年 05 月 30 日起施行）

	特别重大事故	重大事故	大事故	一般事故
死亡人数	10 人以上	3 人以上 9 人以下	1 人以上 2 人以下	
直接经济损失	1 000 万元以上	300 万元以上 1 000 万元以下	30 万元以上 300 万元以下	30 万元以下
工程损失	直接导致运营线路发生行车安全特别重大事故或对运输生产和安全生产产生重大影响	直接导致运营线路发生行车安全重大事故或对运输生产和安全生产产生很大影响	直接导致运营线路发生行车安全大事故、险性事故或对运输生产和安全生产产生较大影响	直接导致运营线路发生一般事故或对运输生产和安全生产产生影响

（7）表 4.2.4—2 中人员伤亡标准是参照《职工工伤与职业病致残程度鉴定标准》（GB/T 16180—2006）。该标准共分十级，其中一至四级标准为全部丧失劳动能力，五至六级为大部分丧失劳动能力，七至十级为部分丧失劳动能力。本暂行规定中 *SI*（重伤）对应标准中的 1～6 级，*MI*（轻伤）对应标准中的 7～10 级。

（8）风险事件后果与风险评估目标关系如说明表 4.2.4—7。

说明表 4.2.4—7 后果或损失与评估目标关系表

评估目标	后果或损失
安全风险	人员伤亡、经济损失、第三方人员伤亡、第三方经济损失、工期延误
工期风险	工期延误、经济损失
投资风险	经济损失、第三方经济损失
环境风险	环境破坏、经济损失、第三方经济损失

4.3.1 可研阶段应按《铁路基本建设项目预可行性研究、可行性研究和设计文件编制办法》（铁建设〔2007〕152 号）要求确定评估对象，一般以下隧道应进行评估：

（1）长度大于 5 km 且地质条件复杂矿山法施工的山岭隧道；

（2）复杂隧道（包括高水压富水、瓦斯等有害气体、大跨度隧道等）

（3）采用掘进机及盾构法施工的隧道；

（4）水底隧道。

可研阶段风险评估流程如说明图 4.3.1 所示。

4.3.2 表 4.3.2 中可研阶段风险因素核对表包括地质因素、隧道技术因素和其他，其中"其他"是考虑到现在的指标体系尚不够完善，以及工程的复杂多变性、技术不断进步等因素，实际评估中可能会出现新的风险因素，所以在此预留新增风险因素的接口，在实践中逐步调整和完善。

第二层的风险因素可细分如下：

（1）区域地形、地貌、地质对隧道方案影响程度包括：偏压和浅埋，岩性，风化程度，构造（背斜、向斜、单斜、断层等），地下水位、水量、水质，自然、文化保护区，农田，既有建（构）筑物等；

（2）不良地质、特殊岩土对隧道方案影响程度包括：滑坡，岩堆，危岩落石，顺层，岩溶，瓦斯，煤层及矿藏采空区，挤压性大变形，岩爆，高地热，膨胀土，软土和冻土等；

（3）地质勘察的准确程度包括：勘察工期，工作量，工作深细度和工作经验等；

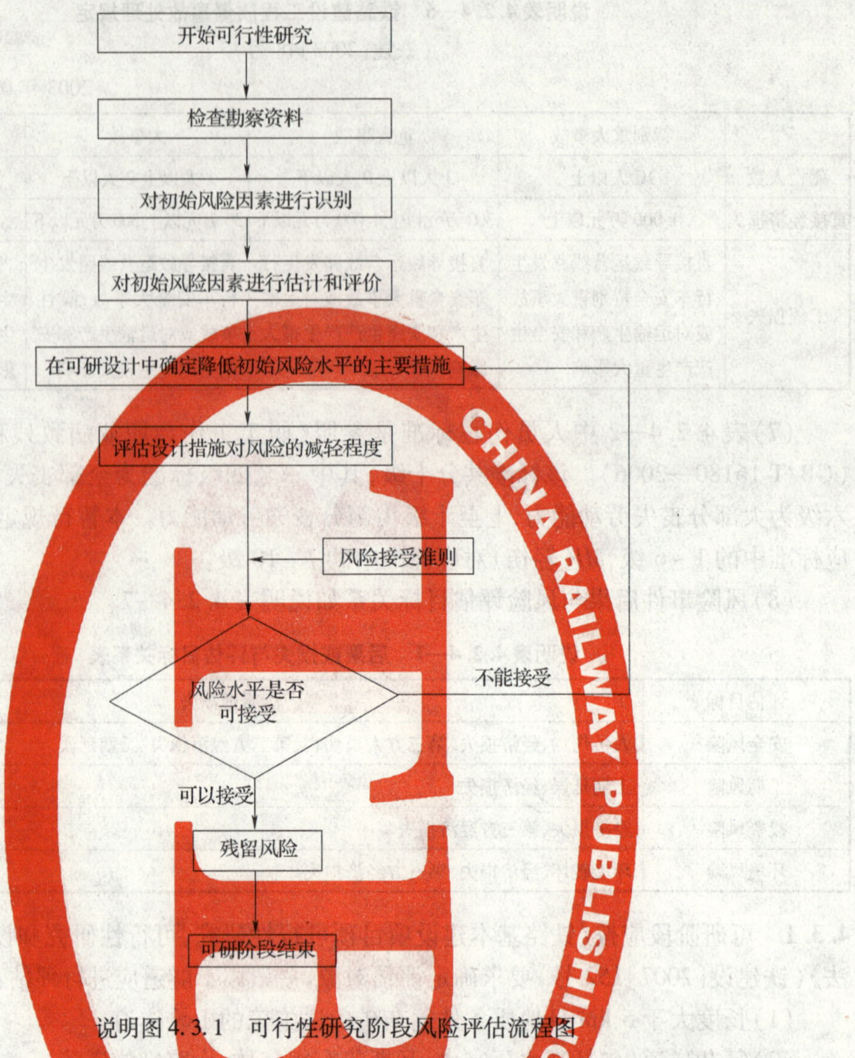

说明图 4.3.1 可行性研究阶段风险评估流程图

(4)类似工程可参考程度包括:本单位设计经验,国内外相关工程可比性和技术咨询等;

(5)监控量测设计包括:监测项目、监测方法、监测频率、监测反馈机制等;

(6)特长隧道的线路情况包括:坡度(单面坡、人字坡)和隧道长度等;

(7)辅助坑道包括:类型,长度,位置,坡度,断面大小等。

4.4.1 初步设计阶段应检查可行性研究阶段风险评估成果,根据初步设计阶段新勘察资料开展风险评估,评估流程参见说明图 4.3.1。

4.4.3 表 4.4.3—2 中,掘进机及盾构法的主要风险是设备选型的风险,在此阶段较为重要,因此应重点评估。

4.4.4 初步设计阶段形成的主要评估结果实例如说明表 4.4.4—1 ~ 说明表 4.4.4—2 和说明图 4.4.4。

4.5.1 施工图设计阶段评估流程参见说明图 4.3.1。

4.6.1 施工阶段风险较大,尤其是安全风险,在条件允许时应尽量进行较为全面的风险评估。由于施工阶段最主要的目标就是顺利施工和保证安全,因此评估重点应放在安全上,以按安全风险事故为主要评估目标。

说明表 4.4.4—1 ×××隧道风险清单表

风 险 清 单 表			编 号	CS－01	日期	2007.8.10
隧道名称	×××隧道		审核	王丽红	阶段	初步设计
序号	风险事件	风险产生的原因	险源类别	后 果	备 注	
1	突水（泥、石）	(1)向斜盆地的储水构造 (2)断层破碎带 (3)地层不整合接触带、侵入岩与围岩接触地带 (4)可溶岩与非可溶岩接触带 (5)岩溶管道水，暗河，充水溶洞 (6)孤立含水体 (7)采空区巷道积水	G	人员伤亡 工期延误 投资增加		
		(1)无超前地质预报设计或设计不全面 (2)注浆位置设计错误 (3)注浆方式针对性差 (4)支护措施薄弱 (5)监控量测方法不明确 (6)施工组织中采用反坡施工或辅助坑道采用斜井	D		设计需要检查	
2	岩 爆	(1)埋深 (2)岩石的单轴抗压强度 (3)岩体结构特征 (4)脆性系数 (5)地应力，主应力方向及大小	G	人员伤亡		
		(1)未预见岩体特性和表现行为 (2)对不同烈度岩爆设计方案不完善 (3)缺少应急措施	D		设计需要检查	
3	大变形	(1)埋深 (2)岩石的单轴抗压强度 (3)岩体结构特征 (4)岩性及风化程度 (5)地应力，主应力方向及大小 (6)采空区引起的地质异常	G	人员伤亡 投资增加		
		(1)预留变形量过大或过小 (2)支护结构不合理（伸缩性能） (3)支护结构过强或过弱 (4)衬砌荷载取值错误 (5)衬砌形状不合理 (6)施工工法缺乏针对性	D		设计需要检查	

续上表

序号	风险事件	风险产生的原因	险源类别	后　果	备　注
4	瓦　斯	(1)封闭条件 (2)地下水位 (3)煤质 (4)吨煤瓦斯含量 (5)瓦斯压力 (6)瓦斯涌出量	G	人员伤亡	
		(1)瓦斯段落不准确 (2)无超前地质预报设计或设计不全面 (3)通风设计不合理或有遗漏 (4)钻孔未采用湿钻 (5)揭煤措施不当 (6)支护设计过强或过弱 (7)运输方式(有轨、无轨)设计不合理 (8)瓦斯监测设计有遗漏 (9)机电、照明等未采用防爆设备	D		设计需要检查
5	塌　方	(1)围岩级别 (2)断层破碎带 (3)岩层产状,层间结合力 (4)节理等结构面产状及结构力学性质 (5)岩溶发育带 (6)采空区位置 (7)埋深	G	人员伤亡	
		(1)施工工法选择不合理 (2)工期紧 (3)支护措施弱 (4)未充分考虑层性、构造影响 (5)设计的施工注意事项未明确 (6)监控量测方法不明确	D		设计需要检查
6	地表失水	(1)地表水与地下水的贯通性 (2)地下水位 (3)地貌	G	第三方损失	
		(1)施工阶段防排水措施不当 (2)主体结构防排水措施不当 (3)缺乏设计预案 (4)缺补偿费用或处理措施 (5)辅助坑道设计不当	D		设计需要检查

续上表

序号	风险事件	风险产生的原因	险源类别	后果	备注
7	洞口 失稳	(1)土的性质与土层厚度 (2)岩层风化程度及厚度 (3)特殊岩土 (4)不良地质	G	人员伤亡 第三方 损失	
		(1)无预加固措施 (2)支护措施过弱 (3)施工方法不当 (4)未进行防排水设计 (5)无临时防护措施 (6)未要求即时施做衬砌及施做洞门 (7)未考虑地面建筑物影响	D		设计需要检查
8	地下水 侵蚀	(1)地下水水质 (2)岩石的化学成分 (3)地下水的循环条件	G	结构耐 久性能	
		(1)设计位置不准确 (2)未预计到地下水中的有害气体 (3)衬砌耐久性设计不全面 (4)防排水设计不合理	D		设计需要检查
		…			

注:G 表示地质因素;D 表示设计因素。

说明表 4.4.4—2 ×××隧道风险登记表

序号	风险事件	成因	初始风险			风险处理措施	残余风险			残余风险处理措施	风险处理负责人	填写日期	意见/备注
			概率等级	后果等级	风险等级		概率等级	后果等级	风险等级				
1	涌水	灰岩、节理发育	4	4	高	超前水平钻孔、全断面帷幕注浆	2	2	中度	施工中超前水平钻孔,加强超前地质预报	王丽红	2007-8-12	—
2	瓦斯	炭质泥岩夹煤层	4	5	高	超前钻孔、揭煤、加强通风	1	2	低度	超前钻孔、超前地质预报	王丽红	2007-8-12	—
3	岩爆	深埋、挤压性灰岩	4	2	中	超前应力释放、掌子面喷水	1	1	低度	超前钻孔、加强应力监测、超前地质预报	王丽红	2007-8-12	—
4	塌方	断层、向斜核部、岩溶、水平地层	4	4	高	超前水平钻孔、超前管棚	1	2	低度	超前钻孔、超前地质预报	王丽红	2007-8-12	—

目前国内隧道施工主要有矿山法、明挖法、盾构法和掘进机法,各种工法中的典型风险事故又各不相同,故在对施工阶段进行风险评估的时候,是以工法为分类标准,分别建立不同工法的风险核对表。

施工阶段风险评估流程如说明图 4.6.1 所示。

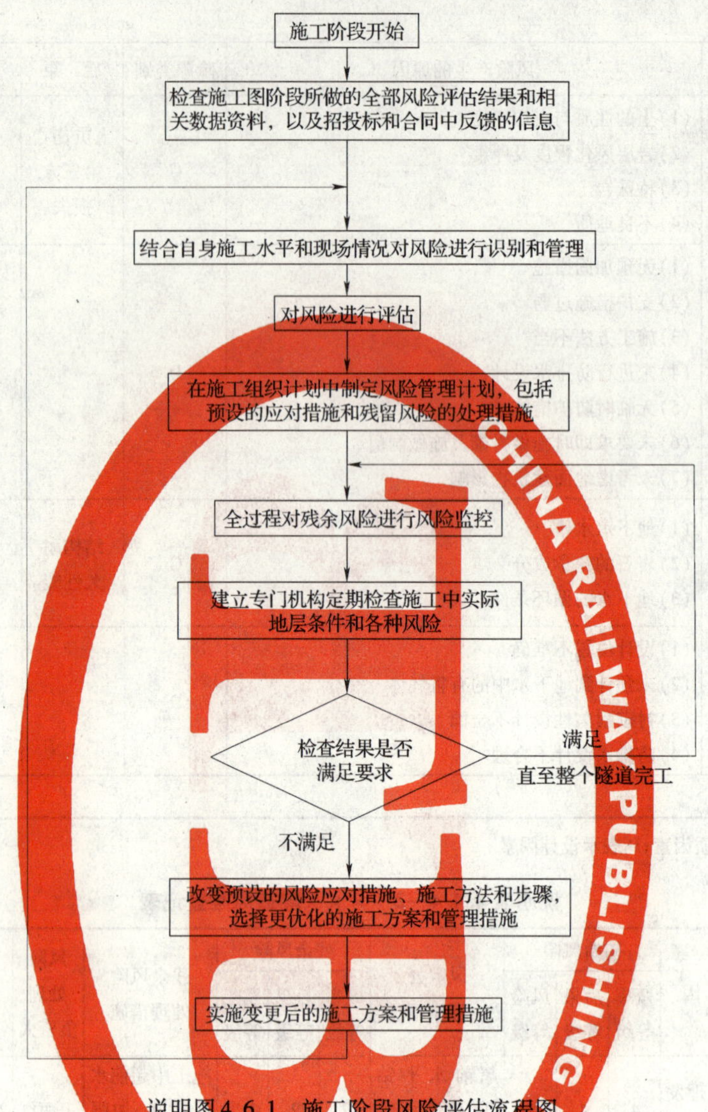

说明图 4.6.1　施工阶段风险评估流程图

4.6.3～4.6.6　表 4.6.3～4.6.6 的核对表是按照隧道施工的组织顺序建立的，第一层为关键施工环节，第二层为在各施工环节中可能出现的导致风险事件的风险因素。第二层中“其他”是指各施工环节中在本暂行规定中未提到的或目前还不能预见到的风险因素。

5.1.4～5.1.8　铁路隧道工程的建设具有投资规模大、建设周期长、技术复杂、对周围环境影响大等特点，同其他一般性建设项目相比，受地质条件不确定性、社会环境、施工技术、经济发展的程度等多方面因素影响，因而对铁路隧道项目进行全面系统的风险评估的难度也就更大。风险管理参与各方（业主、设计单位、施工单位、监理单位、专业评估机构等）应协同合作，通过风险识别、风险估计、风险评价和风险处理，优化组合各种风险管理技术，达到有效控制和妥善处理铁路隧道工程风险的目的，从而保证工程的顺利完成。

5.4.2　招标文件中规定投标单位提供的主要信息为：

（1）投标单位在类似工程进行风险管理的相关信息及其成果；

（2）风险管理相关的组织机构与人员；

（3）投标单位对工程风险管理概述；

(4)投标单位对工程的风险辨识与分析;

(5)投标单位针对工程风险管理提出的措施与建议。

5.5.2 施工阶段的风险管理十分重要,是风险是否得到有效控制的关键。随着工程情况的发展,风险在不断发展变化,各项风险的概率、损失以及对于整个工程风险的权重也在不断变化。因此,在工程施工阶段,随着工程进展采取有效的风险处理措施后,先前的风险能得到控制,又会产生新的风险,故施工阶段应建立专门机构进行动态评估与管理。在施工阶段根据风险管理流程,业主应组织相关单位对增大的风险(和前期已识别的风险比较)进行评定,确认风险预警级别,进行风险决策和组织实施,了解风险处理结果和变化趋势;监理单位应审核施工期间的风险因素和等级,审批风险监测方案,监督、检查施工单位监测信息的采集、报送和预警的执行情况,对异常情况应组织施工单位及时处理并检查风险处理效果;设计单位应及时了解施工中新出现的风险,参加有关会议,协助进行风险评估与管理,提出风险处理措施供业主决策。

中华人民共和国行业标准

科技基〔2008〕21号

铁路隧道防水材料暂行技术条件

第1部分 防 水 板

2008—01—10 发布　　　　2008—01—10 实施

中华人民共和国铁道部 发布

目 次

前　　言

本技术条件是根据铁道部科技司的安排,为统一铁路隧道防水材料产品质量要求,实现质量一流目标而编制的。

本技术条件编制过程中,认真总结了国内隧道防排水技术的成功经验,结合国内其他行业工程防水规范和防水材料质量标准,并借鉴了国外相关标准及资料的规定,根据TB 10003—2005《铁路隧道设计规范》提出的隧道防排水技术特点和质量要求,在广泛征求意见的基础上,经反复修改、审查后定稿。

本技术条件为《铁路隧道防水材料暂行技术条件》第1部分,第2部分为止水带。

本技术条件第1部分共分7章,主要内容包括:范围,规范性引用文件,分类和标记,技术要求,试验方法,检验规则和标志、包装、运输、贮存。

在执行本技术条件过程中,请各单位结合工程实践,认真总结经验,积累资料,及时将意见及有关资料反馈给中国铁道科学研究院金属及化学研究所(北京西直门外大柳树路2号,邮政编码:100081),供今后修订时参考。

本技术条件负责起草单位:中国铁道科学研究院金属及化学研究所。

本技术条件主要起草人:祝和权、杜存山、毛昆朋、吴绍利、魏照、贾恒琼。

本技术条件由铁道部科学技术司负责解释。

1 范 围

为规范铁路隧道用防水板技术标准,保证隧道防排水工程质量,特制定本技术条件。

本技术条件规定了铁路隧道防水板的分类、产品标记、技术要求、试验方法、检验规则、标志、包装、运输与贮存。

本技术条件适用于铁路隧道(不含明洞)防排水工程用防水板,包括EVA(乙烯、醋酸乙烯共聚物)、ECB(乙稀、醋酸乙烯与沥青共聚物)、PE(聚乙烯)。

2　规范性引用文件

下列文件中的条款通过本技术条件的引用而成为本技术条件的条款。凡是注日期的引用文件,其随后所有的修改单(不包括勘误的内容)或修订版均不适用于本技术条件,然而,鼓励根据本技术条件达成协议的各方研究是否可使用这些文件的最新版本。凡是不注日期的引用文件,其最新版本适用于本技术条件。

GB/T 328.10—2007　建筑防水卷材试验方法　沥青和高分子防水卷材　不透水性

GB/T 528—1998　硫化橡胶或热塑性橡胶　拉伸应力应变性能的测定

GB/T 529—1999　硫化橡胶或热塑性橡胶撕裂强度的测定(裤形、直角形和新月形试样)

GB/T 1690—2006　硫化橡胶或热塑性橡胶耐液体试验方法

GB/T 3512—2001　硫化橡胶或热塑性橡胶　热空气加速老化和耐热试验

GB/T 12831—1991　硫化橡胶人工气候(氙灯)老化试验方法

3　分类和标记

3.1　分　类

3.1.1　乙烯、醋酸乙烯共聚物防水板,代号 EVA。

3.1.2　乙烯、醋酸乙烯与沥青共聚物防水板,代号 ECB。

3.1.3　聚乙烯防水板,代号 PE。

3.2　产品标记

3.2.1　产品应按下列顺序标记,并可根据需要增加标记内容:

隧道防水—材料代号—规格(长度×宽度×厚度)

3.2.2　标记示例

长度 30 m,宽度 2.0 m,厚度 1.5 mm 的乙烯、醋酸乙烯共聚物防水板标记为:

隧道防水—EVA—30 m×2.0 m×1.5 mm

4 技术要求

4.1 原材料

防水板生产用原材料不得使用再生料。

4.2 规格尺寸及偏差

防水板的规格尺寸及允许偏差见表4.2,特殊规格由供需双方商定。

表4.2　防水板的规格尺寸及允许偏差

项　目	厚度(mm)	宽度(m)	长度(m)
规　格	1.5,2.0,2.5,3.0	2.0,3.0,4.0	20以上
平均偏差	不允许出现负值	不允许出现负值	不允许出现负值
极限偏差,%	-5	-1	—

4.3 外观质量

4.3.1　防水板在规格确定的长度内不允许有接头。

4.3.2　防水板表面应平整、边缘整齐,无裂纹、机械损伤、折痕、孔洞、气泡、及异常黏着部分等影响使用的缺陷。

4.3.3　防水板外观颜色应为材料本色,不得添加颜料和填料,特殊要求除外。

4.3.4　在不影响使用的条件下,防水板表面凹痕,深度不得超过厚度的5%。

4.4 物理力学性能

防水板物理力学性能应符合表4.4规定。

表4.4　防水板的物理力学性能

序号	项　目		指标		
			EVA	ECB	PE
1	断裂拉伸强度(MPa)	≥	18	17	18
2	扯断伸长率(%)	≥	650	600	600
3	撕裂强度(kN/m)	≥	100	95	95
4	不透水性(0.3 MPa/24 h)		无渗漏	无渗漏	无渗漏
5	低温弯折性(℃)	≤	-35	-35	-35

续上表

序号	项目		指标		
			EVA	ECB	PE
6	加热伸缩量(mm)	延伸 ≤	2	2	2
		收缩 ≤	6	6	6
7	热空气老化(80 ℃ × 168 h)	断裂拉伸强度(MPa) ≥	16	14	15
		扯断伸长率/% ≥	600	550	550
8	耐碱性[饱和 $Ca(OH)_2$ 溶液×168 h]	断裂拉伸强度(MPa) ≥	17	16	16
		扯断伸长率(%) ≥	600	600	550
9	人工候化	断裂拉伸强度保持率(%) ≥	80	80	80
		扯断伸长率保持率(%) ≥	70	70	70
10	刺破强度(N)	1.5 mm	300	300	300
		2.0 mm	400	400	400
		2.5 mm	500	500	500
		3.0 mm	600	600	600

5　试验方法

5.1　防水板尺寸测定

5.1.1　长度、宽度用钢卷尺测量，精确到1 mm。宽度在纵向两端及中央附近测定三点，取平均值；长度的测定取每卷展平后的全长的最短部位。

5.1.2　防水板厚度用分度值为0.01 mm、压力为(22 ±5)kPa、接触面直径不小于6 mm的厚度计测量，保持时间为5 s。

在防水板纵向距端部300 mm处，沿样品宽度方向按250 mm等间距测量厚度，始末两个测定点应距样品边缘不小于25 mm，以测得数据的最大值和最小值作为极限厚度值，以测得数据的算术平均值作为产品的平均厚度值，精确到0.01 mm，计算厚度极限偏差和平均偏差。

结果计算见式(1)、(2)：

$$\Delta t = \frac{t_{max}(\text{或} t_{min}) - t_0}{t_0} \times 100 \tag{1}$$

$$\overline{\Delta t} = \frac{\bar{t} - t_0}{t_0} \times 100 \tag{2}$$

式中　Δt——厚度极限偏差百分数，%；

t_{max}——实测最大厚度，mm；

t_{min}——实测最小厚度，mm；

$\overline{\Delta t}$——厚度平均偏差百分数，%；

$\bar{t}$——平均厚度，mm；

t_0——公称厚度，mm。

5.2　外观质量

在自然光线下距产品0.5 m肉眼观察，其数值用精度为0.02 mm的卡尺测量。

5.3　防水板的物理力学性能测定

5.3.1　试样制备

从被检验防水板上裁取试验所需的足够长度试样，试样距离纵横向边缘均需大于200 mm。

试样展平后在(23 ±2 ℃)标准状态下静置24 h后按表5.3.1的要求裁取试片。

表 5.3.1 试片形状与数量

序 号	项 目		试 片 形 状	数 量	
				纵 向	横 向
1	拉伸性能		GB 528 中的哑铃Ⅰ型	5	5
3	撕裂强度		GB 529 中直角型试片	5	5
4	不透水性		140 mm × 140 mm	3	
5	低温弯折性		120 mm × 50 mm	2	2
6	加热伸缩量		300 mm × 30 mm	3	3
7	热空气老化	拉伸性能	GB 528 中的哑铃Ⅰ型	3	3
8	耐碱性	拉伸性能	GB 528 中的哑铃Ⅰ型	3	3
9	人工候化	拉伸性能	GB 528 中的哑铃Ⅰ型	3	3
10	刺破强度		70 mm × 70 mm	5	

5.3.2 试样的断裂拉伸强度、扯断伸长率试验按 GB/T 528—1998 的规定进行，测试五个试样，取中值。拉伸速度为(250 ±50)mm/min。

5.3.3 撕裂强度试验按 GB 529—1999 中的无割口直角型试样执行，拉伸速度为(250 ± 50)mm/min。

5.3.4 不透水性采用 GB/T 328.10—2007 中规定的不透水仪，透水盘的压盖板采用金属开缝槽盘。试验时按透水仪的操作规程进行，并一次性升压至规定压力，保持 24 h 后观察试件有无渗水现象，以 3 个试样均无渗漏为合格。

5.3.5 低温弯折性

5.3.5.1 试验仪器

低温箱的温度调节范围 0 ~ −40 ℃，误差 ±2 ℃，且能使试样在被操作过程中保持恒定温度。弯折板由金属平板、转轴和调距螺丝组成，平板间距可任意调节。

5.3.5.2 试验步骤

按 5.3.1 条制备试样，将试样弯曲 180°，使 50 mm 宽的边缘重合、齐平，并固定至保证其在试验中不发生错位。将弯折仪上下平板距离调节为防水板厚度的 3 倍。

将弯折板上平板翻开，将厚度相同的两块试样平放在下平板上，重合的一边朝向转轴，且距离转轴 20 mm。在设定温度下将弯折仪与试件一起放入低温箱中，到达规定温度后，在此温度下保持 1 h，之后迅速压下上平板，达到所调间距位置，保持 1 s 后将试样取出，待恢复到室温后观察弯折处是否断裂，或用 8 倍放大镜观察试件弯折处受拉面有无裂纹。以两个试样均无裂纹为合格。

5.3.6 加热伸缩量

5.3.6.1 试验仪器

测量伸缩量的标尺精度不低于 0.5 mm；

热老化试验箱。

5.3.6.2 试验步骤

按 5.3.1 条制备试样，将试样平放在一端有挡块的 400 mm × 80 mm 的长方形釉面砖垫板上，在没有挡块的一端测量处划线，作为试件处理前后的参考线。

将垫板和试样水平放入(80 ±2)℃的热老化箱中，时间为 168 h。取出试样后停放

1 h,用量具测量试样的长度,根据初始长度计算伸缩量。根据纵横两个方向,分别用三个试样的平均值表示其伸缩量。如试片弯曲,需施以适当的重物将其压平测量。

5.3.7　热空气老化试验按 GB/T 3512—2001 的规定进行。

5.3.8　耐碱性试验按 GB/T 1690—2006 的规定执行。

5.3.9　人工候化试验按 GB/T 12831—1991 的规定执行;黑板温度为(63 ±3)℃,相对湿度为(50 ±5)%,降雨周期为 120 min,其中,降雨 18 min,间隔干燥 102 min,总辐射量为 495 MJ/m^2(或辐照强度为 550 W/m^2,试验时间为 250 h)。试样经曝露处理后在标准状态下停放 4 h,进行性能测定,外观检查以用 8 倍放大镜检验无裂纹为合格。

5.3.10　刺破强度试验

5.3.10.1　试验设备

拉力机:符合 5.3.2.1 的规定,并备有反向器。

环形夹具:内径为 44.5 mm,倒角。

刚性顶杆:直径 8 mm,平头倒角。

5.3.10.2　试验步骤

裁剪试样,每组试验应取 5 块试样,其大小与环形夹具相配。

将试样放入环形夹具内,自然放平,拧紧夹具。

将夹具放在加压装置上,并对中,顶刺速率设定为 100 mm/min。

开机,记录顶刺过程中的最大压力值,并计算平均值。

6 检验规则

6.1 检验分类

6.1.1 出厂检验

6.1.1.1 组批与抽样

以同品种、同规格的 5 000 m^2 防水板为一批，不满 5 000 m^2 也可做为一批。在该批产品中随机抽取 3 卷进行尺寸偏差和外观检查，在上述检查合格的样品中再随机抽取足够的试样，进行物理力学性能检验。

6.1.1.2 检验项目

应逐批对防水的规格尺寸、外观质量、断裂拉伸强度、扯断伸长率、撕裂强度、低温弯折、不透水性能进行出厂检验。

6.1.2 形式检验

本技术条件所列的全部技术要求为形式检验项目，通常在下列情况之一时应进行形式检验；

a)新产品的试制定型鉴定；

b)产品的结构、设计、工艺、材料、生产设备、管理等方面有重大改变；

c)转产、转厂、停产后复产；

d)合同规定或用户提出要求；

e)出厂检验结果与上次形式检验有较大差异；

f)国家质量监督检验机构提出进行该项试验的要求。

在正常情况下，人工候化每年进行一次，其余各项为每半年进行一次检验。

6.1.3 进场检验

6.1.3.1 组批与抽样

以同品种、同规格的 5 000 m^2 防水板为一批，不满 5 000 m^2 也可做为一批。在该批产品中随机抽取 3 卷进行尺寸偏差和外观检查，在上述检查合格的样品中再随机抽取足够的试样，进行物理力学性能检验。

6.1.3.2 检验项目

应逐批对防水板的规格尺寸、外观质量、断裂拉伸强度、扯断伸长率、撕裂强度、低温弯折、不透水性能进行进场检验，并按照铁路施工指南和验收标准可以适当增加检验项目。

6.2 判定规则

规格尺寸、外观质量及物理力学性能各项检验指标全部符合技术要求，则为合格品。若物理力学性能有一项指标不符合技术要求，应另取双倍试样进行该项复试，复试结果仍不合格，则该批产品为不合格。

7 标志、包装、运输、贮存

7.1 标 志

防水板每一独立包装上应有合格证、并注明产品名称、产品标记、商标、制造厂名厂址、生产日期等。

7.2 包 装

防水板用硬质芯卷取包装,外用具有一定阻燃性能的塑料袋或编织袋包装。

7.3 贮存与运输

贮存与运输时,应注意勿使包装损坏。堆放时,应衬垫平坦的木板,离地20 cm。不同类型、规格的产品应分别堆放,不应混杂。避免日晒雨淋,注意通风。平放贮存堆放高度不超过5层,立放单层堆放。禁止与酸、碱、油类及有机溶剂等接触,且隔离热源。

7.4 其 他

在遵守7.3规定的条件下,自生产日起在不超过1年的保存期内产品性能应符合本标准的规定。

中华人民共和国行业标准

科技基〔2008〕21号

铁路隧道防水材料暂行技术条件

第2部分　止　水　带

2008—01—10　发布　　　　2008—01—10　实施

中华人民共和国铁道部　发布

目　次

前　言

本技术条件是根据铁道部科技司的安排，为统一铁路隧道防水材料产品质量要求，实现质量一流目标而编制的。

本技术条件编制过程中，认真总结了国内隧道防排水技术的成功经验，结合国内其他行业工程防水规范和防水材料质量标准，并借鉴了国外相关标准及资料的规定，根据 TB 10003—2005《铁路隧道设计规范》提出的隧道防排水技术特点和质量要求，在广泛征求意见的基础上，经反复修改、审查后定稿。

本技术条件为《铁路隧道防水材料暂行技术条件》第 2 部分，第 1 部分为防水板。

本技术条件第 2 部分共分 7 章，主要内容包括：范围，规范性引用文件，分类和标记，技术要求，试验方法，检验规则和标志、包装、运输、贮存。

在执行本技术条件过程中，请各单位结合工程实践，认真总结经验，积累资料，及时将意见及有关资料反馈给中国铁道科学研究院金属及化学研究所（北京西直门外大柳树路 2 号，邮政编码：100081），供今后修订时参考。

本技术条件负责起草单位：中国铁道科学研究院金属及化学研究所。

本技术条件主要起草人：毛昆朋，吴绍利，祝和权，杜存山，吴智强。

本技术条件由铁道部科学技术司负责解释。

1 范 围

为规范铁路隧道用止水带的技术标准,保证隧道防排水工程质量,特制定本技术条件。

本技术条件规定了铁路隧道用止水带的分类、产品标记、技术要求、试验方法、检验规则、标志、包装、运输与贮存。

本技术条件适用于铁路隧道混凝土衬砌施工缝、变形缝橡胶止水带、塑料止水带和钢边止水带(以下简称止水带)。

2　规范性引用文件

下列文件中的条款通过本技术条件的引用而成为本技术条件的条款。凡是注日期的引用文件，其随后所有的修改单(不包括勘误的内容)或修订版均不适用于本技术条件，然而，鼓励根据本技术条件达成协议的各方研究是否可使用这些文件的最新版本。凡是不注日期的引用文件，其最新版本适用于本技术条件。

GB/T 528—1998　硫化橡胶或热塑性橡胶　拉伸应力应变性能的测定

GB/T 529—1999　硫化橡胶或热塑性橡胶撕裂强度的测定(裤形、直角形和新月形试样)

GB/T 531—1999　橡胶袖珍硬度计压入硬度试验方法

GB/T 1690—2006　硫化橡胶或热塑性橡胶耐液体试验方法

GB/T 2518—2004　连续热镀锌薄钢板及钢带

GB/T 2941—2006　橡胶物理试验方法试样制备和调节通用程序

GB/T 3512—2001　硫化橡胶或热塑性橡胶　热空气加速老化和耐热试验

GB/T 7759—1996　硫化橡胶、热塑性橡胶　常温、高温和低温下压缩永久变形测定

GB/T 7762—2003　硫化橡胶或热塑性橡胶耐臭氧老化试验　静态拉伸试验法

GB/T 12830—1991　硫化橡胶与金属粘合剪切强度测定方法　四板法

GB/T 15256—1994　硫化橡胶低温脆性的测定(多试样法)

3 分类和标记

3.1 分 类

3.1.1 止水带按用途分为两类：

a）适用于变形缝用止水带，用 B 表示；

b）适用于施工缝用止水带，用 S 表示；

3.1.2 止水带按材料分为三类：

a）塑料止水带，用 P 表示；

b）橡胶止水带，用 R 表示；

c）钢边止水带，用 G 表示。

3.1.3 止水带按设置位置分为两类：

a）中埋式止水带，用 Z 表示；

b）背贴式止水带，用 T 表示。

3.2 产 品 标 记

3.2.1 产品应按下列顺序标记，并可根据需要增加标记内容：

产品用途代号—材料代号—设置位置代号—规格（长度×宽度×厚度）

3.2.2 标记示例

长度为 12 000 mm，宽度为 400 mm，公称厚度为 8 mm 的变形缝用中埋式橡胶止水带标记为：

B—R—Z—12 000 mm×400 mm×8 mm

4 技术要求

4.1 原材料

橡胶止水带和钢边止水带应采用三元乙丙橡胶制作，不得采用再生橡胶。塑料止水带不得采用再生塑料。

4.2 规格尺寸及偏差

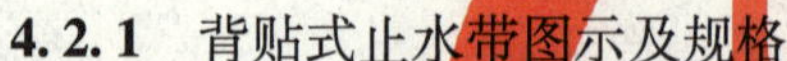

4.2.1 背贴式止水带图示及规格

图 4.2.1 背贴式止水带

表 4.2.1 背贴式止水带规格尺寸

项　　目	常见规格(mm)
宽度 L	300,350,400,500
厚度 B	4,6,8,10
凸高 H	30,35,40,50

4.2.2 中埋式止水带图示及规格

4.2.2.1 施工缝用中埋式止水带

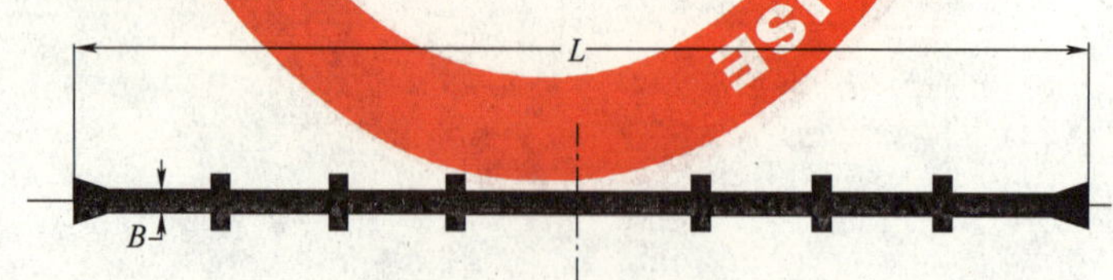

图 4.2.2.1 施工缝用中埋式止水带

表 4.2.2.1 施工缝用中埋式止水带规格尺寸

项　　目	常见规格(mm)
宽度 L	250,300,350,400
厚度 B	6,8,10,12,15

4.2.2.2 变形缝用中埋式止水带

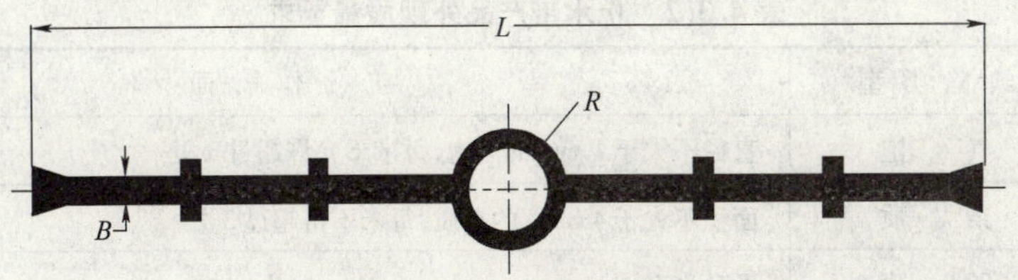

图 4.2.2.2 变形缝用中埋式止水带

表 4.2.2.2 变形缝用中埋式止水带规格尺寸

项目	常见规格(mm)
宽度 L	300,350,400
厚度 B	10,12,15,20
半径 R	10,15

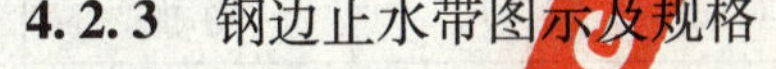

4.2.3 钢边止水带图示及规格

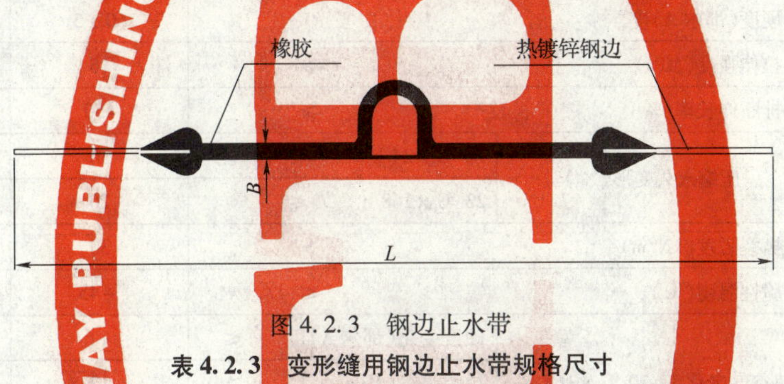

图 4.2.3 钢边止水带

表 4.2.3 变形缝用钢边止水带规格尺寸

项目	常见规格(mm)
宽度 L	300,350,400
厚度 B	6,8,10,12

4.2.4 止水带尺寸偏差要求应符合表 4.2.4 规定。

表 4.2.4 止水带的尺寸偏差

<table>
<tr><th rowspan="2">项目</th><th colspan="3">厚度 B(mm)</th><th rowspan="2">宽度 L
(%)</th><th colspan="2">(背贴式止水带)
凸高 H(mm)</th><th rowspan="2">中心孔偏心</th></tr>
<tr><th>4≤B≤6</th><th>6<B≤10</th><th>10<B≤20</th><th>20<B≤35</th><th>35<B≤50</th></tr>
<tr><td>极限偏差</td><td>0 ~ +1</td><td>0 ~ +1.3</td><td>0 ~ +2</td><td>±3</td><td>0 ~ +2.5</td><td>0 ~ +3</td><td>不超过孔
厚度 1/3</td></tr>
</table>

4.3 外观质量

4.3.1 止水带表面不允许有开裂、缺胶、海绵状等影响使用的缺陷。塑料止水带外观颜色应为材料本色,不得添加颜料和填料,特殊要求除外。

4.3.2 具体的外观质量要求应符合表 4.3.2 规定。

表 4.3.2　止水带产品外观质量要求

编　号	缺陷类型	工　作　面
1	气　泡	直径不大于 1 mm 的气泡，每米不允许超过 3 处
2	杂　质	面积不大于 4 mm^2 的杂质，每米不得超过 3 处
3	凹　痕	不允许有
4	接缝缺陷	高度不大于 1.5 mm 的凸起或不平，每米不得超过 2 处

4.4　物理力学性能

4.4.1　橡胶止水带的物理力学性能应符合表 4.4.1 规定。

表 4.4.1　橡胶止水带的物理力学性能

序　号	项　目				B 型	S 型
1	硬度(邵尔 A)度				60 ± 5	60 ± 5
2	拉伸强度(MPa)			≥	15	12
3	扯断伸长率(%)			≥	450	450
4	压缩永久变形(%)		70 ℃ ×24 h	≤	30	30
			23 ℃ ×168 h	≤	20	20
5	撕裂强度(kN/m)			≥	30	25
6	脆性温度(℃)			≤	−45	−45
7	热空气老化	70 ℃ ×168 h	硬度变化(邵尔 A)度	≤	+6	+6
			拉伸强度(MPa)	≥	12	10
			扯断伸长率(%)	≥	400	400
8	耐碱水	氢氧化钙饱和溶液 23 ℃ ×168 h	硬度变化(邵尔 A)度	≤	+6	+6
			拉伸强度(MPa)	≥	12	10
			扯断伸长率(%)	≥	400	400
9	臭氧老化 50 pphm:20%,40 ℃,48 h				无龟裂	无龟裂
10*	橡胶与金属粘合				R 型破坏	

*注：仅钢边止水带检测橡胶与金属黏合项目。

4.4.2　塑料止水带的物理力学性能应符合表 4.4.2 的规定。

表 4.4.2　塑料止水带的物理力学性能

序　号	项　目		技术指标	
			EVA	ECB
1	拉伸强度(MPa)	≥	16	16
2	扯断伸长率(%)	≥	600	600
3	撕裂强度(kN/m)	≥	60	60
4	低温弯折性(℃)	≤	−40	−40

续上表

序号	项目		技术指标	
			EVA	ECB
5	热空气老化 (80 ℃ ×168 h)	100% 伸长率 外观	无裂纹	无裂纹
		拉伸强度保持率(%) ≥	80	80
		扯断伸长率保持率(%) ≥	70	70
6	耐碱性 $Ca(OH)_2$ 饱和溶液 ×168 h	拉伸强度保持率(%) ≥	80	80
		扯断伸长率保持率(%) ≥	90	90

4.4.3 钢边止水带的橡胶的物理力学性能应符合表 4.4.1 的规定,钢边材料应采用热镀锌钢板,材料性能应符合 GB/T 2518 的规定。

4.4.4 止水带接头部位的拉伸强度指标不得低于表 4.4.1、表 4.4.2 本体材料的性能。

5 试验方法

5.1 止水带尺寸测定

规格尺寸用量具测量,厚度精确到0.05 mm,宽度精确到1 mm;其中厚度测量取制品上的任意1 m作为样品(有接头的必须包括一个接头),然后自其两端起在制品的设计工作面的对称部位取四点进行测量,取其平均值。

5.2 外观质量

在自然光线下距产品0.5 m用肉眼观察,其数值用精度为0.02 mm的卡尺测量。

5.3 止水带物理力学性能测定

5.3.1 试样制备

从经规格尺寸检验合格的制品上裁取试验所需的足够长度试样,按GB/T 2941的规定制备试样,并在标准状态下静置24 h后,按表4.4.1、表4.4.2的要求进行试验。

5.3.2 硬度试验按GB/T 531的规定进行。

5.3.3 拉伸强度、扯断伸长率试验按GB/T 528的规定进行,橡胶止水带及钢边止水带用Ⅱ型哑铃试样,拉伸速度500±50 mm/min,初始标距20 mm;塑料止水带用Ⅰ型哑铃试样,拉伸速度250±50 mm/min,初始标距25 mm。

5.3.4 压缩永久变形试验按GB/T 7759的规定进行,采用B型试样,压缩率为25%。

5.3.5 撕裂强度试验按GB/T 529中的规定进行,采用无割口直角形试样,橡胶止水带拉伸速度500±50 mm/min,塑料止水带拉伸速度250±50 mm/min。

5.3.6 脆性温度试验按GB/T 15256的规定进行。

5.3.7 耐碱水试验按GB/T 1690的规定进行。

5.3.8 臭氧老化试验按GB/T 7762的规定进行。

5.3.9 热空气老化试验按GB/T 3512的规定进行。

5.3.10 橡胶与金属黏合试验,参照GB/T 12830规定。

5.3.10.1 样品尺寸

橡胶与金属的黏合试验采用成品取样,如图5.3.10.1所示,试样宽度 B 为20±1 mm,橡胶与钢板黏合的长度 L 为产品的实际尺寸。

5.3.10.2 试验步骤

将试样的金属端和橡胶端分别夹在试验机的上下夹头上,拉伸速度为50±5 mm/min,记录试样破坏的类型。

5.3.11 低温弯折试验

5.3.11.1 试样尺寸:120 mm×50 mm,试验数量:2 个

5.3.11.2 试验仪器

低温箱的温度调节范围 0 ~ -40 ℃,误差 ±2 ℃,且能使试样在被操作过程中保持恒定温度。弯折板由金属平板、转轴和调距螺丝组成,平板间距可任意调节。

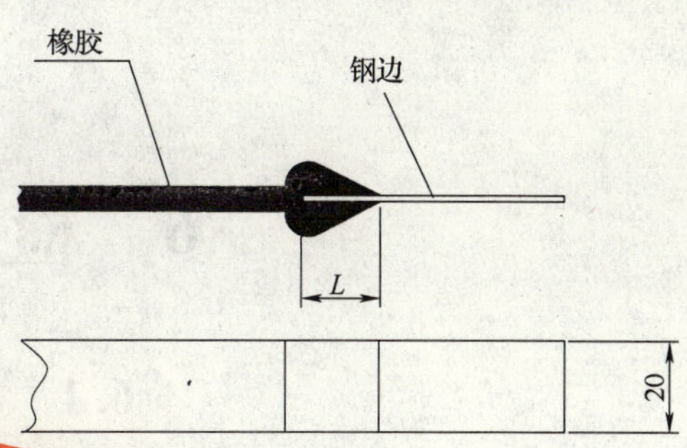

图 5.3.10.1 钢边止水带橡胶金属黏合试样

5.3.11.3 试验步骤

将试样弯曲 180°,使 50 mm 宽的边缘重合、齐平,并固定至保证其在试验中不发生错位。将弯折仪上下平板距离调节为防水板厚度的 3 倍。

将弯折板上平板翻开,将厚度相同的两块试样平放在下平板上,重合的一边朝向转轴,且距离转轴 20 mm。在设定温度下将弯折仪与试件一起放入低温箱中,到达规定温度后,在此温度下保持 1 h,之后迅速压下上平板,达到所调间距位置,保持 1 s 后将试样取出。待恢复到室温后观察弯折处是否断裂,或用 8 倍放大镜观察试件弯折处受拉面有无裂纹。以两个试样均无裂纹为合格。

5.3.12 100% 伸长率老化试验

用夹具将 5 个哑铃形试样预拉伸 100%,放在老化箱里,80 ℃条件下保持 168 h,取出后室温停放 4 h,用 8 倍放大镜观察试样,5 个试样均无裂纹判定为合格。

6 检验规则

6.1 检验分类

6.1.1 出厂检验

6.1.1.1 组批与抽样

检验批每批为5 000 m,不足5 000 m的按5 000 m检验。每批逐一进行规格尺寸检验和外观质量检验,并在上述检验合格的样品中随机抽取足够的试样,进行物理力学性能检验。

6.1.1.2 检验项目

应逐批对止水带的尺寸公差、外观质量、硬度、拉伸强度、扯断伸长率、撕裂强度、压缩永久变形、热空气老化、金属粘接强度等项目进行出厂检验。

6.1.2 形式检验

本技术条件所列的全部技术指标项目为形式检验项目,通常在下列情况之一时应进行形式检验。

a)新产品的试制定型鉴定;

b)产品的结构、设计、工艺、材料、生产设备、管理等方面有重大改变;

c)转产、转厂、停产后复产;

d)合同规定或用户提出要求;

e)出厂检验结果与上次形式检验有较大差异;

f)国家质量监督检验机构提出进行该项试验的要求。

在正常情况下,臭氧老化应为每年至少一次检验,其余各项为每半年进行一次检验。

6.1.3 进场检验

6.1.3.1 组批与抽样

检验批每批为5 000 m,不足5 000 m的按5 000 m检验。每批逐一进行规格尺寸检验和外观质量检验,并在上述检验合格的样品中随机抽取足够的试样,进行物理力学性能检验。

6.1.3.2 检验项目

每批止水带运到施工现场时,进行进场检验,检验项目包括尺寸公差、外观质量、硬度、拉伸强度、扯断伸长率、撕裂强度、压缩永久变形、热空气老化、金属粘接强度等项目。

6.2 判定规则

规格尺寸、外观质量及物理力学性能各项检验指标全部符合技术要求,则为合格品。若物理力学性能有一项指标不符合技术要求,应另取双倍试样进行该项复试,复试结果仍不合格,则该批产品为不合格。

7 标志、包装、运输、贮存

7.0.1 止水带应用不得影响其质量的适宜物品进行包装。

7.0.2 每一包装应有合格证,并注明产品名称、产品标记、商标、制造厂名、厂址、生产日期、产品标准编号。

7.0.3 止水带在运输与贮存时,应注意勿使包装损坏,放置于通风、干燥处,并应避免阳光直射,禁止与酸、碱、油类及有机溶剂等接触,且隔离热源;应保存于室内,并不得重压。

7.0.4 在遵守7.0.3规定的条件下,自生产日期起一年内产品性能应符合本技术条件的规定。

中华人民共和国行业标准

铁建设函〔2008〕777号

铁路隧道施工机械配置的指导意见

2008—07—08 发布　　　　2008—07—08 实施

中华人民共和国铁道部　发布

目　次

1 总 则

1.1 为提高铁路隧道施工机械化水平,指导铁路隧道施工大型机械的配置,满足施工技术要求,保障施工质量和人身安全,做到施工设备配置先进,安全可靠,节能环保,制订本意见。

1.2 本意见适用于新建铁路隧道工程钻爆法施工机械的配置。相应的概算编制与指导意见相适应。

1.3 隧道施工前应进行施工机械配置方案设计,并纳入隧道实施性施工组织设计。

1.4 隧道施工机械配置应根据隧道长度、断面大小、辅助坑道设置、地质条件、施工方法、工期要求、施工场地等综合因素按无轨(见附件1)或有轨(见附件2)两种运输模式分别配置,并符合下列原则:

1.4.1 施工机械配置应与施工方法相配套,与施工工期相适应。

1.4.2 施工机械配置的生产能力应大于均衡施工能力,均衡生产能力应大于施工进度指标要求。

1.4.3 施工机械配置应注重科学发挥机械的总体效率。

1.4.4 施工机械需有备用设备,对混凝土拌和设备、运输设备、混凝土喷射机、混凝土输送泵、通风机、抽水机等应配备备用设备。

1.4.5 施工机械应根据施工进度的计划安排,及时进场,确保正常施工。

1.4.6 长隧道的洞口或隧道群间,应设置修配机构或车间,并配备相应的修理加工机械,储备一定数量的零部件和原材料。

1.5 隧道施工机械的使用、管理、维修和保养,应严格执行有关规定,保证机械使用安全、正常运转,防止发生机械事故。

1.6 隧道施工机械运转时应采取有效措施,减少产生的废气、噪声、废液、振动等对周围环境造成污染和影响。

1.6.1 应优先选择排污达标、噪声小的机械。进入隧道的机械,优先选择电力机械。

1.6.2 严禁汽油机械进洞,洞内使用柴油机械应加设废气净化装置或掺入柴油净化添加剂,并加强通风。

1.6.3 在靠近居民区时,各项排放指标均应达到现行《建筑施工场界噪声限值》(GB 12523—90)、《污水综合排放标准》(GB 8978—1996)、《环境空气质量标准》(GB 3095—1996)等有关规定。

1.7 瓦斯隧道施工机械的配置应符合铁道行业标准《铁路瓦斯隧道技术规范》(TB 10120—2002)的有关规定。高瓦斯和瓦斯突出隧道施工机械设备,必须采用电动机械及其配套的安全防爆型施工机械。

1.8 隧道施工机械配置应大力推广应用新技术、新设备,提高施工技术水平。

1.9 隧道施工机械管理操作人员应进行专门培训,特种机械操作应持证上岗。

2　地质超前预报

2.1　地质超前预报应作为工序纳入施工组织管理，隧道施工前应根据地质情况编制地质预报实施大纲，并经有关部门审查和批准后执行。

2.2　铁路隧道开挖前应根据隧道的环境及特点和超前地质预报方案设计选取合理的地质超前预报设备。

2.3　岩溶隧道、涌水量≥10^4 m^3/d 的涌水突泥高水压隧道、大型断层破碎带的隧道、瓦斯涌出量≥0.5 m^3/min 的高瓦斯隧道应选用超前地质钻探、物探等综合预报设备。

2.4　超前水平钻探应选用钻进速度≥5 m/h 的中速或快速地质钻机。

2.5　物探法地质预报常用设备配置见表 2.5。

表 2.5　物探法地质预报设备配置表

序号	预报方法	仪器和设备	备　注
1	弹性波反射法	地震波反射探测仪	在软弱破碎地层或岩溶发育区一般可预报 100 m
			在完整硬质岩地层一般可预报 100～180 m
		智能声波探测仪	在软弱破碎地层或岩溶发育区一般可预报 20～50 m
			在完整硬质岩地层一般可预报 50～70 m
		陆地声纳仪	在软弱破碎地层或岩溶发育区一般可预报 20～50 m
			在完整硬质岩地层可预报 50～70 m
		地震仪	在软弱破碎地层或岩溶发育区一般可预报 30～50 m
			在完整硬质岩地层一般可预报 50～80 m
2	电磁波反射法	地质雷达	预报距离宜在 30 m 以内
3	红外探测法	红外探测仪	有效预报距离一般不大于 30 m
4	直流电法	高分辨直流电法仪	有效预报距离不宜大于 80 m

3 开　挖

3.1 隧道开挖设备应根据隧道断面大小、围岩地质、施工方法等情况合理选择机械设备。

3.2 单作业面长度大于或等于3 km的隧道，爆破钻孔应采用液压凿岩台车。小于3 km隧道可采用多功能台架配合钻爆设备进行开挖作业。

3.3 土质隧道、不适宜爆破施工及需要开挖减振槽的隧道，可采用小型挖掘机、铣挖机等进行开挖。

3.4 采用液压钻钻孔时，应设置液压站。

3.5 当采用风钻钻孔时，宜配置螺杆式可移动式空压机。

3.6 炮孔装药作业可采用自动装药设备，配置自动炮眼堵塞设备。

4　超前支护与初期支护

4.1　超前管棚、小导管、预注浆、锚杆等施工钻孔机械应按支护类型合理选用。

4.2　大管棚施作机械应优先选用钻孔、注浆一体的多功能钻机。

4.3　富水软弱破碎围岩、含水砂层、大变形围岩等不良地质隧道应配置深孔钻注设备。

4.4　预注浆应配备高压力、大流量且压力、流量可调式注浆泵，以满足注浆工艺和保证注浆质量的要求。

4.5　锚杆注浆应配备专用砂浆注浆泵。

4.6　喷射混凝土可选用湿喷机、潮喷机。双线及多线隧道和长、特长隧道混凝土喷射作业宜选用混凝土喷射三联机及喷射机械手。

4.7　喷射料的拌和应采用自动计量混凝土搅拌站，运送湿喷料应采用可搅拌混凝土输送车。

4.8　钢架加工应配置专用弯曲或成型加工设备，大断面架设钢架时宜采用钢架架设专用设备。

5 装砟与运输

5.1 装砟与运输机械选型应遵循挖、装、运机械能力协调配套的原则,其运输机械配置能力不应小于挖装能力的1.2倍。

5.2 无轨运输时,自卸汽车额定载重不应小于15 t。严禁使用汽油机械进洞,内燃机械宜采用尾气净化装置并加强洞内通风。

5.3 正洞有轨运输设备选型与配套数量应根据隧道长度和断面大小确定,并满足下列要求:

5.3.1 有轨牵引机车一般选用20 t及以上电瓶机车。

5.3.2 采用梭式矿车运砟的容量应大于16 m^3,侧卸式矿车运砟的容量应大于6 m^3。

5.3.3 所选翻框式调车器、浮放道岔等专用调车设备应配套合理。

5.3.4 出砟运输车辆数量可根据隧道掘进长度进行合理配置。

5.4 斜井运输设备及辅助设施应根据斜井断面大小、斜井坡度等条件合理配套,以满足施组要求。

5.4.1 斜井坡度小于8 °时可采用无轨运输,运输设备配置应与正洞运输综合考虑。

5.4.2 斜井坡度小于15 °时可采用皮带输送机出砟运输,同时应根据砟块尺寸配置破碎设备。

5.4.3 斜井坡度小于25 °时宜采用有轨运输,应配备滚筒直径不小于2.5 m的提升机,井底采用自卸车装砟,矿车运输,洞外采用栈桥卸砟。

5.5 竖井装运机械配置应满足施组要求,符合行业相关规定,并应满足下列要求:

5.5.1 地面应安装三角架或井字型塔架和提升绞车,井筒应安装悬吊设备。

5.5.2 提升绞车的提升净张力应满足竖井物料进出的最大重量需求,提升速度应符合铁道行业标准《铁路隧道辅助坑道技术规范》(TB 10195—95)相关规定。

5.5.3 竖井提升天轮和滚筒的直径与钢丝绳中最粗钢丝直径之比不得小于900。

5.5.4 深竖井开挖施工,爆破钻孔宜配置环形伞钻。

5.6 大断面隧道采用大型挖装机设备时装运设备可按表5.6配置。

表5.6 大型挖装机设备配置表

序号	挖装机械	掘进长度	运　距	15 t自卸汽车	备　注
1	大吨位挖装机	4~5 m	1 km	5辆	出砟时间≤4 h
2	大吨位铲装机			5辆	出砟时间≤5 h

6 衬　砌

6.1　混凝土衬砌必须采用自动计量的混凝土搅拌站、混凝土搅拌输送车、混凝土输送泵、钢模板台车等配套机械设备。

6.2　混凝土拌和站生产能力应根据高峰时作业面数量、运距、混凝土供应量等因素确定，应选用强制式拌和方式。自动计量装置应满足混凝土配合比计量精度要求。

6.3　混凝土运输应配置可搅拌轮胎式汽车混凝土输送车，有轨运输时应配置可搅拌轨行式混凝土输送车。

6.4　混凝土输送泵配置能力应与搅拌站的生产能力、运输车的运送能力及浇筑结构的需求相匹配。

6.5　隧道衬砌应采用整体平移式全断面衬砌钢模板台车。

6.6　隧道仰拱灌注时应配置仰拱栈桥。

7 通 风

7.1 隧道施工独头掘进长度超过150 m时,应采用机械通风,并配置相应的通风机械。

7.2 通风机的功率与通风管的直径应根据掘进长度、运输方式、断面大小和通风方式等计算确定,并宜选用大直径风管和风量风压可调式高效节能低噪型多级风机。

7.3 当通风管较长,需要提高风压时,可采用多台通风机串联;巷道式通风可采用通风机并联。串联或并联的通风机应采用同一型号。

7.4 隧道施工作业时,应对粉尘浓度、有害气体含量和噪声进行监测。监测仪器主要采用粉尘检测仪、噪声计、瓦斯测定仪、气体检测仪等。

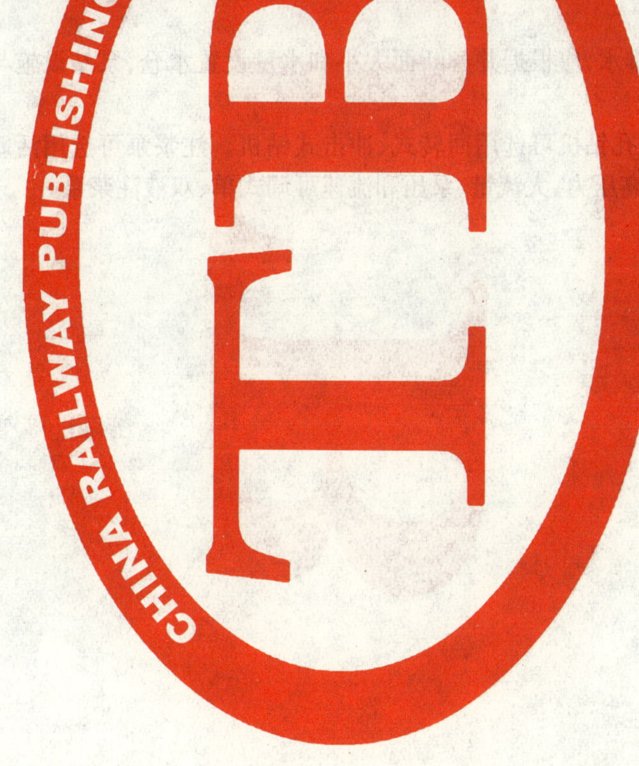

8 防　排　水

8.1 隧道初期支护基面处理及防水板悬挂作业应配置可移动的专用作业台车。

8.2 防水板焊接应采用调温、调速式自动爬行焊接机，局部处理采用热塑焊枪焊接。有条件时，防水板作业宜采用自动铺设机。

8.3 隧道内排水用抽水机应根据隧道长度、水量、水质及施工组织设计的要求选型。抽水机备用数量应不少于20% 。局部抽水宜选用潜水泵。

8.4 洞内反坡排水或在膨胀性、湿陷性地层中施工时，应根据坡度、水量和设备情况布置管路及泵站，一次或分段接力排出洞外。集水坑的容量应按实际排水量确定，其位置应减少施工干扰。

8.5 斜井、竖井排水，应根据井身断面大小和水量设置水仓，泵站设施与配电设施应匹配。

8.6 注浆堵水钻孔钻机可选用回转式、冲击式钻机。注浆泵可选用活塞式注浆泵或泥浆泵，并优先选用高压力、大流量、泵压和流速可调式单、双液注浆泵。

9 监控量测

9.1 隧道监控量测的项目应根据工程特点、规模大小和设计要求综合选定。

9.2 监控量测仪器应根据量测项目及测试精度来选用。一般应尽量选择简单适用,稳定可靠,操作方便,量程合理,便于进行结果处理和分析的测试仪器。量测仪器应按计量器具有关要求进行检定。大断面隧道优先采用无尺量测技术和相应设备。

9.3 隧道收敛量测仪器可选用收敛计或全站仪。

9.4 隧道拱顶和地表位移量测仪器可采用精密水准仪和铟钢尺或全站仪。

9.5 应力、应变监控量测仪器宜采用振弦式、光纤光栅传感器。

附件 1　铁路隧道无轨运输施工主要设备配置表（单作业面）

铁路隧道无轨运输施工主要设备配置表（单作业面）

序号	机械名称	规　格	隧道长度≥3 km		隧道长度＜3 km		备　注
			单线	双线	单线	双线	
开　挖　设　备							
1	液压凿岩台车	2～4 臂	1	1～2			
2	多功能作业台架				1	1	
3	液压钻机	（配液压站）			8～12	16～24	不需空压机
4	风钻				10～18	20～32	
5	空压机	18～25 m^3/min			3～5	5～8	
6	挖掘机	0.2～1.2 m^3	1～2	1～2	1～2	1～2	
出砟、装运设备							
7	装载机	2～6 m^3	1	2	1	2	
8	自卸汽车	15～25 t	5～10		3～10	5～12	
9	自卸汽车	15～40 t		5～12			
通风设备							
10	轴流通风机	74～220 kW	≥2	≥2	1～2	1～2	
11	射流风机	28～74 kW					根据需要
超前与初期支护、衬砌设备							
12	管棚、锚杆、注浆钻机						根据需要
13	注浆泵	单双液	1～2	2～3	1～2	2～3	
14	锚孔注浆泵	砂浆泵	1～2	2～3	1～2	2～3	
15	配料机	30～60 m^3/h	1	1	1	1	喷混凝土料
16	搅拌机	500～1 000 L	1	1	1	1	喷混凝土料
17	喷射混凝土三联机及机械手	10～30 m^3/h		1～2		1～2	
18	喷射机	5～12 m^3/h	2～4		2～4		
19	空压机	18～25 m^3/min	1～3	2～3	1～3	1～3	
20	全自动拌合站	50～75 m^3/h	1	1	1	1	
21	混凝土输送车	5～10 m^3	3～5	5～9	3～5	5～9	搅拌式
22	混凝土输送泵	≥40 m^3/h	1～2	1～2	1～2	1～2	
23	模板台车	9～12 m	1～2	1～2	1～2	1～2	
24	仰拱栈桥	≥9 m	3～6	3～6	2～4	2～4	

续上表

序号	机械名称	规　格	隧道长度≥3 km		隧道长度<3 km		备　注
			单线	双线	单线	双线	
防排水设备							
25	防水板作业台车	移动式	1	1	1	1	
26	焊接机	自动调温	1	1	1	1	
27	抽水机						根据涌水量

注:特殊地质条件施工设备根据施工需要经论证后配备。

附件2　铁路隧道有轨运输施工主要设备配置表（单作业面）

铁路隧道有轨运输施工主要设备配置表（单作业面）

序号	机械名称	规　格	隧道长度≥3 km	隧道长度<3 km	备　注
开 挖 设 备					
1	液压凿岩台车	2～4臂	1		
2	多功能作业台架			1	
3	挖掘机	0.2～1.2 m^3	1～2	1～2	
4	液压钻机	（配液压站）		8～12	不需空压机
5	风钻			10～18	
6	空压机	18～25 m^3/min		3～5	
出碴、装运设备					
7	大型挖装机	150～250 m^3/h	1		
8	装载机	2～3 m^3	1	2	
9	牵引机车	≥20 t	3～8	3～8	
10	充电机		3～8	3～8	
11	梭矿	16～20 m^3	6～15	4～6	
通 风 设 备					
12	轴流通风机	74～220 kW	≥2	1～2	
13	射流风机	28～74 kW			根据需要
超前与初期支护、衬砌设备					
14	管棚、锚杆、注浆钻机				根据需要
15	注浆泵	单双液	1～2	1～2	
16	锚孔注浆泵	砂浆泵	1～2	1～2	
17	配料机	20～60 m^3/h	1	1	喷混凝土料
18	搅拌机	350～1 000 L	1	1	喷混凝土料
19	喷射机	5～12 m^3/h	2～4	2～4	
20	空压机	18～25 m^3/min	1～3	1～3	
21	全自动拌合站	50～75 m^3/h	1	1	
22	混凝土输送车	5～10 m^3	3～5	3～5	
23	轨行式混凝土输送车	5～7 m^3	5～7	3～5	搅拌式
24	混凝土输送泵	≥40 m^3/h	1～2	1～2	

续上表

序号	机械名称	规　格	隧道长度≥3 km	隧道长度<3 km	备　注
25	模板台车	9~12 m	1~2	1~2	
26	仰拱栈桥	≥9 m	3~6	2~4	
防排水设备					
27	防水板作业台车	移动式	1	1	
28	焊接机	自动调温	1	1	
29	抽水机				根据涌水量

注:特殊地质条件施工设备根据施工需要经论证后配备。

中华人民共和国行业标准

铁建设〔2008〕105号

铁路隧道超前地质预报技术指南

2008—07—04　发布　　　　2008—08—01　实施

中华人民共和国铁道部　发布

前　言

本指南是根据铁道部《关于印发〈2007 年铁路工程建设标准编制计划〉的通知》(铁建设函〔2006〕1112 号)的要求编制的。

在本指南编写过程中,认真总结了我国铁路、公路、水利工程隧道超前地质预报的经验和教训,学习借鉴了国外在隧道超前地质预报方面的成功经验,开展了必要的试验研究,形成了适合我国铁路隧道实情的预报方法和手段,是铁路隧道超前地质预报工作的指导性技术文件。本指南按照标准管理程序,在广泛征求意见的基础上,先后组织专家对编制大纲、征求意见稿、送审稿进行了审查。

本指南共分 9 章,主要内容包括:总则,术语和符号,基本规定,超前地质预报设计,超前地质预报实施,地质调查法,超前钻探法,物探法,超前导坑预报法等,另有 9 个附录。

在执行本指南过程中,希望各单位结合工程实践和科研成果,认真总结经验,积累资料。如发现需要修改和补充之处,请及时将意见和有关资料寄送中国中铁隧道集团有限公司(地址:河南省洛阳市陵园东路 3 号,邮编:471009,E-mail:gcb@ctg.ha.cn),并抄送铁道部经济规划研究院(北京市海淀区羊坊店路甲 8 号,邮编:100038),以供今后修订时参考。

本指南由铁道部建设管理司负责解释。

本指南主编单位:中国中铁隧道集团有限公司。

本指南参编单位:中国中铁二院工程集团有限责任公司、中铁第四勘察设计院集团有限公司、中铁隧道勘测设计院有限公司、中铁西南科学研究院有限公司。

本指南主要起草人:齐传生、周振国、杨世武、张继奎、李坚、周柏林、何发亮、王洪勇、刘招伟、李彦军、杨军生、闫高翔、王小平、陈文义。

目　次

1 总 则

1.0.1 为规范铁路隧道超前地质预报技术工作,提高超前地质预报水平,保证隧道工程质量和施工安全,制定本技术指南。

1.0.2 本技术指南适用于铁路隧道的超前地质预报工作。

1.0.3 铁路隧道在勘测设计阶段应根据隧道环境及特点进行超前地质预报方案设计,并将费用纳入工程概算。

1.0.4 铁路隧道施工阶段应实施超前地质预报。根据预报对象的特点和超前地质预报方案设计,编制预报实施大纲并纳入施工组织设计。

1.0.5 铁路隧道超前地质预报应根据隧道环境及特点,选择适宜的方法并积极采用综合预报方法,提高预报的准确性。

1.0.6 超前地质预报的安全工作应符合本指南附录 A 的规定。

1.0.7 铁路隧道超前地质预报应积极采用新技术、新设备、新方法。

1.0.8 铁路隧道超前地质预报工作,除应符合本指南外,尚应符合国家和铁道部现行有关强制性标准的规定。

2 术语和符号

2.1 术　语

2.1.1　隧道超前地质预报　geological predication in tunnel

在分析既有地质资料的基础上，采用地质调查、物探、超前地质钻探、超前导坑等手段，对隧道开挖工作面前方的工程地质与水文地质条件及不良地质体的工程性质、位置、产状、规模等进行探测、分析判释及预报，并提出技术措施建议。

2.1.2　综合超前地质预报　comprehensive geological predication

根据预报对象的地质特点，采取两种或两种以上有效的预报手段进行相互印证的超前地质预报方法。

2.1.3　地质复杂程度分级　classification of geological factors by intricacy

综合考虑隧道工程地质与水文地质条件、可能发生的地质灾害对隧道施工及环境的影响程度，对隧道所处地质条件复杂程度进行的分级。包括复杂、较复杂、中等复杂和简单四级。

2.1.4　超前钻探预报法　geological prediction in tunnel by drilling ahead the cutting face

在隧道开挖工作面或其侧洞沿开挖前进方向施做超前地质钻孔，以探明开挖工作面前方地质条件的方法。

2.1.5　打钻瓦斯动力现象　gas burstin borehole drilling

钻孔过程中大量的瓦斯、煤浆、煤粉、水从钻孔中喷出（喷孔、喷水）或高压瓦斯将钻杆向外推（顶钻）、夹钻、抱钻、顶水等现象。

2.1.6　物理勘探　geophysical prospecting（geophysical exploration）

利用物理学的原理、方法和专门的仪器，观测并综合分析天然或人工地球物理场的分布特征，探测地质体或地质构造形态的勘探方法，简称"物探"。

2.1.7　综合物探　comprehensive physical exploration

根据勘探对象所具有的不同物理性质，采取两种或两种以上有效的物探方法进行探测并对资料进行综合分析。

2.1.8　物性　physical properties

探测对象所具有的物理性质。

2.1.9　物探正演　geophysical direct problem

根据地质体的几何参数和物性参数计算它的地球物理场值。

2.1.10　物探反演　geophysical inversion

利用测得的地球物理场数据，计算地质体的几何参数和物性参数。

2.1.11　纵波　dilatational wave

质点振动方向与波的传播方向一致的体波，又称压缩波。

2.1.12　横波　transverse wave

质点振动方向与波的传播方向垂直的体波，又称剪切波。

2.1.13　正常场（背景值）　normal field

物理场的相对平稳部分。

2.1.14　异常　anomaly

偏离正常场并超过一定数值的物理场。

2.1.15　偏移距　offset

激发点到最近检波点间的水平距离。

2.1.16　道间距　group interval

相邻检波器之间的水平距离。

2.1.17　初至　first arrival

波形记录道上第一个到达波的振动时刻。

2.1.18　时距曲线　time distance curve

弹性波的走行时间与距离之间的关系曲线。

2.1.19　多次覆盖（叠加）　multiple coverage

对同一反射界面进行多次重复追踪，把共反射点道的信号进行叠加处理以提高反射记录质量的一种观测系统。

2.1.20　同相轴　event

波形记录上同一信号源的各道相同相位的连线。

2.1.21　介电常数　dielectric constant

在有外电场作用时，物质储存电荷能力的量度，是一个点上电位移和电场强度的比值。

2.1.22　电阻率　resistivity

电场强度与电流密度的比值，是介质的电性参数，表示电流通过某种介质的难易程度。

2.1.23　视电阻率　apparent resistivity

在地下介质电阻率不均匀的情况下，用均匀介质的电阻率理论表达式计算得到的电阻率值。其数值与介质电阻率、形态和观测条件有关。

2.2　符　号

R_c——岩石单轴饱和抗压强度

c——黏聚力

ϕ——内摩擦角

I_x——点荷载强度极限

ν——泊松比

γ——天然容重

E——变形模量

K_v——岩体完整性指数

v_p——纵波速度

v_s——横波速度

3 基本规定

3.0.1 隧道超前地质预报应达到下列目的：

1 进一步查清隧道开挖工作面前方的工程地质与水文地质条件，指导工程施工的顺利进行；

2 降低地质灾害发生的机率和危害程度；

3 为优化工程设计提供地质依据；

4 为编制竣工文件提供地质资料。

3.0.2 超前地质预报应包括下列主要内容：

1 地层岩性预测预报，特别是对软弱夹层、破碎地层、煤层及特殊岩土的预测预报；

2 地质构造预测预报，特别是对断层、节理密集带、褶皱轴等影响岩体完整性的构造发育情况的预测预报；

3 不良地质预测预报，特别是对岩溶、人为坑洞、瓦斯等发育情况的预测预报；

4 地下水预测预报，特别是对岩溶管道水及富水断层、富水褶皱轴、富水地层中的裂隙水等发育情况的预测预报。

3.0.3 隧道超前地质预报可按图3.0.3所示的工作程序进行。

3.0.4 隧道工程参建各方在超前地质预报工作中职责与分工的划分应符合下列规定：

1 建设单位应负责隧道超前地质预报实施大纲的审批，并对地质预报工作的实施情况进行监督和检查。

2 勘察设计单位应研究提出隧道地质复杂程度分级，进行超前地质预报方案设计，编制工程概预算；施工中应分析和研究超前地质预报成果，发现地质情况与设计不符的，要按程序及时进行变更设计。

3 施工单位在开工前应编制超前地质预报实施大纲，并纳入实施性施工组织设计，按程序审查和批准后负责组织实施；应及时将超前地质预报成果报监理、勘察设计、建设单位，并对超前地质预报成果及数据的真实性负责。

4 监理单位应对隧道超前地质预报实施过程进行监理，负责监督检查施工单位现场专业技术人员（地质、物探）数量及能力、设备类型及数量、超前地质预报的实施和数据采集以及相关协调工作等。

3.0.5 承担地质条件复杂隧道的施工单位应具有实施超前地质预报的工作能力，或委托有经验的超前地质预报专业化队伍实施，并纳入现场施工组织管理；超前地质预报实施单位应根据预报方案和合同规定配备足够的专业人员和仪器设备，仪器设备的性能、精度及效率应能满足预报和工期的要求。

3.0.6 隧道超前地质预报应进行地质复杂程度分级，确定重点预报地段，并遵循动态设计原则，根据预报实施工作中掌握的地质情况，及时调整隧道区段的地质复杂程度分级、预报方法和技术要求等。

3.0.7 隧道超前地质预报可采用地质调查与勘探相结合、物探与钻探相结合、长距离与

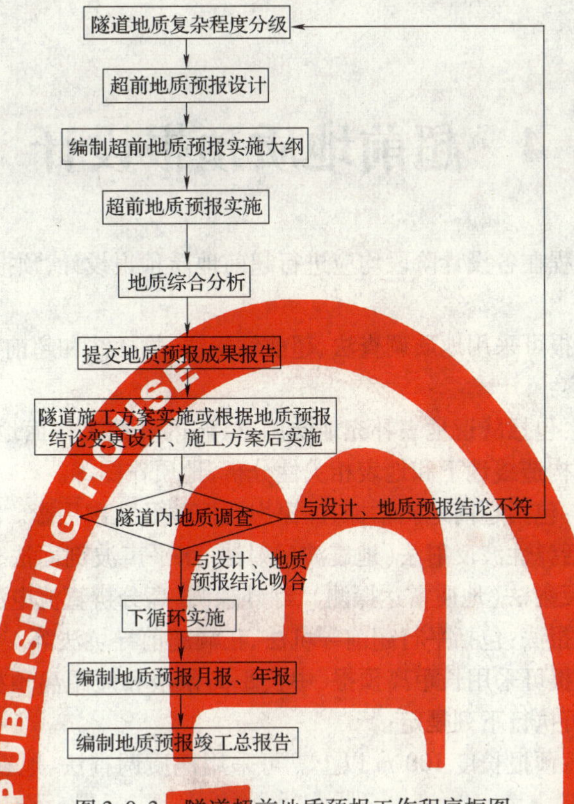

图 3.0.3 隧道超前地质预报工作程序框图

短距离相结合、地面与地下相结合、超前导坑与主洞探测相结合的方法，并对各种方法预报结果综合分析，相互验证，提高预报准确性。

3.0.8 隧道设有平行导坑、正洞超前导坑、或为线间距较小的两座隧道时，应充分利用平行超前导坑、正洞超前导坑、先行施工的隧道开展隧道超前地质预报工作。

3.0.9 改建及增建二线铁路隧道应在充分利用既有隧道工程地质资料及施工地质资料的基础上，结合改建及增建二线隧道与既有隧道的空间关系，比照新建铁路隧道的要求做好超前地质预报工作。

3.0.10 超前地质预报的结果应体现及时性，超前地质预报实施单位应及时将预报成果报送有关各方。

3.0.11 超前地质预报是勘察设计阶段工程地质工作的延续，应进行实际地质状况与设计的对比分析，总结经验教训，不断提高隧道工程地质勘察质量。

4 超前地质预报设计

4.0.1 铁路隧道工程在各设计阶段均应进行超前地质预报设计，预报方法的选择应与施工方法相适应。

4.0.2 超前地质预报可采用地质调查法、超前钻探法、物探法和超前导坑预报法，各预报方法应包括下列内容：

1 地质调查法：包括隧道地表补充地质调查、洞内开挖工作面地质素描和洞身地质素描、地层分界线及构造线地下和地表相关性分析、地质作图等。

2 超前钻探法：包括超前地质钻探、加深炮孔探测及孔内摄影。

3 物探法：包括弹性波反射法（地震波反射法、水平声波剖面法、负视速度法和陆地声纳法等）、电磁波反射法（地质雷达探测）、红外探测、高分辨直流电法等。

4 超前导坑预报法：包括平行超前导坑法、正洞超前导坑法等。

4.0.3 超前地质预报可采用长距离预报、中长距离预报和短距离预报，预报长度的划分和预报方法的选择可执行下列规定：

1 长距离预报：预报长度 100 m 以上。可采用地质调查法、地震波反射法及 100 m 以上的超前钻探等。

2 中长距离预报：预报长度 30～100 m。可采用地质调查法、弹性波反射法及 30～100 m 的超前钻探等。

3 短距离预报：预报长度 30 m 以内。可采用地质调查法、弹性波反射法、电磁波反射法（地质雷达探测）、红外探测及小于 30 m 的超前钻探等。

4.0.4 隧道超前地质预报设计前，应根据隧道的工程地质与水文地质条件、地质因素对隧道施工影响程度及诱发环境问题的程度等，对隧道分段进行地质复杂程度分级。隧道地质复杂程度分为复杂、较复杂、中等复杂和简单四级（分级方法详见附录 B）。

4.0.5 隧道地质复杂程度分级是动态变化的过程，可根据开挖过程中的超前地质预报成果和实际地质条件进行调整。

4.0.6 隧道超前地质预报应根据不同的地质复杂程度分级，针对不同类型的地质问题，选择不同的方法和手段进行，并贯穿于施工全过程。

4.0.7 对含天然气、瓦斯、放射性物质等特殊地层隧道及深埋隧道内的地温、地应力等地质问题应按国家现行有关标准进行监测测试。

4.0.8 超前地质预报设计应编制超前地质预报设计文件，主要应包括下列内容：

1 隧道工程地质及水文地质条件，着重说明不良地质与特殊岩土、可能存在的主要工程地质问题及地质风险；

2 地质复杂程度分级；

3 超前地质预报的目的；

4 超前地质预报的设计原则、预报方案、（分段）预报内容、方法选择及不同方法的组合关系、技术要求（同一种预报方法或不同预报方法间的重叠长度、超前钻孔的角度及长度等)，需要时应编制气象、重要泉点和洞内主要出水点(流量大于1 L/s的出水点)、暗河流量等观测计划和观测技术要求等；

5　超前地质预报实施工艺要求(必要时提出)；

6　超前地质预报工作安全措施；

7　超前地质预报工作量、占用工作面的时间；

8　超前地质预报概预算；

9　其他需要说明的问题。

5　超前地质预报实施

5.1　一般规定

5.1.1　实施超前地质预报应全面了解隧址区地质情况，分析和掌握存在的主要工程地质问题、主要地质灾害隐患及其分布范围等，核实地质复杂程度分级、超前地质预报方案的内容。

5.1.2　铁路隧道应编制超前地质预报实施大纲，其内容应包括：

1　编制依据；

2　工程概况；

3　地质概况：与地质预报相关的地形地貌、气象特征、地层岩性、地质构造、水文地质情况简述，着重说明不良地质与特殊岩土、可能存在的主要工程地质问题及地质风险；

4　地质复杂程度分级；

5　实施超前地质预报的目的；

6　超前地质预报方案、分段预报内容及具体预报方法、技术要求、预报工作量，必要时应编制气象、重要泉点和洞内主要出水点(流量大于1 L/s的出水点)、暗河流量等观测计划和观测技术要求；

7　超前地质预报工艺流程及操作要点；

8　超前地质预报组织机构设置及投入的人力、设备资源；

9　质量要求；

10　安全措施；

11　成果资料编制的内容与要求；

12　工作制度，包括与监理、勘察设计、建设单位的联系制度，地质预报成果报告提交的时限，信息传递方式等；

13　地质预报成果的验证及技术总结的要求；

14　其他需要说明的问题。

5.1.3　采用综合超前地质预报方法时，应将各预报手段所获得的资料进行综合分析与判断，并编制地质综合分析成果报告，内容应包括工作概况、采用的各种预报手段及预报结果、相互印证情况、综合分析预报结论、施工措施建议及下步预报工作计划等。

5.1.4　施工过程中应将实际开挖的地质情况与预报结果进行对比分析，及时总结经验教训，指导和改进地质预报工作；超前地质预报方案应根据实际地质情况及时进行调整，并按有关程序经批准后执行。

5.1.5　超前地质预报工作应编制各预报方法预测报告、地质综合分析报告、月报、年报、超前地质预报竣工总报告。

5.1.6　隧道超前地质预报竣工总报告应包括下列内容：

1　工程概况；

2 地质概况:包括原有地质资料的概略情况及其结论,施工开挖过程中揭示的不良地质、特殊岩土及存在的主要工程地质问题;

3 设计预报方案和根据实际地质情况调整后的预报实施方案;

4 统计各预报方法实际工作量,并与超前地质预报设计工作量进行对比,分析增减的原因;

5 预报与施工验证对比情况,包括预报准确率统计结果,对预报绩效进行评价;

6 设计与施工地质资料对比情况,对勘察资料进行评价;

7 施工过程中遇到的重大工程地质问题及其处理的经过、措施、效果,运营中应注意的事项;

8 超前地质预报工作的经验与教训,采用新技术、新设备、新方法的情况及推广应用的建议;

9 其他需要说明的问题;

10 附图和附件。

1)各种预报方法的预报报告及图件,其内容按有关章节要求编制;

2)隧道及平行导坑洞身竣工工程地质纵断面图,内容包括设计与施工地质条件对比、分段围岩级别的对比、不良地质与特殊岩土发育部位与规模的对比及地质纵断面图常规项目(如地层岩性、褶曲、断裂的分布与产状,破碎带及坍塌和变形地段的位置、性质及规模,地下水出露的位置、水质、水量等),地质纵断面图的横向比例为1∶500～1∶5 000,竖向比例为1∶200～1∶5 000。

5.2 断层预报

5.2.1 断层预报应探明断层的性质、产状、富水情况、在隧道中的分布位置、断层破碎带的规模、物质组成等,并分析其对隧道的危害程度。

5.2.2 断层预报应以地质调查法为基础,以弹性波反射法探测为主,必要时采用红外探测、高分辨直流电法探测断层带地下水的发育情况及超前钻探法验证。

5.2.3 当隧道施工接近规模较大的断层时,多具有明显的前兆(见附录C),可通过地表补充地质调查、洞内地质调查、地表与地下构造相关性分析、断层趋势分析等手段预报断层的分布位置。

5.2.4 断层破碎带与周围介质多存在明显的物性差异,可采用弹性波反射法探测破碎带的位置及分布范围。

5.2.5 断层为面状结构面,可采用超前钻探法较准确预报其位置、宽度、物质组成及地下水发育情况等。

5.2.6 断层预报可按下列步骤进行:

1 根据区域地质资料、工程地质平面图与纵断面图以及必要的地表补充地质调查,进一步核实断层的性质、产状、位置与规模等。

2 采用弹性波反射法确定断层在隧道内的大致位置和宽度。

3 必要时采用红外探测、高分辨直流电法探测断层带地下水的发育情况。

4 必要时采用超前钻探预报断层的确切位置和规模、破碎带的物质组成及地下水的发育情况等。

5　采用隧道内地质素描、断层趋势分析等手段预报断层的分布位置。

6　地质综合判析，提交地质综合分析成果报告。

5.3 岩溶预报

5.3.1　岩溶是指可溶性岩石受水体以化学溶蚀为主、机械侵蚀和崩塌为辅的地质营力综合作用，以及由此所产生的地质现象的统称。岩溶发育的条件和规律可按附录D进行判定。

5.3.2　岩溶预报应探明岩溶在隧道内的分布位置、规模、充填情况及岩溶水的发育情况，分析其对隧道的危害程度。

5.3.3　岩溶预报应以地质调查法为基础，以超前钻探法为主，结合多种物探手段进行综合超前地质预报，并应采用宏观预报指导微观预报、长距离预报指导中短距离预报的方法。

5.3.4　岩溶预报可按下列步骤进行：

1　研究隧址区岩溶发育规律

充分收集、分析、利用已有区域地质和工程地质资料，辅以工程地质补充调绘，查明隧址区工程地质与水文地质条件，分析岩溶发育的规律，宏观掌握区域地质条件，指导超前地质预报工作。应着重查明和分析以下方面的内容：

1）地层岩性：可溶性岩层与非可溶性岩层的分布与接触关系，可溶性岩层的成分、结构和溶解性，特别是强溶岩（质纯层厚的灰岩、盐岩）的地层层位和展布范围，及其与隧道线路中线的相互关系。

2）地质构造：隧址区的构造类型，褶皱轴的位置、两翼岩层产状；断裂带的位置、规模、性质、产状，特别是两条或两条以上断层交汇的位置（侵蚀性地下水的有利通道）；主要节理裂隙的性质、宽度、间距、延伸方向、贯通性及充填情况等；新构造运动的性质、特点等。分析上述构造与岩溶发育的关系及不同构造部位岩溶发育特征和发育程度的差异性，划分岩溶发育带；分析上述构造与隧道线路中线的相互关系。

3）岩溶地下水：地下水的埋藏、补给、径流和排泄情况、水位动态及水力连通情况，分析隧道受岩溶地下水影响的程度。

4）隧道处于岩溶垂直分带的部位：根据隧道线路高程、穿越山区地形、地表岩溶发育情况、区域和隧址区侵蚀基准面等，判断隧道处于岩溶垂直分带的部位。

5）岩溶发育的层数：根据岩性、新构造运动和水文地质条件，结合地表测绘，查明岩溶发育的层数及与隧道的关系。

6）依据岩溶发育的垂直分带性、隧道高程和地下水季节的变化，判断那些可能与隧道相遇的溶洞、暗河的含水量，或分析那些不与隧道相遇的有水溶洞或暗河对隧道施工的影响程度。

7）岩溶形态：岩溶形态的类型、位置、大小、分布规律、形成原因及与地表水、地下水的联系，以及地表岩溶形态和地下岩溶形态的联系。

8）结合有利于岩溶发育的岩层层位和构造位置，在大小封闭的洼地内、当地河流岸边或其他部位，查明大型溶洞或暗河的入口、出口的位置及高程，并结合可能成为暗河通道的较大断层或较紧闭背斜褶皱的核部位置、产状，推断暗河大致通道，确定能否与隧道相遇或与隧道的大概空间位置关系。

9）根据褶皱轴、断层、节理密集带、可溶岩与非可溶岩接触带、陡倾角可溶性岩、质纯层厚可溶性岩层的位置与产状，用地表与地下相关性分析法，分析隧道内可能出现大型溶洞、暗河的位置。

2　核查、领会设计中地质复杂程度分级和超前地质预报方案设计

根据区域地质和工程地质资料，结合本条第1款中的调查和分析，核查、领会设计文件中地质复杂程度分级和超前地质预报方案。

3　隧道内地质素描

根据隧道内地质素描结果，验证、调整地质复杂程度分级和超前地质预报方案。

4　物探探测

根据地质条件，可采用弹性波反射法进行长、中长距离探测，以探明断层等结构面和规模较大、可足以被探测的岩溶形态；采用高分辨直流电法、红外探测进行中长、短距离探测，可定性探测岩溶水；采用地质雷达进行短距离探测，以查明岩溶位置、规模和形态。

5　超前地质钻探

根据地质复杂程度分级、隧道内地质素描、物探异常带进行超前地质钻探预报和验证，对富水岩溶发育地段，超前地质钻探必须连续重叠式进行。超前钻探揭示岩溶后，应适当加密，必要时采用地质雷达及其他物探手段进行短距离的精细探测，配合钻探查清岩溶规模及发育特征。钻探具体要求详见本指南第7章的相关规定。

6　加深炮孔探测

岩溶发育区必须进行加深炮孔探测，其具体要求应符合本指南第7.2.3条的规定。

7　地质综合判析，提交地质综合分析成果报告。

各种预报手段的组合不是一成不变的，根据地质条件和各种预报手段的优缺点灵活运用，以达到预报目的和解决实际问题为宗旨。

5.3.5　岩溶地区应开展岩溶重点发育地段隧道周边隐伏岩溶探测工作。

5.3.6　岩溶地区隧底应进行隐伏岩溶洞穴的探测，并应符合下列要求：

1　采用综合物探查明隧底隐伏岩溶洞穴的位置、规模；

2　根据物探资料布置验证钻孔；

3　根据钻探验证结果修订物探异常成果图，作出预测隐伏岩溶图；

4　隐伏岩溶图，比例为1∶100～1∶500，应标明隐伏岩溶的位置、规模、埋藏深度、类型和验证钻孔。

5.4　煤层瓦斯预报

5.4.1　煤层瓦斯预报应探明煤层分布位置、煤层厚度，测定瓦斯含量、瓦斯压力、涌出量、瓦斯放散初速度、煤的坚固性系数等，判定煤的破坏类型，分析判断煤的自燃及煤尘爆炸性、煤与瓦斯突出危险性，评价隧道瓦斯严重程度及对工程的影响，提出技术措施建议等。

5.4.2　煤层瓦斯预报应以地质调查法为基础，以超前钻探法为主，结合多种物探手段进行综合超前地质预报。

5.4.3　煤层瓦斯预报可按下列步骤进行：

1 根据区域地质资料、工程地质勘察报告、工程地质平面图与纵断面图、煤层地表钻探资料和必要的地表补充调查,通过地质作图进一步核实煤层的位置与厚度等。

2 采用物探法确定煤层在隧道内的大致位置和厚度。

3 采用洞内地质素描,利用地层层序、地层厚度、标志层和岩层产状等,通过作图分析确定煤层的里程位置。

4 接近煤层前,必须对煤层位置进行超前钻探,标定各煤层准确位置,掌握其赋存情况及瓦斯状况,并应符合下列规定:

1)应在距煤层 15 ~ 20 m(垂距)处的开挖工作面钻 1 个超前钻孔,初探煤层位置;

2)在距初探煤层 10 m(垂距)处的开挖工作面上钻 3 个超前钻孔,分别探测开挖工作面前方上部及左右部位煤层位置,并采取煤样和气样进行物理、化学分析和煤层瓦斯参数测定,在现场进行瓦斯及天然气含量、涌出量、压力等测试工作;

3)按各孔见煤、出煤点计算煤层厚度、倾角、走向及与隧道的关系,并分析煤层顶、底板岩性;

4)掌握并收集钻孔过程中的瓦斯动力现象。

5 揭煤前应进行瓦斯突出危险性预测,并应符合下列规定:

1)在瓦斯突出工区施工时,应在距煤层垂距 5 m 处的开挖工作面打瓦斯测压孔,或在距煤层垂距不小于 3 m 处的开挖工作面进行突出危险性预测。

2)瓦斯突出危险性预测应从瓦斯压力法、综合指标法、钻屑指标法、钻孔瓦斯涌出初速度法、"R"指标法等五种方法中选用两种方法,相互验证。石门揭煤可采用瓦斯压力法、综合指标法或钻屑指标法,煤巷掘进宜采用钻孔瓦斯涌出初速度法、钻屑指标法或"R"指标法。

3)突出危险性预测方法中有任何一项指标超过临界指标,该开挖工作面即为有突出危险工作面。其预测时的临界指标应根据实测数据确定,当无实测数据时,可参照表 5.4.3 中所列突出危险性临界值。

表 5.4.3 突出危险性预测指标临界值

序号	预测类型	预测方法	预测指标	突出危险性临界值
1	石门揭煤突出危险性预测	瓦斯压力法	P(MPa)	0.74
		综合指标法	D	0.25
			K	20(无烟煤)、15(其他煤)
		钻屑指标法	Δh_2(Pa)	160(湿煤)、200(干煤)
			K_1[mL/(g·min$^{1/2}$)]	0.4(湿煤)、0.5(干煤)
2	煤巷开挖工作面突出危险性预测	钻孔瓦斯涌出初速度法	Q	4
		"R"指标法	R_m	6
		钻屑指标法	Δh_2(Pa)	160(湿煤)、200(干煤)
			K_1[mL/(g·min$^{1/2}$)]	0.4(湿煤)、0.5(干煤)
			最大钻屑量(kg/m)	6

4)钻孔过程中出现顶钻、夹钻、喷孔等动力现象时,应视该开挖工作面为突出危险工作面。

6 综合分析,提交地质综合分析成果报告。

5.4.4　煤层瓦斯超前钻孔应符合下列规定：

1　每个钻孔均应穿透煤层并进入顶(底)板不小于 0.5 m;

2　正式探测孔应取完整的岩(煤)芯,进入煤层后宜用干钻取样;

3　各钻孔直径不宜小于 76 mm;

4　钻孔过程中应观察孔内排出的浆液、煤屑变化情况,并做好记录。

5.4.5　开挖工作面出现附录 C 所示煤与瓦斯突出前兆时,应立即报警,停止工作,撤出人员,切断电源,并上报有关部门。

5.4.6　隧道在煤系地层、压煤地段及其他可能含瓦斯地层开挖施工时,应加强瓦斯检测,瓦斯浓度超过规定指标时,应立即采取措施,确保安全,并上报有关部门,查明瓦斯来源,分析可能带来的危害程度,制定下一步地质预报工作的方案和措施,并做好瓦斯检测记录存档备查。

5.5　其　他

5.5.1　隧道涌水、突泥预报应探明可能发生涌水、突泥地段的位置、规模、物质组成、水量、水压等,分析评价其对隧道的危害程度。

5.5.2　涌水、突泥预报应以地质调查法为基础,以超前钻探法为主,结合多种物探手段进行综合超前地质预报。

5.5.3　在可能发生涌水、突泥的地段必须进行超前钻探,且超前钻探必须设有防突装置;隧道通过煤系地层、金属和非金属等矿区中的采空区时,应查明在采及废弃矿巷与隧道的空间关系,分析评价其对隧道的危害程度。

5.5.4　斜井工区、隧道反坡施工地段处于富水区时,超前钻探作业时应做好钻孔突涌水处治的方案,确保人员与设备的安全,避免淹井事故的发生。

5.5.5　隧道施工应减少或避免塌方的发生,塌方前兆可按附录 C 判定。

6 地质调查法

6.0.1 地质调查法是根据隧道已有勘察资料、地表补充地质调查资料和隧道内地质素描，通过地层层序对比、地层分界线及构造线地下和地表相关性分析、断层要素与隧道几何参数的相关性分析、临近隧道内不良地质体的前兆(见附录C)分析等，利用常规地质理论、地质作图和趋势分析等，推测开挖工作面前方可能揭示地质情况的一种超前地质预报方法。

6.0.2 地质调查法适用于各种地质条件下隧道的超前地质预报。

6.0.3 地质调查法包括隧道地表补充地质调查和隧道内地质素描等。

6.0.4 隧道地表补充地质调查应包括下列主要内容：

1 对已有地质勘察成果的熟悉、核查和确认；

2 地层、岩性在隧道地表的出露及接触关系，特别是对标志层的熟悉和确认；

3 断层、褶皱、节理密集带等地质构造在隧道地表的出露位置、规模、性质及其产状变化情况；

4 地表岩溶发育位置、规模及分布规律；

5 煤层、石膏、膨胀岩、含石油天然气、含放射性物质等特殊地层在地表的出露位置、宽度及其产状变化情况；

6 人为坑洞位置、走向、高程等，分析其与隧道的空间关系；

7 根据隧道地表补充地质调查结果，结合设计文件、资料和图纸，核实和修正超前地质预报重点区段。

6.0.5 隧道内地质素描是将隧道所揭露的地层岩性、地质构造、结构面产状、地下水出露点位置及出水状态、出水量、煤层、溶洞等准确记录下来并绘制成图表，是地质调查法工作的一部分，包括开挖工作面地质素描和洞身地质素描。隧道内地质素描应包括下列主要内容：

1 工程地质

1)地层岩性：描述地层时代、岩性、层间结合程度、风化程度等。

2)地质构造：描述褶皱、断层、节理裂隙特征、岩层产状等。断层的位置、产状、性质、破碎带的宽度、物质成分、含水情况以及与隧道的关系。节理裂隙的组数、产状、间距、充填物、延伸长度、张开度及节理面特征、力学性质，分析组合特征、判断岩体完整程度。

3)岩溶：描述岩溶规模、形态、位置、所属地层和构造部位，充填物成分、状态，以及岩溶展布的空间关系。

4)特殊地层：煤层、沥青层、含膏盐层、膨胀岩和含黄铁矿层等应单独描述。

5)人为坑洞：影响范围内的各种坑道和洞穴的分布位置及其与隧道的空间关系。

6)地应力：包括高地应力显示性标志及其发生部位，如岩爆、软弱夹层挤出、探孔饼状岩芯等现象。

7) 塌方:应记录塌方部位、方式与规模及其随时间的变化特征,并分析产生塌方的地质原因及其对继续掘进的影响。

8) 有害气体及放射性危害源存在情况。

2 水文地质

1) 地下水的分布、出露形态及围岩的透水性、水量、水压、水温、颜色、泥砂含量测定,以及地下水活动对围岩稳定的影响,必要时进行长期观测。地下水的出露形态分为:渗水、滴水、滴水成线、股水(涌水)、暗河。

2) 水质分析,判定地下水对结构材料的腐蚀性。

3) 出水点和地层岩性、地质构造、岩溶、暗河等的关系分析。

4) 必要时进行地表相关气象、水文观测,判断洞内涌水与地表径流、降雨的关系。

5) 必要时应建立涌突水点地质档案。

3 围岩稳定性特征及支护情况

记录不同工程地质、水文地质条件下隧道围岩稳定性、支护方式以及初期支护后的变形情况。发生围岩失稳或变形较大的地段,详细分析、描述围岩失稳或变形发生的原因、过程、结果等。

4 进行隧道施工围岩分级(按附录E)。

5 影像

隧道内重要的和具代表性的地质现象应进行摄影或录像。

6.0.6 隧道开挖工作面地质素描和洞身地质素描应符合下列技术要求:

1 开挖工作面地质素描,主要描述工作面立面围岩状况,应使用统一格式,并统一编号,其格式和内容可参照附录E中"表E.2.2 施工阶段围岩级别判定卡"。

2 洞身地质素描是对隧道拱顶、左右边墙进行的地质素描,直观反映隧道周边地层岩性及不良地质体的发育规模、在空间上对隧道的影响程度等,通过隧道地质展视图形式表示,其格式和内容可参照附录F。

3 地质素描应随隧道开挖及时进行,对地层岩性变化点、构造发育部位、岩溶发育带附近等复杂、重点地段应每开挖循环进行一次素描,其他一般地段不应超过10 m进行一次素描。

6.0.7 地质调查法应符合下列工作要求:

1 隧道地表补充地质调查应在实施洞内超前地质预报前进行,并在洞内超前地质预报实施过程中根据需要随时补充,现场应做好记录,并于当天及时整理。

2 地质素描图应采用现场绘制草图、室内及时誊清的方式完成,必须在现场根据实际情况记录,不得回忆编制或室内制作。地质素描原始记录、图、表应当天整理。

3 隧道地表补充地质调查和洞内地质素描资料应及时反映在隧道工程地质平面图和纵断面图上,并应分段完善、总结。

4 标本应按要求采集,并及时整理。

6.0.8 地质调查法隧道超前地质预报,应编制下列资料:

1 地质调查法预报报告;

2 开挖工作面地质素描图,比例尺根据需要确定;

3 隧道洞身地质展视图,比例为1∶100～1∶500;

4 地层分界线及构造线隧道内和地表相关性分析预报图(必要时作),比例尺根据需要确定；

5　地质复杂地段纵、横断面图，比例为 1∶100～1∶500；

6　地质监测与测试资料；

7　有关影像资料。

7　超前钻探法

7.1　超前地质钻探

7.1.1　超前地质钻探是利用钻机在隧道开挖工作面进行钻探获取地质信息的一种超前地质预报方法。

7.1.2　超前地质钻探法适用于各种地质条件下的隧道超前地质预报，在富水软弱断层破碎带、富水岩溶发育区、煤层瓦斯发育区、重大物探异常区等地质条件复杂地段必须采用。

7.1.3　超前地质钻探主要采用冲击钻和回转取芯钻，二者应合理搭配使用，提高预报准确率和钻探速度，减少占用开挖工作面的时间（岩石可钻性分类见附录G）。

1　一般地段采用冲击钻。冲击钻不能取芯，但可通过冲击器的响声、钻速及其变化、岩粉、卡钻情况、钻杆震动情况、冲洗液的颜色及流量变化等粗略探明岩性、岩石强度、岩体完整程度、溶洞、暗河及地下水发育情况等。

2　复杂地质地段采用回转取芯钻。回转取芯钻岩芯鉴定准确可靠，地层变化里程可准确确定，一般只在特殊地层、特殊目的地段、需要精确判定的情况下使用。比如煤层取芯及试验、溶洞及断层破碎带物质成分的鉴定、岩土强度试验取芯等。

7.1.4　超前地质钻探应符合下列技术要求：

1　孔数

1）断层、节理密集带或其他破碎富水地层每循环可只钻一孔；

2）富水岩溶发育区每循环宜钻3～5个孔，揭示岩溶时，应适当增加，以满足安全施工和溶洞处理所需资料为原则；

3）煤层瓦斯预报超前钻探孔数应符合本指南第5.4.3条的规定。

2　孔深

1）不同地段不同目的的钻孔应采用不同的钻孔深度。

2）钻探过程中应进行动态控制和管理，根据钻孔情况可适时调整钻孔深度，以达到预报目的为原则；煤层瓦斯超前钻孔深度应符合本指南第5.4.4条的规定。

3）在需连续钻探时，一般每循环可钻30～50 m，必要时也可钻100 m以上的深孔。

4）连续预报时前后两循环钻孔应重叠5～8 m。

3　孔径

钻孔直径应满足钻探取芯、取样和孔内测试的要求，并应符合铁道部现行《铁路工程地质钻探规程》（TB 10014）的规定；煤层瓦斯超前钻探孔径应符合本指南第5.4.4条的规定。

4　富水岩溶发育区超前钻探应终孔于隧道开挖轮廓线以外5～8 m。

7.1.5　超前地质钻探应符合下列工作要求：

1　实施超前地质钻探的人员应经技术培训和考核，经考核合格后方可上岗。

2　钻探前地质技术人员应进行技术、质量交底。

3 超前钻探过程中应在现场做好钻探记录，包括钻孔位置、开孔时间、终孔时间、孔深、钻进压力、钻进速度随钻孔深度变化情况、冲洗液颜色和流量变化、涌砂、空洞、振动、卡钻位置、突进里程、冲击器声音的变化等。

4 超前钻探过程中应及时鉴定岩芯、岩粉，判定岩石名称，对于断层带、溶洞填充物、煤层、代表性岩土等应拍摄照片备查，并选择代表性岩芯整理保存，重要工程钻探过程监理应进行旁站。

5 在富水地段进行超前钻探时必须采取防突措施；测钻孔内水压时，需安装孔口管，接上高压球阀、连接件和压力表，压力表读数稳定一段时间后即可测得水压。

6 应加强钻进设备的维修与保养，使钻机处于良好状态；强化协调和管理，各方应积极配合，减少和缩短施钻时间。

7.1.6 钻孔质量控制可采取下列措施：

1 采用系统的钻探程序

1）测量布孔：施钻前按孔位设计图设计的位置用经纬仪准确测量放线，将开孔孔位用红油漆标注在开挖工作面上。

2）设备就位：孔位布好后，设备就位，接通各动力电源和供风、供水管路。安装电路要由专业电工操作，确保安全，供风管路要连接紧密，无漏气现象。

3）对正孔位，固定钻机：将钻具前端对准开挖工作面上的孔位，调整钻机方位，将钻机固定牢固。

4）开孔、安装孔口管：孔口管必须安设牢固。

5）成孔验收：施钻满足设计要求，经现场技术人员确认签收后方可停钻终孔。

2 控制钻进方向

1）钻机定位完毕后，对钻机进行机座加固，使钻机在钻进过程中位置不偏移，做到钻孔完毕钻机位置不变。在钻进过程中应定期检查机器的松动情况，及时调整固定。

2）对钻具的导向装置尽可能加长，并且选用刚度较强的钻杆，从而提高钻具的刚度，减少钻具的下沉量，达到技术的要求。不得使用弯曲钻具。

3）当岩层由软变硬时应采用慢速、轻压钻进一定深度后，改用硬岩层的钻进参数。钻进中应减少换径次数。

4）本循环钻孔完毕后，根据测量结果总结出钻具的下沉量，下一循环钻探时通过调整孔深、仰俯角等措施控制下沉量在设计要求的范围内，达到技术要求的精度。

3 准确鉴定岩性及其分布位置。

7.1.7 超前钻探钻进中应防止地下水突出，可采取安设孔口管和控制闸阀等措施，确保工作人员和机械设备的安全，同时应使地下水处于可控状态。

1 在富水区实施超前地质预报钻孔作业，必须先安设孔口管，并将孔口管固定牢固，装上控制闸阀，进行耐压试验，达到设计承受的水压后，方可继续钻进。特别危险的地区，应有躲避场所，并规定避灾路线。当地下水压力大于一定数值时，应在孔口管上焊接法兰盘，并用锚杆将法兰盘固定在岩壁上。

2 富水区隧道超前地质钻探时，发现岩壁松软、片帮或钻孔中的水压、水量突然增大，以及有顶钻等异状时，必须停止钻进，立即上报有关部门，并派人监测水情。当发现情况危急时,必须立即撤出所有受水威胁地区的人员,然后采取措施,进行处理。

3　孔口管锚固可采用环氧树脂、锚固剂,亦可采用快凝高强度微膨胀的浆液锚固,锚固长度宜为1.5～2.0 m,孔口管外端应露出工作面0.2～0.3 m,用以安装高压球阀。

7.1.8　超前钻探法应编制探测报告,内容包括工作概况、钻孔探测结果、钻孔柱状图(格式见附录H),必要时应附以钻孔布置图、代表性岩芯照片等。

7.2　加深炮孔探测

7.2.1　加深炮孔探测是利用风钻或凿岩台车等在隧道开挖工作面钻小孔径浅孔获取地质信息的一种方法。

7.2.2　加深炮孔探测适用于各种地质条件下隧道的超前地质探测,尤其适用于岩溶发育区。

7.2.3　加深炮孔探测应符合下列要求:

1　孔深应较爆破孔(或循环进尺)深3 m以上;

2　孔径宜与爆破孔相同;

3　孔数、孔位应根据开挖断面大小和地质复杂程度确定;

4　在富水岩溶发育区每循环必须按设计认真实施,发现异常情况应及时反馈信息,严禁盲目装药放炮;

5　钻到溶洞和岩溶水时,应视情况采用超前地质钻探和其他探测手段,查明情况,确保施工安全,为变更设计提供依据;

6　加深炮孔探测严禁在爆破残眼中实施;

7　揭示异常情况的钻孔资料应作为技术资料保存。

8 物 探 法

8.1 一 般 规 定

8.1.1 物探法超前地质预报应具备下列条件:

1 探测对象与其相邻介质必须存在一定的物性差异,并具有足以被探测的规模。

2 存在电、磁、振动等外界干扰时,探测对象的异常能够从干扰背景中区分出来。

8.1.2 地质条件复杂的隧道和存在多种干扰因素的隧道,应根据被探测对象的物性条件开展综合物探,并与其他探测方法相配合,对所测得的物探资料进行综合分析。

8.1.3 物探应按搜集资料、踏勘、编制计划、施测、初步解释、最终解释、成果核对、报告编制的程序进行。

8.1.4 物探仪器及其附属设备必须满足性能稳定、结构合理、构件牢固可靠、防潮、抗震和绝缘性良好等要求。仪器应定期检查、标定和保养。

8.1.5 物探原始资料应符合下列规定。

1 原始资料应包括下列内容:

1)与隧道有关的工程地质资料和钻探资料;

2)物探施测的各种原始记录和检查记录;

3)物探仪器校验、标定及一致性检查的记录。

2 原始记录必须完整、真实、清晰,标示清楚,签署齐全,不得随意涂改或重抄。

8.1.6 物探资料解释应符合下列规定:

1 在分析各项物性参数的基础上,按从已知到未知、先易后难、点面结合、反复认识、定性指导定量的原则进行。宜采用两种以上的方法进行定量解释,并选用典型断面作正演计算。

2 结论应明确,符合隧址区的客观地质规律。各物探方法的解释应相互补充、相互印证。解释结果不一致时,应分析原因,并对推断的前提条件予以说明。

3 解释结果应说明探测对象的形态、产状、延伸等要素;对于已知资料不足,暂时不能得出具体结论的异常,应说明原因。

4 解释应充分利用各种探测方法的成果;有钻孔验证的隧道,应充分利用钻探资料对解释结果进行全面的修正。

8.1.7 物探成果资料的编制应符合下列规定。

1 物探成果资料应包括下列内容:

1)物探测线布置图;

2)各种定性分析图件;

3)各种定量解释图件;

4)平面、断面成果图表;

5)质量检查数据和质量评定表。

2 物探成果报告应包括下列内容：

1)任务依据和要求；

2)地质和物性特征；

3)物探方法的选择原则及采取的技术措施；

4)测线布置和数据采集；

5)资料整理与解释；

6)质量评价；

7)结论和建议，包括建议验证钻孔等内容。

3 物性地质图件应结合地质资料综合分析后编制，图上应标出异常分布位置、推断地质界线及地质构造位置和产状等，标明与隧道里程的关系。

8.2 弹性波反射法

8.2.1 弹性波反射法是利用人工激发的地震波、声波在不均匀地质体中所产生的反射波特性来预报隧道开挖工作面前方地质情况的一种物探方法，它包括地震波反射法、水平声波剖面法、负视速度法和极小偏移距高频反射连续剖面法（简称“陆地声纳法”）等方法。在实际工作中，地震波反射法的应用相对普遍和成熟。

8.2.2 弹性波反射法适用于划分地层界线、查找地质构造、探测不良地质体的厚度和范围，并应符合下列要求：

1 探测对象与相邻介质应存在较明显的波阻抗差异并具有足以被探测的规模；

2 断层或岩性界面的倾角应大于35°，构造走向与隧道轴线的夹角应大于45°。

8.2.3 地震记录应符合下列规定：

1 干扰背景不应影响初至时间的读取和波形的对比；

2 反射波同相轴必须清晰；

3 不工作道应小于20%，且不连续出现；

4 弹性波反射法质量检查记录与原观测记录的同相轴应有较好的重复性和波形相似性。

8.2.4 数据采集时应尽可能减少隧道内其他震源震动产生的地震波、声波的干扰，并应采取压制地震波、声波干扰的措施。

8.2.5 弹性波反射法连续预报时前后两次应重叠10 m以上，预报距离应符合下列要求。

1 地震波反射法预报距离：

1)在软弱破碎地层或岩溶发育区，一般每次预报距离应为100 m左右，不宜超过150 m；

2)在岩体完整的硬质岩地层每次可预报120～180 m，但不宜超过200 m。

2 水平声波剖面法和陆地声纳法预报距离：

1)在软弱破碎地层或岩溶发育区，一般每次预报距离应为20～50 m，不宜超过70 m；

2)在岩体完整的硬质岩地层每次可预报50～70 m，但不宜超过100 m。

3 负视速度法预报距离：

1)在软弱破碎地层或岩溶发育区，一般每次预报距离应为30～50 m，不宜超过

70 m；

2）在岩体完整的硬质岩地层每次可预报 50 ~ 80 m，不宜超过 100 m。

4　隧道位于曲线上时，预报距离不宜太长。

8.2.6　弹性波反射法的数据处理与资料解释应符合下列规定：

1　采用计算机处理的记录目的层反射波特征应明显、信噪比高、同相轴清晰、能进行追踪和相位连续对比；

2　依据时间剖面图、瞬时振幅图结合地质资料进行分析，对比和追踪波组的相似性、波振幅的衰减程度、振动的同相性和连续性等特征，判释和确定反射波组对应的层位、被测地质体的接触关系、构造形态等；

3　根据上行波和下行波视速度的差异，确定反射界面在隧道轴向前方的距离、反射界面与洞轴方向的夹角。

8.2.7　弹性波反射法超前地质预报应编制探测报告，内容主要包括：

1　概况：隧道工程概况、地质概况、探测工作概况等；

2　方法原理及仪器设备：方法原理及采用的仪器型号等；

3　野外数据采集：观测系统、采集方法、数据质量等；

4　数据处理：采用的软件及处理流程、参数选择说明、处理成果及质量等；

5　资料分析与判释：采用地震波反射法时，应附上反射波分析成果显示图、物探成果地质解释剖面或平面图，必要时可附上分析处理波形图、频谱图、深度偏移剖面图及岩体物理力学参数表，以及地质判释、推断的地球物理准则；采用水平声波剖面法、负视速度法时，应附上原始记录波形图、经过处理用于解释的波形曲线、物探成果地质解释剖面或平面图等；采用陆地声纳法时，应附上原始记录波形图、经过处理用于解释的波形曲线、似 t_0 时间剖面图及图上定性解释标示、预报平面图等；

6　结论及建议：提出隧道开挖工作面前方的工程地质与水文地质条件，特别是影响施工方案调整、具有安全隐患的地质条件，以及施工过程中应采取的措施等结论和进一步开展地质预报工作的建议；

7　其他需要说明的问题。

8.2.8　地震波反射法超前地质预报应符合下列要求。

1　观测系统设计应包括下列内容：

1）收集隧道相关地质勘察和设计资料；

2）根据隧道施工情况及地质条件，确定接收器（检波器）和炮点在隧道左右边墙的位置（参见附录 J）；

3）接收器和炮点位置应在同一平面和高度上；

4）隧道情况特殊或需要探测复杂地质隐患时，观测系统设计不受附录 J 的限制，灵活应用，但必须根据相关理论来设计观测系统。

2　现场数据采集应符合下列规定：

1）在隧道现场，根据设计的观测系统，确定所有接收点和炮点的位置，并作出相应的标识。

2）钻孔

① 应按设计的要求（位置、深度、孔径、倾角等）钻孔；

② 一般情况下，钻孔位置不应偏离设定的位置；特殊情况下，以设定的位置为圆

心,可在半径 0.2 m 的范围内移位;

③ 孔身应平直顺畅,能确保耦合剂、套管或炸药放置到位;

④ 在不稳定的岩层中钻炮孔时,可采用外径与孔径相匹配的薄壁塑料管或 PVC 管插入钻孔,防止坍孔。

3)安装套管

① 用环氧树脂、锚固剂或加特殊成分的不收缩水泥砂浆作为耦合剂,安装接收器套管;

② 用电子倾角测量仪测量接收器孔的几何参数,并作好记录。

4)装填炸药

① 装填炸药前,用电子倾角测量仪和钢卷尺测定炮孔的倾角和深度,并作好记录;

② 炸药量的大小应通过试验确定;

③ 用装药杆将炸药卷装入炮孔的最底部;

④ 在激发前,炮孔应用水或其他介质充填,封住炮口,确保激发能量绝大部分在地层中传播。

5)仪器安装与测试

① 用清洁杆清洗套管内部;

② 将接收单元插入套管,并应确保接收器的方向正确;

③ 采集信号前应对接收器和记录单元的噪音进行测试。

6)数据采集

① 设置采集参数:采集参数主要包括采样间隔、采样数、传感器分量(应用 X、Y、Z 三分量接收)以及接收器。

② 噪音检查:数据采集前,应对仪器本身及环境的噪音进行检测。仪器工作正常,噪音振幅峰值小于 -78 dB 时,方可引爆雷管炸药接收记录。

③ 数据记录:放炮时,准确填写隧道内记录,在放炮过程中应采用炮序号递增或递减的方式进行,确保炮点号正确。

7)质量控制应符合下列要求:

通过检查显示地震道的特征进行数据质量控制。

① 在每一炮数据记录后,应显示所记录的地震道,据此对记录的质量进行控制。

② 用直达波的传播时间来检查放炮点的位置是否正确,以及使用的雷管是否合适。

③ 根据信号能量,检查信号是否过强或过弱。若直达波信号过强或过弱,应将炸药量适当减少或增加。

④ 根据初至波信号特性,对信号波形进行质量控制。若初至后出现鸣振,表明接收器单元没有与围岩耦合好或可能是由于套管内污染严重造成。这样,应清洁套管和重新插入接收器单元,直至信号改善为止。

⑤ 根据每一炮记录特征,了解存在的噪音干扰,必要时应切断干扰源,同时也可检查封堵炮孔的效果。

⑥ 对记录质量不合格的炮,应重新装炸药补炮,接收和记录合格的地震道。

3 采集信号的评价应符合下列要求:

1）单炮记录质量评价。单炮记录质量评价分为合格、不合格两种。凡有下列缺陷之一的记录，应为不合格记录。

① X、Y、Z 三分量接收器接收时，存在某一分量不工作或工作不正常；

② 初至波时间不准或无法分辨；

③ 信噪比低，干扰波严重影响到预报范围的反射波；

④ 记录序号（放炮序号）与炮孔号对应关系错误。

除上述规定的不合格记录外的记录为合格记录。

2）总体质量评价。总体质量评价依据所有的单炮记录，按偏移距大小重排显示（地震显示）进行。总体质量评价可分为合格、不合格两种。当符合下列要求时为总体合格：

① 观测系统（炮点、接收点等设计）正确，采集方法正确；

② 记录信噪比高，初至波清晰；

③ 单炮记录合格率大于80%。

当有下列缺陷之一时，为总体不合格：

① 隧道内记录填写混乱，记录序号（放炮序号）与炮孔号对应关系不清；

② 采用非瞬发电雷管激发，或者初至波时间出现无规律波动（延迟）；

③ 连续2炮以上（含2炮）记录不合格或空炮，或者存在相邻的不合格记录和空炮；

④空炮率大于15%。

4 资料分析与判释应符合下列要求：

1）采用仪器配套的处理软件进行分析。

2）总体质量不合格的资料不得用于成果分析。

3）准确输入野外采集参数，包括隧道、接收器和炮点的几何参数等。

4）剔除不合格的地震道，只有合格的才能参与处理。

5）应根据预报长度选择合适的用于处理的时间长度；带通滤波参数合理，避免波形发生畸变；提取的反射波，应确保波至能量足够；速度分析时，建立与预报距离相适应的模型；反射层提取时，根据地质情况和分辨率选择提取的反射层数目。

6）资料判释应结合隧道地质勘察资料、设计资料、施工地质资料、反射波分析成果显示图及岩体物理力学参数等进行。综合上述成果资料，推断隧道开挖工作面前方围岩的工程地质与水文地质条件，如软弱夹层、断层破碎带、节理密集带等地质体的性质、规模和位置等。结合岩体物理力学参数、围岩软硬、含水情况、构造影响程度、节理裂隙发育情况等资料，参照附录E及有关规范可对围岩级别进行初步评估。

8.2.9 水平声波剖面法超前地质预报应符合下列要求：

1 探测仪器

1）应采用通道数不低于4道的智能工程声波探测仪或不低于12道的地震仪，且具有良好的道一致性。

2）应选择适当主频的高灵敏度检波器，各道检波器相位允许误差为±0.5 ms，振幅允许误差为±10%，检波器内阻应符合产品说明书规定的指标。

3）电缆不应有破损、断道、串道、短路等故障，绝缘电阻应大于1 MΩ。

4）仪器系统应通过国家认可的权威检定机构检定。

2 水平声波剖面法探测可采用两种布设发射与接收点的方式：

1）在开挖工作面后方两侧边墙脚位置分别布设发射钻孔和接收钻孔的方式（简称“隧道两侧边墙脚布设钻孔方式”）：在开挖工作面后方两侧边墙脚位置，等间距各布置一排5～12个钻孔，孔深1～1.5 m；一侧钻孔用作声波发射，采用电火花发射源或炸药进行声波发射，与孔壁耦合严密，使用炸药时药量应在50 g左右，最大不超过75 g；另一侧钻孔中安设接收检波器，采用水作耦合剂，接收由声波发射源发射经隧道底围岩到达的直达波和经隧道开挖工作面前方界面（断层、岩性分界面等）反射回来的声波信号；利用直达波速度和反射波走时计算确定开挖工作面前方反射界面距开挖工作面的距离。

2）在开挖工作面上布设发射与接收点的方式（简称“贴开挖工作面布置方式”）：在开挖工作面布置3～7个测区，原则上交错布置，每测区布置1～3对测点，采取一发一收或一发三收的方式；在发射检波器与接收检波器的延长线、靠发射检波器的外侧，采用大锤敲击木桩（或直接敲击岩体）以激发声波信号；此种布置方式需单独进行开挖工作面岩体声波纵波速度测试；利用开挖工作面上测得的岩体声波纵波速度和反射波走时计算确定开挖工作面前方反射界面距开挖工作面的距离。

3 数据采集时量程的设置以采集到的信号占显示屏的80%为宜，采样间隔根据测试开挖工作面岩性及岩体破碎情况进行调整。

4 资料分析与判释：

1）采用仪器配套的处理软件进行分析；

2）对单道记录进行滤波、压制干扰和指数增益调整；

3）对于每一道不同炮的记录和每一炮不同道的记录进行对比分析，以规律性好、重复性好的记录道进行解释；

4）对现场采集的原始波形进行时域、频域分析，并根据波谱时域、频域分析结果，结合开挖工作面岩体声波纵波速度、地质素描和区域地质资料，进行开挖工作面前方的地质判释和预报；

5）必要时应进行正演计算。

8.2.10 负视速度法超前地质预报应符合下列要求：

1 探测仪器

1）地震仪：应具有高灵敏度、高信噪比、滤波、数字采集等功能。宜选用12道或24道及以上道数数字地震仪；最小采样间隔不应大于0.05 ms；每道样点记录长度不应小于1 024点；模/数转换的数据位不应低于16位。放大器内部噪音应小于1 μV；动态范围应大于96 dB。

2）检波器：宜选用固有频率100 Hz检波器；应具有良好的防水性能。

3）电缆：应采用与地震仪相匹配的防水地震电缆。

2 观测系统宜采用“一点激发、多点接收”的方式，数据分析宜采用时距曲线分析法。

3 震源可采用激发锤、炸药等方式产生。

4 现场测试

1）沿隧道轴向布置观测排列，观测排列可布设于边墙、墙脚、隧底面等部位，各检波点偏离观测排列中心轴线不得大于 0.3 m。

2）检波距一般为 2 ~ 5 m，当采用 24 道及以上道数地震仪时，可选用 1 ~ 2 m。

3）检波器宜安置于 1 ~ 2 m 深的浅孔中；不具备条件时，可根据现场情况将检波器安置于边墙、墙脚、隧底面的表面上；检波器与岩土体必须耦合良好，不得悬空；检波器安置应避开有干扰的位置（如滴水、流水、漏气等）。

4）排列长度 $L=(n-1)\Delta X$，其中 n 为记录道数，ΔX 为检波距，排列长度 $L\geqslant 20$ m。

5）炮检距 $d>2(L+h)/(v/v_G-1)$，其中 v、v_G 分别为有效波与干扰波速度，h 为开挖工作面至反射界面的距离（预估值），L 为观测排列的长度。

6）当用炸药激发时，在边墙、墙脚、隧底面打 1 ~ 2 m 深的浅孔；边墙、墙脚打孔时，应向下倾斜 30° ~ 45°，可注水作耦合剂。

7）参数设置与记录：排列编号、炮检距、激发、接收点位置（里程）、数据采集时间、记录长度、采样间隔、延迟时间、滤波、增益等。

8）宜进行多次激发，进行多次叠加以压制不规则干扰波，突出有效波。

5　改善原始采集数据质量的措施

1）宜适当扩大炮检距，将强烈的声波、面波移出记录区，提高有效波组间的分辨率；

2）宜采取孔内激发、孔内接收，减弱面波干扰，抑制声波与微震的影响；

3）改善检波器的耦合条件，消除自振；

4）改进激发、接收装置，可采用定向激发、短余震检波器、三分量检波器、组合激发、接收等，提高信噪比；

5）改善与开发多种数据处理手段，进一步提高信噪比；

6）避免施工震动干扰，保持记录背景宁静。

6　资料分析与判释

1）数据处理应根据试验确定最佳处理流程。

2）资料分析与判释可按下列流程进行：按常规方法处理记录仪所记录的一系列信息，波场分离，拾取直达波，确定反射波校正时、滤掉直达波，拉平反射波（静态时移和排齐），迭加拉平的反射波成一道，重复显示地震道，确定第一个反射波，恢复直达波与反射波，延长直达波与反射波延长线交汇于一点（反射界面位置），利用反射波速度及反射时间计算反射界面的距离，采用相同方法找出开挖工作面前方的一系列反射界面。

3）当处理效果不佳、反射信号极弱时，可采用叠加处理措施等。

8.2.11　陆地声纳法超前地质预报应符合下列要求：

1　探测仪器

1）采用陆地声纳仪或性能基本相同的其他仪器；

2）检波器：使用超宽频带检波器，在 10 ~ 4 000 Hz 范围内不压制任何频率，增益随频率变化不大于 10%。

2　探测方式

1）可在开挖工作面上向前方探测，亦可在隧道边墙向隧道两侧探测、在隧道拱部向上探测、在隧道底板向下探测；

2)采用十字剖面的布置方法可作反射体的空间定位;

3)一般采用锤击震源,不固着检波器,不打孔。

3 现场数据采集

1)在隧道开挖工作面上一般应布设两条测线(一条为水平测线,一条为铅垂向测线),测线上每25~30 cm设一测点,必要时可布设多条测线;

2)记录测线在隧道中的准确位置及测线间的几何关系;

3)通过激发杆,用锤击法在测点 n 上激振($n=1,2,3,4\cdots$),其两侧测点($n-1$)和($n+1$)设检波器。检波器用黄油或凡士林与岩面耦合,用手按紧。一般情况下,每一测点应激振2~3次作垂直叠加;

4)一个测点结束后,数据存入主机,激振器隔一个测点移至下一个激振点($n+2$)点,进行下一测点的采集,采集软件可自动将各测点资料汇集形成剖面;

5)在隧道边墙测岩体波速。

4 质量控制

1)按仪器用户手册和操作使用说明书的规定作好施测前的准备和操作的各项注意事项;

2)工作前检查各连接线的通段,确保仪器主机和各配件处于正常工作状态;

3)第一个点采集时检查所设定的参数是否正确,其他各测点注意检波器是否正确地安设在岩面上;

4)检查测线位置、里程及其他应记录的内容是否记录完整。

5 室内数据处理

1)应用处理软件进行数据处理,内容包括:调出剖面、道间均衡、滤波、显示及其他高级处理等;

2)通过计算机将一条测线上若干测点的时间曲线通过归一化处理汇成一张似 t_0 时间剖面图,根据图上的反射波同相轴作定性、定量解释。

6 资料分析与判定

1)追踪同相轴,根据岩性、地质构造和正演理论作同相轴的定性解释:在整个剖面上可以追踪的近于直线的同相轴反映的是岩层界面、断层面、岩脉或大的溶洞等;延续不太长的近于直线的同相轴反映的是大节理;呈双曲线形状的同相轴是有限大小地质体(如溶洞)的反映。

2)根据频谱和节理、小断裂的密集程度,判定破碎带及岩体破碎情况。当某一段岩体高频成分明显增多,表明节理密集、岩体破碎;若某段岩体反射同相轴明显增多,表明节理及小断裂密集,岩体破碎,此时岩体波速也会明显降低。

3)根据所测波速及从陆地声纳时间剖面上得到的各反射体的反射时间,计算反射体的空间位置:

平面形反射界面:从水平剖面上任选两点 n 和($n+m$),读出其对某反射界面的反射时间 t_n 和 t_{n+m},计算出 L_n 和 L_{n+m},即可得到反射界面与测线的距离和走向夹角;从铅垂向剖面上任选两点 a 和($a+p$),读出其对某反射界面的反射时间 t_a 和 t_{a+p},计算出 L_a 和 L_{n+p},即可得到反射界面与铅垂线的距离和夹角;由此可定出反射界面与开挖工作面的相对几何关系;得知开挖工作面的方位角,即可计算出反射界面的产状。

对于溶洞等有限大小物体：双曲线顶点对应的就是它的顶点，据其反射时间即可确定其距离，而其直径约为双曲线范围的 1/5 ~ 1/4。

4）开挖工作面前方几米范围内岩体受开挖爆破破坏，不应采用距开挖工作面 5 ~ 10 m的资料。

8.3 电磁波反射法

8.3.1 电磁波反射法超前地质预报主要采用地质雷达探测。

8.3.2 地质雷达探测是利用电磁波在隧道开挖工作面前方岩体中的传播及反射，根据传播速度和反射脉冲波走时进行超前地质预报的一种物探方法。

8.3.3 地质雷达探测主要用于岩溶探测，亦可用于断层破碎带、软弱夹层等不均匀地质体的探测，并应符合下列要求：

1 探测目的体与周边介质之间应存在明显介电常数差异，电磁波反射信号明显；

2 探测目的体具有足以被探测的规模；

3 不能探测极高电导屏蔽层下的目的体。

8.3.4 地质雷达探测仪器的技术指标应满足下列要求：

1 系统增益不应低于 150 dB；

2 信噪比应大于 60 dB；

3 采样间隔不应大于 0.5 ns、模数转换器不应低于 16 位；

4 具有可选的信号叠加、实时滤波、点测与连续测量、手动与自动位置标记等功能。

8.3.5 地质雷达探测的数据采集应符合下列要求：

1 通过试验选择雷达天线的工作频率、确定介电常数。当探测对象情况复杂时，应选择两种及以上不同频率的天线。当多个频率的天线均能符合探测深度要求时，应选择频率相对较高的天线。

2 测网密度、天线间距和天线移动速度应反映出探测对象的异常，测线宜采用十字或网格形式布设。

3 选择合适的时间窗口和采样间隔，并根据数据采集中的干扰变化和效果及时调整工作参数。

4 采用连续测量的方式，不能连续测量的地段可采用点测。

5 隧址区内不应有较强的电磁波干扰；现场测试时应清除或避开测线附近的金属物等电磁干扰物；当不能清除或避开时应在记录中注明，并标出位置。

6 支撑天线的器材应选用绝缘材料，天线操作人员应与工作天线保持相对固定的位置。

7 测线上天线经过的表面应相对平整，无障碍，且天线易于移动；测试过程中，应保持工作天线的平面与探测面基本平行，距离相对一致。

8 现场记录应注明观测到的不良地质体与地下水体的位置与规模等。

9 重点异常区应重复观测，重复性较差时应查明原因。

8.3.6 地质雷达探测质量检查的记录与原探测记录应具有良好的重复性，波形一致，异常没有明显的位移。

8.3.7 地质雷达在完整灰岩地段预报距离宜在 30 m 以内，在岩溶发育地段的有效探测长度则应根据雷达波形判定。连续预报时前后两次重叠长度应在 5 m 以上。

8.3.8 地质雷达探测的资料整理与解释应符合下列规定:

1 参与解释的雷达剖面应清晰。

2 解释前宜做编辑、滤波、增益等处理。情况较复杂时,还宜进行道分析、FK 滤波、正常时差校正、褶积、速度分析、消除背景干扰等处理。

3 结合地质情况、电性特征、探测体的性质和几何特征综合分析。必要时应考虑影响介电常数的各种因素,制做雷达探测的正演和反演模型。

8.3.9 地质雷达法预报应编制探测报告,内容包括探测工作概况、采集及解释参数、地质解译结果、测线布置图(表)、探测时间剖面图等,其中时间剖面图中应标出地层的反射波位置或探测对象的反射波组。

8.4 红外探测

8.4.1 红外探测是根据红外辐射原理,即一切物质都在向外辐射红外电磁波的原理,通过接收和分析红外辐射信号进行超前地质预报的一种物探方法。

8.4.2 红外探测适用于定性判断探测点前方有无水体存在及其方位,不能定量给出水量大小等参数。

8.4.3 红外探测应符合下列技术要求和工作要求:

1 探测时间:应选在爆破及出砟完成后进行。

2 测线布置:

1)全空间全方位探测地下水体时,需在拱顶、拱腰、边墙、隧底位置沿隧道轴向布置测线,测点间距一般为 5 m,发现异常时,应加密点距;测线布置一般自开挖工作面往洞口方向布设,长度通常为 60 m;不得少于 50 m。

2)开挖工作面测线布置,一般为 3 ~4 条,每条测线布 3 ~5 个测点。

3 应做好数据记录,并绘制红外探测曲线图。

4 有效预报距离应在 30 m 以内,连续预报时前后两次重叠长度应大于 5 m。

5 下列情况下所采集的探测数据为不合格:

1)仪器已显示电池电压不足,未更换电池而继续采集的数据;

2)开挖工作面炮眼、超前探孔等钻进过程中所采集的数据;

3)喷锚作业后水泥水化热影响明显的部位所采集的数据;

4)爆破作业后测线范围内温差明显时所采集的数据;

5)测线范围内存在高能热源场(如电动空压机等)时所采集的数据。

8.4.4 探测数据和曲线的分析与判定应符合下列要求:

1 探测数据和曲线的分析与判定应以地质学为基础,并结合现场的工程地质和水文地质条件;

2 通过探测与施工开挖验证,总结出正常场的特点,才能分辨出异常场;

3 分析由探测数据绘制的探测曲线前,必须认真检查探测数据的可靠性;

4 分析解释时应先确定正常场,再确定异常场,由异常场判定地下水体的存在;

5 在分析单条曲线的同时,还应对所有探测曲线进行对比,比如两边墙探测曲线的对比、顶底探测曲线的对比,依此确定隐蔽水体或含水构造相对隧道的所在空间位置;

6 沿隧道轴向的红外探测曲线和开挖工作面红外探测数据最大差值应结合起来分

析,在实践中不断总结经验,作出符合实际的分析判断。

8.4.5 仪器的维护与保养应符合下列要求:

1 仪器应由专人保管。

2 仪器受潮后,应放在通风处晾干,不应用碘钨灯或其他热源去烘烤。

3 应保护好仪器不得进水,探头一旦进水,应把水倒出并在通风处凉干。

4 不得用仪器去探测点燃的香烟头、通电的电炉丝、电焊的电火花等热源。

5 仪器出现故障后应送至厂家维修,不应自行拆卸。仪器的辐射率出厂时已调整好,使用者不应随意调整。

8.4.6 红外探测预报应编制探测报告,内容包括探测工作概况、地质解译结果、开挖工作面探测数据图、左右边墙及拱顶等测线的探测曲线图等。

8.5 高分辨直流电法

8.5.1 高分辨直流电法是以岩石的电性差异(即电阻率差异)为基础,在全空间条件下建立电场,电流通过布置在隧道内的供电电极在围岩中建立起全空间稳定电场,通过研究电场或电磁场的分布规律预报开挖工作面前方储水、导水构造分布和发育情况的一种直流电法探测技术。

8.5.2 高分辨直流电法适用于探测任何地层中存在的地下水体位置及相对含水量大小,如断层破碎带、溶洞、溶隙、暗河等地质体中的地下水。

8.5.3 现场采集数据时必须布设三个以上的发射电极,进行空间交汇,区分各种影响,并压制不需要的信号,突出隧道前方地质异常体的信号,该方法也称为“三极空间交汇探测法”。

8.5.4 现场数据采集应严格按照测试要求进行,保证数据采集的质量,并应符合下列要求:

1 开机检测仪器是否工作正常;

2 发射、接收电极间距测量准确,误差应小于5 cm;

3 无穷远电极应大于4~5倍的探测距离;

4 发射、接收电极接地良好;

5 电池电量充足;

6 数据重复测量误差应小于5%,否则应检查电极和仪器电源是否正常、工频干扰是否过大等。

8.5.5 高分辨直流电法有效预报距离不宜超过80 m,连续探测时前后两次应重叠10 m以上。

8.5.6 资料处理与分析应符合下列要求:

1 资料处理应使用仪器配套的处理软件系统。在数据处理过程中,应采用增强有效信号、压制干扰信号、提高信噪比等手段,使视电阻率等值线图能够清晰成像。

2 地质异常体(储、导水构造)判断标准应以现场多次采集分析验证的数据为依据,总结规律,找出隧址区异常标准值。根据经验总结归一化值视电阻率在40~60之间时多存在地质异常体(储、导水构造)。

8.5.7 高分辨直流电法预报应编制探测报告,内容包括探测工作概况、地质解译结果、视电阻率等值线图等。

9 超前导坑预报法

9.0.1 超前导坑预报法是以超前导坑中提示的地质情况,通过地质理论和作图法预报正洞地质条件的方法。

9.0.2 超前导坑预报法可分为平行超前导坑法和正洞超前导坑法。线间距较小的两座隧道可互为平行导坑,以先行开挖的隧道预报后开挖的隧道地质条件。

9.0.3 超前导坑预报法适用于各种地质条件。

9.0.4 根据超前导坑与隧道位置关系按一定比例作超前导坑预报隧道地质平面简图,由超前导坑地质情况推测未开挖地段隧道地质条件,预报内容主要包括下列各项:

1 地层岩性、地质构造的分布位置、范围等;

2 岩溶的发育分布位置、规模、形态、充填情况及其展布情况;

3 在采及废弃矿巷与隧道的空间关系;

4 有害气体及放射性危害源分布层位;

5 涌泥、突水及高地应力现象出现的隧道里程段;

6 其他可以预报的内容。

9.0.5 超前导坑预报法对煤层、断层、地层分界线等面状结构面预报比较准确,对岩溶等有预报不准(漏报)的可能。在岩溶发育可能性较大的地段可利用物探、钻探手段由导坑向正洞探测预报。

9.0.6 超前导坑中探测正洞地质条件的物探方法可采用地质雷达探测、陆地声纳法、水平声波剖面法等,探测方法的有效探测长度应达到或超过隧道被探测的范围。

9.0.7 隧道中出现的涌泥、突水、瓦斯爆炸等地质灾害在超前导坑施工中同样会发生,必须引起足够重视。超前导坑开挖过程中应做好超前地质预报,可采用地质调查、物探、钻探等方法,防止导坑地质灾害的发生。

9.0.8 超前导坑法地质预报应编制下列预报资料:

1 地质调查法预测报告;

2 采用的各种物探预报方法探测报告;

3 超前钻探法探测报告;

4 导坑地质展视图,比例为1:100~1:500;

5 导坑预测正洞预报报告,包括导坑预报正洞平面简图,比例为1:100~1:500;

6 导坑竣工工程地质纵断面图,包括地层岩性、褶曲、断裂的分布与产状,破碎带及坍塌和变形地段的位置、性质及规模,地下水出露的位置、水质、水量,分段围岩分级等,横向比例为1:500~1:5 000,竖向比例为1:200~1:5 000。

附录A　一般安全防护规定

A.0.1　超前地质预报人员应认真学习、执行隧道施工安全规程，超前钻探人员还应认真学习、执行钻探安全技术操作规程。新参加人员(含临时工)上岗前，必须经过安全生产教育，具有安全生产的基本知识，并应在班长或技术熟练人员的指导下工作。

A.0.2　隧道超前地质预报实施过程中应积极识别各种安全危险源，保障人员和机械设备的安全。

A.0.3　进入隧道工作必须穿戴合体的工作服(天然气、瓦斯隧道严禁穿着易于产生静电的服装)、防护靴、安全帽和防尘(防毒)口罩等防护用品。

A.0.4　严禁上班前和工作中饮酒。

A.0.5　地质预报工作必须在现场找顶作业结束(必要时初期支护)后进行，开始工作前应观察操作空间上方、周围有无安全隐患，特别是钻探开挖工作面附近是否还有危石存在，确保预报人员的安全。

A.0.6　高处作业时作业台架必须安设牢固，台架周围应设置防护栏，凡患有高血压、心脏病等不适应高处作业者不得上架作业。

A.0.7　当隧道岩体中含有煤层瓦斯、石油天然气等易燃易爆物时，必须严格执行国家现行的《煤矿安全规程》、《铁路瓦斯隧道技术规范》等的有关规定。超前地质预报工作应采用防爆型的仪器、设备。当采用非防爆型时，在仪器设备及操作空间20 m范围内瓦斯浓度必须小于1%。超前钻探必须采用水循环钻或湿式钻孔，严禁携带火源进洞。

A.0.8　弹性波反射法超前地质预报现场采集数据使用的炸药和雷管必须由持有爆破证的专人领用，爆破作业必须由专业爆破工操作。非专业人员严禁从事爆破作业。

A.0.9　钻机使用的高压风、高压水的各连接部件均应采用符合要求的高压配件，管路应连接安设牢固，并应经常检查，防止管接头脱落、管路爆裂高压风、水伤人；高压电路接线应由专业电工操作。

A.0.10　钻孔时，钻机前方应安设挡板，严禁在钻孔的轴向后方站人，以防钻具和高压冲出的岩屑、泥沙等伤人。

A.0.11　为便于控制超前钻孔揭露大量地下水时的水流及采取措施，孔口应安设孔口管和闸阀，且孔口管必须安设牢固，防止水压将孔口管冲出伤人。

附录 B　地质复杂程度分级

影响因素 \ 复杂程度分级		复　杂	较复杂	中等复杂	简　单
地质复杂程度（含物探异常）	岩溶发育程度	强烈发育，以大型暗河、廊道、较大规模溶洞、竖井和落水洞为主，地下洞穴系统基本形成	中等发育，沿断层、层面、不整合面等有显著溶蚀，中小型串珠状洞穴发育，地下洞穴系统未形成，有小型暗河或集中径流	弱发育，沿裂隙、层面溶蚀扩大为岩溶化裂隙或小型洞穴，裂隙连通性差，少见集中径流，常有裂隙水流	微弱发育，以裂隙状岩溶或溶孔为主，裂隙不连通，裂隙透水性差
	涌水涌泥程度	特大型涌突水（涌水量 > 100 000 m^3/d）、大型涌突水（涌水量 10 000 ~ 100 000 m^3/d）、突泥，高水压	较大型涌突水（涌水量 1 000 ~ 10 000 m^3/d）、突泥	中型涌水（涌水量 100 ~ 1 000 m^3/d）、涌泥	小型涌水（涌水量 < 100 m^3/d），涌突水可能性极小
	断层稳定程度	大型断层破碎带、自稳能力差、富水，可能引起大型失稳坍塌	中型断层带，软弱，中 ~ 弱富水，可能引起中型坍塌	中小型断层，弱富水，可能引起小型坍塌	中小型断层，无水，掉块
	地应力影响程度	极高应力（R_c/σ_{max} < 4），开挖过程中硬质岩时有岩爆发生，有岩块弹出；软质岩岩芯常有饼化现象，岩体有剥离，位移极为显著	高应力（R_c/σ_{max} = 4 ~ 7），开挖过程中硬质岩可能出现岩爆，岩体有剥离和掉块现象；软质岩岩芯时有饼化现象，岩体位移显著	—	—
	瓦斯影响程度	瓦斯突出：瓦斯压力 $P \geqslant 0.74$ MPa，瓦斯放散初速度 $\Delta P \geqslant 10$，煤的坚固性系数 $f \leqslant 0.5$，煤的破坏类型为Ⅲ类及以上	高瓦斯：全工区的瓦斯涌出量 ≥ 0.5 m^3/min	低瓦斯：全工区的瓦斯涌出量 < 0.5 m^3/min	无
地质因素对隧道施工影响程度		危及施工安全，可能造成重大安全事故	存在安全隐患	可能存在安全问题	局部可能存在安全问题
诱发环境问题的程度		可能造成重大环境灾害	施工、防治不当，可能诱发一般环境问题	特殊情况下可能出现一般环境问题	无

注：R_c 为岩石单轴饱和抗压强度（MPa）；σ_{max} 为最大地应力值（MPa）。

附录 C　临近隧道内不良地质体的前兆标志

C. 0. 1　临近大型溶洞水体或暗河的前兆标志主要有：

1　裂隙、溶隙间出现较多的铁染锈或黏土；

2　岩层明显湿化、软化，或出现淋水现象；

3　小溶洞出现的频率增加，且多有水流、河沙或水流痛迹；

4　钻孔中的涌水量剧增，且夹有泥沙或小砾石；

5　有哗哗的流水声；

6　钻孔中有凉风冒出。

C. 0. 2　临近断层破碎带的前兆标志主要有：

1　节理组数急剧增加；

2　岩层牵引褶曲的出现；

3　岩石强度的明显降低；

4　压碎岩、碎裂岩、断层角砾岩等的出现；

5　临近富水断层前断层下盘泥岩、页岩等隔水岩层明显湿化、软化，或出现淋水和其他涌突水现象。

C. 0. 3　临近人为坑洞积水的前兆标志主要有：

1　岩层明显湿化、软化，或出现淋水现象；

2　岩层裂隙有涌水现象；

3　开挖工作面空气变冷或发生雾气；

4　有嘶嘶的水声；

5　临近煤层老窑积水的前兆是岩层中出现暗红色水锈或渗水中挂红。

C. 0. 4　大规模塌方的前兆标志主要有：

1　拱顶岩石开裂，裂缝旁有岩粉喷出或洞内无故尘土飞扬；

2　初支开裂掉块、支撑拱架变形或发生声响；

3　拱顶岩石掉块或裂缝逐渐扩大；

4　干燥围岩突然涌水等。

C. 0. 5　煤与瓦斯突出的前兆标志主要有：

1　开挖工作面地层压力增大，鼓壁，深部岩层或煤层的破裂声明显、响煤炮、掉碴、支护严重变形；

2　瓦斯浓度突然增大或忽高忽低，工作面温度降低，闷人，有异味等；

3　煤层结构变化明显，层理紊乱，由硬变软，厚度与倾角发生变化，煤由湿变干，光泽暗淡，煤层顶、底板出现断裂、波状起伏等；

4　钻孔时有顶钻、夹钻、顶水、喷孔等动力现象；

5　工作面发出瓦斯强涌出的嘶嘶声，同时带有粉尘；

6　工作面有移动感。

附录D 岩溶发育的条件和规律

D.0.1 岩溶发育的条件：

1 具有可溶性岩层；

2 具有溶解能力(含 CO_2)和足够流量的水；

3 地表水有下渗和地下水有流动的途径。

D.0.2 岩溶从地表往下四个发育带的发育形态和岩溶水的特征各不相同，应注意区分隧道所处的发育带位置：

1 垂直渗流带(包气带)，多以垂直岩溶形态为主，如竖井、漏斗、落水洞等；

2 季节变动带，垂直岩溶形态和水平岩溶形态皆有发育，丰水期多有水流，枯水斯多潮湿而无水；

3 水平径流带(饱水带)，以水平岩溶形态为主，如溶洞、暗河等，多常年流水；

4 深部缓流带，岩溶不甚发育，多以溶隙、溶孔为主。

隧道穿越季节变动带与水平径流带(饱水带)时发生突泥、突水的可能性较大，尤以后者为甚。

D.0.3 岩溶与新构造运动的关系：

1 地壳强烈上升地区，侵蚀基准面相对下降，下切作用强烈，岩溶以垂直方向发育为主；

2 地壳下降地区，原来水平发育的岩溶处于侵蚀基准面以下，原来垂直发育的岩溶又增加了水平发育，使岩溶更加复杂；

3 地壳相对稳定的地区，岩溶以水平发育为主。

D.0.4 岩溶与地形的关系：

1 地形陡峻、岩石裸露的斜坡上，地表径流大，以表面侵蚀为主，岩溶多呈溶沟、溶槽、石芽等地表形态；

2 地形平缓，地表水易下渗，岩溶地表形态和地下形态均较发育，多以漏斗、落水洞、竖井、塌陷洼地、溶洞等形态为主。

D.0.5 地表水体与岩层产状的关系对岩溶发育的影响：

1 层面反向水体或与水体斜交时，水易沿层面侵入，岩溶易于发育；

2 层面顺向水体时，岩溶不易发育。

D.0.6 岩溶与气候的关系：在大气降水丰富、气候潮湿地区，地下水能经常得到补给，水的来源充沛，岩溶易发育。

D.0.7 岩溶发育的带状性和成层性：岩溶发育受岩性、裂隙、断层和接触面等的控制，这此因素一般都具有方向性，决定了岩溶发育的带状性。岩溶的成层性决定于岩性、新构造运行和水文地质条件。如可溶性岩层与非可溶性岩层互层、地壳强烈升降运动、水文地质条件改变等均产生岩溶的成层性。

D.0.8 隧道中溶洞、暗河等岩溶形态多与断层破碎带有密切的关系，准确预报了断层破碎带，依据地质学原理，大多可推断岩溶地质体的位置和规模。

D.0.9　易发育岩溶的地段主要有：

1　质纯层厚的可溶岩地段；

2　可溶岩与非可溶岩的接触带；

3　陡倾角可溶岩地段；

4　可溶岩地层中发育的断层破碎带、节理密集带等岩体破碎地段；

5　可溶岩地层中发育的大型背斜、向斜的核部等岩体较破碎部位；

6　地表岩溶发育地段的地下相应地段；

7　地面塌陷、地表水消失的地下相应地段；

8　地下水活动强烈的地段。

以上因素叠加时更利于岩溶发育。

D.0.10　岩溶水即储存或运移于可溶性岩层中的地下水，包括岩溶裂隙水和岩溶管道水，通过所指的岩溶水为后者。岩溶水多具有突发性、阵发性、季节性，并应注意下列特点：

1　储存空间主要为溶蚀成因的管道，连续而不规则；

2　常沿某些岩层或构造结构面发育，管网呈树枝状；

3　从上游到下游，管道流量多逐渐增长，但各段流速有快有慢；

4　暗河管道中的水力坡度常变化比较大；

5　因常与地表水流直接联系，故地下水动态明显随气候而变化；

6　水化气成分常较简单，矿化程度不高，易受污染；

7　补给、径流和排泄条件：地表水直接流入为主，排泄方式单一（通过暗河出口流出），径流强烈。

8　垂直渗流带中的隧道涌水，施工阶段雨季揭穿垂直岩溶形态岩溶水向隧道倾泻，旱季主要以拱顶或边墙渗水为主；水平径流带涌水多为揭穿含水岩溶管道或岩溶管道水突破隔水层涌水；季节变动带的涌水情况介于垂直渗流带与水平径流带之间；在深部缓流带，隧道涌水多属岩溶裂隙水或溶隙水，但因具较大静大压力，涌水在隧道衬砌周边均可分布。

9　涌水量变化特征：

1）隧道施工斯，在开放型岩溶地区，涌水一般经历由大到小而后趋于稳定的水量变化过程；在封闭型岩溶地区，涌水量由大到小直至枯竭。

2）在隧道运营期，常年型岩溶涌水随雨季旱季的变化经历增大、减小、稳定的循环往复过程；季节型岩溶涌水量由大到小，降雨结束一段时间后涌水枯竭。

10　含泥砂特性：岩溶突涌水中多含泥砂，泥砂随涌水速度的下降而沉积，严重者掩埋施工运输轨道、施工机具，甚至隧道、坑道等。岩溶地区隧道突涌泥砂在时间上和涌水一样，具有突发和阵发特性等特点。

附录 E　铁路隧道围岩基本分级

E.1　围岩基本分级

E.1.1　分级因素及其确定方法应符合下列规定:

1　围岩基本分级应由岩石坚硬程度和岩体完整程度两个因素确定;

2　岩石坚硬程度和岩体完整程度,应采用定性划分和定量指标两种方法综合确定。

E.1.2　岩石坚硬程度可按表 E.1.2 划分。

表 E.1.2　岩石坚硬程度的划分

岩石类别		单轴饱和抗压强度 R_c(MPa)	代表性岩石
硬质岩	极硬岩	$R_c>60$	未风化或微风化的花岗岩、片麻岩、闪长岩、石英岩、硅质灰岩、钙质胶结的砂岩或砾岩等
	硬　岩	$30<R_c\leq60$	弱风化的极硬岩;未风化或微风化的熔结凝灰岩、大理岩、板岩、白云岩、灰岩、钙质胶结的砂岩、结晶颗粒较粗的岩浆岩等
软质岩	较软岩	$15<R_c\leq30$	强风化的极硬岩;弱风化的硬岩;未风化或微风化的云母片岩、千枚岩、砂质泥岩、钙泥质胶结的粉砂岩和砾岩、泥灰岩、泥岩、凝灰岩等
	软　岩	$5<R_c\leq15$	强风化的极硬岩;弱风化至强风化的硬岩;弱风化的较软岩和未风化或微风化的泥质岩类;泥岩、煤、泥质胶结的砂岩和砾岩等
	极软岩	$R_c\leq5$	全风化的各类岩石和成岩作用差的岩石

E.1.3　岩体完整程度可按表 E.1.3 划分。

E.1.4　围岩基本分级可按表 E.1.4 确定。

表 E.1.3　岩体完整程度的划分

完整程度	结构面特征	结构类型	岩体完整性指数(K_v)
完　整	结构面 1~2 组,以构造型节理或层面为主,密闭型	巨块状整体结构	$K_v>0.75$
较完整	结构面 2~3 组,以构造型节理、层面为主,裂隙多呈密闭型,部分为微张型,少有充填物	块状结构	$0.75\geq K_v>0.55$
较破碎	结构面一般为 3 组,以节理及风化裂隙为主,在断层附近受构造影响较大,裂隙以微张型和张开型为主,充填多有充填物	层状结构,块石、碎石状结构	$0.55\geq K_v>0.35$
破　碎	结构面大于 3 组,多以风化型裂隙为主,在断层附近受构造作用影响大,裂隙宽度以张开型为主,多有充填物	碎石角砾状结构	$0.35\geq K_v>0.15$
极破碎	结构面杂乱无序,在断层附近受断层作用影响大,宽张裂隙全为泥质或泥夹岩屑充填,充填物厚度大	散体状结构	$K_v\leq0.15$

表 E.1.4 围岩基本分级

级别	岩体特征	土体特征	围岩弹性纵波速度(km/s)
Ⅰ	极硬岩,岩体完整	—	>4.5
Ⅱ	极硬岩,岩体较完整;硬岩,岩体完整	—	3.5~4.5
Ⅲ	极硬岩,岩体较破碎;硬岩或软硬岩互层,岩体较完整;较软岩,岩体完整	—	2.5~4.0
Ⅳ	极硬岩,岩体破碎;硬岩,岩体较破碎或破碎;较软岩或软硬岩互层,且以软岩为主,岩体较完整或较破碎;软岩,岩体完整或较完整	具压密或成岩作用的黏性土、粉土及砂类土,一般钙质、铁质胶结的粗角砾土、粗圆砾土、碎石土、卵石土、大块石土,黄土(Q_1、Q_2)	1.5~3.0
Ⅴ	软岩,岩体破碎至极破碎;全部极软岩及全部极破碎岩(包括受构造影响严重的破碎带)	一般第四系坚硬、硬塑黏性土,稍密及以上、稍湿、潮湿的碎(卵)石土、粗圆砾土、细圆砾土、粗角砾土、细角砾土、粉土及黄土(Q_3、Q_4)	1.0~2.0
Ⅵ	受构造影响很严重呈碎石、角砾及粉末、泥土状的断层带	软塑状黏性土、饱和的粉土、砂类土等	<1.0(饱和状态的土<1.5)

E.2 隧道围岩分级修正

E.2.1 隧道围岩级别的修正应符合下列规定:

1 围岩级别应在围岩基本分级的基础上,结合隧道工程的特点,考虑地下水状态、初始地应力状态等必要的因素进行修正。

2 地下水状态的分级宜按表 E.2.1—1 确定。

3 地下水对围岩级别的修正,宜按表 E.2.1—2 进行。

表 E.2.1—1 地下水状态的分级

级别	状态	渗水量〔L/(min·10 m)〕
Ⅰ	干燥或湿润	<10
Ⅱ	偶有渗水	10~25
Ⅲ	经常渗水	25~125

表 E.2.1—2 地下水影响的修正

地下水状态分级 \ 围岩基本分级	Ⅰ	Ⅱ	Ⅲ	Ⅳ	Ⅴ	Ⅵ
Ⅰ	Ⅰ	Ⅱ	Ⅲ	Ⅳ	Ⅴ	—
Ⅱ	Ⅰ	Ⅱ	Ⅳ	Ⅴ	Ⅵ	—
Ⅲ	Ⅰ	Ⅲ	Ⅳ	Ⅴ	Ⅵ	—

4 围岩初始地应力状态,当无实测资料时,可根据隧道工程埋深、地貌、地形、地质、构造运动史、主要构造线与开挖过程中出现的岩爆、岩芯饼化等特殊地质现象,按表 E.2.1—3 评估。

表 E.2.1—3 初始地应力场评估基准

初始地应力状态	主要现象	评估基准(R_c/σ_{max})
极高应力	硬质岩:开挖过程中时有岩爆发生,有岩块弹出,洞壁岩体发生剥离,新生裂缝多,成洞性差	<4
	软质岩:岩芯常有饼化现象,开挖过程中洞壁岩体有剥离,位移极为显著,甚至发生大位移,持续时间长,不易成洞	
高应力	硬质岩:开挖过程中可能出现岩爆,洞壁岩体有剥离和掉块现象,新生裂缝较多,成洞性较差	4~7
	软质岩:岩芯时有饼化现象,开挖过程中洞壁岩体位移显著,持续时间较长,成洞性差	

注:R_c 为岩石单轴饱和抗压强度(MPa);σ_{max} 为最大地应力值(MPa)。

5 初始地应力对围岩级别的修正宜按表 E.2.1—4 进行。

表 E.2.1—4　初始地应力影响的修正

修正级别 / 围岩基本分级 / 初始地应力状态	Ⅰ	Ⅱ	Ⅲ	Ⅳ	Ⅴ
极高应力	Ⅰ	Ⅱ	Ⅲ或Ⅳ①	Ⅴ	Ⅵ
高应力	Ⅰ	Ⅱ	Ⅲ	Ⅳ或Ⅴ②	Ⅵ

注:① 围岩岩体为较破碎的极硬岩、较完整的硬岩时定为Ⅲ级;围岩岩体为完整的较软岩、较完整的软硬互层时定为Ⅳ级。

② 围岩岩体为破碎的极硬岩、较破碎及破碎的硬岩时定为Ⅳ级;围岩岩体为完整及较完整软岩、较完整及较破碎的较软岩时定为Ⅴ级。

6　隧道洞身埋藏较浅,应根据围岩受地表的影响情况进行围岩级别修正。当围岩为风化层时,应按风化层的围岩基本分级考虑;围岩仅受地表影响时,应较相应围岩降低 1~2 级。

E.2.2　施工阶段隧道围岩级别的判定宜按表 E.2.2 的判定卡进行。

表 E.2.2　施工阶段围岩级别判定卡　　编号:

<table>
<tr><td rowspan="2">工程名称</td><td colspan="2" rowspan="2"></td><td rowspan="2">位　置</td><td colspan="3">施工里程</td><td></td><td rowspan="2">评　定</td></tr>
<tr><td colspan="3">距洞口距离(m)</td><td></td></tr>
<tr><td rowspan="4">岩性指标</td><td colspan="4">岩石类型(名称)</td><td colspan="3">黏聚力 c =　　MPa; ϕ =</td><td rowspan="4">极硬岩
硬　岩
较软岩
软　岩
极软岩</td></tr>
<tr><td colspan="4">单轴饱和抗压强度 R_c =　　MPa</td><td colspan="3">点荷载强度极限 I_x =　　MPa</td></tr>
<tr><td colspan="4">变形模量 E =　　GPa</td><td colspan="3">泊松比 ν =</td></tr>
<tr><td colspan="4">天然重度 γ =　　kN/m^3</td><td colspan="3">其　他</td></tr>
<tr><td rowspan="7">岩性完整状态</td><td colspan="2">地质构造影响程度</td><td></td><td>轻　微</td><td>较　重</td><td>严　重</td><td>极严重</td><td rowspan="7">完　整
较完整
较破碎
破　碎
极破碎</td></tr>
<tr><td rowspan="4">地质结构面</td><td>间距(m)</td><td>>1.5</td><td>0.6~1.5</td><td>0.2~0.6</td><td>0.06~0.2</td><td><0.06</td></tr>
<tr><td>延伸性</td><td>极　差</td><td>差</td><td>中　等</td><td>好</td><td>极　好</td></tr>
<tr><td>粗糙度</td><td>明显台阶状</td><td>粗糙波纹状</td><td colspan="2">平整光滑有擦痕</td><td>平整光滑</td></tr>
<tr><td>张开性(mm)</td><td>密闭
<0.1</td><td>部分张开
0.1~0.5</td><td>张开
0.5~1.0</td><td>无充填张
开>1.0</td><td>黏土充填</td></tr>
<tr><td colspan="2">风化程度</td><td>未风化</td><td>微风化</td><td>弱风化</td><td>强风化</td><td>全风化</td></tr>
<tr><td colspan="2">简要说明</td><td colspan="5"></td></tr>
<tr><td>地下水状态</td><td colspan="2">渗水量
〔L/(min·10 m)〕</td><td><10
干燥或湿润</td><td colspan="2">10~25
偶有渗水</td><td colspan="2">25~125
经常渗水</td><td>干燥或湿润
偶有渗水
经常渗水</td></tr>
<tr><td rowspan="2">初始地应力状态</td><td colspan="3">埋深 H =　　m</td><td colspan="4"></td><td rowspan="2"></td></tr>
<tr><td colspan="3">地质构造应力状态</td><td colspan="4">其他</td></tr>
<tr><td>围岩级别</td><td colspan="2">Ⅰ</td><td>Ⅱ</td><td colspan="2">Ⅲ</td><td>Ⅳ</td><td>Ⅴ</td><td>Ⅵ</td></tr>
<tr><td>开挖工作面素描图及地质简要描述</td><td colspan="3">开挖工作面素描图</td><td colspan="5">开挖工作面地质简要描述</td></tr>
<tr><td colspan="4">记录者:</td><td colspan="3">复核者:</td><td colspan="2">日　期:</td></tr>
</table>

备注:岩性指标栏岩石力学强度指标必要时做。

附录 F　隧道地质展视图

×××隧道地质展视图

隧道方位：　　　　比例：　　　　作图日期：

<table>
<tr><td rowspan="3">展视图</td><td>左边墙</td><td></td></tr>
<tr><td>拱　部</td><td></td></tr>
<tr><td>右边墙</td><td></td></tr>
<tr><td colspan="2">里　程</td><td></td></tr>
<tr><td colspan="2">设计工程地质水文地质条件</td><td></td></tr>
<tr><td colspan="2">设计围岩分级</td><td></td></tr>
<tr><td colspan="2">施工围岩分级</td><td></td></tr>
<tr><td colspan="2">施工揭示地层岩性特征</td><td></td></tr>
<tr><td colspan="2">施工揭示构造特征</td><td></td></tr>
<tr><td colspan="2">施工揭示水文地质特征</td><td></td></tr>
<tr><td colspan="2">施工围岩稳定性及初期支护</td><td></td></tr>
</table>

绘制：　　　　复核：

附录G 岩石可钻性分类

铁路隧道超前地质钻探岩石可钻性分类应符合表G.0.1的规定。

表G.0.1 岩石可钻性分类

类别	硬度	代表性岩土
Ⅰ	松软、松散的	软塑的黏性土、有机土(淤泥、泥炭、耕土),含硬杂质在10%以内的人工填土
Ⅱ	较松软、松散的	可塑性的黏性土、粉土,软塑的粉土,新黄土,含硬杂质在10%~25%的人工填土,粉砂、细砂、中砂
Ⅲ	软的	硬塑、坚硬的黏性土,粉土,含硬杂质在25%以上的人工填土,老黄土,残积土,粗砂、砾砂、砾石、轻微胶结的砂土,石膏、褐煤、软烟煤、软白垩
Ⅳ	较软的稍硬的	泥质页岩,砂质页岩、油页岩、炭质页岩、钙质页岩,泥质砂岩、较松散的砂岩,砂页岩互层,泥质板岩,滑石绿泥石片岩,云母片岩,泥灰岩,泥灰质白云岩,岩溶化石灰岩及大理岩,盐岩,结晶石膏,断层泥,无烟煤,硬烟煤,火山凝灰岩,强风化的岩浆岩及花岗片麻岩,冻土,冻结砂层,粒径20~40 mm含量大于50%的卵(碎)石土,金属矿砟
Ⅴ	中等硬度的	长石砂岩,钙质胶结的长石石英砂岩,钙质砂岩,钙质胶结的砾岩,灰岩及轻微硅化灰岩,大理岩,白云岩,橄榄岩,蛇纹岩,板岩,千枚岩,片岩,凝灰质砂岩,集块岩,弱风化岩浆岩及花岗片麻岩,冻结砾石土,粒径40~80 mm含量大于50%的卵(碎)石土,混凝土构件、砌块、路面
Ⅵ	硬的	中粒与粗粒的花岗岩、闪长岩、正长岩、辉长岩、花岗片麻岩,粗面岩,安山岩,辉绿岩,玄武岩,伟晶岩,辉石岩,硅化板岩,千枚岩,砂岩,灰岩,硅质胶结的砾岩,硅化或角页化的凝灰岩,粒径80~130 mm含量大于50%的卵(碎)石土,半胶结卵石土
Ⅶ	坚硬的	细粒的花岗岩、花岗闪长岩、花岗片麻岩,流纹岩,微晶花岗岩,石英粗面岩,极致密的玄武岩,安山岩,角闪岩,粒径130~200 mm含量大于50%的卵(碎)石土,胶结的卵石土
Ⅷ	最坚硬的	碧玉岩,刚玉岩,碧玉质硅化板岩,角页岩,石英岩,燧石岩,粒径大于200 mm超过50%的漂(块)石土

注:1 基岩破碎带钻进取芯时,岩石类别可提高一级;

2 Ⅳ、Ⅴ类的卵(碎)石土中大于100 mm的粒径含量大于20%,或卵(碎)石含有漂石时,岩石类别可提高一级。

附录 H　钻孔柱状图

<table>
<tr><td colspan="4">开孔时间：
终孔时间：</td><td colspan="2">孔口里程：</td><td colspan="3">孔口位置：</td><td colspan="3">立角：
偏角：</td></tr>
<tr><td>地层时代</td><td>层底里程</td><td>层底深度（m）</td><td>分层厚度（m）</td><td>柱状图（比例）</td><td>采样位置</td><td>工程地质简述</td><td>出水位置</td><td>出水量（m^3/h）</td><td>孔径（mm）</td><td>备注</td><td></td></tr>
<tr><td></td><td></td><td></td><td></td><td></td><td></td><td></td><td></td><td></td><td></td><td></td><td></td></tr>
</table>

完成单位名称：　　　　编写：　　　　复核：　　　　日期：

附录 J　地震波反射法观测系统设计

	项　目	接收器(检波器)孔	炮　孔
观测系统	数量	2 个,位于隧道左右边墙(各 1 个),位置对称	24 个,位于构造走向与隧道轴向交角为锐角的一侧边墙
	直径	φ45 mm	φ38 ~ φ45 mm
	深度	2.0 m	1.5 m
	定向	垂直隧道轴向,上倾 5° ~10°	垂直隧道轴向,下倾 10° ~20°(便于用水充填炮孔)
	高度	距地面(隧底)高 1 m	距地面(隧底)高 1 m
	位置	距开挖工作面约 55 m	第 1 个炮孔距同侧接收器孔 20 m,炮孔间距 1.5 m
	示意图	 接收器孔和炮孔平面分布 横断面(接收器孔) 横断面(炮孔,在左或右侧)	

本指南用词说明

执行本指南条文时，对于要求严格程度的用词说明如下，以便在执行中区别对待。

(1)表示很严格，非这样做不可的用词：

正面词采用“必须”；

反面词采用“严禁”。

(2)表示严格，在正常情况下均应这样做的用词：

正面词采用“应”；

反面词采用“不应”或“不得”。

(3)表示允许稍有选择，在条件许可时首先应这样做的用词：

正面词采用“宜”；

反面词采用“不宜”。

表示有选择，在一定条件下可以这样做的用词，采用“可”。

《铁路隧道超前地质预报技术指南》条文说明

本条文说明系对重点条文的编制依据、存在的问题以及在执行中应注意的事项等予以说明。为了减少篇幅，只列条文号，未抄录原条文。

1.0.4 隧道超前地质预报是保证隧道施工安全的重要环节和重要技术手段，应将它列为隧道施工的必要工序。

当施工进度与超前地质预报发生矛盾时，施工必须为超前地质预报让路，以避免盲目施工，确保超前地质预报工作的实施，并起到指导施工的作用。

1.0.5 鉴于超前地质预报技术发展水平，目前还未有一种能解决所有地质问题的预报手段，对地质条件复杂的隧道应采用多种手段相互印证的综合预报方法，以提高预报准确率。

1.0.7 隧道超前地质预报是一门正在发展中的技术，工作中应积极采用新技术、新设备、新方法，不断总结成功的经验和分析失败的教训，提高预报准确率，提高超前地质预报技术水平。

3.0.1 通过超前地质预报工作，可以及时掌握和反馈隧道地质条件信息，调整和优化隧道设计参数、防护措施，为优化隧道施工组织、制定施工安全应急预案、控制工程变更设计提供依据。做好隧道超前地质预报工作，可以预防各类突发性地质灾害，降低地质灾害发生机率，有效规避工程建设风险，实现铁路工程安全、质量、工期、环境和投资控制目标，将直接或间接地创造巨大的经济效益和社会效益。铁路参建各单位要高度重视铁路隧道超前地质预报工作，切实把这项工作抓紧、抓好，抓出成效。

3.0.4 超前地质预报、信息化设计和信息化施工是一有机整体，涉及建设、勘察设计、施工、监理等单位，参建各方应明确分工、落实责任、协调一致、相互配合，确保做到信息传递顺畅、反馈及时、决策迅速、处理得当。

3.0.7 针对不同地段地质情况和预报目的，进行必要的技术经济比选，选择针对性、适用性强的方法和设备，采用一种或几种方法的合理组合，以求达到预报准确、费用低、占用时间短。

3.0.10 各参建单位应积极利用超前地质预报成果，当地质情况与设计不符时，应及时按变更设计程序进行变更设计，包括预报方案的变更，并不断完善隧道施工安全应急救援预案，切实做好隧道施工安全工作。

3.0.11 施工阶段隧道超前地质预报不能代替勘察阶段的地质勘察工作及施工阶段的补充地质勘察工作，不得因进行施工阶段隧道超前地质预报工作而忽视勘察阶段的地质勘察工作及施工阶段的补充地质勘察工作。

4.0.4 对隧道地质复杂程度进行分级，不同级别的地段采取不同的预报方法，益于抓住重点,增强针对性,集中优势资源,提高预报准确性;一般地段减少采用的预报手段,可节省有限的地质预报资源。

4.0.6 地质条件复杂隧道(区段)的超前地质预报以地质调查法为基础,以超前钻探法为主,结合多种物探手段进行综合超前地质预报。

地质条件较复杂隧道(区段)的超前地质预报以地质调查法为基础,以弹性波反射法为主,辅以红外探测、高分辨直流电法、地质雷法等方法,必要时采用超前钻探验证。当发现局部地段工程地质条件复杂时,按地质条件复杂隧道(区段)的超前地质预报方案实施。

地质条件中等复杂隧道(区段)的超前地质预报以地质调查法为主,对重要的地质界面、断层或地面物探异常地段采用弹性波反射法进行探测,必要时采用红外探测、高分辨直流电法和超前钻探等。

5.1.3 地质条件恶劣是产生灾害的客观原因,但塌方、突水突泥等还和施工方法、支护参数和施工管理水平有关。

一般情况下,如采取适于前方地质条件的技术措施可以不塌方、不产生突水突泥;如若不然,虽地质预报比较准确,也照样发生塌方、突水突泥等,这是人所共知的。例如超前预报前方是充填淤泥碎石的溶洞,如不采取超前预支护手段而仍是打开后再处理,无论支护怎么快,事故也是不可避免的。因而,需要建设、设计、施工、监理根据地质预报的结论及时制定切实可行的方法并付诸实施,才可避免或减少地质灾害的发生,显现超前地质预报工作的经济效益和社会效益。

5.1.5 超前地质预报竣工总报告按合同约定时间内提交给有关方。

5.1.6

10 当设有平行导坑时作平行导坑洞身竣工工程地质纵断面图。

5.2.1 断层是隧道开挖过程中常见的对隧道围岩稳定性影响较大的构造形式之一,是地下水的富集场所和流动通道,灰岩地区岩溶常与其相伴而生,隧道内塌方、突泥突水多与其有关。

影响断层破碎带稳定性的地质因素主要有:断层上下盘岩性和岩石力学性质、断层的力学性质、断层复合与复合特征、断层破碎带厚度、断层破碎带物质组成和固结程度、断层破碎带的围岩结构,断层破碎带的产状及其与隧道的空间关系和地下水、地应力影响等八个方面。

(1)断层上下盘岩性和岩石力学性质

在影响断层破碎带塌方的其他地质因素相同的前提下,断层破碎带稳定性依次降低的顺序是:上下盘为相同岩性硬岩→上下盘为不同岩性硬岩→上下盘为相同岩性或不同岩性软岩→上下盘为不同岩性的软、硬岩组合。

软岩与硬岩呈断层接触的断层破碎带,大多位于软岩一侧,而且,常常是硬岩为含水层,软岩为隔水层。这种断层上下盘岩石组合最不利于由断层破碎带组成的围岩的稳定,相当多的断层破碎带塌方属于这种类型。

(2)断层的力学性质

以张性正断层为主的断层破碎带,主要由断层角砾岩组成,其角砾特点是:胶结疏松,多为泥质胶结,易于风化,棱角明显,杂乱无章,大小悬殊。所以以张性正断层为主的断层破碎带最易造成塌方。

以压冲逆断层为主的断层破碎带，主要由断层泥、糜棱岩、构造透镜体、片理化揉皱化岩石组成，尽管岩石也很破碎，但因角砾之间结合较紧密，相对以正断层为主的断层破碎带来说，造成塌方的难度稍大。

以扭性平移断层为主的断层破碎带，主要由厚度不大的糜棱岩和分布较宽的劈理带岩石组成。所以与前两者相比，造成塌方的难度更大。

所以，从断层力学性质角度看断层破碎带稳定性依次降低的顺序是：扭性平移断层为主的断层破碎带→压冲逆断层为主的断层破碎带→张性正断层为主的断层破碎带。

扭性平移断层为主的断层破碎带对围岩的稳定性影响虽小，但也应当引起足够的注意。

(3)断层复合与复合特征

断层复合有两种情况，其一是同一条断层复合，即断层多期活动；其二是两条或两条以上断层交汇复合。不论哪种断层复合，对断层破碎带的稳定性影响都极为明显，即复合式断层破碎带的稳定性远远小于一般断层破碎带的稳定性。

复合式断层破碎带塌方是一种最常见的断层破碎带塌方。

① 断层多期活动。自然界中的断层，绝大多数都具有多期活动特征，具有复杂的力学性质和多变的位移方式，而且，在多期活动中，必有一期为主期活动，断层明显具有主期活动的性质和特征。

对于围岩稳定性的影响来说，其断层破碎带稳定性依次降低的顺序是：一期活动断层破碎带→以扭性平移断层为主的多期活动断层破碎带→以压冲逆断层为主的多期活动断层破碎带→以张性正断层为主的多期活动断层破碎带→以压冲逆断层为主或以张性正断层为主，而且最后一期活动表现为张性正断层的断层破碎带。

总之，从断层多期活动看，最易造成塌方的断层破碎带是以压冲逆断层为主或以张性正断层为主的多期活动断层，而且最后一期表现为正断层的断层破碎带。

② 两条或两条以上断层交汇。两条或两条以上断层交汇常常使断层破碎带的岩石更加破碎、松散，断层破碎带的厚度(宽度)也常常扩大2~3倍，稳定性更是随之降低很多。因此，不论什么力学性质的断层破碎带交汇处，都是围岩最不稳定的区段和最易塌方的区段。

(4)断层破碎带的宽度

断层破碎带的宽度是直接影响断层破碎带稳定性的地质因素。断层破碎带宽度越大，越容易造成塌方。而断层破碎带的宽度，又取决于断层的规模、断层的力学性质和断层的复合特征。断层的规模越大，断层破碎带越宽。相同规模断层的破碎带，张性正断层的破碎带最窄，扭性平移断层的破碎带较宽，压性逆断层破碎带最宽。

一般情况下，对于破碎带宽度来说，多期活动断层大于一期活动的断层；两条或两条以上断层交汇大于一条多期活动断层，更大于一期活动断层。

(5)断层破碎带的物质组成、固结程度

① 断层破碎带的物质组成。断层破碎带的物质组成，主要指的是断层角砾之间的胶结物及其含量。从胶结物来看，泥质、铁质胶结的断层破碎带最常见，稳定性也最差；钙质和硅质胶结的断层破碎带较少见，稳定性也较好。从含量看，泥质和铁质胶结物含量越多，断层破碎带稳定性越差，越容易塌方，所以断层角砾岩的结构为泥夹石，比石夹泥或不含泥的结构更易造成塌方。

② 断层破碎带的固结程度。占大多数的泥质、铁质胶结的断层破碎带固结程度很差,少数的钙质、硅质胶结的断层破碎带固结程度较好。张性正断层断层破碎带固结程度差,扭性平移断层和压性逆断层破碎带固结程度稍好。多期活动断层比一期活动断层破碎带固结差,两条或两条以上断层交汇的断层破碎带固结程度最差甚至无固结。显然,固结程度越差,断层破碎带的稳定性也越差。

(6)断层破碎带的围岩结构。断层破碎带的岩体结构主要有三种:碎石状压碎结构、角砾碎石状(石夹泥或泥夹石)松散结构和泥、砂、角砾混杂状松软结构。

前者,多为扭性平移断层和规模较小的压性逆断层、张性正断层的断层破碎带岩体结构,稳定性较差。中间者,多为规模较大的、以压冲逆断层为主、张性正断层为主的多期活动断层或者两条及两条以上断层交汇形成的断层破碎带岩体结构,稳定性差。后者,则多为规模大的、以压冲逆断层为主、张性正断层为主的多期活动断层或者两条及两条以上规模很大的断层交汇形成的断层破碎带岩体结构,稳定性极差。

(7)断层破碎带的产状及其与隧道空间关系

主要包括断层破碎带的走向与隧道中心线的夹角和断层破碎带的倾向倾角与隧道的空间关系。

① 断层破碎带的走向与隧道中心线的夹角。在断层破碎带宽度相同的条件下,夹角越大越稳定,越小越不稳定。在断层破碎带几乎与隧道平行的情况下,既使断层破碎带宽度很窄,也会给隧道施工造成很大威胁。

② 断层破碎带在隧道中的位置、倾向倾角及其空间关系。在断层破碎带走向与隧道中心线夹角较小的条件下,破碎带位于拱顶不稳定,位于侧壁时较稳定。

(8)地下水、地应力的影响

地下水对断层破碎带的稳定性起着至关重要的影响,即有无地下水参与,断层破碎带的稳定性反映在围岩级别上可相差1~2个级别。

在高地应力地区,特别是水平构造应力明显地区,隧道的轴线与最大压应力轴垂直时,地应力对断层破碎带能否塌方的影响也很大,一般可使断层破碎带的围岩级别降低1~2级。

5.2.2　鉴于断层和各预报方法的特点,探测断层一般不必采用地质雷达手段;当设计有超前导坑时,利用超前导坑法预报断层效果明显。

5.2.6

4　根据断层的规模、富水程度及对工程的危害程度决定是否进行超前钻探,超前钻探可只钻一孔即可确定断层的宽度和富水情况等。

5　根据接近断层时节理组数急剧增加的理论,采用地质素描法确定断层即将揭露的里程;利用开挖工作面素描根据地质作图法可判断断层在隧道内的延伸长度,即在哪个里程断层将穿过。

5.3.3　由于岩溶发育的复杂性、隐蔽性、不确定性,岩溶发育的宏观规律理论上可说清楚,但具体到哪个位置是否发育岩溶、岩溶的规模、充填情况等,目前根据理论还很难说清楚。据目前科技发展水平,靠单一的某种预报手段是很难满足快速安全施工需要的,必须进行综合超前地质预报,综合超前地质预报方法中必须包含超前钻探。应当说目前岩溶探测仍是超前地质预报的技术难题,必须慎重对待。

5.3.4　隧道处于季节变动带与水平径流带时发生突涌水的可能性较大,对该项的宏观分析判断应引起重视。

可溶性岩层与非可溶性岩层互层、地壳强烈升降运动、水文地质条件改变等均产生岩溶的成层性。

5.3.6 岩溶地区隧底隐伏岩溶洞穴的探测是不是属于超前地质预报的范畴有些争议，有些人认为超前地质预报是为施工安全服务的，只往开挖工作面前方预报，不负责探测隧底；有些人认为地质预报不仅是为施工安全服务的，还应为动态设计及隧道处理提供资料。其实这些争议的解决要看委托方与被委托方是怎么签订的地质预报合作协议以及设计单位对被委托方探测资料的认可程度。

5.4.1 煤系地层是指在成因上有共生关系并含有煤层（或煤线）的沉积岩地层。瓦斯是从煤（岩）层内逸出的各种有害气体的总称，其主要成分为甲烷（CH_4）。

5.4.3

5 瓦斯压力法、综合指标法、钻屑指标法、钻孔瓦斯涌出初速度法、"R"指标法的相关内容请参照《铁路瓦斯隧道技术规范》（TB 10120—2002）。

表5.4.3突出危险性预测指标临界值摘自《铁路瓦斯隧道技术规范》（TB 10120—2002）。

5.5.1 隧道涌水、突泥多与含水丰富的断层、溶洞、暗河等密切相关，查清了断层、溶洞、暗河，就基本查清了涌水、突泥地段。隧道在煤系地层、金属和非金属等矿区中的采空区中通过也可能发生突涌水，应引起足够重视并采取相应措施。

5.5.3 涌水、突泥对隧道的危害较大，在可能发生涌水、突泥的地段要求必须进行超前钻探，且超前钻探必须设有防突装置。

6.0.1 地质调查法是一种传统的、实用和基本的超前地质预报方法，具有综合和指导其他预报方法的作用。断层要素与隧道几何参数的相关性分析是根据断层与隧道宽度、断层产状与隧道走向的交角通过作图预报断层在隧道内的延伸长度。

6.0.2 地质调查法不占用开挖工作面施工时间、不干扰施工、设备简单、操作方便，提交资料及时，可随时掌握隧道开挖工作面的地层、岩性、地质构造、地下水等地质条件的变化，是隧道施工过程中的地质工作，是隧道工程全过程地质工作的重要一环，是隧道超前地质预报的基础工作，同时预报效果好。它不仅是一种地质预报手段，而且可以补充和完善隧道设计地质资料，也便于施工与设计资料进行对比，积累经验，同时也是竣工资料的一部分，更为隧道运营阶段隧道病害整治提供完整的隧道地质资料。这种方法对与隧道交角较大而又向前倾的结构面容易产生漏报。

地质调查法对技术人员的地质基础知识及经验要求较高，应由专业地质人员来完成。

6.0.4 对存疑虑的相关重大地质问题和地段，应补充必要的地面地质调查工作。超前地质预报工作一般只对地表进行补充地质调查，若需进行地表补充地质勘探工作，原则上应由隧道原勘察设计单位实施，以满足设计变更和优化的需要。

6.0.5 地质条件复杂的岩溶隧道，在隧道通过地带岩溶水地表排泄点应进行实时监测，监测内容主要包括泉点、暗河等的水量及其动态、水化学与同位素化学变化特征等；视需要可进行大气降水与气温监测。

6.0.8

5 比如隧道中揭示的需要特殊处理的岩溶洞穴、断层破碎带等，应为设计提供隧道纵、横断面图等。

6　包括隧道内地下水出露点位置及水量统计表；重大涌水地段、水量、水压及涌(渗)水—降雨时间关系图；其他资料。

7.1.1　超前地质钻探由于速度慢和费用高一直不能在隧道施工中被广泛采用。在大瑶山隧道采用日本产水平钻机应用金刚石钻头钻进也曾出现过钻进速度落后于导坑开挖速度的情况。将冲击钻应用到超前地质钻探中，大大提高了钻进速度，同时将钻孔成本费用降低了约70%。

7.1.2　超前地质钻探的主要特点有：

(1)比较直观地探明钻孔所经过部位的地层岩性、岩体完整程度、岩溶及地下水发育情况等，必要时应测试水压、取样、室内试验。与物探方法相比，它具有直观性、客观性，不存在物探手段经常发生的多解性、不确定性。

(2)对煤系地层可进行孔内煤与瓦斯参数测定。

(3)超前钻探虽直观，但具有“一孔之见”的不足，对断层等面状构造一般不会漏报，但对溶洞有漏报的可能。

7.1.3　为提高钻进速度，减少超前钻探占用开挖工作面的时间，可采用冲击钻与回转取芯钻相结合的方式。一般地段采用冲击钻，特殊地段采用回转取芯钻，整体钻进速度可提高几倍，甚至十多倍。冲击钻速度快，为隧道大量采用钻孔探测提供了时间保障和可能性；回转取芯钻速度慢，占用施工时间太多，其钻进速度是隧道施工中进度和工期难以接受的，在目前隧道建设中全部大量采用基本不可能。

超前钻探的主要目的是探明开挖工作面前方有无不良地质和特殊岩土及其发育情况，有无断层破碎带及其发育规模，地下水发育情况，有无发生突泥、突水的可能，及其他特殊目的探测。根据探测目的，尽可能采用冲击钻，必要时采用回转取芯钻。比如，钻孔揭露地下水时，水会从钻孔中流出；遇到溶洞，钻进速度会明显发生变化，因而采用冲击钻基本能达到探水、探溶洞的目的，需取芯鉴定时更换钻具进行取芯钻探等。现将超前钻孔揭示地质情况的判断经验作如下介绍：

(1)对回转取芯钻的岩芯进行鉴定是判定岩性最为准确可靠的方法。

(2)根据岩粉判定：在采用冲击钻时，孔中不断有岩粉被高压风吹出，通过鉴定岩粉的成分，可了解前方地层的岩性。

(3)根据钻进速度判定：相同钻压下钻机在相同岩层中的钻进速度是均一的，结合隧道开挖揭示的地层岩性，根据钻机在钻进过程中的速度变化、是否有卡钻等现象，可粗略判断前方岩体的强度、完整程度以及是否存在不良地质体等。

(4)根据卡钻情况、钻杆震动情况、塌孔等现象，可粗略判断前方岩体的完整程度。

(5)根据冲洗液判定：钻机在钻进过程中，通过冲洗液颜色的变化，可粗略判定钻孔内岩层的变化；根据冲洗液流量的增减可粗略判断岩体的完整程度及地下水发育情况。

(6)根据冲击器工作时的声响可粗略判断岩体的强度变化，声音清脆而响亮一般是硬质岩，声音沉闷而微弱一般为软质岩或土层。

7.1.4　对超前地质钻孔来说，钻进距离越长，对施工的指导意义越大，但随着钻进距离的加大，其钻进速度会逐步降低。随着钻孔深度增加，钻杆受到的摩阻力和钻头受到的冲击阻力增大，钻机的能量损失也越大，钻进速度也越慢；钻孔深度加大，取芯拔钻、下钻占用的时间也将增加。另外，随着钻孔深度的增加，钻具下垂加大，孔位易偏离设计值；钻孔深度较大处揭露地下水时处理难度也会加大等。通过对78个钻孔钻进速度的统计分析，在不同的深度，其平均钻进速度如说明表 7.1.4—1 所示。以完成一个循环四个超前钻孔为例，进场时需要将钻孔设备运送至开挖工作面，终孔后需要将钻孔设备撤离，进场和撤离平均需要 1.8 h。综合分析孔内钻进和进场、撤离的时间，不同深度钻孔其综合效率统计结果如说明表 7.1.4—2 所示。从表中可以看出：综合效率最高的循环长度是 45 m（此统计结果仅限于冲孔钻）。考虑诸多因素在内，目前设计中超前地质钻孔深度一般为每循环30 m左右。

说明表 7.1.4—1　不同深度钻进速度统计表

钻孔深度(m)		0～5	5～15	15～25	25～35	35～55	55～75	75～95	95～120
钻进效率(m/h)	冲击钻	4.6	5.1	4.9	4.7	3.8	2.6	2.2	2.1
	取芯钻	0.8	0.75	0.7	0.6	0.5	0.45	0.4	0.3

上述是以国产水平地质钻机为例进行的统计分析；国外进口钻机钻进速度快，进退场时间短，但钻机价格昂贵，使用成本高，一般隧道建设难以推广，长大复杂重点隧道工程、投资大的工程可采用。

7.1.5

6　隧道开挖工作面的时间特别宝贵，所以应加强钻进设备的维修与保养，使钻机处于良好状态，减少或避免占用开挖工作面维修钻机设备等。

说明表 7.1.4—2　钻孔循环长度与综合效率统计表（冲击钻）

循环长度(m)	循环时间(h)	综合效率(m/h)
15	4.85	2.06
30	7.95	3.14
45	11.65	3.43
60	16.20	3.39
90	28.79	2.95

7.1.7　孔口管锚固力计算

钻孔过程中，孔口管和锚固剂及锚固剂和孔壁接触面之间抗剪强度的大小，决定孔口管抵抗涌水压力和注浆压力的能力，经现场注浆试验表明，孔口锚固的破坏主要为锚固剂和钢管接触面之间的剪切滑动。参考有关文献资料，孔口管和锚固体接触面的抗剪强度一般不超过锚固体抗压强度的1/4。为便于定量分析，取孔口管和锚固体接触面的抗剪强度为锚固剂抗压强度的1/4，并取平均剪应力 τ_0 为抗剪强度[τ]的一半，则孔口管的平均抗拔力为：

$$F_0 = \pi Dl\tau_0 = \frac{1}{2}\pi Dl[\tau] = \frac{1}{8}\pi Dl[\sigma] \qquad (说明 7.1.7—1)$$

式中 D——孔口管外径；

l——孔口管长度；

σ——锚固剂抗压强度。

在注浆压力 P 作用下，从计算偏于安全考虑，假设孔口管全断面受到注浆压力的作用，孔口管受到的拉拔力 F_1，如下：

$$F_1 = \frac{1}{4}\pi D^2 P \qquad (说明 7.1.7—2)$$

孔口管的安全系数 f 如下：

$$f = \frac{F_0}{F_1} = \frac{2l[\tau]}{DP} \qquad (说明 7.1.7—3)$$

从计算中可知，当采用水泥浆锚固时，在 2 h 内孔口管的抗拔力达不到要求；而当采用 HSC 浆液和树脂锚固时均可满足要求。现场采用长 1.0 m,外径 ϕ108 mm 的孔口管进行拉拔试验,锚固剂采用不饱和聚酯树脂,采用锚杆拉力计进行拉拔,其抗拔力大于 160 kN,与理论计算的 166.17 kN 比较接近。现场分别采用水泥浆加外加剂和 HSC 浆液,将长度1.0 m、外径 ϕ108 mm 的孔口管锚固在混凝土止浆墙上,2 h 后进行压水试验,当水压力达到2.0 MPa时,采用 32.5 R 水泥浆加外加剂锚固的孔口管发生剪切破坏和渗漏水,孔口管向外推出,而采用 HSC 浆液锚固的孔口管,试验压力达到 10 MPa 时未发生破坏,也未出现渗漏水,达到 12 MPa 时未发生破坏,但出现了少量的渗漏水。说明理论计算结果和试验结果比较吻合。

7.2.2　加深炮孔探测具有以下特点:

(1)是超前地质钻探的一种重要补充,因其数量较多,在岩溶发育区大大增加揭示溶洞的几率,效果非常明显。

(2)与超前地质钻探相比,具有设备移动灵活、操作方便、费用低、占用隧道施工时间短的特点,可与爆破孔同时施作。

(3)孔浅,且不能取岩芯。

7.2.3

4　由于岩溶发育的复杂性、多变性、隐蔽性、突发性和目前超前地质预报技术难于完全查清的实际情况,加深炮孔探测在富水岩溶发育区必须做好做实,确保施工安全。

8.1.2　物探适用范围广,方法多,设备轻便,效率高,是超前地质预报的重要手段。但各种物探方法都需具备一定的应用条件,其装置的选择、测线的布置、采集的数据质量和资料的处理与解释都直接关系到物探的效果,因此应合理的使用。

探测对象具有多种物理性质,根据与相邻介质的不同物性差异选择两种或两种以上有效的物探方法,通过综合物探可利用探测对象的多种物性特征研究其空间形态,相互补充、相互印证可以减少物探的多解性,取得好的物探效果。因此对于地质条件复杂的隧道应采用综合物探,并结合其他探测资料综合分析。

8.1.6　物探资料只有在物性资料和地质资料齐全的基础上进行定量解释,才能获得准确的解释参数,以避免物探资料的多解性,提高解释结果的准确程度。

正确的解释结果不应因解释方法不同而有区别,采用两种以上的方法进行定量解释,可以发现解释中存在的问题,提高定量解释的准确性。

不同的物探方法采用了不同的物性参数,而这些参数有的与地层对应,有的可能不完全对应,由此而导致解释结果不同,当它们具有一定的规律性时,都反映了探测对象的某种物理地质信息,在解释结果中应予以说明。

8.2.1　水平声波剖面法、负视速度法、陆地声纳法(是“极小偏移距高频反射连续剖面法”的简称)分别由中铁西南科学研究院、铁道第一勘察设计院、铁道部科学研究院铁道建筑研究所提出,列为 1990～1995 年铁道部重点科研项目“隧道开挖工作面前方不良地质预报”课题的一部分,1995 年 12 月通过铁道部科技成果鉴定,部曾发文《关于颁发“隧道开挖工作面前方不良地质预报”科技成果鉴定证书的通知》(科技工〔1995〕211 号),希望积极推广。

8.2.2

1　探测对象的体积和规模必须足够大,产生的异常能被现有的仪器所接收。

8.2.3

4　因弹性波反射法的观测结果是波形,供分析用的是波的振幅和相位特征,因此本指南规定:两次记录具有较好的异常重复性和波形相似性。

8.2.5　随着预报距离的增大,地质异常体的位置和宽度误差也在增大,所以预报距离应在合理的范围以内。

8.2.5

4　隧道处于曲线上时,随预报距离加长产生的偏差增大。

8.2.7　必要时可增加探测开挖工作面地质素描的相关内容。

一座隧道应用同一种方法进行多次预报时,除第一次报告内容需要全面外,其余各次预报报告中重复的内容可酌情减少,比如隧道工程概况、方法原理等可省略。

8.2.8

2　如果没有采集高质量地震波数据,即使再好的处理手段和富有技术经验的工程师,也无法准确地进行地质预报。高质量地震波数据的采集是准确预报的前提和基础。激发和接收地震波是探测工作中的一个环节,其条件的优劣对数据质量关系密切。

接收条件主要是检波器的埋置条件。在隧道中进行探测时,检波器通过套管接触不同围岩地质条件,因此,套管与围岩的耦合是否良好非常重要,套管与岩壁密贴是保证接收质量的基础,必须认真做好。实验证明,用水或黄油做耦合剂对地震波接收的质量影响较大,不宜采用。

激发条件是影响地震记录好坏的一个重要因素,它是得到好的有效波的基础条件,如果激发条件很差,再如何改善接收条件也是徒劳的。对地震波的激发条件,应满足一些基本要求,一是激发有效波的能量要强,达到对探测深度的要求;二是激发地震波的频谱要宽,使地震记录有较高的分辨能力。

雷管须采用瞬发电雷管(无延时)。闷孔(注水或其他介质封堵)可改善炸药与周围介质的几何耦合关系,有利于提高爆炸能量的利用率和作功能力以及增大波在岩层内部的穿透能力。

4　地震波反射法探测资料有以下地质判释经验可供参考:

(1)反射波振幅越高,反射系数和波阻抗的差别越大。

(2)若横波S反射比纵波P强,则表明岩层饱含地下水。比较任何反射振幅必须小心,因为反射振幅易受随机噪音和数据处理的影响。

(3)v_p/v_s 有较大的增加或泊松比 ν 突然增大,常常因流体的存在而引起。

(4)若 v_p 下降,则表明裂隙密度或孔隙度增加。

(5)关于 v_p/v_s:

①固结的岩石 $v_p/v_s<2.0$,泊松比 $\nu<0.33$;

②当岩石的孔隙充满水时,v_p/v_s 从 1.4→2.0;

③当岩石的孔隙充满气时 v_p/v_s 从 1.3→1.7;

④水饱和的未固结地层 $v_p/v_s>2.0$。

当岩体中含流体时,v_p 与孔隙度和孔隙中流体的性质有关,v_p 会明显降低。v_s 只与骨架速度有关而与孔隙中流体无关,v_s 不发生明显变化。

(6)关于沉积岩的泊松比 ν:

①未固结的土层,往往具有非常高的泊松比 ν(0.4以上);

②泊松比 ν 常随孔隙度的减小及沉积物固结而减少;

③高孔隙度的饱和砂岩往往具有较高的泊松比 ν(0.3 ~ 0.4);

④气饱和高孔隙度砂岩往往具有较低的泊松比 ν(如低到0.1)。

8.2.9

2 隧道两侧边墙脚布设钻孔方式与贴开挖工作面布置方式相比具有以下特点:

(1)现场布置不在开挖工作面上,占用施工时间短,对施工干扰小。

(2)反射波不易受直达波、面波干扰,记录曲线清晰,提高了信噪比;反射波时域同相轴、频域频差“同相轴”明显。

(3)记录的直达波、面波皆呈双曲线形态,反射波易于识别。

(4)避开了开挖工作面开挖松动带的影响,减少了高频衰减,有利于探测距离的加大和精度的提高。

8.2.10 地震波负视速度法超前地质预报是点反射法的改进方式之一,它把单一的接收点扩展成一个排列,形成一组可变炮检距的共炮点的组合点反射观测系统。

当隧道开挖工作面前方被探测对象与相邻介质存在较明显的波阻抗差异并具有足以被探测的规模,入射波遇到此被探测对象时就会产生反射波、衍射波。若在震源与反射、衍射点之间布置观测系统(纵排列),则入射波与反射、衍射波在测线上传播方向相反。入射波在测线上的视速度定义为正视速度,而反射、衍射波相对震源而言,使具有负视速度的特征。可利用负视速度同相轴作为识别与提取来自开挖工作面前方反射、衍射波的标志和依据。

根据反射、衍射波时距曲线作反演就可求出反射界面的位置或衍射点(衍射点的边界点)在测线上的投影位置。

从地震波运动学特征看,观测系统可采用“一点激发、多点接收”的方式,也可采用“一点接收、多点激发”的方式,但从动力学特征来看,上述两种方式不尽相同,应用中应加以注意。

隧道轴向应有足够布置观测系统的长度,观测排列段应尽可能布设在围岩较均匀的地段。

当采用24道及以上道数地震仪时,检波距选用1 ~ 2 m有利于同相轴的追踪,可提高资料分析质量。

检波器与岩土体必须耦合良好,不得悬空,以防自由振荡,形成背景干扰。

8.2.11 陆地声纳法是为做隧道超前地质预报于1989年开发的一项技术,1990 ~ 1995年列为铁道部重点科研项目,1992 ~ 1994年列为国家自然科学基金资助项目(编号49274215“陆地声纳法的方法理论和实际应用的研究”),1995年通过铁道部科技成果鉴定。

陆地声纳法为浅层及极浅层高分辨率勘探提供了一种物探方法,同时,在场地狭小的场合、在基岩裸露的条件下、在探测岩溶等有限物体等方面表现了其优点。它实际上是浅层地震反射法、地质雷达、声波法、水声法等“融合”的产物。

地震反射法为了避免先于目的层反射波到达的直达波、面波、折射波等的干扰,需选择足够大的偏移距。而在浅层和极浅层探测时,偏移距略大,则可能形成宽角反射,并带来一系列难题;偏移距小则难以避开上述干扰;在场地狭小处也难以布置水平叠加排列系统。地质雷达、水声法等通常采用极小偏移距的发射——接收系统,避开先于反射波到达的各种干扰波。陆地声纳法是仿照这些方法,采用极小偏移距的激发——接收系统,这样，必然是单点测量，或者在激震点两侧对称位置上各设一检波器，一次激发两道接收。震——检距的大小根据最小探测深度而定，以目的物的反射波不受先至的干扰波影响为准。

8.2.11

5 为便于进行定性定量解释，利用反射波同相轴的对比是反射类物探方法资料解释的基本方法。地质雷达和水声法的反射与接收传感器分别通过空气或水耦合与各测点的耦合一致，发射能量也一致，各测点的时间曲线汇成似 t_0 时间剖面较容易；而在岩土体中做弹性波反射法，特别是在岩石面上安放检波器，各测点的检波器耦合不一致，激震能量不等，尤其是进行垂直叠加、激震次数不同时，不同测点上接收到的同一反射界面的反射波能量相差较大。为将各测点资料汇成时间剖面，需做归一化和均衡处理。

6 资料分析与判定时建议将所处理的剖面打印成彩色似 t_0 时间剖面图，在图上解释。

8.3.3 地质雷达探测预报距离较短为 5 ~ 40 m，而占用施工时间较长，一般在很可能有溶洞的地段探测溶洞的发育部位、规模大小、走向等；而断层破碎带、软弱夹层等不均匀地质体的探测常采用探测距离较长的弹性波反射法来探测，比如地震波反射法、水平声波剖面法、负视速度法和陆地声纳法等。

8.3.5

1 低频天线探测距离长精度低，高频天线探测精度高距离短。地质预报要探测开挖工作面前方一定距离的地质情况，一般希望探测距离越长越好，很小的不良地质体对隧道的影响也较小，因而多使用低频电线，特殊情况下也可使用高频天线；若高频天线能满足探测距离的要求，当然采用高频天线。

8.3.6 地质雷达的探测结果是由时间剖面构成的雷达图像，不能进行具体的误差数值计算，所以规定雷达探测的质量标准为：时间剖面有良好的重复性、波形一致和异常没有明显的位移。

8.3.8 地质雷达探测资料解释时可参考但不限于以下经验：

雷达电磁波在各类岩土介质中传播时，由于岩土体的完整性、含水性和电性特征的差异，导致雷达电磁波的波形、波幅、周期和包络线形态等有较大差别，形成不同的地层具有不同的雷达图像特征。

资料的解析依据波形特征判断目标性质，还采用追踪回波在横向和纵向上的延续和变化，对应展现出地质体在平面和剖面上的形态，尤其进行大面积探测时，小的孤立目标在平面上不易追踪，这时可采用横向衰减对比处理解释方法，寻找幅度突变点，即目标所在的位置。

通过大量工程探测实践，行之有效的解释方法有灰度法、变面积法(wiggle)、单点波形法、横向衰减对比法等。地下介质雷达电磁波传播速度的获取方法有已知钻孔探测法或已知目的层探测法、CDP(共中心点)法或直达波法、公式计算法或经验数据法。

界面的性质、形状、尺寸和产状也直接影响到回波的幅值和形状。黏土层等土体均一性相对较好，在无明显分界面的条件下雷达反射波较弱，见说明图 8.3.8—1；当出现分界面或洞穴及其他异常体时，会有明显的反射波组出现。砂岩、灰岩等完整新鲜岩石，均一性较好，雷达反射波强度很弱，常为低幅高频细密波，见说明图 8.3.8—2；若受构造影响造成岩石破碎或出现岩溶及中等程度的风化现象，则岩石的均一性差，出现强反射波组。岩体中的断层破碎带，主要特征是地层错断使断裂带两侧的反射波组明显不连续，另外地层破碎使断裂带内部对电磁波的吸收加强，因此，断层破碎带常形成一条反射波组同向轴不连续，反射波强度减弱带，见说明图 8.3.8—3。

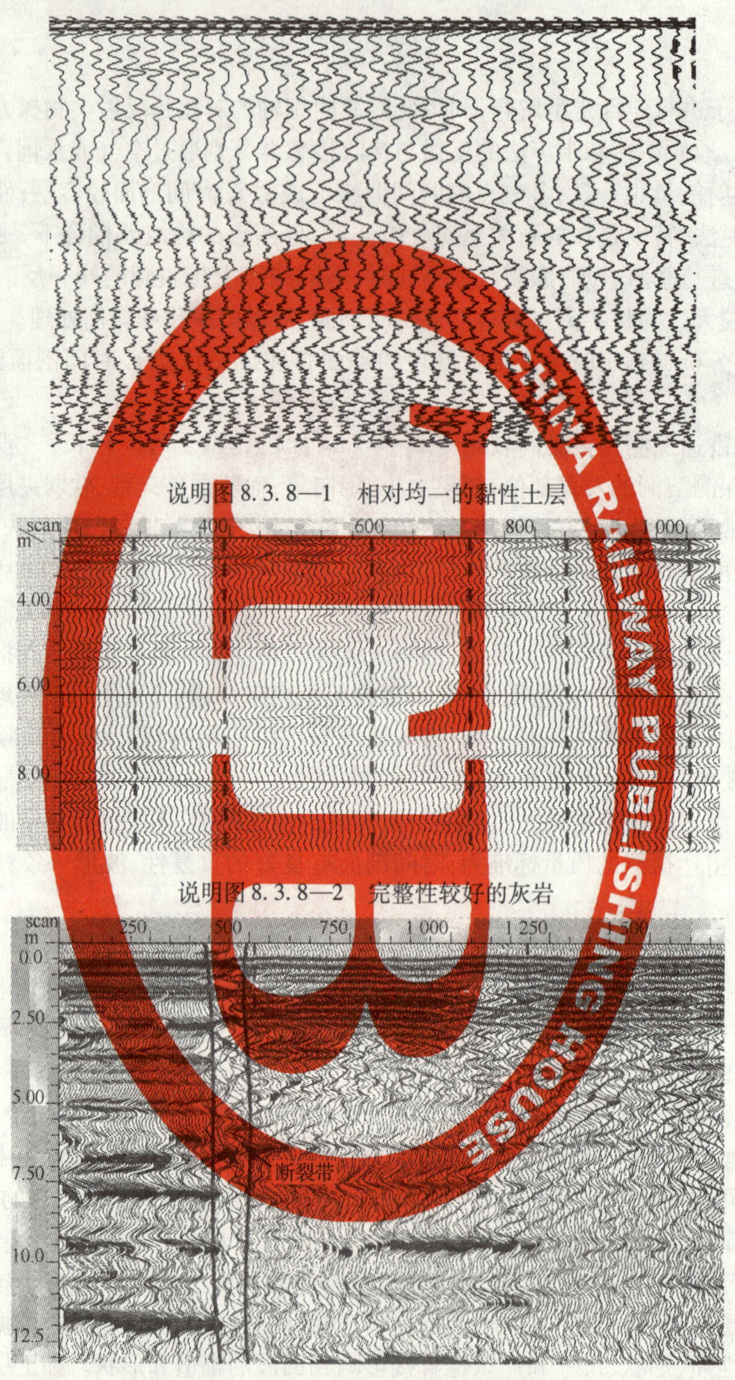

说明图 8.3.8—1　相对均一的黏性土层

说明图 8.3.8—2　完整性较好的灰岩

说明图 8.3.8—3　断层破碎带特征

说明图 8.3.8—4 ~ 说明图 8.3.8—8 所示为几种典型岩溶洞穴的雷达图像，特征明显。溶洞的典型特征是在边界形成强反射带，由于基岩和充填物性质的显著差异，充填型岩溶洞穴会形成中间和周围基岩反射程度的强烈差别，特别是有水充填的岩溶空洞。实际探测过程中，对岩溶空洞的判定首先要明确岩溶存在的可能性，然后再对出现的雷达物探异常区进行地质解释，综合判定岩溶空洞的分布状态。

说明图 8.3.8—4　中空干燥岩溶洞穴(一)

说明图 8.3.8—5　中空干燥岩溶洞穴(二)

说明图 8.3.8—6　淤泥充填岩溶洞穴(一)

前后叠置的串状溶洞分析。岩溶洞穴的空间形态十分复杂，当在隧道中实施探测时，可能出现在探测方向不同深度处多个溶洞同时存在的状况，对于这种状况应用地质雷达探测是可行的，因为雷达接收的是各个界面的反射波，深度不同的界面其反射波到达接收天线的时间长短是不一样的，距工作面越远则反射波时程越大，正像不同深度的地层界面

说明图 8.3.8—7　淤泥充填岩溶洞穴(二)

说明图 8.3.8—8　充水型岩溶洞穴

都能反映到时间剖面上一样,不同深度的岩溶洞穴边界面也都能反映到时间剖面上,从而一个测线可以对不同深度溶洞的边界形态都能够反映出来,见说明图 8.3.8—9 和说明图 8.3.8—10。

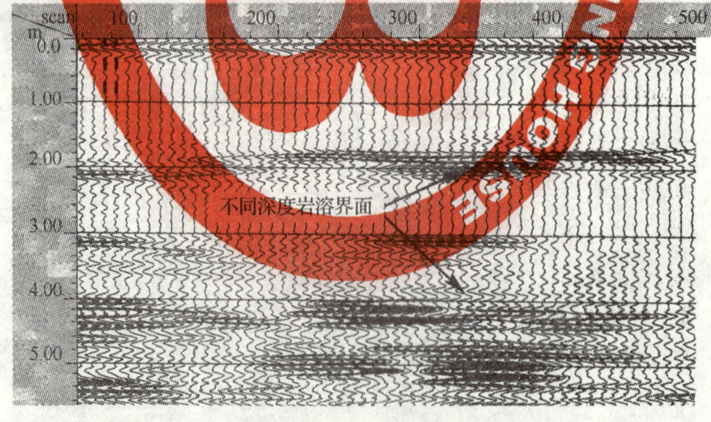

说明图 8.3.8—9　前后叠置的串状溶洞雷达探测剖面图(一)

在单波形或 wiggle 方式下,相对于射入线处于一种理想产状平整断层面(带)的波形一般比较尖细,含水裂隙带或断层破碎带的波形稍宽一些;空洞或者溶洞的波形钝而宽缓,边缘往往不规则,在灰度图方式下,例如相对于介质中的波长较大的空洞,由于空气中的波速较快,相对于周围介质的试行时间较短,其反射波的正负波上凸弯曲,近似于抛物

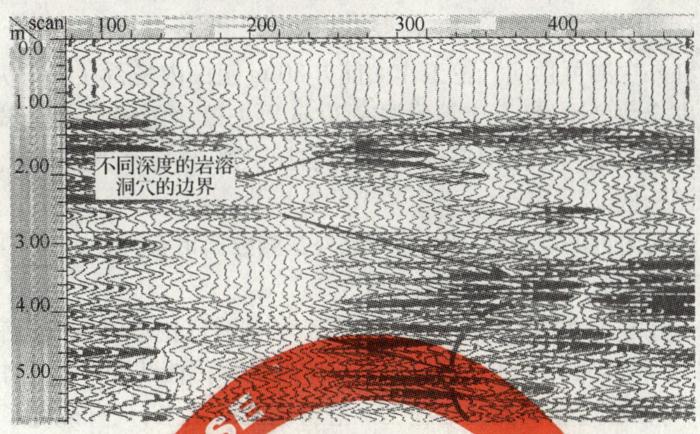

说明图 8.3.8—10 前后叠置的串状溶洞雷达探测剖面图(二)

线,顶端位于洞中心。无论上述哪种方式,物理性质相同的反射波会形成一套特征相似的波形组合。因此,可根据波形特点、组合特征及其差别,必要时辅助以不同的处理方法来解释反射目标。

8.4.1 红外辐射是由分子振动和转动形成的,构成地质体的分子每时每刻都在不停地振动和转动,它所产生的能量在不间断地由内向外传播,从而构成红外波段的电磁辐射,并形成红外辐射场。场有能量、动量、方向和信息。地质体由内向外发射红外辐射时,必然会把地质体内部的地质信息传递出来。当隧道前方和外围介质相对较为均匀时,经探测所获得的辐射场曲线,具有正常场特征。当隧道前方、顶部上方、底部下方、两边墙外侧30 m范围内,存在灾害源(隐伏水体或含水构造)时,灾害源所产生的灾害场就会迭加到正常场上,从而使正常场发生畸变,根据拱顶、边墙、开挖工作面探测曲线、测量数据的变化就能确定灾害源的存在。由于灾害源产生的灾害场远大于灾害源本身,因而可通过灾害场的出现提前发现灾害源的存在。

8.4.2 红外探测具有以下特点:

(1)仪器小巧轻便,操作简单,可实现全空间全方位探测,能预测隧道外围空间及开挖工作面前方30 m范围内是否存在隐伏水体或含水构造;

(2)资料分析简洁、快速、直观;

(3)基本不占用隧道施工时间;

(4)仅能定性推测30 m范围内有无地下水,但不能定量推测水压、水量、水体宽度及其具体位置;

(5)若隧道围岩裂隙水比较发育,每次预报均有水,当水量较小未影响到施工时,易引起施工单位对地下水灾害隐患的麻痹。

8.4.3

2 红外探测宜从开挖工作面开始,沿着一个边墙向洞口方向以2~5 m点间距标出探测顺序号,标出50~60 m长的范围。标定顺序号的目的有两个:一是给出探测者探测时的站位,二是绘制图件时能给出直角坐标系横坐标的里程。在具体探测时,操作者站在一个顺序号旁侧的隧道中,用仪器的激光指向器射出的红色斑点,按顺时针方向,分别指向左边墙、顶部、右边墙、底部,于此同时这4条探测曲线在该处的探测值就探完了。然后走到下一个顺序号,照此探测,直至全部探测顺序号上不同方位的应探数据全部探完。将全部数据输入计算机,可分别绘出左边墙探测曲线、顶部探测曲线、右边墙探测曲线、底部探测曲线。

4　虽一次红外探测可预测开挖工作面前方 30 m 范围内是否存在隐伏水体或含水构造，但从防灾的安全角度出发，不应等到掘完 30 m 再去探，而应使探测曲线有足够的重复段。初次使用仪器探水时，每向前掘进 12 m 左右探一次；熟练掌握技术方法后，可向前推进 20 ~ 25 m 探测一次。

5　开挖工作面附近的通风管凉风等对红外探测数据出有明显影响，现场探测时应注意避免其对探测的影响。

8.4.4　正常场与异常场是两个相对的概念，正常场是隧道掘进过程中，前方和外围介质相对均匀且无灾害源情况下的红外辐射场。正常场的探测曲线和开挖工作面上所测数据最大离散差值的特征通过多次探测与施工开挖验证总结出来，只有确定了正常场才能辨别出异常场。

依据探测数据绘制沿隧道轴向的探测曲线，如果开挖工作面前方存在储水构造，在靠近开挖工作面一端曲线会下降或上升，开挖工作面探测数据最大离散差值应超过正常情况下的差值；但应注意以下两种情况：若开挖工作面附近几十米皆存在地下水，在开挖工作面端探测曲线发生明显上升或下降隐势时，则可能表明开挖工作面前方不存在地下水；若地下水在开挖工作面后方探测范围内、前方整个空间都发育，边墙、拱顶及隧底的探测曲线则比较平缓，开挖工作面探测数据最大离散差值亦较小，因此资料不会显示异常。

8.4.5

4　用红外探测仪探测高温热源会降低仪器的灵敏度，或损害仪器内部的探测器。

8.4.6　红外探测的资料编制宜按以下格式和要求进行：

(1)探测数据资料：由专用记录表格记录红外探测数据。表格框的上方应填写被探测隧道名称、开挖工作面里程、探测时间；表格框下方应填写操作者、记录者。在红外探测数据表格的备注栏内，应记录被探地段的有关地质现象，如断层破碎带、不同岩性接触带，顶部滴水、股水位置，边墙渗水、股水位置等。对施工用水和隧道出水都应用仪器进行实测，并把读数值记录在备注栏内。不同来源的水，其场强值是不同的，潜在危害也是不同的。记录上述有关内容，有助于分析红外探测曲线。

(2)红外探测曲线图：红外探测曲线图是分析和判断探测结果的依据，用直角坐标系来绘制。横坐标表示隧道掘进里程，纵坐标表示沿隧道走向上红外辐射场辐射能量的变化，用 Trad 表示(T 即 trail)。该曲线图要求以下内容：

① 图头应写"××隧道红外探测曲线图"，图名之下应写探测时间、开挖工作面里程；

② 直角坐标系横轴标明里程，纵轴标明 Trad；

③ 在绘制曲线图时，距开挖工作面最远处的探测数据应在整条曲线的左端，距开挖工作面最近的探测数据应在曲线右端，即尾端；

④ 用计算机绘制探测曲线时，纵横轴比例应适当，不应过分压缩或放大横轴比例。

8.5.1　该方法目前在我国煤炭系统应用较多；铁路系统近年已有应用，中铁隧道集团有限公司已在多座地质条件复杂的铁路隧道超前地质预报工作中使用。

9.0.2、9.0.3　平行超前导坑法是在隧道正洞左边或右边一定距离开挖一个平行的断面较小的导坑，以导坑中的地质情况通过地质理论和作图法预报正洞地质条件的方法。平行导坑的作用很多，如增开工作面、增加运砟通道以利于加快施工进度、施工和运营期间通风、排水、防灾救援、疏散等，地质预报只是其中用途之一，一般只是当设计有平行导坑时才采用该预报方法,因其费用极为昂贵。

正洞超前导坑法是在隧道正洞中某个部位开挖一个断面较小的导坑以探明地质情况的方法。该方法较平行导坑法更直接、更准确。正洞导坑可作为隧道施工工法的一种,即开挖了隧道,又探明了地质。

9.0.4 说明图9.0.4为某隧道平行导坑预报正洞平面简图的一部分。

说明图9.0.4 平行导坑预报正洞平面简图

9.0.5 当隧址区地层受构造变动影响较小时,以超前导坑中揭示的地质情况通过地质理论和作图法预报正洞地质条件时预报准确率较高;当隧址区地层受构造变动影响较大时,预报准确率将明显降低。由于岩溶发育的复杂性、多变性,平导未揭露岩溶的地段并不代表正洞相应地段不发育岩溶。

附录 D

D.0.9 岩石成分、成层条件和组织结构等直接影响岩溶的发育程度和速度。一般地说,硫酸盐岩层、卤素类岩层岩溶发育速度较快;碳酸盐类岩层则发育速度较慢。质纯层厚的岩层,岩溶发育强烈,且形态齐全、规模较大;含泥质或其他杂质的岩层,岩溶发育较弱。结晶颗粒粗大的岩石岩溶较为发育,结晶颗粒细小的岩石,岩溶发育较弱。

可溶岩与非可溶岩的接触带是岩溶水动力现象最活跃的场所之一,岩溶作用强烈,特别是岩层产状陡倾或直立的地带更是如此。

岩层倾角越陡岩溶越发育,因陡倾角易于岩溶水的流动。水平或缓倾斜的岩层,上覆或下伏非可溶岩层时,岩溶发育较弱。

水对岩体的侵蚀一般自节理裂隙开始,岩溶本身往往就是裂隙扩大的结果,因此裂隙的发育程度和延伸方向,通常决定岩溶的发育程度和发展方向。在长大贯通节理裂隙发育带和交叉处,岩溶易发育。

岩体的破碎为地下水的流动提供了通道,易于岩溶发育,因此,沿断裂带是岩溶发育地段。沿断裂带常分布有漏斗、竖井、落水洞以及溶洞、暗河等。一般情况下,正断层处岩溶较发育,逆断层处次之。

背斜轴部张性节理发育,地表水顺节理裂隙下渗并向两翼运动,岩溶以垂直形态为主。向斜轴部虽然裂隙闭合,但由背斜下渗的水沿层面多汇集于向斜,岩溶亦易发育。总之,褶皱轴部一般岩溶较发育。单斜地层,岩溶一般顺层面发育。在不对称褶皱中,陡的一翼较缓的一翼发育。经验表明,地表有串珠状的漏斗,其下必有溶洞或暗河,因其汇集的地表雨水必有径流和排泄的通道。

附录 E

"铁路隧道围岩基本分级"摘自《铁路隧道设计规范》(TB 10003—2005)。该分级办法引自《隧道围岩分级及施工阶段定量评定办法》科研成果，是由西南交通大学承担的科研项目，于 1988 年 3 月通过鉴定，鉴定证书为技鉴字〔1998〕第 010 号。

"隧道围岩分级及施工阶段定量评定办法"确定的主要内容为：

(1)铁路隧道围岩分级与《工程岩体分级标准》(GB 50218—94)接轨的确定：

① 铁路隧道围岩分级的构成和体系；

② 与 GB 50218—94 接轨的原则和方法。

(2)施工阶段围岩分级方法的研究

原先规范的铁路隧道围岩分类标准是 1975 年发布实施的，1995 年国家标准《工程岩体分级标准》又实施了，两者前后相差 20 年，因此，无论在内容、分级方法、指标以及分级因素等方面都有些差异，这是自然的。两者的不同主要表现在：

① 工程岩体分级国标，在评价岩体基本质量时，采用岩体基本特殊质量定性指标和岩体基本质量定量指标(BQ)两个指标分级；而《铁路隧道设计规范》中则缺少相应的定量指标，但在定性指标以及分级因素，基本上是一致的。

② 国标是对岩体基本质量进行分级，然后对有关影响因素，如地下水、地应力的影响进行修正，而"隧规"则采用定性的判断加以修正。

③ 国标的分级主要是针对岩体的，不包括土体在内，"隧规"的分级则是全面反映岩体和土体的分级，是具有铁路隧道特点的分级方法。

④ 在岩体分级的排序上，国标采用Ⅰ，Ⅱ，……，Ⅴ，而"隧规"分类则是采用Ⅵ，Ⅴ，……，Ⅰ的排序方法。

根据对国标和隧规围岩分级的分析，在铁路隧道的围岩分级(原隧规叫围岩分类)中，如果取消土的分级，则与国标基本上是一致的。因此，接轨的基本原则和方法是：

① 将铁路围岩分级(以后不再叫围岩分类)分为岩体和土体两大类，而在岩体方面与国标完全接轨，在土体方面维持原来分级基准。

② 按工程岩体分级标准的精神，将其中一些主要条文，如地应力的影响、坑道自稳性评价、地下水的修正等，均纳入铁路隧道围岩分级之中，有的作了适当的修正。

③ 围岩分级的排序，采用国标的分级排序，其相关的关系见说明表 E. 1。

说明表 E. 1

国标《工程岩体分级标准》	Ⅰ	Ⅱ	Ⅲ	Ⅳ	Ⅴ	
原隧规的围岩分类	Ⅵ	Ⅴ	Ⅳ	Ⅲ	Ⅱ	Ⅰ
本隧规的围岩分级	Ⅰ	Ⅱ	Ⅲ	Ⅳ	Ⅴ	Ⅵ

④ 有关围岩坚硬程度、围岩完整程度等的划分，采用原隧规围岩分级中的规定。结构面发育程度应根据结构面特征，按说明表 E. 2 确定。岩体受地质构造影响程度，应按说明表 E. 3 确定。

说明表 E. 2　结构面发育程度分级

名　称	结构面发育程度		
	结构面组数及平均间距	主要结构面的类型	岩体结构类型
不发育	1 组～2 组，平均间距超过 1.0 m	规则，为构造型密闭	巨块状结构
较发育	2 组～3 组，平均间距超过 0.4 m	呈 X 形，较规则，以构造型为主，多数密闭，部分微张，少有充填	大块状结构

续说明表 E.2

名　称	结构面发育程度		
	结构面组数及平均间距	主要结构面的类型	岩体结构类型
发　育	3 组以上，平均间距不超过 0.4 m	不规则，呈 X 形或米字形，以构造型或风化型为主，大部分张开，部分有充填物	碎石、块石状
极发育	3 组以上，杂乱，平均间距不超过 0.2 m	以风化型和构造型为主，均有充填物	碎石状

说明表 E.3　岩体受地质构造影响的分级

受地质构造影响程度	地质构造作用特征
轻　微	地质构造变动小，结构面不发育
较　重	地质构造变动较大，位于断裂(层)或褶曲轴的邻近地段，可有小断层，结构面发育
严　重	地质构造变动强烈，位于褶曲轴部或断裂影响带内，软岩多见扭曲及拖拉现象，结构面发育
极严重	位于断裂破碎带内，岩体破碎呈块石、碎石、角砾状，有的甚至呈粉末泥土状，结构面极发育

⑤ 根据铁路隧道围岩分级方法的构成，增加施工阶段围岩级别判定的有关条文和判定卡。

附录 G

本附录摘自《铁路工程地质钻探规程》(TB 10014—98)。

铁路工程施工技术指南

经规标准〔2008〕176号

铁路隧道工程施工技术指南

TZ 204—2008

2008—10—20 发布　　　　2008—10—20 实施

铁道部经济规划研究院　发布

前　言

本技术指南是根据《关于编制2006年铁路工程建设标准计划的通知》(铁建设函〔2005〕1026号)和铁道部经济规划研究院《关于确定部分2005年新开标准项目主编单位的通知》的要求,在《铁路隧道施工规范》(TB 10204—2002)基础上修订而成的。

本技术指南共分18章,另有8个附录。其主要内容包括:总则,术语,施工准备,洞口工程,施工方法,辅助施工方法与措施,钻爆开挖,初期支护,二次衬砌,防排水,施工机械与设备,超前地质预报,监控量测,辅助坑道,通风防尘、风水电供应与通信系统,特殊岩土和不良地质地段隧道施工,环境保护及施工阶段的风险评估等。

本技术指南与《铁路隧道施工规范》(TB 10204—2002)相比,章节和内容的增减情况主要有:

1. 增加了超前地质预报、环境保护、辅助施工方法与措施四章。

2. 增加了施工工艺流程图。

3. 增加了近年来修建隧道较成熟的施工技术,如黄土隧道、高原冻土隧道、切削式洞口、混凝土耐久性等的内容。

4. 施工机械与设备章按作业工序分节,并增加了机械配置参考表及施工实例。

5. 删除了有关整体式衬砌、喷锚衬砌和隧道塌方等内容。

在执行本技术指南过程中,希望各单位结合工程实践,总结经验,积累资料。如发现需要修改和补充之处,请及时将意见和有关资料寄交中铁一局集团有限公司(地址:陕西省西安市雁塔路北段1号,邮编:710054),并抄送铁道部经济规划研究院(北京市海淀区羊坊店路甲8号,邮编:100038)。

本技术指南由铁道部经济规划研究院负责解释。

本技术指南主编单位:中铁一局集团有限公司。

本技术指南参编单位:中铁隧道集团有限公司。

本技术指南主要起草人:王秀成、管德鹏、倪光斌、杨志安、董晓光、吴正新、杨世武、高存成、张奕斌、郑军。

目　次

TB
CHINA RAILWAY PUBLISHING HOUSE

1 总 则

1.0.1 为统一铁路隧道工程施工技术要求,加强施工管理,保证工程质量,确保施工安全,制定本技术指南。

1.0.2 本技术指南适用于新建标准轨距铁路隧道工程的施工。

1.0.3 隧道工程必须按照批准的设计文件施工,在施工中应根据地质预报及监控量测信息实施动态管理。

1.0.4 隧道施工应根据地质复杂程度和隧道特点,进行施工风险评估,制定风险规避措施和安全应急救援预案。

1.0.5 隧道施工中应遵守国家有关劳动保护法规,确保作业人员身体健康。积极改善隧道工程施工条件,加强通风、防尘、照明,防止有害气体、辐射对作业人员的危害。

1.0.6 隧道施工应进行环境评价、注重环境保护和水土保持,施工中必须遵守污染物排放的国家标准和地方标准,本着"预防为主、防治结合"的原则,防止隧道施工造成周边环境污染和破坏。

1.0.7 隧道防排水应遵循"防、堵、截、排相结合,因地制宜,综合治理"的原则。

1.0.8 隧道工程施工应采用信息化网络技术,推广应用新技术、新工艺、新材料、新设备,提高施工的管理水平和技术水平。

1.0.9 在施工过程中,应随时收集原始数据、资料,做好有关的施工记录。竣工后应根据施工特点编写单项和综合的施工技术总结,及时提交竣工文件。

1.0.10 铁路隧道工程施工除应符合本技术指南外,尚应符合国家现行的有关强制性标准的规定。

2 术　语

2.0.1　超前地质预报　advance forecasting of geology

在隧道施工期间，以各种地质调查手段，对隧道开挖工作面前方地质状况进行预测的方法。

2.0.2　预留变形量　excess clearance or camber

针对围岩预计变形量而将设计的隧道开挖断面作适当扩大的预留量。

2.0.3　混凝土结构物耐久性　durability of concrete structure

在预定作用及预期的维修、使用条件下，混凝土结构物及其部件能在预定的期限内维持其正常使用的能力。

2.0.4　胶凝材料　cementitious material，or binder

混凝土中的水泥与粉煤灰、磨细矿渣粉、硅灰等活性矿物掺和料的总称。

2.0.5　水胶比　water to binder ratio

混凝土配制时的用水量与胶凝材料总量之比。

2.0.6　监控量测　monitoring measurement

隧道施工中对围岩和支护动态进行的经常性观察和测量。

2.0.7　全断面法　full face excavation method

按设计断面一次基本开挖成形的施工方法。

2.0.8　台阶法　bench cut method

先开挖上半断面，待开挖至一定距离后再同时开挖下半断面，上下半断面同时并进的施工方法。

2.0.9　双侧壁导坑法　both side drift method

在软弱围岩大跨隧道中，先开挖隧道两侧的导坑，并进行初期支护，再分部开挖剩余部分的施工方法。

2.0.10　中隔壁法（CD 法）　center diagram method

在软弱围岩大跨隧道中，先分部开挖隧道的一侧，并施作中隔壁，然后再分部开挖隧道的另一侧，最终封闭成环的施工方法。

2.0.11　交叉中隔壁法（CRD 法）　center cross diagram method

在软弱围岩大跨隧道中，先分部开挖隧道一侧，施作部分中隔壁和横隔板，并封闭成环；再分部开挖隧道另一侧，完成横隔板施工，最终隧道整个断面封闭成环的施工方法。

2.0.12　岩爆　rock burst

在高地应力硬质围岩中开挖隧道时，围岩应力释放而引起岩块突然爆裂向外抛射、剥离、掉块的现象。

2.0.13　光面爆破　smooth blasting

为获得平整的开挖面，最后起爆周边眼的爆破方法。

2.0.14　超前支护　advanced support

隧道开挖前,将锚杆、小导管、管棚等沿隧道轴向以一定的角度斜插入开挖工作面拱部前方,对围岩进行预加固的支护。

2.0.15 初期支护　primary support

采用复合式衬砌的隧道在开挖后施设的由喷混凝土与锚杆、钢架、钢筋网等构成的第一次衬砌。

2.0.16 喷混凝土　shotcrete, spray concrete

利用压缩空气以一定喷射压力形成的一种混凝土。

2.0.17 纤维混凝土　fiber reinforced concrete

为了改变混凝土的力学性能,拌和料中掺入纤维的混凝土。

2.0.18 系统锚杆　system bolt

在隧道周边上按一定间距径向布置的锚杆群。

2.0.19 钢架　steel frame or beam support

用钢筋或型钢等制成的支护骨架构件。

2.0.20 管棚　pipe - roof protection

在隧道开挖前,沿开挖轮廓线外,在一定范围内,按一定外插角和间距插入一定直径的钢管,并压注水泥浆或水泥砂浆,然后将钢管尾部与钢架焊接为一体形成的拱部预支护构件。

2.0.21 预注浆　pioneer grouting

为了固结围岩、封堵地下水或稳定开挖面,隧道开挖前在地面或开挖工作面或沿开挖轮廓线进行的超前注浆。

2.0.22 全断面深孔预(帷幕)注浆　full - closed grouting

属预注浆的一种。沿开挖轮廓线和开挖工作面,按一定的间距、直径、深度进行钻孔,向孔内压注某种浆液,因浆液扩散将钻孔周围一定范围内的围岩固结成一体形成的帷幕注浆。

2.0.23 回填注浆　back filling grouting

复合衬砌完成后,为填充防水板与二次衬砌之间的空隙而进行的灌浆。

2.0.24 二次衬砌　secondary lining

在初期支护内侧施作的模筑混凝土衬砌,与初期支护共同组成复合式衬砌。

2.0.25 施工缝　construction joint

在混凝土浇筑过程中,因设计要求或施工需要分段浇筑,而在先、后浇筑的混凝土之间形成的接缝。

3 施工准备

3.1 施工调查

3.1.1 施工调查前应查阅设计文件和相关资料，制定调查提纲。调查结束后，根据调查情况编写书面的施工调查报告。

3.1.2 施工调查应包括下列内容：

1 工程概况：包括工程环境、气候特征、工程地质、水文地质、工程规模和工程特点等。

2 工程的施工条件：包括施工运输、水源、供电、通信、场地布置、弃渣场地及容纳能力、征地拆迁情况等。

3 当地原材料及半成品的品种、质量、价格及供应能力等。

4 当地的交通运输状况，包括运能、运价、装卸费率等。

5 钻爆法施工所需爆破器材的供应情况及供货渠道等。

6 地方生活供应、医疗、卫生、防疫、民族风俗及居民点的社会治安情况等。

7 对当地生态、环境保护的一般规定和特殊要求，工程对环境可能造成的近、远期影响等。

8 当地可供利用的劳动力资源状况，包括工费、就业情况等。

9 绘制施工调查平面总图。

3.2 设计文件的核对

3.2.1 设计文件的核对应包括下列内容：

1 标准、技术条件、设计原则等。

2 隧道的平面及纵断面。

3 隧道的勘测资料，如地形、地貌、工程地质、水文地质、钻探图表等。

4 设计各专业的接口及相互衔接的施工方法和技术措施。

5 隧道穿过不良地质地段的设计方案，隧道施工对环境可能造成影响的预防措施。

6 洞口位置、洞门式样、洞口边坡与仰坡的稳定程度、衬砌类型、辅助坑道的类型和位置等。

7 指导性施工组织设计。

8 洞内外排水系统和排水方式等。

9 施工通风方案。

10 弃渣场的设计、位置及渣容量是否能满足施工需要和环保要求。

3.2.2 控制桩和水准基点的交接和复核应符合下列规定：

1 隧道控制桩和水准基点的交接，应在建设单位主持下，由设计单位持交桩资料向施工单位逐桩、逐点交接确认，遗失的应补桩。

2 对接收的控制桩和水准基点，应按同等级测量精度进行复核。

3 测量复核结果应呈报监理工程师，审核批复后方可使用。

3.2.3 在施工调查和设计文件核对后，应将结果及存在的问题，以书面形式报送建设、设计、监理等相关单位。

3.3 实施性施工组织设计

3.3.1 编制实施性施工组织设计应通过全面的调查研究，按照建设项目的工期要求和投资计划，有计划地合理组织和安排好工期、施工方案、施工方法，并提出劳动力、材料、机具设备等生产资源的合理配置。

3.3.2 实施性施工组织设计中的施工方案、进度计划和现场平面布置，宜在多方案的基础上，经过技术、经济、工期的比较后，择优确定。

3.3.3 编制实施性施工组织设计应以下列内容为依据：

1 国家标准《建设工程项目管理规范》(GB/T 50326)中项目管理实施规划的要求。

2 建设工程项目的招标文件及合同文件。

3 设计文件、现行的相关国家标准、行业标准及企业标准等。

4 调查资料，如气象、交通运输情况、当地建筑材料分布、临时辅助设施的修建条件以及水、电、通信等情况。

5 工程建设法律、法规和有关规定文件。

6 企业的质量管理、环境管理和职业健康安全管理等体系文件。

7 设计单位技术交底纪要。

8 企业的实际施工水平。

3.3.4 实施性施工组织设计应包括下列内容：

1 地理位置、地理特征、气候气象、工程地质、水文地质、工程设计概况、主要工程数量等。

2 合同文件关于工期、安全、质量、文明施工、环境保护等的要求。

3 施工条件、工程特征分析(特点、重点、难点)、施工方案。

4 施工单位关于工期、安全、质量、文明施工、环境保护的控制目标。

5 项目经理部组织机构设置及岗位职责。

6 洞口生产场地布置及临时工程规划。

7 洞内、外管线布置及风、水、电供应方案。

8 编制各工序进度指标、施工总进度计划、单位工程施工进度计划及次级进度计划横道图、网络计划图并标明关键线路。

9 洞口工程、进洞、洞身开挖、钻爆设计、装渣运输、初期支护、二次衬砌、施工通风、施工排水、控制测量、施工测量、超前地质预报、监控量测等工序的施工方法、工艺流程、检验标准、实施要点。

10 机械设备配备、劳动力配备、主要材料分阶段供应计划、主要材料的采购、运输方式等。

11 材料检验、工程计量、资料归档、成本控制、职工培训计划等各项管理制度。

12 关于工程工期、工程质量、安全生产、文明施工、环境保护和雨季、冬季及高温季节施工的组织、技术、经济等保证措施及奖惩条例。

13 施工过程中对环境的直接影响和潜在的影响，对各种影响因素所采取的预防和保护措施。

14 施工阶段风险评估和风险规避措施。

15 隧道施工地区发生自然灾害、施工过程发生紧急情况时的应急预案。

3.3.5 项目管理有关部门的人员应参与实施性施工组织设计的编制，以确保其实用性和针对性。

3.3.6 在实施过程中应根据客观条件、生产资源配置的变化情况及时调整施工组织设计，并及时报送监理工程师批准，实行动态管理。

3.4 施工复测和控制测量

3.4.1 施工复测应按下列程序进行：

1 勘测设计单位对施工单位进行交接桩以后，施工单位应对所交的控制点进行复测，复测应包括下列内容：

1）GPS 点的基线边长度。

2）导线点的转角、导线点间的距离。

3）水准点间的高差。

4）复测应与相邻标段进行贯通测量，确保标段施工交界处正确衔接。

2 复测结果与设计单位的勘测成果不符时，必须再次复测进行确认。当确认设计单位勘测资料有误或精度不符合规定要求时，应积极与设计单位协商对勘测成果进行改正。

3 控制点复测完成后应编制详细的复测成果书并形成交桩文件，复测成果应报送监理单位和设计单位，复测成果满足要求并经监理单位批复后方可进行后续的测量工作。

3.4.2 隧道长度大于 1 000 m 时，应根据隧道横向贯通精度的要求进行平面控制测量设计；隧道相邻两开挖口间的高程路线长度大于5 000 m时，应根据隧道高程贯通精度的要求进行隧道高程控制测量设计。

3.5 施 工 机 械

3.5.1 根据隧道实施性施工组织设计的要求，应配备污染少、能耗小、效率高的施工机械，并宜优先选择电动机械。

3.5.2 施工机械应机况良好，零配件、附件及履历书齐全，施工机械的准备应适应施工进度的要求，确保正常施工。

3.5.3 隧道机械设备的安装应选择适宜的地点，应尽量减少机械运转时的废气、噪声、废液、振动等对周围环境造成污染和影响。在靠近居民区时，各项排放指标均应达到现行国家标准《建筑施工场界噪声限值》（GB 12523）、《污水综合排放标准》（GB 8978）、《环境空气质量标准》（GB 3095）等有关规定。

3.5.4 施工机械应根据隧道工程特点参照下列原则进行选型配套：

1 隧道施工机械配置，以实现机械化均衡生产为目的，结合工期和成本目标，配置的生产能力应大于均衡施工能力，均衡施工能力应大于施工进度指标要求。

2 施工中的关键机械，如混凝土的拌和设备、运输设备、支护设备、混凝土输送泵、空压机、通风机、抽水机等必须有备用数量。

3 浇筑二次衬砌应采用拱、墙整体式的衬砌台车。

4 仰拱施工地段应采用栈桥跨越设备。

3.5.5 按施工机械的用途，其进场、安装、调试与四通（水、电、道路、通信）一平（场地）应同步或交叉进行，使机械尽早投入施工，并逐步形成各工序的机械化作业。

3.6 施工场地与临时工程

3.6.1 施工场地布置应遵循下列原则：

1 有利于安全生产、文明施工、节约用地和保护环境。

2 事先统筹规划，分期安排，便于各项施工活动有序进行，避免相互干扰。

3.6.2 施工场地布置应包括下列内容：

1 确定卸渣场的位置和范围。

2 轨道运输时，洞外出渣线、编组线、牵出线、其他作业线、卸渣码头及转运方式的布置。

3 汽车运输道路的引入和其他运输设施的布置。

4 确定风、水、电设施的位置。

5 确定大型机具设备的组装和检修场地。

6 确定混凝土拌和站（场）、预制场及砂、石等材料场的布置。

7 确定各种生产、生活等房屋的位置。

8 场内临时排水系统的布置。

3.6.3 临时工程施工应符合下列规定：

1 运输道路应满足运量和行车安全的要求。

2 高压、低压电力线路及变压器和通信线路应按有关规定统一布置及早建成。

3 各种房屋按其使用性质应符合相应的安全消防规定。爆破器材库、油库的位置应符合有关安全的规定。房屋区内应有通畅的给排水系统，并避开高压电线。

4 严禁将住房等临时设施布置在受洪水、泥石流、落石、雪崩、滑坡等自然灾害威胁的地点。

5 高位水池应远离隧道中线修建。

6 洞口段为不良地质时，不应在洞顶修建房屋和其他建筑。

7 临时工程及场地布置应采取保护自然环境的措施。

8 隧道弃渣场坡面应按设计进行复垦或绿化或渣顶整平造田，坡脚必须进行防护，防止水土流失。

3.6.4 施工场地布置时，在水源保护地区内不得取土、弃土、破坏植被等，不得设置拌和站、洗车台、充电房等，并不得堆放任何含有害物质的材料或废弃物。

3.6.5 隧道内、外施工场所应按现行《工作场所职业病危害警示标识》（GBZ 158）设置禁止标识、警告标识、指令标识、提示标识，并配以相应的警示语句。

3.6.6 工程竣工时，应修整、恢复受到施工破坏或影响的植被、自然资源等。

3.7 作业人员的教育和培训

3.7.1 隧道施工前和施工过程中,对管理人员、作业人员应经常进行安全教育,提高自我保护意识。

3.7.2 结合隧道施工现场实际,进行质量管理策划,确定质量管理目标,建立质量控制体系、编制质量管理实施计划,并培训作业人员,考核合格后持证上岗,确保隧道工程质量。

3.7.3 隧道施工必须严格执行铁道部现行《铁路工程施工安全技术规程》(TB 10401),进行危险源辨识和安全风险评估,建立安全生产责任制,编制安全管理实施方案,制定相应的应急预案,培训作业人员考核合格后持证上岗,确保隧道施工安全。

3.7.4 从事隧道施工作业的人员应符合劳动法律、法规的规定,并对其进行培训提高法制观念。特种作业人员培训后持证上岗,其他人员培训后上岗。

3.7.5 施工过程中应对职工加强技术培训和安全技术交底,在推广新技术和使用新型机械设备时,应对职工进行再培训和安全教育。

3.7.6 根据隧道施工情况,应对作业人员进行定期健康检查,并归入档案进行管理。

4 洞口工程

4.1 洞口段开挖及防护

4.1.1 洞口段工程应结合洞口相邻工程及场地布置统筹规划、及早完成,施工宜避开雨季及严寒季节。

4.1.2 洞口段施工工艺流程见图4.1.2。

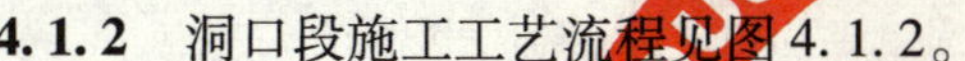

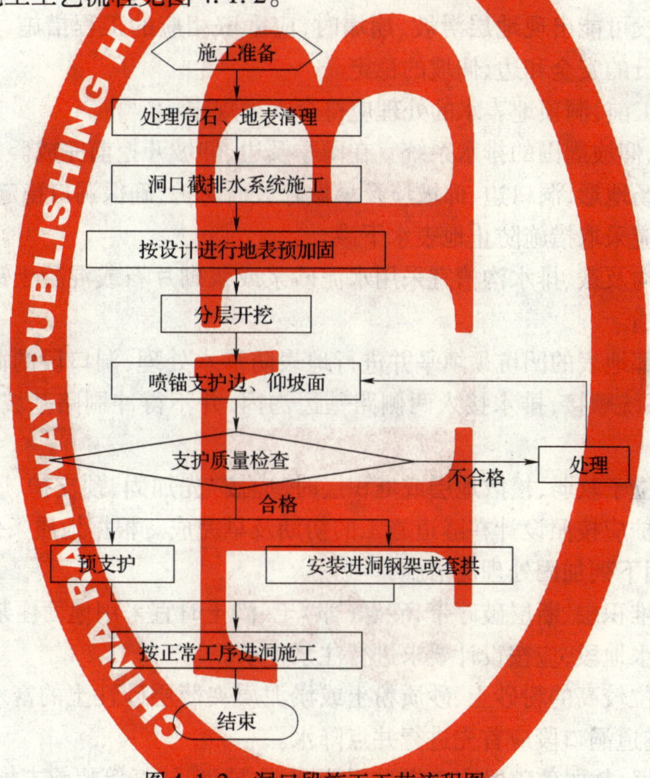

图4.1.2 洞口段施工工艺流程图

4.1.3 洞口段施工应符合下列规定:

1 洞口段开挖前应首先清除洞口开挖范围内的树木、杂草和树根,检查边、仰坡以上的山坡稳定情况,清除悬石、处理危石。

2 洞口段施工期间实施不间断监测和防护。

3 洞口段边、仰坡防护应符合设计要求和环境保护、水土保持的有关规定。

4 洞口段开挖至隧底高程后,应及时施作排水侧沟及出水口,并与洞外排水系统协调连通。

5 偏压洞口施工应先做好支挡、反压回填等工作后再进行开挖;开挖方法应根据地形情况选定,避免人为因素加剧偏压。

6 施工便道的引入和施工场地的平整应尽量减少对原地貌的破坏和对洞口岩体稳

定的影响。

4.1.4 洞口段开挖应符合下列规定:

1 洞口土方采用机械施工时,边、仰坡应预留约30 cm的整修层,用人工刷坡并及时夯实整平成型,防止超挖,保证边、仰坡平顺,坡率符合设计要求。

2 洞口土石方应自上而下分层开挖,严禁掏底开挖或上下重叠开挖,结合正洞开挖方法,预留进洞台阶,形成进洞面(洞脸)及边、仰坡,边、仰坡防护和处理措施应同时考虑防止洞口段产生整体滑动。

3 洞口石方开挖宜采用浅孔小台阶爆破,严禁采用洞室爆破,边、仰坡开挖应采用松动控制爆破并预留光爆层,光面爆破成型。施工中应按批准的爆破设计组织施工,严禁超量装药。爆破后,应及时清除松动石块。

4 开挖后坡面应稳定、平整、美观。

5 当洞口段可能出现地层滑坡、崩塌时,应采取相应的工程措施,并应适当放缓坡率,保证施工人员的安全和边、仰坡的稳定。

4.1.5 隧道施工前,洞顶地表水的处理应符合下列规定:

1 洞顶边、仰坡周围的排水系统宜在雨季及边、仰坡开挖前完成。

2 结合现场地形,洞口边、仰坡应及早做好坡面防护,确保洞口稳定。若采用喷锚或砌石护面,坡顶应采取措施防止地表水下渗。

3 洞顶天沟及截、排水沟槽宜采用水泥砂浆或浆砌片石或混凝土铺砌沟底,防止下渗,确保排水畅通。

4 洞口顶部地表的凹坑须填平并进行地表防渗水处理,洞口段的截、排水系统应与其他工程排水系统顺接,排水接入两侧路基边沟内,并不得冲刷路基坡面、桥涵锥体、农田、房舍。

4.1.6 当洞口位于软弱、松散地层或堆积层时,应按"先加固、预支护、后开挖"的原则施工,对永久性防护应按照设计在隧道施工的初期及早完成。根据地质条件和地下水情况,洞口地表可采用下列加固处理的措施:

1 地层为堆积层、断层破碎带、砂砾(卵)土、砂土时宜采用地面注浆措施预加固。

2 有地下水地段,应按设计要求进行注浆止水。

3 地下水位较高的粉砂土、砂质粉土或淤泥质夹薄层砂性土的富水地层、且不适合于注浆堵水的隧道洞口段应首先进行井点降水。

4.1.7 洞口浅埋、软弱破碎段应考虑采用管棚、小导管、锚杆等超前支护措施。

4.2 明 洞

4.2.1 在一般情况下,明洞可采用明挖法施工,其工艺流程见图4.2.1。

4.2.2 当明洞位于陡峭山坡或破碎、松软地层时,为保证施工安全,宜先施作明洞衬砌轮廓外的整幅或半幅套(护)拱,必要时还应在外侧施作挡墙,然后在套拱护顶下暗挖明洞土石方,并及时支护边墙,成形后按暗挖隧道施作明洞衬砌。明洞暗作法工艺流程见图4.2.2。

4.2.3 明洞宜及早施作,尽量避开雨季及严寒季节,明洞仰拱应安排在明洞拱墙衬砌施工前浇筑,并应符合下列规定:

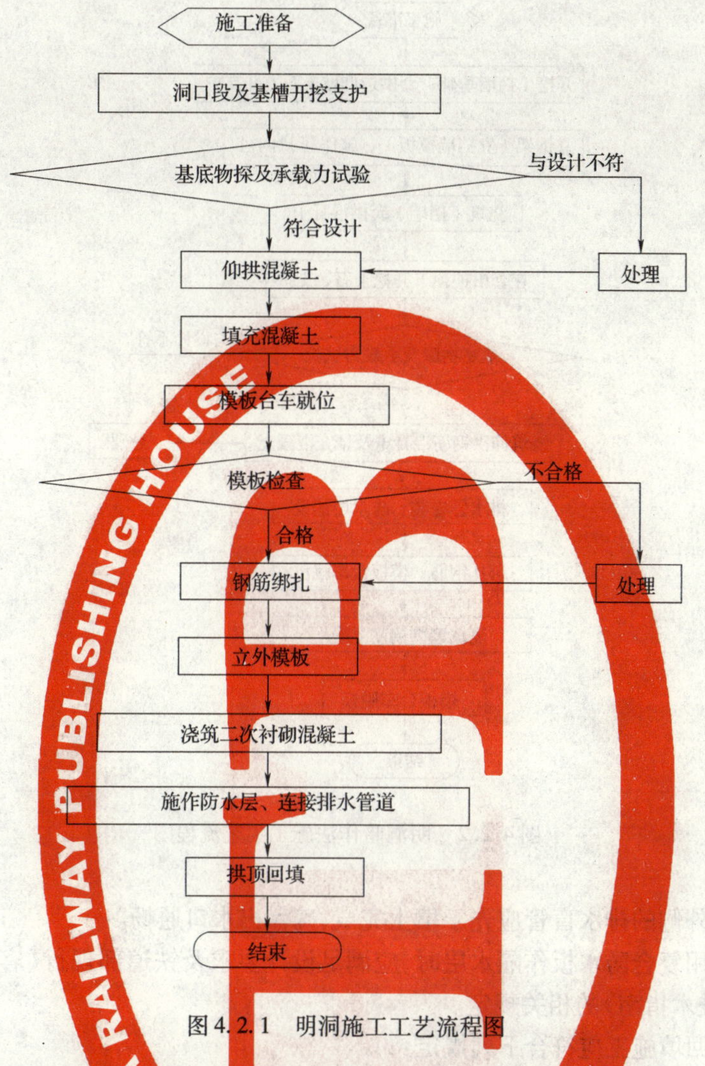

图 4.2.1 明洞施工工艺流程图

1 当隧道采用爆破开挖时,宜在洞身掘进适当距离后施作明洞和洞门。

2 当隧道采用非爆破开挖时,宜先施作明洞和洞门,然后开挖隧道。

4.2.4 明洞基础应设置在稳固的地基上,当两侧墙体地基松软或软硬不均时,应采取措施加以处理,防止地基不均匀沉降。

4.2.5 明洞衬砌结构施工应符合下列规定:

1 明洞浇筑混凝土前应复测中线、高程和模板的外轮廓尺寸,确保衬砌不侵入设计轮廓线。

2 明洞混凝土的浇筑应设挡头板、外模和支架,明洞墙、拱混凝土应整体浇筑。

3 明洞混凝土达到设计强度的70%以上,且拱顶回填土高度达到0.7 m时,方可拆除明洞内模板。

4.2.6 明洞防排水施工应符合下列规定:

1 明洞外模拆除后应及时施作防水层及排水盲管,并与隧道的防水层和排水盲管顺接,保证排水畅通。

2 明洞施工应和隧道的排水侧沟、中心水沟的出水口及洞顶的截、排水设施统筹安

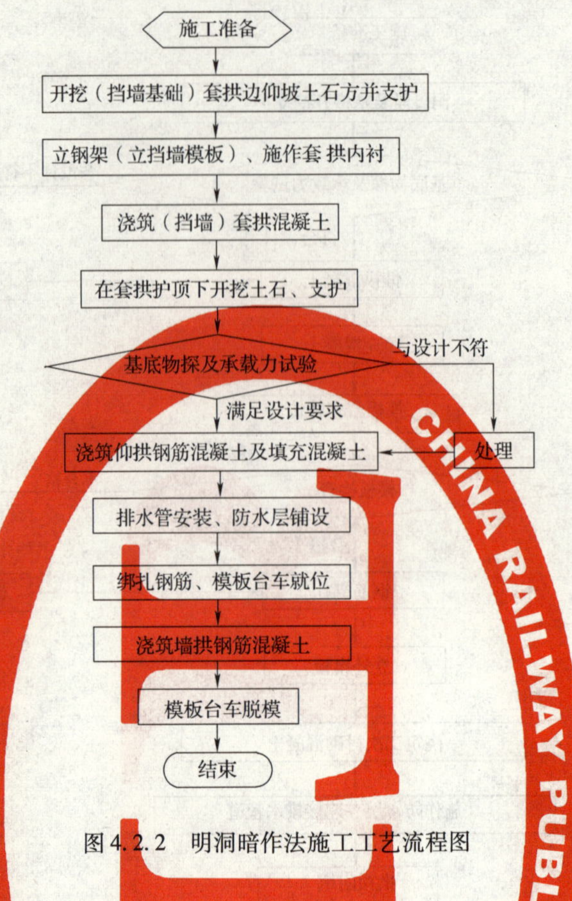

图 4.2.2 明洞暗作法施工工艺流程图

排。

3 明洞外侧的排水盲管应先于填土完成，确保出水口通畅。

4 当采用复合防水板作隔水层时，应满足设计要求及铁道部现行《客货共线铁路路基工程施工技术指南》的相关规定。

4.2.7 明洞回填施工应符合下列规定：

1 明洞回填应在明洞外防水层及排水系统施作完成且混凝土强度达到设计强度的70%后进行。

2 侧墙回填应对称进行，石质地层中岩壁与墙背空隙较小时用与墙身同级混凝土回填；空隙较大时用片石混凝土或水泥砂浆砌片石回填密实。土质地层，应将墙背坡面挖成台阶状，用片石分层码砌，缝隙用碎石填塞密实。回填至与拱顶齐平后，再分层满铺填筑至设计高度。

3 拱顶回填分层厚度不大于0.3 m，两侧回填土面的高差不得大于0.5 m。采用机械回填时，应在人工夯填超过拱顶1.0 m以上后进行。

4 表土层需作隔水层时，隔水层应与边、仰坡搭接平顺，防止地表水下渗。

4.3 洞　门

4.3.1 隧道门及明洞门施工应避开雨季和严寒季节，并及早完成。

4.3.2 隧道门、明洞门的施工方法基本相近，其施工工艺流程见图4.3.2。

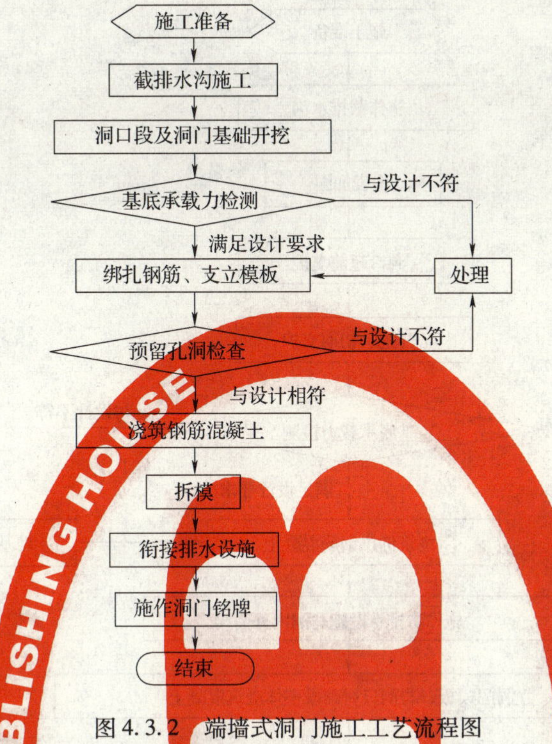

图 4.3.2　端墙式洞门施工工艺流程图

4.3.3　斜切式洞门施工工艺流程见图 4.3.3。

4.3.4　端墙式洞门施工应符合下列规定：

1　端墙应在土石方开挖后及时完成，基础超挖部分应用与基础同级混凝土和基础同步浇筑，端墙及挡、翼墙的开挖轮廓面应符合设计要求。

2　端墙及挡、翼墙基础的基底承载力必须满足设计要求，承载力可采用静力触探试验或标准贯入试验检测。

3　端墙及挡、翼墙基础位于软硬不均的地基上时，除按设计要求处理外，还应在软弱地基分界处设沉降缝。

4　端墙与洞口衬砌连接方式应符合设计要求。

5　端墙的泄水孔应与洞外排水系统及时连通。

6　隧道洞门端墙和挡、翼墙，挡土墙的反滤层、泄水孔、施工缝设置应符合设计要求。

7　隧道洞门的截、排水设施应与洞门工程同步施工，当端墙顶部水沟置于填土上时，填土必须夯填密实，必要时应加以铺砌。

8　隧道洞门检查梯、隧道铭牌、号标的设置应符合设计要求。

4.3.5　斜切式洞门施工应符合下列规定：

1　斜切式洞门坡面较平缓的，应尽量与自然地形坡度相一致，为避免开挖边、仰坡时局部坍塌破坏原地貌，宜采用非爆破方法开挖。

2　洞门混凝土达到设计强度后，及时回填边、仰坡超挖部分，恢复自然地形坡面。

4.3.6　浇筑混凝土洞门的模板及拆模应符合下列规定：

1　模板及支(拱)架应根据洞门结构形式、荷载大小、地基土类别、施工设备和材料供应等条件设计。

2　斜切式洞门斜坡面内外模板和挡头板应专门设计和制作，配套使用。

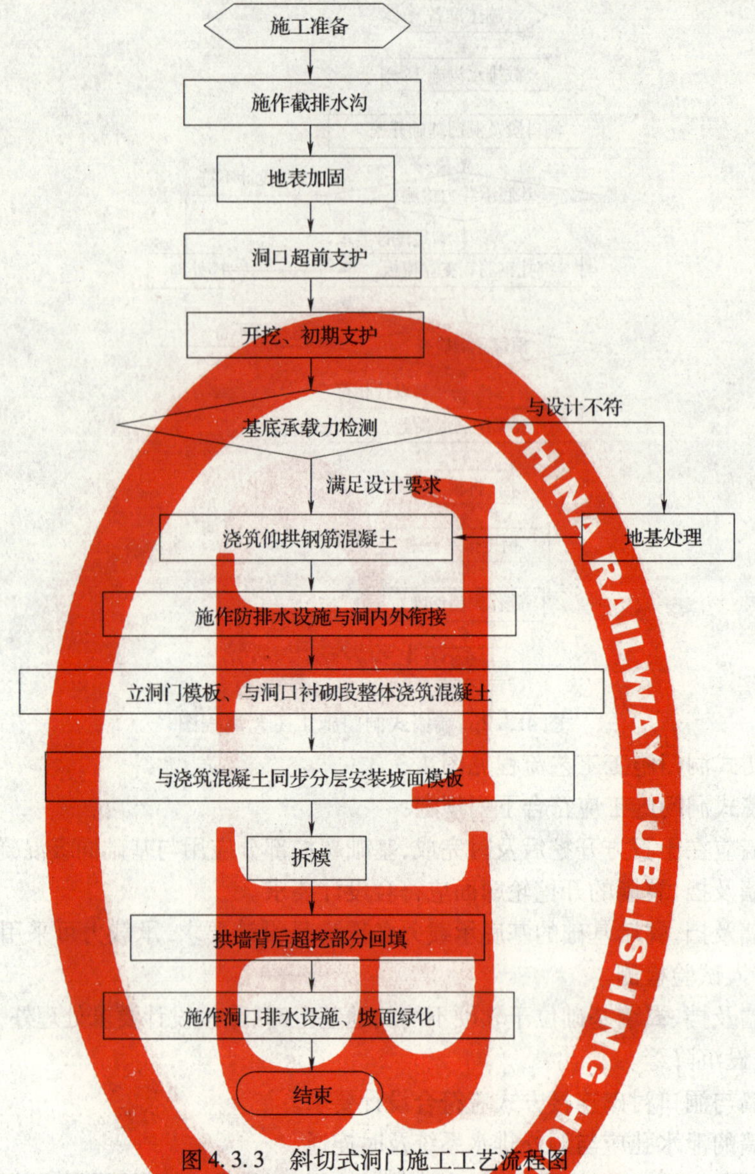

图 4.3.3　斜切式洞门施工工艺流程图

3　模板及支(拱)架应具有足够的强度、刚度和稳定性,能承受所浇筑混凝土的重力、侧压力及施工荷载。

4　模板及支架安装必须稳固牢靠,模板及支架与脚手架之间不得相互连接。模板接缝必须严密不漏浆。

5　模板与混凝土的接触面必须清理干净并涂刷脱模剂。

6　混凝土浇筑前,模板内的积水和杂物应清理干净。

7　拆除模板及支(拱)架的条件:当洞门结构跨度大于8 m时,混凝土强度必须达到其设计强度标准值的100%;当洞门结构跨度小于等于8 m时,混凝土强度必须达到其设计强度标准值的70%。

5 施工方法

5.1 一般规定

5.1.1 隧道施工方法的选择应根据环境条件、地质条件、断面大小、埋深、结构形式、隧道长度、设备配置、工期要求、经济效益以及环境保护等因素综合确定。

5.1.2 隧道各作业面应逐步实现可视化管理，及时掌握各种信息，提高隧道施工的管理水平。

5.1.3 软弱破碎围岩宜采用岩土控制变形分析法施工技术。

5.1.4 采用钻爆法施工时，可在下列施工方法中选择：

1 全断面法。

2 台阶法（两台阶、三台阶、三台阶七步开挖法、环形导坑预留核心土法）。

3 中隔壁法（包括中隔壁法、交叉中隔壁法）。

4 双侧壁导坑法。

5.2 全断面法

5.2.1 全断面法施工工序示意图见图5.2.1。

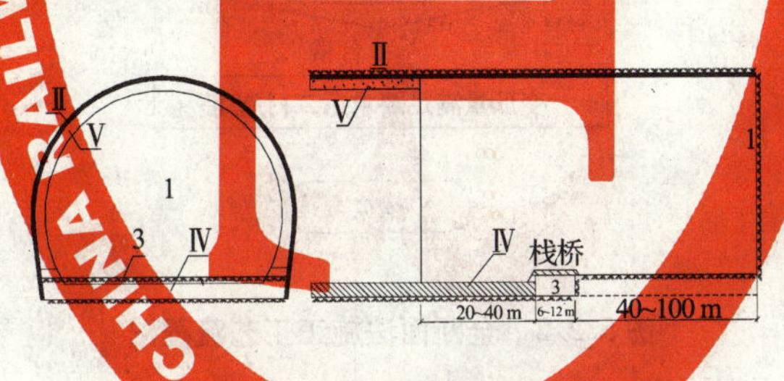

图5.2.1 全断面法施工工序示意图

1—全断面开挖；Ⅱ—初期支护；3—隧道底部开挖（捡底）；

Ⅳ—底板（仰拱）浇筑；Ⅴ—拱墙二次衬砌

5.2.2 全断面法施工工艺流程图见图5.2.2。

5.2.3 全断面法施工应符合下列规定：

1 全断面法开挖空间大，工序少，应采用大型配套机械化作业，各道工序尽可能平行交叉作业，缩短循环时间。

2 全断面法开挖量大，爆破引起的震动较大，应严格控制一次同时起爆的炸药量，按钻爆设计要求控制炮眼间距、深度和角度，钻眼完毕，按炮眼布置图进行检查并做好记录，对不符合要求的炮眼应重钻，经检查合格后方可装药。

3 钻眼时，周边眼及掏槽眼应定人定岗，并严格控制周边眼外插角。每循环爆破后，应认真查看爆破效果，并根据超欠挖及炮眼痕迹保留率不断优化钻爆参数，改善爆破效

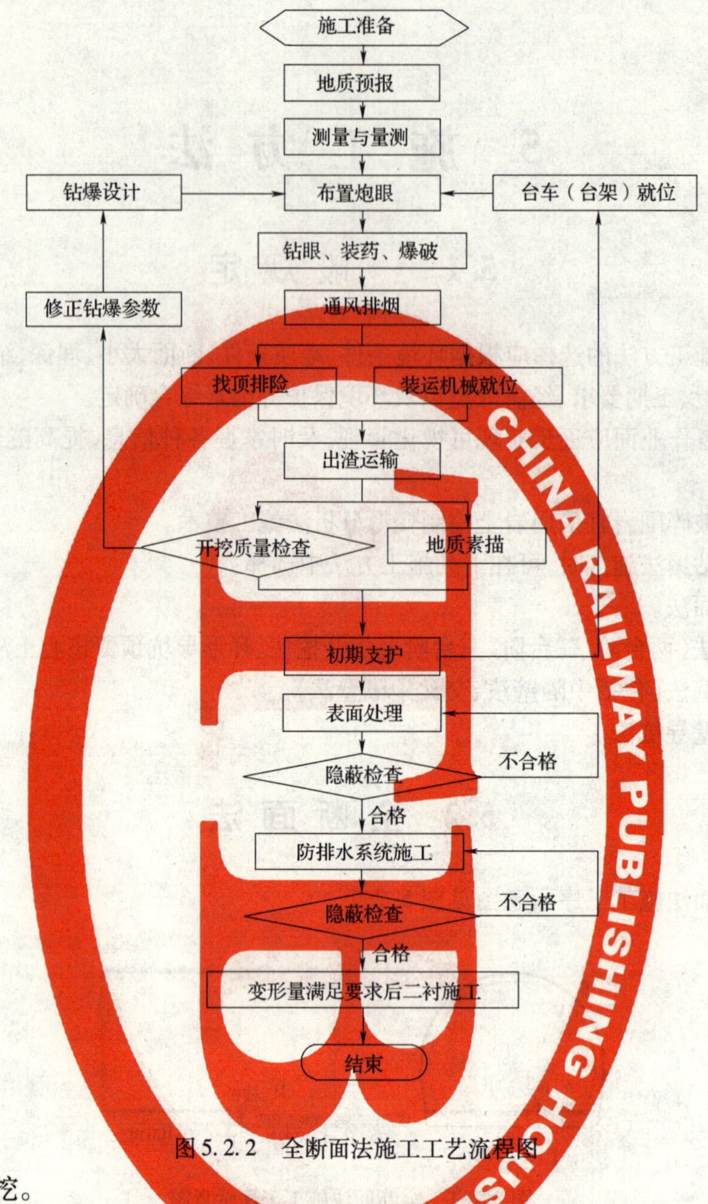

图5.2.2　全断面法施工工艺流程图

果，减少超欠挖。

4　应确定合理的循环进尺，确保两个循环的接茬位置平滑、圆顺。

5　每循环爆破后及时找顶，初期支护施作前应按要求进行地质素描。

5.3　台　阶　法

5.3.1　台阶法有多种开挖方式，可根据地层条件、断面大小和机械配备情况合理选用。台阶法可分上、下两部或上、中、下三部开挖，其演变的有三台阶七步开挖法、弧形导坑预留核心土法等。

5.3.2　两部台阶法施工工序示意图见图5.3.2—1，弧形导坑预留核心土施工工序示意图见图5.3.2—2。

5.3.3　台阶法施工工艺流程见图5.3.3。

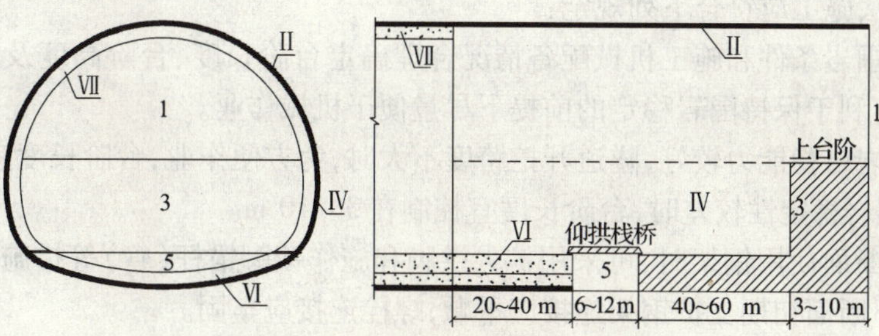

图 5.3.2—1 台阶法施工工序示意图

1—上部开挖；Ⅱ—上部初期支护；3—下部开挖；Ⅳ—下部初期支护；5—底部开挖(捡底)；Ⅵ—仰拱及混凝土填充；Ⅶ—二次衬砌

图 5.3.2—2 弧形导坑预留核心土施工工序示意图

Ⅰ—超前支护；2—上部弧形导坑开挖；Ⅲ—上部初期支护；4—上部核心土；5、7—两侧开挖；Ⅵ、Ⅷ—两侧初期支护；9—下部核心土开挖；10—仰拱开挖(捡底)；Ⅺ—仰拱初期支护；Ⅻ—仰拱及填充混凝土；ⅩⅢ—拱墙二次衬砌

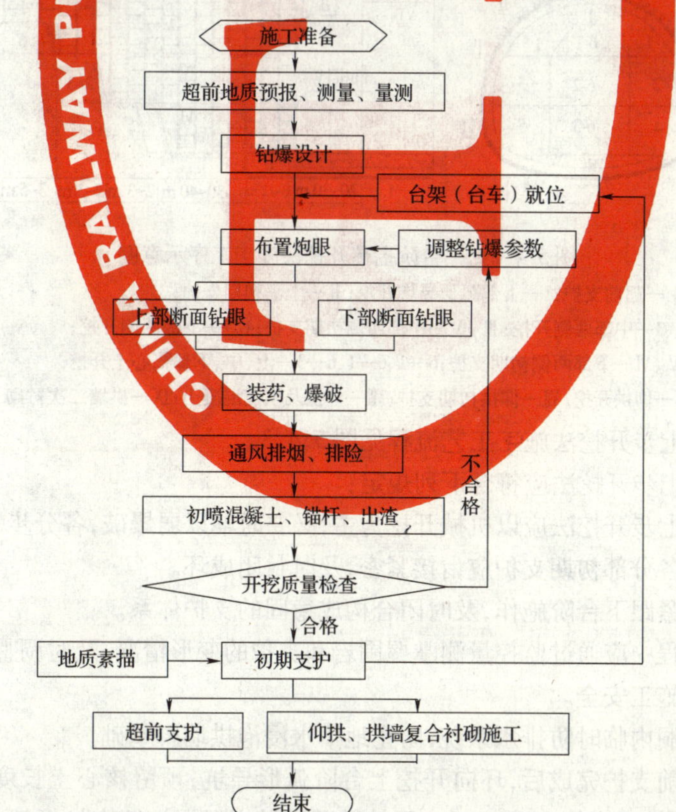

图 5.3.3 台阶法施工工艺流程图

5.3.4　台阶法施工应符合下列规定：

1　根据围岩条件和施工机械配备情况合理确定台阶长度、台阶高度及台阶数量，其各部形状应有利于保持围岩稳定的前提下尽量便于机械作业。

2　当围岩自稳能力较好，隧道开挖跨度不大时，为方便作业，台阶长度宜控制在10～50 m以内；围岩稳定性较差时，台阶长度宜控制在3～10 m。

3　上部断面使用钢架时，可采用扩大拱脚和施作锁脚锚杆(管)等措施，防止拱部下沉变形。上下断面初期支护钢架连接应平顺，螺栓连接应牢固。

4　围岩整体性较差时，施工中应采取措施减少下部开挖时对上部围岩和支护的扰动，下部断面开挖应两侧交错进行，下部断面应在上部断面喷混凝土达到一定强度后开挖。

5　当围岩不稳定时进尺宜为1～1.5 m，落底后应立即施作初期支护。

6　仰拱应及时施作，使支护及早闭合成环。

5.4　三台阶七步开挖法

5.4.1　三台阶七步开挖法是以弧形导坑预留核心土法为基本模式，分上、中、下三个台阶七个开挖面，各部位的开挖与支护沿隧道纵向错开，平行推进的施工方法。

5.4.2　三台阶七步开挖法施工工序示意图见图5.4.2。

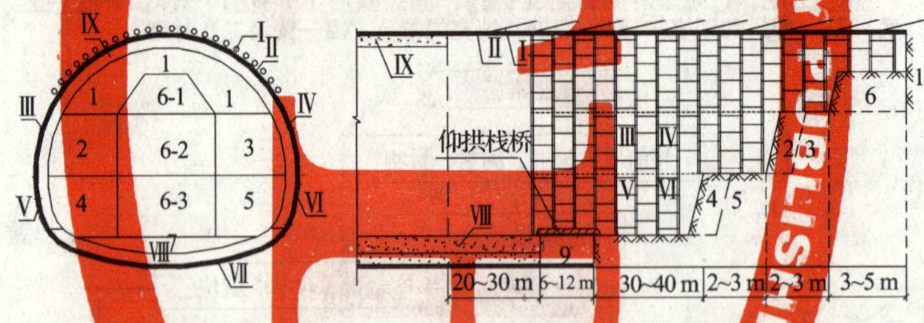

图5.4.2　三台阶七步开挖法施工工序示意图

Ⅰ—超前支护；1—上部弧形导坑开挖；Ⅱ—上部初期支护；

2、3—中部两侧开挖；Ⅲ、Ⅳ—中部两侧初期支护；4、5—下部两侧开挖；

Ⅴ、Ⅵ—下部两侧初期支护；6—1、6—1、6—3—上、中、下部核心土开挖；

7—仰拱开挖；Ⅶ—仰拱初期支护；Ⅷ—仰拱及填充混凝土；Ⅸ—拱墙二次衬砌

5.4.3　三台阶七步开挖法施工工艺流程见图5.4.3。

5.4.4　三台阶七步开挖法应符合下列规定：

1　三台阶七步开挖法应以机械开挖为主，必要时辅以弱爆破，各分步平行作业，平行施作初期支护，各分部初期支护应衔接紧密，及时封闭成环。

2　仰拱应紧跟下台阶施作，及时闭合构成稳固的支护体系。

3　施工过程中应通过监控量测掌握围岩和支护的变形情况，及时调整支护参数和预留变形量，保证施工安全。

4　应完善洞内临时防排水系统，防止地下水浸泡拱墙脚基础。

5　拱部超前支护完成后，环向开挖上台阶弧形导坑，预留核心土长度宜为3～5 m，宽度宜为隧道开挖宽度的1/3～1/2。开挖循环进尺应根据初期支护钢架间距确定，最大不得超过1.5 m，上台阶开挖矢跨比应大于0.3。

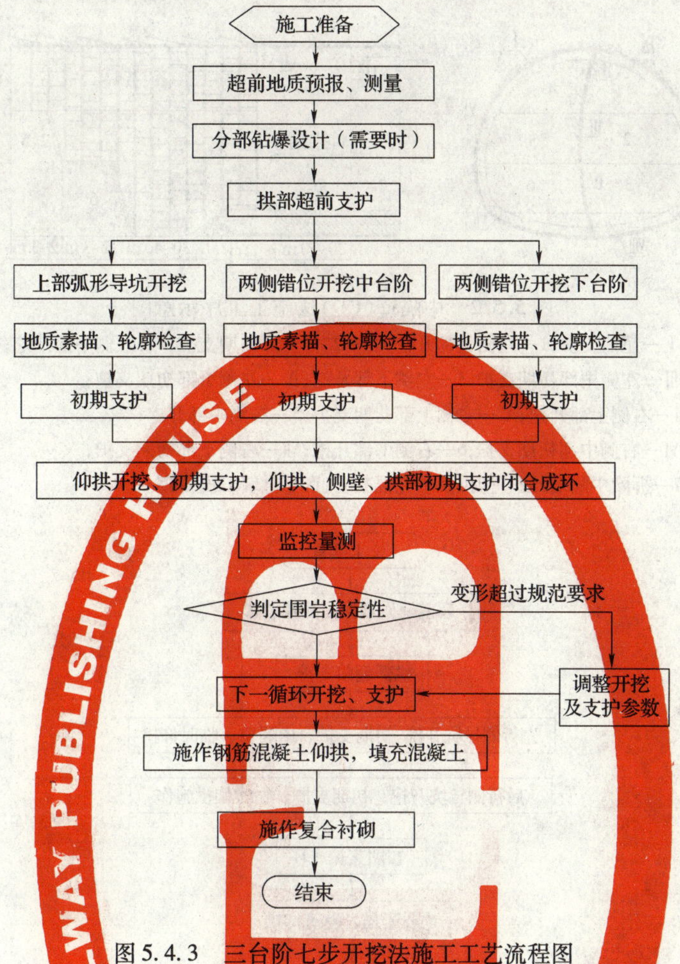

图 5.4.3 三台阶七步开挖法施工工艺流程图

6 中台阶及下台阶左、右侧开挖进尺应根据初期支护钢架间距确定，最大不得超过 1.5 m，开挖高度宜为 3～3.5 m，左、右侧台阶错开 2～3 m。

7 上、中、下台阶预留核心土开挖进尺与各台阶循环进尺相一致。

8 仰拱循环开挖长度宜为 2～3 m，开挖后及时施作仰拱初期支护，完成两个隧底开挖、支护循环后，及时施作仰拱，仰拱分段长度宜为 4～6 m。

5.5 中隔壁法（CD 法）

5.5.1 中隔壁法（CD 法）是将隧道分为左右两部分进行开挖，先在隧道一侧采用二部或三部分层开挖，施作初期支护和中隔墙临时支护，再分台阶开挖隧道另一侧，并进行相应的初期支护的施工方法。

5.5.2 中隔壁法施工工序示意图见图 5.5.2。

5.5.3 中隔壁法施工工艺流程见图 5.5.3。

5.5.4 中隔壁法施工应符合下列规定：

1 中隔壁法左右部的台阶高度应根据地质情况、隧道断面大小和施工设备确定。每侧按两部或三部分台阶开挖，开挖后应及时施作初期支护、中隔壁；两侧先后距离宜保持 10～20 m，上下断面的距离宜保持 3～5 m。

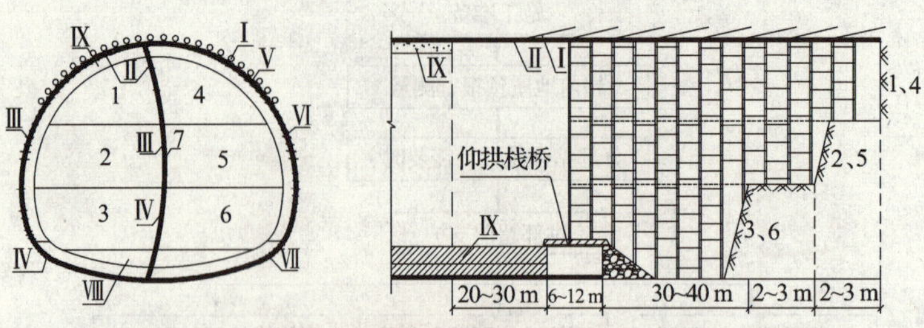

图 5.5.2 中隔壁(CD)法施工工序示意图

Ⅰ—超前支护;1—左侧上部开挖;Ⅱ—左侧上部初期支护;2—左侧中部开挖;
Ⅲ—左侧中部初期支护;3—左侧下部开挖;Ⅳ—左侧下部初期支护;
4—右侧上部开挖;Ⅴ—右侧上部初期支护;5—右侧中部开挖;
Ⅵ—右侧中部初期支护;6—右侧下部开挖;Ⅶ—右侧下部初期支护;
7—拆除中隔墙;Ⅷ—仰拱及填充混凝土;Ⅸ—拱墙二次衬砌

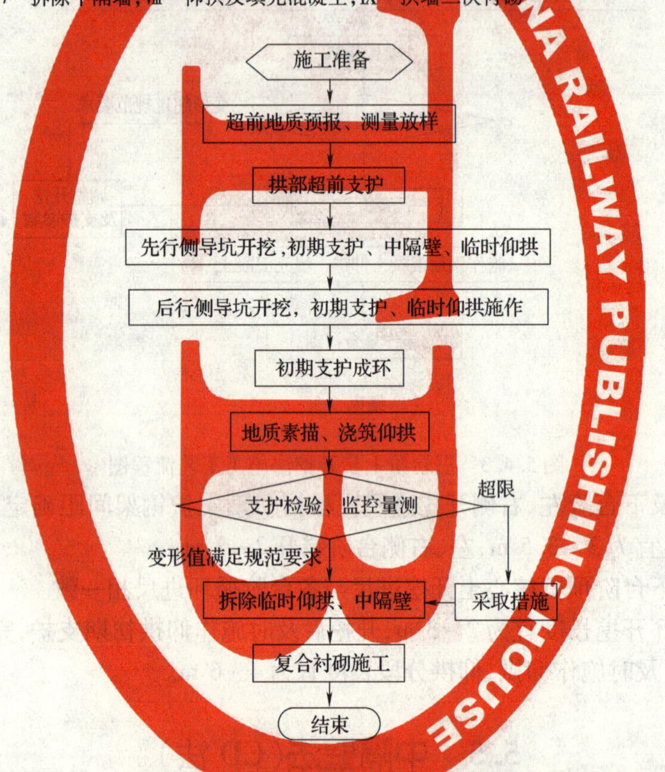

图 5.5.3 中隔壁法施工工艺流程图

2 各部开挖时,相邻部位的喷混凝土强度应达设计强度的70%以上。

3 先行侧的中隔壁应设置为向外鼓的弧形。

4 中隔壁在浇筑仰拱前逐段拆除。中隔壁一次拆除长度应根据量测结果确定,不宜大于15 m。临时支护拆除后应及时施作仰拱和二次衬砌。

5 特殊情况下可将中隔壁浇筑在仰拱中,待铺设防水板时再割断。

5.6 交叉中隔壁法(CRD)

5.6.1 交叉中隔壁法(CRD法)是分部开挖、支护,分部闭合成小环,最后全断面闭合成大环。每开挖一部均及时施作初期支护、中隔壁及临时仰拱。

5.6.2 交叉中隔壁法施工工序示意图见图5.6.2。

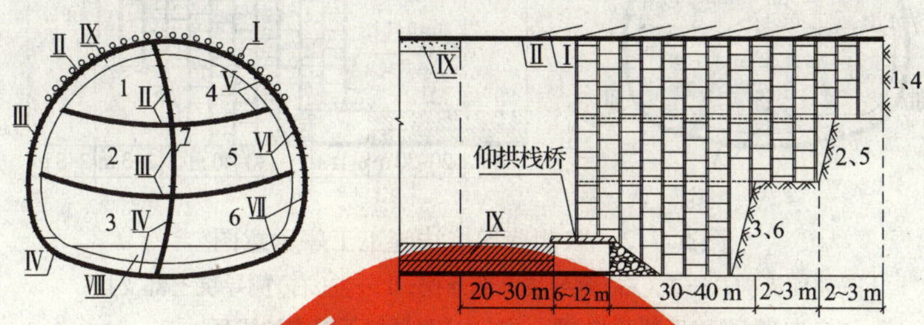

图5.6.2 交叉中隔壁(CRD)法施工工序示意图

Ⅰ—超前支护;1—左侧上部开挖;Ⅱ—左侧上部初期支护成环;2—左侧中部开挖;Ⅲ—左侧中部初期支护成环;3—左侧下部开挖;Ⅳ—左侧下部初期支护成环;4—右侧上部开挖;Ⅴ—右侧上部初期支护成环;5—右侧中部开挖;Ⅵ—右侧中部初期支护成环;6—右侧下部开挖;Ⅶ—右侧下部初期支护成环;7—拆除中隔墙及临时仰拱;Ⅷ—仰拱及填充混凝土;Ⅸ—拱墙二次衬砌

5.6.3 交叉中隔壁法施工工艺流程见图5.6.3。

5.6.4 交叉中隔壁法施工应符合下列规定:

1 根据地质条件,隧道断面的分部,应以初期支护受力均匀,便于发挥人力、机械效率为原则,一般水平方向分两部、上下分二至三层开挖。

2 先行施工部位的临时支撑(中隔壁、临时仰拱),均应有向外(下)鼓的弧度。

3 各部开挖及支护应自上而下,开挖后及时施作初期支护、中隔壁、临时仰拱,步步成环。

4 同一层左右两部开挖工作面相距不宜大于15 m,上下层开挖工作面相距宜保持3~4 m,且待喷混凝土强度达到设计强度的70%后开挖相邻部位。

5 宜缩短各部开挖工作面的间距,使初期支护尽早封闭成环。

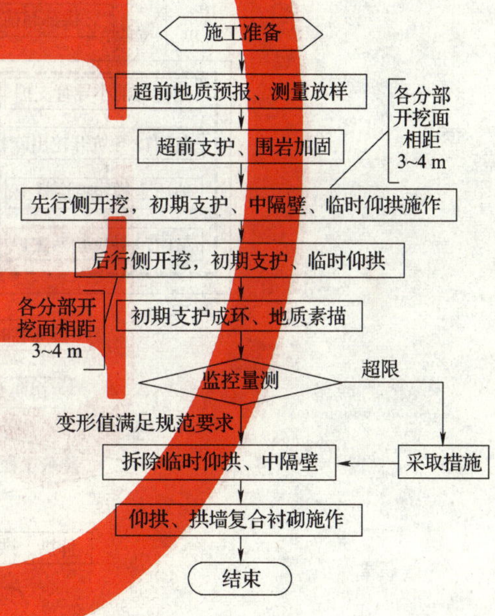

图5.6.3 交叉中隔壁法施工工艺流程图

6 根据监控量测结果,中隔壁及临时仰拱在仰拱浇筑前逐段拆除,每段拆除长度宜不大于15 m。

5.7 双侧壁导坑法

5.7.1 双侧壁导坑法是先开挖隧道两侧导坑,及时施作导坑四周初期支护及临时支护,然后再根据地质条件、断面大小,对剩余部分采用二部或三部开挖的方法。

5.7.2 双侧壁导坑法施工工序示意图见图5.7.2。

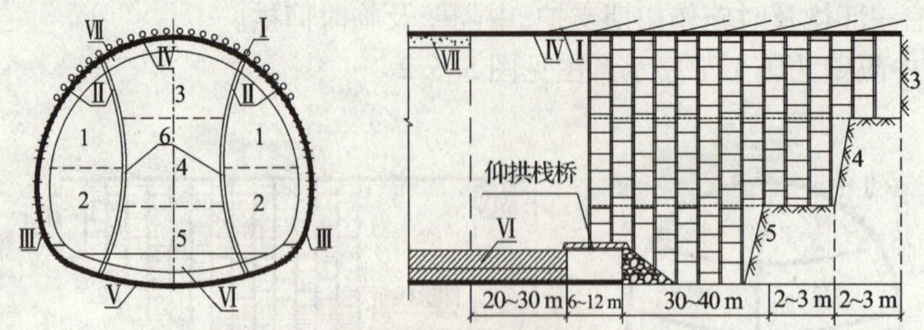

图 5.7.2　双侧壁导坑法施工工序示意图

Ⅰ—超前支护;1—左(右)侧导坑上部开挖;Ⅱ—左(右)侧导坑上部支护;
2—左(右)侧导坑下部开挖;Ⅲ—左(右)侧导坑下部支护成环;
3—中槽拱部开挖;Ⅳ—中槽拱部初期支护与左右Ⅱ闭合;4—中槽中部开挖;
5—中槽下部开挖;Ⅴ—中槽下部初期支护与左右Ⅲ闭合;
6—拆除临时支护;Ⅵ—仰拱及填充混凝土;Ⅶ—拱墙二次衬砌

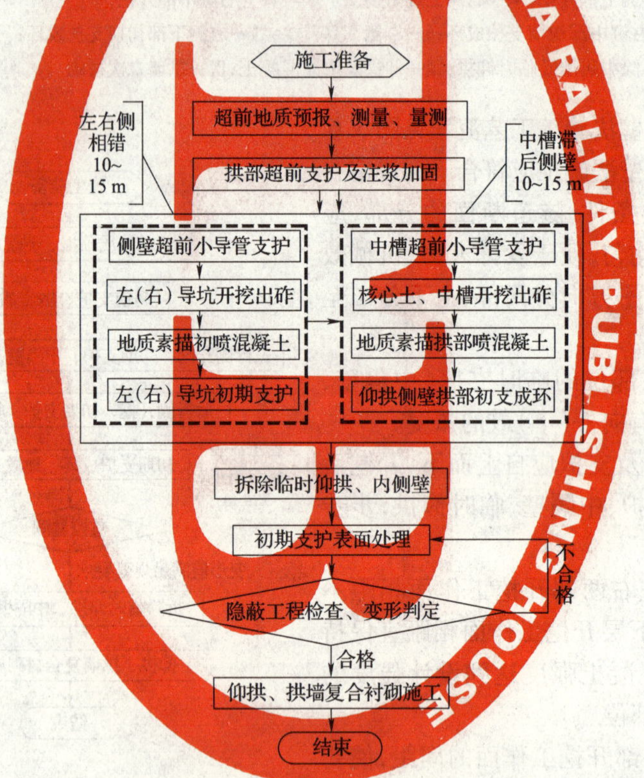

图 5.7.3　双侧壁导坑法施工工艺流程图

5.7.3　双侧壁导坑法施工工艺流程见图 5.7.3。

5.7.4　双侧壁导坑法施工应符合下列规定:

1　侧壁导坑形状宜近于椭圆形断面,导坑断面宽度宜为整个断面宽度的 1/3。

2　侧壁导坑、中槽部位宜采用短台阶法开挖,各部距离应根据隧道埋深、断面大小、结构类型等选取。各部开挖后应及时进行初期支护及临时支护,并尽早封闭成环。

3　两侧壁导坑超前中槽部位 10 ~ 15 m,可独立同步开挖和支护;中槽部位采用台阶法开挖,并保持平行作业。

4　中槽开挖后,拱部钢架与两侧壁钢架的连接是难点,在两侧壁导坑施工中,钢架的位置应准确定位，确保各部架设钢架连接后在同一个垂直面内，避免钢架发生扭曲。

5 根据监控量测信息，初期支护稳定后拆除临时支护，一次拆除长度不得大于15 m，并加强监控量测。

6 临时支护拆除完成后，应及时施作仰拱及二次衬砌。

6　辅助施工方法与措施

6.1　一般规定

6.1.1　隧道穿越断层破碎带、软弱围岩段或富水、浅埋等地段时，应根据围岩情况、施工方法和机械配置，选择辅助施工方法与措施的一种或数种。

6.1.2　地表处理有下列方法(适用于洞口段、浅埋隧道)：

1　井点降水。

2　注浆预加固(渗透注浆)。

3　锚杆(桩)、钢管桩加固。

4　高压旋喷桩、搅拌桩加固。

6.1.3　洞内处理有下列方法与措施(适用于洞口段、浅埋隧道、深埋隧道)：

1　稳定开挖工作面的方法与措施：

1）超前预支护(超前锚杆、超前小导管、超前管棚)。

2）临时仰拱。

3）扩大拱脚及锁脚锚杆。

4）喷射混凝土封闭开挖工作面。

5）正面锚杆。

2　地下水处理及围岩加固的方法与措施：

1）洞内井点降水。

2)开挖工作面预注浆(全断面封闭注浆、周边半封闭注浆、小导管注浆、局部注浆、高压旋喷注浆等)。

3）冻结法。

4）钻孔排水。

5）泄水洞等。

6.2　井点降水

6.2.1　井点降水适用于地下水位较高的粉砂土、砂质粉土或淤泥质夹薄层砂性土等地层。

6.2.2　井点降水应按照场地条件、周围地层的水文地质条件、降水深度及设备条件等进行专项设计。

6.2.3　井点降水必须加强监测并有相应的保护措施，防止地表沉降超限，确保周围建筑物的安全。

6.2.4　井点降水应使地下水位保持在仰拱以下 1.5 m。停止降水时，必须验算涌水量和隧道明洞结构的抗浮稳定性，当不能满足要求时，不得停泵。

6.2.5 各类井点降水的适用条件参见表6.2.5。

表6.2.5 各类井点降水适用范围

井点类别	适合地层	土的渗透系数(m/d)	降低水位深度(m)
单层轻型井点	粉砂、粉土	0.1~50	3~6
多层轻型井点		0.1~50	6~12 (由井点层数而定)
电渗井点	黏性土(含水量大,普通降水方法不适用的地层)	<0.1	根据选用的井点确定
管井井点	砂土、碎石土	20~200	3~5
喷射井点	粉质黏土、粉砂	0.1~50	8~30
深井井点	砂土、碎石土	10~250	>15

6.2.6 当隧道地表条件不适合布置井点时,可在隧道内设置管井井点降水。

6.2.7 降水过程中,应加强井点降水系统的维护和检查,保证不断抽水。拆除多层井点应自底层开始逐层向上进行,在下层井点拆除期间,上部各层井点应继续抽水。

6.3 地表注浆加固

6.3.1 当隧道处于埋深浅、地面坡度较平缓、岩层松散破碎、岩溶地区、地下水位较高等情况下宜采用地表注浆预加固和堵水的方法。

6.3.2 地表注浆参数应通过试验选取。

6.3.3 地表注浆顺序宜采用先外侧、后内侧;先洞口侧、后洞内侧;地下水有流动时先下游、后上游。应严格控制内圈注浆时浆液的扩散流失,保证充分固结注浆圈范围内的破碎岩体。当地层松软破碎时,宜采用跳孔注浆方式。

6.3.4 地表注浆宜采用单向袖阀式注浆工法施工。

6.3.5 地表注浆后应对其效果进行判断和检测,按注浆目的不同,采用不同的检测方法,常用的有下列检测方法:

1 根据地下水位的变化判断注浆效果。

2 根据抽水试验判断注浆效果。

3 在注浆前后用钻孔透视仪测定岩层裂隙和溶洞充填程度。

4 钻孔检测:可取芯检测或用钻孔摄影仪(电视)拍摄孔壁图像进行检测。

5 声波测试。

6.3.6 高压旋喷注浆及拌和桩加固的检测方法有开挖检查、钻孔检查、载荷试验等。

6.4 超前小导管

6.4.1 超前小导管适用于自稳时间短的软弱破碎带、浅埋段、洞口偏压段、砂层段、砂卵石段、断层破碎带等地段的预支护。

6.4.2 小导管注浆工艺流程见图6.4.2。

6.4.3 超前小导管施工应符合下列规定:

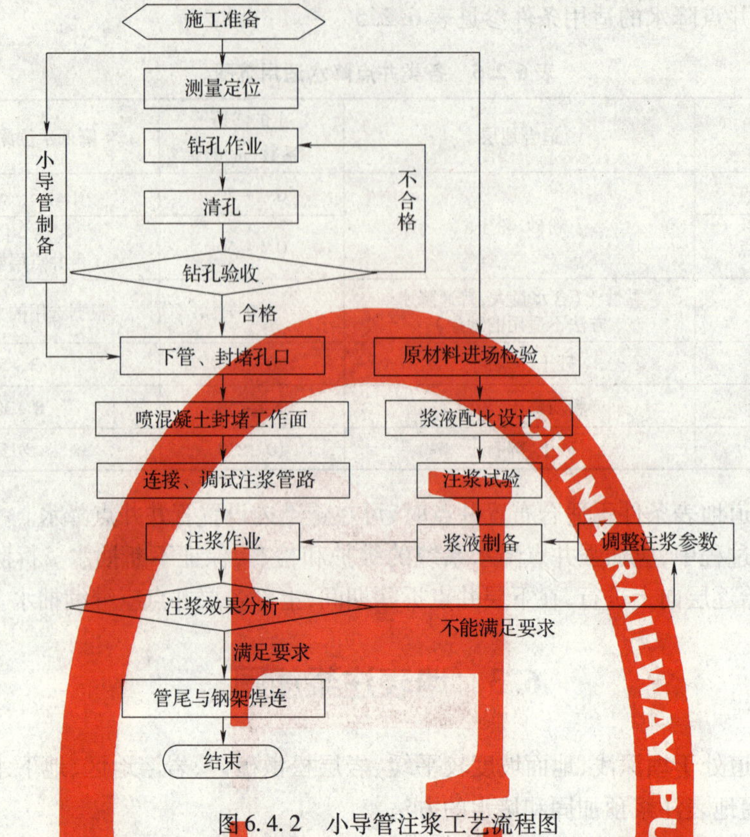

图 6.4.2　小导管注浆工艺流程图

1　沿隧道拱部均匀布设。

2　间距应根据开挖工作面前方的地质条件和自稳能力确定，一般间距为 300 ~ 500 mm。

3　外插角（与隧道纵轴线的夹角）取值应考虑小导管的长度和钢架的间距，一般外插角为 10° ~15°。

4　小导管长度一般为 3.5 ~5.0 m，小导管之间的搭接长度不得小于 1.0 m。

5　小导管应同钢架配合使用。

6.4.4　小导管的制作应符合下列规定：

1　一般采用直径 38 ~50 mm 的无缝钢管制作。

2　在小导管的前端做成约 10 cm 长的圆锥状，在尾端焊接直径6 ~8 mm 钢筋箍。距后端 100 cm 内不开孔，剩余部分按20 ~30 cm梅花形布设直径 6 mm 的溢浆孔。

6.4.5　小导管的钻孔、安设应符合下列规定：

1　小导管的安设应采用引孔顶入法。

2　钻孔方向应顺直。

3　钻孔直径应与注浆管径配套，一般不大于 50 mm，孔深视小导管长度确定。

4　采用吹管法清孔。

5　在孔口端用沾有 CS 胶泥的麻丝缠绕成不小于孔径的纺锤形柱塞，把小导管插入孔内，带好丝扣保护帽，用风钻或风镐打入到设计深度，使麻丝柱塞与孔壁压紧。

6　小导管外露长度一般为 30 cm，以便连接孔口阀门和管路。

6.4.6　第一循环小导管安设后应对开挖工作面进行喷混凝土封闭，厚度为 10 ~15 cm。

封闭范围为开挖工作面及临近开挖工作面3 m范围的环向开挖面。

6.4.7　小导管注浆应符合下列规定：

1　小导管安装完成后，应进行压水试验，压力一般不大于1.0 MPa，并根据设计和试验结果确定注浆参数。

2　注浆材料可按表6.4.7参照选用。

表6.4.7　注浆材料的选择

地质条件	细砂	中粗砂	砂砾夹卵石层	砂黏土
空隙率(%)	30~50	30~50	40~50	30~60
有效注浆率	0.3~0.5	0.3~0.5	0.5~0.7	0.3~0.5
注浆材料	改性水玻璃	CS浆液	水泥浆	水玻璃

3　水泥浆液应采用拌和桶配制，配制水泥浆或稀释水玻璃浆液时，应防止杂物混入，拌制好的浆液必须过滤后使用。

4　注浆应采用专用注浆泵注浆，为加速注浆，可安装分浆器同时多管注浆。

5　配制好的浆液应在规定时间内注完，随配随用。

6　注浆顺序为由下至上，浆液先稀后浓、注浆量先大后小，注浆压力由小到大。

7　当发生串浆时，应采用分浆器多孔注浆或堵塞串浆孔隔孔注浆。当注浆压力突然升高时应停机查明原因；当水泥浆进浆量很大、压力不变时，则应调整浆液浓度及配合比，缩短凝胶时间，采用小流量低压力注浆或间歇式注浆。

8　注浆压力应符合设计要求，浆液必须充满钢管及其周围的空隙。

9　注浆结束标准：当压力达到设计注浆终压并稳定10~15 min，注浆量达到设计注浆量的80%以上时，可结束该孔注浆。

6.4.8　当采用单液水泥浆时，开挖时间为注浆后8 h，采用水泥-水玻璃浆液时为4 h。

6.4.9　开挖过程中应检查浆液渗透及固结状况，并根据压力-流量曲线分析判断注浆效果，及时调整预注浆方案。

6.5　超前锚杆

6.5.1　超前锚杆是沿开挖轮廓线，以一定的外插角打入开挖工作面，形成对前方围岩的预支护。它主要适用于围岩应力较小，地下水较少、岩体软弱较破碎，开挖面有可能坍塌的隧道中，应和钢架配合使用。其施工工艺流程见图6.5.1。

6.5.2　超前锚杆施工应符合下列规定：

1　超前锚杆一般采用砂浆锚杆，也可采用组合中空锚杆，砂浆锚杆体用螺纹钢筋加工，将钢筋头部加工成扁铲形或尖锥形。

2　钻孔：用凿岩机或凿岩台车引孔，钻孔时应控制用水量，以防塌孔。钻孔应保证设计的位置和锚杆外插角。

3　注浆：砂浆锚杆可利用注浆泵往孔内注入早强水泥砂浆。注浆时，以水引路，将拌和好的砂浆装入注浆器并充满管路，并将注浆管插入到管口离孔底10 cm。开进风阀门，用高压空气将水泥砂浆压入孔眼中，注浆管逐渐被砂浆向外推挤，注到孔深的2/3以上时停止注浆。组合中空锚杆注浆工艺应符合《组合中空锚杆技术条件》的规定。

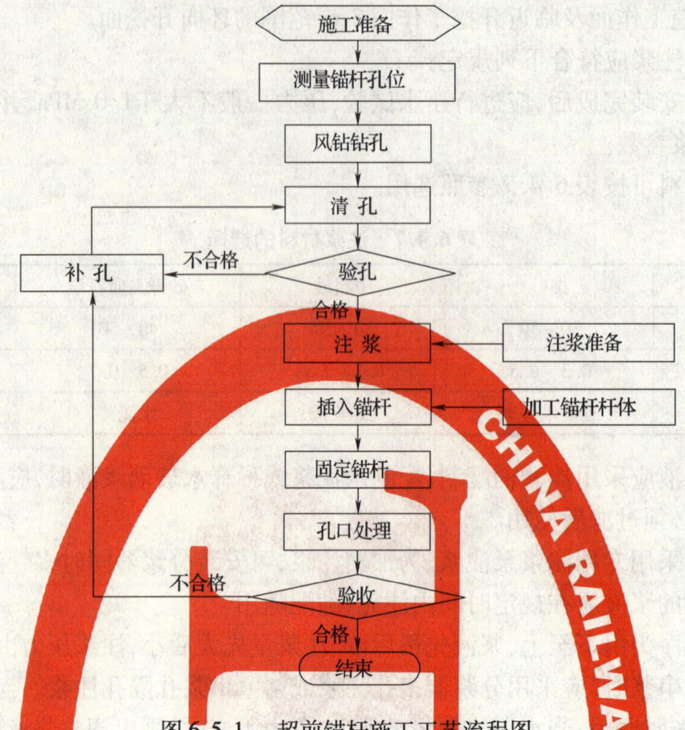

图 6.5.1　超前锚杆施工工艺流程图

4　推入锚杆，孔内多余的砂浆被挤出孔口，将锚杆端头与钢架焊接牢固。

6.6　超前管棚

6.6.1　在松散破碎的软弱围岩、浅埋地段或隧道围岩变形大时可采用管棚超前支护。

6.6.2　管棚超前支护参数的选择应满足下列要求：

1　管棚应采用热轧无缝钢管制作，必要时钢管内安装钢筋笼。

2　钢管直径应符合设计要求，一般为直径 70 ~ 180 mm，钢管中心间距宜为管径的 2 ~ 3 倍。

3　管棚长度应根据地层情况选用，一般为 10 ~ 40 m。

4　管棚外插角一般为 0° ~ 3°（不包括路线纵坡）。

5　管棚的终端位置应达到防护对象的长度加上因开挖而造成的开挖工作面松弛范围的长度。纵向两组管棚的搭接长度应符合设计要求并应大于 3 m。

6.6.3　管棚钻机的选择应满足下列要求：

1　应具备可钻深孔的大扭矩，又要有能破碎地层中坚硬孤石的高冲击力。

2　应能准确定位、可多方位钻孔、深孔钻进精确度高。

3　轻便、移动灵活方便。

6.6.4　管棚钻孔、安设施工应符合下列规定：

1　当钻进地层易于成孔时，一般采用先钻孔、后插管（引孔顶入法）的方法。即钻孔完成经检查合格后，将管棚连续接长，由钻机旋转顶进将其装入孔内。

2　当地质状况复杂，遇有砂卵石、岩堆、漂石或破碎带不易成孔时，可采用跟管钻进工艺，即将套管及钻杆同时钻入，成孔后取出内钻杆，顶进棚管，拔出外套管。

3 每循环管棚施工前,应开挖管棚工作室,工作室大小根据钻机要求确定。管棚施工前,在长管棚设计位置安放至少三榀用工字钢组拼的管棚导向拱架,导向拱架内设置孔口管作为长管棚的导向管,要求在钻机作业过程中导向拱架不变形、不移位。

4 洞口管棚一般采用套拱定位,套拱部位开挖应视现场地质条件及配套设备确定,要做到套拱底脚坚实、孔口管位置准确。

5 管棚节间用丝扣连接。管棚单序孔第一节长6(9)m,双序孔第一节长3(4.5)m,其余管节长度均为6(9)m。

6 管棚安装后,管口用麻丝和锚固剂封堵钢管与孔壁间空隙,连接压浆管及三通接头。

7 管棚注浆前,应向开挖工作面、拱圈及孔口管周围岩面喷射厚10 cm厚的C25混凝土,以防钢管注浆时岩面缝隙跑浆。

8 注浆后及时扫排管内胶凝浆液,用水泥砂浆充填密实;对于非压浆孔,直接充填即可。

6.6.5 管棚引孔顶入法工艺流程见图6.6.5。

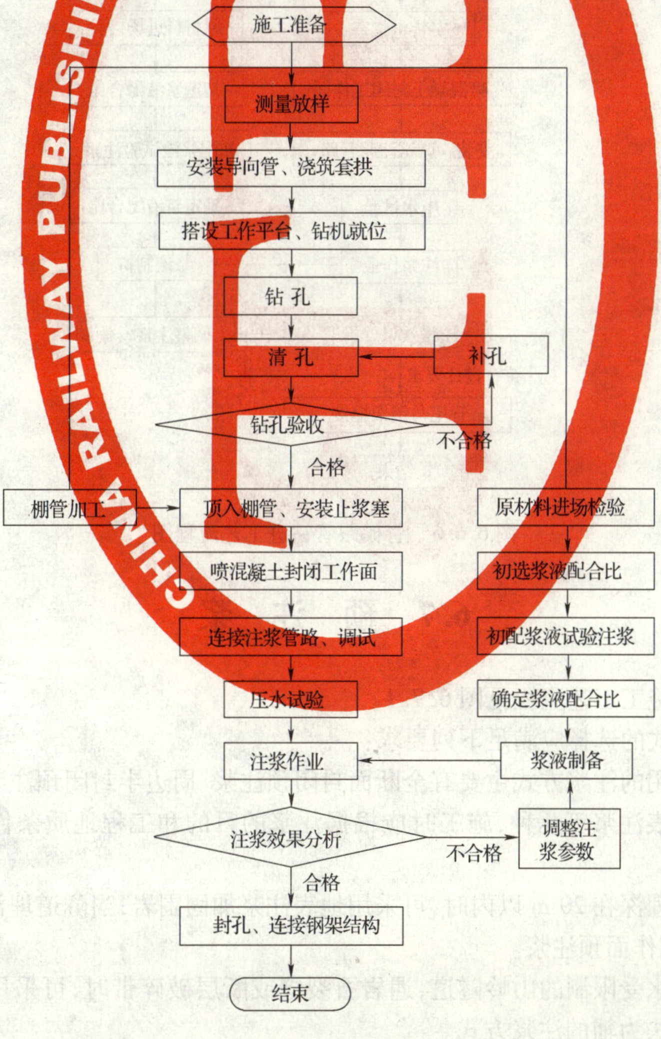

施工准备
测量放样
安装导向管、浇筑套拱
搭设工作平台、钻机就位
钻 孔
清 孔
补孔
钻孔验收
不合格
合格
棚管加工
顶入棚管、安装止浆塞
原材料进场检验
喷混凝土封闭工作面
初选浆液配合比
连接注浆管路、调试
初配浆液试验注浆
压水试验
确定浆液配合比
注浆作业
浆液制备
注浆效果分析
不合格
调整注浆参数
合格
封孔、连接钢架结构
结束

图6.6.5 管棚引孔顶入法施工工艺流程图

6.6.6　管棚跟管钻进工艺流程见图 6.6.6。

图 6.6.6　管棚跟管钻进工艺流程图

6.7　预　注　浆

6.7.1　预注浆施工工艺流程见图 6.7.1。

6.7.2　注浆方式的选择应满足下列要求：

1　目前常用的注浆方式主要有全断面封闭预注浆、周边半封闭预注浆、小导管注浆、局部预注浆、地表注浆等几种，施工时应根据注浆的目的和工程地质条件等因素综合考虑。

2　当隧道埋深在 20 m 以内时，可采用地表注浆加固围岩；当隧道埋深超过 20 m 时，则应采用开挖工作面预注浆。

3　对于排水受限制的山岭隧道，遇岩石裂缝或断层破碎带时，可采用以全断面注浆为主，局部注浆法为辅的注浆方式。

4　围岩破碎、裂隙发育，可采用周边半封闭预注浆为主，辅以小导管注浆进行堵水和

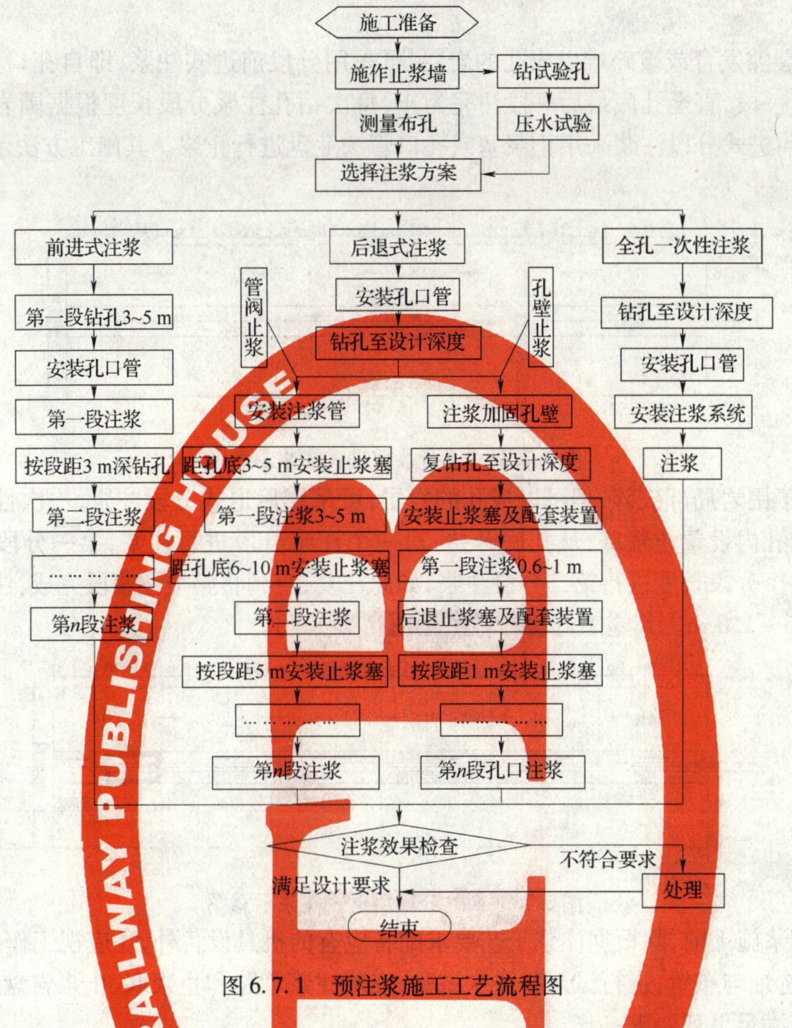

图 6.7.1 预注浆施工工艺流程图

加固。

5 断面较小的单线隧道，岩层松散和断层破碎带，可用小导管注浆加固围岩。

6 裂隙集中涌水，可采用小导管局部注浆堵水。

6.7.3 根据设计和围岩情况可采用全孔一次性注浆、分段前进式注浆、分段后退式注浆三种方式，其适用条件和施工方法如下：

1 对孔深小于6 m或地层裂隙较均匀的地层，可采取全孔一次性注浆，直接将注浆管路接在孔口管上，或在孔口处设止浆塞，利用孔口管进行全孔注浆施工，其施工方法示意图见图6.7.3—1。

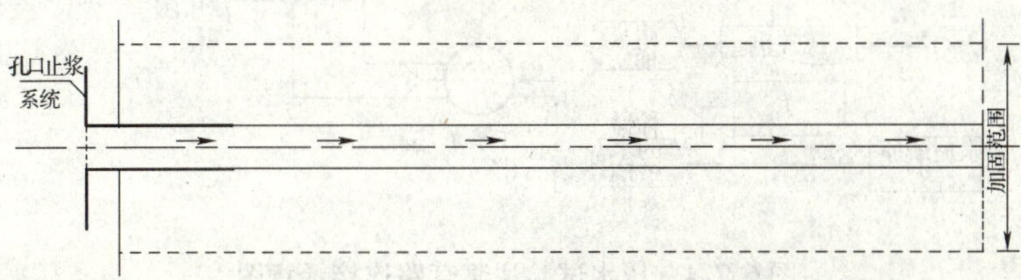

图 6.7.3—1 全孔一次性注浆示意图

2 如果钻孔较深，为了适应软弱破碎围岩和裂隙不均匀地层，保证注浆质量，需要将全孔分为若干段进行注浆。根据钻孔和注浆顺序，又可分为分段前进式或后退式注浆两种：

1）在裂隙发育或破碎难以成孔的岩层，可采用分段前进式注浆，即自孔口开始，钻进一段，注浆一段，直至孔底最后一段注完为止，每次钻孔注浆分段长度根据围岩情况定为3～5 m。前进式分段注浆采用止浆塞或孔口管法兰盘进行止浆。其施工方法示意图见图6.7.3—2。

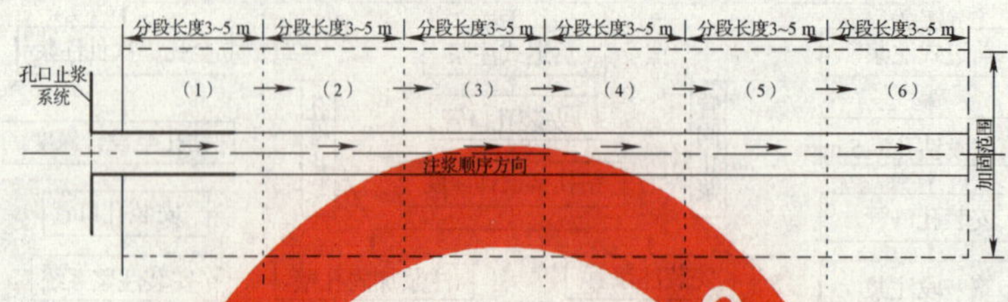

图6.7.3—2　分段前进式注浆示意图

2）对于围岩局部破碎，但可以成孔的岩层，可采用后退式分段注浆，一次性钻至全孔深，而后在孔内设置止浆塞，从孔底开始，对一个注浆分段进行注浆，第一分段注浆完成后，后退一个分段长度进行第二分段注浆，如此往复，直到将整个注浆段完成，注浆分段长度宜取0.6～1.0 m。其施工方法示意图见图6.7.3—3。

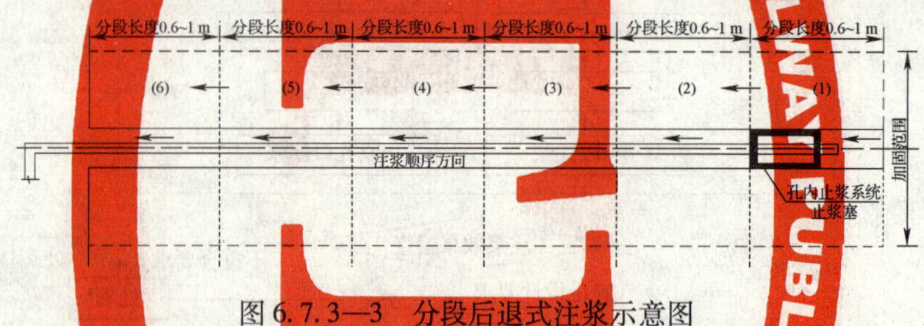

图6.7.3—3　分段后退式注浆示意图

6.7.4　注浆施工前，除根据注浆工艺要求配备应有的机具设备外，还应视工作条件，做好注浆站的选址与布置，进行试泵与注水试验，安装注浆管路和止浆塞、止浆岩盘，然后制浆压注，并应满足下列要求：

1　注浆工作站的布置：注浆工作站应尽量靠近工作面，泵站布置不仅要考虑紧凑、操作方便，并应加强通风防尘。若场地狭窄，应采用移动式的注浆工作站。

2　压水试验：注浆前应进行压水试验，以测定岩层的吸水性，核实岩层的渗透性，为注浆时选取泵量、泵压及浆液配方等提供参考依据，同时冲洗钻孔，检查止浆塞效果和注浆管路是否有跑水、漏水现象，注浆管路可参照图6.7.4进行连接。

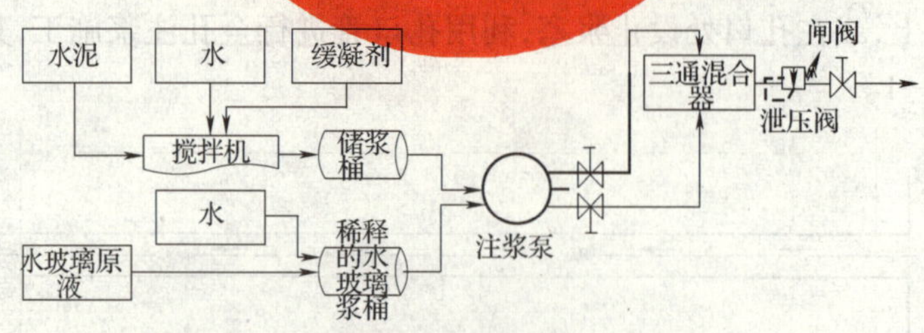

图6.7.4　压水试验注浆管路连接示意图

6.7.5　注浆材料及浆液配比的选择应满足下列要求：

1　注浆材料及浆液配比应根据工程地质、水文地质条件、注浆目的、注浆工艺、设备和成本等因素选择和调整。

2　注浆材料应来源广、价格适宜。

3　注浆材料形成的浆液具有良好的流动性、可灌性。

4　注浆材料凝胶时间可根据需要调节、固化时收缩小，浆液与围岩、混凝土、砂土等黏结力强，固结体具有高强度和良好的抗渗性、稳定性、耐久性。

5　注浆材料和固结体无毒、无污染、对人体无害。

6　注浆材料要求的注浆工艺及设备简单、操作安全方便。

7　一般情况下应采用水泥基浆材，不宜采用化学浆材。

8　在淤泥质、粉质黏性土、全风化、中强风化及断层破碎带富水和动水条件下宜采用普通水泥－水玻璃双液浆，在砂层中宜采用超细水泥－水玻璃双液浆。

9　注浆前检查注浆材料数量能否满足连续注浆要求，如不能保证连续注浆要求，则要等补足数量或有运输保障供应的情况下才能注浆。

6.7.6　注浆设备的选择应满足下列要求：

1　钻机可选用回转式、冲击式钻机及凿岩机等，注浆孔径一般为 ϕ70 mm ~ ϕ130 mm，钻孔机具应满足注浆段长的要求。

2　在注水泥浆时，宜采用单液注浆泵或泥浆泵；注砂浆时则采用专用砂浆泵；在注双液浆时应采用双液注浆泵。注浆泵的最大压力应达到设计压力的 1.5 ~ 2.0 倍。

3　注浆管根据设计要求选用相应规格的钢管加工或选用袖阀管、TSS 管。

6.7.7　钻孔作业应符合下列规定：

1　钻孔顺序宜先钻内圈孔后外圈孔，先无水孔后有水孔。

2　钻机安装应平整稳固，保证钻杆中心线与设计注浆孔中心线相吻合，在钻孔过程中要经常检查校正钻杆方向。注浆孔的孔底偏差应不大于孔深的 1/40 孔深，检查孔的孔底偏差应不大于孔深的 1/80 孔深，其他钻孔的孔底偏差应小于 1/60 孔深或符合设计规定。

3　钻孔 2 m 后应安装孔口管或注浆管，测量水压力及涌水量，并按表格填写记录，主要内容有按孔号、进尺、起始时间、岩石裂隙发育情况、出现涌水位置、涌水量和涌水压力等。

4　在涌水量大、压力高的地段钻孔时，应先设置带闸阀的孔口管，当出现大量涌水时，拔出钻具，关闭孔口管上的闸阀，再进行注浆；当开挖工作面围岩破碎，应先设置止浆墙和孔口管，孔口管埋入止浆墙深度随最大注浆压力而定，孔口管宜为直径不小于 90 mm 无缝钢管。

6.7.8　注浆作业应符合下列规定：

1　注浆施工前应对不同水灰比、掺加不同掺和料和不同外加剂的浆液进行试验，选择适合的浆液和配比，按照配比准确计量，严格按顺序加料，拌和后的浆液必须经筛网过滤后方可进入注浆机。

2　止浆墙施作位置及结构形式要根据现场情况和堵水方式来确定，止浆墙厚度一般宜为 3 ~ 8 m，施工时根据需要选取；止浆墙位置的隧道断面应适当扩大 50 ~ 100 cm，必要时可安装少量的径向锚杆，确保止浆墙的稳定；止浆墙施工时，可在周边及拱部预埋注浆管，正式注浆开始时，首先进行注浆填充空隙；待止浆墙混凝土强度达到设计强度的 75% 以上后方可开始钻孔注浆施工。

3　分段注浆时，应设置止浆塞，止浆塞可采用气囊、水囊或橡胶止浆塞，并能承受注浆终压的要求,亦可采用孔口止浆方式。

4 注浆过程中应根据浆液扩散情况、注浆量、注浆压力等参数调整注浆材料和配比。

5 注浆过程中应做好施工记录,包括孔位、孔径、孔深、浆液配比、注浆压力、注浆量、跑浆、串浆等。

6.7.9 注浆结束的标准应满足下列要求:

1 单孔结束标准:注浆压力逐步升高至设计终压,则继续注浆 10 min 以上,进浆量小于初始进浆量的 1/4,检查孔涌水量小于0.2 L/ min。

2 全段注浆结束标准:所有注浆孔均符合单孔结束条件,注浆后隧道预测涌水量小于1 $m^3/(d \cdot m)$。

6.7.10 注浆结束后,经检查确认浆液固结体达到设计规定的强度后才进行隧道开挖。

6.7.11 当注浆施工中出现异常情况时,应采取下列方法进行处理:

1 钻孔过程中遇见突泥、突水情况,立即停钻,进行注浆处理。

2 在开挖工作面有小裂隙漏浆,先用水泥浸泡过的麻丝填塞裂隙,并调整浆液配比,缩短凝胶时间,若仍跑浆,在漏浆处用风钻钻浅孔注浆固结。

3 当注浆压力突然升高,则只注纯水泥浆或清水,待泵压恢复正常时,再进行双液注浆,若压力不恢复正常,则停止注浆,检查管路是否堵塞。

4 当进浆量很大,注浆压力长时间不升高时,应调整浆液浓度及配合比,缩短凝胶时间,进行小泵量、低压力注浆,使浆液在岩层裂隙中有相对停留时间,便于凝胶;有时也可以进行间歇式注浆,但停留时间不能超过浆液凝胶时间。

5 注浆发生堵管时,先打开孔口泄压阀,再关闭孔口进浆阀,然后停机,查找原因,迅速进行处理。

6 注浆结束时,应先打开泄压管阀门,再关闭进浆管阀门并用清水将注浆管冲洗干净后方可停机。

6.8 基底处理

6.8.1 隧道基底处理一般可采用旋喷桩、树根桩、灰土挤密桩、注浆加固等方法。

6.8.2 旋喷桩适应于砂类土、黏性土、黄土和淤泥等的隧道基底加固。

6.8.3 树根桩适用于淤泥、淤泥质土、黄土、黏性土、粉土、砂土、碎石土及人工填土等的隧道基底加固。

6.8.4 灰土挤密桩适用于处理地下水位以上的湿陷性黄土、素填土和杂填土等隧道基底加固,处理深度一般为 5 ~15 m。

6.8.5 袖阀管注浆适合在软黏性土地层中劈裂注浆,是加固隧道底基础极为有效的方法,其通过上下两个阻塞器,能将浆液限定在注浆区段的任一层范围内进行注浆以达到分层注浆效果。袖阀管注浆应满足下列要求:

1 袖阀管系统注浆施工工艺流程见图 6.8.5。

2 钻孔作业应符合下列要求:

1) 钻孔过程中应采用套管跟进、泥浆循环护壁成孔,成孔后须立即清孔。

2) 在钻孔过程中应做好详细的钻孔记录,对钻孔进行地质描述,从而有利于下一步的注浆作业施工。

3）按设计要求完成钻孔，安设好袖阀注浆管后，将套管拔出。

3　袖阀注浆管的安设应符合下列要求：

1）在不注浆部位下 A 型袖阀注浆管，在注浆部位下 B 型袖阀注浆管，底部加下闷盖。

2）B 管为有孔管，并覆盖橡胶套。下管前必须在最下端一根 B 管上加下闷盖，然后利用丝扣连接下一根 B 管，直到连至注浆段长度。之后，开始连接 A 管，A 管连接至钻孔深度，并要求露出地面 10 cm。

3）由于钻孔较深，下管时可将连接好的袖阀注浆管分为 3 段，依次下入孔中，上段即将下完时，再在孔口连接下一段袖阀注浆管，直至完成袖阀注浆管的下管作业。

4）将袖阀注浆管沿套管内壁下到钻孔底部后，在顶部加上闷盖，然后拔出套管进行封孔作业。在孔底至距地面 3 m 段采用粗砂或砾石密实填充，在地表以下3 m至孔口部位采用速凝水泥砂浆填充封孔，以防止注浆时返浆。

5）下管过程中应尽量使袖阀注浆管保持竖直。

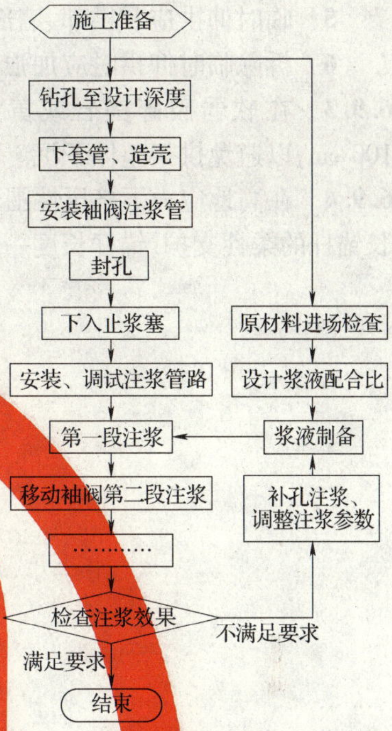

图 6.8.5　袖阀管注浆施工工艺流程图

4　注浆方式一般采取分段后退式注浆工艺，即利用止浆系统，在注浆带内由孔底进行注浆，每次注浆段长 0.6～1 m。注完第一注浆段后，将注浆芯管和止浆系统采用管箍上提至第二注浆段，进行第二注浆段的注浆，以此下去，直至完成注浆带。

6.9　其他辅助施工措施

6.9.1　隧道开挖工作面自稳能力差时可采用喷混凝土封闭、锚杆加固、开挖工作面注浆等形式配合分部开挖的施工，并应满足下列要求：

1　喷混凝土加固应和初喷同时进行，厚度一般宜为 10 cm 左右。

2　注浆加固可采用钢花管，布孔方式视开挖工作面情况确定，注浆方式宜采用发散约束型注浆。

3　锚杆加固可采用玻璃纤维锚杆或其他易拆除的锚杆。

6.9.2　在隧道穿过塌方体、膨胀岩、软弱破碎带等围岩段，为减少变形，常采用临时仰拱与各种分部开挖方法相配合的施工辅助措施，并应满足下列要求：

1　临时仰拱应根据围岩情况及量测数据确定设置区段，可采用型钢仰拱或格栅钢架喷混凝土等。

2　当需要提供水平支撑力时，临时仰拱应设置成水平直线型。

3　特殊情况下临时仰拱作为隧道内运输通道支撑时，可设置为下拱形，并配备纵向连接钢筋。

4　临时仰拱与边墙连接部位应施作锁脚锚管予以加强。

5　临时仰拱应和拱部、墙部初期支护同步施工、螺栓连接，以便迅速闭合。

6　拆除临时仰拱时应加强监控量测工作，必要时应对初期支护予以加强。

6.9.3　在软弱破碎围岩或黄土隧道分部开挖中，为减少变形，常将拱脚扩大 50 ~ 100 cm，以避免拱架整体下沉。

6.9.4　在高地应力下挤压性围岩、膨胀性围岩中，为控制变形，释放地应力，常采用配有长锚杆的柔性支护，锚杆长度一般为4 ~ 9 m。

7 钻爆开挖

7.1 一般规定

7.1.1 隧道开挖方法应根据地质条件、断面大小、结构形式、机械配备、周围环境等因素综合确定,开挖方法应有利于保护围岩的自承能力。

7.1.2 钻爆作业应符合以下规定:

1 开挖轮廓形状和断面尺寸应符合设计要求,尽量减小开挖轮廓线的放样误差,应采用激光指向仪、隧道激光断面仪等确定开挖轮廓线和炮眼位置。

2 通过爆破试验,选择合理的钻爆参数,并根据地质条件的变化和对振动波的监测,不断优化钻爆参数,实现光面爆破,把对围岩、支护及衬砌的扰动减到最低程度。

3 隧道开挖断面应以二次衬砌设计轮廓线为基准,考虑预留变形量、测量贯通误差和施工误差等因素适当放大,并应满足下列要求:

1)预留变形量应符合设计规定,或根据围岩级别、隧道宽度、埋置深度、施工方法和支护情况等条件,采用工程类比法确定。

2)测量贯通误差应符合现行铁道部现行《新建铁路工程测量规范》(TB 10101)的规定。

3)施工中应根据量测结果进行分析,及时调整预留变形量。

4 当两相对开挖工作面相距40 m时,两端施工应加强联系,统一指挥。当两开挖工作面间的距离剩下10~15 m时,应从一端开挖贯通。

5 爆破作业时,所有人员应撤至不受有害气体、振动及飞石伤害的安全地点;在有可能发生涌水、突水地段应加强开挖工作面与洞内后部工作点的联系。安全地点至爆破工作面的距离,在独头坑道内不应小于200 m,当采用全断面开挖时,应根据爆破方法与装药量计算确定安全距离。

6 隧道开挖中所使用爆破器材的运输、贮存、检验、再加工、使用和退库、销毁应符合国家有关法律、法规和现行国家标准《爆破安全规程》(GB 6722)的规定。施工中对爆破器材必须统一管理、发放,不符合要求的一律不准使用。

7.2 隧道超欠挖

7.2.1 隧道施工应严格控制超欠挖,允许超挖值应按表7.2.1进行控制。

表7.2.1 隧道允许超挖值(cm)

开挖部位 \ 围岩级别		Ⅰ	Ⅱ~Ⅳ	Ⅴ、Ⅵ
拱部	平均线形超挖	10	15	10
	最大超挖	20	25	15

续上表

开挖部位 \ 围岩级别		Ⅰ	Ⅱ～Ⅳ	Ⅴ、Ⅵ
边墙线形超挖		10	10	10
仰拱、隧底	平均线形超挖	10		
	最大超挖	25		

注：1　本表适用于炮眼深度不大于 3.0 m 隧道的开挖。炮眼深度大于 3.0 m 时，可根据实际情况另作规定。

2　平均线形超挖值 $=\dfrac{\text{超挖横断面积}}{\text{爆破设计开挖断面周长（不包括隧底）}}$。

3　最大超挖值是指最大超挖处至设计开挖轮廓切线的垂直距离。

4　表列数值不包括测量贯通误差、施工误差。

5　测量方法可选用表 7.2.2 列出的办法进行。

6　超过表 7.2.1 所列数值的部分按局部坍塌处理。

7.2.2　隧道超欠挖的测定方法见表 7.2.2。

表 7.2.2　隧道超欠挖的测定方法

测定方法及采用的仪器	方 法 简 述
利用激光束测定	用激光指向仪或激光经纬仪射在开挖工作面上的光束测定特定部位的超欠挖的线性值
用全站仪测定	在要测的点位黏贴反光片，用全站仪测定各点的三维坐标，通过计算绘制开挖断面，与设计断面进行比较
用激光隧道限界测量仪测定	由免棱镜测距全站仪和手提电脑组成，对开挖工作面（或任一断面）测量，直接打印出设计断面与实际断面，并标出设定点的超欠挖值
用二次衬砌轮廓刚架作基准测定	当防水板铺设专用台车移动时，用直尺量取需测定点至轮廓刚架的最小距离，并考虑喷混凝土的厚度，以确定超欠挖值

7.2.3　隧道开挖应严格控制欠挖，当围岩完整、石质坚硬时，允许岩石个别突出部分侵入衬砌不大于 5 cm（每 1 m^2 不大于 0.1 m^2）；拱脚和墙脚以上 1 m 范围内严禁欠挖。

7.2.4　隧道周边炮眼痕迹保存率是衡量开挖面平整度的一个指标，炮眼痕迹保存率应满足表 7.2.4 的规定。

表 7.2.4　各种围岩周边炮眼痕迹保存率

围岩性质	硬　岩	中 硬 岩
炮眼痕迹保存率	≥80%	≥60%

注：炮眼痕迹保存率 =（残留有痕迹的炮眼数/周边眼总数）×100%。

7.3　钻 爆 设 计

7.3.1　隧道开挖应根据工程地质条件、开挖断面、开挖方法、掘进循环进尺、钻眼机具和爆破器材等结合爆破振动要求进行钻爆设计。施工中应根据爆破效果不断调整爆破参数。

7.3.2　钻爆设计的内容应包括炮眼（掏槽眼、辅助眼、周边眼、底板眼）的布置、深度、斜率和数量，爆破器材、装药量和装药结构，起爆方法和爆破顺序，钻眼机具和钻眼要求、主要技术经济指标及必要的说明等。

7.3.3　掏槽眼的形式有直眼掏槽、楔形掏槽，施工中应根据隧道断面大小、围岩级别以及爆破振动等要求选定。

7.3.4 炮眼布置应符合下列规定：

1 周边眼应沿隧道开挖轮廓线布置。

2 辅助炮眼应交错均匀布置在周边眼与掏槽眼之间。

3 周边炮眼与辅助炮眼的眼底应在同一垂直面上，掏槽炮眼应加深 10～20 cm。

7.3.5 隧道爆破应采用光面爆破或预留光爆层爆破，光面爆破参数应通过试验确定（试验方法见附录 B）。当无试验条件时，有关参数可参照表 7.3.5 选用。

表 7.3.5 光面爆破参数

岩石类别	周边眼间距 E(cm)	周边眼抵抗线 W(cm)	相对距离 E/W
极硬岩	50～60	55～75	0.8～0.85
硬岩	40～55	50～60	0.8～0.85
软质岩	30～45	45～60	0.75～0.8

注：1 表列参数适用于炮眼深度 1.0～3.5 m，炮眼直径 40～50 mm，药卷直径 20～35 mm。

2 当断面较小或围岩软弱破碎或对开挖成形要求较高时，周边眼间距 E 应取较小值。

3 周边眼抵抗线 W 值应大于周边眼间距 E 值。软岩取较小的 E 值时，W 值应适当增大。E/W：软岩取小值，硬岩及小断面取大值。

4 装药集中度 q 以装药长度的平均线装药密度计，一般为 0.04～0.4 kg/m，过大易破坏光爆壁面，施工中应根据炸药类型和爆破试验确定。

7.3.6 根据地质、水文条件和炮眼选择适当的炸药品种和型号。掏槽眼宜选用高猛度的炸药；周边眼宜选用低密度、低爆速、低猛度或高爆力的炸药。采用导爆管和毫秒雷管起爆，毫秒雷管系列的选用应根据钻爆设计所需的段位数和便于操作确定。

7.3.7 爆破效果应满足下列要求：

1 硬岩无剥落；中硬岩基本无剥落；软弱围岩无大的剥落或坍塌。

2 钻杆外插角是控制超欠挖的关键，两次爆破形成的台阶尺寸因钻孔机械的不同而相差甚大，应尽量减小台阶尺寸并不宜大于 15 cm。

3 开挖轮廓符合设计要求，开挖面平整。

4 爆破进尺达到设计要求，渣块块度满足装渣要求。

5 炮眼痕迹保存率应符合本技术指南第 7.2.4 条规定并在开挖轮廓面上均匀分布。

6 超欠挖应符合本技术指南第 7.2.1 条、第 7.2.3 条规定。

7.3.8 在浅埋、软弱破碎围岩、邻近有建筑物等特殊情况地段爆破时，应用仪器检测围岩爆破振速和扰动范围，并采取措施控制爆破对围岩的扰动程度。爆破振动应监测下列对象：

1 对洞口附近的建筑物和构筑物的振动。

2 对浅埋隧道地表的建筑物和构筑物的振动。

3 对相邻隧道或地下构筑物的振动。

4 每一新的爆破设计实施时对新喷混凝土、刚脱模的二次衬砌混凝土的振动等。

7.3.9 特殊环境下爆破作业中应对噪声、空气污染和粉尘进行监测。

7.3.10 水下隧道应采用微震动爆破技术：选用低爆速炸药、浅眼弱爆破、加密周边眼、短进尺。掏槽眼按抛掷爆破设计；辅助眼按弱爆破设计；周边眼按光面爆破设计，围岩完整时可采用预裂爆破。

7.3.11　土质隧道采用机械开挖时，开挖轮廓线内不小于 30 cm 的围岩应用人工挖除、修整。

7.4　钻　眼

7.4.1　钻眼作业应符合下列要求：

1　炮眼的深度和斜率应符合钻爆设计。

2　当采用手持凿岩机钻眼时，掏槽眼眼口间距和眼底间距的允许误差为 ±5 cm；辅助眼眼口间距允许误差为 ±10 cm；周边眼眼口位置允许误差为 ±5 cm，眼底不得超出开挖断面轮廓线 15 cm。

3　当开挖面凹凸较大时，应按实际情况调整炮眼深度及装药量，使周边眼和辅助眼眼底在同一垂直面上。

4　钻眼完毕，按炮眼布置图进行检查并做好记录，对不符合要求的炮眼应重钻，经检查合格后方可装药。

5　采用手持凿岩机凿眼，当凿眼高度超过 2.5 m 时应配备与开挖断面相适应的作业台架进行凿眼；钻孔作业应定人定岗，尤其是左右侧周边眼司钻工不宜变动。

6　当采用凿岩台车开挖时，对钻眼的要求，可根据台车的构造性能结合实际情况另行规定。

7.4.2　提高光面爆破效果应采用下列技术措施：

1　周边轮廓线和炮眼的放样宜采用隧道激光断面仪或其他类似的仪器，尽量减少人工操作。周边轮廓线的放样允许误差应为 ±2 cm。

2　周边眼间距与抵抗线的相对距离要合理，通常减小周边眼间距，爆破后轮廓成形好。

3　装药结构应均匀分布，眼底可相对加强一些。

4　周边眼开眼位置视围岩软硬稍作调整：硬岩在轮廓线上；软岩可向内偏移 5 ~ 10 cm。

5　尽量减小周边眼外插角的角度，孔深小于 3 m 时外插角的允许斜率宜为孔深的 ±5%；孔深大于 3 m 时外插角斜率宜为孔深的 ±3%；外插角的方向应与该点轮廓线的法线方向相一致。并应根据不同的炮眼深度，适当调整斜率。

6　当隧道断面较大或地表建筑物对振动要求较严时，可采用小导洞超前，隧道开挖以“层层剥皮”成形，既能减轻爆破振动，又可提高光面爆破效果。

7.5　装　药

7.5.1　装药作业应符合下列要求：

1　爆破工装药前，应与班组长、领工员对装药开挖工作面附近及炮眼等进行全面检查，对检查出的问题及时处理。

2　炮眼内岩粉应清理干净。

3　炮眼缩孔、坍塌或有裂缝时不得装药。

4　装药作业与钻孔作业不能在同一开挖工作面进行。

7.5.2 装药结构应符合下列规定：

1 常用的周边眼装药结构有小直径连续装药、间隔装药、导爆索装药和空气柱状装药，见图7.5.2—1～图7.5.2—4。一般情况下宜选用小直径连续装药或间隔装药结构；软岩可采用导爆索装药结构；当眼深不大于2 m时，可采用空气柱状装药结构。

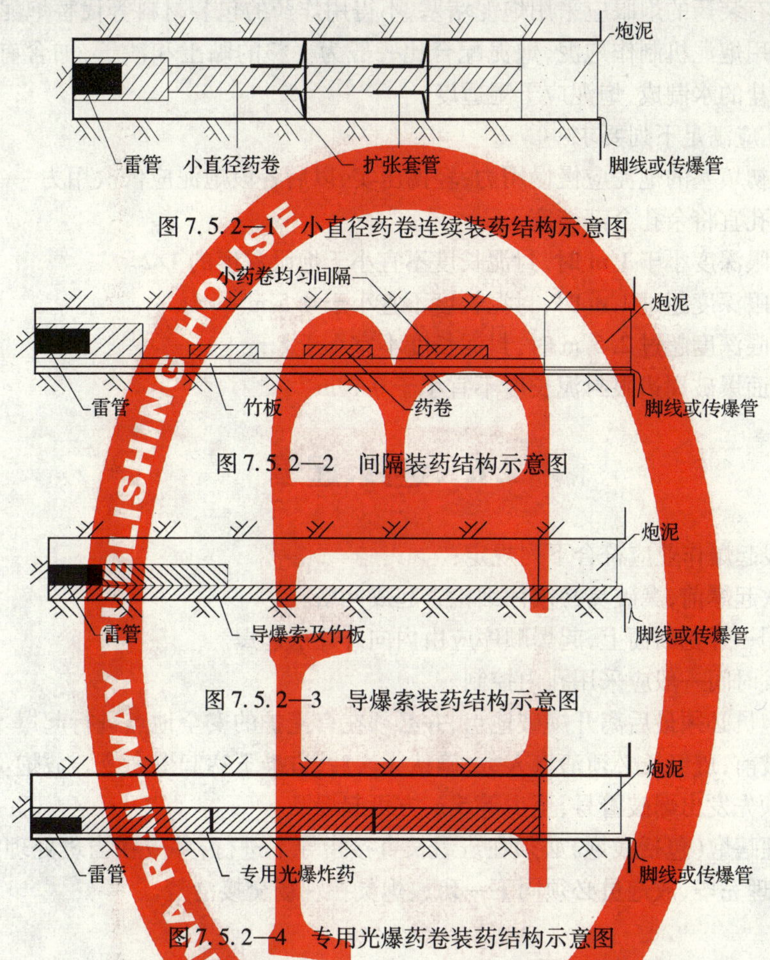

图7.5.2—1 小直径药卷连续装药结构示意图

图7.5.2—2 间隔装药结构示意图

图7.5.2—3 导爆索装药结构示意图

图7.5.2—4 专用光爆药卷装药结构示意图

2 为提高炸药的能量和爆破效果，应采用反向装药结构；在有瓦斯、煤尘爆炸危险的开挖工作面应采用正向装药结构。

3 周边眼按药卷直径不同应采用连续装药或间隔装药结构，其他眼应采用连续装药结构。

7.5.3 装药作业应符合下列规定：

1 尽量采用装药机（有乳化炸药装药机、粉状炸药装药机）装药，以提高装药效率，减少不安全因素。

2 清孔：装药前，采用掏勺或压缩空气吹眼器清除炮眼内的岩粉、积水，防止堵塞，使用压缩空气吹眼器时应避免炮眼内飞出的岩粉、岩块等杂物伤人。

3 验孔：炮眼清理完成后，应采用炮棍检查炮眼深度、角度、方向和炮眼内部情况。发现炮眼不符合要求的，及时处理。

4 装药方法：验孔完成后，爆破工必须按作业规程、爆破设计规定的炮眼装药量、起爆段位进行装药。装药时要一手抓住雷管的脚线，另一手用木质或竹质炮棍将放在眼口处的药卷轻轻的推入炮眼底，使炮眼内各药卷间彼此密接，推入时，用力要均匀。

5 正向装药的起爆药卷最后装入，起爆药卷和所有的药卷的聚能穴朝向眼底；反向装药起爆药卷首先装入，起爆药卷和所有的药卷的聚能穴朝向眼外。

6 堵孔炮泥应满足下列要求：

1）所有装药的炮眼应采用炮泥堵塞，不得用炸药的包装材料等代替炮泥堵塞。

2）宜用炮泥机制作炮泥，炮泥配合比一般为 1∶3的黏土和沙子，加含有 2% ～3%食盐的水制成，炮泥应干湿适度。

7 封孔应满足下列要求：

1）最初填塞的炮泥应慢慢用力，轻捣压实，以后各段炮泥应依次用力一一捣实。

2）浅孔宜将余孔全部堵塞。

3）炮眼深度小于 1 m 时，封泥长度不宜小于炮眼深度的 1/2。

4）炮眼深度超过 1 m 时，封泥长度不宜小于 0.5 m。

5）炮眼深度超过 2.5 m 时，封泥长度不宜小于 1 m。

6）光面爆破周边眼封泥长度不宜小于 0.3 m。

7.6 连线、起爆

7.6.1 连线起爆作业应符合下列规定：

1 每次起爆前，爆破员必须仔细检查起爆网络。

2 在同一开挖断面上，起爆顺序应由内向外逐层起爆。

3 延发时间一般应采用孔内控制。

4 放炮员必须最后离开爆破地点，并必须在有掩护的安全地点进行起爆。

5 爆破前，班组长必须清点人数，确认无误后，方准下达起爆命令。放炮员接到起爆命令后，必须先发出爆破警号，至少等 5 s，方可起爆。

7.6.2 处理瞎炮（包括残炮）必须在班组长直接指导下进行，并应在当班处理完毕，如果当班未能处理完毕，放炮员必须同下一班放炮员在现场交接清楚。

8 初期支护

8.1 喷混凝土

8.1.1 喷混凝土施工工艺流程见图 8.1.1。

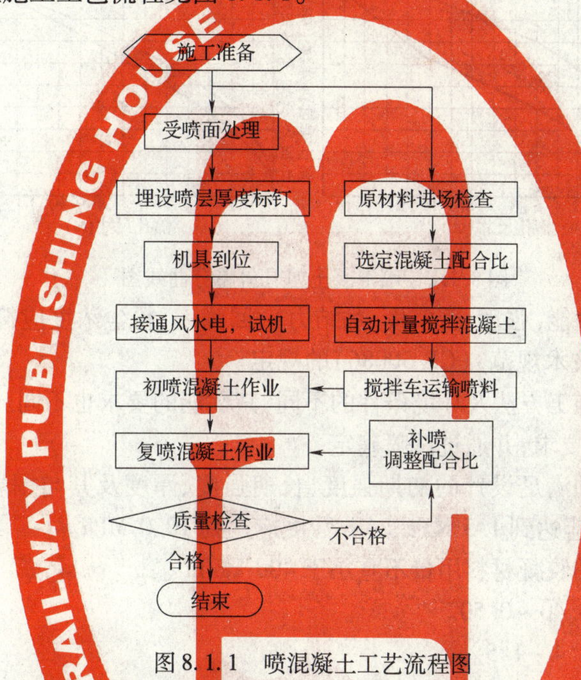

图 8.1.1 喷混凝土工艺流程图

8.1.2 喷混凝土的材料应符合下列规定：

1 喷混凝土材料进场必须进行检验，除符合国家现行的有关标准外，并应符合表 8.1.2 要求。

2 喷混凝土用的骨料级配宜控制在图 8.1.2 所给的范围内。

8.1.3 喷混凝土的配合比应符合下列规定：

表 8.1.2 喷混凝土原材料技术要求

材料名称	技 术 要 求
水泥	1)应优先采用硅酸盐水泥或普通硅酸盐水泥，强度等级不宜低于42.5 MPa。 2)遇含有较高可溶性硫酸盐地层或地下水地段，应按侵蚀类型和侵蚀程度采用相应的抗硫酸盐水泥；水泥的安定性、凝结时间均应合格。骨料与水泥中的碱离子可能发生反应时，应选用低碱水泥；喷混凝土需要有较高早期强度时，可选用硫铝酸盐水泥或其他早强水泥。 3)有特殊要求时，应使用相应的特种水泥
砂、石	1)粗骨料应采用坚硬耐久的碎石或卵石(豆石)，或两者混合物。严禁选用具有潜在碱活性骨料，当使用碱性速凝剂时，不得使用含有活性二氧化硅的石料。喷混凝土中的石子最大粒径不宜大于15 mm，喷射钢纤维混凝土中的石子最大粒径不宜大于10 mm，骨料级配宜采用连续级配。按重量计含泥量不应大于1%，泥块含量不应大于0.25%。 2)细骨料应采用坚硬耐久的中砂或粗砂，细度模数应大于2.5。砂中小于0.075 mm的颗粒不应大于20%。含泥量不应大于3%，泥块含量不应大于0.5%

续上表

材料名称	技术要求
水	水质应符合工程用水的有关标准,水中不应含有影响水泥正常凝结与硬化的有害杂质,不应使用污水、海水、pH 值小于4.5的酸性水、硫酸盐含量按 SO_4^{2-} 计超过水重1%的水
外加剂	1)应对混凝土的后期强度无明显损失;对混凝土和钢材无腐蚀作用;不污染环境,对人体无害。采用低碱或无碱外加剂。 2)在使用外加剂前,应做与水泥的相容性试验及水泥净浆凝结效果试验,严格控制掺量;水泥净浆初凝时间不应大于5 min,终凝时间不应大于10 min

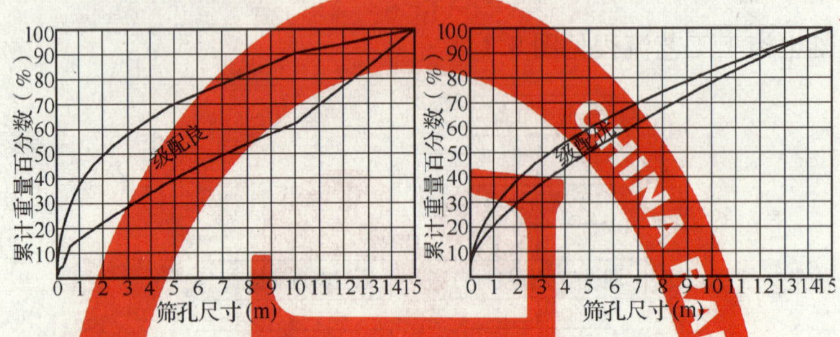

图8.1.2　喷混凝土粗骨料筛分曲线图

1　喷混凝土的性能(强度、密实度、黏结力)、回弹率、粉尘浓度应符合国家现行标准《锚杆喷混凝土支护技术规范》(GB 50086)的规定。

2　喷混凝土因施工方法及环境条件的不同,其性能的要求也不同。配合比应满足设计强度和喷射工艺的要求,并通过试喷确定。

3　喷混凝土必须满足设计的初期强度、长期强度、厚度及其与围岩面黏结力要求。湿喷混凝土3 h强度应达到1.5 MPa,24 h强度应达到10.0 MPa。

4　湿喷混凝土的胶凝材料用量不宜小于400 kg/m^3。

5　水胶比宜为0.40～0.50。

6　胶骨比宜为1∶4～1∶5。

7　骨料砂率宜为45%～60%。

8　混凝土拌和物的坍落度宜为8～13 cm(按喷射机性能选择)。

8.1.4　喷混凝土作业应符合下列规定:

1　喷混凝土应根据现场实际情况,优先采用湿喷工艺,某些特定条件下采用干喷工艺时,均应符合铁道部现行《铁路隧道喷锚构筑法技术规范》(TB 10108)、国家标准《锚杆喷混凝土支护技术规范》(GB 50086)的要求。

2　为确保喷射质量,尽快完成喷射作业,宜选定大容量的喷射机和喷射机械手。

3　喷混凝土的准备工作应满足下列要求:

1)检查开挖断面净空尺寸。

2)设置控制喷混凝土厚度的标志,一般采用埋设钢筋头作标志。

3)检查机具设备和风、水、电等管线路。

4)选用的空压机应满足喷射机工作风压和耗风量的要求;压风进入喷射机前必须进行油水分离;输料管应能承受0.8 MPa以上的压力,并应有良好的耐磨性能。

5)保证作业区内具有良好通风和照明条件。

6)喷射混凝土作业的环境温度不得低于5 ℃。

4 受喷岩面的处理应满足下列要求：

1)喷混凝土施工前，应对受喷岩面进行处理。一般岩面可用高压水冲洗受喷面上的浮尘、岩屑，当岩面遇水容易潮解、泥化时，宜采用高压风吹净岩面；若为泥、砂质岩面时可挂设细铁丝网(网格宜不大于20 mm×20 mm、线径宜小于3 mm)，用环向钢筋和锚钉或钢架固定，使其密贴受喷面，以提高喷混凝土的附着力。喷混凝土前，宜先喷一层水泥砂浆，待终凝后再喷混凝土。

2)受喷面的小股水或裂隙渗漏水宜采用岩面注浆或导管引排后再喷混凝土。

3)大面积潮湿的岩面宜采用黏结性强的混凝土，可通过添加外加剂、掺和料改善混凝土性能。

4)大股涌水宜采用注浆堵水后再喷射混凝土。

5 喷射作业应连续进行。喷射作业应分层、分段、分片，喷射顺序应自下而上，分段长度不宜大于6 m。

6 分层喷射时，一次喷混凝土的厚度不小于40 mm，后一层喷射应在前一层混凝土终凝后进行，若终凝1 h后再喷射，应先用风水清洗喷射表面。

7 初喷混凝土在开挖后及时进行，复喷应根据开挖工作面的地质情况分层、分时段进行喷射作业，以确保喷混凝土的支护能力和喷层的设计厚度；喷混凝土终凝后3 h内不得进行爆破作业。复喷混凝土的一次喷射厚度：拱部为50～100 mm，边墙为70～150 mm。

8 喷混凝土应强化工艺管理，降低喷射回弹率。喷混凝土的回弹量：墙部不应大于15%，拱部不应大于25%。

9 根据具体情况，变换喷嘴的喷射角度和与受喷面的距离，将钢架、钢筋网背后喷填密实，见图8.1.4—1、图8.1.4—2。必要时钢架背后采用注浆充填，并不得填充异物。

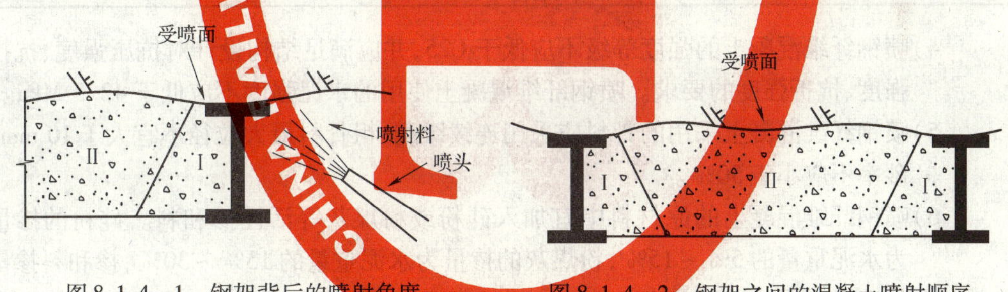

图8.1.4—1 钢架背后的喷射角度　　图8.1.4—2 钢架之间的混凝土喷射顺序

10 在喷边墙下部(台阶法施工上半断面拱脚)及仰拱时，需将上半断面喷射时的回弹物清理干净，防止将回弹物卷入下部喷层中形成“蜂窝”，而降低支护能力。

8.1.5 喷混凝土强度检验可从下列方法中选择：

1 用喷大板切割试块(100 mm的立方体)，在标准养护条件下养护28 d，用标准试验方法测得的极限抗压强度乘以0.95，测试方法见附录E。

2 当不具备制作抗压强度标准试块条件时，可喷制混凝土大板，在标准条件下养护7 d后，用钻芯机取芯制作试块，芯样边缘至大板周边的最小距离不小于50 mm。

3 可直接向边长150 mm的无底标准试模内喷射混凝土制作试块，抗压试验加载方向应与试块喷射成型方向垂直，其抗压强度换算系数应通过试验确定。

8.1.6 喷混凝土的厚度应符合下列规定：

1　平均厚度大于设计厚度。

2　检查点数的 80% 及以上大于设计厚度。

3　最小厚度不小于设计厚度的 2/3。

8. 1. 7　喷钢纤维混凝土应符合下列规定：

1　采用喷钢纤维混凝土做初期支护时，应根据围岩地质条件确定喷层厚度；喷钢纤维混凝土的韧度指标应满足围岩地质条件、变形量级和工程类型的要求。

2　喷钢纤维混凝土的材料应符合下列规定：

1）钢纤维内不得有明显的锈蚀、油脂及其他妨碍钢纤维与水泥黏结的杂质，其中因加工不良造成的黏连片、铁屑及杂质不应超过钢纤维重量的 1%。钢纤维内不得混有妨碍水泥硬化的化学成分。

2）钢纤维宜用普通碳素钢制成，钢纤维抗拉强度不得小于600 MPa，钢纤维应能承受一次弯折 90°不断裂。钢纤维长度宜为 20 ~ 35 mm，并不得大于输料软管以及喷嘴内径的 7/10 倍，等效直径为 0. 3 ~ 0. 8 mm，长径比为 30 ~ 80。

3）钢纤维掺量宜根据弯曲韧度指标确定，并应考虑到喷射时钢纤维混凝土各组分回弹率不同的影响。喷钢纤维混凝土的钢纤维的实际含量不宜大于 78. 5 kg/ m^3（体积率 1. 0%）。最小含量可依据钢纤维的长径比参照表 8. 1. 7—1 选用。

表 8. 1. 7—1　钢纤维混凝土中钢纤维的最小实际含量要求

钢纤维的长径比	40	45	50	55	60	65	70	75	80
最小实际含量（kg/ m^3）	65	50	40	35	30	25	20	20	20
最小实际体积率	0. 83	0. 64	0. 51	0. 45	0. 38	0. 32	0. 25	0. 25	0. 25

4）喷钢纤维混凝土的强度等级不应低于 C25，并应满足结构设计对抗压强度、抗拉强度、抗折强度的要求。喷钢纤维混凝土使用的水泥强度不应低于 42. 5 MPa。

5）喷钢纤维混凝土采用的骨料应采用连续级配，粗骨料最大粒径不宜大于 10 mm；砂率不应小于 50%。

6）喷钢纤维混凝土的原材料中宜加入硅粉或粉煤灰等活性掺和料。硅粉的掺量为水泥重量的 5% ~15%，粉煤灰的掺量为水泥重量的 15% ~30%，掺和料掺量的选择应通过试验确定。

7）喷钢纤维混凝土应采用无碱速凝剂，其掺量应根据凝结时间确定，通常可取水泥用量的 2% ~8%。并应掺入高效减水剂和增塑剂，其品种和剂量应通过试验或工程经验确定，并应经现场试喷检验。

3　喷钢纤维混凝土配合比设计应满足下列要求：

1）根据喷钢纤维混凝土抗压强度要求确定水胶比。

2）根据弯曲韧度比和弯拉强度要求确定钢纤维掺量。

3）根据和易性和输料性能确定水、胶凝材料用量。

4）根据骨料粒径和级配、砂的细度及和易性确定砂率。

5）水胶比及胶凝材料用量应符合本技术指南第 8. 1. 2 条及第 8. 1. 4 条规定。

4　喷钢纤维混凝土的拌和应满足下列要求：

1)喷钢纤维混凝土的拌和工艺应确保钢纤维在拌和物中分散均匀,不产生结团,宜优先采用将钢纤维、水泥、粗细骨料先干拌后加水湿拌的方法,干拌时间不得少于1.5 min;或采用先投放水泥、粗细骨料和水,在拌和过程中分散加入钢纤维的方法。

2)喷钢纤维混凝土的各种材料的重量,应按施工配合比和一次拌和量计算确定,各种材料的称量允许误差应符合表8.1.7—2的规定。

表8.1.7—2 材料称量的允许误差

材料名称	钢纤维	水泥、混合材	粗细骨料	水	外加剂
允许误差(%)	±2	±2	±3	±1	±2

3)钢纤维混凝土的拌和时间应通过现场拌和试验确定,不宜小于3 min(较普通混凝土规定的拌和时间延长1~2 min)。

4)喷钢纤维混凝土的表面宜再喷一层厚度为10 mm的水泥砂浆,其强度不应低于喷钢纤维混凝土的强度。

8.1.8 喷合成纤维混凝土施工应符合下列规定:

1 喷混凝土中的合成纤维宜采用聚丙烯纤维。

2 喷混凝土中所使用纤维长度宜为19 mm。

3 合成纤维抗拉强度不宜小于280 MPa。

4 合成纤维掺入量为0.9 kg/m^3。

5 拌和时间宜为4~5 min,且纤维已均匀分散成单丝,否则至少需要延长拌和时间30 s方可使用。

6 喷合成纤维混凝土的强度等级应符合设计要求,粗骨料粒径不宜大于20 mm。

7 喷合成纤维混凝土的水胶比宜为0.35~0.45。

8 合成纤维加入喷混凝土拌和料中时不需要改变原来的混凝土的配合比。

8.1.9 喷混凝土养护应符合下列规定:

1 喷混凝土终凝2 h后,应喷水养护,时间不得少于14 d。

2 气温低于5 ℃时不得喷水养护。

8.1.10 喷混凝土冬期施工应符合下列规定:

1 洞口喷混凝土的作业场所应有防冻保暖措施。

2 在结冰的层面上不得进行喷混凝土作业。

3 作业区的气温和混合料进入喷射机的温度不应低于5 ℃。

4 混凝土强度未达到6 MPa前,不得受冻。

8.2 锚 杆

8.2.1 砂浆锚杆施工工艺流程见图8.2.1。

8.2.2 中空锚杆的规格和性能指标应符合现行铁道行业标准《中空锚杆技术条件》(TB/T 3209—2008)的有关规定,中空锚杆施工工艺流程见图8.2.2。

8.2.3 自进式锚杆施工工艺流程见图8.2.3。

8.2.4 锚杆钻孔应符合下列规定:

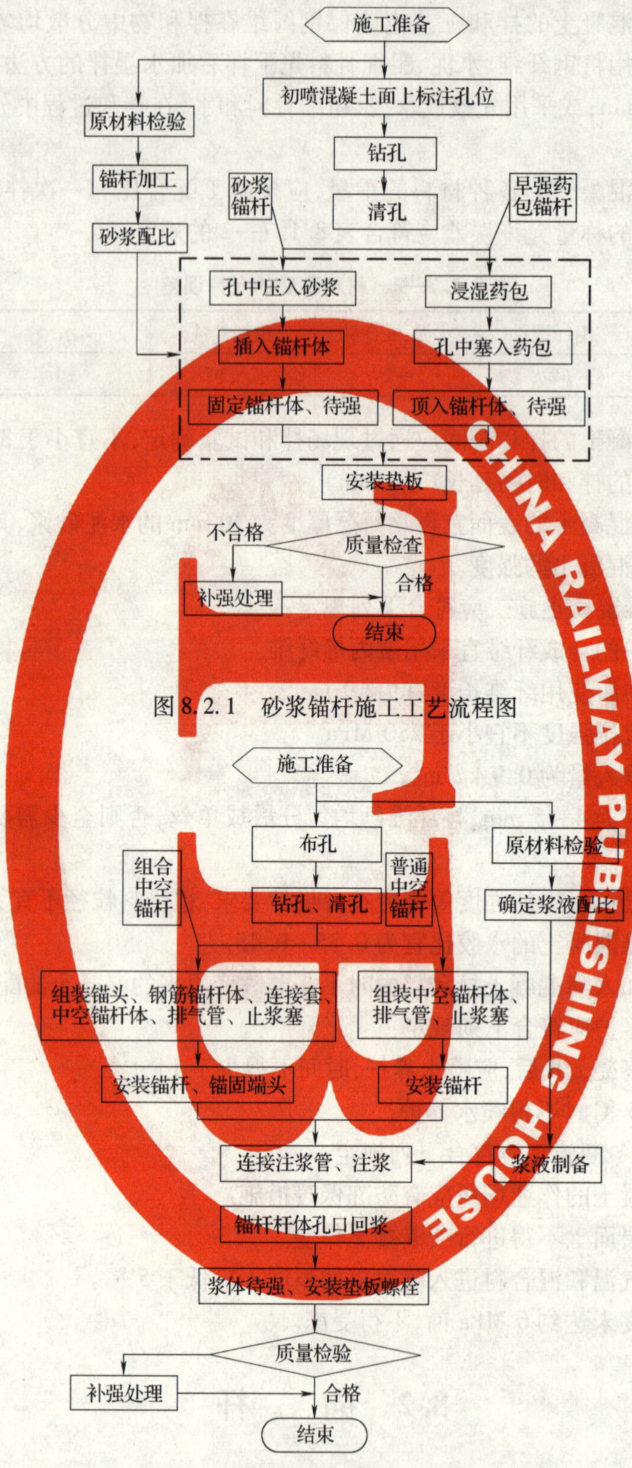

图 8.2.1　砂浆锚杆施工工艺流程图

图 8.2.2　中空锚杆施工工艺流程图

1　钻孔机具应根据锚杆类型、规格及围岩等情况选择。

2　按设计要求定出孔位，其允许偏差为 ± 150 mm。

3　钻孔应与围岩壁面或其所在部位岩层的主要结构面垂直。

4 钻孔应圆而直,锚杆的钻孔直径应大于杆体直径15 mm。

5 锚杆钻孔深度应大于锚杆设计长度10 cm。

6 砂浆锚杆深度的允许误差应为±50 mm。

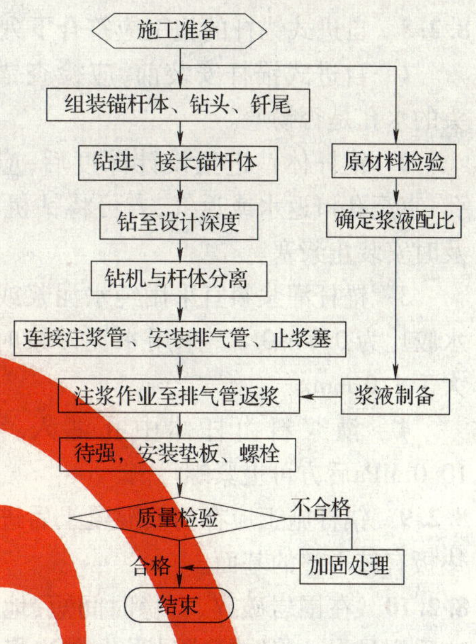

图8.2.3 自进式锚杆施工工艺流程图

8.2.5 全长黏结型锚杆施工应符合下列规定:

1 锚杆必须加垫板,垫板应用螺帽上紧并与喷层面紧贴。

2 锚杆插入长度不得小于设计长度的95%。

3 水泥砂浆锚杆的原材料、砂浆配合比应满足下列要求:

1)杆体宜用HRB335、HRB400级带肋钢筋,锚杆体材质的断裂伸长率不得小于16%,允许抗拉力与极限抗拉力应符合设计要求。

2)锚杆杆体使用前应平直、除锈、除油。

3)宜采用中细砂,粒径不应大于2.5 mm,使用前应过筛。

4)水泥砂浆强度不低于M20,砂胶比宜为1∶1~1∶2(重量比),水胶比宜为0.38~0.45。

4 灌浆作业应满足下列要求:

1)灌浆开始或中途停止超过30 min时,应用水或稀水泥浆润滑注浆罐及其管路。

2)灌浆注浆管应插至距孔底50~100 mm,随砂浆的注入缓慢匀速拔出,杆体插入后若孔口无砂浆溢出,应进行补注。灌浆压力不得大于0.4 MPa。

3)砂浆应拌和均匀,随拌随用,一次拌和的砂浆应在初凝前用完。

5 锚杆体插入孔内长度不应小于设计长度的95%。锚杆安装后不得随意敲击。

6 安装垫板和紧固螺帽应在砂浆体的强度达到10 MPa后进行。

8.2.6 普通中空锚杆施工应符合下列规定:

1 用于边墙或俯角下倾的锚孔时,锚孔灌浆可采用杆体中空通孔进浆,锚孔口排气的注浆工艺。

2 用于锚孔上倾的仰角时,锚孔灌浆必须采用锚孔口进浆、中空锚杆体的中空通孔作排气回浆管的注浆工艺。

8.2.7 组合中空锚杆施工应符合下列规定:

1 组合中空锚杆适用于拱部或锚孔上仰的部位。

2 组合中空注浆锚杆应采用钻孔壁与锚杆体间的空隙进浆。

3 组合中空锚杆用于锚孔向下倾斜的部位时,锚孔俯角不应大于30°。

4 组合中空锚杆注浆时,砂浆经中空锚杆体的中空内孔从连接套上的出浆口进入锚孔壁与钢筋杆体间的空隙,锚孔内的砂浆由下向上充盈,锚孔内的空气从排气管排出直至回浆,注浆完成后应立即安装堵头,见图8.2.7。

8.2.8　自进式锚杆的施工应符合下列规定：

1　自进式锚杆安装前，应检查锚杆体中孔和钻头的水孔是否畅通。

2　锚杆体钻进至设计深度后，应用水或空气洗孔，直至孔口返水或返气，方可将钻机和钎尾卸下，并及时安装止浆塞。

3　锚杆灌浆料宜采用纯水泥浆或1:1水泥砂浆，水胶比为0.4~0.5。采用水泥砂浆时砂子粒径不应大于1.0 mm。

4　灌浆料由杆体中孔灌入，水泥石强度达10.0 MPa后方可上紧螺母。

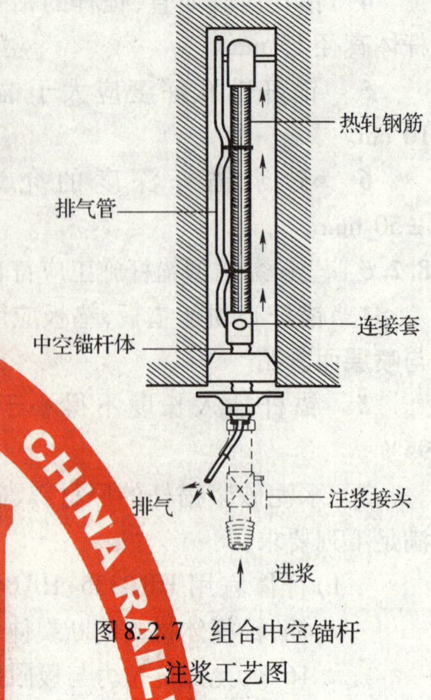

图8.2.7　组合中空锚杆注浆工艺图

8.2.9　锚杆施工应在初喷混凝土后进行，以保证锚杆垫板有较平整的基面。

8.2.10　在围岩破碎、自稳时间短、地应力较大地段，应采用早强砂浆锚杆或早强中空注浆锚杆，亦可采取增加锚杆数量、选用高强锚杆、加大锚杆长度和直径、加大钻孔直径、提高黏结材料的黏结性能等措施。

8.2.11　锚杆施工质量（长度、黏结材料饱满度）可采用无损检测方法进行检查；端锚式锚杆应作锚杆扭力矩－锚固力关系试验，并用标定的力矩拧紧螺母（垫板）。

8.2.12　水下隧道、地下水有腐蚀作用的隧道，锚杆和锚固砂浆应采取相应的防腐措施。

8.3　钢　筋　网

8.3.1　钢筋网施工应符合国家现行《锚杆喷射混凝土支护技术规范》（GB 50086）、《铁路隧道喷锚构筑法技术规范》（TB 10108）的规定。

8.3.2　钢筋网的材料应符合下列规定：

1　钢筋网材料宜采用HPB235钢，钢筋直径宜为6~8 mm。

2　网格尺寸宜采用150~300 mm，搭接长度应为1~2个网格，搭接方式为焊接。

3　钢筋应冷拉调直后使用，钢筋表面不得有裂纹、油污、颗粒或片状锈蚀。

8.3.3　钢筋网铺设应满足下列要求：

1　钢筋网应在初喷混凝土后安装，钢筋网应与锚杆连接牢固。

2　砂层地段应先铺挂钢筋网，沿环向压紧后再喷混凝土。

3　钢筋网应随受喷面的起伏铺设，与受喷面保持一定距离，并与锚杆或其他固定装置连接牢固。

4　开始喷射时，应减小喷头至受喷面的距离，并不断调整喷射角度。

5　喷射中如有脱落的石块或混凝土块被钢筋网卡住时，应及时清除。

8.4　钢　　架

8.4.1　钢架施工工艺流程见图8.4.1。

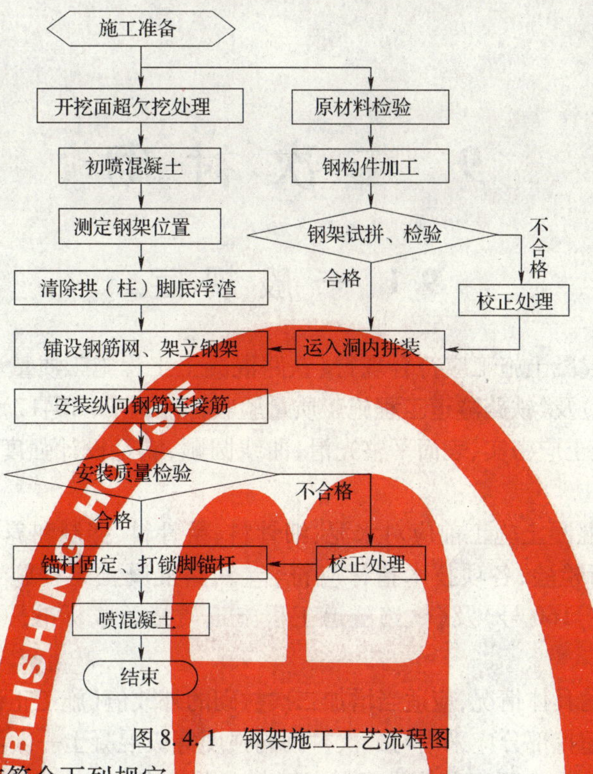

图 8.4.1 钢架施工工艺流程图

8.4.2 钢架加工应符合下列规定：

1 宜选用钢筋、型钢等制成。

2 型钢钢架宜采用冷弯成型；格栅钢架应采用胎膜焊接，并以 1:1 大样控制尺寸。

3 钢架加工的焊接不得有假焊，焊缝表面不得有裂纹、焊瘤等缺陷。

4 每榀钢架加工完成后应放在水泥地面上试拼，周边拼装允许误差为 ±3 cm，平面翘曲允许偏差应为 2 cm。

8.4.3 钢架安装应符合下列规定：

1 钢架应在开挖或初喷混凝土后及时架设。

2 安装前应清除底脚下的虚渣及杂物，钢架底脚应置于牢固的基础上。钢架安装允许偏差：钢架间距及其横向位置和高程的允许偏差为 ±5 cm，垂直度为 ±2°。

3 钢架拼装可在作业面进行，各节钢架间以连接板螺栓连接并密贴。

4 沿钢架外缘每隔 2 m 用钢楔或混凝土预制块楔紧。

5 钢架应尽量密贴围岩并与锚杆焊接牢固，钢架之间应按设计纵向连接。

6 钢架应尽量减少接头个数。

7 在膨胀性或地应力大的地层中，钢架接头宜采用能滑移的可缩式钢架。可缩接头处应预留 20 cm 左右宽的部位暂不喷混凝土，待可缩接头合龙或围岩变形基本稳定后，再将预留部位喷满混凝土。

8 采用分部开挖法施工时，钢架拱脚应打设锁脚锚杆（或锚管），锚杆长度不小于 3.5 m，每侧数量为 2～3 组（每组 2 根）。下半部开挖后钢架应及时落底。

9 钢架应与喷混凝土形成一体，钢架与围岩间的间隙用喷混凝土充填密实；各种形式的钢架应全部被喷混凝土覆盖，保护层厚度不得小于 4 cm。

10 开挖下台阶时，根据需要在拱脚下可设纵向托梁，把几排钢架（格栅）连成一个整体。

9　二次衬砌

9.1　一般规定

9.1.1　二次衬砌混凝土施工应符合现行《铁路混凝土工程施工质量验收补充标准》(铁建设〔2005〕160 号)及《铁路隧道工程施工质量验收标准》(TB 10417)的有关规定。隧道二次衬砌结构混凝土应密实、表面平整光滑、曲线圆顺,满足设计强度、防水、耐久性的要求。

9.1.2　二次衬砌混凝土施工前应对水泥、细骨料、粗骨料、拌制和养护用水、外加剂、掺和料等原材料进行检验,各项技术指标应符合《铁路混凝土工程施工质量验收补充标准》(铁建设〔2005〕160 号)及《铁路隧道工程施工质量验收标准》(TB 10417)的有关规定。

9.1.3　根据现场的具体情况,应适当增加二次衬砌的外放值(施工正误差),以免侵限。

9.1.4　隧道拱部超挖部分应采用与二次衬砌同强度等级混凝土一次浇筑。

9.1.5　二次衬砌施工的顺序是仰拱超前,墙、拱整体浇筑。边墙基础高度的位置(水平施工缝)应避开剪应力最大的截面,并按设计要求作防水处理。

9.1.6　混凝土生产应采用具有自动计量装置的拌和站、拌和输送车、混凝土输送泵、插入式与附着式组合振捣的机械化作业线。

9.1.7　二次衬砌的混凝土,从原材料的检验和选用、混凝土的配比和拌制、浇筑温度的控制和振捣、到衬砌养护的各工序必须按要求操作,防止衬砌裂缝的产生。

9.2　二次衬砌施工

9.2.1　二次衬砌施工工艺流程见图 9.2.1。

9.2.2　二次衬砌施作的条件应符合下列规定:

1　二次衬砌施作一般应在围岩和初期支护变形趋于稳定后进行,变形趋于稳定应符合:隧道周边变形速率明显下降并趋于缓和;或水平收敛(拱脚附近 7 d 平均值)小于 0.2 mm/d、拱部下沉速度小于 0.15 mm/d;或施作二次衬砌前的累计位移值已达极限位移值的 80% 以上。

2　在隧道洞口段、浅埋段、围岩松散破碎段,应尽早施作二次衬砌,并应加强衬砌结构。

3　进行二次衬砌的作业区段的初期支护、防水层、环纵向排水系统等均已验收合格;防水层表面粉尘已清除干净。

4　防水层铺设位置应超前二次衬砌施工 18 ~24 m。

5　隧道中线、高程、断面尺寸必须符合设计要求。

6　仰拱上的填充层或铺底调平层已施工完毕;地下水已合理引排;施工缝已按设计

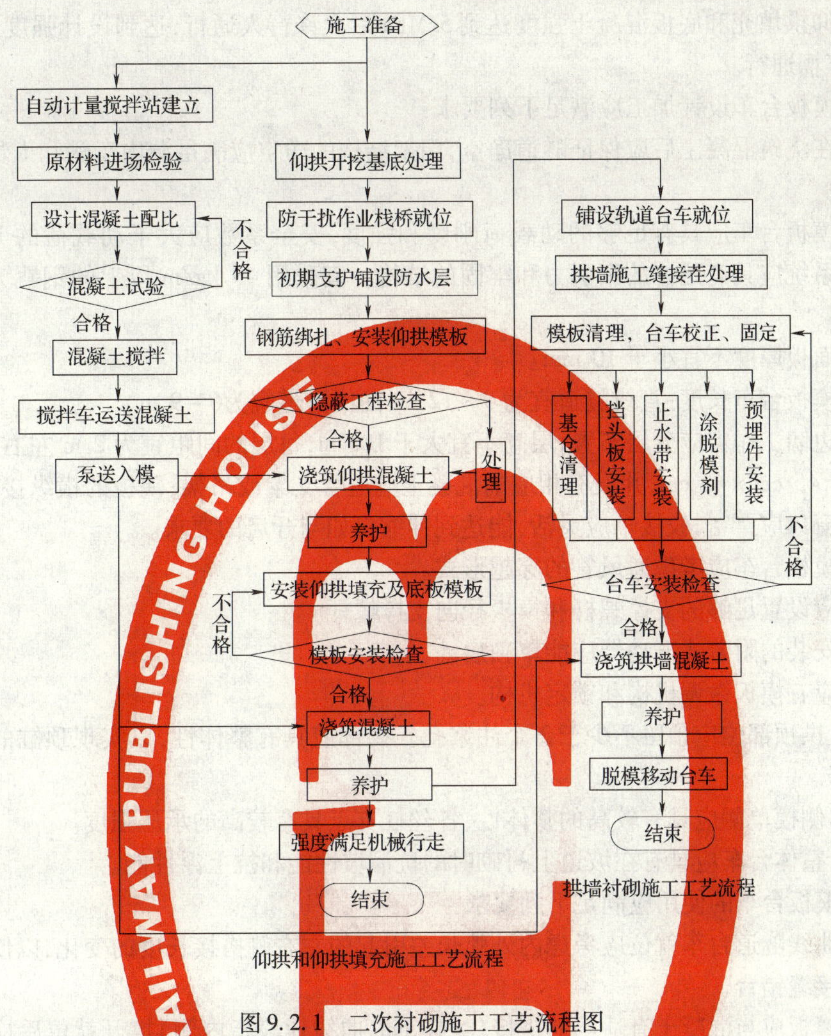

图 9.2.1 二次衬砌施工工艺流程图

处理合格；基础部位的杂物及积水必须清理干净。

7 模板台车、拌和站、运输车、输送泵、捣固机械等处于可正常运转状态，设备能力可满足二次衬砌混凝土施工的需要。

8 二次衬砌作业区段的照明、供电、供水、排水系统能满足衬砌正常施工要求，隧道内通风条件良好。

9.2.3 仰拱和底板施工应符合下列规定：

1 施工前，应将隧底虚渣、杂物、泥浆、积水等清除干净，并用高压风将隧底吹洗干净，超挖应采用同级混凝土回填。

2 仰拱超前防水层铺设的距离宜保持 1 ~ 2 倍以上二次衬砌循环作业长度。

3 仰拱的整体浇筑应采用防干扰作业栈桥等架空设施，以保证作业空间和新浇筑混凝土结构不受损坏。

4 隧底开挖后应及时施作仰拱或混凝土找平层，仰拱或底板混凝土应整体浇筑，一次成形，填充混凝土应在仰拱混凝土终凝后进行，采用板式无砟轨道的隧道，底板应与无砟轨道底座统一施工。

5 仰拱施工缝和变形缝应作防水处理。

6　仰拱填充和底板混凝土强度达到 5 MPa 后允许行人通行，达到设计强度的 100% 后允许车辆通行。

9.2.4　模板台车设计加工应满足下列要求：

1　在浇筑混凝土后应保证隧道净空，门架结构的净空应满足洞内车辆和人员的安全通行。

2　模板台车应具有足够的动载荷刚度和强度，安全系数应大于动载荷的 1.6 倍以上，行走系统应具有足够的牵引力和牢固的结构。宜采用 43 kg/m 以上的钢轨为行走轨道。

3　面板厚度不宜小于 10 mm。

4　模板台车长度：直线隧道宜为 9 ~12 m，曲线隧道宜为6 ~9 m。

5　边墙工作窗应分层布置，层高不宜大于 1.5 m，每层的间距宜为 2 m 左右，其净空不宜小于 45 cm × 45 cm，并设有相应的混凝土输送管支架或吊架；模板的横纵接缝、铰接缝、工作窗口应严密，铰接轴应灵活，能达到伸缩自如与开启的要求。

6　模板台车应考虑通风管的穿越形式。

7　应设置足够的支撑螺杆和模板径向支撑螺杆。

8　安装的附着式振动器应能单独启动。

9　应有模板微调机构和锁定机构。

10　拱顶部位应预留不少于 2 个注浆孔。拱部应具有整体性，以实现顶缸的同步或单步升降。

11　侧模单侧应具有较高的整体性，各丝杠支点具有较高的承压强度。

12　整体台车应具有在坡道上衬砌时的抗溜坡性能和抗上浮性能。

9.2.5　模板台车的使用应满足下列要求：

1　曲线隧道台车就位应考虑内外弧长差引起的左右侧搭接长度的变化，以使弧线圆顺，减少接缝错台。

2　模板应与混凝土有适当的搭接（≥10 cm，曲线地段指内侧）撑开就位后检查台车各节点连接是否牢固，有无错动移位情况，模板是否翘曲或扭动，位置是否准确，保证衬砌净空。

3　浇筑混凝土时，混凝土最大下落高度不能超过 2 m，台车前后混凝土高度差不能超过 0.6 m，左右混凝土高度不能超过 0.5 m，严禁单侧一次浇筑超过 1 m 以上。

4　应优先采用插入式振捣器进行混凝土振捣，当采用附着式振动时，振动时间尽量采用短时间、多次数左右对称的方法。防止台车因振动时的微移位或弹性变形。

9.2.6　二次衬砌拆模应符合下列规定：

1　在初期支护变形基本稳定后施作的二次衬砌混凝土强度应达到 8 MPa 以上。

2　初期支护未稳定提前施作的二次衬砌的混凝土强度应达到设计强度的 100% 。

3　拆模时混凝土内部与表层、表层与环境之间的温差不得大于 20 ℃，结构内外侧表面温差不得大于 15 ℃；混凝土内部开始降温前不得拆模。

9.3　衬砌混凝土施工

9.3.1　衬砌混凝土材料应符合表 9.3.1 的规定。

表 9.3.1 衬砌混凝土材料的技术要求

材料名称	技 术 要 求
水泥	1)水泥宜选用硅酸盐水泥或普通硅酸盐水泥,水泥混合材宜采用矿渣或粉煤灰,水泥的强度等级不应低于42.5级,不宜使用早强水泥。 2)有耐硫酸盐侵蚀要求的混凝土也可选用中抗硫酸盐硅酸盐水泥或高抗硫酸盐硅酸盐水泥。 3)不得使用过期或受潮结块的水泥,并不得将不同品种或强度等级的水泥混合使用
细骨料	1)应优先选用天然中粗河砂,也可选用采用专门机组生产的人工砂,不宜采用山砂,不得使用海砂。 2)含泥量不应大于3%,泥块、云母、轻物质、硫化物或硫酸盐含量(折算为 SO_3)含量不应大于0.5%,Cl^- 含量不大于0.02%,吸水率应不大于2%。 3)中级细骨料细度模数应为3.0~2.3,粗细骨料细度模数3.7~3.1
粗骨料	1)粗骨料宜选用级配合理、粒性良好、质地均匀坚固、线胀系数小的洁净碎石或碎卵石,不宜采用砂岩碎石,松散堆积密度应大于1 500 kg/m^3,紧密空隙率宜小于40%。 2)含泥量不应大于1%,泥块含量不大于0.25%,硫化物或硫酸盐含量(折算为 SO_3)含量不应大于0.5%,Cl^- 含量不大于0.02%,针片状颗粒总含量不大于10,吸水率应不大于2%
水	1)拌制混凝土所用的水,应符合现行《混凝土拌和用水标准》(JGJ 63)的规定,pH 值大于4.5,不得采用海水。 2)钢筋混凝土用水:不溶物小于2 000 mg/L,可溶物小于5 000 mg/L,氯化物(以 Cl^- 计)小于1 000 mg/L,硫酸盐(以 SO_4^{2-} 计)小于2 000 mg/L,碱含量(以当量 Na_2O 计)小于1 500 mg/L。 3)素混凝土用水:不溶物小于5 000 mg/L,可溶物小于10 000 mg/L,氯化物(以 Cl^- 计)小于3 500 mg/L,硫酸盐(以 SO_4^{2-} 计)小于2 700 mg/L,碱含量(以当量 Na_2O 计)小于1 500 mg/L
外加剂	应符合现行国家标准《混凝土外加剂》(GB 8076)、《混凝土外加剂应用技术规范》(GB 50119)或行业标准一等品及以上的质量要求和其他有关环境保护的规定,品种和掺量应经试验确定
掺和料	矿物掺和料应选用品质稳定的产品。矿物掺和料的品种宜为粉煤灰、磨细粉煤灰、矿渣粉或硅灰

9.3.2 钢筋混凝土中钢筋质量指标:屈服强度、抗拉强度、伸长率和冷弯试验,应符合现行国家标准《钢筋混凝土用热轧光圆钢筋》(GB 13013)、《钢筋混凝土用热轧带肋钢筋》(GB 1499)和《低碳钢热轧圆盘条》(GB/T 701)等的规定和设计要求。

9.3.3 钢筋的储存、运输、加工、安装应满足耐久性混凝土施工和设计的要求。

9.3.4 从事钢筋加工和焊(连)接的操作人员必须经考试合格,持证上岗。

9.3.5 混凝土性能应符合下列规定:

1 混凝土的强度必须符合设计要求。混凝土抗压强度在标准条件下养护的试件,试验龄期为56 d,抗压强度试件应在混凝土的浇筑地点随机抽样制作,其试件的取样与留置频率应符合《铁路混凝土工程施工质量验收补充标准》的规定。

2 混凝土应制作抗压强度同条件养护法试件。其取样、养护方式和试件留置数量应符合铁道部现行标准《铁路工程结构混凝土强度检测规程》(TB 10426)第6.4节的规定,且抗压强度必须符合设计要求。

3 混凝土的弹性模量必须符合设计要求。弹性模量试件应在混凝土的浇筑地点随机抽样制作,试件制作数量应符合《铁路工程结构混凝土强度检测规程》(TB 10426)第6.4节的规定。

4 混凝土的抗渗等级应符合设计要求。抗渗试件应在混凝土的浇筑地点随机抽样制作。

5 混凝土的早期强度,在不掺缓凝剂的情况下,要求12 h标养试件抗压强度不大于8 MPa或24 h标养试件不大于12 MPa。

9.3.6 混凝土配合比应符合下列规定:

1 混凝土应根据强度等级、耐久性等要求和原材料品质以及施工工艺等进行配合比设计。混凝土配合比应通过计算、试配、调整后确定。配制的混凝土拌和物应满足施工要求,配制成的混凝土应满足设计强度、耐久性等的质量要求。当设计对混凝土的耐久性指标无具体要求时,应按《铁路混凝土工程施工质量验收补充标准》的要求确定。

2 混凝土中的碱含量应符合设计要求。设计无具体要求的,当骨料的碱—硅酸反应砂浆棒膨胀率在0.10% ~0.20%时,混凝土的碱含量应符合《铁路混凝土工程施工质量验收补充标准》(铁建设〔2005〕160号)第6.3节的规定;当骨料的砂浆棒膨胀率在0.20% ~0.30%时,除了混凝土的碱含量应满足《铁路混凝土工程施工质量验收补充标准》的规定外,应在混凝土中掺加具有明显抑制效能的矿物掺和料和外加剂,并经试验证明抑制有效,试验方法可采用《铁路混凝土工程施工质量验收补充标准》附录J规定的方法。

3 钢筋混凝土中由水泥、矿物掺和料、骨料、外加剂和拌和用水等引入的氯离子总含量不应超过胶凝材料总量的0.10%。

4 混凝土的最大水胶比和单方混凝土胶凝材料的最低用量应满足设计要求。当设计无具体要求时,应满足《铁路混凝土工程施工质量验收补充标准》(铁建设〔2005〕160号)第6.3节的规定。胶凝材料的抗蚀系数不得小于0.8。试验方法按《铁路混凝土工程施工质量验收补充标准》(铁建设〔2005〕160号)附录J进行。

9.3.7 混凝土的拌和应符合下列规定:

1 混凝土的拌和宜采用卧轴式、行星式或逆流式拌和机并严格控制拌和时间,拌和时间不应小于3 min。

2 混凝土拌制前,应测定砂、石含水率,并根据测试结果、环境条件、工作性能要求等及时调整施工配合比。

3 混凝土原材料每盘称量偏差应符合《铁路混凝土工程施工质量验收补充标准》的规定。

4 混凝土拌制过程中,应对混凝土拌和物的坍落度进行测定,测定值应符合理论配合比的要求;并应对混凝土拌和物的水胶比进行测定,测定值应符合施工配合比的要求。

5 混凝土拌和物的入模含气量应满足设计要求。当设计无具体要求时,含气量应按《铁路混凝土工程施工质量验收补充标准》(铁建设〔2005〕160号)第6.4节的要求控制。

9.3.8 混凝土浇筑应符合下列规定:

1 混凝土浇筑前对模板表面进行彻底打磨,清除锈斑,涂油防锈。

2 混凝土浇筑段的端模(堵头板),应有防止漏浆的措施。

3 采用高效减水剂时,混凝土应作现场坍落度检查,泵送混凝土一般以15~18 cm为宜(采用减水剂后,混凝土坍落度可降低)。

4 混凝土应对称、分层浇筑,分层捣固。捣固宜采用插入式振动器。

5 防止拱部混凝土浇筑出现空穴,拱部宜配制流态混凝土浇筑。

6 混凝土泵送的坍落度不宜过大以避免离析或泌水。如发现坍落度不足,不得擅自加水,应在技术人员的指导下用追加减水剂的方法解决。

7 混凝土浇筑中两侧混凝土浇筑面高差宜控制在50 cm以内,同时应合理控制混凝土浇筑速度;浇筑混凝土时不得直接冲向防水板板面流至浇筑位置,以防混凝土离析。

8 插入式振动棒在混凝土中移位时,应竖向缓慢拔出,不得在混凝土浇筑仓内平拖。

泵送下料口应及时移动,不得用插入式振动棒将下料口处堆积的拌和物推向远处,振捣时间宜为10~30 s;混凝土振捣时,振捣棒不得接触防水板,以防防水板受到损伤。

9 施工缝的留设位置和处理应符合设计要求;施工过程中,输送泵应连续运转,泵送连续浇筑,避免停歇造成"冷缝",间歇时间超过规范要求时,按施工缝处理。

10 当混凝土浇筑至作业窗下50 cm,作业窗关闭前,应将窗口附近的混凝土浆液残渣及其他脏物清理干净,涂刷脱模剂,将其关闭严密,防止窗口部位混凝土表面出现凹凸不平的补丁甚至漏浆现象。

9.3.9 混凝土浇筑中的温度控制应符合下列规定:

1 混凝土的入模温度应按洞内温度调整。

2 冬期施工时,混凝土的入模温度不应低于5 ℃;夏期施工时,混凝土的入模温度不宜高于洞内温度且不宜超过30 ℃。

3 施工过程中要估计混凝土温度与拉应力的变化,提出混凝土温度的控制值,并在施工养护过程中实际测定关键截面的中部点温度和离表面约5 cm深处的表层温度(包括仰拱和底板),实行严格的温度控制。

4 二次衬砌结构任一截面在任一时间内的内部最高温度与表层温度之差不宜大于20 ℃,新浇筑混凝土与上一区段衬砌混凝土或围岩之间的温差不大于20 ℃,洒于混凝土表面的养护水温度低于混凝土表面温度的差值不大于15 ℃。

5 混凝土的降温速率最大不宜超过3 ℃/d。

9.3.10 预留洞室、预埋件的固定应符合下列规定:

1 钢筋混凝土衬砌地段,预留、预埋件应固定在钢筋骨架上。

2 混凝土衬砌地段采取在衬砌台车模板上钻孔,用螺栓固定预留、预埋件。

9.3.11 混凝土浇筑完毕后,混凝土养护的最低期限应符合《铁路工程结构混凝土强度检测规程》(TB 10426)第6.4节的规定,且不得中断。混凝土养护期间,混凝土内部温度不宜超过60 ℃,最高不得大于65 ℃;混凝土内部温度与表面温度之差、表面温度与环境温度之差不宜大于20 ℃,养护用水温度与混凝土表面温度之差不得大于15 ℃。当采用养护剂养护时,养护剂应符合《水泥混凝土养护剂》(JC 901)规定。

9.3.12 二次衬砌施工中裂(纹)缝的处理应满足下列要求:

1 当混凝土施工过程中出现裂(纹)缝,应记录裂(纹)缝出现的时间、部位、尺寸和处理等情况。

2 拆模后应对渗漏水部位进行衬砌内注浆,并对渗水部位混凝土裂纹进行处理。对0.2 mm以下的细小裂纹,采取密封剂封闭裂纹;对于裂纹宽度大于0.2 mm的裂缝,采用压注注缝胶修补。必要时对裂缝部位混凝土表面实行涂膜封闭。

9.4 拱顶回填注浆

9.4.1 二次衬砌拱顶回填注浆可采用注浆导管法(预留注浆孔法、纵向预留管道法)或防水板焊接注浆底座法,施工中可根据实际需要选用。

9.4.2 二次衬砌混凝土强度达到设计强度100%后应进行拱顶回填注浆。

9.4.3 注浆导管法:在模板台车拱顶处设锥形堵头或预留注浆孔,注浆孔间距宜为5~6 m;或者穿过挡头板在拱顶防水层内纵向贴置PVC管埋设纵向预留管道(图9.4.3)。

在二衬混凝土终凝后，实施补充注浆并应满足下列要求：

1　注浆管用 ϕ32 mm 钢管制成，长度等于衬砌厚度加200 mm（外露），外露端应有连接管路的装置。注浆管应在衬砌浇筑时预埋或采用钻孔埋设法，钻孔时钻杆应有限深装置，防止钻破防水层。

2　预贴注浆花管采用 ϕ20 mm ~ ϕ30 mm PVC 管，长度等于衬砌段长度加 200 mm（外露），外露端应有连接管路的装置。

3　回填注浆压力宜控制在 0.2 MPa 以内。

4　回填注浆应采用微膨胀性的水泥砂浆，有特殊要求的地段可采用强度高、流动性好的自流平水泥浆。自流平水泥基砂浆 3 min 后的流动度为不小于 260 mm，30 min 后的流动度为不小于 240 mm。

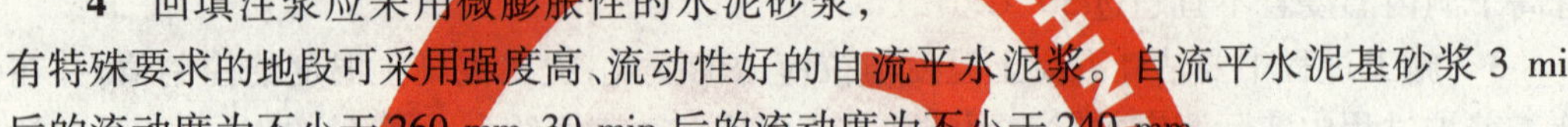

图 9.4.3　预贴 PVC 注浆花管处理拱顶干缩性空隙示意图

5　待孔口封堵材料达到一定强度后，才能开始注浆。

6　注浆顺序宜沿线路上坡方向进行，注浆过程中要时刻观察注浆压力和流量的变化。

7　当注浆压力达到 0.2 MPa 或相邻孔出现串浆时，即可结束本孔注浆。

9.4.4　拱部防水板焊接注浆底座法应满足下列要求：

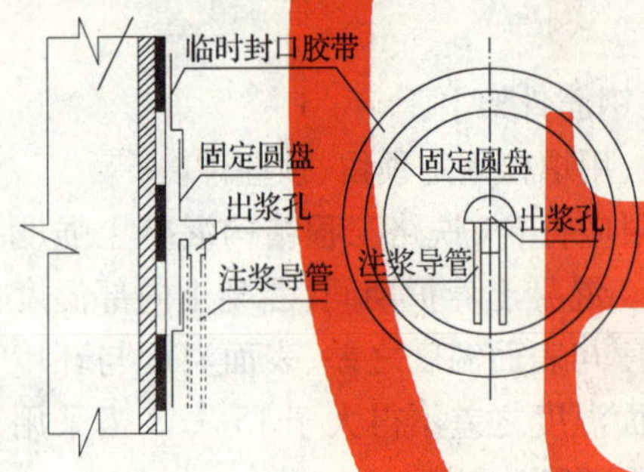

图 9.4.4　注浆底座安装图

1　注浆系统包括注浆底座和注浆导管，注浆底座的材质必须与防水板材质相同，注浆底座沿拱顶纵向一排，间距 3 ~ 4 m。

2　注浆底座采用热熔焊接法固定在防水板的内表面，固定点不得多于 4 个，每处的焊接面不大于 10 mm × 10 mm。

3　注浆底座与防水板必须焊接牢固、可靠，避免浇筑和振捣混凝土时脱落。

4　用塑料胶黏带将注浆底座四周封闭，避免浇筑混凝土时浆液进入注浆底座内堵塞注浆导管，注浆导管的引出部位可根据现场的条件确定。

9.4.5　注浆效果检查可采用无损检测法，对于不符合要求的地段必须进行补孔注浆。

10 防 排 水

10.1 一般规定

10.1.1 隧道工程防排水施工,应按照“防、堵、截、排,因地制宜,综合治理”的原则,采取切实可靠的施工措施,达到防水可靠、排水通畅、经济合理的目的。

10.1.2 隧道结构防排水必须按照设计施工,并应符合下列规定:

1 应充分利用混凝土自防水能力,隧道混凝土结构抗渗等级不得低于P6,设计采用防水混凝土时,其抗渗等级不得低于P8。

2 应重视初期支护的防水能力,可辅以注浆防水和防水层加强防水。

3 应做好施工缝和变形缝防水,确保盲沟、排水管(沟)排水畅通。

4 附属洞室与正洞连接处的防排水系统应与正洞同时同标准完成。

10.1.3 隧道工程防排水施工应积极采用经过试验和鉴定并经实践检验行之有效的新材料、新工艺、新技术,根据工程的水文地质条件、耐久性要求、施工技术水平、防水等级,选用适宜的材料。

10.1.4 隧道防排水施工时,应重视环境保护。施工排水应进行处理,达标后排放,并应符合现行《污水综合排放标准》(GB 8978—1996)的规定。对排、渗水可能造成地下水污染时,应采取隔离措施。

10.1.5 隧道工程施工前应对附近的井泉、池沼、水库、溪流等进行调查,必要时进行观测和试验,及时采取相应的措施。

10.2 注浆防水

10.2.1 隧道工程施工应根据地质情况、掘进和支护的方式、支护预期的变形量、相邻隧道的相互影响及其他构筑物的位移、沉降、水资源保护的要求进行注浆防水方案的选择。

10.2.2 对地质预测、预报有大量涌水的软弱地层地段,宜采用地表或洞内全封闭超前预注浆。

10.2.3 在开挖后如有渗漏水或大股涌水时,宜采用支护前围岩注浆。

10.2.4 当初期支护表面有超出设计允许的渗漏水时,应用回填注浆或径向注浆进行处理。

10.2.5 二次衬砌后有渗漏水时应采用衬砌内注浆。

10.2.6 富水隧道宜采用分区隔离防排水技术,区段的长度应根据洞内渗漏水量的大小确定,富水地段可按二次衬砌段长度分区,分区采用带注浆管的背贴式止水带,发生渗漏水时可进行注浆,并应符合下列规定:

1 每个防水分区内埋设注浆圆盘底座(嘴)和注浆软管,具体方法为:将专用注浆圆盘(嘴)点焊在防水板上,周边用密封膏(胶带)密封,防止二次衬砌混凝土施工时水泥浆液堵塞注浆嘴；将软管一端接在注浆嘴上，另一端引至二次衬砌内表面集中面板上，逐一编号，待二次衬砌背后某处漏水需要注浆时，根据该处编号进行注浆堵水。

2 采用分区防水的区段，注浆顺序为先进行拱顶处回填注浆、再进行背贴式止水带上花软管注浆、最后进行分区的注浆嘴注浆。

10.2.7 注浆作业和注浆材料选择可按本技术指南第6.7节和第9.4节的有关规定执行。

10.3 洞口防排水

10.3.1 隧道洞口段边坡、仰坡坡顶的天沟、截水沟应结合永久排水系统及早修建，应在隧道进洞前施作完成，出水口必须防止顺坡散流。隧道洞口排水沟应与路基边沟组成洞口排水系统，其水流应防止冲刷边仰坡和破坏环境。

10.3.2 洞口防排水施工中，应做好重点排水结构（设施）的施工，并满足下列要求：

1 洞门的排水沟（管）、泄水孔应与洞内（明洞）纵向排水管顺接。

2 明洞的防水层、排水管应与隧道的防水板、排水管顺接。

10.3.3 洞口防排水应保证设计或临时过渡的排水系统畅通无阻，并应满足下列要求：

1 隧道洞顶应整平地表不得积水。

2 地表坑洼、钻孔等处应填不透水土，并分层夯实。

3 洞顶有流水的沟槽应予整治，确保水流畅通，必要时应对沟床进行铺砌。

4 洞顶设有高位水池或有河流、水塘、水库等时，应有防渗漏措施，对水池溢水应有疏导设施。

10.3.4 洞外路堑向隧道内为下坡时，应将路基边沟挖成反坡，向路堑处排水，必要时应在洞口外适当位置设横向截水沟。

10.4 结构防排水

10.4.1 隧道结构防排水施工工艺流程见图10.4.1。

10.4.2 铺设排水管、防水板前应对初期支护采用简单易行的锤击声检查，必要时辅以物探手段；对初期支护的渗漏水情况进行检查，并应符合下列规定：

1 初期支护表面应平整，无空鼓、裂缝、松酥，并用喷混凝土（或砂浆）对基面进行找平处理。

2 初期支护表面应符合铺设防水板的平整度要求。

10.4.3 初期支护面的处理应满足下列要求：

1 钢筋网等凸出部分，先切断后用锤铆平，抹砂浆（图10.4.3—1）。

2 有凸出的注浆管头时，先切断，并用锤铆平，后用砂浆填实（图10.4.3—2）。

3 锚杆有凸出部位时，螺头顶预留5 mm切断后，用塑料帽遮盖（图10.4.3—3）。

4 通过补喷或凿除使初期支护表面平整圆顺。

10.4.4 排水纵、横、环向盲管、中心排水管（沟）的施工应符合下列规定：

1 环向排水盲管沿纵向设置的间距应满足设计要求，并应根据洞内渗、漏水的实际情况调整设置排水盲管，纵向排水盲管安装坡度应符合设计要求，通向水沟的泄水管应有足够的泄水坡。

图 10.4.1 结构防排水施工工艺流程图

图 10.4.3—1 初期支护面处理

图 10.4.3—2 初期支护面处理

图 10.4.3—3 初期支护面处理

2 排水盲管应紧贴喷混凝土面安设。施工中应采取适当的保护措施,防止水泥浆窜入、堵塞排水盲管。横向排水盲管接头应牢固、水路通畅。环向、纵向、横向排水盲管应通过变径三通连接在一起,整个排水系统的连接应牢固、畅通。

3 排水盲管应固定牢固,施工方法应满足下列要求:

1)按规定划线,确保盲管间距符合设计要求,确保盲管布设位置能有效汇水。

2)管卡的间距应确保固定盲管牢固。

3)用土工布包裹盲管,用扎丝捆好,用管卡固定。

4 防水板后渗漏水应采用横向排水管与侧沟、中心水沟连通。

5 中心排水管(沟)管径符合设计要求,管身不得变形、不得有裂缝,管身上部透水孔畅通。中心排水管(沟)基础的总体坡度、段落坡度、单管坡度应协调一致,并符合设计要求,不得高低起伏。管路埋设好后,应进行通水试验,发现漏水、积水,立即处理。

10.4.5 边墙泄水孔应在浇筑边墙基础(矮边墙)时埋设好,施工时应防止异物堵塞孔口。

10.4.6 在隧道埋深大、节理发育、地下水丰富的情况下,为保证衬砌结构外围排水畅通,消除衬砌结构静水压力,可在初期支护(喷射混凝土层)完成之前视情况埋设排水半管或线形排水板,形成暗埋、永久式排水通道系统,将水引入隧道纵向排水管或通过盲沟(管)

引入排水沟排出洞外。

10.4.7　隧道防水板应采用分离式防水板，首先进行缓冲层铺设，然后铺设塑料防水板，防水层施工工艺流程见图10.4.7。

10.4.8　防水板铺设应超前二次衬砌施工1～2个衬砌段长度，形成“初期支护表面整修→防水板铺挂→防水板质量检验→二次衬砌施工”的流水作业线。

10.4.9　防水板铺设宜采用专用台车(架)铺设，台车(架)应满足下列要求：

1　防水板铺设专用台车(架)宜采用轮轨式。

2　台车(架)前端应设有初期支护表面及二次衬砌内轮廓检查刚架，并有整体移动(上下、左右)的微调机构。

3　台车(架)上应配备能达到隧道周边任一部位的作业平台。

4　台车(架)上应配备辐射状的防水板支撑系统。

5　台车(架)上应配备提升(成卷)防水板的卷扬机和铺放防水板的设施。

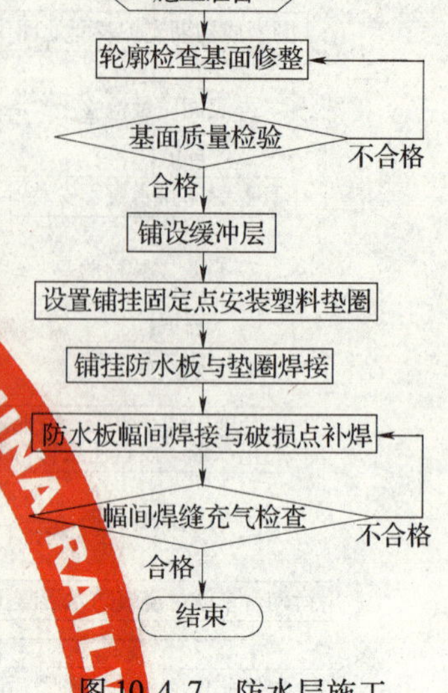

图10.4.7　防水层施工工艺流程图

10.4.10　防水板材料应符合下列规定：

1　塑料防水板规格、尺寸及允许偏差见表10.4.10—1。

表10.4.10—1　防水板的规格尺寸及允许偏差

项　目	厚　度(mm)	宽　度(m)	长　度(m)
规　格	1.5,2.0,2.5,3.0	2.0,3.0,4.0	20以上
平均偏差	不允许出现负值	不允许出现负值	不允许出现负值
极限偏差	-5%	-1%	—

2　防水板的外观质量应满足下列要求：

1)防水板在规格确定的长度内不允许有接头。

2)防水板表面应平整、边缘整齐，无裂纹、机械损伤、折痕、孔洞、气泡及异常黏着部分等影响使用的缺陷。

3)防水板外观颜色应为材料本色，不得添加颜料和填料，特殊要求除外。

4)在不影响使用的条件下，防水板表面凹痕，深度不得超过厚度的5%。

3　防水板物理力学性能应符合表10.4.10—2规定。

表10.4.10—2　防水板的物理力学性能

序号	项　目	指　标		
		EVA	ECB	PE
1	断裂拉伸强度(MPa)	≥18	≥17	≥18
2	扯断伸长率(%)	≥650	≥600	≥600
3	撕裂强度(kN/m)	≥100	≥95	≥95
4	不透水性(0.3 MPa/24 h)	无渗漏	无渗漏	无渗漏

续上表

序号	项　　目		指标 EVA	指标 ECB	指标 PE
5	低温弯折性(℃)		≤-35	≤-35	≤-35
6	加热伸缩量(mm)	延伸	≤2	≤2	≤2
		收缩	≤6	≤6	≤6
7	热空气老化(80 ℃×168 h)	断裂拉伸强度(MPa)	≥16	≥14	≥15
		扯断伸长率(%)	≥600	≥550	≥550
8	耐碱性[饱和 $Ca(OH)_2$ 溶液×168 h]	断裂拉伸强度(MPa)	≥17	≥16	≥16
		扯断伸长率(%)	≥600	≥600	≥550
9	人工候化	断裂拉伸强度保持率(%)	≥80	≥80	≥80
		扯断伸长率保持率(%)	≥70	≥70	≥70
10	刺破强度(N)	1.5 mm	300	300	300
		2.0 mm	400	400	400
		2.5 mm	500	500	500
		3.0 mm	600	600	600

4　无纺土工布符合《短纤针刺非织造土工布》(GB/T 17638)标准。

10.4.11　防水板铺设应符合下列规定:

1　缓冲层一般采用暗钉圈固定(图 10.4.11—1),并按下列步骤铺设:

1)铺设前进行精确放样,弹出标准线进行试铺后确定防水板一环的尺寸,尽量减少接头。

2)用带热塑性圆垫圈的射钉将缓冲层平整顺直地固定在基层上,固定点间距:一般拱部 0.5~0.8 m,边墙 0.8~1.0 m,底部 1~1.5 m,呈梅花形排列,并左右上下成行固定。

3)缓冲层接缝搭接宽度不得小于 50 mm,一般仅设环向接缝,当长度不够时,设轴向接缝应确保上部(靠近拱部的一张)应用下部(靠近底部的一张)缓冲层压紧,并使缓冲层与喷混凝土表面密贴,铺设的缓冲层应平顺,无隆起,无褶皱。

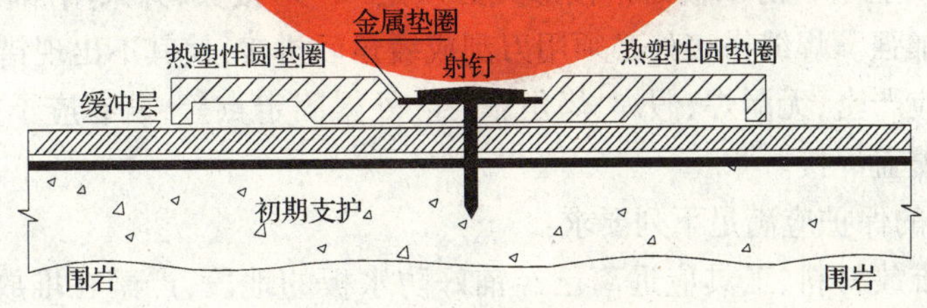

图 10.4.11—1　暗钉圈固定缓冲层示意图

2　防水板铺设应满足下列要求:

1)防水板铺设前,应全部检查防水板是否有变色、波纹(厚薄不均)、斑点、刀痕、撕裂、小孔等缺陷,如果存在质量疑虑,要进行张拉试验、防水试验和焊缝张拉强度试验,如发现防水板有裂纹、针孔等应立即修补好。

2) 对检查合格的防水板(含土工布缓冲层),用特种铅笔划焊接线及拱顶分中线,并按每循环设计长度截取,对称卷起备用;洞内在铺设基面标出拱顶中线,画出隧道中线第一环及垂直隧道中线的横断面线。

3) 塑料防水板宜从下向上环向铺设,下部防水板必须压住上部防水板,铺设松紧应适度并留有余量,实铺长度与初期支护基面弧长的比值为10∶8,确保混凝土浇筑后防水板表面与初期支护面密贴。

4) 分离式防水板采用悬挂铺设。

3 防水板的固定应满足下列要求:

1) 防水板的固定可采用热合器,使防水板融化后与塑料垫圈黏结牢固。

2) 在凸凹较大及拱顶的基面上,不仅需要加密固定点,而且必须确保加固点间的富余量,加固后的防水板用手上托或挤压,防水板不会产生绷紧或破损现象,能确保防水层与混凝土表面完全密贴。

4 防水板焊接(图10.4.11—2)应满足下列要求:

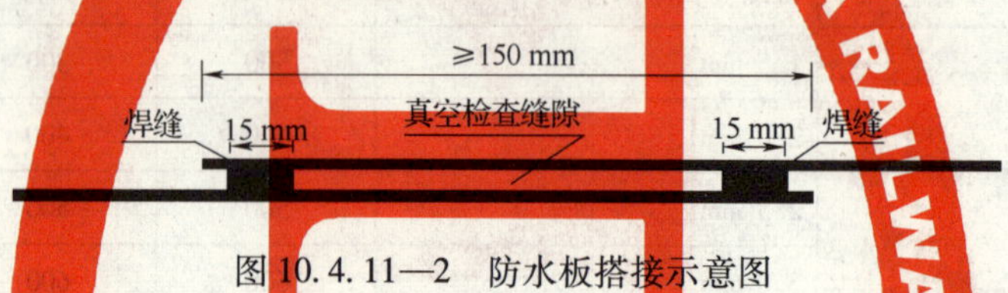

图10.4.11—2 防水板搭接示意图

1) 热焊机操作手应经过专业培训,并且人员相对固定。

2) 焊接时,接缝处必须擦洗干净,焊缝接头应平整,不得有气泡褶皱及空隙。

3) 施工中应尽量减少防水板的搭接头,两幅防水板的搭接宽度符合设计要求并不应小于150 mm。

4) 附属洞室处铺设防水板时,先按照附属洞室的大小和形状加工防水板,并与边墙防水板焊接成一个整体。如附属洞室成形不好,须用同级混凝土使其外观平顺后,方可铺设防水板。

5) 防水板之间的搭接缝应采用双焊缝、调温、调速热楔式自动爬行热合机,细部处理或修补采用手持焊枪,单条焊缝的有效焊接宽度不应小于15 mm;热合器不易焊接的部位可采用热风枪手工焊接。

6) 开始焊接前,应用小块塑料片试焊,以掌握焊接温度和焊接速度。

7) 三层以上塑料防水板的搭接形式必须是"T"形接头,并采用焊胶打补丁的方式进行加强。焊缝搭接处必须用刀刮成缓角后拼接,使其不出现错台。

8) 焊接应严密,无漏焊、假焊、烤焦、焊穿、外露固定点等,若有应予补焊,且用同种材料覆盖焊接。

5 防水板的保护应满足下列要求:

1) 洞内堆放材料、工具应远离已经铺好防水板的地段,严禁在堆放好的防水材料上来回走动。

2) 防水板施工时严禁吸烟,钢筋焊接作业时,应设临时挡板防止机械损伤和电火花灼伤防水板。

3) 挡头板的支撑物在接触到塑料防水板处必须加设橡皮垫层。

4) 采用钢筋混凝土衬砌时,要对钢筋头部进行防护,避免损伤防水板。

5)绑扎钢筋和衬砌台车就位时,要采取保护措施防止碰撞和刮破塑料板。

6)衬砌浇筑中应特别注意振捣引起的防水板破坏,避免振捣棒直接接触防水板,插入式振动棒变换位置时应竖向缓慢拔出,不得在仓内平拖,发现损伤应立即修补。

7)在浇筑衬砌混凝土时,应在混凝土输送泵口处设置防护板,防止混凝土直接冲击防水板。

8)二次衬砌中预埋件与防水板间距不小于5 cm,以防止损坏防水板。

6 洞身与横通道、避车洞、斜(竖)井等接口处的防水板铺设与连接是薄弱环节,应精心施工,迎水面要平顺不得形成水囊、积水槽。

7 施工中应根据围岩级别合理确定开挖工作面与防水板铺设地段的安全距离。分段铺设的防水板的边缘部位应预留至少60 cm的搭接量并且对预留部分边缘进行有效的保护。

8 防水板的接缝应与衬砌端头错开0.5~1.0 m。

9 初期支护为钢纤维的,防水板铺设前应补喷一层水泥砂浆保护层,以保护防水板不受损伤。

10.4.12 防水板铺设质量检查应符合下列规定:

1 目测及尺量检查:

1)检查防水板有无烤焦、焊穿、假焊和漏焊。

2)检查焊缝宽度是否符合设计。

3)检查焊缝是否均匀连续,表面平整光滑,有无波形断面。

2 充气检查:防水板的搭接缝焊接质量检查应按充气法检查,将5号注射针与压力表相接,用打气筒进行充气,当压力表达到0.25 MPa时停止充气,保持15 min,压力下降在10%以内,说明焊缝合格;如压力下降过快,说明焊缝不严。用肥皂水涂在焊缝上,有气泡的地方应重新补焊,直到不漏气为止。

10.4.13 施工缝的施工应符合下列规定:

1 墙体纵向施工缝不宜设在剪力与弯矩最大处或底板与边墙的交接处,应留在高出底板顶面不小于30 cm的墙体上。

2 墙体有预留孔洞时,施工缝距孔洞边缘不应小于30 cm。

3 纵向施工缝浇灌混凝土前,应将其表面凿毛,清除浮粒和杂物,用水冲洗干净,保持湿润,可铺上一层厚25~30 mm的1:1水泥砂浆或涂刷混凝土界面剂并及时浇筑混凝土。

4 设止水条的环向施工缝,在端面应预留浅槽,槽应平直,槽宽比止水条宽1~2 mm,槽深为止水条厚度的1/2。

5 施工缝内采用中埋式止水带时,应确保位置准确、固定牢靠。

6 施工中应采取措施保证待贴止水条的混凝土界面洁净。

10.4.14 变形缝施工应符合下列规定:

1 变形缝的位置、宽度、构造形式应符合设计要求。

2 缝内两侧应平整、清洁、无渗水。

3 缝底应先设置与嵌缝材料无黏结力的背衬材料或遇水膨胀止水条。

4 嵌缝应密实。

10.4.15 止水带可选用橡胶或塑料止水带。对水压力大、变形大的施工缝、变形缝应选用钢边止水带。橡胶止水带和钢边止水带应采用三元乙丙橡胶制作，不得采用再生橡胶。塑料止水带不得采用再生塑料。当设计选用其他新型、成熟、可靠的材料时，其物理性能应符合国家相关标准的要求，并应满足下列要求：

1 止水带外观质量应满足下列要求：

1）止水带表面不允许有开裂、缺胶、海绵状等影响使用的缺陷。塑料止水带外观颜色应为材料本色，不得添加颜料和填料，特殊要求除外。

2）具体的外观质量要求应符合表 10.4.15—1 的规定。

表 10.4.15—1 止水带产品外观质量要求

编号	缺陷类型	开 挖 工 作 面
1	气　泡	直径不大于 1 mm 的气泡，每米不得超过 3 处
2	杂　质	面积不大于 4 mm^2 的杂质，每米不得超过 3 处
3	凹　痕	不允许有
4	接缝缺陷	高度不大于 1.5 mm 的凸起或不平，每米不得超过 2 处

2 止水带物理力学性能应满足下列要求：

1）橡胶止水带的物理力学性能应符合表 10.4.15—2 的规定。

表 10.4.15—2 橡胶止水带的物理力学性能

序号	项	目		B 型	S 型
1	硬度（邵尔 A）（度）			60 ± 5	60 ± 5
2	拉伸强度（MPa）			≥15	≥12
3	扯断伸长率（%）			≥450	≥450
4	压缩永久变形（%）	70 ℃ × 24 h		≤30	≤30
		23 ℃ × 168 h		≤20	≤20
5	撕裂强度（kN/m）			≥30	≥25
6	脆性温度（℃）			≤ −45	≤ −45
7	热空气老化	70 ℃ × 168 h	硬度变化（邵尔 A）（度）	≤ +6	≤ +6
			拉伸强度（MPa）	≥12	≥10
			扯断伸长率（%）	≥400	≥400
8	耐碱水	氢氧化钙饱和溶液 23 ℃ × 168 h	硬度变化（邵尔 A）（度）	≤ +6	≤ +6
			拉伸强度（MPa）	≥12	≥10
			扯断伸长率（%）	≥400	≥400
9	臭氧老化 50pphm；20%，40 ℃，48 h			无龟裂	无龟裂
10*	橡胶与金属黏合			R 型破坏	

注：* 仅钢边止水带检测橡胶与金属黏合项目。

2）塑料止水带的物理力学性能应符合表 10.4.15—3 的规定。

表 10.4.15—3 塑料止水带的物理力学性能

序号	项目		指标	
			EVA	ECB
1	拉伸强度(MPa)		≥16	≥16
2	扯断伸长率(%)		≥600	≥600
3	撕裂强度(kN/m)		≥60	≥60
4	低温弯折性(℃)		≤-40	≤-40
5	热空气老化(80 ℃×168 h)	100%伸长率 外观	无裂纹	无裂纹
		拉伸强度保持率(%)	≥80	≥80
		扯断伸长率保持率(%)	≥70	≥70
6	耐碱性[$Ca(OH)_2$饱和溶液×168 h]	拉伸强度保持率(%)	≥80	≥80
		扯断伸长率保持率(%)	≥90	≥90

3)钢边止水带的橡胶的物理力学性能应符合表 10.4.15—2 的规定,钢边材料应采用热镀锌钢板,材料性能应符合GB/T 2518的规定。

4)止水带接头部位的拉伸强度指标不得低于表 10.4.15—2、表 10.4.15—3 本体材料的性能。

10.4.16 背贴式止水带施工应符合下列规定:

1 背贴式止水带施工工艺流程见图 10.4.16。

2 背贴式止水带施工应满足下列要求:

1)施工时按照设计要求的位置放出安装线。

2)对与止水带进行黏结的防水板进行擦洗清洁。

3)采用黏结法将止水带与防水板连接。

4)衬砌台车就位,安装挡头板时不得损伤止水带。

10.4.17 中埋式止水带施工应符合下列规定:

1 中埋式止水带施工工艺流程见图 10.4.17—1。

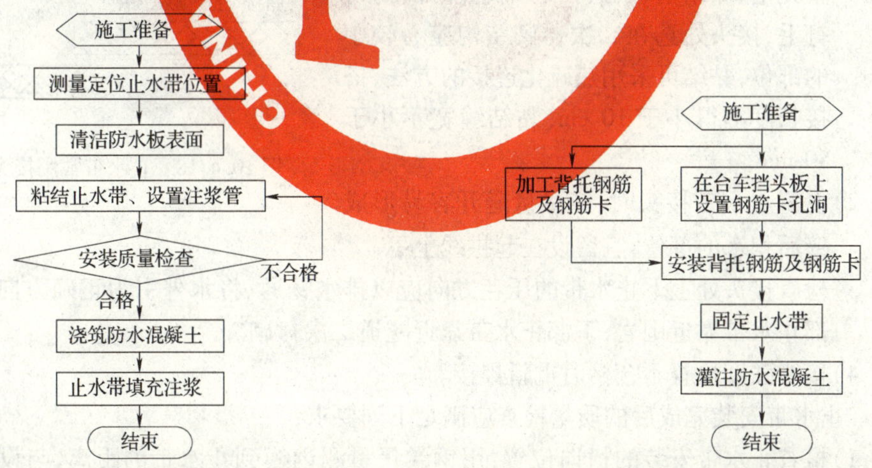

图 10.4.16 背贴式止水带施工工艺流程图

图 10.4.17—1 中埋式止水带施工工艺流程图

2 中埋式止水带的固定应满足下列要求：

1）沿衬砌环线每隔0.5～1.0 m在端头模板上钻一个ϕ12 mm的钢筋孔。

2）将制成的钢筋卡穿过挡头模板，内侧卡紧止水带的一半，另一半止水带平靠在挡头板上，待混凝土凝固后拆除挡头板，将止水带拉直，然后弯曲钢筋使其卡紧止水带。

3）止水带端头应加设一背托钢筋，便于钢筋卡固定止水带。

4）挡头板外侧应加设一背托钢筋，采用穿板铁丝将钢筋卡与其连接，以确保的安装止水带不变形。

5）中埋式止水带施工方法见图10.4.17—2。

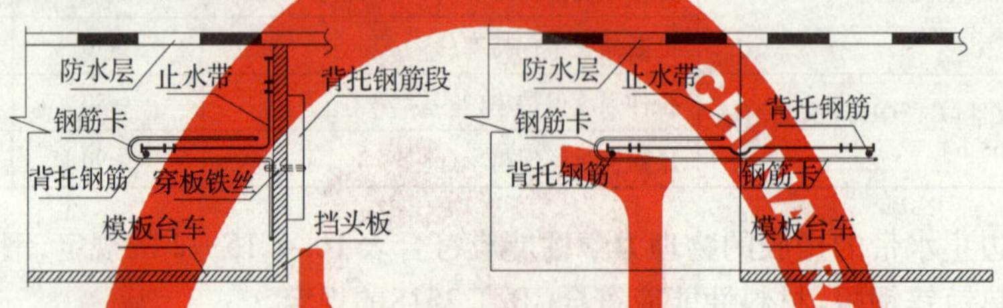

图10.4.17—2 中埋式止水带施工方法示意图

10.4.18 止水带施工应符合下列规定：

1 止水带埋设位置应准确，其中间空心圆环应与变形缝重合。

2 固定止水带时，应防止止水带偏移，以免单侧缩短，影响止水效果。

3 止水带定位时，应使其在界面部位保持平展，不得使橡胶止水带翻滚、扭结，如发现有扭结不展现象应及时进行调整。

4 止水带固定时，应防止止水带偏移，以免单侧缩短，影响止水效果。

5 止水带的长度应根据施工要求定制（一环长），尽量避免接头。如确需接头，应满足下列要求（图10.4.18）：

1）橡胶止水带接头必须黏结良好，外观应平整光洁，黏结前应做好接头表面的清刷与打毛，接头处选在二次衬砌结构应力较小的部位，黏结可采用热硫化连接的方法，搭接长度不得小于10 cm，黏结缝宽不小于50 mm。

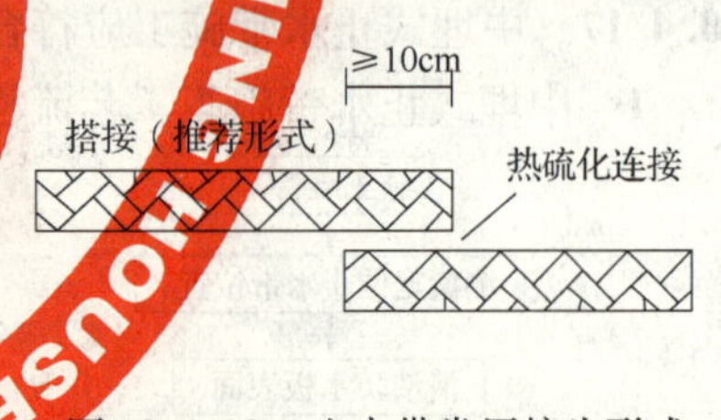

图10.4.18 止水带常用接头形式

2）设置止水带接头时，应尽量避开容易形成壁后积水的部位，宜留设在起拱线上下。

3）检查接头处上下止水带的压茬方向应以排水畅通、将水外引为正确方向。即上部止水带靠近围岩，下部止水带靠近隧道二次衬砌。

4）接头强度检查不合格时重新焊接。

6 止水带安装完成后的质量检查应满足下列要求：

1）检查止水带安装的横向位置，用钢卷尺量测内模到止水带的距离，与设计位置相比，偏差不应超过5 cm。

2）检查止水带安装的纵向位置，通常止水带以施工缝或伸缩缝为中心两边对称，用钢卷尺检查，要求止水带偏离中心不能超过3 cm。

3)用角尺检查止水带与二次衬砌端头模板是否正交。

7 浇筑止水带附近的混凝土时,应严格控制振捣的冲击力,避免力量过大而刺破止水带或使止水带偏移。如拆模后发现止水带偏离中心,则应适当凿除或填补部分混凝土,对止水带进行纠偏。

10.4.19 止水条宜选用制品型遇水膨胀止水条,其物理力学性能应符合表10.4.19的规定。

表10.4.19 制品型遇水膨胀橡胶止水条物理力学性能

序 号	项 目		指 标
1	硬度(邵尔A)(度)		42±7
2	拉伸强度(MPa)		≥3.5
3	扯断伸长率(%)		≥450
4	体积膨胀倍率(%)		≥200
5	反复浸水试验	拉伸强度(MPa)	≥3
		扯断伸长率(%)	≥350
		体积膨胀倍率(%)	≥200
6	低温弯折 -20 ℃×2 h		无裂纹
7	防霉等级		优于2级

注:硬度为推荐项目,其余均为强制项目;成品切片测试应达到标准的80%;接头部位的拉伸强度不得低于上表标准性能的50%;体积膨胀倍率是浸泡后的试样质量与浸泡前的试样质量的比率。

10.4.20 止水条施工应符合下列规定:

1 止水条施工工艺流程见图10.4.20—1。

2 止水条施工方法如下:

1)纵向施工缝:在先浇筑混凝土初凝后、终凝前,根据止水条的规格在混凝土基面中间压磨出一条平直、光滑槽。拆除混凝土模板后,凿毛施工缝,用钢丝刷清除界面上的浮渣,并涂2~5 mm厚的水泥浆,待其表面干燥后,用配套的黏结剂或水泥钉固定止水条,再浇筑下一环混凝土。

2)环向施工缝:环向施工缝采用在端头模板中间固定木条或金属构件等,混凝土浇筑后形成凹槽。槽的深度为止水条厚度的一半,宽度为止水条宽度。拆模后进行清洗,在浇筑下循环混凝土之前,对预留槽进行清理,清除残渣,磨光槽壁,最后将止水条黏贴在槽中,然后模板台车定位,浇筑下一循环的混凝土。

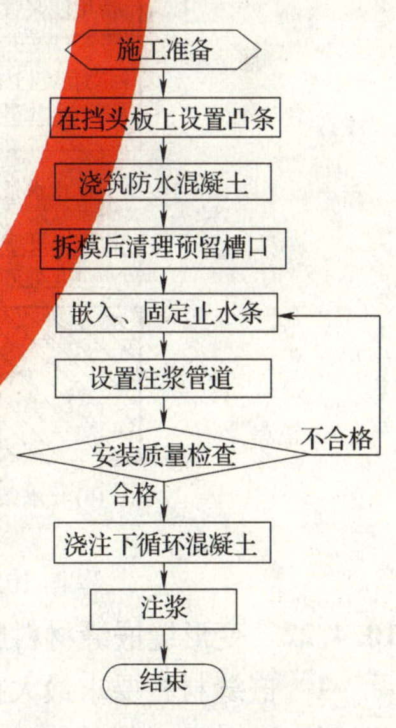

图10.4.20—1 止水条施工工艺流程图

3 止水条施工应满足下列要求:

1)施工前,必须对止水条的宽度、厚度进行检查,确保其符合设计及标准要求。

2)止水条安放前,必须对预留槽进行清理,清洗干净、排除杂物。

3）止水条必须安装在预留槽内，安装时先在槽内涂抹一层氯丁胶黏剂，使其黏结牢固，并用水泥钉固定，水泥钉的间距不宜大于 60 cm。

4）止水条安装应尽量安排在浇筑前 3～5 h，如有困难提前安装应采取缓膨措施，但最长时间不得超过 24 h。

5）止水条安装时应顺槽拉紧嵌入，确保止水条与槽底密贴，不得有空隙。

6）止水条接头处应重叠搭接后再黏结固定，沿施工缝形成闭合环路，其间不得留断点，见图 10.4.20—2。

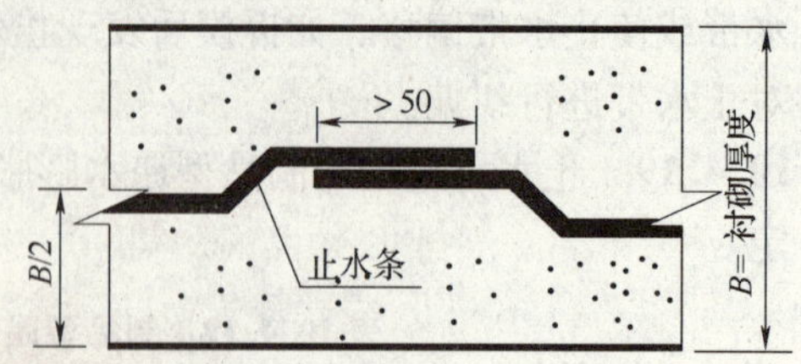

图 10.4.20—2　止水条安装示意图

10.4.21　带注浆孔遇水膨胀止水条施工应满足下列要求：

1　安装止水条界面的处理及止水条的固定方法同上。

2　将止水条上的预留注浆连接管套入搭接的另一条止水条上连接二通上。

3　根据所安装止水条的长度，约在 30 m 处安装三通一处，三通的直线两端一头插入止水条内，另一头插入注浆连接管内。丁字端头插入备用注浆管内，以备缝隙渗漏水时注浆（图 10.4.21）。

4　注浆连接管与三通连接件应黏结牢固，保证注浆管通畅。安装在三通上的备用注浆管，应引入二次衬砌内侧。

图 10.4.21　带注浆孔遇水膨胀止水条安装示意图

10.4.22　变形缝嵌缝材料施工应满足下列要求：

1　嵌缝材料要求最大拉伸强度不小于 0.2 MPa，最大伸长率大于 300%，且拉、压循环性能为 80 ℃时拉伸-压缩率为 ±20%。

2　缝内两侧平整、清洁、无渗水，涂刷的基层处理剂符合设计要求。

3　背衬材料的设置应符合设计要求。

4　嵌填密实，与两侧黏结牢固。

10.5 施工排水

10.5.1 隧道施工排水应符合下列规定：

1 隧道内纵向设排水沟，横向应设排水坡，隧底纵横向坡应平顺。

2 洞内顺坡排水沟断面应满足洞内渗漏水和施工废水的排出需要。在膨胀岩、土质地层、围岩松软地段，应铺砌水沟或用管槽排水。排水沟应经常清理。

3 施工期间运输轨道的道床，应防止阻塞隧底水流，可设横向截水沟并汇入两侧的排水沟。

4 洞内反坡排水应采用机械排水，可根据距离、坡度、水量和设备情况布置管路和泵站，一次或分段接力排出洞外。集水坑的容积应按实际排水量确定，其位置确定应减少施工干扰。配备水泵的能力应大于排水量20%以上，并应有备用台数。

10.5.2 利用辅助坑道排泄正洞水流时，应根据流量的大小与需要，设置排水沟，保证排水畅通，严防坑道内积水和漫流。

10.5.3 施工期间应根据现场情况定期对地下水的水质进行检测，当发现异常时应及时与设计单位联系；根据施工需要应对水量、水压应进行日常检测。

10.5.4 隧道施工排水污水处理设施应满足设计要求，并符合本技术指南第17.0.7条的规定。

11　施工机械与设备

11.1　一 般 规 定

11.1.1　隧道施工机械选型配套应坚持“技术先进、减少污染、合理配套”的原则，应根据隧道长度、断面大小、辅助坑道设置、地质条件、施工方法、工期要求，同时考虑操作者劳动安全、劳动强度和劳动条件的改善，减少作业场所环境的污染等因素综合配置，施工机械配置应注重科学发挥机械的总体效率。

11.1.2　隧道施工按有轨、无轨两种运输模式分别配置，组成开挖、装运、初期支护、防排水、衬砌、辅助作业等机械化作业线。

11.1.3　隧道施工机械应尽量选择电动、风动、液压传动机械，减少内燃机械进洞。

11.1.4　施工机械配置的生产能力应大于均衡施工能力，均衡生产能力应大于施工进度指标要求。

11.1.5　混凝土拌和设备、运输设备、混凝土喷射机、混凝土输送泵、通风机、抽水机等应考虑备有余量。

11.1.6　机械的安装、使用、管理、维修和保养，应严格执行有关规定，保证机械使用安全、正常运转，防止发生机械事故。

11.1.7　长大隧道和特长隧道现场应设置维修加工车间，配置专业维修队伍，配备相应的修理加工设备，储备一定数量的零部件和原材料。

11.1.8　应优先选择排污达标、噪声小的机械；洞内使用柴油内燃机械应加设消烟净化装置或掺入柴油净化添加剂，并加强通风；洞内不得使用汽油内燃机械。

11.1.9　瓦斯隧道施工机械的配置应符合铁道部现行《铁路瓦斯隧道技术规范》(TB 10120—2002)的有关规定。高瓦斯和瓦斯突出隧道，必须采用安全防爆型施工机械，并有明显的标志。

11.1.10　在靠近居民区施工时，各种机械设备的噪声应尽量符合《建筑施工场界噪声限值》(GB 12523—90)的要求；污水和有害气体的排放，应达到《污水综合排放标准》(GB 8978—1996)和《环境空气质量标准》(GB 3095—1996)等有关规定。

11.1.11　隧道施工机械设备的管理、维修和操作人员应进行专门培训，特种机械操作人员应持证上岗。

11.2　钻 爆 作 业

11.2.1　岩石隧道开挖作业主要采用液压凿岩台车、风动凿岩机等钻孔机械。

11.2.2　钻眼机械按现场情况和施工方法进行选型：

1　全断面开挖：钻眼宜采用液压凿岩台车或台架配合风动凿岩机。单线隧道钻眼可采用门架式凿岩台车或台架配合风动凿岩机，中长和短隧道可采用多功能台架配合风动凿岩机钻眼。清底及开挖仰拱可用反铲挖掘机。

2　台阶法开挖:上部宜采用风动凿岩机钻眼,下部视现场情况选用液压凿岩台车或台架配合风动凿岩机开挖。

3　分部开挖视现场情况选用钻孔机械。

4　平行导坑和横洞断面较小时,宜用风动凿岩机钻孔;断面较大时,宜选用液压凿岩台车钻孔;斜井、竖井的钻孔应以风动凿岩机为主。

11.2.3　炮眼装药作业可采用自动装药和自动堵塞机具。

11.3　土质隧道开挖作业

11.3.1　一般土质隧道采用挖掘机开挖,机械开挖应预留约30 cm(黄土隧道拱脚、墙脚预留60~70 cm)的整修层,用人工风镐或铣挖机整修到隧道开挖轮廓线。硬土、风化岩、漂石等可采用爆破或液压破碎锤进行松动。

11.3.2　浅埋、软岩隧道、地表有民宅等建(构)筑物时,可优先采用单臂掘进机开挖拱部;也可利用挖掘机换装铣挖头沿拱部轮廓线铣挖隔震槽,以控制超欠挖及爆破振动时对地表建(构)筑物的影响。

11.4　装渣运输作业

11.4.1　装渣与运输机械选型应遵循挖、装、运机械能力协调配套的原则,其运输机械配置能力不应小于挖装能力的1.2倍。

11.4.2　为减少隧道内的污染气体排放浓度,改善洞内空气质量,双线隧道独头掘进长度在3 000 m以上时宜采用有轨运输;单线隧道独头掘进长度在1 500 m以上时宜采用有轨运输。装运作业可采用轮式(或履带)装载机和轨道运输组成的混合装运模式。

11.4.3　全断面开挖装渣应采用大斗容的铲装机、挖装机或装载机;台阶法施工的上部宜采用长臂挖掘机扒渣,下部采用铲装机、挖装机或装载机、挖掘机装渣。

11.4.4　平行导坑和横洞断面较小时,可采用挖装机或挖掘机装渣,电瓶车或内燃机车牵引矿车出渣;断面较大时,挖装机装渣,出渣运输采用电瓶车牵引矿车。

11.4.5　斜井运输提升设备及辅助设施应根据斜井断面大小、斜井坡度等条件合理配置。有轨斜井井身装渣宜用耙斗式装岩机或专用挖掘机,运渣宜用大容量侧卸式矿车或箕斗,提升应配以安全设备齐全的大型提升机,并在井口设置与其配套的卸渣栈桥;无轨斜井可采用装载机或挖掘机装渣,大功率的自卸汽车出渣。

11.4.6　竖井井身装渣宜用抓岩机,根据井深和出渣量可选用提升机、吊车、电葫芦等提升设备,配以罐笼或吊桶出渣。

11.4.7　有轨运输洞外应根据需要设置调车、编组、卸渣、进料、设备维修等线路。线路铺设标准和要求应符合下列要求:

1　钢轨类型:宜为38~43 kg/m。

2　道岔型号:宜不小于6号的道岔,并安装转辙器。

3　轨枕:间距不应大于0.7 m。

4　道床:厚度不应小于20 c m。

5　使用大型轨行式机械时，线路铺设标准应符合机械规格、性能的要求，并保证施工安全。

6　有轨运输设单道时，每间隔 300 m 应设一个会车道。

7　采用轨行式机械装渣时，轨道应紧跟开挖面；调车线路及时前移。

11.4.8　施工中应建立工程运输调度，根据施工进度编制运输计划，统一指挥，提高运输效率。

11.4.9　运输线路应设专人按标准要求进行维修和养护，使其经常处于良好状态，线路两侧的废渣和杂物应随时清除。

11.4.10　无轨运输车在洞内施工地段、视线不良的曲线上，以及通过岔道和洞口平交道等处时，其行车速度不得大于 10 km/h，其他地段在采取有效的安全措施后，行车速度不应大于 20 km/h。有轨运输施工作业地段的行车速度不得大于 15 km/h，成洞地段不得大于25 km/h。

11.4.11　有轨运输作业应符合下列安全规定：

1　车辆装载高度不得高于斗车顶面 50 cm，宽度不得大于车宽。

2　列车连接必须良好，机车摘挂后调车、编组和停留时，应有防溜车措施。

3　车辆在同方向行驶时，两组列车的间距不得小于 100 m。

4　轨道旁临时堆放的材料，距钢轨外缘不得小于 80 cm，高度不得大于 100 cm。

5　卸渣场线路应设安全线并设置 1% ~3% 的上坡道，卸渣码头应搭设牢固，并设有挂钩、栏杆及车挡装置，防止溜车。

6　车辆在洞内行驶时，必须鸣笛或按喇叭，并注意瞭望。严禁非专职人员开车、调车。严禁在行驶中进行摘挂作业。

7　长隧道施工上下班的载人列车，应制定保证安全的措施。

11.4.12　无轨运输作业应符合下列规定：

1　运输道路应铺设路面，洞内与仰拱填充、底板混凝土施工相结合，并做好排水及路面的维修工作。

2　单线隧道采用无轨运输时，每间隔 150 ~ 300 m 应设一处会车段。

11.5 支护作业

11.5.1　支护作业采用的主要机械设备有：锚杆台车、锚杆钻机、液压凿岩台车、气腿式风动凿岩机、混凝土喷射机、喷射台车和喷射机械手、管棚钻机、工程钻机或地质钻机、注浆泵和制浆设备等。

11.5.2　喷混凝土宜采用湿喷工艺。大断面、特长隧道喷混凝土宜选用生产能力高、集装料、拌和自动喷射于一体的喷射三联机或喷射混凝土机组。

11.5.3　喷混凝土料应采用自动计量的强制式混凝土拌和机或拌和站拌和；运输采用轮胎式或轨行式混凝土拌和运输车。

11.5.4　锚杆钻孔机械根据现场情况选用锚杆台车、锚杆钻机、液压凿岩台车或气动凿岩机。

11.5.5　超前大管棚施工在成孔困难地段应优先选用集钻孔、跟管、注浆三位一体的多功能钻机；能成孔地段，可采用管棚钻机、地质钻机和工程钻机等钻孔机械。超前小导管施工宜采用气腿式凿岩机顶管,也可用凿岩台车、导轨式凿岩机施作。

11.5.6 大管棚、小导管均应配备相应的注浆设备和快速接头。

11.5.7 钢架加工应配置专用弯曲或成型加工设备,钢架安装举升,可采用有固定夹头的挖掘机,大断面钢架架设时宜采用专用架设设备。

11.5.8 深孔预注浆作业,应优先采用兼备钻孔、跟管、注浆功能的并有孔口止水装置的多功能钻机和相应的注浆设备,应具有高压力、大流量,且压力、流量可调式注浆泵,以满足注浆工艺和保证注浆质量的要求。

11.6 防排水作业

11.6.1 防排水作业宜采用轨行式专用作业台架,台架上应配备隧道净空检查的装置、防水板弧形支撑杆、压缩空气接口,以及风镐、电焊机、冲击钻(或射钉枪)、爬焊机、热风焊机等机具。

11.6.2 防水板焊接应采用调温、调速式自动爬行焊接机,局部处理采用热塑焊枪焊接。有条件时防水板铺设宜采用台架式自动铺设机。

11.7 衬砌作业

11.7.1 混凝土衬砌作业必须采用自动计量的混凝土拌和站、混凝土拌和输送车、混凝土输送泵及拱墙整体式钢模台车等机械设备。

11.7.2 混凝土拌和站的生产能力应根据施工高峰期作业面数量、运距、混凝土需求量等因素确定,应选用强制式拌和方式。自动计量装置应满足混凝土配合比计量精度要求。

11.7.3 混凝土运输应采用轮胎式或轨行式混凝土拌和运输车。

11.7.4 仰拱浇筑宜采用防干扰仰拱作业栈桥。

11.8 辅助作业

11.8.1 隧道施工当独头坑道掘进长度超过 150 m 时,应采用机械通风,并配置相应的通风机械。

11.8.2 通风机的功率与通风管的直径应根据独头掘进长度、运输方式、断面大小和通风方式等计算确定,应选用大直径风管和风量风压可调式高效节能低噪型多级风机。

11.8.3 隧道施工采用机械排水时宜分段设贮水池,根据实际情况配备扬程、流量、性能相适应的抽排水泵(清水泵、泥浆泵、污水泵、砂泵等)。

11.8.4 隧道独头坑道掘进超过 500 ~ 800 m 时应将 10 kV 高压电引入洞内。非作业区一般每 1 000 m 左右安装一台变压器,向两端供电;开挖作业区由专用变压器供电。

12　超前地质预报

12.1　一 般 规 定

12.1.1　铁路隧道施工应进行超前地质预报,并作为工序纳入施工组织管理,给予必要的施作时间。

12.1.2　综合超前地质预报流程见图 12.1.2。

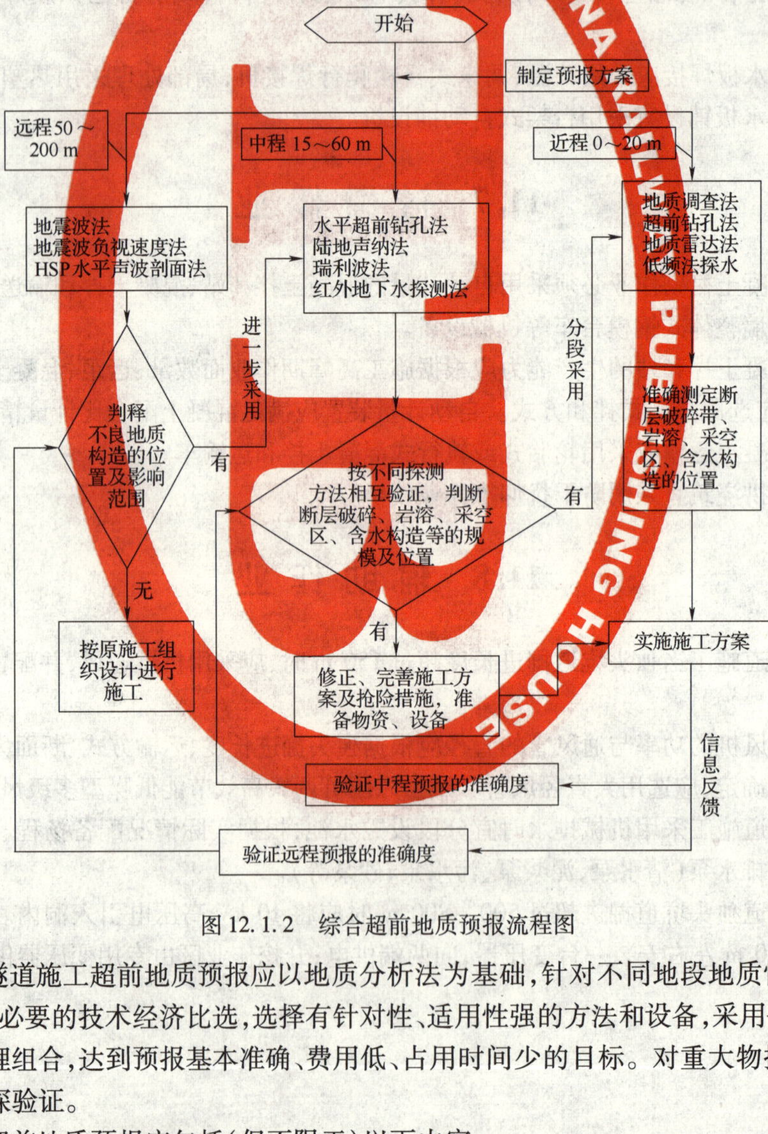

开始
制定预报方案
远程 50～200 m
中程 15～60 m
近程 0～20 m
地震波法
地震波负视速度法
HSP 水平声波剖面法
水平超前钻孔法
陆地声纳法
瑞利波法
红外地下水探测法
地质调查法
超前钻孔法
地质雷达法
低频法探水
判释不良地质构造的位置及影响范围
进一步采用
分段采用
有
按不同探测方法相互验证，判断断层破碎、岩溶、采空区、含水构造等的规模及位置
有
准确测定断层破碎带、岩溶、采空区、含水构造的位置
无
有
按原施工组织设计进行施工
修正、完善施工方案及抢险措施，准备物资、设备
实施施工方案
信息反馈
验证中程预报的准确度
验证远程预报的准确度

图 12.1.2　综合超前地质预报流程图

12.1.3　隧道施工超前地质预报应以地质分析法为基础,针对不同地段地质情况和预报目的,进行必要的技术经济比选,选择有针对性、适用性强的方法和设备,采用一种或几种方法的合理组合,达到预报基本准确、费用低、占用时间少的目标。对重大物探异常地段应采用钻探验证。

12.1.4　超前地质预报应包括(但不限于)以下内容:

1　地层岩性,重点为对软弱夹层、破碎地层、煤层及特殊岩土等。

2　地质构造,重点为对断层、节理密集带、褶皱轴等影响岩体完整性的构造发育情况。

3　不良地质,特别是溶洞、暗河、人为坑洞、放射性、有害气体、高地应力等发育情况。

4　地下水,特别是对岩溶管道水、富水断层、富水褶皱轴及富水地层。

12.1.5　超前地质预报应符合《铁路隧道超前地质预报技术指南》相关规定。

12.2　地质预报的分级管理与方案设计

12.2.1　超前地质预报应实行分级管理,根据地质灾害对隧道施工安全的危害程度,对工程进行地质灾害分级,采取不同地质预报方案。

12.2.2　根据地质灾害对隧道施工安全的危害程度,地质灾害分为以下四级,其影响因素见表12.2.2。

A级:存在重大地质灾害隐患的地段,如大型暗河系统,可溶岩与非可溶岩接触带,软弱、破碎、富水、导水性良好的地层和大型断层破碎带,特殊地质地段,重大物探异常地段,可能产生大型、特大型突水突泥地段,诱发重大环境地质灾害的地段,高地应力、瓦斯、天然气问题严重的地段以及人为坑洞等。

表12.2.2　综合超前地质预报工作分级影响因素

施工地质分级		A	B	C	D
		严重	较严重	一般	轻微
地质复杂程度(含物探异常)	岩溶发育程度	极强,厚层块状灰岩,大型溶洞、暗河,岩溶密度每平方公里>15个,最大泉流量>50 L/s,钻孔岩溶率>10%	强烈,中厚层灰岩夹白云岩,地表溶洞落水洞密集,地下以管道水为主,岩溶密度每平方公里5~15个,最大泉流量10~50 L/s,钻孔岩溶率5%~10%	中等,中薄层灰岩,地表出现溶洞,岩溶密度每平方公里1~5个,最大泉流量5~10 L/s,钻孔岩溶率2%~5%	微弱,不纯灰岩与碎屑岩互层,地表地下以溶隙为主,最大泉流量<5 L/s,钻孔岩溶率<2%
	涌水涌泥程度	特大(日出水10万t以上)、大型突水(日出水1~10万t)、突泥,高水压	中小型突水(日出水1 000~1万t)、突泥	小型涌水(日出水100~1 000 t)、涌泥。	日出水小于100 t涌突水可能性极小
	断层稳定程度	大型断层破碎带、自稳能力差、富水,可能引起大型失稳坍塌	中型断层带,软弱,中~弱富水,可能引起中型坍塌	中小型断层,弱富水,可能引起小型坍塌	中小型断层,无水,掉块
	地应力影响程度	高应力,严重岩爆(拉森斯判据<0.083,即岩石点荷载强度与围岩最大切向应力的比值),大变形	高应力,中等岩爆(拉森斯判据0.083~0.15),中~弱变形	弱岩爆(拉森斯判据0.15~0.20),轻微变形	无岩爆(拉森斯判据>0.20),无变形
	瓦斯影响程度	瓦斯突出:煤的破坏类型为Ⅲ(强烈破坏煤)、Ⅳ(粉碎煤)、Ⅴ(全粉煤)类,瓦斯放散初速度≥10,煤的坚固系数≤0.5,瓦斯压力≥0.74 MPa	高瓦斯:全工区的瓦斯涌出量≥0.5 m^3/min	低瓦斯:全工区的瓦斯涌出量<0.5 m^3/min	无
(地质因素)对隧道施工影响程度		危及施工安全,可能造成重大安全事故	存在安全隐患	可能存在安全问题	局部可能存在安全问题
诱发环境问题的程度		可能造成重大环境灾害	施工、防治不当,可能诱发一般环境问题	特殊情况下可能出现一般环境问题	无

B 级:存在中、小型突水突泥隐患的地段,物探有较大异常的地段,断裂带等。

C 级:水文地质条件较好的碳酸盐岩及碎屑岩地段、小型断层破碎带,发生突水突泥的可能性较小。

D 级:非可溶岩地段,发生突水突泥的可能性极小。

12.2.3 地质复杂隧道的预测预报应坚持隧道洞内探测与洞外地质勘探相结合、地质方法与物探方法相结合、辅助导坑与主洞探测相结合,开展多层次、多手段的综合超前地质预报,并贯穿于施工全过程。不同地质灾害的预报方式可采用:

A 级预报:采用地质分析法、地震波反射法、声波反射法、地质雷达、红外探测、超前水平钻探等手段进行综合预报。

B 级预报:采用地质分析法、地震波反射法或声波反射法,辅以红外探测、地质雷达,进行必要的超前水平钻孔。当发现局部地段工程地质条件复杂时,按 A 级要求实施。

C 级预报:以地质分析法为主。对重要的地质(层)界面、断层或物探异常地段可采用地震波反射法或声波反射法进行探测,必要时采用红外探测和超前水平钻孔。

D 级预报:采用地质分析法。

12.2.4 复杂隧道超前地质预报应编制实施细则,内容包括超前地质预报实施方案、分段预报内容、方法及技术要点,并编制气象、重要泉点、暗河流量、地下水位等观测计划和观测技术要求。

12.3　地质调查法

12.3.1 地质调查法包括隧道地表补充地质调查和洞内地质素描等。地质调查法应根据隧道已有勘察资料、地表补充地质调查资料、洞内开挖工作面地质素描,通过地层层序对比、地层分界线及构造线地下和地表相关性分析、断层要素与隧道几何参数的相关性分析、临近隧道内不良地质体的前兆分析等,利用地质理论、地质作图和趋势分析等工具,推测开挖工作面前方可能揭示的地质情况。

12.3.2 隧道地表补充地质调查应在实施洞内地质超前预报前进行,并在实施洞内地质超前预报过程中根据需要随时补充。隧道地表补充地质调查应包括下列主要内容:

1 对已有地质勘察成果的熟悉、核查和确认。

2 地层、岩性在隧道地表的出露及接触关系,特别是对标志层的熟悉和确认。

3 断层、褶皱、节理密集带等地质构造在隧道地表的出露位置、规模、性质及其产状变化情况。

4 地表岩溶发育位置、规模及分布规律。

5 煤层、石膏、膨胀岩、含石油天然气、含放射性物质等特殊地层在地表的出露位置、宽度及其产状变化情况。

6 人为坑洞位置、走向、高程等,分析其与隧道的空间关系。

7 根据隧道地表补充地质调查结果,结合设计文件、资料和图纸,核实和修正超前地质预报的重点区段。

12.3.3 地质素描随隧道开挖及时进行,地层岩性变化处、构造发育部位、岩溶发育带附近等复杂、重点地段每开挖循环应进行一次;一般地段每 10 ~ 20 m 进行一次。隧道内地质素描主要内容有:

1　工程地质有以下内容：

1）地层岩性：地层时代、岩性、层间结合程度、风化程度等。

2）地质构造：褶皱、断层、节理裂隙特征、岩层产状；断层的位置、产状、性质、破碎带的宽度、物质成分、含水情况以及与隧道的关系；节理裂隙的组数、产状、间距、充填物、延伸长度、张开度及节理面特征、力学性质；分析组合特征、判断岩体完整程度。

3）岩溶：岩溶规模、形态、位置、所属地层和构造部位，充填物成分、状态，以及岩溶展布的空间关系。

4）特殊地层：煤层、沥青层、含膏盐层、膨胀岩和含黄铁矿层等。

5）人为坑洞：隧道影响范围内的各种坑道和洞穴的分布位置及其与隧道的空间关系。

6）地应力：包括高地应力显示性标志及其发生部位，如岩爆、软弱夹层挤出、探孔饼状岩芯等现象。

7）塌方：塌方部位、形态、规模及其随时间的变化特征，并分析产生塌方的地质原因及其对继续掘进的影响。

8）有害气体及放射性危害源存在情况。

2　水文地质有以下内容：

1）地下水分布、出露形态，围岩的透水性、水量、水压、水温、颜色、泥砂含量，以及地下水活动对围岩稳定的影响，必要时进行长期观测。地下水的出露形态分为：渗水、滴水、滴水成线、股水（涌水）、暗河。

2）水质分析，地下水对结构材料的腐蚀性。

3）出水点和地层岩性、地质构造、岩溶、暗河等的相关关系。

4）进行地表相关气象、水文观测，判断洞内涌水与地表径流、降雨的关系。

5）必要时应建立涌突水点地质档案。

3　围岩稳定性特征及支护情况：记录不同工程地质、水文地质条件下隧道围岩稳定性、支护方式以及初期支护后的变形情况。发生围岩失稳或变形较大的地段，应详细分析、描述围岩失稳或变形发生的原因、过程、结果等。

4　隧道施工围岩分级按附录H。

5　影像：对隧道内重要的和具代表性的地质现象应进行摄影或录像。

12.4　钻　探　法

12.4.1　在富水软弱断层破碎带、岩溶发育区、煤层瓦斯发育区、重大物探异常区等复杂地质地段应采用超前水平钻探预报前方地质情况。

12.4.2　超前水平钻孔每循环钻探长度一般为30～50 m，必要时也可钻100 m以上，连续预报时前后两循环钻孔应重叠5～8 m。

12.4.3　超前钻探钻进过程中，应安设孔口止水装置（或采用防突钻机），防止高压水突出，确保工作人员和机械设备的安全，并使地下水处于可控状态。孔口管应锚固可靠，可采用环氧树脂、锚固剂，亦可采用HSC浆液或性能相近的TGRM浆液锚固，锚固长度宜为1.5～2.0 m，孔口管外端应露出开挖工作面0.2～0.3 m，用以安装高压止水球阀。

12.4.4　对于断层、节理密集带或其他破碎富水地层，断面内每循环可钻 1 孔。

12.4.5　在岩溶发育区，断面每循环应钻 3 ~5 个孔，需要揭示溶洞厚度时数量应适当增加，并采用地质雷达等物探手段对溶洞规模、发育特征进行精细探测。

12.4.6　在富含瓦斯的煤系地层或富含石油天然气的沥青质灰岩中，可采用长短结合的钻孔方式将岩体中的有害气体逐渐释放出来。

12.4.7　对于岩溶发育区及裂隙富水区，除采用水平深孔超前探测外，还应结合爆破钻孔作业，加深部分钻孔，其深度应较爆破孔深 2 ~4 m。

12.5　物理勘探法

12.5.1　物理勘探法具有抑制干扰、能区分有用信号和干扰信号的特点，其主要适用于以下范围：

1　对开挖工作面前方和周围较大范围内的地质构造、洞穴、隐伏含水体等的探测。

2　被探测对象与周围介质之间有明显的物理性质差异。

3　被探测对象具有一定的规模，且地球物理异常有足够的强度。

12.5.2　地球物理勘探有多种方法，应根据探测对象的埋深、规模及其与周围介质的物性差异，选用有效的方法。

12.5.3　TSP 地震波法适用于极软岩至极硬岩的任何地质情况，对断层、软硬岩接触面等面状结构反射信号较为明显。每次预报距离一般为 100 ~150 m，需连续预报时，前后两次应重叠 10 m 以上。

12.5.4　地质雷达法适宜于岩溶、采空区探测，也可用来探测断层破碎带、软弱夹层等不均匀地质体。在完整灰岩地段有效探测长度在 25 m 以内，连续预报时前后两次重叠长度在 5 m 左右。

12.5.5　地震波负视速度法预报面状地质体效果较好，也可以预报具有一定规模的溶洞、洞穴等。连续预报时前后两次应重叠 10 m 以上。

12.5.6　HSP 水平声波剖面法适用于隧道各种地质条件的探测，有效探测距离为 50 ~100 m。连续预报时前后两次应重叠 10 m 以上。

12.5.7　陆地声纳法适合于探查直径大于 0.5 m 的溶洞、溶管等不良地质体，连续预报时前后两次应重叠 10 m 以上。

12.5.8　红外探测法适用于探测前方是否有水及水体存在方位，每次预报有效探测距离约为 30 m。连续预报后两次重叠长度应大于 5 m。

13 监控量测

13.1 一般规定

13.1.1 监控量测工作必须紧接开挖、支护作业，应按设计要求进行布点和监测，并根据现场施工情况及时调整量测项目和内容。量测数据应及时分析处理，并将结果反馈到施工过程中。

13.1.2 监控量测应纳入施工工序，并贯穿施工的全过程，为施工管理及时提供以下信息：

1 围岩稳定性、支护结构承载能力和安全信息。

2 二次衬砌合理的施作时间。

3 为施工中调整围岩级别、完善设计方案及参数、优化施工方案及施工工艺提供依据（铁路隧道的围岩分级判定可按附录H）。

13.1.3 监控量测的管理必须科学合理，施工中应按监测计划实施，工程竣工后将监测资料整理归档并纳入竣工文件中。

13.1.4 施工现场应成立专门的监控量测小组，责任落实到人，并建立相应的质量保证体系，确保监控量测工作的有效实施，监测资料完整清晰。

13.1.5 现场监控量测工作应包括现场情况的初始调查、编制实施性监控量测计划、测点布设及取得初始监测值、现场监测、提交监测结果、报送周（月）报和编写总结报告。

13.1.6 根据监测精度要求，应减小系统误差，控制偶然误差，避免人为错误。应经常采用相关方法对误差进行检验分析。

13.1.7 监控量测组负责测点的埋设、日常测量、数据处理和仪器保养维修及送检等工作，并及时将监控量测信息反馈于施工和设计。

13.2 监控量测项目和技术要求

13.2.1 隧道监控量测的项目应根据工程特点、规模和设计要求综合选定。量测项目可分为必测项目和选测项目两大类（见表13.2.1—1和表13.2.1—2）。必测项目在采用喷锚构筑法施工时必须进行；选测项目应根据工程规模、地质条件、隧道埋深、开挖方法及其他要求进行选择。

表13.2.1—1 监控量测必测项目

序号	监测项目	常用量测仪器	备注
1	洞内、外观察	现场观察、数码相机、罗盘仪	
2	拱顶下沉	水准仪、钢挂尺或全站仪	
3	净空变化	收敛计、全站仪	
4	地表沉降	水准仪、铟钢尺或全站仪	隧道浅埋段

表 13.2.1—2　监控量测选测项目

序号	监测项目	常用量测仪器
1	围岩压力	压力盒
2	钢架内力	钢筋计、应变计
3	喷混凝土内力	混凝土应变计
4	二次衬砌内力	混凝土应变计、钢筋计
5	初期支护与二次衬砌间接触压力	压力盒
6	锚杆轴力	钢筋计
7	隧底隆起	水准仪、铟钢尺或全站仪
8	围岩内部位移	多点位移计
9	爆破振动	振动传感器、记录仪
10	孔隙水压力	水压计
11	水量	三角堰、流量计
12	纵向位移	多点位移计、全站仪

13.2.2　隧道开挖后应及时进行地质素描，有条件时应进行数码成像技术。

13.2.3　初期支护完成后应进行喷层表面裂缝的观察和记录。

13.2.4　分部开挖法施工的隧道，每个分部施工中应根据工程特点在表 13.2.1—1、表 13.2.1—2 中所列项目选择必测项目。

13.2.5　浅埋隧道地表沉降测点应在隧道开挖前布设。地表沉降测点和隧道内测点应布置在同一里程断面。一般条件下地表沉降测点纵向间距应按表 13.2.5 要求布置。

表 13.2.5　地表沉降测点纵向间距

埋深与开挖宽度	纵向测点间距（m）
$2B>H_0>2.5B$	20～50
$B<H_0\leqslant 2B$	10～20
$H_0\leqslant B$	5～10

注：H_0—隧道埋深；B—隧道最大开挖宽度。

13.2.6　地表沉降测点横向间距为 2～5 m。在隧道中线附近测点应适当加密，隧道中线两侧量测范围应不小于 H_0+B，地表有控制性建（构）筑物时，量测范围应适当加宽，测点布置见图 13.2.6。

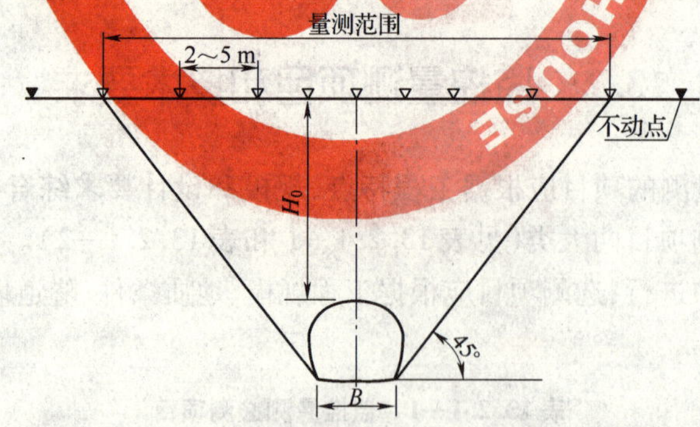

图 13.2.6　地表沉降横向测点布置示意图

13.2.7　拱顶下沉测点和净空变化测点应布置在同一断面上。监测断面及测点按表 13.2.7 要求布置。拱顶下沉测点原则上设置在拱顶轴线附近。当隧道跨度较大时，应在拱顶部位设置三个测点（表 13.2.7）。

表 13.2.7 必测项目监测断面间距

围岩级别	断面间距(m)
Ⅴ~Ⅵ	5~10
Ⅳ	10~30
Ⅲ	30~50

注:Ⅱ级围岩视具体情况确定间距。

13.2.8 净空变化量测测线数,参照表 13.2.8 布置。

表 13.2.8 净空变化量测测线数

开挖方法 \ 地段	一般地段	特殊地段
全断面法	一条水平测线	—
台阶法	每台阶一条水平测线	每台阶一条水平测线,两条斜测线
分部开挖法	每分部一条水平测线	上部每分部一条水平测线,两条斜测线,其余分部一条水平测线

13.2.9 选测项目应根据设计和施工的特殊要求确定,监测断面应视需要而定,优先在施工初始阶段布置。

13.2.10 不同断面的测点应布置在相同部位,测点应尽量对称布置,以便数据的相互验证。

13.2.11 必测项目的监测频率应根据测点的距开挖面的距离及位移速度分别按表 13.2.11—1 和表 13.2.11—2 确定。

表 13.2.11—1 按距开挖面距离确定的监测频率

监测断面距开挖面距离(m)	监测频率
(0~1)B	2 次/d
(1~2)B	1 次/d
(2~5)B	1 次/2~3d
>5B	1 次/7d

表 13.2.11—2 按位移速度确定的监测频率

位移速度(mm/d)	监测频率
≥5	2 次/d
1~5	1 次/d
0.5~1	1 次/2~3d
<0.5	1 次/7d

注:1 B—隧道最大开挖宽度。
2 出现异常情况或不良地质时,应增大监测频率。
3 由位移速度决定的监测频率和由距开挖面的距离决定的监测频率之中,原则上采用较高的频率值。

13.2.12 监控量测控制基准应包括隧道内位移、地表沉降、爆破振动等控制基准。

1 地表沉降控制基准根据地层稳定性、周围建(构)筑物的安全要求分别确定,取最小值。

2 爆破振动控制基准根据支护结构、边坡稳定性、周围建(构)筑物的安全性确定。

3 位移控制基准根据测点距开挖面的距离,可参考表 13.2.12 要求确定。

表 13.2.12 位移控制基准

类 别	距开挖面 1B(U_{1B})	距开挖面 2B(U_{2B})	距开挖面较远
允许值	65% U_0	90% U_0	100% U_0

注:B—隧道最大开挖宽度;U_0—极限相对位移值。

13.2.13 位移管理等级按三级管理，相应的位移管理等级见表 13.2.13。

表 13.2.13 位移管理等级

管理等级	距开挖面 1B	距开挖面 2B
Ⅲ	$U < U_{1B}/3$	$U < U_{2B}/3$
Ⅱ	$U_{1B}/3 \leqslant U \leqslant 2U_{1B}/3$	$U_{2B}/3 \leqslant U \leqslant 2U_{2B}/3$
Ⅰ	$U > 2U_{1B}/3$	$U > 2U_{2B}/3$

注：U—实测位移值。

13.2.14 爆破振动控制基准按表 13.2.14 控制，并应满足下列要求：

表 13.2.14 爆破振动安全允许标准

序号	保护对象类别	安全允许振速（cm/s）		
		<10 Hz	10 ~ 50 Hz	50 ~ 100 Hz
1	土窑洞、土坯房、毛石房屋	0.5 ~ 1.0	0.7 ~ 1.2	1.1 ~ 1.5
2	一般砖房、非抗震的大型砌块建筑物	2.0 ~ 2.5	2.3 ~ 2.8	2.7 ~ 3.0
3	钢筋混凝土结构房屋	0 ~ 4.0	3.5 ~ 4.5	4.2 ~ 5.0
4	一般古建筑与古迹	0.1 ~ 0.3	0.2 ~ 0.4	0.3 ~ 0.5
5	水工隧道	7 ~ 15		
6	交通隧道	10 ~ 20		
7	矿山巷道	15 ~ 30		
8	水电站及发电厂中心控制室设备	0.5		
9	新浇大体积混凝土： 龄期：初凝 ~ 3 d 龄期：3 ~ 7 d 龄期：7 ~ 28 d	 2.0 ~ 3.0 3.0 ~ 7.0 7.0 ~ 12		

注：1 表列频率为主振频率，系指最大振幅所对应波的频率。

2 频率范围可根据类似工程或现场实测波形选取。选取频率时亦可参考下列数据：洞室爆破 <20 Hz；深孔爆破 10 ~ 60 Hz；浅孔爆破 40 ~ 100 Hz。

3 有特殊要求的根据现场具体情况确定。

1 选取建筑物安全允许振速时，应综合考虑建筑物的重要性、建筑质量、新旧程度、自振频率、地基条件等因素。

2 省级以上（含省级）重点保护古建筑与古迹的安全允许振速，应经专家论证选取，并报相应文物管理部门批准。

3 选取隧道、巷道安全允许振速时，应综合考虑构筑物的重要性、围岩状况、断面大小、深埋大小、爆源方向、地震振动频率等因素。

表 13.2.15—1 监控量测必测项目测试精度

序号	监测项目	测试精度
1	拱顶下沉	0.5 ~ 1 mm
2	净空收敛	0.5 ~ 1 mm
3	地表沉降	0.5 ~ 1 mm

4 非挡水新浇大体积混凝土的安全允许振速，可按本表给出的上限值选取。

13.2.15 测试仪器的精度应满足表 13.2.15—1 及表 13.2.15—2 的要求，测试仪器的量程应满足设计要求，并具有良好的防震、防水、防腐性能。

表 13.2.15—2　监控量测选测项目测试精度

序号	监测项目	测试精度
1	围岩与初期支护接触压力	≤0.5% F.S.
2	喷混凝土应变	±0.1% F.S.
3	钢架应力	拉伸≤0.5% F.S.,压缩≤1.0% F.S.
4	初期支护与二次衬砌接触压力	≤0.5% F.S.
5	二次衬砌内应力	±0.1% F.S.
6	围岩内部位移	0.1 mm
7	隧底隆起	0.5~1 mm
8	爆破振动速度	1 mm/s

注:F.S.——仪器满量程。

13.3　监控量测方法

13.3.1　现场监测应根据设计文件的要求进行测点埋设、日常量测和数据处理,及时反馈信息,并根据地质条件的变化和施工异常情况,及时调整监控量测计划。

13.3.2　现场测点读数应读三次,取其平均值,并详细记录。

13.3.3　施工过程中应进行洞内、外观察,洞内观察可分开挖工作面观察和已施工地段观察两部分,其内容如下:

1　开挖工作面观察应在每次开挖后进行,及时绘制开挖工作面地质素描图、数码成像、填写开挖工作面观察表和施工阶段围岩级别判定卡,并与勘查资料进行对比。对已施工地段进行观察,记录喷混凝土、锚杆和钢架等的工作状态。

2　洞外观察重点应在洞口段和洞身浅埋段,记录地表开裂、地表塌陷、边坡及仰坡稳定状态、地表水渗漏情况等。

13.3.4　隧道净空收敛量测可采用收敛计或全站仪进行。

1　采用收敛计量测时,测点采用焊接或钻孔预埋。

2　采用全站仪量测时,测点应采用膜片式回复反射器作为测点靶标,靶标黏附在预埋件上。量测方法包括自由设站和固定设站两种。

13.3.5　拱顶下沉量测可采用精密水准仪和钢挂尺或全站仪进行,在隧道拱顶轴线附近通过焊接或钻孔预埋测点,测点应与隧道外监测基点进行联测。

13.3.6　地表沉降监测可采用精密水准仪、铟钢水准尺进行。基点应设置在地表沉降影响范围之外。测点采用地表钻孔埋设,测点四周用水泥砂浆固定。当采用常规水准测量手段出现困难时,可采用全站仪量测。

13.3.7　围岩内变形量测可采用多点位移计,多点位移计应钻孔埋设,通过配套的设备读数。

13.3.8　振弦式传感器通过频率接收仪获得频率读数,依据频率-量测参数率定曲线换算出相应量测参量值。

13.3.9　光纤光栅传感器通过光纤光栅接收仪获得读数,换算出相应量测参量值。

13.3.10　钢架应力量测可采用振弦式传感器、光纤光栅传感器，传感器应成对埋设在钢架的内、外侧，并应满足下列要求：

1　采用振弦式钢筋计或应变计进行型钢应力或应变量测时，应把传感器焊接在钢架翼缘内测点位置。

2　采用振弦式钢筋计进行格栅拱架应力量测时，应将格栅主筋截断并把钢筋计对焊在截断部位。

3　采用光纤光栅传感器进行型钢或格栅拱架应力量测时，应把光纤光栅传感器焊接(氩弧焊)或黏贴在相应测点位置。

13.3.11　接触压力量测可采用振弦式传感器，传感器与接触面要求紧密接触。

13.3.12　混凝土应变量测可采用振弦式传感器、光纤光栅传感器，传感器固定于混凝土结构内的相应测点位置。

13.3.13　爆破振动速度监测可采用振动速度传感器和相应的数据采集设备。传感器固定在预埋件上，通过爆破振动仪自动记录振动速度，分析振动波形和振动衰减规律。

13.3.14　孔隙水压监测可采用孔隙水压计进行，水压计应埋入带刻槽的测点位置，采取措施确保水压计直接与水接触。通过数据采集设备获得各测点读数，并换算出相应孔隙水压力值。

13.3.15　渗漏水量监测可采用三角堰、流量计进行。

13.4　量测数据处理与应用

13.4.1　监控量测数据的分析处理应包括监测资料的整理、计算和分析。

13.4.2　每次观测后应立即对原始观测数据进行校核和整理，包括原始观测值的校验、物理量的计算、填表制图，误差处理、异常值的剔除、初步分析等，并将校验过的数据输入数据库管理系统。

13.4.3　监控量测数据的计算分析主要包括以下内容：

1　拱顶下沉、净空收敛的位移量，绘制时态曲线。

2　围岩压力与支护间接触压力值，绘制时态曲线和断面压力分布图。

3　初期支护、二次衬砌应力(应变)值，绘制时态曲线，反算结构内力并绘制断面内力分布图。

4　地表沉降值，绘制横向和纵向时态曲线。

5　孔隙水压力值，绘制孔隙水压力的时态曲线及孔隙水压力与深度的关系曲线。

6　爆破振动速度，绘制振动速度与测点至震源距离关系曲线。

13.4.4　在分析监测数据时，根据散点图进行回归分析，可采用如下指数模型：

$$U=A(e^{-B/t}-e^{-B/t_0})$$

式中　U——变形值；

A,B——回归系数；

t_0——测点的初始观测时间(d)；

t——测点的观测时间(d)。

13.4.5　应力(应变)监测结果可参照位移回归分析进行。

13.4.6 爆破振动安全允许距离,可根据爆破振动速度按下式计算。

$$R=\left(\frac{K}{V}\right)^{\frac{1}{\alpha}}\cdot Q^{\frac{1}{3}}$$

式中 R——爆破振动安全允许距离(m);

Q——炸药量,齐发爆破为总药量,延时爆破为最大一段药量(kg);

V——保护对象所在地质点振动安全允许速度(cm/s);

K,α——与爆破点至计算保护对象间的地形、地质条件有关的系数和衰减指数,可按表 13.4.6 选取,或通过现场试验确定。

表 13.4.6 爆破区不同岩性的 K、α 值

岩 性	K	α
坚硬岩	50~150	1.3~1.5
中硬岩	150~250	1.5~1.8
软岩	250~350	1.8~2.0

13.4.7 监控量测信息反馈方法可采用经验类比法或理论分析法。施工现场以经验类比法为主,重要工程应综合应用以上两类方法。监控量测信息反馈程序见图 13.4.7。

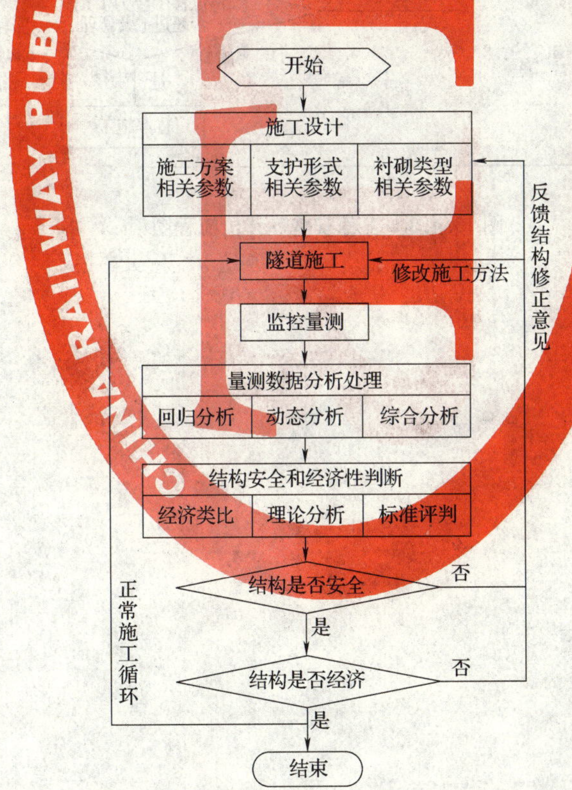

图 13.4.7 监控量测反馈程序框图

13.4.8 工程安全性评价应根据本技术指南第 13.2.13 条要求的位移管理等级进行,并采用表 13.4.8 相应的工程对策。工程安全性评价流程见图 13.4.8。

表 13.4.8 工 程 对 策

管 理 等 级	工 程 对 策
Ⅲ	正常施工
Ⅱ	加强监测
Ⅰ	采取相应工程措施并加强监测

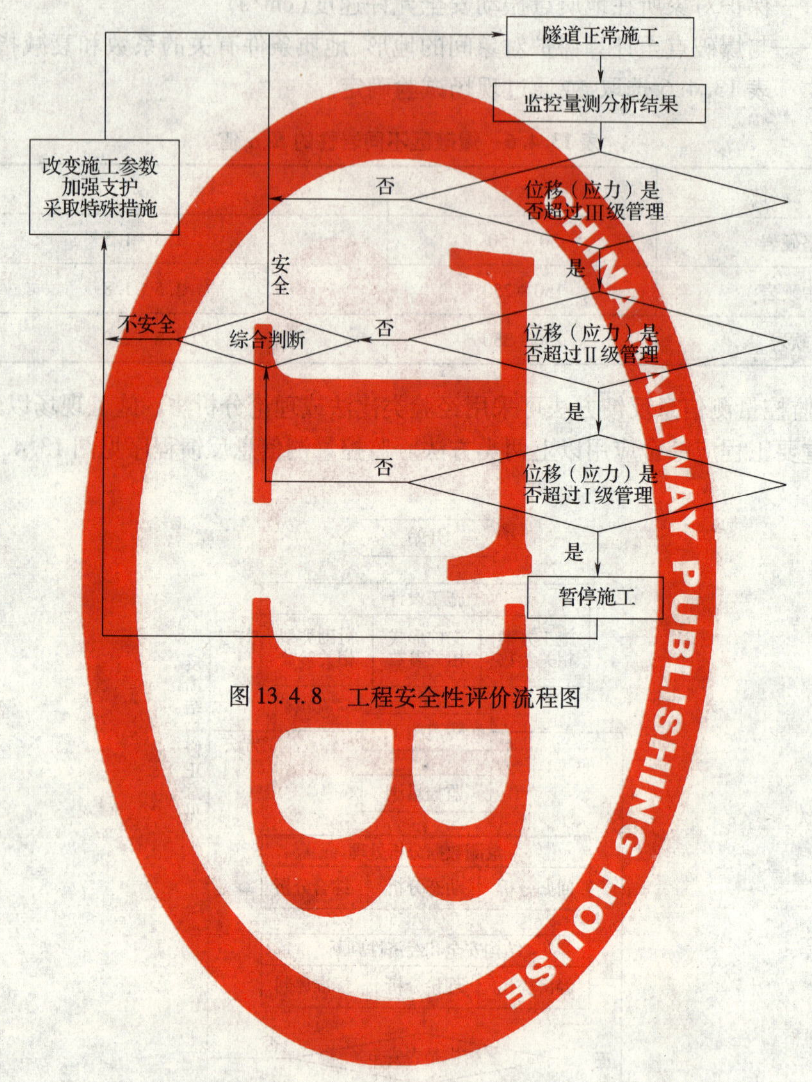

图 13.4.8 工程安全性评价流程图

14 辅助坑道

14.1 一般规定

14.1.1 辅助坑道口的截水、排水系统和防冲刷设施,应在隧道施工前妥善规划,尽早完成。坑道口或斜井的洞门或竖井口锁口圈亦应尽早施作。

14.1.2 辅助坑道支护应符合设计要求。辅助导坑洞口或井口、软弱围岩段、辅助坑道与正洞的连接处应加强支护。辅助坑道与正洞的连接处支护后,应及时施作二次衬砌,在特殊情况下,应在开挖前采取超前支护措施。

14.1.3 辅助坑道废弃应符合下列规定:

1 横洞和平行导坑封闭前应结合排水需要,先做暗沟,并设置检查通道。

2 竖井、斜井有水时,应将水引入隧道侧沟。

3 横洞、平行导坑、斜井的洞口宜用水泥砂浆砌片石封闭,无衬砌时封闭长度宜为3~5 m,有衬砌时封闭长度不宜小于2 m。

4 竖井的井口宜用钢筋混凝土盖板封闭。

5 与隧道正洞连接处宜用水泥砂浆砌片石封闭,其长度不宜小于2 m。

14.1.4 辅助坑道口边、仰坡开挖及地表恢复应符合环境保护和水土保持的有关规定和设计要求。辅助坑道口边、仰坡开挖不得采用大爆破,开挖坡面应按设计要求及时进行防护和支护,山坡危石应全部清除。

14.1.5 辅助坑道与正洞交叉口施工应符合下列规定:

1 先加固、后开挖。根据地质情况,辅助坑道与正洞边墙相交的3~5 m范围的初期支护应加强,必要时浇筑混凝土衬砌。

2 辅助坑道进入正洞的门洞应浇筑钢筋混凝土(或型钢)"门架"或过梁。

3 辅助坑道进入正洞后的挑顶施工,应从外向内逐步扩大,并始终保持逃生通道的畅通。

14.1.6 辅助坑道施工应进行超前地质预报和现场监控量测。

14.2 横洞与平行导坑

14.2.1 横洞与平行导坑的开挖,应根据围岩级别、断面大小合理选用开挖方法,当横洞开挖工作面与正洞的距离小于10 m时,应采取近距离控制爆破技术,降低爆破振速。

14.2.2 横洞与正洞交叉口的洞室跨度大,受力复杂,施工中应根据具体情况进行加固并加强变形监测。

14.2.3 平行导坑应超前于正洞开挖,其超前距离可视施工条件和工期要求确定,一般宜超前横通道间距的1~3倍。

14.2.4 平行导坑的横通道施工,应先加固交叉口后开挖。

14.2.5　横洞和平行导坑都应设完整通畅的排水系统。

14.3　斜　井

14.3.1　斜井开挖的钻爆作业除应符合本技术指南第 7.3 节的有关规定外，还应满足下列要求：

1　钻眼方向宜与斜井的倾角一致，眼底应比井底高程略低，避免出现台阶。

2　每个循环进尺都应检测其高程并控制井身的斜度，每隔 10～20 m 应复核其中线、高程，确保斜井的位置正确。

14.3.2　当斜井井身倾角 $\alpha\leqslant12\%$ 时，可采用自卸汽车、装载机或挖掘机配合的无轨运输方式；当斜井倾角 $12\%\geqslant\alpha\geqslant28\%$ 时，可选用轨道矿车或皮带运输方式；当 $28\%\leqslant\alpha\leqslant47\%$ 时，应采用轨道矿车提升；当 $47\%\leqslant\alpha\leqslant70\%$ 时，可采用大型箕斗提升。

14.3.3　斜井施工期间，视出水量大小设水仓或临时集水坑贮水，开挖工作面的积水用潜水泵先排到水仓（或临时集水坑），再用抽水机排出洞外；正洞施工期间，斜井的出水沿水沟顺坡排到斜井底的水仓，与正洞排水汇集一起，用抽水机排出洞外，必要时斜井中间再设接力水仓。

14.3.4　斜井采用有轨运输时应符合下列规定：

1　矿车提升的斜井井底应设平坡车场；井口宜采用平车场或卸渣栈桥，有斜坡条件可以利用时，也可采用甩车场。

2　斜井井身纵断面不宜变坡。

3　井身每隔 30～50 m 可设一个躲避洞。

4　井口和井底变坡点应设竖曲线，有轨运输的竖曲线半径宜采用 12～20 m。

14.3.5　斜井倾角大于 27%（15°）时，井内运输轨道必须有防爬措施，每 10～20 m 装设一组防爬装置。

14.3.6　斜井有轨运输装置应符合下列规定：

1　运输轨道与两侧管道、电力线之间的安全距离（有人行道者另计），不得小于 20 cm，铺设双道时，两股道上运行车辆之间的间隙不得小于 50 cm。斜井内应有足够的照明措施。

2　斜井有轨运输使用绞车提升时，轨道中应设置托索轮，其间距宜为 10～15 m；当井口有变坡时，必须在变坡段安装一组大托辊；采用甩车场时，应设置立辊；斜井上端有足够的过卷距离，过卷距离根据巷道倾角、设计载荷、最大提升速度和实际制动力等参量计算确定，并有 1.5 倍的备用系数。

3　轨道铺设的标准和要求应符合下列规定：

1）左右钢轨顶面的高差不得超过 5 mm。

2）托索轮及安全闸等轨道辅助设备应与轨道一并铺设。

3）每根钢轨应安装 2 组防爬设备，每对钢轨应有三根轨距拉杆。

4　除运输车辆升降的最大速度不得大于设计规定外，还应符合下列规定：

1）斜井牵引提升速度应小于 5 m/s，接近洞口与井底时速度不得超过 2 m/s，升降加速度不得超过 0.5 m/s。

2）斜井口必须设置挡车器，并设立专人管理，挡车器必须经常处于正位关闭状态，放车时方可打开。车辆在井内行驶过程中(含途中停留),井内严禁人员通行与作业。

3)当斜井施工长度大于100 m时,应在距井口下20 m处设挡车器或挡车栏。在接近井底60 m左右或岔前35 m,设第二道挡车器或挡车栏,其正位是关闭状态,放车时方可打开。

4)井口、井下、卷提升机房应有联系信号,箕斗提升应采用直发式信号。提升、下放与停留,各有明确的色灯和音响、视频等信号规定。设专职信号员,负责接发车工作。提升机司机未得到井口信号员发给信号,不得开动。

5)斜井每隔100 m应在轨道上设防溜车装置一处,在接近井底时再设一处。

6)运输钢轨和其他长件材料时,必须有长件材料装卸及进出斜井的安全措施。

7)斜井井底停车场应设避车洞,斜井底附近的固定机械、电器设备与操作人员,均应设置在专用洞室内。

5 乘用人车应符合下列规定:

1)严禁人员乘坐斗车、矿车,当斜井的垂直深度大于50 m时,应设运送人员的专门设施。

2)人车必须有车长跟随,车长必须坐在列车行驶方向的前排,手动防溜车装置或制动器手把必须装在该车车长座席处。

3)每班运送人员前,必须检查人车的连接装置、保险链和防溜装置。先放一次空车,证实斜井和轨道无引起掉道的危险,并需接到值班负责人的命令后才可发车。

6 斜井钢丝绳必须符合下列规定:

1)提升钢丝绳必须由专人负责,定期检查,对易损坏、断丝或锈蚀较多的部位,应停车详细检查,断丝的突出部分应在检查时剪下,检查结果记入钢丝绳检查记录中。专项安全检查应符合现行《煤矿安全规程》的规定。

2)提升或制动钢丝绳直径减少10%时,必须更换。

3)钢丝绳如遭突然停车等猛烈拉力时,必须立即停车检查。遭受猛烈拉力的一段,发现有损坏或其长度增长0.5%以上时,必须更换。钢丝绳使用后期,断丝数或伸长发展突然加快,必须立即更换。

4)各种钢丝绳在一个捻距内断丝截面积同钢丝总截面积之比达到表14.3.6规定时,必须更换。

表14.3.6 钢丝绳在一个捻距内断丝截面积同钢丝总截面积之比

顺序	使用类别	百分比(%)
1	升降人员和人员物料共用	5
2	专为升降物料用	10
3	平衡钢丝绳	10
4	防坠器的制动钢丝绳	10

7 提升装置必须装设下列保险装置:

1)防止过卷装置,当提升容器超过正常卸载位置(或出车平台)50 cm时,必须能自动断电,并能使保险闸发生作用。

2)防止超速装置,当提升速度超过最大速度15%时,必须能自动断电,并能使保险闸发生作用。

3)当提升速度超过3 m/s时,必须装设限速器,保证提升车辆在达到井口时的速度不超过2 m/s;限速器凸轮板的旋转角度不应小于270°。

4)提升绞车必须装设深度指示器,开始减速时能自动示警的警铃、司机不离座位即能操纵的常用闸和保险闸。常用闸和保险闸共同使用一套闸瓦制动时,操纵部分必须分开,双滚筒提升绞车设两套闸。

5)提升机必须配正、副司机,人员上下井时必须由正司机开车,副司机监护。升降人员前,应先开一次空车,检查绞车动作情况。

14.3.7 斜井无轨运输应有信号指挥、防滑设施、车辆保养等安全技术保障措施。

14.4 竖　井

14.4.1 竖井的断面形式可采用矩形或圆形,当地质情况较差时宜采用圆形。

14.4.2 井口的锁口圈应符合下列规定:

1 锁口圈应采用钢筋混凝土结构。

2 锁口圈应高出地面至少0.25 m或浇筑环形挡墙,并做好井口场地排水设施。

3 锁口圈应和下部井颈、井壁连成整体,当其作为井架基础时,应与井架结构连成整体。

4 井口的锁口圈应在井身掘进前完成,并配备井盖。

5 在升降人员或物料时,井盖方可开启。

14.4.3 竖井井架结构的荷载按下列两种组合进行计算:

1 正常荷载:井架自重+附属设备重+提升悬吊钢丝绳的工作荷载。

2 特殊荷载:提升钢丝绳的断绳荷载+共轭钢丝绳的2倍工作荷载+50%的风荷载。

14.4.4 竖井开挖钻爆作业除应符合本技术指南第7.3节的规定外,还应符合下列规定:

1 井身开挖宜采用直眼掏槽,当岩层倾斜较大且裂隙明显时,可用楔形或其他形式掏槽,有地下水时可采用立式梯台超前掏槽法。

2 钻眼前应将开挖工作面的石砟清除干净并排除积水,炮眼钻完后,应将孔口临时堵塞。

3 每次爆破后应检测断面,不得有欠挖。每掘进5~10 m应核对一次中线,及时纠正偏斜。

14.4.5 竖井装渣宜用抓岩机;井架吊桶或罐笼出渣,井架采用三角架、帐幕式井架或龙门架;必要时应设稳绳装置和其他施工安全措施。

14.4.6 竖井提升作业应符合下列规定:

1 提升机械不得超负荷运行,并应有深度指示器和防止过卷、过速等保护装置以及限速器和松绳信号等。

2 采用罐笼提升时,应符合下列规定:

1)凡兼作升降人员的单绳提升罐笼,必须设置安全保险装置。

2)罐笼提升时,深井宜采用钢丝绳罐道,浅井宜采用单侧布置的刚性罐道。

3)罐笼提升的加速度值,升降人员时,不得大于0.75 m/s^2。升降物料时,不得大于1 m/s^2。其最大速度,升降人员不得超过用下列公式所求得的数值,且最大不得超过12 m/s。

$$v = 0.5\sqrt{H}$$

式中 v——最大提升速度(m/s);

H——提升高度(m)。

升降物料时,其最大速度,不得超过用下列公式所求得的数值:

$$v = 0.6\sqrt{H}$$

在提升速度大于3 m/s 的提升系统内,必须设防撞梁和托罐装置,防撞梁不得兼作他用。

4)采用钢丝绳罐道时,每根罐道绳的最小刚性系数不得小于0.5 N/m。各罐道绳张紧力之差不得小于平均张紧力的5%,并应符合内侧张紧力大,外侧张紧力小的布置要求。

5)采用钢丝绳罐道时,在井口和井底进出车处,应安设承接装置和一段刚性罐道。

3 吊桶提升所用的钩头连接装置应牢固,不得自动脱钩,并应有缓转器。罐笼提升应设置安全可靠的防坠器。吊桶沿稳绳升降时,其最大加速度值不应大于0.5 m/s^2,吊桶在无稳绳段升降的最大加速度值不应大于0.3 m/s^2。

4 工作吊盘的载重不应大于吊盘的设计载重能力。

5 提升用的钢丝绳和各种悬挂使用的钩、链、环、螺栓等连接装置,应具有规定的安全系数,使用前应进行拉力试验,合格后方可安装。使用中应定期检查,维修和更换。

6 井口应设安全栅栏和安全门,通向井口的轨道应设阻车器。

7 竖井深度小于或等于40 m时,可采用三角架或龙门架作井架。井身大于40 m时,宜设置凿井、生产阶段共用井架。

14.4.7 施工中竖井口、井底、绞车房和工作吊盘间均应有联系信号或直通电话。

14.5 信号和通信

14.5.1 斜井、竖井提升必须有提升信号。绞车房、井底车场、运输调度、水仓、带式输送机集中控制洞室等主要机电设备和开挖开挖工作面,应安装电话,能与工地调度室直接联系。

14.5.2 信号的设置应符合下列规定:

1 每一台提升绞车,均应有独立的信号系统。

2 井口与绞车房之间,应采用数码显示的声光兼备的信号装置,并设置直通电话。

3 信号电源应独立可靠,并有电源指示灯。

4 信号系统应简单、可靠,系统上应做到联锁严密,每台提升机应有独立的提升信号,提升信号不得多机共用。

5 信号系统的各种金属外壳,应可靠接地。

6 所有信号装置,应采用具有短路、过载和漏电保护的照明信号综合保护装置配电。

15 通风防尘、风水电供应与通信系统

15.1 通风与防尘

15.1.1 隧道在整个施工过程中,作业环境应符合下列职业健康及安全标准:

1 空气中氧气含量,按体积计不得小于20%。

2 粉尘容许浓度,每立方米空气中含有10%以上的游离二氧化硅的粉尘不得大于2 mg。每立方米空气中含有10%以下的游离二氧化硅的矿物性粉尘不得大于4 mg。

3 瓦斯隧道施工通风应符合铁道部现行《铁路瓦斯隧道技术规范》(TB 10120)的有关规定。

4 瓦斯隧道装药爆破时,爆破地点20 m内,风流中瓦斯浓度必须小于1.0%,总回风道风流中瓦斯浓度应小于0.75%。

5 开挖面瓦斯浓度大于1.5%时,所有人员必须撤至安全地点并加强通风。

6 有害气体最高容许浓度:

1)一氧化碳最高容许浓度为30 mg/m³,在特殊情况下,施工人员必须进入开挖工作面时,浓度可为100 mg/m³,但工作时间不得大于30 min。

2)二氧化碳按体积计不得大于0.5%。

3)氮氧化物(换算成 NO_2)为5 mg/m³ 以下。

7 隧道内气温不得高于28 ℃。

8 隧道内噪声不得大于90 dB。

15.1.2 隧道施工通风应能提供洞内各项作业所需的最小风量,每人应供应新鲜空气3 m³/min,采用内燃机械作业时,供风量不应小于3 m³/(min · kW)。

15.1.3 隧道施工独头掘进长度超过150 m时,应采用机械通风。通风设计应根据独头通风长度、断面大小、施工方法、设备条件等综合确定。通风方式宜采用压入式或混合式通风,有条件时宜采用巷道式通风。

15.1.4 隧道施工应采用综合防尘除烟措施:通风的风速全断面开挖不应小于0.15 m/s,分部开挖的坑道中不应小于0.25 m/s,但均不应大于6 m/s;钻眼作业应采用湿式凿岩;喷混凝土采用湿喷工艺;内燃机械应有尾气净化装置;放炮后必须进行喷雾、洒水(不宜淋水的膨胀岩、土质隧道除外)。

15.1.5 通风机的功率与通风管的直径应根据隧道独头掘进长度、运输方式、断面大小和通风方式等计算确定。

15.1.6 通风机的安装与使用应符合下列规定:

1 主风机安装必须满足通风设计的要求,洞内辅助风机应安装在新鲜风流中。对于压入式通风,主风机应架设在距洞口大于30 m、一定高度的支架上。

2 主风机应保持正常运转,如需间歇时,因停止供风而受影响的开挖工作面必须停

止工作。

3 通风机前后 5 m 范围内不得堆放杂物，通风机进气口应设置铁箅，并应装有保险装置。

4 通风机应有适当的备用数量。

5 当巷道内的风速小于通风要求最小风速时，可布设射流风机来卷吸升压，提高风速。

15.1.7 通风管的安装应符合下列规定：

1 通风管应优先采用高强、低阻、阻燃的软质风管，风管挂设应做到平、直，无扭曲和褶皱。

2 压入式通风出风口距开挖工作面的距离不大于$(4\sim5)\sqrt{A}$（A为隧洞断面积，m^2）。

3 通风管的节长尽量加大，以减少接头数量，接头应严密，每 100 m 平均漏风率不宜大于 1%。弯管平面轴线的弯曲半径不得小于通风管直径的 3 倍。

4 隧道施工在断面净空允许的前提下，应采用大直径风管。

5 通风管破损时，应及时修补或更换。当采用软风管时，靠近风机部分，应采用加强型风管。

15.1.8 洞内空气每月至少应取样分析一次。洞内作业人员应定期体检，保障健康。

15.1.9 隧道施工通风一般有以下方式，应根据隧道独头掘进的长度选用：

1 送风式（压入式）见示意图 15.1.9—1。

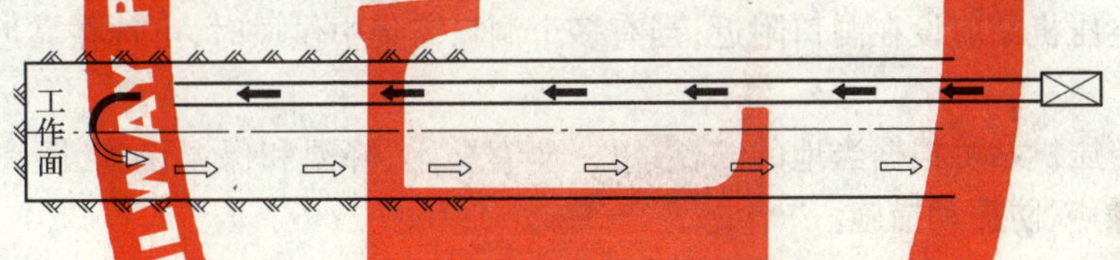

图 15.1.9—1 送风式（压入式）示意图

2 送排风并用式见示意图 15.1.9—2。

图 15.1.9—2 送排风并用式示意图

3 送排风混合式见示意图 15.1.9—3。

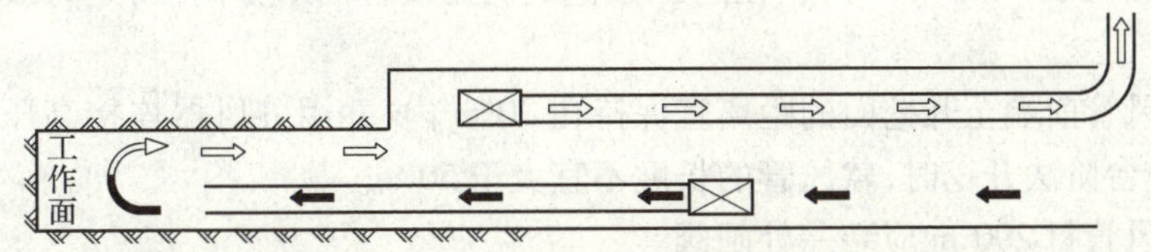

图 15.1.9—3 送排风混合式示意图

4 竖井排风坑道（隧道）送风方式见示意图 15.1.9—4。

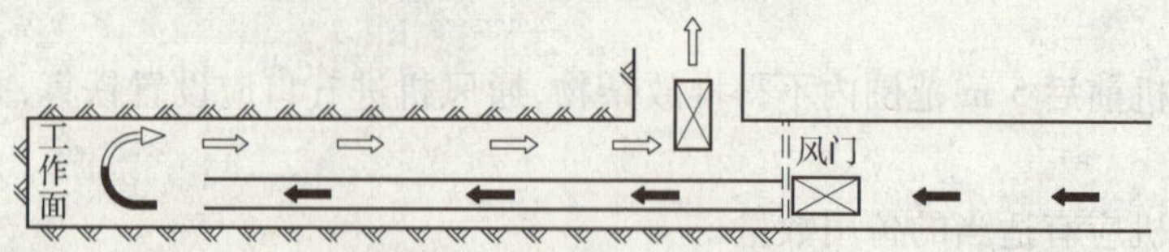

图 15.1.9—4 竖井排风坑道(隧道)送风方式示意图

5 坑道(正洞、平导)通风方式见示意图 15.1.9—5。

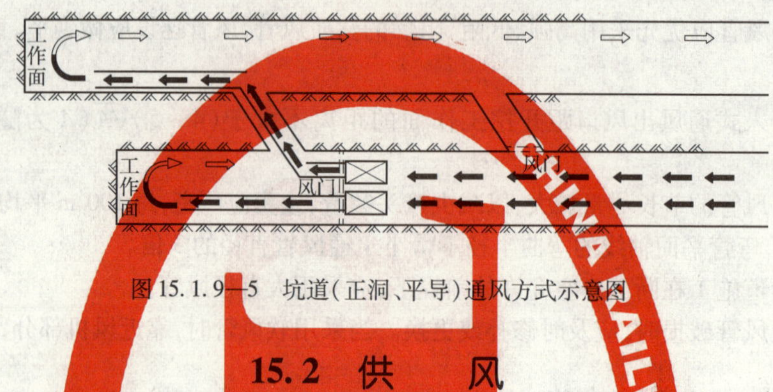

图 15.1.9—5 坑道(正洞、平导)通风方式示意图

15.2 供 风

15.2.1 在电力供应满足时应采用电动空压机供风,空压机的功率应能满足同时工作的各种风动机具的最大耗风量的要求。

15.2.2 空压机站应设在洞口附近,当有多个洞口需集中供风时,可选在靠近用风量最大的洞口。

15.2.3 空压机站可根据当地的气候条件,应有防水、降温和保温设施,距离居民区较近时应有防噪声、防振动措施。

15.2.4 空压机风管布置应尽量避免急弯,以减少风压损失。

15.2.5 开挖工作面风动凿岩机风压应不小于 0.5 MPa,高压供风管的直径应根据最大送风量、风管长度、闸阀数量等条件计算确定,独头供风长度大于 2 000 m 时宜考虑设增压风站。

15.2.6 空压机电源应从主配电室分别接线,以免相互干扰。

15.2.7 供风管的安装和使用应符合以下规定:

1 高压供风管应敷设平顺,接头严密,不漏风。

2 在洞外地段,当风管长度大于 100 m 和温度变化较大时应安装伸缩器,供风管应包防寒材料。

3 长度大于 1 000 m 时,应在高压风包最低处设置油水分离器,定时放出管中的积油和水。

4 供风管前端至开挖面的距离宜保持在 30 m 内,并用分风器连接高压软风管。当采用导坑或台阶法开挖时,软风管的长度不宜大于 50 m。

5 供风管每 200 m 应装一处闸阀。

6 各种闸阀在安装前应拆开清洗,阀门应进行水压强度试验,合格后方可使用。

7 高压供风管在安装前应进行检查,有裂纹、创伤、凹陷等现象时不得使用,管内不得保留有残余物。

8　高压供风管使用中应有专人负责检查、养护。

9　空压机房要配一定数量的灭火器。

15.3　供　　水

15.3.1　隧道施工供水方案应满足下列要求：

1　工程和生活用水在使用前必须经过水质鉴定。

2　供水量应满足工程和生活用水的需要，水池的容量应能满足洞内外集中用水的需要。

3　有高位自然水源时，应建水池蓄水利用，水池高程应满足隧道掘进到最高点时能保持 0.3 MPa 的水压。

4　采用低位抽水向水池供水时，抽水站水泵扬程应选取取水点与水池高差的 1.5 ~ 2 倍，并配有备用水泵。

5　水池和水管应根据当地的气候情况，采取防寒措施。

6　抽水井应做护壁，安装井盖，经常清洗。

7　无条件建造高位水池的隧道，可采用增压泵供水。

15.3.2　隧道开挖工作面凿岩机的工作水压不应小于 0.3 MPa，水管的直径应根据最大供水量、管路长度、弯头数量、闸阀等条件计算确定。

15.3.3　高压水管的安装应符合下列规定：

1　管路敷设应平顺，接头严密，不漏水。

2　水池的总输出管路上必须安装总闸阀，主管路上每隔 300 ~ 500 m 安装分闸阀。

3　洞内水管前端至开挖工作面的距离宜在 50 m 内，并用高压软管连接分水器。

4　水管在安装前应进行检查，有裂纹、创伤等现象时不得使用，管内不得保留有残余物。

5　同时供几个开挖工作面时，在分管处必须安装闸阀。

6　蓄水池要加设防护装置。

7　抽水房要设专人负责并有电话与调度联系。

8　管路使用中应有专人负责检查、养护。

15.4　供　　电

15.4.1　施工现场临时用电设备在 5 台及以上，或设备总容量在 50 kW 及以上时，应编制施工现场临时用电组织设计。

15.4.2　施工现场临时用电组织设计应符合下列规定：

1　根据施工现场需要和用电量的分布情况，合理布局供电线路和供电设备。

2　确定电源进线、变电所或配电室、配电装置、用电设备的位置及线路走向。

3　进行负荷计算，要按用电设备同时工作时的最大负荷计算用电负荷，合理选择变压器和电线的规格型号。

4　设计配电装置，选择电器设备。

5　绘制临时用电工程图，主要包括用电工程总平面图、配电装置布置图、配电系统接线图及接地装置设计图。

6　临时房屋及其他建筑物应安装避雷设施，并定期检查测试。

7　对变压器、配电室等设置防护装置，制定防护措施。

15.4.3　配电室布置应符合下列规定：

1　配电柜正面的操作通道单列或双列背对背布置不小于1.5 m，双列面对面布置不小于2 m。

2　配电室顶棚与地面的距离不低于3 m，配电柜侧面的维护通道宽度不小于1 m。

3　配电室内设置值班室或检修室时，边缘距配电柜的水平距离应大于1 m，并采取屏障隔离。

4　配电室内的电线应涂刷有色油漆，以标明相序，以柜正面方向为基准，其涂色见表15.4.3。

表15.4.3　配电室电线涂色分配表

相　别	颜　色	垂直排列	水平排列	引下排列
L1(A)	黄	上	后	左
L2(B)	绿	中	中	中
L3(C)	红	下	前	右
N	淡蓝	—	—	—

5　配电室的门必须向外开，并配锁。

6　有自备电源时，配电柜内必须设置九头闸开关，确保用电安全。

7　配电柜应装设电源隔离开关及短路、过载、漏电保护器。

8　配电柜或配电线路停电维修时，应挂接地线，并应悬挂“禁止合闸，有人工作”停电标志牌。停送电必须有专人负责。

9　配电室应保持清洁，不得堆放任何妨碍操作和维修的杂物。

15.4.4　配电线路的布置应符合下列规定：

1　隧道供电线路应采用三相五线系统，见图15.4.4。

2　隧道内架空线必须采用绝缘导线。

3　架空线必须架设在专用电杆上，严禁设在脚手架及其他设施上。

4　在跨越铁路、公路、河流、电力线路跨距内，架空线不得有接头。

5　架空线路的跨距不得大于35 m。

6　动力、照明线在同一横担上架设时，导线相序排列是：面向负荷从左侧起依次为L1、N、L2、L3、PE。动力，照明线在二层横担上架设时，导线相序排列是：上层横担面向负荷从左侧起依次为L1、L2、L3；下层横担面向负载从左侧起依次为L1、L2、L3、N、PE。

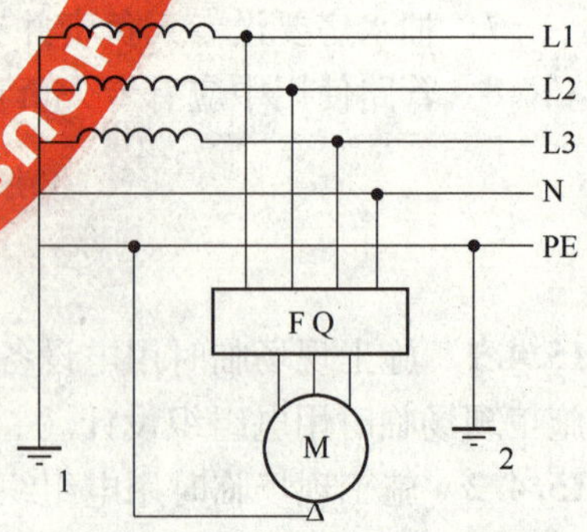

图15.4.4　隧道供电线路图

注：L1、L2、L3—相线；N—工作零线；PE—保护零线；1—工作接地；2—重复接地；FQ—漏电保护器；M—电动机

7　架空线的线间距不得小于0.3 m，靠近电杆的两条线的间距不得小于0.5 m。

8　架空线路必须有短路保护和过载保护。

9 隧道内配线必须采用绝缘导线或电缆，且距地面高度不小于 2.5 m。

10 隧道内的短路保护用熔断器时，其熔体额定电流不应大于绝缘导线长期连续负载允许载流量的 1.5 倍。

11 在土壤电阻率低于 200 Ω · m 区域的电杆可不另设防雷接地装置，但在配电室的架空线或出线处应将绝缘子铁脚与配电室的接地装置相连接。

12 施工现场内所有防雷装置的冲击接地电阻值不得大于 30 Ω。

13 涌水隧道的电动排水设备，瓦斯隧道的通风设备及斜井、竖井内的电气装置应采用双回路输电，并设可靠的切换装置。

15.4.5 隧道供电电压应符合下列规定：

1 供电线路应采用 220/380 V 三相五线系统。

2 动力设备应采用 380 V。

3 照明电压作业地段宜为 36 V，成洞和未作业地段可采用220 V。

4 线路末端的电压降不得大于 10%。

5 隧道内 220/380 V 供电距离不宜大于 500 m，应采取升压措施或高压进洞。否则设洞内变压器时应在一定距离内设分离开关。

15.4.6 各种电气设备和输变电线路应有专人检查维修、调整等，其作业要求应参照国家现行行业标准《施工现场临时用电安全技术规范》(JGJ 46)。

15.5 照　　明

15.5.1 隧道施工作业地段必须有足够亮度的照明，采用普通光源照明时，其亮度应满足表 15.5.1 的要求。

15.5.2 作业地段采用普通光源施工照明时应符合下列规定：

1 必须使用安全变压器，其容量不宜过大，输入电压220 V，输出电压有四个等级：36 V、32 V、24 V、12 V，输出端不应高出额定电压的 105%，防止烧坏灯泡。

2 在有渗漏水、滴水地段应用胶皮电缆，开挖工作面附近应用防水灯头。

表 15.5.1　施工作业地段亮度要求

施工作业地段	最低平均亮度(lx)
施工作业面	30
开挖地段	10
运输巷道	6
特殊作业地段或不安全因素较多地段	15
成洞地段	4
竖井内	8

3 曲线地段和洞室拐弯处应增加照明灯头。

15.5.3 洞内每隔 50 ~ 100 m 应设应急照明灯一盏。

15.5.4 成洞地段尽量采用节能新光源，如低压钠灯、高压钠灯、金卤灯、荧光灯、钪钠灯、钠铊铟灯、镝灯等。

15.6 通　信

15.6.1　洞内各工作面与洞外调度应始终保持通讯畅通,备作突发事故的应急通讯宜选择有线电话。

15.6.2　保护有线电话电线的线管宜用钢管,应布置在不易被机械、落石损伤的地方,宜顺着风、水管路布置。

15.6.3　电话机宜采用防水、防震、防火的防爆电话机,电话机宜安装在距工作面最近的洞室或有防护设施的台架上。

16　特殊岩土和不良地质地段隧道施工

16.1　一 般 规 定

16.1.1　施工前要认真研究分析工程及水文地质资料，结合现场实际情况，作出风险评估，制定完整的施工技术方案，并结合专项应急救援预案，做好人员组织、技术、物资、机械的储备，预防地质灾害的发生。

16.1.2　软弱破碎围岩宜积极采用岩土控制变形分析法施工技术。

16.1.3　软弱及不良地质隧道仰拱距开挖工作面距离宜控制在40 m以内，洞口段、浅埋段、断层破碎带，二次衬砌应及时施作。

16.1.4　隧道施工中发生地质灾害时应立即启动应急救援预案。

16.1.5　根据超前地质预报和监控量测的结果及时调整施工方案。

16.2　富水软弱破碎围岩

16.2.1　富水软弱破碎围岩隧道的开挖应符合下列规定：

1　根据超前地质预报分析结果，采取防塌预防措施，保证开挖工作面的稳定。

2　洞内涌水对周边生态环境影响较大时，宜采用注浆堵水措施。当隧道埋深在20 m以内时，可采用地表注浆；当隧道埋深超过20 m时，则应采用开挖工作面预注浆。

3　单线隧道宜采用台阶法预留核心土环形开挖；双线和多线隧道宜采用中隔壁法、交叉中隔壁法或双侧壁导坑法，并尽早使初期支护封闭成环。

4　开挖循环进尺宜为0.5～1.5 m。

16.2.2　富水软弱破碎围岩隧道的二次衬砌施工应符合下列规定：

1　二次衬砌在初期支护完成后应尽快施作，并予以加强。

2　仰拱必须超前施作，尽早形成闭合结构。

16.2.3　在承压水地段，若容许限量排水，衬砌背后的排水管道必须顺畅地连接到隧道排水沟，防止地下水在衬砌背后聚集对其形成压力；若不容许排水，应修筑抗水压衬砌。

16.3　岩　溶

16.3.1　隧道通过岩溶地区时，施工前应根据设计资料并结合施工现场情况，采用综合超前地质预报，探明溶洞的分布范围、类型、规模、发育程度、填充物、地下水的情况（有无长期补给来源、雨季水量有无增长等）及岩层的稳定程度等，按照以疏为主、堵排结合、因地制宜、综合治理的原则，分别以“疏导、堵填、注浆加固、跨越、宣泄”等措施进行处理。

16.3.2　隧道岩溶地段施工应符合下列规定：

1　施工前应详细了解山顶地表水、出水地点的情况，有条件时采取地表注浆等措施对地表进行必要的处理。

2 应提早作好处理岩溶的方案，并准备足够数量的排水设备和物资。

3 对于岩溶发育地区的隧道，施工中应建立以长距离物探(地震波法)为宏观控制、钻探法为主，其他物探方式为辅，红外线探测连续施测的综合预报管理体系。

4 开挖方法宜采用台阶法，必要时采用CD法。在Ⅱ、Ⅲ级围岩条件下，且溶洞仅穿过隧道底部一小部分断面时，可采用全断面法。

5 爆破开挖时，按"密布眼、少装药"的原则进行，遇有渗漏水时应小心施爆。

6 当隧道只有一侧遇到溶洞时，应先开挖该侧，待支护完成后再开挖另一侧。

16.3.3 隧道岩溶发育地段施工，可根据具体情况采取以下措施进行处理：

1 如果溶洞规模较大，内部充填了大量的泥砂，并含有丰富的地下水，揭穿后很可能发生大规模的突水、突泥，应采用封闭注浆，进行加固处理。

2 岩溶地段的溶洞空腔、暗河的处理应首先选择疏导、连通方案，不应改变地下水总的流动趋势。各类新建的排水暗管应有一定的坡度，防止泥砂淤积。并按实际情况选择下列方法进行处理：

1) 如果隧道边墙或底板存在小体积的溶管(溶洞空腔或暗河)，且规模较小，可在隧道边墙及底部设置盲沟、暗管、涵洞、倒虹吸、钢管疏导或小型过桥跨越。

2) 如果隧道顶部存在溶管(溶洞空腔或暗河)，且有水通过，则应在顶部设置暗管跨越或将水引入隧道底部跨越或采用倒虹吸跨越。

3) 溶洞空腔仅在隧道底部且较大较深，或者填充物松软不能承载结构物时，可采用梁(边墙梁及行车梁、托梁)、支墩、板或悬臂梁承托纵梁、拱桥跨越，梁、板的两端或拱的拱座应置于稳固可靠的岩层上，并采用混凝土和石砌体加固。

4) 当隧道一侧遇到狭长而较深的溶洞，应加深该侧的边墙基础通过。

5) 隧道岩溶水较大时，应采用泄水洞宣泄岩溶水，降低地下水位，保持隧道干燥，泄水洞应位于地下水来向的一侧。

6) 对于涌水量大、涌水点多、分散、排泄通道不明显的岩溶发育地段，宜按照"先汇集、再引排"的原则采取辅助导坑、集水廊道结合泄水洞、行洪通道等排水处理方案。

7) 当隧道穿越堆积物时，清理时会造成随清随塌的大型塌体，应采用超前预注浆加固周围的堆积物。

8) 隧道结构完工后，如果拱部存在较大的空洞，应进行压浆回填，并封填平整地表漏斗，减少地表水下渗。

3 对已停止发育的、跨径较小、无水的溶洞，可根据其与隧道相交的位置及其充填情况，采用混凝土、水泥砂浆砌片石或干砌片石予以回填封闭，同时根据具体地质情况采取加深边墙基础等措施。拱部以上干、空溶洞，可视溶洞的岩石破碎程度采用喷锚支护加固、注浆、加设护拱及拱顶回填的方法进行处理。溶洞在底板下发育可采用水泥砂浆砌片石回填，如有充填物，必须挖除，如有空腔内少量水流动，则回填不能阻断过水通道。

4 施工中遇到一时难以处理的溶洞时，可采用迂回导坑绕过溶洞区，继续进行隧道施工，再行处理溶洞。

16.3.4 岩溶地区隧道支护和二次衬砌应根据溶洞情况予以加强。

16.3.5 二次衬砌施工前，应采用物探手段检查隧道周边环形加固层及层外围岩情况，重点检查拱部、底板、侧边墙 5 m 以内是否存在有害空洞,隧道底部是否密实。

16.4 风积沙、含水砂层

16.4.1 隧道通过风积沙和含水砂层时,应将防水工作放在首位,含水砂层可采用注浆、冻结等方法止水、固结。

16.4.2 风积沙和含水砂层隧道的开挖应符合下列规定:

1 风积沙层隧道开挖应遵循“先支护、后开挖”的原则;含水隧道开挖应遵循“先治水、后开挖”的原则。

2 沙层隧道根据隧道断面大小,宜采用交叉中隔壁法、中隔壁法或临时仰拱台阶法开挖,并应严格控制一次循环进尺长度。

3 开挖时应及时监测拱部支护的实际下沉量,当预留变形量过大或不足时,应及时调整。

16.4.3 砂层隧道的支护应符合下列规定:

1 可采用注浆方法固结砂层,插板作超前支护。

2 支护应及时,边挖边喷混凝土封闭,遇缝必堵,严防砂粒从支护缝隙中漏出。

16.4.4 开挖地段的排水沟应铺砌、抹墁,或用管、槽等将水引至已二次衬砌地段排出洞外。

16.4.5 风积沙和含水砂层隧道的二次衬砌应及早施作。

16.5 瓦　　斯

16.5.1 隧道施工时通过地质预报或施工检测表明隧道内存在瓦斯,应定为瓦斯隧道,联系设计单位重新勘测地质,按瓦斯隧道施工的要求组织施工。

16.5.2 瓦斯隧道、瓦斯工区、含瓦斯地段的分类及分级应符合《铁路瓦斯隧道技术规范》(TB 10120)的有关规定。

16.5.3 瓦斯隧道施工应建立专门机构进行通风、防突、防爆及瓦斯检测工作,设置消防设施,编制专项应急预案。高瓦斯工区及瓦斯突出工区应配备救护队。

16.5.4 开工前必须对施工作业人员及管理人员进行安全技术培训,作业人员必须持证上岗。

16.5.5 瓦斯隧道煤系地层宜采用台阶法施工,上下断面的距离应根据围岩的稳定和通风需要确定。

16.5.6 瓦斯工区钻爆作业应符合下列规定:

1 必须采用湿式钻眼。

2 炮眼深度不应小于 0.6 m,炮眼应清除干净,炮眼封泥不严或不足不得进行爆破。

3 必须采用煤矿许用炸药,有突出地段必须使用安全等级不低于三级的煤矿许用的含水炸药。

4 瓦斯工区必须采用电力起爆,必须采用煤矿许用电雷管,严禁使用秒或半秒级电雷管;使用煤矿许用毫秒延期电雷管时,最后一段的延期时间不得大于 130 ms。

5 严禁反向装药。

6　爆破网路必须采用串联连接方式，严禁将瞬发电雷管与毫秒电雷管在同一串联网路中使用。

7　必须使用防爆型起爆器作为起爆电源，一个开挖面不得同时使用两台及以上起爆器起爆。

8　在非瓦斯工区进行爆破作业时，爆破 15 min 后应巡视爆破地点，检查通风、瓦斯、煤尘、瞎炮、残炮等情况，如有危险必须立即处理。在瓦斯突出工区，揭煤爆破 15 min 后，应由救护队员配戴防毒面具或自救器到工作面对爆破效果、瓦斯浓度等进行检查，确认安全后方可通知送电、开动局部通风机，通风 30 min 后，由瓦斯检测人员检测工作面、回风流瓦斯浓度，在瓦斯浓度小于 1%，二氧化碳浓度小于 1.5% 后，方可解除警戒，允许工作人员进入开挖工作面。

16.5.7　瓦斯突出隧道，应单独编制预防煤与瓦斯突出和揭煤、过煤的实施性施工组织设计，并制定包括技术、组织、安全、通风、抢险、救护等技术组织措施。

16.5.8　瓦斯突出隧道施工，应采用下列防突技术措施：

1　接近突出煤层前，必须对设计标示的各突出煤层位置进行超前探测，标定各突出煤层准确位置，掌握其赋存情况及瓦斯状况。

2　施工时，应至少选用下列 5 种方法中的 2 种对突出危险性进行预测，并相互验证：

1）瓦斯压力法。

2）综合指标法。

3）钻屑指标法。

4）钻孔瓦斯涌出初速度法。

5）“R”指标法。

3　防治煤与瓦斯突出宜采用钻孔排放的措施。

4　防突措施实施后，必须进行效果检验。

16.5.9　石门揭煤时掘进到距石门 5 ~ 10 m 时应打多个超前钻孔，揭开煤层前开挖工作面至煤层之间必须留一定厚度的岩墙：急倾斜煤层留 2 m；缓倾斜煤层留 1.5 m。当煤层压力小于1 MPa时采用振动放炮；大于 1 MPa 时应先排气降压，然后再放炮揭煤。

16.5.10　石门揭煤应符合下列规定：

1　揭煤前应进行石门揭煤设计，其内容包括揭开石门、半煤半岩段、全煤层段等各阶段施工方法、支护手段、组织指挥、抢险救灾方案及安全措施等。

2　石门揭煤方法应根据煤层的倾角、厚度选用。

3　石门揭煤爆破应在洞外起爆，洞内必须停电、停止一切作业，人员撤至洞外。

4　揭开煤层后，应检验工作面前方 10 m 上、中、下、左、右范围内煤与瓦斯突出的危险性，确保工作面前方有 5 m 的安全区。

16.5.11　半煤半岩段与全煤层段掘进、支护和二次衬砌施工应符合下列规定：

1　每循环进尺不宜超过 1.0 m，在全煤层中必须采用煤矿电钻钻孔，应少钻孔、少装药。

2　在半煤半岩中掘进应在岩石炮眼中装药，煤层需爆破时，必须采用松动爆破。

3　在软弱破碎岩层或煤层中掘进，应采用超前支护或预注浆，防止坍塌或瓦斯突出。

4　爆破后应及时喷锚支护，及早施作二次衬砌，及时封闭瓦斯。

5　仰拱应及早施工，保证拱、墙、仰拱衬砌能够形成闭合结构。

6　煤系地层段的二次衬砌应预留注浆孔，二次衬砌完成后应及时注浆，充填空隙，封闭瓦斯。

16.5.12　瓦斯隧道的施工通风应符合下列规定：

1　施工组织设计中，应编制全隧道和各工区的施工通风设计，并考虑各工区贯通后的风流调整和防爆要求。

2　施工期间，应建立瓦斯通风监控、检测的组织系统，测定气象参数、瓦斯浓度、风速、风量等参数。低瓦斯工区可用便携式瓦检仪，高瓦斯工区和瓦斯突出工区除便携式瓦检仪外，尚应配置高浓度瓦检仪和瓦斯自动检测报警断电装置。

3　瓦斯隧道各掘进工作面必须独立通风，通风方式均应选择压入式，严禁任何两个工作面之间串联通风。

4　瓦斯隧道压入式通风主风机风管末端距离开挖工作面为 30 m 左右，但在主风机风管末端位置需要设局扇，局扇工作时的风管口距离开挖工作面的距离宜不大于 5 m。

5　瓦斯隧道需要的风量，必须按照爆破排烟、同时工作的最多人数以及瓦斯绝对涌出量分别计算，并按允许风速进行检验，采用其中的最大值。

6　按瓦斯绝对涌出量计算风量时，对于低瓦斯工区，应将洞内各处的瓦斯浓度稀释到 0.5% 以下；对于高瓦斯工区和瓦斯突出工区，其长度较大的独头巷道，应能将工作面风流中的瓦斯浓度稀释到 0.5% 以下；用平行导坑作巷道式通风的回风道时，平行导坑的瓦斯浓度应小于 0.75%。超过时，应采取稀释措施。

7　施工中防止瓦斯积聚的风速不宜小于 1 m/s。对瓦斯易于积聚处，应实施局部通风。

8　施工期间，应实施连续通风。因检修、停电等原因停风时，必须撤出人员，切断电源。恢复通风前，必须检查瓦斯浓度，符合规定后才可启动机器。

9　瓦斯工区的通风机应设两路电源，并装设风电闭锁装置。当一路电源停止供电时，另一路应在 15 min 内接通，保证风机正常运转。

10　必须有一套同等性能的备用通风机，并经常保持良好的状态。

11　应采用抗静电、阻燃的风管。

12　隧道贯通后，应继续加强通风，防止瓦斯局部积聚。

16.5.13　隧道内瓦斯浓度限制值及超限处理措施应符合表 16.5.13 的规定。

表 16.5.13　隧道内瓦斯浓度限制值及超限处理措施

序号	地　点	限值	超限处理措施
1	低瓦斯工区任意处	0.5%	超限处 20 m 范围内立即停工，查明原因，加强通风监测
2	局部瓦斯积聚（体积大于 0.5 m^3）	2.0%	附近 20 m 停工，撤人，断电，进行处理，加强通风
3	开挖工作面风流中	1.0%	停止电钻钻孔
4	煤层爆破后工作面风流	1.0%	超限时继续通风不得进人
5	局部通风机及电气开关 20 m 范围内	0.5%	超限时应停机并不得启动
6	钻孔排放瓦斯时回风流中	1.5%	超限时撤人，停电，调整风量
7	竣工后洞内任何处	0.5%	超限时查明渗漏点，并向设计单位反映，增加运营通风设备

16.5.14 高瓦斯工区和瓦斯突出工区供电应配置两套电源。工区内采用双电源线路,其电源线上不得分接隧道以外的任何负荷。

16.5.15 隧道内高瓦斯工区和瓦斯突出工区必须采用安全防爆型机电设备。非瓦斯工区和低瓦斯工区的机电设备可使用非防爆型,其行走机械严禁驶入高瓦斯工区和瓦斯突出工区。

16.5.16 瓦斯隧道洞口设置值班房,必须坚持 24 h 值班,值班房设洞内工序状态揭示牌,所有进洞人员分工序挂牌上岗、下班摘牌离岗,其他人员进洞须经过批准后方可进入,洞内施工机械实行进出登记制度,并建立详细记录台账。

16.5.17 瓦斯隧道严禁火源进洞并防止火源的出现。进入瓦斯突出工区的作业人员必须携带个人自救器。

16.5.18 发生瓦斯事故后,应尽快探明事故性质、原因、范围、遇难人数和事故地点所在的位置,以及洞内瓦斯及通风情况,第一时间启动应急预案。

16.6 岩　　爆

16.6.1 隧道施工中可能发生岩爆时,应遵循以防为主,防治结合的原则,对开挖面前方的围岩特性,水文地质情况等进行预测预报,当发现有较强烈岩爆存在的可能性时,应及时研究施工对策,作好施工前的准备。

16.6.2 应根据岩爆强度大小对其进行严格分级,针对不同的岩爆级别可采取下列技术措施:

1 中等岩爆地段,在隧道开挖断面轮廓线外 10 ~ 15 cm 范围内,在边墙及拱部,打设注水孔,并向孔内灌高压水,软化围岩,加快围岩内部的应力释放。

2 强烈岩爆地段,可采用部分摩擦型锚杆(楔管式、缝管式、水胀式等),可及时受力挂网,防止岩爆落石。

3 在工作面上钻多个 ϕ70 mm 以上的应力释放孔。

4 先行掘进一个断面积为 15 ~ 30 m^2 小导洞,使岩层中的高地应力得以部分释放,再进行隧道的开挖。

5 岩爆强烈的开挖面,采用超前锚杆预支护,锁定前方的围岩。

16.6.3 岩爆隧道的施工应符合下列规定:

1 适当控制循环进尺。

2 采用光面爆破或预裂爆破技术,使隧道周边圆顺,降低岩爆发生的强度;严格控制装药量,减少对围岩的扰动。

3 采用喷射机械手进行网喷纤维混凝土。

4 在拱部及边墙布置预防岩爆的短锚杆,锚杆长度宜为2 m左右,间距宜为 0.5 ~ 1.0 m,挂网喷纤维混凝土。

16.6.4 隧道施工中,一旦发生岩爆,应立即采取下列处理措施:

1 停机待避,待安全后进行工作面的观察记录,如岩爆的位置、强度、类型、数量以及山鸣等。

2 增加及时受力的摩擦型锚杆(不能替代系统锚杆),锚杆应装垫板。

3 及时喷纤维混凝土,厚度宜为 5 ~ 8 cm。

4　当用台车钻眼，岩爆的强度在中等以下时，可在台车及装渣机械、运输车辆上加装防护钢板，避免岩爆弹射出的块体伤及作业人员和砸坏施工设备。

16.7　挤压性围岩和膨胀岩

16.7.1　挤压性围岩和膨胀岩隧道开挖应根据断面大小采用台阶法、双侧壁导坑法、中隔壁法、交叉中隔壁法等分部开挖法。

16.7.2　挤压性围岩和膨胀岩隧道开挖应符合下列规定：

1　尽量采用非爆破开挖（如机械、人工开挖），减少对围岩的扰动。

2　采用钻爆法开挖时，应短进尺，多循环，开挖断面轮廓应圆顺。

3　开挖后及时支护，封闭暴露的岩体，施作临时仰拱或横撑，支护应尽早封闭成环。

4　严格控制施工用水，防止岩面被水浸泡。

5　加强对围岩内部应力、应变的监测，制定相应的对策。

16.7.3　挤压性围岩和膨胀岩隧道支护应符合下列规定：

1　根据具体情况加大预留变形量（一般20～30 cm），避免因侵限而造成初期支护的拆除。

2　初期支护应做到“先放后抗、先柔后刚”，即设置可伸缩钢架或活动接头，初期支护可分层施作、逐层加强，并尽早初喷混凝土封闭岩面。

3　初期支护的施作原则是“宁加勿拆”，即在支护上加支护，尽量控制变形的发展。支护体系应及时封闭成环、逐步限制变形。

4　根据地层压力隧道断面可采用圆形断面或椭圆形断面。

5　宜加强初期支护，采用纤维混凝土、长锚杆和重型钢架组合的支护结构。

16.7.4　初期支护变形基本稳定后方可浇筑二衬混凝土，二次衬砌应有足够的强度和刚度。

16.8　黄　土

16.8.1　黄土隧道的施工应根据隧道断面大小、围岩级别采用台阶法、三台阶弧形导坑法、双侧壁导坑法、CRD法等。

16.8.2　黄土隧道的施工应根据断面大小采用机械或人工挖掘，应优先采用机械开挖。

16.8.3　黄土隧道施工防排水应符合下列规定：

1　进洞前按设计做好洞顶、洞门及洞口的防排水系统，排水沟应进行铺砌，防止地表水下渗。

2　雨季前应做好隧道洞门。

3　对地表冲沟、陷穴、裂缝等应采取回填夯实、填土反压、改变地表水径流等措施，将水排至隧道范围以外，洞口浅埋段地表冲沟、陷穴、裂缝等除采用上述方法处理外，还应用砂浆抹面，以免下渗水影响结构安全。

4　地层含水量大时，上、下台阶开挖工作面附近宜开挖横向水沟，将水引至隧道中部纵向排水沟（宜采用管、槽）排出洞外，以免浸泡拱脚。

5　必要时应配合井点降水等措施将地下水位降至隧道仰拱底部以下1.5 m，确保施工顺利进行。

16.8.4　黄土隧道的开挖应符合下列规定：

1　双线Ⅳ级围岩、单线Ⅴ级围岩宜采用三台阶弧形导坑法；双线Ⅴ级围岩宜采用交叉中隔壁法（CRD）；双线Ⅴ级围岩洞口浅埋或偏压段宜采用双侧壁导坑法。开挖方法除考虑围岩级别外还应结合土层含水量、施工中变形监测结果综合考虑。

2　墙脚、拱脚等隅角处应预留 60～70 cm 人工开挖，严禁超挖。

3　开挖循环进尺根据不同围岩级别采用 0.5～1.5 m。

4　湿陷性黄土隧道基底可采用树根桩、灰土挤密桩、注浆、换填等处理措施。

5　施工中如发现突水、变形异常等不安全因素时，应暂停开挖，加强临时支护，调整施工方案。

6　合理选择工序步距。小型机械作业宜选择上台阶长 5 m，下台阶 15 m。开挖工作面距仰拱和填充的距离 20～30 m；仰拱与拱墙衬砌之间距离 20～30 m，当围岩级别低、含水量大时应适当缩短距离。

7　仰拱开挖前应先拆除下部水平横撑，拆除长度应与仰拱长度一致，按先左后右，先上后下顺序进行，不得超长度拆除。

8　严格控制施工用水，采用湿喷工艺，拌和用水在拌和站控制，喷完后用高压风代替水吹洗湿喷机；喷射混凝土和仰拱、填充、二衬混凝土均采用喷雾器喷雾养护取代洒水养护；严格控制混凝土拌和用水，避免混凝土泌水浸泡黄土隧道基底。

16.8.5　黄土隧道初期支护施工应符合下列规定：

1　施工中应参考设计文件采用适宜的预留变形量。

2　施工中要特别注意观察垂直节理，应在拱脚设置测点，监视拱脚下沉的状态。必要时应采取工程措施，防止拱部整体下沉和塌方事故的发生。

3　特殊地段需要施作护拱的应采用大拱脚。

4　开挖后应立即对隧道周边及开挖工作面进行喷混凝土封闭，并及时施作锚杆、钢筋网及型钢钢架。

5　当洞身黄土含水量较大时，应采用煤矿螺旋钻成孔；锚杆宜采用药包式或早强砂浆式锚杆，各种锚杆必须设置垫板。

6　钢架基脚或分部开挖基脚等处设置注浆锁脚锚杆（管）或设置垫板，以控制钢架沉降。钢架每侧应施作锁脚锚杆（管）不少于 2～4 根，锁脚锚杆直径不小于 22 mm，长度不少于3.5 m，外插角 35°～40°，必要时采用锁脚锚管。

16.9　高原冻土隧道

16.9.1　高原冻土隧道洞口段应根据季节温度的变化，进行保温施工，尽可能安排在非冻季节施工，并应符合下列规定：

1　洞口边、仰坡的开挖应遵循“快开挖、快防护”的原则，力求缩短洞口边、仰坡的暴露时间。

2　开挖时，采用分段、分层开挖，并采取保温措施。

3　开挖时采用预留光爆层光面爆破，减少一次起爆装药量，周边眼间隔装药。

4　开挖前，搭设明洞遮阳棚。厚层地下冰暴露部分采用保温板和复合防水板覆盖。

明洞开挖后,边坡和基底用粗颗粒土及时换填,然后喷混凝土封闭。

5 施工中应加强监测、检查山坡稳定的情况,并在基面位置开挖一定宽度的排水槽。

16.9.2 洞身施工应符合下列规定:

1 温暖季节,为避免冻融,应采取空调措施,降低洞内环境温度。

2 开挖爆破后,应尽快用喷混凝土封闭围岩表面,控制围岩表层融化。

3 洞内出渣、进料宜采用有轨运输。

4 加强测温工作,进行科学有效的温控工作。

5 施工前,必须对机械设备的选型及配套进行研究,确定适宜的机械配套方案。

6 施工中应加强试验工作,研究合理的施工工艺及施工保障措施,选择合理的支护方式及支护结构,确保砂浆、喷混凝土、衬砌混凝土的施工质量。

16.9.3 衬砌施工应符合下列规定:

1 加快模筑混凝土衬砌速度,确保模筑混凝土衬砌紧跟工作面。

2 低温早强混凝土应连续、对称灌注。

3 灌筑低温早强混凝土时,其相邻接触面的温度在 -5 ℃以上时,可不予加热,但要提高入模温度和加强覆盖保温。

4 低温早强混凝土拌和温度不高于30 ℃,拌和时抗冻剂先溶化于拌和水中,加气剂宜待混凝土拌和约30 s后加入;拌和的材料重量和抗冻剂掺入量需严格按设计控制。

5 根据地质情况变化,围岩稳定状态,监测喷混凝土和模筑混凝土入模温度或硬化期混凝土温度状况,及时修改设计参数或改变施工方法。

6 对衬砌完成地段,继续观察其稳定性,注意衬砌的变形开裂,侵入净空等现象,及时记录,以便与设计单位共同处理,并作出长期稳定性的评价。

7 混凝土拆模时间应满足本技术指南第9.2.7条规定。

8 保证混凝土养护温度,防止冻害。

16.9.4 高原冻土隧道施工中应采取有效的防排水措施以防止高寒隧道冻胀破坏,其防排水、隔热保温层除符合设计要求外,尚应符合下列要求:

1 为防止隧道运营后冻胀破坏和厚层地下冰热融圈扩大,在衬砌前全断面铺设隔热保温板。

2 洞内应设双侧保温水沟,洞外应设深埋保温暗沟,将水排至地表沟内。

3 靠近支护的隔热保温层一侧设复合防水板,另一侧设防水保护层,以防保温层受潮及破坏。

4 衬砌采用低温早强防水混凝土,最大限度提高混凝土自防水能力。

5 按设计要求进行施工缝处理,确保衬砌不渗不漏。

16.9.5 高原冻土隧道供水设施宜布置在洞内,并通过增压泵、高压风等加压降阻措施来满足施工需求。

16.9.6 高原隧道施工的劳动保护措施除应符合国家相关要求外,尚应符合下列规定:

1 参加施工的人员进入高原地区,要遵循"阶梯升高"的原则,到驻地后三天至一周内要保证充分休息或从事少量的轻体力劳动。

2 在进入高原过程中,要严格防止感染和过度疲劳。

3 施工期间,洞内作业工时不应超过4 h。

4 施工中尽量采用机械化,体力劳动强度保持在次重及中等强度以下,如必须从事大强度的体力劳动,应尽可能缩短一次持续劳动时间,增加劳动、休息的交替次数。

5 职工应采用轮休制,在高原工地工作三个月后,再回平原基地休息两个月进行调养。

6 施工期间发生高原反应不能坚持者,应及时返回海拔3 000 m以下的地区。

7 在隧道施工时,必须根据高原的实际情况,研究确定合理的通风及供氧方式,选择合适的通风及供氧设备,保证隧道施工人员的健康与安全。

16.9.7 施工时必须采取一切措施,保护生态环境,将施工影响降至最低。

17 环境保护

17.0.1 隧道施工应保护生态环境,施工中必须遵守污染物排放的国家标准和地方标准,防止隧道施工造成周边环境污染和破坏。隧道施工期间的环境保护措施和相关的设施纳入实施性施工组织设计,落实在施工各个阶段进行设施的安装、施工,隧道施工期间设施同时运转、措施同时落实,并不断完善。

17.0.2 邻近江、河、水库等的隧道施工,应严格保护水源不流失。生活、生产污水不经处理不得直接排入江、河、水库。

17.0.3 隧道施工中要控制地下水的排放,防止过量排放造成地表生态环境的破坏。

17.0.4 为避免施工噪声和振动对周边居民的影响,洞口段开挖应采用浅孔弱爆破。施工场地和运输线路利用地形尽量避开噪声和振动敏感区,施工机械应安设消声器,空压机、通风机等接近居民区时,应设置基础减震槽并采取隔音措施。

17.0.5 隧道开挖应采用湿式凿岩,喷混凝土尽量采用湿喷工艺,施工机械优先采用电力驱动,内燃机械、车辆应加装消烟净化装置,尽量减少对周围环境的影响。

17.0.6 隧道施工的弃渣堆放应符合下列规定:

1 隧道开挖的废渣,应堆弃在当地有关部门许可的弃渣场内。如废渣中含有放射性物质,废渣排放后要立即按要求进行处理,弃渣场地应远离当地居民居住地点。

2 弃渣场应按设计修筑挡墙,有条件的地方应尽可能复耕,无复耕条件的地方应植草、植树。并修好排水沟,恢复原排水系统,避免诱发灾害的产生。

3 严禁将隧道的废渣弃在受洪水、泥石流、雪崩、滑坡等自然灾害影响地段及居民居住点的上方,并不得堵塞河流及交通要道。

17.0.7 隧道内、外的施工废水的排放应符合下列规定:

1 隧道内、外的施工废水不得直接排入河沟、河流及农田内,应排在隧道洞口已按设计做好的污水处理池内。

2 隧道内、外的施工废水经污水处理池处理后,经检测达到《污水综合排放标准》或当地有关部门环保要求后方可排入河沟、河流及农田内。

17.0.8 施工生产和生活用地应贯彻十分珍惜、合理利用和切实保护耕地的基本国策,坚持科学用地,坚持节约用地,坚持少占农田。

17.0.9 施工生产和生活用地使用结束后要做好复耕工作,将施工中曾经被占用或者破坏的土地,恢复或者基本恢复到原有的状态。

18　施工阶段的风险评估

18.0.1　隧道施工阶段的风险的评估、监测、处理、管理应参照《铁路隧道风险评估与管理暂行规定》(铁建设〔2007〕200 号)有关规定办理。

18.0.2　施工单位应根据设计阶段的评估结果,进一步评估设计确定的主要风险源、风险等级以及采取的降低风险措施的实施的可行性,提出施工阶段的风险评估结果及措施。

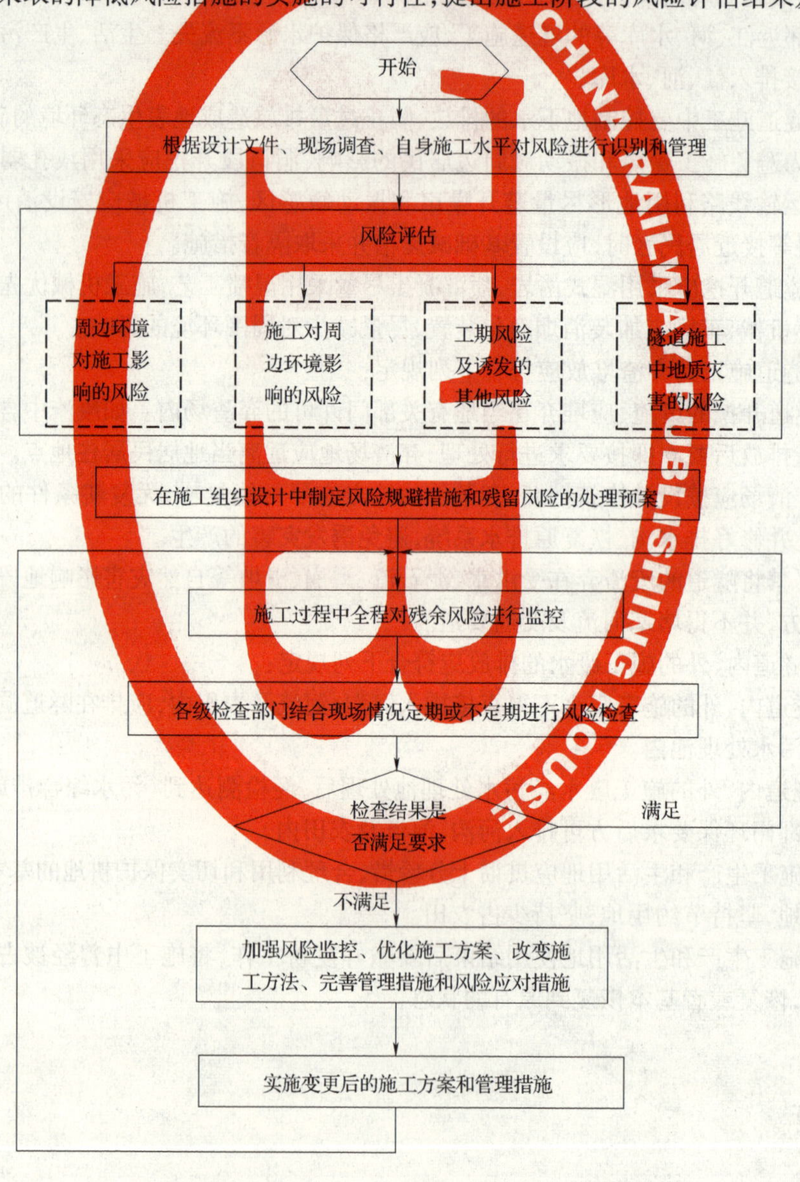

图 18.0.4　风险评估流程图

18.0.3 施工阶段风险评估，应在施工的全过程中根据风险识别情况，分阶段进行风险监控和管理，力求在确保安全、质量、工期的前提下、把残余风险控制在可接受的水平上。

18.0.4 风险评估流程见图 18.0.4。

附录A 开挖工作面观察表

表A 开挖工作面观察表

编号： ××××隧道

<table>
<tr><td colspan="3">开挖工作面里程</td><td colspan="4"></td><td colspan="2">埋深(m)</td><td colspan="8"></td></tr>
<tr><td rowspan="2">地层岩性</td><td rowspan="2"></td><td rowspan="2">围岩类别</td><td>设 计</td><td></td><td rowspan="2">单轴饱和抗压强度
R_c(MPa)</td><td>极硬岩</td><td>硬岩</td><td>较软岩</td><td>软岩</td><td>极软岩</td><td>取样编号</td><td>试验编号</td></tr>
<tr><td>实际施工</td><td></td><td>>60</td><td>>30~60</td><td>>15~30</td><td>>5~15</td><td>≤5</td><td></td><td></td></tr>
<tr><td rowspan="7">开挖工作面上围岩岩体结构特征</td><td>层理</td><td>产状</td><td></td><td>单层厚度(m)</td><td></td><td>层面特征</td><td></td><td>与隧轴夹角</td><td colspan="4"></td></tr>
<tr><td rowspan="5">节理裂隙</td><td>组次</td><td>产状</td><td>间距(m)</td><td>长度(m)</td><td>缝宽(mm)</td><td>充填物</td><td>与隧轴夹角</td><td rowspan="5" colspan="5">与隧道的关系(平面示意图)</td></tr>
<tr><td>1</td><td></td><td></td><td></td><td></td><td></td><td></td></tr>
<tr><td>2</td><td></td><td></td><td></td><td></td><td></td><td></td></tr>
<tr><td>3</td><td></td><td></td><td></td><td></td><td></td><td></td></tr>
<tr><td>4</td><td></td><td></td><td></td><td></td><td></td><td></td></tr>
<tr><td>断层</td><td>产状</td><td></td><td>破碎带宽度(m)</td><td></td><td>破碎带特征</td><td></td><td>与隧轴夹角</td><td></td><td>围岩弹性纵波速度(km/s)</td><td></td></tr>
</table>

<table>
<tr><td rowspan="9">边墙围岩岩体结构特征</td><td colspan="8">左边墙</td><td colspan="8">右边墙</td></tr>
<tr><td>层理</td><td>产状</td><td></td><td>单层厚度(m)</td><td>层面特征</td><td>与隧轴夹角</td><td></td><td></td><td>层理</td><td>产状</td><td></td><td>单层厚度(m)</td><td>层面特征</td><td>与隧轴夹角</td><td></td><td></td></tr>
<tr><td rowspan="5">节理裂隙</td><td>组次</td><td>产状</td><td>间距(m)</td><td>长度(m)</td><td>缝宽(mm)</td><td>充填物</td><td>与隧轴夹角</td><td rowspan="5">节理裂隙</td><td>组次</td><td>产状</td><td>间距(m)</td><td>长度(m)</td><td>缝宽(mm)</td><td>充填物</td><td>与隧轴夹角</td></tr>
<tr><td>1</td><td></td><td></td><td></td><td></td><td></td><td></td><td>1</td><td></td><td></td><td></td><td></td><td></td><td></td></tr>
<tr><td>2</td><td></td><td></td><td></td><td></td><td></td><td></td><td>2</td><td></td><td></td><td></td><td></td><td></td><td></td></tr>
<tr><td>3</td><td></td><td></td><td></td><td></td><td></td><td></td><td>3</td><td></td><td></td><td></td><td></td><td></td><td></td></tr>
<tr><td>4</td><td></td><td></td><td></td><td></td><td></td><td></td><td>4</td><td></td><td></td><td></td><td></td><td></td><td></td></tr>
<tr><td>断层</td><td>产状</td><td>破碎带宽度(m)</td><td>破碎带特征</td><td>与隧轴夹角</td><td></td><td></td><td></td><td>断层</td><td>产状</td><td>破碎带宽度(m)</td><td>破碎带特征</td><td>与隧轴夹角</td><td></td><td></td><td></td></tr>
</table>

<table>
<tr><td rowspan="2">地下水</td><td rowspan="2">出水位置</td><td rowspan="2"></td><td>状态</td><td>干燥或湿润</td><td>偶有渗水</td><td>经常渗水</td><td>涌 水</td><td>含泥砂情况</td><td>侵蚀类型</td><td>取水样编号</td><td>试验编号</td></tr>
<tr><td>涌水量
(L/(min·10m))</td><td><10</td><td>10~25</td><td>25~125</td><td>>125</td><td></td><td></td><td></td><td></td></tr>
<tr><td rowspan="2">稳定性</td><td>洞周</td><td>稳定</td><td>拱部掉块</td><td>边墙掉块</td><td>拱部坍塌</td><td>边墙坍塌</td><td colspan="2">塌方>10 m^3</td><td colspan="3">塌方<10 m^3</td></tr>
<tr><td>开挖工作面</td><td colspan="3">稳定</td><td colspan="2">拱部坍塌</td><td>开挖工作面挤出</td><td colspan="2">开挖后至掉块或坍塌的时间</td><td colspan="2"></td></tr>
<tr><td colspan="6">边墙素描</td><td colspan="3">开挖工作面素描</td><td colspan="3">工程措施及有关参数</td></tr>
<tr><td colspan="2">左边墙</td><td colspan="4">右边墙</td><td colspan="3">开挖工作面</td><td colspan="3"></td></tr>
<tr><td colspan="6">施工方签字 年 月 日</td><td colspan="6">监理签字 年 月 日</td></tr>
</table>

附录 B　爆破成缝试验方法

B.0.1　光面爆破、预裂爆破应根据成缝试验确定周边眼的装药量、装药结构、堵塞长度和炮眼间距等爆破参数。

B.0.2　成缝试验应按下列步骤进行：

1　核对隧道地质情况。

2　选择与隧道实际地质条件相似的洞内或露天试验场。

3　按施工要求确定炮眼深度。

4　单孔爆破成缝试验。

B.0.3　单孔爆破成缝试验前，可先参照本技术指南表 7.3.5 所列光面爆破参数，初选单孔药量、装药集中度及装药结构等参数。

单孔试验时，可通过调整药量、装药结构、堵塞长度等，直到爆破后孔口只出现裂缝不产生爆破漏斗为止。此时装药深度即为实际的临界深度（装药重心至孔口距离）。

B.0.4　光面爆破试验可根据排孔爆破得出的炮眼间距 E，参照光面爆破参数表 7.3.5 中的相对距离 E/W，定出不同的抵抗线 W，进行试验，得出最小抵抗线 W 值。

B.0.5　爆破试验得出的有关参数，应在洞内进行试爆，再次调整各值，得出最佳参数供实际使用。

附录 C　喷锚支护施工记录

工程名称________　围岩级别________________
里程范围________　记录时间____年____月____日____时
工程部位________　记录人员________________

1　原材料、配合比

材料名称	型号	产　地	试验报告编号	品质
砂				
石				
水泥				
速凝剂				
水				
锚杆				
钢筋(网)				
锚杆药包				

喷混凝土配合比(水泥: 砂: 石)__________,速凝剂掺量__________
锚杆灌浆配合比(水泥: 砂)____________,水灰比____________

2　施工时间

喷锚部位的开挖时间(爆破)____月____日____时
喷射混凝土施作时间____月____日____时至____月____日____时
锚杆施作时间____月____日____时至____月____日____时

3　喷层厚度与锚杆分布图

喷层厚度分布图	锚杆分布图
喷层面积____m^2水泥用量____kg 速凝剂量____kg 钢筋网量____张	锚杆数量____根　水泥用量____kg 锚杆药包____包

4 其他(包括:围岩坍塌的时间、地点,过程、原因分析;锚喷作业中发生的机械故障,堵管等事故的次数、原因和排除方法;其他需要记录的事项)

技术负责人________________

附录D　喷锚支护有关的试验和测定方法

D.1　喷混凝土强度检查试件的制作方法

D.1.1　采用喷大板切割法应在施工的同时，将混凝土喷射在45 cm×35 cm×12 cm（可制成6块）或45 cm×20 cm×12 cm（可制成3块）的模型内，当混凝土达到一定强度后，加工成10 cm×10 cm×10 cm的立方体试件，在标准条件下养护至28 d进行试验（精确到0.1 MPa）。

D.1.2　采用喷大板切割法。当对强度有怀疑时，可用凿方切割法。凿方切割法应在具有一定强度的支护上，用凿岩机打密排钻孔，取出长35 cm、宽约15 cm的混凝土块，加工成10 cm×10 cm×10 cm的立方体试件，在标准条件下养护至28 d，进行试验（精确到0.1 MPa）。

D.2　喷混凝土与岩面黏结力的试验方法

D.2.1　采用成型试验法可在模型内放置面积为10 cm×10 cm、厚5 cm、表面粗糙度近似于实际情况的岩块，用喷混凝土掩埋。当混凝土达到一定强度后，加工成10 cm×10 cm×10 cm的立方体试件，在标准条件下养护至28 d，用劈裂法进行试验。

D.2.2　采用直接拉拔法可在围岩表面预先设置带有丝扣和加力板的拉杆，用喷混凝土将加力板埋入喷层约10 cm，试件面积约30 cm×30 cm（周围多余的部分应予清除）。经28 d养护，进行拉拔试验。

D.3　喷混凝土实际配合比、水胶比的测定方法

D.3.1　测定步骤应符合下列要求：

1　从受喷面上采取一块刚喷好的混凝土，迅速称出质量各为3 000 g的2份。

2　将第一份混凝土放在瓷盘里，在烘箱中以105 ℃～110 ℃烘至恒重。由烘干前后的质量，算出喷混凝土中可烘干水的质量。

3　在取样的同时，用400 g水泥及与施工相同掺量的速凝剂，加160 g水（水胶比为0.4），迅速拌制一份净浆，与第一份混凝土在相同条件下烘至恒重。由烘干前后的质量，算出不可烘干水的质量与水泥质量的比率（即不可烘干水率）。

4　将第二份混凝土放入盛有6～8 kg水的桶中，立即搅散开，使水泥、速凝剂、砂石分离，仔细淘洗清除水泥、速凝剂和粒径小于0.15 mm的细粉。将砂、石在烘箱中以105 ℃～110 ℃烘至恒重，筛分并称出质量。

5　根据下式算出水泥质量，即可求出喷混凝土的实际配合比和水胶比。

$$\text{水泥质量}=3\,000-\frac{(\text{砂质量}+\text{石质量}+\text{可烘干水质量})}{1+\text{速凝剂掺量}+\text{不可烘干水率}}$$

注：式中各项材料的质量以克计，要求精确至0.1 g；速凝剂掺量和不可烘干水率均以水泥质量的百分率表示；水重为可烘干水质量与不可烘干水质量之和。

D. 3. 2　测定时应注意下列事项：

1　采取试样、称重、拌制净浆以及第二份试样在水中搅散开，均应在尽可能短的时间内完成，至迟不得超过 5 min。

2　第二份试样在淘洗时，每次倒污水都要经过 0. 15 mm 孔径的筛。

3　计算时，砂、石中小于 0. 15 mm 的细粉，应按原材料中的比例记入砂、石质量，水泥、速凝剂中大于 0. 15 mm 的颗粒，也应按原材料中的比例记入水泥、速凝剂质量中。

附录 E　喷钢纤维混凝土有关的技术要求、试验和测定

E.1　钢纤维的技术要求

E.1.1　钢纤维的分类：

1　钢纤维按生产工艺可分为：钢丝切断型、薄板剪切型、熔抽型和钢锭铣削型。

2　钢纤维按材质可分为：碳钢型、低合金钢型和不锈钢型。

3　钢纤维按形状可分为：平直形和异形。异形钢纤维可分为压痕形、波形、端钩形、大头形和不规则麻面形。

4　钢纤维按抗拉强度可分为 380 级（抗拉强度不小于 380 N/mm^2，小于 600 N/mm^2）、600 级（抗拉强度不小于600 N/mm^2，小于 1 000 N/mm^2）、1 000 级（抗拉强度不小于1 000 N/mm^2）。

E.1.2　钢纤维的尺寸及其允许偏差：

1　钢纤维的长度或标称长度宜为 20 ~ 60 mm。

2　钢纤维的直径或等效直径宜为 0.3 ~ 0.9 mm。

注：等效直径系指非圆形截面按截面面积等效原则换算的圆形截面直径。当钢纤维形状为压痕形等不规则截面时，可采用质量等效原则换算为圆柱体尺寸，推算出等效直径。

3　钢纤维的长径比宜为 30 ~ 80。

4　钢纤维长度和直径的允许偏差为其尺寸的 ±10% 。

每个验收批随机取样 10 根，用精度不低于 0.02 mm 的卡尺测量其长度和直径，合格率不应低于 90% 。

注：对矩形截面的钢纤维，可测量其截面两边的尺寸换算出等效直径。

对于非圆形不规则截面钢纤维的检验，每验收批次随机取样 100 根，用精度 0.01 g 的天平称质量，用精度不低于 0.02 mm 的卡尺测量长度，并计算出平均长度 l_{fa}（mm），按下式计算其平均直径 d_{fa}，平均直径与标称直径相差不应超过 ±10% ：

$$d_{fa} = 1.13\sqrt{W_0/(l_{fa}\gamma)}$$

式中　d_{fa}——钢纤维的平均直径（mm）；

W_0——100 根钢纤维的实测质量（g）；

γ——钢材的质量密度，取 7.85×10^{-3} g/mm^3。

注：对于非圆形截面和端钩形钢纤维，其平均长度应取钢纤维实际曲线长度的平均值。

5　异形钢纤维形状合格率不应低于 85% 。

每个验收批随机取样 100 根，逐根检验其形状，如有断钩、单边成形和不符合出厂形状规定的，视为不合格。形状不合格的纤维数不应超过受检试样总数的 15% 。

E.1.3　钢纤维强度和弯折性能：

1　钢纤维的抗拉性能应满足本附录 E.1.1 条的规定。每批产品随机取样 10 根，按

现行国家标准《金属材料室温拉伸试验方法》(GB/T 228)进行抗拉强度试验。抗拉强度按公式(E. 1. 3)计算,受检钢纤维抗拉强度平均值不得低于该强度等级钢纤维的规定值,且最小值不得低于规定值的 90%。

$$f_{sft}=F/A_{sf}$$

式中　f_{sft}——钢纤维的抗拉强度(N/mm^2);

F——钢纤维拉断时的荷载值(N);

A_{sf}——钢纤维的截面面积(mm^2)。当钢纤维为不规则截面时,可用精度为 0. 001 g 的天平称质量,计算其截面面积。

注:钢纤维拉伸试验中,如在夹持处断裂,则该纤维试件数据无效,可另取纤维补充试验。

2　当采用钢丝、钢板为原材料制作钢纤维时,允许以母材做抗拉强度试验。所取母材应为切断成型,且为最后一道工序前的母材。采用母材做试验时,取样数为 5 个,受检试件的抗拉强度不得低于该钢纤维强度等级规定的抗拉强度。

3　钢纤维应能承受,10 根试样中至少有 9 根一次弯折 90°不折断。

E. 1. 4　检验规则

1　每 5 t 或少于 5 t 的同品种、同规格的钢纤维为一个验收批,按本附录的要求检验验收。

2　在检验中某项要求不合格时,可加倍取样进行复检。复检合格,可确定该产品合格;复检不合格,则确定该产品不合格。

3　杂质检验时,每个验收批随机取样 5 kg,人工挑选杂质,并称重计算。

E. 2　三分点加载梁试验测定弯曲韧度比

三分点加载梁试验的试件(弯曲韧度比评定法)采用喷射成型的大板切割出梁式试件,试件尺寸为 100 mm × 100 mm × 400 mm(或150 mm × 150 mm × 550 mm)。试验两加载点距离及加载点与邻边支座距离均为 100 mm(或 150 mm)。通过试验测得荷载—中点挠度曲线。韧度指数按下式计算:

$$f_e=\frac{T_b l}{bh^2\delta_{tb}}$$

式中　f_e——弯曲韧度指数;

T_b——挠度为 2 mm 处至坐标原点间荷载 - 挠度曲线下的图形面积;

l——支点距离;

b——试件截面宽度;

h——试件截面高度;

δ_{tb}——1/150 跨距时的中点挠度。

根据韧度指数,可按下式求出弯曲韧度比:

$$R_e=\frac{f_e}{f_{cr}}$$

式中,f_{cr}为钢纤维混凝土弯拉初裂强度,即荷载 - 挠度曲线上升段出现明显拐点时对应的强度值,也可用配合比与该喷钢纤维混凝土相同的普通喷混凝土的弯拉强度。

在隧道工程中作为围岩支护和衬砌的喷钢纤维混凝土,其弯曲韧度比一般要求不低于 0. 70。

E.3 平板加载试验确定韧度指标

试件尺寸见图 E.3，板的长度、宽度均为 600 mm，板厚100 mm。四边简支，简支边轴线与板边重合，简支边内缘距离 500 mm，板中心加载，接触面为 100 mm × 100 mm。根据试验，可得到“荷载-挠度”曲线和“荷载-能量”曲线。用相应于挠度为 25 mm 的变形能 *J* 来度量喷钢纤维混凝土的韧性。

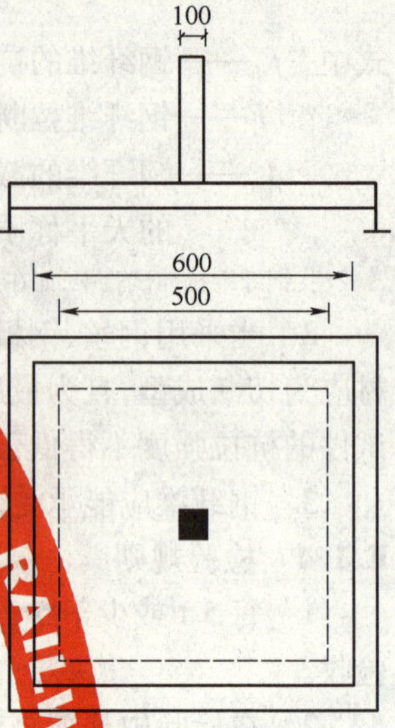

要求相应于 25 mm 的变形能达到下列值：

大变形围岩初期支护　1 000 *J*

单层永久衬砌　700 *J*

隧道裂损衬砌修复　500 *J*

100

600

500

图 E.3　试件尺寸(mm)

E.4 纤维混凝土和水泥砂浆收缩裂缝试验方法

E.4.1　适用范围

本方法适用于纤维对限制混凝土或水泥砂浆早龄期收缩裂缝有效性的试验或不同养护条件下不同龄期收缩裂缝的对比试验。

E.4.2　试件制作

1　试件应满足下列要求：

1)纤维混凝土试件为 600 mm × 600 mm × 63 mm 的平面薄板。模具边框用 63 mm × 40 mm × 6.3 mm 的槽钢制作，边框内设直径6 mm间距 60 mm 的双排栓钉，栓钉长度分别为 50 mm 和 100 mm，间隔布置。底模采用厚度不小于 5 mm 的钢板或不小于 20 mm 的密度板，底板上铺聚乙烯薄膜隔离层。当采用密度板做底模时，底模下应设木方横肋以确保浇筑混凝土后不变形(图 E.4.2—1)。

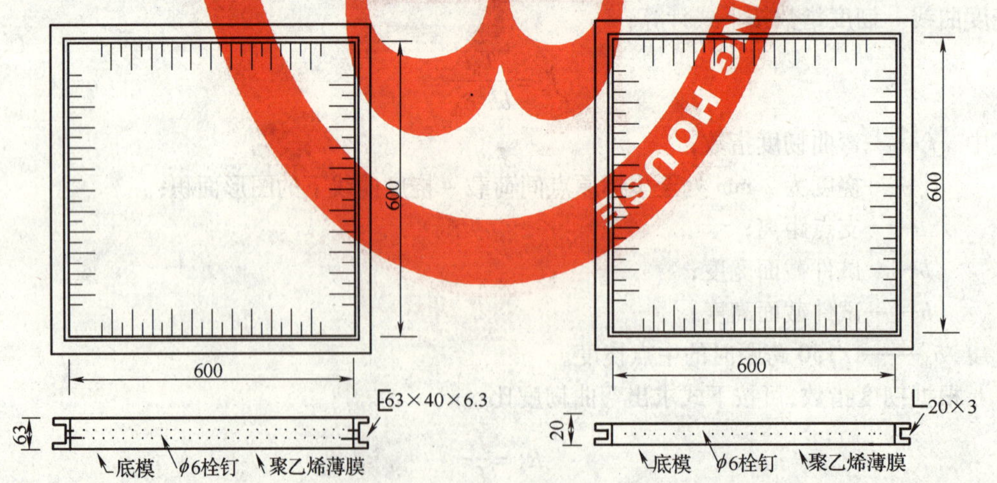

图 E.4.2—1　纤维混凝土开裂试验模具(mm)　　图 E.4.2—2　纤维水泥砂浆开裂试验模具(mm)

2)纤维水泥砂浆试件为 600 mm × 600 mm × 20 mm 的平面薄板。模具边框用高 20 mm的等肢角钢制作，边框内设直径6 mm间距 60 mm 的单排栓钉，栓钉长度为100 mm，间隔布置(图 E.4.2—2)。

2　早龄期收缩裂缝试验主要用于评定纤维对降低混凝土、水泥砂浆产生早期收缩裂缝的有效性。试件的制作应符合下列规定：

1）当专门用于评定纤维的限裂效能时，可采用纤维水泥砂浆试件，其基体配合比为：水胶比 0.50，胶砂比1:1.5。原材料为：42.5 号普通水泥或硅酸盐水泥，中砂河砂；对比砂浆试件的配合比、原材料可与纤维砂浆基体的配合比、原材料相同。

2）当结合具体工程进行纤维限裂效能评定时，纤维混凝土应按工程采用的配合比配制，基体混凝土应将纤维混凝土配合比中的纤维取消，其他组分不变。

3）同时成型纤维混凝土（或纤维水泥砂浆）试件和对比用的基体混凝土（或水泥砂浆）试件一组，每组各一个试件，每次试验做 2 组试件。

4）试件浇筑、振实、抹面后用塑料薄膜覆盖 2 h。环境温度宜为(20 ±2)℃。

3　不同养护条件下混凝土的开裂试验，纤维混凝土和基体混凝土的配合比以及试件数量可根据试验需要确定；浇筑、振实、抹面后的养护条件可根据抗裂评定要求确定。

E.4.3　试验及评定方法

1　早龄期收缩裂缝试验应符合下列规定：

1）试件成型 2 h 后取下塑料薄膜，每组试件（1 个纤维混凝土试件、1 个对比试件）中的每个试件各用 1 台电风扇吹试件表面，风向平行试件表面，风速 0.5 m/s，环境温度(20 ±2) ℃，相对湿度不大于 60%。成型后 24 h 观察裂缝数量、宽度和长度。

2）裂缝以肉眼可见裂缝为准，用钢尺测量其长度，可近似取裂缝两端直线距离为裂缝长度。当裂缝出现明显弯折时，可以折线长度之和代表裂缝长度。

3）用读数显微镜（分度值 0.01 mm）测读裂缝宽度。可取裂缝中点附近的宽度代表该裂缝的名义最大宽度。

2　裂缝总面积应按下列公式计算：

$$A_{cr} = \sum_{i=1}^{n} \omega_{i,\max} l_i$$

式中　A_{cr}——试件裂缝的名义总面积。对纤维混凝土试件记作 A_{fcr}，对对比用的基体试件记作 A_{mcr}（mm^2）；

$\omega_{i,\max}$——第 i 条裂缝名义最大宽度（mm）；

l_i——第 i 条裂缝的长度（mm）。

3　裂缝降低系数 η 应按下列规定计算：

$$\eta = \frac{A_{mcr} - A_{fcr}}{A_{mcr}}$$

4　纤维混凝土及水泥砂浆的早龄期限裂效能等级可取 2 组试验的 η 平均值，按照表 E.4.3 的规定评定。

表 E.4.3　限裂效能等级评定标准

限裂效能等级	评定标准
一级	$\eta \geqslant 70$
二级	$55 \leqslant \eta < 70$
三级	$40 \leqslant \eta < 55$

5　不同养护条件下不同龄期的收缩裂缝对比试验应符合下列规定：

1）试验的养护条件和龄期可根据试验目的确定。

2）裂缝的测量方法可参照本条的规定执行，限裂效能评定方法可根据相互对比试件的试验结果，参照本条的规定执行。

附录 F 环境类别及作用等级

F.0.1 铁路混凝土结构所处环境类别分为碳化环境、氯盐环境、化学侵蚀环境、冻融破坏环境和磨蚀环境。不同类别环境的作用等级可按表 F.0.1—1 ~ 表 F.0.1—5 所列环境条件确定。

表 F.0.1—1 碳化环境条件特征

作用等级代号	环境条件特征
T1	年平均相对湿度 <60%
	长期在水下(不包括海水)或土中
T2	年平均相对湿度≥60%
T3	地上或地下水位变动区
	干湿交替

注:当钢筋混凝土薄型结构的一侧干燥而另一侧湿润或饱水时,其干燥一侧混凝土的碳化锈蚀作用等级应按 T3 级考虑。

表 F.0.1—2 氯盐环境条件特征

作用等级代号	环境条件特征
L1	长期在海水水下区
	离平均水位 15 m 以上的海上大气区
	离涨潮岸线 100 ~ 300 m 的陆上近海区
L2	离平均水位 15 m 以内的海上大气区
	离涨潮岸线 100 m 以内的陆上近海区
	海水潮汐区或浪溅区(非炎热地区)
L3	海水潮汐区或浪溅区(南方炎热地区)
	盐渍土地区露出地表的毛细吸附区
	遭受氯盐冷冻液和氯盐化冰盐侵蚀部位

表 F.0.1—3 化学侵蚀环境条件特征

化学侵蚀类型		作用等级代号			
		H1	H2	H3	H4
硫酸盐侵蚀	环境水中 SO_4^{2-} 含量(mg/L)	200 ~ 600	600 ~ 3 000	3 000 ~ 6 000	>6 000
	强透水性环境土中 SO_4^{2-} 含量(mg/kg)	2 000 ~ 3 000	3 000 ~ 12 000	12 000 ~ 24 000	>24 000
	弱透水性环境土中 SO_4^{2-} 含量(mg/kg)	3 000 ~ 12 000	12 000 ~ 24 000	>24 000	
盐类结晶侵蚀*	环境土中 SO_4^{2-} 含量(mg/kg)		2 000 ~ 3 000	3 000 ~ 12 000	>12 000
酸性侵蚀	环境水中 pH 值	6.5 ~ 5.5	5.5 ~ 4.5	4.5 ~ 4.0	
二氧化碳侵蚀	环境水中侵蚀性 CO_2 含量(mg/L)	15 ~ 40	40 ~ 100	>100	
镁盐侵蚀	环境水中 Mg^{2+} 含量(mg/L)	300 ~ 1 000	1 000 ~ 3 000	>3 000	

*注:1 对于盐渍土地区的混凝土结构,埋入土中的混凝土遭受化学侵蚀;当环境多风干燥时,露出地表的毛细吸附区内的混凝土遭受盐类结晶型侵蚀。

2 对于一面接触含盐环境水(或土)而另一面临空且处于干燥或多风环境中的薄壁混凝土,接触含盐环境水(或土)的混凝土遭受化学侵蚀,临空面的混凝土遭受盐类结晶侵蚀。

3 当环境中存在酸雨时,按酸性环境考虑,但相应作用等级可降一级。

表 F.0.1—4　冻融破坏环境条件特征

作用等级代号	环境条件特征
D1	微冻地区＋频繁接触水
D2	微冻地区＋水位变动区
	严寒和寒冷地区＋频繁接触水
	微冻地区＋氯盐环境＋频繁接触水
D3	严寒和寒冷地区＋水位变动区
	微冻地区＋氯盐环境＋水位变动区
	严寒和寒冷地区＋氯盐环境＋频繁接触水
D4	严寒和寒冷地区＋氯盐环境＋水位变动区

注：严寒地区、寒冷地区和微冻地区是根据其最冷月的平均气温划分的。严寒地区、寒冷地区和微冻地区最冷月的平均气温 t 分别为：$t \leq -8$ ℃，-8 ℃ $< t < -3$ ℃和 -3 ℃ $\leq t \leq 2.5$ ℃。

表 F.0.1—5　磨蚀环境条件特征

作用等级代号	环境条件特征	
M1	风蚀（有砂情况）	风力等级≥7 级，且年累计刮风时间大于 90 d
M2	风蚀（有砂情况）	风力等级≥9 级，且年累计刮风时间大于 90 d
	流冰冲刷	被强烈流冰撞击、磨损、冲刷（冰层水位下 0.5 m～冰层水位上 1.0 m）
M3	风蚀（有砂情况）	风力等级≥11 级，且年累计刮风时间大于 90 d
	泥砂冲刷	被大量夹杂泥砂或物体磨损、冲刷

附录 G　铁路隧道围岩分级判定

表 G　铁路隧道围岩分级判定

围岩级别	围岩主要工程地质条件		围岩开挖后的稳定状态（单线）	围岩弹性纵波速度 v_p(km/s)
	主要工程地质特征	结构特征和完整状态		
Ⅰ	硬质岩（单轴饱和抗压强度 R_c >60 MPa）：受地质构造影响轻微，节理不发育，无软弱面（或夹层）；层状岩层为厚层，层间结合良好	呈巨块状整体结构	围岩稳定，无坍塌，可能产生岩爆	>4.5
Ⅱ	硬质岩（R_c >30 MPa）：受地质构造影响较重，节理较发育，有少量软弱面（或夹层）和贯通微张节理，但其产状及组合关系不致产生滑动；层状岩层为中层或厚层，层间结合一般，很少有分离现象，或为硬质岩石偶夹软质岩石	呈大块状砌体结构	暴露时间长，可能会出现局部小坍塌；边墙稳定；层间结合差的平缓岩层，顶板易塌落	3.5～4.5
	软质岩（R_c ≈30 MPa）：受地质构造影响轻微，节理不发育；层状岩层为厚层，层间结合良好	呈巨块状整体结构		
Ⅲ	硬质岩（R_c >30 MPa）：受地质构造影响严重，节理发育，有层状软弱面（或夹层），但其产状及组合关系尚不致产生滑动；层状岩层为薄层或中层，层间结合差，多有分离现象；或为硬、软质岩石互层	呈块（石）碎（石）状镶嵌结构	拱部无支护时可产生小坍塌，边墙基本稳定，爆破震动过大易塌	2.5～4.0
	软质岩（R_c ≈5～30 MPa）：受地质构造影响较严重，节理较发育；层状岩层为薄层，中层或厚层，层间结合一般	呈大块状砌体结构		
Ⅳ	硬质岩（R_c >30 MPa）：受地质构造影响很严重，节理很发育；层状软弱面（或夹层）已基本被破坏	呈碎石状，压碎结构	拱部无支护时可产生较大的坍塌，边墙有时失去稳定	1.5～3.0
	软质岩（R_c ≈5～30 MPa）：受地质构造影响严重，节理发育	呈块（石）碎（石）状，镶嵌结构		
	土体：1. 略具压密或成岩作用的黏性土及砂性土； 2. 黄土（Q_1、Q_2）； 3. 一般钙质铁、质胶结的碎石土、卵石土、大块石土	1 和 2 呈大块状，压密结构，3 呈巨块状，整体结构		
Ⅴ	石质围岩位于挤压强烈的断裂带内，裂隙杂乱，呈石夹土或土夹石状	呈角（砾）碎石状，松散结构	围岩易坍塌，处理不当会出现大坍塌，边墙经常小坍塌；浅埋时易出现地表下沉（陷）或塌至地表	1.0～2.0
	一般第四系的半干硬至硬塑的黏性土及稍湿至潮湿的一般碎石土、卵石土、圆砾、角砾土及黄土（Q_3、Q_4）	非黏性土呈松散结构，黏性土及黄土呈松软结构		
Ⅵ	软塑状黏性土及潮湿的粉细砂等	黏性土呈易蠕动的松软结构，砂性土呈潮湿松散结构	围岩极易坍塌变形，有水时土砂常与水一齐涌出；浅埋时易塌至地表	<1.0（饱和状态的土<1.5）

注：表中“围岩级别”和“围岩主要工程地质条件”栏，不包括膨胀性围岩、多年冻土等特殊岩土。

附录H 施工阶段围岩级别判定卡

表H 施工阶段围岩级别判定卡

工程名称			位置	里程				评 定
				距洞口距离(m)				
岩性指标	岩石类型(名称)			黏聚力 $c=$ MPa;$\phi=$				极硬岩 硬 岩 中硬岩 较软岩 软岩岩 极软岩
	单轴抗压极限强度 $R_c=$ MPa			点荷载强度 $I_x=$ MPa				
	变形模量 $E=$ MPa			泊松比 $\nu=$				
	天然重度 $\gamma=$ kN/m^3			其他				
岩体完整状态	地质构造影响程度			轻微	较重	严重	极严重	完整 较完整 较破碎 破碎 极破碎
	地质结构面	间距(m)	>1.5	0.6~1.5	0.2~0.6	0.06~0.2	<0.06	
		延伸性	极差	差	中等	好	极好	
		粗糙度	明显台阶状	粗糙波纹状	平整光滑有擦痕		平整光滑	
		张开性(mm)	密闭<0.1	部分张开0.1~0.5	张开0.5~1.0	无充填张开>1.0	黏土充填	
	风化程度	未风化	风化轻微	风化颇重	风化严重	风化极严重		
	简要说明							
地下水状态	渗水量〔L/(min·10 m)〕		<10 干燥或湿润	10~25 偶有渗水		25~125 经常渗水		干燥 湿润 偶有渗水 经常渗水
初始应力状态	埋深 $H=$ m							
	地质构造应力状态		其 他					
围岩级别	Ⅰ	Ⅱ	Ⅲ	Ⅳ		Ⅴ		Ⅵ
备注								
记录者		复核者					日期	

本技术指南用词说明

执行本技术指南条文时，对于要求严格程度的用词说明如下，以便在执行中区别对待。

(1) 表示很严格，非这样做不可的用词：

正面词采用“必须”；

反面词采用“严禁”。

(2) 表示严格，在正常情况均应这样做的用词：

正面词采用“应”；

反面词采用“不应”或“不得”。

(3) 表示允许稍有选择，在条件许可时首先应这样做的用词：

正面词采用“宜”；

反面词采用“不宜”。

表示有选择，在一定条件下可以这样做的用词，采用“可”。

《铁路隧道工程施工技术指南》
条 文 说 明

本条文说明系对重点条文的编制依据、存在的问题以及在执行中应注意的事项等予以说明。为了减少篇幅，只列条文号，未抄录原条文。

5.2.1 全断面法一般适用于铁路隧道Ⅰ～Ⅱ级围岩，也可用在单线铁路隧道Ⅲ级围岩。

5.3.1 两部台阶法可用在双线隧道Ⅲ级以上围岩，也可用在单线隧道Ⅳ级以上围岩地段。三部台阶法可用在客运专线双线隧道Ⅲ、Ⅳ级围岩、单线隧道Ⅵ级围岩。

5.4.1 三台阶七步开挖法适用于具备一定自稳条件的单线隧道Ⅳ、Ⅴ级围岩地段，也可适用于具备一定自稳条件的双线隧道Ⅲ、Ⅳ级围岩地段。二台阶弧形导坑预留核心土法可参照本法实施。对于稳定性较好的双线隧道Ⅲ级围岩及单线隧道Ⅳ级围岩也可不预留核心土。

5.5.1 中隔壁法一般用于Ⅳ～Ⅴ级围岩的隧道，也可用于浅埋地段隧道。

5.5.4 特殊情况下可将中隔壁浇筑在仰拱中，待铺设防水板时再割断。

5.6.1 交叉中隔壁法适用于Ⅴ、Ⅵ级围岩及围岩较差的浅埋地段隧道。

5.7.1 双侧壁导坑法一般用于双线隧道Ⅴ、Ⅵ级围岩及浅埋地段。

6.2.1 在饱水的粉砂土、砂质粉土层或淤泥质夹薄层砂性土的地层中浆液达不到渗透注入或形成劈裂脉，主要原因是此类地层粒径和空隙太小(0.01～0.007 4 mm之间)，浆液不能沿空隙注入土层，无法达到渗透注入；且由于此类土具有中压缩性，不易变形等特点，又很难达到劈裂注浆效果。因此在砂质粉土层中注浆固结土层、堵水，效果是不理想的。实践证明开挖工作面预注浆后，开挖时仍有涌水、涌砂的出现。所以仅靠注浆堵水不能保证此类地层的施工安全，必须结合井点降水才能实现。

6.2.5～6.2.6 按作用原理井点降水种类有重力法降水、真空法降水(包括轻型井点、喷射井点、射流泵井点、深井井点等)、电渗真空降水三类。轻型井点的平面布置形式有线状井点、环圈井点；高程布置有单排、双排及二级井点等。

6.4.1 超前小导管是在隧道开挖工作面采用较多的一种超前支护方法。沿初期支护外轮廓线，以一定外插角。向开挖工作面前方打设 ϕ38 mm～ϕ50 mm 的带泄浆孔的小导管，并进行注浆，充分填充土石空隙、形成一定厚度的固结体。超前小导管注浆的作用主要为：

(1)改良工作面前方的围岩结构，在开挖面以外形成厚度为0.5～1.0 m的加固圈。

(2)超前小导管注浆与钢架、地层共同作用形成超前支护结构，从而保证开挖工作面的稳定，防止开挖工作面松弛、坍塌，控制洞口段地表沉降。

6.4.3 小导管环向间距一般考虑注浆范围相互叠加为原则(说明图 6.4.3—1 和说明图

6.4.3—2)，一般按下式计算：

$$L_0=(1.5\sim1.7)R_k$$

式中 L_0——小导管间距(m)；

R_k——实测浆液扩散半径(m)。

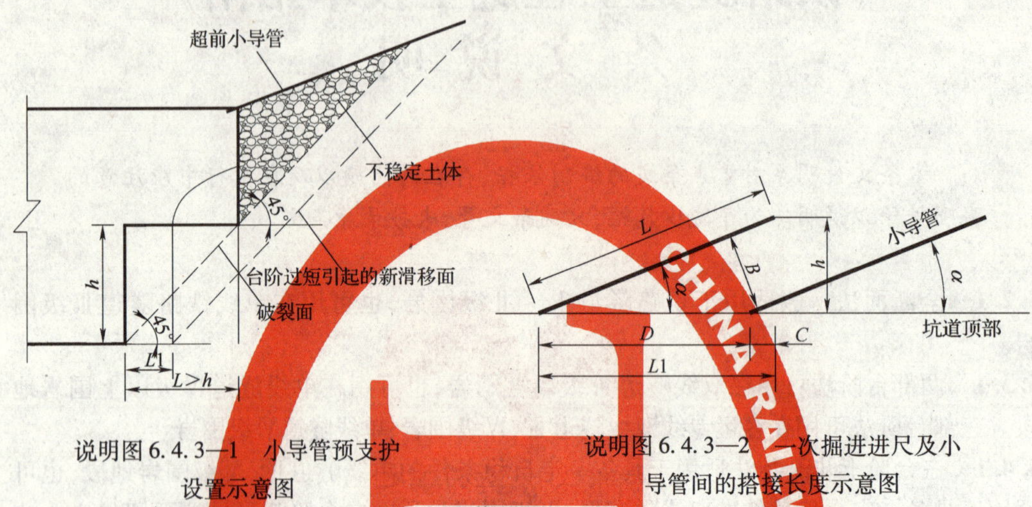

说明图 6.4.3—1 小导管预支护设置示意图

说明图 6.4.3—2 一次掘进进尺及小导管间的搭接长度示意图

6.4.5 由于喷混凝土是在小导管安设好后进行，所以，在喷混凝土时，小导管应带上保护帽(用竹筒或铁皮制作)以防止喷混凝土堵塞小导管。

6.6.1 隧道施工过程中，在穿越部分不良地质的区段时，或在隧道开挖进洞时松散破碎、浅埋或隧道围岩变形较大时，需要施工管棚以顺利穿越(说明图 6.6.1)。同时，管棚超前支护具有以下特点：

(1)是独立的地质围岩加强方法，可以作为永久支护结构的一部分。

(2)管棚超前支护与初期支护配合可以发挥更强大的支护效应，同时也非常容易地与其他支护方法联合使用。

(3)由于管棚支护是超前施作的，管棚在前方开挖工作面和后方初期支护的支持下形成的梁效应可以防止围岩松弛、减少地表沉降、拱顶下沉。可以有效降低滑坡和塌方的危险，是复杂条件下进洞的好办法。也可以提高开挖工作面的稳定性。

管棚

管棚搭接长度

说明图 6.6.1 超前管棚设置示意图

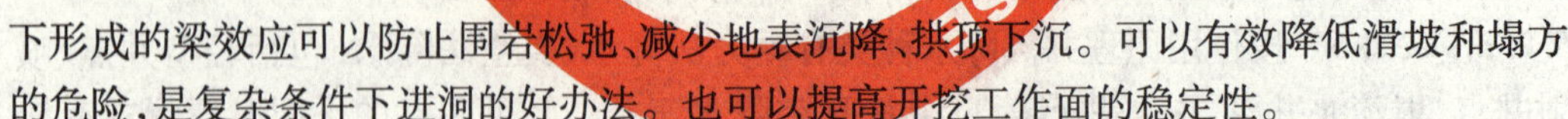

(4)管棚支护注浆后，使管棚和围岩形成整体，有效断面扩大、土压均匀、提高围岩的自承能力。

6.8.2 实践证明，砂类土、黏性土、黄土和淤泥都能进行旋喷加固，一般效果较好。解决了小颗粒土不易注浆加固的难题。但对于砾石直径过大、砾石含量过多及有大量纤维质的腐植土，旋喷质量较差，有时甚至还不如静压注浆的效果，对于地下水流速过大(旋喷浆液无法在注浆管周围凝固)、无填充物的岩溶地段、永久冻土和对水泥有严重腐蚀的地基，均不适合采用旋喷加固。

6.8.3 树根桩直径在 100～300 mm 范围内，桩长不超过 30 m，布置形式有各种排列的直桩和网状结构的斜桩。树根桩采用的碎石骨料粒径宜在 10～25 mm 范围内，钢筋笼外径宜小于设计桩径40～60 mm。

6.8.4 灰土挤密桩是利用沉管、冲击或爆扩等方法在地基中挤土成孔，然后向孔内夯填灰土成桩。成桩时，通过成孔过程中的横向挤压作用，桩孔内的土被挤向周围，使桩间土得以挤密，然后将备好的灰土分层填入桩孔内，并分层捣实至设计标高，与桩间土组成复合地基，共同承受基础的上部荷载。

灰土挤密桩不论是消除黄土的湿陷性还是提高承载力都是行之有效的方法。但当土的含水量大于24%及其饱和度超过65%时，在成孔及拔管过程中，桩孔及其周围容易缩颈和隆起，无法挤密成孔，故不适用于处理地下水位以下及处于毛细饱和带的土层。

7.3.4 岩石隧道全断面深眼爆破设计

(1)循环进尺的确定

根据实际情况确定3～5 m。

(2)钻眼直径选择

可采用较大钻眼直径如ϕ48 mm。

(3)炮眼布置

① 工程类比法选定：可根据工程姆破条件查表，确定炮眼数目。

② 按经验公式计算

$$N = K \cdot S \cdot L - Q_g / n \cdot r \cdot L(\text{个})$$

式中 N——全断面炮眼数(不包括光面爆破的)个；

K——单位岩石体积耗药t，可查表，也可计算(kg/ms)；

S——开挖断面积(m^2)；

n——各类炮眼装药系数(取平均值)，可查表；

r——炸药的线装药密度(kg/m)，根据实际使用的炸药获得；

L——炮眼深度(m)；

Q_g——周边光爆药量(kg)。

岩面爆破炮眼数量，由光面爆破设计确定。

③ 炮眼布眼原则

④ 常见的炮眼布置图式

a. 楔形掏槽，环形布置；

b. 楔形掏槽，线形布置；

c. 直眼掏槽，环形布置；

d. 直眼掏槽，线形布置；

e. 有下导坑的炮眼布置；

f. 大孔距小抵抗线炮眼布置。

(4)允许用药量的确定

$$Q_m = R^3 \cdot (V_{kp}/K)^{3/\alpha}$$

式中 Q_m——最大一段允许装药量(kg)；

V_{kp}——振速安全控制标准(cm/s)，见表13.2.14；

R——爆源中心到振速控制点的距离(m)；

K——与爆破技术、地震波传播途径介质的性质有关的系数,一般为 30 ~ 200;

α——爆破振动衰减指数,一般取 1.5。

(5)总装药量的计算与炸药的分配

① 单位岩体用药量 K 值的确定

a. 查表

b. 查图

c. 用公式

② 总药量的计算

$$Q = k \cdot S \cdot L$$

式中 Q——一次爆破装药量(kg);

S——开挖断面积(m^2);

L——炮眼深度(m);

k——软岩隧道爆破单耗(kg/m^3),可查表。

③ 炸药量的分配

周边眼、掏槽眼按规定选取药量,其他炮眼可按下式计算,最后再从施工方便出发,可对装药作适当调整,以单眼装眼量为半卷、整卷计量为宜。

$$q = k \cdot \alpha \cdot W \cdot L \cdot \lambda$$

式中 q——单眼装药量(kg);

k——爆破炸药单耗(kg/m^3);

α——炮眼间距(m);

W——炮眼爆破方向抵抗线(m);

L——炮眼深度(m);

λ——炮眼所在部位系数,一般取 0.8 ~ 2.0。

(6)装药结构

掏槽眼首段采用正向装药起爆,其他眼采用反向装药起爆,当采用周边预裂爆破时,周边眼采用即发雷管正向起爆,其他与光面爆破相同。

对于钻眼直径为 ϕ48 mm 的深眼爆破,采用 ϕ42 mm 的一号抗水硝铵炸药大直径药卷。可避免炸药在深眼中中途熄爆现象。

(7)合理段间隔时间的选择

掏槽眼爆破段间隔时间为 50 ~ 75 ms,后继炮眼的爆破段间隔时间受爆破器材条件的限制,段间隔时间大的达 200 ~ 300 ms。

(8)起爆顺序的安排

起爆顺序:应该先掏槽,而后辅助眼、底板眼、最后周边眼光面爆破。预裂爆破周边眼在掏槽爆破之前起爆,其他眼仍按上述顺序进行。

7.3.6 常用炸药、雷管参见说明表 7.3.6—1 ~ 表 7.3.6—2。

7.3.7 影响爆破效果的因素:

(1)地质条件对光面爆破效果影响

① 从实践中获得经验。

② 不同地质条件应采取不同的爆破方法及相应的钻爆参数。

说明表 7.3.6—1 隧道常用炸药

炸药种类	适用范围	主要特性
乳化炸药	无瓦斯和无矿尘爆炸的坚硬岩石、有水孔	抗水性极好,爆炸威力大,爆破产生的有毒气体少;密度 1.05~1.35 g/mL;猛度 12~20 mm;殉爆距离 5~12 cm;爆速3 100~5 800 m/s
水胶炸药	无瓦斯和无矿尘爆炸的坚硬岩石、有水孔	抗水性能强,爆炸威力大,但感度较浆状炸药高;密度 1.1~1.5 g/mL;猛度 12~20 mm;爆力 330~350 mL;殉爆距离 6~25 cm;爆速3 500~4 600 m/s
浆状炸药	无瓦斯和无矿尘爆炸的坚硬岩石、有水孔	抗水性能强,密度大,爆炸威力大,但感度较低;密度 1.1~1.5 g/mL;猛度15.2~20.1 mm;爆力 326~356 mL;殉爆距离 10~20 cm;爆速3 200~5 600 m/s
铵油炸药	无瓦斯和无矿尘爆炸的坚硬岩石、有水孔	抗水性能好,不易结块,爆轰稳定,但保存期短;密度 0.8~1.0 g/mL;猛度 12~18 mm;爆力 250~300 mL;殉爆距离 5 cm;爆速3 300~3 800 m/s
煤矿许用炸药	有瓦斯和矿尘爆炸危险的隧道	爆炸产生的爆热、爆温、爆压相对较低;有较好的起爆感度和传爆能力;排放的有毒气体量符合国家标准;炸药成分中不含金属粉末; 容许含水率不大于 0.3%;密度 0.85~1.1g/mL;猛度 8~12 mm;爆力 230~290 mL;浸水前殉爆距离 3~6 cm;浸水后殉爆距离 2~4 cm;爆速3 262~3 675 m/s

注:各种炸药均为系列产品,因型号不同其性能指标有所差异。

说明表 7.3.6—2 隧道常用雷管

段别	各种产品的系列名称				
	DH-1	GB-6378	DE1	MG803-B	半秒雷管(s)
1	0	<13	50±15	<10	<0.1
2	25±10	25±10	100±20	25	0.5±0.2
3	50±10	50±10	150±20	50	1.0±0.2
4	75±10	75^{+15}_{-10}	250±30	75	1.5±0.2
5	100^{+20}_{-10}	110±15	370±40	100	2.0±0.2
6	150±20	150±15	490±50	125	2.5±0.2
7	200±20	200^{+20}_{-15}	610±60	150	3.0±0.2
8	250±20	250±25	780±70	175	3.5±0.2
9	310±25	310±30	980±100	200	4.0±0.2
10	390±40	380±35	1 250±150	225	4.5±0.2
11	490±45	460±40		250	
12	600±50	550±45		275	
13	720±50	650±50		300	
14	840±50	760±55		325	
15	990±75	880±60		350	
16		1 020±70		400	
17		1 200±90		450	
18		1 400±100		500	

续上表

段别	各种产品的系列名称				
	DH-1	GB-6378	DE1	MG803-B	半秒雷管(s)
19		1 700 ±130		550	
20		2 000 ±150		600	
21				650	
22				700	
23				750	
24				800	
25				850	
26				950	
27				1 050	
28				1 150	
29				1 250	
30				1 350	

注:各系列非电导爆管雷管延迟时间(ms)。

(2)钻眼精度的影响

① 开眼误差,准确定出炮眼位置,可减少或排除开眼误差。

② 钻眼角度误差,炮眼愈深,愈要严格控制眼底偏差。周边眼应定岗定人。

③ 钻机本身尺寸大小的影响,机身有一定的外插角度,可选操作净空较小的凿岩机。

④ 测量放线误差,坚持每个循环都用仪器测量放线,尽量采用计算机配合激光仪器放样,无条件的用五寸台坐标法认真放出开挖轮廓及炮眼位置。

(3)爆破技术本身的影响

① 炸药品种与药卷直径选用应考虑以下因素:

a. 周边眼的炸药与主体炸药相比,爆速要低一些,密度小一些,爆力大一些的炸药,这样利于实现光面爆破。

b. 炸药的直径,应根据炮眼直径来选择,炮眼直径与炸药直径之比称为不偶合系数 D,实践证明,药卷在有空隙的炮眼中爆破,形成的冲击波随不偶合系数 D 的增大而衰减。

② 起爆方法不当,也可能引起爆破效果不好,有熄爆现象,光面、预裂爆破一般应选用高精度的毫秒雷管为好。

③ 装药结构与堵塞质量直接影响爆破效果,装药过于集中或者炮眼全长均匀分布都将影响爆破质量,应优先考虑选用光爆炸药进行连续装药,眼底适当加强,否则一般选用导爆索加自制小药卷,用竹片加工成串状装药结构,在软岩可采用导爆索束的装药结构。对于光面爆破、预裂爆破来说,炮眼的堵塞质量也很重要。

④ 掏槽失败或起爆顺序混乱将影响光爆效果,因为掏槽的失败或起爆顺序混乱,都不可能为周边眼提供理想的临空面条件。

8.1.7

1　喷钢纤维喷混凝土的一个主要特点是具有良好的韧性,即在基体混凝土开裂后产生较大塑性变形时能保持承载力不明显降低，可适应岩爆和大变形情况下的应力释放，具有吸收变形的能力。作为初期支护，控制一定程度的开裂是允许的，而钢纤维混凝土的韧性可以有效地适应和控制围岩的变形。

喷钢纤维喷混凝土的韧性是指喷钢纤维喷混凝土在承载过程中承受变形的能力，即喷层产生较大开裂仍可保持强度不明显降低，这是喷钢纤维喷混凝土的一个重要特性。喷钢纤维喷混凝土的韧性可使与岩面紧密贴合的喷层不但具有一定的柔性，而且在与围岩共同变形过程中持续有效地提供支护抗力。

2 钢纤维过长容易堵管。应根据输料软管及喷嘴内径来确定钢纤维的最大长度。

钢纤维最小掺量是根据散布在混凝土中的钢纤维"最小重叠值"（minimum fiber overlap）要求计算的"最大平均间距 s"（maximum average spacing value）确定的，旨在保证钢纤维在混凝土中分布的均匀性。比利时环境和基础部有关文件推荐，取 $s=0.4l_f$ 即可保证钢纤维有足够的重叠。

据此可计算钢纤维的最小掺量：

$$\omega_{min}=\frac{6\,162}{\alpha^3\lambda_f^2}$$

式中 ω_{min}——钢纤维最小掺量（kg/m³）；

s——钢纤维最大平均间距。

$$\alpha=\frac{s}{l_f}$$

新加坡的地铁工程考虑到喷混凝土的工艺特点，参照公式 $s=0.4l_f$ 的计算结果，并规定了最小掺量不小于20 kg/m³，其值一并见说明表8.1.7—2中。

说明表8.1.7—2 钢纤维最小掺量（kg/m³）

l_f/d_f	40	45	50	55	60	65	70	75	80
$\alpha=0.45$	43	34	28	23	19	16	14	13	11
$\alpha=0.40$	61	48	39	32	27	23	20	18	16
新加坡地铁	65	50	40	35	30	25	20	20	20

欧洲喷混凝土规范推荐得砂石料级配见说明表8.1.7—3，可供参考。

说明表8.1.7—3 砂石料级配参考

ISO 筛径（mm）		0.125	0.25	0.5	1	2	4	8	11.2	16
筛量（重量%）	上限	12	26	50	72	90	100	100	100	100
	下限	4	11	22	37	55	73	90	100	100

喷钢纤维混凝土的原材料中加入硅粉等活性掺和料，有利于提高强度、密实度和耐久性，增加黏稠性，减少回弹，改善后期强度；同时可以改善物料可泵性，减少管道和机械磨耗，防止离析、堵管。

欧洲喷混凝土规范从耐久性出发规定水胶比不宜超过0.55，最小胶凝材料用量为300 kg/m³。而挪威规范则提出了与结构工作环境相应的水胶比和最小胶凝材料用量见说明表8.1.7—4。

说明表 8.1.7—4 挪威喷混凝土规范规定的水胶比和最小水泥用量

环境等级	环境描述	$W/(c+k\times s)$	建议的最小胶凝材料用量($c+k\times s$)
NA	有些侵蚀性	0.60	360 kg/m^3
NMA	较有侵蚀性	0.50	420 kg/m^3
MA	侵蚀性很强	0.45	470 kg/m^3
MMA	高度侵蚀性	0.40	530 kg/m^3

注:表中 W—水重量;s—微硅粉重量;c—水泥重量;k—系数,当微硅粉掺量<10%时,$k=2.0$;当微硅粉掺量10%~25%时,$k=1.0$;NA—室外或室内潮湿环境,淡水中结构;MA—咸水中结构,受咸水溅射、喷射时,受侵蚀性气体、盐、其他化学物作用,潮湿环境的冻融循环。

钢纤维混凝土的投料、拌和过程中要尽可能使钢纤维在混凝土基体中均匀分布,或按所要求的方向排列,以保证材料的均质性和方向性。

拌和时要防止纤维结团、纤维产生弯曲或折断,拌和机因超负荷而停止运转、出料口堵塞。

钢纤维混凝土宜用双卧轴强制式拌和机拌和,当钢纤维掺率较高、稠度较大时,拌和机需较大的功率,为避免超载,条文规定一次拌和量不宜大于拌和机额定拌和量的80%。

投料顺序和方法与施工条件及钢纤维形状、长径比、体积率等有关,应通过施工现场与实际拌和试验确定。

8.1.8 喷合成纤维混凝土施工应符合下列规定:

喷射合成纤维混凝土中的纤维主要有聚丙烯纤维、聚乙烯纤维、尼龙纤维、玻璃纤维、碳纤维等,其品种、规格较多。

施工中主要使用的合成纤维为聚丙烯纤维,是由丙烯($CH_3-CH=CH_2$)聚合而成的高分子化合物,是一种结构规整的结晶性聚合物。聚丙烯不融于水,耐热性能良好,在121 ℃~160 ℃连续耐热,熔点为165 ℃~170 ℃,是一种非极性的聚合物,有良好的电绝缘性能,介电常数为2.25,有较好的化学稳定性,与大多数化学品,如酸、碱和有机溶剂接触不发生作用。其物理性能良好,抗拉强度 3.3×10^7~4.14×10^7(Pa),抗压强度 4.14×10^7~5.51×10^7(Pa),伸长率200%~700%,洛氏硬度R85~R110,因此聚丙烯有较好的加工性能,其热加工体积收缩率为1.6%~2.0%。聚丙烯纤维混凝土所用的长度一般在5~50 mm范围内,因此可称为丙纶短丝,聚丙烯纤维是直接拉丝制成的聚丙烯单丝纤维的束状集合体,每一束中有许多根纤维单丝,在投入拌和时自动散开。聚丙烯纤维是非腐蚀的化学填充物,它对矿质、酸碱基质和无机盐有很好的化学阻抗作用,故聚丙烯纤维有效地阻止了混凝土的塑性收缩和龟裂。聚丙烯纤维加强混凝土是机械作用而不是化学作用,它的加入不需要附加水和改变原来的混凝土配合比,也不影响其他掺和料,外加剂的加入。

杜拉纤维是经过改性和特殊表面处理的聚丙烯单丝纤维,其物理、化学性能非常良好,施工便利,但目前仍处于推广应用阶段。

聚乙烯纤维因为弹性模量低、受荷分担的应力也小,至今还很少用于复合材料。

玻璃纤维混凝土暴露大气中一段时间后,其强度和韧性会有大幅度下降,即由早期的高强度、高韧性向普通混凝土退化,加之其耐碱性不过关,现主要用于结构加固。

碳纤维具有抗拉强度和弹性模量很高、化学性质稳定、与混凝土黏结良好的优点,但由于碳纤维生产成本高,应用受到一定限制。

现场操作人员对尼龙纤维(聚酰胺)混凝土普遍感觉的是其施工性能优于普通混凝土,掺入尼龙纤维可显著地降低混凝土的干缩值,但对抗折、抗压、轴压及应力应变性能与普通混凝土无明显差别,抗渗、阻锈性能有显著改善,从而提高了混凝土的耐久性,但因为它与聚丙烯纤维相比价格昂贵,所以推广与应用受到限制。

延长拌和时间不会影响纤维的分布和强度。

8.4.3 接头是钢拱架的弱点部位,因此应尽量减少接头数量。

围岩压力和变形较大时,若采用普通支护阻止围岩变形,容易使支护衬砌承受更大的围岩压力而导致破坏,采用钢架接头能滑移的可缩式钢架,支护断面会随围岩变形而缩小,允许围岩有较大的变形,并随之卸载,从而维护支护衬砌的稳定。

可缩接头一般在单线隧道设2个,双线隧道设3个;每个可缩接头最大可缩量不宜超过100 mm;可缩接头的滑动阻力,一般采用钢架可能承受最大轴力的50%进行设计。

开挖下台阶时,在拱脚设纵向托梁是防止钢架(格栅)拱脚下沉、变形的有效措施。

10.1.1 在环境敏感地区以及水量过大影响施工时,应通过围岩预注浆控制地下水的排放流量。防水施工应保证防水板的铺设质量及施工缝、变形缝止水带的安装质量。防水板背后的积水、水流应顺畅地引入排水沟,避免诱发衬砌背后形成静水压力。

10.1.2 本条防水等级要求是参照《铁路隧道防排水技术规范》(TB 10119—2000,J 72—2001)第5.5.1条和第5.2.1条的规定制订。

10.2.5 隧道衬砌后表面渗漏水常出现在施工缝处,主要原因是衬砌台车端模封闭不严,易漏浆,造成该处混凝土不密实,产生渗漏。可采用预埋注浆管进行专项注浆。

10.4.2 防水板是隧道防水的重要屏障,其铺设质量直接影响防水效果,从隧道后期出现渗漏水情况看,多为防水板破损所致。铺设防水板的基面应平整光滑,无突出异物是保证铺设质量的首要条件。初期支护(喷混凝土)的表面很难达到要求,所以,在防水板铺设前应用混凝土(或砂浆)将凹坑喷平,并应对凹凸不平情况进行检查。根据铁道部《铁路隧道设计施工有关标准补充规定》(铁建设〔2007〕88号文通知),表面平整度应符合式要求:

$$D/L \leqslant 1/10$$

式中 L——初期支护表面相邻两凸面间的距离;

D——初期支护表面相邻两凸面之间岩石凹进去的深度。

10.4.3 防水板是隧道防水的主要屏障,而初期支护的平整度直接影响防水板的铺设质量,防水板铺设质量又直接影响防水效果。从隧道后期出现渗漏水情况看,一般因防水板破损所致。铺设防水板的基面应平整、无突出异物是保证铺设质量的重要条件。

10.4.13 二次衬砌结构混凝土施工应连续一次浇筑完成,宜少留施工缝,拱圈、仰拱、底板不得留纵向施工缝。

10.4.15

(1)止水带的分类

① 止水带按用途分为两类:

a. 适用于变形缝用止水带,用B表示;

b. 适用于施工缝用止水带,用S表示。

② 止水带按材料分为三类:

a. 塑料止水带,用P表示;

b. 橡胶止水带,用 R 表示;

c. 钢边止水带,用 G 表示。

③止水带按设置位置分为两类:

a. 中埋式止水带,用 Z 表示;

b. 背贴式止水带,用 T 表示。

(2)止水带产品标记

① 产品应按下列顺序标记,并可根据需要增加标记内容:

产品用途代号—材料代号—设置位置代号—规格(长度×宽度×厚度)

② 标记示例

长度为 12 000 mm,宽度为 400 mm,公称厚度为 8 mm 的变形缝用中埋式橡胶止水带标记为:B—R—Z—12 000 mm×400 mm×8 mm

(3)止水带的规格尺寸及偏差

① 背贴式止水带图示及规格(说明图 10.4.15—1 及说明表 10.4.15—1)

说明图 10.4.15—1 背贴式止水带

说明表 10.4.15—1 背贴式止水带规格尺寸

项目	常见规格(mm)
宽度 L	300,350,400,500
厚度 B	4,6,8,10
凸高 H	30,35,40,50

② 中埋式止水带图示及规格

a. 施工缝用中埋式止水带(说明图 10.4.15—2 及说明表 10.4.15—2)

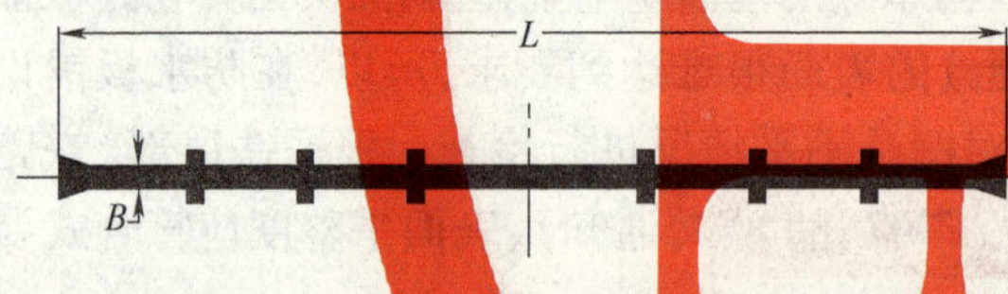

说明图 10.4.15—2 施工缝用中埋式止水带

说明表 10.4.15—2 施工缝用中埋式止水带规格尺寸

项目	常见规格(mm)
宽度 L	250,300,350,400
厚度 B	6,8,10,12,15

b. 变形缝用中埋式止水带(说明图 10.4.15—3 及说明表 10.4.15—3)

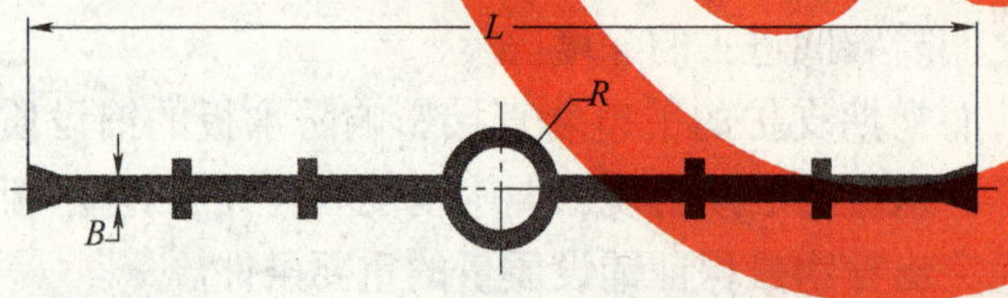

说明图 10.4.15—3 变形缝用中埋式止水带

说明表 10.4.15—3 变形缝用中埋式止水带规格尺寸

项目	常见规格(mm)
宽度 L	300,350,400
厚度 B	10,12,15,20
半径 R	10,15

③ 钢边止水带图示及规格(说明图 10.4.15—4 及说明表 10.4.15—4)

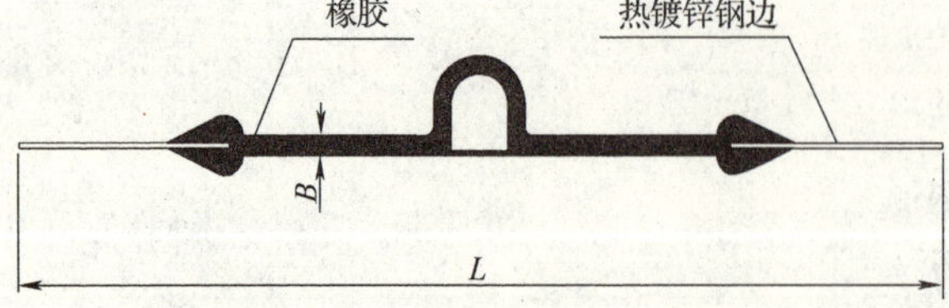

说明图 10.4.15—4 钢边止水带

说明表 10.4.15—4 变形缝用钢边止水带规格尺寸

项目	常见规格(mm)
宽度 L	300,350,400
厚度 B	6,8,10,12

④ 止水带尺寸偏差要求应符合说明表 10.4.15—5 规定。

说明表 10.4.15—5　止水带的尺寸偏差

项目	厚度 B(mm)			宽度 L	(背贴式止水带) 凸高 H(mm)		中心孔偏心
	$4 \leqslant B \leqslant 6$	$6 < B \leqslant 10$	$10 < B \leqslant 20$		$20 < B \leqslant 35$	$35 < B \leqslant 50$	
极限偏差	0 ~ +1	0 ~ +1.3	0 ~ +2	±3%	0 ~ +2.5	0 ~ +3	不超过孔厚度 1/3

11.1.4　装渣运输机械的生产能力一般应大于开挖能力的 1.2 倍,衬砌设备的生产能力一般为开挖能力的 1.3 ~ 1.5 倍,以保证隧道施工有足够的“后劲”。

11.2.3　关于液压台车的使用,长期以来一直存在着争议,现在有相当部分现场不管隧道长短均使用简易开挖台架,作业面现场布置零乱,噪声粉尘污染大,施工人员多,存在较多的安全隐患。当单开挖工作面长度大于或等于 3 km 的隧道,采用大断面开挖时,爆破钻孔应采用液压凿岩台车,也是考虑了施工成本,只有大量推广使用液压台车,提高熟练程度,才可以实现降低成本和提高钻眼机械化。小于 3 km 隧道可采用多功能台架配合钻爆设备进行开挖作业。

在铁路隧道爆破施工中,爆破施工机械自动化水平不断提高,其钻孔、装药、填塞各工序机械化配套,并朝着预装药爆破技术方向发展。起爆方式引入了微电子技术。起爆器材方面,高精度多段无起爆药非电雷管及电雷管,充气起爆系统,低能导爆索起爆系统也不断完善和推广。目前正着力于“铁路隧道散装炸药自动装药设备的研制”的研究,模拟试验验证了其可行性,这将会对隧道爆破机械化带来突破性。

11.4.7　由于一次出渣量的增大,有轨牵引机车一般选用 20 t 及以上电瓶机车,采用梭式矿车运渣的容量一般大于 16 m^3,侧卸式矿车运渣的容量一般大于 6 m^3。而翻框式调车器、浮放道岔等专用调车设备也应相应配置。

11.7.1　模板台车的制造质量直接影响到混凝土的质量,故对其制造应提出要求:

(1)模板台车的外轮廓在浇筑混凝土后应保证隧道净空,门架结构的净空应保证洞内车辆和人员的安全通行,同时预留通风管位置。

(2)模板台车的门架结构、支撑系统及模板的强度和刚度应满足各种荷载的组合。

(3)模板台车长度宜为 9 ~ 12 m。

(4)模板台车边墙作业窗宜分层布置,层高不宜大于1.5 m,每层宜设置 4 ~ 5 个窗口,其净空不宜小于 45 cm × 45 cm,并设有相应的混凝土输送管支架或吊架。

(5)顶模设置通气孔、注浆管。

(6)模板台车应设置足够的承重螺杆支撑和径向模板螺杆支撑。

(7)模板台车应采用 43 kg/m 及以上钢轨为行走轨道。

(8)模板台车应设置大直径通风管通过的位置。

11.7.2　混凝土采用自动计量拌和站拌和,混凝土拌和站的生产能力应能适应衬砌浇筑的需要,单线隧道不小于 30 m^3/h,双线隧道不小于 60 m^3/h。

11.8

(1)隧道主要施工机械配置参考表见说明表 11.8—1 和说明表 11.8—2。

说明表 11.8—1 无轨运输施工主要设备配置参考表(单作业面)

序号	机械名称	规 格	隧道长度≥3 km		隧道长度<3 km		备 注
			单线	双线	单线	双线	
开 挖 设 备							
1	液压凿岩台车	2~4 臂	1	1~2			
2	多功能作业台架				1	1	
3	液压钻机	(配液压站)			8~12	16~24	不需空压机
4	风动凿岩机				10~18	20~32	
5	空压机	18~25 m^3/min			3~5	5~8	
6	挖掘机	0.2~1.2 m^3	1~2	1~2	1~2	1~2	
出渣、装运设备							
7	装载机	2~6 m^3	1	2	1	2	
8	自卸汽车	15~25 t	5~10		3~10	5~12	
9	自卸汽车	15~40 t		5~12			
通 风 设 备							
10	轴流通风机	74~220 kW	≥2	≥2	1~2	1~2	
11	射流风机	28~74 kW					根据需要
超前与初期支护、衬砌设备							
12	管棚、锚杆、注浆钻机						根据需要
13	注浆泵	单双液	1~2	2~3	1~2	2~3	
14	锚孔注浆泵	砂浆泵	1~2	2~3	1~2	2~3	
15	配料机	30~60 m^3/h	1	1	1	1	喷混凝土料
16	拌和机	500~1 000 L	1	1	1	1	喷混凝土料
17	喷射混凝土三联机及机械手	10~30 m^3/h		1~2		1~2	
18	湿喷机	5~12 m^3/h	2~4		2~4		
19	空压机	18~25 m^3/min	1~3	2~3	1~3	1~3	
20	全自动拌和站	50~75 m^3/h	1	1	1	1	
21	混凝土输送车	5~10 m^3	3~5	5~9	3~5	5~9	拌和式
22	混凝土输送泵	≥40 m^3/h	1~2	1~2	1~2	1~2	
23	模板台车	9~12 m	1~2	1~2	1~2	1~2	
24	仰拱栈桥	≥9 m	3~6	3~6	2~4	2~4	
防 排 水 设 备							
25	防水板台架	移动式	1	1	1	1	
26	热熔爬焊机	自动调温	1	1	1	1	
27	抽水机						根据涌水量

注:特殊地质条件施工设备根据施工需要经论证后配备。

说明表 11.8—1 有轨运输施工主要设备配置参考表(单作业面)

序号	机械名称	规格	隧道长度≥3 km	隧道长度<3 km	备注
开挖设备					
1	液压凿岩台车	2~4 臂	1		
2	多功能作业台架			1	
3	挖掘机	0.2~1.2 m^3	1~2	1~2	
4	液压钻机	(配液压站)		8~12	不需空压机
5	风动凿岩机			10~18	
6	空压机	18~25 m^3/min		3~5	
出渣、装运设备					
7	大型挖装机	150~250 m^3/h	1		
8	装载机	2~3 m^3	1	2	
9	牵引机车	≥20 t	3~8	3~8	
10	充电机		3~8	3~8	
11	梭矿	16~20 m^3	6~15	4~6	
通 风 设 备					
12	轴流通风机	74~220 kW	≥2	1~2	
13	射流风机	28~74 kW			根据需要
超前与初期支护、衬砌设备					
14	管棚、锚杆、注浆钻机				根据需要
15	注浆泵	单双液	1~2	1~2	
16	锚孔注浆泵	砂浆泵	1~2	1~2	
17	配料机	20~60 m^3/h	1	1	喷混凝土料
18	拌和机	350~1 000 L	1	1	喷混凝土料
19	湿喷机	5~12 m^3/h	2~4	2~4	
20	空压机	18~25 m^3/min	1~3	1~3	
21	全自动拌和站	50~75 m^3/h	1	1	
22	混凝土输送车	5~10 m^3	3~5	3~5	
23	轨行式混凝土输送车	5~7 m^3	5~7	3~5	拌和式
24	混凝土输送泵	≥40 m^3/h	1~2	1~2	
25	模板台车	9~12 m	1~2	1~2	
26	仰拱栈桥	≥9 m	3~6	2~4	
防 排 水 设 备					
27	防水板台架	移动式	1	1	
28	热熔爬焊机	自动调温	1	1	
29	抽水机				根据涌水量

注:特殊地质条件施工设备根据施工需要经论证后配备。

(2)机械设备配置案例。

例一 西康线秦岭Ⅱ线隧道进口

① 工程概况：西秦岭隧道（Ⅱ线）长 18 456 m，先期开挖面积 30 m^2，作为地质探洞和Ⅰ线的平行导坑。隧道埋深大部分在 600 m 以上，最大埋深 1 600 m。岩性以花岗岩和混合片麻岩为主，除洞口段和断层破碎带外，石质完整坚硬，岩石的干抗压强度 82 ~ 325 MPa。进口标段长 9 505 m，施工平均月掘进338 m，最高月掘进456 m。机械分两阶段配备：第一阶段采用轮式三臂台车、立爪装岩机、电瓶车、8 m^3 梭式矿车；第二阶段采用门架式台车、挖装机、大功率内燃机车和电瓶车、14 m^3 梭式矿车。

② 主要机械配备表：

机械名称	规格	功率（kW）	数量（台）	机械名称	规格	功率（kW）	数量（台）
三臂台车	TH169	135	1	内燃机车	JMD—24 23 t	206	2
门架台车	TH568—10	184	1	轴流通风机	PF110	110	2
立爪装岩机	LZ—120	45	4	轴流通风机	PF14	14	1
挖掘装岩机	ITC312	112	2	内燃发电机组	320GF	320	3
梭式矿车	8 m^3	18.5	12	内燃发电机组	120GF	120	1
梭式矿车	14 m^3	18.5	22	电力变压器	630 kVA		2
电瓶车	XK8—7/132 8 t	30	4	电力变压器	315 kVA		2
电瓶车	DE655EB 18 t	149	6				

例二　西南线秦岭隧道进口

① 工程概况：东秦岭双线隧道全长 12.268 km，进口段6.134 km，右侧距正洞 30 m 设平行导坑。岩性主要为石英岩，辉绿岩，千枚岩等硬质岩，通过 7 条断层，Ⅵ级围岩长度 107 m，其余为Ⅱ ~ Ⅴ级围岩，全段富水。正洞施工采用无轨运输模式，平导施工采用有轨、无轨混合装运模式。2001 年正洞、平导均实现了 3 000 m 成洞的施工纪录。

② 主要机械配备表：

机械名称	规格	功率（kW）	数量（台）	机械名称	规格	功率（kW）	数量（台）
计算机导引台车	SGBC—CR	165	1	混凝土拌和机	JS750	15	2
三臂台车	TH169	135	1	电动空压机	4L—20/8	130	11
铲装机	ED600T	175	1	轴流通风机	SDF$_{(C)}$ 12.5	220	2
挖装机	ITC312	112	2	轴流通风机	PF14	14	1
梭式矿车	14 m^3	18.5	28	射流风机	SSF—4P7.1	75	3
电瓶车	14 t	22	14	抽出式风机	SFC—13	45	1
湿喷机	TK961	11	4	内燃发电机组	320GF	320	1
干喷机	HPJ—1	5.5	4	内燃发电机组	120GF	120	1
喷射机械手	Robet—75	115	1	电力变压器	630 kVA		2
注浆泵	KBY	17	2	电力变压器	315 kVA		2
模板台车	12 m	4.4	2	电力变压器	250 kVA		1
混凝土拌和输送车	轮式	206	4	挖掘机	XL2200	69	1
混凝土拌和输送车	轨行式	22	4	挖掘机	HD700	112	1
混凝土输送泵	HBF60	55	5	装载机	WA470	205	1
混凝土拌和机	JZF1000	18.5	1	装载机	LZ40	117	2
混凝土拌和机	JS750	15	2	自卸汽车	VOLVO—A25C	187	5

例三 长梁山隧道4#斜井

① 工程概况：朔黄线长梁山双线隧道全长12.78 km，共设4座施工斜井，其中4#斜井井身倾角22.5°，垂直深度173.1 m，井身斜长489.2 m。担负正洞1 800 m施工，其中Ⅳ级围岩长1 035 m，其余为Ⅴ级围岩，平均月成洞47 m。

② 主要机械配备表：

机械名称	规格	功率(kW)	数量(台)	机械名称	规格	功率(kW)	数量(台)
三臂台车	H169	135	1	电动空压机	4L—20/8	130	4
立爪装岩机		45	5	内燃空压机	VY12/T—B	110	1
耙斗装岩机		30	1	轴流通风机	PF110	110	1
侧卸式矿车	5 m^3		18	轴流通风机	PF14	14	1
斗车	0.75 m^3		4	内燃发电机组	320GF	320	1
电瓶车	8 t	22	11	内燃发电机组	120GF	120	1
充电机		17	8	抽水机	各型	7×37	7
湿喷机	TK961	11	5	深井泵	300QK	37	4
干喷机		5.5	2	电力变压器	1510kVA		4
喷射机械手	Robet—75	115	1	提升机	ZJK2/20X	180	1
注浆泵	KBY	17	2	电葫芦	3～5 t		3
模板台车	8 m	4.4	1	卷扬机	JK3	30	1
混凝土拌和输送车	轨行式	22	4	轨行人车	20座		1
混凝土输送泵	HBF60	55	2	挖掘机	HD700	112	1
混凝土拌和机	JZF750	18.5	2	各型装载机			3
混凝土拌和机	JS500	15	2	各型自卸汽车			5

例四 乌鞘岭隧道大台竖井

① 工程概况：兰新线兰武段乌鞘岭特长隧道设计为两座单线隧道，隧道长20 050 m。隧道线间距为40 m，隧道线路纵坡主要为11‰的单面下坡。乌鞘岭隧道共设计有13个斜井、一个竖井和1个平洞共15个辅助坑道，在施工过程中又增设了1个竖井，同时个别坑道的位置进行了调整。施工前期左线为平导，右线一次建成。其中大台竖井井深设计深度为515.66 m，直径5.5 m(净空)，为当时同类项目之最。

② 主要机械配备表：

序号	机具名称	型号	单位	数量
1	伞型钻机	FJD—6	台	1
2	风动凿岩机	YT28	台	20
3	长绳悬吊式抓岩机	0.6 m^3	台	1
4	备用发电机	800 kW	台	1
5	卷扬机	2～5 t	台	3
6	空压机	20 m^3/s	台	5
7	锻钎机	JD_2—1	台	1

续上表

序号	机具名称	型 号	单位	数量
8	轴流式通风机	34 kW	台	2
9	吊泵	80DGL—75	台	6
10	深井泵	8J35 ×26	台	2
11	装载机	ZLC—40B ~50	台	3
12	自卸汽车	5 t	台	2
13	混凝土喷射机	HFB—5D	台	2
14	变压器	S7—630/10	630 kVA	5
15	钢管井架	煤炭部定型Ⅳ型	台	1
16	吊桶	1.5 ~3.0 m^3	台	4
17	双层吊盘	单绳	台	1
18	混凝土拌和机	JZm350 ~750	台	3
19	风镐		台	8
20	主提升绞车	2JK—3.5 m/20	台	1
21	副提升绞车	JK—2.0 m/20	台	1
22	调度绞车	1 t	台	3
23	凿井稳车	JZ—5/500	台	5
24	凿井稳车	2JZ—16/800	台	4
25	凿井稳车	JZ—16/800	台	3
26	凿井稳车	2JZ—10/600	台	1
27	凿井提升天轮	2.5 m	个	1
28	凿井悬吊天轮	单槽 ϕ600 mm	个	1
29	凿井悬吊天轮	单槽重型 ϕ1 000 mm	个	5
30	凿井悬吊天轮	双槽重型 ϕ1 000 mm	个	3
31	凿井悬吊天轮	双槽重型 ϕ600 mm	个	1
32	抽水机	3DA—8 ×9	台	1
33	钩头	6 t	个	2
34	卸渣台		座	2
35	井盖	钢木自制	个	1
36	安全梯	20 人	个	1

例五　精伊霍线北天山隧道进口

①　工程概况：北天山隧道全长 13 610 m，进口标段长6 805 m。正洞左侧设全长贯通的平行导坑，线间距 30 m，平导全长 13 540 m，进口标段长 6 770 m。隧道正洞线路纵坡为人字坡，其中进口段3 810 m为 13‰的上坡，中部 400 m 为 8‰的下坡，其余 2 595 m 为 17‰的下坡，平导纵坡设计与正洞一致。隧道开工至 2007 年 12 月，共发生 10 次特大涌水及 1 次特大突泥、涌砂。

② 机械配备表

序号	机械设备名称	规格、型号	单位	数量
1	轮胎装载机	LW320 1.5 m^3	台	6
2	挖掘装载机	KL41 280 m^3/H ~ ITC312	台	4
3	装载机	ZL40	台	1
4	履带挖掘机	0.2 ~ 1.2 m^3	台	5
5	轴流风机	2 × 22 kW ~ 2 × 110 kW	台	4
6	射流风机	45 kW	台	2
7	电动空压机	10 ~ 20 m^3	台	14
8	变压器	6220 kVA	台	15
9	备用发电机	275 kW	台	2
10	可控硅充电机	KCA01 - 100/300 ~ 380	台	14
11	电瓶车	XK14 - 9/196 - JC 14 ~ 20 t	辆	25
12	梭式矿车	DSF - 14 ~ S14D	辆	35
13	混凝土拌和机	JS500 ~ 1000BH	台	3
14	注浆泵	各型	台	15
15	混凝土搅拌运输车	6 ~ 8 m^3	台	12
16	轨行式混凝土运输车	6 m^3	台	4
17	混凝土输送泵	50 ~ 60 m^3/h	台	5
18	锚固钻机	YG - 60	台	3
19	离心水泵	14SH - 19A ~ 28	台	8
20	潜水排污泵	350QW1500 - 15 - 90	台	10
21	电焊机	B × 315 ~ 400	台	8
22	钢筋切断机		台	1
23	钻床	3 kW	台	1
24	车床	CW6140A	台	1
25	弯拱机		台	1
26	自卸汽车	12.5t	台	8
27	洒水车	东风 4 000 L	台	1

13.1.5 现场监控量测工作一般按照下面的程序进行：

(1)初始调查

在施工前对工程的地质条件、地下水状况及施工影响区域内的周边环境进行初始调查，了解其工程的难点、特点和现状，为监测工作的顺利开展做好准备。

(2)编制实施性监测计划

现场量测小组按照规程的技术要求，结合隧道设计、工程地质条件等编制其实施性监测计划，必须经业主、监理现场审查批准后方可实施。

(3)测点布设及取得初始监测值

水准基点、工作基点、监测点的埋设须严格按照相应规范进行,以确保监测数据可靠。测点应在工序开始前布设完毕,并取得监测点的初始观测值,一般取三次观测数据的平均值作为初始观测值。

(4)现场监测

现场监测工作由现场监测组实施。并根据监测结果对施工安全及结构的稳定性作出评价。

(5)提交监测结果

正常情况下,监测组以周报的形式提交监测数据(包括书面材料和电子文件)。当出现沉降或变形的异常现象时,应立即报告相关部门。

(6)报送周报、月报

现场监测数据进行分析处理后,形成周报、月报,遇有特殊情况要形成日报,按要求及时上报各相关部门。

(7)编写总结报告

现场监测工作停止后,应在一个月内编写出该工程的施工监测总结报告。

13.1.6 现场监测工作中,根据监测精度要求,应减小系统误差,控制偶然误差,避免人为错误。应经常采用相关方法对误差进行检验分析。同时应对不完整数据进行处理。

(1)减小系统误差的方法

根据监测精度要求选择仪器,并考虑仪器的稳定性、耐久性及经济性。通常采用精度高、稳定性好、耐久性好的仪器来减小系统误差;如果监测仪器产生的系统误差不能满足监测精度要求,应根据系统误差产生的原因进行修正。

(2)控制偶然误差的方法

引起偶然误差的主要原因有偶然因素,如电源电压波动,对仪表末位读数估读不准确,以及环境因素的干扰等。因此,对不同的监测项目,具体分析产生偶然误差的原因,在监测实施过程中加强管理,提高监测操作人员的技术水平来控制偶然误差。偶然误差一般服从正态分布,在数据处理过程中,进行数据统计检验。

(3)避免人为误差的方法

由于测试人员的工作过失所引起的误差,如读错仪表刻度(位数、正负号)、测点与测读数据混淆、记录错误等,造成监测数据不可允许的错误。避免人为误差措施主要有加强监测管理,规范监测工作,加强人员培训提高人员素质。

在数据处理时,此类误差数值一般很大,必须从测量数据中剔除。

(4)不完整(或缺损)数据的处理

在监测实施过程中,由于监测仪器被破坏、测点埋设不及时、受施工干扰部分时间段数据没有采集等原因,导致监测数据不完整,以及如拱顶下沉、结构收敛等监测项目在监测点埋设之前部分位移已经发生。

避免出现这类情况产生的主要措施:及时埋设测点,加强测点保护,加强监测组织管理,协调好监测与施工之间关系。

13.1.7 树立规范意识,监测工作要规范化,标准化。包括:(1)制定监测项目的实施细则,规范化作业程序,从而提高工作效率,减少工作失误;(2)数据记录、报表格式标准化,便于数据的处理和分析。

13.2.1 从理论上讲,凡是能够反映围岩与支护力学形态变化的物理量,都可以作为被测物理量。但是,被测的物理量应尽量能反映围岩与支护力学形态变化,同时要求量测方法在技术、经济上又简单、可行。围岩变形乃是围岩力学形态变化最直观的表现,变形量测具有量测结果直观、测试数据可靠、量测仪表长期稳定性好、抗外界干扰性强,同时测试费用低廉的优点。因此在选用测试项目时应将位移量测作为首选量测项目。

必测项目是为了在设计、施工中确保围岩的稳定,并通过判断围岩的稳定性来指导设计、施工的经常性量测。这类量测通常测试方法简单,可靠性高,费用少,而且对监视围岩稳定、指导设计施工却有巨大的作用。

选测项目是对一些有特殊意义和具有代表性意义的区段进行补充测试,以求更深入地掌握围岩的稳定状态与锚喷支护的效果,具有指导未开挖区的设计与施工。这类量测项目测试较为麻烦,量测项目较多,花费较大,一般只根据需要选择其部分项目。

13.2.2 实践证明,开挖工作面的地质素描和数码成像对于判断围岩稳定性和预测开挖面前方的地质条件是十分重要的。开挖面附近初期支护状态的观察和裂缝描述,对直接判断围岩的稳定性和支护参数的检验也是不可缺少的。在进行地质素描及数码成像的时候,开挖工作面应有良好的照明,以保证地质素描及数码成像的效果。

13.2.6 隧道地表下沉量测横断面方向的测点监测范围边界应设置到隧道开挖影响范围以外,并在开挖影响范围以外设置基点。

地表下沉量测的测点应布设在由设计确定的特别重要的施工地段(包括地表有建筑物地段),施工中地表发生塌陷并经修补过的地段及由地表预先探测到地中存在构筑物或空洞的施工地段,测点应尽量接近构筑物或空洞上方。

13.2.8 净空位移量测、拱顶下沉量测原则上是在同一断面上进行,而且其他量测项目也应设置在同一断面上。但因围岩及开挖方法、隧道内管线位置等原因,可以适当调整。净空变化量测以水平基线量测为主,必要时设置斜基线(如洞口附近、浅埋区段、有偏压或膨胀性土压的区段、拱顶下沉位移量大的区段),斜测线的设置有助于了解垂直方向的变化情况,当与解析法一起综合判断时,最好也布置斜测线,可参照说明图13.2.8。

(a)一条水平测线示例　(b)一条水平测线,两条斜测线示例

(c)CRD法测线示例　(d)双侧壁导坑法示例

说明图13.2.8　拱顶下沉量测和净空变化量测的测线布置示例

分布开挖法临时支护拆除后,应继续进行拱顶下沉和净空收敛量测,测线布置按全断面开挖时的测线进行量测。

13.2.9 选测项目的断面间距应视需要而定,或在有代表性的地段选取若干测试断面。凡是地质条件差、隧道开挖断面积大、施工工序复杂的重要工程,布点应适当加密。为了尽早对隧道设计参数、施工方法、制定的监控基准等进行评价,应在设置有选测项目的隧道开始段就进行布点。

选测项目1~5项的测点布置可见说明图13.2.9。

选测项目中,多点位移计每断面一般采用3~5个钻孔,应分布在边墙和拱部。锚杆轴力量测,喷层应力量测,接触压力量测每断面一般设置3~7个测点,如有需要可以增加测点。测点应布置在拱顶、拱腰及边墙等部位。测点布置应尽量靠近实际锚杆位置,多点位移计位置应靠近净空位移测点,以便数据上互相验证。用声波法确定围岩松动区范围时,一般需设置3对测孔。

采用多部开挖施工方法的隧道,如有需要可在临时支护上布置应力测点。

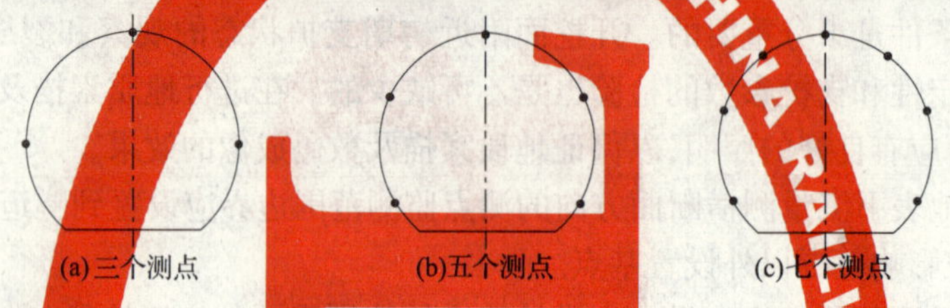

说明图13.2.9 选测项目的量测仪器布置示例

13.2.11 由于测线和测点不同,位移速度也不同,因此应以产生最大位移速度来决定量测频率。

在塑性流变岩体中,位移长期(开挖后两个月以上)不能收敛时,量测要继续到每月为1 mm为止。

13.2.12 研究表明,在据开挖工作面1*B*和2*B*处的收敛值分别占规定的允许收敛量的65%和90%左右,距开挖面较远时围岩和初期支护变形基本稳定。按表13.2.12所确定的控制基准使隧道开挖的每个阶段都有相应的位移控制基准与之相适应。

13.2.15 由于采用的测试仪器不同,量测精度也不同,说明表13.2.15规定的精度,为常用测试仪器的最低精度。

说明表13.2.15 不同测试仪器的精度

测试仪器	信息含量		精度(mm)
收敛计	相对位移	分量	0.3~0.5
水平仪	绝对位移	分量	0.5~1.0
全站仪	绝对位移	三维向量	1.0

13.3.3 在地下工程中,开挖前的地质勘探工作很难提供非常准确的地质资料,所以有必要在隧道每次开挖后进行细致的目测观察,通过目测可获得与围岩稳定的直观信息,可以预测开挖前方的地质条件以及根据喷层表面状态及锚杆的工作状态,分析支护结构的可靠程度。开挖工作面观察应在每次开挖后进行。观察中发现围岩条件恶化时,应立即采取相应处理措施;观察后应及时绘制开挖工作面地质素描图、填写开挖工作面观察表(附录A)和施工阶段围岩级别判定卡(附录H),并与勘查资料进行对比。

(1)对开挖后没有支护的围岩进行目测,主要是了解开挖工作面下列的工程地质和水文地质条件:

① 岩质种类和分布状态,界面位置的状态。

② 岩性特征:岩石的颜色、成分、结构、构造。

③ 地层时代归属及产状。

④ 节理性质、组数、间距、规模、节理裂隙的发育程度和方向性,断面状态特征,充填物的类型和产状等。

⑤ 断层的性质、产状、破坏带宽度、特征等。

⑥ 地下水类型,涌水量大小,涌水位置,涌水压力,水的化学成分,湿度等。

⑦ 开挖工作面的稳定状态,顶板有无剥落现象。

(2)对已施工地段的观察每天至少应进行一次,其目测内容如下:

① 初期支护完成后对喷层表面的观察以及裂缝状况的描述和记录。

②有无锚杆脱落或垫板陷入围岩内部的现象。喷混凝土是否产生裂缝或剥离,要特别注意喷混凝土是否发生剪切破坏。有无锚杆和喷混凝土施工质量问题。钢架有无被压曲、压弯现象,是否有底鼓现象。

将观察到的有关情况和现象,应详细记录,并绘制隧道开挖工作面及两侧素描图,要求每个断面至少绘制1张。

观察中如果发现异常现象,要详细记录发现时间,距开挖工作面的距离以及附近测点的各量测数据。

13.3.4 周边位移可为判断隧道的稳定性提供可靠的信息,同时根据位移速度判断隧道围岩的稳定程度,为二次衬砌提供合理的支护时机。

目前隧道周边位移监控量测可采用接触量测和非接触量测两类,其中接触量测主要用收敛计进行量测,非接触量测则主要用全站仪进行。

用收敛计进行隧道净空收敛量测方法相对比较简单,即通过布设于洞室周边上两固定点,每次测出两点的净长 L,求出两次量测的增量(或减量)ΔL,即为此处净空收敛值。读数时应该读3次,然后取其平均值 A。

用全站仪进行隧道净空收敛量测方法包括自由设站和固定设站两种。与传统的接触量测的主要区别在于,非接触量测的测点采用一种膜片式回复反射器作为测点靶标,以取代价格昂贵的圆棱镜反射器。具有回复反射性能的膜片形如塑料胶片,其正面由均匀分布的微型棱镜和透明塑料薄膜构成,反面涂有压敏不干胶,它可以牢固地黏附在构件表面上,这种反射膜片,大小可以任意剪裁,价格低廉。通过对比不同时刻测点的三维坐标 $(x(t),y(t),z(t))$,可得到该测点在该时段的位移(相对于某一初始状态)。与传统接触式监控量测方法相比,该方法能够获取测点更全面的三维位移数据,有利于结合现行的数值计算方法进行监控量测信息的反馈,同时具有快速、省力、数据处理自动化程度高等特点。

13.3.5 拱顶下沉量测同位移收敛量测一样,都是隧道监控量测的必测项目,最能直接反映围岩和初期支护的工作状态。目前拱顶下沉量测大多数采用精密水准仪和铟钢挂尺等。拱顶下沉监控量测测点的埋设,一般在隧道拱顶轴线处设1个带钩的测桩(为了保证量测精度,常常在左右各增加一个测点,即埋设3个测点),吊挂钢卷尺,用精密水准仪量测隧道拱顶绝对下沉量。可用 $\phi6$ mm 钢筋弯成三角形钩,用砂浆固定在围岩或混凝土表层。测点的大小要适中,过小,测量时不易找到;过大,爆破易被破坏。支护结构施工时要注意保护测点,一旦发现测点被埋掉,要尽快重新设置,以保证数据不中断。拱顶下沉量测示意图见说明图 13.3.5。

拱顶下沉量的确定比较简单，即通过测点不同时刻相对高程 h，求出两次量测的差值 Δh 即为该点的下沉值。关键是必须找出不动点作为参考点（基点），通常采用以下两种方法：第一种方法是将不动点设置在洞外，每次监控量测从洞外引入，这种方法很繁琐，一般随着隧道的开挖，转站次数也明显增加，故相对测量误差也会增大，现场一般不采用；第二种方法是在开挖面后方一定距离的拱顶处（有时可利用已经稳定的拱顶下沉测点）设置为参考点，并假定它为不动点（实际上它仍在下沉，但下沉值与开挖面测点的下沉量相比很小，可以忽略不计），因此这种方法测得的下沉值对判断围岩及初期支护结构的稳定性，精度是足够的，也是有效的，该方法相对简单，因而被广泛采用，但一般在量测一段时间后需要采用第一种方法进行必要的校核。读数时应该读两次，然后取其平均值。

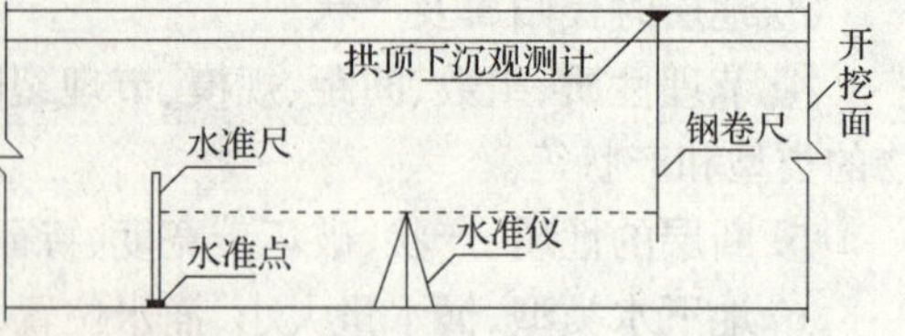

说明图 13.3.5　拱顶下沉量测示意图

拱顶下沉量测也可以用全站仪进行非接触量测，其具体量测方法跟洞周收敛量测方法类似。

13.3.6　为了了解地表下沉的范围、下沉量的大小、下沉量随开挖工作面推进的变化规律以及地表下沉稳定时间，就有必要对浅埋地段进行地表下沉监测。

地表下沉量测一般用精密水准仪和铟钢尺进行测量，量测结果能反映浅埋隧道开挖过程中地表变形的全过程，其量测精度一般为 ±1 mm。浅埋隧道地表下沉量测的重要性，随隧道埋深变浅而增大，见说明表 13.3.6。

说明表 13.3.6　地表沉降量测的重要性

埋深	重要性	测量与否
$3D<h$	小	不必要
$2D<h<3D$	一般	最好量测
$D<h<2D$	重要性	必须量测
$h<D$	非常重要	必须列为主要量测项目

注：D—隧道直径；h—隧道埋深。

地表下沉量测断面宜与洞内周边位移和拱顶下沉量测设置在同一断面，当地表有建筑物时，应在建筑物周围增设地表下沉观测点。在隧道纵向（隧道中线方向）至少布置一个纵向断面。在横断面上至少应布置 11 个测点，两测点的距离为 2～5 m。在隧道中线附近测点应布置密些，远离隧道中线应疏些。

地表下沉量测方法和拱顶下沉量测方法相似，即通过测点不同时刻高程 h，求出两次量测的差值 Δh，即为该点的下沉值，需要注意的是，参考点（基点）必须设置在工程施工影响范围以外，以确保参考点（基点）不下沉，并在工程开挖前对每一个测点读取初始值。一般在距离开挖面前方 $H+h$ 处（H 为隧道埋深，h 为地下工程的开挖高度）就应对相应测点进行超前监控量测，然后随着工程的进展按一定的频率进行监控量测。在读数时各项限差宜严格控制，每个测点读数误差不宜超过 0.3 mm，对不在水准路线上的观测点，一个测站不宜超过 3 个，超过时应重读后视点读数，以作核对。首次观测时，对测点进行连续两次观测,两次高程之差应小于 ±1.0 mm,取平均值作为初始值。

在进行监控观测时,应注意以下观测条件:

(1)应在水准仪和标尺检验合格后才能进行观测。

(2)不得在测站和标尺处有震动时进行观测。

(3)尽量选择在每天同一时间内进行观测,选择在阴天和气温变化小的时间内进行观测,若必须在阳光下进行观测,测站上应备有测伞。

(4)要用精密水准仪进行基点的联测,其误差不得超过 $\pm 0.5\sqrt{n}$ mm(n 为测站数),检查周期不得大于 30 d。

(5)观测应坚持"四固定"原则,即观测人员固定、测站固定、测量延续时间固定、施测顺序固定。

(6)沉降观测一般分为二等和三等水准测量,在沉降观测之前应根据监控量测的重要性,使用要求,工程地质条件等因素,综合确定沉降水准测量等级。二等水准测量的闭合差应小于 $\pm\sqrt{5n}$ mm(n 为测站数),三等水准测量的闭合差应小于 $\pm 10\sqrt{n}$ mm(n 为测站数),鉴于沉降观测的连贯性,不得任意改变水准点及其高程。

当所测地层表面立尺比较困难时,可以在预埋的测点表面黏贴膜片式反射器作为测点靶标,然后用全站仪进行非接触量测。

13.3.7 为了判断开挖后围岩的松动区、强度下降区以及弹性区的范围,确定围岩位移随深度变化的关系和判断锚杆长度是否适宜,以便确定合理的锚杆长度,就有必要对围岩内变形进行监控量测。

围岩内变形量测的设备主要使用位移计,它可量测隧道不同深度处围岩位移量,近几年位移计被广泛应用于地下空间围岩稳定性监测中,在位移计的选择上应注意以下几点:

(1)安装、量测方便,性能稳定可靠。

(2)能较长期进行监测。

(3)造孔方便(孔径 ϕ40 mm ~ ϕ50 mm),安装及时。

(4)锚头抗振,能适应各类围岩,也可在土层中锚固。

(5)精度能够满足生产、科研的要求。

(6)价格合理。

位移计按测试装置的工作原理可分为电测式位移计和机械式位移计。电测式位移计是把非电量的位移量通过传感器的机械运动转化为电量变化信号输出,再由导线传送给二次仪表,接受并显示。电测式位移计施测方便,操作安全,能够遥控,适应性强,灵敏度高,但受外界干扰较大,读数易受多种因素的综合影响,稳定性较差且费用较高,目前较多采用机械式位移计。

按位移计可以测取位移量的个数多少,位移计可分为单点位移计和多点位移计,单点位移计只能量测围岩内某一深度处的位移量,而多点位移计可在围岩内部不同深度处埋设多个测点,同时量测围岩内不同深度处的位移量,在工程实践中多点位移计应用较广。每个位移测点均由锚头、位移传递杆和测量端头组成。基准面板上有几个位移测点的锥形测孔,测量时将专用百分表插入基准面板的锥形孔内,插稳之后即可读数,每个测孔测量 3 次,最大差值小于 0.07 mm 时取其平均值记入表中。

13.3.8 应力、应变监测是属于选测项目,具体监测内容应根据监测计划而定,目前应力、应变监测主要采用振弦式、电容式、光纤光栅等传感器。在一般施工监测中主要以振弦式传感器为主。但如果要对重大隧道进行长期监测(如海底隧道)或隧道所处地质条件酸碱性较强,则应采用光纤传感器进行现场监控量测,光纤传感器相对于传统的振弦传感器具有抗腐蚀性强、耐用、量测数据精确稳定等优点。

13.3.11 为了了解围岩压力的量值及分布状态,判断围岩和支护的稳定性,分析二次衬砌的稳定性和安全,就有必要对围岩与初期支护接触压力和初期支护与二次衬砌接触压力进行监测。接触压力量测仪器根据测试原理和结构可分为液压式测力计和电测式测力计,液压式测力计的优点是结构简单、可靠,现场直接读数,使用比较方便。电测式测力计的优点是测量精度高,可远距离和长期观测。目前使用最为普遍的是振弦式压力盒。在埋设压力盒时,要求接触紧密和平稳,防止滑移,并且需要在上面盖一块厚6~8 mm 直径与压力盒直径大小相等的钢板。埋设好压力盒后应将其电缆统一编号,并集中放置于事先设计好的铁箱内,以免在施工过程中被压断、拉断。观测时,根据具体情况及要求,定期进行测量,每次每个压力盒的测量应不少于3 次,力求测量数值可靠、稳定,并做好原始记录。

13.3.12 为了了解混凝土层的变形特征以及混凝土的应力状态,掌握喷层所受应力的大小,判断喷混凝土层的稳定状况,判断支护结构长期使用的可靠性以及安全程度,检验二次衬砌设计的合理性,就有必要对喷混凝土和二次衬砌模筑混凝土进行应力量测。

混凝土应变计是量测混凝土应力的常用仪器,量测时将应变计埋入混凝土层内,通过频率测定仪测出应变计受力后的振动频率,然后从事先标定出的频率-应变曲线上求出作用在混凝土层的应变,然后再转求应力。

当用光纤光栅传感器进行混凝土应变量测时,则应将传感器成对的埋入混凝土内,通过光纤光栅接收仪获得不同时刻的波长,然后在把波长转换为混凝土的应变值,再求出应力。

测定混凝土应力时,不论采用哪一种量测法均应根据具体情况和要求,定期进行测量,每次每个测点的测量应不小于3 次,力求测量数据可靠、稳定,并做好原始记录。

13.3.14 孔隙水压力监测在控制隧道开挖导致的地表沉降、确定二次衬砌承受水压力等方面起着十分重要的作用。

孔隙水压监测一般采用孔隙水压计,其埋设方法与土压力盒基本相同,可采用挂布法、顶入法、弹入法、埋置法和钻孔法。

(1)在确定孔隙水压计量程时,除了按孔深计算孔隙水压力的变化幅度外,还要考虑大气降水、井点降水等影响因素,以免造成孔隙水压力超出量程,或者量程选用过大,影响测量精度。

(2)采用钻孔法施工时,原则上不得采用泥浆护壁工艺成孔。如因地质条件差,不得不采用泥浆护壁时,在钻孔完成之后,需用清水洗孔,直至泥浆全部清除为止。接着,在孔底填入部分净砂后,将孔隙水压计送至设计高程,再在周围填上约0.5 m高的净砂作为滤层。

(3)封口是孔隙水压计埋设质量好坏的关键工序。封口材料宜使用直径为1~2 cm、塑性指数 I_p 不小于17 的干燥黏土球,最好采用膨润土。封口时应从滤层顶一直封至孔口,如在同一钻孔中埋设多个探头,则封至上一个孔隙水压计的深度。一般来说,为保证封口,孔隙水压计之间的间距应大于1 m,以免水压力贯通。在地层的分界处附近埋设孔隙水压计时应十分谨慎,滤层不得穿过隔水层,避免上下层水压力的贯通。

(4)如果所测地层土质较软,则可用压入法进行埋设。用外力将孔隙水压力计缓缓压入土中至设计埋设高程。如土质稍硬,则可先用钻孔法钻入一定深度后,再用压入法将探头送至高程,此法的优点在于可节省钻孔的时间和费用。

(5)无论采用哪一种方法埋设,都要扰动地层,使初始孔隙水压力发生变化。为使这一变化对后期测量数据的影响减小到最低限度,一般应在正式测量开始前一个月进行埋设。

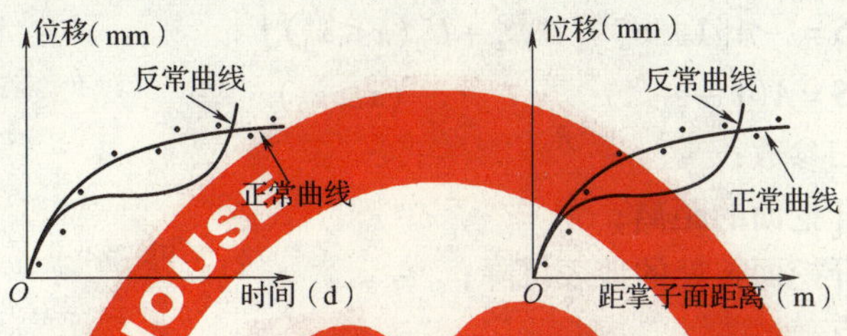

说明图 13.4.1 时间-位移曲线和距离-位移曲线

13.4.1 监测资料的整理、分析是信息反馈的基本工作。数据分析通常采用比较法、作图法和数值计算等,分析各监测物理量值大小、变化规律、发展趋势。首先与控制基准值进行比较,以便对工程的安全状态进行评估。然后,绘制时间-位移曲线散点图和距离-位移曲线散点图,见说明图 13.4.1。如果位移的变化随时间(或距开挖工作面距离)而渐趋稳定,说明围岩处于稳定状态,支护系统是有效、可靠的,见左边的正常曲线。右边的反常曲线中,出现了反弯点,说明位移出现反常的急骤增长现象,表明围岩和支护已呈不稳定状态,应立即采取相应的工程措施。当监测时态曲线呈现收敛趋势时,还应根据散点图的数据分布状况,选择合适的函数进行回归分析。

13.4.4 对位移监测结果进行回归分析,以预测该测点可能出现的最大位移值及影响范围,以评估结构或建筑物的安全状况,并据此优化施工方法。常用的回归函数包括以下几类:

(1)地表沉降横向分布规律采用 Peck 公式:

$$S(x)=S_{max}e^{-\frac{x^2}{2i^2}}$$

$$S_{max}=\frac{V_1}{\sqrt{2\pi}i}$$

$$i=\frac{H}{\sqrt{2\pi}\tan\left(45°-\frac{\varphi}{2}\right)}$$

式中 $S(x)$——距隧道中线 x 处的沉降值(mm);

S_{max}——隧道中线处最大沉降值;

V_1——地下工程单位长度地层损失(m^3/m);

i——沉降曲线变曲点;

H——隧道埋深。

(2)位移历时回归分析,如地表沉降、拱顶下沉、净空收敛等变形的历时曲线一般采用如下函数进行回归。

$$U=A(e^{-B/t}-e^{-B/t_0})$$

式中 U—— 变形值(或应力值);

A,B ——回归系数；

t,t_0——测点的观测时间(d)。

(3)由于地下工程开挖过程中地表纵向沉降、拱顶下沉及净空收敛等位移受开挖工作面的时空效应的影响，多采用指数函数进行回归分析。多数情况下，单个曲线进行回归时不能全面反映沉降历程，通常采用以拐点为对称的两条分段指数函数进行回归分析。

$$\left.\begin{aligned} S &= A[1-e^{-B(x-x_0)}]+U_0 \quad (x>x_0) \\ S &= -A[1-e^{-B(x-x_0)}]+U_0 \,(x\leqslant x_0) \end{aligned}\right\}$$

$$S = A(1-e^{-Bx}) \qquad (x\geqslant x_0)$$

式中　A,B——回归参数；

x——距开挖面的距离；

S——距开挖面 x 处的地表沉降；

x_0——拐点。

根据经验，对于地表纵向沉降回归分析一般采用(2)中公式；拱顶下沉、净空收敛变一般采用(3)中公式，对(3)中公式，理论上讲，当 x 较小时，S 趋于0；若 S 不趋于0，需考虑监测结果的可靠性。

回归时应注意以下几点：

① 回归分析要有足够多的数据，一般应在一个月的连续测试以后进行；

② 实际发生位移的时间 t_0 都在埋设测点前（地表沉降除外），t_0 是未知的，为考虑 t_0 的影响，使函数拟合得更真实，可选择后3种函数回归。

③ 实际回归分析时，还应考虑爆破开挖造成的位移突变台阶的影响。

13.4.5　对应力（应变）监测结果的回归分析一般也采用指数模型：

$$U = A(e^{-B/t}-e^{-B/t_0})$$

13.4.6　实践证明，爆破振动速度衰减经验公式：

$$V_{max} = K\left[\frac{Q^m}{R}\right]^{\alpha}$$

能基本反映其衰减规律，其相关性和趋势性较满意。但是公式中的各参数的经验选取方法需作适当调整。

m 为药量指数。当药包尺寸或同段炮眼的分布范围与测点距离相比值相当小（比例尺寸不到1∶10）时，可以认为同段爆破药包为点药包，取 $m=1/3$；更近距离范围趋于1/2，当测点距离与同段药包分散相当时，取 $m=1/2$。

K、α 值与爆区地形、地质条件和爆破条件等相关，但 K 值更取决于爆破条件的变化，α 值主要取决于地形、地质条件的变化。爆破临空条件好，夹制作用小，K 值就小，反之 K 值大；地形平坦，岩体完整、坚硬 α 值趋小，反之破碎、软弱岩体，起伏地形，α 值趋大。K 取值范围大部分在50～1 000之内，α 取值在1.3～3.0之间。实际监测时，建议将近距离振动衰减规律和远距离衰减规律分开考虑，当比例距离 $R'=R/Q^m\leqslant 10$，认为是近距离振动，当 $R'=R/Q^m>10$ 认为是远距离振动。近距离振动 K 值较大，可达500以上，α 值较大，可取2.0～3.0；远距离爆破振动，衰减指数 $K=130\sim500$，$\alpha=1.3\sim2.0$。

14.3.4　矿车提升的斜井井口，在不增大提升能力的前提下，平车场比甩车场具有较大的提升能力和通过能力，结合井口缓坡地形选择甩车场形式，可大大减少地面土方工作量，且有利于提升系统的合理布置。

14.4.6 竖井单绳提升常用的容器有罐笼和箕斗,吊桶仅用于竖井开凿阶段。

14.5.1 为了保证提升安全,斜井、竖井的提升信号除箕斗采用直发式(即装载点与提升机房直接联络)外,其他提升方式应采用中继转发式,一般在井门设中继提升信号房,专设信号人员,负责车场、摘挂钩点、装载点与提升机房,中继转发信号联络,确保人身及设备的安全。

14.5.2 本条1~5款是参照《矿山井巷工程施工及验收规范》第9.7.1条制订。第6款的提升声、光信号可根据习惯确定具体内容。信号电压规定不超过127 V,能既保证声、光信号可靠动作,又保证操纵信号人员的安全用电。

16.7.1 隧道膨胀岩的产生原因:软质膨胀岩层(如页岩、蒙脱石质泥岩、变质安山岩、蛇纹岩及黏板岩等),特别是这些岩层经过断裂、褶皱作用而产生的破碎带,开挖暴露后受风化和水的影响,便发生体积膨胀;或当膨胀岩层破碎,节理、裂隙中含有活动性矿物成分的黏土充填物时,往往在开挖暴露后即行膨胀,当吸水后,膨胀力增长很快;也有膨胀岩层中不含或只含少量的活动性矿物成分,也不受水的影响,但由于强烈的地质构造作用使破裂带中聚集了潜在的应力(以剪应力为主的构造应力),随着隧道的开挖,潜在应力得到释放而产生强大的膨胀性地压力。一般Ⅴ、Ⅵ级围岩在2个月内产生超常变形,可判断为挤压性围岩;当围岩内含蒙脱石、伊利石等达到一定数量,隧道开挖后围岩遇到客气中的水分,一般2~3 d变形较大且快,可判断为膨胀岩。

16.7.4 乌鞘岭隧道挤压性围岩段施工简介:

(1)工程概况:

乌鞘岭隧道两座单线隧道,各长20 050 m,线间距为40 m。隧道穿越了四条区域性大断层F4、F5、F6、F7,均处在越岭地段,埋深400~1 050 m,断层带累计宽度1 565 m。越岭段穿越奥陶系安山岩、三叠系砂岩夹页岩、加里东期闪长岩,志留系板岩夹千枚岩,通过中等富水区(奥陶系、志留系及断层带),弱富水区(三叠系)与贫水区(加里东期闪长岩)三大水文地质分区。F7断层破碎带宽度852 m,围岩以断层泥砾岩为主,局部为碎裂岩,呈灰绿色、灰白色,围岩破碎,由于受挤压影响,手捏呈砂砾状、粉末状。无明显的地下水出露,呈潮湿状,为Ⅴ级围岩,属于高地应力、软弱围岩地段。

(2)施工监测及初期支护变形情况:

在YDK177+690~440段共布设监测断面51个,用5条基线监测围岩的收敛变形,获取数据153组。埋设压力盒130个,其中二次衬砌监测断面10个,获取数据80组。围岩松弛圈大于3.7 m,变形最大值出现在异形断面处。施工中曾发生较大变形,拱顶下沉200~300 mm,边墙收敛400~600 mm,最大拱顶下沉485 m,边墙收敛773 mm。出现支护裂损、钢架扭曲,净空侵限。上半断面初期支护约需50 d左右达到基本稳定状态(变形速率为2~3 mm/d);下半断面开挖后支护闭合成环15 d左右,整个初期支护达到基本稳定状态(变形速率为1~2 mm/d);初期支护拆换过程中,爆破影响范围为前后10 m左右。

(3)施工措施:

① 对变形量进行预测,留足变形量,避免因侵限拆换初期支护,并为加强初期支护的层厚留有余地。将原预留变形量100 mm变为400 mm。

② 留核心土台阶法开挖,上下台阶保持5~8 m,以便初期支护尽早闭合成环;仰拱超前拱墙,距离下台阶为15 m左右。

③ 加强超前支护和初期支护。超前小导管环向间距由原来 40 cm 缩小到 20 cm，数量由 31 根增加到 51 根；小导管长度为 4.0 m，每茬炮打设一次，进尺控制在 2.0 ~ 2.5 m 之间，搭接长度保持在 1.5 m 左右，不小于 1.0 m。系统锚杆长度从 4 m 调整到 6 m。钢架 I16 变为 I20，间距由 3 榀/2 m 变为 2 榀/ m，每榀钢架增设长度为 6.0 m 的锁脚锚杆 12 根。根据变形情况加层施做初期支护，其厚度分别是 25 cm、20 cm……。

④ 根据监测结果施作拱墙二次衬砌。挤压性围岩变形短时间很难达到规范要求的稳定值，据推算乌鞘岭隧道的变形达到稳定约需 3 年时间，所以在初期支护基本稳定后，浇筑“刚强”的二衬结构，以抵抗余存的变形压力，将二衬钢筋混凝土由原 50 cm 厚变为 80 cm 主筋的纵向间距由原来的 200 mm 缩小到125 mm。

16.8.5 秦东黄土隧道施工简介：

(1)工程概况：郑西客运专线秦东隧道位于陕西省潼关县，长度 7 684 m，为双线黄土隧道，开挖断面达 163.81 m^2。隧道正洞累计Ⅳ级围岩段长 7 300 m，Ⅴ级围岩段长384 m。设计三座斜井作为辅助坑道，其中 1 号斜井长 992 m，2 号斜井长1 084 m，3 号斜井长 336 m。1 号、2 号斜井作为临时通道，3 号斜井竣工后作为紧急出口，按永久结构设计，斜井总长为2 421 m。

(2)围岩状况、隧道埋深、各工序步距及变形监测结果：

① 双侧壁导坑法：洞口浅埋段，砂质黄土、严重自重湿陷性，Ⅴ级围岩，平均含水量 21.2%，施工步距及变形见说明表 16.8.5—1。

说明表 16.8.5—1 双侧壁导坑法施工步距及变形

隧道埋深		6.7 ~ 47 m			
仰拱距开挖面的距离(m)		20	30	35	40
二衬距仰拱的距离(m)		20	30	35	40
累计变形量(mm)	水平收敛	150	173	186	215
	拱顶下沉	143	181	194	196

由表得出结论：洞口浅埋段，仰拱距离开挖面 20 m，二衬距离仰拱 20 m，累计变形量 ≤150 mm，满足设计预留变形量 150 mm 的要求。

② 三台阶弧形导坑预留核心土法：砂质黄土，平均含水量 18.4%，Ⅳ级围岩，施工步距及变形见说明表 16.8.5—2。

说明表 16.8.5—2 三台阶弧形导坑预留核心土法施工步距及变形

隧道埋深		157 ~ 213 m			
仰拱距开挖面的距离(m)		20	30	40	50
二衬距仰拱的距离(m)		20	30	40	50
累计变形量(mm)	水平收敛	115	142	158	165
	拱顶下沉	109	136	152	162

由表得出结论：Ⅳ级围岩一般段，仰拱距离开挖面 30 m，二衬距离仰拱 30 m，累计变形量小于趋近于 150 mm，满足设计预留变形量 150 mm 的要求。

③ 三台阶弧形导坑预留核心土法：粉质黏土，平均含水量 26.6%，Ⅳ级围岩，属富含

水地段,施工步距及变形见说明表16.8.5—3。

说明表16.8.5—3 三台阶弧形导坑预留核心土法施工步距及变形

隧道埋深		213~222 m			
仰拱距开挖面的距离(m)		20	30	40	50
二衬距仰拱的距离(m)		20	30	40	50
累计变形量(mm)	水平收敛	142	193	256	318
	拱顶下沉	148	208	269	323

由表得出结论:Ⅳ级围岩富水段(含水量≥25%),仰拱距离开挖面20 m,二衬距离仰拱20 m,累计变形量小于趋近于150 mm,满足设计预留变形量150 mm的要求,但需要对Ⅳ级围岩设计的初期支护进行局部加强。

④ CRD法:砂质黄土,平均含水量12.4%,Ⅴ级围岩,施工步距及变形见说明表16.8.5—4。

说明表16.8.5—4 CRD法施工步距及变形

隧道埋深		0~30 m			
仰拱距开挖面的距离(m)		20	30	40	50
二衬距仰拱的距离(m)		20	30	40	50
累计变形量(mm)	水平收敛	11	14.3	15.7	16.9
	拱顶下沉	10	13.8	15.2	16.4

由表得出结论:含水量较小的浅埋段,仰拱距离开挖面30 m、二衬距离仰拱30 m,累计变形量小于趋近于150 mm,满足设计预留变形量150 mm的要求。

(3)位移及受力监测结果:

① 位移监测显示:埋深<50 m浅埋大断面黄土隧道采用双侧壁和CRD施工,Ⅴ级围岩净空相对位移普遍超过规范(TB 10003—2001)允许值,最大达到2.0%。临时中壁拆除前,拱顶下沉与水平收敛之比约为1。最大收敛速率平均达到17.5 mm/d。据此,对大断面黄土隧道施工监控提出以下建议基准值(见说明表16.8.5—5)。

说明表16.8.5—5 大断面黄土隧道施工监控建议基准值

埋深(m)		<50		50~300	
围岩级别		Ⅴ级	Ⅳ级	Ⅴ级	Ⅳ级
水平收敛	速率(mm/d)	18	12	21	17
	相对变形量(%)	2.0	1.3	2.5	2.0
拱顶下沉		为水平收敛基准值的0.5~1.0倍			

注:双侧壁及CRD断面,在中壁拆除前可取1.0倍。

② 受力测试显示:双侧壁和CRD初期支护及中壁主要受压,拉应力主要出现在初期支护拱部与中壁连接处以及中壁上。CRD中壁承受到较大荷载,尤其是随着另一侧的开挖将出现显著的拉压变化,对中壁的承载性能及稳定性影响较大。在不对称架设横撑情况下,CRD横撑将出现较大受拉荷载,横撑接头应考虑抗拉强度要求。

③ 起拱线及其以下部位,采用3~4 m锚杆是适宜的,可有效控制塑性区范围。而拱

部3 m锚杆,目前看受力微弱,其合理长度有待继续测试。

④ 综合而言,相对其他大断面黄土隧道开挖阶段普遍达到10~20 cm的净空变形情况看,秦东隧道埋深1~2倍洞径浅埋地段采用双侧壁和CRD试验工法,地表下沉、净空变形和塑性区范围均受到有效控制。从力学角度看,双侧壁和CRD是浅埋大断面黄土隧道安全可靠的施工方法,但在工艺上应严格按技术要求进行,其中关键环节是横撑应及时紧跟开挖面,避免中壁出现较大拉压变化而降低承载性能。同时开挖下半断面时要预先处理好上半断面支护拱脚的稳定性。

17.0.1 隧道施工应注意保护生态环境,满足国家规定的环境质量要求。建设项目环境保护管理条例规定:建设产生污染的建设项目,必须遵守污染物排放的国家标准和地方标准;在实施重点污染物排放总量控制的区域内,还必须符合重点污染物排放总量控制的要求。中华人民共和国水土保持法规定:造成水土流失危害的单位和个人,有责任排除危害,并对直接受到损害的单位和个人赔偿损失。

17.0.3 隧道工程的地下水位较高,虽然堵水投入大、施工难度大,但绝不能无限量排水。曾有在生态环境较脆弱的地区,因隧道施工大量排水,导致地面泉眼干涸、植被枯萎,甚至举村迁移的惨痛教训。所以在隧道施工中对"堵、防、截、排"的治水原则要因地制宜、灵活掌握。

17.0.4 当隧道施工在城市期间或施工场地附近有居民居住时,减少、控制、消除噪声源是防止噪声危害的根本措施。施工机械如通风机、空压机连续作业时间长要修筑机房隔声,装载机、挖掘机、汽车等应安装消声装置,从声源上降低噪声。

17.0.5 在施工生产中产生的粉尘通常以混合的形式存在,它对工人身体危害最严重,易导致工人患矽肺病。粉尘的预防措施是施工开挖机械采用湿式凿眼机,要经常喷雾洒水,喷混凝土采用湿喷机。合理通风及时修补通风管道,防止漏风,加强施工环境中粉尘浓度的监测。

17.0.6 固体废物是指在施工生产、日常生活活动中产生的污染环境的固态、半固态废弃物质。如开挖隧道产生的土石沙料,施工废料,报废机械设备、零配件、边角料,包装箱、水泥袋,生活垃圾等。对不能回收利用的固体废物,应选择适当的地方堆放,严防污染水源、大气、土壤。对弃渣需要设置弃渣挡墙时,应委托设计单位设计,严格施工质量,严禁弃渣挡墙坍塌事故的发生。

17.0.7 《污水综合排放标准》(GB 8978—1996)检测指标三级指标指:排入设置二级污水处理厂的城镇排水系统的污水,但工地往往要执行当地有关部门制定的排放要求。

17.0.8 此条根据中华人民共和国水土保持法规定:一切单位和个人都有保护水土资源、防治水土流失的义务。修建铁路、公路和水利工程,应当尽量减少破坏植被,在铁路、公路两侧地界以内的山坡地,必须修建护坡或者采取其他土地整治措施。

17.0.9 此条根据中华人民共和国水土保持法规定:修建铁路、公路和水工程,工程竣工后,取土场、开挖面和废弃的砂、石、土存放地的裸露土地,必须植树种草,防止水土流失。

铁路工程施工技术指南

经规标准〔2009〕73 号

铁路隧道防排水施工技术指南

Construction code for waterproffing and drainage of railway tunnel

TZ 331—2009

2009—04—13 发布　　　　2009—04—13 实施

铁道部经济规划研究院　发布

前　言

本技术指南是根据铁道部《关于编制 2006 年铁路工程建设标准计划的通知》(铁建设函〔2005〕1026 号)和铁道部经济规划研究院《关于委托编制 2006 年铁路工程建设标准的通知》(经规标准〔2006〕45 号)的要求,在《铁路隧道防排水技术规范》(TB 10119—2000)基础上编制的。

本技术指南共分 13 章,其主要内容包括:总则,术语,地表处理,注浆防水,施工排水,降水施工,衬砌背后排水系统,防水层防水,二次衬砌防水混凝土,施工缝、变形缝防水,侧沟、中心排水管(沟)排水,寒冷与严寒地区防排水,管片衬砌防水等。

本技术指南在编制过程中,认真总结了我国铁路隧道防排水施工的经验和教训,学习和借鉴国际先进标准,重点对施工过程中的工艺、方法、措施和质量控制目标作出了规定,反映了防排水工程施工的新技术、新材料、新工艺、新方法,突出了铁路隧道防排水的技术特点。

在执行本技术指南的过程中,希望各单位结合工程实践,总结经验,积累资料。如发现需要修改和补充之处,请及时将意见及有关资料寄交中铁隧道集团有限公司(河南省洛阳市陵园东路 3 号,邮政编码:471009),并抄送铁道部经济规划研究院(北京市海淀区羊坊店路甲 8 号,邮政编码:100038)。

本技术指南由铁道部经济规划研究院负责解释。

本技术指南主编单位:中铁隧道集团有限公司。

本技术指南参编单位:中铁西南科学研究院。

本技术指南主要起草人:邹　翀、杨世武、李　蓉、郭大焕、曹正喜、周振国、陈文义、高存成、陈庆怀、唐小杉、吕传田、卓越、李治国。

目　次

1 总 则

1.0.1 为统一铁路隧道防排水施工技术要求,加强施工管理,保证工程质量,制定本技术指南。

1.0.2 本技术指南适用于铁路客运专线、客货共线新建隧道的防排水工程施工。

1.0.3 铁路隧道防排水采用的材料、工艺、设备应满足质量可靠、性能优良的要求,其措施应行之有效,应积极采用新技术、新材料、新工艺、新设备。

1.0.4 铁路隧道防排水材料应具备生产许可证、产品合格证和试验检验报告等相关证明。隧道防排水材料的规格及性能应满足国家或行业的有关标准及设计要求。

1.0.5 铁路隧道防排水应综合采用注浆堵水、防水板和防水混凝土防水、施工缝和变形缝的防水,以及排水系统排水等多种措施,形成完整的防排水系统,达到隧道防排水要求。

1.0.6 在铁路隧道防排水施工中,防排水施工人员应经培训合格后上岗,隧道防排水各工序间应有交接检查并填写记录。

1.0.7 铁路隧道防排水施工应重视环境保护,施工前应对周围环境进行调查,并进行全过程监控和必要的试验。

1.0.8 铁路隧道防排水施工除应符合本技术指南外,尚应符合国家现行的有关强制性标准的规定。

2 术 语

2.0.1 隧道防水 water - proofing of tunnel

防止隧道渗漏水而采取的工程措施。

2.0.2 预注浆 pioneer grouting

工程开挖前使浆液预先充填围岩裂隙，达到堵塞水流、加固围岩目的所进行的注浆。可分为工作面预注浆（即超前预注浆）、地面预注浆（包括竖井地面预注浆和平巷地面预注浆）等。

2.0.3 帷幕注浆 curtain grouting

工程开挖前预先加固开挖轮廓线外一定范围的岩体，以形成帷幕，达到堵水、加固围岩目的所进行的预注浆。

2.0.4 凝胶时间 gel time

浆液自配制时起到不流动时止的这段时间。

2.0.5 施工排水 construction drainage

在隧道内外设置排水设施，排放、疏干或减缓隧道内地下水的工程措施。

2.0.6 钻孔排水 drain boring

从开挖面向围岩深度钻孔以排放围岩中地下水或处理涌水的方法。

2.0.7 降水施工 consturction with groundwater lowering method

在隧道开挖中为降低地下水位的辅助施工法，有洞内轻型井点降水、管井降水等。

2.0.8 防水板 water - proofing board

采用由工厂生产的具有一定厚度和抗渗能力的高分子薄板，一般铺设在初期支护与二次衬砌之间作为隔水层。

2.0.9 热塑性垫圈 thermoplastic washer

固定缓冲层用的塑料垫圈，可与防水板热熔焊接。

2.0.10 无钉铺设 non - nails layouts

将塑料防水板通过热熔焊接固定于暗钉圈上的一种铺设方法。

2.0.11 背衬材料 backing material

嵌缝作业时填塞在嵌缝材料底部并与嵌缝材料无黏结力的材料，其作用在于缝隙变形时使嵌缝材料不产生三向受力。

2.0.12 防水混凝土 water - proofing concrete

防水混凝土是以调整混凝土的配合比，掺外加剂、掺和料或使用新品种水泥等方法提高自身的密实性、憎水性和抗渗性，并采用相应的施工工艺使其抗渗等级不小于 P8。

2.0.13 胶凝材料 cementitious material, or binder

用于配制混凝土的水泥与粉煤灰、磨细矿渣粉和硅灰等活性矿物掺和料的总称。

2.0.14 水胶比 water to binder ratio

混凝土配制时的用水量和胶凝材料总量之比。

2.0.15 分区防水 water proofing by seetim

针对隧道所处段落水环境不同，在二衬背后采取纵向防串流措施后分段防水措施。

2.0.16 施工缝 construction joint

施工中由于混凝土不连续灌注工艺而出现的缝隙。

2.0.17 变形缝 deformation joint

为防止衬砌承受温度、不均匀沉降等因素引起的附加应力所设置的构造缝。

2.0.18 遇水膨胀止水条 water swelling strip

具有遇水膨胀性能的遇水膨胀腻子条和遇水膨胀橡胶条的统称。

2.0.19 管片 segment

盾构隧道衬砌环的基本单元，管片的类型有钢筋混凝土管片、钢纤维混凝土管片、钢管片、铸铁管片、复合管片等。

2.0.20 密封垫沟槽 gasket groove

为使密封垫正确就位、牢固固定、并使垫片被压缩的体积得以储存，而在管片混凝土环、纵面预设的沟槽。

2.0.21 密封垫 gasket

由工厂加工预制，在现场粘贴于管片密封垫沟槽内，用于管片接缝防水的垫片。分为以弹性压密止水的具有特殊形状断面的弹性橡胶密封垫和以遇水膨胀止水的遇水膨胀橡胶密封垫两类。

2.0.22 螺孔密封圈 bolt hole sealing washer

为防止管片螺栓孔渗漏水而设置的密封垫圈。通常将它套在螺杆上，利用螺母、垫片压密，从而堵塞混凝土孔壁与螺栓间的孔隙，满足防水要求。

2.0.23 壁后注浆 back－filling grouting of segment

盾构隧道施工时，以充填管片背后建筑孔隙，达到管片环的早期稳定，防止围岩松动和隧道蛇行以及控制地表沉降为目的而进行的注浆，它包括同步注浆、即时注浆和补充注浆等。

3 地表处理

3.1 一般规定

3.1.1 进行地表处理前应对隧道附近的地面、井泉、池沼、水库及河流进行调查、观测与试验,分析其对隧道渗漏水的影响,并编制相应的地表处理计划。

3.1.2 天沟、截水沟等的走向应结合地形条件选择对地面植被破坏最小、排水畅通的方案,并结合永久排水系统先行修建。

3.1.3 在施工期间,应对隧道周围的地表水采取有效的截水、排水、挡水和防洪措施,防止地表水流入隧道内。

3.1.4 隧道、明挖施工段与辅助坑道等排水系统与洞外排水系统的连接应保证水流通畅、有效,并应防止破坏地表环境。

3.1.5 地表排水应防止地表径流对边坡、仰坡、结构基础的冲刷和淘蚀,保证洞门结构或相邻构筑物的稳定、安全。

3.1.6 采用地表注浆等地表防水措施时,必须先于隧道施工并对其效果进行评估。

3.2 地表排水系统

3.2.1 为防止洞口及明挖施工段边、仰坡范围内的地表水下渗和冲刷,应在边、仰坡坡顶修建截、排水沟。

3.2.2 排水沟、截水沟宜在边、仰坡开挖前修建完成。排水沟、截水沟排水应顺畅,无淤积阻塞。

3.2.3 截水沟应设在距边、仰坡开挖边缘至少 5 m 距离的地方,黄土地区应在 10 m 以上。为防止泥砂淤塞,截水沟坡度不得小于 3‰。当土质纵坡大于 200‰,石质纵坡大于 400‰时,应分段采用不低于 M7.5 水泥砂浆砌片石铺砌,保证截水沟的稳定。截水沟根据地形可设计成单侧或双侧排水,并与路堑排水系统顺接,出水口必须防止顺坡散流、冲刷,危害线路及农田房舍。

3.2.4 隧道洞门的排、截水设施宜与洞门工程同步施工,挡墙翼墙式及单侧挡墙式洞门的洞顶排水一般情况宜采用单向排水。

3.2.5 洞外路堑的水不宜流入隧道,当出洞方向路堑为上坡时,应在距离洞口 2 m 处设一道截水沟,拦截洞外路面积水,并宜将洞外侧沟做成与线路坡度相反且不小于 2‰的反坡侧沟。

3.2.6 洞口排水沟与截水沟的设置范围、高程和砌体尺寸的施工允许偏差应符合表 3.2.6 的规定。

3.2.7 隧道洞门端墙和翼墙、挡护墙的反滤层、泄水孔、变形缝设置应符合设计要求,确保泄水孔排水通畅。当设计对泄水孔无要求时,施工应符合下列规定:

表 3.2.6 排水沟、截水沟砌体尺寸允许偏差

序号	项目	允许偏差
1	设置范围	±20 cm
2	沟底高程	±2 cm
3	水沟纵坡	0.5% 设计坡度,且无积水
4	水沟宽度	±3 cm
5	水沟侧墙铺砌高度	−1 cm
6	水沟铺砌厚度	−1 cm

1 泄水孔宜在距底板 1 m 高度范围内,按间隔 2 m 的梅花状布设。

2 泄水孔与岩体间宜铺设长 30 cm、宽 30 cm、厚 20 cm 的卵石或碎石作反滤层。

3.2.8 洞口及边、仰坡周围的排水系统应经常检查,并保持其良好的畅通状态,保证洞门结构及边、仰坡的安全。

3.3 地表加固

3.3.1 当隧道覆盖层较薄或地表水有可能渗入隧道时,施工前应对地表的积水、坑、洼等进行处理,并符合下列要求:

1 洞口附近和浅埋地段洞顶地表应平整,不积水。

2 地表坑洼、钻孔、探坑、陷坑等应用不透水土回填,并分层夯实。

3 黄土陷穴和岩溶孔洞等特殊地质的处理应符合设计要求。

4 洞顶有流水的沟槽应予整治,确保水流畅通,必要时宜对沟床进行铺砌。

5 周边影响范围内有河流、水塘等时,应有防渗漏措施。

3.3.2 隧道建成后,地质勘察和施工留下的探坑等应回填密实,不得积水。

3.3.3 洞口排水沟和截水沟可采用 M5 浆砌片石砌筑,砌缝砂浆应饱满密实;不铺砌石质水沟的缝隙应填塞密实;填土中的水沟基底土应夯实。

3.3.4 对于浅埋隧道和洞口浅埋段地质条件差或有涌水时,宜采用地表注浆进行加固处理。地表注浆前,首先应做好洞顶截水沟,再按设计进行地表封闭及注浆加固。地表注浆施工工艺流程见图 3.3.4。

3.3.5 地表注浆应满足下列要求:

1 地表注浆时钻孔应严格按照设计孔位开孔,并保证孔向准确。

2 地表注浆施工必须坚持先试验后施工的原则,以便选定注浆参数最佳值。

3 地表注浆加固 15 d 后方可进行洞内施工。

3.3.6 地表注浆应合理进行施工组织,制定严格的施工现场环境保护措施和预案,防止注浆施工影响

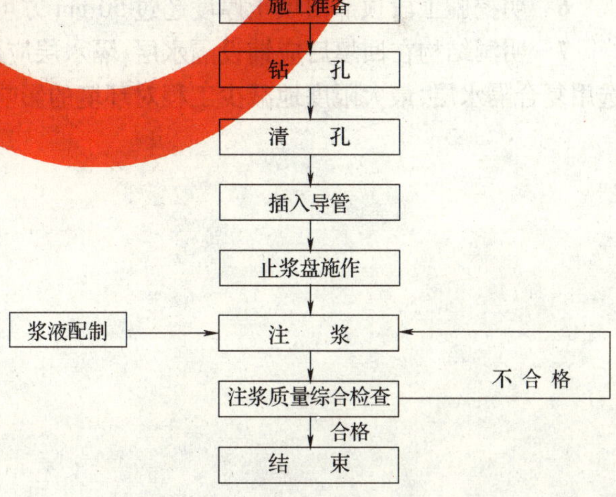

图 3.3.4 地表注浆施工工艺流程图

环境。

3.3.7 地表注浆应根据注浆设计、注浆工艺、地表状况及地质条件,进行各种设备、材料和浆液配比的选择和调整。

3.4 明挖施工段防排水

3.4.1 为了防止明挖施工段明洞背后积水和洞内漏水,应在明洞衬砌背后铺设防水层,在衬砌拱脚背后(或边墙脚背后)应设置纵向坡度不小于2‰的纵向排水管,衬砌边墙背后每隔8~10 m设置竖向排水管,衬砌墙脚设泄水管,衬砌外汇集之水通过竖向排水管和与其相接的纵向排水管,由泄水管引入洞内侧排水沟。

3.4.2 明挖施工段降水施工时应符合下列规定:

1 地下水位应降至工程底部最低高程50 cm以下,降水作业应持续至结构完成回填完毕。

2 隧道底板范围内的集水井,在施工降水结束后应用微膨胀混凝土填筑密实。

3.4.3 当明挖施工段较长时,可横向拉槽向地势较低一侧排水;当槽的纵坡过陡时应设置急流槽或跌水连接。

3.4.4 明挖施工段衬砌背后排水设施应与回填同时施工,并使渗水顺畅排出。

3.4.5 明挖施工段回填土保护层施工应符合下列规定:

1 基坑内杂物应清理干净,无积水。

2 结构外80 cm以内宜用灰土、黏土或亚黏土回填,其中不得含有石块、碎砖、灰渣及有机杂物,也不得有冻土。

3 拱圈灌筑完成,拆除外模,施作防水层,随即回填拱背。

4 拱圈、边墙混凝土达到设计强度70%且拱顶回填高度达到0.7 m以上时,方可拆除隧道衬砌拱架。

5 回填施工应均匀对称进行,并分层夯实,其两侧回填的土面高差不得大于50 cm;人工夯实每层厚度不得大于25 cm,机械夯实每层厚度不得大于30 cm,并应防止损伤防水层。

6 明挖施工段顶部回填土厚度超过50 cm方可采用机械回填碾压。

7 明洞结构在回填后应铺设隔水层,隔水层应优先选用黏土,在黏土取材困难时,可选用复合隔水层,最大限度地减少工程对环境的影响,隔水层与边坡应搭接良好。

4 注浆防水

4.1 一般规定

4.1.1 注浆施工应根据设计并结合工程实际制定注浆方案。

4.1.2 注浆施工时,应根据现场试验进行参数调整和工艺完善,保证注浆效果。

4.1.3 注浆材料宜以水泥系材料为主,浆液配合比应经现场试验确定。

4.1.4 注浆过程中应做好施工记录(如注浆里程、孔位、孔径、孔深、浆液配合比、注浆压力、注浆量等),注浆结束后应对注浆钻孔及检查孔封填密实。

4.1.5 注浆过程中应加强监控量测,当围岩或支护结构发生较大变形、窜(跑)浆等异常情况时,可采取下列措施:

1 降低注浆压力或采用间歇注浆,直至停止注浆。

2 改变注浆材料或缩短浆液凝胶时间。

3 对窜(跑)浆部位进行封堵。

4 调整注浆实施方案。

4.2 全断面预注浆

4.2.1 在富水地段或软弱地层(即水压和涌水量较大,且围岩自稳能力差的地层)可采用全断面预注浆进行加固堵水,主要加固隧道开挖轮廓线以外的一定范围以及隧道开挖面,加固范围宜为开挖线外3~8 m。

4.2.2 全断面预注浆方案、参数设计宜按下列原则确定:

1 根据地层裂隙状态、地下水情况、加固范围、设备性能、浆液扩散半径和对注浆效果的要求等综合因素确定注浆孔数、布孔方式及钻孔角度。

2 深孔预注浆初始循环应根据水压、水量、地层完整性及设计压力确定止浆墙的形式。

3 深孔预注浆段的长度应视具体情况合理确定,宜为15~50 m,掘进时必须保留止水岩盘的厚度,一般为5~8 m;浅孔预注浆段的长度应视具体情况合理确定,宜为5~15 m,掘进时必须保留止水岩盘的厚度,一般为2~4 m。

4 全断面预注浆设计压力应根据围岩水文地质条件合理确定,宜比静水压力大0.5~1.5 MPa;当静水压力较大时,宜为静水压力的2~3倍,注浆泵的量程应达到设计压力的1.3~1.5倍。

5 注浆方式应根据水文地质情况、机械设备等因素综合确定。

6 钻孔孔位允许偏差深孔为±5 cm,浅孔为±1 cm,钻孔偏斜率允许偏差为孔深的±0.5%,同时应满足设计要求。

7 钻孔注浆应采取隔孔钻注。

8 预注浆单孔注浆结束的条件为:深孔各段均达到设计终压并稳定10 min,且注浆量不小于设计注浆量的 80% 、进浆速度为开始进浆速度的 1/4;浅孔达到设计终压。

9 检查孔的渗水量应小于设计允许值,浆液固结体达到设计强度后方可开挖。

4.2.3 注浆前应进行压水或压稀浆试验,判断地层的吸浆和扩散情况,确定浆液浓度、注浆压力和注浆量。

4.2.4 注浆材料应按下列原则合理选用。

1 浆液具有良好流动性、可注性。

2 浆液耐久性强。

3 固化时体积收缩小,与岩体、混凝土、砂土等有一定的粘结力。

4 浆液结石率高,固结后有较高的强度和抗渗性。

5 稳定性好,注浆时浆液不产生离析和沉淀。

6 原材料来源丰富、价格适宜,便于运输与储存,在常温、常压下较长时间存放不改变其基本性质。

7 浆液无毒、无臭,不污染环境,对人体无害。

8 浆液对注浆设备、管路、混凝土结构物及橡胶制品等无腐蚀性,容易清洗。

9 浆液配制方便,工艺及设备简单,操作容易、简便。

10 在动水条件下,注浆材料除了满足上述原则外,还应满足抗分散性好、早期强度高、凝胶时间可调、结石体抗冲刷性能好等要求。

4.2.5 预注浆视围岩状况可采取前进式分段注浆、后退式分段注浆和全孔一次性注浆施工工艺。钻孔注浆分段长度根据地质情况确定,深孔宜为 3 ~ 10 m,浅孔宜为 1 ~ 5 m。前进式分段注浆和后退式分段注浆施工工艺流程见图4.2.5—1 ~ 图 4.2.5—2。

4.2.6 进行后退式分段注浆时,应设置止浆塞。止浆塞可采用气囊、水囊或橡胶止浆塞,并能承受注浆终压的要求,必要时可采用孔口管法兰盘止浆方式。

4.2.7 当在涌水量大、水压高或围岩破碎的地段钻孔时,应先施做止浆墙和设置带闸阀的孔口管。孔口管应为无缝钢管,直径应根据开孔钻头选择,不宜小于 ϕ90 mm。孔口管埋入止浆墙深度依据最大注浆压力确定,宜比止浆墙厚度长50 cm。当出现大量涌水时,应拔出钻具,关闭孔口管上的闸阀,待作好准备后进行注浆。

4.2.8 注浆过程中应根据浆液扩散情况、注浆量、注浆压力等参数调整注浆材料的配比。

4.2.9 预注浆应在分析资料的基础上进行注浆效果检查,主要采用下列方法:

1 分析 $P-Q-t$ 曲线法:$P-t$ 曲线应呈上升趋势,$Q-t$ 曲线应呈下降趋势,注浆结束时,注浆压力达到设计终压,注浆速度达到设计速度。

2 反算浆液充填率法:整理注浆资料,统计单孔、全段注浆量,反算浆液充填率,当地层含水量不大时,浆液填充率应达到 70% 以上,当地层含水量较大时,浆液填充率应达到 80% 以上。

3 钻检查孔法:按总注浆孔的5% ~10% 设计检查孔,检查孔应在均布的原则下,结合注浆资料的分析布设;检查孔应无涌泥、涌砂,不塌孔,渗水量应小于 0.2 L/(min · m)或小于设计涌水量,否则应予补注。

4 钻孔取芯法:通过钻孔取芯观察地层的注浆加固效果。

5 压水试验法:对检查孔进行压水试验,当吸水量大于 1.0 L/(min · m)时,必须进行补充注浆。

6 流量测试法:采取连续测试渗流量的方法,当所测渗流量小于设计值时,则注浆效果满足要求。

7 有条件时,还可采用物探法等方法进行检查。

4.2.10 钻孔注浆施工中,钻孔注浆设备的配套应满足设计要求。

图 4.2.5—1 前进式分段注浆施工工艺流程图　　图 4.2.5—2 后退式分段注浆施工工艺流程图

4.3 帷幕注浆

4.3.1 在富水地段(即涌水量较大,但水压不大,且围岩有一定自稳能力的地层)可采用帷幕注浆进行加固堵水,主要加固隧道开挖轮廓线以外的一定范围,此范围宜为 3 ~8 m。

4.3.2 帷幕注浆的注浆材料可按 4.2.4 条要求选用。

4.3.3 注浆前应做压水或压稀浆试验,确定浆液种类和浓度。

4.3.4 帷幕注浆方案、参数设计宜按下列原则确定:

1 根据地层裂隙状态、地下水情况、加固范围、设备性能、浆液扩散半径和对注浆效果的要求等综合分析确定注浆孔数、布孔方式及钻孔角度。

2 帷幕注浆段的长度应视具体情况合理确定,宜为 15 ~50 m;掘进时必须保留止水岩盘的厚度，一般为 5 ~8 m。

3 岩石地层帷幕注浆设计压力应根据水文地质条件合理确定，宜比静水压力大 0.5 ~1.5 MPa；注浆泵的量程应达到设计压力的 1.3 ~1.5 倍。

4 注浆方式应根据水文地质情况、机械设备等综合因素选择。

5 钻孔孔位允许偏差为 ±5 cm，钻孔偏斜率允许偏差为 ±0.5% 孔深，同时应满足设计要求。

6 钻孔注浆应采取隔孔钻注。

7 帷幕注浆单孔注浆结束的条件为各孔段均达到设计终压并稳定 10 min，且注浆量不小于设计注浆量的 80%、进浆速度为开始进浆速度的 1/4。

8 帷幕注浆检查孔的渗水量应小于设计允许值，浆液固结体达到设计强度后方可开挖。

4.3.5 帷幕注浆通常采取前进式分段注浆施工工艺，其施工工艺流程图可参照图 4.2.5—1。

4.3.6 帷幕注浆后效果检查可参照 4.2.9 条规定。

4.4 周边小导管预注浆

4.4.1 周边小导管预注浆主要是通过小导管对隧道开挖周边围岩进行注浆加固，满足开挖需要。周边小导管预注浆主要适用于水压和水量较小、围岩有一定自稳能力的地层或作为全断面预注浆和帷幕注浆后的补充注浆。其注浆材料一般采取水泥浆、水泥—水玻璃双液浆等。

4.4.2 周边小导管注浆方案、参数设计宜按下列原则确定：

1 应根据地层裂隙状态、地下水情况、加固范围、浆液扩散半径和对注浆效果的要求等综合分析确定注浆孔数及布孔位置。

2 注浆孔一般沿开挖工作面周边轮廓线钻设，外插角 10° ~15°，钻孔深度应视具体情况合理确定，宜为 3 ~6 m。

3 设计注浆压力一般为 0.5 ~1 MPa，并根据施工实际情况合理确定。

4 周边小导管注浆宜按由下往上的顺序施作，并采取有效措施防止窜浆。

5 单孔注浆结束的条件为达到设计终压，且注浆量不小于设计注浆量的 80%。

6 周边小导管预注浆后浆液固结体达到设计强度后方可开挖。

4.4.3 周边小导管预注浆工艺宜采用全孔一次性注浆工艺，其工艺流程见图 4.4.3。

4.4.4 周边小导管宜采用注浆花管，管径宜为 32 ~50 cm，管的间距宜为 0.2 ~0.4 m，可采用风动凿岩机顶入。

4.4.5 周边小导管预注浆后，必须在分析资料的基础上进行注浆效果检查，当未达到设计要求时，

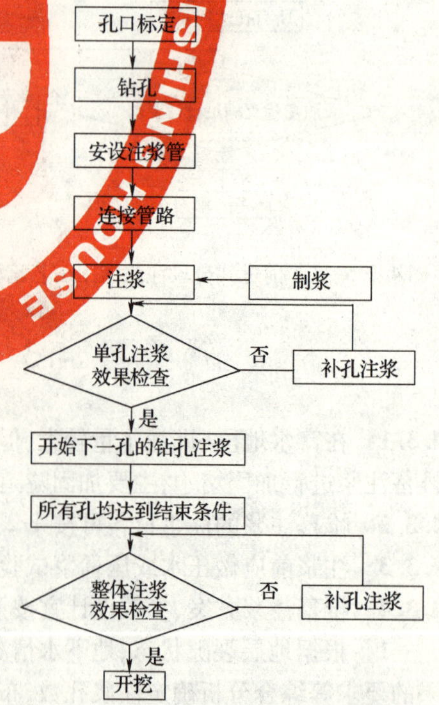

图 4.4.3 周边小导管预注浆工艺流程图

必须进行补充注浆。

4.5 径向注浆

4.5.1 当初期支护出现大面积渗漏水或支护结构变形较大时,应采用径向注浆进行堵水加固。

4.5.2 径向注浆材料宜选用耐久性好、强度高,以及无收缩性和无污染的水泥基材料,并尽量采用高浓度浆液。

4.5.3 径向注浆施工工艺流程见图4.5.3。

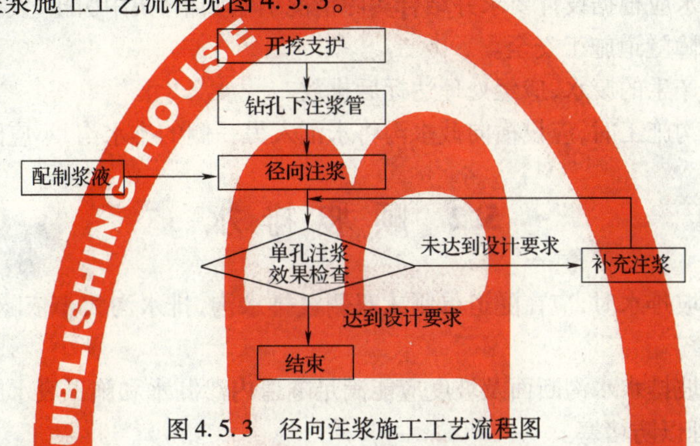

图4.5.3 径向注浆施工工艺流程图

4.5.4 径向注浆参数可按表4.5.4采用。现场注浆施工中应根据地层特点,不断地进行注浆参数的调整和完善。

表4.5.4 径向注浆参数

序号	参数名称	参数值
1	孔间距(m)	0.2~0.4
2	孔深(m)	5~6
3	注浆速度(L/min)	10~50
4	注浆终压(MPa)	1~1.5
5	单孔注浆量(m^3)	按 $Q=\pi R^2 H n\alpha(1+\beta)$ 式计算确定。式中:Q——注浆量(m^3);R——扩散半径(m);H——注浆段长度(m);n——地层裂隙度或空隙率;α——浆液填充率;β——浆液损失率

4.5.5 径向注浆孔宜按梅花形布置,径向注浆管宜采用注浆花管,直径宜为32~50 cm。

4.5.6 径向注浆采用全孔一次性注浆方式进行,并采取防止窜浆的措施。

4.5.7 注浆顺序宜采用由下往上、由少水处到多水处、隔孔跳排钻注。

4.5.8 注浆结束条件以定量定压相结合的原则进行控制。

4.5.9 径向注浆结束后应达到设计规定的允许渗漏水量要求。

4.6 回填注浆

4.6.1 衬砌混凝土施工时应在拱部预留回填注浆孔。

4.6.2 回填注浆应重点对拱部防水板与衬砌间的空隙进行注浆充填。

4.6.3 回填注浆应在衬砌混凝土达到设计强度的70%后进行。

4.6.4 回填注浆终压不宜大于0.2 MPa。

5 施工排水

5.1 一般规定

5.1.1 施工排水应根据设计要求并结合实际情况引水归槽，集中引排，设置排水系统，确保排水畅通，保障隧道施工安全。

5.1.2 施工中产生的废水，应经处理达标后排放。

5.1.3 一侧水沟施工时，应设横向截水沟将水汇入另一侧的排水沟，不应阻塞隧底水流。

5.2 顺坡排水

5.2.1 洞内顺坡排水时，应在隧道单侧或双侧设排水沟，排水沟大小依隧道坡度及涌水量确定。

5.2.2 洞内顺坡排水水沟断面及坡度应能满足隧道内渗漏水和施工废水的排出需要，排水沟应经常清理以防堵塞。

5.2.3 施工时临时排水沟的设置应与永久排水沟统筹考虑。

5.2.4 在膨胀岩、土质地层、围岩松软地段，可根据需要铺砌水沟或用管槽排水。

5.2.5 仰拱、底板混凝土浇筑前应将基底虚渣、杂物、积水等清除干净；施作仰拱时应在作业区前端设置临时集水井，并妥善解决排水管路跨基坑问题。

5.2.6 底板坡面应平顺，浇筑底板混凝土应考虑作业期间的基坑排水，确保排水畅通。

5.3 反坡排水

5.3.1 洞内反坡排水可根据距离、坡度、水量和设备情况布置管路、水仓和泵站，一次或分段接力排出洞外。

5.3.2 设置隧道及辅助坑道的排水泵站时，主排水泵站和辅设排水泵站位置、排水能力，集水坑的有效容积应符合设计规定。

5.3.3 长大隧道在地下水发育地段进行反坡施工（包括斜井和竖井施工）时，反坡排水系统应具有两个独立的供电系统。

5.3.4 反坡排水时，配备抽水机的抽水能力应大于预测最大涌水量的20%以上，并应有足够数量的备用抽水设备，同时满足施工要求。

5.3.5 洞内反坡排水应采用机械抽水，主要有下列两种方式：

1 隧道较短、线路坡度较缓时，分段开挖反坡侧沟，在侧沟每一分段上设一集水坑，用抽水机将水排出洞外。

2 隧道较长、涌水量较大时，开挖面的积水宜通过小型水泵抽到最近的集水坑内，再用抽水机从集水坑通过水管直接或分段将水排出洞外。

5.3.6 反坡排水时,应根据施工中的变化及时调整排水能力。

5.4 钻孔排水

5.4.1 采用钻孔排水前,应对工程地质和水文地质作详细的调查分析,必要时进行超前探测,判断地下水流方向,从而确定钻孔位置、方向、孔数和钻进深度。

5.4.2 钻孔排水施工时,应采取下列安全预防措施:

1 非钻孔施工人员必须撤出。

2 当隧道向下坡开挖时,应测算水量、水压、水的流速、泥沙含量等,备足抽水设备。

3 孔口应预先埋管设阀,控制排水量,防止钻孔时承压水冲击及淹没坑道等灾害发生。

4 钻孔至预期深度尚未出水时,可会同设计部门进一步进行地质和水文的勘测工作,重新判定地下水情况。

5.5 辅助坑道排水

5.5.1 辅助坑道口截水、排水系统和防冲刷设施,应在辅助坑道施工前按设计要求尽早完成。辅助坑道洞门应尽早施作。

5.5.2 采用泄水洞排水应符合下列要求:

1 根据水源方向、位置、流量、流速、含泥量的大小,选择泄水洞的位置、方向、断面形式、大小和坡度,并确保排水通畅,防止泄水洞淤塞。

2 拦截地下水时,泄水洞应设置在地下水流方向的上游;疏干地层时,泄水洞高程应低于隧道高程,以利降低地下水位。

3 永久泄水洞应施作衬砌,在泄水洞衬砌上留有足够的泄水孔以引入地下水,必要时,可增加导坑或导水管将正洞的水引入泄水洞排出。

5.5.3 应充分利用横洞或平行导坑降低正洞水位,使正洞水流通过横洞或平行导坑引出洞外。横洞和平行导坑排水应满足下列要求:

1 横洞和平行导坑内应设排水沟,其过水断面、坡度应满足隧道正洞排水的要求。

2 横洞底部应有不小于3‰的横向排水坡度;平行导坑纵向坡度应与正洞一致,其底部高程应较隧道底面低0.2~0.6 m。

3 当隧道正洞为反坡时,平行导坑应分段设集水坑排水。排水设备的能力应大于隧道正洞和平行导坑涌水量之和。

5.5.4 斜井排水应符合下列要求:

1 斜井掘进排水,宜采用边掘边排的方法。

2 当斜井单点涌水量大于50 m^3/h时,应采取注浆等措施进行封堵。

3 斜井宜在井底处设立中心水仓,高差在100 m以上的斜井中部可设置固定水仓,作为斜井施工排水的中转站。斜井排水宜采取分段截排水的措施,将作业面的积水采用水泵吸到中心集水仓,中心集水仓中的水利用水泵转排到固定水仓,然后再从固定水仓排出井外。固定水仓设置的位置不得影响井内运输和安全。当斜井中部未设固定水仓,则作业面的积水采用水泵直接排至井外。

4 抽排水设备应根据排水需要,选用体积小、移动及维修方便的水泵。

5 斜井的两侧应设置排水沟,侧沟中的水可截至积水坑后排出。

5.5.5 竖井排水应符合下列要求:

1 竖井凿井期间的排水方案应根据竖井的水文地质资料、井身深度及各施工阶段井身涌水量大小等因素确定。

2 当竖井单点涌水量大于50 m^3/h 时,应采取注浆等措施进行封堵。

3 竖井宜在井底设置固定水仓(或集水坑),用抽水设备将水抽出井外,固定水仓(或集水坑)设置的位置不得影响井内运输和安全。

4 竖井井口应作好外围防水工作,可设置截水沟和排水沟,防止地表水流入。

5.6 特殊洞室防排水

5.6.1 特殊洞室应根据使用要求采取适当的防排水措施。

5.6.2 特殊洞室排水系统(泵站、水仓、管道、排水沟等)的设置,应根据隧道和特殊洞室的涌水量、施工组织安排、使用期限及便利施工等因素确定。

5.6.3 特殊洞室施工前,应查明附近地表水源及汇水情况,掌握历年降水量和最高洪水位资料,并结合具体情况做好洞顶、坑道口、车场的截水与排水系统,必要时应设置防洪及地表防渗设施。

5.6.4 特殊洞室穿越有突水可能或地下水发育地段前应进行超前探水,超前探测距离不宜小于30 m。

5.6.5 变电洞室应采取防水、防潮措施,洞顶、洞壁应无湿渍。

5.6.6 其他洞室应采取防水措施,洞顶、洞壁应不渗不漏。

6 降水施工

6.1 一般规定

6.1.1 铁路隧道内涌水或地下水位较高时,可采用降水法进行处理。

6.1.2 降水施工应根据降水的要求,选择降水方法、降水设备,编制降水施工方案。

6.1.3 降水过程中,应设水位观测井,及时测定动水位,调整降水参数,保证降水效果。

6.1.4 为确保降水运行正常和开挖安全,必须采用双电源,并安装自动切换装置。

6.1.5 应重视降水影响范围内地表环境的保护,建立监控量测体系进行降水监测。

6.2 降水施工

6.2.1 洞内轻型井点降水施工应遵循下列原则:

1 宜根据现场条件及地层情况用钻机钻孔或用喷射成孔进行井点埋设。

2 井点间距宜为0.8~1.6 m。

3 滤管顶端应埋设在开挖基底面以下1.0~1.2 m或根据计算确定,每组井点埋设深度必须保持一致。

4 井点管的方向可竖直或根据具体情况倾斜50°~55°。

5 钻孔深度必须比滤管底端深0.5 m,孔壁与井管之间应及时用粗砂填实。孔口下至少0.5 m的深度内应用黏土填塞密实,以防漏气。

6 当遇到黏土层时,应防止产生砂滤层脱空现象。

7 井点埋设后,应进行试验,埋管合格后再装上弯联管,并与总管连接。

8 总管与泵的位置应按设计安装,各部连接应严密,防止漏气。

9 井点系统安装完毕后,应进行试验性运转,检查系统的真空度。

10 正式运转后,应根据泥砂含量及降水速度判断排水管开启的大小及泵的流量,并及时进行调整。

11 抽水过程中,应经常检查管路有无漏气及“死井”,如有“死井”可进行疏通或重新埋设井点。

12 洞内轻型井点降水后水位线应低于隧底开挖线0.5~1.0 m。

13 洞内轻型井点降水应视水量大小确定二次衬砌施作后或铺设防水板前拆除降水管。

6.2.2 管井降水施工应遵循下列原则:

1 钻孔钻进中应保持泥浆比重在1.1~1.5,尽量采用地层自然造浆,必要时应采用人工造浆。终孔后应彻底清孔,直到返回泥浆内不含泥块,泥浆的比重控制在1.05左右,返出的泥浆含砂量小于8%后可终孔提钻,成孔孔径不小于ϕ650 mm,钻孔垂直度允许偏差为±1%孔深。

2　安装井管时应根据设计井深，先将井管排列、组合，沉放井管时所有深井的底部应按高程控制，并且保持井口高程一致。井管应平稳入孔，每节井管的两端口要找平，确保焊接垂直，完整无隙，保证焊接强度，避免脱落。

3　填砾粒径必须按抽水含水层的颗粒分析资料确定。填砾进入现场后，应经筛分试验确定是否合格。降水井的填砾施工均应按设计要求进行。

4　为了防止上部土层中的水沿砾料进入抽水井内，宜在降压井填砾顶部填一定厚度的黏土止水，其上再用黏土填实，一直填到地面。

5　洗井宜采用活塞空压机联合洗井的方法。

6　泵体安装完毕应进行试抽水，测定抽水井和观测井的水位变化。水位恢复后再进行试验性抽水。

6.2.3　基坑降水时，对于疏干井应给予充分的预抽水时间（不少于20 d），尽量多抽水，将水位控制在基坑开挖面以下1～3 m；对于减压井，为减少降水对周围环境的影响，应按需降水，水位控制应按照稳定性分析中的基坑开挖深度和承压安全水位埋深表进行。

6.2.4　降水运行期间，观测井应每天至少监测一次；降压井在条件许可的情况下，可采用自动监测，便于及时了解坑外的水位变化情况。

6.2.5　地下水位观测井的位置和间距应按设计要求布置，可用井点管作为观测井；在开始抽水时，每隔2 h观测一次，以了解整个系统的降水机能及地下水位下降规律；当地下水位降到预期高程前，可每天观测2次；当地下水位降到预期高程后，可几天或一周观测一次，直至降水结束；但当遇到下雨或有异常情况时，应加密观测。

6.2.6　为了通过降水期间观测地层中孔隙水压力的变化，预计地基强度、变形以及边坡的稳定性应设置孔隙水压力测点，孔隙水压力应每天观测一次；当有异常情况时，如基坑施工过程中发现边坡裂缝或基坑周围发生较大沉陷、产生裂缝等，必须加密观测，每天不应少于2次。

6.2.7　流量观测宜采用流量表或堰箱。若发现流量过小且水位降低缓慢甚至降不下去时，可考虑改用流量较大的水泵，若是流量较大而水位降低较快则可改用小流量泵，以免现有水泵无水发热，流量观测次数应与地下水位观测同步。

6.2.8　应对降水影响范围以内的建筑物和地下管线进行沉降观测；沉降观测的基准点应设置在井点影响范围之外；沉降观测可用水准仪和分层沉降仪进行，遇到降水较深且土层较多时，可增设分层标，以便了解各土层的沉降量，从而校核沉降计算；沉降观测次数应每天一次；异常情况下应加密观测，每天不应少于两次。

7 衬砌背后排水系统

7.1 一 般 规 定

7.1.1 初期支护施作前应对集中出水处进行预处理。

7.1.2 初期支护表面应无明显渗漏水,否则应进行渗漏水处理。

7.1.3 衬砌背后排水系统应根据初期支护后洞内出水情况按设计要求施作,排水系统应连接牢固、水流通畅,通向洞内排水沟的排水盲管应有足够的排水坡度。

7.1.4 衬砌背后排水系统应尽可能满足可维护的需要。

7.2 材 料 要 求

7.2.1 排水盲管的管材、直径应符合设计要求,透水孔的规格、间距应符合有关标准的规定。

7.2.2 环向盲管宜采用外包土工布与不易锈蚀的螺旋钢丝构成的软式透水管。环向盲管应具有一定的弹性和良好的透水性,而且能承受不小于0.5 MPa的压力。

7.2.3 纵向排水盲管宜采用外包加强土工布的渗水盲管,其管径由围岩渗漏水量的大小决定。

7.2.4 横向排水盲管宜采用PVC管或渗水盲管,管径应符合设计要求。

7.3 基 面 处 理

7.3.1 喷射混凝土作业前,岩面如有渗漏水应做下列处理。

1 对于大股涌水宜采用注浆堵水后再喷射混凝土,一般情况下可顺涌水出露点打孔,压注速凝浆液(如水泥—水玻璃浆液)进行封堵。

2 对小股水或裂隙渗漏水,视具体情况进行岩面注浆(布孔宜密,钻孔宜浅)或采用小导管沿隧道周边环形注浆进行封堵。

3 对集中出水点可顺水路(节理、裂隙)设置排水半管或线形排水板,将水引到隧底水沟或纵向排水管,其施工示意可参照图7.3.1。

7.3.2 在富水断层破碎地段施作初期支护前,应处理好围岩的涌水和渗漏水,预防塌方的发生。

1 在少量集中渗水、淋水地段,在将要通过的透水层部位,可采用排水孔法或排水管法,布置一定数量的排水孔或埋设排水管,将渗、淋水集中到排水孔(管)内导出;也可采用金属网法,通过在钢筋网背后铺过滤层或隔水层,将其固定在围岩上,通过软管排水,随即喷射混凝土。

2 当涌水较大,支护时对主要涌水口可暂不进行封堵支护,先行引排,施作衬砌后再

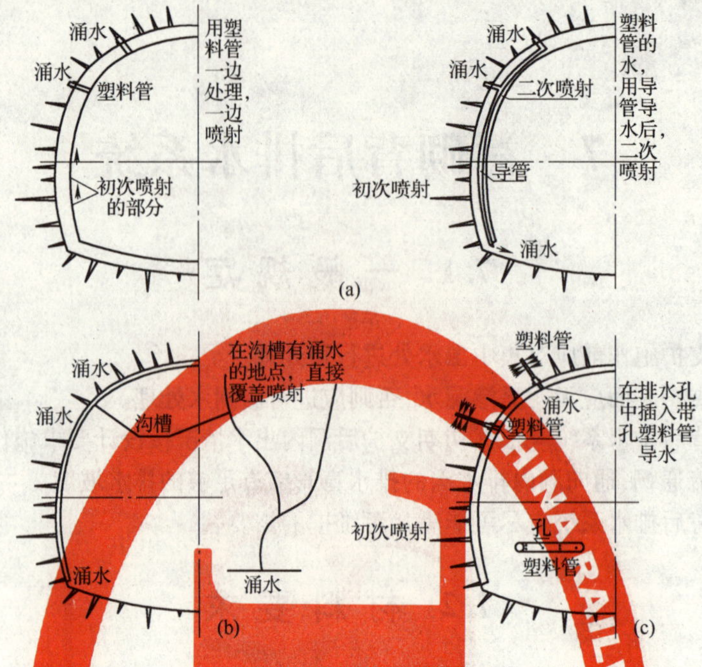

图 7.3.1　有涌水、渗水岩面喷射前的处理图

对涌水封堵。

7.3.3　基面出现股状涌水时，宜采用局部注浆、围截注浆法进行封堵，防止大量涌水夹带泥砂淘蚀地层，造成围岩失稳；封堵后的剩余水量可用排水盲管集中将水引入洞内排水沟排出。

7.4　排水系统施工工艺

7.4.1　环向、纵向排水盲管施工主要有钻定位孔、安装锚栓、铺设盲管、安装连接等环节，其施工流程见图 7.4.1。

图 7.4.1　环向、纵向排水盲管施工工艺流程图

7.4.2　环向排水盲管沿纵向设置的间距应符合设计要求，并宜根据洞内渗、漏水的实际情况，在地下水较大的地段加密设置；在无渗漏水地段，宜根据设计每隔 5 ~ 10 m，在喷混凝土表面安装环向排水盲管，使隧道在使用期内，因地下水的迁移变化而产生的渗漏水能顺利排出洞外。

7.4.3　环向排水盲管布设时沿环向应尽量圆顺，尤其在拱顶部位不得起伏不平，应尽可能走基面的低凹处和有出水点的地方；环向排水盲管安装时应先用钢卡等固定，使其紧贴渗水基面，尽量减小地下水渗入到排水盲管的阻力；环向排水盲管应采取适当的保护措施，防止泥砂、喷混凝土料或杂物进入排水盲管，堵塞管道。

7.4.4　纵向排水盲管宜用土工布等渗水材料包裹，使在纵向盲管位置的渗水尽量流入管内；纵向排水盲管的管径应由围岩渗漏水量的大小决定，盲管中间不得有凹陷、扭曲等，以防泥砂淤积堵塞；纵向排水盲管应按设计规定的排水坡度安装，当设计无要求时，其坡度不宜小于2‰。

7.4.5 横向排水盲管通常采用硬质塑料管,其上部应有一定的缓冲层;横向排水盲管的设置间距宜为5~15 m或根据水量适当调整,坡度宜为2%;横向排水盲管施工时应先在纵向排水盲管上预留接口,然后在仰拱及填充混凝土施工前接长至侧沟或中心排水管(沟)。

7.4.6 纵向排水盲管、环向排水盲管、横向排水盲管应用变径三通连为一体,形成完整的排水系统,确保其排水通畅。

7.4.7 环、纵向排水盲管可按下列步骤与方法施作:

1 按规定划线,划线时注意盲管尽可能走基面的低凹处和有出水点的地方,以使盲管位置准确合理。

2 钻定位孔,定位孔间距宜为30~50 cm,在凹凸不平处应适当增加固定点。

3 将膨胀螺栓打入定位孔。

4 排水盲管布置时应尽量顺直,并与初期支护表面密贴,空隙不得大于5 cm,盲管与喷混凝土基面脱开的长度不得大于10 cm,不得有扭曲现象,尽量减小地下水渗入排水盲管的阻力。

5 排水盲管应用扎丝捆好并用钢卡固定在膨胀螺栓上。

6 环、纵向排水盲管可采用三通相连,施工中三通管预留位置应准确,且接头牢固,并符合设计要求。

7 排水盲管应固定牢固,并采取适当的保护措施,防止泥砂、喷混凝土料或杂物进入。

8 对集中出水点,应铺设单根排水盲管,并用速凝砂浆将周围封堵,使地下水从管中集中引出。

9 当隧道初期支护表面有大面积渗漏水,可设双根或多根排水盲管或塑料排水板,将水引入纵向排水盲管。

7.4.8 排水板宜按下列步骤与方法铺设:

1 铺设排水板前,应先清理铺设基面,必要时应用喷混凝土找平,使基面没有明显凹凸处。

2 铺设排水板前,应先把土工布作为缓冲层铺在已经完成的隧道初期支护上,铺设固定土工布的钢钉和垫片不应存在明显突起,以免影响排水板的铺设。

3 选用的排水板的长度宜与隧道设防的周边长度一致,避免出现搭接。

4 在排水板铺设过程中,应有专人进行检查,不要让杂物、岩土等进入排水板的正面空间,确保排水板的空间畅通,发现排水板有破损处应及时修补,以免留下渗漏水隐患。

5 捆扎钢筋时应尽量避免损伤排水板,二衬模筑混凝土应有较好的和易性,使其能充填密实排水板的凹壳,将混凝土与防排水板形成一体。

7.4.9 在隧道埋深大、节理发育、地下水丰富的情况下,可在初期支护(喷射混凝土层)完成之前视情况埋设排水半管,形成暗埋、永久式排水通道系统,将水引出集中处理。暗埋排水半管安装见图7.4.9。

7.4.10 排水半管埋设的施工工艺应符合下列规定:

1 当隧道开挖后在围岩表面有线流或股流时可设排水半管,在排水半管周围喷射厚度为1~2 cm水泥砂浆后,再进行喷射混凝土作业。

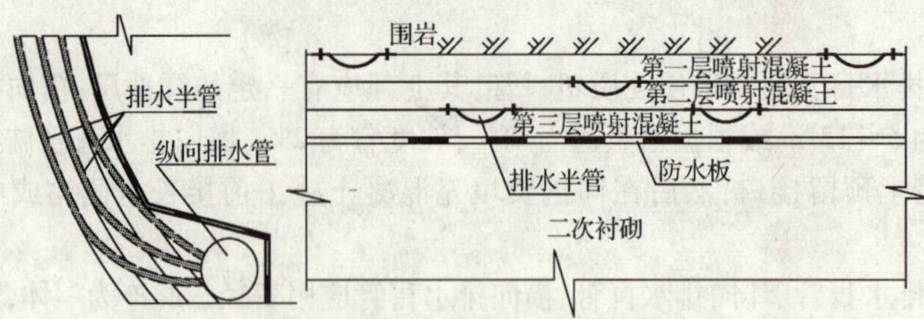

图 7.4.9　暗埋排水半管安装示意图

2　隧道同一断面只能铺设一道排水半管，避免造成初期支护出现薄弱断面或薄弱带。

3　排水半管铺设时，利用工作平台，根据裂缝形状或打孔位置，排水半管紧贴岩面，用水泥钉每隔 30 cm 对称钉牢，然后喷射速凝水泥砂浆封固。

4　施工中必须严格控制各喷层厚度，保证排水半管埋设质量，避免凿槽或返工。各层排水半管铺设或各喷层的间歇时间必须在前一层喷射混凝土终凝后进行。

5　必要时在无渗漏水地段，也可每隔一定间距安设排水半管，使隧道在使用期内因地下水的迁移变化而产生的渗漏水能顺利排出洞外。

8 防水层防水

8.1 一般规定

8.1.1 采用复合式衬砌的隧道,在初期支护与二次衬砌之间宜用分离式防水层。分离式防水层应由防水板和缓冲层组成。防水板和缓冲层的选材、铺设工艺和质量标准均应符合设计要求,并考虑隧道的工程地质、水文地质和环境条件等综合因素。

8.1.2 防水板铺设应超前二次衬砌施工1~2个衬砌段长度,并与开挖工作面保持一定的安全距离,铺设完防水板的地段应采用可靠的保护措施防止损伤防水板。

8.2 材料要求

8.2.1 缓冲层材料宜采用土工布,选用的土工布应符合下列要求:

1 具有一定的厚度,其单位面积质量不宜小于300 g/m^2。

2 具有良好的导水性。

3 技术性能要求见表8.2.1。

表8.2.1 土工布主要技术性能

项 目	单 位	技术指标	备 注
断裂能力	$kN \cdot m^{-1}$	≥10(纵横向)	规格按单位面积质量,实际规格介于表中相临规格之间时,采用内值法计算相应考核指标。$K=1.0\sim9.9$
断裂延伸率	%	≥20(纵横向)	
CBR顶破强力	kN	≥2.1	
垂直渗透系数	$cm \cdot s^{-1}$	$K\times(10^{-1}\sim10^{-3})$	
撕破强力	kN	≥0.33(纵横向)	
化学稳定性		强度下降不小于20%	
生物稳定性		强度下降不小于5%	
可燃性等级		Ⅴ或Ⅵ	

4 具有适应初期支护由于荷载或温度变化引起的变形能力。

5 具有良好的化学稳定性和耐久性,能抵抗地下水或混凝土、水泥砂浆析出水的侵蚀。

8.2.2 防水板宜选用高分子材料,在规格确定的长度内不允许有接头;防水板表面应平整、边缘整齐,无裂纹、机械损伤、折痕、孔洞、气泡及异常粘着部分等影响使用的缺陷;防水板除特殊要求外,外观颜色应为材料本色,不得添加颜料和填料;在不影响使用的条件下,防水板表面凹痕,深度不得超过厚度的5%。防水板的规格尺寸及允许偏差见表8.2.2—1。防水板应具备耐刺穿性好、柔性好、耐久性好等特点,并具备一定的阻燃性。其物理力学性能指标见表8.2.2—2。

表 8.2.2—1 防水板的规格尺寸及允许偏差

项　　目	厚度(mm)	宽度(m)	长度(m)
规　　格	1.5,2.0,2.5,3.0	2.0,3.0,4.0	20 以上
平均偏差	不允许出现负值	不允许出现负值	不允许出现负值
极限偏差(%)	-5	-1	—

表 8.2.2—2 防水板的物理力学性能

<table>
<tr><th rowspan="2">序号</th><th rowspan="2" colspan="3">项　　目</th><th colspan="3">指　　标</th></tr>
<tr><th>EVA</th><th>ECB</th><th>PE</th></tr>
<tr><td>1</td><td colspan="3">断裂拉伸强度(MPa)</td><td>≥18</td><td>≥17</td><td>≥18</td></tr>
<tr><td>2</td><td colspan="3">扯断伸长率(%)</td><td>≥650</td><td>≥600</td><td>≥600</td></tr>
<tr><td>3</td><td colspan="3">撕裂强度(kN/m)</td><td>≥100</td><td>≥95</td><td>≥95</td></tr>
<tr><td>4</td><td colspan="3">不透水性(0.3 MPa/24h)</td><td>无渗漏</td><td>无渗漏</td><td>无渗漏</td></tr>
<tr><td>5</td><td colspan="3">低温弯折性(℃)</td><td>≤-35</td><td>≤-35</td><td>≤-35</td></tr>
<tr><td rowspan="2">6</td><td rowspan="2">加热伸缩量(mm)</td><td colspan="2">延伸</td><td>≤2</td><td>≤2</td><td>≤2</td></tr>
<tr><td colspan="2">收缩</td><td>≤6</td><td>≤6</td><td>≤6</td></tr>
<tr><td rowspan="2">7</td><td rowspan="2">热空气老化
(80 ℃ ×168h)</td><td colspan="2">断裂拉伸强度(MPa)</td><td>≥16</td><td>≥14</td><td>≥15</td></tr>
<tr><td colspan="2">扯断伸长率(%)</td><td>≥600</td><td>≥550</td><td>≥550</td></tr>
<tr><td rowspan="2">8</td><td rowspan="2">耐碱性
[$Ca(OH)_2$ 饱和
溶液×168 h]</td><td colspan="2">断裂拉伸强度(MPa)</td><td>≥17</td><td>≥16</td><td>≥16</td></tr>
<tr><td colspan="2">扯断伸长率(%)</td><td>≥600</td><td>≥600</td><td>≥550</td></tr>
<tr><td rowspan="2">9</td><td rowspan="2">人工候化</td><td colspan="2">断裂拉伸强度保持率(%)</td><td>≥80</td><td>≥80</td><td>≥80</td></tr>
<tr><td colspan="2">扯断伸长率保持率(%)</td><td>≥70</td><td>≥70</td><td>≥70</td></tr>
<tr><td rowspan="4">10</td><td rowspan="4">刺破强度(N)</td><td rowspan="4">防水板厚度
(mm)</td><td>1.5</td><td>300</td><td>300</td><td>300</td></tr>
<tr><td>2.0</td><td>400</td><td>400</td><td>400</td></tr>
<tr><td>2.5</td><td>500</td><td>500</td><td>500</td></tr>
<tr><td>3.0</td><td>600</td><td>600</td><td>600</td></tr>
</table>

8.2.3 热塑性垫圈应采用与防水板相熔的材质。

8.3 基 面 处 理

8.3.1 在铺设防水层之前应对基面(初期支护表面)的渗漏水,外露的突出物及表面凹凸不平处进行检查处理。

8.3.2 渗漏水的处理宜采用注浆堵水或排水盲管、排水板将水引入侧沟,保持基面无明显渗漏水。

8.3.3 对于基面外露的锚杆头,钢筋头、螺杆钉头等突出物应予割除。

8.3.4 基面应平整,无空鼓、裂缝、松酥,表面平整度应符合(8.3.4)式要求,否则应进行喷射混凝土或抹水泥砂浆找平处理。

$$D/L \leqslant 1/10 \qquad (8.3.4)$$

式中 L——基面相邻两凸面间的距离($L \leqslant 1$ m);

D——基面相邻两凸面间凹进去的深度。

8.4 铺设工艺

8.4.1 防水板铺设包括铺设准备、缓冲层铺设、防水板铺设、防水板焊接等环节。其施工工艺流程见图 8.4.1。

8.4.2 铺设准备工作主要包括下列内容：

1 洞外检验防水板及缓冲层材料质量。

2 对检验合格的防水板，用特种铅笔画出焊接线及拱顶分中线，并按每循环设计长度截取，对称卷起备用。

3 铺设防水板的专用台车就位。

4 缓冲层(土工布)和防水板，放在台车的卷盘上。

5 在铺设基面标出拱顶线，画出每一环隧道中线及垂直隧道中线的横断面线。

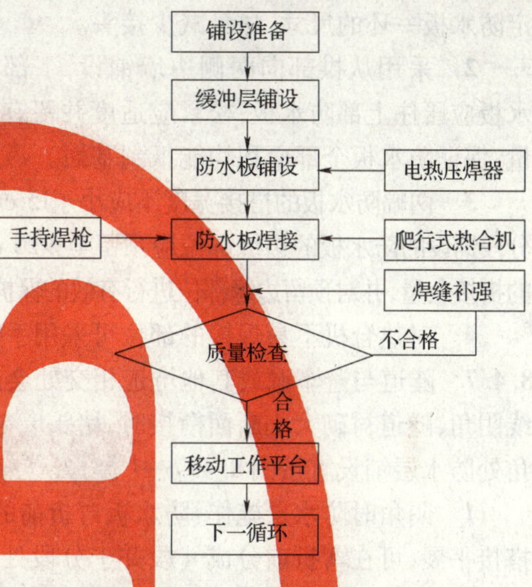

图 8.4.1 防水板施工工艺流程图

8.4.3 缓冲层铺设时应满足下列要求：

1 铺设缓冲层时先在隧道拱顶部位标出纵向中线，并根据基面凹凸情况留足富余量，宜由拱部向两侧边墙铺设。

2 用射钉或膨胀螺栓将热塑性垫圈和缓冲层平顺地固定在基面上(图 8.4.3)，固定点间距宜为拱部 0.5~0.8 m、边墙 0.8~1.0 m、底部 1~1.5 m，呈梅花形排列，基面凹凸较大处应增加固定点，使缓冲层与基面密贴。

3 缓冲层接缝搭接宽度不应小于 5 cm。

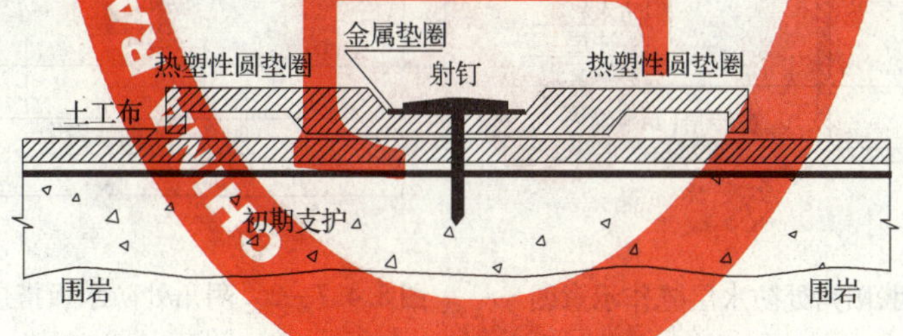

图 8.4.3 热塑性垫圈固定缓冲层示意图

8.4.4 防水板一般采用专用台车铺设，有条件时也可采用防水板自动铺设机铺设。专用台车应满足下列要求：

1 专用台车与衬砌模板台车的行走轨道应为同一轨道；轨道的中线和轨面高程允许误差应为 ±10 mm。

2 台车前端应设有内轮廓检查钢架，并有整体移动(上下、左右)的微调机构。

3 台车上应配备能达到隧道周边任一部位的作业平台。

4 台车上应配备辐射状的防水板支撑系统。

5 台车上应配备提升(成卷)防水板的卷扬机和铺设防水板的设施。

6 台车上应设有激光(点)接收靶。

8.4.5 防水板与热塑性垫圈连接应采用电热压焊器热熔焊接，使防水板与热塑性垫圈融化粘结为一体；防水板的固定应松紧适度并留有余量，以保证混凝土浇筑后与初期支护表面密贴。防水板设置见图8.4.5。

8.4.6 防水板应按下列要求铺设：

1 铺设前进行精确放样，进行试铺后确定防水板一环的尺寸，尽量减少接头。

2 采用从拱部向两侧边墙铺设，下部防水板应压住上部防水板，松紧应适度并留有余量，保证防水板全部面积均能抵到基面。

3 两幅防水板的搭接宽度不应小于15 cm，分段铺设的防水板的边缘部位应预留至少20 cm的搭接余量，并对预留边缘部位进行有效的保护。

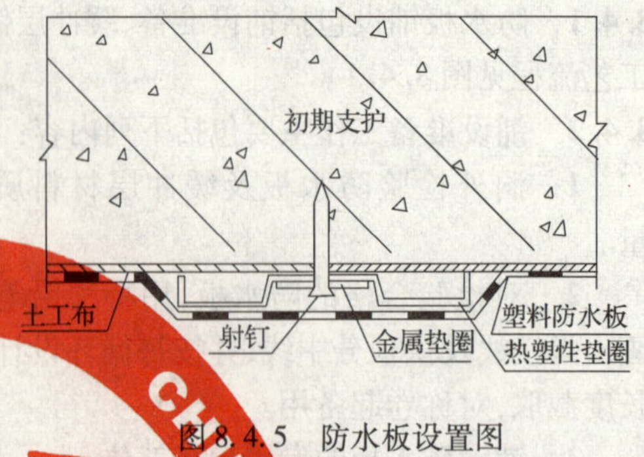

图8.4.5 防水板设置图

4 对热合机不易焊接的部位可采用手持焊枪焊接，并确保其质量。

8.4.7 隧道与避车洞或其他坑道相交处会出现曲线阳角，避车洞与后墙相交处会出现曲线阴角，隧道衬砌大小断面衔接时，堵头墙与衬砌会形成曲线阴角和阳角衔接。对阴、阳角处防水层铺设宜按图8.4.7—1施作。

1 阴角时防水层施作：防水板弯折前的搭接边 L 大于弯折后的焊贴边 I，为使弯折后搭接平展，可在弯折前分成 n 段并于分段处剪成口宽为 $(L-I)/n$ 的三角形缺口，则弯折后缺口能平展闭合，达到平顺焊接防水板的目的（图8.4.7—2）。

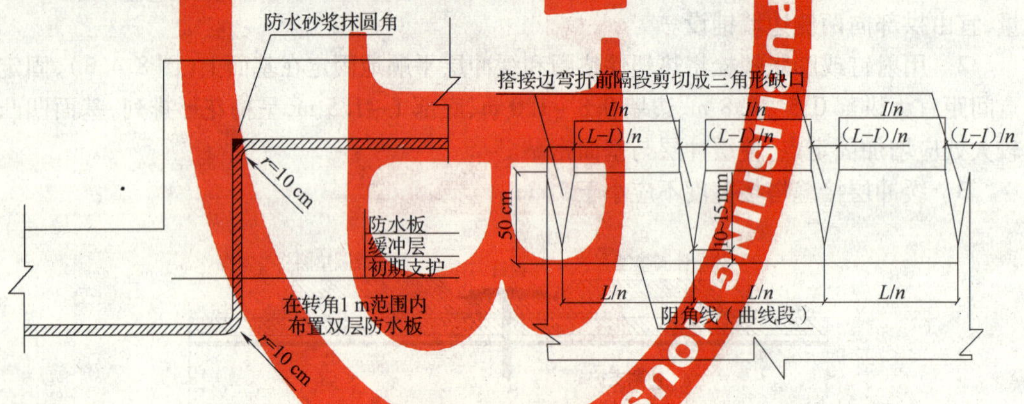

图8.4.7—1 阴、阳角处防水层施作示意图　　图8.4.7—2 阴角处防水板搭接平面展示图

2 阳角时防水层施作：防水板弯折前的搭接边 I 小于弯折后的焊贴边 L，为使弯折后搭接平展，可在弯折前分成 n 段并于分段处剪成一条缝，弯折后缝边张开成口宽为 $(L-I)/n$ 的三角形缺口，则防水板才得以平顺焊接（图8.4.7—3）。

8.4.8 防水板焊接应符合下列要求：

1 焊接时，接缝处必须擦洗干净，且焊缝接头应平整，不得有气泡褶皱及空隙。

2 防水板的焊接应采用双焊缝，以调温、调速热楔式自动爬行式热合机热熔焊接，细部处理或修补可采用手持焊枪焊接；自动爬行式热合机有“温度”和“速度”两个控制因素，焊楔温度高时，焊机行走速度应快；焊楔温度低时，焊机行走速度应慢；应由专业人员来负责防水板的焊接以保证焊缝质量。

3 开始焊接前，应在小块塑料片上试焊，以掌握焊接温度和焊接速度。

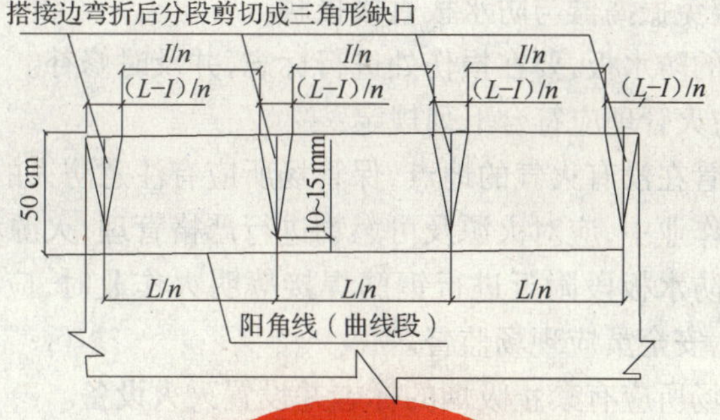

图 8.4.7—3　阳角处防水板搭接平面展示图

4　单条焊缝的有效焊接宽度不应小于 15 mm(图 8.4.8—1)。

5　防水板搭接缝应与施工缝错开不小于50 cm的距离。

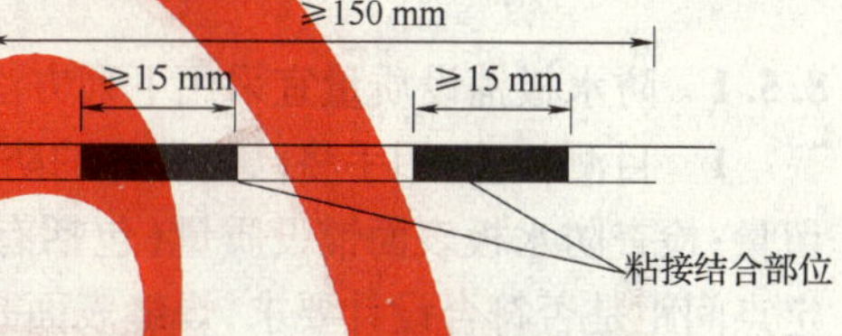

图 8.4.8—1　有效焊缝宽度

6　宜先将防水板在洞外地面连接成6 m宽的整幅,再拿到洞内铺挂,以减少在洞内的焊接量;洞内焊接时,应先将两幅防水板铺挂定位,端头各预留 20 cm,由一人在焊机前方约 50 cm 处将两端防水板扶正,另一人手握焊机,将焊机保持在离基面 5 ~ 10 cm的空中,以试调好的恒定的速度向前行走,中途不能停顿,整条焊缝的焊接应一气呵成。

7　防水板纵向搭接与环向搭接处,除按正常施工外,应再覆盖一层同类材料的防水板材,用热熔焊接法焊接;环向搭接时,下层防水板应压住上层防水板。

8　多层防水板焊接时,搭接部位的焊缝必须错开,不得有三层以上的接缝重叠(图 8.4.8—2)。

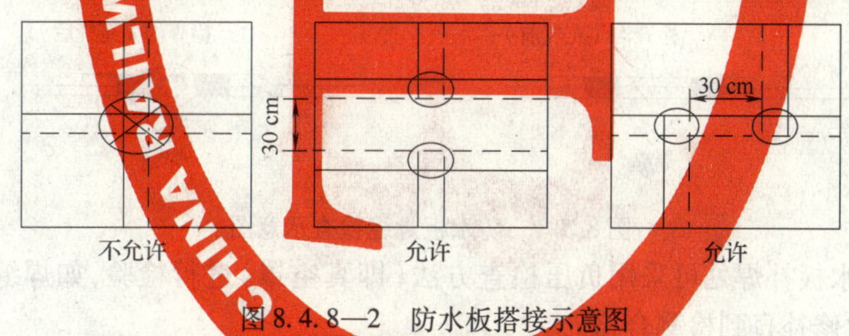

图 8.4.8—2　防水板搭接示意图

9　焊缝若有漏焊、假焊应予补焊,若有烤焦、焊穿处,以及外露的固定点,必须用塑料片覆盖焊接。

8.4.9　防水板的保护应符合下列要求:

1　已铺好防水板地段严禁用爆破法捡底或处理欠挖。

2　任何材料、工具应尽量远离已铺好防水板的地段堆放。

3　挡头板的支撑物在接触到防水板处必须加设衬垫。

4　绑扎钢筋、安装模板和衬砌台车就位时,应在钢筋保护层垫块外包土工布防止碰撞或刮破防水板。

5　钢筋焊接作业时,防水板要用阻燃材料进行覆盖,避免焊接火花损伤防水板。

6　浇筑混凝土时应避免混凝土直接冲击防水板,必要时可在混凝土输送泵出口处设置防护板。

7 捣固时,应避免振捣器与防水板直接接触。

8 对受到损伤的防水板,要在损伤处进行标志,并及时修补。

8.4.10 防水板的防火管理应符合下列规定:

1 防水板应保管在没有火气的地点,保管场所应有注意防火的标志并设置灭火器。

2 防水板施工作业中,应对火源及可燃物进行严格管理,火源和可燃物应分开。

3 当在已铺设防水板段附近进行钢筋焊接等明火作业时,应严格落实防火管理措施,明确防火负责人,安全员应现场监督。

4 防水板施工场所应有禁止吸烟的标志并设置灭火设备。

8.5 质量检测

8.5.1 防水板铺设质量宜采用下列方法检查:

1 目测检验:用手将已固定好的防水板上托或挤压,检查其与基面的密贴程度及预留量;检查防水板表面铺设质量(包括有无烤焦、焊穿、假焊和漏焊),尺量焊缝宽度和固定点间距是否符合设计要求,焊缝表面是否平整光滑、有无波形断面等。

2 充气检查:防水板搭接缝的焊接质量应按充气法检查(即密封性检查),将5号注射针与压力表相接,然后进行充气,当压力表达到规定压力(一般为0.25 MPa)时停止充气,保持10 min以上,若压力下降在10%以内,说明焊缝合格;如压力下降过快,说明焊缝不严。用肥皂水涂在焊缝上,有气泡的地方应重新补焊,直到不漏气为止。检查采取随机抽样方法,环向焊缝每衬砌循环抽试2条,纵向焊缝每衬砌循环抽试1条。现场检测时,可根据需要抽取完整的环向或纵向焊缝进行检测,充气检测的长度不宜大于40 m。防水板焊缝检查见图8.5.1。

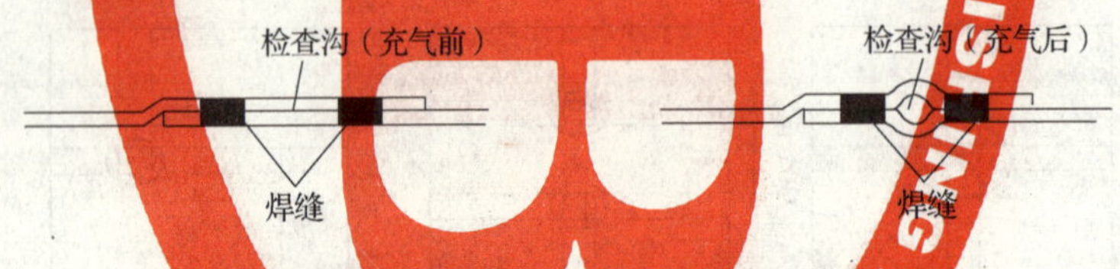

图8.5.1 防水板焊缝检查示意图

3 对防水板补焊处可采用负压检查方法(即真空罩)进行检验,如焊缝密封性不合格应进行再次修补直到检测合格。

8.5.2 防水板手工焊缝可采用目测方法检查,即观察沿焊缝外边缘是否有溶浆均匀溢出,若有需进行机械检测;机械检测方法是用平口螺丝刀沿焊缝外边缘(没有溶浆均匀溢出的部位)稍用力,检查是否有虚焊、漏焊部位,若有漏点,应做好标记并及时修补。

8.5.3 防水板所有破损修补处都应进行质量检测。

8.6 明洞防水层防水

8.6.1 明洞防水层宜采用环向铺设,并应尽量减少防水层搭接的次数;必须设搭接缝时,应结合整个明洞施工工序将搭接处预留在易于施工的地方,且应与施工缝错开不小于50 cm的距离;路堑偏压式明洞,宜于一侧墙顶处设一道纵向搭接缝,其他形式明洞则不应留纵向搭接缝。

8.6.2 铺设防水层时,如果明洞外表面不够平顺光滑,应作1~2 cm水泥砂浆找平层,防水板铺设完毕后,应施作3~5 cm厚的水泥砂浆保护层,以免回填土石时破坏防水板。当明洞铺设两层防水板时,上下环向焊接缝应错开1/2幅宽,防水层中间应夹一层土工布排水层。

8.6.3 防水层应在明洞混凝土达终凝后铺设,从明洞顶向两侧自然下垂铺设,不用暗钉固定,只是搭接焊时应设临时挡板防止机械损伤和电火花烧伤防水层。

8.6.4 为保证搭接牢靠,两幅防水层的搭接宽度不宜小于15 cm,铺设时预留合适的搭接余量,以防止洞顶回填后绷紧防水板使其胀破影响防水效果或防水板过长堆积影响回填密实效果。

8.6.5 防水板之间采用双焊缝进行热熔焊接,焊缝宽度不得小于15 mm,焊缝强度不得小于防水板本身强度的70%,焊缝应严密、连续、不间断,不得漏焊、假焊、焊焦、焊穿。

8.6.6 土工布之间采用搭接法进行连接,搭接宽度为5 cm,搭接缝部位可采用点粘法,搭接缝尽量与防水板搭接缝错开。土工布铺设时应平整,不得过紧或过松,以免影响已铺好的防水板平整性及回填土的密实效果。

8.6.7 明洞与隧道防水层搭接时,隧道防水层应延伸至明洞,并与明洞防水层搭接良好,见图8.6.7。

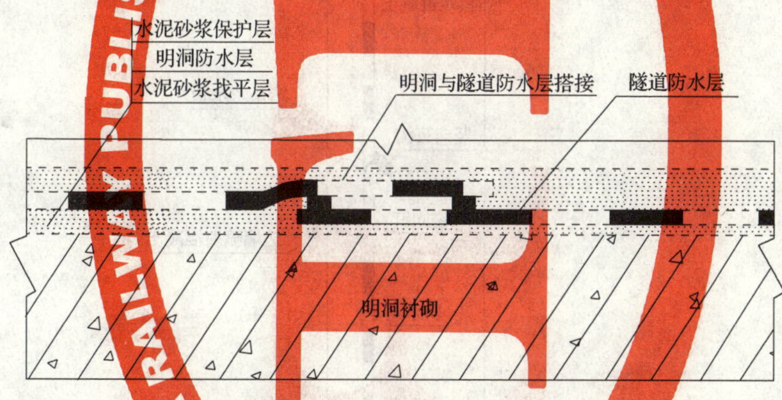

图8.6.7 明洞与隧道防水层搭接示意图

8.6.8 明洞开挖起坡点始于边墙顶(拱脚)时,宜先在边墙背后铺设防水层,然后浇筑明洞边墙(图8.6.8),防水层与边坡的搭接应良好。防水层铺设工艺应符合下列要求:

1 从墙脚开始,预留好拱部需铺设的防水层长度,并考虑充足的搭接长度。

2 拱脚以上防水层先卷起并采取适当措施压靠于侧坡上或临时支架上,使下部边墙防水板自然下垂,要有一定松弛度,使防水层与凹凸处相密贴。

3 防水板衔接采用热合机进行双焊缝焊接。

4 防水板在设有盲沟位置以半包裹形式铺设,并在盲沟两侧采用锚固钉加固。

8.6.9 明洞防水层施工质量检查应符合下列要求:

1 应按防水层设计及施工技术要求进行施工过程控制。

2 防水层及其配套材料必须有出厂合格证、质量检验报告和现场抽样试验报告。

3 防水层铺设基面应平顺,阴阳角处应做成圆弧形,并符合本技术指南8.3.4条和8.4.7条的规定。

4 防水板的搭接处必须采用双焊缝焊接,并采用充气法进行质量检查(见8.5.1条)。

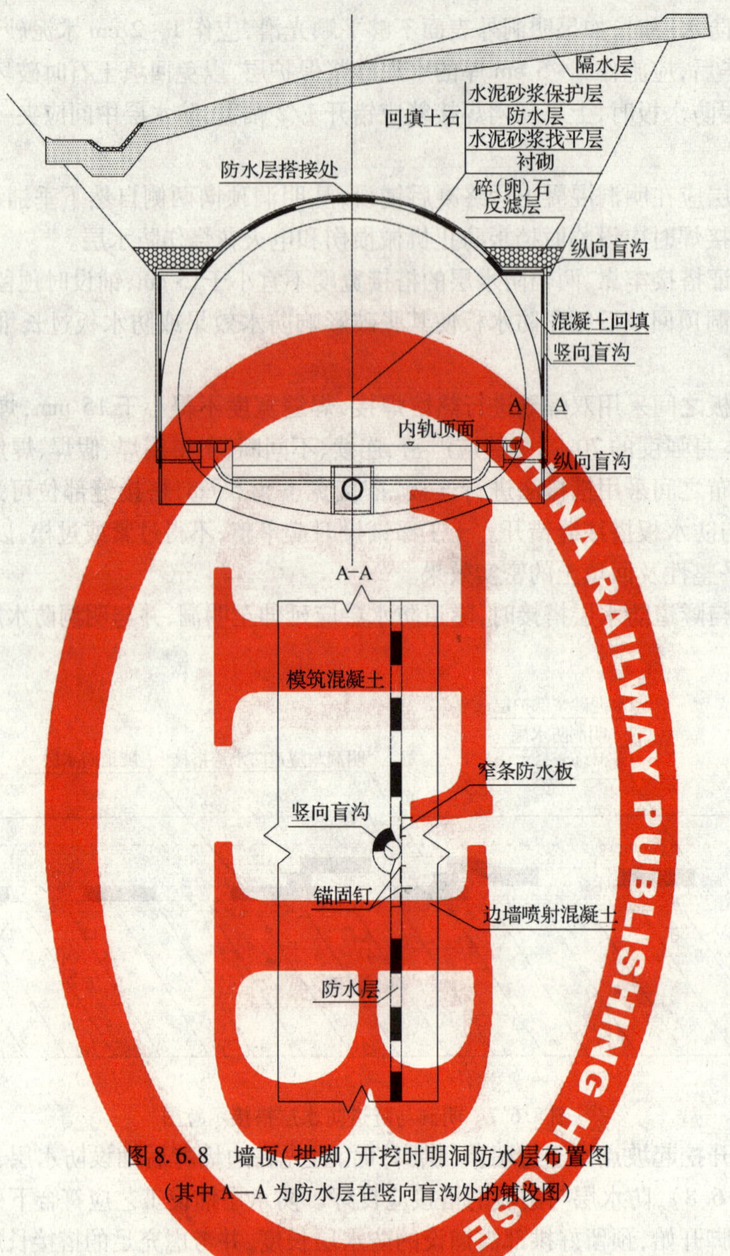

图 8.6.8　墙顶(拱脚)开挖时明洞防水层布置图

(其中 A—A 为防防水层在竖向盲沟处的铺设图)

9 二次衬砌防水混凝土

9.1 一般规定

9.1.1 复合式衬砌的二次衬砌应采用防水混凝土，其施工应符合国家现行标准的规定，并满足设计的等级、抗渗性、耐久性等要求。

9.1.2 防水混凝土施工前应对原材料进行检验，各项技术指标应符合《铁路混凝土工程施工质量验收补充标准》及《客运专线铁路隧道工程施工质量验收暂行标准》（铁建设〔2005〕160号）的规定。

9.1.3 防水混凝土一般应通过掺用外加剂及矿物掺和料配制而成，混凝土的配合比应通过试验确定。

9.1.4 具有抗渗要求的混凝土，试配时的抗渗等级应比设计值提高0.2 MPa，并不得小于P8。其混凝土的抗渗性能，应采用标准养护条件下混凝土抗渗试件的试验结果评定，试件应在混凝土浇筑地点制作。

9.1.5 二次衬砌防水混凝土应达到结构密实、表面平整光滑、曲线圆顺、颜色均匀，不得有漏筋、蜂窝、孔洞、疏松、麻面和缺棱掉角等缺陷。

9.2 材料要求

9.2.1 拌制混凝土用的水泥应符合下列要求：

1 水泥的强度等级宜为42.5级，水泥的技术要求应满足国家现行标准的有关规定。

2 应根据介质条件、冻融作用等情况选用适宜的水泥，不宜使用早强水泥，使用矿渣硅酸盐水泥必须掺用高效减水剂。

3 不得使用过期或受潮结块的水泥，并不得将不同品种或强度等级的水泥混合使用。

9.2.2 混凝土用的砂、石料应符合下列要求：

1 砂宜采用中砂，应选用级配合理、质地均匀坚固、吸水率低、空隙率小的洁净天然河砂，不宜使用山砂，不得采用海砂，含泥量不应大于3%，泥块含量不应大于0.5%。

2 石子宜采用连续级配，粒型良好、质地均匀坚固、线膨胀系数小的洁净碎石，也可采用碎卵石，不宜采用砂岩碎石，最大粒径不应大于40 mm，用泵送时不应大于输送管径的1/3。吸水率不应大于1.5%，含泥量不应大于1%，泥块含量不应大于0.25%。

3 不得使用具有碱—碳酸盐反应活性的骨料。

9.2.3 混凝土中掺用的外加剂应符合下列要求：

1 防水混凝土应采用减水率高、坍落度损失小、适量引气、质量稳定、能满足混凝土耐久性要求的外加剂产品。当将不同功能的外加剂复合使用时，应有良好的适应性，应优先选用多功能复合外加剂，其品种和掺量应经试验确定。

2 使用的外加剂必须符合国家现行标准一等品及以上的质量要求,并符合其他有关环境保护的规定。

9.2.4 混凝土中掺用的矿物掺和料应符合下列要求:

1 防水混凝土可掺入一定数量的矿物掺和料,矿物掺和料应选用品质稳定的产品,其掺量应经过试验确定。

2 矿物掺和料的技术要求应符合国家现行标准的规定。

9.2.5 拌制和养护混凝土用的水应符合下列要求:

1 应符合国家现行《混凝土用水标准》(JGJ 63)的规定。

2 应为无侵蚀性、不含有害物质的可饮用水。

9.2.6 每立方米混凝土中各类材料的总碱量(Na_2O 当量)应符合国家现行《铁路混凝土工程预防碱—骨料反应技术条件》(TB/T 3054)的规定,并不得大于 3 kg。

9.2.7 防水混凝土应尽量避免使用含氯离子的外加剂,钢筋混凝土中由水泥、矿物掺和料、骨料、外加剂和拌和用水等引入的氯离子总含量,不应大于胶凝材料总量的 0.10%。

9.2.8 纤维混凝土中所用的纤维应符合下列要求:

1 钢纤维可选用碳钢型、低合金钢型和不锈钢型材质,宜采用直径(等效直径)为 0.3 ~ 0.9 mm,长度为 20 ~ 60 mm,长径比为 30 ~ 80 mm 的钢纤维。

2 合成纤维可选用聚丙烯腈(腈纶)纤维、聚丙烯(丙纶)纤维、改性聚酯(涤纶)纤维和聚酰胺(尼龙)纤维,并宜采用直径为 10 ~ 100 μm,长度为 4 ~ 25 mm 的细纤维。

3 纤维材料的技术要求应符合《纤维混凝土结构技术规程》(CECS 38:2004)的规定。

9.3 施　　工

9.3.1 二次衬砌防水混凝土施工应符合现行《铁路混凝土工程施工技术指南》(TZ 210)及《铁路混凝土工程施工质量验收补充标准》(铁建设[2005]160 号)的规定。

9.3.2 防水混凝土施工配合比应根据混凝土原材料品质、设计强度等级、耐久性以及施工工艺对工作性的要求,通过计算、试配、试件检测、调整后确定,配制成的混凝土应满足设计强度等级、耐久性指标等质量要求。

9.3.3 混凝土配合比选定试验的检验项目应包括坍落度、泌水率、含气量、抗渗性、抗裂性、抗压强度,配制成的混凝土拌和物应满足施工工艺要求,并应遵守下列基本规定:

1 为提高混凝土的耐久性,改善混凝土的施工性能和抗裂性能,宜适量掺加优质粉煤灰或硅灰等矿物掺和料,矿物掺和料掺量不宜小于胶凝材料总量的 20%。当粉煤灰掺量大于 30% 时,水胶比不宜大于 0.45,处于冻融环境中的混凝土的粉煤灰的掺量不宜大于 30%。

2 不同环境条件下的混凝土的水胶比、胶凝材料用量,应符合《铁路混凝土工程施工技术指南》(TZ 210—2005)表 7.4.2—1 的规定。

3 混凝土入泵坍落度宜控制在 150 ~ 180 mm,入泵前坍落度每小时损失值不应大于 30 mm,坍落度总损失值不应大于60 mm。

9.3.4 防水混凝土配料必须按配合比准确称量。计量允许偏差应为胶凝材料、水、外加剂 ±1%;粗细骨料 ±2%。

9.3.5　防水混凝土搅拌应符合下列规定：

1　混凝土必须采用微机控制计量的强制式拌和机械搅拌，搅拌时间应根据外加剂的技术要求确定，且不应小于 3 min。

2　纤维混凝土搅拌时应确保纤维在拌和物中分散均匀、不发生结团，宜优先采用将纤维、水泥、粗细骨料干拌均匀后再加水湿拌的工艺，有条件时还可采用纤维分散机布料。

9.3.6　防水混凝土运输应符合下列规定：

1　宜采用内壁平整光滑、不吸水、不渗漏的运输设备进行混凝土运输。

2　采用混凝土搅拌车运输时，运输过程中宜以 2～4 r/min 的转速搅动，到达现场时应高速旋转 20～30 s 后再浇筑。

3　混凝土运输、浇筑及间歇的全部时间不应超过混凝土的初凝时间。

9.3.7　防水混凝土浇筑应符合下列规定：

1　浇筑所用模板及支（拱）架安装必须稳固牢靠，接缝严密不漏浆液。浇筑混凝土前，模板内的积水和杂物应清理干净，模板与混凝土的接触面必须清理干净并涂刷隔离剂。

2　混凝土入模时的温度不宜高于 30 ℃，也不应低于 5 ℃，当平均温度持续 3 d 低于 5 ℃或最低温度低于 3 ℃时，应按冬期施工处理。

3　施工工艺或强度不同的混凝土必须分开浇筑。

4　仰拱混凝土必须整幅浇筑，拱圈、仰拱和底板不得留纵向施工缝。边墙纵向水平施工缝宜设置在洞内侧沟盖板底与边墙进水孔之间，其位置应保证该水平缝的止水带下缘能避开边墙进水孔（管）；环向施工缝应避开地下水和裂隙水较多的地段，并宜与变形缝结合设置；墙体有预留孔洞时，施工缝距孔洞边缘不应小于 30 cm。

5　混凝土应从低处向高处分层连续浇筑完成，当必须间歇时，应在前层混凝土初凝前，开始浇筑次层混凝土，否则，应按施工缝处理方法处理。

6　在混凝土施工缝处接续浇筑新混凝土时，应凿除原混凝土表面的水泥砂浆和松弱层，经凿毛处理的混凝土应用水冲洗干净。浇筑新混凝土前，对垂直施工缝宜在旧混凝土面上涂刷一层水泥净浆；对水平施工缝应在旧混凝土面上铺一层厚 10～20 mm、水胶比较混凝土略小的 1∶2的水泥砂浆，或铺一层厚约 30 cm 的混凝土，其粗骨料宜比新浇混凝土减少 10%。

7　对混凝土结构或钢筋稀疏的钢筋混凝土结构，应在施工缝处补插锚固钢筋，钢筋直径不应小于 16 mm，间距不应大于 20 mm。

9.3.8　混凝土浇筑过程中，应随时进行振捣混凝土使其均匀密实，并与模板紧密连接。振捣时应避免漏振、欠振和超振，应加强检查模板支撑的稳定性和接缝的密合情况，防止漏浆。

9.3.9　防水混凝土养护应符合下列规定：

1　应在浇筑完毕后的 12 h 以内对混凝土采取保温、保湿养护。

2　养护时，养护水温度与混凝土表面温度之差不得大于15 ℃。

3　拆模后可能与流动水接触的混凝土，应在混凝土与流动水接触前采取有效的保温、保湿养护措施，并增加养护时间（至少 14 d）。

4　直接与海水或盐渍土接触的混凝土，应保证其强度在达到设计强度以前不受侵蚀，并尽可能推迟混凝土与海水或盐渍土直接接触的龄期（不宜少于 6 周）。

9. 3. 10 防水混凝土拆模应符合下列规定：

1 混凝土拆模时的强度应符合设计要求。

2 拆模宜按立模顺序逆向进行，拆模及拆除临时埋设于混凝土中的木塞和其他预埋部件时，均不得损伤混凝土。

3 拆模时不得影响或中断混凝土的养护工作，且混凝土结构表面温度与周围气温的温差不应大于 20 ℃。

4 拆模后的混凝土结构，应在混凝土达到 100% 设计强度后，方可承受全部设计荷载。

5 混凝土强度达到 5 MPa 前，不应在其上安装模板及支架。

6 拆模后，应继续对混凝土进行养护，养护时间不应小于 14 d。

9. 3. 11 防水混凝土质量检验应符合下列规定：

1 混凝土原材料（水泥、矿物掺和料、细骨料、粗骨料、外加剂、水等）进场后，应对其品种、规格、数量以及质量证明书等进行验收核查，并按规定的频率取样复检，对于不合格的原材料，应按有关规定清除出场。

2 混凝土施工过程中，应对混凝土拌和物的性能进行抽检，检验结果应满足设计和施工要求。

3 应对混凝土的力学性能和耐久性能进行检查。混凝土耐久性的基本要求应符合表 9. 3. 11—1 的规定，当混凝土处于氯盐环境、化学侵蚀环境或冻融破坏环境时，混凝土的耐久性指标还应分别符合表 9. 3. 11—2 ~ 表 9. 3. 11—4 的规定。

表 9. 3. 11—1 混凝土的电通量

设计使用年限级别		一(100 年)	二(60 年)、三(30 年)
56 d 电通量(C)	< C30	< 2 000	< 2 500
(按混凝土不同强度等级)	C30 ~ C45	< 1 500	< 2 000
	≥C50	< 1 000	< 1 500

表 9. 3. 11—2 氯盐环境下混凝土的电通量

设计使用年限级别	一(100 年)		二(60 年)、三(30 年)	
环境作用等级	L1	L2、L3	L1	L2、L3
56 d 电通量(C)	< 1 000	< 800	< 1 500	< 1 000

表 9. 3. 11—3 化学侵蚀环境下混凝土的电通量

设计使用年限级别	一(100 年)		二(60 年)、三(30 年)	
环境作用等级	H1、H2	H3、H4	H1、H2	H3、H4
56 d 电通量(C)	< 1 200	< 1 000	< 1 500	< 1 000

表 9. 3. 11—4 冻融破坏环境下混凝土的抗冻性

设计使用年限级别	一(100 年)	二(60 年)	三(30 年)
环境作用等级	D1、D2、D3、D4	D1、D2、D3、D4	D1、D2、D3、D4
抗冻等级(56 d)	F300	≥F250	≥F200

4 混凝土强度必须符合设计要求，应采用标准养护试件和同条件养护的试件检测结

构实体强度。

5　混凝土拆模且养护结束后的实体混凝土的质量检验：

1）应用肉眼或放大镜观察实体混凝土结构表面是否存在非外力裂缝。当有非外力裂缝时，裂缝宽度不得大于0.2 mm，并不得贯通；

2）采用钢筋混凝土保护层厚度检查仪测定现场混凝土的实际厚度时，要求实际厚度不小于设计值，否则可将混凝土凿开实测；

3）当对混凝土耐久性有疑问时，可在混凝土实体结构上随机钻芯抽取混凝土芯样，测定实体混凝土的电通量。

6　混凝土的抗渗等级应符合设计要求。施工现场应按规定留置抗渗检查试件，并应按现行国家标准《普通混凝土长期性能和耐久性能试验方法》（GBJ 82）的规定进行试验评定，试件留置组数应符合下列规定：

1）隧道衬砌每200 m应制作检查试件1组（6个），不足200 m时，也应留置1组；

2）当使用的材料、配合比或施工工艺发生变化时，应另行制作检验试件1组。

9.3.12　防水混凝土衬砌结构外观和尺寸偏差应符合下列规定：

1　混凝土结构表面应密实、平整，不得有露筋、蜂窝等缺陷。缺陷必须进行修补，修补后，可采用目测或放大镜对缺陷进行外观检验，接茬面周边应能见到挤出的修补材料，不得留有缝隙。当对修补质量有怀疑时，可采取钻芯取样、金属敲击法等进行检验。

2　混凝土结构外形尺寸允许偏差和检验方法应符合表9.3.12的规定。

表9.3.12　结构外形尺寸允许偏差和检验方法

序　号	项　　目	允许偏差（mm）	检验方法
1	边墙平面位置	±10	尺量
2	拱部高程	+30 0	水准仪测量
3	边墙、拱部表面平整度	15	2 m靠尺检查或自动断面仪测量

注：平面位置以隧道设计中线为准进行量测。

10 施工缝、变形缝防水

10.1 一般规定

10.1.1 二次衬砌的施工缝、变形缝防水施工应符合国家现行标准的规定和设计要求。

10.1.2 二次衬砌的施工缝、变形缝构造必须满足密封防水要求。

10.1.3 二次衬砌混凝土应连续浇筑完成，宜少留纵向施工缝；分段浇筑时，应先做仰拱或底板，后做拱墙；边墙水平施工缝宜低于洞内排水侧沟盖板底面，但需高于边墙进水孔至少要有止水带半幅宽的距离。

10.2 材料要求

10.2.1 止水带宜采用橡胶、塑料、橡塑（氯乙烯合成橡胶）止水带或金属止水带等。橡胶止水带和钢边橡胶止水带应采用三元乙丙橡胶制作，不得采用再生橡胶。塑料止水带不得采用再生塑料。

10.2.2 对于水压高、预计变形大的地段，施工缝、变形缝施工宜选用钢边橡胶止水带或钢板止水带。

10.2.3 中埋式止水带宜选用橡胶止水带或钢边橡胶止水带，当遇有腐蚀性介质时宜选用氯丁橡胶止水带；橡胶止水带的防霉等级不应小于2级；在低温情况下，宜选用三元乙丙橡胶止水带；背贴式止水带宜选用防水板材质的塑料止水带。

10.2.4 橡胶止水带的材质、形状、尺寸、物理机械性能应符合设计及国家现行《橡胶止水带》(HG/T 2288)的规定。

10.2.5 中埋式止水带的宽度宜采用300～350 mm，并视水压力大小调整。

10.2.6 止水带外观质量应符合下列要求：

1 止水带表面不允许有开裂、缺胶、海绵状等影响使用的缺陷。塑料止水带外观颜色应为材料本色，不得添加颜料和填料，特殊要求除外。

2 止水带产品外观质量应符合表10.2.6的规定。

表10.2.6 止水带产品外观质量要求

序 号	缺陷名称	工 作 面
1	气 泡	直径不大于1 mm的气泡，每米不允许超过3处
2	杂 质	面积不大于4 mm^2 的杂质，每米不允许超过3处
3	凹 痕	不允许有
4	接缝缺陷	高度不大于1.5 mm的凸起或不平，每米不得超过2处

10.2.7 橡胶、塑料止水带的物理力学性能应分别符合表10.2.7—1和表10.2.7—2的规定，止水带接头部位的拉伸强度指标不得低于该说明表中本体材料的性能。

表 10.2.7—1 橡胶止水带物理力学性能

序号	项目			性能指标	
				B 型	S 型
1	硬度(邵尔 A)(度)			60 ±5	60 ±5
2	拉伸强度(MPa)			≥15	≥12
3	扯断伸长率(%)			≥450	≥450
4	压缩永久变形(%)	70 ℃ ×24 h		≤30	≤30
		23 ℃ ×168 h		≤20	≤20
5	撕裂强度(kN/m)			≥30	≥25
6	脆性温度(℃)			≤ -45	≤ -45
7	热空气老化	70 ℃ ×168 h	硬度变化(邵尔 A)(度)	≤ +6	≤ +6
			拉伸强度(MPa)	≥12	≥10
			扯断伸长率(%)	≥400	≥400
8	耐碱水	$Ca(OH)_2$ 饱和溶液 23 ℃ ×168 h	硬度变化(邵尔 A)(度)	≤ +6	≤ +6
			拉伸强度(MPa)	≥12	≥10
			扯断伸长率(%)	≥400	≥400
9	臭氧老化(50×10^{-8},20%,40 ℃,48 h)			无龟裂	
10	橡胶与金属粘合			R 型破坏	

注:① 仅钢边止水带检测橡胶与金属粘合项目。

② B 型适用于变形缝用止水带;S 型适用于施工缝用止水带;R 型指橡胶止水带。

③ 本表参照 GB 18173.2 制定,其中压缩永久变形指标反映了橡胶止水带的使用性能,是重要的指标项目。

钢边橡胶止水带的钢边材料应采用热镀锌钢板,其物理力学性能应符合表 10.2.7—1 的规定,材料性能应符合 GB/T 2518 的规定。

表 10.2.7—2 塑料止水带物理力学性能

序 号	项 目		技术指标	
			EVA	ECB
1	拉伸强度(MPa)		≥16	≥16
2	扯断伸长率(%)		≥600	≥600
3	撕裂强度(kN/m)		≥60	≥60
4	低温弯折性(℃)		≤ -40	≤ -40
5	热空气老化(80 ℃ ×168 h)	100% 伸长率,外观	无裂纹	无裂纹
		拉伸强度保持率(%)	≥80	≥80
		扯断伸长率保持率(%)	≥70	≥70
6	耐碱性 $Ca(OH)_2$ 饱和溶液 ×168 h	拉伸强度保持率(%)	≥80	≥80
		扯断伸长率保持率(%)	≥90	≥90

10.2.8 制品型遇水膨胀橡胶止水条宜选用矩形断面,厚度不宜小于 20 mm,其外观不允许有开裂、凹痕、气泡、杂质、明疤等影响使用的缺陷;制品型遇水膨胀止水条应具有缓膨胀性能,其 7 d 的膨胀率不应大于最终膨胀率的 60%。制品型遇水膨胀橡胶止水条的性

能指标应符合表 10. 2. 8 的规定。

表 10. 2. 8　制品型遇水膨胀橡胶止水条物理力学性能

序　号	项　　目		指　　标
1	硬度(邵尔 A)(度)		42 ±7
2	拉伸强度(MPa)		≥3. 5
3	扯断伸长率(%)		≥450
4	体积膨胀率(%)		≥200
5	反复浸水试验	拉伸强度(MPa)	≥3
		扯断伸长率(%)	≥350
		体积膨胀率(%)	≥200
6	低温弯折(－20 ℃×2 h)		无裂纹
7	防霉等级		≥2 级

注:表中硬度为推荐采用项目,其余为强制执行项目;成品切片测试应达到表中性能指标的 80%;接头部位的拉伸强度不得低于表中性能指标的 50%;体积膨胀率是浸泡后的试样质量与浸泡前的试样质量的比率。

10. 2. 9　变形缝嵌缝材料及背衬材料应符合下列要求:

1　嵌缝材料:最大拉伸强度不小于 0. 2 MPa,最大伸长率大于 300%,级别不应小于 8020(80 ℃时,拉伸—压缩率不小于 ±20%),与混凝土具有良好粘接性能和抗老化性能。

2　嵌缝材料宜选用聚硫建筑密封膏 B 类一等品或优等品。

3　涂刷的基层处理剂应符合设计要求。

4　背衬材料的设置应符合设计要求。

10. 2. 10　变形缝填缝材料

1　填缝板材质的选择应考虑变形缝处的相对变形量、承受水压力的大小、与填缝板接触的介质、使用的环境条件以及混凝土断面尺寸等。

2　隧道宜选用聚乙烯泡沫塑料板材或沥青木丝板。

3　聚乙烯泡沫塑料板的物理力学性能应满足表 10. 2. 10 的技术指标。

表 10. 2. 10　聚乙烯泡沫塑料板物理力学性能

项　目	单位	指　标	项　目	单位	指　标
表观密度	g/ cm^3	0. 10 ~0. 19	吸水率	g/ cm^3	≤0. 005
抗拉强度	MPa	≥0. 15	延伸率	%	≥100
抗压强度	MPa	≥0. 15	硬度(邵尔 A)	度	50 ~60
撕裂强度	kN/m	≥4. 0	压缩永久变形	%	≤3. 0
加热变形(+70 ℃)	%	≤2. 0			

10. 3　施　　工

10. 3. 1　施工缝和变形缝的设置与施工应符合下列规定:

1　施工缝

1)边墙纵向施工缝不应留置在剪力与弯矩最大处或底板与边墙的交接处,而应留

置在高出底板顶面不小于30 cm,且宜在水沟盖板底面以下的墙体上;

2)当墙体有预留孔洞时,施工缝距孔洞边缘不应小于30 cm;

3)设置止水条的环向施工缝,宜在端面预留浅槽,槽应平直,槽宽应比止水条宽1 ~2 mm,槽深应为止水条厚度的1/2;

4)施工缝采用中埋式止水带时,应确保其位置准确、牢固可靠;

5)施工缝可采用单一防水构造和复合防水构造两种形式;

6)施工中应保证待贴止水条或预设止水带的混凝土界面洁净。

2 变形缝

1)变形缝的位置、宽度、防水构造形式应符合设计要求;

2)用于沉降的变形缝的宽度宜为20 ~30 mm,用于伸缩的变形缝的宽度宜小于此值,用于沉降的变形缝得允许沉降量差值不应大于30 mm;

3)环境温度高于50 ℃处的变形缝,可采用2 mm厚的紫铜片或3 mm厚不锈钢等金属止水带;

4)变形缝的两侧应平整、清洁、无渗水;

5)变形缝底应先设置与嵌缝材料无粘接能力的背衬材料或遇水膨胀止水条;

6)变形缝嵌缝应密实。

10.3.2 施工缝处连续浇筑混凝土应符合下列规定:

1 先浇混凝土表面必须凿毛,并凿除先浇混凝土表面的水泥砂浆和松软层,用水冲洗干净。凿毛时,混凝土必须达到的强度:水冲洗凿毛时,0.5 MPa;人工凿毛时,2.5 MPa;风动机凿毛时,10 MPa。

2 纵向施工缝后浇混凝土前,应在凿毛后的先浇混凝土面上,铺一层厚25 ~30 mm、水胶比较混凝土略小的1∶1水泥砂浆,或铺一层厚约30 cm的混凝土,其粗骨料宜比后浇混凝土减少10%,然后按设计要求设置止水条或止水带,再涂刷水泥净浆或混凝土界面处理剂,及时浇筑混凝土。

3 环向施工缝后浇混凝土前,应将其表面浮浆和杂物清除后,设置制品型遇水膨胀止水条或中埋式止水带,涂刷水泥净浆或混凝土界面处理剂,并及时浇筑混凝土。

4 浇捣靠近止水带附近的混凝土时,应严格控制浇捣的冲击力,避免力量过大而刺破止水带,同时还必须充分振捣,保证混凝土与止水带紧密结合,施工中如发现有破裂现象应及时修补。

5 二次衬砌脱模后,若发现施工中有走模现象,致使止水带过分偏离中心,则应适当凿除或填补部分混凝土,对止水带进行纠偏。

10.3.3 施工缝和变形缝的处理宜采用两种以上的防水措施,并符合下列规定:

1 纵向施工缝应粘贴制品型遇水膨胀止水条和安设止水带的复合方式进行防水处理。

2 环向施工缝应设置中埋式止水带和背贴式止水带的复合方式进行防水处理。

3 制品型遇水膨胀止水条应牢固地安装在缝表面或预留槽内。

4 可采用中埋式止水带和预埋注浆管路的复合方式进行防水处理。

10.3.4 几种施工缝、变形缝防水构造形式应按下列各图、设置:

1 常用的复合防水构造形式见图10.3.4—1 ~图10.3.4—3,图中L、L_1按止水带类别确定。

2　其他新型、经济、可靠的防水构造形式，如预埋注浆管的施工缝构造形式、带接水盒的变形缝构造形式见图 10. 3. 4—4 和图 10. 3. 4—5。

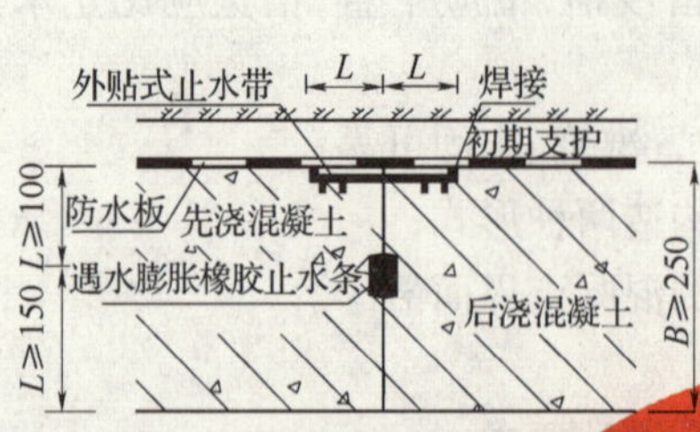

图 10. 3. 4—1　背贴式止水带和止水条复合防水构造形式（单位：mm）

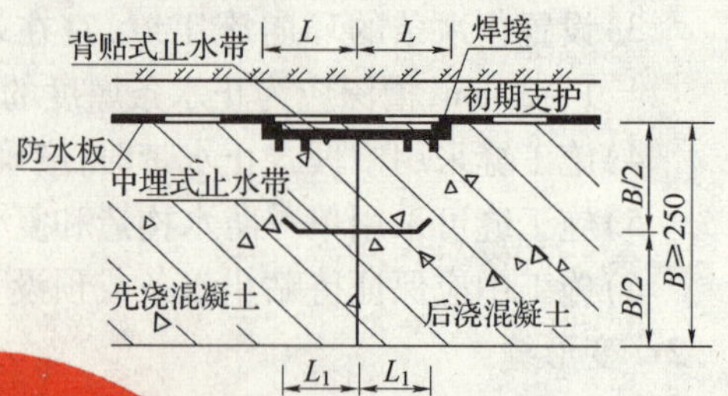

图 10. 3. 4—2　背贴式止水带和中埋式止水带复合防水构造形式（单位：mm）

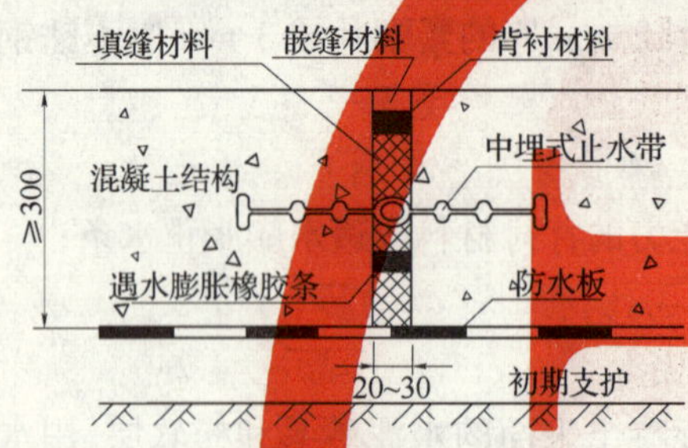

图 10. 3. 4—3　中埋式止水带与遇水膨胀止水条、嵌缝材料复合防水构造形式（单位：mm）

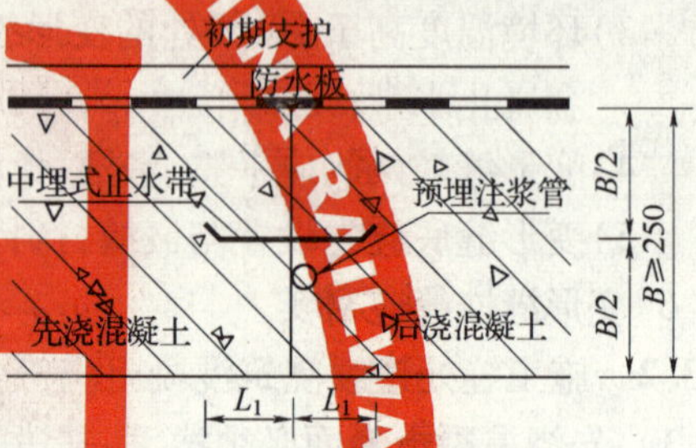

图 10. 3. 4—4　中埋式止水带和预埋注浆管的施工缝构造形式（单位：mm）

10. 3. 5　止水带安装的位置应符合下列要求：

1　止水带埋设的位置宜按衬砌厚度的一半确定，其安装的径向位置，较设计允许偏差为 ±5 cm，安装的纵向位置允许偏离中心为 ±3 cm。

2　止水带应与衬砌端头模板正交，以确保止水带安装方向和质量。

10. 3. 6　止水带的长度应根据施工要求事先向生产厂家定制（一环长），尽量避免接头，当确需接头时，应采取搭接、复合连接、对接等形式，见图 10. 3. 6。

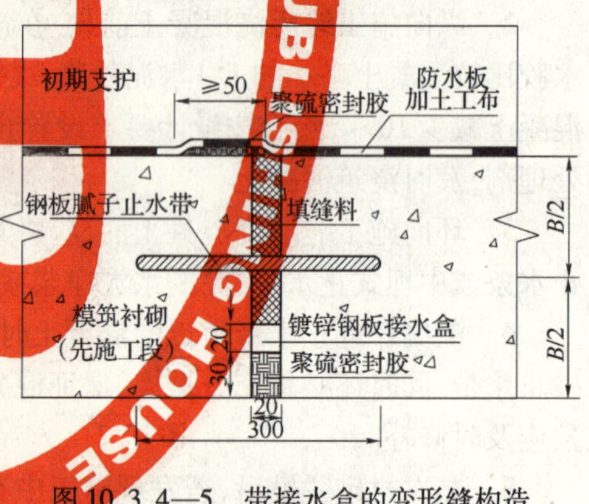

图 10. 3. 4—5　带接水盒的变形缝构造形式（单位：mm）

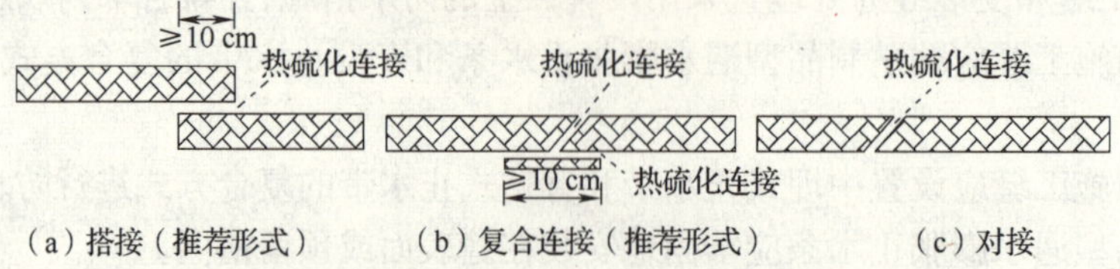

图 10. 3. 6　橡胶止水带常用接头形式

1　止水带接头必须焊接良好，接头外观应平整光洁。

2　止水带连接前应做好接头表面的清刷与打毛，搭接长度不得小于10 cm，宜采用小型热焊机进行焊接，焊缝宽度不得小于 50 mm。

3　塑料止水带宜采用止水带塑料焊接机进行焊接。

4　橡胶止水带接头宜采用热压机硫化搭接胶合，接头强度不应低于母材的 80%。

5　采用以冷接法专用黏结剂连接时，搭接长度不得小于20 cm，黏结剂涂刷应均匀(按照产品说明书指示顺序操作)并压实。

10.3.7　止水带的施工应符合下列规定：

1　采用中埋式止水带时，应确保位置准确、固定牢靠，其中间空心圆环应与变形缝的中心线重合。

2　中埋式止水带的安装应利用附加钢筋、卡子、铁丝、模板等将止水带固定，宜采用专用钢筋套或扁钢固定，采用扁钢固定时，止水带端部应先用扁钢夹紧，并将扁钢与结构内钢筋焊牢，固定扁钢用的螺栓间距宜为 50 cm。

3　中埋式止水带在转弯处应做成圆弧形，橡胶止水带的转角半径不应小于 200 mm，钢片橡胶止水带不应小于 300 mm，且转角半径应随止水带的宽度增大而相应加大。

4　中埋式止水带应固定在挡头模板上，中埋式止水带先施工一侧混凝土时，其端模应支撑牢固，严防漏浆。固定止水带时不能在止水带上穿孔打洞，不得损坏止水带本体部分，应防止止水带偏移，以免单侧缩短，影响止水效果。安装止水带时，沿衬砌环线每隔 0.5～1.0 m，在端头模板上钻一个 ϕ12 mm 的钢筋孔，将预制的钢筋卡穿过挡头模板，内侧卡紧止水带的一半，另一半止水带平靠在挡头板上，待混凝土凝固后拆除挡头板，将止水带拉直，然后弯钢筋卡紧止水带。浇筑另一端混凝土时应用箱形模板保护。

5　止水带定位时，应使其在界面部位保持平展，不得使橡胶止水带翻滚、扭结，如发现有扭结不展现象应及时进行调正。

6　固定中埋式止水带的方法见图 10.3.7—1～图 10.3.7—3。

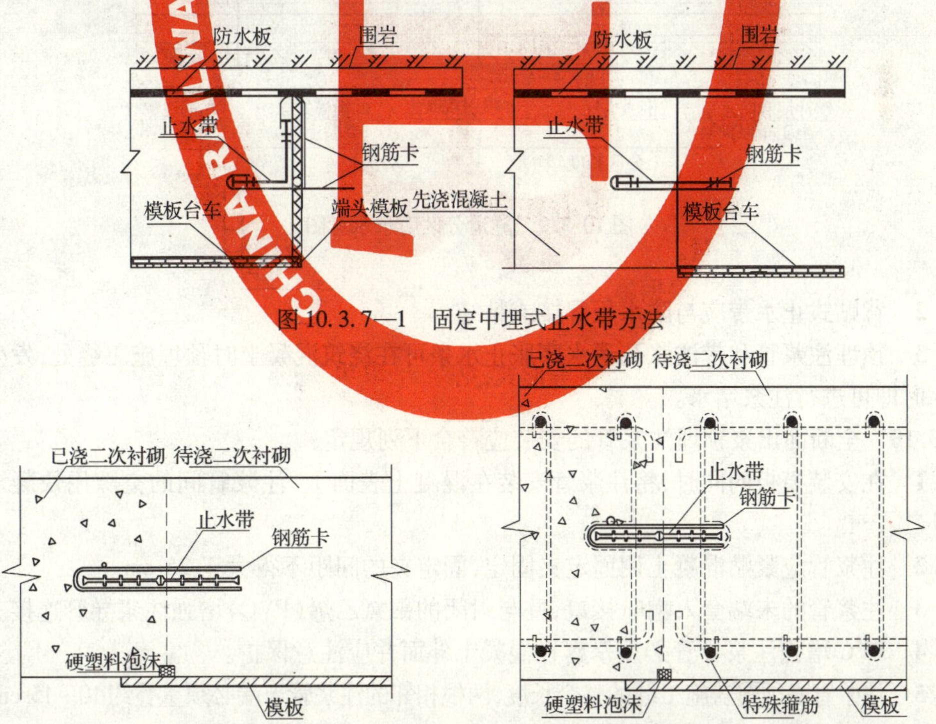

图 10.3.7—1　固定中埋式止水带方法

图 10.3.7—2　在混凝土中固定中埋式止水带　图 10.3.7—3　在钢筋混凝土中固定中埋式止水带

10.3.8 制品型遇水膨胀止水条的施工应采用预留槽嵌入法，并符合下列规定：

1 挡头板制作时应考虑预留安装止水条的浅槽。

2 拆除混凝土模板后，修整预留槽，将止水条嵌入槽内，并用配套的胶粘剂或水泥钉固定止水条，再浇筑下一环混凝土。

3 遇水膨胀止水条接头处应重叠搭接后再粘接固定，沿施工缝形成闭合环路，其间不得留断点，搭接长度不应小于50 mm，见图10.3.8。

4 止水条定位后至浇筑下一环混凝土前，应避免被水浸泡，必要时应加涂缓膨剂，防止其提前膨胀。

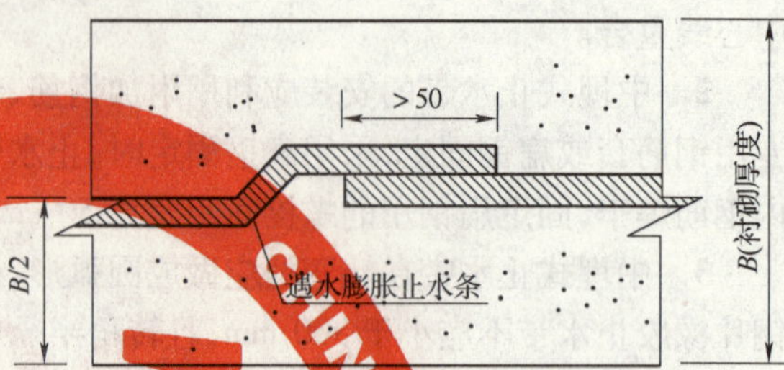

图10.3.8　遇水膨胀止水条搭接示意图

10.3.9 对于富水隧道，宜在二次衬砌部位采用分区隔离防水技术，隧道分区防水示意见图10.3.9。

1 在施工缝处安设全断面出浆预埋注浆管、带注浆孔遇水膨胀止水条等。

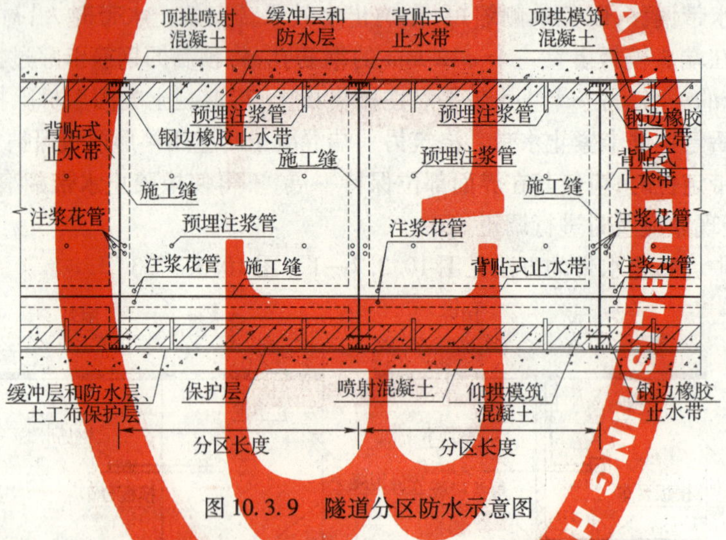

图10.3.9　隧道分区防水示意图

2 背贴式止水带应与防水板焊接或粘结。

3 预埋注浆管和带注浆孔遇水膨胀止水条可在浇筑混凝土时预埋施工缝处，发生渗漏水时即可进行注浆堵水。

10.3.10 全断面出浆预埋注浆管的安装应符合下列规定：

1 在安装模板的同时，将注浆管安装在混凝土表面上，注浆管间的空隙用快凝水泥填补。

2 注浆管应紧贴混凝土用固定夹固定，固定夹的间距不得大于25 cm。

3 注浆管的末端套入喇叭接口，并与封闭的聚氯乙烯（PVC）增强注浆导管连接。

4 PVC增强注浆导管必须暴露在混凝土外面并应注意保护。

5 注浆管必须覆盖施工缝的整个长度，两根相邻的注浆管末端必须重叠约10～15 cm。

6 衬砌边墙下边的管路应超出混凝土端头20 cm，以利于仰拱混凝土浇筑后的补充注浆。

7 注浆材料可用聚氨酯、丙烯酸盐等。

10.3.11 带注浆孔遇水膨胀止水条的安装应符合下列规定：

1 安装止水条界面的处理及止水条的固定方法可按本技术指南10.3.8条要求办理。

2 将止水条上的预留注浆连接管套入另一条止水条上。

3 止水条每30 m处安装一个三通，三通的直通部分一头插入止水条内，另一头插入注浆连接管内。丁字端头插入备用注浆管内，以备接缝渗漏水时注浆。

4 注浆连接管与三通连接件应粘结牢固，保证注浆管畅通。安装在三通上的备用注浆管，引入二次衬砌内侧。

10.3.12 变形缝嵌缝施工应符合下列规定：

1 应保证缝内两侧平整、清洁、无渗水、无积水，并涂刷与嵌缝材料相容的基层处理剂。

2 先设置与嵌缝材料无粘结力的背衬材料，背衬材料的设置应符合设计要求。

3 嵌缝材料与混凝土表面宜留有一定的距离，一般视温度高低宜留5～10 mm，嵌填应密实，与两侧粘接牢固。

11 侧沟、中心排水管(沟)排水

11.1 一 般 规 定

11.1.1 侧(排水)沟、中心排水管(沟)应严格按设计要求施工,确保其排水通畅。

11.2 侧 沟

11.2.1 隧道内侧沟的布置、结构形式、沟底高程、纵向坡度、断面尺寸以及侧沟外墙距线路中心线的距离均应符合设计要求。

11.2.2 侧沟与隧道边墙应连接牢固,必要时可在墙部加设短钢筋,使边墙与沟壁连成一体。

11.2.3 进水孔、泄水孔、泄水槽的位置、间距和尺寸应符合设计要求。

11.2.4 侧沟盖板应铺设齐全、平稳、顺直,其规格尺寸和强度应符合设计要求。

11.2.5 侧沟旁设有集水井时,集水井宜与侧沟、路面同时施工。

11.2.6 侧沟进水孔的孔口端应低于该处路面的高程,底板或仰拱施作时不得堵塞孔口。

11.2.7 隧道边墙下部通过纵、环向排水盲管将水引入侧沟中,并在每段纵向排水盲管中部设置泄水管,泄水管的设置应根据水量适当调整。

11.2.8 排水盲管、侧沟和孔、槽等组成的排水系统应有良好的排水效果,做到洞内排水顺畅,无淤积堵塞,进水孔、泄水孔、泄水槽畅通,排污水时应有密闭措施。

11.3 中心排水管(沟)

11.3.1 中心排水管(沟)的布置、结构形式、沟底高程、纵向坡度、埋设深度均应符合设计要求。根据隧道所在地区的不同,中心排水管(沟)埋设深度宜为0.5~2.0 m。

11.3.2 中心排水管的管材应符合国家标准《混凝土和钢筋混凝土排水管》(GB/T 11836—1999)三级管的要求。

11.3.3 中心排水管(沟)断面面积应根据隧道长度、纵向坡度、地下水渗流量,通过水力计算确定。

11.3.4 中心排水管管身不应变形和有裂缝;中心排水管管段拼装形式应符合设计要求,预制管段的内径、壁厚不应小于设计厚度;施工时,应注意检查中心排水管(沟)预制管段的规整性和管壁强度。

11.3.5 中心排水管上部应设置进水孔,并确保进水孔畅通,不得有盲孔,上部进水孔的位置、间距、数量应满足设计要求。

11.3.6 中心排水沟盖板的预制、搬运、安装不得有断板现象,盖板安装就位后,应用砂浆将接缝填实。

11.3.7 中心排水管基础的总体坡度、段落坡度、单管坡度应协调一致,并符合设计要求,不得高低起伏。

11.3.8　中心排水管(沟)开挖断面形状尺寸应符合设计要求,宜超挖 10 cm,并用与回填层同强度等级的混凝土回填;中心排水管(沟)底面高程每 50 m 随机抽查 10 个点,允许偏差应为 ±5 mm。

11.3.9　双线隧道Ⅰ、Ⅱ级围岩段中心排水沟的开挖宜与隧底光爆层的开挖同步进行。

11.3.10　无仰拱地段的中心排水管(沟)宜设反滤层,反滤层的砂、石粒径和含泥量应符合设计要求。

11.3.11　有仰拱地段的中心排水管直接埋设于仰拱填充混凝土中,其设置见图 11.3.11。

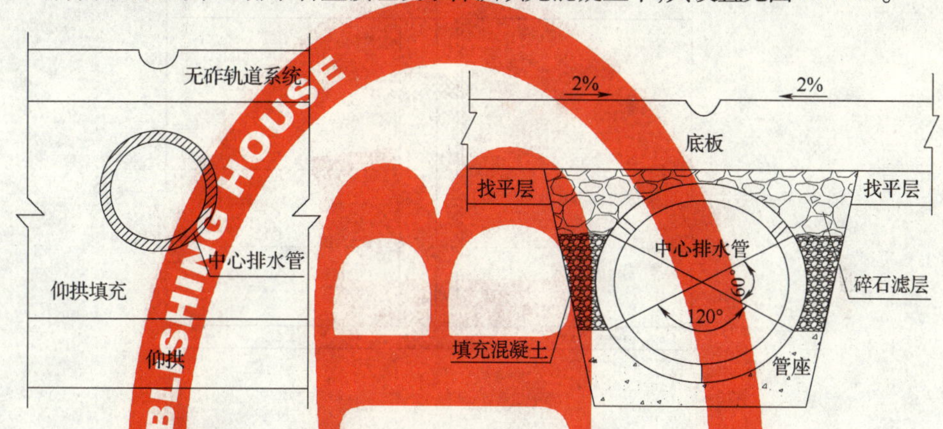

图 11.3.11　有仰拱断面中心排水管设置示意图

图 11.3.12　无仰拱断面中心排水管设置示意图

11.3.12　在软弱破碎地段(无仰拱),中心排水管管段铺设时应在其下安设混凝土预制块定位。中心排水管施工时,应先挖基槽,将不良岩体用强度较高的碎石替换,并用混凝土找平基面,使基础既平整又密实,为管段顺利铺设创造条件。无仰拱断面中心排水管设置见图 11.3.12。

11.3.13　在无仰拱地段进行中心排水管管段铺设时,应先保证将具有透水孔的一面朝上,管段逐个放稳后,再用水泥砂浆将管段间接缝密封填实,待砂浆凝固后,应逐段进行通水试验,发现漏水,及时处理,之后用土工布覆盖管段透水孔,并注意检查在横向导水管出口处与中心排水管的连接方式。

11.3.14　在无仰拱地段,中心排水管周围碎石应分层回填,回填时应注意保护管段的稳定及其上部透水性;浇筑底板混凝土前,用土工布覆盖碎石顶面,防止水泥浆漏入水沟;浇筑底板混凝土后,应立即进行水沟试水,将漏入的水泥浆冲洗干净。无仰拱地段中心排水管施工流程见图 11.3.14。

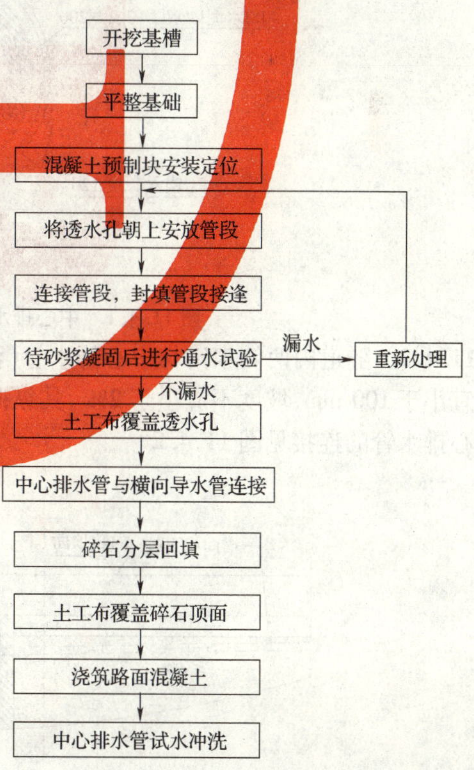

图 11.3.14　无仰拱地段中心排水管施工流程图

11.4 水沟连接

11.4.1 侧沟与中心排水管(沟)的连接形式

应符合设计要求。中心排水管接头可采用钢丝网水泥砂浆抹带接口,中心排水管接口断面见图11.4.1。

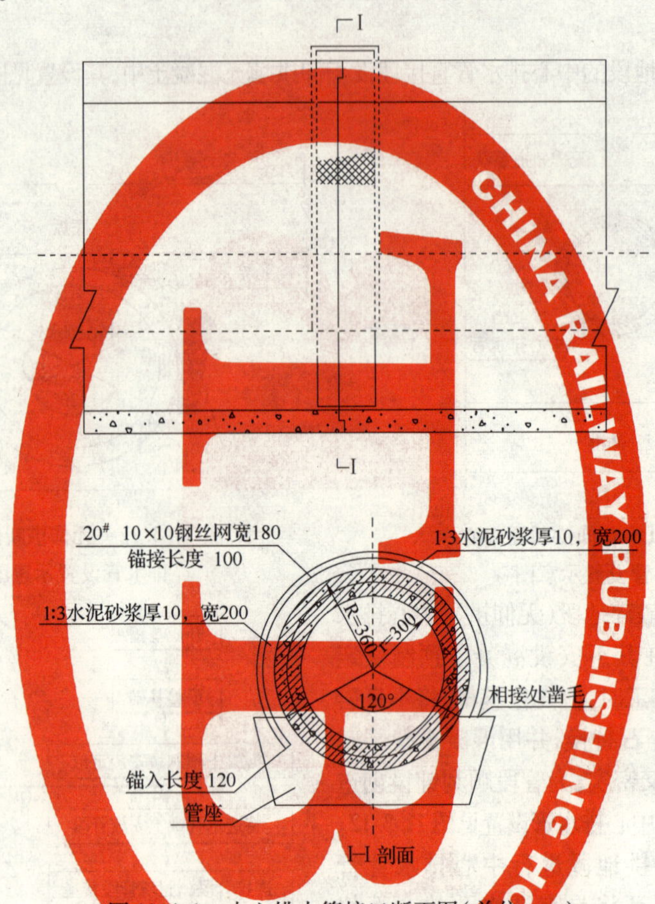

图11.4.1　中心排水管接口断面图(单位:mm)

11.4.2 隧道内两侧水沟与中心排水管(沟)通过横向引水管连接,横向引水管的直径不宜小于100 mm,坡度不应小于2%,其纵向间距应根据地下水量确定。横向引水管与中心排水管的连接见图11.4.2。

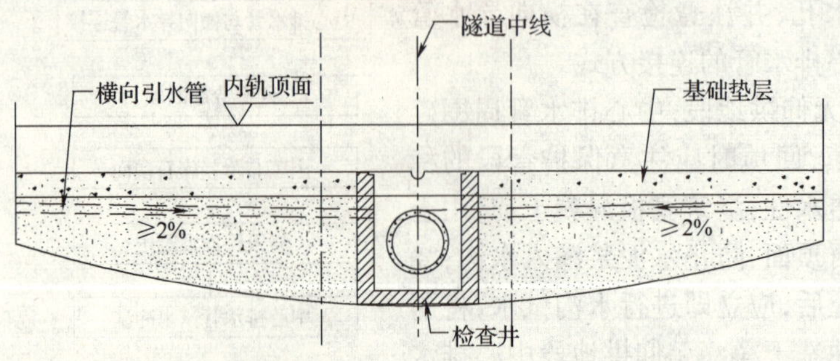

图11.4.2　中心排水管埋设断面图

11.4.3 中心排水管埋设好后,应进行通水试验,发现漏水、积水,及时处理。

11.5 检查井

11.5.1 中心排水管(沟)纵向应按间距50 m设沉沙池,在直线段每50 m及交叉、转弯、变坡处,应设置检查井。

11.5.2 检查井的位置、数量和结构形式不得影响行车安全,并应便于清理和检查。

11.5.3 检查井井壁外边缘距衬砌断面变化处不宜小于1 m,也不宜设置于施工缝、变形缝处。

11.5.4 检查井的井壁厚度应符合设计要求,允许偏差为±10 mm。

11.5.5 检查井底部宜设沉沙池。

11.5.6 检查井口应设活动盖板,盖板下宜垫10 mm厚的橡胶垫圈,检查井盖板的规格、强度应符合设计要求。

12 寒冷与严寒地区防排水

12.1 一 般 规 定

12.1.1 寒冷和严寒地区隧道的防水应以堵为主,洞口、结构和排水系统应增加保温措施,防止冬季水流冻结造成病害,危及行车和人身安全。隧道二次衬砌施工时,对防水混凝土应采取抗裂、防渗、抗冻等措施。

12.1.2 寒冷和严寒地区冬季有水隧道的冻害地段,应设置保温水沟、中心深埋水沟、防寒泄水洞和采用电加热等防寒措施,保证水流畅通,防止冻害。

12.2 施 工

12.2.1 最冷月平均气温在 −5 ℃以下地区,隧道排水沟形式应按表 12.2.1 的规定选用。

表 12.2.1 不同气温的排水沟形式

最冷月平均气温(℃)	黏性土最大冻结深度(m)	主排水沟形式
−5 ~ −15	1.0 ~ 1.5	双侧保温水沟
−15 ~ −25	1.5 ~ 2.5	中心深埋水沟
低于 −25	>2.5	防寒泄水洞

12.2.2 保温水沟应采用浅埋方式(即小于隧道内最大冻结深度),宜在两端洞口 150 ~ 400 m 范围内双侧设置,低洞口可适当加长。保温水沟上部设双层盖板,在两层盖板间充填保温材料,保温层厚度不应小于 30 cm,保温材料宜采用矿渣、沥青玻璃棉、矿渣棉、泡沫聚氨酯、泡沫塑料等,并应有防潮措施。

12.2.3 中心深埋水沟应将水沟埋置于隧道内冻结深度以下,并满足下列要求:

1 水沟断面形式应根据地质条件选用 U 形、圆形、箱形或拱形,在Ⅲ ~ Ⅵ级围岩中,拱形水沟应铺底。

2 水沟埋置深度应结合当地气温、冻结深度、水量、水温、水沟坡度,以及隧道走向与寒冷季节主导风向等条件确定,并宜大于当地黏性土的最大冻结深度。

3 水沟回填除应满足保温、渗水性好的要求外,还应防止石屑、泥沙渗入水沟引起水沟淤积。

4 水沟应设置检查井,检查井间距为 30 ~ 50 m,断面形式可采用方形或圆形,检查井下应设沉淀池,以便清淤,检查井应设双层盖板,盖板之间应填塞干草或泡沫聚氨酯等其他保温材料。

12.2.4 防寒泄水洞的施工,应满足下列要求:

1 防寒泄水洞拱部及边墙应留有足够的泄水孔,其间距不宜小于 1 m。

2 为便于对防寒泄水洞的检查及夏季通风，宜每隔150~200 m设一检查井，中心检查井设于线路中心线上，侧检查井设于大避车洞内，检查井应设双层盖板，盖板之间应填塞保温材料。

12.2.5 设置保温水沟，中心深埋水沟或防寒泄水洞的隧道，应修筑盲管（沟）、泄水孔、横沟、横导沟、洞外暗沟、保温出水口等设施，并要求做到：

1 盲管（沟）的设置深度不宜小于1 m，可在盲管（沟）处增设保温墙。

2 汇集于纵向或环向盲管（沟）的地下水，通过泄水孔流入保温水沟中，泄水孔的断面宜按计算确定。

3 中心深埋水沟通过隧底横沟与盲管（沟）连接，横沟的坡度不宜小于5%。

4 设防寒泄水洞的隧道，横沟应以暗挖的横导洞代替，衬砌背后盲管（沟）与横导洞以钻孔沟通，钻孔直径不宜小于10 cm。当钻孔处于Ⅳ~Ⅵ级围岩时，宜安装“花管”，防止钻孔堵塞。

5 保温水沟和防寒泄水洞的水流出隧道后，应采用暗沟通过路堑地段流入地形低洼处。暗沟应埋置于冻结深度以下，其坡度不宜小于5%，并每隔50 m设一检查井和沉淀坑。

6 最冷月平均气温低于-15 ℃地区，中心深埋水沟、防寒泄水洞、洞外暗沟均应设防寒出水口。当出水口地形较陡时，其结构宜用端墙式；地形平坦时，宜用掩埋保温圆包头式。

12.2.6 寒冷和严寒地区二次衬砌混凝土施工时，除应按照本技术指南第9章相关规定执行外，还应符合下列规定：

1 当环境昼夜平均气温连续3 d低于5 ℃或最低气温低于-3 ℃时，混凝土的抗压强度在达到设计强度30%前或未达到5 MPa前，均不得受冻。浸水冻融条件下的混凝土开始受冻时，其强度不得小于设计强度的75%。

2 搅拌混凝土前，应先通过热工计算，并经试拌确定水和骨料需要预热的最高温度，尽可能保证混凝土的入模温度不低于5 ℃。水泥、矿物掺和料、外加剂等可在使用前运入暖棚进行自然预热，但不得直接加热。掺减水剂的混凝土，应通过试验确认电热法养护对其强度无影响后，方可采用。

3 混凝土的配制宜选用较小的水胶比和较小的坍落度，骨料中不得混有冰雪、冻块和易被冻裂的矿物质。加热处理时水加热的温度不宜高于80 ℃；骨料不加热时，水温可加热至80 ℃以上，并应先投入骨料，和热水搅拌均匀后再投入水泥；骨料加热的温度不应高于60 ℃；当混凝土出现坍落度减小或发生速凝现象时，应重新调整拌和料的加热温度。混凝土搅拌时间宜较常温施工时延长50%左右。

4 混凝土的运输容器应有保温措施，运输时间应缩短，并尽量减少中间倒运环节。

5 混凝土在浇筑前，应清除模板及钢筋表面的冰雪和污垢。当环境气温低于-10 ℃时，应将直径大于或等于25 mm的钢筋和金属预埋件加热至正温。混凝土结构施工缝的处理应符合本技术指南第10章有关规定，当先浇混凝土面和外露钢筋（预埋件）暴露在冷空气中，应采取防寒保温措施。

6 当混凝土强度达到《铁路混凝土工程施工技术指南》第7.10.1条和第10.1.3条抗冻强度规定后，方可拆除模板。当环境温差在10 ℃~15 ℃范围时，模板拆除后的混凝土表面宜采取临时覆盖措施。采用外部热源加热养护的混凝土，养护期结束后的环境温度仍在 0 ℃以下时，应待混凝土冷却至 5 ℃以下且混凝土与环境之间的温差不大于 15 ℃后，方可拆除模板。

7 寒冷和严寒地区混凝土施工时应增加其与结构同条件养护的施工试件不少于 2 组，此种试件应在解冻后方可试压。

13　管片衬砌防水

13.1　一般规定

13.1.1　铁路隧道管片衬砌结构应以管片防水为基础，以接缝防水、螺栓孔与注浆孔防水为重点，辅以特殊部位防水处理，形成一套完整的防水体系。

13.1.2　衬砌管片应采用高精度管片，管片接缝采用密封垫，螺栓孔与注浆孔采用密封垫圈。

13.1.3　管片衬砌支护后，当设计有特殊防水要求、在管片内增设二次混凝土衬砌时，其施工方法按设计要求执行。

13.1.4　管片必须按照设计要求制作、安装，经抗渗检验合格后方可使用。

13.1.5　隧道管片衬砌防水应考虑长期运用中便于检修保养。

13.2　管片防水

13.2.1　隧道管片防水应提高其混凝土自防水性能，管片自防水包括管片本体防水和管片外涂防水。

13.2.2　管片应采用防水混凝土制作，其材料选用应符合国家现行有关标准的规定。

13.2.3　防水混凝土管片可采用外涂防水材料的方式提高防水性能，当隧道处于侵蚀性介质的地层时，管片耐侵蚀系数不应低于0.8，必要时可涂刷耐侵蚀的防水涂层。

13.2.4　管片外防水涂层的选择应符合下列规定：

1　耐化学腐蚀性、抗微生物侵蚀性、耐水性、耐磨性良好，且无毒或低毒。

2　在管片外弧面混凝土裂缝宽度达到0.3 mm时，仍能抗最大埋深处水压，不渗漏。

3　具有防杂散电流的功能，体积电阻率高。

4　施工简便，且能在冬季操作。

13.2.5　管片外防水涂层的施工应符合下列规定：

1　管片养护结束，表面湿度不大于9%。

2　管片背部的空穴、缺损，用聚合物快凝水泥填平，清除基面上的突起物，用钢丝刷清除管片上的浮灰、浮砂。

3　按配比将涂料混合搅拌均匀，分层涂刷均匀，控制涂膜厚度不得过厚、过薄，第二道涂层涂刷的方向必须和第一道的涂刷方向垂直，两道涂层间隔时间根据涂料品种、作业环境的温度与湿度等确定。

4　待表面涂料达到实干后，方可起吊重新堆放，涂料没有完全固化成膜前，严禁水淋和灰砂的沾污。

5　涂层必须粘结牢固，表面平整，无空鼓、脱落、破损等现象。

13.2.6　管片外防水涂层宜采用环氧煤焦油、环氧一聚氨酯、改性沥青、环氧与氯磺化聚乙烯复合涂料等,同时也可辅以无机水性高渗透密封剂,加强抗掺、抗腐蚀性。

13.2.7 衬砌管片外防水涂层除应涂刷于管片背面外,还应涂刷在环、纵面橡胶密封条外侧的混凝土上。

13.3 管片接缝防水

13.3.1 管片接缝防水应选择具有合理构造形式、良好回弹性及遇水膨胀性、耐久性、耐水性的橡胶类材料。

13.3.2 管片至少应设置二道密封垫沟槽,其外形应与沟槽相匹配;弹性密封橡胶垫与遇水膨胀橡胶密封垫的性能应符合有关规定。

13.3.3 管片接缝密封垫应满足在设计水压和接缝最大张开值下不渗漏的要求。密封垫沟槽的截面积应为密封垫截面积的 1~1.5 倍,使密封垫完全压入密封沟槽内。

13.3.4 管片弹性密封材料防水应符合下列规定:

1 在设计水位下不漏水,能承受千斤顶顶力、注浆压力及衬砌使用阶段的截面内力,千斤顶的反复推力作用下和管片变形时不失去水密性。

2 有相当的弹性,在承受往复压力后复原能力强,能承受千斤顶的推力及螺栓的紧固力。

3 具有足够的粘结力、耐久性、抗老化性和良好的化学稳定性等。

4 具有均质性,施工方便,不会影响管片拼装精度,安装完成后能立即承受荷载等。

13.3.5 管片接缝防水材料必须满足设计要求,并应满足下列要求:

1 所采用的防水材料,必须按设计要求和生产厂家的质量指标分批进行抽检。

2 采用遇水膨胀橡胶防水材料时,运输和存放必须采取防潮措施,并设专用库房存放。

3 防水材料专用库房应按规定配备防火设施。

13.3.6 管片防水密封条粘贴应遵守下列规定:

1 按管片型号使用,严禁使用尺寸不符或有质量缺陷的产品。

2 在管片角隅处加贴自粘性橡胶薄片时,其尺寸应符合设计要求。

3 环面纠偏要求粘贴传力衬垫材料时,必须按正确位置粘贴。

4 变形缝、柔性接头等管片接缝防水的处理应按设计图纸要求实施。

5 管片防水密封条粘贴后,在运输、堆放、拼装前应有防雨、防潮措施,拼装时应逐块检查。

13.3.7 管片嵌缝防水材料应满足下列要求:

1 具有水密性、良好的化学稳定性及对气候变化的适应性。

2 与潮湿混凝土结合力强,在湿润状态下易于施工。

3 具有弹塑性,伸缩性小,伸缩及复原性好。

4 硬化时不受水分影响。

5 施工后应尽快成为非粘接,完全硬化时间短。

13.3.8 管片嵌缝防水应符合下列规定:

1 在管片内侧环、纵向边沿应设置嵌缝槽,其深宽比应大于 2.5,槽深宜为 25~55 mm,单面槽宽宜为 3~10 mm。

2 不定形嵌缝材料应有良好的不透水性、潮湿面粘结性、耐久性、弹性和抗下坠性；定形嵌缝材料应有与嵌缝槽能紧贴密封的特殊构造，有良好的可卸换性和耐久性。

3 嵌缝作业区的范围与嵌填嵌缝槽的部位，除了根据防水等级要求设计外，还应视工程的特点与要求而定，槽缝应清洗干净，使用专用工具填塞平整密实。

4 嵌缝防水施工必须在盾构千斤顶顶力影响范围外进行，同时应根据盾构施工方法、隧道的稳定性确定嵌缝作业开始的时间。

5 嵌缝作业应在接缝堵漏和无明显渗水后进行，嵌缝槽表面混凝土如有缺损，应采用聚合物水泥砂浆或特种水泥修补牢固；嵌缝材料嵌填时，应先涂刷基层处理剂，嵌填应密实、平整。

13.3.9 管片嵌缝槽的槽底宜设斜楔口，当采用定形嵌缝材料时，两槽边可设为平行状，见图13.3.9(1)～(3)；采用不定形的嵌缝材料时，可设小型槽口，见图13.3.9(4)；深度比要求大于2.5（槽深度为20～55 mm，单面槽宽宜为3～10 mm）。

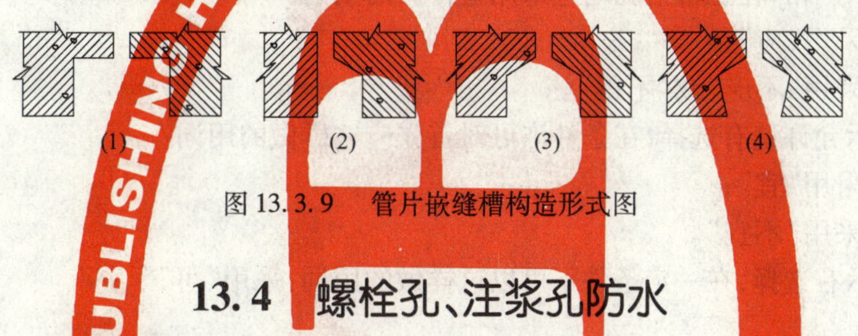

图13.3.9 管片嵌缝槽构造形式图

13.4 螺栓孔、注浆孔防水

13.4.1 管片上的螺栓孔应采用螺孔密封圈防水，密封圈的外形应与螺孔、螺栓相匹配，并有利于压密止水或膨胀止水。

13.4.2 螺栓孔防水应符合下列规定：

1 管片肋腔的螺孔口应设置锥形倒角的螺孔密封圈沟槽。

2 螺孔密封圈应采用合成橡胶、遇水膨胀橡胶制品。

3 螺孔密封圈应压入密封圈沟槽，使密封圈与螺栓、螺孔混凝土压密贴。

13.4.3 封堵注浆孔的防水材料应满足下列要求：

1 伸缩性好、不失水密性。

2 能承受螺栓坚固力。

3 有耐久性而且耐老化。

本技术指南用词说明

执行本技术指南条文时，对于要求严格程度的用词说明如下，以便在执行中区别对待。

(1)表示很严格，非这样做不可的用词：

正面词采用“必须”；

反面词采用“严禁”。

(2)表示严格，在正常情况均应采用这样做的用词：

正面词采用“应”；

反面词采用“不应”或“不得”。

(3)表示允许稍有选择，在条件许可时首先应这样做的用词：

正面词采用“宜”；

反面词采用“不宜”。

(4)表示有选择，在一定条件下可以这样做的用词：采用“可”。

《铁路隧道防排水施工技术指南》条文说明

本条文说明系对重点条文的编制依据、存在问题以及在执行中应注意的事项等予以说明。为了减少篇幅,只列条文号,未抄录原条文。

1.0.1 我国在50多年铁路隧道建设过程中,隧道防排水的设计、施工和运营养护均取得了一定的经验和成果。为了更好地推广应用隧道防排水的有效经验和成果,适应我国现阶段铁路隧道建设的需要,故制定本技术指南。

1.0.2~1.0.5 根据铁道部铁建设[2007]88号文件(关于印发《铁路隧道设计施工有关标准补充规定》的通知)精神,隧道防排水设计应采取“防、堵、截、排,因地制宜,综合治理”的原则,应进行环境评价,重视环境保护。对下穿江、河、城市及对环境有特殊要求的隧道,宜采取全封闭不排水的原则;对岩溶、高压水和适当排水不会影响环境的隧道,宜采取以堵为主,限量排放的原则;排水对环境确无影响时,宜采取排水的原则,并考虑排水措施的可维护性。

“防”:即要求隧道衬砌结构具有一定的自防水能力,能防止地下水渗入,如采用防水混凝土或防水板等。

“堵”:在隧道施工过程中,有渗漏水时,可采用注浆、喷涂等方法堵住;运营后渗漏水地段也可采用注浆、喷涂,或用嵌填材料、防水抹面等方法堵水。

“截”:隧道顶部如有地表水易于渗漏处所或有坑洼积水,应设置截、排水沟和采取清除积水的措施。

“排”:即隧道应有排水设施并充分利用,以减少渗水压力和渗水量,但必须注意大量排水后对周围环境引起的后果,如地层细颗粒流失、降低围岩稳定性及造成当地农田灌溉和生活用水困难等,应事先妥善处理。

隧道防排水工作,应结合水文地质条件、施工技术水平、工程防水等级、材料来源和成本等,因地制宜,选择适宜的方法,以达到“防水可靠,排水通畅,线路基床底部无积水,经济合理的目的”。

随着科学技术的发展,隧道工程防排水的新材料、新工艺、新技术也不断出现,只要是符合国家现行标准,满足设计要求,经实践检验质量和性能可靠的,都可以使用。铁路隧道防排水材料的选用应符合环保无毒的要求,排水盲管(沟)、缓冲层、防水板、止水条、止水带、背衬材料、嵌缝材料等在长期使用中不允许有毒(害)物质滤出。

3.2 隧道洞口处,截水沟、排水沟、施工便道的走向往往有多种方案可供选择,应结合地形条件选择对地面植被破坏最小、排水畅通的方案。

4.1.3 水泥系注浆材料宜选用强度等级不低于32.5R的水泥。使用水泥—水玻璃浆液时,应掺入增加耐久性的外加剂,以提高浆液的后期强度,其他浆液材料应符合有关规定。

单液水泥浆性能的调整方式如下：

(1)调整水泥浆液的凝胶时间:浆液中可掺入氯化钙、水玻璃等促凝剂;

(2)为提高浆液稳定性和可灌性,可掺分散剂或悬浮剂(膨润土、甲基纤维素、羟乙基纤维素、聚乙烯醇、聚丙烯酸及基盐类等);

(3)为控制水泥浆液扩散范围,提高注浆堵水效果,可在水泥浆液中掺加速凝剂或早强剂;

(4)为降低浆液在含水层中的稀释率,改善浆液的强度,可在水泥浆中掺入一定的增强型防水剂,使浆液水化物质呈胶状且在输浆管内承压后不脱水,以加大单液水泥浆的黏度与胶凝时间的可调范围;

(5)注浆前应对浆液的配合比、工艺流程进行现场试验合格后再施工。

4.2.2

3　深孔预注浆段越长,连续开挖段相应也越长,工期会越短,但钻孔越深,钻孔速度相应越低,进度会减慢。因此,合理确定注浆段长度是加快注浆进度,迅速渡过不良地质地段的关键。选择预注浆的段长,不仅要考虑工程地质和水文地质条件,主要应把相同孔隙率或裂隙宽度的地层放在同一注浆段内,以便浆液均匀扩散,而且要考虑工作实际,不使成本增大过多,还需要考虑钻孔时间,充分发挥钻机效率,缩短工程建设工期。

4　如量测静水压力有困难时,可参考下列经验公式确定最大设计压力,并根据注浆试验结果进行修正:

地表注浆　$P=(0.2\sim0.5)H_1$

洞内注浆　$P=(0.2\sim0.5)H_1K$

式中　H_1——孔口至静水位高度(m);

K——洞内修正系数,宜取1.2~2.0;

P——注浆设计压力(MPa)。

注浆压力是浆液在裂隙中扩散、充填、压实、脱水的动力。注浆压力太低,浆液扩散范围有限,不能充填裂隙。注浆压力太高,会引起裂隙扩大,岩层移动和抬升,浆液易扩散到预定注浆范围以外,造成浪费。特别在浅埋隧道,会引起地表隆起,破坏地面设施,造成事故。因此,合理选择注浆压力是注浆成败的关键。

5　预注浆的注浆方式一般分为:前进式注浆、后退式注浆、综合注浆、全孔一次性注浆、群孔一次注浆等。

6　钻孔精度是注浆效果好坏的关键,因此,要尽量保证开孔偏差和钻孔偏斜率在允许范围以内。

8　注浆结束压力控制在使泵压达到预定值时,会自动停泵,不致于发生超压。如注浆过程中出现较大的跑浆,经间歇注浆后达到或接近终压也可结束注浆。整治涌水突泥时,其终压值根据客观条件的变化,可选择合理的上限值和下限值与导坑突水量作为结束注浆的条件。

4.2.3

说明表4.2.3—1　按试验孔压水流量选择注浆材料及浆液浓度

项　目	试验注浆孔的压水流量(L/min)				
	50~100	100~200	200~500	500~1 000	>1 000
浆液类型	单液水泥浆	单液水泥浆	水泥—水玻璃浆	水泥—水玻璃浆	水泥—水玻璃浆
水灰比	1:1~0.8:1	0.8:1~0.6:1	1:1~0.8:1	0.6:1~0.8:1	0.6:1

续上表

项　目	试验注浆孔的压水流量(L/min)				
	50~100	100~200	200~500	500~1 000	>1 000
水泥外加剂用量(%)	氯化钙3% ~5% 或水玻璃 3% ~5% 或三乙醇胺 0.05% 及食盐 0.5%				
水玻璃浓度(Be′)			35~40	35	30~35
水泥浆与水玻璃体积比			1:1~1:0.8	1:0.8~1:0.6	1:0.6~1:0.3
凝固时间(min)	300~400		2~3	1~2	<1

注:1　本表根据《锚固与注浆技术手册》(中国岩土力学与工程学会岩石锚固与注浆技术专业委员会)制定。
2　本表适用于裂隙含水岩层。
3　水灰比为重量比,外加剂用量为占水泥重量的百分率。
4　浆液浓度为起始浓度,可在注浆过程中根据实际情况调整。
5　破碎岩层无水时,采用水泥浆掺入外加剂的浆液较适宜,水灰比多为 0.6:1~0.8:1。
6　当处理断层破碎带,地下水流速很大时,则宜先注入惰性材料,如中、粗砂或岩粉等,以充填过水通道,增加浆液流动阻力,减少跑浆,然后注入水泥—水玻璃双液浆堵水。

说明表 4.2.3—2　注浆孔吸水率与浆液起始浓度关系

钻孔吸水率[L/(min·m·m)]	浆液起始浓度(水灰比)	钻孔吸水率[L/(min·m·m)]	浆液起始浓度(水灰比)
0.01~0.1	8:1	3.0~5.0	1:1
0.1~0.5	6:1	5.0~10.0	0.5:1(加掺和料)
0.5~1.0	4:1	>10	0.5:1(加掺和料)
1.0~3.0	2:1		

注:其他浆液起始浓度可参考水泥浆液起始浓度试验确定。

为防止压注速度过大造成上压过快返浆、漏浆等现象,影响注浆质量,因此需要先确定注浆孔的吸水率。吸水率为单位时间内每米钻孔在每米水压作用下的吸水量,可通过压水试验按下式计算:

$$q = Q/(H \cdot h)$$

式中　q——钻孔吸水率[L/(min·m·m)];

Q——单位时间内钻孔在恒压下的吸水量(L/min);

H——试验时所使用的压力(10 kPa);

h——试验钻孔长度(m)。

如用某浓度级水泥浆液注浆过程中,吸浆率约为吸水率的80% ~85% 时,可认为浓度适宜;注浆压力保持不变,吸浆量随注浆时间延长逐渐减少时,或当吸浆量不变而压力却逐渐升高时,均属于浓度适中,不需改变浆液浓度;如果连续压入 20~30 min 后,注浆压力和吸浆量均无改变或改变不大,即可换用较浓一级的浆液。

如遇有冒浆或岩层破碎带、大裂隙、岩溶发育地层时,应越级加浓或采取间歇注浆、水泥—水玻璃注浆等措施。在岩溶发育的石灰石岩层注浆,浆液浓度可参考说明表 4.2.5—3 进行选择。

说明表 4.2.3—3　石灰石岩层浆液起始参考浓度

钻孔吸水率[(L/(min·m·m)]	<0.1	0.1~0.5	0.5~1.0	>1:0
浆液起始浓度(水灰比)	>4:1	4:1~2:1	2:1~1:1	<1:1

4.2.4　注浆是用压送设备将具有胶结性的浆液通过注浆孔有目的地注入含水地层中,浆

液以填充、渗透、挤密和劈裂等形式，使其扩散、膨胀、胶凝或固化，以充填岩石裂隙或赶挤孔隙中的水分和空气后占据其位置。浆液将裂隙胶结成一个整体，形成一个防水性能高和稳定性良好的“结石体”，从而提高围岩的抗渗性能，防止开挖时涌水，改善地下工程的施工条件。

注浆材料的品种很多，且某种材料不可能符合条文中所有条件，因此必须根据工程地质和水文地质情况、注浆目的、注浆工艺、成本和设备等因素综合考虑，合理选用注浆材料。本条文强调合理选用，不一定非要全部满足条文规定的原则，而应结合工程实际有所侧重考虑。

说明表 4.2.4—1　按注浆的目的选择浆液材料

注浆目的	工艺技术	浆液类别
基岩防渗	渗透及脉状注浆	水泥浆、聚氨酯浆、AC ~ MS 浆、水泥砂浆
回填注浆	渗透、挤密注浆	水泥浆、水泥砂浆
堵水注浆	渗透及脉状注浆	水泥—水玻璃浆、水玻璃浆、聚氨酯浆、AC ~ MS 浆
预注浆	渗透及脉状注浆	水泥浆、水泥—水玻璃浆

说明表 4.2.4—2　按地质条件及施工对象选择注浆材料

地质条件	施工对象	堵水	充填	防渗	备注
岩层	>0.1 mm 裂隙	单液水泥浆、水泥—水玻璃浆			
	< 0.1 mm 裂隙	丙烯酸			
特殊地质条件（破碎带、断层、溶洞等）		骨料 + 单液水泥浆、骨料 + 水泥—水玻璃浆、单液水泥浆、水泥黏土浆、水泥—水玻璃浆			根据地层内有无充填及空洞大小选择骨料
混凝土二次衬砌	壁内	丙烯酸、聚氨酯类（如裂隙较大，亦可用水泥—水玻璃浆）		内凝	大裂缝用水泥浆
	壁后	单液水泥浆、水泥—水玻璃浆等			小裂缝用化学浆

常用注浆材料的特点及范围：

(1)单液水泥类浆液

以水泥或在水泥中加入一定量的附加剂为原材料，用水配制成浆液。附加剂为分散剂、悬浮剂，如水玻璃、氯化钙、三乙醇胺（速凝早强作用）和氯化钠等复合附加剂。

单液水泥类浆液属于颗粒性材料，适用于注浆量大的预注浆及裂隙宽度大于 15 mm 的围岩注浆。

单液水泥浆的特点为：水泥作为注浆材料，来源丰富，价格便宜；浆液结石体强度较高，一般 28 d 的抗压强度为 5 ~ 25 MPa，抗渗性能好。采用单液方式注入，工艺及设备简单，操作方便；由于水泥是颗粒材料，可注性差；浆液凝固时间长，不能准确控制；浆液在动水情况下容易流失，结石率较低，并且易析水沉淀。

(2)水泥—水玻璃双液浆

水泥—水玻璃浆液是以水泥和水玻璃为主剂，两者按一定的比例，采用双液方式注入，必要时加入速凝剂和缓凝剂所形成的注浆材料。这种浆液克服了单液水泥浆的凝结时间长且难以控制、动水条件下结石率低等缺点，提高了水泥注浆的效果，扩大了水泥注浆的范围。适用于隧道大涌水、突泥封堵及岩溶流塑粒土的劈裂固结，在地下水流速较大的地层中采用这种混合型浆液可达到快速堵漏的目的。也可用于防渗和加固注浆,它是隧道施工中的主要浆材。

水泥—水玻璃浆液特点为:浆液可控性好,凝胶时间可准确控制在几秒至几十分钟范围内;浆液凝结后的结石率高;材料来源丰富、价格便宜;结石体易粉化。该浆液适宜于0.2 mm以上裂隙及1 mm以上粒径的砂层使用。

(3)超细水泥浆液

由极细的水泥颗粒组成,中粒径小于4 μm的颗粒占50%,而其他水泥粒径小于4 μm不足10%。超细水泥浆液的特性为:在同样水灰比的情况下,超细水泥浆液的黏度比普通水泥和胶体水泥浆液都低;超细水泥浆液比其他水泥浆液具有较好的稳定性;浆液结石强度高。超细水泥颗粒有较高的化学活性,能够较好地凝结硬化,获得高的早期和后期强度。龄期3 d即可达25 MPa以上;凝胶时间可准确控制在几十秒至几十分钟范围内调节;浆液的可注性较好。

(4)聚氨酯浆液

聚氨酯浆液分为非水溶性聚氨酯浆液和水溶性聚氨酯浆液。

非水溶性浆液由多异氰酸酯和多羟基化合物聚合而成,只溶于有机溶剂,不溶于水。其特点是:浆液相对密度1.036~1.125,遇水开始反应,因此不易被地下水冲稀或冲失,可用于岩层裂隙细微、压不进去或涌水大、流速大的动水条件下堵漏,止水效果好。浆液遇水反应时发泡膨胀,进行二次渗透,扩散均匀,有较大的扩散半径和凝固体积比,注浆效果好。结石体抗压强度高,抗渗性能好。浆液黏度低,可注性好,可与水泥注浆相结合;采用单液系统注浆,工艺设备简单。浆液受外部的水或水气影响较大,甚至药品本身含有的微量水也可使体系发泡,所以存放、使用都需十分注意。预聚体稳定性差,要密闭保存。不污染环境。发泡体积受外界压力影响,外压大,发泡体积小,外压小,发泡体积大。注浆后,管路、设备需用丙酮、二甲苯等溶剂清洗。

水溶性浆液是由预聚体和其他外加剂所组成,具有亲水性。其特点是:浆液相对密度1.10,黏度约为0.1 Pa·s,浆液能均匀地分散或溶解在大量水中,凝胶后形成包有大量水的弹性体。浆液的凝胶时间可以根据催化剂或缓凝剂的用量在几分钟到几十分钟之间调节,凝胶体的抗压强度与包水量有关。结石体的抗渗性能好,可用于地下工程的防渗堵漏。

4.2.6 进行后退式分段注浆时,首先将止浆塞及其他配套装置放入注浆管中,对底部一个注浆分段段长进行注浆施工,第一分段注浆完成后,将止浆塞恢复到原状,后退一个分段长度进行第二分段注浆,如此循环,直到将整个注浆段完成。止浆塞应采用富于弹性且耐磨性能好的橡胶制作,止浆塞直径应小于钻孔直径的2~4 mm,长度为100 mm,并能承受注浆终压的要求,必要时可多个止浆塞合并使用。

4.5 铁路隧道的初期支护为永久性结构,长期渗水将减弱其结构强度,此外为了保证二次衬砌的施工质量,也必须对初期支护大面积渗漏水进行治理。

当地层裂隙不太发育时,钻孔后下入注浆花管就可以进行径向注浆;当地层裂隙比较发育时,宜采用TSS管,以减少或防止注浆施工中串浆的发生,从而提高径向注浆加固效果。

径向注浆压力定为1~1.5 MPa,是对于水量和水压不大的情况,如果涌水压力很大,则要根据注浆试验确定。

4.6.3 回填注浆时间的确定，是以衬砌是否承受回填注浆压力作用为依据的，避免结构过早受力而产生裂缝。因此，回填注浆应在衬砌混凝土达到设计强度70%后进行。

5.3.2 排水泵站的设置及集水坑的有效容积设计等，与隧道消防排水、汛期雨水等有密切关系，应注意相关专业的验收要求和规定。

5.4 采用钻孔排水时，应着重对静水压力、涌水量进行调查分析，在水压力较高（大于2 MPa）时，应特别注意对现场施工人员人身安全的保护，不允许施工人员站在正对孔口的位置，防止高压水冲出伤人；当涌水量大时，为了现场施工人员能尽快撤离，非钻孔施工人员必须撤出现场。

5.5.2 水量、水压较大时可采用泄水洞排水，但应满足以下条件：

（1）洞内涌水与地表直接连通，受天气影响明显。表现为一旦下大雨，洞内水量急剧增加，雨停后，水量很快减小。

（2）高压富水地区，出水通道的位置和方向能够确定。

（3）长期排水不会对当地居民的生产、生活造成大的影响。

5.6.1 当特殊洞室作为隧道的永久排水洞、通风洞或其他用途时，其防排水应按照使用要求办理。

6.1.1 降低地下水位的方法主要有集水明排和井点降水两类，降水方法及其适用范围见说明表6.1.1。集水明排是指在基坑中开挖集水井和集水沟，用泵将水从集水井中抽出从而疏干基坑的方法。分层挖土时，随着挖土面的下移，需在新的开挖面上重挖集水井和集水沟。该方法适合于弱透水地层中的浅基坑，尤其是在基坑环境简单、含水层较薄，降水深度较小的情况下，采用集水明排是比较经济的。井点降水是通过对地下水施加作用力，利用带有过滤器的井管埋入含水层中，从管中抽取地下水，从而达到降低地下水位的目的。根据施加作用力的方式以及抽水设备的不同，井点降水有轻型井点、喷射井点、电渗井点、管井井点和深井井点等。其中轻型井点主要适用于地下水位较高，一级井点降水深度为3~6 m，二级井点降水深度为6~9 m，多级可至12 m。喷射井点在设计时其管路平面布设和立面布设与轻型井点基本相同。基坑面积较大时，采用环形布设。基坑宽度小于10 m时采用单排线型布设；大于10 m时可作双排布设。喷射井点间距一般为2~

说明表6.1.1 降水方法及适用范围

降水方法 \ 适用范围		适用地层	渗透系数（cm/s）	降水深度（m）
集水明排		含薄层粉砂的粉质黏土，黏质粉土，砂质粉土，粉细砂	$1\times10^{-7}\sim2\times10^{-4}$	<5
井点降水	轻型井点 多级轻型井点	同上	$1\times10^{-7}\sim2\times10^{-4}$	<6 6~10
井点降水	喷射井点	同上	$1\times10^{-7}\sim2\times10^{-4}$	8~20
井点降水	电渗井点	黏土，淤泥质黏土，粉质黏土	$<1\times10^{-7}$	根据选用的井点确定
井点降水	管井（深井）	含薄层粉砂的粉质黏土，砂质粉土，各类砂土，砾砂，卵石	$>1\times10^{-6}$	>10
井点降水	砂（砾）渗井	含薄层粉砂的粉质黏土，黏质粉土，砂质粉土，粉土，粉细砂	$>5\times10^{-7}$	根据下伏导水层的性质及埋深确定

3.5 m。当采用环形布设时，进出口（道路）处的井点间距可扩大为5～7 m。电渗井点阴极布设与轻型井点布设或喷射井点布设相同，阳极布设在阴极与基坑上缘之间。阴、阳极之间的距离，当采用轻型井点时，为0.8～1.0 m；采用喷射井点时，为1.2～1.5 m。阴、阳极的数量宜相等，必要时阳极数量可多于阴极数量。管井井点系统根据基坑平面形状或沟槽宽度，以及所需降水深度，沿基坑四周呈环形或沿基坑（或沟槽）两侧呈直线形布设，井点一般沿基坑周围距开挖边坡上缘为1.0～2.0 m，井距可以通过计算得到，一般为15～25 m左右。环境要求高，有隔水帷幕（或连续墙），采用坑内降水，一般用管井（深井）井点效果好。管井（深井）井点布设在坑内，按棋盘点状布置，井距可通过计算得到，一般为10～20 m左右。需要注意的是：坑内降水，既要满足降水要求，即降水后坑内水位要低于基坑底以下0.5～2 m；又要不低于基坑周边隔水帷幕底高程，一般应使降低后坑内水位在隔水帷幕底高程上方2 m左右。

对于地下水位以下的土层为一般均匀性的、较厚的、自由排水的砂性土，则用普通井点系统或单井群井均可有效地降水；若为成层土或黏质砂土时，则需采用滤网并适当缩短井点间距，同时还应采用井外的砂粒倒滤层。当基坑底下有一薄层黏土，且下面为砂层，则需考虑采用将喷射井点或深井打入该砂层，用以减除下层的水压力，以免基底隆起或破坏。

6.1.2 降水施工方案主要适用于以下情况与条件：

（1）地下水位较浅的砂石类或粉土类土层；

（2）周围环境容许地面有一定沉降；

（3）止水帷幕密闭，坑内降水时坑外水位下降不大；

（4）采取了有效措施，足以使邻近地面沉降控制在允许值以内；

（5）具有地区性的成熟经验，证明降水对周围环境不产生大的不良影响。

6.2.1 洞内轻型井点降水是将一系列井点管埋设于洞内开挖底面以下的地层中，并将这些井点都连接到抽水总管，用真空泵（射流泵）和水泵将地下水抽出，以降低地下水位，使开挖面处保持干燥或少水状态，改善施工条件，加快施工速度。洞内轻型井点降水主要适用于渗透系数为0.1～80 m/d的砾砂、粗砂、中砂及细砂层等地层，其降低地下水位的深度受诸多条件限制，尤其受设备限制，一般单层井点系统能降低地下水位3～6 m。井点的布设应根据施工方法及地下水位的实际情况灵活选择，一般是在开挖上半断面时埋设井点。当大断面开挖，地下水位在隧道中偏下位置时，或地下水虽在拱顶以上；但在开始施工阶段，通过竖井将水位已降到底部时，洞内降水方式多放在下半断面墙脚处，无论正台阶法施工或CRD工法施工，这种布置方式是很合适的，详见说明图6.2.1—1、6.2.1—2。

井点系统主要由井点、抽水总站和泵站等设备组成，其结构示意见说明图6.2.1—3。其中井点由滤管、喷嘴及井点管组成，

井点系统的泵站设备种类很多，常用的有真空泵和射流泵两种。洞内轻型井点降水所需主要机具设备见说明表6.2.1。

对渗透性较差的细砂层等地层，在条件允许时，也可考虑采用洞内水平井点降水法。斜设井点采用水平钻机成孔，井点管选用*Dg*48钢管加工，总长度12～16 m，其中滤管长度为4～8 m。井点布设在隧道两侧边墙底部，纵向水平距离8～14 m，斜设角度4.5°～24°，其相对位置见说明图6.2.1—4。

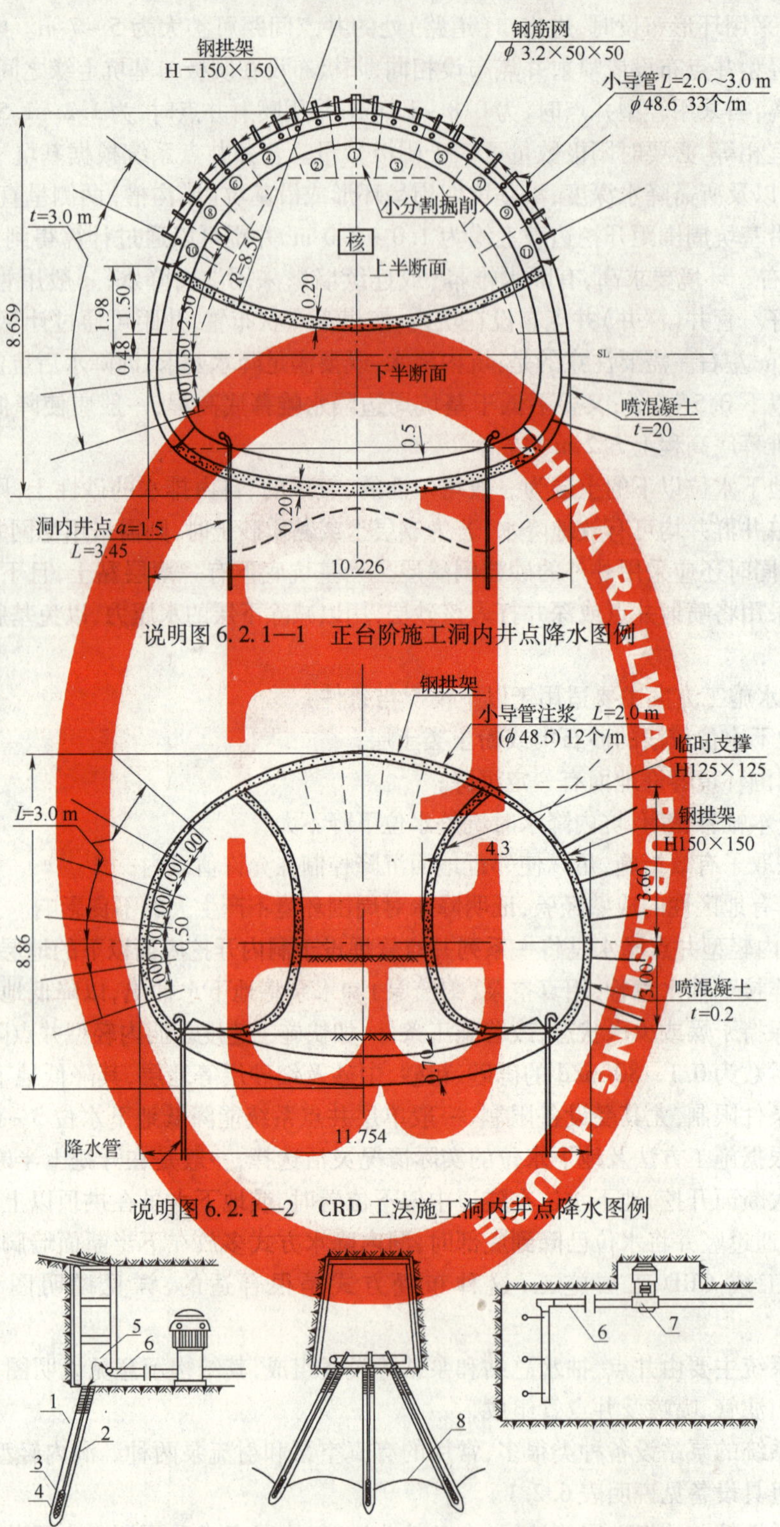

说明图 6.2.1—1　正台阶施工洞内井点降水图例

说明图 6.2.1—2　CRD 工法施工洞内井点降水图例

说明图 6.2.1—3　井点系统结构示意图

注：1—井点管；2——砂滤层；3—滤管；4—喷嘴；5—弯联管；
6—抽水总管；7—泵站；8—降水曲线。

说明表 6.2.1 井点降水主要机具设备

名 称	规 格	单 位	数 量	备 注
真空泵	SZZ 型或 SZB 型	台	2	真空泵站用,备用1台
抽水泵	BA 型	台	2	真空泵站用,备用1台下坡排水时不用
气水分离箱		台	1	真空泵站用
离心泵		台	2	射流泵站用,备用1台
射流器		个	2	射流泵站用,备用1台
水 箱		个	1	
真空表		块	2	
水压表		块	2	
抽吸总管	ϕ150 mm 无缝钢管	m		根据需要配备
井 管	ϕ25 mm 无缝钢管	根		每根长1 m,根据要求配备
滤 管	ϕ50 mm 无缝钢管缠双层滤网	根		每根长1 m 左右,根据需要配备
喷 嘴	内径 50 mm 钢管加工	个		根据需要配备
阀 门	1.6 MPa	只		根据需要配备

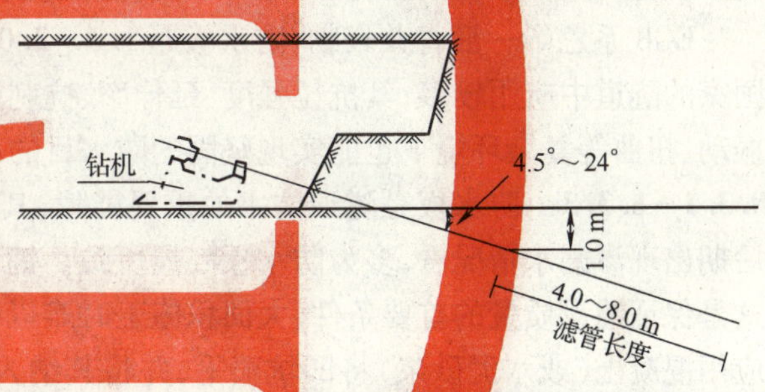

说明图 6.2.1—4 洞内水平井点降水位置图

滤管和滤层是人工降水工作中一个十分重要的环节,良好的滤管和滤层既渗透性好,又能将土粒阻挡于滤层之外。反之,在真空和动水压力作用下,移动到滤层周围的细颗粒通过滤层和滤管不断地被抽吸,使抽出的水含泥砂量大,造成地基土流失,引起地面沉降。为了防止土粒随水流被抽吸带出,滤管、滤料和滤层厚度,均应按规定设置,并保证施工质量。滤网孔径应根据土的粒径来选择,下井管前必须严格检查滤网,发现破损或包扎不牢、不严密应及时修补。滤料粒径应根据土质条件确定,不易太大,以免失去过滤作用。井点管上部1～5 m 范围内用黏土封孔,亦可防止将土粒带出。

7.4.2 环向排水盲管的作用是在初期支护与塑料板防水层之间提供过水通道,并使地下水汇集到纵向排水管。当隧道初期支护表面有大面积渗漏水,可增设双根或多根排水盲管或塑料排水板,将水引入纵向排水盲管。

7.4.4 纵向排水盲管主要有两个作用:一是将环向排水盲管流下之水经其排至横向盲管;二是将防水层阻挡之水经纵向盲管上部透水孔向管内疏导。纵向排水盲管一般在防水板施作前安设,安设中应防止出现管身高低起伏不定,平面上出现忽内忽外的现象,避免造成纵向盲管淤塞导致排水不畅。纵向排水盲管在布设时应注意其细部构造,首先应用土工布将其包裹,使泥砂不得进入管内;其次,应用防水卷材将其半裹,使从上部流下之水在纵向盲管位置尽量流入管内。纵向排水盲管在整个隧道排水系统中是一个中间环节,起着承上启下的作用,施工中应注意检查与上部环向盲管的连接,由于两管一般采用简单搭接的连接方式,因此应避免两管之间被喷射混凝土隔断。另外还应检查与横向排水盲管的连接(在设中心排水沟的情况下),两管一般采用三通管连接,三通管留设位置应准确,接头应牢固,防止松动脱落。

7.4.5 横向排水盲管位于衬砌基础的下部,布设方向与隧道轴向垂直,是连接纵向排水盲管与中心排水管(或侧沟)的过水通道。横向排水盲管通常为硬质塑料管,施工中先在纵向盲管上预留接口,然后在仰拱及填充混凝土施工前接长至中心排水管(沟)。

8.2.1 土工布是较常用的缓冲层材料,它能有效防止防水板被表面凹凸不平的基面损坏。因为大面积施工时很难做到基面平整、无坚硬凸起物,而要起到这一作用,土工布就必须有一定的厚度,故本条中规定了单位面积质量的最小限值。由于渗排水是要长期进行的,故要求土工布还应具有良好的渗水、过滤性能(即化学稳定性)核能耐地下水(包括有腐蚀性的地下水)、微生物等的腐蚀。初期支护后,围岩仍在继续变形,因此也要求土工布有良好的弹性及物理力学性能,以适应这种变形。

8.2.2 防水板一般为工厂定型产品,具有厚薄均匀、质量稳定、施工方便和对环境无污染的优点。防水板的种类很多,有橡胶型、塑料型和其他化工类产品,幅宽从 2 ~ 4 m 不等。以下列举国内经常使用的几种产品,供施工使用时参考。

EVA 系乙烯—醋酸乙烯共聚物,特点是抗拉及抗裂强度较大,相对密度小,具有突出的柔软性和延伸率较大的优点,施工方便,防水效果优良。

ECB 系乙烯—沥青共聚物,防水板厚 1.0 ~ 2.0 mm,在奥地利、瑞士、意大利、韩国等国家的隧道中应用较多,其抗拉强度、延伸率、抗刺穿能力等性能均优于 EVA 和 PE,在有振动、扭曲等复杂环境下也能实现坚固的防水目的,但铺设稍难,造价也高。

8.3.1 ~ 8.3.3 防水板是隧道防水的重要屏障,其铺设质量直接影响防水效果。从隧道后期出现渗漏水情况看,多为防水板破损所致。铺设防水板的基面应平整,无突出异物,这是保证铺设质量的首要条件,大面积施工时难以做到基面平整,所以,在防水板铺设前应用混凝土(或水泥砂浆)将凹坑喷平,并将其纳入施工、检验工序。基面处理可参考说明图 8.3.1 ~ 说明图 8.3.3 进行。

(1)钢筋网等凸出部分,先切断后用锤击,然后以水泥砂浆抹平(说明图 8.3.1)。

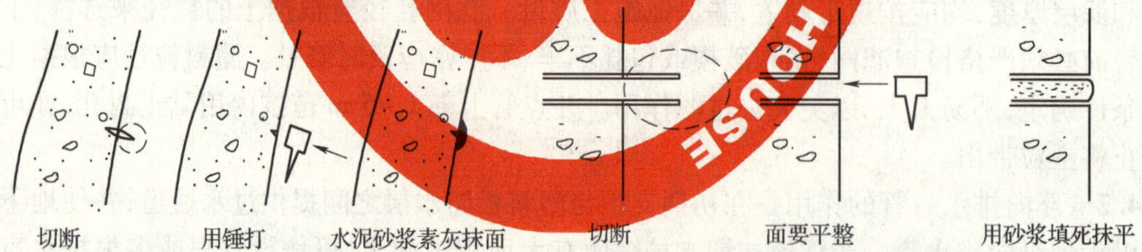

说明图 8.3.1 基面处理之一

说明图 8.3.2 基面处理之二

(2)有凸出的管道时,切断后用水泥砂浆抹平(说明图 8.3.2)。

(3)锚杆有凸出部位时,螺帽顶预留5 mm切断后,用塑料帽处理(说明图 8.3.3)。

8.3.4 根据近年来铁路、公路隧道施工经验,喷射混凝土的平整度只要达到规定的要求,铺设的防水板与混凝土喷层间的狭小缝隙,在浇筑二衬时混凝土能够将其挤压密贴,不会形成地下水的通道。因此,为使喷射混凝土平整度达到本条文要求,应对混凝土凹凸面进行修整(见说明图 8.3.4)。

8.4.3 缓冲层的作用:一是防止初期支护基面的高低不平或突出物刺破防水板;二是有

的缓冲层具有渗水、过滤性能,可将通过初期支护的地下水排走。目前可供选择的缓冲层材料主要有土工合成材料和PE泡沫塑料两种。土工合成材料俗称土工布,系用合成纤维材料经热压针刺以无纺工艺制作;PE泡沫塑料是由化学交联、发泡制成的封闭孔式泡沫塑料,具有良好的弹性及物理力学性能。缓冲层铺设时,工程上一般采用射钉和热塑性垫圈相配套的机械固定方法,应用热塑性垫圈焊接固定塑料防水板,最终形成无钉孔铺设的防水层。

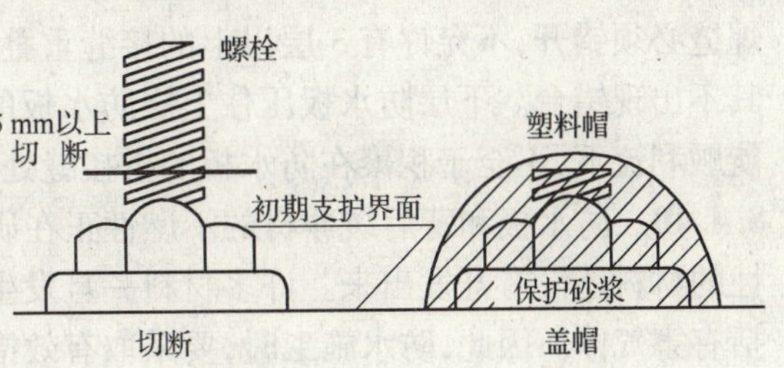

说明图 8.3.3 基面处理之三

8.4.4 在铺挂土工布和防水板前,应对铺挂基面进行检查和修整。在铺挂台车前端,安装有与衬砌内轮廓一致的钢架和环形扶梯,供作业人员检查基面的平整度和轮廓尺寸。台车应设有不同高度的作业平台,便于及时处理基面的缺陷。土工布和防水板应配卷成与铺挂方法和断面相适的长度,放在台车的卷盘上。防水板宜由拱顶中心向两侧铺设,施工人员可同时进行施工互不干扰,且防水板的自重可分散到两侧而不致集中,有利于施工操作与安装固定,同时也便于相邻板间焊接牢固。但铺设时应注意留有铺挂余量,防止固定点间的防水板被绷紧形成“弦线”(建议拱部固定点间距为40~50 cm),导致浇筑二衬时防水板与初期支护间形成空隙。防水板的伸缩支撑杆前应有与隧道开挖轮廓弧度相同的扇形支撑,不得采用点支撑。专用台车参见说明图8.4.4。

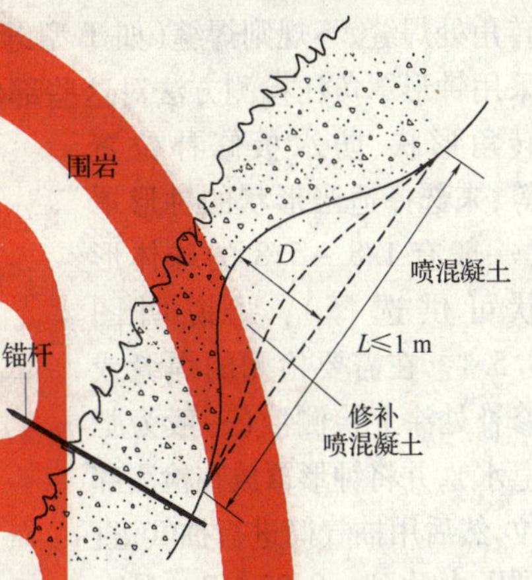

说明图 8.3.4 混凝土凹凸面表面修整

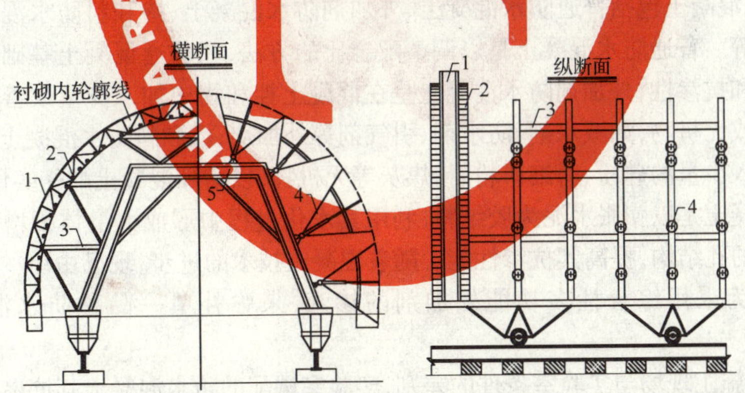

说明图 8.4.4 防水板铺挂专用台车示意图

1—衬砌内轮廓检测钢架;2—扶梯;

3—作业平台;4—防水板扇形支撑;5—门架

8.4.8 防水板接缝较多,防水的关键取决于焊缝密封的程度。防水板的拼接应采用双焊缝工艺,焊接接缝处必须擦洗干净,用双焊缝焊机焊接。国内经常采用的是双焊缝自动热合技术,这种方法一方面能保证焊接质量,另一方面也便于充气检查。在焊缝搭接的部位焊缝必须错开，不允许有3层以上的接缝重叠。焊缝搭接处必须用刀刮成缓角后拼接，使其不出现错台。下层防水板压住上层防水板的规定，是为了使防水板外侧上部的渗漏水能顺利流下，不至于积聚在防水板的搭接缝处而形成隐患。

8.4.10　防水板和背后缓冲材的不燃性正在研究之中，迄今难燃性的材料已经出现，不燃性的材料还没有开发出来。许多材料一旦发生燃烧会产生大量的烟灰一氧化碳，其中包括有害气体。因此，防水施工时，要采取有效措施避免洞内发生火灾。

8.5.1　防水板铺设质量检查应先目测检验，然后采用充气法或负压检查法检验。

负压法检查防水板的焊接密封性在有条件时可采用。对于防水板手工焊缝处、结构转角处焊缝、不规则焊缝（如T型缝）和防水板由于钢筋焊接等造成的破损处修补等，可采用钟形罩负压检测方法对这些部位进行密封性检测。检测时必须根据焊缝形状、结构转角形状、防水板修补位置等，来选择适当形状的钟形罩（一般有1/8～5/8的球体形状可供选择），见说明图8.5.1。在需要检测的焊缝或修补处涂上检测液（一般为肥皂水），并将钟形罩放在检测部位，然后用抽气筒进行抽气，直到压力达到－0.05 MPa，观察检测液是否有气泡，如果有气泡，表明此处防水板焊缝密封性不合格，需要进行再次修补直到检测合格；若保持负压超过10 min，而检测液不起泡，表明此处焊缝密封性合格。

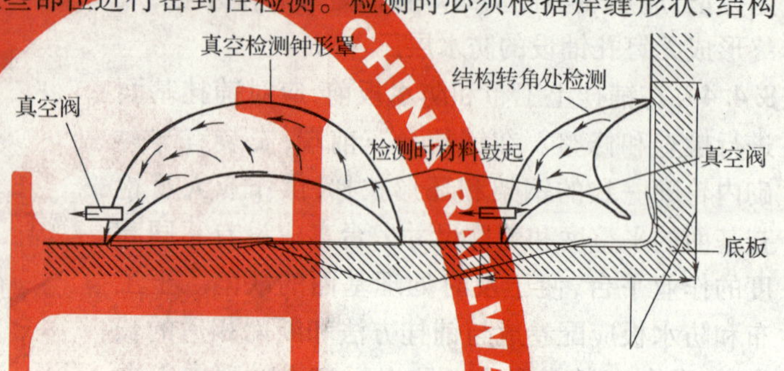

说明图8.5.1　不同形状的钟形罩检测焊缝

9.1.1　二次衬砌防水混凝土的防水等级要求高，一些施工时无水的隧道（特别是明洞、浅埋地段），随着时间的推移和外界条件的变化，在运营期有可能发生渗漏。二次衬砌作为结构防水的最后一道防线，应采用防水混凝土技术。

9.1.3　防水混凝土包括普通防水混凝土、外加剂防水混凝土、掺和料防水混凝土和膨胀防水混凝土等。普通防水混凝土是以调整配合比的方法，在普通混凝土基础上提高其自身的密实性和抗渗性；外加剂防水混凝土是在混凝土拌和物中加入少量改善混凝土抗渗性的有机物或无机物，如减水剂、防水剂、引气剂等外加剂；掺和料防水混凝土是在混凝土拌和物中加入少量的硅粉、磨细矿粉、粉煤灰等无机物，以增加混凝土的密实性和抗渗性；膨胀防水混凝土是以膨胀水泥为胶结料，利用其水化过程中形成大量体积增大的结晶来改善混凝土的孔结构，提高其抗渗性能。随着混凝土技术的进步，现已由单一品种的防水混凝土改进为采用综合性多功能外加剂的掺入，来弥补单一品种防水混凝土的不足。

9.1.4　考虑施工现场与实验室条件的差别，实验室试配的防水混凝土其抗渗水压值应比设计要求提高0.2 MPa，以利保证施工质量和混凝土的防水性能。

9.2.1　混凝土用水泥根据隧道结构所处的环境条件和工程需要，宜选用硅酸盐水泥或普通硅酸盐水泥。水泥的强度等级应符合设计要求。

为确保隧道防水混凝土的抗渗等级及抗压强度，防水混凝土所采用的水泥强度等级宜为42.5级。水泥的技术要求的检验要求应符合说明表9.2.1—1～说明表9.2.1—2的规定。

说明表 9.2.1—1　水泥的技术要求

序号	项　目	技术要求	备　注
1	比表面积	≤350 m^2/kg（硅酸盐水泥、抗硫酸盐水泥）	按《水泥比表面积测定方法（勃氏法）》（GB/T 8074）检验
2	80 μm 方孔筛筛余	≤10.0%（普通硅酸盐水泥）	按水泥细度检验方法（80 μm筛筛析法）》（GB/T 1345）检验
3	游离氧化钙含量	≤1.0%	按《水泥化学分析方法》（GB/T 176）检验
4	碱含量	≤0.80%	
5	熟料中 C_3A 含量	非氯盐环境下≤8% 氯盐环境下≤10%	按《水泥化学分析方法》（GB/T176）检验后计算求得
6	氯离子含量	不宜大于 0.10%（钢筋混凝土）	按《水泥原料中氯的化学分析方法》（JC/T 420）检验

注：① 当骨料具有碱—硅酸反应活性时，水泥的碱含量不应超过 0.60%；

② C40 及以上混凝土用水泥的碱含量不宜超过 0.60%。

说明表 9.2.1—2　水泥的检验要求

序号	检验项目	检验要求					
		质量证明文件检查		抽样试验检验			
1	烧失量	√	每厂家，每品种，每批号检查供应商提供的质量证明文件。施工单位；监理单位均全部检查	√	下列情况之一时，检验一次：①任何新选货源；②使用同厂家同批号、同品种水泥达 3 个月及出厂日期达 3 个月的水泥。施工单位试验检验；监理单位见证取样检测或平行检验		同厂家、同批号、同品种、同等级、同强度、同出厂日期且连续进场的散装水泥每 500 t（袋装水泥每 200 t）为一批，不足上述的数量时，也按一批计。施工单位每批抽样试验一次；监理单位平行检验或见证取样，检测的次数为施工单位抽样取样试验次数的 10% 或 20% 但至少一次
2	氧化镁	√		√			
3	三氧化硫	√		√			
4	细　度	√		√		√	
5	凝结时间	√		√		√	
6	安定性	√		√		√	
7	强　度	√		√		√	
8	碱含量	√		√			
9	助磨剂名称及掺量	√					
10	石膏名称及掺量						
11	混合材名称及掺量	√					
12	熟料 C_3A 含量	√					

9.2.2　砂、石料质量控制和检验：

骨料质量中最为重要的就是粗骨料的粒形和级配，如果粒形和级配好，就可以在保证混凝土施工性能的前提下最大限度地减少用水量和浆体量，提高混凝土的强度和耐久性。骨料的堆积密度和表观密度是骨料级配的反映，堆积密度越大，则级配越好，空隙率越小。对粗骨料而言，40% 空隙率是最低要求。针、片状颗粒含量反映粗骨料粒形的优劣，实践证明针片状颗粒含量最好不大于 5%　。

粗、细骨料的含泥量多少直接影响防水混凝土的质量，尤其是对混凝土的抗渗性影响较大。特别是黏土快，其体积不稳定，干燥时收缩、潮湿时膨胀，对混凝土有较大的坡坏作用，必须严格控制粗、细骨料的含泥量。采用天然河砂配制混凝土时，砂中含泥量、泥块含量、云母、轻物质、有机物、硫化物及硫酸盐等有害物质含量应符合说明表 9.2.2—1 规定。

说明表 9.2.2—1 砂中有害物质限值

项　目	＜C30	≥C30
含泥量(%)	≤3.0	≤2.5
泥块含量(%)	≤0.5	
云母含量(%)	≤0.5	
轻物质含量(%)	≤0.5	
氯离子含量(%)	≤0.02	
硫化物及硫酸盐含量(折算成 SO_3)(%)	≤0.5	
有机物质含量(用比色法试验)	颜色不应深于标准色,如果深于标准色,则应按水泥胶砂强度试验方法进行强度对比试验,抗压强度比不应低于 0.95	

细骨料应采取砂浆棒法检验其碱活性,且砂浆棒的膨胀率应小于 0.10%,否则应按标准要求采取技术措施,检验数量和方法应符合说明表 9.2.2—2 的规定。

说明表 9.2.2—2 细骨料的检验要求

序号	检验项目	检验要求			
1	细度模数	√	下列情况之一时检验一次:①任何新选料源;②连续使用同料源,同品种,同规格细骨料达一年。施工单位试验检验,监理单位见证取样检测或平行检验。	√	连续进场的同料源、同品种、同规格的细骨料每400 m^3(或600 t)为一批,不足上述数量时也按一批计。施工单位每批抽样试验一次;监理单位平行检验或见证取样检验的次数为施工单位抽样试验次数的 10% 或 20%,但至少一次。
2	吸水率	√			
3	含泥量	√		√	
4	泥块含量	√		√	
5	坚固性	√			
6	云母含量	√		√	
7	轻物质含量	√		√	
8	有机物含量	√		√	
9	硫化物及硫酸盐含量	√			
10	Cl^- 含量	√			
11	碱活性	√			

当粗骨料为碎石时,碎石的强度应用岩石抗压强度表示,且岩石抗压强度与混凝土强度等级之比不应小于 1.5,若粗骨料为卵石,卵石的强度可用压碎指标值表示,施工过程中碎石的强度可用压碎指标值进行控制。均应符合说明表 9.2.2—3 的规定。

说明表 9.2.2—3 粗骨料的压碎指标(%)

混凝土强度等级	＜C30			≥C30		
岩石种类	沉积岩	变质岩或深成的火成岩	火成岩	沉积岩	变质岩或深成的火成岩	火成岩
碎石	≤16	≤20	≤30	≤10	≤12	≤13
卵石	≤16			≤12		

粗骨料的坚固性用硫酸钠溶液循环浸泡方法进行检验,试样经 5 次循环后,其重量损失率应符合说明表 9.2.2—4 的规定。

说明表 9.2.2—4 粗骨料的坚固性指标

结构类型	混凝土结构
重量损失率(%)	≤8

粗骨料的有害物质含量应符合说明表 9.2.2—5 的规定。

说明表 9.2.2—5 粗骨料的有害物质含量(%)

项　目	有害物质含量(%)
含泥量(%)	≤1.0
泥块含量(%)	≤0.25
针、片状颗粒总含量(%)	≤10
硫化物及硫酸盐含量(折算成 SO_3%)(%)	≤0.5
氯离子含量(%)	≤0.02
卵石中的有机质含量(用比色法试验)	颜色不应深于标准色,当深于标准色,则应按水泥胶砂强度试验方法进行强度对比试验,抗压强度比不应小于 0.95

粗骨料应采用岩相法检验其矿物组成。若粗骨料含有碱—硅酸反应活性矿物,其砂浆棒膨胀率应小于 0.10%,否则应按标准要求采取技术措施,粗骨料的检验数量和检验方法应符合说明表 9.2.2—6 的规定。

说明表 9.2.2—6 粗骨料的检验要求

<table>
<tr><th>序号</th><th>检验项目</th><th colspan="4">检验要求</th></tr>
<tr><td>1</td><td>颗粒级配</td><td>√</td><td rowspan="13">下列情况之一时,检验一次:
任何新选料源;
连续使用同料源同品种,同规格、的粗骨料达一年。
施工单位试验检验,监理单位见证取样检测或平行检验</td><td>√</td><td rowspan="13">连续进场的同料源、同品种、同规格的粗骨料每 400 m^3(或 600 t)为一批,不足上述数量时也按一批计。施工单位每批试验一次;监理单位平行检验或见证取样检测的次数为施工单位抽样试验次数的 10% 或 20%,但至少一次</td></tr>
<tr><td>2</td><td>岩石抗压强度</td><td>√</td><td></td></tr>
<tr><td>3</td><td>吸水率</td><td>√</td><td></td></tr>
<tr><td>4</td><td>空隙率</td><td>√</td><td></td></tr>
<tr><td>5</td><td>压碎指标</td><td>√</td><td>√</td></tr>
<tr><td>6</td><td>坚固性</td><td>√</td><td></td></tr>
<tr><td>7</td><td>针、片状颗粒含量</td><td>√</td><td>√</td></tr>
<tr><td>8</td><td>含泥量</td><td>√</td><td>√</td></tr>
<tr><td>9</td><td>泥块含量</td><td>√</td><td>√</td></tr>
<tr><td>10</td><td>硫化物及硫酸盐含量</td><td>√</td><td></td></tr>
<tr><td>11</td><td>Cl^- 含量</td><td>√</td><td></td></tr>
<tr><td>12</td><td>有机质含量(卵石)</td><td>√</td><td>√</td></tr>
<tr><td>13</td><td>碱活性</td><td>√</td><td></td></tr>
</table>

9.2.3 防水混凝土添加外加剂是提高防水混凝土质量的一个重要手段,用于隧道衬砌防水混凝土的外加剂的技术性能应符合国家或行业标准一等品级以上的质量要求。

混凝土外加剂种类较多,且均有相应标准。使用时其质量及技术指标应符合国家现行标准及行业标准的规定。外加剂的检验项目、方法和批量应符合相应标准的规定。

根据调查由于混凝土施工质量差,对混凝土耐久性重视不够,许多隧道工程建成后几年就出现钢筋锈蚀、混凝土开裂、渗漏水严重。因此做好混凝土耐久性的防护工作已可不容缓。通常混凝土浇筑后达到抗渗的要求很容易,但是渗漏水的现象依然存在,其原因大多数是由于裂缝控制不利造成渗漏。因此,控制裂缝产生是保证混凝土自防水以及耐久性能的重要环节。为改善混凝土的抗裂性,需要控制硅酸盐水泥中的 C_3A 含量,而且 C_3S 的含量不宜过高。除此之外,近几年广泛用于城市地铁二衬混凝土抗裂防水技术的新材料较好的解决了裂缝控制及防渗的问题，尤其是在隧道二衬防水混凝土这种大体积混凝土的浇筑过程中，单靠控制水化热的措施不足以保证控制裂缝的产生，比较有效的作法是掺加 CSA 抗裂防水剂，这种复合外加剂引入了堵塞混凝土毛细孔、增强密实功能、补偿“硬化后的收缩”等新概念，该项技术在大体积混凝土浇筑中应用后能够控制裂缝产生，提高混凝土衬砌自防水的能力，效果明显，在长大输水隧洞二衬混凝土中推广应用取得了成功，可以在铁路隧道中推广使用。

外加剂的性能能应满足表说明 9.2.3—1 的要求。

说明表 9.2.3—1　外加剂的技术要求

序号	项　目			指　标	
1	水泥净浆流动度(mm)			≥240	
2	硫酸钠含量(%)			≤10	
3	Cl^- 含量(%)			≤0.2	
4	碱含量($Na_2O+0.658K_2O$)(%)			≤10.0	
5	减水率(%)			≥20	
6	含气量　(%)			用于配制非抗冻混凝土时≥3.0 用与配制抗冻混凝土时≥4.5	
7	坍落度保留值(用于泵送混凝土)(%)			30 min：≥180　60 min：≥150	
8	常压泌水率比(%)			≤20	
9	压力泌水率比(用于泵送混凝土)(%)			≤90	
10	抗压强度比(%)			3 d≥130	28 d≥120
11	对钢筋锈蚀作用			无锈蚀	
12	收缩率比(%)			≤135	
13	相对耐久性指标 200 次(%)			≥80	
14	预应力混凝土 Cl^- 含量(%)			0.06	
15	限制膨胀指标	补偿收缩(抗裂防水混凝土)	限制膨胀率/×10^{-4}	水中 14 d	≥1.5
				空气中 28 d	≥2.5
		填充混凝土	限制收缩率/×10^{-4}	水中 14 d	≤2.0
				空气中 28 d	≤2.0

抗裂防水剂的性能能应满足说明表 9.2.3—2 的要求。

说明表 9.2.3—2　抗裂防水剂的技术要求

序　号	项　目	技术要求	
1	细度(%)	0.315 mm 筛筛余 <15	
2	含水率(%)	≤3.0	
3	氯离子含量(%)	≤0.05	
4	氧化镁含量(%)	≤5.0	
5	总碱量(%)	≤0.60	
6	凝结时间	初凝(min)	≥45
		终凝(h)	≤10

续上表

序 号	项 目	技术要求		
7	限制膨胀率(%)	水 中	7d	≥0.025
			28d	≤0.10
		空气中	21d	≥ -0.010
8	抗压强度(MPa)	7 d		≥25.0
		28 d		≥45.0
9	抗折强度(MPa)	7 d		≥4.5
		28d		≥6.5
10	塑性膨胀率(%)	≥0		
11	渗透高度比(%)	≤40		
12	泌水率比(%)	≤70		
13	48h 吸水量比(%)	≤75		
14	凝结时间差(min)	初凝		≥ -90
		终凝		—

注:“—”表示提前。

外加剂质量检验数量和检验方法应符合说明表 9.2.3—3 的规定。

说明表 9.2.3—3 外加剂的检验要求

序号	检验项目	质量证明文件检查		抽样试验检验			
1	匀质性	√	每品种、每厂家检查供应商提供的质量证明文件。施工单位、监理单位均全部检查	√	下列情况之一时,检验一次: 任何新选料源; 使用同厂家同批号、同品种产品达 6 个月及出厂日期达 6 个月的产品。施工单位试验检验;监理单位见证取样检测或平行检验		同厂家、同批号、同品种、同等级、同出厂日期的产品每 50 t 为一批,不足50 t时也按一批计。 施工单位每批抽样一次;监理单位平行检验或见证取样检测的次数为施工单位抽样试验次数的 10% 或 20% 但至少一次
2	水泥净浆流动度	√		√			
3	硫酸钠含量	√		√			
4	Cl^- 含量	√		√			
5	碱含量	√		√			
6	减水率	√		√		√	
7	坍落度保留值	√		√			
8	常压泌水率比	√		√		√	
9	压力泌水率比	√		√			
10	含气量	√		√		√	
11	凝结时间差	√		√		√	
12	抗压强度比	√		√		√	
13	对钢筋的锈蚀作用	√		√			
14	耐久性指数	√		√			
15	收缩率比	√		√			

9.2.4 矿物掺和料的技术要求应符合说明表 9.2.4—1 的规定。

说明表 9.2.4—1 粉煤灰的技术要求

序号	项目名称	技术要求	
		C50 以下混凝土	C50 及以上混凝土
1	细度(%)	≤20	≤12
2	Cl^- 含量(%)	不宜大于 0.02	
3	需水量(%)	≤105	≤100
4	烧失量(%)	≤5.0	≤3.0
5	含水率(%)	≤1.0(干排灰)	
6	SO_3 含量(%)	≤3	
7	CaO 含量(%)	≤10(硫酸盐侵蚀环境)	

注:因条件所限当烧失量指标达不到表中要求,而在其他指标符合表中要求的情况下,经试验证明能满足混凝土耐久性要求时,烧失量指标可适当放宽,但用于 C50 以下混凝土时,不得大于 8%,用于 C50 及以上混凝土时,不得大于 5%。

硅灰的技术要求应符合说明表 9.2.4—2 的规定。

说明表 9.2.4—2 硅灰的技术要求

序 号	项 目		技 术 要 求
1	烧失量(%)		≤6
2	Cl^- 含量 (%)		不宜大于 0.02
3	SiO_2 含量(%)		≥85
4	比表面积(m^2/kg)		≥18 000
5	需水量比 (%)		≤125
6	含水率 (%)		≤3.0
7	活性指数(%)	28 d	≥85

9.2.6 国内外大量研究表明,碱含量是影响混凝土耐久性的关键因素之一。因此施工中必须严格控制混凝土中各类材料的含碱量。

当骨料的碱—硅酸反应砂浆棒膨胀率在 0.10% ~0.20% 时,混凝土的碱含量应满足说明表 9.2.6 的规定。

说明表 9.2.6 混凝土最大碱含量

设计使用年限级别	100 年	最大碱含量(kg/m^3)
环境条件	干燥环境	3.5
	潮湿环境	3.0
	含碱环境	*

注:1 带"*"号的混凝土必须换用非碱活性骨料。

2 干燥环境是指不直接与水接触、空气平均相对湿度长期不大于 75% 的环境;潮湿环境是指直接与水接触、干湿交替变化的环境、水下或与潮湿土壤接触以及空气平均相对湿度长期大于 75% 的环境;含碱环境是指直接与海水、含碱工业废水、钾(钠)盐等接触的环境;干燥环境或潮湿环境与含碱环境交替变化时,均按含碱环境对待。

9.3.3 混凝土的原材料和配合比的选择只是决定混凝土质量的必要条件,正确的施工工艺才能保证二次衬砌混凝土优良的品质。混凝土混和料的计量和拌和应在有微机控制的拌和站进行。

9.3.5 防水混凝土的搅拌质量控制和检验应符合下列规定：

(1)混凝土搅拌前，应测定砂、石含水率，并根据测试结果和理论配合比调整材料用量，提出施工配合比。当遇雨天或含水率有明显变化时，应增加含水率检测次数。

(2)混凝土拌和物的坍落度应符合理论配合比的要求允许偏差宜为 ±20 mm；入模含气量应符合设计要求，当设计对含气量无具体要求时，含气量应按说明表 9.3.5—1 控制；

说明表 9.3.5—1 混凝土含气量

环境条件	混凝土无抗冻要求	混凝土有抗冻要求		
		D1	D2、D3	D4
含气量(%)	≥2.0	≥4.0	≥5.0	≥5.5

(3)新浇筑与邻接的已硬化混凝土或岩土介质间的温差不得大于 20 ℃。

(4)要配置高质量的混凝土，用水量一般要在 160 kg/m³ 以下。拌和用水可采用饮用水。当采用其他来源的水时，水的品质应符合说明表 9.3.5—2 的要求，配制的水泥砂浆或混凝土的 28 d 抗压强度不得低于用蒸馏水(或符合国家标准的生活用水)拌制的对应砂浆或混凝土抗压强度的 90%；不得采用海水，当混凝土处于氯盐锈蚀环境时，拌和用水中 Cl^- 含量应大于200 mg/L。养护用水除不溶物、可溶物可不作要求外，其他项目也应符合说明表 9.3.5—2 的规定。养护用水不得采用海水。

说明表 9.3.5—2 拌和用水的品质指标

序号	项 目	钢筋混凝土	混 凝 土
1	pH 值	>4.5	>4.5
2	不溶物(mg/L)	<2 000	<5 000
3	可溶物(mg/L)	<5 000	<10 000
4	氯化物(以 Cl^- 计)(mg/L)	<1 000	<3 500
5	硫酸盐(以 SO^{2-4} 计)(mg/L)	<2 000	<2 700
6	碱含量(以当量 Na_2O 计)(5 mg/L)	<1 500	<1 500

9.3.9 混凝土养护包括温度和湿度两个方面。养护不仅是洒水，还要控制混凝土的温度变化，尽管隧道内湿度较大，但仍应保证混凝土表面温度与内部温度和所接触的大气温度、围岩温度以及已浇筑区段的二次衬砌混凝土温度不出现过大的差异，施工中应采取保温、散热的综合措施。防水混凝土浇水养护的时间应符合说明表 9.3.9 的规定。

说明表 9.3.9 不同混凝土潮湿养护的最低期限

混凝土类型	水胶比	大气潮湿(50% < RH < 75%)无风，无阳光直射	
		洞内平均气温 T(℃)	潮湿养护期限(d)
胶凝材料中掺有矿物掺和料	≥0.45	$5 \leq T < 10$	21
		$10 \leq T < 20$	14
		$T \geq 20$	10
	≤0.45	$5 \leq T < 10$	14
		$10 \leq T < 20$	10
		$T \geq 20$	7

续上表

混凝土类型	水胶比	大气潮湿（50% < RH < 75%）无风，无阳光直射	
		洞内平均气温 T（℃）	潮湿养护期限（d）
胶凝材料中未掺矿物掺和料	≥0.45	$5 \leq T < 10$	14
		$10 \leq T < 20$	10
		$T \geq 20$	7
	≤0.45	$5 \leq T < 10$	10
		$10 \leq T < 20$	7
		$T \geq 20$	7

9.3.10　目前隧道二次衬砌混凝土由于受快速施工的影响，早期强度普遍较高，以致于拆模时间较早，往往在拆模时混凝土的温度还较高，模板的拆除会造成较大的降温速率而产生开裂，更不能在混凝土表面温度尚高时拆模并浇洒冷水。

过早拆模，混凝土强度不足，很可能造成衬砌沉降变形、开裂等情况的发生。过晚拆模，衬砌台车脱模困难。为保证隧道衬砌的安全和使用功能，提出了拆模时混凝土的强度要求。该强度通常反映为同条件养护混凝土试件的强度。

10.3.1　本条根据《铁路隧道设计规范》（TB 10003—2005）13.2.5 条制定。

混凝土施工缝不应随意留置，其位置应事前在施工技术方案中确定。一般情况下顺隧道方向以衬砌台车或衬砌移动台架的长度为一个浇筑段留置施工缝。水平方向原则上不留施工缝，必须留置时，留置位置应在边墙脚以上 1 m 和拱脚以下 30 cm 的范围内。

10.3.3　遇水膨胀止水条应采取防过早膨胀措施并粘贴牢固。其安装见说明图 10.3.3—1 ~ 说明图 10.3.3—2。

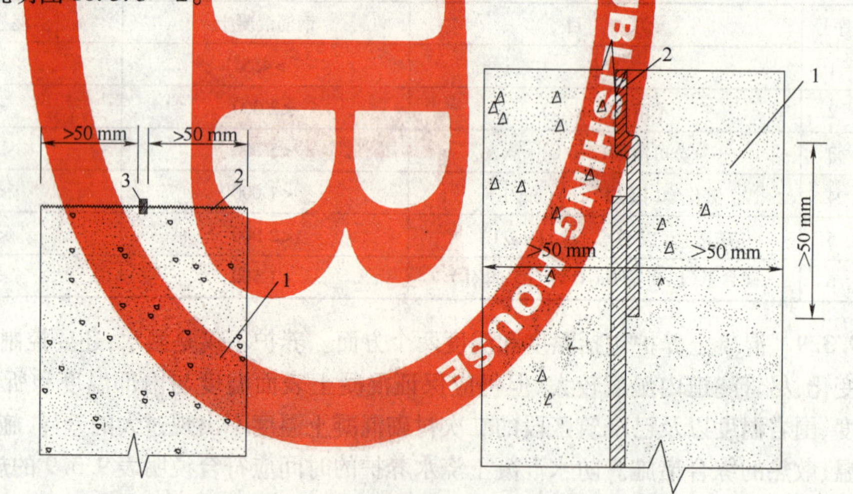

说明图 10.3.3—1　遇水膨胀止水条安装断面图
1—主体结构；2—施工缝；3—遇水膨胀止水条

说明图 10.3.3—2　遇水膨胀止水条搭接平面图
1—主体结构；2—遇水膨胀止水条

10.3.4　施工缝、变形缝防水除了条文中所列的几种构造形式外，还可以考虑采用以下两种防水构造形式，见说明图 10.3.4—1 ~ 说明图 10.3.4—2。

10.3.5 ~ 10.3.7　中埋式止水带施工时常存在以下问题：一是埋设位置不准，严重时止水带一侧往往折至缝边，根本起不到止水的作用。二是顶、底板、止水带下部的混凝土不易振捣密实，气泡也不易排出，且混凝土凝固时产生的收缩易使止水带与下面的混凝土产生缝隙，从而导致变形缝漏水。三是中埋式止水带安装，在先浇一侧混凝土时，其端模被止水带分两块，这给支模造成困难，故条文要求端模支撑牢固，严防漏浆。施工时由于端模支撑不牢，不仅造成漏浆，而且也不敢按规定要求进行振捣，致使变形缝处的混凝土密实性较差，从而导致渗漏水。四是止水带的接缝是止水带本身的防水薄弱处，因此接缝数愈少愈好，考虑到工程规模不同，缝的长度不一，故对接缝数量未做严格的限定。五是转角处止水带不能折成直角，故条文对止水带的安装作了规定，并增加了在混凝土和钢筋混凝土中固定中埋式止水带的方法。

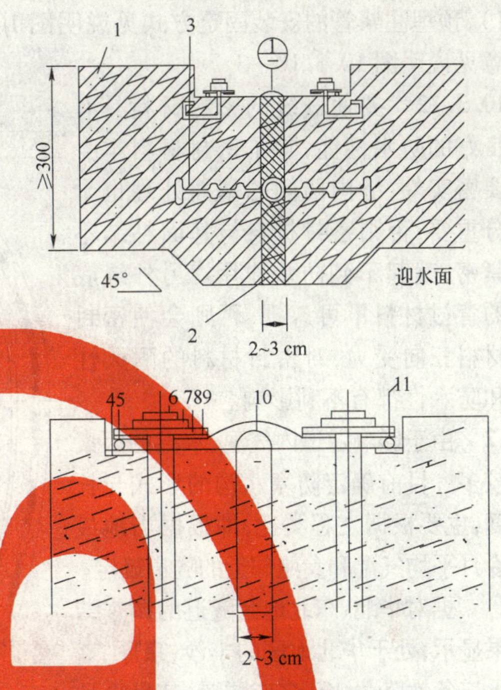

说明图 10.3.4—1　中埋式止水带与可卸式止水带复合防水构造形式

1—混凝土结构；2—填缝材料；3—中埋式止水带；4—预埋钢板；5—紧固件压板；6—预埋螺栓；7—螺母；8—垫圈；9—紧固变形缝的施工件压块；10—Ω 型止水带 11—紧固件圆钢

10.3.9　对于富水隧道，近年来国际上较成功的防水方法是采用分区隔离的防水技术。分区部位可以采取防止地下水纵向窜流的措施，解决了以往在二次衬砌出现渗漏水时，难以准确的找到出水点并予以治理的问题，变被动堵水为主动注浆防水，在防水板处设背贴式止水带，既解决了防水板损伤后渗漏水乱窜的问题，又在接缝外侧增设了一道防水设施，止水带热焊于防水板上，质量可靠、施工方便，防水效果好，此外，在止水带外侧设置的预埋注浆管，可通过注浆将二次衬砌与止水带之间不密实的缝隙填实，确保接缝不漏水。

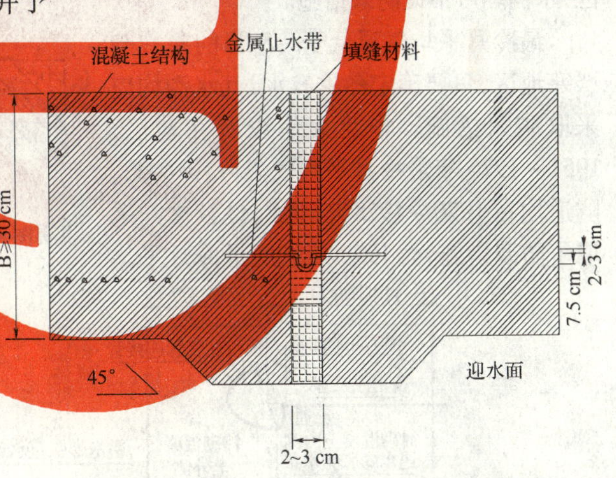

说明图 10.3.4—2　中埋式金属止水带

10.3.10 ~ 10.3.11　施工缝防水同时采用背贴式止水带与遇水膨胀止水条，或者采用中埋式止水带与可全断面出浆的注浆管的防水措施，可以提高施工缝防水的有效性。预埋注浆管和带注浆孔遇水膨胀止水条可在浇筑混凝土时预埋在该区域二次衬砌混凝土施工缝处，发生渗漏水时即可进行注浆堵水，因此，条文增加了预埋注浆管和带注浆孔遇水膨胀止水条的安装施工方法的规定。

施工缝预埋注浆管的布设方式见隧道接缝处理系统断面示意图（说明图 10.3.10—

1)，预埋注浆管的安装固定方式见说明图 10. 3. 10—2，带注浆孔遇水膨胀止水条安装示意见说明图 10. 3. 10—3。

10. 3. 12 要使嵌缝的密封材料具有良好的防水性能，除了密封材料本身要密实外，缝内两侧的基面处理也十分重要，否则密封材料与基面粘结不紧密，就起不到防水作用。另外缝底的背衬材料不可忽视，否则会使密封材料三向受力，对密封材料的耐久性和防水性都有不利影响。

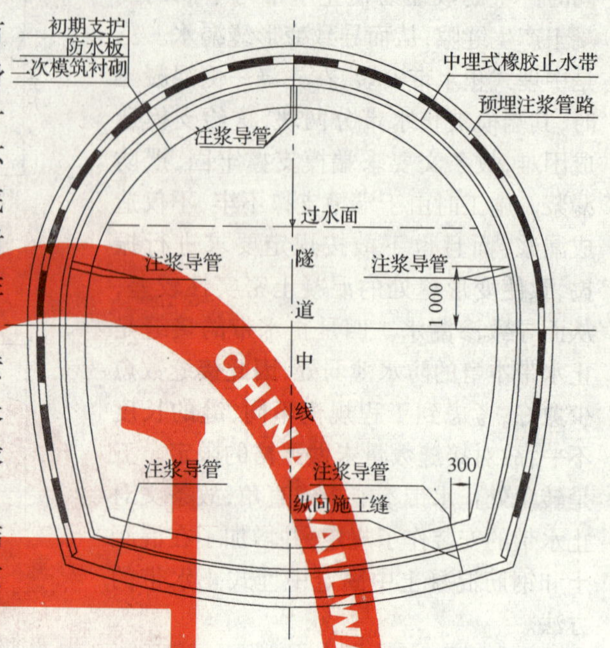

说明图 10. 3. 10—1 隧道接缝处理系统断面示意图

12 由于影响隧道内气温、水温的因素较多。目前确定防寒水沟的形式与长度，主要根据工程类比，即根据当地最冷月平均气温和参照邻近的隧道确定。

据对华北、东北地区隧道的调查结果显示，处于华北地区的丰沙、京原、京承三条铁路共 260 多座隧道，其最冷月平均气温在 -5 ℃ ~ -10 ℃。多年来，这些隧道大部分采用一般水沟，未采取防寒措施，并没有出现水沟冻结现象。所以最冷月平均气温在0 ℃ ~ -10 ℃的寒冷地区，水沟均可不设防寒措施。

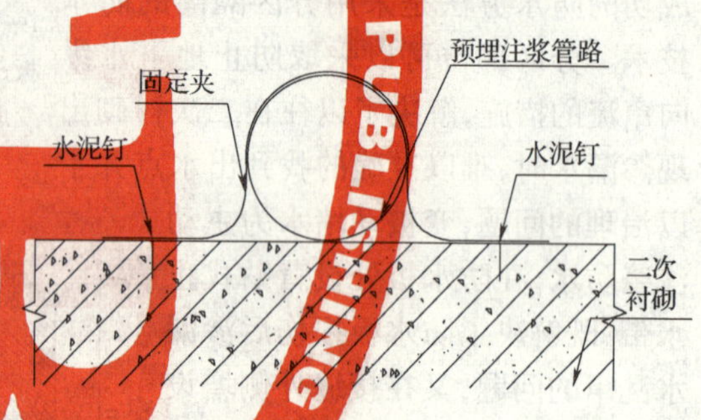

说明图 10. 3. 10—2 预埋注浆管的安装固定示意图

最冷月平均气温低于 -5 ℃的寒冷与严寒地区，只要确定冬季有水，其水沟均应采取防寒措施。华北太焦线所在地区，1951 ~ 1976 年最冷月平均气温 -10. 4 ℃，隧道均在 1970 ~ 1978 年建成，设计水沟采取了防寒措施，而 1977 年该线最冷月平均

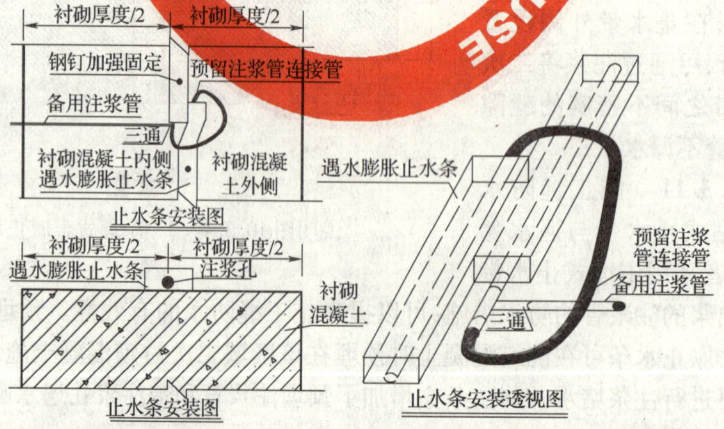

说明图 10. 3. 10—3 带注浆孔遇水膨胀止水条安装示意图

气温达 -12.2 ℃，全线 56 座隧道有 6 座出现水沟冻结，引起隧底道床结冰，严重影响行车安全。东北魏塔线修建于 1970～1973 年，当地最冷月平均气温 -10 ℃～-12 ℃，设计水沟采取了防寒措施，1973 年建成通车，当年冬季，全线 31 座隧道有 5 座水沟冻结。以上两线的隧道，凡水沟出现冻结的，均在原高式侧沟上改用双层盖板，有些在两层盖板之间还加入了防寒材料，且洞外修筑了在冻结线以下的深埋暗沟，才消除了隧道内的水沟冻结现象。但这两线的隧道，凡在改建为单侧保温水沟者，其另一侧仍然产生隧底冻结和引起轨道隆起现象。1973～1979 年修建的京通线，凡隧道采用单侧保温水沟者，也有此病害，所以本条文规定最冷月平均气温 -5 ℃～-15 ℃，黏性土最大冻结深度 1.0～1.5 m，宜设置双侧保温水沟，可仅在两端洞口 150～400 m 范围内设置，低洞口可适当加长。

目前东北的哈尔滨局共有 100 多座隧道，主要水沟形式为中心深埋水沟，其水沟一般深埋在当地冻结线以下，1971～1979 年，在东北嫩林线白卡尔隧道试验深埋保温水沟（其最冷月平均气温达 -28 ℃），水沟深埋一般在轨顶高程下 1.2～1.4 m，采用沥青玻璃棉做保温材料，结果水沟连年冻结；长图线 1977～1978 年新建的土门岭隧道（全长 565 m），当地最冷月平均气温 -18 ℃～-20 ℃，采用单侧保温水沟，以矿渣作为保温材料，深埋 1.6 m，隧道建成后也出现水沟局部冻结现象，所以条文规定：最冷月平均气温 -15 ℃～-25 ℃（黏性土最大冻结深度 1.5 m～2.5 m）宜设置中心深埋水沟及有关的设置要求。

当地最冷月平均气温低于 -25 ℃的地区，其黏性土最大冻结深度大于 2.5 m，岩石冻结深度达 5.5 m 以上，如将中心水沟设置在冻结线以下，采用明挖法，施工困难，且遇松软围岩，深拉槽会影响边墙稳定。目前东北地区嫩林线、牙林线、呼中支线等共 8 座隧道采用暗挖法施工的防寒泄水洞排水，效果良好。故条文规定：最冷月平均气温低于 -25 ℃时，宜设置防寒泄水洞并提出有关的设置要求。

凡采用上述三种防寒水沟的隧道，按设计规范规定："其配套排水设施应能防寒"，以保证洞内外排水系统水流畅通。

为深入探索，铁道部已组织课题组正在进行研究，待其成果鉴定后可作进一步补充和完善。

有关防水方面的措施，本技术指南中增加了提高混凝土自防水性能的防裂混凝土和柔性防水技术等内容。因为隧道防水的主要防线是二次衬砌混凝土，实践证明，自防水能力的提高除了要求混凝土的抗渗性能以外，严格控制裂缝的发生是关键。混凝土很容易达到 P8 以上的抗渗指标，而水的问题却很难解决，主要是混凝土裂缝的控制不力，出现漏水。"十隧九漏"成为通病，隧道建成后的修补维护难度大、效果差，往往是事倍功半，浪费极大。随着近年来有关部门对该领域的研究和试验实施，如应用控制裂缝产生的抗裂防渗混凝土技术以及对衬砌微裂缝、施工缝和变形缝采用注入化学浆液的柔性防水技术的推广应用，取得了一些成果，值得借鉴。具体内容可参见本技术指南第 9 章、第 10 章及其条文说明。

13.1.1 管片衬砌渗漏水的位置是管片的接缝、管片自身小裂缝、注浆孔等，其中以管片接缝处为防水重点。目前国内接缝防水的对策主要是采用水膨胀橡胶，显著改善了盾构法隧道的防水性。管片衬砌的防水包括管片自防水和其附属措施（如管片外防水涂层）防水、管片接缝防水、注浆防水等。

13.3.1 对于采用单层装配式衬砌的盾构法隧道而言，管片接缝防水是最重要的，故条文中对此提出了要求。

13.3.2 对接头防水而言，在满足衬砌管片自身抗渗性和管片制作精度的条件下，密封材料是不可缺少的。弹性密封橡胶垫与遇水膨胀橡胶密封垫的性能应符合说明表13.3.2—1～说明表13.3.2—2的规定。

说明表13.3.2—1　弹性橡胶密封垫物理性能

序号	项目			指标	
				氯丁橡胶	三元乙丙胶
1	硬度(邵尔A)(度)			45±5～60±5	55±5～70±5
2	伸长率(%)			≥350	≥330
3	拉伸强度(MPa)			≥10.5	≥9.5
4	热空气老化	(70 ℃×96 h)	硬度变化值(邵尔A)	≤+8	≤+6
			拉伸强度变化率(%)	≥-20	≥-15
			扯断伸长率变化率(%)	≥-30	≥-30
5	压缩永久变形(70 ℃×24 h)(%)			≤35	≤28
6	防霉等级			达到与优于2级	

说明表13.3.2—2　遇水膨胀橡胶密封垫物理性能

序号	项目			指标			
				PZ-150	PZ-250	PZ-400	PZ-600
1	硬度(邵尔A)(度)			42±7	42±7	45±7	48±7
2	拉伸强度(MPa)		≥	3.5	3.5	3	3
3	扯断伸长率(%)		≥	450	450	350	350
4	体积膨胀率(%)		≥	150	250	400	600
5	反复浸水试验	拉伸强度(MPa)	≥	3	3	2	2
		扯断伸长率(%)	≥	350	350	250	250
		体积膨胀率(%)	≥	150	250	500	500
6	低湿弯折(-20 ℃×2 h)			无裂纹	无裂纹	无裂纹	无裂纹
7	防霉等级			达到与优于2级			

注：表中硬度为推荐项目；成品切片测试应达到性能指标的80%；接头部位的拉伸强度不得低于表中性能指标的50%；体积膨胀率为膨胀后的体积与膨胀前的体积对比率。

13.3.8 管片嵌缝密封材料包括未定型和定型材料，其作业要求分别为：

(1)未定型嵌缝密封材料：

① 嵌缝作业的准备：清理嵌缝槽内污垢，检查作业范围内的嵌缝槽有无冒水、滴漏、慢渗，对前两种现象应堵漏止水，对有湿渍或慢渗的嵌缝槽，应采用潮湿面粘结的密封胶或膨胀密封胶；管片嵌缝槽如有碎裂、缺损，应予修补，其方法同密封垫沟槽的修补。

② 嵌缝作业的要则：如用密封胶类材料嵌填，应先涂冷底子，再自下而上填塞密封胶，使之平整密实；嵌缝作业用刮刀抹填或嵌缝枪嵌注均可；如于密封胶外加封加固材料，既可直接填塞于嵌缝槽面层，也可加封于嵌缝槽两侧；加封材料宜为聚合物水泥砂浆、环氧密封膏、纤维水泥等，并应于结合面先涂刷混凝土界面处理剂处理；拱顶部的外封加固材料应能速凝，以免坠落；水膨胀腻子类密封材料应与控膨材料配合使用，槽口必须用外封加固材料。

(2)定形嵌缝密封材料:

① 加强嵌缝槽边沿的修补。

② 将预制成形的材料嵌入嵌缝槽,正确安设就位,应用木锤击入,使之紧密贴合。

③ 在环缝嵌缝槽内的密封条应无接头,密封条环缝与纵缝、段与段的结合应紧密,必要时采用特殊十字接头密封件。

④ 在预制成形密封件靠扩张材料与嵌缝槽张紧密封时,扩张材料的设置应正确密贴;采用泄水型的嵌缝时,应将泄水口设在排水沟附近。